中国科学社档案资料整理与研究

赛先生在中国
——中国科学社研究

张 剑 著

上海科学技术出版社

图书在版编目(CIP)数据

赛先生在中国:中国科学社研究/张剑著.
—上海:上海科学技术出版社,2018.12
(中国科学社档案资料整理与研究)
ISBN 978-7-5478-3868-6

Ⅰ.①赛… Ⅱ.①张… Ⅲ.①社会科学—学术团体—史料—中国—近代 Ⅳ.①C262

中国版本图书馆CIP数据核字(2017)第321780号

丛书策划 张毅颖 段 韬 曾 文
责任编辑 张毅颖 刘小莉 朱永刚
装帧设计 戚永昌 陈宇思

赛先生在中国——中国科学社研究

张 剑 著

上海世纪出版(集团)有限公司
上 海 科 学 技 术 出 版 社 出版、发行
(上海钦州南路71号 邮政编码200235)
上海中华商务联合印刷有限公司印刷
开本 787×1092 1/16 印张 56.5
字数 960千字
2018年12月第1版 2018年12月第1次印刷
ISBN 978-7-5478-3868-6/N·143
定价:398.00元

《中国科学社档案资料整理与研究》编委会

序　言

一百年前，留美中国学生创办的《科学》杂志在上海问世，开创了将科学作为一种现代知识体系和创新文化形态在中国进行传播的事业。当时，中国国势衰弱、民族危亡，为办好这份刊物，《科学》创办人集结同志成立了中国科学社。中国科学社成为近代中国社会第一个以科学为目标的综合性学术团体，并在近代中国开创了各项科学事业，如出版科学书刊、开创学术交流、成立研究所、增设图书馆等等，为中国科学的体制化做了艰苦的探索，并对中国近代科学体制做出了卓越贡献。他们提出的通过发展科学来寻求国家富强之道的“科学救国”，影响甚大、甚深、甚广。

一百年过去了，中国社会已经取得了巨大的进步。经过几代人的艰苦奋斗，中国现代科学也已进入新的历史发展阶段。追索近现代中国科学发展的百年历程，有助于我们承古创新，探究当代中国科学发展之道。中国科学社的档案资料是一笔珍贵的历史遗产，不仅可以从中了解中国近代科学社团的本身，诸如创建、发展乃至消亡的历程，理解它们在复杂多变的近代中国如何生存与发展；而且可以了解中国近代科学的发展与科学社团之间的互动关系，理解中国科学发展的艰难；还可以从科学社会学视角分析科学发展与制度创新、社会经济文化的互动。

国内外学术界对中国科学社的研究成果虽然不少，但中国科学社档案资料没有得到充分的利用。时值《科学》创刊100周年，此次对相关档案资料的整理出版，具有重要的意义。它必将进一步提升对中国科学社研究的水准，也为进一步研究中国近代科学发展，特别是科学发展与科学社团之间的互动关系、民间学术团体与政府之间的关系，乃至中国近代思想文化史提供坚实而丰富的史料，为创建国家科技创新体系，特别是学术社团在万众创新中的独特作用提供借鉴。

衷心希望《中国科学社档案资料整理与研究》能够成为广大科学史学者和科研人员的益友，为中国科学事业的发展做出一份贡献。

白春礼

（《科学》杂志编委会主编）

前言

20 世纪初叶，以爱因斯坦相对论为代表的科学革命横空出世，世界科学技术日新月异，其对社会发展和人类生活影响所展现出来的伟力，极大地刺激了正留学科学先进各国、寻求强国方略的中华学子，“科学救国”一时间成为他们的共同认知因而成为时代最强音。他们求学之余，怀抱复兴中华民族之志，以英国皇家学会、美国科学促进会等为模范，创办学术社团、发刊书报、翻译书籍，将西方先进的科学技术知识及其体制、精神输入中国，并由此建立中国科学技术体系，中国科学社就此应运而生，并发展成为近代中国延续时间最长、规模最大、影响最为广泛的综合性学术社团，促进并参与了中国近代科学技术体系的发生发展。

一

中国科学社(The Science Society of China)，原名科学社，1914 年 6 月 10 日由留学美国康奈尔大学的胡明复、赵元任、周仁、秉志、章元善、过探先、金邦正、任鸿隽、杨杏佛等九人在纽约州小镇伊萨卡(Ithaca)创议并成立，宗旨为“提倡科学，鼓吹实业，审定名词，传播知识”。其主要目的是集股 400 美元创办《科学》杂志，因此采用股份公司的形式，在董事会下设立营业部、推广部、《科学》编辑部、总事务所、通讯处等。1915 年 1 月，《科学》在上海出版发行，开始对什么是科学、科学方法、科学精神以及科学的社会功用等方面进行全面讨论，填补了自鸦片战争以来中国引进西方科学技术这一方面的空白，开创了中国科学发展的新纪元，切合了当时国内文化革命与文化建设的需求，在一定程度上为新文化运动“德先生”“赛先生”的吁求提供了坚实的基础，成为以《新青年》为旗帜的新文化运动的先导。

创办者以为有股东在后面监督，《科学》可以避免当日大多数刊物有始无终的命运。可《科学》的实际运作表明区区 400 美元的股金杯水车薪，即使股东人数与股金数目远远超过当初的设想，也根本无法维持《科学》的继续刊行。同时，仅仅一份《科学》杂志也不能达到提倡科学的宗旨。于是创办者们开始筹备将股份公司形式的科学社改组为学术社团形式的中国科学社。1915 年 10 月 25 日，由胡明复、邹秉文、任鸿隽三人起草的《中国科学社总章》得到社员赞成通过，中国科学社宣告正式成立，宗旨为“联络同志，共图中国科学之发达”，严格规定了社员入社的条件、权利与义务，在董事会下设立分股委员会、期刊编辑部、书籍译著部、经理部、图书部和年会筹备委员会，初步具备了一个学术性社团的组织结构与功能。除继续发刊《科学》而外，更有一个全面发展中国科学技术的规划，书籍译著部从事科学书籍的翻译引进与撰著，图书部专门筹设科学图书馆以为科学研究做准备，年会筹备委员会筹备年会特别是学术交流的论文征集。更为重要的是，设立分股委员会将不同学科专业的社员分股，不仅是未来各专门学会的雏形，也有将未来成立的各专门学会统摄在中国科学社的考虑，惜乎这一规划与设想最终未能实现，也使其在 20 世纪 30 年代转化为中国科学团体联合会角色的设想未能成功实现。

中国科学社改组后，社务不断扩展，影响日渐增大，得到了爱迪生、蔡元培、黄炎培、张謇、黎元洪、伍廷芳等中外名流的赞许与支持，并连续召开了三次年会，在当年以学生会年会为特征的留美学界独立发展出一个学术性年会，在情感交流之外学术交流共同体日渐形成，不仅得到了留美学界的激赏，更锻炼了留学生们的学术能力。1917 年 3 月，向北京政府教育部注册，正式成为法人团体。到 1918 年，社员人数已超过 400 人。

二

随着主要领导人周仁、胡明复、过探先、竺可桢、任鸿隽、杨杏佛等的学成归国，中国科学社也于 1918 年搬迁回国。与大多数留学生创办的学术团体回国后面临生死存亡境地一样，中国科学社也面临这一困窘。首先是新入社社员急剧下降，还有经费奇缺，旗帜《科学》稿源缺乏以致无米下炊，没有固定的社所等现实困难。更为重要的是，当时国内政局不稳，社会不宁，留学归国者显身手的舞台极其狭窄，真正能开展科学研究的机会更是少之又少。然而，与大多数留学生社团回国后销声匿迹不一样，中国科学社有一个强有力的领导群体，他们通过各种途径和方法，逐步解决了生存的困难。通过蔡元培获得了北京大学每月 200 元的《科学》出版资助；发起 5 万元基金募捐，任鸿隽等北上南下、东走西奔，终有所获；通过张謇等关系获得了南京成贤街固定社所；吸收丁文江、李仪祉、秦汾、翁文灏等国内学界先进进入领导层，并选举丁文江为社长，进一步在学界扩大影响。

当时的中国，真正意义上的科学研究极端稀缺。中国科学社领导人深刻认识到，科学若仅仅停留于口头言说的宣传，无论多么动听，总是空谈，只有进行实实在在的科学研究，中国科学才能真正发展。因此，他们不仅在舆论上（主要是《科学》杂志）鼓吹科学研究，社员们也身体力行具体实践，并于1922年8月创建中国科学社生物研究所。生物研究所作为中国科学社宣扬科学研究、从事科学研究的载体，是中国科学社创办最为成功的事业之一，也是民国科研机关的典范。它筚路蓝缕，对中国科学无论是科研人才的培养、科研成果的产出，还是科学研究氛围的形成、科学精神的塑造与传播，都有不可估量的贡献。生物研究所通过科研成就在国际科学界为中国赢得了崇高荣誉，是中国科学走向世界科学共同体的最为重要的通道之一，同时也极大地扩展了人类知识的视野。

为了进一步适应中国社会，1922年8月在南通召开的第七次年会上，中国科学社再次修改社章，进行第二次改组，将原来执掌社务的董事会改为理事会，设立全新的由社会名流组成的名誉性董事会，专门进行基金捐款与管理，并于当年冬天选举张謇、马相伯、蔡元培、汪精卫、熊希龄、梁启超、严修、范源廉、胡敦复等九人为第一届董事，由董事会向财政部申请，获得江苏省国库每月2 000元的资助。宗旨改为"联络同志，研究学术，共图中国科学之发达"，第一次旗帜鲜明地提出"研究学术"的口号。社务达九项之多：(1)发刊杂志，传播科学，提倡研究；(2)著译科学书籍；(3)编订科学名词，以期划一而便学者；(4)设立图书馆以便学者参考；(5)设立各科学研究所，施行科学上之实验，以求学术实业与公益事业之进步；(6)设立博物馆，搜集学术上、工业上、历史上以及自然界动植矿物诸标本，陈列之以供研究；(7)举行科学讲演，以普及科学知识；(8)组织科学旅行研究团，为实地之科学调查与研究；(9)受公私机关之委托，研究及解决关于科学上一切问题。除继续从事科学传播与科学普及而外，核心是宣扬与具体从事科学研究。

此后，中国科学社按照社章规定日渐扩展社务。在科研机构设立方面，除生物研究所外，还有理化、数学、卫生、矿冶及特别研究所等计划；在科学教育方面，设立科学教育部从事《科学》杂志的编辑发行、"科学丛书"的编辑出版和通俗科学演讲，计划设立通俗观象台、科学博物院（分为自然历史与工业商品两类）、科学书籍编译院、仪器制造所等；在科学图书馆方面，除南京社所已有外，还计划在上海、广州、北京等处设立分所。按照任鸿隽的说法，总图书馆及自然历史博物馆设在文化中心北京，理化研究所及工业商品博物馆设在工业中心上海，生物与卫生研究所设在南京，矿冶研究所设在广州，其余分图书馆与特别研究所根据各地需要随处可设。这是一个宏伟的规划，欲在全国建成中国科学社的一个学术机构网络。

理想很丰满，现实很骨感。上述宏大计划大多未能实现，即使曾多次向社会募捐，一再筹设的上海理化研究所、数学研究所也没有最终结果。但无论如何，获得发展机会的中国科学社走上了蓬勃发展道路。入社社员年年增长，至 1927 年已达 850 人。1922 年开始汇集年会论文，用西文发行《中国科学社论文专刊》(*The Transaction of the Science Society of China*)，成为中国科学走向世界科学界的通道。生物研究所亦自 1925 年开始发刊研究论文集。

社会影响大为扩展的中国科学社在中国科学发展事务上的发言权也大大提升，特别是在当时英美日庚款退款应用上表现得最为充分。中国科学社提出退还庚款在中国所办事业必须是中国最根本最急需的，能为中国谋求学术独立的永久文化基础，能增进全世界人类之幸福的事业。这一主张反响强烈，也成为各国退还庚款使用的重要标准。同时，中国科学社不少领导人进入对中国科学影响最大的美庚款管理机构中华教育文化基金董事会领导层，为中国科学社生物研究所的发展争取到不少的经费资助。在发展过程中，中国科学社不仅取得国内学术社团的领导地位，在国际学术界也占有一席之地，成为国立中央研究院成立前中国学术界代表。

三

1927 年南京国民政府成立后，制定积极的科技政策，设立国立中央研究院、北平研究院等国立专门研究机关，充实大学科研力量，中国科学技术的发展步入新天地。这虽在一定程度上挤压了民间学术社团相关方面的发展，但中国科学社还是获得了发展契机，步入一个空前的扩展时期。

首先，通过蔡元培、杨杏佛等人的努力，获得国民政府 40 万元二五国库券，是中国科学社历史上最大一笔款项，也是其后来发展最为重要的基金，专门设立了由蔡元培、宋汉章、徐新六等组成的基金管理委员会进行管理。第二，国民政府将南京社所及其围墙外的成贤街文德里官产划归中国科学社永久使用，进行改建与扩充。第三，得中华教育文化基金董事会专项资助后，改建生物研究所，分植物研究室、动物研究室、动物生理实验室、图书储藏室、阅览室、标本陈列室与储藏室等。第四，有了大笔基金后，购定上海法租界亚尔培路（今陕西南路）309 号房屋为社所，并将总办事处由南京搬迁到上海，将社务重心由南京转向上海，南京仅留下生物研究所及其附属图书馆。

中国科学社还创建明复图书馆、设立科学图书仪器公司、发刊《科学画报》和《社友》、设立学术评议与奖励基金、成立科学咨询处、联合其他团体召开联合年会等等。1931 年元旦，中国第一座专门科技图书馆明复图书馆（为纪念英年早逝的重要领导人胡明复）落成，为钢筋混凝土结构三层楼房，建筑费用 8 万余元，设备费用 3 万余元，完全免费向国人开放。明复图书馆建成后，成为上海社会和学术生活中的重要活动空间。战时更成为保存图书仪器等学术资料之地，为中华文化的存续与接续贡献力量。

为解决《科学》印刷发行脱期等问题，中国科学社创设中国科学图书仪器公司，最初专门从事印刷，后扩展业务，发展成为中国最为有名的科学出版机构，专门印刷科学书报，分为印刷部、图书部、仪器部三个部门，在南京、北平、汉口、重庆、广州等地设分公司，在中国科学图书的印刷、科学仪器的制备上有着十分重要的地位。

为了进一步加强社友间联络，1930 年 10 月发刊《社友》，专门刊载社务、社友往来及社友消息，至 1949 年共出版 93 号（期）。广泛记载了社员的活动与社务进行状况，是了解当时中国科学界“实态”的一份重要资料。1933 年 8 月创办科普刊物《科学画报》，时任总干事杨孝述具体负责，在当时众多科普刊物中异军突起，成为至今仍延续发行、影响极为深远的科普读物，也成为中国科学普及的旗帜。

学术评议奖励是一个完善的学术共同体主要任务之一，也是学术体制化最为重要的方面之一，更是学术独立运行的重要基础。自 1929 年以来，中国科学社相继设立、管理的学术奖金有高君韦女士纪念奖金、考古学奖金、爱迪生电工奖金、何育杰物理学奖金、范太夫人奖金、梁绍桐生物学奖金、裘氏父子科学著述奖金等，这些学术奖励的评审颁发不仅是对年轻科研工作者的承认，而且对获奖人员来说更是巨大的鼓励，是他们在未来科学研究道路上披荆斩棘、奋勇前进的动力之一。中国科学社也曾有向国内科学研究最著名者颁发“中国科学社奖章”的设想，并制定了章程，但最终没有结果。

中国科学社成立伊始就有科学咨询业务，但一直未能有所行动。1930年，国民政府号召学术机构设立科学咨询处，并订立了“科学咨询处办法”。中国科学社积极与政府合作，设立了科学咨询处，并将咨询的问题和答案刊布在《科学》杂志上。《科学画报》创刊后，“科学咨询”移载该刊，每月咨询者达50件左右，1936年度更超过1 000件，后改为“读者来信”，成为《科学画报》几十年不变的特色栏目。

中国科学社年会日渐成为国内学术交流的重要平台。1934年，中国科学社联合中国植物学会、中国动物学会、中国地理学会等专门学会召开联合年会，宣告中国学术界联合年会的开启。1936年，中国数学会、中国物理学会、中国化学会加入，在北平举行七学术团体年会，到会456人，论文292篇，被誉为“最大也是最后”的学术盛会。联合年会的召开与各种综合、专门学术期刊的创刊发行，标志着中国科学交流系统正式建成，极大地促进了中国科学的发展。

中国科学社旗帜《科学》发刊到1935年，走过了20年的风雨，面临着专门科学期刊、大学学报、研究机关集刊等众多学术刊物的挑战。中国科学社专门聘请山东大学生物系主任刘咸出任主编，对其进行改组，定位读者对象“首为高中及大学学生，次为中等学校之理科教员，再次为专门学者，最后为一般爱好科学之读者”，设有“社论”“专著”“科学思潮”“科学新闻”“书报介绍”“科学通讯”“科学拾零”等栏目，旋增论文摘要性质的“研究提要”。改版后的《科学》下接续完全通俗的给一般读者阅读的科普期刊，上接续各专业学会的专业期刊，“实居中心枢纽地位，……其宗略规托英国之《自然》周刊，美国之《科学》，德国之《自然科学》等杂志”。

到1937年，中国科学社的整个事业发展到巅峰，有上海总社所（有总办事处、明复图书馆及编辑部等）、南京社所（有生物研究所与图书馆）和广州社所。董事会由马相伯、蔡元培、汪精卫、熊希龄、吴稚晖、宋汉章、孙科、胡敦复、孟森和任鸿隽组成。理事会由翁文灏（社长）、杨孝述（总干事）、周仁（会计）、赵元任、胡刚复、秉志、竺可桢、马君武、胡适、任鸿隽、胡先骕、李四光、王琎、孙洪芬、严济慈组成，个个都是学术界响当当的人物。秉志为生物研究所所长兼动物部主任、钱崇澍为植物部主任兼秘书。图书馆委员会由胡刚复、尤志迈、王云五、杨孝述、刘咸组成，刘咸兼任馆长。《科学》编辑部集中了当时学术界的精英如范会国、杨钟健、吕炯、吴定良、卢于道、冯泽芳、吴有训、曾昭抡、张江树、张其昀、顾毓琇、王家楫等。全国还有12个社友会，由各地学术界领导人物主持。此时的中国科学社，已经成为民国学术生活和社会生活中一个具有广泛影响力的社会组织，被誉为“社会之福，民族之光”。

四

当事业蒸蒸日上的中国科学社正筹备联络各专门学会在杭州浙江大学召开联合年会时，日本帝国主义的全面侵华中断了中国科学的正常发展。为了保存中华民族发展的火种，除明复图书馆、《科学》和《科学画报》编辑部、中国科学图书仪器公司等事业和机构因地处法租界而留在上海外，其他事业和机构如南京社所、生物研究所及图书馆，与当时大多数学术单位一样汇入了世界历史上罕见的千里搬逃的洪流中，内迁重庆，落脚于西部科学院，后建造简陋研究室，继续积极从事学术研究。

南京社所、生物研究所在内迁重庆时，限于人力物力，只将小部分书籍标本迁出，留下人员照顾所址并保管价值连城的书籍仪器和标本，不想侵华日军占领南京后，首先派军队强占生物研究所，并肆意破坏所内设施。后来原驻防部队调访时，竟然放火将生物研究所烧毁，标本、仪器、书籍均荡然无存。曾是那样蓬勃发达、活力四溢、成就卓著的生物学中心生物研究所就这样被毁了。

生物研究所内迁时，秉志因夫人生病而留守南京。生物研究所被毁后，秉志到上海，与刘咸、杨孝述等中国科学社核心成员一道克服各种困难维持中国科学社社务，继续发刊《科学》《科学画报》，坚持明复图书馆的开放，提供了科学交流的平台，记载了科学进步的历程，保存了中国科学发展的火种；千方百计坚持科学研究，并关注后辈学人的成长，为战后中国科学的发展奠定了坚实的基础。他们深知科学在抗战中的作用，毅然走出书斋，以自己之所长，通过《科学》《科学画报》《申报》等媒介发表言论，宣扬科学抗战报国、抗战救国、抗战建国。他们在抗战期间的所作所为，尤其是对敌斗争，与真枪实弹的正面战场、敌后游击战以及暗藏杀机的沦陷区谍报战一起，构成了中华民族反抗外敌入侵的壮丽画卷，展现了一代知识分子不畏强敌的崇高情怀与情操，是名副其实的另一种抗战。

太平洋战争爆发后，上海“孤岛”不存，1942 年 3 月中国科学社总社内迁重庆，上海社所由照料委员会照料，留职工 3 人看守。上海社务除《科学画报》继续维持外，《科学》在发刊第 25 卷后首次宣布停刊，明复图书馆关闭。1942 年 9 月，上海社友会协同照料委员会将明复图书馆重新开放。翌年 3 月，《科学》第 26 卷在重庆出版，宣告了这份刊物的重生。同时，随着内迁的学术界日渐稳定下来，中国科学社先后于

1940 年、1943 年、1944 年联合多个专门学会召开联合年会，不仅进行学术交流，更为抗战建国献计献策。

虽在广大社员的努力下，社务一直坚持，但从抗战伊始，中国科学社事业不可避免地逐渐走向衰落。抗战胜利后，中国科学社力图有所作为，终因环境制约，维持现状已告艰辛。南京社所被毁，生物研究所不能复员，研究人员星散，只有秉志等少数几个人在上海明复图书馆坚守。鉴于雷达技术的广泛应用，曾有设立射电研究所的计划，亦因故不能实现。面临恶性通货膨胀，即使国民政府 1947 年曾拨助复兴修建费法币 3 亿元、图书仪器购置费美金 2 万元，也不能满足日常维持需求。

中华人民共和国成立后，中国科学社领导人曾满心希冀继续充当民间科学代表，为新社会的科学事业贡献力量，然而在当时的形势下，民间私立社团已经没有继续存在的合法性和可能性。1951 年《科学》刊发一期增刊后停刊。为继续维持生存，中国科学社于 1952 年 2 月修改社章，将宗旨改为“团结同志，继续研究科学，交流经验，并协助生产事业之发展”。1954 年为庆祝成立 40 周年，在上海举办了中国科学史料展览，组织编纂出版“中国科学史料丛书”“科学史料译丛”等。1957 年“双百方针”期间曾将《科学》复刊，延续不及两年又告停刊。其后，中国科学社相继将各种事业移交给人民政府后，维持至 1960 年 5 月 5 日发布《告社友公鉴》，正式宣告退出历史舞台。

1985 年，由 12 位科学家建议，在中国科学社老社友、《科学》的老编辑、老作者、老读者的支持下，经中国科学技术协会批复，《科学》再次复刊。复刊后的《科学》承接前辈的科学梦，努力地传播科学，播撒科学的种子，又继续在科教兴国的旗帜下前行！

五

从 1914 年美国纽约州小镇伊萨卡走来，到 1960 年在上海结束，中国科学社在其近半个世纪的存续期间，保留了大量的档案资料。据调查，目前这些档案资料主要保存在上海市档案馆、中国近现代新闻出版博物馆（筹）、复旦大学档案馆、美国哈佛大学燕京学社图书馆和康奈尔大学东亚图书馆等处。

上海市档案馆藏有中国科学社全宗和散布在其他全宗的相关中国科学社档案资

料。中国科学社全宗共有档案资料280卷,起止时间为1914—1960年,大致可分为五类,综合类有中国科学社概况、会议记录、社员名单、入社志愿书等;科研类有中国科学社生物研究所相关档案如工作报告、征募基金等,中国科学社主持的各种奖金相关档案;建设类主要有南京社所、上海社所、明复图书馆、中国科学图书仪器公司相关建筑档案;实物类有中国科学社摄影集、剪报资料等;其他科学团体档案有中国气象学会、中国工程师学会、中华教育文化基金董事会、中华学艺社等档案。散布在其他全宗档案资料也有120卷左右,比较重要的有中国科学社结束时期与上海市文化局等机关往来函件、中国科学图书仪器公司档案等。中国近现代新闻出版博物馆(筹)有档案30余卷,内含中国科学社发展史上最为关键的部分档案资料,诸如中国科学社生物研究所发起书、中国科学社结束时移交清单等。复旦大学档案馆主要藏有长期担任《科学》杂志编辑部主任刘咸与学界同仁的往来函件,如翁文灏、竺可桢、秉志、胡先骕等当时中国学术界顶尖科学家与刘咸围绕《科学》杂志及学术界相关情况的通信。哈佛大学燕京学社图书馆藏有中国科学社留美分社的档案资料。康奈尔大学东亚图书馆藏有中国科学社初创时期的一些档案资料,特别是早期社员留学档案。

这些档案资料忠实地记录了中国科学社自身的创建、发展、消亡的过程,更反映了作为民间科学社团在中国近代社会剧烈变迁中如何苦心孤诣发展中国科学的艰难历程,见证了中国近代社会的发展与变革。因此,对中国科学社留存下来的大量档案资料进行整理出版,并在此基础上进行深度和缜密研究就有其不言自明的重要意义。有鉴于此,长期致力于中国科学社研究的上海社会科学院历史研究所张剑,联合上海市档案馆邢建榕、何品、王良镭,复旦大学档案馆周桂发、杨家润,中国近现代新闻出版博物馆(筹)林丽成、章立言,上海科学技术出版社段韬等学术同好组成课题组,共同开展国内所藏中国科学社档案资料的整理出版及研究工作(哈佛大学燕京学社图书馆和康奈尔大学东亚图书馆相关档案资料留待机会成熟再行整理研究),缅怀中国科学社先辈们发展中国科学事业的业绩,并纪念中国科学社成立及《科学》创刊一百周年。

本课题组织实施以来,得到各相关单位领导的大力支持,《科学》杂志编委会主编、中国科学院院长白春礼欣然担任编委会主任,并撰写序言。本课题获得上海市哲学社会科学基金立项、上海市新闻出版专项资金资助。

目录

下篇　社员群体与领导层

导　言

因“在原子核和基本粒子理论，特别是基本对称性原则的发现和应用等方面做出杰出贡献”，获得 1963 年诺贝尔物理学奖的匈牙利裔美国科学家维格纳（E. P. Wigner，1902—1995），晚年回忆起他 1921 年受父命到柏林工业大学攻读化学工程期间，参加在柏林大学举行的德国物理学会学术会议的盛况：每周有三四篇最新研究成果报告讨论，与会者常常 60 人左右，有时座无虚席，很难找到座位。在这里，他结识了爱因斯坦、普朗克、劳厄、能斯特、海森堡、泡利等一众顶尖物理学家，虽然一开始什么都听不懂，但仍然被吸引：“我觉得我属于那里。虽然讲不出话，只是聆听和观察。”对演讲人的报告，爱因斯坦“总是准备去评论、争议，或者去质疑任何讲得不清楚明白的文章：‘噢，不。事情没有那么简单。’”[1]很快，维格纳就完全忘记父亲的嘱托，沉浸在理论物理学的天堂，最终成为一代物理学大师。

这就是科学社团在科学发展史上的作用，它不仅可以改变一个人的志趣与人生道路，更重要的是，它能全面影响科学的发展进程。科学社团是科学发展到一定阶段之后，科学家们为了满足日益增长的学术交流需求而自发组建的民间社会组织，是科学体制化的重要标志之一。职是之故，科学社团研究历来受到各方面的重视，不断有成果涌现。① 科学社团在近代中国科学发展过程中的作用，因各种各样的原因，可能不能与

① 如相关英国皇家学会、英国科学促进会、美国科学促进会的研究著作即有不少。英国皇家学会作为人类历史上第一个真正有影响的科学社团，历来为研究者所重视，代表性著作有 Henry Lyons, *The Royal Society, 1660—1940*［Cambridge University Press, 1944. 有陈先贵译本（莱昂斯著《英国皇家学会史》，云南省机械工程学会、云南省学会研究会，无出版时间）］; Michael Hunter, *The Royal Society and Its Fellows, 1660—1700: The Morphology of an Early Scientific Institution*（British Society for the History of Science Ltd, 1982）; Bill Bryson, *Seeing Further: The Story of Science, Discovery, and the Genius of the Royal Society*（William Morrow, 2010）。研究英国科学促进会的代表性著作有 R. M. Macleod, J. R. Friday and C. Gregor, *The Corresponding Societies of the British Association for the Advancement of Science 1883—1929: A Survey of Historical Records, Archives and Publications*（Mansell, 1975）; Jack Morrell, Arnold Thackray, *Gentlemen of Science: Early Correspondence of the British Association for the Advancement of Science*（University College London, 1984）。研究美国科学促进会的代表性著作有 S. G. Kohlstedt, *The Establishment of Science in America: 150 Years of the American Association for the Advancement of Science*（Rutgers University Press, 1999）。

科学先进国家相提并论，但也有不可忽视的地位。

中国科学社1914年6月10日由求学美国康奈尔大学的中国留学生创议成立，起初仅仅是志趣相同的同学组成的小团体，几经改组，日渐发展成为近代中国团聚学术精英最多、延续时间最长、影响最为深远的综合性学术社团，到1960年在上海黯然宣布解散，历经了北京政府、南京国民政府和中华人民共和国三个历史时期的风风雨雨。

作为民国学术社团的母体，中国科学社在各专门学会的创立、建设、管理与社团自治等方面有示范与指导作用；它召开的年会是中国科学家学术交流的重要阵地，促成了中国科学交流系统的形成与发展；它1915年创刊的《科学》，几经曲折，至1960年被迫长时间停刊，团聚和培养了大批人才，1985年复刊，又是许多春秋过去，成为中国最权威的连接专门科学与通俗科学的桥梁，引导无数青年通往科学的殿堂；1922年创办的生物研究所是近代中国科学发展史上最为成功的科研机构典范，对中国近代生物学的发展厥功至伟；1933年创刊的《科学画报》发刊至今，宣传普及“赛先生”，影响了一代又一代科学爱好者，将科学的种子广撒、深植民间；它创建的专业科技图书馆——明复图书馆、专业科学出版机关——科学图书仪器公司等事业也为中国的近代化立下汗马功劳。此外，在中国近代学术评议与奖励机制的创立、名词术语的审定及科学家社会角色的形成等科学体制化方面也有垂范和引领作用。更为重要的是，中国科学社不仅率先揭橥“赛先生”和“德先生”，成为五四新文化运动的先导，而且致力于宣扬什么是科学、科学方法与科学精神，填补了自洋务运动成规模引进西方科学以来的空白，促成了国人对科学的全面认知。可以毫不夸张地说，中国科学社促成并参与了中国近代科学的发生发展，也极大地影响了近代中国思潮的流变，在中国近代化历程中扮演了极为重要的角色。

传统中国没有社会分层意义上的科学家，自然也没有科学社团这一社会组织。待到西学东渐之后，近代科学在中国逐渐扎根发芽，科学社团的创建也就走到历史前台。与西方科学社团的发展相较，中国科学社团无论是创建的社会环境、组织形式，还是组织程序、社会功能、与政府的关系等，都有其自身的特征。随着“市民社会”或“公共领域”作为阐释概念应用于中国近代历史的研究，民间社团逐渐成为国内外学界关注的热点。但学者们主要集中在诸如商会、同业公会和慈善团体等组织，于科学社团这样的学术性团体注意并不够。其实，学术性组织的科学社团相较其他民间团体更具有“公共领域”的典型意义与特征。作为中国近代科学社团之“母”，中国科学社的创建是中国社会现实与美国社会缩合的产物，以之为个案，分析其发展演化，剖析其组织形式与结构，探讨其社会功能，并与西方科学社团进行对比，不仅可以了解中国近代科学的发展，而且可以从学术社团发展角度考量民国社会历史的发展，探讨科学技术与社会变迁之间、民间组织与政府之间的互动关系，从科学史角度分析科学发展与制度创新、社会经济文化的互动关系，为科学社会学这门边缘交叉学科填补中国内容，自有其独特的价值与意义。

由于中国科学社在中国近代科学发展中的特出地位，相较其他学术社团无论是综合性社团还是专业性社团，目前相关研究成果已有不少，中文世界就有博士论文5篇、专著4部，英文世界博士论文也有2篇，其他专题研究更多。① 这些研究成果涉及中国科学社的各个方面，概括起来主要集中在以下几个方面：一是中国科学社历史及其事业的综合性叙述分析；二是从思想史角度研究中国科学社的科学知识传播在思想与社会生活方面的影响；三是从学术社团发展的近代化专业化层面探讨中国科学社的历史地位；四是从各门自然学科的发展史讨论中国科学社的历史贡献；五是关注重要领导人任鸿隽、秉志、杨铨、胡明复、周仁、赵元任等。这些研究大多以历史叙述为主，真正有深度的研究并不多见。这对全面了解中国科学社在中国近代科学发展历程中的地位、在中国近代化中的作用还远远不够，特别是对中国科学社如何团聚科学人才与吸引发展资金、中国科学社在不同时代下的具体发展、一代代科学家如何通过这一团体走向成功并促进中国科学发展、另一些科学家和社会人士又是怎样苦心孤诣地维持这一团体、中国科学社作为一个民间组织的组织结构与运行机制、中国科学社与政府之间的关系、以中国科学社为中心的学术社团与学术独立、社员群体及其主要人物的历史命运等方面论述和研讨还很薄弱，这样也就很难以中国科学社为例从整体上把握中国近代科学与社会变迁之间的关系，也难以厘清中国科学社团与西方科学社团在组织结构、运行机制及社会功能上的联系与区别。

已有相关中国科学社研究，依据史料主要是中国科学社自己创办并公开出版的《科学》《科学画报》和仅限于社员内部交流的《社友》及其他出版物，如各次年会纪事录等，一些相关人物的文集与日记、书信等，对中国科学社档案基本没有利用。在近半个世纪的存续期间，中国科学社存留了大量的档案资料，忠实地记录了中国科学社自身的创建、发展、消亡过程，更反映了作为民间科学社团在中国近代社会剧烈变

① 相关中国科学社研究综述可参阅拙文《中国科学社研究历史、现状及其展望》(《中国科技史杂志》2016 年第 2 期)，这里就不赘述。

迁中如何苦心孤诣发展中国科学的艰难历程。为了便于研究者更好地利用这些档案资料，笔者联合上海市档案馆、中国近现代新闻出版博物馆（筹）、复旦大学档案馆、上海科学技术出版社等有关单位同好组成课题组，将国内馆藏中国科学社档案进行初步整理。因此，相较以往研究，本书尽量利用相关档案，进一步梳理与厘清中国科学社发展过程中过去不是很清楚的史实，如第二次改组、丁文江就任社长、南京社所的获取等，重塑抗战期间、战后复员及1949年后消亡的历史过程，扩展过去仅仅为研究者点到为止的中国科学社活动，如名词术语审定统一、学术奖励与评议、图书出版等，进一步分析群体社会结构、领导层的结构变化与时代变迁等。

为了更好地理解中国科学社作为一个私立社团组织，在繁复多变的近代中国如何不断调适其社会角色，以更好地促进中国科学的发展，本书运用科学社会学、组织社会学等学科的理论和方法，对中国科学社的历史、自身结构及其所办事业进行历史学的追溯、解剖与分析。

科学社会学作为一门新兴学科在20世纪40—50年代逐渐发展起来，广义的科学社会学应用社会学的理论和方法一般性地研究科学技术与社会诸方面，如社会、政治、经济、教育、宗教与文化等的互动关系。狭义的科学社会学把"科学看作一种社会建制，把科学的发展看作科学在社会中逐渐体制化的过程，……从社会职业、社会组织结构、社会行为规范的角度研究科学"。[2]这是以美国社会学家默顿（R. K. Merton）、巴伯（B. Barber）等和以色列裔社会学家本-戴维（J. Ben-David）为代表的所谓实证主义的科学社会学，他们利用社会学的理论和方法研究科学建制、科学共同体、科学规范、科学家群体与科学成果的量化等问题。今天，科学社会学的主流已经转移到西欧，以巴恩斯（B. Barnes）、拉图尔（B. Latour）、布鲁尔（D. Bloor）、诺尔-塞蒂纳（K. Knorr-Cetina）等为代表，他们以知识社会学为研究路径，讨论科学知识的社会性；利用人类学的方法，从课题的申请、科学实验、论文发表与著作出版、学术界的讨论等方面进行考查。他们的结论称科学知识的产生与自然毫无关系，是社会交往的产物，因此被称为科学社会学的"社会建构论者"。[3]①

① 科学知识社会学的创始人爱丁堡学派的巴恩斯是所谓"强纲领"（相对主义的建构论方法的别称）的代表人物，他在《科学知识和社会学理论》中认为科学家的信仰、社会地位和所属社会团体都可能影响他的思想，他们在很大程度上从居于统治地位的知识阶级思想中获取思想养分。在《利益与知识的增长》中，他肯定了利益与知识之间的联系，"科学不是一套用来支持在不同的具体文化环境中进行真实描述和有效推理的普遍标准，科学中的权威与控制不会简单地保证'理性'和经验之间的那种不受阻碍的相互作用。科学标准本身就是一种特殊文化形式的组成部分；权威和控制是维持 （转下页注）

“社会建构论者”的观点具有相当的合理性与说服力，用来分析探讨目前中国学术体制中存在的许多弊病确实是极好的“钥匙”与理论指导。即使是对“社会建构论”持反对态度者也不能不承认其阐释力。美国科学社会学默顿学派的继承人，以《科学界的社会分层》登上学术殿堂的科尔（S. Cole）认为建构论者的研究工作，“严格审视起来，除了胡言乱语或者巫毒（voodoo）社会学外，什么也不是”，但他确认社会科学可能确实是社会建构的，因为“意识形态、权力和裙带关系似乎确定了社会科学家相信什么，证据经常被完全忽略。”[4]①

正如杨国强先生所说：“在实际的历史认知过程里，每一种具体的理论所对应和观照的，则只能是历史中的一个方面和一个部分。与之相因果的，便是每一种具体的理论以其独有的范式解说历史之际，又始终内含着对整体历史施以割裂与分解的趋向和可能。”[5]理论是对经验事实的简约，在这一抽象的化约过程中，必然会忽视复杂多变的事实。“社会建构论”自然也有这样的通病。科学特别是自然科学毕竟是研究自然世界的，自然世界是客观的，虽然社会建构在课题的确定、实验的进行与成果的发表上具有极端重要的作用，但不能改变客观存在的自然世界。因此，已经出现了调和“实证主义”科学社会学和“社会建构”科学知识社会学的努力，科尔的《科学的制造——在自然界与社会之间》即为代表。笔者自然不能完全认同“社会建构论者”的观点，而且对中国科学社的研究也不能利用人类学的方法去“体念与交谈”，

（接上页注）这种特殊形式的合理性感觉的决定因素。因此……对于社会学研究来说，科学在原则上像其他形式的文化和知识一样，应该是可以修改的”（巴恩斯：《T·S·库恩与社会科学》，1982年英文版，第10页注1。转引自弗里德曼（M. Friedman）《论科学知识社会学及其哲学任务》，载《哲学译丛》1999年第2期）。“强纲领”的具体表述者是布鲁尔，他在1976年出版的《知识和社会意象》中说科学知识社会学要研究知识产生的各种原因，包括社会的、心理的等，科学知识社会学公平地对待真理与谬论、理性与非理性、成功与失败。社会建构论影响最大的著作是拉图尔等利用人类学方法于1979年出版的《实验室生活》和诺尔-塞蒂纳1981年出版的《制造知识》。前者是作者1975—1977年对美国加利福尼亚的萨尔克实验室进行观察的结果，他们认为1977年分享诺贝尔生理医学奖的吉耶曼（R. Guillemin）和沙利（A. V. Schally）的成果甲状腺素释放因子TRF化学系列的发现是社会建构的。同样《制造知识》一书也分析研究科学家们在取得成就过程中的互相协商与合作。他们都宣称科学事实不受自然的约束，是由科学家在实验室制造出来的。

① 社会建构论的观点一出笼就受到质疑。库恩被认为是开启社会建构论钥匙的人，但他1992年发表文章说：“‘强纲领’被广泛理解为，声称权力和利益便是存在的一切。自然本身，无论它是什么，似乎都不参与有关信念的形成。至于事实或者由此得出的见解的合理性，以及这些见解的真理性或者可能性，仅仅被视为修辞术，在修辞的背后，得胜者隐匿了权力。于是，把什么被认为是科学知识，就完全成了胜利者的信念。有人发现强纲领的主张是荒谬的，是一个发疯的解构实例，我就是其中的一员。”（转引自科尔所著《巫毒社会学：科学社会学最近的发展》）

历史学的任务只能是努力追本溯源，当然不敢奢求"复原"。因此本书在讨论中国科学社的创建、发展及其消亡时，基本上以广义科学社会学为指导，一般性地讨论中国科学社与政治、社会、经济诸方面的互动关系。在讨论中国科学社对中国科学发展的影响时，主要应用实证主义的理论和方法，研究中国科学社与中国科学体制化的关系、中国科学社的社会网络结构等。

组织社会学也是直到20世纪50年代才作为社会学的一个独立研究领域而发展起来的。大多数组织社会学家对组织的研究确立了三个分析层次：社会心理层次强调组织内个体和群体的互动，并考察在此过程中组织的影响；结构层次力图考察和描述组织结构特性的差异；生态层次把组织作为集体行动者或更宽泛的关系体系中的组成部分。这样对组织就有了相应的三种定义：一是理性系统的定义，把组织视为寻求特定目标的、高等形式化的集合体；二是自然系统的定义，将组织作为由一致或冲突而产生的但始终寻求生存的社会体系；三是开放系统的定义，把组织视为在环境的巨大影响下，有着不同利益关系的参与者的联合。[6] 这样，研究一个组织，不仅要考察组织自身的组成与结构，如组成成员、组织结构、组织功能、组织目标及其达到此目标所采取的技术手段，还要研究组织与社会大环境的互动关系。借鉴组织社会学的分析方法，本书将对中国科学社的社会结构包括组织结构和成员的社会结构及其网络、中国科学社与其所处整个历史发展环境进行一定的剖析与探讨。

全书包括以下主要内容：①中国科学社产生的社会历史原因（包括国内与国际）；②中国科学社的发展历程与近代中国社会变迁；③中国科学社对"科学"的认知、宣扬及其影响；④中国科学社在社会变迁中的角色调适及其对中国科学体制化的影响，包括中国科学社组织结构变迁与中国科学组织机构体制化、中国科学社与其他科学社团关系、中国科学社的科学交流体系与中国科学交流体制化、中国科学社的学术奖励与评议及其影响、中国科学社的名词术语审定统一工作及其贡献等；⑤中国科学社主要事业及其对中国科学发展的影响，包括生物研究所在中国科学发展中的奠基作用，《科学》《科学画报》的科学宣传与人才培养，中国科学社的人才聚合与中国科学家社会角色的形成与发展等；⑥中国科学社成员的社会网络结构分析，包括社员群体的社会分析、领导层的具体解析、主要领导成员的个人传记分析，试图从这几个层面寻绎中国科学社的社会网络结构。通过上述具体分析，了解作为一种社会建制的科学在民国时期的发展情况，探讨影响民国科学发展的社会条件及科学又如何影响社会，并力图以中国科学社为中心讨论民国科学的发展历程，讨论政府与社会在民国科学发展上的不同地位与作用及其相互关系。

需要指出的是,为了更为直观地展示“赛先生”本土化的艰难历程,书中附有不少的图片(有些比较难见),大多是对相关内容的进一步说明,有些相对独立,正文就不再一一注明。当年来华工作的外国人一般都有中文名字,但因笔者学识所限,有些人没有找寻到中文名,又不能按照现行通用方法径行译名,有待继续努力与方家指教。

参考文献

[1] 维格纳,桑顿. 乱世学人:维格纳自传. 关洪,译. 上海科技教育出版社,2001:70-73.
[2] 刘珺珺. 科学社会学. 上海人民出版社,1990:26-30.
[3] 科尔. 科学的制造:在自然界与社会之间. 林建成,等,译. 上海人民出版社,2001:5-6.
[4] 科尔. 巫毒社会学:科学社会学最近的发展. 刘华杰,译. 哲学译丛,2000(2):27-28.
[5] 杨国强. 历史研究中的分寸. 东方早报·上海书评,2016-7-18(A06).
[6] 斯格特. 组织理论:理性、自然和开放系统. 黄洋,等,译. 北京:华夏出版社,2002:22-26.

序篇　寻路与中国科学社的创建

两次鸦片战争的创巨痛深，使中国人见识了近代科技知识武装起来的西方坚船利炮的威力，晚清王朝无论是在朝为官作宰者，还是民间士绅，都汲汲于寻求中国富国强兵之道。洋务运动开启了西方近代科技第一次成规模输入大幕，但甲午一战败绩于“蕞尔小岛”日本，宣告了“技术救国”道路的流产。其后，改良与革命的政治手段成为中国走向近代化的道路选择，辛亥革命与清王朝的覆灭宣告革命的胜利，但政治并不能解决国家建设问题，科学技术在中国近代化进程中的重要性日益显现，由“实业救国”演化而来的“科学救国”思潮形成。留学科学先进各国、寻求强国方略的中华学子，深感祖国的贫困积弱正是由于科学精神的缺乏、科学技术的不发达。他们怀抱复兴中华民族之志，创办学术社团、发刊书报、翻译书刊，将西方先进的科学技术知识及其体制、精神输入中国，并深刻地认识到科学的专门化与大科学发展趋势。中国科学社作为留美学界社团组织，切合时代需求就此应运而生。

第一章 “科学救国”思潮与中国科学社的成立

1916年9月2日，中国科学社假借东美中国学生年会会场，在位于马萨诸塞州安多弗(Andover)的菲利普学院(Phillips Academy)举行第一次年会，社长任鸿隽做了《外国科学社及本社之历史》的长篇演讲，其中说：

我们的中国科学社，发起在1914年的夏间。当时在康奈尔的同学，大家无事闲谈，想到以中国之大，竟无一个专讲学术的期刊，实觉可愧。又想到我们在外国留学的，尤以学科学的为多，别的事做不到，若做几篇文章讲讲科学，或者还是可能的事。于是这年六月初十日，大考刚完，我们就约了十来个人，商议此事。说也奇怪，当晚到会的，皆非常热心，立刻写了一个原起，拟了一个科学的简章，为凑集资本，发行期刊的豫备。[1]14-15

按照任鸿隽的说法，中国科学社的创建，似乎仅仅是当时留学美国康奈尔大学的几个同学的“心血来潮”——闲谈的结果。任何事物的产生与发展，都有深刻的内在因子与外在因素，中国科学社的诞生也不例外，它与鸦片战争以来中国社会历史的发展特别是“科学救国”思潮①的形成有密切关系。

---

① 学术界关于近代中国“科学救国”思潮的研究成果已有不少，具体参阅朱华《近代中国科学救国思潮研究综述》(《史学月刊》2006年第3期)，这里就不赘述。但仍有未发之覆，特别是“科学救国”思潮随着时代变化而跌宕起伏的发展历程，及其科学从“科学救国”这样的工具回归科学本身，成为追寻真理、扩展人类知识视野的事业等方面，还有继续梳理的必要。“救国”是民国建立后才逐渐流行的思潮，此前先后有“应变”“救时”“救亡”等思潮。“科学”这个词汇大致在1905年前后才正式确定，此前先后有“分科之学”“格致”等，“科学”与“救国”结合真正形成思潮是在民国建立后。

第一节　从“技术救国”到“政治救国”①

鸦片战争为一直以天朝上国自居的中国人打开了一扇窗，他们或第一次在真枪实弹的面对面战场上见识了天朝之外另一种文化、另一个世界，或通过其他途径了解到完全不同于中国的新世界。一些开明的中国人放下“天朝至上”的文化心态，开始试图去了解、理解这个新世界，比较之中，认识到中国自身的一些不足与新世界的一些长处，因之成为近代中国第一批“睁眼看世界”的人。在这个过程中，近代中国第一批兵器工程师迅速成长起来，“技术救国”逐渐成为指导洋务运动的意识形态。

江苏长洲（今属苏州）人龚振麟（生卒年不详），监生出身，好研习西学，对西方算学、火器有一定的研究。1839 年任嘉兴县丞。1840 年夏天被两江总督裕谦（1793—1841）调到宁波军营监制军械。当时，火炮是对付敌舰的利器，前线急需，龚振麟受命赶制火炮。历来铸造火炮用泥型，不容易干，龚振麟创议用铁模铸造，很快取得成

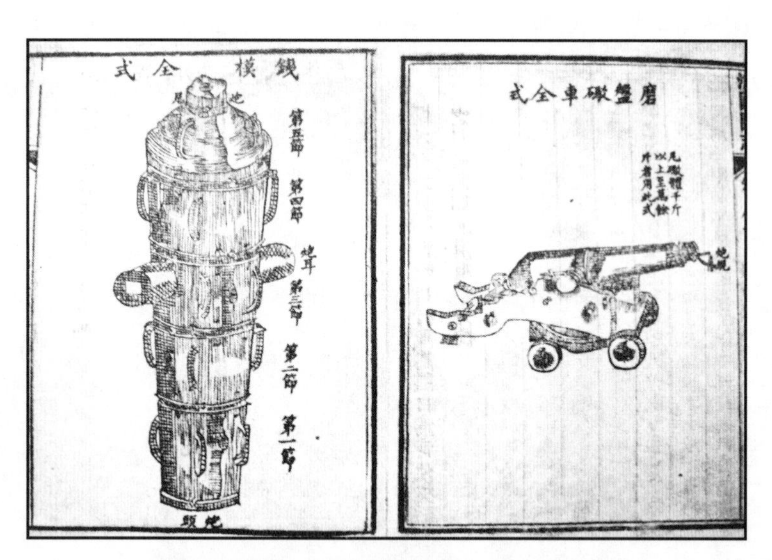

图 1－1　龚振麟创制的铸炮铁模图式与磨盘炮车图式

---

① 中国近代史上只有“革命救国”“变法救国”等相关从政治角度拯救中华民族于危难的提法，没有“政治救国”这一专门说法。这里用“政治救国”一词，一是从内涵上可以涵括革命、改良等内容，二是为了行文方便，并不是故意求新。另外，本书并没有将“科学救国”与“政治救国”相对立的意思，只是从社会思潮变化角度来表征时代思潮的演化。其实，“政治救国”高涨时，“科学救国”也存在，只不过不占主导地位而已。而政治解决中国问题的一揽子计划中，也包括科学的内容；“科学救国”形成潮流时，“政治救国”也仍然有大影响。

功，大大加快了铸炮速度。因铁模铸造具有不少优点，他撰成《铁炮铁模图说》一书，分发沿海各地区。该书堪称世界上最早系统论述金属型铸造的专著。他还参考林则徐（1785—1850）提供的《车轮船图》仿制船只，可在海洋中行驶。受"戴罪立功"来浙江军营效力的林则徐委托，将只能直击的旧式炮架改良为能上下左右改变射击角度和方位的新式炮车，灵巧坚固，富有成效。[2]

山东日照人丁守存（1812—约1886），1835年中进士，除精通经史外，兼通天文、历算及工艺制造，长期在京师任职。鸦片战争爆发后，他潜心研制炮船以御敌，并以火器专家受到清政府的重用，先后在天津、广西等地监制新式火炮等。1843年，写成《自来火铳造法》，主要内容为研制雷管作为火器起爆装置，改变了传统的纸药引信或火绳、火石引燃铳炮的方法，在中国历史上最早实现雷酸银合成。欧洲1831年首次成功研制雷管，发明者是德国的李比希（J. von Liebig，1803—1873）和法国的盖-吕萨克（J. L. Gay-Lussac，1778—1850），他们都是世界闻名的大科学家。丁守存在造船方面亦有专长，有人说他所造轮船，省人力，不用火，驶海上可左可右。开启中国近代物理学研究的郑复光（1780—?）列举当日讲求制器之法的"聪明特绝之才"时，丁守存名列其间，并称他自己从丁守存处获益良多。郑复光早就见过传抄的《火轮图说》，但不通其理，后经丁守存指点，才会通其意。[3]

当时与丁守存并称"南北二丁"的火器专家是福建的丁拱辰。丁拱辰（1800—1875），福建晋江人，回族。幼入私塾，11岁因家道中落，辍学务农，仍苦学不已，研习兵法、天文、历算、地理等。后随父经商，游历甚广，并潜心研究西洋火炮制造和演放方法，撰成《演炮图说》。鸦片战争爆发后，《演炮图说》引起林则徐的注意，招他到广东，仿照西洋样式铸造大炮40门，并运用象限全周仪对火炮进行演试。战争结束后，丁拱辰根据实践对《演炮图说》进行修订，定名为《演炮图说辑要》重刊，对各种炮式、炮弹及轻船、战舰的制法和运用均加以说明并绘图表示。后又根据铸炮与演放实践，撰成《演炮图说后编》。[4]

在仿制西洋舰船与火炮等武器过程中，一些传统科学家也开始零星学习西方科学技术，中国近代科学开始萌芽。安徽歙县人郑复光，一生淡泊功名，好与学人交游，1853年七十余岁还游京师。他善于融会贯通中西算学，与算学家李锐（1769—1817）、汪莱（1768—1813）等交往。1841年撰成《费隐与知录》，认为"世人惊骇以为灾祥奇怪之事"都可以用物性、热学、光学等原理加以说明。包世臣（1775—1853）读后赞不绝口，认为书中所论"明白平易，如指诸掌"，并为其作序曰"真宇宙不可少之

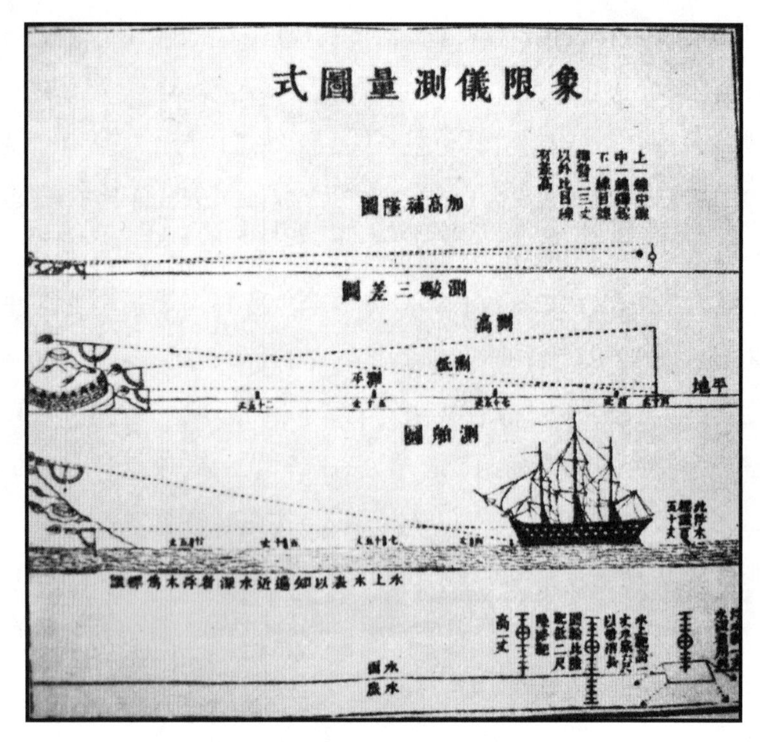

图 1－2　丁拱辰绘制的象限仪测量图式

书”。[5] 郑复光一生的主要成就集中体现在 1846 年出版的《镜镜冷痴》中，讨论了光的直线传播与反射、折射现象以及眼睛的光学功能，系统分析了光线通过凸凹透镜和透镜组后的成像原理，也有眼镜、放大镜、透镜、三棱镜、望远镜等当时 17 种光学仪器的制作方法。郑复光的光学成就代表了当时我国光学发展的水平，在某些方面得出了与近代几何光学本质上一致的结论，从而将传统光学研究水平向前大大推进一步。[6]

广东南海人邹伯奇（1819—1869），性喜钻研科学技术，注意会通中西，积极吸收西方先进科学技术知识，精于光学、摄影技术和仪器制造。1857 年被聘为广州学海堂山长，后又任广雅书院教习。其学问深为郭嵩焘（1818—1891）激赏，曾推荐他担任京师同文馆教习，谢绝不就。邹伯奇突出成就也为几何光学，在《格术补》中讨论了透镜成像原理与成像公式，还分析了透镜组的焦距、几种折射望远镜和反射望远镜以及放大镜、显微镜的结构和原理。[7]

江苏金山（今上海市金山区）人顾观光（1799—1862），世代行医，自幼聪颖过人，但三次乡试不售，即继承祖业在乡间行医。医药之外，兴趣广泛，与当时算学名家李善兰（1811—1882）、戴煦（1805—1860）、张文虎（1808—1885）等往返切磋，在算学、天文等方面的学问上进展神速，成为当时有名的天文学家和数学家。他在整理中国传统科学典籍的同时，认为“中西之法可互相证，而不可互相废”“于古今中外，中西诸算术，无所祖皆有所发明”。[8]他在应邀校对艾约瑟（J. Edkins，1823—1905）与李善兰合译的《重学》后，对力学产生了强烈的兴趣，并深入研究，撰写了《静重学记》《动重学记》和《流质重学记》等文；阅读李善兰与伟烈亚力（A. Wylie，1815—1887）合译的《谈天》后，又写出《天重学记》，成为中国科学史上由中国人自行编写的经典力学作品。[9,10]

这一学习西方科学技术潮流被魏源（1794—1857）高屋建瓴提炼为“师夷之长技以制夷”，开启了近代中国“技术救国”思潮的大幕。这些或零星吸取西方科技知识的传统科学家，或“仿制”西方枪炮舰船的兵器专家，是中国近代科技发展长河中的几朵浪花。对中国近代科技发展影响较大的，是一批在19世纪50年代以后，特别是洋务运动中成长起来的，致力于翻译西方科技的传统科技工作者，他们使中国近代科技由零星吸取和仿制阶段向更深层次发展。他们认为科学技术是富国强兵、抵御外侮的不二法门，只有中国科学技术得到全面发展，国家的富强才可能真正实现。李善兰在他与传教士艾约瑟合译的《重学》序言中说：

> 今欧罗巴各国日益强盛，为中国边患，推展其故，制器精也；推原制器之精，算数明也。……异日人人习算，制器日精，以威海外各国，令震慑，奉朝贡，则是书之刻，其功岂浅鲜哉！[11]

在李善兰看来，中国人只要学好数学，一切科学问题都可迎刃而解，技术进步也就会随之而来，国家富强指日可待。① 当朝大员们也有如是思想，奕䜣奏设同文馆天文算学馆时将天文、算学作为西方富强根本：“因思洋人制造机器、火器等件，以及行船、行军，无一不自天文、算学中来。”在与反对派的争论中更指出：“盖以西人制器之法，无不由度数而生，今中国议欲讲求制造轮船、机器诸法，苟不藉西士为先导，俾讲明机巧之原，制作之本，窃恐师心之用，徒费钱粮，仍无裨于实际……”[12]李鸿章等在奏请

① 这一说法自然有不少值得商榷的地方，中国近代动物学宗师秉志后来就曾对此予以批评，他说：“数学为博大精深之学术，其在科学位置之重要，及宜在国内加以提倡，固毫无疑义。然只知注重此学，置各种科学于不顾，以为此学为一切科学之母，倘能深明数理，则一切科学问题则可迎刃而解，未免有过偏之弊。”举例说当时上海格致书院学生多一时俊杰，他们视物理、化学、生物、地质诸学科“为等闲”，听任书院所购理化仪器“霉朽”，群趋于数学一门，“以为此学一旦深通，所有仪器概可利用，以为解决一切科学问题之具矣”。结果除一二人在数学上稍有造诣外，其他学科因无人注意，“竟毫无萌芽茁生之望”。指出“科学之本身乃一健全之有机物，其中各门，皆不可缺，始可收彼此相助之功。各门科学，皆必同等重视，科学有全体之发达，激荡淬励，辅助观摩，实用之科学遂日益进步，造福民生，为国家社会解除无限之困难”。秉志《全体之认识》，《申报》1939年6月28日。

派遣船政学生出洋留学时说：

窃谓西洋制造之精，实源本于测算、格致之学，奇才迭出，月异日新……中国仿造皆其初时旧式，良由师资不广，见闻不多，官厂艺徒虽已放手自制，只能循规蹈矩，不能继长增高。即使访询新式，孜孜效法，数年而后，西人别出新奇，中国又成故步，所谓随人作计，终后人也。[13]

李鸿章等从派遣留学生学习西方科学技术角度分析发展本土科学技术的重要性。

在这一思想理路的指导下，洋务运动进行得如火如荼，各种军事工业、军事学堂、语言学堂、民用企业乃至新式海军等陆续创建，西方科学技术知识通过翻译、报纸杂志、新式教育（包括教会学堂、新学堂与留学教育）、新式工业企业等成规模地输入。1868 年成立的江南制造局翻译馆是当时近代西方科学输入中国的中心，这里以此为例予以介绍。

图 1－3　江南制造局翻译馆

1868—1912 年，江南制造局翻译馆共译刊 180 多种译著，此外还有已译未刊 50 种。统计 1909 年翻译馆译员所编《江南制造局译书提要》所收录的 160 种著作，数学方面有《代数术》《微积溯源》等 8 种，物理方面有《电学》《通物电光》等 5 种，化学方面有《化学鉴原》等 8 种，天文、地质学方面有《谈天》《地学浅释》《金石识别》等 4 种，其他大多数为相关应用科学类书籍，包括工艺 18 种、兵学 21 种、矿学 10 种、医学 11 种、农学 9 种等。江南制造局翻译馆的译书，在晚清长达 30 余年的时间内，是中国人探求学习近代科技知识的主要来源，代表了当时一般中国人所能了解的近代科

技知识的最高水平。1922 年,梁启超(1873—1929)高度评价了翻译馆的译书:

这一时期,其中最可纪念的,是制造局里头译出几部科学书。这些现在看起来虽然很陈旧很肤浅,但那群翻译的人,有几位忠于学问的,他们在那个时代,能够有这样的作品,其实是亏他。因为那个时候读书人都不会说外国话,说外国话的人都不读书。所以,这几部书,实在是替那第二期的"不懂外国话的西学家"开出一条血路了。[14]

表面看来,洋务运动时期西方科学的输入与传播非常兴盛,应该对西方科学在中国的生根发芽与最终发展具有重要的作用,但具体分析,远非如此。这些途径与载体,都不具有科学体制化方面的内容与意义。即使是新学堂的科学教育,也远未达到制度化程度,随意性很强,而且由于受到各种因素的制约,科学教育取得的成效也不显著。例如当时最为重要的新教育机构京师同文馆,数学教学"无论是在教学内容、教学用书,还是在解题方法上,所表现的是一种西学与中算相互交杂,或相互结合的形式",传统数学仍在教学中占据相当重要的地位,而教学的西方数学内容仅仅停留于初等范围,对微积分的教学并不重视。这是当时新学堂在数学教学问题上所存在的共同问题。[15] 当时传入中国的西方科学技术知识,因急功近利等实用性策略的影响,杂乱而缺乏系统性。

另一方面,当时西方科学知识的输入与传播主要借重于西人特别是传教士,这些西人无论科学素养还是专业程度都难以称为专家。因此,当时中国与科学前沿相隔绝,根本不了解西方科学的发展。在此情况下,要求时人及时系统地输入当时西方科学的方方面面,并关注科学的发展前沿自然是苛求,输入知识极为陈旧也就不可避免。

更为重要的是,作为洋务运动意识形态的"科学救国"实质上是"技术救国",即通过对西方技术的引进达到富国强兵的目标。虽有郭嵩焘这样所谓的先进分子认识到洋务运动只注意坚船利炮是本末倒置,但当时无论是中央政府还是地方封疆,无论是当朝大臣还是民间士绅,看到的只是技术的威力、科学作为生产力的功用。他们对西方近代科学本身没有全面而清楚的认知,科学本身(包括科学概念、科学方法与科学精神等)及科学研究反而成了"被遗忘的角落",自然不可能有科学体制化的进展。即使像《格致汇编》这样的专门科技期刊,关注的重心也是各种技术知识的普及和相关科学门类粗浅知识的宣扬。因此,洋务运动时期,中国近代科学一直处于缓慢引进状态,本土化进程根本没有起步。相较同时期日本在科学体制化方面取得的巨大成功,至少从科学发展这一侧面已经预示了中日甲午战争的结果。①

甲午一战,老大中华帝国败于"蕞尔小岛"日本,朝野震惊。中华民族的救国强国之道又开新路。戊戌维新、晚清新政次第上演,革命与改良、立宪与共和成为朝野热点,一改洋务运动时期通过引进西方技术富国强兵这一救国理路,通过政治一揽子解决问题成为潮流。无论是维新派还是后来的改良派与革命派,无论是国内新学堂学生还是留学生,都认为燃眉之急是救亡与变革,"西政"成为社会追逐的目标。国内学潮风起云涌,据统计,1902—1911 年,全国共发生 500 余次,波及京师及 20 个省份的各级学堂,最后融入辛亥革命的大潮中,成为革命的重要力量。② 以留日学生为主体的留学生界,革命团体纷纷成立、革命活动不断,也是孙中山(1866—1925)最为依靠的力量。③ 媒体关于革命与改良、共和与立宪的争论也不断加深了人们对政治解决中国问题的信任与了解。

在革命浪潮的影响下,一批未来在中国科学发展事业上功勋卓著的人才,此时不是专心致志于科学知识的汲取,而是汲汲于革命活动。中国近代地质学奠基人之一李四光(1889—1971),1904 年由湖北省官派留日,结识了宋教仁(1882—1913)、马君武(1881—1940)等革命志士,参加同盟会,成为革命队伍中的一员。回国后在湖北中等工业学堂任教,秘密参加共进会、文学社的活动。1911 年参加清廷主持留学考试,荣膺"工科进士"。武昌起义爆发后,担任湖北军政府财政部参议。[16]10-20 中国近代林学奠基人之一梁希(1883—1958),1906 年官派留日学习海军,翌年参加同盟会,并常在《民报》上发表文章抨击清廷。辛亥革命爆发后,进入浙江湖属军政分府,训练新军,致力于革命活动。[17] 中国近代化学工业奠基人之一孙学悟(1888—1952),1905 年东渡日本就读于早稻田大学,参加了同盟会。翌年受命回国从事革命活动,其父将他严加禁锢,不许外出。1907 年入圣约翰大学,仍"不思悔改",以读书为掩护,继续宣扬革命。[18] 中国科学社领导人任鸿隽(1886—1961),1908 年东渡日本,翌年成为晚清政府的"官费生"。在享受国家"俸禄"的同时,加入同盟会,进入反清的"革命共同体"。与四川籍革命党喻培伦(1886—1911)、黄复生(1883—

---

① 相关讨论及其对洋务运动时期中国输入西方科学特征的分析,参阅拙著《中国近代科学与科学体制化》(四川人民出版社,2008 年)第 40 - 54 页。

② 桑兵《晚清学堂学生与社会变迁》(广西师范大学出版社,2007 年)对新学堂学生的风潮变迁及其最后与革命合流有具体的分析与阐述。

③ 沈渭滨先生《孙中山与辛亥革命》(上海人民出版社,1993 年)一书对晚清留日学界的革命活动有比较精当的分析。

1948）等交，亲见他们制造炸药受伤，乃选习化学以明了炸药制造的原理，为革命效绵薄之力。“吾此时之思想行事，一切以革命二字所支配，其入校而有所学习，不能谓其于学术者所企图，即谓其意在兴工业，图近利，仍无当也。”担任同盟会四川分会书记、会长等职，积极从事革命活动。“吾是时所最感快乐者，即平时好友不知其同属革命党人，偶于秘密会中遇之，于狂喜之余，交情亦愈浓厚；最痛苦者，广州之役，亲送许多至友前往参加，一旦败耗传来，真如天崩地裂，万念皆尽。”也以文字宣传革命，发表《川人告哀文》《为铁道国有告国人书》等，慷慨激昂，极尽渲染之能事。武昌暴动后，任鸿隽弃学回国，参加革命。南京临时政府成立，担任临时大总统秘书，承担起草文告等工作，孙中山《告前方将士文》《咨参议院文》《祭明孝陵文》等都是他的手笔。[19]679-680

第二节　从“政治救国”到“科学救国”

在革命、改良互相激荡的社会大背景下，科学让位于政治，从洋务运动时期的西学中心退居边缘，新学堂里所传授的自然科学知识少为学生们注意，所谓“闻卢骚、达尔文之学而遗其自然科学”。[20]大量由日文转译而来的西方思想学术著作，“其影响于吾国学界者，唯政论为有力焉，而吾国学界青年之思潮亦喜政论而不喜科学”。[21]对国人“共趋政治”一途，杜亚泉（1873—1933）进行了严厉的批评。他在《亚泉杂志》“序”中说：

我国自与欧洲交通以来，士大夫皆称道其术。甲午以后国论一变，啧啧言政法者日众。即如南皮张氏所著《劝学篇》，亦云西政为上，西艺次之。……政重于艺，亦我国向来传述不刊之论也。但政治与艺术之关系，自其内部言之，则政治之发达，全根于理想，而理想之真际，非艺术不能发现。自其外部观之，则艺术者固握政治之枢纽矣。……且政治学中之所谓进步，皆藉艺术以成之。……且吾更有说焉，设使吾国之士，皆热心于政治之为，在下则疾声狂呼，赤手无所展布，终老而成一不生产之人物；在朝则冲突竞争，至不可终日，果如是，亦毋宁降格以求，潜心实际，熟习技能，各服高等之职业，犹为不败之基础也。……今世界之公言曰，二十世纪者，工艺时代。吾恐吾国之人，嚣嚣然争进于一国之中，而忽争存于万国之实也。苟使职业兴而社会富，此外皆不足忧。文明福泽，乃富强后自然之趋势。天下无不可为之事，惟资本之缺乏

图 1－4　杜亚泉与其创办的《亚泉杂志》

杜亚泉通过阅读江南制造局翻译馆所译西书等自学成才，是晚清重要的科学宣传者，也是新文化运动期间的重要思想家，有《杜亚泉文存》《杜亚泉文选》《中国近代思想家文库·杜亚泉卷》等行世。

为可虑耳，吾愿诸君之留意焉。[22]

这里的“艺术”即“科学技术”，科学技术与政治及社会生活的关系，在杜亚泉看来，科学技术处于第一位。传统中国一直将政治置于科学技术之上，因此科学技术不发达自为当然。戊戌维新以来，国人更是竞言政治，以政治取代了科学技术，政治救国替代了“技术救国”与“科学救国”。他认为如果全社会都热心政治，成为政治人，在野不事生产，在朝夸夸其谈，还不如潜心向学，掌握谋生的技能，使中国在新世纪的科学技术时代不致落伍。这样一种想法，在世人共趋于政治与革命的时代，是为一种建设的声音，不啻黄钟大吕。

1903 年创刊的《科学世界》刊载王本祥《汽机大发明家瓦特传》，其结论说：

吾之草瓦特传也，又有深意焉。今夫吾中国理科实业之不发达，基于何原因乎？荐绅先生、名教硕儒，视即物穷理为支离琐碎之学，农工实业为鄙夷可耻之事，此数千年来相传之恶因也。比年以来，欧风美雨，由印度洋、太平洋卷地而来，青年学子，手掇一卷志浮气粗，日日言政治、言法律、言军备，一似彼族所恃以膨胀者，斯数者外，别无他事，而薄视理科实业等学为形而下者，非高尚优美之事，不足学，不足以副吾大志，以拯吾中国也。……夫二十世纪，生产竞争最激烈之时代也。欲图生产力之发达，必致力于实业。欲求实业之飞扬跋扈，又必乞灵于理科，此尽人所知也。今彼方亟亟日从事于生产力之准备，而吾顾放言高论漠不加察，数十年后，几何不胥我四万万同胞而尽为饿殍也。揣其意亦不过以实业之事非理科不能行。而理科之学又精微艰深，难于猝解，故为是狂语以欺人耳。虽然，推其所以致此之由，亦由吾国理科教育素乏注意，而讲求者寥寥无人，势力单弱，不足以唤醒社会也。[23]

指出社会竞言政法之缘由除传统鄙视"即物穷理""农工实业"而外，还与国人不能静心研读发展实业的基础科学技术知识、青年人好高骛远不切实际的心态有关。批评了青年人"日日言政治、言法律、言军备"的社会思潮，指出先进发达国家依然孜孜以求科学技术的发展，国人却在"放言高论"，这样下去势必国将不国。他希望通过大发明家瓦特(J. Watt，1736—1829)的传记来提升科学工作者在社会上的地位，以引起社会对科学的重视。

对社会共趋政治这一潮流进行批判的同时，他们也积极行动起来，致力于发展科学事业。救亡图存开辟了另一新路，中国近代科学的发展继续迈开其艰难的步履，蹒跚向前。杜亚泉说：

甲午之秋，中日战耗传至内地，予心知我国兵制之不足恃，而外患将日益亟也。夔然忧之，时方秋试将竣，见热心科名之士，辄忧喜狂遽，置国事若罔闻知，于是叹考据词章之汩人心性，而科举之误人身世也。翻然改志购译书读之，得制造局所译化学若干种而倾心焉，以谓天下万物之原理在是矣。[24]

一批士人弃科举而转习西方科学，除继续翻译科学书籍而外，组织学术性社团，团结同志，利用新的传播媒介诸如报纸、杂志等传播科学，宣扬科学精神。相对洋务运动时期，此一时期在科学的传输方面，无论是广度和深度都远远超过。按照顾毓琇(1902—2002)的说法，在此期间，国人吸收了大量的科学知识，而且那些有机会得到科学知识的人，"渐渐亦写了些普通的科学书籍。当着新学推广的时候，他们便担任了中小学的师资，而科学的影响因此亦更为普遍化了"。[25]

民国建立后，政治变革任务完成，在"实业救国""科学建国"的声浪中，"科学救国"作为一种思潮真正形成，并产生了极大的社会影响。提倡实业、振兴实业是革命派和立宪派的共识，因此民国创立后，革命派、立宪派与工商界莫不怀抱"破坏告成，建设伊始"的抱负，致力于实业建设。1912 年初成立的工业建设会"旨趣"中说：

政治革命，丕焕新猷，自必首重民生，为更始之要义；尤必首重工业，为经国之宏图。夫社会经济，坠落久矣，金融也，交滞；机关事业也，悉成荆棘。孰为为之，迁流至于此极？彼农非不生也，而粗粝之生货不投俗尚；商非不通也，而舶来之精品又深欧化。是则农为前驱，而工不为之后盾，商为白战，而工不与以寸铁，工以成之之谓何！何昧昧焉而不提倡之也！不提倡工业，而适当工业的民族帝国之潮流，宜其社会经济悉漏卮于千寻之海壑而无极矣。往者忧世之士，亦尝鼓吹工业主义以挽救时艰而无效也，则以专制之政毒未除，障害我工业之发达，为绝对的关系，明达者当自知之。今兹共和政体成立，喁喁望治之民，可共此运会，建设我新社会，以竞胜争存。而所谓产业革命者，今也其时矣。[26]494-495

专制的清王朝统治之下，虽然一再鼓吹工业生产以救时艰，终不能成功；共和政府以后，全国人民应团结起来共同致力于“建设我新社会”。①

各级政府也比较重视实业，制定和颁布了一系列振兴实业的法令条例。武昌首义后，在归途中的孙中山说“此后社会当以工商实业为竞点，为新中国开一新局面”；就任临时大总统后，他号召“合汉、满、蒙、回、藏为一家，相与合衷共济，丕振实业，促进教育，推广全球之商务，维持世界之和平。”辞去临时大总统后，呼吁“兴实业实为救贫之药剂，为当今最重要之政策”。[26]497还筹设中华实业银行，兼任全国铁路督办、中华民国铁路协会会长、上海中华实业联合会会长等。其他人如革命党人黄兴、宋教仁也致力于实业，立宪派张謇、熊希龄等更积极投身于实业建设。据不完全统计，仅1912 年全国就成立有各种实业团体 40 多个，1912—1915 年创办各种相关实业的报纸杂志也不下 50 种。“振兴实业成为民国初年代表时代脚步的社会潮流”，天下“群知非实业不足以立国，于是有志于实业者项背相望”。[26]498

在振兴实业的时代潮流中，“国家建设”取代了“革命”。振兴实业、建设国家不是仅仅停留于口谈笔画就能实现的，建设国家需要知识，特别需要科学技术知识，从“实业救国”到“科学救国”的转变顺理成章。于是，一批“革命青年”放弃浴血奋战获得的高位，纷纷出洋留学、掌握建设国家的科学技术知识，走上了“科学救国”之路，“为将来国家储才备用”。

南京临时政府解散后，任鸿隽不是随政府北迁到北京“为官作宰”，而是和几位

① 王尔敏先生研究说，在民国初年的实业建国思潮中，张謇、康有为、孙中山各自提出一套实业建国的理论，分别为“棉铁救国论”“物质救国及理财救国论”“全面利用外资救国论”。参阅氏著《中华民国开国初期之实业建国思潮》，载“中华文化复兴运动委员会”主编《中国近代现代史论集》第 18 编（台湾商务印书馆，1986 年）。

在秘书处的同事商量，决定再到国外继续求学，议请政府资送留学，不想却引发了民初“稽勋局大派东西洋留学生”。① 由任鸿隽拟具呈文向孙中山申请，不意名列首位的他却未获批准。胡汉民（1879—1936）说希望他不要出洋，留下继续工作，而且说是蔡元培（1868—1940）的意思。与蔡元培商量，蔡说民国初建，急需人才，希望他多贡献力量，不必急于求学。参议院方面也要他担任秘书长的职务，这可是个地位极尊的位置，友朋们劝他留下来担此重任，“这已是金邦平的地位（金邦平在前清时是留学生考试取中的洋状元，后做资政院秘书长），你何必再去留学呢？”[19]712但他留学志愿已决，只得感谢各位厚爱。1912 年冬，任鸿隽以稽勋名义留美入康奈尔大学，从此，在他个人的生命中，“开始了一个新的阶段”，从“暴力革命”的青年转变为“科学救国”的留美学生。在康奈尔大学，任鸿隽继续学习留日时所学化学工程。但已不是为了制造革命的“炸弹”，而是寻求富国的“知识”：“此时思用化学以兴工业，不为制造炸弹之用矣。”为进一步深造，康奈尔大学毕业后，又到哈佛大学、麻省理工学院和哥伦比亚大学学习，“盖以此数校之化学工程课程皆较康校为优耳”。[19]683

杨铨（1893—1933）与任鸿隽一样，也从一个革命青年转变为“科学青年”。1908 年，杨铨就读中国公学，在这里不仅结识了任鸿隽、胡适（1891—1962）、张奚若（1889—1973）等后来过从甚密的好友，而且受到革命思潮熏陶，加入同盟会。毕业后考入唐山路矿学堂，要为建设国家掌握基本本领，与茅以升（1896—1989）、李俨（1892—1963）等为同学，并结为友好。武昌起义后，弃学奔赴武昌，后成为南京临时政府总统府秘书，负责收发文件，与老同学任鸿隽等一道共事。临时政府解散后稽勋留学，入康奈尔大学，习机械工程。但与任鸿隽不一样，杨铨后来还经历了第二次转变，从“科学青年”转变为“革命中年”。

论者说任鸿隽等人此时选择留学是“南京临时政府的解散，造成任氏对革命之幻灭，也促成了对科学的结缘”。[27] 正如上面分析所示，一方面，孙中山辞职后以实业

① 南京临时政府成立后，专门设立稽勋局办理对有功于革命者的奖励，对象主要有革命殉难者、功勋卓著的革命参与者和革命资助者等，最初没有资助革命者留学的动议。任鸿隽等的申请，得孙中山支持，后来袁世凯、黎元洪也援引成例派出大批人员。据不完全查证，共派出三批稽勋留学生，第一批 25 人，第二批 53 人，第三批 66 人，名单中包括蒋介石、汪精卫、朱家骅、戴传贤、李四光、王世杰等人。当然有些人没有成行或者成行后没有真正向学，而走上了继续革命的道路，自然也有人努力求学后来成为学术界领军人物。参阅 1912 年 5 月 22 日、7 月 27 日，1913 年 7 月 2 日、7 月 18 日《政府公报》。对于“革命功勋”这块大蛋糕，一些非革命人物也可以“近水楼台先得月”。当时像宋子文、冯自由的弟弟和胡汉民的两个妹妹，根本未在政府任过事，对革命毫无贡献，有的还是学堂学生，也名列“稽勋”留学名单，因此，任鸿隽说“此次各以私人的关系，得到出洋留学的机会，不知何以对其他学生”。

救国相号召，任鸿隽、杨铨等革命青年远涉重洋学习科学，与“实业救国”同一“理路”；另一方面，袁世凯政府此时还没有完全暴露其“反革命”的一面，“对革命幻灭”似乎无从说起。也就是说，像任鸿隽、杨铨等主动选择弃官从学者，主要是从“科学救国”这一角度出发，走上留洋求学道路的。革命既然已经成功，紧跟着应该建国。邹鲁(1885—1954)也回忆说：

乃将青年同志，除已学成及原系留日读书有官费者外，一律请总理由稽勋局派赴日本留学……新中国最急需的是建设，而我尤注意造就这方面的人才，因此这批留日生，大都学理工科。[28]

当然，也有对革命产生幻灭，认识到“革命”不是真正的救国良方，只有学好建设国家的本领才是唯一正途，最后转向了“科学救国”道路的。张奚若后来回忆说他革命之后选择留学是失望于革命之结果：

在上海住了半年多，曾到南京去看过临时政府的情形，也感觉很失望。在陕西觉到是一些无知的人代替了另一些无知的人，由武昌到上海，沿路所见，也很难令人满意。当时我颇感觉革命党人固然是富于热情、勇气和牺牲精神，但革命成功后对于治理国家、建设国家，在计划及实行方面，就一筹莫展。因此除了赶走满人，把君主政体

图1-5 1949年10月，张奚若等与来清华大学参观的陈毅留影

左起叶企孙、潘光旦、张奚若、张子高、陈毅、周培源、吴晗。被誉为“棱角先生”的张奚若是中国近代政治学奠基人之一。关于他的轶事很多，诸如请蒋介石“滚蛋”；整风期间提意见说“好大喜功，急功近利，否定过去，迷信将来”。他的老朋友金岳霖说“他的文章确实太少了”，后人辑有《张奚若文集》。

换成所谓共和政体之外，革命是徒有其表的。皇帝换了总统，巡抚改称都督，而中国并没有更现代化一点。……在这种失望情形下，我便决定到外国去读书。预备些实在的学问，回来帮助建设革命后的新国家。

革命朋友们反对他将革命事业让给进步党和北洋军阀而不管这种“不负责任”的态度，他则认为没有现代知识和技术，建设国家将成为空谈，因此他还是置朋友们的反对于不顾，决心留美。因曾在孙中山主持的铁道协会活动过，故预备学习土木工程，但因对数学兴趣不够，未入学就改变了计划。可见，张奚若选择留学虽然是失望于革命之结果，但并不是因为南京临时政府的解散与“袁世凯篡权”，而是对革命党人在建国、治国上的“一筹莫展”。因此，他出国留学最初也是选择学习工程技术这种建国知识。①

与张奚若失望于革命党在建设国家上的“一筹莫展”不同，李四光选择“科学救国”道路，倒是真正失望于共和政权之失败。正当担任湖北省实业司司长的李四光准备大展拳脚时，袁世凯上台，黎元洪开始在湖北打击和排挤革命党人。1912 年 7 月，李四光以“鄂中财政奇绌，办事棘手”为由，向黎元洪提出辞呈。黎元洪表面“温语慰留”，实际上已电告袁世凯予以批准，8 月 8 日，李四光“准免本官”。辞职后，李四光非常郁闷，得知不少革命党人稽勋留学后，也认为自己“力量不够，造反不成，一肚子的秽气，计算年龄还不太大，不如再读书十年，准备一份力量”。于是向黎元洪提出留学的请求。黎元洪将李四光、王世杰等上报袁世凯，稽勋局批准李四光等 26 人为第二批稽勋留学人员。李四光还未放洋，“刺宋案”发生，二次革命爆发，但很快失败。1913 年 7 月，李四光与王世杰等告别祖国，踏上“科学救国”之路。[16]21-25 李四光原立志学习造船，并在日本学习了 3 年造船技术，知晓造船需要钢铁，钢铁需要采矿、冶炼技术。担任实业司司长期间，也深知国家富强必须有充足的煤、铁资源，同时认识到工矿是实业基础。当时英国是世界上采矿业很发达的国家，于是他在伯明翰大学完成预科学业后，进入该校采矿系学习。学习一年后，他进一步认识到矿产资源的开发以地质科学为基础，又了解到英国在近代地质学启蒙运动中作用很大，又转到地质系学习。[29] 可见，李四光在科学救国之路上，经历了从“造船”到“采矿”再到“地质”这样的从“技术”到“科学”的转变，最终成为中国近代地质学的一代

---

① 张奚若《辛亥革命回忆录》，原载于上海《文汇报》(1947 年 4 月 16 日—5 月 5 日)，当年 11 月生活书店出版单行本。全文收入《张奚若文集》(清华大学出版社，1989 年)，引文见第 463－464 页。

图1-6　老年梁希在做实验

作为一代林学宗师,梁希曾任林垦部部长、中华全国科学技术普及协会主席、中国科学技术协会副主席等。

宗师。

辛亥革命后,梁希初衷未改,仍回到日本士官学校学习海军。但与当时大多数知识分子一样,他也在寻求中国的出路。1913年,身为班长的梁希处罚了破坏班纪的日本学生,遭到日本学生的侮辱。以此为契机,他也认识到科学技术是救国之根本,进而进入东京帝国大学农学部,转习林学,成为中国近代林学的奠基人之一。[17]孙学悟倒是在辛亥革命之前就已认识到停留于口头的革命宣传成效不大,不如实实在在地以科学技术来改变中国的面貌,故走上"科学救国"的道路。1910年考取清华留美预备学堂,翌年留美入哈佛大学攻读化学。

民国建立特别是袁世凯当政以后,有一触目惊心的社会现象,即许多人热衷宦海浮沉,醉心利禄仕途。梁启超为文《作官与谋生》说:

居京师稍久,试以冷眼观察社会情状,则有一事最足令人瞿然惊者,曰:求官之人之多是也。以余所闻,居城厢内外旅馆者恒十余万,其什之八九,皆为求官来也。……大抵以全国计之,其现在日费精神以谋得官者,恐不下数百万人……盖学而优则仕之思想,千年来深入人心,凡学者皆以求仕也。……迨民国成立,仅仅二三年间,一面缘客观的时势之逼迫诱引,一面缘主观的心理之畔援歆羡,几于趋全国稍稍读书识字略有艺能之辈,而悉集于作官之一途。[30]

黄炎培发表《教育前途危险之现象》,说:

光复以来,教育事业,凡百废弛,而独有一日千里,足令人瞿然惊者,厥惟法政专门教育。……戚邻友朋，驰书为子弟觅学校，觅何校？则法政学校也。旧尝授业之生徒，求为介绍入学校，入何校？则法政学校也。报章募集生徒之广告，则十七八法政学校也。行政机关呈请立案之公文，则十七八法政学校也。[31]

与时人奔走于官场、亟亟于利禄不同，与大多数革命者在新秩序中以胜利者自居不一样，任鸿隽、杨铨、张奚若、李四光、梁希等毅然抛弃通过流血革命得到的高位，选择了继续求学的道路，这在"官本位"的中国，是何等的魄力与勇气?！在世人共趋政治与革命之时代，像他们这样以国家建设为矢的的选择，为中国历史别辟一片新天地。

受"科学救国"思潮影响，任鸿隽、杨铨毅然抛弃高官厚禄，漂洋过海来到了美利坚纽约州小镇伊萨卡，很快就以他们丰富的实践经验与革命经历，在留美学界脱颖而出，担任留美学界已有学生会组织的领导人，并纠合同道开始筹备组织中国科学社，成为核心人物。看似偶然的个人选择，迎来了必然的历史结果。

第三节　中国科学社的成立

中国科学社，原名科学社（The Science Society），1914 年 6 月 10 日由留学美国康奈尔大学的胡明复（1891—1927）、赵元任（1892—1982）、周仁（1892—1973）、秉志（1886—1965）、章元善（1892—1987）、过探先（1886—1929）、金邦正（1886—1946）、任鸿隽、杨铨等九人创议并成立，其宗旨为"提倡科学，鼓吹实业，审定名词，传播知识"。他们发起成立科学社的原初目标主要是发刊《科学》，以求在中国提倡、传播科学，发展实业。

依照任鸿隽前述 1916 年 9 月 2 日的说法，在 6 月 10 日大考完毕之前，曾有一次闲谈，发生在夏天，闲谈的内容是学术期刊。说明科学社正式成立之前，有一个酝酿阶段。四十多年后的 1960 年，任鸿隽撰写中国科学社社史时，其述说基本上没有变化：

一九一四年的夏天，当欧洲大战正要爆发的时候，在美国康乃耳大学留学的几个中国学生某日晚餐后聚集在大同俱乐部廊檐上闲谈，谈到世界形势正在风云变色，我们在国外的同学们能够做一点什么来为祖国效力呢？于是有人提出，中国所缺乏的莫过于科学，我们为什么不能刊行一种杂志来向中国介绍科学呢？这个提议立刻得

到谈话诸人的赞同，他们就草拟了一个"缘起"，募集资金，来做发行《科学》月刊的准备。[19]722-723①

樊洪业先生根据任鸿隽同乡好友、第二届庚款留美生傅友周（1886—1965）于5月19日交纳股金一股10美元，考订认为那次闲谈时间应该在5月中上旬。[32]

据赵元任日记，1914年6月10日，"晚间去任鸿隽（叔永）房间热烈商讨组织科学社出版月刊事"，也就是在这个晚上，胡明复等九人在"缘起"上签字，成为中国科学社的发起人，后来中国科学社亦将其创建日期确定为1914年6月10日。[33]②由上可见，从科学社的筹备成立到《科学》的发刊，得力于创始人是一群有憧憬、有干劲的年轻人，他们不满足于纸上谈兵、坐而论道，而奉行实干与行动。

图1-7　1916年康奈尔大学校景（左）与中国科学社创始人任鸿隽等居住的康奈尔大学大同俱乐部（右）
大同俱乐部至今仍矗立在康奈尔大学校园内。

科学社的成立及其以后的发展，与当时康奈尔大学中国留学生众多有关。据调查，1911年前后，全美中国留学生大约有700人，康奈尔大学达50人，居第一位。[34]9留学生在康奈尔大学的聚集为科学社的创建提供了人才基础。几位发起人中，任鸿隽、杨铨是辛亥革命的参与者，以稽勋名义留美，受到胡适的影响选择康奈尔大学。在康奈尔大学，他们与胡适周围团聚了一大批朋友，互相之间的诗歌唱和与友情往来

① 科学社成立的最初情形，不同的人有不同的说法。杨孝述是这样叙述的：大约在1914年春天的一个晚上，几位同学聚集在伊萨卡城勃兰恩路一个小小寓所中闲谈外国科学杂志的发达盛况。不期然话题转到了祖国科学之不发达，竟然没有一种传播科学、提倡实业的杂志，大家自然长吁短叹好一阵子。突然有人提出创办一种科学杂志，担负起责任来，于是成为动议，此后一直在筹备中（杨孝述《中国科学社创业记》，《科学画报》第3卷第6期）。杨孝述名列中国科学社社员第1号，其述说自然也值得重视。但考虑到任鸿隽两次都说发生在夏天，因任鸿隽不仅是发起人与领导人，而且1916年的回忆时间相隔不长，故取任鸿隽的说法。

② 中国科学社20周年的纪念日将成立日期定在1915年10月25日，即科学社改组为中国科学社那天；但1924年、1944年、1954年10周年、30周年、40周年纪念日时间为1914年6月10日。

在胡适的留学日记中比比皆是。金邦正、秉志是庚款留美一届(1909年),赵元任、胡明复、周仁、过探先是庚款二届,章元善是庚款三届。他们都属于“公费留学生”,庚款生是否“抱成一团”虽没有直接证据,但留美学界有清华同学会组织,有共同话语应该不成问题。他们中间赵元任、胡明复、秉志、周仁等成绩都很优秀,多次获得各种奖章。胡适说:“此发起诸君如赵君〔赵元任〕①之数学物理心理,胡君〔胡明复〕之物理数学,秉金过〔秉志、金邦正、过探先〕三君之农学,皆有所成就。”[35]

宣布成立的科学社并没有正式的宣言和公告,只有一个“缘起”和一个“科学社招股章程”。“缘起”中有这样一段话:

今试执途人而问以欧、美各邦声名文物之盛何由致乎?答者不待再思,必曰此食科学之赐也。……同人等负笈此邦,于今世所谓科学者庶几日知所亡,不敢自谓有获。顾尝退而自思,吾人所朝夕诵习以为庸常而无奇者,有为吾国学子所未尝习见者乎?其科学发明之效用于寻常事物而影响于国计民生者,有为吾父老昆季所欲闻知者乎?……诚不知其力之不副,则相约为科学杂志之作,月刊一册以饷国人。专以阐发科学精义及其效用为主,而一切政治玄谈之作勿得阑入焉。[19]723

成立科学社的主要目的是创刊《科学》,将他们在美国朝夕相习的先进科学知识传播给国内的“父老昆季”,内容以“阐发科学精义及其效用为主”,包括科学精神、科学方法等理论知识和科学发明、科学应用等实用知识,其他相关政治的论说与那些无关实际的清谈玄想不得刊载。胡适亦曾说:“美留学界之大病在于无有国文杂志,不能出所学以饷国人,得此可救其失也,不可不记之。”[35]科学社成立并创刊中文《科学》,可以说适逢其时。

除此之外,中国科学社领导人们更清醒地意识到科学发展的大势,只有广泛团结相同和不同学科的同志,结成广泛的同盟,才能更好地全面地将西方科学输入中国,进而整体而全面地发展中国科学。任鸿隽在首次年会开幕词中曾指出组织科学学会对传播发展科学的重要性:

譬如外国有好花,为吾国所未有。吾人欲享用此花,断非一枝一叶搬运回国所能为力,必得其花之种子及其种植之法而后可。今留学生所学彼此不同,如不组织团体,互相印证,则与一枝一叶运回国中无异;如此则科学精神,科学方法,均无移植之望;而吾人所希望之知识界革命,必成虚愿;此科学之所以有社也。[36]

---

① 引文中〔 〕内为作者添加文字。

成立中国科学社的主要目标,是团结各学科人才一起将“科学之花”整株而非一枝一叶引进中国,共同致力于中国科学事业的全面协调发展。在演讲报告《外国科学社及本社之历史》中,任鸿隽指出组织中国科学社的两大理由:

第一,科学的境界愈造愈深,其科目也越分越细,一个人的聪明材力断断不能博通诸科。而且诸科又非孑然独立,漠不相关的。有人设了一个譬喻,说世界上的智识,譬如一座屋宇,各种科学,譬如起屋筑墙,四方八面,一尺一寸的,增高起来。但是若不合拢,终不成屋宇。一人的力量有限,只好造一方的墙壁,不能四方同时并进。今要墙壁成为屋宇,除非大家合在一家,分途并进,……共力合作。此现今的科学社,必须合多数人组成而成的理由一。其二,现在的实验科学,不是空口白话可以学得来的。凡百研究,皆需实验,实验必须种种设备。此种器具药品,购买制造,皆非巨款不办。研究学问的人,大半都是穷酸寒畯,那里有力量置办得来。所以要学问进步,不为物质所限制,非有一种公共团体,替研究学问的人供给物质上的设备不可。此现今的科学社不得不合群力以组织的理由二。[1]3

创建中国科学社是为了适应不断专业化的科学发展趋势,因为每个人所掌握的科学技术知识都是有限的,只有大家团结起来,才能使中国科学整体上得到发展。同时,科学发展已经显露出大科学趋势,科学研究需要大量经费,大家团结起来,结成团体致力于经费筹措,自然也相对容易一些。

科学技术发展到20世纪,许多科学门类已经独立发展,并在自然科学内部形成了第一代交叉学科,如物理化学、生物化学等。同时,科学革命目不暇给,各门学科内部新的学科分支不断涌现,新的理论体系纷纷问世。可是偌大的中国却远离科学革命的时代中心,不仅不能给世界科学发展添砖加瓦,甚至连最基本的学科体系都没有建立起来。中国近代化学奠基者之一曾昭抡(1899—1967)说,在1862—1935年的70余年间,“最初五十余年,我国在化学方面,几毫无进步。在此时期内,所出版之化学书籍,除教科书(多系译本)外,只有通俗性的工业化学书籍;研究论著,则尚未见之,作者尝谓中国本身之化学科学,乃系最近二十年内事;而化学研究之粗有进展,则系最近五六年之事”。[37]可见化学科学的建立是在20世纪20年代,有真正的研究成果则是在20世纪30年代。

非但化学的发生发展如是,其他学科莫有例外。数学在传统中国科学技术发展史上占据极为独特的地位,特别由于与历算天象相联,有时似乎扮演“意识形态”工具的作用。鸦片战争后,传统数学还有一定的发展,一些数学家利用传统方法取得了具有一定近代意义的数学成就，直到19世纪70年代以后才逐渐归于沉寂。同时，西方数学知识体系承继明末清初的传输也逐步输入中国。但从洋务运动到清末新政这一激荡的社会变革时代，数学并没有实质性的发展。19世纪到20世纪初，世界数学发展日新月异，群论、集合论、曲面几何、黎曼几何、拓扑学等新分支不断涌现，而当时输入中国的还是微积分、概率论等近世以前的知识。1900年希尔伯特(D. Hilbert, 1862—1943)已在巴黎国际数学大会上发表影响数学进程的23个难题，1906年京师大学堂却还在使用日本人编著的《代数学》，竖排本，以甲、乙、丙代 a、b、c，用天、地、人代 x、y、z。[38] 物理学虽翻译书籍琳琅满目，但大多为通俗介绍，牛顿《自然哲学的数学原理》这一两百年的经典著作，也没有译完出版。

科学技术不仅仅是学术和知识，它通过转化可以成为生产力，国家可以借助它走向富强。留学生不仅看到了中国科学技术的落后，而且见识了西方国家借助科学技术走向强盛，深刻认识到科学技术的巨大力量。因此，他们要将科学知识在中国传播，使祖国走上繁荣富强的道路。他们认为美国是应用科学技术致富的典型，中国应该以美国为模本：

以商立国者英国是也，以工程实业立国者美国是也。英国三岛之地，土地局促，物产有数，其盛也在于握世界之商权。美国幅员四百万方里，土地肥饶，物产繁多，金银铜铁各种矿产极富，其盛也在于发达天然之富而大用之。中国之形势，地利不与英国而与美国同者也。美国赖以发达其天然之富者，工艺工程也。故工艺之巧，工程之精，各国中当推美国为第一。[34]11-12①

正是在这种理念驱动下，科学社得以在美国创建。

为发刊《科学》，科学社采用了股份公司的集股形式，将《科学》月刊当作一件生意去做。任鸿隽在前述1916年9月2日演讲中还说：

当时因见中国发行的期刊，大半有始无终，所以我们决议，把这事当作一件生意做去。出银十元的，算作一个股东。有许多股东在后监督，自然不会半途而废了。不久也居然集了二三十股，于是一面草定章程，组织社务，一面组织编辑部，发行期刊。[1]15

可见，他们集股创办《科学》，是为了维持《科学》的生存发展，而非一般商业经营以盈利为目标，他们并不希望《科学》能带来丰厚的利润。这是作为生意的《科学》与其他

① 原文仅有断句，标点为引者所加。

图 1-8　1914 年社员合影

前排，周仁（左 2）、任鸿隽（左 3）、赵元任（左 5）、杨杏佛（左 6）；中排，秉志（左 2）、胡明复（左 3）、金邦正（左 4）；后排，过探先（左 2）、胡适（左 4）。

图 1-9　1914 年 8 月成立的董事会成员（摄于 1915 年春）

前排左起，赵元任、周仁；后排左起，秉志、任鸿隽、胡明复。

“生意”的本质区别所在。

科学社“缘起”和“章程”公布后，反响不小，很快就聚集了二三十股。8 月 11 日，赵元任主持召开社员会议，组建中国科学社董事会，选举任鸿隽(会长)、赵元任(秘书)、秉志(会计)和胡明复、周仁等五人为董事。推杨铨为编辑部长、过探先为营业部长、金邦正为推广部长。[1] 发起人等分工为《科学》撰写稿件，他们“朝以继夕，夜以继日的，只是忙的《科学》”。9 月 2 日，编辑部召开第一次月会。

《科学》第一批三个月的稿件由毕业回国的营业部长黄伯芹[2]带回上海，自行购买纸张找印刷机构印刷，并请商务印书馆、中华书局等代售。时值第一次世界大战爆发，黄伯芹见时事不好，失去信心，“几乎要停办”。但在留美社员的热心坚持下，黄伯芹聘请寰球中国学生会总干事朱少屏(1882—1942)担任经理，主持出版。1915 年 1 月，《科学》终于在上海面世，宣告留美学人在《留美学生季报》《留美学生月报》这样的综合性刊物之外，以传播科学技术为职志的专业性刊物的诞生。[3]《申报》在 1 月 28 日以《介绍〈科学〉杂志》为题报道说：

科学社同人为增进国人智识起见，在美国纽约埠编辑《科学》杂志月刊一册，其内容约分数理、化学、农学、机械工程学、土木工程学、医学、美术、音乐等，皆由专门学家分科担任撰述，并附以科学新闻、科学家传记、科学问答等。研究必审，发自精洵，有益之杂志也。现第一期业已出版，总发行所在静安寺路五十一号科学社。[4]

由于《科学》采用横排，并用西文符号和标点，当时国内外曾以“好新无谓非之者”，《科学》编辑部重申句读之重要性：“科学文字贵明了不移，奥理新义，多非中土所有。西人以浅易句读文字为之，读者犹费思索。若吾人沿旧习，长篇累牍，不加点乙，恐辞义之失于章句者将举不胜举矣。”胡适很表同情，做了一篇《论句读及文字符号》文章，登载在《科学》第 2 卷第 1 期，《科学》同人“既喜其能补本报凡例之不及，且

---

① 后金邦正学成归国，沈艾接任推广部长。

② 按《科学》创刊号公布职员表，黄伯芹接替过探先为营业部长。他回国在上海与朱少屏见面，聘朱少屏担任经理。黄伯芹(生卒年不详)，广东台山人，生于香港。康奈尔大学矿科地质学硕士，返港任职银行，曾创福华银业保险公司。热心社会慈善事业，1958 年被委为香港太平绅士。

③ 过去认为《科学》自创刊即由商务印书馆出版发行，其实情况复杂得多。《科学》最初由中国科学社自行购买纸张找印刷厂印刷，自己发行，由商务印书馆、中华书局等代卖，直到 1919 年第 4 卷第 7 期由华丰印刷局代印，商务印书馆代售。1922 年 5 月第 7 卷第 5 期起，由商务印书馆印刷代售。其后，中国科学社创办科学图书仪器公司自行印刷发行。具体参阅拙文《〈科学〉的出版印刷考》(待刊)。

④《申报》1915 年 1 月 28 日第 11 版。原文无断句，标点为引者所加。

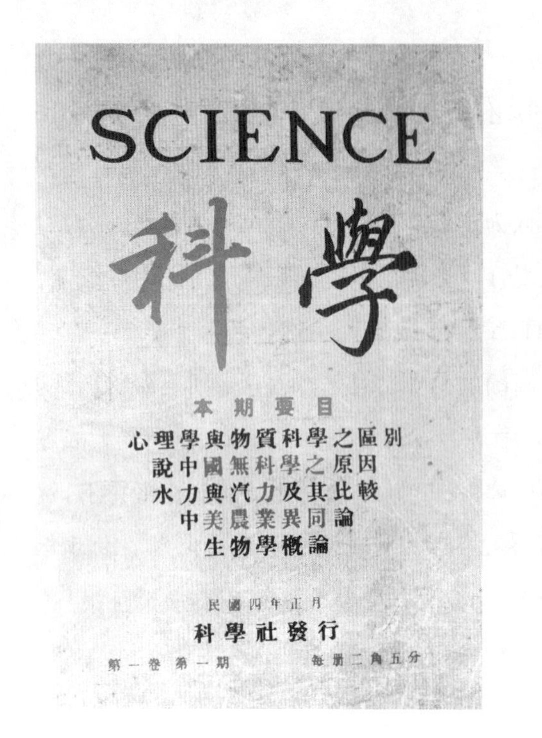

SCIENCE

科學

本期要目

心理學與物質科學之區別

說中國無科學之原因

水力與汽力及其比較

中美農業異同論

生物學概論

民國四年正月

科學社發行

第一卷第一期　每冊二角五分

科學社本屆職員一覽表

董事會 任鴻雋(會長) 趙元任(書記) 秉志(會計) 胡明復 周仁

編輯部 楊銓(部長)

營業部 黃伯芹(部長)

推廣部 沈艾(部長)

定報價目表

冊數	報資 現款兌票	郵票	郵費 日本及國內	郵費 外國
一冊	二角五分	九五折計算	三分	一角
六冊	一元三角五分		一角八分	六角
十二冊	二元五角		三角六分	一元二角

廣告價目表

等第	普通	普通	上等	特等
地位	半面	一面	一面	一面
一冊	十二元	二十元	三十元	四十元
半年	六十元	一百元	一百五十元	二百元
全年	一百元	一百六十元	二百四十元	三百二十元

論說前後爲普通 特等(底頁外面) 上等(封面底頁之裏面及圖

不許複製

民國四年正月廿五日初版發行

代派處一覽表

上海棋盤街 藝林書局

上海棋盤街 文明書局

上海棋盤街 中國圖書公司

上海望平街 時中書局

上海 中華書局

上海 商務印書館

經理員一覽表

美國 鄒秉文 Mr. P. W. Tsou, 208 Delaware Ave., Ithaca, N.Y., U.S.A.

唐山 沈艾 唐山京奉鐵路局

廣東 黃伯芹 廣州

北京 金邦正 北京南河沿十二號

上海 朱少屏 寰球中國學生會 靜安寺路五十一號

總經理 朱少屏

總發行所 科學社

印刷所 科學社

發行者 科學社

編輯者 科學社

图 1-10 《科学》创刊号封面与封三

封三刊登了职员表。编辑、印刷、发行全由科学社一手包办，因此封三上还印有广告价目表、各处销售经理与销售代表的名字。可见科学社将《科学》作为生意经营，想以其销售收入维持其持续发刊。

足以答海内外见难之辞”。[39]

《科学》是发刊了，可是科学社宗旨是“提倡科学，鼓吹实业，审定名词，传播知识”，仅出刊一份杂志“名不副实”。因此不久，社友们觉得“以杂志为主，以科学社为属，不免本末倒置”。邹树文(1884—1980)提出改组科学社为学术性社团的建议。这一建设性意见得到激赏。1915 年 4 月，董事会向社员发出改组通告，征求意见。社员接到通告后，多表赞成。6 月，董事会派胡明复、邹秉文(1893—1985)、任鸿隽为新社总章起草员。10 月 9 日，以新社章寄社员讨论，25 日全体赞成通过，于是股份公司形式的科学社改组为学术性社团形式的中国科学社，并于是日正式宣告成立。①事业扩大，有一个相当全面的发展中国科学的计划，发刊《科学》仅是其中一项。

将股份公司形式的科学社改组为一个学术团体性质的中国科学社，是社员们长时间思考后的决策。任鸿隽 1914 年夏天就发表文章，要求中国“建立学界”，其实就

① 关于科学社早期成立及其改组情况参阅《科学社改组始末》(《科学》第 2 卷第 1 期，第 127 页)；任鸿隽《外国科学社及本社之历史》(《科学》第 3 卷第 1 期，第 14－18 页)。本书将专门有章节详细讨论科学社改组为中国科学社的具体经过及其意义。

是要建立一个科学共同体，使各专业的学者们在其间相互砥砺，提高他们的科研水平，以提升整个国家的科学技术水准，“是故建立学界之元素，在少数为学而学，乐以终身之哲人，而不在多数为利而学，以学为市之华士”。建立学界必须满足两个条件：一是国内和平无内乱，二是国人“向学之诚”。[40]不久，发表《建立学界再论》，指出他们所建立的学界，是“格物致知，科学的学界，而非冥心空想、哲学的学界”。中国有文人无学者，因此没有学界：“是故欲立学界，在进文人知识；欲进知识，在明科学；明科学，在得所以为学之术；为学之术，在由归纳的论理法人手。不以寻章摘句玩索故纸为已足，而必进探自然之奥。不以独坐冥思为求真之极轨，而必取证于事物之实验。”[41]因此，在任鸿隽看来，股份公司形式的科学社改组为学会性质的中国科学社不过是建立学界的一个前奏曲罢了。

科学社在康奈尔大学的创建及改组具有一定的偶然性，但又具有一定的历史必然性。除本章所钩沉的近代以来“科学救国”思潮形成这样较为间接却又极为重要的因素而外，中国落后的社会现实，西方科学技术及其体制化在中国的发展状况，包括人才聚集、学术社团发展与科学类期刊的实践等，创始人强烈的爱国热情，国际上风起云涌的民族主义，美国社会无处不有的社团组织文化、创始人在美国的社团组织实践等，都是直接的社会历史原因。

参考文献

[1] 任鸿隽. 外国科学社及本社之历史. 科学，1917，3(1).
[2] 华觉明. 龚振麟//杜石然. 中国古代科学家传记(下集). 北京：科学出版社，1993：1194－1196.
[3] 潘吉星. 丁守存//杜石然. 中国古代科学家传记(下集). 北京：科学出版社，1993：1226－1229.
[4] 本书编委会. 少数民族英才(下). 北京：中央民族大学出版社，1994：35－37.
[5] 陈祖恩. 郑复光//沈渭滨. 近代中国科学家. 上海：上海人民出版社，1988：6.
[6] 林文照. 十九世纪前期我国一部重要的光学著作. 科技史文集·第12辑. 上海：上海科学技术出版社，1984：103－121.
[7] 林文照. 邹伯奇//杜石然. 中国古代科学家传记(下集). 北京：科学出版社，1993：1240－1242.
[8] 陈建领. 顾观光//沈渭滨. 近代中国科学家. 上海：上海人民出版社，1988：38－46.
[9] 李媛. 顾观光与晚清时期的力学. 北京：首都师范大学，2009.
[10] 王燮山. 中国近代力学的先驱顾观光及其力学著作. 物理，1989，18(1)：56－61.
[11] 璩鑫圭，童富勇. 中国近代教育史资料汇编·教育思想. 上海：上海教育出版社，2007：40.
[12] 中国史学会. 中国近代史资料丛刊·洋务运动(二). 上海：上海人民出版社，1961：22－24.
[13] 光绪二年十一月二十九日钦差北洋大臣直隶总督李鸿章等奏//朱有瓛. 中国近代学制史料·第一辑(上册). 上海：华东师范大学出版社，1983：400.
[14] 梁启超. 五十年中国进化概论//刘东，等. 梁启超文存. 南京：江苏人民出版社，2012：251.
[15] 郭金海. 京师同文馆数学教学探析. 自然科学史研究，2003，22(增刊)：47－60.

[16] 陈群,等. 李四光传. 北京:人民出版社,1984.
[17] 王贺春. 梁希//中国科学技术协会. 中国科学技术专家传略·农学编·林业卷1. 北京:中国科学技术出版社,1991.
[18] 陈歆文. 孙学悟//中国科学技术协会. 中国科学技术专家传略·理学编·化学卷2. 石家庄:河北教育出版社,1996.
[19] 樊洪业,张久春. 科学救国之梦——任鸿隽文存. 上海:上海科技教育出版社,2002.
[20] 钟观光.《科学世界》祝词//丁守和. 辛亥革命时期期刊介绍·第1集. 北京:人民出版社,1982:289.
[21] 桑兵. 晚清学堂学生与社会变迁. 桂林:广西师范大学出版社,2007:128.
[22] 田建业,等. 杜亚泉文选. 上海:华东师范大学出版社,1993:1-2.
[23] 范明礼. 科学世界//丁守和. 辛亥革命时期期刊介绍·第1集. 北京:人民出版社,1982:294.
[24]《亚泉杂志》第10册//丁守和. 辛亥革命时期期刊介绍·第1集. 北京:人民出版社,1982:83.
[25] 顾毓琇. 科学研究与中国前途. 上海:中山文化教育馆季刊,1935(1):52.
[26] 陈旭麓. 陈旭麓文集·第1卷. 上海:华东师范大学出版社,1996.
[27] 杨翠华. 任鸿隽与中国近代科学思想与事业. "中央研究院"近代史研究所集刊,1995(24上):295-324.
[28] 邹鲁. 回顾录. 长沙:岳麓书社,2000:39.
[29] 马胜云,等. 李四光年谱. 北京:地质出版社,1999:30-31.
[30] 丁守和. 辛亥革命时期期刊介绍·第4集. 北京:人民出版社,1986:114.
[31] 中华职业教育社. 黄炎培教育文选. 上海:上海教育出版社,1985:10.
[32] 樊洪业. 从傅友周的股金判定筹建科学社的"动议"时间. 科学,2014,66(3):1-2.
[33] 赵元任. 赵元任早年回忆//赵元任全集·第15卷(下册). 北京:商务印书馆,2007:849.
[34] 朱庭祺. 美国留学界. 庚戌年留美学生年报. 上海:中国图书公司,宣统三年.
[35] 曹伯言. 胡适日记全编·第1册. 合肥:安徽教育出版社,2001:307.
[36] 唐钺,赵元任. 社务会纪事. 科学,1917,3(1):72.
[37] 曾昭抡. 二十年来中国化学之进展. 科学,1935,19(10):1516.
[38] 张奠宙. 二十世纪的中国数学与世界数学的主流. 自然科学史研究,1986,5(3):274-280.
[39] 胡适. 论句读及文字符号·编者识. 科学,1916,2(1):9.
[40] 任鸿隽. 建立学界论. 留美学生季报,1914,第2号:43-50.
[41] 任鸿隽. 建立学界再论. 留美学生季报,1914,第3号:27-33.

第二章　创建的国内环境：清末民初的科技与社会

1915 年 3 月，任鸿隽在《留美学生季报》发表文章说："今之世界，相竞以学。凡欲自侪于文明之域者，莫不各有代表之学者，往来于世界学者之林以相夸耀。"任鸿隽指出中国缺乏能为人类知识视野扩展做出贡献的这类代表性学者，因此也就明晓了中国在世界所处位置。[1] 传统中国没有近代意义上的科学家这一社会角色，也没有进行学术交流与传承的科学刊物。但不能由此说中国科学社的创建在国内一点基础都没有，完全是"空中楼阁"。其实，鸦片战争以来，中国近代科学技术人才也有一定的积累，在社团组织与科技期刊的创建上也有一定的实践经验。当然，这并不表明其他因素对中国科学社的创建没有影响，不过上述方面无论是从中国科学社创建的缘由，还是它所要承担的任务来看，关系更加直接与密切而已。

第一节　从个体到群体：人才聚集

本-戴维认为传统社会中科学知识贡献者通常是技术专家（包括医生）或哲学家。技术专家虽是早期科学创造者中的一个群体，技术也是每个社会必需的，但只有在特殊条件下，他们才对科学有真正的兴趣。"发现真理"通常是哲学家角色的基本任务，哲学家也最接近于现代学者和科学家角色，"但是在过去，……哲学家'发现真理'是指精神上和道德上的真理，不是任何一种科学的真理"。[2] 传统中国科学的发展主要得益于能工巧匠一类的"技术专家"和一些"为官作宰"的业余科学爱好者，哲学家对科学的思考及实际影响不如西方社会明显，哲学家与科学似乎没有建立起如希腊社会那样较为直接的联系，其后果可能就是中国古代科学缺乏理论体系。

传统中国社会结构基本上呈板结僵硬、两极对立态势。内里既没有充分的社会分化，更不可能有独立的社会角色，“士农工商”的分野仅仅是社会等级上的排列座次，而不是职业化意义上的社会角色界定。因此，传统中国社会也就说不上有社会分层意义上的科学家角色。在韦伯（M. Weber，1864—1920）看来，儒家伦理的人文理想缺乏超越目的性，其以非职业化或非专门化的雅儒为最高人格价值理想，不能自发培养现代职业者或专门化人才：“在儒家眼里，匠人即使借助他的社会功利价值也不能提高真正积极的尊严。因为‘君子不器’，就是说，他在适应世界的独善其身的过程中，始终是终极目标，而不是任何事务性目的的手段，这是至关重要的。儒家伦理的这个核心命题反对专业化，反对近代的专业科层和专业训练，尤其反对为营利而进行的经济训练。”[3] 经书是传统中国教育体制中主要甚至是唯一的教学内容，能工巧匠们的技术成就往往被视为“奇巧淫技”，与儒家伦理所追求的修身养性相背离，很难进入正规的教育体系和一般的知识系统，成为读书人了解和掌握的对象，即使有也仅仅作为解读经书的工具。① 这些自然导致传统中国科学工作者之间，没有正规的具有公共性质的学术交流与社会传播的渠道与平台，更不可能形成独立的职业共同体。传统科学技术的传承与发扬光大自然也成为问题，一些成果一再失传。②

中国近代科学家角色的出现与形成不是由传统中国知识分子演化而来，不是中国社会历史自我内在衍生的，而是随着西方近代科学在中国生根发芽、成长这一过程而逐渐形成的。从鸦片战争到中国科学社在美国创建之前，近代中国科学工作者的成长有一个从传统到近代的转变过程：纯粹传统科学家→传统科学家兼具西方科学翻译家→近代意义上的科学工作者。近代意义上的科学工作者又可划分为两代：一是洋务运动成长起来的以技术专家为特征的一代；一是在清末民初成长起来以科学宣传、教育为主，科学研究为辅的一代，他们除少数自学成才外，大多留学国外，回国

---

① 算学作为六艺之一，特别由于与历算天象相关，有时似乎还扮演“意识形态”工具的作用，唐宋的科举考试中也曾作为考试内容，但这对中国古代数学的发展并没有起多大作用，而且以后也逐渐被排除在科举考试之外。因此有论者说：“清末以前，我国虽有数学教育制度，但真正出色的数学家的成才是通过学者自学和私相授受两个途径。”参阅田淼《清末数学教育对中国数学家的职业化影响》、《自然科学史研究》1998 年第 17 卷第 2 期。

② 无论是东方还是西方，传统科学技术的传承是个问题。本-戴维将古代科学迅速发展之后的衰退原因归结为知识传播与扩散机制的缺陷。“科学活动的早期，科学知识是作为技术传统、宗教传统或者普通哲学传统的一部分来传播的”，这种给科学蒙上一层其他传统外衣的做法可能因为其他传统关注中心的转移而造成科学的衰退。同时，文献难以保存与手稿的传抄也可能造成科学的退化。参见本-戴维《科学家在社会中的角色》（四川人民出版社，1988 年，第 43－44 页）。

后成为中国近代各门学科的奠基人。

表2－1列出了鸦片战争后仍然活跃在学术界的最后一代传统科学工作者简况。他们依个人爱好研习科学技术知识，主要是通过自学而得以在科学上取得成就。戴煦自小醉心数学，虽科考得贡生，但仍绝意仕途，把一生献给数学。科学对这些人来说，基本上是业余爱好，他们的职业或官僚或书院讲席。徐有壬进士出身，官至江苏巡抚；项名达1826年中进士，外放知县不就，返归故里，先后主讲杭州紫阳书院等；罗士琳在钦天监受到排挤后毅然离开，游历各地，结交“当代明算君子”，致力于数学研究与整理数学典籍，继阮元编著《续畴人传》；丁取忠周围虽集合了一批学术人才，但主要以胡林翼（1812—1861）幕僚为生；汪曰桢一生著作等身，学问淹博，但其职业是一个小小的学官。

表2－1　鸦片战争后仍活跃在学术界的传统科学工作者简况

姓　名	籍　贯	生卒年	求学经历	科学家角色	备　注
项名达	浙江杭州	1789—1850	自学成才	传统数学家	进　士
罗士琳	江苏扬州	1789—1853	钦天监天文学生、游历自学	传统数学及数学史家	
徐有壬	浙江湖州	1800—1860	师从钦天监博士陈杰	传统数学家	进士，江苏巡抚
戴　煦	浙江杭州	1805—1860	自　学	传统数学家	贡　生
丁取忠	湖南长沙	1810—1877	曾纪鸿、左潜等人的老师	传统数学家	
汪曰桢	浙江湖州	1813—1881	自　学	传统天文史家	浙江会稽教谕

鸦片战争以后，不仅传统科学技术某些科学领域出现了一些近代气息，如第一章提及的郑复光、邹伯奇、顾观光和龚振麟、丁拱辰、丁守存等；更为重要的是，出现了一批翻译西方科学书籍的传统科学家，李善兰、徐寿、华蘅芳、张福僖等是其中的代表（表2－2）。

表2－2　传统科学家兼具西书翻译家的简况

姓　名	籍　贯	生卒年	求学经历	科学家角色	备　注
张福僖	浙江湖州	？—1862	自学并师从陈杰	传统物理学家兼翻译家	秀才，翻译《光论》
李善兰	浙江海宁	1811—1882	自　学	传统数学家兼翻译家	秀　才
徐　寿	江苏无锡	1818—1884	自　学	系统翻译西方化学	创办格致书院
华蘅芳	江苏无锡	1833—1902	自　学	传统数学家与翻译家	

他们作为从传统向近代转型的第一代科学工作者，有独特的社会结构与社会身份。第一，与纯粹传统科学家或为官作宰或担任学官不同，这些人大多绝意仕途，醉心于其所喜好的科学。他们献身于西方科学技术的翻译、传播及科学研究，这在当时

可以说是“孤独的志业”。自绝于“科场”这一光宗耀祖的仕途诱惑已难能可贵，整天与“洋鬼子”厮混在一起更是离经叛道。第二，这些人基本上来自江浙一带。明清以来，江浙一直是人文荟萃之地，这自然是他们具备传统科学技术知识的沃土。东南沿海地区较早接触西方文化，也为他们从事西方科学技术知识的翻译提供了方便。更为重要的是，开埠后的上海很快成为江南地区的文化中心，不仅是西学输入中国的中转站，更是许多江浙士人更寻他途、突破传统走向近代、实现理想的地方。因此，也就有了第三个特征，他们赖以成名的地方与工作的场所是上海及设立在上海的墨海书馆和江南制造局翻译馆。传教士在广州、宁波等地也从事过西书翻译工作，洋务派在北京、福州、南京等地也创办过翻译西书的机构，但这些地方没有产生出像李善兰、徐寿、华蘅芳这样的科学家及西学翻译家。

这一代科学工作者相较纯粹传统科学工作者而言，也有其自身特征。第一，他们知识视野开始扩展，在研究中知道吸取西学知识。第二，从某种意义上说，在他们身上已可看出中国近代科学家角色的萌芽。与传统科学家不同，他们已有较为专门的科学活动职业，不再以科学为业余爱好。李善兰在墨海书馆翻译西书，后以西学知识担任曾国藩等人幕僚，晚年以数学专业为职业充当同文馆算学教习，培养学生“先后约百余人。口讲指画，十余年如一日。诸生以学有成效，或官外省，或使重洋”。[4]徐寿除从事翻译工作外，还主持格致书院，参与《格致汇编》编辑工作。华蘅芳晚年以数学作为谋生手段，从事教育事业，“孜孜不倦，因材施教，造就尤多，及门私淑弟子，今充当各省高等学堂教员者指不胜屈”。[5]17-18 从以科学作为谋生手段这点看，这一代科学工作者已经在相当意义上具备科学家职业这一角色的某些特征。因此，有论者认为晚清数学已经相当专业化，数学工作者也已经相当职业化。[6,7]

但是，他们不仅与传统科学家有割不断的联系，而且与真正的科学家社会角色也有相当的差距。第一，即使接受了西学熏陶，他们所进行的科学研究无论是研究对象、研究方法，还是研究手段及所取得的成就，都属于传统科学技术领域。李善兰作为传统数学最后一位大师，在传统数学领域取得了一些具有近代意义的成就，获得伟烈亚力等西人的激赏，但并不是近代意义上的数学研究成果，而且远远落后于西方。第二，与纯粹传统科学家一样，他们虽有一定的小圈子进行学术交流，但并没有建立体制化的科学共同体的欲求与冲动。伟烈亚力就曾指出中国数学家们互相之间缺乏交流，重复研究很多，浪费不少生命与春秋；更为严重的是，中国数学家们根本不了解西方数学的新进展。[8]第三，与真正的科学家社会职业角色相比，他们的地位还相当

图 2-1　徐寿父子与华蘅芳在江南制造局翻译馆

右起徐寿、华蘅芳、徐建寅。

尴尬。不仅成员稀少，没有形成相当稳定的社会群体，没有专门的科学研究场所与交流平台，而且也没有独立的社会意识与社会地位。另外，他们交往的西人科学素养并不很高，这在相当程度上决定了他们接受与传播科学的效果。当时西学传播第一人傅兰雅(J. Fryer，1839—1928)仅仅是个师范毕业生，与江南制造局翻译馆签订合同后，“临时抱佛脚”，恶补科学：“我上午翻译煤矿开采的书，下午钻研化学，晚上还要学习声学。”①

洋务运动中成长起来的科学工作者主要包括洋务学堂培养的学生、派遣出洋的留欧船政学生与留美幼童、通过其他途径留学的一些科学人才，还有一些短期出洋考察与苦读西书而自学成才的人。与他们的先辈西书翻译家相比，他们基本上没有传统科学技术素养，可以算真正意义上的第一代近代科学工作者。虽然在目前出版的各类著作中除徐建寅、詹天佑外，难以窥见其他人的功勋与成就，但这一代科学工作者在中国近代各项工程技术事业上艰苦跋涉，留下了深深的印迹。除表 2-3 所列举外，如留美幼童邝荣光(1860—1962)、吴仰曾(1861—1939)等在矿冶工程方面，罗国瑞(1860—?)、邝孙谋(1863—1925)、周长龄(1863—?)等在铁路事业上，蔡绍基(1859—1933)、朱宝奎(1861—1926)、周万鹏(1862—1927)等在邮电事业方面都有

---

① 这是 1868 年 7 月他写给弟弟的信中的话。转引自王扬宗《傅兰雅与近代中国科学的启蒙》(科学出版社，2000 年)第 31 页。

开创之功。① 留欧船政学生也深深地影响了近代中国海军的发展。

表2-3 洋务运动中成长起来的一代科学工作者简况

姓 名	籍 贯	生卒年	求学经历	科学家角色	备 注
徐建寅	江苏无锡	1845—1901	自 学	近代工程专家与翻译家	曾任道员等
邹代钧	湖南新化	1854—1908	随员出使英俄等国	地理学家	
詹天佑	广东南海	1861—1919	首批幼童留美学士	铁路工程先驱	创建中华工程师学会
李维格	江苏吴县	1867—1929	英、日、美等国学习	近代钢铁冶金专家	

这一代科学工作者,科学家角色与前辈相比也有其特征。首先,他们主要以技术专家为特色。无论是留欧的造船专家,还是留美的铁路、矿冶、邮电技术人员,他们所担当的社会角色主要是工程技术人员。他们中没有一人以自然科学工作者角色立世,这自然与洋务运动重视实用技术的政策与境况有关,也与他们所受教育程度相关。总体而言,他们并没有受到系统的近代西方科学教育,当时的洋务学堂不是以语言文字为主,就是以"军事技术"为目标,而非严格意义上的科学教育;留学生或中途撤回,或短期培训,或仅仅考察而已。洋务科学工作者这一情状的出现,更深层次的原因是中国传统文化中的"实用伦理"。

第二,相较前辈而言,他们在知识结构上已有很大变化,基本上以其科技才能作为谋生的手段。他们已不具备传统科学技术知识,掌握的是全新的西方近代科学技术,以之服务于全新的洋务事业,极大地影响了中国近代工程技术。与前辈主要是通过翻译西书与从事科学教育事业影响中国近代科学的发展和社会这一比较狭窄的职业通道不同,他们的职业多种多样,就业的空间也相对扩展。但非常遗憾的是,他们中很少有人从事科学教育事业,将掌握的知识传授给其他人。与日本的近代化过程中早期留学生出现一批启蒙思想家,宣扬科学与科学教育相比,这一代留学生中只出现了严复(1854—1921)这样的思想家,他所宣扬的不是科学,而是思想。与前辈科学家在翻译西书的同时,继续从事传统科学研究不同,这一代科学工作者很少从事真正的科学研究,他们的主要精力花费在具体事务处理上,很少有技术创新与发明。

第三,与前辈群体人数极少相比,他们已经有相当的群体效应,而且通过同学等社会关系,形成了一定的社会圈子,并通过这一网络,改变职业角色。因此,相较前辈职业相对单一不同,他们的职业流动性较大,从技术转入政界或者外交,从军界进入

① 关于留美幼童对中国工程事业的贡献,可参阅石霓《观念与悲剧:晚清留美幼童命运剖析》(上海人民出版社,2000年,第217-242页)。

图2-2　1898年李维格、李复几叔侄合影

叔侄二人也是两代科学工作者代表，李维格对中国钢铁事业的发展影响甚巨，解决了汉阳铁厂的钢质量问题，扭转了汉阳铁厂建厂以后年年亏损的局面；规划、组织了1904—1910年汉阳铁厂的改造和扩建工程，使汉阳铁厂成为当时亚洲最大的钢铁厂；还规划了大冶铁厂的建厂方案和厂址选择；创办了扬子机器制造厂和湖南常耒锰矿；兴办了汉阳铁厂第一所技术学堂等。李维格也曾倾心教育，弥留之际将上海产业三分之一捐赠给东吴大学。东吴大学以此为基础在1932年秋建成的“维格堂”，今天仍矗立在苏州大学校园内。李复几1907年获德国波恩大学博士学位，其论文否定了1905年诺贝尔物理学奖获得者勒纳德的火焰中心发射说。惜乎回国后未能将他所学知识发扬光大。

工矿业等，不一而足。这自然一方面说明了他们职业空间的扩展，但从另一方面也可看出，他们对科学技术事业没有持之以恒的信心。

第四，洋务科学工作者虽然以科学活动为职业，并因之成名于世，但他们也没有真正意义上的科学家角色意识，当时社会对科学也没有基本的认知。张之洞(1837—1909)是晚清新政巨擘，却在科学上栽了大跟头。大冶煤矿含磷多，需用碱性炼钢炉去磷，否则钢材因磷含量高而易脆断。张之洞周围没有相关科技人才，贸然向英国梯赛特机器厂订购炼钢炉。在英厂提出寄样化验煤铁组成元素后再决定订购机炉种类时，张之洞竟如斯刚愎自用："以中国之大，何所不有！岂必先觅煤铁而后购机炉？但照英国所用者购办一分可耳。"酸性炼钢炉来了，"居然炼成钢轨"，可违背科学规律的惩罚也接踵而至，"各处铁路洋员化验，谓汉厂钢轨万不能用，盖因含磷太多，易脆裂也"。自然"糜去十余年之光阴，耗尽千余万之成本"，而不能炼成可用钢铁，"回首思之，真笑谈也"。[5]526-528

上述三代科学工作者虽然在知识结构上已经从传统科学知识转化为近代科学知识，但从人才数量看，他们并没有形成一个强有力的社会群体，还处于散兵游勇的境地，也没有人从事真正的科学研究。甲午战败后，随着戊戌维新运动及清末新政的展布，留学热潮顿起，全新教育体系逐步建立，中国近代科学进入新的发展时期，成规模的近代意义科学工作者开始出现。表2-4列出了这一代科学工作者的简况(时间下限为中国科学社成立时已在国内开展科学活动，并取得一定成就或有相当影响)。

表2-4　1915年前在国内以宣传教育为主的科学工作者简况

姓　名	籍　贯	生卒年	求学经历	科学家角色	备　注
张相文	江苏泗阳	1867—1933	自学	地理学奠基人之一	创建中国地学会
钟观光	浙江镇海	1868—1940	1900年左右赴日考察	植物学开拓者之一	创建科学仪器馆
王汝淮	广东南海	1870—?	同文馆肄业赴英国学矿务	采矿学创建人	撰著《矿学真诠》
杜亚泉	浙江上虞	1873—1933	自学	宣传普及科学	《亚泉杂志》创办人
王季烈	江苏苏州	1873—1952	自学	翻译传播近代物理学	
俞同奎	浙江德清	1876—1962	1904年官费留英获化学硕士学位	中国化学教育开拓者	创建中国化学会欧洲支会
高　鲁	福建长乐	1877—1947	1897年官费留学比利时	天文学奠基人之一	创建中国天文学会
章鸿钊	浙江吴兴	1877—1951	1905年官费留日获理学学士学位	地质事业创始人之一	创建中国地质学会

（续表）

姓 名	籍 贯	生卒年	求学经历	科学家角色	备 注
周 达	安徽东至	1878—1949	1902—1910 年数次赴日	传统兼具近代数学家	中国数学会创始人
伍连德	广东台山	1879—1960	1903 年获英国医学博士学位	防疫学奠基人之一	创建中华医学会
冯祖荀	浙江杭州	1880—1940	1904 年官费留日	数学事业创始人之一	中国数学会董事
李复几	江苏吴县	1881—1947	1907 年获德国物理学博士学位	转战工程技术领域	
何育杰	浙江慈溪	1882—1939	1904 年官费留英获学士学位	物理学事业创始人之一	
朱文鑫	江苏昆山	1883—1939	1907 年留美获学士学位	天文学史开拓者之一	
蒋丙然	福建闽侯	1883—1966	1908 年留学比利时获博士学位	气象事业开拓者之一	创建中国气象学会
夏元瑮	浙江杭州	1884—1944	1905 年官费留美	第一代理论物理学家	中国物理学会董事
李耀邦	广东番禺	1884—1940	1903 年教会资助留美获博士学位	曾任南京高师物理教授	不久即从事教会工作
吴在渊	江苏武进	1884—1935	自学	第一代数学教育家	
胡敦复	江苏无锡	1886—1978	1907 年留学获学士学位	第一代数学教育家	中国数学会创始人
张贻惠	安徽全椒	1886—1946	公费留日，1914 年回国	第一代物理学教育家	
丁文江	江苏泰兴	1887—1936	1904 年留英	地质学创始人之一	中国地质学会创始人
郑之蕃	江苏吴江	1887—1963	1907 年官费留美获学士学位	数学开创人之一	中国数学会董事

这22人中，杜亚泉和王汝淮被学界定位为“中国古代科学家”，入选《中国古代科学家传记》，而其他人基本上入选《中国现代科学家传记》或《中国科学技术专家传略》。① 从求学经历看，有些人是自学成才，有些人留学国外并获得学位。自学成才者可分两类：一是自学成才而没有出洋经历者，如张相文、杜亚泉、王季烈、吴在渊等，他们没有出洋留学甚或短期考察，但他们都有到上海学习外语的经历；二是有过短期

①《中国古代科学家传记》（上下 2 册）和《中国现代科学家传记》（1 - 6 集），由中国科学院组织编写，属于《科学家传记大辞典》“中国科学家”部分；《中国科学技术专家传略》由中国科学技术协会主持编写，主要为近代科技专家作传，第一期工程就出版有 27 卷 29 册。

出洋考察或留学经历者,但其科学工作者角色的取得主要依靠自学,如钟观光、王汝淮、周达。总体上看,自学成才者的学术成就与社会影响不如留学获得学位者,这些人中除张相文、钟观光从事过科学研究,张相文、钟观光、吴在渊在大学就任过教职,从事过科学教育外,其他人主要是从事科学传播与普及。在中国近代科学技术体系还没有完善建立起来,通过自学要系统掌握近代科学技术知识毕竟相当困难,他们付出的代价自然超乎常人。

留学获得学位者有 15 人,早期主要留欧有 7 人之多,后来主要留美有 5 人,另有 3 人留日。这反映了清末留学运动的情状,虽然清末留日热潮陡起,学生人数远远超过其他国家,但留日学生不是短期"进修"就是考察学习,真正在日本获得学位的人数很少。因此近代中国虽然留日学生众多,但除从事科学技术事业并取得成就者,如苏步青(1902—2003)、罗宗洛(1898—1978)、陈建功(1893—1971)等人外,在学术界并不占据重要位置。与之形成对比的是,清末留欧学生虽然不多,但取得成就者不少。留美潮流在幼童撤回后,民间一直涌动。特别是庚款留美兴起后,美国逐渐成为中国人学习西方的榜样。①

从科学家社会角色来看,他们也有其特征。首先,他们大多数人是中国近代科学各门学科的奠基人或开拓者。张相文是中国近代地理学奠基人之一,钟观光是近代植物学开拓者之一,俞同奎是近代高等化学教育事业的奠基者,高鲁开启了近代中国天文学事业,章鸿钊、丁文江成为近代地质学奠基者,冯祖荀、胡敦复、吴在渊、郑之蕃是近代数学开拓者,何育杰、夏元瑮、张贻惠是近代物理学的创始人,蒋丙然是气象学的奠基人之一。这一地位的取得除他们自身的努力外,还与他们大多数留学国外获得学位,掌握了比较扎实系统的科学技术知识,具有全新的知识结构有关。

第二,这一代科学工作者虽在中国近代科学的发展上有开创之功,在科学教育上功勋卓著,但相对而言,他们在科研成就上贡献很少。无论是数学方面的冯祖荀、吴在渊、胡敦复、郑之蕃,物理学方面的何育杰、夏元瑮、李耀邦、张贻惠,化学方面的俞同奎,还是地理学方面的张相文,主要工作都是进行科学教育、科学传播与宣扬,在科研上很少取得成就。而王汝淮、杜亚泉、王季烈等人,更完全是科学宣传与宣扬者。相对而言,地质学方面的丁文江,天文学方面的高鲁、朱文鑫,气象学方面的蒋丙然等

① 关于留日留美学生群体行为表现的差异是一个值得研究的课题,周策纵在《五四运动:现代中国的思想革命》(周子平等译,江苏人民出版社,1996 年)一书有所阐述。笔者亦曾对他们弃理从文转变原因与转换类型作分析,参见《清末民初一代学子弃理从文现象剖析》(《史林》1999 年第 3 期)。

取得了一定的科研成就。对这一代留学归国的科学工作者来说,国内没有适合进行科研的环境与场所,他们首要的任务是创造条件,科学教育是最为重要的工具。只有培养出一批新的人才,共同致力于学术发展,逐渐形成科研风气与科学共同体,真正的科学研究才可能进行。其实这些人里,像李复几在其博士论文中对 1905 年诺贝尔物理学奖获得者莱纳德(P. E. A. von Lenard,1862—1947)的火焰中心发射说提出质疑,李耀邦在诺贝尔奖获得者密立根(R. A. Millikan,1868—1953)的指导下获得博士学位,应该说都有相当的科研基础与科研能力,但他们回国后都未能在科学上有所作为。

第三,他们已经知晓学会组织对发展科学技术的重要性。因此回国之后在实际工作中逐步团结人才,当人才聚集到一定程度之后,成立进行学术交流的学会组织也就呼之欲出,这些人不是学会组织的创始人,就是学会组织的重要领导人。张相文 1909 年创建中国地学会,章鸿钊、丁文江等 1922 年创建中国地质学会,高鲁 1922 年在北京发起成立中国天文学会,蒋丙然等 1924 年在青岛发起成立中国气象学会,冯祖荀、郑之蕃、周达等都是中国数学会的首任董事,胡敦复是首任会长,何育杰、夏元瑮、张贻惠等也积极参与中国物理学会的成立。学术社团组织的成立也是他们成才的主要条件之一,作为各门学科的组织者,他们引导着各门学科向前发展。

第二节　民间社团的发轫:实践经验

正如上文所言,近代中国科学社团随着近代科学技术人才的不断成长而逐渐出现。传统中国科学工作者由于人数稀少等原因,没有建立学会组织的欲求与愿望。虽然他们也交流学术心得,共同促进学术发展,但基本上是私人行为,不具有近代学会组织的公共性。如乾嘉时期的学者通过交游、通信和见面等途径进行学术交流,达成关于考据学地位的共识,推动了乾嘉学派的形成。[9] 如作为最后一代传统数学家,项名达、顾观光、戴煦、李善兰、张文虎、汪曰桢、徐有壬等就曾互相讨论,切磋研究所得,甚至还形成了聚集在丁取忠周围的所谓“学圈”。[10] 但他们的学术交流基本上属于师友私下往来,没有正规的交流渠道,不具备近代学会组织学术交流的“辩驳”与公共特性。即使一些“学派”与“学圈”,主要是相关学术领域的人才私下聚集,没有结成近代意义上的学术团体。①

任鸿隽在其《外国科学社及本社之历史》演讲中，指出虽然自孔子聚徒讲学以来，中国历史上不乏学术性组织，但没有近代意义上的学会：

> 第一，我们历史上的学会，专讲古书经史道德伦理正心修身齐家治国平天下之事。现在我们所讲的学社，专讲实验科学及其应用。一个偏于德育，一个偏于智育，其不同之点一。第二，我们历史上学会，是由一个大学者、大贤人，因其学问既大，名望也高，大家蜂涌云集的前去请教而成。现在我们所讲的学社，是由多数学问知识相等的专门学者，意欲切磋砥砺，增进知识，推广学术的范围，互相结合而成。一个以人为主，一个以学为主，其不同之点二。现在我们要问我们历史上学会的方法，何以不适于现在学社的用处？其最大的原因，就在现在的科学与从前那种空虚的哲学不同。[11]

在任鸿隽看来，传统社团与近代社团至少有两个本质性区别。第一，研究对象或者说研究范围不同，一讲伦理道德、治国平天下的所谓宏大叙事，主要相关人类社会，特别是人与人之间的社会关系；一讲自然科学及其应用，主要相关自然界及其人类利用自然界为人类服务。第二，组织形式不同，一是在大学者周围团聚一些求学者，其实是老师与学生的聚合组织；一是志同道合者汇聚在一起共同切磋学问促进学术的发展，大家处于学术平等的地位。第二点还可引申开来，即一以问学求知为目标，一以学术交流、共同切磋以促进科学发展为矢的。当然，传统社团与近代社团的区别并不仅仅表现在这几个方面。与传统社团相比，近代社团具有如下特征：宗旨、目标的结合代替了情感（包括血缘、地缘、亲情）的结合；组织原则、章程纪律的严密性代替了上下单一的垂直性；社团成员的个人自主性取代了人身依附性；对外的开放性取代了自我封闭性。[12]4

传统中国社会的所谓社团组织大多被冠之以“朋党”称谓。而朋党的出现与皇权专制制度分不开，结成朋党或参加朋党是为了在权力斗争中获得利益，所谓“冠带巍峨，官之容也；高车驷马，仆从如云，官之体也；高堂广厦，锦衣玉食，官之乐也；

---

① 有人认为传统中国科学家们尽管有着“献身科学的精神和坚忍不拔的毅力，在各自领域取得令人瞩目的成就，但是毕竟单枪匹马、孤军奋战，没有形成强有力的‘科学共同体’。因此他们之间缺少学术思想和成果的交流，造成视野不够开阔，也就难于汲取别人科学思想的精华，博采各家之所长，从而突破传统的科技体系”。参见施若谷《“科学共同体”在近代中西方的形成与比较》（《自然科学史研究》1999 年第 18 卷第 1 期）。

签拿票押，敲扑喧嚣，官之威也”。为官作宰如此威风八面，有几许人不愿意投身其间？只要具备（当然不具备也一定要创造条件获取）进入宦海的资格，“动则争竞，争竞则朋党，朋党则诬罔，诬罔则臧否失实，真伪相冒”。[12]17 朋党的历史由来已久，自北宋欧阳修《朋党论》分辨“君子以同道为朋，小人以同利为朋”以来，“小人之为朋者，皆假同道之名”，朋党之争愈演愈烈。到明代晚期，文人学士结社运动大盛，谢国桢先生有专著论列这一现象。[13] 王家范先生更尖锐地指出，明末这些标榜以文会友的结社，“或明或暗，都与‘科举—官场’的角逐紧相攀援”，社团与社团之间互相攻讦，无所不用其极，“有意无意地起了恶化晚明政局的作用，与后来亡国破家不无关系”。[14]

也就是说，传统中国社会，基于“政治一体化”规则，一切具有中间势力性质的“社会组织”，都不会被政府认可，因而也就不可能存在任何代表社会分层意义上的社团。撇开会党、教派之类不谈，就是明清之际知识分子组成的书社、会社，尽管常被政府视为“朋党”或异端，实际上也仍然是传统官僚政治的延伸和变种，它们最多只能表征传统社会结构内部关系的乱象，与近代“社会组织”实在是风马牛不相及。中国传统所谓社团，无论其调子唱得多高，总是与权力斗争相结合，与政治分不开，甚至说本身就是一些政治性的小集团。

中国近代科学发轫于西学传播，中国近代科学社团的创建也离不开这一“套路”：外国人开其端，国人接其绪。外国人主要是传教士在各通商口岸相继创建了不少学会组织，诸如 1847 年在香港成立的皇家亚洲文会中国支会（后演化为香港支会），1857 年在上海成立的上海文理学会（翌年改名为皇家亚洲文会北中国支会），都是以学术研究、交流为宗旨的团体。① 丁韪良在《中西闻见录》第 16 号《法国近事：东方文会》中报道西方专研亚细亚各国学者集会巴黎，成立东方文会，“共相砥砺观摩，讨论文策，以期广益”，并指出：“泰西以文会友以友励学之意，如果敦行不怠，将来可以通天下之大文，即可以友天下之善士，岂不盛哉！”②第 28 号《英国近事：东学文会》介绍了学会讨论议题及艾约瑟、理雅各（J. Legge，1815—1897）在会议上宣读相关中国论文外，也指出该会“连年聚集名士，各抒所学，彼此互相印证，定必考据日精，见

---

① 英文名分别为 China Branch of the Royal Asiatic Society，the Royal Asiatic Society HongKong，The Shanghai Literary and Scientific Society，North-China Branch of the Royal Asiatic Society。关于皇家亚洲文会北中国支会情况，可参阅王毅《皇家亚洲文会北中国支会研究》（上海书店出版社，2005 年）。
②《中西闻见录》第 16 号（1873 年 11 月），第 25 页。

JOURNAL

OF THE

SHANGHAI LITERARY AND SCIENTIFIC SOCIETY.

ARTICLE I.

INAUGURAL ADDRESS,

BY REV. E. C. BRIDGMAN, D. D., THE PRESIDENT OF THE SOCIETY,

Delivered October 16th, 1857.

LITERATURE AND SCIENCE, next to true religion, are the richest, noblest, brightest ornaments of man. In these, great advances have been made without the aid of revealed truth, but the greatest advances only where literature and science have been cultivated under its hallowed influences. Here in this ancient empire, if I mistake not, it is mainly or solely on account of the absence of such influences, designed evidently by our Creator to give vigor to all the faculties of the human mind, that the Chinese never have been able to rise higher than to a secondary grade on the scale of nations, and that, in their literary and scientific attainments, while quite superior to most of their immediate neighbors, they are yet, taking them all in all, far inferior to the nations of Christendom.

To determine the position, which, in a purely literary and scientific point of view, is justly due to the Chinese,—as compared with all other races of heathendom on the one side and with the people of Christendom on the other,—is a question surrounded with so many difficulties that no judgment, given *ex cathedrâ*, could possibly be entitled to deference; I most cheerfully waive it, therefore, for the present, not doubting that, erelong, it will be taken up in course, and all its merits fully canvassed and fairly exhibited.

图2-3 《上海文理学会会刊》创刊号(1858 年 6 月创刊)刊载的上海文理学会首任会长裨治文(E. C. Bridgman)就职演讲(1857 年 10 月 16 日发表)首页

上海文理学会在 1858 年 9 月加盟英国皇家学会,成为其支会,并更名为皇家亚洲文会北中国支会,简称亚洲文会。刊物也随之改名为皇家亚洲文会北中国支会会刊(*Journal of the North-China Branch of the Royal Asiatic Society*)。

闻日广矣”。因此提出了自己的期望:“惟愿中国学士,将来亦克设立西学文会,研求泰西诸学以资博考,未必非信而好古之一助也。”①非常可惜的是,整个洋务运动时期,根本没有从事学术研究的需求与社会风气,因此也没有受西方科学社团影响,自行创建科技社团。

值得一提是,1889 年秋天,在圣约翰书院卜舫济(F. L. H. Pott,1864—1947)的倡导下,上海的朱玉堂、吴子良、华嗣秋、沈星垣等 13 人成立了益智会,“专论格致之理,先以一人创论,然后各以心得之要,相与讨论而折衷之。赏奇析疑,反复辩难,务使万物自然之理,深入浅出,由融会而至贯通,由贯通而臻神话,后乃分列条目,录而出之,以为世人讲求格致之助”。② 详细而真切地描述了益智会进行学术交流的目标,似乎深切学会学术交流的功能。这可能是由外国人倡导,主要由中国人组成的学术组织。发表该文的作者还追溯了西方学会交流学术功能,这似乎比后来维新运动期间大多数论者对学会功用的认识更切合实际,也更有道理:

益智者何?明格致以增见识。会者何聚众人?以互求至理也。泰西博学家向有聚会之举,或星期休沐,或政事余闲,订相会之时,定相会之地,凡明理通达者,至期均至。彼此探讨,各抒所见,以著于篇。合众人之心思,明物理之准则。博讲既久,始恍然于万物之渊源,犹艺林之会友,公家之会议,其获益固非浅鲜也。[15]

这一组织可能亦仅仅停留于宣言与言说上,具体活动与成效不得而知。

近代中国社团组织活动的勃发期起始于戊戌维新运动,当时国人创办了大量以学会为名的组织,从 1895 年在北京创设的强学会开始,到 1898 年戊戌维新失败,其中以科技社团名义成立的组织,据统计有 35 个之多,诸如农学会、测量会、质学会、地学公会、算学会、舆算学会等。③ 但这些学会似乎并没有明显受到诸如皇家亚洲文会北中国支会这样在中国创立的西方学术性组织的影响,也不具备科学学会的性质;既没有严密的组织条例和管理机制,也未形成促进科学研究、学术交流的运行机制,基本上是一些关注政治改进、社会改良的普通学会,延续了传统会社与政治纠葛不清的传统。而且大多数团体基本上没有什么作为,仅仅昙花一现。其中比较有成效的应

---

①《中西闻见录》第 28 号(1874 年 12 月)第 22 页。

② 邹弢《益智会弁言》,原载 1889 年 11 月《万国公报》,引自何志平等编《中国科学技术团体》(上海科学普及出版社,1990 年)第 7 页。

③ 参阅林文照《中国近代科技社团的建立及其社会思想基础》,载王渝生主编《第七届国际中国科学史会议文集》(大众出版社,1999 年)第 538 – 548 页。值得注意的是,林文照先生将一些明显非科学社团的组织也予以统计,如强学会,它完全是政治性团体。

该是成立于上海的上海农学会。1897 年 5 月由罗振玉、徐树兰、朱祖荣、蒋黻、张謇等发起成立，初名务农会，后改名农学会。计划刊行农学报、讲演农学知识、购买土地采用新法试办农业、购买西方先进农具并仿制加以推广、销售和推广优良种子、举办农业展览会等。这一宏大的系统计划仅有创办《农学报》得以实现，该报至 1905 年 12 月停刊，前后共发行 315 期。

这一情状的出现，与此一时期中国社会缺乏促使近代科学向体制化方向发展的科学内部和外部环境有关。没有科学教育体系、人才培养、科学研究等方面相应的发展，没有这些作为科学社团生存的环境与土壤，科学社团的超前出现，其命运只能如此。这也从一个方面说明了科学社团的创建必须具备一定的外在社会环境与必要的科学内部前提。因此，戊戌维新之后，社团组织活动大多归于沉寂，只有 1899 年孙冲等在浙江瑞安设立的天算学社、1900 年周达在江苏扬州创建的知新算社这两个相关数学的团体。此后，直到 1907 年，科学社团的创设才再次缓慢兴起。

中国第一个真正具有科学学会性质的团体，应是由留欧学生俞同奎、李景镐、陈传瑚、曹惠群等 1907 年在法国巴黎成立的中国化学会欧洲支会，计划事业有“划一名词、编译书报、调查、通讯”。虽具体展开了一些工作，如调查欧洲相关化学及化学工业情况、统一化学名词术语等，并于 1908 年 8 月在英国伦敦召开第一次年会，但因成员陆续回国而无形中解散。[16]①在国内创建、具有一定影响的第一个科学学会性质的团体，是 1909 年由张相文等发起成立于天津的中国地学会。该会以“联合同志，研究本国地学”为宗旨，首次鲜明提出了研究学术的口号，这是它与此前形形色色的各种团体最为本质的区别所在。该会重要活动有举行演讲、发刊杂志。同年 12 月举行第一次演讲会，美籍学者德瑞克（N. E. Druke）做了《论地质之构成与地表之变动》的学术报告。次年 1 月，会刊《地学杂志》出版，创刊号头篇论文即为《论地质之构成与地表之变动》，提出“今日研究地理学，需先明与地理关系最初之地质学”。论者认为“这对我国偏重人文，不究自然本质，甚至附会风水迷信的传统地理学是一大突破。地质学的传播为自然科学进入中国文化，实有开路之功”。[17]顾琅、周树人（鲁迅）合著《中国矿产志》《中国矿产全图》（1909 年），邝荣光所著《直隶地质图》《直隶矿产图》（1910 年）和章鸿钊所著《中华地质调查私议》（1912 年）等早期地质研究成果都由该杂志保存下来。[18]但地学会无论是活动的体制化，还是学术研究与交流的成就，

① 当时留美学界也有相关组织，具体参阅本书第三章。

都与真正的科学社团有一定的距离。因此仅仅是具有科学学会性质的团体,还不能算是真正的科学学会。

接续地学会的是中华工程师学会。自洋务运动到中华民国成立,中国工程技术经数十年发展,已有一定的成效,工程技术人员也有相当程度的聚集。特别是在清末的铁路修筑高潮中,铁路工程技术人员更是成批涌现,他们大多年富力强。为了更好地服务于实业建设,组织学术团体群策群力、研讨学问成为当时工程界的共同愿望。借鉴国外工程学会办理经验,1912 年相继成立了三个工程性质的学术团体。负责修筑粤汉铁路的詹天佑,在广州邀集同道创建了"广东中华工程师会",詹天佑任会长。上海的颜德庆、吴健等人创建"中华工学会",宗旨有三:工程营造之统一、工程事业之发达、工程学术之日新。颜德庆任会长,吴健任副会长,推詹天佑为名誉会长,会章完全仿欧美,入会资格颇严。徐文炯等人也在上海创建"路工同人共济会",徐文炯为会长,也推詹天佑为名誉会长。三会各有会员六七十人。

詹天佑认为三个工程师团体"既宗旨不殊,志同道合,与其分而名称不一,或存歧视之心,何如合而学力更宏,益速工程之进步,于原会无妨,于实业有俾",提议合并。提议得到了强烈响应。[19]42 1913 年 8 月,三会在汉口召开合并成立大会,名为"中华工程师会",选举詹天佑为会长,颜德庆、徐文炯为副会长;通过会章 30 条,宗旨为:规定营造制度、发展工程事业、力阐工程学术;议定开展五项事业:一为出版以输学术,二为集会以通情意,三为试验以资实际,四为调查以广见闻,五为藏书以备参考。[20] 1915 年 7 月,詹天佑等人有鉴于该会"原以研究学术、期有发明为唯一之宗旨",中华工程师会名义"范围似嫌太广",改名为"中华工程师学会",并修改章程,增设编辑、调查、交际、演讲四股,以促进会务发展。[19]43

可见,1913 年合并成立的中华工程师会无论是其宗旨还是所办事业,都与此前维新时期的所谓学会有很大的区别:团结同志发达学术、共同促进中国工程事业的发展是其主要目标。规定营造制度对本行业进行规范与约束,具有后来许多行业协会的意义;阐述工程学术是为了更好地发展工程事业。所采用的办法,出版是为了输入与传播学术;集会在互通会员之间的情意外,还有互相交流学术的功能;试验不仅是科学发展的基础,也是为了进一步为实践服务;调查研究不仅仅能扩展视野,也是科学研究的基础;办理图书馆收藏书籍自然是为调查研究做资料准备。从某种意义上来说,中华工程师会比中国地学会更具学术性,已经基本具备近代学术社团的雏形与功能。1919 年逝世、长期担任会长的詹天佑也一直强调学会的性质在于联合工程界

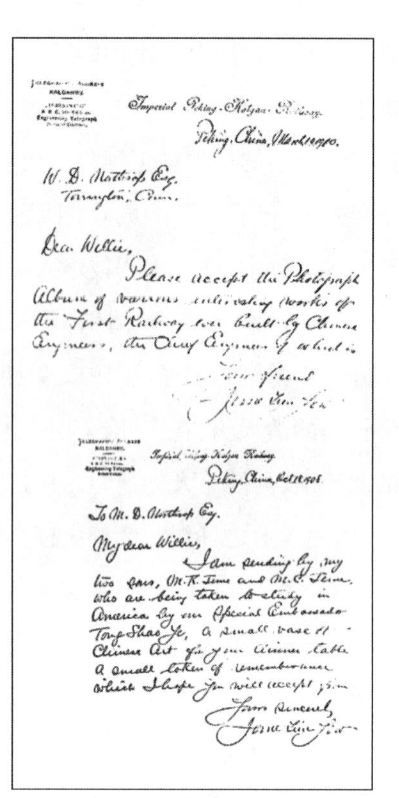

Imperial Peking-Kalgan Railway.

Peking, China, March 10, 1910.

W. D. Northrop Esq.
Torrington, Conn.

Dear Willie,

Please accept the Photograph Album of various interesting works of the First Railway ever built by Chinese Engineers, the Chief Engineer of which is your friend

Jeme Tien Yow

Imperial Peking-Kalgan Railway.

Peking, China, Oct 18, 1908.

To W. D. Northrop Esq.

My dear Willie,

I am sending by my two sons, M. K. Jeme and M. C. Jeme, who are being taken to study in America by our Special Embassador Tong Shao Yi, a small vase of Chinese Art for your dinner table a small token of remembrance which I hope you will accept from

Yours sincerely,
Jeme Tien Yow

图2-4　詹天佑及其于1908、1910年致美国友人的两封信

1908年信函赠送京张铁路照相簿，其中说："这是中国工程师们建造的第一条铁路。工程主持人就是你的朋友——詹天佑。"自豪之情，跃然纸上。詹天佑去世后，杨铨曾撰《詹天佑传》，最后说："综氏一生，未尝离工程事业……无赫赫之位，炙手之势，及其逝世也，举国识与不识咸兴人亡国瘁之悲。呜呼！其感人抑何深耶！夫以氏之学识经验，使充其能，所成就者又岂仅京张数百里之路哉。乃频年干戈，政争不已，卒至赍志以殁，不能如史第芬森、瓦特辈目睹所业跻国富强，此岂个人不幸哉，吾为中国惜也。"(《科学》第4卷第10期第1024页)(图片引自高宗鲁译注、传记文学出版社1986年出版的《中国留美幼童书信集》)

专家，研究工程学术，不仅仅限于铁路工程，各种机器、河渠水利、桥梁道路、土木矿山等都要予以研究。

中国地学会和中华工程师会具有近代西方知识性会社的特征，它们以科学研究促进学术发展为宗旨，不像传统的"会""党"那样与政治紧密相连，也不像戊戌期间的学会有广泛的社会改良目标与政治追求。中国地学会与中华工程师会是专门性质的组织，是当时国内地学(包括地质学和地理学)、工程技术相对发达的结果。由于其他各门学科的不发达，相关专门人才也没有聚集到一定程度，成立各专门学会的条件也不太成熟。同时，由于洋务运动关注的是科学的直接利用，缺位于科学宣传与传播，清末民初杜亚泉等也试图在这方面有所作为，但并不成功。此时中国急需的是补上宣扬科学、传播科学这一课，这一任务不是任何专门性科学社团所能担当的。因此，接续中国地学会、中华工程师会的是中国科学社、中华学艺社这样的综合性科学社团，也是历史发展的需求。

第三节　科技期刊的发展演变

中国科学社成立之初，主要是为了在国内发刊《科学》月刊，传播宣扬科学精神与科学知识，了解当时国内科学期刊的发展状况，寻绎中国科学社发刊《科学》的合理性自然不可或缺。

传统中国只有刊载皇帝谕旨、官员升迁等内容的"邸报"，并无现代意义上的报纸和杂志。1815 年 8 月 5 日，第一份中文期刊《察世俗每月统记传》在马六甲创刊，由英国伦敦会传教士米怜（W. Milne，1785—1822）创办。其主要目的是以国家大事来"唤醒"中国民众，达到传教的目的，但似乎对科学知识也"情有独钟"。与一般人心目中"宗教与科学"相对立的想法不一样，米怜认为科学与宗教是"相辅相行"的。先后发表有《论行星》《论侍星》（即卫星）、《论静星》（即恒星）、《论彗星》《论地为行星》《论地周日每年转运一轮》《论月》《天球说》《论月食》《论日食》等文章，用浅显的文字或插图，第一次完整地向中国人介绍了哥白尼的日心说，也论述了太阳、月亮和地球等的关系。该刊在科学知识的传输上，仅限于天文学一门，没有介绍其他西方科学技术，有些说法不太严谨，有些数据不够精确，甚至还存在一些错误，诸如地球绕太阳的轨道是圆形的，并认为天文现象是由神安排的，但毕竟掀开了明末清初以后西方科学技术知识再次进入中国的大幕，给中国人打开了一扇了解西方科技知识的窗户，而且这种借助宗教教义的传播来传输西方科学技术知识的报刊编辑方式，也为后来创办的其他中文期刊直接借用，对中国新闻期刊的发展产生了极大的影响。更为重要的是，该刊曾对当时西方科学研究方法和科学精神进行了概括性的总结：

> 近来西儒皆宗试学一门，伊不泥旧，不慕新，乃可试之事，务要试过才信也。故此天文、地理、格物等学，一百余年由来大兴矣。又且西边读书人与工匠相参，我心谋，你手制作，故此弄出来最巧助学各样仪器，量度天星等是也。

正如爱因斯坦所说，西方科学的发展得益于文艺复兴时期兴起的通过系统实验寻找出因果关系，这里也强调了实验在西方科学发展上的作用，以实验为根据、理论家与实践家相结合，这自然是传统中国所缺乏的。[21]

《察世俗每月统记传》于1821年停刊。1833年8月1日，普鲁士传教士郭实腊(K. F. A. Gutzlaff, 1803—1851)在广州创刊《东西洋考每月统记传》，其目标是打破中国人“妄自尊大”和“敌视外国人”的心理，以西方的科学技术和伦理道德为工具，用摆事实的方法，打破清政府的闭关自守政策。相较宗教、伦理道德内容来说，科学文化知识成了该刊的主要内容，传输的主要是中国社会所需要又能反映西方近代科学成就的实用知识，如《火蒸车》(火车)、《推务农之会》等。刊行不久即停刊，当时影响甚微。鸦片战争后，其登载的实用性知识和传递的现代价值被次第发现，影响日增，魏源《海国图志》即引用其文字二十多处。

鸦片战争后，相较于西文报刊创办的突飞猛进，中文报刊很是落寞。直到1853年8月才在香港出现了战后第一份也是香港第一份中文期刊《遐迩贯珍》，它被认为是承接此前在南洋出版的“统纪传”，启发后续《六合丛谈》的承前启后的中文期刊。第一次有中国人黄胜、王韬等参与其间，载有大量有关西方科学技术和科学文化的翻译文章。《遐迩贯珍》停刊不久，1857年1月，《六合丛谈》在上海由墨海书馆出版发行，传教士伟烈亚力任主编。由此，外部世界信息的接收与传播中心也随之由香港向上海转移。

《六合丛谈》虽仅维持一年有余，发刊15期，但载有相关科学技术知识不少，被誉为中国近代科技期刊的雏形。伟烈亚力在创刊号中已经向中国人介绍了近代科学的学科分类，诸如“化学”“地质学”“动植物学”“天文学”“电学”“力学”“流体力学”“声学”“光学”：

> 比来西人之学此者，精益求精，超前轶古，启名哲未言之奥，辟造化未泄之奇。请略举其纲：一为化学，言物各有质，自能变化，精识之上，条分缕析，知有六十四元，此物未成之质也；一为察地之学……一为鸟兽草木之学……一为测天之学……一为电气之学……别有重学、流质数端，以及听、视诸学……

《六合丛谈》出版后很快传入日本，幕府西学研究教育机构蕃书调所对杂志内容进行调整后刊行了翻刻本，这份作为传递世界消息的读物在日本获得了广大的读者，对幕府末期和明治初期的知识分子产生了极大的影响。[22]

真正具有科学期刊意义的应是丁韪良等1872年在北京创刊的《中西闻见录》。《中西闻见录》在其所发刊的36号中，共刊载360多篇文章，其中科技文章160余篇，新闻报道与杂记中也有1/3以上的篇幅与科技相关，零星地输入了天文学、地理学、物理学、化学、地质学、矿物学、解剖学、防疫学、药物学、动物学、植物学、农学

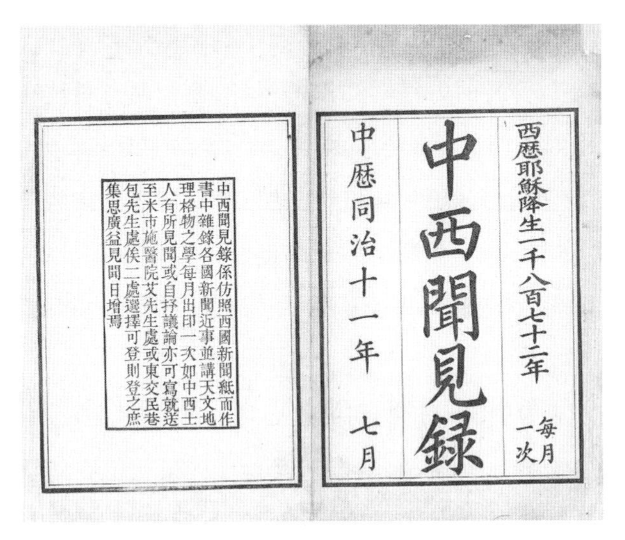

图 2－5 创刊于北京的《中西闻见录》与创刊于上海宣称接续它的《格致汇编》

丁韪良等创办的《中西闻见录》以传播科技为主要内容，傅兰雅主编的《格致汇编》是第一份中文专门科技杂志。《中西闻见录》和《格致汇编》的出版，开创了外国人在中国创办中文科技期刊的先河。

等西方近代基础科学的基本常识，也零星地传播了高空探测、铁路修筑、钢铁冶炼、玻璃制造、火车、汽车、轮船、起重机、新式武器、最新天文望远镜及机器制造、电话电报发明等多方面的常识性基础技术知识，而且还有度量衡“国际标准化”方面的知识介绍。《中西闻见录》在洋务运动中曾有一定的作用和影响，不仅广泛刊载京师同文馆师生的作品，几乎成了同文馆的“学报”，而且对操办洋务也提出了不少建设性意见，并积极关注洋务活动，如对江南制造局的动向、轮船招商局的成立、电报线路的铺设、开平煤矿的开采等都进行报道。《中西闻见录》在早期启蒙思想家和一般士子中也有相当影响，停刊仅两年，丁韪良就编辑《中西闻见录选编》发行，维新运动期间又以《闻见录新编》发行，在上海发行的《万国公报》也广泛转载该刊文字。①

真正的科学刊物是接续《中西闻见录》的《格致汇编》，由傅兰雅创办。对于《格致汇编》的创刊，参与其事的徐寿曾说：

傅〔兰雅〕先生常言，中华得此奇书〔江南制造局所译西书〕，格致之学必可盛行，且中国地广人稠，才智迭兴，固不少深思好学之士尽读其书。所虑者，僻处远方，购书非易，则门径且难骤得，何论乎升堂入室！急宜先从浅近者起手，渐及而至见闻广远，

① 关于《中西闻见录》对科学技术知识的传输传播，参见拙文《〈中西闻见录〉述略——兼评其对西方科技的传播》[《复旦学报》(社会科学版)1995 年第 4 期]。

自能融会贯通矣。[23]

创刊《格致汇编》有补充西书传播不广、普及西方科学知识的目标,要为西方科技在中国的输入和传播开辟另一途径,即以专门科技期刊宣扬传播科学。1876 年 2 月,《格致汇编》正式创刊,1892 年终刊,其间曾有停刊。《格致汇编》广泛传播了自然科学、工程技术知识,并辟有专门的“互相问答”(相当于后来的读者信箱)专栏。该刊不仅销售地域广泛,销量数量也很可观,对当时国人影响很大,《申报》等报刊、梁启超等思想家都给予极高的评价。①

维新运动期间,中国人接替西人成为中文科技期刊的创办者。1897 年 5 月,罗振玉等在上海创办务农会(后改为农学会),创刊《农学报》,是为中国第一份农业学术刊物。1897 年 7 月,出身浙江平阳的维新志士黄庆澄于温州创办了一份完全普及性的数学刊物《算学报》,是为中国最早的专门数学刊物。黄庆澄与他前辈李善兰一样,认为数学是一切科学之基础,强国必须普及自然科学,开发国人智力普及数学最为重要,“不通算学,犹如有脑无术”,创刊《算学报》“冀为格致之权舆,以辟黄人之智慧”。翌年 6 月停刊,发刊 12 期。[24] 1898 年 3 月,上海人朱志尧有感于“志士”们流于“空谈”“清谈”,于上海创办《格致新报》,以报道、介绍西方科学技术最新成就为志业,通过翻译国外报刊及时报道西方各国科学技术发展动态和最新成就。杜亚泉一生著述事业始于在上海创设亚泉学馆,发刊化学为主的综合性科技期刊《亚泉杂志》。② 他还创刊有《普通学报》,宗旨为“欲使我国学士大夫咸吐露其思想,传播其知能”“以为书业改良之嚆矢”。1903 年,设在四马路惠福里内的科学仪器馆编辑发刊《科学世界》,似乎是第一份以“科学”为名的期刊。宗旨为“发明科学基础实业,使吾民之知识技能日益增进”。其《发刊词》中说,相对于日本的“与时俱进”,我国“学士大夫短于科学之知识,因疏生惰,以实业为可缓。教科偏枯,报章零落,则社会无教育矣。故其人民畏进取、陷迷信,格路矿以风水,掷金帛于鬼神,则无普通之知识”。[25]

---

① 关于《格致汇编》创刊、作者群体、传播的相关科学技术知识及其影响等方面的具体情况,参阅赵中亚博士论文《〈格致汇编〉与中国近代科学的启蒙》(复旦大学,2009 年)。

② 参阅谢振声《杜亚泉与〈亚泉杂志〉》,引自许纪霖等编《一溪集:杜亚泉的生平与思想》(生活·读书·新知三联书店,1999 年)第 227 页。值得注意的是,《一溪集》中几乎所有的作者都称《亚泉杂志》是中国人自办的第一份自然科学期刊,这提法值得商榷。第一,1897 年创刊的《农学报》是由上海农学会创办的;第二,1898 年朱志尧等创办的《格致新报》也以刊载科学知识为主。这两份刊物都比《亚泉杂志》早,而且也都是中国人自己主办的。

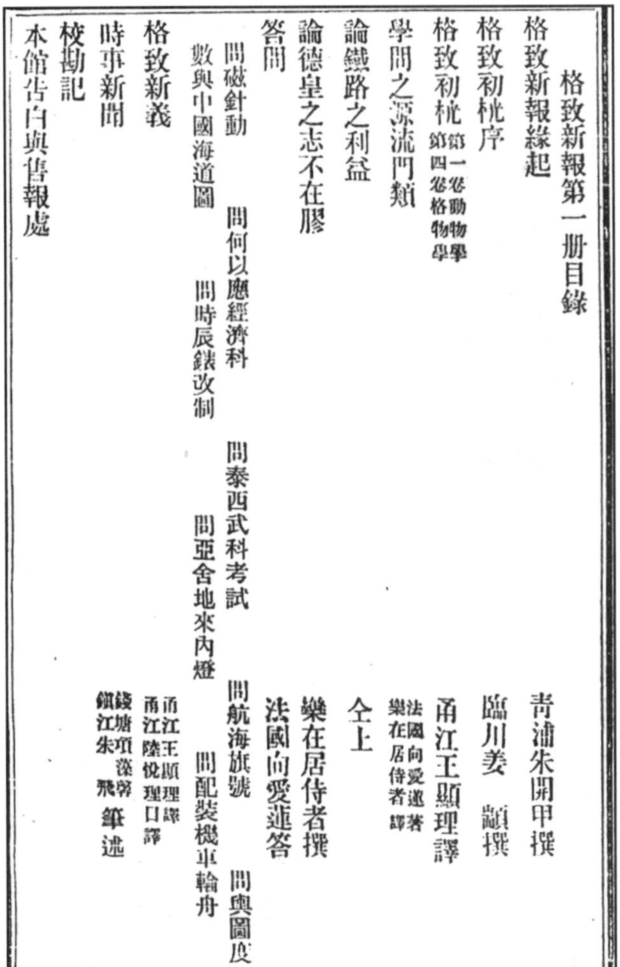

格致新報第一冊目錄

格致新報緣起　青浦朱開甲撰

格致初桄序　臨川姜　顚撰

格致初桄 第一卷動物學 第四卷格物學　甬江王顯理譯

學問之源流門類　法國向愛蓮著 樂在居侍者譯

論鐵路之利益　仝上

論德皇之志不在膠　樂在居侍者撰

答問　法國向愛蓮答

問磁針動　問何以應經濟科　問泰西武科考試　問航海旗號　問輿圖度數與中國海道圖　問時辰錶改制　問亞舍地來內燈　問配裝機車輪舟

格致新義　甬江王顯理譯 甬江陸悅理口譯

時事新聞　錢塘項藻馨 鎮江朱飛 筆述

校勘記

本館告白與售報處

图2-6　朱志尧创办的《格致新报》的第一册目录

天主教徒朱志尧(1863—1955),出生于上海南市董家渡,以创办实业闻名。早年在轮船招商局任买办,后任盛宣怀创办的大德油厂总办,因仿造新式棉籽榨油机而声名鹊起。先后创办求新制造机器轮船厂、同昌油厂等。他也涉足政治,曾任江苏咨议局议员、中华民国工党创始会长等。《格致新报》初为旬刊,后与《益闻报》合并为双周刊《格致益闻汇报》。

与社团创办和活动在戊戌维新之后归于沉寂不同，科技期刊的创办从维新运动开始，一直延续不断，而且在维新失败之后呈蓬勃发展的态势。据研究，1900—1919年创办的科技期刊有一百多种，其中自然科学24种（综合9种、数理9种、地学2种、生物学2种、气象学2种），技术科学73种（综合13种、工业12种、交通运输14种、农业29种、水利5种），医学29种。[26]可见，当时传播技术知识的期刊很多，尤以农业方面的刊物为甚，这说明在中国近代化历程中，基于中国国情，当时国人有一个优先农业近代化的国策选择。①

表2-5是1915年《科学》创刊以前国内主要科技期刊情况一览表。相较洋务运动时期科技期刊的稀少，而且主要由外人创办，这一时期科技期刊可以说“蔚为大观”，而且或由国人组成的团体主办，或国人个人创办，或机关主持，国人已经承担起科学传输的重担。这些期刊主要创刊于上海（41种中有21种之多），北京、广州、武昌、长沙、天津、保定、温州、桂林、绍兴和南通也有，还有2种由留日学生在日本创办。武昌和广州的期刊关注实业，北京主要由衙门创办，温州、桂林和南通创刊了三份数学刊物。分析这些期刊，发现有一个专业化的发展历程，最初仅仅是综合性的科普杂志，逐渐演变为以宣扬实业为目标的所谓“实业”杂志，后来发展成为分门别类的专业性期刊，《中西医学报》《铁道》《电气》《数学杂志》的出现表征期刊的发展方向。如1912年8月由崔朝庆创刊于江苏南通的《数学杂志》，其序言有曰：“中国科学之不发达，由于杂志之不多见。东西各国，无论何学，皆有杂志，即如数学一科，尚有数十类之多，其他可知矣。今吾国所见者，惟《教育杂志》《政治杂志》数种而已。此外无闻焉。不几为海外学者窃笑乎？”崔朝庆创办此刊物已有发达数学学科之目标。②说明随着时代的发展，科技期刊无论是从宣传内容还是办刊方针都有改进，特别是综合性杂志之外，出现了相对专业的杂志，而且一些期刊还以研究科学相标榜，突破了过去仅仅停留于介绍与普及的层面。

---

① 对这一问题的粗浅讨论，参阅拙文《清末民初农业教育体系的初创及其原因》（《上海行政学院学报》2001年第1期）。

② 崔朝庆（1860—1943），江苏南通人，编译不少算学教科书，是清末民初著名数学家，曾在多处任教。《数学杂志》主要刊载国内研究文章，涉及初等代数、初等几何、排列组合等知识（辰生《〈算学报〉与〈数学杂志〉》，《科学》1990年第42卷第3期）。据黄绍竑回忆说，他在军校学习时，崔朝庆教代数，“他的数学，在当时是很有名的。但是他已经六十多岁，热情是很低落了。一口扬州话，不易听得懂，面貌又怪可怕的。结果，学生都不愿意听他的课，自然得不到很好的成绩”。并把他与一位虽然学问不怎么样，但教学有热情的老师比较，结论说：“我觉得一个好学者，并不一定是一个好先生，学校所需要者，乃是好先生，并不一定是好学者。”参阅黄绍竑《五十回忆》（岳麓书社，1999年）第31页。

表2-5　1915年前重要科技期刊一览表

期刊名	时间	地点	主持人或机构	主要内容
格致汇编	1876	上海	傅兰雅等	自然科学基础知识、工程技术、人物传记等
农学报	1897	上海	农学会	最早宣传西方农业科技的农业刊物
算学报①	1897	温州	黄庆澄	数学普及刊物
格致新报	1898	上海	朱志尧	报道、介绍西方最新科学技术
算学报①	1899	桂林	朱宪章等	学术性刊物
亚泉杂志	1900	上海	杜亚泉	涉及自然科学的各方面，以化学为主
新世界学报	1902	上海	陈介石	工学、农学、兵学、物理、算学等
大陆报(月刊)	1902	上海	戢元丞	西方普通科学文化
中外算学报	1902	上海	杜亚泉等	偏重数理
科学世界	1903	上海	虞和钦等	内容广泛，数学、物理、化学、动植物等
宁波白话报	1903	上海	松隼等	有关实业、格致等
实业界	1903	上海	美洲学报社	商业、农业、工业
湖北农会报	1905	武昌	湖北农务总会	研究农学、改良农业、补助农政
北直农话报	1905	保定	保定高等农业学堂	相关农业知识，诸如农产、畜牧、气象等
理学杂志	1905	上海	薛蛰龙	普及各种自然科学
学报(月刊)	1906	上海	何天柱	综合性普及刊物，包括新学旧学、中学西学
科学一斑	1907	上海	曹祖参等	有关自然科学的各种知识
理　工	1907	上海	宾步程	“输入理工两科知识于内地间”，文章横排
实业报(旬刊)	1907	广州	曾公健	相关农业、工业、商业等知识
农工商报旬刊	1907	广州	广东农工商总局	开通风气、挽回利权，后改为《广东劝业报》
医药学报	1907	日本千叶	留日学生	留日学生组织中国医药学会机关刊物
震旦学报	1907	北京	北京作新社	设格致、心理学、数学等栏目
汇报科学杂志	1908	上海	上海天主教教会创办	设天文、地理、算学等栏目
数理化月志	1908	上海	集成图书公司	

（续表）

期刊名	时间	地点	主持人或机构	主要内容
卫生白话报	1908	上海	卫生白话报社	卫生知识
学　海[②]	1908	日本京都	北大留日学生编译社	商务印书馆发行，涉及理工农医各科
绍兴医药学报	1909	绍兴	神州医药绍兴分会	宣传中医
中西医学报	1910	上海	丁福保	早期中西医兼论的重要期刊
地学杂志	1910	天津	张相文等	刊载有关地学的研究
实业杂志	1912	长沙	长沙实业杂志社	除抗战停刊外一直出版至 1948 年
群学会杂俎	1912	上海	王宗毅	设有自然科学栏目
铁　道	1912	上海	中华民国铁道协会	有关铁路的科技知识
数学杂志	1912	南通	崔朝庆	登载国内外数学论文
农林公报	1912	北京	农林部	相关农林的公牍、命令、报告及调查研究等
实业丛报	1913	长沙	实业丛报社	相关农工商知识
浙江省农会报	1913	杭州	浙江省农会	相关农事改良等
云南实业杂志	1913	云南	行政公署实业司	为云南地方实业发展服务刊物
中华工程师会报告[③]	1913	汉口	詹天佑	中华工程师会机关刊物
电　气	1913	北京	陶镕	中华全国电气协会机关刊物
农商公报	1914	北京	农商部公报编辑处	相关农商事物
博物学杂志	1914	上海	中华博物学会	研究生物学等

资料来源：《上海科学技术志》编纂委员会《上海科学技术志》（上海社会科学院出版社，1996 年）；张小平等《中国近代科技期刊简介（1900—1919）》（丁守和《辛亥革命时期期刊介绍》第 4 集）；叶再生《中国近现代出版通史》第 1 卷（华文出版社，2002 年）。①：吴文俊《中国数学史大系》第 8 卷；②：张奠宙等《冯祖荀》，载《中国现代科学家传记》第 6 卷。③：1913 年 11 月创刊，翌年改名《中华工程师会会报》，1915 年再改名《中华工程师学会会报》。

更值得注意的是，除中国地学会的《地学杂志》外，还有三种由专门学社团创办的专业性期刊，1913 年先后有中华工程师会《中华工程师会报告》、中华全国电气协会《电气》，1914 年有中华博物学会《博物学杂志》。除中华工程师会外，其他两个团体影响都不大，所创办期刊影响也有限。这些期刊都是相关专业性刊物，并不是综合性的科学期刊。

据研究，很多期刊都以“科学救国”“实业救国”为宗旨。特别是辛亥革命以后,知识分子预感“科学救国”机会来临,在短短几年间创办的科技期刊,比过去总和增长了两倍。科学救国的目标虽不能达到,但客观上也起到了宣传科学、普及文化、扩展人们视野的积极作用。这些科技期刊同其他报刊一样,大多以首要位置刊载社论(或称“社说”“论说”“时评”等),不少刊物虽然都声明政治免谈,但在社论中往往抨击时弊,自然牵扯政治。从创办主体看,有民办,也有官办。官办者往往是一些公牍、命令或文件汇编,民办特别是一些学术团体主办者学术水准相对较高,如《地学杂志》《中华工程师会会报》等。但无论如何,这些期刊基本上以介绍科学知识和外国科学成果为主,真正有创造性的文章很少。[26]而且除《农学报》《中华工程师会会报》前后延续了一定时间,《地学杂志》时刊时停外,其他刊物基本上昙花一现,甚至有仅创刊就销声匿迹的,发行范围狭窄,社会影响有限,研究者们要弄清楚它们的面目都很困难,自然其科学宣传与普及的功能不能得到充分发挥。

图 2-7　1903 年,由上海四马路科学仪器馆创刊发行的《科学世界》创刊号封面

《科学世界》可能是中国第一份以“科学”为名的刊物,主要创办人有虞和钦、王本祥等,创刊号上有林森《发刊词》、钟观光《祝词》。发刊 12 期后于 1904 年停刊。1921 年 7 月复刊,发刊 5 期后于次年 7 月停刊。

同时,可以发现这些期刊的创办人,除詹天佑、丁福保、张相文、崔朝庆等有一定的科学水平而外,其他人基本上没有接受过系统的科学教育,没有掌握系统的科学技术知识。他们的知识结构决定了其创办的杂志的内容及其传播科学知识的水平,他们不可能对科学概念、方法、精神等方面进行准确而精当的阐述,这自然影响国人对科学及科学观念、科学精神的理解。这就是《科学》创刊时,它的“同道”在中国社会的情状,自然也是《科学》杂志面临的社会环境。虽然当时国内并不像中国科学社的创始人所说没有“专讲学术的期刊”,但当时中国确实需要一份由具有新知识结构、了解世界科学技术发展趋势的群体主办,能够振聋发聩、引起社会广泛重视的科学期刊。

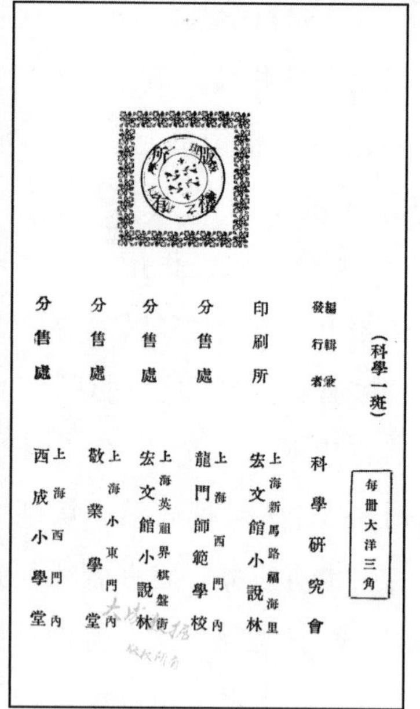
（科學一斑）

每冊大洋三角

編輯兼發行者 科學研究會

印刷所 上海新馬路福海里 宏文館小說林

分售處 上海西門內 龍門師範學校

分售處 上海英租界棋盤街 宏文館小說林

分售處 上海小東門內 敬業學堂

分售處 上海西門內 西成小學堂

图 2-8　1907 年创刊的《科学一斑》创刊号封面与版权页

该刊由留日学生组织的科学研究会主办，主持人主要有曹祖参、沈丹成等。7 月创刊，发行 4 期后于当年停刊，是当时较为典型的“昙花一现”科学刊物。

第四节　社会对“科学”的理解与认知

科学社发刊《科学》的主要目的是宣扬科学精神、传布科学知识，使国人理解科学、科学精神，了解科学方法。当时国内对“科学”的理解又如何呢？

鸦片战争以后，国人对科学的认知在概念上经历了分科之学—格致—科学这样一个发展阶段，到 1905 年前后，“科学”这个词汇最终确定。① “格致”是个传统词汇，其意义在历史长河中不断演化。儒家经典《礼记 · 大学》中的“格物致知”在朱熹的解说中获得了新的含义。金观涛等认为，“格致”一词被程朱理学赋予了浓厚的道德意义，具有穷理和经世两个目标，因此儒生求知所达到的知识体系也分为两个部

① 目前学界关于“格致”向“科学”的转化研究，成果颇丰，代表性成果有樊洪业《从“格致”到“科学”》（《自然辩证法通讯》1988 年第 10 卷第 3 期），李双璧《从“格致”到“科学”：中国近代科技观的演变轨迹》（《贵州社会科学》1995 年第 5 期），艾尔曼《从前现代的格致学到现代的科学》（《中国学术》第 2 期，商务印书馆，2000 年），金观涛、刘青峰《从“格物致知”到“科学”、“生产力”——知识体系和文化关系的思想史研究》（《“中央研究院”近代史研究所集刊》2004 年第 46 期）等。

分:一为通过穷理达到对宇宙秩序和万物普遍之理的认识,即广义的理论知识;二为与实用相关的种种知识,通过经世致用与儒家伦理相联系。当道德意识形态需要重构时,穷理需求空前高涨,主要指向理论知识;一旦道德目标明确,实用技术便成为主要需要对象。“穷理和经世可以构成两种性质不尽相同的建立知识系统的动力,它们各自亲和于西方科学和技术。”[27]

将格致与西方科学联系在一起的是明末的徐光启(1562—1633)。他将“格物穷理”对应于西方科学,包括逻辑学、形而上学、物理学、数学乃至化学等。可以说,徐光启“格物穷理之学”对应西方自然哲学的提出,在观念上搭了一座引渡西学的桥梁。但因“礼仪之争”等因素造成清政府采取闭关锁国政策,西方科学传入中国的途径被掐断。① 直到近代,西方科学才再次输入中国。这回它首先选用的词汇并不是“格致”一词,而是所谓“分科之学”。1853 年创刊于香港的《遐迩贯珍》月刊,其间有篇名直接为《火轮机制造略述》,将轮船名曰火轮机,《地质略论》径称地质,《生物总论》直接用生物。传教士合信(B. Hobson,1816—1873)1849 年在广州出版的《天文略论》介绍天文学;1851 年出版的《全体新论》是卫生学著作,主要相关解剖学;1855 年出版的《博物新编》更是介绍物理学、天文学和动物学的知识。1860 年以前,作为中国传播西学重镇的墨海书馆,其出版的著作中也没有专门命名为“格致”的,数学著作主要有《数学启蒙》《续几何原本》《代数学》《代微积拾级》,物理学著作为《重学》《重学浅说》,天文学著作为《谈天》,生物学著作为《植物学》等。

1851 年由慕维廉(W. Muirhead,1822—1900)编译的《格物穷理问答》小册子,系根据一本英文著作节译,内容相关自然科学,共 23 个问题。这可以说是目前发现近代以“格致”相类词汇指称西方科学的第一本翻译书籍。“格致”一词在晚清流行并指称西方科学是洋务运动开始以后,与洋务派学习西学必须考虑传统学问的环境有关。冯桂芬(1809—1874)1861 年在《采西学议》一文中指出,明末和鸦片战争以后传入中国的西学中,“如算学、重学、视学、光学、化学等,皆得格物至理”。这样,西方科学作为“格物至理”的学问重新获得传统“格致”所具有的道德与学问上的意义,也就是金观涛等所谓的“穷理”和“经世”这两个层面的含义。冯桂芬此一论调为洋务

① 与通常认为西方科学输入中国中断的主要原因是清政府闭关锁国政策所致相异,美国学者艾尔曼(B. A. Elman)认为主要责任在耶稣会士:“对于中国人失去了 18 世纪以后欧洲科学发展的进一步知识这一事实,更确切的说法应该是,世界范围内的耶稣会士及其在欧洲的学院等消亡引发了科学传播的中断。”见氏著《中国近代科学的文化史》(王红霞等译,上海古籍出版社,2009 年)第 2 页。

大僚们所接受，西方科学作为一种外来文化在传统学问中取得一席之地，为洋务派利用西方科学富国强兵铺平了道路，也为西方科学技术在中国的传播打开了方便之门。伟烈亚力、傅兰雅与李善兰于1861年前后将牛顿的《自然哲学的数学原理》一书节译为《数理格致》。这样，在学术界和官场，“格致”重新取得了指称西方科学的地位。

就在西方科学获得“格致”这一传统学问地位的同时，纠缠于中国社会现实与“经世思潮”的勃兴，却不可避免地被实用化，“穷理”的理论取向被完全遗弃，也就是说“格致”所具有的“形而上”的“道”被丢弃了，仅仅留下“经世”的层面，变成“形而下”的“器”，成为“立竿见影”的富国强兵工具；“科学”被抛弃、被遗忘，科学的应用——“技术”成为朝野共同追求的目标。后发展国家对西方科学技术的认知一般分为四个阶段：一是认识到西方的军事优势；二是认识到作为军事优势基础的西方军事技术；三是意识到学习西方军事技术；四是认识到西方军事科学技术仅仅是西方科学技术的一部分，要发展军事科学技术还必须引进西方的纯科学与一般技术。[28]洋务运动时期国人对西方科学技术的认知，已经达到第三个阶段，认识到学习西方军事技术是富国强兵的不二法门；也已经模糊地达到第四个阶段，意识到要充分掌握西方军事技术必须学习西方数学、物理、化学、天文、地质等基础科学。

早在鸦片战争期间，林则徐就认识到英国人的坚船利炮，提出了“师敌之长技以制敌”的克敌制胜方略，他说：“剿夷有八字要言，‘器良’、‘技熟’、‘胆壮’、‘心齐’是已。第一要大炮得用。”[29]魏源在林则徐“师敌之长技以制敌”主张基础上，提出了“师夷长技以制夷”。与林则徐仅仅认识到“长技”是坚船利炮的军事技术不同，魏源进一步认识到“长技”不单指武器与养兵练兵之法，还包括民用技术——量天尺、千里镜、龙尾车、风锯、水锯、火轮机、火轮舟、自来火、自转锥、千斤秤之属。并提倡建立军事工业“于广东虎门外之沙角、大角二处，置造船厂一，火器局一，行取佛兰西、弥利坚二国各来夷目一二人，分携西洋工匠至粤，司造船械”；主张培养技术人才“今宜于闽粤二省武试，增水师一科，有能造西洋战舰、火轮舟，造飞炮、火箭、水雷、奇器者，为科甲出身；能驾驶飓涛、能熟风云沙线、能枪炮有准的者，……皆由水师提督考取，会同总督选拔送京验试，分发沿海水师教习技艺”。[30]

洋务派在魏源基础上进一步认识到军事技术背后的一般科学，他们认为科学技术是富国强兵、抵御外侮的基本工具。但整个洋务运动时期，仅仅停留于将基础科学作为学习掌握军事技术的工具，还没有达到将纯科学和一般技术作为独立的学问阶段，没有认识到纯科学和一般技术比军事技术更加重要。当时无论官办、商办还是官商合办的企业,无论是官办新学堂还是西书翻译,都以技术为主。大多数洋务学堂附属于洋务机构,这种办学模式与后来广泛流行的职工大学有许多类似之处,学堂与企业紧密相连,主要培养学生的实际操作能力,与理论无涉。洋务派对西方近代科学没有也不可能有全面而清楚的认知,对什么是科学、科学方法、科学精神等基本没有了解,自然也根本没有科学研究的想法,他们看中的只是科学的功用。江南制造局翻译馆作为政府机构,早先有系统翻译西学的打算,可是急功近利的“大宪谕”使这一计划夭折,译书仅以“紧用”为标准。据傅兰雅说:

初译书时,本欲作大类编书,而英国已有者虽印八次,然内有数卷太略,且近古所有新理新法多未列入,故必察更大更新者始可翻译。后经中国大宪谕下,欲馆内特译紧用之书,故作类编之意渐废,而所译者多零件新书,不以西国门类分列。平常选书法,为西人与华士择其合己所紧用者,不论其书与他书配否,故有数书如《植物学》、《动物学》、《名人传》等尚未译出。另有他书虽不甚关格致,然于水陆兵勇武备等事有关,故较他书先为讲求。[31]

对于西书翻译,作为中央政府的清廷没有一个规划,翻译馆有一个系统译书的方案却被否定。西方科学书籍的翻译,完全以是否“紧用”为标准,不仅不考虑系统性,就连基本的是否“相配”也不考虑。

当时,指代科学的“格致”一词含义可谓五花八门,莫衷一是。① 但最为广泛流传的含义应是指“西方实用技术”及其这些技术的学理基础。刘锡鸿(? —1891)在上海参观格致书院后,批评格致书院假借“格致”美名:

大学之言格致,所以为道也,非所以为器也,……自西洋各国以富强称,论者不察其政治之根抵,乃谓富强实由制造,于是慕西学者如蚁慕膻,建书院以藏机器,而以“格致”名之,殆假大学条目以美其号。[32]②

认为所谓“西学”“盖工匠技艺之事也”,要求格致书院改名为“艺林堂”。格致书院招生广告也说“专为招收生徒究心实学”。金观涛等的研究也表明,由于洋务运动所需要的西方科技主要是与坚船利炮有关的制造技术原理和知识,“格致”的内容大多限于弹道计算、重学和化学反应以及与制造有关的物理和化学原理。[27] 以格致指代的西方科学就这样被实用化为技术,与其说这是时人对科学认知程度所决定的,毋宁

---

① 樊洪业先生总结主要有四个方面的含义,具体参阅其论文《从“格致”到“科学”》。
② 刘锡鸿一般被贴上与洋务派对立的“保守派”标签,但他这里的认识似乎已经达到后来维新派的认知程度,远远超越洋务派,西洋各国的富强实乃“其政治之根抵”。

说是时代的需求所限制。时代的需求可能在某种程度上压抑了时人对科学本质的进一步探究。

甲午一战，极大地改变了中国人的思想状态，“格致”一词的含义也发生巨大变动，国人对科学的认知又有新的变化。维新派在批评洋务派只注重技术、忽视科学的基础上，充分认识到西方科学技术在国家建设中的重要作用。康有为说：

泰西之强，不在军兵炮械之末，而在其士人之学，新法之书。凡一名一器，莫不有学：理则心伦、生物，气则化、光、电、重，蒙则农、工、商、矿，皆以专门之士为之，此其所以开辟地球，横决宇内也。[33]

指出了西方富强并不仅仅靠军工技术，而是广泛的科学研究与技术应用。梁启超、谭嗣同等也有相关论述。维新派已经认识到科学技术全面发展的重要性，并提出通过普及教育来提高民众科学文化素养的方案；维新派倡导的发展科学技术这一新思路，被认为是近代科技思想史上一次认识的飞跃。[34]但由于维新派自身缺乏基本科学素养，对科学本身并没有清楚的认识，在具体的科学知识上更存在严重的错误，对发展科学也没有具体的实施方案，他们大多从自己的政治需要出发，把科学泛化，把自然科学规律套用到社会领域和道德领域，没有真正理解科学是一种独立的文化系统和社会活动。他们对洋务运动在科学技术方面的批评是为他们的政治改良提供一个靶子，为他们的政治改良“铺路搭桥”。这样，先期实用化为技术的科学，就被作为一种救国工具而日渐成为新派人物口头的言说、头脑中的观念，在言说与媒介的传播中不断变形，口号化、简约化、观念化，并慢慢向意识形态化的“唯科学主义”发展，离科学的本相就愈来愈远。正是在这个演化过程中，严复明确提出“西学格致救国”，并有进一步阐述与发展；康有为提出“物质救国”论，第一次明确地在思想上确立了“科学救国”的主张。

严复认为救国非西学不可。1895 年，他在《救亡决论》中指出“救亡之道在此，自强之谋亦在此”。西学主要是指格致之学，“西学格致，非迂途也，一言救亡，则将舍是而不可”。并进而提出“西学格致救国”论：“求才为学二，皆必以有用为宗，而有用之效，征之富强；富强之基，本诸格致；不本格致，将无所望而荒废，所谓蒸砂千载，成饭无期矣。”[35]他在 1897 年开始翻译、1901—1902 年出版的《原富》中说，“科学中一新理之出，其有裨益于民生日用者无穷”“科学中所立名义大抵出于二文〔希腊文和拉丁文〕，若动植之学、化学、生学、人身体用和医学等所用尤夥”。基于这样的认识，针对“中学为体、西学为用”和“西政为本、西艺为末”的论调，他在 1902 年《与〈外交报〉主人论教育书》中说：

其曰政本而艺末者，愈所谓颠倒错乱者矣。且所谓艺者，非指科学乎？名、数、力、质，四者皆科学也。其通理公例，经纬万端，而西政之善者，即本斯而立。……中国之政，所以日形其绌，不足争存者，亦坐不本科学，而与通理公例违行故耳。是故以科学为艺，则西艺实西政之本。设谓艺非科学，则政艺二者，乃并出于科学，若左右手然，未闻之相为本末也。且西艺又何可末乎？无论天文地质之奥殚，略举偏端，则医药通乎治功，农矿所以相养，下洎舟车兵治，一一皆富强之实资。[36]

以激进的改良姿态出现在中国近代历史舞台的康有为，1905 年发表《物质救国论》，提出了他的科学救国主张。戊戌维新失败后，流亡国外的康有为游历西方各国，探求各国富强之术，他以他的观察所得，告诸国人说："以吾遍游欧、美十余国，深观细察，校量中西之得失，以为救国至急之方者，则惟在物质一事而已。物质之方体无穷，以吾考之，则吾所取为救国之急药，惟有工艺、汽电、炮舰与兵而已。"[37]574 他在《物质救国论》序中说道："欧洲百年来最著之效，则有国民学、物质学二者，中国数年来亦知发明国民之义矣，但以一国之强弱论焉。以中国之地位，为救急之方药，则中国之贫弱，非有他也，在不知讲物质之学而已。"[37]565 并进而解释说：

我国人今之败于欧人者，在此一二百年间，而所最大败远不如之者，即在一二百年间新发明之工艺兵炮也。凡欧人于百年来所以横绝大地者，虽其政律学论之有助，而实皆借工艺兵炮以致之也。夫工艺兵炮者，物质也，即其政律之周备，及科学中之化光、电重、天文、地理、算数、动植生物，亦不出于力数形气之物质。然则吾国人之所以逊于欧人者，但在物质而已。……然则今而欲救国乎？专从事欲物质足矣。于物质之中，先从事于其工艺兵炮之至粗者，亦可支持焉。[37]568-569

康有为认为科学之天文、数学、生物、声光化电属于物质，而且物质是政治法律之学的基础，实在是欧西各国发达致富之缘，也是中国败于西人之因，他前此追求的政治改良并不是拯救中国的"急方"，唯有物质救国才是正道。正是在日渐夸大科学的功能氛围下，"格致"一词的意义开始泛化，并无限放大，意识形态化的"唯科学主义"思想开始泛起。

"格致"含义泛化为一切学问或者将格致与西学等量齐观。朱志尧 1898 年创刊的《格致新报》这样说：

格致二字，包括甚宏，浅之在日用饮食之间，深之实富国强兵之本，……一曰性理，探道之大原，辨理之真伪者也。一曰治术，论公法律例，条约税则者也。一曰象数，究恒星天文，测量制造者也。一曰形性，……声光气电水热力重诸事，隶于物性；金银木炭鸟兽血肉诸事，隶于物理；质点凝动变化分合诸事，隶于化学；药性病状人体骨架诸事，隶于医学，至于史传地志，户口风俗，足以见世故之得失，政教之成败者，另归纪事一门，条分屡析，包举靡遗，特科六事，尽在于斯，夫岂见囿一端，学拘一得也哉。[38]612

科学包罗了世间的万事万物，不仅是富国强兵之本，也是日常生活之基，探究真理、制定律法、天文制造、物理化学、生物医学、历史地理都是应有之义，不仅包括自然科学与社会科学，还有人文科学，未能区分科学与技术。

《格致新报》与《益闻报》合并而成的《格致益闻汇报》却将科学与“西学”等量齐观。认为西学分为“天人二类。天学者，超乎物性之理，渊妙不能穷，终身读之而不竟”“人学者，人力能致之学，种类纷繁，难于悉举”：

揭其要则有格物学焉，论性理之原委；有天文学焉，考天象之运行；有气候学焉，考大气之变更；有地理焉，记万国之形势；有地学焉，探土壤之蕴积；有形性学焉，究形物之功用；有化学焉，验物体之变化；有艺学焉，讲制造之精巧。外此则有算学以计数，测学以探数，量学以推巨体之形，博物学以审飞潜动植之性，医学以治病，律学以施政，兵学以行军，文学以讲词章，史学以专掌故，……若夫矿学归地学，光电声磁热气水等学皆归形性学；农与商，西国从无专学，乃近今维新之徒，以光电等各列一学，而加以农学、商学名目，强作解人，图眩俗目，亦不思之甚矣！[38]612-613

与《格致新报》相比，对科学的分类上有些进步，有天文学、气象学、地理学等分类，也知道声光磁热电属于物理学，矿学属于地质学等。总体上对科学分类还很纷乱，可见维新时期中国人对科学的理解仍很粗浅。文章批评维新之徒，因西人有“光学”“电学”这样的分科，创“农学”“商学”，是“不思之甚”，亦表明作者认识上的偏差。

辛亥革命时期，刊物对科学的宣扬大多仅仅停留于空对空的“宏观论说”，没有实实在在的有关科学的概念、精神、方法及其各门具体学科的言论，这也许就是当时中国科学宣传毛病之所在，亦是当时科学宣传影响甚微，对中国未来科学的发展影响很小的原因之一。但对科学的理解还是有一定的进步。《科学世界》已经用“科学”指称科学了，能分别即物穷理之学理与应用之术了，批评只重视应用之术的社会潮流，指出学理即科学是应用的基础与本源：

世之论者，多主张应用之术，为社会所必不可少，而蔑视纯正学理为无足轻重，殆所谓知其一而不知其二者乎。夫学理本源也，应用末流也，二者不过比较上对待之名词耳。今日之学理,即明日之应用。今日涸其源泉,而求流水之涓涓,岂可得耶?试观彼诸先哲,在生物学上研究所争论,断断而不已者,其起源莫不由学理之争执,而其结果也,庸讵知为农工商三者所必要之学科乎?[39]

1906年创刊的《理学杂志》以"理学"概括"科学":"理者,人物之枢,万汇之主,宇宙之真宰也。人得其理而生存世界,驱遣万物,使万物悉为我利用不敢抗,人亦不敢物我而人我,或且神我,此理之果也。"它被指认为"科学万能论"东方版,开中国唯科学主义之滥觞。[38]613 1907年创刊的《科学一斑》发刊词则以社会达尔文主义的眼光检讨中国衰败的原因,说:"学术之衰落乃使我国势堕落之大原因。……我国劣败之点,正坐文学盛而科学衰耳。……盖科学者,文明发生之原动力也。"它设置有数学、理科(包括物理、化学、生物、生理等学科)、博物等门类,还有诸如教育、历史、地理、图画、音乐、小说等栏目。可见,已将数学单独分列,理科概念与今天亦相差无几。[40]

此一时期,对科学的理解存在以下误区:一是"科学这东西是一种玩把戏,变戏法,无中可以生有,不可能的变为可能,讲起来是五花八门,但是于我们生活上面却没有什么关系";二是认为"科学这个东西是一个文章上的特别题目,没有什么实际作用";三是科学仅仅是物质主义的,仅仅在讲究实业的人可以讲求,而其他人似乎不必费心等。[41]这三种认识都没有将科学作为学问看待,基本上将科学等同于技术,这是承续洋务运动思想的结果:"吾国学界之轻视天然科学久矣,意谓各国之强,强于器械工艺尔。苟能学其器械工艺者,则富强可立至。"[42]这就是中国科学社成立时国人对科学的理解状况,对科学的具体分科门类不了解,既不能区分科学与技术,也不能分别科学与魔术。因此,中国科学社成立后的首要任务是改变社会对科学的"妖魔化",可谓任重道远。

1840年以来的中国,虽广阔的农村与内陆地区变化很小,但面临的终究是"三千年未有之变局",西方科学技术知识逐步输入中国,科学教育体系缓缓建立,近代科技人才一代一代地产生,学术社团与科技期刊在中国不断涌现。中国社会现状可能是中国科学社创建的现实动因,但留美学生在美国生活中的遭遇也许才是更为直接的动力与参照物。

参考文献

[1] 任鸿隽. 中国于世界之位置. 留美学生季报,1915年春季第1号:17-20.
[2] 本-戴维. 科学家在社会中的角色. 赵佳苓,译. 成都:四川人民出版社,1988:57-58.

[3] 韦伯. 儒教与道教. 王容芬,译. 北京:商务印书馆,2002:298.
[4] 王渝生. 李善兰//杜石然. 中国古代科学家传记(下集). 北京:科学出版社,1993:1210 -1225.
[5] 中国史学会. 中国近代史资料丛刊洋务运动(八). 上海:上海人民出版社,1961.
[6] 田淼. 清末数学教育对中国数学家的职业化影响. 自然科学史研究,1998,17(2):119 - 128.
[7] 洪万生. 同文馆算学教习李善兰//杨翠华,黄一农. 近代科技史论集. "中央研究院"近代史研究所,(台湾新竹)清华大学历史研究所,1996.
[8] 汪晓勤. 中西科学交流的功臣——伟烈亚力. 北京:科学出版社,2000:27 - 28.
[9] 张晶萍. 乾嘉学者的学术交流. 安徽史学,2002(2):16 - 20.
[10] 洪万生. 古荷池精舍的算学新芽——丁取忠学圈与西方代数. 汉学研究,1996,14(2):135 - 158.
[11] 任鸿隽. 外国科学社及本社之历史. 科学,1917,3(1):2 - 3.
[12] 刘健清,等. 中华文化通志·社团志. 上海:上海人民出版社,1998.
[13] 谢国桢. 明清之际党社运动考. 北京:中华书局,1982.
[14] 王家范. 晚明江南士大夫的历史命运//王家范. 百年颠沛与千年往复. 上海:上海远东出版社,2001:353 - 371.
[15] 何志平,等. 中国科学技术团体. 上海:上海科学普及出版社,1990:7.
[16] 赵匡华. 中国化学史·近现代卷. 南宁:广西教育出版社,2003:538 - 541.
[17] 陶世龙. 地质学的传播对中国社会变革的影响. 科技日报,1989 - 9 - 19.
[18] 曹婉如. 张相文//科学家传记大词典编辑组. 中国现代科学家传记·第 6 集. 北京:科学出版社,1994.
[19] 房正. 近代工程师群体的民间领袖——中国工程师学会研究(1912—1950). 北京:经济日报出版社,2014:42.
[20] 茅以升. 中国工程师学会简史//中国人民政治协商会议全国委员会文史资料研究委员会. 文史资料选辑·第 100 辑,中国文史出版社,1985.
[21] 胡浩宇.《察世俗每月统记传》刊载的科学知识述评. 自然辩证法通讯,2006,28(5):11,84 - 87.
[22] 沈国威. 六合丛谈:附解题·索引. 上海:上海辞书出版社,2006.
[23] 徐寿. 格致汇编序. 格致汇编,1876:1.
[24] 亢小玉,姚远. 两种《算学报》的比较及其数学史意义. 西北大学学报(自然科学版),2006(5):858 - 859.
[25] 范明礼. 科学世界//丁守和. 辛亥革命时期期刊介绍·第 1 集. 北京:人民出版社,1986:289.
[26] 张小平,潘岩铭. 中国近代科技期刊简介(1900—1919)//丁守和. 辛亥革命时期期刊介绍·第 4 集. 北京:人民出版社,1986:694.
[27] 金观涛,刘青峰. 从"格物致知"到"科学"、"生产力"——知识体系和文化关系的思想史研究. "中央研究院"近代史研究所集刊,2004(46):105 - 157.
[28] 杉本勋. 日本科学史. 郑彭年,译. 北京:商务印书馆,1999:345.
[29] 上海师范大学历史系中国近代史组. 林则徐诗文选注. 上海:上海古籍出版社,1978:244.
[30] 魏源. 海国图志(上). 长沙:岳麓书社,1998:27,29,30.
[31] 傅兰雅. 江南制造总局翻译西书事略//张静庐,辑注. 中国近代出版史料·初编. 上海:上海书店出版社,2003:17.
[32] 刘锡鸿. 英轺私记. 长沙:岳麓书社,1986:50.
[33] 康有为. 日本书目志自序//姜文华. 康有为全集·第 3 册. 上海:上海古籍出版社,1992:583 - 584.
[34] 董贵成. 试论维新派对发展科学技术的认识. 自然科学史研究,2005,24(1):60 - 71.
[35] 严复. 救亡决论//王栻. 严复集·第 1 册. 北京:中华书局,1986:43,46,48.
[36] 严复. 与《外交报》主人论教育书//王栻. 严复集·第 3 册. 北京:中华书局,1986:559.
[37] 康有为. 物质救国论//汤志钧. 康有为政论集(上册). 北京:中华书局,1981.

[38] 郭正昭. 社会达尔文主义与晚清学会运动. "中央研究院"近代史研究所集刊,1972(3 下).
[39] 王本祥. 论动物学之效用//丁守和. 辛亥革命时期期刊介绍·第 1 集:297.
[40] 汤奇学. 科学一斑//丁守和. 辛亥革命时期期刊介绍·第 2 集,544 - 546.
[41] 任鸿隽. 何为科学家. 科学,1918,4(10):917 - 919.
[42] 钱崇澍. 评博物学杂志. 科学,1915,1(5):605.

第三章　创建的世界语境:留美学界社团实践

1851 年,美国科学促进会早期主要领导人之一贝奇(A. D. Bache,1806—1867)在其主席离任演讲中说:“科学没有组织就没有力量(Where science is without organization,it is without power)。”[1]他说的“组织”,就是指美国科学促进会这样的科学社团。留美学生认为国家建设取代政治革命是历史赋予他们的使命,建设需要掌握建设的知识,培养建设的技能与精神。美国作为他们建设祖国的模本,其无处不在的社团组织使他们认识到,组织近代社团是富国强兵、争取民族独立的国家建设方案之一。他们广泛组织学生会和学术性社团等,锻炼民主经验与演说辩论能力,培养公平竞争心理;团结专门同志砥砺学问,以发展中国学术,为祖国建设进行知识积累。①留美学界社团组织的发展及其特征,是美国社会与中国社会联姻的产儿,是一代中国知识精英社团建国方案的尝试,切合了当时国内文化建设与文化革命的需要,为“德先生”“赛先生”的吁求提供了基础,成为新文化运动的先导。

第一节　留美学生群体的聚合与留美学界社团组织的兴起

近代留学美国,起始于由传教士资助的“孤独的先行者”,最有名的是 1854 年毕业于耶鲁大学的容闳(1828—1912)。他后来回国促成了曾国藩、李鸿章派遣幼童留

---

① 叶维丽(Ye Weili)在其专门研究留美中国学生的著作中开篇第一章就分析了留美学生的社团组织生活,章名为“社团生活与民族主义”,主要关注对象是留美中国学生总会,分析了学会的消长与国内政治变化的关系、学生会组织的政治实践与民主生活及民族主义特性等。见氏著 *Seeking Modernity in China's Name: Chinese Students in the U. S., 1900—1927*. Stanford University Press, 2001。有周子平中译本《为中国寻找现代之路:中国留学生在美国(1900—1927)》,北京大学出版社,2012 年。

美，拉开了政府留学运动的大幕。惜乎因各种原因，留美幼童于1881年分批撤回，宣告了政府留美运动的暂时消退。政府虽不再支持留美，但民间一直在涌动。甲午战争后，留美渐成热潮，盛宣怀曾选派北洋学堂学生9人留美，王宠惠、王宠佑、张煜全、陈锦涛等后来成为有重大影响的历史人物。据统计，1905—1906年留美人数已达600人。[2]随着1909年庚款留美生的派遣及受此驱动，留学美国成为近代中国留学史上最亮丽的一页，大批学子负笈美国，寻求富国强兵之路。到1914年达1 461人，其中公费464人，私费997人，公派庚款303人、部派（包括教育部、交通部、海军部、陆军部）137人、各省派24人。[3]初期因西部离中国近，留学生大多就学于加州。后来因东部是美国文化中心，留学生逐渐集中于此；中部因学费较廉，求学该区域的学生也不断增多；求学西部的人数反而大为下降。1910年统计562人中，东部330人、中部202人、西部仅有30人。留美学生主要分布在美国的一些著名大学中，1910年统计的650人中，已进入大学或专门学校的418人，其中康奈尔大学50人、哥伦比亚大学37人、伊利诺伊大学37人、威斯康星大学29人、哈佛大学26人、密歇根大学26人、麻省理工学院24人、芝加哥大学22人、耶鲁大学16人、宾夕法尼亚大学15人、路易士实斯实业学堂（伊利诺理工学院）11人、科罗拉多矿业学院10人，以上12校共有303人，占留美学生70%左右，其他人散布于52所学校。[4]5–10与留日学生所习科目主要以法政为主不同，留美学生以“实学”即科学技术为主。据1914年报告，520人中，共378人学习相关科学技术，土木工程48人、农业43人、机械工程40人、采矿40人、电气工程39人、化学31人、医学30人、造船工程15人、化工15人、纯粹科学13人、工程12人、冶金7人、牙科6人、森林学6人、自然科学6人、药学6人、卫生工程6人、建筑5人、地理4人、纺织制造4人、物理2人；其他经济学、教育、商学、政治学、法律、社会科学等142人。① 留美学生在美国不同区域、不同学校的分布及其所习学科，在相当程度上决定了留美学界社团组织的状况。

留美学界当时自我认知：“各国之精神不同，各国学堂之精神不同，故各国留学界之精神亦不同。”因美国社会和美国学校的影响，他们自认为留美学界的精神，“其尤为显著者有四端：好学之风一也，团结力之坚固二也，实学三也，进取活泼之气四也”。其中“团结力之坚固”就表现为各种社团组织的成立与发展，主要受美国学校

---

①《留美中国学生月报》1914年第2期，转引自比勒著，张艳译《中国留美学生史》（生活·读书·新知三联书店，2010年）第430页。

图 3-1　载《庚戌年留美学生年报》的 1910 年康奈尔大学中国留学生合影

合影中有中国科学社创始人赵元任、秉志、胡明复、金邦正、周仁。此时，任鸿隽在日本、杨铨在国内从事反清革命活动；过探先在威斯康星，章元善还未考取庚款。这张照片可以为留美研究提供不少的信息。

与美国社会的影响，“美国学生团结力极坚固，既在美国学堂，不能不受其影响”“美国人团结力极坚固，一城之中各种之团体以数千计，既在美国留学，不能不受其影响”。[4]1,37 当在一地聚集了一定人数后，留学生们就开始组建社团。

留美学生早先的社团组织以“学生会”为名。最早的学生会组织是 1902 年 12 月 17 日成立于旧金山的美洲中国留学生会（The Chinese Students' Alliance of America）。当时以北洋学堂为核心的留美学生，见华侨子弟也在美国各学校就读，“独惜其人生长异邦，中国文字固未常学习，即其爱国之心亦甚薄弱”。于是来自伯克利、奥克兰等地 23 名学生集会于旧金山一教堂，成立该学生会，“宗旨在联合各校中国学生，互通音问，研究学术，并协助侨民教授汉文汉语予其土生之子侄”。梁启超对他们的学习和组织生活很是赞赏。[5]① 当北洋学生转学美国东部或毕业回国，留学东部学生人数日增，“东美”成为留学生活动中心时，每有活动，“西美学生因路途遥远，跋涉为劳，多不能赴会讨论，会事又不能直接与闻”。1905 年另成立太平洋岸中国学生

① 关于此学生会成立时间，叶维丽用顾维钧 1912 年 3 月发表文章中的日期：10 月的一天（氏著第 20 页及第 237 页注释）。这里采用 1917 年 12 月发表在《东方杂志》上《留美中国学生会小史》的说法。

图 3-2　1910 年麻省理工学院中国留学生合影

其中有不少赫赫有名的人物，诸如贺懋庆、曾昭权、周象贤、徐名材、徐佩璜、邢契莘、周铭、席德炯、殷源之等。

会(Pacific Coast Chinese Students' Association)。但会员多是生长于美国的青年,入会会员又不论资格,"凡年十六以上者,无论在大学、中学、小学均得入会为会员",与原初美洲中国留学生会章程及趣旨都相去甚远。

继美洲中国留学生会而起的,先后有1903年成立于芝加哥的中美中国学生会(The Chinese Students' Alliance of Middlewest),1904年成立于康奈尔大学的伊萨卡中国学生会(The Ithaca Chinese Students' Alliance),1905年成立于马萨诸塞州的东美中国学生会(The Chinese Students' Alliance of the Eastern States)等。东美中国学生会虽"成立最后,而人数最多,势力最大",初期宗旨有三:协助中美两国邦交、增进中国利益、联络各校学生友谊。与旧金山成立的学生会组织主要针对华侨不同,它面向的是留学生自己。翌年召开第二次大会,邀请东美各校学生赴会,并咨请伊萨卡中国学生会合并于东美中国学生会,得到积极回应,两会联合,统一整个东美,"东美中国学生会之势力乃倍增矣"。东美中国学生会欲联合中美中国学生会,但中美中国学生会因学生人数较多,一直希望保持独立。直到1911年,全美学生会组织才得以统一,名为留美中国学生总会,下分东、中和西三个分部,每年夏季自行择地召开年会。[2]

除区域性的联合学生会而外,各学校有中国学生5人以上者都成立有中国学生会,其宗旨多为固友谊、举公益、交换智识,如康奈尔大学中国学生会、哈佛大学中国学生会等。它们开会时间不定,有一周一会、两周一会,甚至三四周开会一次,开会内容一般有议事、演说或辩论、款待①等,"议事可以习练决议之才,演说辩论可以习练口才,款待可以增开会时之兴致"。[4]28

留美学界更具特色的社团是一些模仿美国社团理念建立起来的学术性团体,综合性的如1910年成立的中国学会留美支会、1914年6月成立的中国科学社;专门性的如1914年12月成立的中国船学会、1918年成立的中国工程学会等。

无论是上述学生会组织还是学术性团体,有论者以为突破了中国学生在国内所熟悉的以"人治"为特点的"传统权威",而遵循韦伯所称的"理性法律权威"(a rational legal authority),符合哈贝马斯(J. Habermas, 1929—)称许的"公民社会"精

---

① 所谓"款待",包括"歌乐""茶点"等。朱庭祺说中国人开会向来不重视"款待",致使开会"有一种索然无味之气",美国人开会极重视这点,因此开会时"有一种兴致勃然之气"。各学校学生会开始也不重视,后来向美国人学习,才极为重视此点,使开会由此前的"苦事"变成了"快事"。参见朱庭祺《美国留学界》(《庚戌年留美学生年报》"美国留学界情形")第29页。

神。[6]22-23其实，留美学界创设更多的组织是一些具有传统中国特色的地缘性质团体，如依国内毕业学校组织的清华同学会、北洋大学同学会、唐山路矿学堂同学会、南洋同学会、约翰书院同学会等，纯粹以籍贯为标准的苏宁同乡会、湖北学会等。还有1908年成立的中国留美基督教学生会等宗教性团体、1910年成立的兰集兄弟会等兄弟会组织①。另外一些组织也很有影响，如专门为改良华侨生活而组织的公益社、因"二十一条"而成立的国防会等。

公益社在这里值得特别提出。华侨在美国人心目中，"是一洗衣工，蓝布短褂、方头鞋子，愁眉曲背、不洁净不整齐、好赌博而尚私斗者，房屋则黑暗不通气，街道则污秽不整齐"。[4]33"国民到彼国者，多属未受教育之辈，……非浣衣人即开饭馆者，党斗也，狙杀也，聚赌也，开鸦片馆也，凡下流之事，无所不为。"[7]在这帮以"华人翘楚"自居的留学生看来，华侨居住的唐人街不仅肮脏，而且鸦片馆、赌场林立，"为不正当人所聚集之地"，他们当然不满意这种状况，成立公益社以改良各地唐人街情形，举办工人教育、工商业的公益事业等。1909年春成立波士顿公益社，当年冬天成立纽约公益社。波士顿公益社设立有国民义务学堂，开设英文、算学、中文、官话等课程。[4]31据1910年8月22日在剑桥召开的国民义务学堂大会报告，学堂创设伊始，赖波士顿"华商不分畛域，慷慨解囊"，哈佛大学、麻省理工学院学生"协力赞助"，成效不错：

盖自开校以来，波埠佣工入学者颇多，而他处争相报名者亦源源不绝。全校学生约不下百有余人。各生平日之笃学，以及按月考绩之优，尤令人敬佩无已。由是以观，吾侨工固皆非蠢然之物，设有人因势利导，佐以教育，则昔日之耻，一日洗矣。[8]

留美学界的社团活动相当活跃，组织也非常容易，只要有志同道合者聚合即可。胡适日记中不乏这样的记载："夜中读书，忽思发起一'政治研究会'，使吾国学生得研究世界政治。"这是1912年11月7日夜晚，11日将"政治研究会""质之同人，多赞成者，已得十人"。16日开中国学生政治研究会第一次组织会，"议决每二星期会一次，每会讨论一题，每题须二会员轮次预备演说一篇"。第一次议题为"美国议会"，由胡适与过探先担当。12月21日，第二次会议召开，议题为"租税"，胡明复、尤怀皋演讲，"二君所预备演稿俱极精详，费时当不少，其热心可佩也"。1914年7月，又发起一读书会，"会员每周最少须读英文文学书一部，每周之末日相聚讨论一次"。会员有任鸿隽、梅光迪、张奚若、郭荫棠和胡适等。[9]179,181,183,191,379

① 中国留美基督教学生会曾开会讨论回国如何服务国家人群等，参见李绍昌《半生杂记》（沈云龙编"近代中国史料丛刊"续编第68辑，文海出版社，第83、98页）。

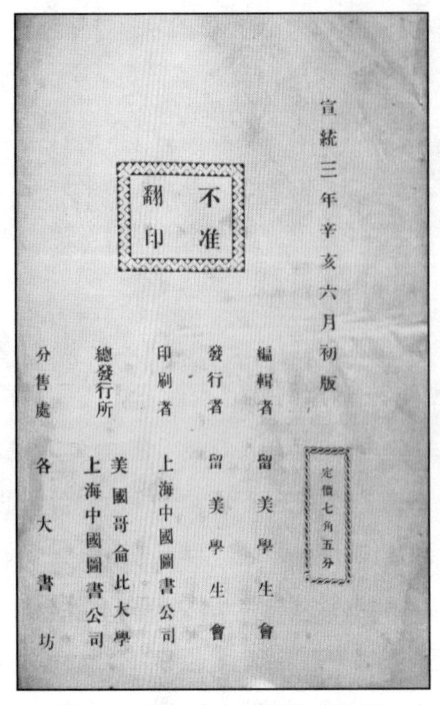

宣統三年辛亥六月初版

不准翻印

定價七角五分

編輯者 留美學生會

發行者 留美學生會

印刷者 上海中國圖書公司

總發行所 美國哥倫比大學 上海中國圖書公司

分售處 各大書坊

图 3-3 1911 年 6 月出版的《庚戌年留美学生年报》版权页

该“年报”记载了不少当时留美学界的资料，是今天研究那一代留美学生的重要参考。本章多张图片都来源于此“年报”。

图 3-4 《庚戌年留美学生年报》刊载的总编辑胡彬夏照片

胡彬夏（1888—1931）是胡明复胞姐，1902 年留日，1907 年与兄胡敦复留美。胡适《留学日记》曾记载说：“女士聪慧和蔼，读书多所涉猎，议论甚有见地，为新女界不可多得之人物。”她与朱庭祺自由恋爱结婚，回国后曾主编《妇女杂志》，曾任中华基督教女青年会会长、清华大学董事会董事等，参与发起中华职业教育社。

就这些社团对当时留美学界及后来中国社会影响而言，学生会组织和学术性团体无疑最为重要。

第二节 学生会活动剖析与学术性社团沉浮

留美中国学生总会虽涵盖整个美国，但由于东、中、西部之间路途遥远，全美学生代表在一地召开会议的机会几乎没有，因此它实质上是个名誉性机构。在东、中、西美三个学生会中影响最大的是成立于东海岸的东美中国学生会，基本上担当了全美学生会的责任。下面主要分析东美中国学生会的活动，以窥留美学生会生活的一斑。

1910 年东美中国学生会报告其组织活动情况：宗旨一为固结友谊，二为兴办学生公益事，三为兴办中国公益事；组织分行政部（由会长、副会长、中文书记、英文书记及会计5人组成）、立法部（由各大学学生会代表组成）、发报部（中文编辑发行年报，英文编辑发行月报，分别有主笔、干事各数人）；每年于夏假召开7天的年会，有运动会、辩论会、中英文演讲会、名人演讲、议事与选举等。[4]24-26当年东西美学生联合会会长王正廷、副会长程康恩、英文书记杨锦森、中文书记胡彬夏、会计李肇安；东美学生会会长顾维钧、副会长何恩明、英文书记曹云镶、中文书记朱兆辛、会计蔡远泽；西美学生会会长李肇安、副会长梁煦光、英文书记李华章、中文书记伍平；英文月报总编辑张履敖、干事李松泉；中文年报总编辑胡彬夏、干事周开基。① 1915年留美学生联合会会长唐悦良、副会长王正复、书记周厚坤、会计罗惠侨；东美学生会会长倪兆春、副会长廖奉献女士、英文书记李美步女士、中文书记杨铨、会计殷源之；中美学生会会长杨宽麟、副会长杨惠贞女士、英文书记司徒栋、中文书记刘树杞、会计王恭宽；西美学生会会长凌冰、副会长司徒如坤、英文书记萧练理、中文书记胡先骕、会计孙科；中文季报总编辑任鸿隽，编辑张贻志、李锡之、徐书、罗有节女士、黄汉樑、汤兆丰、陈炳基、何炳松、彭丕昕、熊遂、王毓祥；总干事过探先，干事王谟、邢契莘、吴大昌、何炳松、侯德榜、陈天杰、陈延寿、彭利、邓悦南、鲍庆林、鲍锡藩。② 这些人中不少在未来中国历史上有大作为，如王正廷、顾维钧、杨铨、殷源之、杨宽麟、刘树杞、胡先骕、孙科、任鸿隽、何炳松、王毓祥、过探先、侯德榜等。

行政部处理日常事务，立法部制定学生会章程和通过重大事务议案，发报部专门发刊机关刊物。这一组织结构从行政部与立法部的设立可以看出其间有"民主政治"影子，行政部相当于"政府事务部门"，立法部相当于"议会"，重大事务或议案经立法部审议通过后交行政部实施，每个部门成员的不断选举改换更是前所未有的"新鲜事"。

东美中国学生会成立后积极开展活动，后以全美中国学生总会名义发刊的英文月报、中文季报都是由东美中国学生会发起创办的。英文月刊（*The Chinese Students' Monthly*）创刊于1905年，目的为联络留学生，"留学生散处于各方，声气不易贯通，故有月报。平日所用皆英文，且印刷亦较便，故用英文"。内容有论说和新闻，"凡可以贯通声气者皆备载焉"。[4]25后来内容和目标都发生了变化，"新大陆文化之导线，习英文者

①《留学界各团体职员一览表》《庚戌年留美学生年报》。
②《留美学生季报》1915年春季第1号。

之良师，新学界不可不读”，详载美国政治风俗并设立“学生世界”，对回国留学生的情形予以详细记录。[①] 读者对象已经从留美学生转变为广大国人，宗旨亦变为传播美洲新大陆文化于中国。中文杂志 1911 年创刊，最初为年刊，名曰“年报”，宗旨为“使国内之人略知美国情形及留学界情形”。到 1914 年元月出刊 3 期，并从是年春季改为季刊。《留美学生季报发刊序》赞叹一番美国文物之盛后说：“吾留美同人负笈海外，国人之所期望，父老之所训诲，固无日不以祖邦为念。羡彼北美民国，而欲以其目所见耳所闻心所得以为是者，语于吾国人久矣。”还是坚持了当初的目标，但有所扩张，不仅要将美国的先进介绍于国内，而且要将“目所见耳所闻心所得以为是者”语于国人，其主要读者对象也是国人。无论是英文月报还是中文季报，与中国科学社创办的《科学》有相同的目标，只不过关注的内容不同，月报与季报是全方位的，《科学》仅专注传播科学技术。

CORNELL CO-OPERATIVE SOCIETY.

About fourteen years ago two hundred students formed an argonization and founded the Cornell Co-operative Society. A little money was given and some was token in, in the form of membership fees. This money was used to purchose the stock of goods. By careful management the stock has been increased and several thousand dollars have been divided among the students of Cornell University. All supplies used by students in this University are sold at the store.

康南耳大學書店廣告

本店於十數年前爲康南耳大學學生所組織由學生中招股以購辦本大學中學生應用圖書儀器平價出售同人無不稱便所有餘利於年終由認股學生中均分自開辦以來獲利不下數千餘元如有中國學生欲入股者一概歡迎如欲購辦書籍等物格外克己此佈

图 3-5　康奈尔大学书店在《庚戌年留美学生年报》所登广告

任鸿隽等创设科学社集股创刊《科学》的创意，似乎可以从该书店找到源头。

---

① 这是后来该刊的广告用语，在《科学》和《留美学生季报》上广泛刊登。

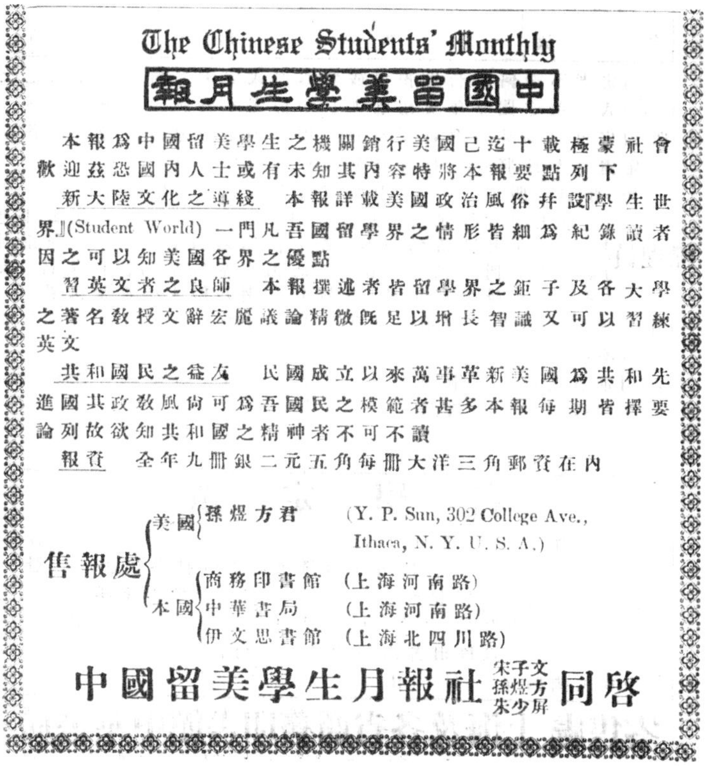

The Chinese Students' Monthly

中國留美學生月報

本報爲中國留美學生之機關銷行美國己迄十載極蒙社會歡迎玆恐國內人士或有未知其內容特將本報要點列下

新大陸文化之導綫　本報詳載美國政治風俗幷設『學生世界』(Student World)一門凡吾國留學界之情形皆細爲紀錄讀者因之可以知美國各界之優點

習英文者之良師　本報撰述者皆留學界之鉅子及各大學之著名教授文辭宏麗議論精微既足以增長智識又可以習練英文

共和國民之益友　民國成立以來萬事革新美國爲共和先進國其政教風尚可爲吾國民之模範者甚多本報每期皆擇要論列故欲知共和國之精神者不可不讀

報資　全年九册銀二元五角每册大洋三角郵資在內

售報處
美國　孫煜方君　(Y. P. Sun, 302 College Ave., Ithaca, N. Y. U. S. A.)
本國　商務印書館　(上海河南路)
中華書局　(上海河南路)
伊文思書館　(上海北四川路)

中國留美學生月報社　宋子文 孫煜方 朱少屏　同啓

图3-6　1915年10月出版的《科学》第1卷第10期所刊《中国留美学生月报》广告

年会运动会各校都派代表参加,“代表之胜负与该校学生会之荣辱有关”;辩论会,两校学生约定一题,争论以决胜负;中西文演讲会,“演说最善者,有金杯银牌之奖赏”;款待会,“各校学生会各尽款待之能,使到会者欢乐”;还有名人演说、议事与选举等,特别是选举时之党争与美国选举总统时的党派之争相似,很能培养留学生的政治素质,“定选之后,党即立散,故全无党派之意见,此最可奇者也”。年会时“校歌之声时闻不绝,快乐相爱之气,竞争党派之事亦为特色。竞争而无意见,党派而无仇雠,此亦美国人之影响。乐不过分,爱不失敬,此美国教育之影响”。[4]25

夏季年会不仅使留学生们聚集在一起,彼此联系起来,对共同关心问题进行讨论与辩论,有机会展示自己的才华,而且提升了留学生群体的士气,使他们产生归属感。对美国来说,年会也提供了一个了解中国学生的窗口。因此,朱庭祺总结年会的三大益处:一是大会之后,“精神一振作,友谊一坚固,素不相知者亦因大会而相知”;二是各校学生会,“因运动及款待及演说辩论等之竞争,而团体愈益坚固,明年之预备愈益周密”;三是美国对中国人尊敬之心因之而加增。[4]26

1915年8月27日—9月3日东美中国学生会第11次年会在康涅狄格州的卫斯

理安大学(Wesleyan University)举行,出席会议代表160余人,宾客有该大学校长、驻美公使夏偕复、陆军上将魏瀚及福开森等。① 28日讨论中国振兴实业之必要及其进行次序和办法,"一番伟论,洞见本原,惟言之非艰,行之实艰,为我国之通病"。英文辩论会以"此次救国储金当用于振兴实业不应作练海陆军之用"为题,正方耶鲁大学的莫介恩、桂质庭、王正序,反方普林斯顿大学的黄汉樑、林天兰和邓少萍,结果耶鲁大学胜。中文辩论会论题为"我国今应将留学经费扩充国内大学",正方麻省理工学院的张贻志、侯德榜、邢契莘,反方康奈尔大学的邹秉文、杨铨、钱天鹤,结果反方胜出。卫斯理大学的林相民以"爱国心之真诠"获英文演说首奖。中文演说比赛,麻省理工学院的张贻志以"中国文字与普及教育"得第一名。运动会,芝加哥大学的郑华贵获5项冠军,麻省理工学院的关颂声得5项锦标,康奈尔大学的赵元任、裘惟莹、唐滔等也有所"斩获"。总分麻省理工学院第一、芝加哥大学第二、康奈尔大学第三。学术讨论会有杨锡仁《今日欧战电气之作用》、周仁《水力及汽力齿轮机之比较应用》等,"各道专门,俱擅其长,讲时互有问答,以求详悉"。最后颁奖散会,"各人握手言别,而第十一次年会于是终焉"。

运动会培养公平竞争心理,辩论会培养公开辩论能力,留学生们特别看重各种演讲会和辩论会,"演说辩论,立宪之国极为紧要,议院之中能演说而善辩论者,意可达而事可成;不能演说而不善辩论者,虽有精深之思,非常之见,意不可达事不可成也。……以后中国开会集议等事,一日多一日,演说辩论即一日紧要一日,故此时不可不及早习练也"。而"中国人开会议事,往往流于二弊,非议论纷纷则无人发言,故议成一事,颇有不易"。因此,他们认为通过年会的辩论与演讲,将养成开会的民主习惯,并将影响未来中国。[4]28-29

夏季年会是独特的"美国式"经验,很多人说他们参加年会后,感到:"精神境界的提高,社交活动的满足和体力的恢复……有谁能说他或她的一生中有哪一个星期比这过得更有价值吗?有哪一个星期我们过得更愉快,获得如此有价值的指教和丰富多彩的娱乐?"夏季年会提供了学生们学习"实践中的民主"的机会:

没有一个在美国留过学的中国学生情愿在离开美国时没有参加过至少一次中国留学生年会,在实践中体验民主并与他的同胞分享自治的经验,为了一个共同的目标——中国的富强——而同心协作。在我们看来,学生会在机构和组织上是……一

① 此次年会资料参阅胡博渊《东美中国学生年会记事》,《留美学生季报》(1916年春季第1号)第117-125页;李绍昌《半生杂记》第82页。

Top Row (Left to Right)—Y. C. Yang, S. S. Hu, N. Shen, H. E. Wong, Y. P. Sun, Y. R. Chao, C. S. Cheh
上 列（自左而右） 楊蔭慶 胡憲生 沈 艾 王鴻恩 孫煜方 趙元任 陳承栻
C. K. Cheung, H. S. Lee, P. W. Tsou, S. Z. Kwauk, K. L. Yen.
張焯堃 李垕身 鄒秉文 郭守純 嚴任光
Second Row (Left to Right)—D. Y. Key (Secretary), W. T. Liao, P. Wong, I. T. Wang, F. S. Chen, C. M. Ho
第二列 計大雄 廖慰慈 黃伯芹 王彥祖 陳福習 何仲明
B. H. Chen, C. H. Huang, Y. W. Jen, K. C. Tsang.
邱培涵 簡又文 曾廣智
Third Row (Left to Right)—Y. T. Char, C. Wong, C. Y. Leung, S. Hu, Y. T. Chen, S. I. Sze-to, K. C. Lau,
第三列 謝玉棠 黃 振 梁朝玉 胡適 程義藻 司徒堯 劉季焯
T. S. Kuo (Treasurer), C. Yang.
過探先(附會員) 楊 銓
Fourth Row (Left to Right)—M. T. Hu, H. C. Zen, J. Chow, W. Y. Cho, W. W. Lau, S. M. Shen, Y. C. Loh
第四列 胡 達 任鴻雋 周 仁 卓文悅 劉寰偉 沈溯明 陸元昌
S. Z. Yang, M. K. Tsen, C. T. Chang.
楊孝述 陳茂康 張 智
Bottom Row (Left to Right)—C. Ping, Y. S. Djang, Jamese Yuan, Mrs. Rose J. Yuan, Miss Pinsa Hu,
下 列 秉 志 章元善 袁叔通 袁叔通夫人 胡彬夏女士
Mrs. Y. L. Yeh, Y. L. Yeh, Y. C. Zung, P. C. King (President), W. Y. Chiu.
葉玉良夫人 葉玉良 程延慶 金邦正 裘維瑩

图 3-7　1914 年康奈尔大学学生会留影

照片中，大多数都是中国科学社创始社员。9 位创始人聚齐，其中从威斯康星大学来的过探先还是“附会员”。照片中还有著名历史学家简又文，传记称简先生 1913 年秋留美，1914 年入奥柏林学院，未提及他曾在康奈尔大学求学经历。

图 3-8　东美中国学生第 10 次年会合影

年会于 1914 年 8 月 28 日—9 月 4 日在马萨诸塞州的阿默斯特学院（Amherst College）举行。

个迷你型共和国。[6]25-26

他们在美国的锻炼,是为了回国后在中国实施民主,理想远大而崇高,现实却艰难而困苦。

东美中国学生会还开展其他活动,如"派员于各埠演说,争回粤汉铁路,如赈济三藩市施谷地震受灾之华侨,及争江浙铁路借款等事,均收善果"。还以全美中国留学生会的名义向政府、留学监督或美国政府提出建议、倡议等,后来也曾卷入国内政治运动。学生会组织无论是创办刊物,还是年会的演讲游戏活动,都对中国科学社的成立及其事业产生了极其重大的影响。

学生会在留美学界社团生活中占据相当重要地位,但对中国未来社会影响最大的却是学术性知识社团。留美学生认为对国人的启蒙任务留日学生已经完成,处于祖国建设时代的他们,应该贡献建设时代所需的知识:

中国似醒未醒初醒之时,人之从新从旧未定,有日本留学生之书报,有日本留学生之詈骂,有日本留学生之电争,而通国之人大醒。……今日中国已醒矣,已从新矣。铁路当实行建筑,矿务当实行开办,财政当实行整理,至机器、化学、造船等事皆非言论所能之事,非学浅者所能举办,又非无实习者所能大成。事为建设之事,时为建设之时,欲于此时而欲有影响于国事者,非有建设之学、建设之能及建设之精神不可。

美国一大建设之国也,留学美国者之所学建设之学也。团体之发达,亦所以增建设之能者也。相亲相爱相助之风,活泼进取快乐多望之气,皆建设之精神也。既有此预备,留美学生于此建设时代中,自有当尽之义务。[4]40-41

在这建设时代的呼唤声中,出现了留美学界的第一个学术性社团——中国学会留美支会。该会成立于1909年秋天,朱庭祺说:"前数年之中国,为发达学务时代,今后之中国,为发达学问时代。发达学务,教育家之事也;发达学问,专门家之事也。美国之专门家,皆有学会,哲学家有会,工程家有会,政治家有会,法律家有会,各种专门家各有其会,故虽散处于数千里之外,呼应极灵,研究之事以互相鼓励而愈进,学问之事以互相讨论而愈明。故一学会之成立,为一国之明星。明星所照,夜行者有所依从。"而中国由于无此种学会的指导照耀,"如在汪洋之中,不知舟之所向,已回国之留学生……无学会为之联络,故四散而势散,事多而学荒"。即使在美的留学生由于没有此种学会联络,"故输进学识之事,不能举办,专门相同之人,不易相知"。因此留美学界发起成立中国学会留美支会,留英学界也成立留英支会,其宗旨一为输进学识于中国,二为研究学问发达学问,三为联络学习专门之人。同时呼吁已回国的留学生建立一个中国总会,“总会既成立于本国,支会设立于各国,则我国学子及各留学界可以联络一气,讨论研究及著作之事可以大盛”[4]34-35。

胡彬夏在成立缘起中也说:“学问为立国之基础,当今欧美各国,学问日新月异,大有一进千里之势。若吾国不自今日及早讲求学问,恐优胜劣败,终不免天演之淘汰。然诚欲讲求学问,非全国之趋向皆注于此不能有大效。欲全国之趋向皆注于讲求学问,非有一学会合全国为一体不能有甚大之影响。”[10]48-49虽然没有明确提及中国学会留美支会的成立受到某个美国科学学会的影响,但美国社会广泛建立的科学学会包括综合性组织如美国科学促进会(1848年)、美国艺术与科学院(1780年)①,专门性学会如美国数学会(1888年),势必对留美学界学术性社团的诞生产生作用。

建设时代需要建设的知识,建设知识的获取必须发达学问,发达学问不是单独的个体所能完成的,依照先进国家的经验,就是组织专门学会,集合专门人才切磋技艺,学问才能日益发达。这既是受到美国专门家组织专门学会砥砺学问理念的影响,更有发达祖国学术的矢的。他们以天下为己任,要将全国学子集为一体,研究学问发展学术,共图中国学术的发展与祖国的富强,其理想可谓远大,其气势不能不说宏伟。而且他们对这一学会的功用及其前景也充满信心:

学会者,诚今日中国不可缺乏之社会也。既以增进学问为其唯一之主义,又因讲求学问,完满学问家之快乐,涵养学问家之道德,其为益于中国也大矣。然此犹为现今之结果也,若其他日之结果,则有不可测量者矣。国之盛衰每视文化为转移,学问者文化之原素也。他日建造新中国时,学会若为其一大势力,谁得而知之耶!学会既以全力注重于学问,凡属于学会者又为非常之学问家,则他日中国如有倍根、如有奈顿……如有梭格拉底,亦谁得而知之耶!新中国既建设矣,新学问又昌明矣,若莘莘学子自五大洲负笈来吾土肄业于吾大小学堂,亦谁得而知之耶![10]52

学会不仅能增进学问、砥砺道德,造就中国之培根、牛顿、苏格拉底,还能使中国学术发达,成为世界学术中心,使五大洲学子像他们负笈美国一样来我神州求学“取经”。

可以说中国学会留美支会的成立,已经深谙学会发展学术的功能。初设有职员部处理相关学会综合性事务,著作部管理著述事务,专门部办理各专科事宜。“学会以联络学习专门之人,专科又以联络同一专门之人。有学会则专门不同之者,可以相

① 中国学会留美支会英文名可能就是胡彬夏所说Chinese Academy of Arts and Science(中国艺术与科学院),其原型极可能是1780年成立于波士顿的美国艺术与科学院(American Academy of Arts and Science)。

知相助，协力同谋；有专科则专门相同者，可以愈加亲密而实事研究。故学会之组织，实兼专门总会及专门分会二者之长。”[4]36 可见，中国学会留美支会作为一个综合性社团，已有按照专业进行分科的组织管理，后来中国科学社也设有分股委员会管理这一事务。可能因为目标过于宏大，实施起来难见成效，中国学会留美支会发展极不理想。后来有报告说成立3年来，主要工作是组织专科及发行学报，组织专科分文实两科，文科已经组成，而实科也亦组织过半，唯应发行之中西学报“则付之阙如。非无编辑及经理各员也，一则司空告匮，二则国事多艰”。[11] 其后更是杳无音讯，他们所倡导的中国学会总会以后也没有人提起，湮没在历史尘土中。① 中国学会留美支会虽没有最终完善建立起来，但它开留美学界创建学术性社团的先风，它所要创办的事业、它所要达到的目标为后续者所继承。同时值得注意的是，其主要创始人朱庭祺、胡彬夏是中国科学社创始人之一胡明复的姐夫和姐姐。

中国学会留美支会未有成效，但有人寻此理路，进一步提出创立国家学会（其实是国家科研机构）的建议。1915年3月，张贻志发表《创立国家学会刍议》，指出学会在西方发达国家对学术发展的影响显而易见：

欧美诸先进国，其学术之发达，无不造端于学会。故其学会之繁多，有不可思议者，政治学有会焉，社会学有会焉，工商学有会焉，哲学有会焉，物理学有会焉，化学有会焉，其他各种学科凡能自成一家者，无不有会焉。聚聪明才智之士于一堂，相与讨论而研究之，集思广益，宜其收效之宏也。故世之惊为新发明者，大都彼学会之论文耳，世之诧为发明家者，要皆彼学会之会员耳。事合则易举，事分则难成，合群之义，由来大矣。

因此，组织学会作为救国方略已成为留学界共识，“夫孰谓学会之设，非吾国今日当务之急乎”，并进而阐述了学会的四大功效：

（一）学会为人才之养成所：学问之途无穷，学校之教育有限，大学四年仅通门径，深造有得全赖乎日后之潜修。……倘有国家学会，则有志深造之士，可以入为会员，领其俸给，不致以生计而辍其学业，将来人才之辈出，可操左券。

（二）学会为学术之制造场：学以专而精，事以合而举……有学会则全国学者可以相聚一堂，相与析疑，相与问难，相与交换其智识，相与衡量其短长。一人之心思不

① 叶维丽发现1913—1914年以后，该学会的名字就不再出现于《留美学生月报》，可能以更低调的艺术与科学“组群”（groups）的名称重组了，参阅叶维丽著、周子平译《为中国寻找现代之路：中国留学生在美国（1900—1927）》，第66－67页。

若百人之密，一人之才力不若百人之宏。合国人之心思才力，从而朝夕研究，这学术之昌明，可指日待。

（三）学会为学校之良导师：……倘有国家学会，则会员多为专门学者，自能各出所长，发为著述，而良善之教科书自无虞缺乏。且相聚一堂，意见自易于化除，而名词自无患乎淆杂，是于著述中兼收统一名词之效。

（四）学会为民智之促进团：欧美各国民智之开，多得力于书报。……每一专门学科，必刊行丛报或杂志。不惟学校可藉为参考书，兼足备私人研究之材料。故普通一般人，皆具科学之常识。吾国除政治一方面书报之刊行者尚多，其余各种学科多付缺如，多数人不识科学为何物，无怪于研究者之寥寥也。倘有学会，则平日之讨论均可汇而成书，或由国家之资助，或由私人之集合，刊为丛报或杂志，以飨国人。既可引起其研究之兴味，兼可灌输以世界之新智识，有益于社会者甚巨。[12]

张贻志这里所倡议设立的国家学会，虽以“学会”为名，而且其四大功效的论说也与“学会”所具有的功能完全相合——学会学术交流功能不仅可以养成人才，也可以激发学术创造，当然作为后发展国家的学术团体最为重要的功能之一就是统一学术名词，学会刊物不仅是学术交流的平台，更是促使学术发展与学术普及的载体——但并不是一般意义的民间学术社团，而是一个以举国之力设立的国立科学研究机构，已与朱庭祺、胡彬夏等所创议的中国学会相去甚远，但可以作为此后国内呼吁设立国家科学院的先声。

在中国科学社成立前后，留美学界还创建有一些知识性社团。1914 年 12 月，中国船学会由麻省理工学院的徐祖善等倡议设立，被誉为“中国留美学会之先进”，尤其“致力于审定名词”。其宗旨为“提倡船学及振兴造船事业于中国”“唤起国人注意海军为保国御侮之方法”“译著书籍、审定名词、交换知识、研究学理”，长远目标是“迎头赶上”英国船学会。[13]曾制定《编译船学名辞凡例》，《科学》亦曾刊载所审定“海军名辞表”。[14]其成立“缘起”有云：

传曰：物以类聚，人以群分；又曰：德不孤，必有邻。盖群聚讲学以相切磋，非集天下之英俊，莫有以衷其成。故吾国有讲学之社，欧美有科学之会，此非徒以昭微旨绍绝业已也。博学者以是为广学之处，后进者以是为受业之所。而一当举世有疑难大故，为恒人常识之所必不及者，学会独能探本究源，为之剖析断决，补庸众之所不及。何者？学会者，全国心思耳目唇舌股肱之聚也。

凡学宜莫不有会。然一学会之起，必赖其学之泰斗为之提倡引导，始获底于成。

吾国造船学界，草创伊始，尚无泰斗之可言。而同会员之所以汲汲集合同志，毅然以发起"船学会"为己任，亦欲先藉之以为同人受业之所，继进之以为广学之处；迨数十年后，同人学问经济稍有进境，乃出与世界造船学会提携左右，以决疑排难穷理识事，于将来船学上有所贡献而已。

不仅认识到学会有学术交流、传播普及、教育与研究的功能，更认知到学术社团的成立需要有相关专业的学术领导人引导这一点，也指出他们同人成立船学会主要目的不是学术交流，而仅仅是"受业之所"，等到几十年后，他们学问增进、中国船学发达之后，船学会可以真正与世界进行学术交流，"以决疑排难穷理识事"，最终为船学的发展贡献中国人的力量。这可以说是当时留美学界对先进国家学会与他们自己创设的学会本质区别的清醒认知。非常可惜的是，除《科学》登载的"海军名辞表"审定成果外，船学会没有其他作为，也不知终了。

留美学生以习工程者最多，土木工程、电机工程、机械工程、采矿工程、化学工程、造船工程等不一而足，他们也感觉到有联络的必要。1917 年，在纽约及其附近工厂、工程师事务所或化工实验室担任职务或实习，或在大学研究所从事研究的十余人，于 11 月在纽约聚会，以为"习工程者日增月盛，而联络之机关尚无，欲求互相讨论，研究国中工情，交换智识，未免有离群索居之憾"，提出组织学会建议，并推选三人具体负责筹备。① 当年圣诞节，二十多位工程留美学生再次聚会纽约，商讨团结人才、组织新的工程团体的重要性，决定组织中国工程学会(The Chinese Engineering Society)，推举陈体诚、侯德榜等 7 人组成"组织委员会"，向各地留学生征求意见。次年 3 月，征求到土木工程 32 人、化学工程 12 人、电机工程 12 人、机械工程 11 人、采矿工程 17 人共 84 人(此 84 人皆为发起会员)，宣告成立中国工程学会，通过"中国工程学会总章"11 章 44 条，"以联络各项工程人才，协助提倡中国工程事业，及研究工程学之应用"为宗旨，会员分会员、仲会员及名誉会员三种。选举陈体诚为会长，张贻志为副会长，罗英为书记，刘树杞为会计，侯德榜、李铿、孙洪芬、程孝刚、任鸿隽、凌鸿勋等 6 人为董事。[15] 主干成员与领导人皆为中国科学社骨干，无论是章程还是组织结构，都与中国科学社相似，都来源于任鸿隽对英国皇家学会的组织架构与管理模式的认知：

---

①《中国科学社、中国工程学会联合年会记事录》(1918 年)，上海市档案馆藏档案，Q546－1－226，第 38 页。

皇家学会的组织，有可供参考的，也不可不略讲一二。此会的管理团体，有议事会(Council)员二十一人，每年改选十人，会长、书记、会计由议事会选举。书记三个，两个管开会记录，一个管外国通信，另有一个副书记，系佣雇的，会员不得充任。其他各事，各有特别委员。至会员选举的方法，须有六个会员介绍，得议事会之承认，方得为候选会员，候选会员之通过，则由全体投票表决。又会员入会费为英金十镑，常年费四镑。[16]

1918 年 8 月，中国工程学会在康奈尔大学与中国科学社举行联合年会，并出版《会务报告》与《会员录》，1919 年仍与中国科学社举行联合年会，开始出版《中国工程学会会报》。[17]

哈佛大学和麻省理工学院两校学生在 1915 年中日"二十一条"交涉失败后：

念人无贤愚各有一得之长，应尽之职。苟人各用其长，尽其职，复有机关为之联络而贯通之、发展之，则国未有不强者也。吾侪游学美国，或由父兄资送，或蒙政府选派，所遇优则所负之职任重，而受望于国民者切。切望者何，望吾侪之能救国也；重任者何，任夫救国之职也。救国之途不一，而莫重于国防，吾侪所学各殊，要皆与国防有直接间接之关系。

于是发起成立国防会，出刊《国防报》季刊，"议论务稳健，记载务翔实，尤注意于输入列强国防之良法利器"。其最终目的是将国防会转移回国，以扩大影响。[18]《国防报》大多以飞机、潜水艇等为内容。该年冬天，哈佛大学和麻省理工学院的同学招待康奈尔大学同学，胡适在会上针对国防会讲话："爱国自然是大家应该的，提倡国防也是应该的，却是单靠五分钟热度，在外国嚷嚷，于事无济。还是赶快把书读好，回国去作一点实际的工作，才是正理。"国防会诸君听了大为光火。不到一年，国防会就不开会了，《国防报》也随之销声匿迹。[19]

从 1910 年的中国学会留美支会到 1918 年的中国工程学会，留美学界学术社团的创建逐步走向成熟，由最初的"空中楼阁"般设计到脚踏实地工作，其宗旨都是将先进的科学和知识传播于落后的祖国，与其说他们受到美国社会影响，不如说是面对祖国落后的社会现实而做出的深思熟虑决策和实践，是他们为回国后寻求发展的长远打算，是美国社会与中国社会联姻的产儿。中国科学社的创建，仅仅是留美学界社团生活中的一朵浪花而已，只不过这朵浪花在行进过程中逐渐扩大成为波涛，在中国近代化洪流中激发出阵阵涛声。

留美学界的社团组织生活非常活跃，基本上也是健康活泼、积极向上的，有着友情与团结的氛围,充满民主的竞争意识,更有爱国心与发展学术的充分体现。当然生活是千姿百态的,有光明,也有黑暗,留美学界的社团生活也有其不尽人意之处。1919 年 9 月,从纽约来的哈佛同学向吴宓讲述纽约留学生情形,“若辈各有秘密之兄弟会,平日出入游谈,只与同会之人,互为伴侣。至异会之人,则为毫不相识”。他们基本不学习,以竞争职位和纵情游乐为职业。这种兄弟会甚多,如 Flip-Flap(F. F.)、鸭党(起于清华)、诚社(Sincerity)、仁友社(起于清华)等;此外还有教育学会、东社等,“其范围及宗旨,皆非如其会名所包括者。多系少数好事逐名逐利之人,运用营私而已”。他们竞争职位,“必皆以本党之人充任,不惜出死力以相争,卑鄙残毒,名曰‘Play Politics’”。[20]60胡适日记 1914 年 9 月 25 日也记载说“留美之广东学生每每成一党,不与他处人来往,最是恶习”[9]494。李济、吴宓等成立审查委员会,于 1920—1921 年审查哈佛大学中国学生会成员罗景崇利用职权贪污腐化的案例更是明显的例子。[20]205-209 1922 年 8 月,初到美国的闻一多,致信其清华同学说:“我再告诉你这里中国学生团体生活情形。这里的学生政治恶于清华。派别既多,各不相容,四分八裂,不可收拾。有一人讲得很对,处处都可以看见一个小中国,分裂的中国。清华同学会内容也差不多,处处都呈现一种悲观的现象。”[21]

第三节 留美学界社团活跃缘由探析

留美学生之所以如此热衷于社团生活,当时他们有自己的述说:

美国学堂及美国社会之最有影响于我国留学生者,是美国人之团结力及美国学生之团结力。即以哈佛大学一校而论,……文学有会,运动有会,出报有会,专门有会,演戏有会,宗教有会,以至同省及旧同学等皆有会。有会故有事业,有事业故学堂有精神,学生有生气。有精神有生气,故五六千人对学堂有爱校之心,对同学有同学之谊。此爱校之心及同学之谊,真美国学堂之特色,非吾国学堂之学生所能臆想者也。[4]24

可后来的回忆却完全不是这样,1923 年留美的梁实秋回忆说,“中国人走到哪里都有强烈的团体精神,实在是形势使然”“一部分是由于生活习惯的关系,一部分是因为和有优越感的白种人攀交,通常不是容易的事,也不是愉快的事”。[22]两种说法相去何止万里,完全是相反的两极,一个是由于美国社会与精神的影响,是美国人的“团结力”培育了中国学生的团结力;一个是因美国人对中国人的歧视,中国人为了生存而自动团结,是美国人迫使中国学生产生团结力,而且中国本身就具有这种传统,是中国天生的本能与美国社会共同作用的结果;一个是主动的接受,一个是被动的反抗。

其实这看似矛盾的两种说法都有其道理,前者关注的主要是学术性知识社团和学生会组织,这自然是美国社会影响力的结果;后者重点关注的是具有传统特色的同乡会、同学会等具有地缘性的互助组织,诸如苏宁同乡会、湖北学会和清华同学会、南洋同学会、约翰书院同学会等,自然是中国传统的显现。

仔细分析,当时留美学界社团活跃的主要原因有以下几个方面。首先,是留美学生对美国的认识问题。对于负笈美国的留学生来说,美国意味着什么?陈翰笙几十年后的回忆录中有这样一段话:

> 船终于在美国旧金山靠岸了,不到一个月的时间,我觉得我不仅跨过了一个太平洋,而且跨越了整整一个历史时代——从一个等级森严、思想禁锢、毫无民主自由可言的半封建半殖民地社会,进入了一个注重科学、讲究自由民主、平等博爱的资本主义国家。历史,在我的面前揭开了崭新的一页。[23]

即使在"新中国"已熏陶如此之久,在回忆录中不忘保持其党员本色的陈翰笙,还会下意识地流露出这样发自内心的述说,"历史,在我的面前揭开了崭新的一页"。可

图3-9 陈翰笙《四个时代的我》1988年初版书影

该书于2012年再版。陈翰笙先后获得芝加哥大学硕士、柏林大学博士学位,曾参与共产国际工作,在中国农村经济和世界经济史领域成就卓著,1955年当选中国科学院学部委员。

见美国对这些留学生来说确实是一个全新的世界,是他们人生长河中"崭新的"历史阶段,他们看到的是美国的富强与发达、民主与自由、和平与安康,以及科学与全新的知识体系。美国自然成为中国未来发展的模本,是他们选择国家建设方案与道路的最好榜样。

第二,他们身后和身前的中国①又是一个什么形象呢?等级森严、思想禁锢,毫无民主自由可言是现实;落后贫弱,被列强欺辱蹂躏乃至瓜分也是事实;政治不宁、战争频频与贪官污吏鱼肉百姓仍然真实;人民生活困苦,难有接受教育的机会还是事实。更让人难以忍受的是,政客还像对待科举时代的士子一样对待留学生,无论晚清政府还是北洋政府都对他们进行甄别考试,他们回国后没有发展的社会环境与施展才能的舞台,不在学术与扩展中国实业上努力,却在政界或商场消磨时光。作为新一代华夏子孙要担负起振兴祖国的命运,因此他们在美国就开始实习美国那一套民主而健康的生活,并准备将之移植到中国;他们成立各类学术团体,欲发达中国学术,建设中国。留美学界与留日学界的社团活动有本质的区别:留日学界的社团活动以政治革命为特色,特别是在辛亥革命以前;留美学界以研求学术、发达学问、培养技能、养成民主意识为矢的。

第三,当时世界范围内广泛涌动的民族主义思潮也是主要原因之一。民族国家的出现是近代世界历史重大事件,在第一次世界大战前后,世界范围内的民族解放运动如火如荼地展开。在此思潮影响下,留美学生们也在追寻运用什么样的办法争取民族独立,以什么样的方法治理独立国家。受美国社会影响,组织社团是他们争取民族独立与治理国家的一种尝试。

除了上述原因外,更为直接的因素是留美学生在筹集社团组织发展的经费来源上,总体而言是比较充裕的。曾昭抡 1924 年一年所交社团的费用:留美学生会 3 元、清华校友会 2 元、麻省理工校友会 3 元、麻省理工教员会 3 元、寰球学生会 2 元、麻省理工学生会 3 元、校内化学会 1 元、中国工程学会 2 元、中国科学社 2 元半,共 21 元半。一年内所交会费 74% 以上是交给交谊性组织的,而学术性社团费用仅占 26% 不到。曾昭抡也说同学们看一次大戏要花 5 ~ 6 元,在中国餐馆吃顿饭需费 2 ~ 3 元,而且他们常常下馆子、上戏院。[24]这样的记载在《吴宓日记》中也是时时见诸笔端。如

① 当他们离开中国前往美国时,中国成为必须与"身前"美国进行比较的"身后";当学成归国时,中国又成为"身前",再次与"身后"的美国进行比较。

此说来，留美学生们要创办一个像中国科学社这样的学术性团体，费用并不是他们考虑的主要问题。唐德刚在译注《胡适口述自传》时也有同感。①

将留美学界的社团生活与其他留学界的情况进行对比，可能更加清楚地显现出留美学界社团生活活跃的情状。当中国科学社在康奈尔大学酝酿成立时，蔡元培与李石曾、汪精卫、张继、吴稚晖等在欧洲“共同努力于旅欧教育与学术问题之研究”[25]，组织团体，预备发刊《学风》是其努力之一。

1914 年 1—6 月，蔡元培、李石曾、吴稚晖等资深革命家、教育家，就区区一个杂志名往返书信商量来商量去，反反复复、斟斟酌酌，取了《学风》《学艺》《学术》《劝学》《学商》《游学》等名目，一晃半年有余的时间就过去了。7 月 4 日蔡元培复信吴稚晖说：“《学风》第一期本拟于本月十五日印完，因铅字不齐，正在添铸，恐须稍缓出版，然第一期经许多周折，以后便可顺手矣。”[26]219 第一次世界大战的枪炮声可不等待他们，这些学界名流们苦心孤诣经营的《学风》只得胎死腹中。②

《学风》的失败，并没有使蔡元培等丧失信心，他们除发刊《旅欧杂志》外，还帮助留法学生发刊《农学杂志》。1915 年春蔡元培致函王宠惠，让他与中华书局、商务印书馆接洽，出版发行《农学杂志》，或由出版机关购稿，或“此间同学任编辑，而书业任印刷、发行等事，俟有赢利两方分派”，可没有下文，只得索回。1916 年 12 月中旬，蔡元培

---

① 他说庚款学生除学杂费外，每月生活费 80 美元，“实在是个了不起的大数目”。“所以那时公、自费留学生一旦出国，真是立地成佛。昨日还是牡牛儿，今日便可衣锦披朱，到相府招亲去了”。还认为留学生从一开始就养成的这种锦衣禄食生活是他们回国后将国家变得不可收拾的原因，“这样一群花花公子，镀金返国之后，要做什么样的‘大事’或‘大官’，才能继续他们在国外当学生时代的生活水平呢？因而回国的留学生如维持不了以前的标准，则难免自叹‘怀才不遇’‘食无鱼，出无车’了。维持得了的，则其享受难免还要升级。如是则中式仆妾副官；西式汽车洋房……做起了中西合璧的大贪官、大污吏而视为当然。由留学生变质的官僚，因而逐渐形成一个标准的职业官僚阶层（professional bureaucrats），他们眼中那里还有汗滴禾下土的老百姓呢？结果弄到民不畏死，铤而走险，不是顺理成章的事吗？”（《胡适口述自传》，华东师范大学出版社，1995 年，第 75 页注 3）。作为中国科学社重要成员、此时正留美的梅光迪在给胡适的信中有一段话，可与唐德刚的妙语相映成趣：“官费生月领六十元，衣裳楚楚，饮食丰腴，归国后非洋房不住，非车马不出门，又轻视旧社会中人，以为不屑与伍，而钻营奔走之术乃远胜于旧时科举中人，故此辈高官矣，厚禄矣。然试问五十年来如此辈者不下千数百人，有几人曾为吾民办一事稍可称述者乎？革命之前，颂扬虏廷，及至共和告成，又附和同盟会，博得大官或议员，真无耻之尤者。至于讲学术，输入西洋文明，则不但无一本著作，且无一本翻译，而在中学校且用西文课本，用西文演讲，强学生以至难，而彼乃扬扬自得，以为饭碗稳……”（罗岗等编《梅光迪文录》，辽宁教育出版社，2001 年，第 158 - 159 页）。

② 据高平叔先生言，《学风》1913 年底开始创办，蔡元培已写出发刊词，汪精卫也写有《说俭学》，第一期即可付印，因第一次世界大战而终止。参见中国蔡元培研究会编《蔡元培全集》（第 10 卷），浙江教育出版社，1998 年，第 200 页。

致信吴稚晖,请他商请于中华书局、商务印书馆,“如两处皆无着落,则请于北行时携稿见还”。1917 年 5 月 21 日复信吴稚晖:“承示合印《农学杂志》契约草稿,喜出望外,与石曾先生详阅一过,无甚疑义,不必先询诸著作人(恐夜长梦多,或致不成),尽请先生代表农学杂志社与商务印书馆正式订定,然后由弟报告于罗士【世】嶷君……”①

当时中国科学杂志相当稀少,出版界对发刊一般杂志不太热心,对科学期刊这种难以赚钱的营生更不会主动出击,像《数理化杂志》《理工界》等都由于资金没有保证而停刊。蔡元培也曾说:“至于书业购稿,恒视杂志为畏途,其故有二:(一)中间偶有触犯时忌之作,致累及他种营业;(二)寄稿不能如期,致不能如期出版,且失信用。”[26]235-236,284,308 留法学生发刊杂志的不容易,与《科学》在上海相对顺利出版形成了鲜明对比。其间的原因可能是多方面的,但二者发刊杂志理念不同是根本的。中国科学社集股发刊《科学》,资金完全由他们自己承担,把《科学》当作生意来经营。招股是为了保持《科学》的不停刊,是否盈利不在考虑之内,因此稿件完全免酬。《科学》印刷、出版全部亲力亲为,仅借商务印书馆、中华书局等发行网络代售,其经营完全由科学社自负盈亏。留法学生似乎就不这样,《农学杂志》与商务印书馆、中华书局的谈判,或出版社出钱买文章,或发刊后共同分利,留法学生写作稿件是要稿酬的,这需要出版机关承担风险,商务印书馆与中华书局不敢应承,自然情有可原。②

一个社团组织的形成和发展除了团结一批人外,需要有一个切合实际的目标,还要有一个完好的具有可操作性的组织运行机制和团结联络同志的旗帜,一般说来旗帜是组织的机关刊物。留美学界早期的学术性社团组织如中国学会留美支会,第一个目标“输进学识于中国”,这要靠报纸和杂志来完成,可办报不成;第二个目标“研究学问发达学问”,需要专门研究机构和研究环境,可是当时中国没有这样的环境和机构;第三个目标“联络学习专门之人”,这要求有一个完善的组织运行机制,将志同道合者团聚起来,可该团体没有一个强有力的行政组织。另外该团体的长远计划是

---

①《农学杂志》1917 年 10 月在上海创刊,季刊,由罗世嶷主编,宗旨为“提倡农学,振兴实业”,商务印书馆印刷发行、分售。

② 其实,这牵涉刊物创办主体。一是像中国科学社这样的团体创办的刊物,基于传播自身理念的动机而创刊,往往不计较发行数量与是否盈利、是否可以达到收支平衡,主要考虑的是其主张能否通过这一媒介而传布并产生影响。这就是过去学界一直关注比较多的所谓知识分子自办刊物,它们最后往往以陷入经济困境而停刊。还有一类由出版机构创办的以盈利为目标的刊物,如商务印书馆的《东方杂志》《教育杂志》《自然界》《妇女杂志》等。这些刊物考虑的主要目标是发行量,因此要紧跟市场甚至引导市场。参阅王飞仙《期刊、出版与社会文化变迁:五四前后的商务印书馆与〈学生杂志〉》(台北政治大学历史系研究部硕士论文,2002 年)。

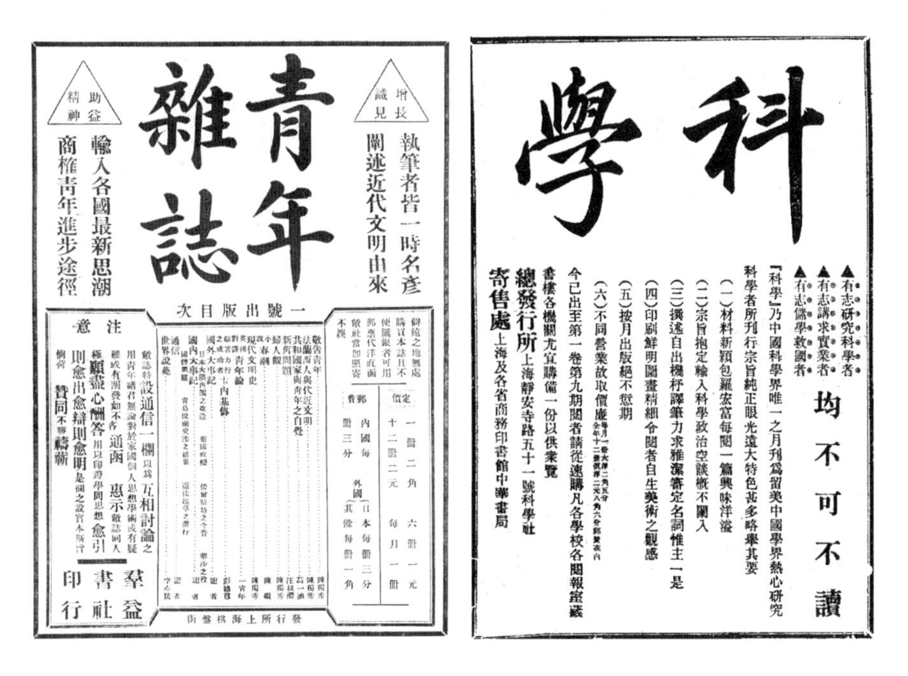

图 3-10　1915 年 10 月出版的《科学》第 1 卷第 10 期所刊《青年杂志》创刊号广告和《青年杂志》第 1 卷第 2 号所刊《科学》广告

《科学》与《青年杂志》在 1915 年的相互借重，可以作为重新理解新文化运动的新视角。

将整个中国学界和留学界连成一气，这种舍我其谁的气势自然可贵，而且当时留学生们作为拯救祖国的“天之骄子”确实也应该有此气势，但未免脱离实际。中国学会留美支会的经验与教训对以后中国科学社的创建与发展是极为宝贵的财富。从中国学会留美支会的“见头不见尾”与中国科学社、中国工程学会的长期发展可以看出，经过实践锻炼，留美学界的学术性社团发展已经步入正轨。

民国成立后的中国，对于大多数人来说，政治革命已经完成，紧接着进行的是建设，是进行文化方面的革命，因此像任鸿隽、杨铨这样的辛亥革命参与者，要负笈海外进行科学技术知识的充电。中国科学社等成立之时，留美学生正在美国实践其社团组织建国的国家建设理念之际，国内“孔教复兴”运动方炽，可以说它们的“横空出世”正切合了国内文化革命与文化建设的需求，在一定程度上可以说为陈独秀的“德、赛”先生吁求提供了坚实的基础，成为以《新青年》为旗帜的新文化运动的先导。① 中国科学

① 茅以升说，中国科学社与 1918 年成立的“中国工程学会”提出的“科学救国”口号，是“新文化运动的先声”，对五四运动起了推波助澜的作用，“奠定了科学救国的思想基础”。令人奇怪的是，他仅仅提到他与留美同学创建的“中国工程学会”的作用，而将国内 1912 年就已成立的“中华工程师学会”忘记了。难道在他看来，“中华工程师学会”并不如中国科学社、中国工程学会那样具有明确的宣扬科学救国的宗旨？见茅以升《中国工程师学会简史》，中国文史出版社，1985 年，第 131 页。

社的诞生是历史偶然与必然的绾合,它吸收了留美学界社团组织的优点,又摒除了这些团体的缺陷,终于成为影响近代中国最为深远的综合性学术社团。

参考文献

[1] KOHLSTEDT S G, SOKAL M M, Lewenstein B V. The Establishment of Science in America: 150 Years of the American Association for the Advancement of Science. New Brunswick: Rutgers University Press, 1999:13.

[2] 留美中国学生会小史(1917 年 12 月)//陈学恂,等,编. 中国近代教育史资料汇编 · 留学教育. 上海:上海教育出版社,1991:214 - 221.

[3] 留美中国学生之确数. 科学,1915,1(10):1196 - 1197.

[4] 朱庭祺. 美国留学界. 庚戌年留美学生年报(美国留学界情形),1911.

[5] 梁启超. 新大陆游记及其他//钟叔河. 走向世界丛书 · 第 10 辑. 长沙:岳麓书社,1985:562 - 566.

[6] 叶维丽. 为中国寻找现代之路:中国留学生在美国(1900—1927). 周子平,译. 北京:北京大学出版社,2012.

[7] 侯德榜. 国体上奇辱(1917 年 9 月)//近代史资料 · 第 91 辑. 北京:中国社会科学出版社,1997:173.

[8] 徐佩璜. 波士顿公益社国民义务学堂大会纪事. 庚戌年留美学生年报("杂记"栏),1911:9.

[9] 曹伯言. 胡适日记全编 · 第 1 册. 合肥:安徽教育出版社,2001.

[10] 胡彬夏. 中国学会留美支会之缘起. 庚戌年留美学生年报(美国留学界情形),1911.

[11] 留美学生会. 留美学生年报(留学界情形). 上海:中华书局,1913:2 - 4.

[12] 张贻志. 创立国家学会刍议. 留美学生季报,1915 年春季第 1 号. 上海:中华书局:25 - 29.

[13] 船学会缘起. 科学,1916,2(3):351 - 356.

[14] 中国船学会所审定海军名辞表. 科学,1916,2(4):473 - 486.

[15] 吴承洛. 三十年来中国之工程师学会//中国工程师学会. 三十年来之中国工程(中国工程师学会三十周年纪念刊). 1946:1073.

[16] 任鸿隽. 外国科学社及本社之历史. 科学,1917,3(1),10 - 11.

[17] 茅以升. 中国工程师学会简史//政协全国委员会文史资料委员会. 文史资料选辑 · 第 100 辑. 北京:中国文史出版社,1985:130 - 135.

[18] 留美学生会. 留美学生季报. 1916 年夏季第 2 号:201 - 210.

[19] 胡光麃. 波逐六十年//沈云龙. 近代中国史料丛刊 · 续编第 62 辑. 台北:文海出版社,1976:167 - 169.

[20] 吴宓. 吴宓日记(1917—1924). 吴学昭,整理注释. 北京:生活 · 读书 · 新知三联书店,1998.

[21] 闻黎明,等. 闻一多年谱长编. 武汉:湖北人民出版社,1994:182.

[22] 梁实秋. 秋室杂忆. 台北:传记文学出版社,1985:55.

[22] 陈翰笙. 四个时代的我. 北京:中国文史出版社,1988:17.

[24] 黄延复,等. 留美通讯——清华早期留外学生通信选//近代史资料 · 第 91 辑. 北京:中国社会科学出版社,1997:192 - 193.

[25] 李石曾. 石僧笔记//陶英惠. 蔡元培年谱. "中央研究院"近代史研究所,1976:442.

[26] 中国蔡元培研究会. 蔡元培全集 · 第 10 卷. 杭州:浙江教育出版社,1998.

上篇　剧变社会的坎坷历程

近代中国狂飙突进、大浪淘沙，一面是风起云涌的反抗帝国主义侵略的民族战争，无数豪杰合奏了一曲曲拯救中华民族的交响曲；一面是跌宕起伏、波澜壮阔的革命风云，刚刚推翻帝国王朝又要消灭新旧军阀，无数志士抛头颅洒热血。在这样一个急剧变革的时代，昨日还站在思潮前列，今朝便成“明日黄花”；今天还是革命先导，明朝已成革命的绊脚石。中国的近代化就在这样剧烈的新旧嬗蜕社会转型的历史条件下，在民穷财尽、资源极端稀缺的情况下，开始步履蹒跚的征程。中国科学社为中国近代化催生而出，深刻地影响了中国社会的方方面面，又在近代化的进程中逐渐成为历史的弃儿。中国科学社创建、发展及其衰亡的历史，充分展现了近代中国社会激荡的演变历程。

第四章　在美利坚稳步发展

1915年3月，杨铨在《留美学生季报》向留学生与国人介绍《科学》杂志说：

《科学》杂志者，中国有史以来破天荒之物也。而在世界诸文明国，则汗牛充栋，习见不鲜。……《科学》杂志之生也不辰，值吾国国势日蹙之日，而组织之者又为异域求学之青年，其不能以全力为之也明甚。虽然，使今日不有，则中国至今无《科学》，人人皆不欲作始，又安望明日有人为此？则中国将终无科学，而国势且将愈蹙而归于澌灭也。嗟乎国人，试一思科学与吾人之关系，与中国今日之四境风云，吾知攘臂而起，继《科学》以新知识饷吾国人者，且踵相接也。[1]

指出中国科学社发刊《科学》开一代风气，希望有后继者"攘臂而起"，创办更多的刊物，将新知灼见输入中国。成立后的中国科学社得到留美学生与国内外同道的热心支持，在领导层的多方努力下，在美期间稳步发展，经费来源不断扩充，社会影响不断扩展。1918年第三次年会后，因领导成员纷纷毕业回国，中国科学社亦随之回迁国内。

第一节　从股金募集到基金筹集

社团组织的发展具体表现为成员加增、事业扩展、社会影响扩大，但这一切都取决于经费。中国科学社成立时以股金维持社务费用，按《科学社招股章程》，资本暂定400美元，发行股份40份，每份10美元，其中20份由发起人承担，其余20份发售。[2] 按诸发起人设想，股东包括他们自己在内不会超过29人（发起人9人，另外20份最多20人购买）。不意成立后，在留美学界激起强烈反响,要求入股的人大大超出乎创始人的预料。表 4 - 1 是认股名单及其认股份额一览表。

表 4 - 1　股东认股一览表

姓　名	认股数	姓　名	认股数	姓　名	认股数	姓　名	认股数	姓　名	认股数	姓　名	认股数
计大雄	2	任鸿隽	3	饶毓泰	2	陈延寿	1	罗有节	1	卢景泰	2
章元善	2	金邦正	2	廖慰慈	2	严　庄	1	江履成	1	蓝兆乾	1
杨孝述	1	周　仁	2	冯　伟	2	姜立夫	2	孙昌克	1	陆凤书	1
胡明复	2	秉　志	2	刘鞠可	2	周　威	1	沈溯明	1	陈明寿	1
过探先	2	杨　铨	3	余　森	1	朱少屏	2	何运煌	1	王鸿卓	1
李垕身	1	邹树文	2	钱天鹤	2	罗　英	1	黄汉河	1	戴芳澜	1
赵元任	2	黄伯芹	2	唐　钺	1	程瀛章	1	王锡昌	1	沈孟钦	1
路敏行	1	钱崇澍	1	黄　振	2	殷源之	1	阮宝江	1	韦以黻	1
傅　骕	1	邹秉文	2	区绍安	1	孙学悟	2	黄振洪	2	孙洪芬	1
胡　适	1	梅光迪	1	邝勖真	1	胡刚复	1	谌湛溪	2	汤　松	1
陈福习	1	赵　昱	1	杨永言	2	薛桂轮	1	钱家瀚	2	邱崇彦	1
沈　艾	1	尤志迈	1	胡先骕	1	陈　藩	1	陈庆尧	2	共 76 人	
刘寰伟	1	张孝若	1	吕彦直	1	张贻志	1	区公沛	1	认 106 股	

资料来源:《中国科学社现金账目・认股一览表》,上海市档案馆藏档案,Q546 - 1 - 204。同载林丽成等编注《中国科学社档案资料整理与研究・发展历程史料》,上海科学技术出版社,2015 年,第 5 - 6 页(值得注意的是,档案中章元善 2 股被划去,因此林丽成等编注书将章元善删去。揆诸章元善一直被认为是中国科学社九位发起人之一,其认股不应该被删去。当然他是否交纳是另外一回事)。

该一览表没有截止时间,交股登记时间为 1915 年 7 月,可见,到 1915 年 7 月左右,中国科学社有股东 76 人,认股 106 份,若全部交齐,股金可达1 060美元,是计划的 2.6 倍。其中认股最高的是发起人任鸿隽、杨铨,各 3 股,另外 7 位发起人各 2 股。其他指认两股者还有计大雄、邹树文、邹秉文、黄伯芹、饶毓泰、廖慰慈、刘鞠可、冯伟、钱天鹤、杨永言、姜立夫、朱少屏、孙学悟、黄振洪、谌湛溪、钱家瀚、陈庆尧、卢景泰等 18 人。相对而言,认 2 股者也应是中国科学社成立初期的热心参与者,他们与发起人一起成为中国科学社初创时期的骨干。

认股对中国科学社成立及《科学》的创刊无疑具有非常重要的促进作用,但对其产生真正影响的应该是股金交纳,仅仅"口惠"是不够的。并不是所有的认股者都兑现了"诺言",有的取消部分股份,如冯伟和刘鞠可本来各认 2 股,1915 年 5 月各取消 1 股;有的仅交部分股金;有的完全没交。至 1915 年 7 月 3 日,股东交纳股金具体情况见表 4 - 2。

表4-2 至1915年7月3日股东交纳股金与股金收入一览表（单位:美元）

时间	姓名	金额	时间	姓名	金额	时间	姓名	金额	时间	姓名	金额
5.19	傅骕*	10	10.6	周仁	10	2.1	罗英	5	4.23	沈溯明	2
8.4	胡明复	6	10.11	任鸿隽	10	2.1	朱少屏	20	4.28	戴芳澜	10
8.9	金邦正	10	10.11	黄振	6	2.2	区绍安	10			
8.9	赵元任	6	10.13	余森	5	2.2	吕彦直	3	4月共收46美元		
8.10	过探先	6	10.18	邝勗真	5	2.2	杨孝述	3			
8.13	任鸿隽	20	10.18	过探先	6	2.3	胡适	3	5.1	胡适	2
8.13	李垕身	10	10.24	杨永言	10	2.9	钱天鹤	4	5.2	杨孝述	2
8.13	沈艾	10	10.24	胡先骕	10	2.10	程瀛章	5	5.9	黄振洪	6
8.19	杨铨	20				2.10	路敏行	10	5.10	孙学悟	4
8.21	杨孝述	5	10月共收93美元			2.10	陈藩	10	5.12	程瀛章	3
8.26	赵元任	2				2.10	薛桂轮	10	5.12	陆凤书	5
8.26	胡明复	4	11.6	唐钺	3	2.17	罗有节	10	5.14	严庄	5
			11.6	廖慰慈	6				5.15	蓝兆乾	10
8月共收109美元			11.6	邹树文	5	2月共收96美元			5.17	姜立夫	10
			11.8	吕彦直	5				5.17	刘鞠可	10
9.2	赵元任	12	11.10	余森	3	3.2	刘寰伟	5	5.19	沈溯明	2
9.2	胡明复	10	11.28	赵昱	2	3.3	钱天鹤	3	5.20	胡刚复	3
9.3	周仁	10				3.4	孙昌克	10	5.25	孙洪芬	10
9.3	秉志	20	11月共收24美元			3.6	沈溯明	2	5.26	谌湛溪	5
9.6	尤志迈	10				3.6	廖慰慈	3			
9.6	张孝若	10	12.4	邹秉文	5	3.6	何运煌	5	5月共收股金77美元		
9.6	刘寰伟	5	12.4	廖慰慈	4	3.8	黄汉河	5			
9.6	梅光迪	5	12.8	余森	2	3.8	王锡昌	5	6.5	钱家瀚	5
9.7	过探先	8	12.8	唐钺	2	3.9	梅光迪	2	6.7	黄振	8
9.9	杨铨	10	12.9	钱崇澍	10	3.9	孙学悟	6	6.8	吕彦直	2
9.9	饶毓泰	6	12.11	梅光迪	3	3.10	罗英	3	6.9	程瀛章	2
9.9	黄伯芹	20				3.12	阮宝江	10	6.9	沈溯明	2
9.12	金邦正	10	12月共收26美元			3.15	江履成	10	6.21	邱崇彦	10
9.12	邹树文	5							6.21	饶毓泰	4
9.14	胡适	5	1914年共收416美元			3月共收69美元					
9.14	赵昱	5							6月共收33美元		
9.23	冯伟	10	1.1	陈延寿	10	4.2	胡刚复	5			
9.30	赵昱	3	1.3	廖慰慈	4	4.8	邝勗真	5	7.2	陆凤书	3
			1.4	钱天鹤	4	4.11	钱天鹤	3	7.3	黄振洪	4
9月共收164美元			1.25	姜立夫	10	4.18	区公沛	1			
			1.29	周威	10	4.18	殷源之	5	7月共收7美元		
10.5	钱天鹤	6				4.18	谌湛溪	5			
10.6	唐钺	5	1月共收38美元			4.19	罗英	2	1915年共收366美元		
10.6	邹树文	10				4.23	钱家瀚	3			
10.6	邹秉文	10	2.1	廖慰慈	3	4.23	何运煌	5	总计收782美元		

资料来源:《中国科学社现金账目 · 交股一览表 · 股金总收入》,上海市档案馆藏档案,Q546-1-204。同载林丽成等编注《中国科学社档案资料整理与研究 · 发展历程史料》第7-13页。

* 无论是“交股一览表”还是“股金总收入”,傅骕交股时间都是1914年5月19日,由此可见,中国科学社成立的动议正如任鸿隽回忆所说,是在6月10日以前。

按表,共有65人交纳股金782美元,减去冯伟、刘鞠可两人取消的2股,还有应交股金258美元未收到。交足股金的有杨铨、任鸿隽(2人各30美元),廖慰慈、黄伯芹、钱天鹤、赵元任、胡明复、姜立夫、金邦正、秉志、周仁、邹树文、过探先、朱少屏(12人各20美元),傅骕、胡适、李垕身、杨孝述、沈艾、尤志迈、张孝若、刘寰伟、梅光迪、赵昱、冯伟、唐钺、余森、邝翕真、胡先骕、吕彦直、钱崇澍、陈延寿、周威、罗英、区绍安、程瀛章、路敏行、陈藩、薛桂轮、罗有节、孙昌克、何运煌、阮宝江、江履成、戴芳澜、蓝兆乾、刘鞠可、孙洪芬、邱崇彦(35人各10美元)等共49人。交纳部分股金的有邹秉文(15美元)、黄振(14美元)、饶毓泰(10美元)、杨永言(10美元)、孙学悟(10美元)、黄振洪(10美元)、谌湛溪(10美元)、沈溯明(8美元)、钱家瀚(8美元)、陆凤书(8美元)、胡刚复(8美元)、黄汉河(5美元)、王锡昌(5美元)、殷源之(5美元)、严庄(5美元)、区公沛(1美元)等16人,没有交股金的有计大雄、章元善、陈福习、张贻志、陈庆尧、卢景泰、陈明寿、王鸿卓、沈孟钦、韦以黻(作民)、汤松等11人。其中章元善虽名列发起人,也认购两股,却一分钱也没有交纳。

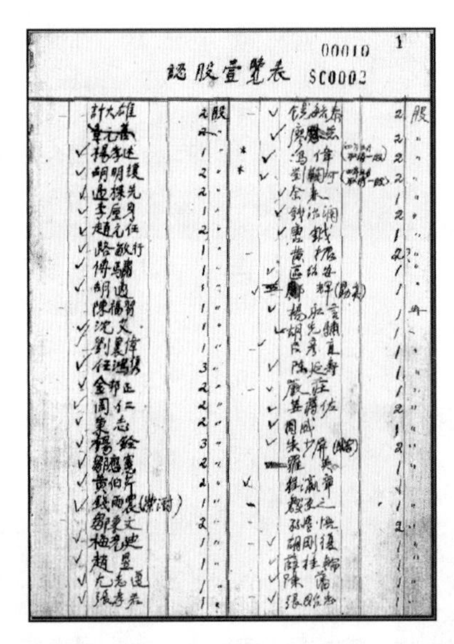
認股壹覽表
00010 1
SC0002

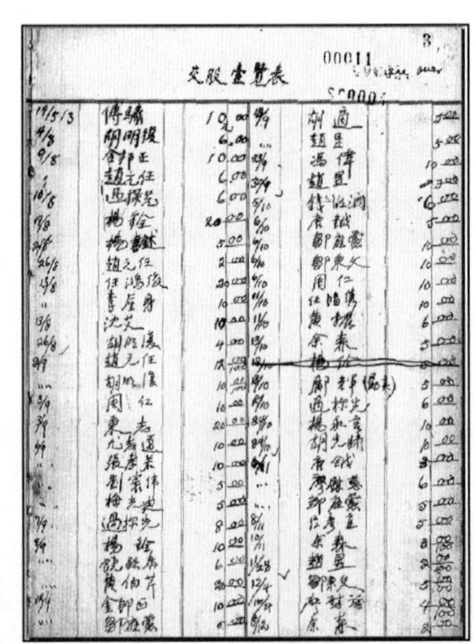
交股壹覽表
00011 3

图4-1 "认股一览表"首页与"交股一览表"首页

从交纳股金次数看,廖慰慈与钱天鹤2人的2股分5次交纳,沈溯明每次交2美元,4次也没有交清,其他人大多数是分2~3次交清(胡适1股也是3次),只有少数人是一次交清。可见,留美学生特别是像庚款这样的公费生,虽生活经费较为宽裕,但10~30美元对他们来说确实是一个不小的数目。

1915年10月25日,中国科学社改组为纯学术社团。据会计报告说,当时共有股东77人,其中交足股金的58人,仅交部分股金的11人,未交股金的8人,共收股金847美元。改组时及以前有3人退出,退还股金16美元,剩下74位股东共有股金831美元。① 这说明,1915年7—10月,近4个月时间内仅新增1位股东,共新收股金65美元;同时,却有3人要求退出,退还股金16美元,已经初现发展瓶颈。中国科学社改组后,对股金进行了处理,“凡不愿为新社社员者,退还其股金;凡愿为社员者,则以其已付股金中之美金五元作入社金,余金为常年社金或特别捐,听本人自择”。具体处理情况见表4-3。

表4-3 股东股金处理情况表 (单位:美元)

姓 名	总额	入社金	常年金	特别捐	姓 名	总额	入社金	常年金	特别捐
杨 铨	30	5		25	冯 伟	10	5	5	
任鸿隽	30	5		25	罗 英	10	5		5
过探先	20	5		15	陈 藩	10	5		5
赵元任	20	5		15	严 庄	10	5	4	1
胡明复	20	5		15	蓝兆乾	10	5	5	
周 仁	20	5		15	阮宝江	10	5	2	3
金邦正	20	5		15	江履成	10	5	5	
秉 志	20	5		15	胡先骕	10	5	5	
钱天鹤	20	5		15	黄振洪	10	5	5	
廖慰慈	20	5		15	刘寰伟	10	5	5	
朱少屏	20	5	15		吕彦直	10	5		5
谌湛溪	20	5	15		张孝若	10	5	5	
姜立夫	20	5	2	13	邱崇彦	10	5	5	
邹树文	20	5	15		傅 骕	10	5	5	
黄伯芹	20	5	15		何运煌	10	5		5
饶毓泰	20	5		15	路敏行	10	5	5	
邹秉文	15	5		10	杨永言	10			10
黄 振	14	5	9		沈溯明	10	5	5	
孙学悟	14	5		9	梅光迪	10	5	5	
李垕身	10	5		5	沈 艾	10	5	5	
张贻志	10	5	5		戴芳澜	10	5	2	3
胡刚复	10	5		5	唐 钺	10	5		5
周 威	10	5	5		杨孝述	10	5	5	
赵 昱	10	5	5		孙洪芬	10	5		5
尤志迈	10	5	5		余 森	10	5		5
程瀛章	10	5	2	3	孙昌克	10	5		5
薛桂轮	10	5		5	韦以黻	10	5	5	
胡 适	10	5	5		邝勗真	10			10
刘鞠可	10	5	5		钱家瀚	8	5	3	
陆凤书	10	5		5	黄汉河	5	5		
区绍安	10	5	5		陈明寿	5	5		
钱崇澍	10	5	5		郑 华	5	5		
陈延寿	10	5	5		殷源之	5	5		

资料来源:《科学》第3卷第1期,第108-111页。
注:杨永言、邝勗真两位股东已故,其遗股改为基金。

① 此一段时间经费资料除注明外,源于中国科学社第一、二次年会的会计报告,分别登载《科学》第3卷第1期、第4卷第1期,下不一一注明。

将此表与前面两表比较可以发现，新增股东郑华，交纳股金 5 美元，属于交部分股金者。另外原未交股金的张贻志交纳 10 美元、韦以黻 10 美元、陈明寿 5 美元；原仅交部分股金的谌湛溪交 10 美元、饶毓泰 10 美元、严庄 5 美元、孙学悟 4 美元、胡刚复 2 美元、沈溯明 2 美元、陆凤书 2 美元，合计共 65 美元。这样交足股金的又增加 8 人，分别是张贻志、韦以黻、谌湛溪、饶毓泰、严庄、胡刚复、沈溯明、陆凤书；12 人交部分股金，分别为邹秉文（15 美元）、黄振（14 美元）、孙学悟（14 美元）、杨永言（10 美元）、黄振洪（10 美元）、钱家瀚（8 美元）、陈明寿（5 美元）、黄汉河（5 美元）、王锡昌（5 美元）、殷源之（5 美元）、郑华（5 美元）、区公沛（1 美元）；8 人未交股金，为计大雄、章元善、陈福习、陈庆尧、卢景泰、王鸿卓、沈孟钦、汤松。这样到改组时 57 人交足股金、12 人交部分股金，与前面会计报告 58 人交足股金、11 人交部分股金相矛盾，也许会计报告中将已经去世的杨永言（认捐 2 股）作为交足股金者对待了。

比较表 4 − 2 和表 4 − 3 可以发现，要求退出的三人分别为区公沛（1 美元）、王锡昌（5 美元）、罗有节（10 美元），他们共交纳股金 16 美元，与前面报告相符（王锡昌、罗有节后来又重新加入）。这样，中国科学社股东 77 人的名单就清楚了，他们交纳股金的情况也一目了然：57 人交足股金、12 人交部分股金、8 人未交股金，并有 3 人退出。作为发起人的章元善虽认购 2 股，但直到 1915 年 10 月科学社改组时仍一分未交。因此，他不是社员，直到 1925 年 8 月才入社成为社员，社号为 950。① 传记作者说章元善亲历了《科学》创刊过程，而且“创刊的事务工作大都由章元善负责”，不知从何说起。[3]②

中国科学社的这些股东有不少是彪炳史册的人物，对未来中国社会的影响极大，其中有 9 人当选 1948 年首届中央研究院（中研院）院士，分别是数学的姜立夫，物理学的饶毓泰，动物学的秉志，植物学的钱崇澍、胡先骕、戴芳澜，工程方面的周仁，语言学的赵元任与古文学的胡适；其他重要历史贡献者有任鸿隽、杨铨、过探先、胡明复、金邦正、钱天鹤、朱少屏、邹树文、邹秉文、孙学悟、李垕身、胡刚复、程瀛章、薛桂轮、罗英、吕彦直、梅光迪、唐钺、杨孝述、孙洪芬、孙昌克、殷源之、谌湛溪、陆凤书、严庄、邱崇彦、章元善、陈延寿（即陈伯庄）、郑华等，相较近代中国成千上万的留美学生，这个群体成才率之高可谓罕见。他们成才的原因固然很多，但中国科学社作为桥梁与组

① 参见《理事会第 48 次会议记录》（1925 年 8 月 25 日），上海市档案馆藏档案 Q546 − 1 − 63 − 150。
② 作者这一说法可能来源于彦奇主编《中国各民主党派史 · 人物传》第 5 卷（华夏出版社，1994 年）中章元善传记。

带的作用不可忽视。

从股金认购和交纳的情况看，发起人（除章元善外）和廖慰慈、钱天鹤、谌湛溪、姜立夫、朱少屏、黄伯芹、饶毓泰、邹树文、邹秉文、孙学悟等都是中国科学社成立初期的主要热心参与者。但从发展的眼光看，那些将股金转换为特别捐而不是常年金者，才是真正对中国科学社未来发展关心的骨干。8 位发起人全将剩余股金转换为特别捐，另外还有廖慰慈、钱天鹤、饶毓泰、邹秉文、孙学悟、李垕身、胡刚复、薛桂轮、陆凤书、罗英、陈藩、吕彦直、孙昌克、何运煌、唐钺、孙洪芬等也将剩余股金全部转换为特别捐，姜立夫、程瀛章、戴芳澜等将部分股金转为特别捐，他们大多成为未来中国科学社的领导骨干，其中不少人或短期或长期担任理事。

虽然中国科学社成立后在留美学界激起的反响远远出乎创始人意料，但同样令他们始料不及的是，仅仅靠股东交纳的股金并不足以维持社务，特别是《科学》的发刊。为维持《科学》的继续出刊，1915 年 1 月设立特别捐，分月捐（按月捐助）与特别捐两种，初意“在补充目前用款之不足，由社员认捐”，到改组时已募集 566.16 美元。改组后，中国科学社由一个股份公司转变为一个纯粹学术团体，除发刊《科学》而外，还有其他社务需要进行，诸如名词审定、图书馆建设、书籍译著等。按照章程规定，入社要交纳入社金中银 10 元（5 美元），每年须交纳常年费中银 4 元（2 美元）。但无论是入社金、常年费，还是特别捐，对中国科学社的长期发展来说都是杯水车薪。

从中国科学社改组到 1916 年 9 月首届年会举行的 10 个月期间，仅收入社金 320 美元、常年金 174 美元、仲社员年金 1 美元、特别捐及月捐 632.77 美元。作为维持社务发展权宜之策的特别捐，结果成为主要进款，占总收入的 56% 左右。当时社员 173 人中交纳入社金的 128 人占 74%，交纳常年费的仅 116 人占 67%，许多社员并没有很好地履行义务，因“社员中多有以为太贵者”。但另一些人却认为“真正热心于科学者，必能牺牲此区区之数”。这是事实，看看特别捐与基金捐的名单与数目，可以理解这话的真实含义：他们是真正热心于科学者。也就是说，无论是入社金还是常年费，对那些热衷于科学事业的人，根本不算什么。自 1915 年 1 月设立特别捐到 1916 年 9 月，捐助特别捐的前后共 25 人，共收入 1 198.93 美元，成为经费大宗。其中改组前特别月捐 564 美元，改组后特别月捐 617 美元；改组前特别捐 2.16 美元，改组后特别捐 15.77 美元。表 4 - 4 是首届年会前特别月捐名单及数额。

表4-4 1916年9月前特别月捐名单及数额 (单位:美元)

姓名	月捐		总数	姓名	月捐		总数	姓名	月捐		总数
	改组前	改组后			改组前	改组后			改组前	改组后	
赵元任	50.00	45.00	95.00	李垕身	50.00	24.00	74.00	孙学悟	—	48.00	48.00
陈　藩	18.00	30.00	48.00	廖慰慈	50.00	50.00	100.00	戴芳澜	—	15.00	15.00
江屡成	9.00	27.00	36.00	陆凤书	3.00	27.00	30.00	唐　钺	30.00	30.00	60.00
钱天鹤	20.00	—	20.00	吕彦直	6.00	8.00	14.00	邹秉文	50.00	30.00	80.00
周　仁	45.00	5.00	50.00	梅光迪	2.00	22.00	24.00	杨　铨	45.00	45.00	90.00
钟心煊	—	8.00	8.00	秉　志	50.00	50.00	100.00	严　庄	—	2.00	2.00
何运煌	9.00	21.00	30.00	孙洪芬	9.00	12.00	21.00	任鸿隽	50.00	50.00	100.00
胡明复	50.00	50.00	100.00	孙昌克	18.00	18.00	36.00	合　计	564.00	617.00	1 181.00

资料来源:《科学》第3卷第1期,第115-116页。

改组前,特别月捐主要有赵元任、胡明复、李垕身、廖慰慈、秉志、邹秉文、任鸿隽(各50美元),周仁、杨铨(各45美元),陈藩、钱天鹤、孙昌克、唐钺等。改组后,江屡成、何运煌、陆凤书、孙洪芬、孙昌克、梅光迪、孙学悟、戴芳澜等加入,成为主要捐款者。1916年9月以后继续按月捐助者17人,其中8人每月5美元、6人每月3美元、3人每月2美元,到1917年9月第二次年会时,特别捐又收入592美元,捐款10美元以上者有赵元任、陈藩、江屡成、钟心煊、胡明复、李垕身、何运煌、廖慰慈、陆凤书、梅光迪、孙学悟、唐钺、邹秉文、王孝丰、杨铨、任鸿隽等。捐款数目已呈下降趋势,仅占当年度总收入的40%左右。月捐开始时,每月平均收入在54美元左右,到1916年增加到61美元左右,到1917年下降到49美元左右。

"月捐之制,终不可以久恃,一旦停止或减少,社务即不得不受影响;且据过去经验,凡本来按月捐助者,归国以后,因生计上之关系,不得不停止或减少,而新来者复甚少。是以目前办法,应一面提倡特别月捐以救急,一面募集巨款基本金以为持久之计。"虽特别捐是此时社中收入大宗,但他们一直将筹集巨款做基本金作为资金筹集重点。国内请回国的金邦正办理,但因战乱毫无结果。到首次年会召开时,在美已经募集290.16美元,大多是社友及非社友以救国储金转赠:去世社友杨永言、邝勗真股金各10美元;非社友区公沛、黄金源、张福运分别1美元、10美元、5美元;社友廖慰慈、孙昌克、姜荣光、陈藩各20美元,陆凤书、高崇德各15美元,任鸿隽、邹秉文、唐钺、罗英、胡明复、赵国栋、李垕身、薛桂轮、江屡成、阮宝江、孙洪芬、蔡翔各10美元,其他为赵元任7美元,秉志5美元,林则依6美元,顾维精6.16美元。到第二次年会时,又新募集到109.99美元(包括驻美公使顾维钧50美元),前后相加仅400.15

美元。

经费的募集与捐助成为维持中国科学社生存与发展的关键。首次年会讨论筹款时，通过胡明复提议，分为基本金(仅用息，本金不动，为维持社务)与专用金(指定用途，如建设社所或图书馆)，并拟向政府请款，举严庄、钟心煊、胡明复、陈藩、孙洪芬为捐款委员。会后举陈藩为委员长，与董事会开会决议筹款办法：①制定筹款章程，定明款项用途等；②由本社致函国内当局及团体个人，申明本社宗旨及事业，求公私资助；③聘请国内"名实素孚之人"组织本社款项监督机关，"以昭信用"。[4]1366 首次委员会于第二届年会解散，举下列人员组成新的筹款委员会：

国内——过探先(南京第一农校)、金邦正(北京农业专门学校)、邹秉文(南京高等师范学校)、胡明复(上海大同学院)、郑寿仁(北京)、朱少屏(上海寰球中国学生会)；国外——孙洪芬(宾州费城)、薛桂轮(麻省剑桥)、徐允中(麻省剑桥)。

并要求国内、国外分别举委员长一人，"以便组织及筹划进行"。[5]

中国科学社领导层清醒地认识到，募集大数额的基金是社务发展的基础，并千方百计进行筹集。但不得不承认，在美时期这一努力基本上没有效果，仅有数百美元的收获，这是中国科学社迁回国后的发展隐忧。但应看到，在美时期的中国科学社，由于众多热心社务社友的无私奉献①，其经费基本能够维持，且还有结余。首届年会时每月花费收支相抵赤字近 5 美元，第二届年会时每月已可以结余 10 美元左右了。正是在经费有所保障的情况下，中国科学社才稳步向前发展。

第二节　社务扩展与影响扩散

改组后的中国科学社，很快成为留美学界的一个标志性学术社团，使命感与归属感使入社人数大增。到 1915 年 10 月 30 日，社员猛增至 115 人，改组仅 5 天就增加了 38 人，包括在未来中国有声名的张准、赵国栋、陈衡哲、程孝刚、竺可桢、钟心煊、高崇德、徐佩璜、蔡声白、吴宪等。[6] 到次年 10 月又有 86 人入社，既有留日的，也有留

---

① 如赵元任说中国科学社成立未久，一些人试图通过省吃俭用来支持它，有段时间他自己竟因此导致营养不良；另一次他和同学董时(J. C. S. Tung)发起吃经济饭比赛，不久两人全都得了感冒而倒下。参见赵元任《赵元任早年回忆》，《赵元任全集》第 15 卷(下册)，第 849、868 页。需要指出的是，董时当时并非中国科学社社员，赵元任这一回忆可能有误。

法、留德和留英的，还有一些国内入社者，为中国近代化做出重要贡献的有侯德榜、李协、张巨伯、虞振镛、李寅恭、陈长蘅、段子燮、茅以升、何鲁、韦悫、郑宗海、王毓祥、桂质庭、刘树杞、胡光麃、卫挺生、吴钦烈等。① 这些人中有竺可桢、吴宪、侯德榜、茅以升4名首届中央研究院院士。

为了吸收社员，中国科学社专门设立征求委员，介绍社员、收集会费，调查社员"学科行止"、联络感情等。征求委员最初为美国波士顿徐允中、剑桥镇钟心煊、科罗拉多薛桂轮、纽约蔡翔、费城孙洪芬、匹兹堡欧阳祖绶、威斯康星戴芳澜，上海杨孝述。后又在英国和法国设立征求委员，分别由李寅恭和何鲁担任。② 1916年8月9日，董事会成员联名向留美学界发起倡议，希望共同肩负发展中国科学事业的重任：

同学诸君足下：

科学为近世文化之特彩，西方富强之泉源，事实俱在，无待缕陈。吾侪负笈异域，将欲取彼有用之学术，救我垂绝之国命。舍图科学之发达，其道末由。顾欲科学之发达，不特赖个人之研精，亦有待于团体之扶翼。试览他国科学发达之历史，莫不以学社之组织为经纬。盖为学如做工，结社如立肆。肆之不立，而欲工之成事，不可得也。同人窃不自量，欲于宗邦科学前途有所贡献，是以有中国科学社之组织。造端于一九一四年之夏，改组于一九一五年之秋。其宗旨在输入世界新知，并图吾国科学之发达。其事业在发刊杂志、译著书籍、建设图书馆、编订词典。《科学》杂志之发行，迄今将及两载，颇蒙海内外达者称许。书籍、词典、图书馆等事，亦正依次进行。自本社创设以来，海内外同志，翕然响应，不及两年，而社员之在本国及欧美东亚各国者，已达一百八十余人。发达之速迥出预料。众见所同，于斯可征。虽然兹事体大，所期甚遥，自非鸠集大群，并力合德以趋所向之的，其曷有济？是用不辞冒昧，谨书本社原起、现在情形及现行总章邮呈左右，倘本大贤为国求学之素志，鉴同人以蚊负山之愚忱，惠然肯来，共襄盛举，则特本社之幸，其中国学界前途实嘉赖之。[7]

时任分股委员会委员长的陈藩也发表文章呼吁留美学界同人团聚在中国科学社周围：

海内学子，若能相率而来，互相提携，以促科学社之进行，吾国学术前途，宁有限量？……使吾华之学术昌明、工业发达、国用充实、国立雄厚，扫历代文弱之弊，复累

①《科学》第2卷第3期第364页、第5期第589－591页、第7期第827页、第9期第1068－1073页、第10期第1177页、第11期第1285页、第12期第1368页。

②《科学》第2卷第5期第589页、第3卷第3期第391页。

年侵侮之辱,胥于是乎在。爱国君子,盍兴乎来?[8]①

在社员不断增加的过程中,社务也日益扩大,1917 年 3 月中国科学社呈准教育部立案,呈文中列举了计划办理的事业:①发刊杂志,以传播科学提倡研究;②译著科学书籍;③编订科学名词,以期划一而方便读者;④设立图书馆以供学者参考;⑤设立研究所进行科学研究,以求学术、实业与公益事业的进步;⑥设立博物馆,搜集学术上、工业上、历史上以及自然界动植矿物标本陈列以供研究;⑦举行科学演讲以普及科学知识;⑧组织考察团进行实地调查与研究;⑨受公私机关委托,研究及解决关于科学上的一切问题。教育部案准说:"该学社为谋吾国科学之发达,行月刊以饷学子,殊堪嘉许。所订章程简章,亦均妥协,应准备案。"②规划事业范围十分宽广,但留美时期,除发刊《科学》而外,主要有召开年会增强友谊交流学术,组织分股委员会,从事书籍译著、筹备图书馆、进行名词术语审定统一等。

年会、分股委员会、名词术语审定统一工作将在"中篇"相关年会与学术交流体制、社团组织结构和名词术语审定等章节讨论,这里主要介绍书籍译著部与图书部的发展情况。社章规定"书籍译著部管理译著书籍事务""图书部管理本社图书及筹备建设图书馆事务"。最初董事会任命陈藩为书籍译著部临时委员,他在致社员的通告书中说:"设立译著部之初意,实痛夫吾国学术之衰废,国家锐意兴学已数十年而成效不著,时至今日而国内各等学校中之学科尚乏完善之汉文教科书,至于科学名词,尤属乱杂无定,……令读者如捉迷藏,莫悉究竟。于是欲研究学术者,非借助西文不为功,甚且与友朋讨论学术亦有非适【使】③用英文不能达意者。"设立书籍译著部,一是"联合多数学者互相研究,择泰西科学书籍之精良者分门别类,详加译述,以供国人之考求";一是"对于科学名词严加审定,以收统一之效;使夫学术有统系,名词能划一,国中学子不必致力于西文而有所资"。[9]其主要目的是使科学本土化,"要科学用中文说话"。不仅要翻译科学书籍,而且要通过翻译审定统一名词术语。1917 年修改社章,书籍译著部取消,其职责归于分股委员会。

---

① 陈藩在文中还指出,政治不良、社会腐败不是中国学问不能发达的主要原因,"夫研究学术,在我而不在人。政治虽不良,社会虽腐败,未尝使工科学生无研究之地也。好学深思之士,苟能萃精荟神,以从事于实际上之考察,则得寸即寸,得尺即尺,寸积尺累,而谓科学之成绩无可观者,吾不信也"。关键是没有学会在其间联络,有了学会,"学业已成者,足资以为讲习之地;学业未成者,亦可藉以为问学之所。其影响所及,小之足以发明科学奥妙,大之足以巩固国家基础"。

②《中国科学社社录》,1921 年,第 3-4 页。

③ 更正原文中的错别字,以【 】表示。

《中国科学社图书馆章程》“缘起”说:“夫学问之事,沿流溯源,固须稽之载籍;即物穷理,亦有待于图书。方今国内藏书,挂一漏万,百科图籍尤属寥寥,是图书馆之设为不容缓,夫人而知。”创建图书馆是为科学研究提供条件。经费来源包括“中国科学社经常费总额中划出若干份,社员特捐,社外热心赞助本馆者之惠捐,政府补助”等,并制定了《中国科学社图书馆总章》《中国科学社图书馆暂行流通书籍章程》《中国科学社图书馆办事细则》。[10]可见,虽然中国科学社自认“能力未充,一切事业同时并举,实有顾此失彼之虞”,但他们深知图书馆在科学研究与科学发展上的重要性,因此排除各种困难,在毫无建设基础(无论是图书馆建筑还是图书)的情状下,快速而超前地制定出一系列章程,希望能在社会的支持下立马有所成效。为尽快创设图书馆,过探先、严庄、孙昌克等提议,与当时国内梁启超等正创议筹办纪念蔡锷的“松坡图书馆”合作,“关于科学书籍之收集,为之赞助,以图该馆建设之完备,即以补本社之不及”。并派过探先、邹秉文、周仁具体联络,分股委员会也广泛向社员调查书籍拥有情况。[11]与松坡图书馆合作虽最终没有结果,但分股委员会负责的图书调查与书籍译著仍在进行。图书馆后来成为中国科学社重要事业之一,与在美期间的努力分不开。

1917 年,已回国的邹秉文提议允许外国人入社、《科学》刊载外文论文。董事会认为中国科学社作为一个学术团体,本来就没有国界之分,而且世界各国的学术组织也不拒绝外国人入会,因此外国人入社自然不成问题;但发刊《科学》的目的是“专为国人作,即有外国人投稿,亦应译成中文刊登,方与本社传输新知之本旨相符”。[12]中国科学社还与美国学术机关进行合作,费城韦斯特解剖学与生物学研究所(The Wistar Institute of Anatomy and Biology)是世界著名的生命科学研究机构,希望中国科学社选择其重要成果译成中文,“以图引起吾国学者兴味”,中国科学社委托生物股社员叶承豫和秉志担任翻译,社长任鸿隽与其所长格林曼(M. J. Greenman)博士在纽约进行了专门的会谈。[13]①

中国科学社为了进一步扩张社务、扩大社会影响,还广泛向留美学界及国内外寻求支持。正如本章开头所说,《科学》一发刊,杨铨就在《留美学生季报》发表文章介绍《科学》,论说了科学与人生、科学与救国的道理等。《留美学生季报》1915 年夏季

---

① 该所后来与中国生物学界有广泛的联系,秉志在该所从事博士后研究时也撰有《韦斯特解剖学与生物研究所及其与中国生物学的关系》一文,呼吁中国生物学研究者与该所积极合作。

第 2 号就“广告”说,《科学》已成为“西洋留学界唯一之学术杂志,由专门学家担任撰述,根据学理切应实用,研究科学者不可不读,讲求实业者不可不读,热心教育者不可不读,青年学生界不可不读”。《留美学生月刊》上也有《科学》广告,以扩大影响。①为扩大影响与激起读者对《科学》的兴趣,对于刚刚爆发的第一次世界大战,《科学》于 1915 年 4 月第 1 卷第 4 期推出“战争”专号,专门讨论“科学与战争”的关系。与当时普遍将大规模杀伤性武器归罪于科学不同,他们为科学辩护,指出欧战是科学的悲哀,因其阻碍科学的发展与进步。他们也哀叹大规模杀伤性武器使人类所面临的悲剧性命运,但与国内思想界和当时西方潮流不同,他们并不由此出发反思西方文化,进而出现所谓东方文化寻根、东方主义的兴起与西方文化的没落这些论调,甚至在东方文化找到人类未来的方向;而是从为科学辩护出发,研究战争中各种因素的影响,进而寻求取得战争胜利的各种要素,特别关注科学在其中的作用,并在此基础上思考祖国的未来,最终归宿之点倒与国内思想界和舆论界相一致,从欧战出发寻求中国未来的建设之道与富强之路。但他们提出富国强国方案完全不同,以《科学》杂志为中心的留美学界提出的方案是通过发展科学来寻求国家的富强。[14]他们深知“战争与科学”这样的趋时性题目,并不是《科学》的宗旨,《科学》推出“战争”专号后,对第一次世界大战几乎不再关注。

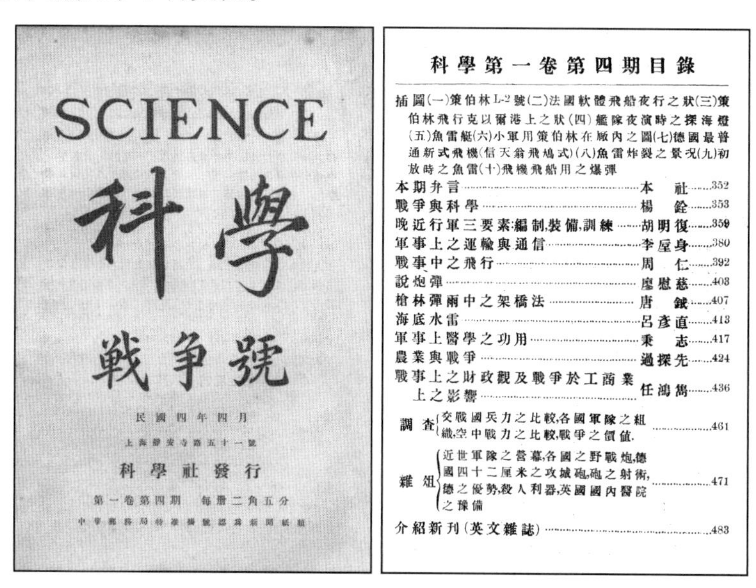

SCIENCE

科學

戰爭號

民國四年四月

上海靜安寺路五十一號

科學社發行

第一卷第四期　每冊二角五分

中華郵務局特准掛號認為新聞紙類

科學第一卷第四期目錄

图 4－2　《科学》第 1 卷第 4 期“战争号”封面及“目录”

① 参阅 *The Chinese Students' Monthly* 第 10 卷第 5、6 期。

主事者也积极向他们的老师约稿，请求在《科学》介绍他们熟悉的科学门类。曾得到美国气象专家威尔逊（W. M. Wilson）教授特稿，“特出其所学投稿本社，冀为中国气象台建设之提倡”。又得康奈尔大学名教授之支持，在《科学》上刊登无线电之著作等等。①

据樊洪业先生考证，因唐钺撰写爱迪生（T. A. Edison）传记，赵元任曾致函爱迪生索赠照片，以提升《科学》影响力。爱迪生很快就将亲笔签名照片寄来，这对《科学》编辑部自然是一个极大的鼓励，在第1卷第5期就将照片刊出，并有说明：“此爱迭生君最近肖像，由爱君亲赠本社，其下西文则其自签名也。爱君事迹见本报第六期传记。”其实，第5期已有唐钺传记刊出，出现这样的差错，可能就是急于登载爱迪生照片一时疏忽所致。[15]受此鼓励，正忙于到哈佛大学攻读博士学位的赵元任，编辑《科学》之余，于1915年8月28日将载有爱迪生传记的《科学》第5、6期刊物寄送给爱迪生。不想，十余天后，赵元任居然收到了爱迪生9月10日发自卡内基爱迪生实验室的回信。其中说：

多谢上月28日寄来的信件和第五、六期中文《科学》月刊，它们证实了我很长时间以来一直坚信的观点，那就是全世界正见证一个最伟大的现代奇迹——觉醒的中国认识到了充分而自由的教育是一个国家实力和发展的基础。

贵国青年在教育事业上的努力与所取得的巨大进步，将极大地鼓舞那些与时光赛跑的人，这也表征着贵国的迅速发展。让我衷心地祝贺你与你的同仁们在你们共同选择的事业上已经取得的成功，并预祝你们在科学知识的传播上长久地繁荣滋长。②

《科学》编辑部自然大喜过望，于第2卷第1期图版将爱迪生回信以《美国大发明家爱迭生君来书》为题刊载，并由赵元任做了文言文翻译。爱迪生的回信可谓奖勉有

---

① 参见《科学》第1卷第2期第138页、第3期第294页、第8期“科学社启事”。

②《科学》编辑曾将之译为：“以数千年沉睡之支那大国，瞿然而觉，知开明教育为国家势力与进步之基础，得非一极可惊叹之事；而方今世界实共瞻之。斯意也，吾怀之有日。昨读贵社来书，及所发行之《科学》第五、六期，然后信吾见之不谬也。贵国学子关于教育上之致力，实令远方识时之士闻而倾佩，贵国之有此，发达之征也。贵社同人择途既得，进步尤著，异日科学知识，普及全国，发荣滋长，永永无敝，可操券候也。谨奉书以贺。”

当时白话文运动还没有全面展开，社员们为文介绍科学时虽已运用白话，但大多数情况下还是以古文为是，因此有上面的翻译。译文大致译出了爱迪生的意思，但也有不确切的地方。

Cable Address "Edison New York"

From the Laboratory of Thomas A. Edison,

Orange, N.J. Sept. 10th. 1915.

Mr. Yuen R. Chao,
Secretary, Science Society,
208 Delaware Avenue,
Ithaca, N. Y.

Dear Sir:

Your favor of the 28th ultimo and the fifth and sixth issues of the Chirese scientific monthly, "Science", have confirmed the opinion I have had for some time, namely, that the world is witnessing one of the greatest of modern marvels, the awakening of a great nation, China, to the fact that liberal education is the very foundation of national power and advancement.

The impetus which the young men of your country are giving to the cause of education is most nspiring to those who are keeping apace with the times, and indicates rapid growth for your nation. Let me extend to you and your associates my hearty felicitations upon the progress you have madein your chosen field, and to wish you an ever growing and lasting success in the spread of scientific knowledge.

Yours very truly,

Thos A Edison

图 4-3 爱迪生亲笔签名的肖像照及“爱迪生来信原文”书影

图片分别原载于《科学》第 1 卷第 5 期和第 8 期(照片刊两次)、第 2 卷第 1 期。

加,社员们对这位伟大的发明家自然也崇敬不已,《科学》以后介绍他的文章不少,诸如吕彦直所撰《爱迪生年谱》等。爱迪生逝世时还出了专刊,并发起募捐设立爱迪生奖金以志纪念。

《科学》一发刊,任鸿隽就寄往法国一本和书信一封,托四川老乡、辛亥革命同志吴玉章寻求蔡元培、李石曾、吴稚晖、汪精卫等人支持。蔡元培等与任鸿隽、杨铨比较熟悉,都在南京临时政府共过事。这些人都是辛亥革命元勋,对教育与学术极为关注,在学术界声望极高。因此中国科学社寻求他们的支持可以说是深思熟虑的结果,而不至于一方“诚恳请求”,一方“置若罔闻”。不想因战争等原因,该函未能抵达。任鸿隽于同年 5 月 25 日再次致蔡元培、李石曾、汪精卫,仍然委托吴玉章居间转送,其中称:

同人等愚见,以为国之不振,国民无学,实尸其咎。窃不自揆力之不副,就修学之暇,发起此《科学》杂志,将以为传输学术之机关,作起国人好学之志气。竭蹶经营,已将一载。其第一期于正月在上海出版,今已出至第四期矣。幸得国内外同学匡助,尚得继续无替。然科学大业,而同人学识谫陋,知不足副椎轮之任。

诸先生德业文章,为世尊仰,若能不吝金玉,赐以宏篇,则不独本杂志之光,实社会之导也。读复康南耳同学书①,责同人以养成新中国复活之种子,同人驽劣,何能副先生等重望。然区区此心,苟利国家,不敢掸劳。以此自誓,并望先生等之助成之耳。[16]

任鸿隽等自感才力不足,学识浅薄,需要蔡元培等人的支持,希望他们向《科学》投稿。蔡元培、李石曾的回信中首先告知收到了吴玉章转来的信函及《科学》,并对留美学生不受西方宗教影响,专事传播科学大为激赏:

欲救吾族之沦胥,必以提倡科学为关键,弟等绝对赞同。伏读《科学》杂志例言,有不涉宗教一条。又杂志发端,揭一以科学与宗教宣战之G氏〔伽利略〕以为模范,想见诸君子所提倡者,诚纯粹之科学也。夫实验之科学与臆造之宗教,本不相容,徒以科学自有范围,不能不留有存而不论之余地,宗教家遂得假零星之科学知识以张其教义,以莠乱苗,其害乃转较蒙昧之宗教为甚。

……留美同学,不患其不励于学,而患其毗于教。今得诸君子脱离宗教之《科学》杂志以树之的,庶有以输科学之真诠,而屏宗教之阑入,此尤弟等所助为张目者也。

弟等在此,常以促进教育、改良社会之责任互相策勉。去年,曾有发行《学风》杂志之议,其内容即以科学、美术为中坚。第一期属草甫竣。迄今尚未付印。出版以后,当与贵处之杂志互相应求也。[17]

赞同"科学救国",以改进教育、改良社会的宗旨相勉。私下里蔡元培等认为《科学》杂志"有反对宗教迷信之主义""足以与青年会一派对峙",虽然其专谈物质科学,范围狭窄,但仍认为"亦足以为学术界一方面之代表,将来此间所出杂志,大约不免偏重社会一方面,即以石曾先生所举互相投稿,游学互换地点等法为补助,亦分工之义也"。[18]流露了与中国科学社联络互助和互补缺陷的愿望。

因汪精卫已去南洋,留在法国的蔡元培、李石曾、吴稚晖对任鸿隽来函往返商讨,可见他们对《科学》的重视。蔡元培等人在法国与中国科学社的合作没有下文,至于他们向《科学》的投稿更是没有影子,他们"偏重社会"的杂志《学风》也"胎死腹中",

---

① 当年初,唐钺、过探先、任鸿隽、杨铨曾有致留法蔡元培等书,提出革命党应停止党争,政治革命曲高和寡,"宣言不事革命"。对于任鸿隽等人的言说,蔡元培、李石曾等复函给康奈尔同学会,蔡元培致吴稚晖函也曾谈及此事。蔡元培说:"过、任诸君之举动,经先生揭破,乃了如观火。……大约美国人偏重实利主义,因而偏重办事手段。留美学生不免受其影响,故于此等必不可信之消息,皆怡然信之,毫无骇诧,反令弟等不胜其骇诧焉。"参见"致默盦函——驳唐钺、过探先、任鸿隽、杨铨无法与日颉"(《吴稚晖全集》第8卷,九州出版社,2013年,第394－396页)和"复吴稚晖函(1915年4月6日)"(中国蔡元培研究会编,《蔡元培全集》第10卷,浙江教育出版社,1997,第238页)。

“分工合作”的美意完全落空。后来李石曾也回忆说:“忆科学社在美发起之时,鄙人在欧即得通告,甚表同情。”[19]这倒是实话,仅仅表同情而已,口惠而实不至。当然,对初生的中国科学社及《科学》而言,他们的“同情”已是“无声”的支持了。

中国科学社向蔡元培等寻求合作没有多少结果,但在留法学界还是有一定的影响。何鲁、经利彬、罗世嶷、熊庆来等留法学生1916年8月在法国里昂创设中国学群,以纯粹研究学术为宗旨。创始之初,其领导人、中国科学社社员何鲁致函中国科学社,“图所以联络互助之法”。中国科学社以“学群宗旨事业,彼此相类,即复书欢迎”。[20]中国科学社第一次年会时有社员168名,其中欧洲社员5人(苏格兰、法国各2人,德国1人)、日本3人。[21]1917年第二次年会时有社员279名,欧洲社员增长到12人,其中法国8人、英格兰2人、苏格兰1人、德国1人,日本6人。[22]可见,欧洲社员增加者主要是留法学界。

中国科学社还向国内名流寻求支持。《科学》第2卷第1期和第3卷第1期前面图版刊载了多位名人给《科学》的题词,按照先后顺序,《科学》第2卷第1期分别为:

伍廷芳:发明科学,理数同参,日进无已,嘉惠青年。

唐绍仪:仰观俯察,明理制器,夺造化工,发天地秘。

黄炎培:治学如治玉,鳃理可别异。治学如治水,广川一源始。语精通鬼神,语大经天地。用之康世屯,守之尊国粹。栖神自悦怡,沾焉非其至。秦火不西流,禹教颇旁暨。百家恣腾踔,拔帜以立帜。遂令青年俦,远揽彼邦懿。进化与争存,微茫责谁寄。报国以文章,虽小聊堪识。中原正丧乱,迟汝经伦试。

沈恩孚:盈天地之间森然万象,环吾人之上下四旁者,皆物也。而无一就吾人可以自得之学而常人忽之,而先知先觉者于森然之万象中得一物焉,循其自然之原理,朝研而夕究之,日求其所以自得者,而了然贯彻其始终,于是有科学。然则科学者,学之由自得而精焉者也,就外□①而取其博也。而此《科学》杂志,则所采不以一科学为限,而兼及各科学之长,则又未始不取其博也,而不惟其精也。虽然,今世界已发明之科学至繁赜矣,彼先知先觉者饷我诚厚矣,果后知后觉者不以所得于先知先觉者为已足,而于森然之万象中,任举一物焉,循其自然之原理,朝研而夕究之,日求其所以自得者,而了然贯彻其始终,吾知新发明之科学将不知其凡几,而今日之后知后觉者又安知此即他日之先知先觉,则此杂志其导师也夫。

---

① “□”为不能识别的文字。

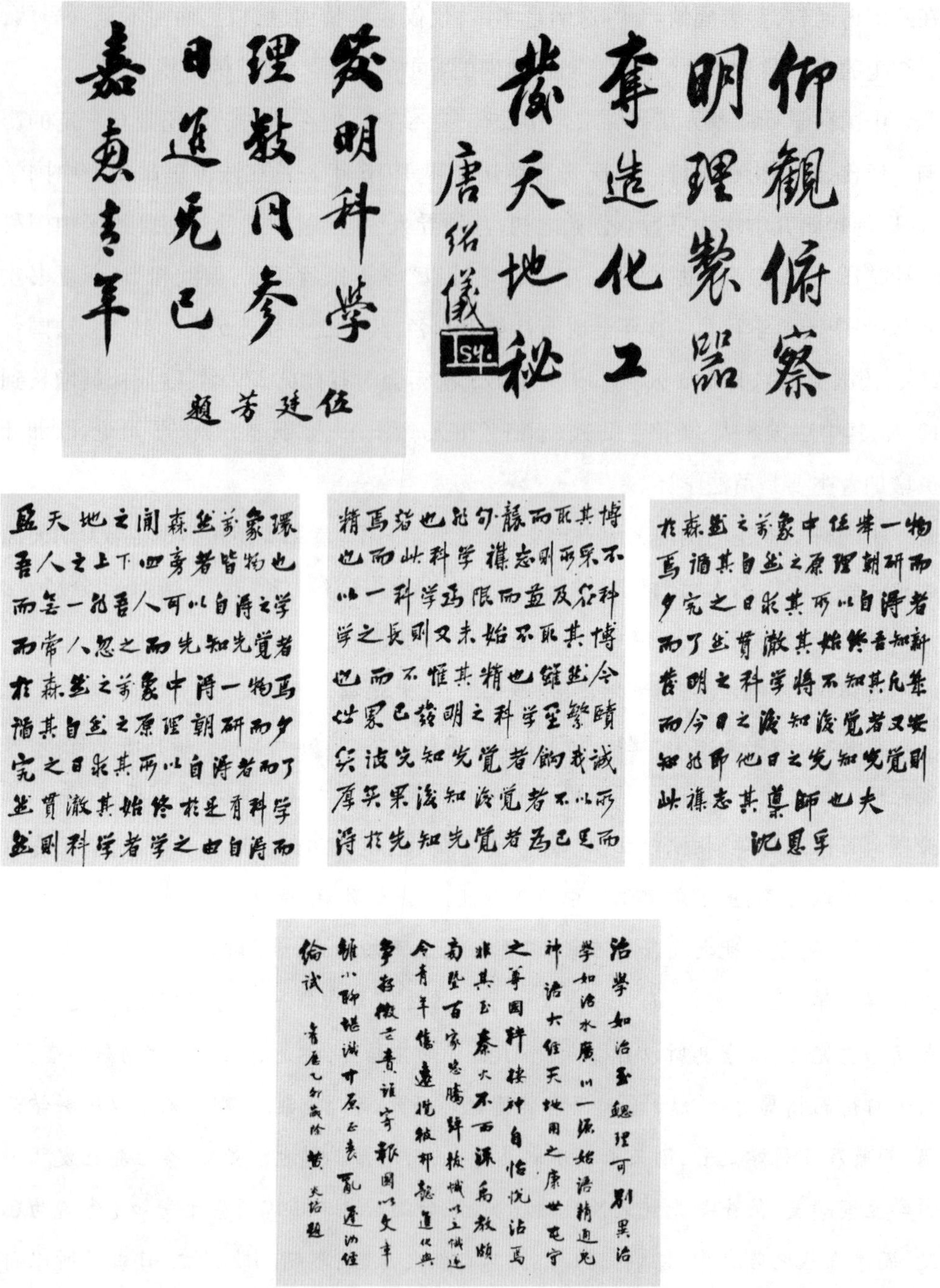

发明科学 理数同参 日进无已 嘉惠青年 伍廷芳题

仰观俯察 明理数器 夺造化工 发天地秘 唐绍仪

盈天地之间森然万象环
吾人之上下四旁者皆物也
而无一能吾人可以自得之学
而常人忽之而先知先觉者
于森然之万象中得一物焉
循其自然之原理朝研而夕
究之日求其所以自得者而了
然贯澈其始终于是有科学
然则科学者学之由自得而

精焉者也能句稽而取其博
也而此科学标志则所求不
以一科学为限而并及于科
学之长则又未始不取其博
也而不惟其精也虽然今
世界已发明之科学至繁赜
矣彼先知先觉者伟哉诚
厚矣果后知后觉者不以所
得于先知先觉者为已足而

于森然之万象中任举一物
焉循其自然之原理朝研而
夕究之日求其所以自得者
而了然贯澈其始终吾知新
发明之科学将不知其凡[illegible]
而今日之后知后觉者又安
知非即他日之先知先觉则
此标志其导师也夫
沈恩孚

治学如治玉鳃理可剔异治
学如治水广以一源始浩精遍充
神诣大经天地用之康世屯宁
之尊国粹接神自怡悦治焉
非其玉秦火不西源禹教顺
南坠百家忽腾肆披械以工械述
今青年隽达揽被邦彦道化与
多抒微言责谊寄报国以文章
虽小腔谋诚寸原丕表乱遏弥经
弁试
青唐乙卯岁除 黄炎培题

图 4－4 《科学》第 2 卷第 1 期所载伍廷芳、唐绍仪、沈恩孚、黄炎培的题词

《科学》第3卷第1期分别为：

黎元洪：举世皇皇趋于政论，是非纷呶渐戾其正。兹编述学瀹智启蒙，乐为弁言，以志雪鸿。

张謇：启瀹新知。

蔡元培：民之初生，有神话而已，进而有宗教，又进而有哲学，是谓学之始。学有二道：曰沉思，曰实验。哲学之始，沉思多于实验，虽有形之物，亦皆以悬想定之。及实验之法既备，凡自然现象，皆分别钩稽，成为系统之学，而哲学之领土半为所占，是为科学之始。至于今日，则精神界之现象，亦得以研究物质之道鳃理之，而建设为科学，如心理学是；而实验教育学、实验美学，亦遂缘是而发生，有成立科学之希望。循是以往，凡往昔哲学之领域，自玄学以外，将一切为科学所占领，科学界之发展，未可限量。科学社诸君勉乎哉！

范源廉：学有分途，众妙重扃，孰能启缄，濬智瀹灵。欧风东渐，日新月异，百国宝书，搜罗有事。侁侁诸子，大方无隅，资粮馈贫，卓哉先驱，群艺悉综，勿封故步。递嬗推迁，流风畅布。①

黄兴为《科学》题款值得专门述说。黄兴因与孙中山在组建中华革命党上意见相异，离开日本避居美国从事反袁活动。任鸿隽、杨铨呈送给《科学》，并请题词。黄兴复函说：

手书诵悉。国民无学诚然。然足下于课余欲以科学智识灌输国人，宏愿婆心，敬佩无似。属书"科学"两字，勉就，以笔秃不能如意，聊应台命耳。兴游是邦，专意考察，学问之外无他求。足下潜心研究，所得必多，尚乞时赐教。

黄兴所书题款，因政治原因，当时并没有采用。黄兴去世后，乃作为刊名。编辑部记其事说："方黄克强先生避地美洲，同人以《科学》进，先生览之，推许备至，以为得救国之本，为手书'科学'二字。时国中党祸方烈，同人不欲科学蹈政治漩涡，珍什藏之，未以公世。今先生往矣，《科学》行世亦逾二年，因取先生复书及手书'科学'刊之，亦欲广先生奖勉《科学》之心奖勉国生耳。"②可见，中国科学社在美期间非常注意与政治的关系，虽然任鸿隽、杨铨等曾参与辛亥革命，但他们尽量与政治保持距离。因此，《科学》也能得到各种立场的政治人物题词勉奖。在美期间，与国内政治毕竟

---

① 后来任鸿隽说："《科学》举行第一周年纪念时，曾得许多社会贤达撰词致祝，殷殷属望。"见《科学》第32卷（增刊号）。

②《科学》第3卷第6期图版。

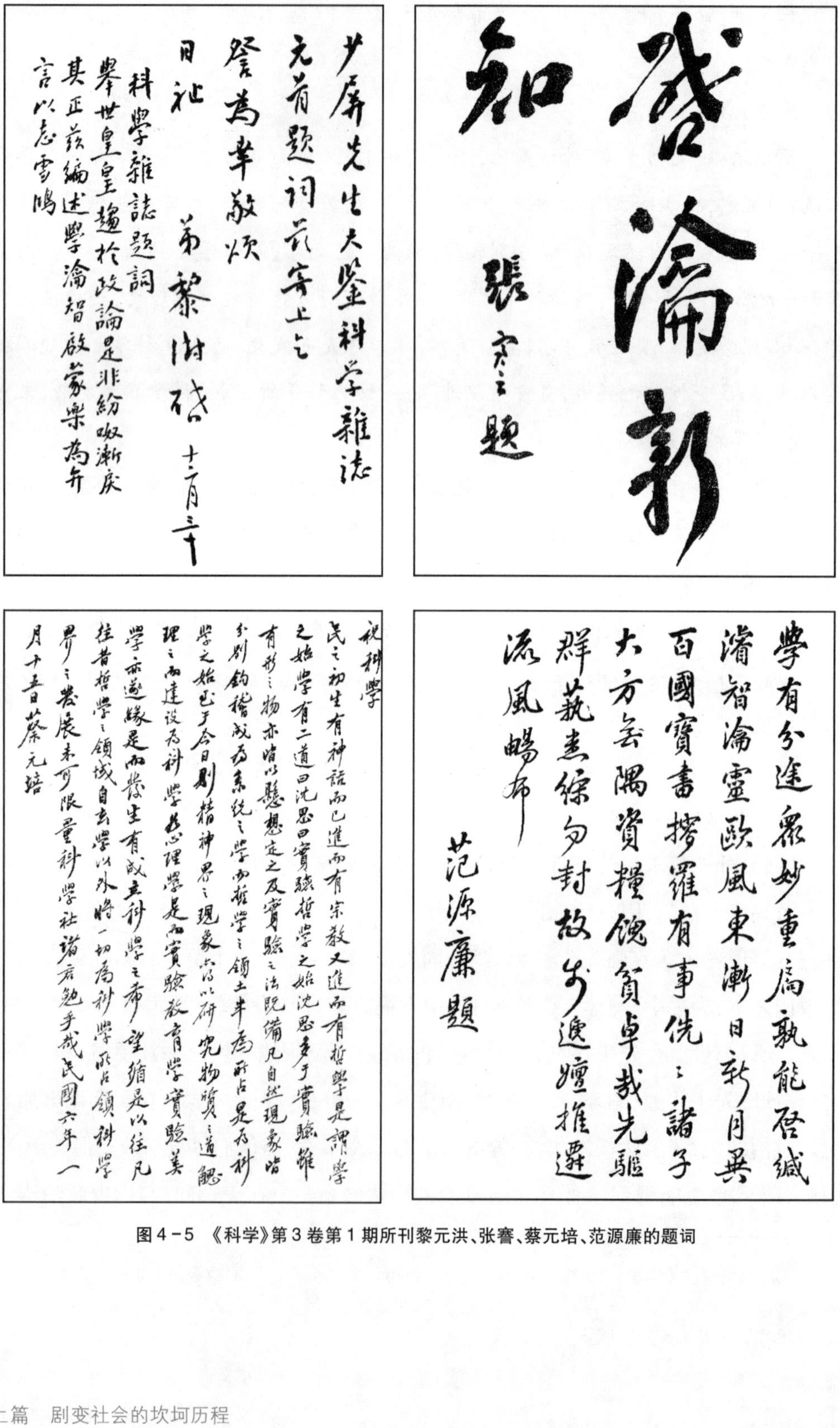

少屏先生大鑒科学雜誌
元首題詞茲寄上乞
登為幸敬頌
日祉　弟黎元洪　十二月二十

科學雜誌題詞
舉世皇皇趨於政論是非紛呶漸戾
其正茲編述學瀹智啟蒙樂為弁
言以志雪鴻

啓瀹新知

張謇題

學有分途眾妙重扃孰能啓緘
瀹智瀹靈歐風東漸日新月異
百國寶書搜羅有事侁侁諸子
大方無隅資糧饒負卓哉先驅
群蒐盡綜勿封故步遞嬗推遷
流風暢布

范源廉題

祝科學

民之初生有神話而已進而有宗教又進而有哲學是謂學之始學有二道曰沈思曰實驗哲學之始沈思多于實驗雖有形之物亦皆以懸想定之及實驗之法既備凡自然現象皆分別鈎稽成為系統之學而哲學之領土半為所占是為科學之始然于今日則精神界之現象亦以研究物質之道馭理之而建設為科學如心理學是而實驗教育學實驗美學亦遂緣是而發生有成立科學之希望循是以往凡往昔哲學之領域自玄學以外將一切為科學所占領科學界之發展未可限量科學社諸君勉乎哉民國六年一月十五日蔡元培

图 4－5　《科学》第 3 卷第 1 期所刊黎元洪、张謇、蔡元培、范源廉的题词

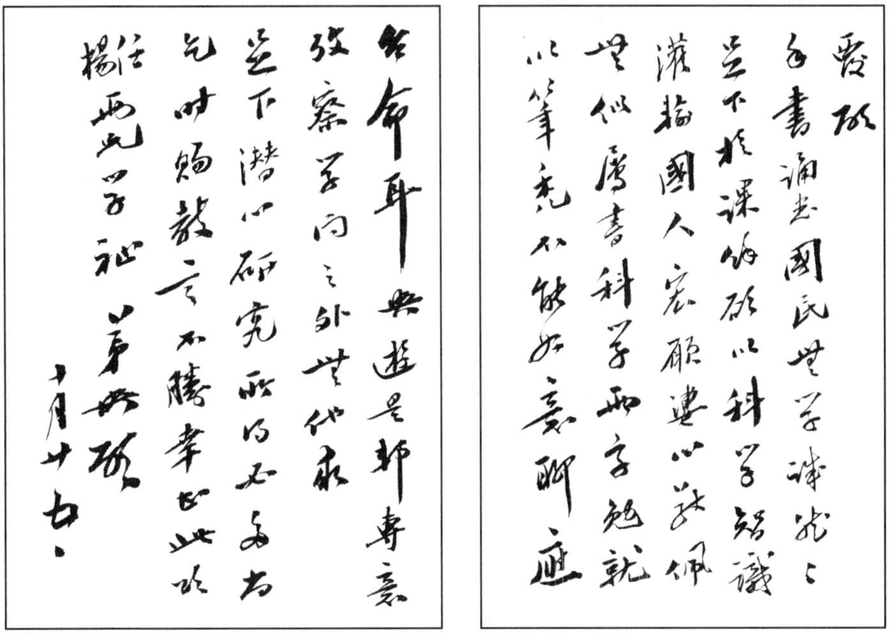

图4－6　黄兴为题词给任鸿隽、杨铨信

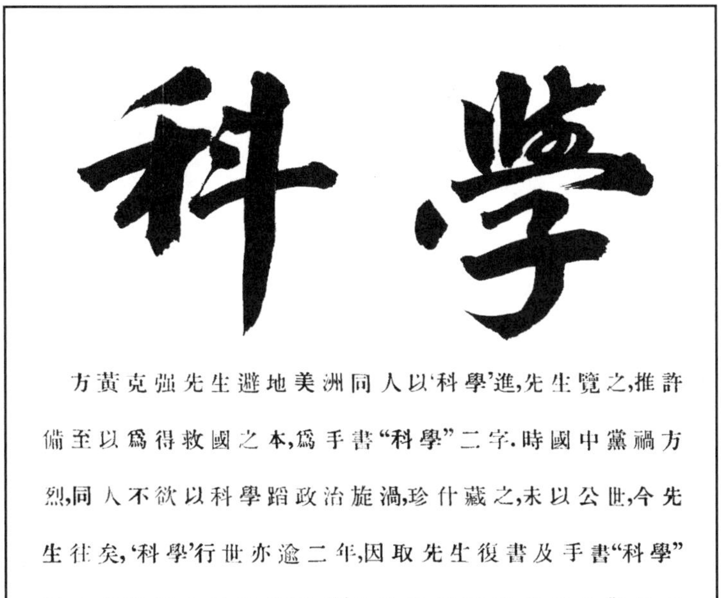

方黄克强先生避地美洲同人以‘科學’進,先生覽之,推許備至以爲得救國之本,爲手書“科學”二字.時國中黨禍方烈,同人不欲以科學蹈政治旋渦,珍什藏之,未以公世,今先生往矣,‘科學’行世亦逾二年,因取先生復書及手書“科學”刊之,亦欲廣先生獎勉‘科學’之心獎勉國生耳.自此期後,本月刊題額當用先生手書.以勵同人,且誌不忘先生云.

編者識.

图4－7　黄兴手书“科学”及《科学》第3卷第6期刊载时所作“编者识”

有距离上的隔绝,但回国之后,如何在各种政治力量之间寻得平衡,以保持"科学"的中立或独立性,这就需要领导人的智慧。

从上述举措与行动可以清楚看出,中国科学社领导层清醒地认识到,他们还是一群留学异国他乡的学生,与从事科学研究的真正科学家有相当的距离,无论是才智与财力,还是学术活动力与社会活动力,都不足以支撑一个学术社团和一份学术刊物,需要国内外的广泛支持。

中国科学社成立后,在留美学界反响极好。《科学》杂志也成为康奈尔大学中国学生最大的成就,"此间学生经营此事颇力,今率得国内学生之同情,亦有志者事竟成也"。[23]邹秉文说过去"颇觉吾人不知重惜阴,自……中国科学社成立以来,乃大改观。同学多为该社社员,其学力较深者,则充任《科学》编辑员,课余之暇,图书馆中,翻阅书籍,既无光阴可虚耗,遂亦无所用其惜阴。此《科学》之惠我同学也"。[24]《科学》发刊后充实了许多留美学生的生活,他们将精力投入这项全新的事业中,不再荒废时光。这与他们后来在国内取得成就大有关系,中国科学社不仅是一个团结学术人才的组织,在中国这样一个讲求人际关系的国度,也是社员事业的一个社会关系网络,是他们未来的资源;自然他们在这个组织也得到很好的锻炼和激励,许多社员正是从这里开始其学术生涯的。

《科学》在国内也激起反响。后来在中国科学界功勋卓著的叶企孙当时正就读清华学校。1915 年 3 月 3 日,他在学校图书馆看到《科学》创刊号,被深深吸引。次日在日记中摘抄要点:

平面数学:论正虚数与正真数成直角。自正虚数又转九十度,成负数;又转九十度,成负虚数;又转九十度复于原位成正真数。又曰:正真数之对数为真数(大数之对数为正,小数之对数为负);负真数之对数为虚数(大数之对数为正,小数之对数为负)。

物理学家加里倭儿传;奈端轶事三则;万有引力之证明(Proof of the universal gravitation);Fermat 氏之难题;易圆为方。[25]331

3 月 27 日,在日记中感叹:"吾国人不好科学而不知二十世纪之文明皆科学家之赐也!"其后日记中不断有阅读摘抄《科学》内容的记载。翌年 8 月 12 日,去寰球中国学生会订阅了《科学》杂志第 2 卷全年,几乎用去他一年书籍费开支的八分之一。[25]337,436,443,444 1917 年 4 月,叶企孙加入中国科学社。[26]

更为重要的是,在相当程度上受中国科学社影响,叶企孙与同级同学刘树墉、余泽兰、郑步青等于 1915 年 9 月 18 日成立了科学会,叶企孙起草章程,刘树墉任会长。

后相继改为“1918 年级科学社”“清华科学社”，叶企孙曾任社长。宗旨为开展科学研究与实际考察、加强与校外科学界的联系、联络成员之间的感情等，围绕此宗旨曾举办读书会、演讲会和社会实践与实地考察研究等。[27]

杨贤江是中共早期青年运动领导人之一，1920 年 2 月，他以中国科学社向教育部申请备案的资料为基础，发表文章详细介绍了中国科学社的历史、宗旨、组织、事业和社员情况后，认为“现在中国比较有力量、有价值的学术团体，不能不推中国科学社”。他以为中国科学社有两种精神值得钦佩，一是社员“肯牺牲、有毅力”；二是中国科学社“完全是出于研究学术、发达科学的动机”，这是学术社团的“根本精神”：

从前读书人的目的，终不外“升官”“发财”；就是留学生当中，也尽多这样的人。但是科学社的发起人，能够“顾名思义”，把他们的心思，用在研究学问一方面，抱“以学问报国”的志愿，这不能不说是留学生极大的觉悟、极有价值的事业。

因此，他非常看好中国科学社的前途，并提出了几点期望：第一，社员“专心于学问的研究，保持学会的精神”；第二，发行的杂志，分为通俗与专门两种；第三，多编译专门书籍，救济一般学生“学问上的饥荒”；第四，创设研究所，“倘要振兴学术，发明学术，那就不能不设各科研究所，一方面图中国科学的发达，一方面和欧美学会通消息。这样于我国学术界的地位，才有增高的希望……总之，科学社在今日中国学界里头，不能不‘首屈一指’。记者所希望的，就是要他们努力发挥学会的精神和事业，谋世界学术上的贡献，来增高我国学问界的地位”。[28]

第三节　搬迁回国

在美国创建并发展的中国科学社，其目标面向国内，留学生们最终也得学成归国，因此社务重心无论如何都要转向国内。1917 年 9 月，在第二次年会上，社长任鸿隽向国内社员提出了殷切的希望：

本社既以振兴吾国科学为目的，任大责重，美成在远，非如平常他种团体，事来即生成，事过即消灭者也。欲维持久远，不可不有久远之计划。此种久远之计划，自当望之于国内。吾辈此时寄居外国，身为学生，虽竭忠尽虑，亦不过暂时之计。鄙人今欲向吾同社诸友重言申明，居者当为柱石之奠，行者当为过渡之舟。质言之，居国内者当担任久远之计，在国外者当担任目前之发达，以待国内社友之接替。由此言之，国内社友之责任，当较国外者尤为重大。而就事实言之，乃有适得其反者。国内社友热心办事者固不乏人，其大部分皆若不负责任。凡事皆赖在外者之提倡，而自己反居于被动之地位，于是归国者多一人，本社办事者即少一人。由此推之，至本社全体社员归国之后，即为本社闭门之时。而自理论言之，本社真正办事之时机，乃在国内而不在国外，此则事实与理论不相符，所求与所得不相应。以科学律令言之，欲不归于失败，不可得也。社友诸君如不愿本社之终归失败，不可不于此点加之意也。[29]

提出国内社员是社之“柱石”，国外社员仅是“过渡之舟”，希望国内社员们承担起发展社务的重任。当时现状是国内社员不关心社务，国内社务反而不如国外兴盛，因此任鸿隽很是隐忧，若国内社员不积极作为，全体社员回国之日，即中国科学社“闭门之时”。

正如任鸿隽所言，中国科学社在美利坚土地上，并非总是阳光灿烂，“社员冷漠”与“资金缺乏”的阴影一直笼罩着它。杨铨在1916年首次年会上就说：“无论办什么事，起头精神总好，团结力亦坚固，但是时候【间】越久，精神就渐低，团结力也渐衰。若没有新精神新能力，这件事不是敷衍苟且，就要关门散伙。”他报告《科学》旧撰述逐渐减少，第2卷与第1卷相差42%，“这些旧撰述毕竟何处去了？都回国了。回国以后的撰述员未来一篇文字。写信去要，回信不是说事忙，就说没有材料。国内情形我们在美国的人不能明白，但是我们将来总要回国，《科学》月刊将来亦打算在国内编辑，若是在中国不能作文，恐怕编辑部离开美国时候就是月刊关门时候”。第二，稿件来源不能确定，“有时稿多喜出望外，有时稿少临渴掘井。科学家最反对的是专靠运气，《科学》月刊偏偏要靠运气”。[30]当然，因各种各样的原因，中国科学社同人之间也不是那么和谐。《科学》编辑部部长杨铨与书记钟心煊之间，就因编务生隙，最终在1918年3月的编辑月会上，将书记一职撤销，钟心煊改任图书部部长。“书记”一职是杨铨在首次年会上提出设置的，“专司经理统计收管文件诸事”。矛盾并未因此解决，反而更加激化。当年杨铨因回国辞任，一直负责剑桥分部编辑事务、在哈佛大学攻读博士学位的赵元任接任。[31]

《科学》在国内的经营状况也不良。经理部部长过探先检讨了四个原因：他担任南京第一农业学校校长，“以校事之繁，家室之累”，不能随时与总经理朱少屏商量，即使与总经理有所计议，“又因无人执行，无人监察，徒托空言也”，此其一；1915年秋冬受袁世凯称帝影响和1916年春天“金融日紧，金价一落千丈，而纸价飞腾”，《科学》成本日益加重而收入日益减少，此其二；总经理与各处经理时有扞格，总经理不函催，经理们就不行动，“此经理部组织之不良，《科学》营业不能发达之原因三”；“国内书局唯利是图，对于《科学》妒心实重，代售之折扣骇人听闻。而又不为之陈列于肆中；有问《科学》者，以冷静之态度应之，尤足令人齿切心痛。此代售机关之不良，《科学》营业不能发达之原因四”。[32]

其实，中国科学社成立伊始，就比较注重在国内开展活动。同时也相继有领导人与社员学成归国，他们在成家立业的同时，与在美国的董事会、《科学》编辑部加强联系，积极开展活动。早在1914年秋天，9位发起人之一金邦正，获得林学硕士回国。《科学》发刊伊始，除总经理朱少屏在上海具体负责《科学》的出版发行之外，设立营业部和推广部，分别由归国的黄伯芹和沈艾担任部长，在有骨干成员的唐山、广东、北京等地设立经理员，分别由沈艾、黄伯芹、金邦正负责，在全国各重要城市由中华书局、商务印书馆等设立代派处。各地经理员随着回国社员的增多而不断扩展，《科学》第1卷第6期增加湖北汉阳铁厂陈麦孙、南京河海工程专门学校许先甲、安庆农业学校金邦正（北京改为北京大学韦作民）、天津青年会梅贻琦。

1915年，有三位发起人归国，分别是章元善、过探先和周仁。章元善虽名列发起人，但并没认购股份，回国后也很少参加中国科学社活动。过探先和周仁是核心骨干成员，科学社发起成立时，过探先的居住地就是通讯地址，并担任营业部部长；1915年获林学硕士学位归国，担任经理部部长；中国科学社搬迁回国后，南京的临时社所就在他的寓所。周仁不仅是科学社时期董事，也是改组后的首届董事会成员。1915年获硕士学位，放弃攻读博士学位及美国摩尔公司的重金聘请回国。1916年秋天，中国科学社章程起草人之一邹秉文回国。1917年，中国第一个数学博士胡明复回国。与周仁一样，胡明复是科学社时期的董事之一，也是改组为中国科学社后的第一任董事。胡明复回国后，谢绝了北京大学等校的聘请，任教其兄胡敦复创办的大同学院（后改名大同大学），1918年创建数学系，倡议成立了“大同大学数理研究会”，成为培养学生能力的重要阵地。教学之余，他将大同学院变成了中国科学社在上海的社务中心，主要负责《科学》杂志的编务工作。

至此，中国科学社9位发起人中，已有金邦正、章元善、过探先、周仁、胡明复等5人归国，只剩下任鸿隽、杨铨、秉志、赵元任4人在美。随着社员特别是一些核心社员的归国，中国科学社的国内活动也逐渐活跃起来。

1916 年下半年，已回国任职南京高等师范学校的邹秉文致函董事会，说国内农林学者拟组织学会，欲并入中国科学社，询问如何办理。10 月 1 日，董事会议决，“国内从事农林诸君能入本社，极所欢迎。诸君入社后，自属于本社农林分股之一部。唯本社所有农林分股所讨论者，不过理论名词之事，若得国内农林诸君从事实地研究，实足补本社前此之不及。故国内农林分股可以便宜行事，将来研究有得，即可于本《科学》上发表”。欣喜于从事实际科学研究者加入中国科学社，以弥补留美时期仅仅停留于理论言说的弊病。为便于国内社务进行，邹秉文还提议董事会在国内指派代表，以便征收社费等，“免中美之间来往费时”。董事会议决以周仁、过探先、杨孝述三人代表董事会任职。并以暑假之后，社员迁移不少，重新指定国内社员征求委员，以南京河海工程专门学校杨孝述和金陵大学邹秉文充任。[4]1366-1367 这样，中国科学社在国内的活动就有了正式的负责人与联系人。

随着归国社员的增多，南京日渐成为社员聚集地，同时国内入社社员也不少，“国内尚无机关，本社社务进行既多不便，社员在国内者尤无所藉以通声气之雅”。1916 年 9 月 24 日，中国科学社南京支社在南京江苏第一农校宣布成立，议决章程十条，选举过探先、邹树文、钱崇澍为理事，过探先为理事长，社友有邹秉文、杨孝述、张准、顾维精、许先甲、李协、陈嵘等 20 人，成为中国科学社不可忽视的一股力量。该支社设有编辑支部，为《科学》编辑国内稿件，同时还预备借公共机关举行科学演讲，以普及科学知识。[33] 南京支社的成立，促使董事会重新审视原章程，并在南京支社章程上加入一条，“本支社于必要时，经董事会之议决，得取消支部名义”。原因是中国科学社与国内其他“党会不同，不欲多设机关以耗财力”，总社搬迁回国后，“即无设立支部之必要也”。南京支社的成立，使国内社务活动有了组织基础，很快南京也就成为国内的社务活动中心。表 4－5 是 1918 年底 1919 年初南京社员情况一览表。可见，南京社员有 30 人之多，当时全社社员仅 400 人左右，其集中程度可以想见，董事会 11 人中有过探先、周仁、邹秉文、钱天鹤 4 人在此。南京之所以集中如是之多社员，与南京高等教育的发达有关。这些社员集中在南京高等师范学校、河海工程专门学校、江苏第一农业学校和金陵大学等几所当时南京的高等学校，除一般教员外，就是校长、主任。这些人以农林科学人才最多，与上面所说农林学会成立有关。1917 年 1 月，在陈嵘、过探先、唐昌治等倡导下，中华农学会在上海成立，陈嵘为会长，张謇为名誉会长。他们可能整体加入了中国科学社。

表 4-5 1918—1919 年南京社员情况一览表

姓 名	职 务	姓 名	职 务
郭秉文	南京高等师范学校代理校长	许先甲	河海工程专门学校校长
过探先	江苏第一农业学校校长	陈 容	南京高等师范学校学监主任
陶知行	南京高等师范学校教育专修科主任	朱 箓	南京高等师范学校、江苏第一农业学校算学教员
张 准	南京高等师范学校理化专修科主任	陈 嵘	江苏第一农业学校林科主任
郑宗海	南京高等师范学校教育学教员	钱天鹤	金陵大学农科教员
钱崇澍	江苏第一农业学校植物学教员	周 仁	南京高等师范学校工程学教员
贺懋庆	南京高等师范学校工业专修科主任	胡先骕	南京高等师范学校农科教员
李 协	河海工程专门学校教员	凌道扬	金陵大学林科教员
孙恩麐	江苏第一农业学校作物学教员	唐昌治	江苏第一农业学校农科教员
曾济宽	江苏第一农业学校林科教员	邹秉文	南京高等师范学校农业专修科主任
范永增	河海工程专门学校教员	王 琎	南京高等师范学校化学教员
吴家高	南京高等师范学校算学教员	吴元涤	江苏第一农业学校动物学教员
吴 康	南京高等师范学校英文教员	杨孝述	河海工程专门学校教员
余 乘	江苏第一农业学校教员	原颂周	南京高等师范学校农科教员
徐 尚	南京高等师范学校工科教员	张天才	南京高等师范学校农科畜牧学教员

资料来源:《本社社员之调查》,《科学》第 4 卷第 7 期,第 712-714 页。

这些人不仅是当时教育界一流人物,对后来中国教育事业有大贡献,而且一些人在科学技术上也有大成就,钱崇澍、周仁、胡先骕是首届中央研究院院士,郭秉文、陶行知、郑宗海在教育上鼎鼎有名,过探先、钱天鹤、孙恩麐、凌道扬、邹秉文、吴元涤、原颂周、张天才在农林科学,张准、王琎在化学学科,李协、杨孝述、贺懋庆等在工程科学上都有大作为。

另外,1916—1917 年,中国科学社南通支社成立,张孝若为干事长,孙观澜、范友兰为干事,也成为社员的一个集中地。1917 年 2 月,将章程寄到美国,2 月 25 日董事会决议,"以本社向不主张多设支社,以防国内近日会党之流弊",将南通支社改为"南通社友会",并规定以后各地的社友组织也称社友会。[34]

1918 年,中国科学社的核心成员任鸿隽、杨铨、竺可桢、钱天鹤等相继归国。竺可桢为第二批庚款留美生,先入伊利诺伊大学农学院学习,1913 年转学哈佛大学。中国科学社成立后,竺可桢积极参加《科学》月刊的撰稿、编辑工作,成为重要骨干,于中国科学社首届年会上当选为七位董事之一。1915 年,竺可桢获得哈佛大学硕士学位后继续深造,先后发表了《中国之雨量及风暴说》《台风中心之若干新事实》等多篇论文,1917 年成为美国地理学会会员,1918 年以《远东台风的新分类》获气象学博士学位,并于秋天归国,任教于武昌高等师范学校。

1913 年,钱天鹤从清华学校毕业留美,入康奈尔大学习农学。他是科学社股东,股金 20 美元。科学社改组后,他将股金除入社金 5 美元外,其余 15 美元全作为特别捐献给了中国科学社。他积极参与社务,在首届年会上当选为董事,还担任过分股委员会农林股股长、中国科学社驻美经理。《科学》创刊时他就是编辑,在第 1 卷第 9 期第一次发表文章,在第 2 卷发表文章 4 篇。

任鸿隽和杨铨不仅是科学社的发起人,而且是具体社务的指导者与实践者。任鸿隽是社长,杨铨是中国科学社最为重要的社务《科学》杂志的编辑部部长。杨铨日记中曾详细记载他与任鸿隽等人回国途中的情况。任鸿隽曾与他"互道所短以代临别赠言",其中亦牵涉中国科学社,可见中国科学社在他们心目中的地位。

叔永念归国后将各分道,请互道所短以代临别赠言,余深然之。叔永因言:(一)吾出言常过实;(二)时或纵言所不知之事,言亦过实,则失信用,以不知为知,则人并以所知没之,此关于言语者。至吾行事,则失之图成过切,不审手段之当否,不知目的虽正大,时或因手段之不同,而有君子、小人之分。吾于叔永殊少所规戒,惟劝其作事宜专心,力分则难成。又,行事时于小处亦不宜任其自然,往往有因小处不察而乱大谋者。吾久知所为不惬人意,科学社员中不直吾者亦不乏人。每思自省,而苦不得其由。经农襄尝告我,人以吾为太狂,劝吾接人宜慎。今聆叔永言,如面秦镜甚矣。吾之自蔽也,自今日始当慎言语、谨行事,庶不负良友。[35]

两人可谓绝对的知心朋友,互相真切地指出了各自的缺点,可惜他们在未来的生命历程中都未能牢记好友的告诫,以尽量避免自身的这些缺陷。"江山易改,本性难移",人性大抵如此,不可强求。

任鸿隽、杨铨等回国,上海的新闻媒体曾发布消息称《科学家回国》。为此,任鸿隽专门在上海寰球中国学生会演讲了传世名篇《何为科学家》,对科学家做出极为精当与经典的定义。至此,中国科学社发起人在美只剩下赵元任、秉志二人。据 1918 年 12 月出版的《科学》第 4 卷第 4 期载中国科学社职员一览表可知,1918 年第三次年会新当选的 11 位董事会成员中任鸿隽、胡明复、周仁、过探先、竺可桢、邹秉文、钱天鹤等 7 人都已回国,只有唐钺、孙洪芬、赵元任、孙昌克留在美国;期刊编辑部部长赵元任在美国,另有驻沪编辑胡明复;经理部部长过探先、总经理朱少屏在国内,驻美经理关汉光在美国;图书部部长钟心煊在美国,经理购书员胡明复在上海、何运煌在美国;分股委员会长及各分股股长王文培(普通)、卫廷生(生计)、饶毓泰(物算)、吴宪(化学)、刘树杞(化学工程)、王成志(机械工程)、苏鉴(土木工程)、李熙谋(电机工程)、薛桂轮(矿冶)、陆费执(会长兼农林)、钟心煊(生物)、吴旭丹(医药)都在国外。[36]因分股委员会业务几乎没有什么开展,很快就名存实亡了。可见,随着任鸿隽、杨铨等的归国,中国科学社社务中心也随之转移到国内。

中国科学社总部迁回国后,在美的社友也有自己的组织,当时名之曰"分部",与中国工程学会联合召开年会。但社务并不发达,时时处于停顿状态。1922年南通年会第二次改组后,总部任命叶企孙作为临时执行委员会会长进行整顿,正式选举了由丁绪宝、顾毅成、曾昭抡、钱昌祚、丁绪贤、程耀椿、唐启宇等组成的理事会。然而,美洲分社的社务并未因此走上正轨,后来总部还不断任命新人整顿分社社务,梅贻琦、汤佩松等曾先后做过主持人。[37]

1918年9月,在康奈尔大学举行的第三次年会上,时任教育总长范源廉作为嘉宾发言,对中国科学社大加鼓励,"果能坚持到底,筹款亦易,况科学社在中国为此类学社之仅有,故无与人竞争之虞"。[38]中国科学社回国后情形到底如何呢?

参考文献

[1] 杨铨.介绍《科学》与国人书.留美学生季报,1915年春季第1号:81-83.
[2] 曹伯言.胡适日记全编·第1册.合肥:安徽教育出版社,2001:307.
[3] 薛毅,章鼎.章元善与华洋义赈会.北京:中国文史出版社,2002:14.
[4] 中国科学社纪事.科学,1916,2(12).
[5] 筹款委员易人.科学,1917,3(9):1028.
[6] 中国科学社社友录.科学,1916,2(1):136-141.
[7] 本社之留美同学书.科学,1916,2(10):1177-1178.
[8] 陈藩.论吾国学者宜互相联结于中国科学社以促进国势.留美学生季报,1916夏季第2号:77-82.
[9] 中国科学社纪事.科学,1916,2(5):590.
[10] 中国科学社图书馆章程.科学,1916,2(8):950-954.
[11] 提议与松坡图书馆联络办法,调查书目进行.科学,1917,3(3):389,394-396.
[12] 外国人得为本社社员.科学,1917,3(3):392.
[13] 本社与美国韦斯特研究所.科学,1917,3(4):505.
[14] 张剑.落脚于"科学救国"的《科学》"一战"专号.科学,2015,67(2):2-5.
[15] 樊洪业.对爱迪生致赵元任函的解读.科学,2014,66(2):9-10.
[16] 任鸿隽致蔡元培函(1915年5月25日)//中国蔡元培研究会.蔡元培全集·第10卷.杭州:浙江教育出版社,1997:250-251.
[17] 复任鸿隽函(1915年6月)//中国蔡元培研究会.蔡元培全集·第10卷.杭州:浙江教育出版社,1997:249-250.
[18] 致吴稚晖函(1915年6月15日)//中国蔡元培研究会.蔡元培全集·第10卷.杭州:浙江教育

出版社,1997:247.
[19] 中国科学社第十四次年会记事. 科学,1929,14(3):445.
[20] 中国学群之成立. 科学,1917,3(1):89-90.
[21] 赵元任. 书记报告. 科学,1917,3(1):102.
[22] 赵元任. 书记报告. 科学,1918,4(1):77.
[23] 留美学生季报,1915 年夏季第 2 号:136.
[24] 邹秉文. 康乃尔大学通讯. 留美学生季报,1916 年夏季第 2 号:191-192.
[25] 叶铭汉,戴念祖,李艳平. 叶企孙文存. 北京:首都师范大学出版社,2013.
[26] 中国科学社纪事. 科学,1917,3(4):501.
[27] 杨舰,刘丹鹤. 中国科学社与清华. 科学,2005,57(5):44-48.
[28] 杨贤江. 中国现有的学术团体. 杨贤汇全集第 1 卷. 开封:河南教育出版社,1995:175-181.
[29] 社长报告. 科学,1918,4(1):74-75.
[30] 杨铨. 期刊编辑部报告. 科学,1917,3(1):120-121.
[31] 杨小佛口述,朱玖琳撰稿. 杨小佛口述历史. 上海:上海书店出版社,2015:5.
[32] 过探先. 经理部报告. 科学,1917,3(1):122-123.
[33] 本社南京支部成立. 科学,1917,3(1):133-134.
[34] 南通支社改称社友会. 科学,1917,3(3):391.
[35] 中华人民共和国名誉主席宋庆龄陵园管理处. 啼痕——杨杏佛遗迹录. 上海:上海辞书出版社,2008:150-151.
[36] 中国科学社本届职员一览表. 科学,1918,4(4):406-407.
[37] 王作跃. 中国科学社美国分社历史研究. 自然辩证法通讯,2016(3):1-11.
[38] 杨铨. 中国科学社、中国工程学会联合年会记事. 科学,1919,4(5):497.

第五章　归国后的困境及新生

1927 年 9 月 3 日，中国科学社第十二次年会在上海举行。次日，在静安寺召开胡明复纪念会，凭吊这位英年早逝的创始人与重要领导人，任鸿隽、胡适、何鲁等讲话。最后，1908 年留学英国伯明翰大学的钱宝琮发表演讲，说他们在英国时也曾有“科学社之组织，会员达数十人，及回国则各自星散，不能成一种组织，后竟解散”“其根本原因，全在缺乏如明复理事一类人物”。[1] 留学生在国外所办团体回国后多无形解散，如曾与中国科学社联络合作的留法学界社团“中国学群”，按照何鲁等领导人的计划，回国后事业包括“演讲注重通俗及学术现状”“调查国内外教育、实业情形”“调查各国文化精神”“讨订名词”“编译书籍”“组织印书局”“考察土业，研究改良方法”“创兴学校”“联络国内外学者及学团”“绍介教员及专门人才”“绍介留学”等。因法国是当时科学中心之一，学术水准很高，因此该团体很为国内所看好，“中国学群的前途，正是有无限的希望”。[2] 可最终情况是，回国后很快就销声匿迹。中国科学社搬迁回国后也面临同样的困窘：社员不再热心社务、经费短缺、机关刊物《科学》因稿件缺乏不仅质量无法保证，亦不能按期出版。幸运的是，中国科学社有像任鸿隽、胡明复、杨铨等人组成的强有力的领导群体，他们通过各种途径和方法，逐步解决了这些困难，社务走出低谷。其后进行第二次改组，成立由社会名流组成的新董事会专门向社会筹募与管理基金，开放领导层权力，吸引国内科学界有力人物如丁文江、翁文灏、秦汾、李协等加入理事会，并获得中华教育文化基金董事会（以下简称“中基会”）资助，逐渐步入发展正轨，社务不断扩展，社会影响与地位日渐提升，在一些相关学术发展事务上也发出自己的声音，影响和引领着中国科学的发展。

第一节　归国初的困窘

1918年左右的中国，虽然国家已切实进行新教育十余年，民国也成立了几个春秋，“实业救国”似乎正是潮流，“新文化运动”仿佛正如火如荼。但这些仅是漂浮于水面的油膜，更本质的是尊孔、祭孔日益喧嚣，复辟闹剧不时上演；北京政府与南方革命党人的斗争，军阀之间的地盘争夺和利益搏斗才是社会焦点与热点，影响时局和中国发展走向的大事。如何发展科学技术并利用科学技术为社会谋福利，还未进入各个势力和各级权力圈层的视野，大批留日学生和一些留美、留欧学生回国后，不是徜徉于官场，就是流连于商场，只有一小部分人致力于近代教育与学术文化体系的建立。

当时供学人发挥才能与才智的科研机构几乎没有，集聚人才的学术团体只有在南京、上海成立的影响极小、范围狭窄的中国林学会、中华农学会等。偌大的中国只有南京高等师范学校、金陵大学、北京大学等少数高校和地质调查所等机构差强人意，学者们可以在此安身立命。即使没经蔡元培改造的北京大学，“求学于此者，皆有做官发财思想，故毕业预科者，多入法科，入文科者甚少，入理科者尤少，盖以法科为干禄之终南捷径也”。蔡元培入主北京大学后，提出了“大学者，研究高深学问者”的理念，开始祛除“读书做官”思想、宣扬科学研究，建立独立学术体系的艰难历程，北京大学才逐渐成为当时中国人才聚集的“风水宝地”。①

留学生归国之初大都意气风发，立意干大事业、新事业，不久即被国情所困而意志逐渐消沉。留美学界对国情有相当清醒的认识：“一言以蔽之，即归国后无正当之用途。无论在外国时所习何科，归国后辄以官吏及教员两途消纳之，此外虽有间执他业者，亦多用非所学。”他们认为这种状况的造成，政府、社会和留学生三者都难逃其咎，政府“有培植新人才之诚意，而无用新人才之决心。……乃以官爵羁縻之”。可官爵数量是有限的，乃“复设留学生考试以限制之”。社会“属望于留学生者太奢，而

---

① 蔡元培《就任北京大学校长之演说》(1917年1月9日)。1918年、1919年、1921年等开学演讲中，他一再阐述和发挥这一理念，所谓“大学为纯粹研究学问之机关，不可视为养成资格之所，亦不可视为贩卖知识之所”云云。参阅拙文《提倡科学研究与追求学术独立：蔡元培学术发展思想及其实践》，上海蔡元培故居编《人世楷模蔡元培》，上海辞书出版社，2007年。

责效于留学生者太亟。小试不效辄相诟病,而无始终信赖之诚心";用人"情面之见深,地方之谊重,于是无职业智识者遂得以滥竽充数,而有职业技能者反因以抱璞终身"。留学生不以"是否与性情、所学专业相宜为准绳",而被"为官作宰"思想所左右,"莫克自拔";寻找工作急于求成,归国不事考察选择,就急急就业,结果稍不顺心,则"以天下事之无可为而悉听之"。[3]其实,政府"官爵羁縻"政策与留学生"为官作宰"心理一拍即合,是传统"学而优则仕"的余荫。除此之外,留美学生的知识结构能否适应中国社会也是一个问题。侯德榜说:"以异国造就人才,移为本国之用,犹异园生长之花移植于本土,气候不同,土壤有异,不无扞隔之病。"[4]1918 年中国科学社第三次年会上,范源廉作为嘉宾演讲时转达严修的三点忠告,其中提及留美学生在求学问进步之外,"宜留意社会情形",特别是在美国所见所闻都是"外国事物","宜时时观察中国情形,并求所以应用已学之法"。[5]作为教育家的严修这些忠告可谓语重心长,但当时大多数留学生并没有这方面的思想准备。因此,对当时归国留学生而言,严峻的社会现实使不少人不得不自力更生,寻求自我发展。但是,有相当多人缺乏这样的心理准备与知识结构,处处碰壁在所难免。

中国科学社早期主要领导人之一陈藩于 1917 年夏天回国,就任湖南保湘公司总工程师,主持郴州金船塘山铅矿,以一人兼开矿、选矿、冶炼和勘探等业务,"规划周详,公司人佩其能"。但他以凡事受牵制、设备不完善、个人力量有限,郁郁不得志,在致友人信中有言:"吾始欲有为,今则颓然自废,盖独居深山,无与为助,志及之而行不逮,反乱吾心,不如其已。"不幸于 1918 年 11 月病逝。[6]更有甚者,许多学识过人的专门人才回国后找不到工作,或闲居或返美教书,使任鸿隽有叹:"似乎吾国费时伤财好容易造就的几个人才,其结果不委之沟壑,即驱诸邻国。"作为中国科学社最重要的领导人,任鸿隽自己立意"以一年作调查,三四年作预备,五年之内或教育或实业,办出一件新事业"。[7]12起初,他的事业很是顺利,在为中国科学社捐款四处奔波途中,来到了家乡四川,向主政者督军熊克武(1885—1970)提议建设本省钢铁工业基础获准,受命负责筹备建厂,自己的好朋友周仁担任总工程师,并一同赴美采购机器设备。不想还在美国考察期间,四川政局改变,计划搁浅,回国后只得转入北京大学教书去了。[8]

正如上一章所述,中国科学社回国后的命运,其领导成员任鸿隽、杨铨等早有过各种各样的担忧,而且他们的担忧不是没有道理。中国科学社总部搬迁回国之初,面对的最大困窘是社员团结力的减弱与随之而来的社员对社务的"冷漠"。他们不仅不参与社务，而且连最基本的义务——会费都不交纳。1922 年 3 月，中国科学社曾向社员发出“紧要启事”：

年来社务日渐扩充，费用日增，而社员缴纳社费数反减缩，以致出纳不能相抵。今查历年社员积欠之数，已达数千，其中甚至有经数年未付者。推其原因，由于职员之办事不力者半，而由于社员之疏略者半。现社中每年东移西补，竭力节省，甚至不惜妨碍事务之进行，幸免亏空。然长此以进，非特难言进步，对于社会不能有所贡献，恐即欲保守现状亦有所不能。尚望诸君子体会社中困苦状况，与国中科学事业之幼稚，力与维持，将各应纳之费如数惠下，则非特本社之幸而已，科学前途，实利赖之。①

1922 年社员不过五百余人，所有社员全年常年费亦仅二千余元，而经年积欠已达数千元，社员们“责任心”“义务观”的低落可见一斑。即使大名鼎鼎如胡适，申明成为永久社员，应该交纳永久社费 100 元，但两次仅交 40 元，亦还有 60 元的欠账。虽然社务主持者说原因大半在“职员之办事不力”，其实根本原因在社员自身。

社会环境是如此糟糕，社员们又不努力于社务，中国科学社的发展前景自然可以想见。首先，新入社社员急剧下降。表 5 - 1 是中国科学社 1914—1949 年社员人数变迁统计表，将之作一折线图（图 5 - 1），可以清楚地看出社员变迁情况。由图表可以看出，1914—1919 年，社员增长速度很快，平均每年 80 人左右；而 1919—1922 年，增长几乎停止，1920—1921 年仅有 17 人入社，而下一年度更是只有 2 人；1922—1932 年处于相对平稳的增长状态，平均每年 60 人左右；1932—1935 年又是一个急速增长阶段，平均每年新增 160 余人；1935—1941 年几乎停止；其后 1941—1949 年十余年间居然增长了近两千人，特别是 1945—1946 年增加了一千余人。1919—1922 年，社员的增长情形与抗战中期有相似之处，其前所未有的困境可见一斑。② 新鲜血液的加入，并不仅仅体现为社员人数的增加，更表明组织的吸引力，他们会增强组织的活力。否则，永远是那些老面孔，成员们自己也会觉得“面目可憎”。

---

① 中国社会科学院近代史所藏“胡适档案”，2239 - 5。

② 1950 年 7 月，中国科学社在上海的总社理事会向社友印发了《中国科学社三十六年来的总结报告（1914—1950）》和《中国科学社近两年来的社务》，这两份报告以书型印刷在一起，共 19 页。其中《中国科学社近两年来的社务》署名总干事卢于道。关于社员的变迁，中国科学社自己的总结如是说，以 1933 年、1942—1944 年增加为多，原因前者是 1933 年年会在四川举行，大大激发了内地科学工作者热情；后者是抗战期间中国科学社开始在内地活动所致。值得注意的是，该“总结报告”自 1931 年开始，有些年份数据跟当年年会报告有冲突，如年会报告 1933—1936 年三年中，各有 163、108、98 人入社，而表中这三年增加社员分别为 87、155、33 人。另外，表中有些年份的数据也值得怀疑，例如 1945—1946 年社员增加1 113人，似乎不太可能。具体参阅本书第十六章第一节。

表 5-1　1914—1949 年社员人数变迁表

年份	1914	1915	1916	1917	1918	1919	1920	1921	1922	1923	1924	1925
人数	35	77	180	279	363	435	503	520	522	600	648	728
年份	1926	1927	1928	1929	1930	1931	1932	1933	1934	1935	1936	1937
人数	800	850	925	981	1 005	1 094	1 153	1 413	1 500	1 655	1 688	1 706
年份	1938	1939	1940	1941	1942—1943		1944	1945	1946	1947	1948	1949
人数	1 709	1 714	1 748	1 783	2 128		2 354	2 389	3 502	3 558	3 573	3 776

资料来源:《中国科学社三十六年来的总结报告(1914—1950)》第 2-3 页。

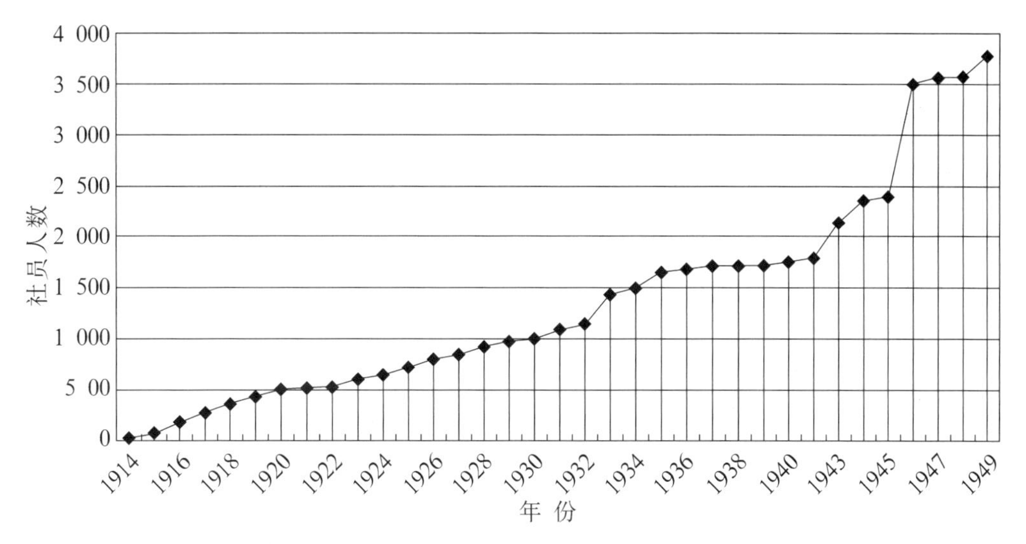

图 5-1　1914—1949 年社员人数变迁图

第二,经费奇缺。所有的组织其实都被一个问题所困扰,即并非所有的资源都运用于完成既定的目标与任务,有时绝大部分用于维持组织自身,手段变成了目的。[9]此时的中国科学社就处于这种状态。由于在美期间没有完成计划中的基金筹集,回国后社员不积极交纳社费,资金募集又不理想。1918 年迁回国后,《科学》有 8 个月因无钱而不能刊发。①《科学》是中国科学社创建的理由,也成为中国科学社存在的旗帜与标志,现在《科学》都不能发刊,其他社务的展开可想而知,其面临的困窘与危机也可以想见。

第三,中国科学社的旗帜《科学》缺乏稿源,有无米下炊而停刊的危险。杨铨 1918 年 12 月 11 日致信胡适:"《科学》编辑事亦不了,无一人负责,大有民穷财尽之

①《科学》第 3 卷第 12 期于 1917 年 12 月发行,而第 4 卷第 1 期却于 1918 年 9 月才得刊,后来还有停刊,第 4 卷第 10 期于 1919 年 6 月刊,第 11 期于同年 10 月刊。

象，足下归京，宜有以助之，盼盼。”次年4月22日再致信胡适：“月内《科学》编辑又将由铨担任。不担任，老胡太苦，问心过意不去；担任则不知从何处得文章，兄能以讲义帮忙否？此事极重要，吾辈能在国外办报，不能在国内维持之，岂非笑话。”[7]18,39-40《科学》稿源匮乏之严重可以想见。

第四，找不到一个固定的社所。在美期间，社所为社员们就读的学校，回国后社员各奔东西，总得有个联络的固定地方。上海有胡敦复创建的大同学院，胡明复任教期间，上海社所暂时蜷曲在大同学院内，负责编辑发刊《科学》。南京成为社员聚集的地方，总部于是暂时设在南京过探先的住房内。这两个地方都是临时的，非长久之计。

在美时期已有很好基础的事业不能维持与发展下去，新社务的拓展自然成为空中楼阁。但中国科学社没有像其他留学生社团回国后大多销声匿迹，最后还是走出了困境，这与它有一个要为中国科学事业贡献力量的领导群体分不开。他们没有被暂时的困难所吓倒，而是千方百计想法搬掉前进道路上的“绊脚石”。

第二节　走出困境的艰辛历程

一踏上祖国土地，任鸿隽、杨铨等领导人就与国内的胡明复、朱少屏、邹秉文等联络，积极商讨发展社务的方略。据杨铨日记记载，他回上海第二天就与任鸿隽、胡明复等前往寰球中国学生会见朱少屏，“谈《科学》事及时事约数十分钟”。其后这些领导人不断碰面讨论筹款与编辑《科学》等事：

1918年10月29日，上午到寰球中国学生会见朱少屏，“大谈效率主义及《科学》编辑办法”。晚上至古渝轩与胡敦复、胡明复等聚会，有朱文鑫、朱少屏、胡宪生等，“席间言《科学》文字日少，非沪上会员努力为力将不济，曹、朱两君皆允努力为力，朱君尚非会员亦于此时允入入会，亦来沪后一得意事也”。

10月30日，五时胡明复、朱少屏来访，“共议科学社筹款办法，至九时始散”。

11月1日，与任鸿隽一同拜访章太炎，“恳先生为科学社作募捐启也”。

11月3日，访胡明复，任鸿隽“已先在，略理《科学》第四卷第五期稿”。

11月4日，与任鸿隽因科学社募捐启事再次拜访章太炎，因访客太多，不得要领。

11月5日，与任鸿隽、胡明复、朱少屏在青年会，“会议《科学》发行事与基金募集筹划”。

11月8日，与周仁、王季同等讨论在上海创办机器厂，周、王等希望他不去汉阳铁厂，留上海一起创业，“吾在美已与子竞有约，今得王、吴诸君之诚邀，意益不可却。且为中国计，此事实视至汉阳依人作嫁者为优，况工厂经理为吾素所专习之科，会计不过附习，为学问计，亦以在沪为是。至从《科学》杂志着想，更无待言说矣”。

此后杨铨回杭州接家人到上海，筹备与赵志道的婚礼，婚后拜访各路宾客。婚礼稍一停当，中国科学社事务就提上日程：

图5-2　杨铨日记本

题识为《杏佛日记》（民国七年十月廿二日至十一月十三日）。

11月26日，决定应聘汉阳铁厂会计处成本科科长。到胡明复居处，与任鸿隽等“同议科学社事”。

11月29日，午餐后交胡明复《科学》四卷五期稿；晚餐后与任鸿隽谈《科学》筹款事。

11月30日，上午十时半至尤怀皋家，与胡明复、任鸿隽、程孝刚等“议科学社筹款事”，十二时毕。

12月3日，到青年会与任鸿隽商讨科学社筹款事，并与任鸿隽、尤怀皋“访沈叔玉、唐露园诸先生，请为科学社担任筹款事”。

12月6日，晚餐后，“访明复并见叔永，议筹款事”。

12月7日，上午见王云五，“谈科学社筹款及《科学》编辑事”。晚与任鸿隽、邹秉文、胡明复、朱少屏、尤怀皋等共商科学社筹款事,议决:“(一)上海筹款定明年三月一日起。(二)用分团法筹款。(三)在三月前各人竭力先向各方筹集。”

12月13日,去汉阳铁厂路过南京,在河海工程学校见李协、杨孝述等,在南京高师见周仁、张准、胡先骕等,“晚在[邹]秉文家赴科学社董事请宴,与席者:许肇南、杨孝述、钱崇澍、过探先、周子竞、胡步曾、应尚德、郑辅华、钱天鹤、李宜之、邹秉文诸君。……席终,谈《科学》编辑事,皆以宜振作精神为然,并推定仍以钱崇澍为总编辑,胡先骕、王季梁为副编辑”。

可见,任鸿隽、杨铨回国后,立马投入为中国科学社筹款及编辑出版《科学》事务中,时时聚会商讨,在上海先后参与其间的社友除任鸿隽、杨铨二人外,还包括胡敦复、胡明复、朱少屏、王云五、周仁、尤怀皋、程孝刚、邹秉文、朱文鑫等,为筹款也曾拜访名流章太炎,实业家沈叔玉、唐露园等,以求获得支持。在南京,社友云集,晚餐仍商量《科学》编辑事。杨铨还曾经在编辑《科学》杂志与就职汉阳铁厂之间犹豫。到汉阳铁厂后,他不仅关心中国科学社的筹款、《科学》的编辑,而且还极力介绍同事入社以扩张社务:

1919年1月7日,与杨卓等谈《科学》,杨“深赞许同人宗旨”。“至汉阳后久不闻《科学》之声,终日忙会计,大类市侩,今闻此其喜可知”。

1月18日,劝李、黄、徐三君入社,“李君允订报一年,黄君则以出钱无权利为辞,余笑领之,徐君则极赞成”。后徐君来索稿纸,“云拟试作文,如可作必入社。汉厂中能得为《科学》作文者诚不易矣”。[10]154-174

在赵元任和杨步伟那激起强烈反响的激进婚姻中,寄给亲友的结婚通知书上说他们两人已在1921年6月1日“下午三点钟东经百二十度平均太阳标准时在北京自主结婚”。除两项例外,贺礼绝对不收:“例外一:抽象的好意,例如表示于书信、诗文或音乐等,由送礼者自创的非物质的贺礼。例外二:或由各位用自己的名义捐款给中国科学社,该社各处的住址如下……”[11]赵元任如此看重中国科学社事业,可惜不知其婚礼为中国科学社到底募集到了多少资金。

在这些领导人及其热心社员的努力下,中国科学社逐步摆脱了困境。首先解决的是“燃眉之急”——《科学》的继续发刊。为续刊《科学》,胡明复致信北京大学校长蔡元培请求帮助:

社中经费,迩来异常支绌。美洲原有之特别社员,自欧战爆发后,生种种困难,所认捐款,竟至不能缴纳。今年所有赔贴,须由国内社员分任之。现每月约印《科学》

一千本，内四百本，分寄各地社员，售出之数，约四五百元，每月亏空约二百余元。若能每年有经常津贴三千元，则社中出入，或可相抵。若蒙大力周全，代为一筹，使社事不至中途废置，则他日有成，《科学》之幸，亦吾国之幸也。

接到信后，1918 年 9 月 25 日北京大学编译处开会，到会者有蔡元培、马寅初、陶孟和、胡适、李石曾、李大钊、陈独秀等。蔡元培指出："以科学社为吾国今日学界惟一之研究学问团体，《科学》为吾国今日惟一之科学杂志，决不能坐视其中辍。且科学社诸君所计划之事，如编辑书籍及辞典等，均与编译处互有关系。而编译处有赖于科学社者，略有三事：（一）请调查科学图书，并为代购（因社中从事调察各种书目，备建设科学图书馆）。（二）共同商订译名。（三）科学社编译之书，可送编译处审定，由编译处出版（因编译处专任编译之员，颇不易得）。"于是提议编译处与中国科学社在上述三事上合作，而每月从学校编译处经费中拨出 200 元补助中国科学社，"到会者皆赞成"。①

每月 200 元，每年 2 400 元，离所请 3 000 元相差无多。本来胡明复是请求蔡元培"代为一筹"，不想蔡元培亲自解决，中国科学社自然喜出望外。国内董事很快通过与北京大学的合作条款，并由社长任鸿隽正式答复蔡校长：

……读先生致胡明复书，知北京大学编译处月助《科学》印刷费二百元，极感公谊。所示交换条件三件，科学社同人认为彼此交益，举无异议。关于调察书籍事务，已由鸿隽函达在美分股委员会长陆君费执，嘱将从前已经着手调察之书籍名目，重加厘定，未全者补之，不足者增之，期尽本年新出书籍为止，于半年以内，汇齐寄交北京大学，以凭择购。至购书一事，本社去年曾与美国各书店交涉，援待学界例，对于本社购书，特别减价已得允许者，计十余家。北京大学购书，如在与本社特约之书店内者，当然能享此种权利。……又本社现拟筹集基本金三万元，为设立事务所、图书室及维持杂志等用，拟请先生及范源廉、胡敦复二先生为基金监察员，以取信于社会，先生当不推拒。募捐时，尤拟借重大力为之提倡，庶几登高一呼，应者必众。以先生吾党之望，遂不免有无厌之求，不胜惶悚待命之至。②

北大月助 200 元，已麻烦蔡元培不少，还要请他充当募集基金监察员，以"借重大力为之提倡，庶几登高一呼，应者必众"。以蔡元培的名声作招牌，一再向其求助，虽有

---

①《北京大学日刊》1918 年 9 月 27 日"本校纪事"栏。

②《北京大学日刊》1918 年 11 月 7 日"本校纪事"栏；《科学》第 4 卷第 4 期，第 407－408 页。蔡元培复胡明复函今不得而见。

“无厌之求”的嫌疑，但事出无奈，情有可原。自此，中国科学社与北京大学展开合作，1919 年 1 月 10 日，董事会发出“特别启事”：“以北京大学之交换条件言，本社月受大学助费二百元，对于大学即有‘代为调察书籍及共同审定名词’之责任。在分股会诸公，若不切实进行，何以尽条约上之义务而保持本社之信用与名誉。”[12]

北京大学与中国科学社的合作在北京大学方面而言，很大程度上是蔡元培寻找一个名义给予中国科学社以帮助，这客观上虽对中国科学社而言是“雪中送炭”，但不得不承认，蔡元培等人的决议是违反编译处规定的。① 中国科学社在北京大学要求合作的几个方面已取得了一些成绩，有合作的基础。但中国科学社与北京大学合作的成效却不得而知，据 1923 年 8 月中国科学社第八次年会报告，北京大学的补助“因时局关系，仅领到去年 9 月”。从 1918 年 10 月到 1922 年 9 月，整整三年有 9 600 元，实在是一笔不小的收入，已超过 1922—1923 年度中国科学社总收入（当年仅收入 9 400 余元）。[13]

开始不能如期出版的《科学》终于在得到北京大学资助后续刊了，但其质量无论是装帧还是具体内容都远还不能与在美时媲美，有读者给编辑部来信提出批评。胡明复回信说：

> 兄言“本社杂志，材料印刷较诸第一、二卷反形退步”，甚是甚是。推其原因，经济之影响居其半，赞助之乏人亦居其半。纸张及印刷，限于经济，不能精求；……至于文字方面之经济上影响者，因编辑员均属义务，除一抄写外，不用一人，一切均编辑员自任，其势不能十分精细；且各人均有学校职务，余暇甚少，当然不能复有著作，故现在之稿，均系外来，来稿既不多，自难精选；此外能为本社撰文帮忙者为数甚少，本社社员大多从事实业教育，尚未能有相当之发展，或迫于职务，或迫于生计，少有著述；既如弟等忝居职员，职务尚未能周到，自不能再于著述上效劳，虽有其愿，而无其力，我等日日以提倡学术为号召，而自己于学术上不能有所贡献，不禁惭愧之至！[14]

胡明复的回信真实描述了当时中国科学社的困难与他们的苦斗情形，也道出了由于环境的制约不能开展科学研究在学术上求进步的苦衷与困境。无论如何，作为中国科学社旗帜的《科学》又在神州大地飘扬了，有了继续发展的基石。

中国科学社搬迁回国后，没有固定的社所，临时在上海和南京成立事务所。1919

① 具体情形参阅拙文《蔡元培与中国科学社》，《史林》2000 年第 2 期。

年2月出版的《科学》第4卷第6期曾发布"通告"说：

本社因国内事务渐就殷繁，急应设立各地事务所，以图便利。兹经借定南京高等师范学校为"本社南京事务所"，主任人邹秉文。上海大同学院为"本社上海事务所"，主任人胡明复。凡关于社内董事会、分股委员会各事，请与南京事务所接洽；凡关于本社银钱、印刷、发行各事，请与上海事务所接洽。凡国内编辑部文稿，亦请就近与两事务所接洽为幸。

无论是南京还是上海的事务所，都是暂时借居，寻求一个专门属于中国科学社自身所有并能以此为基础拓展社务的固定社所，成为当务之急。几经努力，通过社员王伯秋的奔波和张謇的大力支持，获得了固定社所——北洋政府财政部拨给的江宁县城成贤街文德里的一座官产洋楼。获得这一房产的具体情形，现已不可考，只有后来中国科学社请求将该房产由暂时借用改为永久占用的相关函件中透露了些许信息。1920年2月29日，张謇致函大总统徐世昌和财政总长李思浩说：

……据科学社社长函称"本社于八年十一月呈请财政部拨给江宁县城文德里官房，为中国科学社开办图书馆及研究所之用。经于是年十二月奉批'准予暂行借用，不收租金'等因。惟查本社性质及事实，对于暂行借用一节，不得不请改为永久管业者，已拟续呈。希更为一言，以成国家维持学社之盛"等情。按：该社所持理由有三：一、该社为永久储藏及连续研究之用。一经陈设，势难轻移。陈列适宜，且须改作。一、美国卡尼基学社允赠该社图书，亦以该社必有永久藏书屋宇为交换条件。人之为我谋者至重，则我之自视未便过轻。一、该社全系研学问题，旨趣高尚，中外赞助者，前途之希望甚大。乃领一官房而不可得，将来修改之后，时时有收归官有之虞，亦非所以示提倡鼓励之意。是三说者，细思亦是实情，而对于卡尼基学社之表示尤要。除由该社正式续呈外，谨为达意，幸赐察准，既予杖以扶弱，毋刓印而不封也。[15]427-428

可见，1919年11月，中国科学社向财政部呈请拨给房产，其间可能有王伯秋①、

① 王伯秋是孙中山的女婿，据称极具活动才能："其人……在中国社会，活动能力极大。在南京，结交军政商学界，颇有势力。东南大学及诸多友人，公事、私事，皆请求其赞助、周旋，藉得成功。"参阅吴宓《吴宓自编年谱》，生活·读书·新知三联书店，1998年第2次印刷，第232页。他历任东南大学政法经济科主任、政法大学代校长等，名列胡适起草的《我们的政治主张》宣言，成为"好人政府"倡导者；发起中华平民教育促进会，被陶行知誉为"南京平民教育的总司令"，是南京颇具声望的学界名流，也是后来东大风潮"风云人物"之一。王伯秋也因热心活动社所一事，于1921年当选中国科学社董事。参阅沈飞德著《民国第一家：孙中山的亲属与后裔》，上海人民出版社，2002年。

张謇的帮助,12 月财政部批复:“准予暂行借用,不收租金。”但中国科学社要设立图书馆、创建研究所,这不是临时租房所能解决的,于是又通过张謇向财政部请求由“借用”改为“永久占用”,就有了社长任鸿隽致张謇的信和张謇的上述函件。中国科学社所陈述的三个理由是极为充分的,张謇也不得不承认“是三说者,细思亦是实情”。但他认为最充足的理由是卡内基学社赠送书刊的条件,而不是中国科学社全面发展中国科学的事业,当时“崇洋”之风气似乎在张謇一辈亦不能避免。同日,张謇致函中国科学社:

敬启者:昨奉大函,敬悉一一。论情事嫌于得陇望蜀,而一劳永逸,亦未始非计。东海及财政二函业已遵缮。鄙人之意一再为请者,良以科学为一切事业之母,诸君子热忱毅力,为中国发此曙光,前途希望实大。所愿名实相副,日月有进,毋涉他事意味及其恶习,则所心祝者耳。[15]428①

他认为中国科学社已经免费获得了社所,还提出要求有“得陇望蜀”的嫌疑。鉴于中国科学社所提条件与理由又很充分,他非常乐意再次帮忙。但这样做的理由是他认为“科学为一切事业之母”,中国科学社致力于发展中国科学自然切合他的理想与思想,并希望社员们致力于科学,不要牵涉其他事务中,不要沾染恶习。张孝若说:“我父对于中国科学的幼稚,和需要科学的急迫,都是十分的谅解,遇到机会总是尽他的能力提倡奖励。所以中国第一个科学团体科学社成立后,回到中国,竟没有会所和实验室,就想再三和省当局商请,给以房屋,科学社才有了基础……”[16]②

有了固定社所后,中国科学社很快在社所建立起了图书馆,以胡刚复为馆长,严济慈就在这里帮助胡刚复审理《科学》稿件,整理图书、编目分类,逐步进入科学的殿堂,许多来中国的外国名人如罗素也在这里演讲。[17]1920 年 8 月,在社所召开了中国科学社第五次年会和图书馆成立纪念会,任鸿隽在致辞中专门提及在社所召开年会“是一个可纪念的事”。更为重要的是,为了实现科学的真正本土化、促进中国科学研究与科学发展,1922 年 8 月,中国科学社克服各种困难在南京社所创立了生物研究所,扛起了科学研究的大纛(相关该所情况,参阅本书第十一章)。

《科学》的暂时发刊与固定社所的获得并不能保证中国科学社的继续生存与发展,只有拥有雄厚的资金才是真正的保障。因此,回国伊始中国科学社领导层的主要

① 奇怪的是,编者将这些信件编入“地方事业”目,难道中国科学社亦属“地方事业”?
② 因张謇对中国科学社的贡献,中国科学社生物研究所成立时曾将生物研究所敬献给他,并推举他为改组后的董事会董事。

精力是发起5万元基金捐款(而不是任鸿隽上面所说3万元),前述杨铨日记中已经提出了募捐的程序。还专门制定“募集基金简章”,指出以5万元基金利息“为设立筹办事务所、图书室及维持杂志之用”;请蔡元培、范源廉、胡敦复为基金监察员,“随时监视本基金之收存”;委托浙江兴业银行经收款项;捐款500元或代募千元者,依照社章被举为“赞助社员”,并“赠以证书及社徽,以志不忘”。[18]蔡元培、范源廉专门为募捐撰写了“启事”。蔡元培1918年12月31日所撰“启事”如是说:

当此科学万能时代,而吾国仅仅有此科学社,吾国之耻也;仅仅此一科学社而如何维持如何发展尚未敢必,尤吾国之耻也。夫科学社之维持与发展,不外乎精神与物质两方面之需要。精神方面所需者为科学家之脑,社员百余人差足以供应之矣;物质方面所需要者为种种关系科学之设备,则尚非社员之力所能给,而有待于政府若社会之协助,从征集基金之举所由来也。吾闻欧美政府若社会之有力者,恒不吝投巨万赀金以供研究科学各机关之需要。今以吾国惟一之科学社,而所希望之基金又仅仅此数,吾意吾国政府若社会之有力者,必能奋然出倍蓰于社员所希望之数以湔雪吾国人漠视科学之耻也。[19]

在蔡元培看来,要募集5万元基金轻而易举,他对政府和社会上有能力者抱有极大希望。1919年2月,范源廉所撰启事,基本上持同一调子,先论述一番科学救国的道理,然后说中国亦知科学的“好处”,可“言者虽多,其能竭智尽虑以振起科学为唯一职志者,舍中国科学社外,吾未见其二也。该社创办科学杂志,嘉惠学林,亦既有年。兹拟募集基金五万元,为筹办图书馆及维持杂志之用。鄙人美其前途之志并乐观其成也……”[20]任鸿隽、杨铨在上海一再拜访的章太炎并没有答应他们撰写募捐启事的请求。

中国科学社自身也认为5万元的基金募捐应该问题不大,1919年1月1日董事会的“特别启事”说:“以筹集基金言,以本社社员三百五十人计算,人能募集七十元,已足定额之半(二万五千元)。”可惜该基金募集结果却大出主事者意料之外。任鸿隽从1918年底开始先后在广州、上海、南通、南京、北京、武汉、成都、重庆等地历访各界名人,进行募捐,[8]到次年4月收获不过一万有奇。[21]1920年第五次年会上曾对筹款有所讨论,但无定论。1921年9月在清华学校举行的第六次年会上,推举张孝若、丁文江、王伯秋、金邦正、黄昌穀、任鸿隽、杨铨为筹备募集基金委员,专门负责筹款,但效果并不明显。到1922年7月,共收到普通基金中银11 380元又公债票1 015元、美金1 693元、英镑155镑,建筑金中银1 000元,永久社员中银2 375元、美金175

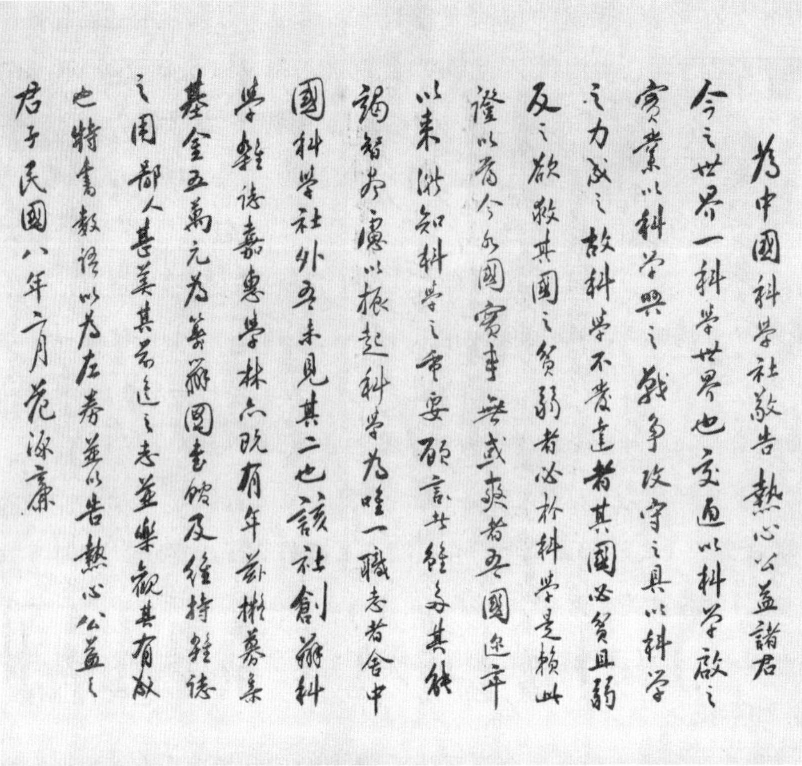

為中國科學社敬告熱心公益諸君
今之世界一科學世界也交通以科學啟之實業以科學興之戰爭攻守之具以科學之力成之故科學不發達者其國必貧且弱反之欲救其國之貧弱者必於科學是賴此證以吾今日國實事無或爽者吾國近年以來漸知科學之重要顧言者雖多其能竭智盡慮以振起科學為唯一職志者舍中國科學社外吾未見其二也該社創辦科學雜誌嘉惠學林亦既有年茲擬募集基金五萬元為籌辦圖書館及維持雜誌之用鄙人甚美其高遠之志並樂觀其有成也特書數語以為左券並以告熱心公益之君子民國八年二月范源廉

图5-3　1919年2月,范源廉为中国科学社募集五万元基金所写募款启事“为中国科学社敬告热心公益诸君”

元、公债50元、英镑24镑,与目标相差甚远。[20]①当时中国虽经过所谓“资本主义黄金时代”的发展,但中华大地毕竟狼烟一片,正常的社会生产受到了各种各样的阻碍,加上中国社会本缺乏民间资助科学的传统,这一结果应该还算不差。②

1922年8月在南通召开的年会上,职员报告中有云:“去年一年中天灾人祸交迫,社会经济恐慌达于极点,本社经济亦几濒于绝境,然社务进行未尝因而稍懈。计其重要者,如生物研究所之成立,物理名词草案之编纂及通过,南京社所之改造,大规模科学演讲之举行,图书馆贵重书籍之增置,及美洲卡内基学社之赠书,广州社所之成立,美洲分社之筹备,……其尤足欣幸者,美洲斯密索林学社经理之国际交换书籍,其赠诸中国者,已由本社呈准外交部及上海交涉使署归本社保管。此种书籍在各国例由国立中央图书馆或全国最著之科学会社保管,今本社得负此责,良足自庆

① 到1927年,中银基金亦仅21 975元而已。

② 当时工业界主要关注的是工业原料的改进,如棉业和蚕丝业等,对工业原料改进背后所应有的科学技术知识并不了解与理解,因此对科学事业的资助并不热心。参阅拙文《民国时期上海地区农业改良推广与社会变迁》,《上海研究论丛》第13辑,上海社会科学院出版社,2001年。

也。”[22]985-986虽困难重重，但中国科学社已慢慢走出困境，不仅有固定社所，还创建了生物研究所、进行名词审定、举行大规模科学演讲，更重要的是作为中国学术机构代表与国际学术界建立了联系，真正扩展了自身的影响力。

从1918年秋任鸿隽、杨铨等学成归来，中国科学社随迁回国，到1922年8月，已经将近四年过去，虽然已经避免了消亡的危机，逐步走出了困境，但社务发展还是举步维艰，遭遇发展瓶颈，需要制度的创新以获得发展动力。

第三节　全面改组与社务的扩展

为适应国内环境，获得发展空间，中国科学社董事会一再考虑修改章程，曾指定胡明复、王伯秋、孙昌克三人起草修改，在南京举行的第五次年会上也进行过讨论。胡明复指出已有章程对社友会规定太简单，不适应形势；对基金及财产保管完全没有规定；组织结构上也有诸多不便之处，“宜从长讨论，略加改变”。① 经过相当长时间的讨论与修改，并已得全体社员通过，1922年8月在南通召开的第七次年会上，专门召开社务会对章程的修改进行讨论，并最终得到与会者的赞成通过，推举王琎、杨铨和熊正理三人负责“文字修饰整理”和通告全体社员。[22]1003

新章程的通过标志着中国科学社的第二次改组（其具体情况参阅本书第九章），宗旨改为“联络同志，研究学术，共图中国科学之发达”，第一次鲜明地提出“研究学术”的口号，通过科学研究发展中国科学。最为重要的是将原董事会改称为理事会，具体管理社务；设立新的名誉性董事会，专门进行资金募集与管理，由9人组成。当年冬天选举张謇、马相伯、蔡元培、汪精卫、熊希龄、梁启超、严修、范源廉、胡敦复等9人为首届董事。董事会既有实力派人物如张謇，社会影响力极大，而且可以自己拿出资金资助；有政坛文化“双栖明星”梁启超、熊希龄，他们虽已基本上从政坛淡出，但在北京政府里还有相当的影响力；有亦政亦教的严修、范源廉、蔡元培，不仅在教育界可以展现力量，而且在政界也有一定的影响；也有专办教育的马相伯、胡敦复；还有未来政权的领袖人物汪精卫。可以说，董事会汇聚了各派力量以为社务发展服务。

---

①《中国科学社第五次年会记事》，上海市档案馆藏档案，Q546－1－223。

图5-4　中国科学社进行第二次改组的南通年会留影

前排，杨铨（左1），推士（美国人）、张謇、马相伯、梁启超（左4－7），丁文江（右1）；第二排，竺可桢（左2）；第四排，秉志（左1）；后排，胡明复（左2）。

新董事会成立后，立马有动作。1923年1月，董事会向财政部呈文，希望援例中华职业教育社，每月由政府给中国科学社拨款2 000元：

窃维国家之强弱，视乎学术之盛衰，而现今世界学术中，陈【成】效至广为用至宏者，尤莫科学若。故今所谓文明先进之国，莫不汲汲惟发达科学是务，良以此为国势之盛衰所系也。但发达科学，贵有研究，而实行研究，尤待政府为之提倡。

元培等窃见西方先进诸国，学社林立，研究盛行，以故科学上之发明，亦日新月异，而迹其所以能致此之由，则皆以国家补助之力为多。如英之皇家学会，自十七世纪成立之始，即由国会岁拨四千余磅【镑】，专为补助研究之用。美之斯密索林学社，除创立之始由政府拨助一百万金元为基金外，复由国会岁拨巨款，定为常支。至法国之科学院，由国家设立者，更不待言。吾国自近岁以来，社会上下已群知科学之重要矣，顾组织团体，专门以提倡及研究科学为职志者，则舍中国科学社而外，未见其两。……其规模宏大，与外国此种学术团体之组织不谋而合。唯以私人组织经费支绌，凡所设施之事业，已成者有难于维持之惧，未成者更无可为进行之方。窃思吾国近来学术荒落，科学一道关系尤为重要，而在吾国尤有逊色，则如该社之所为，似不失为救时之良药，而为政府所宜加以资助维持者也。

元培等窃见中华职业教育社以经费支绌，曾经呈由政府月拨补助费二千元，已蒙允准，仰见政府提倡学术，维持此等团体之至意。中国科学社关系重要，成效卓著，而

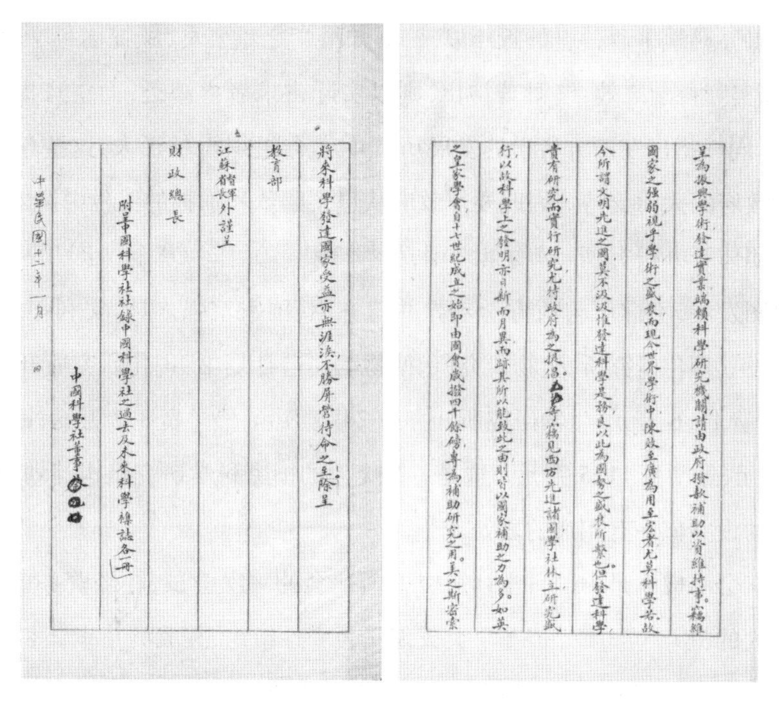

呈為振興學術，發達實業，籌辦科學研究機關，請由政府撥款補助，以資維持事。竊維國家之強弱視乎學術之盛衰，而現今世界學術中陳義至廣、為用至宏者，尤莫科學若。故今所謂文明先進之國，莫不汲汲惟發達科學是務，良以此為國家之盛衰所繫也。但發達科學貴有研究，而實行研究尤待政府為之提倡。[illegible]等竊見西方先進諸國學社林立，研究盛行，以致科學上之發明亦日新而月異，而跡其所以能致此之由，則皆以國家補助之力為多。如英之皇家學會自十七世紀成立之始，即由國會歲撥四千餘鎊，專為補助研究之用。美之斯密宋

將來科學發達，國家受益亦無涯涘，不勝屏營待命之至。除呈

教育部

江蘇督軍省長外，謹呈

財政總長

附呈中國科學社社錄、中國科學社之過去及未來、科學雜誌各一冊

中國科學社董事

中華民國十二年一月　日

图 5－5　1923 年 1 月，中国科学社董事会向财政部请款呈文首页与尾页

经费支绌，竭蹶堪虞，兴中华职业教育社事同一律，而范围之大过之。拟远仿各国之良规，近援职业教育社之成例，仰请贵部提出国务会议，按月拨给该社补助费二千元，俾得于科学事业次第举行，将来科学发达，国家受益亦无涯涘，不胜屏营待命之至。[23]

该项请款，创议者为社员、时任江苏实业厅长张轶欧，具体主持其事的南京为梁启超，北京为蔡元培、熊希龄，得到江苏督军齐燮元、省长韩国均、财政厅长严家炽赞助，社长任鸿隽赴京与各方接洽，复有沈联、黄郛等帮忙，由教育总长彭允彝提出在内阁会议通过，1923 年 3 月由国务院批准，从当年 1 月起由江苏国库拨助经常费每月 2 000元。[24]

每月 2 000 元的固定收入，每年收入即有 2.4 万元，相较此前北大的资助、中国科学社长达四五年的 5 万元基金募集结果，这绝对是“天上掉下来的馅饼”，成为当时中国科学社收入最大的款项，对中国科学社各项社务的推展贡献极大。① 有此成功先例，中国科学社还望继续前行。当年董事会还曾具名向政府上说帖，请求政府用

① 后来江苏省政府逐渐减少拨款，到 1935 年已降为每月 1 100 元，当年 7 月以后更是分文不付，对中国科学社各项事业打击很大。《社友》第 50 期（1935 年 9 月 30 日）。

赔款关税兴办科学事业，“吾国近年以来，群知科学之重要矣，顾提倡科学之声，虽盈于朝野，而实际科学之效，终渺若神山，则以实际讲求者之缺乏，而空言提倡之无补也”。然后同样指出在西方科学的发展历程中学会组织贡献极大，这些学会的发展都曾得到政府的大力支持。因此要求政府从退还赔款和加抽的关税中拨出100万元资助学术团体开办研究所、博物馆之用，另拨300万元作为基金，“庶几吾国科学得所依藉以图发展，不惟可与西方学术界并驾齐驱，国家富强之计，实利赖之”。并附录了一份设立理化研究所、生物研究所、博物馆建造计划书：理化研究所开办费36.8万元，经常费11.6万元；生物研究所开办费26.5万元，经常费8.7万元；博物馆开办费32.5万元，经常费11.5万元。这是一个庞大的国家科学研究机构计划，与后来中央研究院的设立似乎有相通的之处。[25]①

新董事会的成立是中国科学社适应中国社会的一次尝试，在经费募集与筹集上给社务极大的提升与影响。但董事会仅仅是名誉性组织，其成员并非学术中人，真正能影响中国科学社发展方向与道路的，是由学人组成的理事会。中国科学社成立后，不期然间成为一个以留美学生为活动核心的社团组织。因此，打破壁垒，突破留学藩篱，开放与分享权力，团结国内学术领军人物，将他们选举进入领导层，将中国科学社办理成真正的、综合性的具有全国影响力的学术社团，也成为中国科学社的重要举措之一。

1919年8月在杭州举行的国内第一次年会上，选举留学德国柏林工业大学、中国水利事业创始人之一、时任河海工程专门学校教授的李协为董事，开启了中国科学社吸引国内学术界领军人物的大幕，其后张准、王伯秋、丁文江、秦汾、翁文灏等一批

---

①《科学》刊登这个说帖的同期中刚好有《议员建议创设国立科学院》的报道。如此看来，设立国家科研机关此时已进入时人视野。值得注意的是，根据1922年8月修订的章程，原董事会虽然改称“理事会”，但直到1923年8月杭州第八次年会后，召开的会议才称“理事会会议”，此前直到1923年3月召开的会议都称为“董事会会议”。《科学》杂志直到1923年9月第8卷第9期封二才有新董事会和理事会出现，此前一直是老董事会。这可能造成1922年8月通过的新修改章程并没有立即实施的印象。其实，1922年冬新的董事会已经选出，正如上面所述，翌年初就有行动；而且1923年8月的年会职员报告中，理事会一直自称理事会，而不是董事会。如任鸿隽社长报告说：“董事会经去年司选委员会选出张季直、蔡孑民、严范孙、熊秉三、汪季新、马相伯、梁任公、范静生、胡敦复九位先生为本届董事后，已得诸先生承认担任。但董事会的组织尚未着手。虽本年春间本社请款等事已由各董事担任进行，但董事会长、基金监、书记等职员亦宜早日选出，庶好照章办事。”书记杨铨的报告中有“理事会事业”（其中提及1922年6月到1923年6月“一年中实为本社进步最速之一年”）、“理事会执行之困难”等事项。可参阅《中国科学社第八次年会记录》，林丽成等编注《中国科学社档案资料整理与研究·发展历程史料》第135、138页。

或早先留美归国已在国内取得相当成就，或留学欧洲的国内学界领军人物相继进入中国科学社领导层，实实在在地扩大了中国科学社在学术界的影响力。其中，吸收丁文江进入领导层并选举他为社长具有典型意义。

1923 年 10 月 18 日，中国近代心理学奠基人之一、中国科学社早期领导人之一、时任商务印书馆编译所哲学教育部主任的唐钺，致函杨铨说：

> 顷闻丁君在君欲辞科学社社长之职，吾个人意见以为本社须极力挽留，不能听其辞却。本社成立许久，活动者不过限于极少数人，不特内部难望发展，即外人亦怀猜疑，及今添换新人实为必要，望足下及其他理事极力劝丁君就职，社员亦必表同情也。吾发表此意纯为大局计，对于各个人绝无轩轾之见，想足下定不误会。[10]242

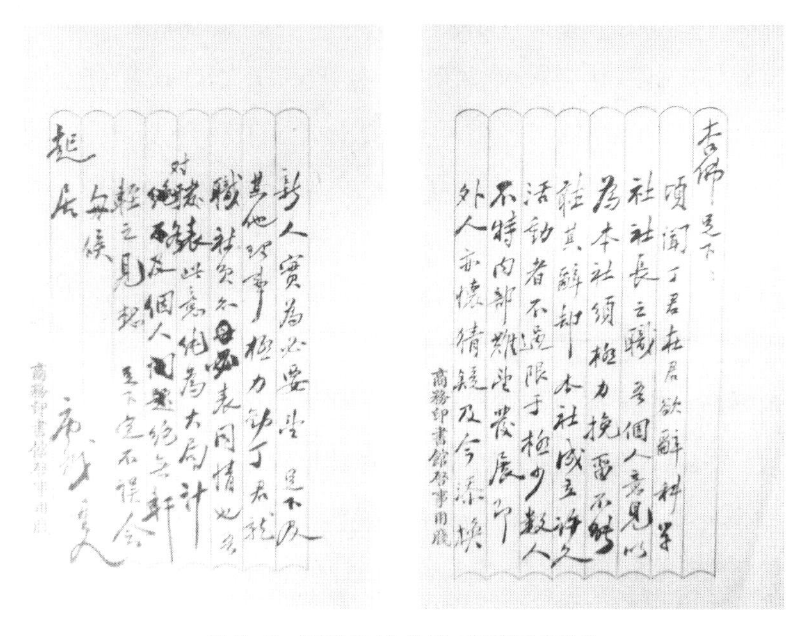
杏佛足下：頃聞丁君在君欲辭科學社社長之職，吾個人意見以為本社須極力挽留，不能聽其辭卻。本社成立許久，活動者不過限于極少數人，不特內部難望發展，即外人亦懷猜疑，及今添換新人實為必要，望足下及其他理事極力勸丁君就職，社員亦必表同情也。吾發表此意純為大局計，對於各個人絕無軒輊之見，想足下定不誤會。[illegible]候起居

唐鉞 [illegible]

商務印書館[illegible]用箋

图 5－6　1923 年 10 月 18 日唐钺致杨铨函

唐钺认为中国科学社虽然成立时间不短，但热心社务者仅仅限于极少数人，不仅内部无法得到发展，也引起外人“猜疑”，有陷入“小圈子”的危险。这自然与中国科学社“联络同志，共图中国科学之发达”的宗旨相背离。因此，他呼吁“添换新人”，希望杨铨与其他理事力促丁文江就任社长。

江苏泰兴人丁文江（1887—1936），早年留学日本，后转赴英国求学于格拉斯哥大学，习动物学和地质学。回国后致力于开创中国地质学事业，创建了中国近代最著名、影响最大的科研机构——地质调查所，不仅取得了举世闻名的科研成就，更培养了大批人才。他被誉为“有办事才的科学家”“新时代最善良最有用的中国之代表”

“抹杀主观,为学术为社会为国家服务者,为公众之进步及幸福而服务者”。面临北京政府时期军阀混战的局面,丁文江提倡“少数人的责任”,鼓吹好人政府,并挑起影响深远的“科学与玄学”论争,是当时中国最有影响力的科学知识分子。

丁文江什么时候加入中国科学社,谁是介绍人,现不清楚,只知他入社号为619。他与中国科学社领导层任鸿隽等人的交往,胡适大概是中间人。1920年3月,胡适日记中已有与丁文江交往的文字记载。此后,丁文江就积极参与中国科学社的活动。1920年8月在南京社所召开第五次年会,筹备委员会曾预告年会论文征集情况,宣称“成绩尤极有希望”,已征集论文8篇,第一篇即为丁文江《中国之矿业》,分为“中国矿产之储量”“中国矿业之统计”“近三年之进步”“将来之希望”四个部分。[26]但最终丁文江未能与会,其论文也没有得到宣读。

1920年10月3日,中国科学社北京社友会开会,丁文江与会。与金邦正等5人当选筹款委员、与任鸿隽等4人当选人才调查委员。11月14日,社友会再次开会,丁文江演讲《云南人种之研究》。1921年9月,中国科学社第六次年会在清华学校举行,丁文江第一次参加年会。曾主持科学教育讨论会,发表演讲,指出中国科学教育存在的问题,提出一些建设性的建议,如由年会函请教育当局公布高等教育情形。又代因病不能赴会的翁文灏宣读论文《甘肃地震考》,并用幻灯影片讲演《云南人种之研究》,“学理经验,皆极丰富”,闻者“皆叹为闻所未闻”。还在社务会上当选筹备募集基金委员。年会后,被推举为《科学》编辑部编辑。①

可见,丁文江已经成为中国科学社非常活跃的社友,其在社内担当的角色已经比一些并不热心社务的董事还重要,也具备了当选董事的条件。1922年4月,丁文江途径南京。中国科学社南京社友会以丁文江“对于吾国地质学贡献甚多,对于社务又异常热心赞助”,于8日在文德里社所开欢迎会。丁文江演讲,声称空言无益,鼓励社友们从事研究:“说者谓在中国研究科学綦难,不知科学材料,出门便是。学者如能研究,则不但于本国有益,且于世界亦有贡献。”当年8月丁文江参加南通第七次年会,当选董事,正式成为中国科学社领导层一员。并代表中国科学社答谢当晚张謇父子的宴会,说张謇与中国科学社社友都是书呆子,但这些书呆子能为人所不为、能言人所不言,只要社会给予机会,“社员必皆能抱奋斗之决心”,决不“负此机会”。

---

①《科学》第5卷第11期,第1178－1179、1181页;第6卷第9期,第967－968页;第6卷第11期,第1177页。

宣读论文《云南之东部地质结构》,指出云南与贵州交界处富藏铜矿,“本其所亲历情形而撰成论文,故愈觉真切有味”。演讲名作《历史人物与地理之关系》,指出北宋以前北方人才较多,南宋以后南方人才较多;影响因素大致有“建都地点之吸收”“避乱士民之迁移”“水利通畅、农业振兴、社会之经济发展”“气候变迁”等。①

图 5-7 丁文江像

题识为丁文江去世后,蔡元培所写。

进入中国科学社领导层后,丁文江似乎对社务并没有产生格外的兴趣,没有参加在南京社所召开的多次董事会例会。当时他正与胡适、任鸿隽等发起成立“努力会”,发刊《努力周报》,提出“好人政府”的政治主张,更是掀起“科学与玄学”大论战。他没有出席 1923 年 8 月在杭州举行的第八次年会,而正是在这次年会上,任鸿隽、胡明复和杨铨有感于“科学社的精神日渐退化”,理事会的职员选举,年年几乎固定他们三人,于是商量同时坚决表示以后不再担任理事会职员。[27] 因此,当年年会后,新组成的理事会职员选举,社长一职丁文江自然是众望所归,书记由竺可桢代替杨铨,会计由秦汾代替胡明复,但丁文江和秦汾似乎都不情愿,因此就有了唐钺致函杨铨一事。秦汾也曾致函杨铨,提出“会计一职万难遥领,为社务计,是以另请他人为宜”。[10]244

1923 年 10 月 21 日,中国科学社召开理事会大会,出席会议的有理事任鸿隽、丁文江、秦汾(由杨铨代)、胡明复、竺可桢、秉志、孙洪芬、王琎、胡刚复、杨铨和驻宁会计兼社所管理委员过探先。因新旧职员互相推让,丁文江提议“重行投票,此次举定不得再有推让”。结果丁文江七票当选社长、竺可桢八票当选书记、胡明复五票当选会计、王琎三票当选副会计。丁文江再次被举为社长,他自己有言在先,自然也就不好再次推辞,只得担当起社长的责任来。②

被举为社长后,丁文江就在当次理事大会上提出了不少建议与意见。主张中国

---

①《科学》第 7 卷第 4 期,第 405-406 页;第 7 卷第 9 期,第 993-996 页。

②《第 1 次理事大会记录》(1923 年 10 月 21 日),上海市档案馆藏档案,Q546-1-63-28。

科学社以科学研究为重点，其他事业为辅。动议组建南京社所建屋委员会，增设资助李济从事古生物与人类学研究临时费600元，推定翁文灏、王琎、秦汾、秉志、胡刚复、饶毓泰、张准组成科学教育委员会，孙洪芬、竺可桢、过探先组成学术委员会。胡明复曾致函杨铨说此次理事大会"结果甚佳"："惟在君之政策微嫌大意，且不图进取。弟意与兄大略相同，第一须求独立，第二须不可失发展之机会，故募款扩张仍宜积极进行。"另外，理事大会上可能提出过将不交费社员除名的动议，因此胡明复还说："关于社员除名问题，自不便一概以付款为标准。弟意暂取折中办法，其于社事久不热心者不妨去之，其余暂留，若遇事严格人数骤减，反以示弱又寒社员之心也。……新官上任有一二事迎合社员心理，于社员之精神大有关系。"[10]244 这是长期浸润于社务的胡明复对新任领导人的看法，说明丁文江在社长任上的"初次表演"获得了一定的承认。会后丁文江也致函胡适说："我在南京住了三天，把'科学社'的事弄明白了。社长虽然仍套在我头上，叔永将来要做董事会的书记，仍然可以分去一部分责任。会计仍旧是明复。大约于进行可以没有甚么妨碍了。"[28]

丁文江社长任内，中国科学社社务中心在南京，这里不仅有成贤街社所、生物研究所和图书馆，理事会大多数成员都在这里工作。这一时期丁文江担任北票煤矿总经理，主要活动在天津和北京一带。因此，作为社长，他大致处于"遥领"状态。任内中国科学社共召开了49次理事会，他与会次数寥寥无几。第一次理事大会后，直到1924年7月1—5日在南京召开第九次年会暨中国科学社成立十周年纪念会，他才到南京，出席了7月3日和7月6日的第25次和26次理事会。中国科学社南京社所仍属租借，前述张謇致大总统徐世昌和财政总长李思浩函并没有效果。1924年12月，丁文江以社长名义致函财政总长，请求将南京成贤街社所无偿拨付给中国科学社：

窃敝社于民国八年冬间因创办科学图书馆亟需社所，于是年十二月呈准大部借用江宁县城内文德里官房不收租金。嗣因借用期限无定，复呈准大部定为借用六年。敝社自民国九年三月迁入新屋后即开办科学图书馆，十一年复就社所南屋设立生物研究所。五年以来，因有永久社所，社务日益发达，社员由四百余人增至六百余人，图书馆藏书由一千余册增至万五千余册，生物研究所成立虽仅两年，采集动植物标本已历五省，研究报告付印者已达十二种，自制标本陈列者动植物各达数千种。虽年来大局不靖，百业废弛，同人努力科学之志未敢稍懈。近因图书馆书籍增多，旧屋不敷应用，研究所标本陈列室亦重柜叠架，更无隙地可容。欲将现有房屋加以添改，又虑与借用公产章程抵触，且原定借用期限转瞬将终，尤不能无事业中断之惧。因念科学研究本百年树人之业，世界文化之基，大部既准予借用公产，提倡奖掖于前，必不忍加以限制，使之中道停顿，前功尽弃。拟恳将现在借用之江宁县城内文德里官房准予改为敝社永久管业，以便扩充而利研究。①

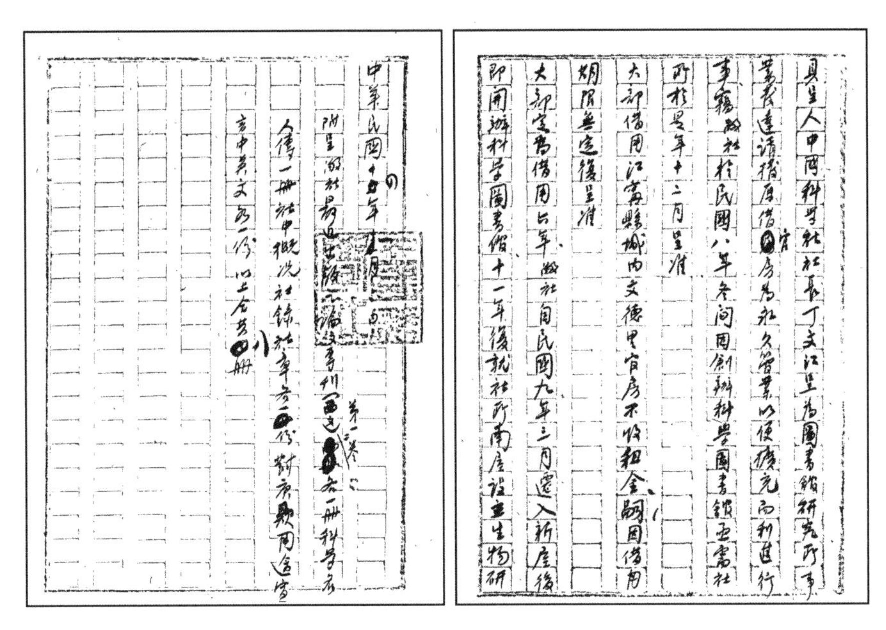
具呈人中國科學社社長丁文江呈為圖書館研究所事
業表違請撥庫借官房為社久管業以便擴充而利進行
事竊敝社於民國八年冬間因創辦科學圖書館亟需社
所於是年十二月呈准
大部借用江寧縣城內文德里官房不收租金、嗣因借用
期限無違後呈准
大部定為借用六年敝社自民國九年三月遷入新屋後
即開辦科學圖書館、十一年後就社所南屋設立生物研

中華民國十四年 月 日

图 5-8　丁文江致财政部函首页与尾页

呈文虽词意恳切，理由充分，但财政部却以“核与定案仍难变通，应准租用期满续租四年，仍免租金”。直到四年之后，竺可桢社长任内，才最终解决这一问题。②

1922 年后的中国，虽然军阀混战与南北对抗仍是社会“主流”，但经新文化运动洗礼和“科玄论战”之后，特别是随着中国科学社等机构大力提倡科学研究并具体实践，学术界慢慢成长起来，无论是学术人才还是学术机构都有大幅度的增长。到 1926 年 7 月，全国国立专门以上学校 20 所，公立专门以上学校 49 所，私立专门以上学校 24 所；[29]一些专门学会如中国地质学会、中国气象学会等也已创设。得此环境，中国科学社逐步发展，社会地位不断提高。

中国科学社对未来发展也做了规划，主要是设立研究所、博物馆、图书馆和创

① 《中国科学社涉及南京地产、土地登记问题的发文存稿及来往函件、建筑图》，上海市档案馆藏档案，Q546-1-193，第 42-43 页。

② 1925 年 8 月年会后，丁文江卸任社长一职，由翁文灏继任。后来，丁文江在担任中央研究院总干事期间曾有不利于中国科学社的举措，并引起了双方的摩擦与矛盾。参阅拙文《丁文江与中国科学社》，《科学》67 卷第 3 期。

办杂志,研究所包括理化、生物、卫生、矿冶及特别研究所,博物馆包括自然历史博物馆与工业商品博物馆,杂志分专门和通俗两类。总图书馆及自然历史博物馆设在文化中心北京,理化研究所及工业商品博物馆设在工业中心上海,生物与卫生研究所设在南京,矿冶研究所设在广州,其余分图书馆与特别研究所根据各地需要随处可设。[30]这个规划要在全国建成中国科学社的一个学术机构网络,有今天中国科学院的影子在其间。要在北京、广州、南京和上海分别设立机构,当时这些城市属于不同势力范围,可见该计划有些书生之见,亦可证明学术有时可以脱离政治而有自己的发展逻辑:国家政权虽然没有统一,但可以通过一个学术社团使学术得以统一,学术势力可以渗透到政权强力不能达到的势力范围。该计划有相当基础,这些城市社友会不仅已经建立起来,而且还相当活跃。广州社友会 1921 年 6 月成立,举汪精卫为理事长、陈伯庄为会计、黄昌穀为书记、黄昌穀与张天才为庶务,议决为筹备科学图书馆筹款,筹办科学研究会等。[31,32]北京社友会 1919 年冬由金邦正发起成立,选举蔡元培为理事长,陆费执、梅贻琦为文牍及会计,宗旨为辅助本社之发达,研究学术,社友之交际。[33]南京此时已经是社务中心,不仅有永久社所和图书馆,还创建了生物研究所。上海社友会也早已成立,并开始筹备设立理化研究所。

后来根据社务发展的实际情况,对上述计划进行了修订,名曰《发展中国科学计划书》。将中国科学社事业分为三个部门,分别为研究部、图书馆部和科学教育部。除已成立的生物研究所外,研究部还将创建理化研究所,进行矿产检验、天然产品及一切制造品鉴定、工业材料调查及研究、表计及仪器检验审定、教育及工业方面书籍仪器模型标本影片的改良与计划、最新工业制造方法及改良旧有土法调查等,完全是为工业部门服务的机构,而非普通意义上的物理、化学学术研究单位。图书馆部除在南京建立总图书馆外,在上海、广州、北京等城市设立分馆。科学教育部包括科学杂志、通俗观象台、博物院、科学丛书编译院和科学仪器制造所(附设于理化研究所)。该计划书还为各部编订了非常详细的预算表,临时建设费用超过百万元,常年维持费用超过 30 万元,与此前请用赔款关税从事科学研究的计划相差不大。[34]

为实现上述计划,中国科学社曾积极在上海筹设理化研究所。1923 年 10 月第一次理事会大会就议决在上海筹设该所,由在沪理事接洽,然后报告理事会。1924 年董事会发出募捐启事,说中国科学社决定"于交通最便贸易最盛之上海"创办理化实业研究所,"以为国人提高学术发展实业之助",建筑预算约需十余万元,"兹事体大，同人绠短汲深，不得不有赖于邦人君子之赞助。所望社会人士实业先觉，念国事之日非，舍科学将无与立，投袂而起，解囊以助。他日实效所及，岂仅富强而已”。[35]当年4月底理事会上，杨铨报告称募款“西南方面可担任五万，其余五万由京沪宁三处分募”，预定募款截止时间为当年9月，并称汪精卫等已允诺在宋园至少拨地20亩给理化研究所。理事会议决成立筹备处，推胡敦复、胡明复、周仁、汪精卫、宋梧生、朱经农、何鲁、宋杏村、张乃燕、曹梁厦、方子卫等11人组成。① 其后，筹备毫无进展。中央研究院成立后，中国科学社曾有设立数理化研究所计划，完全与中央研究院研究机构重复，虽有先行设立数学所的讨论，其结果可想而知。

另外，面临无线电事业的发展，中国科学社也积极投身其中。1924年1月理事会议决南京设置无线电接收器，由张廷金负责。得到官方同意后，推定张廷金、方子卫、胡刚复、周仁、李熙谋、朱其清为装设无线电委员，欲趁机设立无线电研究所。其成立“缘起”痛心疾首地指出，无线电学发展日新月异，用途极为广泛，影响也极大，各国正着力发展，“返观我国，各科学均届幼稚，而于无线电学，更瞠乎其后，无识武人，又误认为军用品，悬为厉禁，即有热心研究之士，亦只观瞻不前，长此以往，不特为国际学术界之奇耻，抑全国传布音讯之最灵机关，亦将难期发达”。因此中国科学社有在南京筹设无线电研究所的计划，“拟先建短距离之送音台，使人民领略无线电兴趣，组织演讲团，以增进人民科学常识；刊行简易说明书，俾广流传”，并进而提倡中国无线电学之研究。[36] 虽然研究所最终未能成立，但还是设立了广播电台，开中国租界之外民用无线电事业的“先风”，在一定程度上达到了原初目标。

获得新生的中国科学社虽然在新的研究机构创设上举步维艰，但在其他社务的扩展上很有成效，如主持调查江苏省中学科学教育、举办暑期科学教育培训班等。社务蓬勃发展之后，入社社员大为增长，1922—1923年度，新入社社员达105人，其间不少是当时或后来中国学术界的盛名人物，如黄际遇、丁嗣贤、曾昭抡、纪育沣、陈桢、熊庆来、赵承嘏、张东荪、曾省、王家楫、寿振黄、董时进、陶孟和、孙宗彭、柳诒徵、李济、张乃燕、陈焕镛、何炳松、严济慈、朱其清、何育杰、方子卫、庄长恭、翁文灏、马君武、张景钺、查谦、何尚平等，还有美国人推士（G. R. Twiss）、吴伟士（C. W. Woodworth）等。②

---

①《理事会第20次会议（临时会）记录》（1924年4月30日），上海市档案馆藏档案，Q546－1－63－96。

②《科学》第8卷第9期，第991页。

图 5-9　1924 年《中国科学社概况》所载的南京成贤街社所前门

1924—1925 年度，新增 70 余名社员，有叶良辅、马寅初、林文庆、李书田、袁同礼、潘光旦、吴有训、萨本栋、吴贻芳、谢玉铭、张江树、祁天锡（N. G. Gee）等。① 这些人中，曾昭抡、陈桢、王家楫、陶孟和、柳诒徵、李济、严济慈、庄长恭、翁文灏、张景钺、马寅初、吴有训、萨本栋等 13 人荣膺首届中央研究院院士。

1926 年底，中国科学社社址南京成贤街，广州社友会地址广州九曜坊，上海事务所大同大学，图书馆和生物研究所都设在南京成贤街；董事会由马相伯、蔡元培、汪精卫、熊希龄、梁启超、严修、范源廉、胡敦复、孟森组成，任鸿隽担任书记；理事会成员翁文灏（会长）、路敏行（总干事）、过探先（会计）、竺可桢、王琎、任鸿隽、胡明复、杨铨、丁文江、秉志、赵元任、周仁；社友会北京理事长赵元任、理事李四光、顾振，广州理事长汪精卫、理事黄昌穀，南京理事长赵承嘏、理事过探先，上海理事长周仁、理事李熙谋、何尚平；美国分社社长杨光念，书记孔繁祁，会计王箴，分股长李运华，理事周兹绪、洪绅；生物研究所所长秉志，动物部主任秉志，植物部主任胡先骕；图书馆主任路敏行，委员竺可桢、过探先、秉志、杨孝述、杨铨；《科学》编辑部主任王琎，编辑秉志、翁文灏、胡先骕、李熙谋、竺可桢、任鸿隽、杨铨、杨端六、孟心如、吴有训、过探先、黎国昌、朱亦松、何

① 《科学》第 10 卷第 10 期，第 1304－1308 页。

衍璿，美国分社总编辑萨本栋。可见，此时的中国科学社组织已相当完备，除《科学》杂志事业外，生物研究所、图书馆及各地社友会组成都呈蒸蒸日上之势。

更为重要的是，获得新生的中国科学社，在逐步成长过程中，社会地位与社会影响大为提升，国内在相关科学发展事业上发声，国际上代表中国学术界参与国际学术事务。

第四节　建言退还庚款使用管理，成为国际学术界中国代表

1924 年 5 月 7 日，美国众议院以退款用于中国教育文化事业为条件，通过了第二次庚款退还议案。当月 25 日中国科学社理事会上，认为应该“设法与闻将来赔款之用途”，推定任鸿隽前往北京与美国公使接洽。① 其实，中国科学社此前已与相关团体联络，欲对日本退还庚款用途表示意见，因日本政府早有定议，自行在中国设立与情报机构相类似的所谓研究所、博物院等，“不过多增若干与同文书院相类之机关而已”，中国科学社与国内各教育文化学术组织联合发表宣言予以抵制。[37]

中国科学社决定参与美庚款用途之后，积极行动。6 月 7 日，理事会议决对英美各国退还庚款发表宣言，并推举任鸿隽、胡刚复、杨铨负责起草。7 月 1 日，任鸿隽、竺可桢、王琎、秉志等 27 人署名的《中国科学社对美款用途意见》在《申报》发表，对美庚款的用途、保管提出意见。他们首先提出用款原则：第一，以集中为原则，“此款为数无多，不宜过分，分则力弱而效微”；第二，“宜用于学术上最根本最重要之事业，使教育文化皆能得有永久独立之基础”。本着这两个原则，他们认为美庚款应用于“纯粹科学及应用科学之研究”“尤以设立科学研究所为最适于需要”。对于美庚款的保管委员会，“宜由两国政府征求两国学者及教育家之同意，规定办事大纲，将款项用途原则、及支配方法大略订定”，使委员会在规定范围以内“行使其职权”。[38]②

可以说，该“意见”成为以后中国科学社对退还庚款的使用及管理的依据点。

---

①《理事会第 22 次会议记录》(1924 年 5 月 25 日)，上海市档案馆藏档案，Q546－1－63－102。

② 在“意见”署名的还有胡敦复、周子竞(仁)、宋梧生、宋杏邨、何奎垣(鲁)、沈星五、杨杏佛(铨)、朱经农、唐擘黄(钺)、段抚群(育华)、胡刚复、胡明复、钟心煊、张慰慈、张峻、曹梁厦(惠群)、王云五、陶孟和、程寰西(瀛章)、何柏丞(炳松)、叶元龙、陈淮钟、胡宪生，并无时任社长丁文江。

《申报》发表“意见”书的同天，中国科学社第九次年会及成立十周年庆祝会在南京召开。次日召开社务会，杨铨鉴于对英美日退还赔款用途及管理，中国科学社及各团体虽屡有表示，但尚无一致主张，“以事关系中国文化之前途至大”，中国科学社似应有通筹全局的计划，临时提出对英美日退款用途议案。经讨论，议决用中国科学社名义发表宣言。晚上召开理事会专门讨论，议决宣言内容大致为：（一）英美退还赔款，“惟有择最根本、最急需而又能建立中国文化永久基础及增进世界人类之幸福者进行”，主张“用于研究学术”，范围兼顾各方，包括纯粹研究（如设立研究所、津贴各大学研究设备），辅助研究机关（如设立图书馆、博物馆），普及学术造就专门人才与沟通中外文化（如举行学术演讲、选派留学生、国际交换教授及在外国设中国文学哲学讲座之类）。（二）对于日本退还庚款，“据该国政府之设施，完全为日本内政之一，于中国各团体及个人之主张既全未采纳”，吾国“应认之为租界政策之文化侵略，当联合全国各界一致主张不合作”。最终推举杨铨负责起草宣言，理事会通过发表。①

8月1日，中国科学社理事会决定发表杨铨所拟《中国科学社对庚款用途之宣言》，不仅刊载于上海中西各报如中文《申报》，西文《大陆报》，而且另印行中西文单行本分送各处，尽力宣扬其主张。该“宣言”大致与年会理事会讨论相同，只不过将相关内容细化与具体化。用途遵循下述三原则：

一、当尊重友邦退还赔款之意见。

二、款数不多，宜集中谋全国公共事业之发展。

三、所办事业当为（甲）于中国最根本最急需者，（乙）能为中国谋学术之独立建永久之文化基础者，（丙）能增进全世界人类之幸福者。

按照三原则，中国科学社提出退还庚款使用范围如下：

（甲）关于纯粹研究者：1. 设立大规模之研究所（包括理化、生物、地学、事业等部）及津贴已有成绩之研究所。2. 津贴各公私大学之研究设备。3. 派遣已成材之学者留学各国。

（乙）关于辅助研究及普及知识者：1. 设立图书馆。2. 设立博物馆（如自然哲学馆、自然历史馆、工业馆与历史博物馆）。

（丙）关于沟通国际文化者：1. 在英美有名大学设立中国文学哲学讲席。2. 交

①《中国科学社第九次年会及成立十周年纪念会记事》，上海市档案馆藏档案，Q546－1－228；参阅《中国科学社年会中之要案·对英美日退款用途之议案》，《申报》1924年7月6日第10版。

换中外学者任教授及讲师。3. 在中国有名大学中设额若干,备英美人来华留学。
可见,中国科学社无论是"意见"还是"宣言"都秉承了一个基本的原则,集中经费办理学术研究、学术交流与传播事业,不少内容与此前中国科学社自身规划发展相一致,诸如设立专门研究所、图书馆与博物馆。在经费管理方面也提出两点原则性意见:

1. 中外政府先征集各有资望之学术与教育团体之意见,协定事业范围与办法之大纲及支配款项之原则,为两政府会派委员会管理及支配之根据。委员会在协定之范围内有完全自由处分之权。

2. 委员须完全脱离一切政治及外交之关系,以两国之纯粹学者及教育家实业界之领袖组织之,学者占半数。委员人选由两政府征集有资望之学术与教育团体之意见派定之。规定任期,期满改派。[39]

可见,在管理组织人选组成上,中国科学社强烈要求政府充分尊重民间意见,以学术、教育和实业界领袖充任,屏蔽官僚与外交人选,以保持委员会独立于政治,进而实现学术独立于政治。中国科学社推定翁文灏、秦汾出席8月19日在北京召开的全国学术团体会议,选出蔡元培、范源廉、汪精卫、黄炎培、蒋梦麟、熊希龄、郭秉文、张伯苓、丁文江、袁希涛、李石曾、陈光甫、周诒春、穆藕初等14人为中方委员,请政府从中选择9人。这个名单充分表达了中国科学社对人选的意见,无一政府官员与外交人士厕身其间,而且蔡元培、范源廉、汪精卫、熊希龄是中国科学社董事会董事,丁文江是社长。但政府对此名单并不满意,删除蔡元培、汪精卫、张伯苓、丁文江4人,另行加入顾维钧、颜惠庆、施肇基等外交官员。9月12日,中国科学社召开理事会,对政府罔顾民意极为不满,议决"不赞成现任官吏之顾维钧、颜惠庆、施肇基加入其中,主张以票数最多之九人当选",一方面致函北京出席学术团体会议的中国科学社代表,一方面欲借重美方力量向政府施压,函告胡明复,美方代表孟禄"抵沪时与之商榷"。①最终,政府并未"屈服",选定顾维钧、颜惠庆、施肇基、范源廉、黄炎培、蒋梦麟、张伯苓、郭秉文、周诒春9人为中基会首任董事,后因该项经费大部用于发展科学之用,补选丁文江为董事。[40]

中国科学社"宣言"发表后,反响相当强烈,中基会所举办各种事业基本上在"宣言"所指范围内。后来中基会领导周诒春在该会保存的"宣言"单行本上批曰:"中基

① 《理事会第30次会议记录》(1924年9月12日),上海市档案馆藏档案,Q546-1-63-121。

会之组织与此宣言所主张者大致符合。”[41] 此宣言的发布,代表了民间学术团体的声音,是当日民间社团集中在国家教育文化事业上的力量展示,也说明在北京政府这样一个虽然动荡不宁、政权走马灯改换的时代,民间力量借助政权所留下的缝隙日渐成长起来,成为主导社会的一个重要力量,在国家政府无意用力的领域内充分展现自己的专业优势。

当中基会组织尘埃落地后,1925 年 2 月出版的《科学》第 9 卷第 9 期,发表竺可桢撰写的社论,对教育文化学术界在争取庚款用途与管理上进行总结,指称因中国缺乏健全的舆论,“足以代表一般学术界之意见,明示各国以正当处理赔款之办法”,致使各国在退还庚款的使用上各行其是,除美国外,基本上置我国人态度于不顾。因此他呼吁我国学术界无论是“内对于政府,外对于诸国”,应该有“坚决之主张”,并提出了“急宜见诸实行”的三个主张:第一,“日本退款办法,既为吾人所不赞同,已否认之于前”,英国退款若也不让中国人参与,我国学术界“急应加以警告”。第二,处置庚款用途委员会不应有现任官员,“已成全国一致之主张”。鉴于北京政府因曹锟、吴佩孚失败,造成中基会董事“几为政府所通缉”的教训,进一步要求委员会委员若委身官僚,“其委员资格即当消灭”。第三,各学术团体应团结起来,“讨论吾国教育文化所应建设之事业,为全局之筹划,谋有系统的进行”,商量庚款用途。[42]

对于中基会掌控的巨额经费,中国科学社自然也希望有所分取。时任社长丁文江和与中国科学社关系极深的胡适先后出任中基会董事,任鸿隽也很快成为中基会的行政主管,这些都加强了中国科学社与中基会的关系。中国科学社在涉入美退还庚款用途过程中,领导人一直在私下里筹划如何使中国科学社获得该款项的资助。① 并于 1924 年 11 月 7 日,理事会决议推定胡刚复、秉志、叶企孙、曹惠群、周仁、杨铨为请款委员会,拟定申请书向中基会申请经费。② 他们的努力自然有所收获,1925 年中基会第一次补助机关发表,中国科学社生物研究所获得为期 3 年的每年 1.5 万元资助,另一次性补助 0.5 万元,生物研究所的发展有了第一笔可靠的收入。

科学是全人类的知识积累,普适性与国际性是其最为本质的特性。中国科学社在国内寻求进一步发展的同时,也积极向国际学术界进发,将中国的科学研究成果向

---

① 1924 年 5 月 25 日、7 月 9 日任鸿隽致胡适函,5 月 26 日、6 月 16 日杨铨致胡适函,《胡适来往书信选》中华书局,1979 年,第 251 - 255 页。

② 《理事会第 32 次会议记录》,上海市档案馆藏档案,Q546 - 1 - 63 - 126。

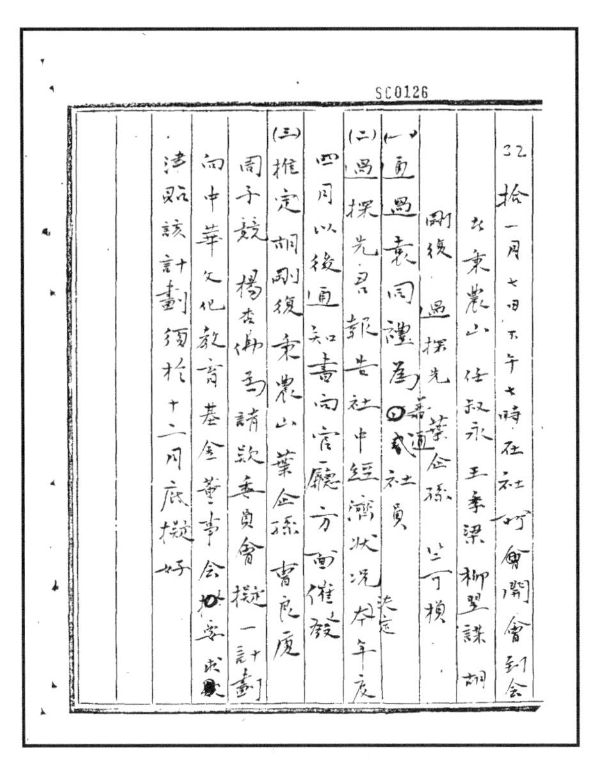
SC0126
32
拾一月七日下午七時在社行會開會到会
者秉農山 任叔永 王季梁 柳翼謀 胡
剛復 過探先 葉企孫 竺可楨
(一)通過袁同禮……為社員
(二)過探先君報告社中經濟狀況本年度……
四月以後通知書向官廳方面催發
(三)推定胡剛復 秉農山 葉企孫 曹良廈
周子競 楊杏佛為請款委員會擬一計劃
向中華文化教育基金董事会……
法照該計劃須於十二月底擬好

图 5－10　1924 年 11 月 7 日第 32 次
理事会会议记录(记录为书记竺可桢)
会议议决组成请款委员会向中基会申请资助。

世界发布。中国科学社除继续发刊面向国内的《科学》外，自 1922 年开始汇集年会论文，用西文发行《中国科学社论文专刊》(*The Transaction of the Science Society of China*)，成为中国科学走向世界科学界的通道。生物研究所创建后，积极从事动植物的调查与研究，自 1925 年开始用西文发刊研究论文，与国际学术界进行交流。在这个发展过程中，中国科学社不仅取得国内学术社团的领导地位，在国际学术界也占有一席之地，逐渐成为国际学术界的中国代表。

1922 年，法国科学团体要求与中国科学团体交换书报，教育部将此转给中国科学社，理事会议决着力从事。① 1923 年，中国科学社被邀参加第二届泛太平洋学术会议，因经费不足放弃。[43] 翌年，太平洋协会在檀香山召开太平洋各国食物调查会，该会干事派任鸿隽为中国出席总代表，也希望中国科学社能派代表出席。理事会讨论，若经费接洽就绪，拟派秉志或竺可桢出席。② 后来因经费问题，决定不派代表，但可

---

①《董事会 1922 年 12 月 19 日会议记录》，上海市档案馆藏档案，Q546－1－87－7。
②《理事会第 13 次会议记录》(1924 年 2 月 20 日)，上海市档案馆藏档案，Q546－1－63－65。

以继续“征求论文”，并推定赵承嘏、秉志和竺可桢为“征求及审查联合太平洋食品讨论会论文委员”。① 1926 年 8 月，受国际植物学会邀请，派芝加哥大学植物学博士张景钺出席在伊萨卡举行的国际植物学会。1930 年 9 月，葡萄牙国际人类考古学会议，派刘咸出席，等等。②

除被动接受国际学术界邀请与会而外，中国科学社也主动出击，联络组织国内学术界参与国际学术会议。1925 年在第十次年会上，社长丁文江提出应预备次年秋间在日本东京举行的太平洋学术会议，议决由中国科学社联络国内各团体筹备出席，并推定翁文灏、秦汾、任鸿隽、秉志为筹备委员。③ 翌年 3 月的理事大会上，翁文灏报告说动物、植物、地质、气象已征集到会议论文，并请届时中国科学社派出三人与会。④ 中国科学社决定派竺可桢（中基会资助 500 元）、沈宗瀚（自费）、胡先骕（中国科学社资助 200 元）、吴宪或赵承嘏（中国科学社资助 200 元）4 人。⑤ 中国决定派出代表秦汾、翁文灏、竺可桢、李四光、任鸿隽、胡先骕、陈焕镛、薛德焴、邹秉文、谭熙鸿、陈方之、魏嵒寿、沈宗瀚等 13 人（中国科学社派出的吴宪或赵承嘏未能进入名单）。最终与会代表 12 人，分别为翁文灏、秦汾、胡敦复、任鸿隽、薛德焴、竺可桢、胡先骕、陈焕镛、王一林、厉家福、沈宗瀚和魏嵒寿。[44]

太平洋学术会议原名泛太平洋学术会议，是太平洋沿岸国家学术机构组织召开的国际学术大会，每三年召开一次，讨论关于太平洋区域内地质学、生物学、气象学、地理学、海洋学、天文学、人类学、农学、无线电学等种种问题。第一次会议于 1920 年 9 月在檀香山举行，由美国科学研究会出面邀请新西兰、澳大利亚、爪哇、中国、日本、加拿大、菲律宾、夏威夷学者出席。与会代表均以个人身份出席，不代表国家或学会组织，中国也派了驻檀香山领事参会。会议除宣读论文进行学术交流、游历名胜外，还对将来太平洋区域科学合作计划进行了讨论，“此次会议抵会者均系个人资格，故虽感情极为融洽，且觉第一次泛太平洋学术会议有成为永久机关之必要”。第二次会议于 1923 年在澳大利亚悉尼与墨尔本举行，与会代表由澳大利亚政府请各国政府和相关学术团体派

---

①《理事会第 16 次会议（春季理事大会）记录》（1924 年 3 月 29 日），上海市档案馆藏档案，Q546－1－63－78。

②《中国科学社概况》，1931 年 1 月版。

③《中国科学社第十次年会记事》，上海市档案馆藏档案，Q546－1－227。

④《理事会第 51 次会议（理事大会）记录》（1926 年 3 月 15 日），上海市档案馆藏档案，Q546－1－63－156。

⑤《理事会第 53 次会议记录》（1926 年 9 月 22 日），上海市档案馆藏档案，Q546－1－63－165。

人参加,“这种办法的好处,是议决的事体可以直接由政府机关办理,而坏处是研究学术的兴趣,有时不免为外交的应酬或宣传的作用所侵占了”。[45]455-457 正如上面所言,中国科学社也曾作为学术社团被澳大利亚政府邀请,因经费不足不得不放弃。

第三次太平洋学术会议,由日本科学研究会议主持召集。1925 年春,日本政府曾致函北京政府教育部,要求派代表与会,教育当局束之高阁,视为空文。1926 年秋间,由中国科学社、中华学艺社等团体联合发起组织,中国代表团才得以成行。而政府允诺拨付的路费也是“口惠而实不至”。大会通过太平洋学术会议章程,将泛太平洋学术会议(Pan-Pacific Science Congress)正式易名为太平洋学术会议(Pacific Science Association)。苏联科学院作为代表加入委员会。由于澳大利亚会议没有将中国作为起草委员会成员,本次会议中国与苏联同属于日本政府所邀请之“宾客”。因此,与会中国代表一抵达东京,即公推秦汾代表询问大会当局会员资格。“而大会总干事辄游移其词,无明确答复”。闭幕大会前,告知苏联已加入委员会,“而我国则以无科学研究会议,在委员中落选”。“我国代表闻信之余,极为愤慨。盖委员会中如夏威夷以一博物院为代表机关,荷属印度以太平洋委员会为代表机关,凡此皆与科学研究会议之性质不相符合。然则所谓缺乏科学研究会议者,乃推托之辞耳。”正式会议时,代表们就究竟是用“苏联”还是“俄国”讨论了半小时之久,中国代表乃乘机提出书面抗议,一致推举中国科学社为代表机关,加入委员会,请大会公决,最终成功。①

对于第三次太平洋学术会议,《科学》杂志曾刊发专号,报道会议之余,对中国未来科学的发展提出了建议,竺可桢提出应立即成立中国科学研究会议,加入国际科学联盟,适时作为东道主组织召开国际科学会议,“引起各国人民之爱敬,增进国际之地位”。[46] 任鸿隽也提出建立学术组织中心,“固然,一个学会的有没有,于一国的文化,并没有什么大关系,但至少可以代表我们学术的不发达,或我们的不注意,所以到了时机勉强成熟的时候,希望我们有这种相当的组织”。[45]464

---

① 参见《科学》第 12 卷第 4 期“泛太平洋学术会议专号”。任鸿隽在其《泛太平洋学术会议的回顾》中叙述了由于中国科学不发达,科学家们在国际上所受屈辱。中国代表权最后在祁天锡的帮助下,才以中国科学社充之。祁天锡:美国著名生物学家,对中国近代科学的发展贡献极大。1901 年来华,任教东吴大学,创建生物系,1920 年返美。1922 年任洛克菲勒基金会驻华顾问,“于充实我国各大学之科学设备及促进一般科学之发展良多。对于各大学毕业生有志于医学或自然科学之深造者,尤极力奖掖补益,或资助留学费,或津贴研究金。方今国内知名学者获先生之教益与奖进者,所在多是也”。1933 年任燕京大学驻美副校长而返美,1935 年辞职,1937 年岁暮逝世。其生物学专著《江苏植物名录》曾在《科学》上连载。参阅王志稼《祁天锡博士事略》,《科学》第 24 卷第 1 期,第 69 - 70 页。

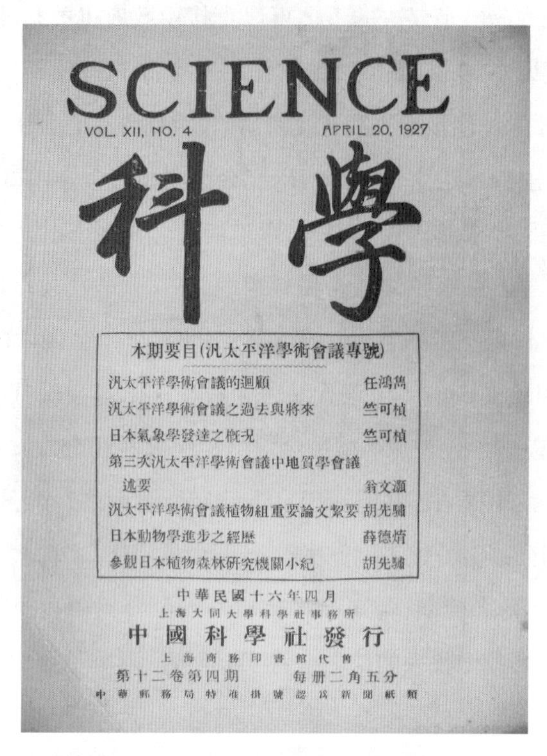

SCIENCE

VOL. XII, NO. 4　　APRIL 20, 1927

科學

本期要目(汎太平洋學術會議專號)

汎太平洋學術會議的迴顧　任鴻雋
汎太平洋學術會議之過去與將來　竺可楨
日本氣象學發達之概況　竺可楨
第三次汎太平洋學術會議中地質學會議述要　翁文灝
汎太平洋學術會議植物組重要論文絜要　胡先驌
日本動物學進步之經歷　薛德焴
参觀日本植物森林研究機關小紀　胡先驌

中華民國十六年四月
上海大同大學科學社事務所
中國科學社發行
上海商務印書館代售
第十二卷第四期　每册二角五分
中華郵務局特准掛號認爲新聞紙類

图5-11　《科学》“泛太平洋学术会议专号”封面

图5-12　第三次太平洋学术会议中国出席代表合影

前排左起,任鸿隽、秦汾、胡先骕、翁文灏;后排左起,薛德焴、竺可桢、王一林、魏嵒寿、陈焕镛、沈宗瀚。

1928年4月,爪哇政府致函中国科学社,邀请组织中国科学家参加1929年在爪哇举行的第四次太平洋学术会议。中国科学社以“中央研究院业已成立,足可代表吾国”,呈请中央研究院筹备。大学院复函,以“中央研究院组织尚未完竣”,仍请中国科学社负责筹备。中国科学社乃召集学术团体及专家开会讨论,遴选代表及其论文。以“事关国际学术会议,发扬吾国文化,实匪浅鲜”,时任中国科学社社长竺可桢致函中央研究院,要求补助代表旅费1万元。中央研究院“以发扬吾国文化之进步,以提高吾国国际之地位”,向国民政府请求拨款,国民政府同意了这一请求。① 但后来,财政部并没有拨付旅费,乃由中央研究院垫付5 000元,其余由各团体自行解决。② 中国科学社以这种不断上升的态势迎来了南京国民政府的成立,并由此进入其事业的鼎盛时期。

参考文献

[1] 中国科学社第十二次年会记事. 科学,1927,12(11):1620.
[2] 杨贤江. 中国现有的学术团体. 少年世界,1920,1(2).
[3] 张贻志. 告归国留学生. 留美学生季报,1916年春季第1号:1-4.
[4] 侯德榜. 论留学之缺点与留学之正当方法. 留美学生季报,1919,6(1):95.
[5] 科学社第三次常年会范静生先生演说辞. 科学,1919,4(5):504.
[6] 任鸿隽. 陈藩传略. 科学,1919,4(6):613-614.
[7] 中国社会科学院近代史研究所中华民国史组. 胡适来往书信选(上册). 北京:中华书局,1979.
[8] 赵慧芝. 任鸿隽年谱. 中国科技史料,1988,9(2):60-61.
[9] 斯格特. 组织理论:理性、自然和开放系统. 黄洋,等,译. 北京:华夏出版社,2002:10.
[10] 中华人民共和国名誉主席宋庆龄陵园管理处. 啼痕——杨杏佛遗迹录. 上海:上海辞书出版社,2008.
[11] 杨步伟. 杂记赵家. 北京:中国文联出版社,1999:176.
[12] 中国科学社特别启事. 科学,1919,4(6).
[13] 林丽成,章立言,张剑. 中国科学社档案资料整理与研究·发展历程史料. 上海:上海科学技术出版社,2015:139-141.
[14] 裘冲曼. 我将如何不负明复所托. 科学,1928,13(6):841.
[15] 张謇研究中心,等. 张謇全集·第四卷. 南京:江苏古籍出版社,1994.
[16] 张孝若. 南通张季直先生传记. 上海:中华书局,1930:358.
[17] 金涛. 严济慈先生访谈录. 中国科技史料,1999,20(3).
[18] 中国科学社募集基金简章//林丽成,章立言,张剑. 中国科学社档案资料整理与研究·发展历程史料. 上海:上海科学技术出版社,2015:72.
[19] 高平叔. 蔡元培全集·第3卷. 北京:中华书局,1984:231-232.

---

①《中央研究院呈国民政府文》(1828年12月3日),国立中央研究院文书处编《国立中央研究院十七年度总报告》,第259-260页。

② 国立中央研究院文书处编《国立中央研究院十七年度总报告》,第411页。

[20] 任鸿隽. 中国科学社社史简述//林丽成,章立言,张剑. 中国科学社档案资料整理与研究·发展历程史料. 上海:上海科学技术出版社,2015:296－297.
[21] 上海社友之盛会. 科学,1919,4(8):808.
[22] 中国科学社第七次年会记事. 科学,1922,7(9).
[23] 呈财政部稿//林丽成,章立言,张剑. 中国科学社档案资料整理与研究·发展历程史料. 上海:上海科学技术出版社,2015:73－74.
[24] 中国科学社第八次年会职员报告//林丽成,章立言,张剑. 中国科学社档案资料整理与研究·发展历程史料. 上海:上海科学技术出版社,2015:138.
[25] 本社请拨赔款关税上政府说帖并计划书. 科学,1923,8(2):192－195.
[26] 年会筹备消息. 科学,1920,5(6):648－649.
[27] 杨铨. 我所认识的明复. 科学,1928,13(6):837－838.
[28] 耿云志. 胡适遗稿及秘藏书信·第23册. 合肥:黄山书社,1994:22.
[29] 第二历史档案馆. 中华民国史档案资料汇编·第三辑"教育". 南京:江苏古籍出版社,1991:199－203.
[30] 任鸿隽. 中国科学社之过去及将来. 科学,1923,8(1):8－10.
[31] 中国科学社广州社友会成立纪事. 科学,1921,6(7):744－745.
[32] 中国科学社纪事. 科学,1921,6(11):1179－1182.
[33] 中国科学社纪事. 科学,1920,5(3):322－323.
[34] 发展中国科学计划书//林丽成,章立言,张剑. 中国科学社档案资料整理与研究·发展历程史料. 上海:上海科学技术出版社,2015:152－166.
[35] 中国科学社上海理化实业研究所募捐启//林丽成,章立言,张剑. 中国科学社档案资料整理与研究·发展历程史料. 上海:上海科学技术出版社,2015:77.
[36] 中国科学社于南京总社设立无线电研究所缘起. 科学,1925,10(7):801.
[37] 教育界对日文化案之宣言. 申报,1924－05－02(7).
[38] 中国科学社对美款用途意见. 申报,1924－07－01(11).
[39] 中国科学社对庚款用途之宣言. 科学,1925,9(8):868－871.
[40] 杨翠华. 中基会对科学的赞助. 台北:"中央研究院"近代史研究所,1991:12－15.
[41] 赵慧芝. 任鸿隽年谱(续). 中国科技史料,1988,9(4):41.
[42] 竺可桢. 庚子赔款与教育文化事业. 科学,1925,9(9):1015－1019.
[43] 中国科学社理事会第一次大会纪事. 科学,1924,8(9):988.
[44] 第三次泛太平洋学术会议行将开幕,第三次泛太平洋学术会议记略. 科学,1926,11(10):1451－1452,1455－1457.
[45] 任鸿隽. 泛太平洋学术会议的回顾. 科学,1927,12(4).
[46] 竺可桢. 泛太平洋学术会议之过去与将来. 科学,1927,12(4):475－476.

第六章 “黄金十年”迈向巅峰

1961 年,竺可桢在《思想自传》中说,中央研究院创设之初,十个研究所中五个所(化学、工程、气象、心理、社会科学)的所长都是中国科学社的理事或创办人,“蔡先生在北大时对于人才,不分党派,兼收并蓄,但到中央研究院后,有如此浓厚的宗派主义,则是受了科学社的影响”。[1]竺可桢这里的述说有其特殊的政治环境,所以有“党派”“宗派”这样的政治性术语,但也指出了一个事实,中国科学社在国立中央研究院创设上的重要作用。南京国民政府成立后,制定积极的科技政策,创办国立中央研究院、北平研究院、中央农业实验所等国立专门研究机构,充实大学,中国科学技术的发展步入了新的轨道。与南京政权有密切关系的中国科学社也获得了发展的契机,开始步入一个空前的扩展时期。这样,经过二十多年的发展,中国科学社已经成为民国学术生活和社会生活中一个具有广泛影响力的社会组织,被誉为“社会之福、民族之光”。①

第一节 奠基国立中央研究院

南京政府统治之下的中国,自然不具有西方意义上的市民社会性质,虽然存在不完全受政府控制的民间社团,但民间社团不仅不能影响或决定政府政策,政府反而要在相当程度上为民间社团的行动设置一定的活动范围与区间,通过一定的手段来建构民间社团的行动。② 南京国民政府成立不久,就制定了一系列相关民间社团的法

---

① 这是中国科学社 1935 年在南京举行 20 周年庆祝大会时,中华职业教育社贺电中的称誉。见重熙《中国科学社二十周年纪念大会记盛》,《科学》第 19 卷第 12 期,第 1906 - 1912 页。

② “市民社会”的概念虽然众说纷纭,但笔者还是认为泰勒(C. Taylor)的界定有相当的意义。他认为市民社会有三个层次上的含义:第一,最低限度的含义,只要存在不受制于国家权力支配的 (转下页注)

令,各种民间社团的成立与行动都有一定的程序与标准,诸如“备具理由书,先向当地高级党部申请许可”,党部核准后派员指导;获准成立的各民间团体不得有违反三民主义的言论及行为,需接受国民党指挥等。[2] 因此,中国科学社与南京国民政府的关系,在作为一个民间社团与政府关系层面上,与其他民间社团并没有相异之处。但是,社团与政府的关系在冷冰冰的条文之外,具体表现为“温情脉脉”的人与人之间的关系。社团活动毕竟由社员推展,而政府的权力也要由具体的人物掌控与实施。特别是在中国这样一个讲究关系网络的社会,人与人之间的社会网络在相当程度上比政府政策条文也许更能影响一个团体或组织的发展。

中国科学社创始人中,任鸿隽、杨铨是辛亥革命参与者,与一大批“革命元老”如蔡元培、吴稚晖、胡汉民、汪精卫等建立了良好的私人关系。任鸿隽后来也说,中国科学社的发展除社员们的艰苦卓绝而外,“社会上先觉前辈优予同情”,蔡元培、吴稚晖、梁启超、马相伯、汪精卫、孙科等在精神和物质各方面都给予极大支持。[3]

1918 年秋,中国科学社迁回国时,正值南北分裂,北京政府以徐世昌为总统,南方在广州设立护法政府,抗议梁启超、段祺瑞等起草的违宪“约法”,并反对安福系的议员贿选。曾经是革命阵营一员干将的任鸿隽为募集基金,年末到广州,会见了广州政府抚军长岑春煊、外交部长伍廷芳,“此二人皆吾自有识以来所耳而目之,以为大人物者也”。南方政府正致力于“革命”与“造反”,正急需金钱,基金募集结果可以想象。此行最大的收获应是与汪精卫的晤谈,汪此时正生病住院,“既彼此多暇,因得时时往见”。

翌年初,他又“挥师北上”到了北京,得时任教育总长傅增湘的帮助,“于科学社基金颇有收获”,据说徐大总统允捐 2 000 元。北京政府无论多么“腐败”与“不合法”,毕竟是一个政府,所以对建设事业自然较“造反”政府更关心,对科学的发展似

(接上页注)自由社团,市民社会便存在;第二,较为严格的含义,只有当整个社会能够通过民间社团建构自身并协调其行为时,市民社会才存在;第三,作为对第二个含义的替代或补充,当这些民间社团相当有效地决定或影响国家政策方向时,市民社会就存在了(见泰勒著《市民社会的模式》,邓正来等编《国家与市民社会:一种社会理论的研究路径》,中央编译出版社,1993 年,第 6-7 页)。泰勒界定的第二与第三个层次的含义完全可以合并,社会的行为可以通过民间社团来建构和协调,自然可以影响或决定国家政策。值得注意的是,在笔者看来,国家是由政府和社会组成的,目前学术界所讨论的“国家与社会”关系中的“国家”其实就是国家的管理者政府,而不是国家本身,因此“国家利益”与“政府利益”也是不同的概念,政府许多时候正是假借“国家”名义来行维护政府自己的生存之私,而不顾及国家的利益。因此,将“政府与社会”作为一对概念也许比“国家与社会”作为讨论的概念界限更为明了。

乎更有兴趣。但任鸿隽等期望的是更富于效率的政府，是更加自由民主和公正的政府，是能充分发挥才能的政府，是能带领国家走向富强的政府。因此北京政府虽在金钱上对中国科学社相较南方政府而言，资助力度更大，而且社员们大多也在北京政府统治地盘工作和生活，但在感情与理智上他们大多倾向于南方政府。

在上海，任鸿隽去拜访孙中山，当时孙中山正在写作《孙文学说》，将有关科学方面文字交任鸿隽校读，并勉励留学生应该自己创立组织服务国家和社会。任鸿隽向孙中山陈述中国科学社的组织发展情况，孙中山深表赞成，“此后此社事业国民政府多所佽助，盖承孙先生之志也”。[4]国民政府对中国科学社的大力资助是否如任鸿隽言，是因为孙中山的缘故，还需进一步探讨。毕竟孙中山 1925 年初就已逝世，反倒应多考虑任鸿隽等中国科学社领导层所结交的国民政府要人和那些亲自进入国民政府担任职务的社员们。

1923 年冬天，任鸿隽就任刚改制的国立东南大学副校长。东南大学是江苏教育界新旧势力、地方实力派与中央政府权力角逐的场所，时任校长郭秉文倾向江苏省教育会这一具有强大势力的地方组织，因此深为新派人士特别是中国科学社众多主干成员所不满，他们向北京大学学习，提出“教授治校”的主张，杨铨反对郭秉文最力，宣传“社会改造思想”，相继有风潮出现。1924 年夏，杨铨被郭秉文逼迫离校，直接南赴广州投身革命，再度担任孙中山秘书。1924 年冬天开始，国民党势力大举“北向”，杨铨借此插手东大事务，向来对郭秉文不满者得此机会发动进攻，酿成郭秉文去职、新校长胡敦复被殴的所谓“东大风潮”。胡敦复是对中国科学社赞助最力的人物之一，他创办的大同学院是中国科学社回国之初上海事务所所在地，他本人担任董事会董事，也是中国科学社主要领导人胡明复、胡刚复的哥哥，与中国科学社关系极深，那些驱郭拥胡的人大多数是中国科学社的骨干成员。其实，在风潮中就有传言说中国科学社主动发难，想让时任社长丁文江做校长；也有人说是国民党大佬汪精卫、吴稚晖等做后台，是“党义教育”的结果等。① 无论如何，通过“东大易长”这一风潮，可以清楚地看出中国科学社与国民党的关系非同寻常。

南方政府所在地广州是中国科学社回国后的社务中心之一，不仅有社所，还欲筹建图书馆等。1922 年第七次年会本计划在广州举行，“此次年会会务极为重要，修改

---

① 参见 1925 年 1 月 20 日“丁文江致胡适”信、“季通致胡适”信，3 月 18 日“穆藕初致胡适”信。中国社会科学院近代史研究所中华民国史组编《胡适来往书信选》（上），中华书局，1979 年，第 304－305、316－317 页。

章程草案及社务进行皆将于此取决，且广州为国内最新都市"云云，并委任汪精卫、陈伯庄、张天才为年会筹备委员。① 终因陈炯明炮轰总统府造成广东政局大变，不得不将具有里程碑意义的该次年会改在南通举行。

1926 年 8 月 27 日—9 月 1 日，中国科学社第十一次年会终于在南方政府"首府"广州举行，成立了以孙科、许崇清、张君谋、汪精卫等为首的年会委员会，孙科主持开幕式，谭延闿致欢迎辞，何香凝、吴稚晖等发表演讲，选举谭延闿、蒋介石、张静江、宋子文等为赞助社员，吴稚晖、孙科等为特社员，推举褚民谊、邓植仪、黎国昌、杨杏佛、沈鹏飞等组成筹备委员，向国民政府请款建筑广州科学博物馆。本次年会在广州的召开，可以说迈出了中国科学社与国民政府紧密结合的标志性一步。[5] 1927 年南京国民政府成立后，在上海举行第十二次年会，继续表示与政府的和好关系：9 月 3 日在上海总商会举行的开幕典礼上，全体向国旗、党旗及孙中山遗像行正鞠躬礼，主席蔡元培恭读孙中山遗嘱。蔡元培在主席致辞中，指称孙中山"三民主义"完全根据科学，"故为同人所信仰"。杨铨演讲说，去年年会在"革命根本策源地广州"召开，"国民政府招待极优"，今年在上海开会，"国府欢迎不减于去年"。卫戍司令白崇禧代表、外交部次长郭泰祺代表、上海市党部代表冷欣等也发表演讲。

可以说，1926 年、1927 年两次年会的召开，充分显现了中国科学社作为一个民间社团与新生国民政府的密切关系，这自然与学术应当超越政治，具有独立社会地位的学术本质相背离。但当时中国科学技术本土化才刚刚起步，需要的经费支持不是民间社会所能提供的，何况随着现代科学技术的发展，国家科技政策在科学技术发展方面的作用越来越重要，因此政府角色在科学技术的发展中就显得分外关键。正如前面所言，中国科学社与国民政府关系的密切，主要原因是任鸿隽、杨铨等曾参加辛亥革命，与一批国民政府政要有较为密切的关系。同时，南京国民政府虽然不是一个真正的近代化政权，但以留学生为主体的精英阶层毕竟是其主要借用与依靠的力量。这样，以留美学生为特征的中国科学社，不少主干成员相继进入政府，担任重要职位，他们所结成的社会网络，自然成为中国科学社需要借助与借重的资源。

新成立的南京国民政府，相较此前的北京政府，还是较为重视科学技术发展的，确立了对学术研究与发明予以奖励和保护的国策，积极创建和发展国立研究机构，资助私立学术机关，鼓励大学进行科学研究，中国科学技术的发展获得了新的契机。

① 《科学》第 7 卷第 5 期封二。

1927 年 5 月，国民党中央政治会议第 90 次会议议决设立中央研究院筹备处，推定蔡元培、李石曾、张静江、褚民谊、许崇清、金湘帆等为筹备委员。10 月 1 日，大学院正式成立，蔡元培就任院长，杨铨为教育行政处主任，着手筹备中央研究院。聘请 30 余人作为中央研究院筹备员，制定通过章程，规定中央研究院为中华民国最高科学研究机关，任务为"实行科学研究，指导联络奖励学术之研究"，设立评议会和研究所等机构。[6]

中国科学社作为当时影响最大的综合性民间科学社团，集中了千余名留学精英，其人才储备与组织准备是蔡元培等在筹备设立中央研究院时不得不借重的。中央研究院最早准备成立地质、理化实业、社会科学、心理、气象等研究所，各所筹备委员见表 6－1。虽然整个中央研究院是以蔡元培在德国、法国所见并借鉴苏联政府支持科学研究模式建立起来的，但各研究所的成立及其发展不能不受到这些筹备委员的影响，他们会将他们对科学及其科学发展的想法与理念贯彻于实际的操作过程中。这些委员除少数几个人外，都是中国科学社成员，其中翁文灏、曾昭抡、赵承嘏、宋梧生、徐渊摩、陈世璋、胡刚复、李熙谋、周仁、杨铨、唐钺、竺可桢、谌湛溪、胡适、曹惠群、丁燮林等都是中国科学社的领导成员或骨干。

表 6－1　中央研究院各研究所筹备委员

研究所	筹备委员
地质研究所	翁文灏（地质）、李四光（地质）、朱家骅（地质）、谌湛溪（矿学）、李济（考古学、人类学）、徐渊摩（地质、常务）
理化实业研究所	王季同（电学）、曾昭抡（毒气化学）、温毓庆（无线电）、赵承嘏（化学及药学）、宋梧生（化学及药学）、丁燮林（物理）、陈世璋（化学）、颜任光（科学仪器制造及物理）、胡刚复（物理）、张乃燕（化学）、李熙谋（无线电）、周仁（工程）、张廷金（无线电）、曹惠群（化学）、吴承洛（化学工程）
社会科学研究所	蔡元培（民族）、周览（国际法）、孙科（经济市政）、李石曾（社会主义）、胡适（历史）、杨端六（经济）、陶孟和（社会学）、马寅初（银行）、叶元龙（经济及社会学）、杨铨（经济及社会思想）
心理研究所	唐钺、汪敬熙、郭任远、傅斯年、陈宝锷、樊际昌
气象研究所	高鲁（天文气象）、竺可桢（气象）、余青松（天文的物理）

资料来源：国立中央研究院文书处编《国立中央研究院十七年度总报告》，第 417－420 页。

1928 年 6 月，中央研究院正式成立，其主要领导人与中国科学社的关系见表 6－2。可见其早期主要领导人除李四光、高鲁、杨端六、傅斯年等在此之前与中国科学社关系不很密切外（李四光后来曾任理事），几乎都是中国科学社领导人或中国科学社生物研究所培养的研究生。蔡元培与中国科学社关系极深，1935 年 7 月他发表声明辞去各种兼职23个,包括一些学校的董事长、董事、校长,一些团体的董事、会长、评议及会员等,但没有辞去中国科学社任何职务。他采取无为而治,将中央研究院的具体筹备与运行发展交给副手杨铨。杨铨作为总干事,其实相当于副院长,他在中央研究院的成立与组织上作用尤为突出。当他1933年6月被害后,蔡元培致悼词曾说:"中央研究院之得有今日,先生之力居多。"[7]他还说:"我素来宽容而迂缓,杨君精悍而机警,正可以他之长补我之短。"[8]此后丁文江成为中央研究院总干事,虽仅担任一年有半,但对中央研究院评议会成立有大贡献,胡适认为他"把这个全国最大的科学研究机构重新建立在一个合理而持久的基础之上"。[9] 1938年底朱家骅辞去总干事后,任鸿隽被蔡元培聘为总干事,当时他还兼化学研究所所长。1950年中国科学社总结报告时也说:"许多社友参加前中央研究院创办工作,多少亦参考了生物研究所的若干经验。"[10]可见,中国科学社在中央研究院的成立与发展上除"人力资源"这一层面有其独特贡献而外,中国科学社生物研究所的创建与运行,也给予中央研究院不少的经验。也就是说,对其他科研机构而言,无论是其组织建设还是科研工作的展开,中国科学社的科学研究事业都具有示范性。

表6-2 中央研究院初创时期主要领导人与中国科学社的关系

姓 名	职 务	简 历	与中国科学社关系
蔡元培	院长	晚清翰林,曾任教育总长、北京大学校长等	第一个特社员,1922年后新董事会成员
杨 铨	总干事	稽勋留美硕士,曾任南京临时政府总统府秘书、东南大学工科教授等	发起人之一,长期任编辑部长、理事
丁燮林	物理所所长	留英硕士,曾任北京大学、中央大学教授	社员,曾任司选委员
王 琎	化学所所长	留美学士,曾任东南大学化学系主任兼教授、中央大学理学院院长等	主要领导人,长期任理事,曾任《科学》编辑部主任、社长
周 仁	工程所所长	留美硕士,曾任南洋大学教务长兼机械科科长、中央大学工学院院长	发起人之一,主要领导人,长期任理事
李四光	地质所所长	留英硕士,曾任北京大学地质系教授	社员,1927年任奖金委员,1933年始任理事
高 鲁	天文所所长	留比利时博士,曾任中央观象台台长、驻法公使	1923年入社
竺可桢	气象所所长	留美博士,曾任武昌高等师范学校教授、东南大学地学系主任兼教授	主要领导人,1927—1930年任社长,长期任理事

（续表）

姓 名	职 务	简 历	与中国科学社关系
杨端六	社会所所长	留英，曾任商务印书馆会计科科长	1926年入社
傅斯年	史语所所长	留英、德，曾任中山大学文学院院长、代理北京大学校长、台湾大学校长等	1930年入社
唐 钺	心理所所长	留美博士，曾任教北京大学、清华大学心理学系	早期领导人，多次担任司选委员、理事
王家楫	动植物所所长	留美博士，曾任中央大学生物系副教授	生物研究所培养研究生，曾任生物研究所研究员、技师

正是因为中国科学社在中央研究院的创建与发展初期作用突出，在一定程度上可能局限了其人才选取，对其发展产生了不良影响，也使学界对中国科学社和中央研究院都有非议。1929年4月，傅斯年致函蔡元培说杨铨做事情“有极大的长处，有不小的短处”，极大地影响了中央研究院的发展：

其长处：一、事业心极重，此世真难得。二、凡事要好。三、事务聪明。四、能耐劳苦及精神的苦痛；其短处：一、喜怒无常，有怨必报。二、每不从大体上看。三、无主义，迎势逢权。故其结果也，中央研究院甚热闹，实则真正的人才没有几个，而真的学者如仲揆诸位，未尝不感觉此院之无意义，恐以后真学者将渐去，而科学社的“科学家”要逐渐而来，愈弄愈成衙门。理化工甚难有动世人观听之发明；天文气象报告，无非国家的一种职务。此由人才本少，而杏佛的办法不能建设“研究院的心理”，如北大当年有北大之心理也。[11]

在傅斯年看来，当时的中央研究院只有少数几个像李四光这样的真正学人，大多是中国科学社的“科学家”，因此表面很热闹，实际上“无意义”，物理、化学、工程研究所没有“动世人观听之发明”，剩下只有天文、气象这样没有多少学术意义的报告。在傅斯年的眼里，中国科学社的“科学家”自然不是真正的科学家，他们加入中央研究院将把中央研究院变成一个“衙门”。其实，从表6－2可以看出，中央研究院化学所、工程所、气象所、心理所四位所长王琎、周仁、竺可桢、唐钺是中国科学社的核心成员，其中王琎和周仁作为研究所所长，留美没有获得博士学位，一个学士、一个硕士，而且当时在学术研究成就与人才吸引上也难说有所作为。竺可桢、唐钺虽然获得博士学位，但也未免难入傅斯年的“法眼”。因此，傅斯年所谓的科学社“科学家”可能指他们及他们所招收与引荐进入中央研究院的科研人员。当然，因为丁燮林一直与蔡元培、杨铨等人“混”在一起，也可能被傅斯年认为是科学社的“科学家”。

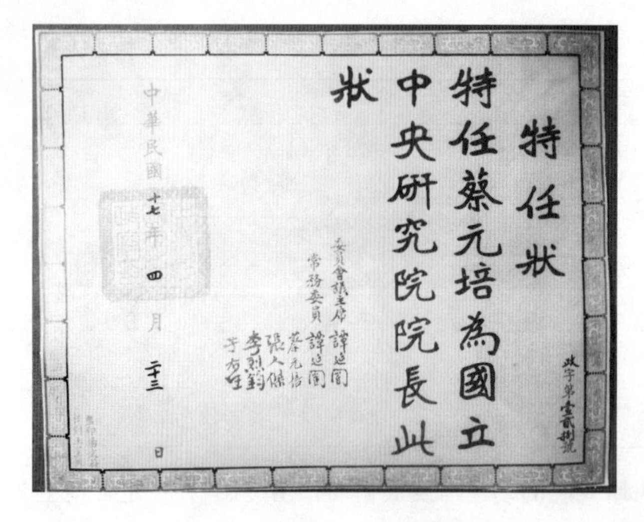
特任狀

特任蔡元培為國立中央研究院院長此狀

委員會議主席 譚延闓

常務委員 譚延闓 蔡元培 張人傑 李烈鈞 于右任

中華民國十七年四月二十三日

图6-1　国民政府任命蔡元培为国立中央研究院院长的“特任状”

图6-2　国立中央研究院第一届院务会议年会留影(1930年7月1日)

图6-3　1933年竣工的中央研究院理工实验馆

该馆位于今上海市长宁路中山公园对面,专为物理、化学和工程研究所修建。建设过程中,因蒋介石与蔡元培政见不同,造成了中央研究院院址之争,中断建设一年多。1949年后成为中国科学院冶金陶瓷研究所、硅酸盐化学与工学研究所所在地。

中央研究院作为最高国立科研机构，自然应该聚集国内顶尖的科研人才，组建国内一流的科研队伍，做出可以彪炳史册的一流科研成果。可相对国内其他科研机构和高校而言，中央研究院除史语所、化学所、气象所等少数机构外，在上述几个方面，都没有达到起码的要求。相对于严济慈主持的北平研究院物理所，丁燮林领导的中央研究院物理所就没有什么成果。丁文江担任总干事期间，曾对丁燮林很不满，责备他自己不做研究，也不留心延揽人才，致使丁燮林萌生"求去之意"。[12] 吴大猷也回忆说，中央研究院物理所主要做些应用性研究，"严格的说来并不是一种常规的或物理发展主流的研究"。他认为主要原因是人员训练问题，早期研究员少有现代物理学的训练，所长丁燮林除教学外，未做研究工作，"从物理学的观点来看，他并不是一位适当的物理所长，所中的研究领域，不是……物理学的主流"。[13] 另外一些所，如李四光领导的地质所、王家楫领导的动植物所虽然也聚集了不少的人才，取得了不小的科研成就，但相对翁文灏领导的中央地质调查所、秉志领导的中国科学社生物研究所、胡先骕领导的北平静生生物调查所，自然相形见绌。周仁领导的工程所，唐钺、汪敬熙先后领导的心理所和余青松等领导的天文所，无论是研究人员的构成还是研究成果的取得都非常有限。这一切的肇因，都被傅斯年归结为蔡元培、杨铨创建中央研究院时，全面借助中国科学社的缘故。所幸的是，王琎后来离开中央研究院，庄长恭接任化学所所长，极大地提升了该所的科研水平。这也从一个方面说明，一个研究机构领导人的重要性。

当然，傅斯年的批评虽有一定的道理，但也并非不无可商榷的地方。他自己在中央研究院有"太上院长"的称誉，对中央研究院的发展有极大的影响力。因此，他对中国科学社的非议未必没有个人私心，正如后面相关章节将会提及，以他为代表的北京大学与当时中国科学社社员主要聚集地东南大学及后来的中央大学，一直有着所谓的南北之争。无论如何，中国科学社对中央研究院创建与发展影响至关重要，在这个过程中，中国科学社自然也通过中央研究院扩展了自己的影响。中国科学社众多骨干社员相继进入政府任职，一方面表明中国科学社为政府培养与积聚了人才；另一方面，中国科学社社员进入政府后不仅在一定程度上可以影响政府的学术政策，以更好地实现中国科学社的宗旨与目标，通过政府扩大其社会影响，而且还可以通过这些在政府中担当领导职位的社员获得社务扩张的资源。国民政府时期，中国科学社就是凭借这种私人层次上的关系获取了政府的资金资助，同时也与政府展开合作，使已有社务得到前所未有的发展。

第二节　建造明复图书馆

国民革命战争的血肉纷飞、尸体横陈，虽使中国科学社社务发展受到一定阻碍，但革命的"成果"——南京国民政府的成立，中国科学社得到了"好处"。上海年会后，中国科学社召开理事会，推定过探先、秉志、路敏行为预算委员，起草预算，呈送中央教育机关请求补助。① 1927年12月5日，以董事会名义向国民政府申请经费100万元，以作发展科学研究之用。大学院主持人蔡元培、杨铨等积极行动。当月16日，国民政府委员会召开第24次会议，出席委员有李烈钧、王宠惠、谭延闿、白崇禧、蔡元培、王伯群、伍朝枢、孙科、杨树庄、蒋作宾、宋渊源、张之江等，谭延闿主席。蔡元培以大学院院长身份提出中国科学社拟扩充科学图书馆、生物研究所及办理博物院等呈文，并附录计划书一份，讨论饬令财政部酌情划拨二五国库券。[14]②12月29日，中国科学社就收到了财政部拨付的30万元二五国库券，"指定作为本社基金，以后本社事业自当力求扩充，用副政府提倡之意"。③ 后再追加10万元成40万元，社中设立了由蔡元培、宋汉章、徐新六组成的专门基金管理委员会。此为中国科学社历史上最大一笔款项，是其后来发展最为重要的基金。获此款项后，中国科学社曾想以之为基础，争取更多的经费。1927年12月29日理事会上，议决致函中基会请款，"说明南京政府对于本社在上海建筑科学图书馆及南京生物研究所之用费已允拨助四十万元，请求照数补助"。④ 也曾决议继续向大学院请款6万元补助生物研究所。当然，

---

①《理事会第59次会议记录》(1927年9月16日)，上海市档案馆藏档案，Q546－1－63－182。

② 任鸿隽后来回忆说，该项款项的获得，由杨铨以私人关系向财政部联系。"当时孙科是财政部部长，据闻当他即要下台时，财政部所发的二五公债尚有若干债券未曾发出，故做了一个顺水人情，一说即行。"可见，中国科学社款项之获得，主要得益于杨铨与孙科的私人关系(参阅"任鸿隽函复李子宽"，周桂发等编注《中国科学社档案资料整理与研究·书信选编》，第323页)。据称，杨铨与宋子文关系极好，前引傅斯年致蔡元培信中，傅斯年即指出杨铨处处讨好宋子文。后来，杨铨与宋庆龄组织中国民权保障同盟时，自以为与宋子文关系密切，蒋介石不会对其下手，因此并不"小心谨慎"，不想终被杀害。

③ 1927—1928年度大学院从其支出项第二款"中央教育基金"中给中国科学社资助30万元二五国库券，当年度该项基金共126万元，其中中央研究院35.5万元、国立劳动大学22.5万元、国立暨南大学22.5万元、国立同济大学7.5万元、晓庄乡村师范学校2万元、光华大学6万元。黄季陆主编《抗战前教育与学术》,《革命文献》第53辑，中国国民党中央委员会党史史料编纂委员会，1971年，第43－44页；《科学》第13卷第5期，第696页。

④《理事会第63次会议记录》(1927年12月29日)，上海市档案馆藏档案，Q546－1－64－2。

这些请款最终都没有结果。

在新政权下，过去一些难以实现的目标，很快就有了效果。南京社所自 1919 年 11 月申请借用以来，虽经多次申请，一直处于借用状态。1928 年 4 月 11 日，上书请求国民政府将南京社所及其围墙外的成贤街文德里官产划归中国科学社永久使用，23 日得财政部批准。与当初申请固定社所拖延 6 年之久，真是不可同日而语。于是向南京市工务局申请建筑执照，扩充社所。[15] 再次得到中基会的专项资助后，生物研究所进行改建与扩建，1931 年完工，共有 36 个房间和 2 间半月屋、三层阁楼一大间，分植物研究室、动物研究室、动物生理实验室、图书储藏室、阅览室、标本陈列室与储藏室、会客室等。从此，生物研究所事业走上了更为兴盛发达之路。[16]

有了大笔基金后，上海社所再也不愿意继续蜷曲于大同学院的临时房间了。领到国库券后即以券息抵押，购定法租界亚尔培路（今陕西南路）309 号房屋为社所①，并请吕彦直设计改造。1929 年 4 月，总办事处由南京迁到上海社所。从此，上海取代南京成为中国科学社社务中心。先前计划创办的理化研究所由于经费拮据不能实现，在周达捐助私藏数学书籍基础上积极筹备创建数学研究所，成立了由周达、秦汾、姜立夫、严济慈、钱宝琮、高均、曹惠群等组成的筹委会，但该研究所最终未能建成。

图 6－4　上海总社所

1928 年建成，曾是中国民主促进会（1945 年 12 月）创立地。今为黄浦区明复图书馆"会心楼"，主要举办各类文艺沙龙、民进会史教育等。（图片原载于 1931 年《中国科学社概况》）

① 门牌地址又先后改为亚尔培路 533 号、陕西南路 533 号，今为陕西南路 235 号。

有了资金保障后,中国科学社开始聘任专任的总干事兼《科学》杂志经理,月薪250元。中国科学社第1号社员,先前曾任河海工程专门学校校长、中央大学土木工程系主任、上海交通大学电机教授的杨孝述,不就浙江大学工学院院长而应聘担任总干事,到1930年其工资上涨至350元。聘请柳大纲自1928年起兼任《科学》编辑,月薪80元;增加生物研究所研究人员薪金和补助,如方文培自1929年1月起月薪80元,张宗汉自1928年10月起领研究补助费50元;同时进一步扩大生物研究所编制和研究生人数。

此时的中国科学社除继续发刊《科学》,扩大生物研究所等已办事业外,积极扩展社务,创建明复图书馆、创设科学图书仪器公司,创刊《科学画报》和《社友》,改版《科学》,成立科学咨询处,主持设立多种奖励基金、联合其他团体召开联合年会等。

图书馆事业一直是中国科学社社务重点,留美时期因各种原因图书馆创建未能实现。搬迁回国后,于1919年3月10日发出《中国科学社图书馆征集书报启事》,向社内外征集图书期刊等,暂借上海社所大同学院为临时馆所,以为未来中国科学社图书馆建设的基础,并颁布了《中国科学社图书馆筹备处简章》。后因南京固定社所的获得,1920年4月,中国科学社图书馆开始在南京成贤街社所筹备,推胡刚复主持。董事会议决拨出款项向国内外购置重要专门书籍杂志,当年秋间举行年会时宣告正式成立。1921年元旦正式开馆阅览,共有书籍5 040册,杂志1 382册。社友凭社徽入室阅览,外人经社友介绍交保证金2元办证阅读,还证时退还押金。[17]1923年江苏

图6-5 1924年《中国科学社概况》所载的南京社所中国科学社图书馆

省国库补助后，图书馆开始有计划地购订书籍。1926年中基会资助后，开始大量购置各门科学书籍。

1928年2月，理事会议决，向国民政府请款建造的上海科学图书馆更名为中国科学社明复图书馆，以纪念英年早逝的领导人胡明复。① 图书馆建成后，除生物学书刊留在南京建成生物研究所图书馆外，其他书刊搬迁到上海。8月，理事会议决明复图书馆建筑费为5万元，并推举周仁、何尚平、宋梧生为建筑委员。[18]后何尚平出国，由总干事杨孝述替补。翌年1月，建筑预算增加到7万元。6月，周仁向理事会报告，图书馆图样说明均经建筑师拟就，"惟以建筑费约需十万元，恐须动用基金，故工程方面尚未进行，一俟筹有的款即可动工"。② 最终以7万元为预算，超出部分向社会捐助，得孙科主持的中山文化教育馆资助甚大。8月，正式开工，由周仁、杨孝述亲自督工。

1929年11月2日，明复图书馆在亚尔培路309号举行奠基仪礼。出席典礼各机关代表及社友一百余人，由蔡元培主持，指出图书馆的最终建成，得到孙科的大力支持，特表感谢。杨铨代表理事会发言，指称中国科学社欲在上海建造图书馆"已梦想十二年"，终于得以实现，实赖蔡元培与孙科的大力捐助，"今请两先生主席及奠基，以示不忘本"。由孙科亲自揭开奠基石上的社旗，上书"中华民国十八年十一月二日中国科学社为明复图书馆举行奠基礼，孙科敬书"。孙科演讲，说"人生以做事、读书最乐……读书以读科学书为尤乐"，训政建设时期，最需要科学，因此科学图书馆是"时代之需要"。吴稚晖演讲："发挥图书馆应建在上海之理由，上海多作恶机关，少文化空气，故最需图书馆，首都在南京，尤应整理上海，以壮观瞻。由致知格物而进于利用厚生，实为生产之要道。故文化不可离工商业，此图书馆能在上海大可喜。"[19]

翌年10月，图书馆建成，总办事处及编辑部全部移入新屋。原总办事处房屋按照青年会、俭德会的办法，改为社员俱乐部及宿舍。并决定1931年元旦图书馆举行开幕式，推举曹惠群、何尚平、朱少屏、路敏行、杨孝述为开幕典礼筹备委员，杨孝述负责；同时举行书版展览会，公推蔡元培、王云五、陈乃干、柳诒徵、杨铨、周仁、杨孝述、王琎、路敏行为展览会筹备委员，王琎负责。[20]1931年元旦，开幕式与书版展览会举行，出席盛会的中外宾客及社员二百余人，大会由蔡元培主持，马相伯和吴稚晖乘兴

---

①《理事会第64次会议记录》(1928年2月16日)，上海市档案馆藏档案，Q546－1－64－5。

②《理事会第79次会议(董理事会联席会议)记录》(1929年6月19日)，上海市档案馆藏档案，Q546－1－64－45。

图 6-6　1931 年开幕的明复图书馆

1956 年捐献给政府，改组为上海科学技术图书馆，1958 年春并入上海图书馆。后改名卢湾图书馆，今为黄浦区明复图书馆。

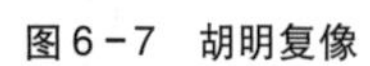

图 6-7　胡明复像

胡明复排行老三，大哥胡敦复、大姐胡彬夏、四弟胡刚复都官费留美。自小身体孱弱，常与刚复打架，被学校开除，乃入商店习商。后奋发有为，1910 年考取第二届庚款留美，入康奈尔大学攻读数学，成为中国科学社创始人之一，对中国科学社的早期发展贡献绝大。

图 6-8　明复图书馆开幕式留影

而来并发表演讲，驻沪领袖领事比利时总领事到会祝贺。建成后的明复图书馆为钢筋混凝土结构的三层楼房，建筑费用84 323元，设备费用30 344元，共114 667元；建筑面积5 500余平方尺，书库可藏一寸厚图书22万册。① 1931年1月13日开馆，制定有《中国科学社上海明复、南京生物图书馆借书章程》《中国科学社明复图书馆阅书规则》，规定社友和职员有借书权利，社友签名入室阅览；外人需交费2元办证方可入室阅读，还证时退还押金。② 一个私立图书馆具有这样的阅读方便，而且完全免费向国人奉献，可见中国科学社苦心孤诣提高国人文化水准之心。

明复图书馆建成后，不仅成为读者们借阅读书、传播科学文化之地，更成为上海社会和学术生活中的重要活动空间。1931年4月2—6日，上海著名的画家团体艺苑假明复图书馆三楼开展览会4天；毕业于巴黎国立美术学校及比利时皇家美术学院的画家孙世灏，经蔡元培等的介绍于1931年4月23日—5月6日在明复图书馆举行个人画展；1931年12月10日，中央研究院物理所邀请国联教育考察团代表法国著名物理学家郎之万（P. Langevin）在明复图书馆三楼演讲磁学之现代观念；"一·二八"事变中，中央研究院地质所曾假明复图书馆办公，而大同大学、交通大学亦曾将图书、仪器寄存于此。③ 1932年12月26日，中央研究院在明复图书馆举行第一次公开演讲，史语所考古组主任李济演讲《河南考古最近之发现》，并陈列展览考古出土文物。出席会议的有蔡元培、杨铨、叶恭绰及听众三百余人。[21] 1933年2月18日，中国科学社开始在明复图书馆举行系列生物学演讲，由秉志主持，依讲题性质，聘请专家分别担任，先后共举行了十讲。第一讲为秉志《生物学发达史略》，第四讲为裴鉴《植物与人生》。[22] 同年5月14日，中国考古学会在明复图书馆举行成立大会。[23] 9月，马可尼来沪，上海各教育文化学术机构先后在明复图书馆召开多次筹备会议，以欢迎马可尼。

当然，明复图书馆作为公共空间的同时，也非常注意与政治的关系。1931年韩国独立运动领袖安昌浩商借演讲室召开"兴士团大会年会"，被理事会以"该会虽以修养人格、神圣团结为目的，但究非纯粹学术性质之集会"为理由，予以拒绝。[24] "九一八"事变后，上海各大学校长于9月28日在明复图书馆开谈话会，讨论对付

---

①《社友》第7号（1931年2月15日）。

②《社友》第5号（1931年1月12日）。

③《社友》第8号（1931年4月15日）、第9号（1931年5月10日）、第17号（1931年12月10日）、第21号（1932年6月15日）。

日本暴行办法。[25]前者虽为年会，似乎并非政治性诉求，但其组织完全是政治性的，中国科学社不愿牵涉其间；后者是上海各大学校长商讨“九一八”事变后的应变办法，虽属政治性活动，但为学术界行动。中国科学社非常清楚二者之间的界限与分别。面对日本不断加强对中国的侵略，身处北平的学术文化机构未雨绸缪，或全部南迁如中央研究院心理所等，或主体南迁如地质调查所。国立北平图书馆也于1935年底将部分书籍（主要是善本之类）南运，其中相当部分寄存在明复图书馆（中文书籍80箱，不得拆箱开放；西文书籍146箱，由北平图书馆派员拆箱，并在明复图书馆公开阅读）。[26]并就此与明复图书馆进行合作，由北平图书馆派有经验的馆员到明复图书馆，由中国科学社聘请，协助明复图书馆馆务。[27]《社友》曾这样报道称：

国立北平图书馆与本社订定合作办法，将一部分书籍运沪，分存本社明复图书馆，以供东南人士之参考。业已运到中西重要图书杂志四百余箱，并将派馆员五六人来社协助馆务，其中二人已到，正在开箱整理。国外订购之一部分新书亦径寄本社收藏，一俟部署定当，即可公开阅览，裨益东南学术界不浅也。[28]

随着明复图书馆影响的日益增大，来馆阅读与借阅的读者越来越多，仅仅借阅三本书的规定完全不能满足读者的要求。中国科学社特将图书馆三楼空闲房间专辟为读书室，“略置书架、桌椅”，供读者租用，“可多借图书阅读，惟不得携出馆外，并酌收租金”。[29]为进一步规划与有序发展图书馆事业，1935年9月9日理事会议决成立图书馆委员会，主持图书馆行政方针与选购图书杂志，推举胡刚复、王云五、尤志迈、杨孝述、刘咸为委员。当日理事会还议决明复图书馆添购图书杂志，应避免购买上海各专门学术机关图书馆已备有者；注重通俗科学及数学图书杂志的购备。[30]9月21日，图书馆委员会召开第一次会议，王云五因事不克出席，电话中表达意见，提出明复图书馆应保持专业图书馆性质，尽全力购买专门性质杂志图书，有余力再购买通俗科学书籍。理由是普通图书馆已有不少，应保持特色，与理事会决议相左。胡刚复赞同王云五意见，因为经费有限，订购各种专业性杂志，并购买新出版的重要科学书籍，“至于阅览人数多寡，不必注意；盖本馆既为专门性之图书馆，自不能与其他普通图书馆相比”。最终形成决议，用中国科学社出版品向各学会及出版机构交换书报，以减少费用；以学术价值、是否与上海其他机关重复等为标准订购杂志；各图书委员负责选购各自专业图书，如尤怀皋负责农业、医学、卫生、教育，杨孝述负责工业等。[31]

1928 年 5 月,中国近代数学先驱周达向中国科学社捐赠他历年收藏的中、英、日文数学书籍及杂志 546 种 2 350 册,“其间已经绝版之秘本珍刊颇多,恐国内各图书馆收藏之数学书籍,无此美富”,价值万元以上。[32] 周达(1879—1949),字美权,安徽东至人。出生世家,祖父为晚清疆臣周馥,叔父为当时北方实业界代表人物周学熙。他自幼喜好数学,20 岁即撰有数学专著。1900 年在扬州创办数学学术社团——知新算社,“每月例会三次,演说学理,互相研究”。1902 年游历日本,认识到日本数学发展已超过中国;曾当选日本东京帝国大学“数学物理学会”会员。他的数学研究属于“传统与近代之间”,既有对中国古算的阐发,也有对西方数学问题的研讨,“对我国早期现代数学引进、消化和传播”有相当的贡献。[33] 周达积极参与中国科学社活动,1921 年当选特社员,1923 年被举为上海社友会第一届理事长。明复图书馆建成后,专辟一室收藏和陈列周达捐赠,名曰“美权算学图书室”,作为数学工作者交流、研究与学习的专门场所。1935 年中国数学会在上海成立,该图书室是一个非常重要的砝码。周达也当选中国数学会首届董事,“美权算学图书室”被指定为中国数学会会所。①

除周达捐赠算学书刊而外,金叔初也向中国科学社捐赠贝壳学书刊,其成为明复图书馆的镇馆之宝。金叔初(1886—1949),名绍基,浙江吴兴人。1902 年赴英国留学习电机,回国任教于南洋公学,后弃教经商,收获颇丰。喜好博物学,参与组织北平博物学会,曾任北平美术学院副院长、北平博物学会会长等,是当时国内贝壳学研究专家,所著《北戴河之贝壳》“脍炙人口,为习斯学者所奉为圭臬”。生平不惜巨资广搜贝壳学图书,“经二十年不断收藏,遂蔚为东亚最完善之贝壳学图书馆”,共 128 种二千余册,“就中整套杂志不下十余种,凡英、德、法、美、比、日各国之斯学杂志,皆粲然大备,……洵为现今不易搜罗之专门典籍”,价值在 5 万元以上。金叔初到南京中国科学社生物研究所参观,对生物研究所所取得的成绩“甚致赞佩”,对生物研究所图书资料的缺乏深表同情,慨然允诺将平生搜集的贝壳学图书全部捐赠给中国科学社图书馆,“藉便公开阅览,以利专门学者之研究”。中国科学社接受捐赠后,理事会议决由明复图书馆馆长刘咸专程北上接洽,并援引周达捐赠成例,在明复图书馆内特辟“叔初贝壳学图书室”,并将室中藏书编目,印成专册,分寄国内各学术机关,“藉便众览”。[34]

珍珠港事变后,日本占领当局曾派人到明复图书馆命令交出全部贝壳学书刊。

---

① 参阅拙文《学术与工商的聚合和疏离——中国数学会在上海》,梁元生等主编《双龙吐艳:沪港之文化交流与互动》,沪港发展联合研究所、香港中文大学香港亚太研究所,2005 年。

经再三疏通仍无效果，不得已想到社员沈璿曾留学日本、在上海自然科学研究所工作过，其岳父是当过“北平政务整理委员会委员长”的黄郛，或许能有办法。经沈璿交涉后，日方不来人催逼了。但两天后，沈璇亲自到图书馆中从贝壳学杂志中选出两期，说这两期非抽去不可。抽掉两期后，原来齐全的整套杂志就残缺了。后来知道天皇收藏的贝壳学杂志中独缺这两本，所以一定要为他配齐。抗战胜利后，中国科学社通过驻日盟军总部最终索回了原书，可谓“完璧归赵”。[35]

中国科学社还曾收到其他一些社会捐赠，例如黄郛曾向中国科学社捐赠中文书371 册、日文书 69 册、地图 3 幅、西文书 153 册。[36] 中国科学社作为一个民间社团，经费有限，依靠这些民间捐赠，明复图书馆逐渐成为当时国内最为重要的科技图书馆。对于这些捐赠者，正如中国科学社对金叔初的评论说：“热爱科学，急公好善者，可以说风矣！”[34]

第三节　创办科学图书仪器公司

卷帙浩繁的《竺可桢日记》开篇不久，竺可桢就因中国科学图书仪器公司问题反省自己有“假公济私之嫌疑”。在 1936 年 2 月 8 日日记中，竺可桢说：“中国科学公司股票事使余不愉快。但余重思，觉此事之错全在余，盖初不应该卖股票给公家，至少有假公济私之嫌疑。该股票之是否值钱，乃另一问题。……去夏赴广西出席科学社年会而支公家旅费，亦是不应该的事。昔人谓内省不疚，余实不能无慊于怀，后当勉之。”[37] 给竺可桢带来烦恼的中国科学图书仪器公司，是中国科学社创办极为成功的企业，对中国科技出版事业贡献极大。

《科学》自 1922 年 5 月交商务印书馆承印后，不时被延期，如 1924 年 5 月出版第 9 卷第 5 期，第 6 期直到 11 月才出版，延宕半年之久；1926—1927 年度第 11 卷第 8 期到第 12 卷第 7 期，不能如期出版者达 5 期。中国科学社与商务的出版合同也一直不断商讨修改，如 1923 年 10 月的第一次理事大会中，曾有从商务收回自行印刷的议案，最终被否决，以为《科学》稿件质量更为重要。① 1927 年 10 月，商务印书馆提出

---

①《第 1 次理事大会记录》(1923 年 10 月 21 日)，上海市档案馆藏档案，Q546－1－63－28。相关《科学》的出版情况参阅拙文《〈科学〉的出版印刷考》(待刊)。

《科学》每份每年加价到 3 元，每期销售 2 000 份，若再加上赠送社员等，将增加费用不少。为出版质量计，12 月 9 日，理事会还是议决通过商务印书馆的吁求。[①] 但不久，商务印书馆不愿履行合同。1928 年 3 月，中国科学社不得已只得收回自办，由华丰印刷所承印，合同半年。与华丰接洽下来，称稿件交去后半月即可出版，每期约需印价 300 元，理事会议决《科学》自第 13 卷起由华丰印刷，并推定朱少屏、曹惠群、程瀛章三人组织经理部，主持《科学》杂志发行一切事务。[②] 不想，华丰不但延期，而且纸张质量亦差，插图模糊不清。面对如此情况，中国科学社只得另辟蹊径。

1929 年 4 月 28 日，中国科学社理事会第 78 次会议在上海社所召开，出席会议的有竺可桢（社长）、翁文灏、王琎、胡刚复、杨铨、周仁和杨孝述（记录）。刚出任总干事不久的杨孝述，已经替代朱少屏等具体负责《科学》的出版发行，面临出版窘状，提出了中国科学社自行创办出版公司的议案：

本社创议自办印刷所已历多年，迄未实行，现沪上印刷所虽见林立，而事实上供不应求，本社如能自办印刷所，不独便利本社，抑且便利其他学术机关之出版，对于发展文化关系甚大，又经详细调查印刷事业，利息甚优，本社经营此事，实为良好之投资，惟宜与商股合办，取其监督较严。[③]

杨孝述的提案指出，自办印刷事业不仅可以解决中国科学社自身的印刷事务（包括《科学》杂志、“科学丛书”、生物研究所研究报告等），以专业的技术服务于其他学术机关，这自然是发展中国科学文化的“利器”，更重要的是，还可以因此获利，能更好地服务于中国科学社自身的发展。如《科学》创刊时采取股份公司形式一样，印刷业务也商股合办，“取其监督较严”。杨孝述的提议得到杨铨的赞同，并说印刷之外还可经营图书及仪器。理事会决议先办印刷所，资本额 3 万元，社中投资 1.5 万元，其余招募商股，社员可优先购买；每股 100 元，商股每人不能超过 30 股，而且如果商股出售，中国科学社有承购优先权。推定杨铨、周仁、杨孝述负责草拟组织章程。

6 月准备就绪，派定周仁、杨铨和竺可桢作为中国科学社代表出席股东大会。因中国科学社股金暂居一半，在控股上出现问题，决议放弃 50 股，在章程中规定每股一权，“以求大小股东平等待遇”。设立该公司原初目标仅办理印刷所，“后以本社事业甚多，欲尽量发展我国科学，非达到自制科学仪器目的不可”，于是重新定名为中国

---

① 《理事会第 62 次会议记录》（1927 年 12 月 9 日），上海市档案馆藏档案，Q546－1－64－1。
② 《理事会第 66 次会议记录》（1928 年 4 月 4 日），上海市档案馆藏档案，Q546－1－64－13。
③ 《理事会第 78 次会议记录》（1929 年 4 月 28 日），上海市档案馆藏档案，Q546－1－64－41。

科学图书仪器公司。9月正式开张,12月营业。成立之初,中国科学图书仪器公司租赁位于上海英租界的慕尔鸣路(今上海市茂名北路)122—126号民房为厂址,设备有对开机一架、脚踏架三架、德国全张机一架、英国排铸机一架。当时有广告如是说:发行图书杂志、仪器标本、学校用品,承印中西各项印件、精制铜版锌版,经理中国科学社及地质调查所各种图书杂志及动植矿物标本。① 不久专为公司"科学印刷所"发布广告说:承接各项精美印件;算术书版及美术铜版更为专长;特备最新式 Linotype,西文出品尤能精良迅速;另设装订厂专接书报精装、银行簿册及记录卡片;价格克己、出版准期,零杂印件一律欢迎。② 从早期两份广告可以看出,虽然经营范围有所变化,但主要业务还是印刷。正如《科学》报道所说:"目前设施系注全力于印刷方面,训练一班能排科学书籍之工人,以树根基。兼设图书文具部以为图书仪器事业之一小起点。"[38]

图6-9 中国科学图书仪器公司早期两份广告

图6-10 中国科学图书仪器公司初创时位于英租界慕尔鸣路民房厂址(左)及福煦路(今上海市延安中路)三层钢筋水泥办公大楼

①《科学》第14卷第1期广告页(1929年9月25日出版)。

②《科学》第14卷第8期广告页(1930年4月1日出版)。

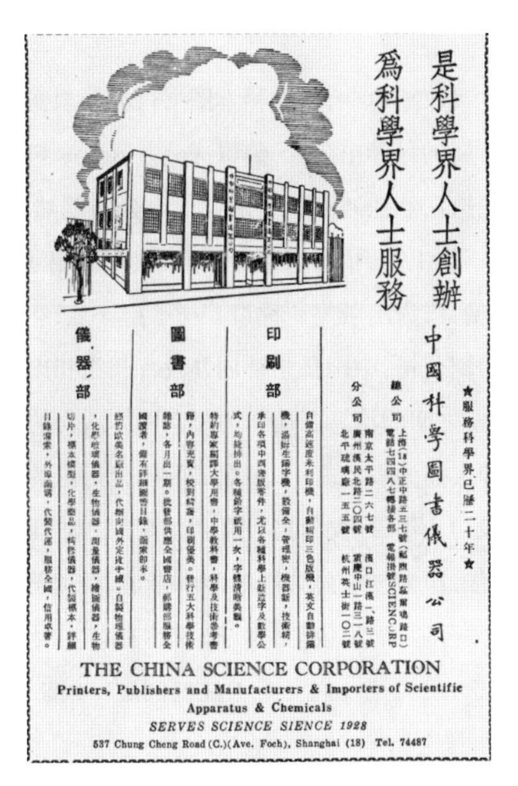

图 6－11 1948 年中国科学图书仪器公司在《科学》杂志所做的广告

后因营业扩展，翌年 9 月增资为 6 万元；1932 年 7 月又增为 10 万元。1932 年 12 月，迁入福煦路（今延安中路）537 号三层钢筋水泥大厦，内部均照现代新式印刷厂布置，底层为发行所、总管理处及书版印机工厂，二楼为零件印机工厂、装订工厂及原料栈，三楼为中西文排字工厂和铸字工厂。1936 年 3 月，在福履理路（今建国西路）设第二厂。1937 年，资本增加至 20 万元，添设自动机铸字部，大量铸造，实行中文全用新字排版办法，在北四川路（今上海市四川北路）设第三分厂。中国科学社在股权上控制该公司，杨孝述和周仁每天下班后都到公司工作，检查账目、处理业务，义务加班数小时，不取丝毫报酬。[35] 经营业务除编辑印行《科学画报》等外，还发售中外文的图画书报、月刊杂志和仪器文具、中学各项理科教科书等，逐渐发展为规模较大、设备较全的印刷机构，可与商务印书馆、中华书局和世界书局等几家大书局的印刷厂相媲美，“深得学术界之信仰，便利于科学的出版物不少”，成为中国最为有名的科学出版机构，分为印刷部、图书部、仪器部三个部门，在南京、北平、汉口、重庆、广州等地设有分公司，在中国科学图书的印刷、科学仪器的制备上有着十分重要的地位。1948 年在《科学》杂志做广告，宣称“是科学界人士创办，为科学界人士服务”，中国“历史最久、规模最大、设备最好、出品最多”的图书仪器公司。

上海工商业社会主义改造时期，中国科学图书仪器公司实行公私合营，印刷厂部分合并到中国科学院所属的科学出版社，编辑部分并入上海科学技术出版社，仪器部分并于上海量具工具制造厂。任鸿隽总结说："这个公司既然不是以营利为目的，所以它的印刷业务，总能不惜工本，精益求精。因此，它训练出了许多排印复杂算式及科学公式的能手，出品精良，为出版界所称道。"[39]

有了自己的出版印刷公司，中国科学社创办发行刊物和出版书籍也就更为方便。中国科学社成立后，社友之间的消息互通作为维系团体活力的方略之一，一直是社务具体主持者最为关注和头痛的事务之一，多次成为年会讨论的议题，也一直是未能很好解决的难题之一。最初几年，社友消息一直刊登在《科学》上。随着《科学》影响日渐增大，学术性日渐增强，作为一份公共性的学术杂志，继续登载社员消息之类相对私人性的内容，似乎不太合适，而且也与《科学》宗旨相背。因此，寻找一个平台或载体，交流社友之间的信息，成为社友们一直关注的问题。1928 年 5 月出版的《科学》曾刊登"编辑部启事"如是说：

本社为谋社友与社中消息灵通计，每月就《科学》中编"社闻"一栏，专载本社各部各分社进行概况及社友通信等件，俟将来稿件丰富时拟另发行半月刊一种，当益便利也。务恳诸社友共襄其成，各将个人事业进行概况及行止，时时赐知；更有关于我国科学界之一切消息亦祈各就闻见，不吝惠示。[40]

可见，中国科学社此时已有出版一种半月刊专载社友信息的计划，只是因为信息分量不足，不能成刊，希望各位社友不仅报告自己的行止，更能将学术界的相关消息报告。

1930 年 10 月 13 日理事会上，总干事杨孝述提案说，"社闻"向来在《科学》内刊布，"惟《科学》为纯粹学术刊物且读者不限于社员"，计划自《科学》第 15 卷起不再刊载"社闻"，"另印单张发行，以资灵通消息而利社务进行"。议案通过，并确定"此项社闻专刊定名为《社友》"。[41]当年 10 月 25 日，中国科学社成立十五周年之际，《社友》创刊。时任社长、中央研究院化学所所长王琎发表《中国科学社十五周纪念与〈社友〉》，可以看作发刊词。王琎说：

本社的【之】所以有今日和各事业的勉强进行，可以说全靠着各社员的热心和合作。我们在十五周纪念的时候，应特别感谢社友和希望社友。感谢的是他们过去的维持和赞助，希望的是他们继续的努力。我们新出版的《社友》，便因为要达到这希望而产生的。这几年来，我们社员数目增加不少。他们的行踪现况，事业学问，我们都应该晓得，他们对于本社社务有什么意见批评和建议，我们都应该听到。各处社友会的设施和联络，我们也要知道。这种种消息和议论，多可在《社友》这刊物内发表。有了《社友》，本社就像人身的血脉流通，增加康健，各种事业便都要跟着进步。[42]

《社友》创刊后，具体事务由总干事、科学图书仪器公司总经理杨孝述负责，设有建议、评论、各部消息、分社及社友会消息、社友通讯、社友文艺杂录等栏目，每期16开4页（间有6－8页不等）。计划每月出刊一期，亦有一月两期或两月一期，并不完全固定，到1937年7月20日，共正常出刊61期。后停刊一年有余，直到1939年1月15日才复刊出版第62期，其《编者谨启》说："在此期间，国家遭遇空前惨劫，各地社友颠沛流离，人事变迁，交通阻梗，彼此消息，致多隔阂，急应复刊，藉资联络，甚望各地社友时通音讯，以实本刊为幸。"此后正常出刊到1941年11月5日第72期，因太平洋战争爆发，总社内迁重庆，上海社务基本停止而停刊。此后虽在内地由卢于道负责出版记载1943年联合年会的特刊和一些期号，①但并未像《科学》一样在大后方

图6－12　1930年中国科学社成立15周年纪念时，由赵元任谱曲、胡适作词的《中国科学社社歌》，曾刊载《社友》创刊号上

---

① 据于诗鸢第73期《复刊辞》说，抗战期间大后方仅由卢于道负责出版1943年年会特刊一号，现档案中发现当时曾有多期《社友》发刊，但具体情况如何，有待进一步查证。

正式复刊。直到抗战胜利两年后的1947年6月30日,《社友》第73期发刊,宣告复刊。正常出刊至1949年1月31日第91、92期合刊,因政权转换等原因停刊。1949年10月25日,借助庆祝中国科学社成立35周年之际,《社友》也复刊出刊第93期共16页。但此次复刊,仅此一期,在《科学》等中国科学社各项事业日渐没落之期,《社友》也宣告完全退出历史舞台。《社友》广泛记载了社员的活动与社务进行状况,是了解当时中国科学界"实态"的一份重要资料,值得研究者们进一步研究与利用。①

《科学》创刊后,一直摇摆于专业与通俗之间,在美国期间董事会也曾通过将《科学》分为"通俗"与"专门"两刊的计划,但这无论是财力(中国科学社经费根本不足以支撑两刊的出版发行)还是学术储备(当时中国科学技术的发展现状使专业刊物的创刊发行也根本不可能)都超前的计划自然难以实现。中国科学社搬迁回国后,也有与报刊合作或独自创办科普刊物进行科学普及的计划与方案,但也因各种各样的原因,未能实现。如1923年任鸿隽、杨铨书信往返商量《科学》与戈公振主持的《时报》合作,在《时报》刊载科普文字。[43] 工业实业家范旭东曾向中国科学社允诺以每月1 000元津贴创办《科学周刊》。理事会决议由《科学》编辑部请专人主持,"以后通俗文字及社员通讯、社闻等即可登周刊上"。② 这些努力都毫无结果。直到1933年8月,中国科学社才创办了专门的科普刊物《科学画报》,并发展成为中国科普期刊的旗帜,本书中篇将有专门章节分析《科学画报》的科学传播,这里就不赘述。

为了扩大中国科学社普及宣传的力度与广度,中国科学社总是竭力与其他大众传媒寻求合作。1935年11月1日,中国科学社与《申报》合作创办"科学丛谈"专栏周刊发刊。卢于道在"导言"中说,中国科学社成立20年来,一直竭力将科学贡献给社会,"渐渐业已得到社会的赞助和认识",但感觉到以往所做各种事业,"有些太专门,恐怕还不能普及到大众",因此与"国内唯一的历史最久的大报"《申报》合作,发刊"科学丛谈",必将大大促进民众对科学的理解:

我们认定中国缺乏的是科学。我们认定二十世纪是科学时代,我们更认定要把中国现代化,更离不了科学,然而发展科学断乎不是少数科学家所能为力的,所以我们更希望把科学大众化。即如这"丛谈"主编的都是科学专家,而所谈的却都是普通

① 据笔者调查,保存中国科学社出版物最多的明复图书馆并入其间的上海图书馆藏有《社友》,但缺正常出版的第58号,抗战期间在大后方出版的各号都没有。有望方家指点,并发挥数字时代的优势收齐全套,以利研究。

②《理事会第64次会议记录》(1928年2月16日),上海市档案馆藏档案,Q546-1-64-5。

科学的事实。这"丛谈"里所讲的是科学原理,而谈法却又十分通俗易晓。我们分出一部份专门研究的时间,希望这科学智识从少数人的书包里传播到大家的头脑中。我们更盼望读者们从这些"丛谈"里能够知道些天空的奇妙,生命的消长,物理的蕴奥,化学的神秘以及一切科学的新鲜玩意儿。渐渐地把生活科学化,更进一步而使我们中国科学化,科学中国化,那末我们方才对得起数十万爱护《申报》与中国科学社的读者。[44]

"科学丛谈"专栏原计划每周两期,每期三千字。但因经济不景气,申报馆广告大为减少,只得改为每周一期。丛谈因属于科普,"说理应谨严而文华须生动有趣,以合于一般人之阅读"。[45]到1936年6月21日,专栏不知何故停顿,仅仅发刊半年多一点。周刊先后发表有张钰哲《闲话秋星》,李寅恭、马大浦《森林与人生》,卢于道《脑的发长和运用》,萧孝嵘《心理学的应用》,张钰哲《明月投怀》,秉志《动物与人生》,罗清生《谈谈犬疯》,张楚宝《谈红叶》,高飞《人造丝》,李寅恭《植树防空谈》,杏邨《昆虫的生殖和发生》《蝗》等文章。从作者与篇目来看,"科学丛谈"绝对是专业科学家写作的科普文章,无论是张钰哲的天文学、李寅恭和张楚宝的林学、卢于道的神经学,还是秉志、罗清生的动物学和萧孝嵘的心理学等,都在近代中国科学发展史上留下了深深的印记,张钰哲、李寅恭、卢于道、秉志等都是近代中国彪炳史册的科学家。《科学》虽然创办二十来年,《科学画报》也创刊两三年,但它们的受众无论是人数还是广度,自然都不能与《申报》相提并论,中国科学社所宣扬的"科学"通过《申报》这一媒介进入了千家万户。虽然"科学丛谈"篇幅并不大,延续时间也不长,但"中国科学社"这一符号通过《申报》得到了广泛的传播。

在科学普及上,中国科学社还积极响应政府号召,设立科学咨询处。中国科学社成立伊始就有科学咨询业务,但限于自身的科学水准和中国科学发展的现状,既无可以提供咨询的能力与成果,社会上似乎也没有这样的需求,因此一直未能有所成效。南京国民政府成立后,教育部"为推广学术研究起见,曾令全国国立各大学,酌设研究所,并令各大学及学术机关酌设科学咨询处,以供社会人士对于科学之咨询及研究",订立了"科学咨询处办法"。[46]国立各大学似乎并没有积极响应政府号召,其他各学术机关反应也不热烈,而中国科学社却积极与政府合作。教育部相关"科学咨询处"六条办法公布后,1929年12月5日理事会决议附设咨询处,由总干事负责,所有问答每月在《科学》内发表。中国科学社附设"科学咨询处""缘起"说:

本社十余年来一以联络同志、提倡科学研究为宗旨,凡足以助研究科学者莫不勉力创行竭诚辅佐,近见学者每遇科学难题,无处咨询,往往废然兴叹阻其成功之路,抑其进取之心莫此为甚。本社有鉴于斯,且秉中央政府之意,爰有科学咨询处之附设,凡实业团体以及青年学者遇有科学上疑问无处咨询者,均可迳函本社咨询处,由本社专家社员详为答复,务使疑难冰释。[47]

同时刊布"咨询处简章"。首批咨询者是中国科学社社员,大概有"示范"的意思:一是李赋京询问中药"苦参"情况,由钱崇澍作答;二是杨孝述向海内外学者征求一物理术语翻译问题。[48]由于《科学》发行量不大,影响范围有限,来函咨询者并不多,第一年仅有25件,其中算学3件,物理3件,化学9件,天文、生物、医学、机械各2件,农学、普通各1件。大多是一般常识,只有云南一家工厂咨询有关办理电石厂及煤气公司、电机制造等事宜颇有意义。咨询来件区域国内有上海、北平、南京、云南、天津、杭州,海外有南洋小吕宋(今菲律宾一带)等。《科学画报》创刊后,科学咨询移载该刊,由于发行量大,以实际问题来咨询者大为增加,每月达50件左右,社中以竺可桢、韩组康、沈璿、魏嵒寿、曹仲渊、杨肇燫、曹惠群、周仁、钱崇澍、张孟闻、卢于道等组成专门委员会,长期担任解答,"热心科学甚可感也"。① 1936年度函件超过一千,"各社员不惮烦劳,拟定答案,为社会服务之热忱,殊可感也"。② 后改为"读者来信",成为《科学画报》几十年不变的特色栏目。

随着科学普及与咨询声誉的日渐增长,中国科学社的科学宣传与普及的影响也日渐扩散,为科学技术的普及与应用做出了非常重要的贡献。也就是在这个过程中,中国科学社的社会影响与社会地位大为提升,不仅在学术界得到公认,在普通民众中也获得了声誉。

第四节　社会影响臻于鼎盛

到20世纪30年代,科学的本土化进程取得了显著成效,科研成就不断涌现,科学家社会角色开始真正形成。中国科学社发展中国科学的预期目标可谓达成,但中国科学社社员们深知,仅仅初步建立起中国科学技术体系,离"科学救国"的目标还

①《中国科学社第十九次年会纪事录·中国科学社总干事报告》,中国科学社,1934年,第5页。
②《中国科学社第二十一次年会报告·总干事报告》,中国科学社,1936年,第23-24页。

有长远距离，知识只有得到应用才能成为生产力。因此，中国科学社此后十分注重科学的应用，在不断加大力度从事科学普及与宣传的同时，自觉地将自身发展与国家、民族命运紧密联系在一起，积极介入"科学建国"方略的讨论与具体的国家建设事业之中，利用其积累的知识优势为国家的发展献计献策。

"九一八"事变之后，"中华民族的复兴"逐渐成为时代话语，中国科学社也从其专业立场出发奏出了属于自己的和弦，主持编纂的《科学的民族复兴》一书，就是其中一个重要的音符。1934 年 7 月 21 日，在第 118 次理事会上，时任中央研究院心理所专任研究员卢于道，提议由中国科学社邀集国内对民族学各方面素有研究的学者各就其专业分别撰写论文，编辑出版《科学的民族复兴》，从科学角度观察"中华民族复兴之道"。提案得到与会理事秉志、王琎、周仁、杨孝述和胡刚复的赞同，并议决通过推聘竺可桢、李振翩、卢于道、张其昀、李济、凌纯声、刘咸、吴陶民、吴骏一、陶云逵、袁贻诚为特约编纂，竺可桢、李振翩、卢于道为具体负责的"经理编辑"。[49] 编辑出版进入具体操作中，其间曾预备作为 1935 年 10 月中国科学社成立二十周年纪念物，因时间关系目标未能实现。1937 年 2 月，《科学的民族复兴》一书由科学图书仪器公司出版。

全书除竺可桢高屋建瓴的《序》外，有卢于道《中华民族之史的观察》、张其昀《中华民族之地理分布》、吕炯《中华民族与气候的关系》、孙本文《中华民族的特性及其与他民族的比较》、刘咸《中华民族之人种学的检讨》、卢于道《中国人脑及智力》、李振翩《中华民族的血属》、吴宪《中国之营养》、徐世瑾《中华民族之健康》、卢于道《中国人种之改良问题》和最后全书编者的《结论》，以生物学的眼光看待中华民族的复兴，从民族史、地理、气候、人种、智力等方面，全方位讨论了中华民族复兴之道，并相当尖锐地指出当时"对于各项民族复兴之工作，有开始者，有尚未开始者，总之离奏效之期尚远"。[50] 孙本文收到该书后，曾致函刘咸说："该书编制极审，内容至为切实，各篇都有精采。竺先生之序，词义并茂，读之铿然，足使学者油然而生民族复兴之思。我中华之复兴，殆以此书为喤引乎。"[51] 当然，中华民族并不会像孙本文所言，因该书的编辑出版就能"复兴"，但该书确为"民族复兴"开出了一剂药方。

"九一八"事变后，开发与建设西北和西南成为国家战略。中国科学社不顾鼠疫流行的危险，1932 年第十七次年会毅然于 8 月 13—20 日在西安举行，传播科学而外，并进行实地科学考察和研究，积极介入国家战略，"帮助政府之建设"。① 同时，国

①《中国科学社第十七次年会纪事录》，中国科学社，1932 年，第 6 页。

图 6-13　1932 年西安第十七次年会合影

民政府大举入川，筹备建设大后方。中国科学社 1933 年 8 月 16—21 日在重庆举行第十八次年会，与政府行动遥相呼应，会后并到成都考察。对于此次年会，川省当局甚为注重，希望中国科学社此次会议，能将科学知识输入军阀脑筋，使他们“趋向建设事业”而外，更希望中国科学社帮助川省调查“富源”，改进科学教育。年会期间，中国科学社也曾通过“建议四川当局组织四川富源调查利用委员会”“政府对于全国医药须用纯粹科学人才改进及整理案”“河南大学理学院生物系奉部令停办请援助案”“成渝铁路计划书拟请由中国科学社建议四川省政府采择修筑案”等相关四川建设和全国科学规划的 6 个重要议案。[52]

1934 年 8 月 21—26 日，中国科学社在庐山莲花谷青年会举行第十九次年会，会后赴南昌演讲，参观新建设工作。任鸿隽在开幕会上致辞说，中国科学社年会“渐渐成为重要之事，其旨在交换智识，参观国内各地，随处贡献意见。前年在陕西，去年在四川，以求遍及全国。本年在庐山，以其名胜学术均有地位……在在足供我人之研究”。① 可见，中国科学社到庐山召开年会，并非完全看中庐山夏天的清凉，而要进行调查研究，以提供建设的方案和规划。

为了提高年会召开对地方建设的有效性，1934 年年会曾有相关讨论。何鲁说每到一地应对地方性事物深入研究调查，才能有所贡献。提出下年广西年会，广西省政府应先提供资料，由学者们组织相关人员共同研究。广西代表马名海说年会“期在

①《中国科学社第十九次年会纪事录 · 第十九次年会记事》，中国科学社，1934 年，第 7 页。

指导建设，并促进科学空气。省府在年会之前，拟先提问题送社，分致各社员研究，以便年会时集中讨论"。① 1935 年年会上，广西省主席黄旭初对六科学团体联合年会也寄予厚望："这一次各学会联合许多科学家集中到敝省来，不单是在党政军部门负责的同人，得到不少的教益，同时可以趁着这机会，引起敝省的青年，增加研究科学的兴趣，这点于敝省的前途，尤有莫大的影响。"②年会除举行社务会、学术交流会外，举行了多场通俗科学演讲。

1936 年在"国防最前线"北平召开的联合年会，除了学术交流之外，更有向日本军国主义展现中国学人风貌之意，"希望由科学家团结之精神，树为模范，使全国上下，一律效之"，[53] 是"全国科学界对于政府'保障华北'的迫切请求"，更向侵略者宣告："北平是我们的，而且我们亦决不愿意放弃。"[54] 本以砥砺学问、讨论社务，以追求学术进步与团体进一步发展的学术社团年会，却因科学技术在国家建设中的重要作用，使处于象牙塔的学术深深地介入了当日中国社会的现实，特别是与国家建设的时代任务紧密相连，可以说为此后"科学建国"方略的提出奠立了相当基础。

自 1934 年起，中国科学社开始联合其他专业学术团体召开联合年会，在其间扮演领导角色，影响自然远较过去增大不少，也受到各地的极大欢迎。1934 年庐山年会时，出席开幕式有社员和来宾二百余人，包括蒋介石代表陈布雷、江西省主席熊式辉、教育部部长王世杰和国民党中央委员陈立夫等。陈布雷代表蒋介石讲话，说"贵社在此开会，蒋委员长很高兴，本要亲来与会，只以主持军训，疲劳过甚，亟须休养，特嘱本人代表参与盛会"。熊式辉、王世杰和陈立夫等都在开幕式讲话，对利用科学解决江西乃至国家现实问题寄予厚望。开会期间，蒋介石、宋美龄夫妇还专门在牯岭 13 号公馆设招待野餐会。1935 年年会，李宗仁、黄旭初不仅在开幕式上讲话，而且李宗仁、白崇禧、黄旭初分别以《广西建设经过及对国事的感想》《广西政治现状》《三自政策》各自做了超过两个小时的演讲报告。

1935 年 10 月，中国科学社迎来成立二十周年纪念，不仅各地社友会和分社举行庆祝会，还于 27 日在国立中央大学大礼堂进行了纪念大会。来自京(南京)、沪、平、汉、苏、杭、粤、桂、川、青、湘、赣各地社友及来宾 2 500 余人出席，中央大学校长罗家

---

①《中国科学社第十九次年会纪事录·第十九次年会记事》，中国科学社，1934 年，第 16－18 页。
②《中国科学社第二十次年会记事》，中国科学社，1935 年，第 7－8 页。

伦主席致开幕词，社长任鸿隽、国民政府代表褚民谊、理事马君武、胡适等先后讲话。下午参观中央广播电台等，并在中央大学举行科学演讲和表演。晚上竺可桢在电台演讲《中国古代科学不发达的原因》，并在中央大学礼堂和民众教育馆免费放映科普电影《流气体》《自然界之发明能力》《动物自卫》《由鸡蛋变鸡》《丝》《花生》《肥皂》《童子军》《国术》等，“两处均人满为患，后至者几无立观之地”。[55] 与会社友和嘉宾都人手一册《科学》“二十周年纪念号”。该特大号专载相关专业社友所撰各学科“最近二十年来之进展”，如李晓舫《廿年来恒星天文学进步之一瞥》、王恒守《近二十年原子物理学之演进》、曾昭抡《二十年来中国化学之进展》、胡先骕《二十年来中国植物学之进步》、王希成《二十年来发生学之进展》、吴襄《近二十年内分泌学的进步》、张其昀《近二十年来中国地理学之进步》、吕炯《廿年来中国气象学之进展》等，“或通论世界各该门科学之发展，或专述在吾国之状况”。[56] 当然，《科学》一期不能登载完毕各学科二十年来发展历史，以后各期陆续刊登，如严济慈《二十年来中国物理学之进展》等。后来，中国科学社以此为基础编辑出版《中国科学二十年》一书，作为“科学文库”第一种。①

在中国科学社不断发展壮大与影响日益扩展过程中，为给生物研究所的发展奠定更加稳固的基础，1931 年 8 月理事会决议为生物研究所募集基金，并通过“筹募基金启及捐款办法与基金保管简章”，但“不幸国家多故，先之以水灾，继之以外侮，基金之募随尔中止”，到 1933 年 8 月才由董事会发起正式募集。《中国科学社生物研究所筹募基金启》指出，在中国科学界起“椎轮”作用的生物研究所，虽已名声在外，但基础未固，因此要筹集 50 万元基金以巩固其发展：“生物研究所之创立，初无依藉；频年困苦支维，幸赖中华文化基金会之资助，此外即无所借箸。一旦有变迁，则此十数年来惨淡经营所得者，惟有竭蹶而萎耳。”此时正是生物研究所最为兴旺发达的时期，中国科学社有如此忧患意识，足见领导人之远见与卓识。基金启“附件一”对资金筹集办法有详细的规定，一人独捐 50 万元，基金以捐款人为名，并可以指定 3 人为基金董事，在社所塑像等“回馈”。以下有 10 万元、1 万元、1 000 元等捐款级别的

① “科学文库”因抗战爆发出版并不顺利，1941 年曾由刘咸主编一本《造纸》，具体出版有多少种，还需查证。中国科学社开启的“科学二十年”这总结性工作，是研究中国近代科学发展的基础性史料。三十周年纪念时，中国科学社继续这一总结性工作，有更多的相关文字存续。这一开创性工作也被其他团体如中国工程师学会所吸取，出版有《三十年来之中国工程》这样的著述，记载中国工程技术科学的发展史。相关中国科学社的科技史研究，参阅拙文《中国科学社的科技史研究》，《自然科学史研究》，2018 年第 2 期。

第十九卷 第十期　Vol. XIX, No. 10

SCIENCE

科學

中國科學社二十週年紀念號

中國科學社發行

科學第十九卷第十期目錄

图6－14　中国科学社为二十周年纪念所发行的《科学》纪念号封面及目录

图6－15　中国科学社二十周年纪念会留影(上)与二十周年上海社友会留影(下)

"褒扬"措施。"附件二"规定了基金的保管办法:由基金董事会管理,董事会9人组成,捐款董事以6人为限,其他3人分别为所长和从中国科学社董事中推举2人。[57]①

这样一个未雨绸缪的举措若取得成功,对中国学术界的影响可能是深远而广泛的,它不仅可以使生物研究所继续发展有所依托,真正成为中国生物学中心、世界生物学重镇而不倒,使中国对世界科学的贡献更为显著。更为重要的是,它可以开创国人大规模私人资助学术研究的风气,使对西方科学发展产生巨大影响的基金会制度在中国逐渐形成,并通过这一机制达到学术独立,这无论是对当时中国科学发展还是对未来中国科学的进步都有难以预料的影响。就像当初中国科学社刚回国的募捐一样,虽然发表启事的衮衮诸公蔡元培、吴稚晖、孙科、马相伯、熊希龄、孟森、汪精卫、宋汉章、胡敦复似乎都很有号召力或者说社会吸引力,但应者寥寥,留下的仅仅是此一"启事"、两"附件"及无济于事的些许捐赠。在中国这样一个没有私人资助学术发展传统的国度,要开一代风气确实困难。② 当时中国腰缠万贯者可能不少,但他们宁愿金钱耗费在其他方面,也不愿给予这利国利民的学术事业以些许希望。不知是否命中注定,没有募得50万元基金的生物研究所抗战前是中国成就最为特出的科研机构之一,也是中国最为重要的科研中心之一,抗战后基本销声匿迹,只有秉志等少数几个人苦苦支撑,未能最终"复员"。

胡先骕也说中国社会向来不知提倡科学研究的重要,陈嘉庚创办厦门大学,"可谓前无古人,而竟因其个人商业失败,致大学亦岌岌乎不能维持";范旭东创办黄海化学工业社、卢作孚出资创建西部科学院是社会创办科研机构的少数几个例子。与社会资助科学研究的贫乏相比,"无谓之慈善事业如兴修庙宇等,则踊跃输将者大有人在,以视欧美诸邦之富豪,每以巨款捐助教育与研究机关者,其智量之相去殆不可以道里计矣"。[58]必须指出的是,范旭东创办的黄海化学工业社主要目标是为其工厂服务,属于企业办科研一类;只有卢作孚的行为可以看作典型的社会资助科学的好例证,但没有组织完好的基金管理模式,虽有基金会的名义而无其内容与实质,"亦困

① 高叔平编《蔡元培全集》第6卷说此"启事"发布时期为1935年,不确。

② 根据艾尔曼的研究,学术资助对考据学派的诞生和发展有相当重要的作用(艾尔曼著,赵刚译《从理学到朴学——中华帝国晚期思想与社会变化面面观》,江苏人民出版社,1995年,第66、70-80页)。如此看来,中国并不缺乏学术资助的传统,其实看看艾尔曼的分析,主要是朝廷大员的所谓半官方资助,如徐干、阮元等。即使是一些大商人如盐商对学术的资助,也不是西方近代意义的科学基金形式的资助,而是想通过这一途径从商进入官这一场域,以获取更大的利益。

于经费支绌不能发展”。

南京国民政府成立后，中国科学社凭借其与政府较为良好的关系，获得了相当充足的发展经费与发展空间，到1937年抗战全面爆发前，其整个事业发展到巅峰。全国有3个社所，上海的总社所（有理事会、总办事处、明复图书馆及编辑部等）、南京社所（有生物研究所与图书馆）和广州社所。董事会由马相伯、蔡元培、汪精卫、熊希龄、吴稚晖、宋汉章、孙科、胡敦复、孟森和任鸿隽组成，任鸿隽任书记，蔡元培、宋汉章、胡敦复为基金监。理事会由翁文灏（社长）、杨孝述（总干事）、周仁（会计）、赵元任（常务）、胡刚复（常务）、秉志（常务）、竺可桢（常务）、马君武、胡适、任鸿隽、胡先骕、李四光、王琎、孙洪芬、严济慈组成，个个都是学术界响当当的人物，15人中有翁文灏、周仁、赵元任、秉志、竺可桢、胡适、胡先骕、李四光、严济慈等9人后当选首届中央研究院院士。美国分社由社长裘开明、书记陈世昌、会计高尚荫主持。全国还有12个社友会，由各地学术界领导人物主持：北平孙洪芬（理事长）、杨光弼（书记）、章元善（会计），上海曹惠群、何尚平、朱少屏，南京胡博渊、倪尚达、朱其清，苏州汪懋祖、王义珏、王世毅，杭州竺可桢、张绍忠、钱宝琮，重庆何鲁、曾义宇、温嗣康，青岛蒋丙然、李荫枌（书记兼会计），开封郝象吾、李燕亭、王金吾，梧州马君武、谢厚藩、衷至纯，成都任鸿隽、曾义宇、钱崇澍，广州陈宗南、张云、黄炳芳，天津李书田、杨绍曾、张兰阁。秉志为生物研究所所长兼动物部主任、钱崇澍为植物部主任兼秘书。图书馆委员会由胡刚复、尤志迈、王云五、杨孝述、刘咸组成，刘咸兼任馆长。《科学》主编刘咸，助理姚国珣，编辑部邀集了当时学术界的精英25人：范会国（上海国立交通大学）、杨钟健（北平地质调查所）、吕炯（中央研究院气象研究所）、李珩（青岛观象台）、钱崇澍（中国科学社生物研究所）、曹仲渊（上海大华无线电公司）、徐渊摩（中国科学图书仪器公司）、吴定良（中央研究院史语所）、卢于道（中央研究院心理所）、李赋京（开封河南大学）、欧阳翥（国立中央大学）、赵燏黄（北平天然博物院生理研究所）、杨孝述（中国科学社总干事）、张巨伯（浙江昆虫局）、冯泽芳（中央农业实验所）、吴有训（国立清华大学）、张江树（国立中央大学）、曾昭抡（国立北京大学）、张其昀（国立浙江大学）、顾毓琇（国立清华大学）、郑集（中国科学社生物研究所）、杨惟义（北平静生生物调查所）、王家楫（中央研究院动植物所）、袁翰青（国立中央大学）、魏喦寿（国立中央大学医学院）。既有著名国立大学交大、清华、北大、中央大学、浙大教授，也有国立中央研究院、中农所研究员；既有当时国内最为有名的专业研究机构地质调查所、生物研究所、静生生物调查所研究人员，也有一些技术性公司科研工作者。可以说,这些编辑可谓“一时之选”,25 人中有杨钟健、钱崇澍、吴定良、吴有训、曾昭抡、王家楫等 6 人当选首届中央研究院院士。①

南京政府成立十年来,中国科学社主要是扩展原有事业,正是从这一意义上,才说这十年是中国科学社的“黄金十年”。但与此同时,中国科学社在研究计划的扩张如理化研究所、数学研究所等的创建和向专门学会联合会或科学促进会角色转变的机制改进上连连受挫(本书第九章将专门分析),从这一意义上,这十年应是中国科学社发展并不顺利的十年。也就是说,在此期间,中国科学社的发展存在一个悖论:既发展又不发展。因此,要完整地评价这一时期中国科学社的发展,需要考虑这一发展悖论。这一悖论,其实在相当程度上可以从中国科学社与国民政府关系上得到阐释。中国科学社事业的发展得力于其领导层与国民政府良好的私人关系,因此能获取其他社团不能得到的发展资助,并能安然度过一些危机。但是,正是由于国民政府统治下的中国,并不是一个自由民主的社会,没有建立制度化的比较完善的民间社团与政府的良性互动关系,政府强力一直挤压着民间组织活动的空间,使中国科学社在自身制度建设上并无突破性发展,未能为以后的存续奠定制度性的基础。

参考文献

[1] 竺可桢. 思想自传//樊洪业. 竺可桢全集·第 4 卷. 上海:上海科技教育出版社,2004:91-92.
[2] 人民团体组织方案,文化团体组织原则,文化团体组织大纲(1930 年 1 月 23 日)//中国第二历史档案馆. 国民党政府政治制度档案史料选编(上册). 合肥:安徽教育出版社,1994:645-650.
[3] 任鸿隽. 中国科学社二十年之回顾. 科学,1935,19(10):1483-1486.
[4] 任鸿隽. 五十自述//任以都,口述,张朋园,等,采访. 任以都先生访问记录. 台北:“中央研究院”近代史研究所,1993:182.
[5] 中国科学社第十一次年会记事. 科学,1926,11(10):1471-1475.
[6] 国立中央研究院文书处. 国立中央研究院十七年度总报告. 45-47.
[7] 蔡元培. 祭杨铨时致词(1933 年 6 月 20 日)//高平叔. 蔡元培全集·第 6 卷. 北京:中华书局,1988:293.
[8] 蔡元培. 我在教育界的经验//欧阳哲生. 中国近代思想家文库·蔡元培卷. 北京:中国人民大学出版社,2014:591.
[9] 胡适. 丁在君这个人. 独立评论,1936,第 188 期:13。
[10] 中国科学社卅六来的总结报告//林丽成,章立言,张剑. 中国科学社档案资料整理与研究·发展历程史料. 上海:上海科学技术出版社,2015:284.
[11] 王汎森,等. 傅斯年遗札·第 1 卷. “中央研究院”历史语言研究所,2011:204-205.
[12] 李济. 对于丁文江所提倡的科学研究几段回忆//欧阳哲生. 丁文江先生学行录. 北京:中华书局,2008:228.

① 《科学》1937 年,第 21 卷第 1 期“职员表”。

[13] 吴大猷. 吴大猷文选·第7册. 台北:远流出版公司,1992:108-109.
[14] 国府二十四次常会纪. 申报,1927-12-18(10).
[15] 总干事报告. 科学,1928,13(5):696.
[16] 中国科学社生物研究所新屋落成. 科学,1931,15(6):989.
[17] 中国科学社图书馆·通告·现行简章·社员须知. 科学,1921,6(1):135-136.
[18] 理事会记录. 科学,1928,13(5):721.
[19] 明复图书馆奠基礼记. 科学,1929,14(4):603.
[20] 理事会第92次会议记录(1930年11月25日). 社友,1930,第4号:2.
[21] 李济博士昨演讲河南考古最近发见. 申报,1932-12-27(10).
[22] 中国科学社之演讲. 申报,1933-02-17(12).
[23] 中国考古会成立:通过章程及议决提案,推举蔡元培等为理事. 申报,1933-05-15(11).
[24] 理事会第96次会议记录(1931年8月7日). 社友,1931,第13号:2.
[25] 各大学校长谈话会. 申报,1931-09-29(9).
[26] 1935年12月6日及13日中国科学社函告收到寄存书及寄存契约//北京图书馆业务研究委员会. 北京图书馆馆史资料汇编(1909—1949). 北京:书目文献出版社,1992:429-432.
[27] 理事会第128次会议记录(1935年12月1日). 社友,1935,第52期:2.
[28] 平馆图书在沪开览(1936年1月12日). 社友,第52期:1.
[29] 理事会第99次会议记录(1932年1月9日). 社友,1932,第18号:1.
[30] 理事会第127次会议记录(1935年9月9日). 社友,1935,第50期:6.
[31] 中国科学社图书馆委员会第一次会议记录. 社友,1935,第51期:6-7.
[32] 社员周美权先生捐赠数学书籍与数学研究所之设立. 科学,1928,13(5):584.
[33] 胡炳生. 周达//程民德. 中国现代数学家传(第3卷). 南京:江苏教育出版社,1995:1-15.
[34] 金叔初先生捐赠本社图书. 科学,1936,20(5):414.
[35] 杨小佛. 记中国科学社. 中国科技史料,1980(2):76-77.
[36] 黄膺白先生捐书目录. 科学,1930,14(6):877.
[37] 樊洪业. 竺可桢全集·第6卷. 上海:上海科技教育出版社,2004:21.
[38] 筹备中国科学图书仪器之经过情形. 科学,1929,14(1):131-132.
[39] 任鸿隽. 中国科学社社史简述//林丽成,章立言,张剑. 中国科学社档案资料整理与研究·发展历程史料. 上海:上海科学技术出版社,2015:306.
[40] 编辑部启事. 科学,1928,13(5).
[41] 理事会第91次会议记录(1930年10月13日). 社友,1930,第1号:2.
[42] 王琎. 中国科学社十五周纪念与《社友》. 社友,1930,第1号:1.
[43] 中华人民共和国名誉主席宋庆龄陵园管理处. 啼痕——杨杏佛遗迹录. 上海:上海辞书出版社,2008:231-237.
[44] 卢于道. 导言. 申报,1935-11-01(8).
[45] 代编《申报》“科学丛谈”. 社友,1936,第52期:1.
[46] 黄季陆. 抗战前教育与学术//革命文献·第53辑. 台北:中国国民党中央委员会党史史料编纂委员会,1971:149.
[47] 中国科学社附设科学咨询处通告. 科学,1930,14(5).
[48] 科学咨询. 科学,1930,14(6):876.
[49] 中国科学社理事会记录. 社友,1934,第42号:1.
[50] 竺可桢,等. 科学的民族复兴. 上海:中国科学公司,1937.
[51] 周桂发,杨家润,张剑. 中国科学社档案资料整理与研究·书信选编. 上海:上海科学技术出版社,2015:167.
[52] 中国科学社第十八次年会纪事. 科学,1934,18(1):128-130.

[53] 刘咸. 前言. 科学,1936,20(10):788.
[54] 顾毓琇. 七科学团体联合年会的意义和使命. 科学,1936,20(10):794-795.
[55] 重熙. 中国科学社二十周年纪念大会记盛. 科学,1935,19(12):1906-1912.
[56] 编辑部启事. 科学,1935,19(10).
[57] 中国科学社生物研究所筹募基金启//高平叔. 蔡元培全集·第6卷. 北京:中华书局,1988:637-641.
[58] 胡先骕. 中国科学发达之展望. 科学,1936,20(10):793.

第七章　同仇敌忾中挺立与战后艰难维持

1937 年 3 月 20 日，中国科学社在杭州西湖饭店召开理事会，出席会议的有理事赵元任、马君武、竺可桢、周仁、杨孝述和胡刚复，董事兼基金监胡敦复列席。议决先在中国科学社成立数学股委员会，推举熊庆来、何衍璿、沈璿、胡坤陞、范会国、胡敦复、钱宝琮、顾澄、朱公谨为委员，胡敦复为委员长，负责拟定与中国数学会具体合作办法；当年年会联合数学、物理、动物、植物学会和将在年会上宣告成立的昆虫学会于 8 月 20—25 日在浙江大学举行，推定竺可桢、周象贤、胡刚复、茅以升、王徵、朱庭祜、赵曾珏、郑宗海、张绍忠、贺懋庆、钱宝琮为筹备委员，竺可桢为委员长，浙江省主席朱家骅为名誉委员长，卢于道、张江树、严济慈、谢家荣、王家楫、张景钺、朱公谨、钱天鹤、何之泰为论文委员，卢于道负责。[①] 此后，数学股委员会积极行动，7 月 24 日通过所拟定的合作办法，诸如合办数学研究所、出版数学丛书、创办中等数学教育杂志等；年会筹备委员会在竺可桢领导下也多次召开会议，积极筹备，并已拟定议程。

此时，反抗日本帝国主义侵略的抗日战争已经全面爆发，战火烧到了上海。筹备中的联合年会自然不能如期召开，为了保存中华民族发展的火种，除明复图书馆、《科学》和《科学画报》编辑部、中国科学仪器图书公司等事业和机构因地处法租界而留在上海外，其他事业主要有南京社所、生物研究所及图书馆与当时大多数机构一样汇入了世界历史上罕见的千里搬逃的洪流中，内迁重庆。在广大社员的努力下，上海社务一直坚守，内迁的生物研究所也一直坚持工作。但中国科学社从此不可避免地逐渐走向衰落，多种社务不能正常展开，南京社所和生物研究所被日本侵略军肆意毁坏。抗战胜利后，力图有所作为，终因环境制约，维持现状已告艰辛。

---

① 《社友》第 59 期，第 1 页。

第一节　另一种抗战:大上海的坚守与坚持

当南京社所、生物研究所内迁重庆时,限于人力物力,只将小部分书籍标本迁出,留下人员照顾所址并保管价值连城的书籍仪器和标本,不想全被日本侵略军毁坏。日寇占领南京后,首先派军队强占生物研究所,并肆意破坏所内设施。后来调访时,原驻防部队竟然放火将生物研究所烧毁,标本、仪器、书籍均荡然无存。据目击者说:

十二月十一日南京失陷,是夜即有日军驻于所内,至一月十二日渠在五台山了望,忽见文德里火光冲天,惨不忍睹。翌日调查,生物实验室新厦、北楼及白鼠实验室均已化为灰烬,南楼虽存,亦已破坏不堪。十余年惨淡经营,尽付东流,实为世界文化界之一大损失,不胜浩叹!①

日本人还用卡车运走了南楼所藏标本,门墙器具也被破坏得"残缺凌乱"。不得已,中国科学社只得雇佣两位老人看守残余房屋。不想,日本人最后也将南楼焚毁,"南京社所已成一片焦土"。不再雇人看守,"嘱在京友人将一切残余材料及园中树木捐助难胞",发挥社所最后的一点余热。[1]曾是那样蓬勃发达、活力四溢、成就卓著、中国生物学中心的生物研究所就这样被毁了。必须记住日本帝国主义对中国人民所犯下的滔天罪行,研究者在清算他们对中国文化的摧残时,仅注意到商务印书馆、南开大学等机构被毁情况,没有考虑到中国科学社生物研究所的损失,故记此,冀引起研究者们的注意。②

生物研究所内迁时,由于秉志夫人生病,他没有随迁。生物研究所被毁后,秉志"只身来沪"。此时上海有不少中国科学社社员。1939 年上海社友有 136 人之多,当年 8 月 26 日举行的交谊会,由孙洪芬、胡敦复、秉志、王琎、曹惠群、杨孝述、刘咸招待,到会除昆明社友饶毓泰、姜立夫外,有上海社友查谦、朱公谨、范会国、杨肇燫、裘维裕、潘承诰、蔡宾牟、周榕仙、陈德贞、周铭、唐寿源、张定钊、荣达坊、张忠辅、潘德孚、顾翼东、关实之、王志稼、金叔初、吴云瑞、陈雨苍、叶善定、赵药农、尤怀皋、邱培

---

①《科学画报》第 5 卷第 7 期,第 274 页。

② 有论者说日本帝国主义之所以如此痛恨生物研究所,主要是所长秉志领导同人成功抵制了以鱼类专家岸上谦吉为首的日本"科学远征队"去四川进行生物学调查,因此怀恨在心,伺机报复。其实,日本帝国主义对中国文化的摧残是其既定方针,并不仅仅针对某一机构或团体。

涵、顾世楫、汪胡桢、方子卫、李熙谋、薛绍清、竹垚生、刘树梅、潘序伦、蔡德粹、徐荫祺等 70 余人。[2]

翌年 9 月，中国科学社在昆明举行第二十二届年会，上海社友因交通不便不能与会，在上海举行年会，“藉示呼应”，到会社友有范会国、葛绥成、荣达坊、周榕仙、汪胡桢、周西屏、徐名模、陈世璋、唐凌阁、纪育沣、陈忠杰、雷垣、钱洪翔、马骏、吴雨霖、钟兆琳、周铭、顾鼎梅、顾世楫、吴树阁、沈良骅、赵志道、黄素封、寿彬、曹惠群、杨孝述、查谦、陈调甫、方子卫、项隆周、潘德孚、唐家珍、张僊无、刘咸、关实之、程瀛章、程延庆、沈璿、裘作霖、吴云瑞、蔡宾牟、宋大仁、胡君美、秦锡元、袁丕烈、关富权、顾翼东、倪钟骍、叶俊、方培寿、秉志、柴春霖、裘维裕等。[3]这些人主要以当时还在租界办学的上海交通大学、大同大学和由苏州迁沪的东吴大学教授为主体，他们中除秉志、胡敦复、刘咸、孙洪芬、杨孝述等中国科学社核心成员外，许多人也都在中国近代科学发展史上声名卓著，如查谦、朱公谨、范会国、杨肇燫、裘维裕、蔡宾牟、周铭、顾翼东、王志稼、赵药农、顾世楫、汪胡桢、陈世璋、方子卫、李熙谋、徐荫祺、纪育沣、钟兆琳、程瀛章、沈璿等。与秉志一起维持中国科学社社务的主要有中国科学社常务理事、总干事、《科学画报》总编辑、中国科学图书仪器公司总经理杨孝述，中国科学社理事、《科学》主编兼明复图书馆馆长刘咸，中国科学社理事、中基会董事与秘书孙洪芬，中国科学社董事胡敦复，中国科学社上海社友会会长曹惠群等。

秉志作为中国科学社 9 位创始人之一，长期担任理事、生物研究所所长，是中国科学社最为重要的领导人之一，也是中国生物学宗师。抗战期间，先后任中国科学社社长的翁文灏、任鸿隽在大后方，杨孝述 1929 年才进入领导层，刘咸是秉志的学生，孙洪芬以中基会为工作单位，胡敦复倾力于他创立的大同大学。因此，无论就个人资历、在学界的地位还是在中国科学社内部威望，秉志都是此时中国科学社在上海的灵魂与精神领袖。

秉志等维持的中国科学社相关事业，主要有中国科学社旗帜《科学》、通俗科普杂志《科学画报》的继续发刊，明复图书馆的继续开放等。抗战全面爆发后，学术机关迁徙不定，学术研究自难进行，编辑部与作者失去联系，“稿荒”与经费困难接踵而至，《科学》自 1937 年第 21 卷第 9、10 期开始两期合刊。1938 年底，刘咸发表《一年挣扎》，对祖国前途充满信心，“本年虽为最可惨痛之一年，同时亦为最可宝贵，最可欣慰之一年”，但谈及科学期刊的状况，不免悲愤：“科学刊物，则大都因人力财力支绌，被迫停刊，以致莘莘学子，平日所恃为知识食粮者，一旦中断，其为打击，与所受影响，更非物质损失，所可比拟，殊堪浩叹！"《科学》杂志，"在极端困难情形下，仍力图挣扎，藉谋继续，一年以来，虽稿件缺乏，纸墨腾贵，交通阻滞，销路欠畅，经勉力支持，得不中断，继续为科学界服务"，分量虽有减少，"内容仍旧一贯"，与那些受战事影响而不得不停刊的学术刊物相比，则"又不幸中之大幸""此则本社所引以为自慰，兼以告慰于国人者也"。[4]

所谓"天下之事，否极泰来，不远而复"。到1939年，因内迁各机构逐渐安定，科研工作日渐步入正轨，《科学》稿件大为充裕，自当年起恢复月刊，"足征我国科学界同仁之努力""以此例彼，颇足反映吾国前途之光明"。[5]1940年发刊完全面抗战期间的第4卷后，刘咸总结本卷所刊论文与记载各栏，认为"颇足反映吾国在此抗建大时期中一年来之科学进步""纯理科学不断进步""友邦人士，引为惊叹"；应用科学"尤有长足进步，差足应抗战之需求"。所收稿件较上年增加70%，但因物价腾贵，不得不缩编篇幅，由100页缩减至80页，再减至64页，"藉省纸墨印费，以维久远"，但"科学文字最重时间性，发表稽迟，良非所宜，因将各栏文字一律改用新五号字排印，缩小图表……以补篇幅之不足。然究因篇幅减少，来稿拥挤，以致许多鸿文宏著，未能早日刊布"。并发愿"社中经费无论如何困难，气压无论如何窒闷，本志生命务必维持，不致中断，俾在此大时期中，国人需要科学食粮孔亟之秋，得稍尽绵薄，服务社会"。[6]

科学发展日新月异，为保证科学研究的时效性，尽快将我国科学家的研究成果公诸于世，《科学》杂志可谓苦心孤诣。但无论秉志与刘咸等如何顽强坚持，厄运终至。太平洋战争爆发后，上海"孤岛"不存，早被列入"黑名单"的中国科学社自然不能幸免，《科学》完成第25卷后被迫宣告停刊，这是自1915年创刊以来第一次明确宣布停刊，主办人内心的痛楚自然可以想象。刘咸在第25卷卷末"完成感言"中说：

民国肇造，复兴科学，惩前毖后，基本是图，首重研究，次讲应用，循序渐进，急起直追，本志创刊，适当斯时，鼓吹提倡，不遗余力，用能广开风气，为天下先。……宣为学人所爱护，齐之于英之《自然》、美之《科学》之林，实至名归，非偶然也。……兹以环境愈趋困难，物资愈感匮乏，致令本刊不得不暂时停止在沪发行，永久事业，一旦停顿，殊堪浩叹，然实逼处此，谓之何哉！惟天道好还，不远而复，精神不死，恢复有期，希望不久将来，本志仍可以崭新姿态与读者相见。……吾辈生当今日，……固将沉毅用壮，见大丈夫之锋颖，疆立不反，可争可取而不可降。[7]

《科学》在上海虽然被迫暂时宣布停刊了，但它存续期间不仅翔实地记载了中国科学的发展，也为一代科学人才的成长提供了平台。

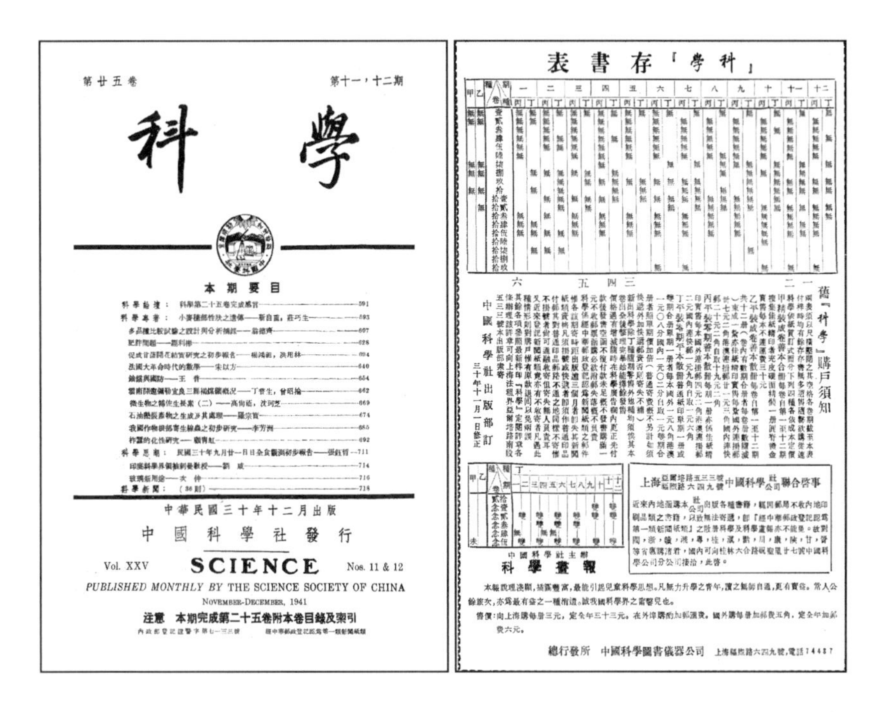

第廿五卷　　第十一，十二期

科學

本期要目

科學通論：科學第二十五卷完成感言——591
科學專著：小麥穗部性狀之遺傳——靳自重，莊巧生——593
多品種比較試驗之設計與分析摘誤——翁德齊——607
肥料問題——顧利彬——628
促成甘藷開花結實研究之初步報告——楊鴻祖，洪用林——634
法國大革命時代的數學——朱以方——640
鈾鐳與國防——王肯——654
雲南開遠彌勒宜良三縣褐煤礦概況——丁普生，曾昭掄——662
微生物之輔佐生長素（二）——高尚蔭，沈珂芝——669
石油熱裂產物之生成及其處理——羅宗實——674
我國作物根部寄生線蟲之初步研究——李芳洲——685
柞蠶的化性研究——劉青虹——692
科學思潮：民國三十年九月廿一日日全食觀測初步報告——張鈺哲——711
印度科學界領袖喇曼教授——劉咸——714
玻璃新用途——大仲——716
科學新聞：（36則）——718

中華民國三十年十二月出版

中國科學社發行

Vol. XXV　　SCIENCE　　Nos. 11 & 12

PUBLISHED MONTHLY BY THE SCIENCE SOCIETY OF CHINA

NOVEMBER-DECEMBER, 1941

注意　本期完成第二十五卷附本卷目錄及索引

「科學」存書表

舊「科學」購戶須知

中國科學社出版部訂

三十年十一月一日修正

上海亞爾培路五三三號 福煦路六四九號 中國科學社 公司 聯合啓事

近來內地函購本社公司出版各種書籍，輒因郵局不收內地印刷品類之書籍，以致無法寄遞，即『經中華郵政登記認爲第一類新聞紙類』之散册科學及科學畫報亦不能免。故對閩，浙，贛，湘，粵，桂，滇，黔，川，康，陝，甘，晉等省惠購諸君，國內可向桂林六合路觀聖里廿七號中國科學公司分公司接洽，此啓。

中國科學社主辦

科學畫報

本報說理淺顯，插圖豐富，最能引起兒童科學思想。凡無力升學之青年，讀之無師自通，更有實益。常人公餘旅次，亦爲最有益之一種消遣。誠我國科學界之需要見也。

售價：向上海購每册三元，定全年三十三元。在外埠購酌加郵匯費。國外購每册加郵費五角，定全年加郵費六元。

總行發所　中國科學圖書儀器公司　上海福煦路六四九號，電話74487

图 7-1 《科学》第 25 卷第 11—12 期合刊封面与封二

值得注意的是，封二有“中国科学社与中国科学公司联合启事”称：因邮局不收内地印刷品之类书籍，内地购买中国科学社刊物与科学公司书籍“无法寄递”，即使“经中华邮政登记认为第一类新闻纸类”的《科学》与《科学画报》也不能邮递。因此，闽、浙、赣、湘、粤、桂、滇、黔、川、康、陕、甘、晋等省读者，只得向桂林中国科学分公司接洽。

1933 年创刊的《科学画报》，曾创下年发行量超过 20 万份的记录，为中国科学社盈利不少。抗战全面爆发后，与《科学》一样，稿源成为问题，原来由知名科学家提供的稿件急剧减少，加之取材的外国期刊多不能输入上海，于是决议从 1939 年 8 月第 6 卷起由半月刊暂改为月刊，每期 60 页，但稿件仍不够，从第 8 卷起由 12 开本 60 页改成 18 开本的 80 页，篇幅又被削减。

与《科学》在太平洋战争爆发后被迫停刊不一样，《科学画报》继续维持。但因上海与内地联系完全中断，国外期刊亦较难输入，“科学新闻”内容大为减少，其他栏目也大为缩减。从 1942 年开始篇幅由 80 页减为 68 页，再减为 52 页，到胜利前夕仅有 36 页。销路也萎缩，印数急剧下降，最困难时期仅有几千份。[8]

内容方面，首先取消了“读者信箱”，因为回答读者关于科学上的问题，不仅十分繁杂，而且不是少数几个科学家就能解决的，“故信箱一栏亦不得不暂告停顿。惟年来读者仍多函询，每有不克奉答者，希谅之为幸”。第二，减少科学新闻。第三，减少插图，主要原因是制版费用大增。发行方面，自上海与内地邮运不通之后，就以每月纸型由香港运往桂林出版。太平洋战争爆发后，纸型也不能运了，就在桂林另组编辑部，特出桂林版。但因桂林的印刷所太忙，每期要延迟二三个月，一年只出得四五期，而且无法制铜锌版，结果成了没有图画的《科学画报》。[9]

1939年1月2日，有人发表文章指出，抗战以来，上海文化事业“一落千丈”“各大学校非迁移内地，即搬至租界，局促于住家之房屋中，图书馆设备毫无，莘莘学生，每苦无书可供参考”。当时可备学者参考利用的，有海关图书馆、工部局公共图书馆、震旦图书馆、徐家汇藏书楼、亚洲文会图书馆、法文协会图书馆、中国国际图书馆、青年协会图书馆、青年会图书馆、基督教大学联合图书馆和明复图书馆。这些图书馆，徐家汇藏书楼“须有介绍，方可入览”，海关图书馆“以英文之经济商业书籍为多”，中国国际图书馆“藏书偏于国际关系一方面者”，震旦图书馆“以法文书籍为多”，青年协会图书馆与青年会图书馆“则以基督教书籍为多”，明复图书馆“所藏之二百余种科学杂志，共计三万余册，最为珍贵，研究科学者可向是馆进行”。[10]可见，明复图书馆在孤岛时期上海的重要地位。

抗战全面爆发后，交通大学、大同大学借馆上课，上海附近大中小学校多迁沪开学，学生日众，而图书馆奇缺，明复图书馆阅览人数骤然上升，常常人满为患。据1940年中国科学社第二十二届年会报告称①，“本馆本为高深研究参考图书馆性质，为免拥挤计，阅读者概限大学高年级生之作毕业论文者”；1937年冬改换新阅览证，到1940年6月，发出428张，以大同大学、交通大学学生最多，沪江大学、东吴大学次之，“此外各工厂药厂之技术人员来馆请证者颇不乏人”。全面抗战三年以来阅览者每天25人，周六周日达四五十人，使仅有40个座位的阅览室“坐无隙地”；为方便读者，例假外不放寒暑假。“以前本馆读者本甚寥寥，战事期内转形热闹，故借书还书，备极忙碌”。另外，中英庚款补助人员李立柔、关富权、汪胡桢、王宗淦、周西屏、沈廷玉在馆从事科学研究，“本馆为服务科学界起见，特别予以便利”；与雷士德医学研究所、北平研究院药学研究所、上海医学院等开展馆际互借。

全面抗战以来，图书馆经费短缺，不能向国外订购新期刊，“但馆务又不能任令停顿”，于是以图书馆名义向欧美各国各学术团体及出版机构发出信函数百封，“请求免费赠阅向所订购之杂志，以免中断，一俟将来战事停止，本馆经济恢复常态，当继续订阅”。第一年有64%答应捐赠，有许多出版机构允低折扣订购，“凡所复信，对于

① 明复图书馆抗战期间情况除注明外，资料源于此次年会《明复图书馆报告》，《社友》第68期，第8－9页。

吾国之英勇抗战,表示同情与钦敬”。第二年下降至33%,第三年下降至25%,“虽统计数目下降,然不能谓系各国之同情心降低,实乃因再三请求,各学会成本攸关,决难作无止境之赠送,此吾人于感谢之余,所应谅解者也”。另外,相关机构中基会、天津北疆博物馆等与广大社友如任鸿隽、孙洪芬等也捐赠图书期刊不少。周达在原捐赠美权算学图书室基础上,有感于“泰西象数专籍,日异月新,若不随时扩增,难收温故知新之效”,而中国科学社经费有限,对西方数学书籍与期刊的订购并无良好计划,因此在六十寿辰再次捐赠美权算学图书室基金6 000元,另拨1 000元命其公子周炜良①选购欧美最新算学名著一并捐赠。[11]

明复图书馆亦成为孤岛时期科学家之家。当时滞留上海的中国数学会会长胡敦复,董事周达,常务理事朱公谨、范会国等,将投敌的董事兼《数学杂志》总编辑顾澄②开除,联络可以联络的领导成员,以胡敦复、周达、何鲁、朱公谨、王仁辅、魏嗣銮、郑之蕃、姜立夫、范会国重组《数学杂志》编委会,编辑出版《数学杂志》第2卷。[12]

太平洋战争爆发不几天,日本宪兵开车进入明复图书馆搜查,“见有‘主义’字样书报,一律抽走,前后几次,拿去几千本书刊”,并且命令图书馆关门。[13] 1942年3月,中国科学社总部内迁,理事会推举沈璿、胡敦复、杨孝述三人组成上海社所照料委员会,负责上海社所的看管,聘定职工3人看守。9月,上海社友会协同照料委员会将明复图书馆重新开放,由曹惠群、胡卓、潘德孚主持。③ 1943年冬,图书馆钢筋混凝土屋顶开裂,中国科学社筹募资金大修,得实业家严裕棠、严庆祥父子慷慨解囊,得以修缮。中国科学社将三楼正厅命名“裕棠厅”,以示感谢和纪念。④ 1944年6—8月,得捐助举办暑期数理讲习会,招收大学二年级以上学生,由专家讲授物质之晶态、应

---

① 周炜良(1911—1995):一生也颇具传奇色彩。他在德国师从范·德·瓦尔登(B. L. van der Waerden)攻读博士学位时,与陈省身成为好友。抗战期间滞留上海,弃学经商,抚养他的德国妻子、两个孩子与流亡上海的岳父。战后听从陈省身的劝告重入离开十余年的学界,长期执教于美国约翰·霍普金斯大学,成为20世纪代数几何领域代表人物之一,有周炜良坐标、周炜良环、周炜良定理等成果传世,荣膺台湾“中央研究院”院士。

② 顾澄(1882—约1947):字养吾,江苏无锡人,格致书院毕业,自学成才,曾任京师译学馆教员、京兆烟酒事务局局长、北平女子大学数学系主任、上海交通大学教授等。为创建中国数学会出力甚多,担任首届董事,主编《数学杂志》,著译有《四元原理》《定列式》等书。抗战期间附伪,曾任维新政府“教育部次长”“部长”,汪伪“教育部次长”等。

③《理事会第153次会议记录》(1945年10月30日),上海市档案馆藏档案,Q546-1-66-134。

④《中国科学社重修明复图书馆募捐委员会信件及上海社所照料委员会信件等》,上海市档案馆藏档案,Q546-1-191。

用电子光学、量子力学、张量分析、物理学中之偏微分方程式、解析力学、数字计算杂论等。①

秉志与他的同人们，除维持中国科学社社务外，还为解决沦陷区学人生计千方百计扩展社务。鉴于当时避难上海学人颇多，1938 年 6 月 29 日，中国科学社理事会决议利用学人们的空余时间，编译土木工程丛书，“以为战后复兴之一种准备”，以各项奖金利息余款拨付稿费或预支版税。首先编译美国技术学会（American Technical Society）1938 年出版的实用土木工程 7 巨册，由汪胡桢、顾世楫主编。编译本以“中国科学社工程丛书”为名，由中国科学图书仪器公司出版，120 余万字，附图 1 600 余幅，分为《静力学及水力学》《材料力学》《平面测量学》《道路学》《铁路工程学》《土木学》《给水工程学》《沟渠工程学》《混凝土工程学》《钢建筑学》《房屋及桥梁工程学》《工程契约及规范》等 12 册。该书是美国函授学校教材结晶，“最适用为中国高级职业学校土木工程教科，及工程界服务人员之自修及参考书，若大学土木工科学生

图 7-2 《科学》登载的“实用土木工程学”广告，详细介绍了丛书情况，并有发行及定价情况

① 《上海本社社友近讯》，《社友》川版第 4 期（1944 年 8 月），上海市档案馆藏档案，Q130－35－4－1。

用作课外读物，亦大有裨益”。后又组织编译世界名著捷克人屈克立区（A. Schoklitsch）所著两巨册的《水利工程学》，中译本分成 5 册，计 1 118 页，插图与照片 2 057 幅，“关于水利工程之各方面均有精详之叙述”，为水利工程方面必备参考书，战后由中国科学图书仪器公司出版。

太平洋战争爆发后，更集资设立电工丛书、化工丛书两个出版社，“以备战后文化建设之助”。“电工图书”出版社负责出版“电工技术丛书”，由杨孝述、杨肇燫、毛启爽、丁舜年、赵富鑫组成编委会，杨孝述任总编辑，1945 年 6 月开始出版。其编译出版目标为“训练电机工程事业各项中级工程师及高级技工之用”，可以作为职业学校、函授学校教材，大学生参考书及自学自修者读物，以美国函授国际学校（International Correspondence School）教材为蓝本。原书注重实用、说理浅显、插图丰富详明，中译本延请专家进行编译，加入适合中国国情的材料。第一集计划出版 23 本，包括裘维裕《电学与磁学》《交流电学》，毛启爽等《直流电动机与发电机》《发电厂与配电站》《蓄电池》，丁舜年《交流电动机与发动机》《保护替续器》《电磁及电磁铁设计》，杨肇燫等《电工仪器及量度》《瓦特小时计》，史钟奇《工用电子管理论》，寿俊良《司路机键》《电压调整》，赵富鑫《电照学》《电热》，庄标文《实用电工敷线法》，曹凤山《线路传输及计算》，李志熙《电灯线路之电子管控制》，周琦《变压器》，胡汝鼎《电动机运用与电机试验》《整流机与换流机》，吴乾钇《电动升降机》（两册）。这样，“电工各门大致具备，其他门类如电信等，拟陆续另出第二集补成之”。①

1938 年 6 月，辞去四川大学校长职务，重回中基会任职的任鸿隽致函驻美大使胡适说：“你所说的留下一点编译费来养士大夫的廉耻，我个人极赞成这个意思。但我们的编译员中早已发生了廉耻问题，最重要的是周岂明先生。”[14] 中基会作为管理美国退回庚子赔款的文教机构，因握有巨额经费而在民国学术界影响甚为巨大。长期担任中基会董事因而也是核心成员的胡适，要求中基会在抗战期间专门拨付“编译费”来“养士大夫的廉耻”，中基会灵魂人物任鸿隽也完全同意他的主张。可见，在多灾多难的抗战期间，作为传统士大夫代表的知识分子要保持其廉耻，日常用度费用是最为基本的条件之一。中基会当时确为滞留沦陷区的一些顶尖科学家如秉志、庄长恭等提供了不少经费，是他们度过困难时期的重要支撑条件。而中国科学社抗战

---

① 相关抗战期间中国科学社编译出版书籍情况，参阅拙文《养“士大夫廉耻”：抗战期间中国科学社编译出版书籍述略》，周武主编《上海学》第 3 辑，上海人民出版社，2016 年 11 月，第 169 – 182 页。

期间组织滞留上海的知识人从事科学书籍的编译出版，在引进学术、传承学问，促进中国学术发展的同时，也在相当程度上为他们提供了生活的用度，使他们不至于落水，在一定程度上保障了他们“民族气节”的保持，养了“士大夫的廉耻”。

科学研究是科学工作者的本职工作，无论何时何地何种环境，坚持学术研究是一个学人的角色需求。抗战伊始，翁文灏就要求地质调查所同人，在战争中亦不废研究：

> 科学人士当以研究为生命。兵戈之中，不废弦诵，惜【昔】贤成规，可为先导。即在欧洲大战时期，外国学者亦多在困苦艰辛之环境中，自出钱，自出力，以继续其工作。凡此奋斗不倦之精神，即是民族自存之德性。我所同人，爱国心长，在此期中，正应夙夜黾勉，自为督责，更复互相督责以无负于国家。[15]

秉志“只身来沪”后，“席不暇暖”，就在明复图书馆展开工作，二楼设生物实验室，三楼设标本室，屋顶设动物养殖场，自己则在叔初贝壳图书室办公。日寇虽然摧毁了他呕心沥血的研究机关生物研究所，但不能摧毁他继续科学研究的信心与雄心，更不能磨灭他作为科学家角色向自然奥秘进取、为科学而科学的精神与意志，他向世人和后人展示了不屈不挠的人格魅力。

首先，他将历年因印刷厂积压的生物研究所论文整理出版，寄往国外交换，继续在国际学术界展示中国人的科研成就，使国际学术界知道处于艰难困苦中的中国人并没有完全被日本帝国主义的淫威所吓倒。由于他的努力，明复图书馆在抗战最困难之际仍然能得到国际学术界的关怀，许多机构捐赠书刊，使其不断有新出书刊陈列阅览，为中国学术界提供了国际学术界的前沿信息。仅 1940 年生物学论文与国外交换或赠阅，动物组就达 572 处，植物组达 485 处。[16]

秉志还进一步拓展生物研究所研究领域。中国科学社生物研究所对生物物理研究，虽“久有此意”，因设备经费高昂，未能开展。不想在“孤岛”的上海，因缘际会，得以实现。上海交通大学物理实验室借用中国科学社房屋上课，移用物理设备方便，交大物理系主任裘维裕及周铭也欣然同意合作，秉志决定开展生物物理研究，专辟一实验室，与周铭合作，首先开展“高频率电流对于神经之影响”，以杨孝述女公子、交大物理系研究生杨妲彩为助理。[17]

秉志因声名在外，日本《支那文化动态》对他调查很详细，敌伪千方百计要拉拢他。太平洋战争爆发后，为避敌伪的耳目，他从明复图书馆躲到震旦大学，最后躲到友人方庆咸经营的中药厂里，仍孜孜不倦地坚持科学研究，完成论著多种。从他致时任中基会主要领导人、中国科学社社长任鸿隽的信函中可以看出他当时从事科研的情况。1942 年 9 月 27 日函中说：

弟之工作费因为白鼠、豚鼠等物，购置食疗及所用药品等，皆以物价飞涨，极感不敷。弟已时为此负债，望总公司对此亦惠赐援助，此工作可照旧进行，弟一息尚存，不愿其稍有阻碍。……弟闭户用功，乐以忘忧，不知老之将至。实验与著述相辅而行，已成日常生活，舍此即觉不适；顽躯亦甚健，他日还乡可与兄畅叙一切。[18]406-407

秉志因卓越的科学成就长期担任中基会讲座教授，当时除年薪 16 800 元外，有科研经费 5 000 元。因物价飞涨，他希望科研经费能随涨，并一再述说科研经费之窘迫。10 月 17 日函中说：

此间一切如故，允中、洪芬、仲熙诸人皆安善，弟每日照常工作，务使在此风雨如晦之时有所得，预备将来之肆力也。弟之工资若能如洪芬函所言者办理，可使弟免去生活上之困难。年来因物价猛涨，工作费太感不敷，弟昨购 KOH 一磅，费去五百元现币，其他所用之物可想而知。凡可省，省之而已，非万不得已不购也。关于此事亦烦兄代为设法，俾工作得减少困难。弟于工资及此款之事，向不计较，今竟喋喋屡向左右言之，殊觉赧颜，不得已之处，尚祈原宥是幸。[18]407-408

秉志向来对生活安之若素，信中如此“斤斤计较”，实在是出于无奈，是为了科研工作的开展。翌年 1 月 24 日，函中谈经费而外，并表明心迹：

弟等现乘此际，将根基充实，以为来日之助；且目下各有所纂述，异日后可以贡献于世。……再者弟之研究，在振淡[震旦]进行，彼处朋友甚愿帮忙，水电煤气，甚至一部分之药品皆任弟使用，而不取分文。唯饲养白鼠廿余头，家兔七八头，弟不得不担任其费；此外尚有其他费用，至必要之药品，该处未备者，弟须自购。前半年，弟已借垫二千余元，以后六个月尚需二千元之谱。幸洪芬相助，为筹此款，渠必已函至尊处，弟可安心从事店务矣。昔人谓：“求名不来，学问在我”，弟则谓：“因家虽未，学问在我”。可以不改其乐也。[18]410

在风雨如晦之时，他坚持科学研究，趁机坚实根基，增强研究能力，以为将来科学发展贡献力量。克服一切可以克服的困难，排除一切外界的干扰，不求名利，平心静气地从事科学研究。3 月 25 日函中，谈及他的研究与写作计划，更是“发愤忘食，乐天知命，不知老之将至”：

弟现忙于店务，朝夕无暇，论文二篇，现在修理。所著《无脊椎动物之天演》一书，进行甚迟，颇觉费力；同时为允中草《献曝琐言》一小册，不过五万字左右，大约再阅五周，可以缴卷。振淡老店之朋友甚佳，弟之研究借助之处甚多。弟在该店作客已五年，所用器具、药品有由弟担负者，遇不可得时，适该店夙备，亦可用之。其经理、伙计等均格外客气，殊可感也。弟之生意有需生物化学处者，亦由该店所雇人员处领教。弟利用此机会尽量吸收，觉甚多时间用之于此亦甚值得。……弟久处贫约，以极度经济之法挨过一时，目下有尊处惠助，可以敷衍。发愤忘食，乐天知命，不知老之将至。现趁此机会，增殖研究能力，以便日后肆力。[18]411

4月29日函中，更谈及他精力充沛、“意气风发”：

弟一面继续研究，一面整装，光阴毫未虚耗，读书之乐趣极浓，忘却一切烦忧。医家谓弟血脉柔和，与三十岁之人无异，作长久之攻读毫无问题，不觉为之兴奋也。[18]412

在如此困苦的条件下，秉志坚持科学研究，主要集中在脊椎动物的神经学上，先后与吴云瑞、裘作霖等合作，以英文发表《白鼠大脑皮层损伤后呼吸及其相关现象所受影响》《部分大脑皮层损伤后对气体代谢的影响》《正常与大脑皮层部分损伤后气体代谢比较研究》《白鼠大脑皮层人为损伤后对基本代谢的影响》等。正如他自己所说，这些增强了他自己的研究能力，为以后研究工作的展开奠定了基础，更为重要的是，这些研究成果也为未来中国科学的发展开创了条件。

秉志学生刘咸也没有放弃他人类学研究本行。1940年5月16日，吕思勉致函刘咸称：

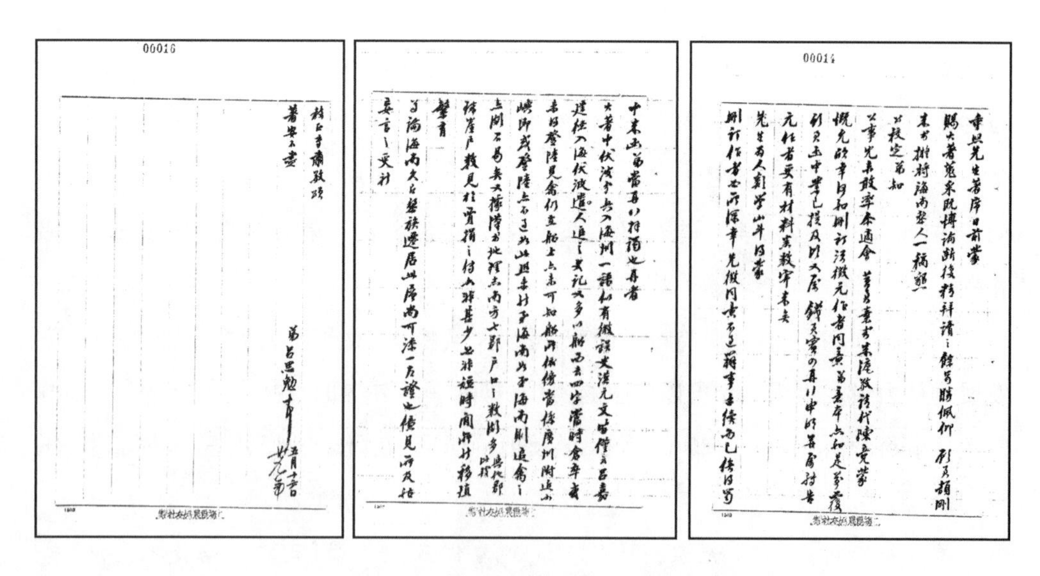

图7-3　1940年5月16日吕思勉致刘咸函

作为一代史学大师，吕思勉先生正越来越受到学界重视，2016年上海古籍出版社出版有26册、1 400余万字的《吕思勉全集》。目前相关吕先生研究都未提及该信。

日前蒙赐大著，搜采既博，论断复精，拜读之余，曷胜佩仰！顾君颉刚来书，拟将《海南黎人》一稿恳公校定。弟知公事冗，未敢率尔，适会黄君素封来沪，敬请代陈，竟蒙慨允，欣幸何如！删订须征元【原】作者同意，弟意本亦如是，前覆顾君函中业已提及，顷又嘱钱君宾四再行申明，并嘱转告原作者更有材料悉数寄来矣。先生为人类学山斗，得蒙删订，作者必所深幸，先征同意，不过办事手续而已。俟得蜀中来函，弟当再行拜谒也。再者大著中“伏波分兵入海州”一语，似有微误。[19]39–41

此外，刘咸还与震旦大学博物馆馆长、法国人郑璧尔（O. Piel，1876—1945）往还通信，就刊物交换等问题进行商讨。①

《科学》停刊后，有汉奸对刘咸说：“科学无国界，编辑为大众服务，现在物价飞涨，你们失业，如何是好，有人愿意支援《科学》恢复出版，你们都可加薪，不必自苦。”为刘咸严词拒绝。刘咸此一举动，深得秉志赞许。太平洋战争爆发后，秉志与刘咸等人一直寻求机会到内地，不想终不能成行。对于内地朋友责备他贪图上海安逸，秉志只得说：“内地朋友不谅解，也无可奈何，但求无愧我心。”[20]秉志等人对战胜日本帝国主义从未丧失过信心。1940 年 3 月，他与胡先骕、陈焕镛等人转道香港飞赴重庆参加中央研究院会议，竺可桢日记记载说，“谈北京、上海情形。步曾〔胡先骕〕、农山〔秉志〕均极乐观，……东京抢米十七次，冬天日本全国缺煤”。[21]

大敌当前，秉志等中国科学社同人不能直接冲锋陷阵，以身抵敌，“书生报国，笔扫千军”，用手中的笔，撰写文章，高扬抗战救国的大旗。作为科学工作者，他们所言自然离不开科学。秉志深知科学在提升民族素质、国家建设中的重要作用，更理解科学普及与宣传的重要性。1939 年 2 月 1 日，秉志、刘咸、杨孝述等主编周刊《科学与人生》在《申报》发刊，这是继《科学丛谈》后，中国科学社与《申报》的第二次合作。周刊宗旨为使普通民众具备基本科学常识，煅就优秀民众个体，以提升中华民族素质，争取抗战的最后胜利。他们化名“骥千”“禾山”“刘汉士”等，发表文章谈论纯粹科学的重要性，探寻阻碍中国科学发展的原因，宣扬为科学而科学、为学问而学问的求知求真态度，在抗战建国的大势下，似乎有些“不合时宜”、迂腐而不济实用。但鲜明地提出科学是抗战报国、抗战救国、抗战建国的不二法门，委实值得深思：

凡一民族欲久存于世，发荣滋长，不为他族所征服者，必恃其国民努力于科学。

---

①《震旦大学博物院关于郑璧尔、B. Beeguart 与中央农事实验所、中国科学社生物研究所、浙江昆虫局、北平研究院、中国科学社明复图书馆、清华大学、南开大学等来往信件有关交换标本、刊物、介绍参观及其他》，上海市档案馆藏档案，Q244－1－508。

吾国今日当此危急存亡之秋，欲抵抗强敌，保存国土主权，为永久独立之民族，端赖有志爱国之士，各竭心力，从事于科学之发展。[22]

正是他们这种鲜明的抗战姿态，该周刊仅发行24期，为时半年就被迫停刊。①

秉志以他对生物学的深厚认知，从自然界的生存竞争出发，疾言民族强弱、生存之理，宣扬科学救国、科学强国、科学建国之道。著名历史学家杨宽回忆说，他与黄素封曾向吕思勉、秉志约稿，为江苏游击区的文化社撰写两本通俗读物——《三国史话》（吕思勉）、《竞存略论》（秉志），“目的是替这个游击区所办的文化社造声势”：

秉志先生用笔名伏枥发表，取义于“老骥伏枥，志在千里”，意思是说，年纪虽老，仍然有爱国抗日的雄心壮志。所以写《竞存略论》，因为他把抗日战争看作中华民族生存的关键。当时秉志和另一个生物学家刘咸每天仍在亚尔培路中国科学社的图书馆中整天从事科学研究的工作，我们是常去拜访和谈论战争形势的。吕思勉和秉志本来忙于写专著，不写通俗读物的，听到我们说是游击区的文化社邀请他们，都慨然应允，很快写成。为了加快出版，立即请上海开明书店付印，标明是文化社丛书之一，就在一九四零年出版。[23]

1940年5月，秉志在《竞存略论·叙言》中阐述了撰写此书的用意，以“国家至上”，“民族至上”的意愿，用自然界的生存竞争来激励国人奋起直追，以保全国家与民族：

此编之作，为国人警告也。吾国今日所罹之大难，为历史以来所未有；然推原其故，皆夙昔涣散因循之所致。凡立国于大地之上，其人民必精诚团结，日夜淬砺，方不为人所夷灭。自然界之有竞争，无时或息。动物不胜竞争之烈而绝种，与夫互助奋斗而蕃衍者，亦在在可以察见。人类乃动物之一，其国族之盛衰兴亡，夫岂能有例外。……弱族之奋励，足以转为优胜：既能解除一切生存上之威胁，复可促进全人类之幸福，文化悠久之民族，所宜急起直追者也。夫民族之能生存，必须有独立、有自由，而此二者全恃国家之保障。国家一旦为强敌所凌藉，覆亡之祸，逼近眉睫，其民族之生命，又焉能保也。然则被侵掠者，若不甘于奴虏灭亡，其亦时时以国家为前提，致身竭力，谋所以捍卫之乎？此编所譬喻引申者，皆系“国家至上”，“民族至上”之意，愿读者勿视为迂远泛滥之谈，怵于生存之不易，知所借鉴，努力奋勉，冲破今日之难

① 关于《申报·科学与人生》周刊的具体情况参阅拙文《传播科学、提升民族素质以抗战建国——中国科学社主编〈申报〉“科学与人生”周刊分析》，《科学技术哲学研究》，2013年第30卷第1期。

关,是作者所馨香祷祝者矣。[24]

没有国家,自无民族的独立与自由。弱小的民族,只要"精诚团结,日夜淬砺",就可以转为优胜,获得独立与自由,还可促进全人类之幸福。秉志自己也说,抗战期间,他著书"鼓励人民在危难中,应个个奋斗",除《竞存略论》外,还著有《生物学与民族复兴》《师鉴》《原生动物之天演》《人类一斑》和上文提及的《科学献曝》(后从陈叔通建议改名为《科学呼声》)等。1941 年 12 月下旬,他在《生物学与民族复兴·叙言》中说:

生物学为研究生命之科学,与人生之关系至为显著,而其在吾国也,向为人所忽视,普通社会以知识水准之过低,其生活之不能冀科学化固无足怪,而知识阶级号称士大夫者,亦多缺乏正确之人生观,岂非此学之常识未能普及社会之故乎。兹欲矫正此弊,故著此编,有以唤醒国人,以后对于此学不可轻视蔑弃,宜培养兴趣,博求生物界之知识,以为修身、饬行、处世服务之南针,于国家民族之前途不无小补也。[18]135

生物科学不仅仅是有关生命的科学,它对于修身、饬行以及服务社会也有极大的关系,于国家民族的前途也关系匪浅。因此,他批评科学界罪人,指出他们是那些"因循怠惰、庸碌误人之教授""居奇自私、深闭固据之专家""制造派系、党同伐异之鄙夫""器小易盈、鼓簧惑众之浅人""勾结强援、私图统制之政客""欲速见小,逐末忘本之商人"。[18]76–79像他辈科学家,"专力于此学,既无奔走仕途求富贵利达之野心,又无投身实业、谋生财致富之希望,名利之心理已屏除净尽,所孳孳敏求者,一供其兴趣之驱使而已。……其在各大学任课,施其所长,培植后学,皆朝朝夕夕,有终身以之之势"。[18]187

直到 1947 年正月,他为"付梓有期"的《人类一斑》①撰写序言,述说这本书写作背景,念念不忘生物进化原则与民族奋斗之关系:

国难方殷,敌伪肆虐,沪上人士明大义、重操守者,日处寇仇威胁之下,生计断绝,身命岌岌。此时不佞自拼一死,以谢国人而已。而章君荣初……对于守节之科学家,愿尽力相助,俾继续其著述。故在最黑暗时期,得有此作。其内容不外勉劝国人,循天演进化之原则,为民族奋斗而已。[18]265

而刘咸面临战争中科学被侮辱与被损害的现实,发表文章予以抨击,并对未来充满信心:

当此独权政治盛行之今日,群魔起舞,科学被误解,被误用,科学家被冤屈,乃属

① 惜乎《人类一斑》并未正式出版。

最不幸之遭遇。然邪不胜正，虚伪不敌真理，天道好还，不远而复，在不久将来，全世界整个科学体系，必可随政治势力之变迁而复旧观，不致久被独权者所劫持，一本为人类谋福利之高尚目的迈进，终将造成有秩序、有规律之和平世界。[25]

作为国际科学与社会关系委员会中国分会通讯员，刘咸积极参与其活动，深入探讨科学与社会的互动关系。[26]

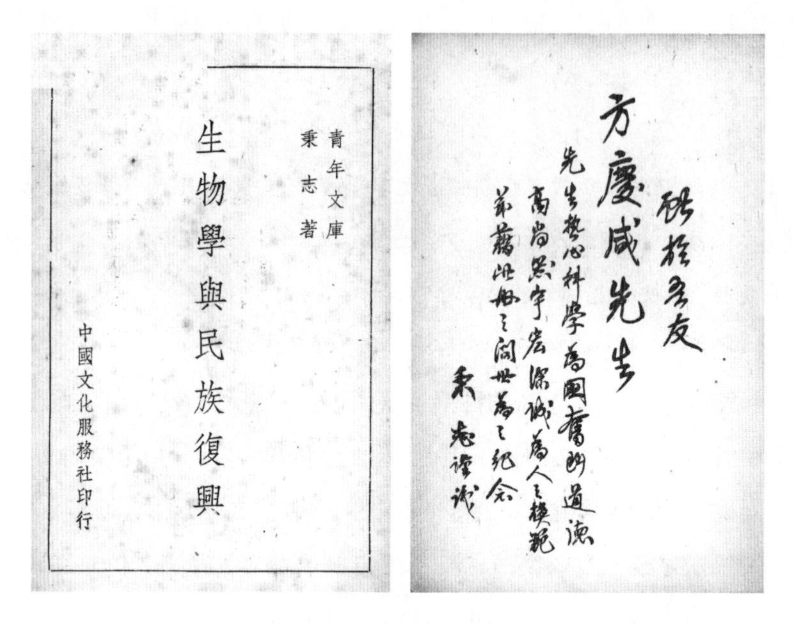

图 7-4　中国文化服务社出版的《科学与民族复兴》，为感谢方庆咸在困苦中对他及科学事业的赞助，秉志特题识纪念

杨孝述也在《科学画报》发表多篇文章讨论科学的合理利用、科学与战争的关系，并宣扬科学救国、科学建国。他在《在民族抗战中的科学工作》指出，科学是建设的工具、国防的利器，抗战时期，“敌人所能摧毁我的，只限于物质，绝不能动摇我全国已经统一的坚强意志，故在此抗战期间，科学教育尤为重要”“必须以最小限度的经费和最经济的时间，养成大队的科学军”。全民族的抗战，“实予科学家以莫大的研究机会”“我国科学人全体动员，从长期抗战中努力奋斗，以获取科学上新的收获”。[27]

“寇氛满眼凭凌甚，敌忾同心胜气多。堪笑侏儒扛九鼎，其如决脰断肠何。”[18]376 这是 1945 年秉志应友人宴饮，赋诗“藉祝抗战胜利”的七言律诗中的后四句，展现了秉志与他的中国科学社同人，抗战期间在上海的坚持与不屈的斗争。与人文学者或文学家们下笔千言、文动天下的宣传鼓动不同，以秉志为核心的中国科学社社员群体相信“科学救国”，潜心科学研究而外，发挥自身的专业优势，在媒介发声宣扬科学抗战救国、抗战建国。他们在沦陷区上海的活动，不仅表征了一代学人不畏强敌的崇高情怀与情操，更为中国科学的发展提供了继续前行的舞台，也为未来的发展积蓄了力量。他们的对敌斗争，与真枪实弹的正面战场、敌后游击战、沦陷区的情报战与暗杀战一起，构成了中华民族反抗外敌入侵的壮丽画卷，保存了中华民族继续前行的火种，奠定了战后继续发展的基础，是名副其实的另一种抗战。

第二节　大后方的努力与奋进

中国科学社生物研究所内迁工作由时任秘书兼植物部主任钱崇澍具体负责。在那样的处境，一些有钱有势组织机构的搬迁都极为困难，中国科学社这样的私立机关面临的困窘可想而知。1937 年 8 月，从南京社所运往上海的 83 箱重要图书，因战争突然爆发被阻于嘉兴。后又被误运至闸口，无法退回南京。因战事紧急，委托竺可桢提取存于萧山湘湖。后来浙江大学内迁，该项书籍亦随校迁移，自萧山而建德而吉安而泰和，“运输困难情形不言而喻”。对于竺可桢“为社保存巨量珍贵书籍”而劳苦劳心，中国科学社“不胜感激之至”，理事会“具函道谢”。[28] 据竺可桢日记记载，1938 年 6 月，中国科学社派人到泰和提取图书，准备运武汉，然后转运重庆，已订好船只，但因武汉危急，只好运往桂林或长沙，竺可桢曾专门“电询雨农〔钱崇澍〕”以定行程；后来中国科学社将该书运走时，在浙大有谣言说浙大又开始搬迁。[29] 直到 11 月，这些图书才最终抵达生物研究所北碚驻地。

抗战时期的千里搬迁是人类历史上的一大奇迹，充分体现了中华民族誓死抗日的决心，其间的困苦艰辛自然不是我辈所能理解的。像中国科学社这类机构的搬迁可能更富有挑战性，幸得社友卢作孚的帮助，生物研究所的运输和工作地方都得以解决，最终于 1937 年九十月间迁到重庆北碚，开始寄居在卢作孚创建的西部科学院，后造简陋研究室，积极展开工作，“年来全所人员除照常研究外，并承政府之委托，调查经济动植物，致所有人员颇感不敷分配。值此国难时期，参加人力动员，亦义所应为也”。[30] 1940 年本着“为实践方面之理论探讨”的最高工作原则，动物部工作在研究方面完成正式论文 22 篇，其中 13 篇刊载生物研究所研究丛刊中，集中在大脑构造与功用（所里研究人员秉志、卢于道、周蔚成、黄似馨，所外研究客员杨诗兴）、食物营养及生理作用（所里研究人员张宗汉、钟丰荣、濮璠，所外研究客员张大卫）、森林虫害（所里研究人员苗久棚）、蚯蚓与土壤（所里研究人员濮璠，所外研究客员陈义）、动物

图7-5 钱崇澍像

调查(所里研究人员王以康、倪达书)等领域,推广方面主要进行生物学知识的普及。植物部主要进行西部植物调查,曲桂龄、姚仲吾等采得标本1 100号共5 000枚,并发表《川康樟科植物之记载》等论文,出版《中国森林植物志》第二册,付印《中国药用植物志》第二册。另外还进行有植物生态调查研究,也进行相关植物知识的推广普及工作。[31] 因长期滞留上海,秉志举钱崇澍为所长兼植物部主任,理事会商请会长翁文灏后,决定秉志留任,钱崇澍代理所长。并于1940年12月,聘定卢于道任生物研究所秘书兼代动物学部主任。李约瑟抗战期间考察中国学术机构状况时,说中国科学社在北碚一个偏僻山谷重建了生物研究所,在经验丰富的钱崇澍博士领导下积极从事动植物的分类工作。[32]

生物研究所所在地北碚,抗战期间集中了大量科研机构,自然聚集了不少社员,1940年11月30日,中国科学社北碚社友会成立。当日出席社友有教育部次长顾毓琇,浙江大学校长兼中央研究院气象所所长竺可桢,中央研究院动植物所王家楫、伍献文、陈世骧,教育部教科书编辑委员许心武,中央工业试验所顾毓珍,生物研究所钱

图7-6 钱崇澍(右二)与友人合影

李约瑟(J. Needham)1943年在《自然》发表文章介绍战时中国科学情况,后结集为《科学前哨》出版,此照片刊载该书。

崇澍、张宗汉、裘鉴等，来宾有教育部教育司司长吴俊升，钱崇澍主席、卢于道书记。会议中，竺可桢、顾毓琇都对当时青年学生群趋工程技术而漠视纯粹科学感到担忧，并讨论相关社务的一些问题，选举钱崇澍为社友会会长，卢于道任书记兼会计。[33]

1941 年，以生物研究所为核心，中国科学社动物学股同人，提出编著《中国动物图鉴》的雄伟计划，发表“通启”说：

本国动物种类之调查，不仅为专门学术植其始基，抑亦为教学者切需之资证。分类学者之专篇报告，十余年来，已成巨观；顾多以异国文字写记，其篇章又散见于国内外学术杂志；寻常学子所不易得，得之亦未必遂晓其义；专门学者，又各攻研其所好，亦未能网罗罔佚。于是称物无名，举名莫识，虽博物君子，于虫鱼鸟兽，亦茫然莫能名焉。而学术界固未尝荒漠也，覈要会通者，尠少而已。窃愿纠集同志，通力协作本国动物汇志，上起走兽，下迄原虫，凡平常目濡耳染，互贯域内者，系属分类，别种辨名，纪以文字，佐以图绘；庶几鉴影能名，按骥可索。

已聘定名誉总编辑秉志、胡经甫，编辑委员会张孟闻（主任）、伍献文、蔡邦华、刘淦芝、卢于道、朱元鼎、林绍文主持进行。并拟定了暂行办法（包括体例、取材标准、撰稿格式、编印条例）和编辑门类。[34]在如此艰难的抗战时期，提出这样庞大的计划，显示了一代学人的雄心壮志。

1940 年，抗日战争进入艰苦的岁月，克服千辛万苦进入大后方的科学家们在基本安定下来后，学术研究激情更加勃发，中国学术发展进入一个全新时期，召开学术会议又成为科学家们学术生活的需求。3 月 27 日，竺可桢与秉志、胡先骕、任鸿隽、翁文灏、周仁等在重庆召开中国科学社理事会，议决当年夏季在昆明开年会，推熊庆来、叶企孙、严济慈、何尚平、周仁、梅贻琦、任鸿隽、曾昭抡、吴定良、沙玉彦为筹备委员。[35]9 月 14—18 日，中国科学社、中国天文学会、中国物理学会、中国数学会、中国植物学会、新中国农学会等六学术团体在昆明召开了联合年会。熊庆来作为大会主席致辞说，抗战以来，学术文化机关虽多被摧毁，“但我学术界同人，不惟不因此而气馁，反努力作深湛之研究，其成就实非微尠。有人谓我国目前之科学任务应注重在实用方面，对于理论则暂置不谈，其实理论即所以指导实践，其间有密切之联系，不应有任何方面之偏废，六团体本此精神努力迈进，相信对于抗战建国工作，实有莫大之帮助”。不仅指出学人们克服困难，进行艰苦的学术研究，而且对当时已经出现的所谓“实用科学”与“纯粹科学”之争，做出自己的理解。

本次年会开政府高官发贺电祝贺的先例，考试院院长戴传贤发来贺电，其中有言，科学进步“为抗战胜利与建国成功之坚固基础，亦为推进抗战建国工作之伟大动力”，预祝联合大会获得“美满之成绩”“使中国之科学与国家生存、人民生活，时时事事成为不可分之共同体”。经济部部长翁文灏、中央研究院总干事任鸿隽、唐山工学院院长茅以升也有贺电。云南省主席龙云发来勖词，对学者们在抗战紧张之际来昆明开会，“爱护学术，乐道不倦之精神”，至为“佩慰”。希望科学研究以“实用为依归”，使后方各省能利用科学技术，“就地开发，利用土产，代替洋货”，以求抗战最后的胜利。年会除各专门学会学术交流之外，也有不少大众科学演讲，诸如何尚平《云南农业与专业农村》、汤蕙荪《云南农业经济问题》、高鲁《天体物理学演进》、任之恭《无线电学在国防问题上之应用》、谢家荣《云南的矿产》、顾功叙《物理探矿在易门之实施》等，“听者甚众”。

中国科学社也在年会社务会上选举产生了新一届领导人，秉志、竺可桢、翁文灏、胡刚复、刘咸、赵元任、吴有训等7人当选理事；翁文灏、金叔初、叶揆初、卢作孚为董事。[36]翌年翁文灏当选董事会会长，任鸿隽当选理事会会长。

年会召开之际，法日签署协定，日军占领越南，中国与外界联络日益紧张，抗日战争进入更为困难时期，中国科学社也面临更为严峻的生存问题。1941年3月15日，任鸿隽在重庆主持召开理事会，到孙洪芬、胡先骕、任鸿隽、翁文灏、李四光、吴有训、周仁及竺可桢八人，姜立夫列席，“为近年出席最多之理事会”。茅以升与淩鸿勋邀请中国科学社与中国工程师学会召开联合年会，吴有训以去年昆明年会“各人对于物理、数学会有兴趣，而对于科学社则无兴趣”，提议中国科学社“不必再开年会”。李四光认为“科学社事业应集中力量以发达通俗月刊，如《科学》与《科学画报》，此外图书馆与印刷所可以继续，而生物研究所即交政府办理”。竺可桢赞同李四光的说法。[37]①会议最终

① 理事会记录记载本次会议召开时间是3月22日，议决事情除不召开年会、全力办理《科学》《科学画报》两期刊外，也全力办理生物研究所和图书馆(并无将生物研究所交给政府的提议)，还有提升《科学》在学术界地位，使之成为“各科学团体之公共机关”，少发表专业论文，多登载各学术团体消息；科学图书仪器公司桂林分厂收回自办，“以应内地学术界之需要”；应成立各地社友会，增强社友情感，也便于介绍新社员与收费等。《理事会第149次会议记录》(1941年3月22日)，《社友》第71期，第1页。二者之间记载的出入，内容上的取舍，“日记”与“会议记录”自然有所不同，诸如关于李四光的说法，只要没有形成决议，会议记录可以忽略。但时间上的不同，自然以“日记”为准。据“日记”吴有训20日回昆明，李四光21日回桂林，姜立夫22日回昆明，这些足以支持会议是15日召开。据档案，“会议记录”分别有“以上任叔永来函”“以上竺藕舫来函”，大致可以推断3月22日可能是上海总社收到两位信函日期，而且理事会记录是根据任鸿隽、竺可桢两位的信函内容整理而成。当时社务中心还在上海，重庆理事会似乎没有会议记录，而且该次会议记录没有其他理事会记录有“记录人名字”。

议决提升《科学》影响，办理成各学术团体机关报，继续全力办理《科学》《科学画报》、生物研究所和科学图书馆事业。

自1935年广西年会以来，中国工程师学会与中国科学社这两个当时最有影响力的团体还没有联合召开过年会，这次茅以升等人的倡议应该是处于困难时期的中国学术界一次极好的团结机会，可惜没有成功。中国工程师学会年会如期召开，通过了工业标准化运动等议案。中国科学社年会却1941年、1942年连续两年没有召开。同时，中国科学社一些领导人对他们能否继续维持所办事业已产生怀疑，要将他们用力最多、在国内学术界和国际学术界影响也最为深远的生物研究所移交给政府。这可能是任鸿隽等领导人千万没有想到的，当时生物研究所面临的经费困难可能是他们出此下策的主要原因。当时，为了维持生物研究所，陈纳逊、焦启源、方文培、曾省、何文俊等也曾联名向政府请款，其中说：

生物所……成绩斐然，出版动植物研究论文迄今已积有十余卷，分寄国外大学及研究机关，俱称为珍品。抗战以还，该所随政府西迁，在北碚修建研究室，继续研究，其努力情形不减于在南京时。惟以物价高涨，经费无着，教部每年仅补助三万余元，工作无法推动，而所中研究人员，各报爱护生物学研究之决心，含辛茹苦，窘迫异常，甚至有全家数日不举火，仅以糕饼和水充饥，此科学界同志当深著同情与感惶惧者。际此抗战建国，政府努力提倡科学，而科学研究人员有此遭际，能不痛心。因特联名吁请政府拨款维持该所事业，并助其发展，藉免停顿，用兴科学。……①

经费缺乏是当时所有学术机构的普遍问题，对于原本就没有固定资金来源的中国科学社来说尤为严重，可是要将生物研究所交给政府又是大多数领导人所不愿意的。因此，他们只得四处出击寻求资助，当然，向政府的吁请毫无成效。最后，实业家卢作孚、范旭东等"挺身而出"，对这个在苦海中挣扎的生命伸出了援助之手，才得以勉强维持。为解决生活问题，生物研究所还曾与中央研究院气象所、动植物所等组织消费合作社。为此，竺可桢还专门致函中央研究院总干事叶企孙借款、向物资局局长何浩若请求平价批发物品。[38]竺可桢虽此时在贵州湄潭担任浙江大学校长，不能常常参加重庆中国科学社活动，但其日记对之还是有相当份量的记载：

---

①《中国文化服务社、中国电机工程师学会、中国科学社来往信件等》，上海市档案馆藏档案，Q546-1-194，第60-61页。

图7-7　竺可桢一部分日记本原本

卷帙浩瀚的竺可桢日记，为后来者留下极其珍贵的历史记录，对20世纪中国科技史、教育文化史、地方史乃至人物传记研究等都极具价值，是樊洪业先生主编的《竺可桢全集》的主体，在24卷中占16卷之多。

图7-8　1941年9月21日北碚社友会在天文望远镜旁留影

前排，王家楫(左1)、钱崇澍(左3)、曾昭抡(左4)、竺可桢(左5)。

1941年3月23日，与钱崇澍谈生物所将来计划，钱告知目前中国科学社每年贴五千元，中基会补助五万元，去年贸易委员会以研究桐树害虫名义贴津每二年三万元，今年教育部以搜集中学教科材料贴一万元，合计有七八万。有职员20余人，其中秉志、钱崇澍、卢于道、张宗汉和裴鉴五人为教授。“动物注重形态与生理，植物注重ecology 生态学及分类 taxonomy。”与中研院动植物所分工合作，“但将来二所不应在一处，以便分工”。

9月2日，到科学社见卢于道、钱崇澍。钱崇澍告知植物教授“不易觅人，若段续川不就，则形态与分类势将停顿”“段家中人口多，故搬动不易耳”。明复图书馆近得教育部补助金一万元，“以社中经费之困难，得此藉可挹注”。

9月21日，因日食中国科学社北碚社友会假气象所召开社友会，与会者有生物所钱崇澍、卢于道、伍献文、陈义、苗久棚，中研院王家楫，地质调查所尹赞勋、周赞衡、方俊，中央工业试验所李尔康，西部科学院张博和、李乐元及联大曾昭抡、蒋子奇等。钱崇澍主席，“报告社中近况”；竺可桢“讲观察日蚀之意义半小时”；曾昭抡“报告西康大小凉山情况”。

1942年3月17日，开科学社理事会，到任鸿隽、翁文灏、胡刚复、周仁等，讨论生物所请政府拨米贴救济问题。①

3月19日，到科学社见钱崇澍、卢于道，得知钱在青木关中央大学附属实验中学兼课，卢在复旦兼课，“缘二人均不能赖薪俸以自给也”。竺可桢告知前日理事会议定，科学社职员可由中美文化基金向政府请米贴，“此法若行，则可不必兼事矣”。

4月21日，偕任鸿隽到吴稚晖处，谈中国科学社在上海社所停顿后如何迁移入内地及筹款问题。竺可桢主张立即发电报与胡先骕转秉志来北碚，因为当时听闻秉志、刘咸将入赣就聘胡先骕任校长的中正大学。

11月18日，接杨孝述儿子杨臣华函，知中国科学社险被日本人接收，“但迄前尚能保持社所组织，社所照料委员会及交谊会将图书馆及演讲室开放，并收新社员云”。秉志则在震旦大学教化学。

12月19日，在重庆李子坝中基会开理事会，到任鸿隽、竺可桢、李熙谋（代胡刚复）、王家楫（代王琎）。决定明年年会在各地分开，并约定卢于道为代理总干事，严

① 本次理事会没有进入“理事会记录”。当时上海理事会会议主要讨论上海社务问题。如3月12日第152次理事会会议主要讨论上海善后事宜，诸如发遣散费，举定社所照料委员会等。

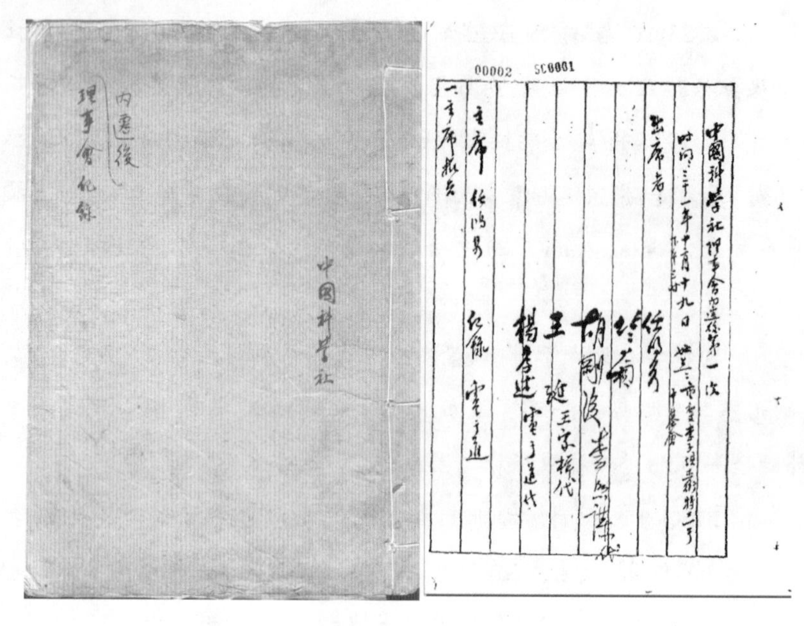
中國科學社理事會內遷後第一次

出席者：

主席 任鸿隽 纪录 卢于道

一、主席报告

图 7-9 中国科学社内迁后理事会会议记录

会议记录记载非常简略。

希纯为编辑，通过新社员 126 人。①

1943 年 1 月 3 日，开社友会，到饶毓泰、严济慈、欧阳翥、张克忠、张洪沅、卢于道、涂长望、胡刚复、李熙谋、任鸿隽、周均时、叶企孙、朱家骅、曾昭抡、范旭东、张宗蠡、王恒守、戈定邦、吴稚晖等三十人。任鸿隽说明开社友会目的，并请推定大重庆社友会职员，定七月初在北碚开年会，推卢作孚为年会筹备委员。朱家骅演说自然科学之重要性，吴稚晖讲杨铨对中国科学社与中研院的贡献，范旭东主张专门名词用英文，竺可桢主张中国科学社应集合各科学团体成立科学协进会，即 Chinese Association for Advancement of Science。

4 月 25 日，开科学社理事会，到卢于道、周仁、任鸿隽、竺可桢，通过新社员一百余人，定 7 月 19 日在北碚开年会，推李约瑟为名誉社员。《科学》交由文化服务社（刘百闵）印行，印刷费全由文化服务社担任。②

① 理事会记录指称本次会议为“理事会内迁后第 1 次会议”，还有卢于道（代杨孝述）出席，任鸿隽主席，卢于道记录。任鸿隽报告了明复图书馆代藏北平图书馆图书；赴成都、桂林、沙坪坝等地组织社友会情形；《科学》已编成两期，请丁绪宝校稿事等。代理总干事卢于道报告各地社友会情形，《科学》月刊编辑情形等。会议讨论了 1943 年年会在重庆召开总会，并推举张洪沅、郑涵青、冯泽芳、段调元、孙光远、王家楫、李春昱、吕炯、钱天鹤、谢家声、叶企孙等为筹备委员。上海市档案馆藏档案，Q546-1-73-1。

② 此次理事会会议为内迁第二次，任鸿隽主持，卢于道记录，卢于道代胡先骕。

7月19日，六学术团体年会在北碚召开，到会二百余人。名誉会长翁文灏主席，社中与动、植、地、气、数五学会共收论文四百余篇，以动物为最多。社务会决定社费常年费20元，理事增为26人，加总干事27人。新选理事任鸿隽、李四光、胡先骕、曾昭抡、叶企孙、钱崇澍、严济慈，再加原有刘咸、胡刚复、孙洪芬、秉志、吴有训和竺可桢共13人（此日竺可桢在遵义，未能与会）。①

1944年1月3日，开科学社理事会，到竺可桢、钱崇澍、王家楫（代任鸿隽）、卢于道。卢于道报告，知秉志及蔡元培夫人在沪"景况均不佳"。《科学》月刊定下期起由文化服务社出版，但只能三万字一期，广告由张孟闻拉得十万元之数。今年10月25日为科学社成立卅周纪念，理应开一会，或年会即在此时举行，并可约其他学会同时举行。通过社员、仲社员各40余人。②

3月14日，在重庆中研院总办事处开科学社理事会，到吴有训、叶企孙、钱崇澍、任鸿隽和竺可桢（李四光、卢于道在北碚，周仁在重庆，都未与会，唐钺列席）。讨论生物所问题，本年基金会补助24万元，比去年多6万，但研究所8人薪水多者1 500，少者1 200，"均不能温饱，已月去一万余元"，加煤、油每月5 400，工人四名每月4 000，"已无余款为事业费矣"。吴有训主张暂时将研究所停顿。今年为科学社成立30周年，纪念会以交通困难，预备各地分头举行，出一纪念刊，日期为10月25日。"余对于科学社，素来主张与自然科学社合并，改组为科学促进社，如British Association、American Association然"，但任鸿隽、唐钺"均以为自然科学社有政治背景，不赞同"。③

太平洋战争爆发后，中国科学社社务主要在内地，总办事处1942年5月内迁到重庆北碚。因中国科学社存放银行的基金无法内移，社务展开"分文无着"，只得先向生物研究所借用1 000元临时开支。7月，中基会补助5万元，指定主要作为《科学》杂志的印刷与编辑费用。虽然面临各种各样的困难，但正是在任鸿隽、竺可桢、

---

① 以上记载分别见《竺可桢全集》第8卷，第43、141、152、310、327、430、445、478、554、603页。

②《竺可桢全集》第9卷，第4页。此为内迁第5次理事会。理事会记录非常简单，没有"日记"记载丰富。

③《竺可桢全集》第9卷，第52页。此为内迁第6次理事会。会议记录比"日记"丰富，如主席任鸿隽报告说，《科学》印刷"虽无问题，然发行不免有延期情事"，当年至少出六期。生物研究所"实属不敷""然中基会已尽其最大努力"。叶企孙以为若有与他机关合作之机会，不妨进行，"以期于经费上有所补助"。决议"尽力维持现状，若至不得已时，只可行减缩政策，或留三数人保管所中之财产，俟战后再继续工作"。通过社员17人。上海市档案馆藏档案，Q546－1－73－16。

钱崇澍、卢于道、周仁等领导人的一再努力下，社务不仅得以维持，还有所发展，1942年年底理事会居然一次就通过新社员126人、第二年4月又通过新社员一百余人。从表5-1和本书附录可见，抗战全面爆发后，中国科学社社员人数增加很少，从1942年开始，有井喷式增长，1942年入社128人，1943年182人，1944年达356人。广大科学工作者们在困难情形下并没有放弃他们的责任，他们更需要团聚起来共同发展中国科学事业。

应该说，除了继续维持生物研究所的工作外（生物研究所的维持并不容易），大后方此时最重要的工作之一是《科学》复刊。1942年6月，开始着手此项工作。7月1日，北碚的王家楫、吕炯、杨钟健、胡安定、黄国璋、郑礼明、陈可忠、钱崇澍、卢于道等组成由卢于道任主编的编辑委员会，共同议决编辑条例，决定特约各科特约撰稿员30余人，分别为通论任鸿隽、竺可桢、胡先骕，数理叶企孙、吴有训、严济慈、郑衍芬，化学曾昭抡、吴宪、袁翰青、郑集、张江树、杜长明，天文学李珩、张钰哲、倪尚达，气象学吕炯、涂长望，生物学王家楫、欧阳翥、钱崇澍、张孟闻，地质学李四光、杨钟健，心理学潘菽，工业顾毓瑔、郑礼明、李乐知，医药卫生胡安定、李振翩，地理任美锷、黄国璋，农业冯泽芳、汤佩松，航空工程秦大钧、庄前鼎。计划每3月出版一期，每期10万字，

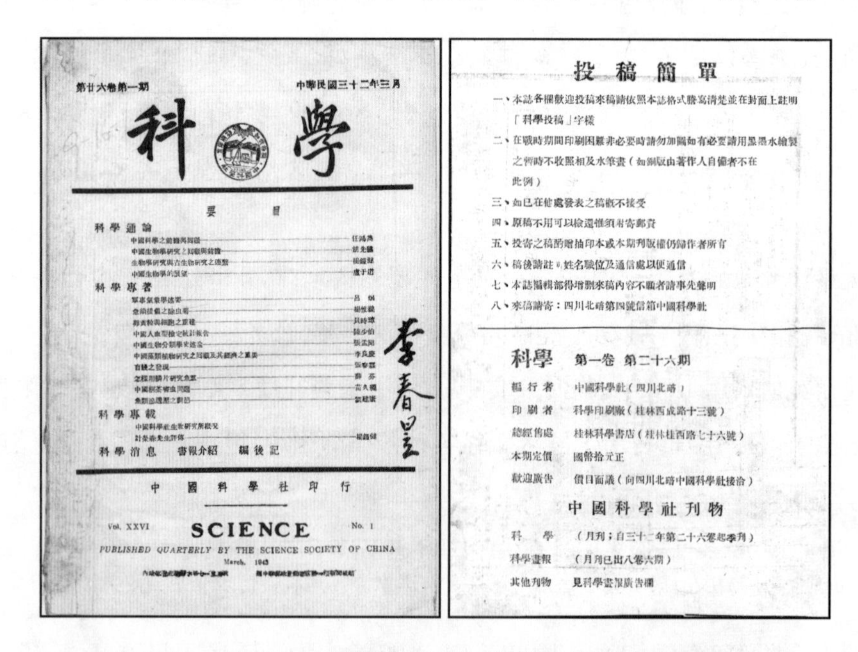
第廿六卷第一期

中華民國三十二年三月

科學

要目

科學通論

科學專著

科學專載

科學消息　書報介紹　編後記

中國科學社印行

Vol. XXVI　SCIENCE　No. 1

PUBLISHED QUARTERLY BY THE SCIENCE SOCIETY OF CHINA

March, 1943

投稿簡單

一、本誌各欄歡迎投稿來稿請依照本誌格式謄寫清楚並在封面上註明「科學投稿」字樣

二、在戰時期間印刷困難非必要時請勿加圖如有必要請用墨水繪製之暫時不收照相及水筆畫（如銅版由著作人自備者不在此例）

三、如已在他處發表之稿概不接受

四、原稿不用可以檢還惟須附寄郵費

五、投寄之稿酌贈抽印本或本期刊版權仍歸作者所有

六、稿後請註明姓名職位及通信處以便通信

七、本誌編輯部得增删來稿內容不願者請事先聲明

八、來稿請寄：四川北碚第四號信箱中國科學社

科學　第一卷　第二十六期

編行者　中國科學社（四川北碚）

印刷者　科學印刷廠（桂林西成路十三號）

總經售處　桂林科學書店（桂林桂西路七十六號）

本期定價　國幣拾元正

歡迎廣告　價目面議（向四川北碚中國科學社接洽）

中國科學社刊物

科學　（月刊；自三十二年第二十六卷起季刊）

科學畫報　（月刊已出八卷六期）

其他刊物　見科學畫報廣告欄

图7-10　1943年3月在重庆复刊的《科学》第26卷第1期封面和封二

可见处于抗战困难时期，编辑校对很是粗糙，“投稿简章”成了“投稿简单”；印刷自然也很困难，用毛边纸，图表印刷不清，因此投稿非必要时不要用图；投稿不用可以退还，但必须作者自备邮资；没有稿费，或抽印本或版权仍归作者。由桂林的科学印刷厂印刷，桂林的科学书店经销，定价为法币20元。

格式照旧。到 9 月中旬,第一期集稿完成。1943 年 3 月,《科学》第 26 卷第 1 期正式出版,宣告停刊一年有余的《科学》复刊,栏目有“科学通论”“科学专著”“科学专载”和“科学书报”等,内容多关生物学,“事实上不啻为生物研究所二十周年纪念特刊号”。按卢于道的意思,他特别看重“科学通论”一栏,欲参照英国《自然》周刊,对科学与社会等问题予以讨论。[39]

复刊后的《科学》由桂林中国科学公司印行,本来希望每年发刊 4 期,不想印刷速度过慢,只发刊 2 期,是为 26 卷。① 1944 年 1 月开始发刊的第 27 卷,改由重庆刘百闵举办的中国文化服务社印行。栏目分“通论”,为“短篇建设性的科学建议”;“专著”,刊载“某种科学的研究成就……和各种专门性质的科学杂志上所刊者不同……可以适合于一般读者之研究成果”;“消息”为国内外科学界信息,此外还有书报介绍等。[40]计划恢复月刊,因此每期内容大为缩减。② 不想,1944 年 4 月出版第 4 期后,中国文化服务社也不能按期印行,6 月和 8 月出版 5 – 6、7 – 8 期合刊,年底出版 9 – 12 期合刊共 86 页,为中国科学社成立三十周年纪念刊。到 1945 年 5 月,交稿第 28 卷共 4 期,7 月初出版社印刷厂出现问题,中国科学社只得收回补印,成为季刊,并将该年 2 – 4 期重新交给上海中国科学印刷印行。[41]1944 年 12 月 15 日,理事会议决聘请张孟闻担任《科学》主编,并聘定新的编辑委员会与业务委员会名单,于 1945 年 3 月 11 日理事会通过。编辑委员会沈宗瀚、唐钺、钱崇澍、郑礼明、丁燮林、陈可忠、胡安定、赵九章、伍献文、黄国璋、顾毓珍、黄汲清、李春昱、卢于道、张孟闻(主任),特约编辑严济慈、汤佩松、沈嘉瑞、竺可桢、蔡邦华、蔡翘、曾省、王星拱、李俨、袁翰青、郑衍芬。业务委员会包括会计理事、周赞衡、向贤德、范鹤言、方子重、吴林柏、裴鉴、卢于道、张孟闻、孙雄才、张宗熠,以范、方、吴为驻渝委员。[42]127

1943 年是中国命运转折之年,抗战胜利只是时间问题,抗战救国已转向抗战建国,国家建设成为未来中国的重任。③ 3 月,蒋介石出版了《中国之命运》一书,提出了建设一个现代中国的全面架构,对科学的借重更为重要。④ 中国科学社也接续抗战前积极介入国家建设的姿态,于当年 7 月 18—20 日,联合中国数学会、中国动物学

---

① 据 1943 年 7 月举行的第二十三届年会报告,当年 4 期稿件与出版经费 4 万元都已经交给桂林的中国科学公司,但最终未能按期出版。钱崇澍《会计报告》,上海市档案馆藏档案,Q546 – 1 – 199,第 56 – 57 页。

② 每期容量不一,第 1 期 36 页,第 2 期 46 页,第 3 期 53 页,第 4 期 36 页。

③ 可参阅周锡瑞等主编《1943:中国在十字路口》,社会科学文献出版社,2016 年。

④ 可参阅郭金海《蒋介石〈中国之命运〉与中央研究院的回应》,《自然科学史研究》,2012 年第 2 期。

会、中国植物学会、中国地理学会、中国气象学会等学术团体在北碚召开联合年会，向外敌宣示“飞机炸弹不能毁灭”学术研究，也向国人宣示“学术研究并不因国难而中辍”。蒋介石给年会颁布训词，不仅指出科学对抗战建国之重要，“国防民生之发展，建国工作之达成，皆不能脱离科学”，更提出纯粹科学是中国立于现代国家之林的基础。[43]联合年会除进行学术交流、社务讨论之外，还专门举行了“科学与建国”“国际科学合作”两个专题讨论。其中“科学与建国”改变为“怎样使科学发展起来”，并分解为“科研机构的发展”和“科学研究中注重应用科学抑或纯粹科学抑或两者并重”。[44]最终决议以大会名义致书中枢，请求增加经费，加强各优秀学术团体和中央研究院的研究工作，增加理论科学留学生名额，促使政府在国家科学战略上有所作为：

重庆国防最高委员会、行政院、立法院、国民参政会钧鉴：

此次六学术团体在北碚召开年会，到会社员鉴于国势之转变，恭聆领袖之训示，深感建国伟业与科学研究节节相关。欲达此目的，学术团体之动向与国策之实施更非密切联系不可用。经详加讨论，一致议决：

（一）拟请政府以更大之实力增拨更多之经费，鼓励科学之研究与普及，并于国家预算中名列发展科学经费专款以示政府注重科学之意。

（二）增强现有科学研究之最高机关如中央研究院及其他国立研究机关，增加其物力，充实其人才，并酌量补助确有良好成绩之科学研究团体，务使学者咸得以其专长贡献国家，而研究所得俱可直接提高建设之效益。

（三）科学研究应与国家建设之各种计划相辅相成，俾政府之各种设计更切合实际需要，而更易付诸实施。故拟请政府采取有效方法促进其合作。

（四）侧闻政府将每年派遣大批学生出国深造，此事应请政府于培养青年及鼓励学者同样注重。拟请留名额遴选年资并丰之科学人才出国研究、考察，俾中国学者得与外国学术权威质疑问难，沟通中外。又纯理科学为应用科学之本，亦不宜显分轩轾。①

按科学社1914年6月10日创建计算，1944年是中国科学社成立30周年。正如上引竺可桢日记记载所言，中国科学社于11月4—6日在成都召开联合年会，同时在

①《中国科学社与警察局、大亚工程公司、交通大学、大公报编辑部等单位的往来函》，上海市档案馆藏档案，Q546-1-188，第71-72页。

云南昆明、贵州湄潭及重庆北碚等地也相继召开多团体联合年会进行纪念,并发表《中国科学社成立三十周年宣言》:

(一) 吾人承认科学为智能权力之泉源,为建设现代国家,必须全力以赴。(二)吾人承认科学在我国特别落后,为求与先进诸国并驾齐驱,必须以人一己百、人十己千之精神进行。(三)吾人承认凡世界文明人类皆有增加人类知识产量之义务,因此,吾人对于科学必须有独立之贡献。(四)吾人坚信科学系为人类谋福利快乐而非侵略残杀之工具,因此对于科学之应用,必须严定善恶之标准。信能行此四者,不唯本社格物致知,利用厚生之宗旨,非托空言,即明日之世界,亦将以吾人之努力而愈进于光明。[45]

在这个庆祝的日子,蒋介石以国民政府主席名义也给中国科学社发来贺电:

中国科学社任社长并转全体社员公鉴,贵社成立于民国初年,提倡科学,首树风声,三十年来,宣传研究,绩效茂著。际此非常时期,贵社诸君子咸能坚贞宏毅各就其职分所在,埋头苦干,为科学而奋斗,尤堪嘉尚。科学为一切建国工作之基本,况当人类生存竞争最剧烈之今日,任何国家民族之兴衰张【强】弱,殆无不决定于其国科学之隆替。无科学即无国防;无科学亦无民生。贵社诸君子责任之重可知矣。中正所望于诸君子者,其一:务遵循国父迎头赶上之遗教,取法他国人之长处,潜研敏求,勿急近功,尤须同时注重纯粹科学,厚植根基,使我国各门科学发扬广大,而有以自立;其二:世界各国在战争时期科学进步最速发明亦最多。诸君子除注意于学术本身问题之外,希更注意于现实之社会问题,使今后科学之发达能与社会实际进步相配合。……①

无论蒋介石发来贺电是什么用意,中国科学社的广大社员们又如何看待这封电报,一个不争的事实是蒋介石对中国科学社的三十周年纪念有"感觉",这对一个私立学术社团来说无论如何是很"荣幸"的,是政府对他们三十年来苦心孤诣发展中国科学的承认标志。蒋介石的贺电虽多冠冕堂皇的礼节性辞令,但他对科学的崇仰应该也是事实,特别是要求科学家们不要忘记纯粹科学研究,告诫他们不要"急功近利"云云,今天看来也应是指导中国科学发展的不刊之论。

发来贺电的不只蒋介石一人,其他人以及机构如成都市政府、国立武汉大学、国立复旦大学、国立湘雅医学院、中国心理生理研究所、中国自然科学社、中国文化服务社等也有"应景"之作。战时对中国科学发展有贡献,后来一直致力于中国科学技术史研究的李约瑟博士致电,对中国科学家在日本法西斯的侵略下所取得的各项科研

① 1944 年 10 月 31 日侍秘字第 24701 号,《科学》第 28 卷第 1 期。

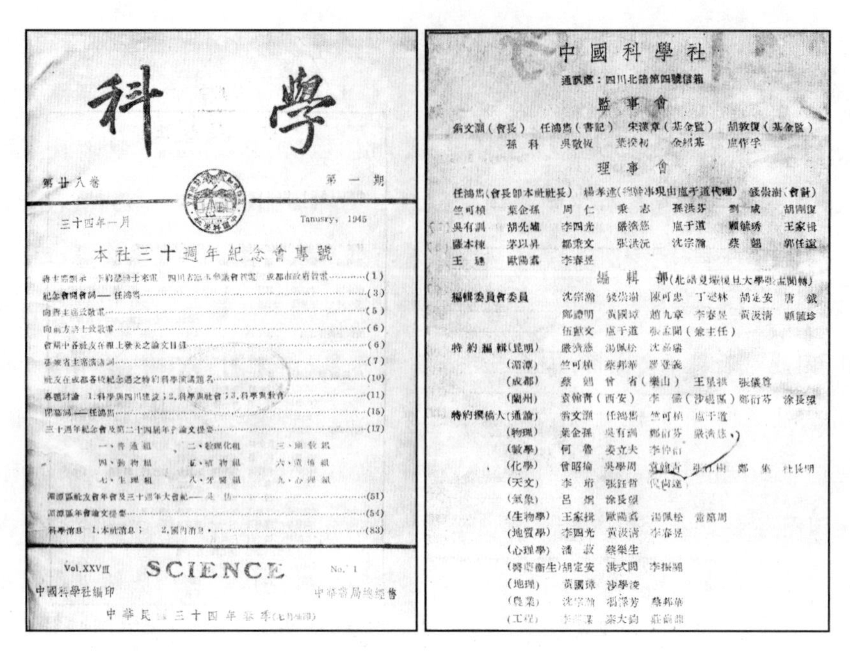

科學

第廿八卷 第一期

三十四年一月 Tanusry, 1945

本社三十週年紀念會專號

Vol. XXVIII SCIENCE No. 1

中國科學社編印 中華書局總經售

中華民國三十四年春季

中國科學社

通訊處：四川北碚第四號信箱

監事會

翁文灝(會長) 任鴻雋(書記) 宋漢章(基金監) 胡敦復(基金監)
孫科 吳敬恆 葉揆初 金紹基 盧作孚

理事會

任鴻雋(會長即本社社長) 楊孝述(總幹事現由盧于道代理) 錢崇澍(會計)
竺可楨 葉企孫 周仁 秉志 孫洪芬 劉咸 胡剛復
吳有訓 胡先驌 李四光 嚴濟慈 盧于道 顧毓琇 王家楫
薩本棟 茅以昇 鄒秉文 張洪沅 沈宗瀚 蔡翹 郭任遠
王璡 歐陽翥 李春昱

編輯部(北碚夏壩復旦大學張孟聞轉)

編輯委員會委員 沈宗瀚 錢崇澍 陳可忠 丁燮林 胡定安 唐鉞
[illegible] 黃國璋 趙九章 李春昱 黃汲清 顧毓珍
伍獻文 盧于道 張孟聞(兼主任)

特約編輯(昆明) 嚴濟慈 湯佩松 沈嘉瑞
(湄潭) 竺可楨 蔡邦華 羅登義
(成都) 蔡翹 曾省(樂山) 王星拱 張儀尊
(蘭州) 袁翰青(西安) 李儼(沙磁區) 鄭衍芬 涂長望

特約撰稿人(通論) 翁文灝 任鴻雋 竺可楨 盧于道
(物理) 葉企孫 吳有訓 鄭衍芬 嚴濟慈
(數學) 何魯 姜立夫 李仲珩
(化學) 曾昭掄 吳學周 袁翰青 張江樹 鄭集 杜長明
(天文) 李珩 張鈺哲 倪尚達
(氣象) 呂炯 涂長望
(生物學) 王家楫 歐陽翥 湯佩松 童第周
(地質學) 李四光 黃汲清 李春昱
(心理學) 潘菽 蔡樂生
(醫藥衛生) 胡定安 洪式閭 李振翮
(地理) 黃國璋 沙學浚
(農業) 沈宗瀚 馮澤芳 蔡邦華
(工程) [illegible] 秦大鈞 莊前鼎

图7-11 《科学》中国科学社三十周年纪念号封面及封二公布的中国科学社监事会、理事会及《科学》编辑部组成名单

成就,对人类科学文化事业所做出的重大贡献表示了由衷的敬佩。①

本次年会通过了1943年北碚第二十三届年会提出的社章修改案:按照国民政府社会部规定,将原来董事会改为监事会;理事会由15人增加为26人,加上当然理事总干事共27人;常务理事由7人改为5人,理事长、总干事、会计为当然常务理事,其余2人由理事中选举;理事任期3年,每年改选1/3,连选连任,但以一次为限。选举卢于道、顾毓琇、王家辑、萨本栋、茅以升、邹秉文、张洪沅、沈宗瀚、蔡翘、郭任远、王琎、欧阳翥、李春昱等13人为新理事。除宣读论文外,还举行了"科学与四川建设""科学与社会""科学教育"等专题讨论。其中"科学与四川建设"形成决议:"拟请政府每年在国家预算中列入科学研究实验费""国民科学教育应重质不重量"。"科学

① 李约瑟来电言:It is a great honour and pleasure for me to offer on behalf of my colleague and myself warmest congratulations to The Science Society of China on the occasion of its thirtieth anniversary. The world of international science has been profoundly impressed by the way in which Chinese scientific workers and technologists unwilling even to live under the aegis of fascist invaders have carried on their investigations and have erected and operated new industrial understandings amid surroundings previously lacking every facility thus not only powerfully aiding their country in a great war of liberation but also adding enduring pages to the record of scientific struggle and achievement. We may all hope and expect that in the near future a new period of unprecedented opportunity will open for the contributions of Chinese scientists and technologist to world culture.《科学》第28卷第1期。

与社会”决议也为两条:“为策进科学之效用起见,战后应有科学的国际组织”“为策进科学效用起见,吾人应注意社会之需要”。“科学教育”对大学、中学、小学和社会四个层面的科学教育提出了一系列的主张。并通过了“向蒋主席致敬电”“向前方将士致敬电”。向蒋介石的“致敬电”说:“……同人等恭聆之下,无任感奋。伏念我国艰苦抗战,已及八年,钧座指导群伦,谋献宏远,目下胜利在望,抗战建国,需要科学愈为迫切;同人等誓竭驽钝,勉图报效,用副钧座期望。”①抗战期间,因蒋介石领导中华民族抵抗外侮,即将取得最后胜利的巨大影响力,一代知识分子“自由之精神”“独立之意志”匍匐在“钧座”之下。

1944 年 6 月 11 日,召开内迁后第 7 次理事会,追认夏坝分社成立。与北碚一江之隔的复旦大学所在地夏坝,有社友 50 余人,按章成立了分社,理事长林一民,理事何恭彦、张孟闻、李仲珩、陈望道、卢于道等,校长章益“对于社务,尤为热心”。② 1944 年 12 月,召开内迁后第 9 次理事会,通过新社员 74 人,仲社员 5 人,选举常务理事任鸿隽、钱崇澍、卢于道、竺可桢、王家楫,李春昱候补;1945 年 3 月,召开内迁第 10 次理事会,通过新社员 21 人;同月召开内迁后第 11 次理事会,通过新社员 10 人。③ 1944 年年会后,抗战形势好转,中国科学社活动大为活跃起来,不到 4 个月就召开了 3 次理事会,通过新社员 105 人,可谓“飞速发展”。1945 年 8 月,终于迎来了全面抗战的胜利,内迁机构沉浸在快乐中纷纷“东南飞”,中国科学社的发展也迎来关键性时刻。

第三节 战后复员的困顿与“科学建国”的欲求

抗战前,中国科学社的发展主要得力于国民政府所资助 40 万元二五国库券,作为基金存放在银行,有专门的基金监管理。1935 年 1 月 12 日,因基金监宋汉章以年老体弱多次来函请辞“挽留无效”,召开董事会基金保管委员会、理事会联席会议,宋汉章与新选基金保管员徐新六交接。结果表明,宋汉章管理基金 6 年半,历年用去南京上海二社所购地及建房、经常费支出共计 28 万余元;结余 38 万元和科学图书仪器

① 《科学》第 27 卷第 9-12 期合刊,第 71-77 页;第 28 卷第 1 期,第 1-15 页。
② 《夏坝分社成立》,《社友》川版第 4 期(1944 年 8 月),上海市档案馆藏档案,Q130-35-4-1。
③ 《科学》第 28 卷第 1 期,第 85 页;第 2 期,第 127-128 页。

公司股本3万元，共41万元，超出原本40万元。[46]可见，基金不仅没有减少，反而增加。抗战期间，因通货膨胀，存放银行的基金自然几乎变成了废纸。杨孝述曾报告说通货膨胀前曾以10万元投资化工、电工两出版社，5 000元投资中国奶粉厂，增股科学图书仪器公司等，到1946年4月，仅存股票、现金等共价值300余万元。① 因此，对于抗战胜利后，中国科学社将面临的境况，领导层有先见之明。1945年3月30日召开内迁后第11次理事会时，就未雨绸缪，决议请款和募捐：

本社生物研究所成立最早、成绩卓著，应向援华会之教育组委员会（Committee of Education）请求拨款协助，用英文书面送出，托任理事长与生〔物〕所洽办。

本社经费拮据，拟托严济慈理事赴美之便致书（公函），向留美老社友胡适之发动款项书籍募集运动。社中最好印行英文小册说明情况与需要，以为战后科学各方面推进工作之准备。美有分社，又有赵元任、萨本栋、范旭东、庞德材诸人皆热心社务，可以信任。②

他们似乎很是看好"美援"，也很看中胡适、赵元任、萨本栋等在美国的活动能力及他们对社务的热心程度。当然，"美援"不是那么容易获取的，与从美国搬迁回国一样，抗战胜利后的中国科学社首要任务是筹款，以获得维持与发展的基础。七个月之后的10月30日，中国科学社在上海社所召开了战后第一次理事会。议决上海总社及生物研究所经费暂定每月各40万元为目标"进行筹募"；明复图书馆应尽量扩充；南京社所已为国牺牲，复员无地，生物研究所迁到上海，暂用明复图书馆顶楼；向当局申请索赔南京社所之毁；中国科学社复员未完成前，上海社所社务仍暂请照料委员会及上海社友会继续维持。[42]128

筹款成为中国科学社"复员"的首要任务。1946年4月9日，理监事会联席会议上，总干事杨孝述报告称任鸿隽募得500万元充实基金③，"本社经费大为乐观矣"。社长任鸿隽报告生物研究所复员经费已向教育部申请1 000万元，又向美国援华会申请1 000余万元，希望筹近3 000万元，如用去一半，则可余1 000余万元充生物研究所经费。④ 一个月之后，任鸿隽报告说，复员费教育部允拨500万元（在南京发），

①《理事会第155次会议（理监事会联席会议）记录》（1946年4月9日），上海市档案馆藏档案，Q546－1－66－150。

②《理事会内迁后第11次会议记录》（1945年3月31日），上海市档案馆藏档案，Q546－1－73－28。

③ 分别为四川省银行300万元、四联总处170万元、中国桥梁公司30万元。

④《理事会第155次会议（理监事会联席会议）记录》（1946年4月9日），上海市档案馆藏档案，Q546－1－66－150。

美国援华会允拨 750 万元(在上海发,并指定其中 200 万元作普及科学运动),另外售去北碚房地可得 200 万元,故总数有 1 450 万元。[①] 是年年底,总干事卢于道(杨孝述坚辞,以卢于道替)报告,获得行政院援助建设费国币 3 亿元、美金 2 万元,南京社所房屋全毁,拟用一部分国币在南京建房,美金订购生物研究所仪器、图书及明复图书馆图书等。杨孝述说,咨询金融专家,“此款如造屋,则不但日后房租不能抵偿修理各费,且房客驱走亦难为善途”,建议投资理财:(一)购美钞暂存;(二)放款收息;(三)申请外汇购仪器贩卖。可见,面临内战(国民党蒋介石政府发动)的不宁局面,科学工作者们完全不能把握形势,对获得的经费也不知如何使用,居然想出完全“挪作他用”进行理财的“花招”(本来专款专用,建设费只能盖房建屋)。因此,理事会对这笔“巨款”,无法形成决议。[②] 下次理事会还是七嘴八舌,归纳起来有如下主张:(一)提一亿以七千万在南京社址盖房,三千万运回存放四川的生物学图书,余三千万以半数购物资,半数存本取息作经常开支;[③](二)全部放款,其息以一半购物资,一半作事业费;(三)本金分四部分,由总办事处、图书馆、研究所、编辑部各自运用,生息作开支。但还是无法形成决议,推任鸿隽、卢于道、张孟闻向银行家钱新之洽商如何运用得当。[④] 直到 3 月底,下次理事会决定,建设费 1 亿元由金城银行生息,2 亿元由钱新之转托金城银行信托部购物资,美金由图书馆及生物研究所开图书仪器购置单以便购置。[⑤] 最终还是以“理财”运用了政府所拨付的建设费。可见,面临通货膨胀,中国科学社经费保管与运用的困境。即使所筹集的这些费用,除美金而外,很快就变成了一堆废纸。3 月底的理事会还通过 1947 年 4 月各部门的预算:总办事处 550 万元、图书馆 350 万元、生物研究所 100 万元、编辑部 540 万元、临时费 4 500 万元。一月预算就如此之数据,即使 3 亿元也维持不了多久。到 12 月,建设助费仅剩美金 5 000 元,其他已经“烟消云散”了。

无奈之余,中国科学社只得继续求助于社会,1947 年 10 月 31 日举行的理事会上,通过黄伯樵提议,向“热心社会事业之国内富有者及海外华侨”募捐,推举黄伯樵、章元善、茅以升、裘维裕、张孟闻、任鸿隽、杨孝述、秉志、卢于道为募捐委员会筹备

---

① 《理事会第 157 次会议记录》(1946 年 5 月 20 日),上海市档案馆藏档案,Q546 - 1 - 66 - 163。
② 《理事会第 161 次会议记录》(1946 年 12 月 1 日),上海市档案馆藏档案,Q546 - 1 - 67 - 1。
③ 数字有问题,多出三千万,原文如此。
④ 《理事会第 162 次会议记录》(1947 年 2 月 27 日),上海市档案馆藏档案,Q546 - 1 - 67 - 8。
⑤ 《理事会第 163 次会议记录》(1947 年 3 月 28 日),上海市档案馆藏档案,Q546 - 1 - 67 - 15。

委员,以任鸿隽为召集人。后增加监事会监事孙科、翁文灏、钱新之三人。并于当年11月发出《中国科学社为复兴最小限度之科学事业募捐启》,其中言道:

经过八年抗战,本社事业基础遭受严重打击。除总办事处及刊物勉为维持外,科学图书馆在昔所备置之新书,今日已归陈旧,有关新近科学之书籍杂志,则无力添补。损失中最惨重者,厥惟生物研究所。昔日宏壮巍峨之建筑,今则一片瓦砾,昔日研究人员成群者,今只少数人株守不忍离去。此不特为本社之挫折,亦为国内科学事业之挫折。此种损失之补偿,求之于政府固不暇顾及,求之于日本赔偿,其渺茫不可知,更无论矣。

因此发起募捐,目标是"国币二百亿元及美金三十万元""不敢过存奢望,但至少先求能恢复旧观"。捐款十分之六用于在上海建筑生物研究所办公楼一幢,"供实验室陈列室及事务室之用",小屋一座"供职工宿舍及动物饲养之用",共60余间,仅有战前的一半。添置生物研究所图书仪器设备,特别是电子显微镜,用于生命科学的理化研究、射线之生理研究和细胞及原生质研究,经费占十分之三。另外,十分之一用于明复图书馆购置图书:"本馆位在国内工业中心之上海;上海工厂三百余家,技术待决之问题甚夥,而研究室未备,即备而为研究用之技术科学参考书籍甚少。本馆拟增辟个别参考研究室,增添书籍杂志五万册,以扶助上海工业研究参考之用。"[47]理事会还专门讨论募捐办法与策略,募捐对象以大户为原则,先找熟人函介;精印募捐册,内加英文译文捐启;组织正式募捐委员会,推黄伯樵为主任;向行政院请求批准向华侨募捐,推定裘维裕负责。

当然,在兵荒马乱时代,这样的募捐之举也没有多少结果(到1948年1月,有社友募得华商电气公司1亿元)。理事会冥思苦想,终于给他们寻到了"救命稻草",那就是征求团体赞助社员。其"启事"说,中国科学社今后"当不止于倡导科学而已,尤须将科学与实业配合,俾科学为社会服务。即如社内已设之实验室,不只为学理探讨而已,尤当以新近之科学研究,为生产技术解决问题;已立之图书馆,不只供学者阅览而已,尤当采购最新图书,供从业者大众参考;已有之期刊,不只为传播科学知识而已,尤当以严正之言论为建设事业争取有利条件。举凡时代之需要,随时宜有所兴办,俾学术研究与社会打成一片,因以达服务社会之目的"。因此种事业,比单纯地提倡科学、宣扬科学更为复杂和艰巨,中国科学社由此将社员由个人扩展到团体,"由学界扩大至实业界",并征求社会上科学性质事业机关为团体赞助社员,"俾供共同组织进行"。团体赞助社员"义务"供给本社研究资料,支持本社事业;"权利"包括提交科学性质问题以便研究解决、推举代表列席理事会会议、利用本社刊物的舆论力量争取科学建设事业的有利条件等。[48] 其实，无论说得多么动听，其唯一的目标就是寻求经费支持，以维持社务的进行。理事会也讨论了团体赞助社员征求的办法：先以生产机构为对象；义务分年费、月费两种，年费价值交费月份 15 日白米二十担，月费价值该月 15 日白米二担。并分别派定接洽人员与征求对象：任鸿隽负责民生实业公司、永利化学工业公司、久大盐业公司、淮南矿务公司、中国石油公司，卢于道负责五洲药厂、招商局、科学仪器馆、中国仪器厂，何尚平负责中国蚕丝公司、糖业及化学肥料公司，于诗鸢负责商务印书馆、中华书局及信谊药厂，方子卫负责华生电器公司、中国纺织机器公司，杨孝述负责中国科学图书仪器公司、大华仪器制造厂及纸厂，裘维裕负责新安公司、公用电气公司。[49] 负责人与所负责的企业都有程度不同的关系。可见，通货膨胀之后，社费也需要以实物为计量单位，而且还要按照交费当月的 15 日为准。从货币到实物，“反进化”历史进程反映了这些科学工作者面临通货膨胀的措手不及与束手无策。

理事会此项举措，很快就有了收获。1948 年 3 月 18 日理事会就通过了永利化学工业公司（年费）、中国科学图书仪器公司（半年费）、久大盐业公司（5 个月月费）、淮南路矿公司（5 个月月费）、荣丰纺织厂（月费）、中国纺织机器公司（月费）、新安电机制造厂（月费）等 7 家单位为团体赞助社员。同时，五洲药厂、大华仪器制造厂、中华书局图书馆等交费不符合要求，作为捐款处理。① 此后，还通过台湾糖业公司、善后救济委员会渔业善后物资管理处、西北毛纺公司、中国毛纺公司、中联化工厂、交通银行、中兴轮船公司、天厨味精厂（与天原电化厂、天利氮厂合）等为团体赞助社员。另外，商务印书馆、上海生物学会为学术研究性团体赞助社员，“其社费不能照生产团体例月付白米二石”，常年费至少应交基数 5 元，以“照缴费月份上海职员生活指数申算之金额”为标准。正是靠着这些以团体赞助社员名义每月补助米一二担实物，中国科学社才得以维持。② 在这种状况下，中国科学社自身虽有不少的计划与规划，但社务不仅不能有进一步扩展，反而日益萎缩。

正如前面所言，生物研究所是中国科学社最为成功的事业，也是抗战期间损失最严重的事业，更是战后中国科学社一心恢复的事业，可其恢复计划一再受挫。战后生

---

①《第 172 次理事会议记录》（1948 年 3 月 18 日），上海市档案馆藏档案，Q546－1－67－138。

② 竺可桢曾在日记中说，中国科学社“过去靠石油公司、中纺公司等以团体会员名义，每月给予米一二担以维持”。樊洪业主编《竺可桢全集》第 11 卷，第 469 页。

物研究所从重庆北碚复员上海也非一帆风顺。1946 年 5 月 23 日,钱崇澍给时任复旦大学校长章益写信如是说:

生物所于抗战初期由弟等将书籍等物一部份运送后方,幸未损失,今仍拟送回本社以完任务。惟私立机关无钱无势,眼看人家纷纷满载而归,而此间则毫无办法,前承允帮助,衷心弥感。大约待运者有书籍及植物标本二百箱,如我校能为便带二十至三十箱者,弟拟检出于教课及研究至关重要之书籍随校运申,并与该社谈定吾校有优先借用之权利,于该社及吾校均互有裨益。因此后吾校除教课之外,教授亦宜有研究工作以增加校誉,私衷如此,敢贡之高明,谅表同意也。便运书籍自以不增加本校运务上之困难为限度,如属可能,乞与校中有关同事一商,弟得便可向之接洽,如何之处,祈高裁示复,至为祷切![19]36-37①

1937 年内迁时,借助竺可桢主持的国立浙江大学,现在又要借助已经升格为国立的复旦大学,这不仅因为钱崇澍、卢于道、张孟闻等在复旦大学生物系任教,与复旦大学有良好的关系,还表明了学术机关相互的协助关系。钱崇澍这封信中也提出了搬回上海后,复旦大学与生物研究所的互助计划——复旦有"优先借用之权利",并提请复旦大学注重科研工作以"增加校誉"。其实,生物研究所主要图书仪器等并没有完全"复员",图书四五十箱交由卢作孚的民生公司代办运沪,其余暂交民生公司所设北碚图书馆,"存览两年,期满由对方运沪,运费亦由其担任"。②

1946 年 4 月 9 日理事会监事会联席会议上,任鸿隽希望秉志主持的生物科学研究所与生物研究所合并,或由生物科学研究所担任研究员数人俸给,在生物研究所从事研究,"以收出钱出力之效"。鉴于生物研究所复员无期,秉志与王艮仲等合作筹建中国生物科学研究所,1946 年 3 月正式成立,秉志任所长,王志稼任副所长,杨惟义等任技师。该所也是一个由民间社团(中国建设服务社)和纯粹科学研究工作者合力支撑起来的研究机构,"没有足够的人员,没有足够的设备,没有足够的经费,在上海西区一角,默默无闻地干着自认为'乐在其中'的工作"。据说秉志在中央大学授课,"一回上海就无间风雨的每天跑到所里工作,去年底为止,所里支出的不过是几十万元的车马费";王志稼任光华大学生物系主任,"学校在上海东区,生物所在西区,在处理教务以外的所有时间,也贡献了研究工作。他如杨惟义是留法昆虫学博

① 值得注意的是,薛攀皋先生说"钱崇澍 1942 年受聘复旦大学后离开了生物所",其实,当时由于所里经费短缺,大多数人都到大学兼课,代理所长钱崇澍也不例外,但他并没有离开生物研究所。
②《理事会第 158 次会议记录》(1946 年 6 月 12 日),上海市档案馆藏档案,Q546 - 1 - 66 - 170。

士，由于江南大学的坚邀，去秋到无锡执教，每逢假期必回所工作”。房屋仅三间，一间附陈标本，一间附藏图书仪器，一间光线充足的专供显微镜工作之用。王志稼曾在该所工作报告中说：“……经费有限，物价波动，影响于工作者滋多，研究性质乃不得不暂为避重就轻，去繁取简，减少设备之拘束。但同人之研究精神与兴趣，并不畏难而稍减。”研究人员之一裘作霖曾因用脑过度而精神失常。[50]

可见，秉志作为所长的生物科学研究所也面临同样的发展窘境。同年5月20日理事会上，秉志报告了接洽生物科学研究所与生物研究所合作情形，讨论决定设备公用，生物研究所应至少维持二人合理俸给津贴并担任添补设备及消耗、研究论文出版费等。详细办法等待生物研究所复员来沪后再行互商。同时，议决接受陈义向生物研究所捐赠50万元和秉志、钱崇澍、胡先骕寿仪约60万元一并作为生物研究所基金。1946年6月12日理事会上，秉志坚辞生物研究所所长，愿以研究员资格在社服务，并举杨惟义继任所长，议决通过。①

此后相当长时间内，生物研究所事务并没有进入理事会视野。直到1947年2月27日理事会会议，卢于道报告陈义捐生物研究所100万元、成都张化初亦捐生物研究所50万元。生物研究所存川图书由民生公司免费装运回沪，由杨衔晋、孙雄才沿途照料。此后，杨惟义辞去所长，生物研究所虽然已复员上海，工作还是处于停顿状态，与生物科学研究所的合作自然也没有下文。也就是说，抗战中还能坚持下来并在内地广泛开展科研活动的生物研究所，战后复员到上海后，基本处于“停业状态”，有其名而无其实了。1948年9月，中国科学社最后一次年会报告称，生物研究所一年来还是在“企图复员”。存放北碚的图书运回上海，托复旦大学代运的图书借用两年后也“取回存社中”，仅植物书籍及标本“再存借二年”。图书仪器都有待整理，“本所旧杂志，皆极名贵，而装订封面，因过去在川存防空洞时，皆全部损坏，必须重装，方能取用。再本所论文积稿，如森林植物志等，皆须印刷。上项装订及印刷费用极昂，幸得中基会之补助，乃得以实现”。[51]1949年1月3日理事会上，秉志报告本年度得中基会补助研究费（全年美金2 000元），研究工作更可积极进展，研究助理员除由王梅卿兼任外，又聘包正，并称“一俟款到，即行购置开办应用物件，积极进行”。② 此后，又有渔业管理处愿供给生物研究所开支加辟生物化学实验室等。杨惟义辞去所长之

---

①《理事会第158次会议记录》（1946年6月12日），上海市档案馆藏档案，Q546－1－66－170。

②《理事会第178次会议记录》（1949年1月3日），上海市档案馆藏档案，Q546－1－68－71。

后，秉志自然不能让他自己创建并苦心孤诣维持发展的生物研究所自行消亡，只得“重作冯妇”，再次主持。在他努力下，生物研究所似乎走上了恢复之途。但很快就是政权转换，生物研究所命运自然可以想象。

相对于生物研究所的困境，明复图书馆仅仅缺乏新购图书与期刊的费用。战后，曾推举陆学善、潘德孚、刘咸、吴学周、王志稼、汤彦颐、王天一为图书馆委员会委员，“商办该馆复兴事宜”。到 1947 年 8 月第二十五次年会时，据报告称新添中西图书杂志 3 017 册，其中新购 1 035 册，其他为捐赠。[52] 1948 年年会报告称，一年内新添西文书籍 992 本、中文书籍 143 本、西文杂志 1 399 本、中文杂志 758 本。并说战后“非但购置图书所需之外汇无法获得，即已订购之图书杂志，有许多未能如期收到”，原因不外于战乱环境等。鉴于当时境况，报告有“最后声明者”：“目前各项书籍，非但价贵，且不易购得，故经本社理事会之决议，暂以不出借为原则，是亦有不得已之苦衷，想为社会人士所能见谅。”[53] 作为图书馆而不出借图书，完全失去了图书馆的意义。可见当日图书馆的窘况。

当然，中国科学社还曾有扩展组织的计划。1946 年 6 月 29 日，上海社友会召开全体大会，选举何尚平为会长、钟兆琳为书记、宋名适为会计，并决定下设交谊、演讲、支会三个委员会。“交谊”自然关注社友之间的友谊，推陈聘丞为主任委员，沈慈辉、雷垣为副主任委员；“演讲”主要是恢复战前举行的通俗科学演讲，推徐善祥为主任委员，丁燮林、闵淑芬为副主任委员；“支会”拟在各大学中组织社友会支会，以收推广及联络之效，推裘维裕（交大）为主任委员，关实之（大同）、朱公谨（光华）为副主任委员，授权各正副主任委员，会同社友会会长、书记、会计及总干事共七人，商邀各委员会委员“共策进行”。① 如此决策下，战后中国科学社社员增加不少，当年 7—12 月，理事会就通过了 60 余人入社。

中国科学社总是能敏锐地感知到科学发展的前景与方向，正如当年欲在南京率先成立无线电研究机构一样，战后因雷达研究的重要性，在艰难困苦中，也欲借用中国科学促进会资助款项，成立专门科研机构从事雷达研究。1947 年 5 月 10 日，第 164 次理事会上，议决由方子卫负责成立中国科学社射电实验所（Radionic Laboratory of the Science Society of China），计划拟办关于射电研究陈列及服务事工，如出版射电杂志、展览射电常识、国际无线电通信等。8 月 2 日第 165 次理事会上，推举裘维裕、

---

①《理事会第 159 次会议记录》（1946 年 7 月 1 日），上海市档案馆藏档案，Q546－1－66－175。

周仁、杨孝述、方子卫和茅于越五人设计射电实验所的工作计划与方案。据当年年会报告称,其工作分为"射电科学大众化"(包括陈列实物模型等、通俗实物演讲及训练班、编辑书报杂志、修理设计鉴定检验机件等)、"联系合作射电机构人才"(包括通讯座谈会议、交换书报出版刊物、介绍技术新方法及人才等)、研讨射电电子学术(包括实验、研究、改进、讨论等);职员有方子卫(所长兼主任技师)、杨士芳(研究员兼电台主任)、戴立(研究员)、谢萍中(助理研究员)、陈效余(管理员),另有特约研究员钱尚平、高崇龄、黄经村、黄足。[54]据1948年年会报告称,筹设实验电台进行"超高调波之传播研究",因"各项机件准备不易,所费又不赀,措办甚为困难",更因电力所限,无法工作,"至为恨事";国防部允拨的雷达"迭经接洽,迄今尚未自台湾运到"。总之,"研究同人除进修外,工作进展,未能如意"。[55]可见,"国内之嚆矢"的射电实验所,亦仅停留于口谈笔划,毫无实质性研究工作。

1946年底,中国科学社应中华自然科学社邀请,共同发起成立中国科学促进会,提出将来刊物宜避重复、可多制科学幻灯片以利宣传、如有募款事应先通知等意见。中国科学促进会计划调查登记全国科学技术人才、出版中国科学人名录、调查国内外科学研究机关、搜罗研究资料、出版科学年鉴、设立科学教育博物馆、编辑科学丛书等,"以协助各界解决技术上之问题,并为介绍技术人才,改良民众之生产工具,及推广各项有关人民生活之科学资料"。为此还专门联合成立了中国科学服务社,"以提倡科学研究普及科学设施以促进人民生活科学化为宗旨"。[56]计划虽然宏伟,但由于内战的烽烟,没有施展的空间,据称其人才调查为后来中国科学院的工作贡献不小。[57]

1947年7月6日,在上海出版的《科学》《科学画报》《学艺》《科学世界》《化学工业》《水产月刊》《工程界》等18家科学杂志联合组成中国科学期刊协会,宗旨为"相互合作,谋求编辑与发行上的联系与推进,希望对于中国的新科学有一点贡献,对于科学的新中国尽一点力量"。[58]到1949年3月举行中国科学期刊协会第二届年会时,已有杂志成员32家,除《畜牧兽医》和《世界交通》为南京出版外,其余30种皆是上海"产品",许多期刊是科学团体或科研机关主办的。①

除此而外,面临战后世界科学发展的新格局、国内科学技术的发展因内战而得不到应有保障的局面,中国科学社组织与联络广大科学界人士,对科学的合理利用、学

①《中国科学期刊协会第二届年会特刊》(1949年3月6日,上海)。

术独立和民主追求、发展中国科学技术的道路进行全面讨论，积极介入“科学建国”的国家科学政策制定。随着原子弹的爆炸，大科学时代真正到来，中国科学社社员们适时提出了国家科学战略问题。1945 年 3 月，任鸿隽发表《我们的科学怎么样了》，认为中国科学之所以不发达，并不是中国科学家才智不如人，根本原因是政府对科学未尽其倡导辅助责任。政府没有将科学作为国策之一，因此也就没有发展整个中国科学的规划，这在近代科学萌芽时代还可以，但到了大科学时代，国家对科学应该像经济等其他事业一样，有计划地促进其发展。他提出，要确定发展科学为重要国策。首先应该制定一个具体而完整的计划，包括研究科学的目的、组织、范围、发展时间等，使科学工作者知晓在某一时期内有哪些科学工作必须做，而且明白如何去做。这个计划应该邀请中外专家组成委员会，悉心制定，考虑到已有研究基础，更着眼于未来发展。其次，将科学事业费作为独立的国家财政支出预算，以保证科学计划实施。第三，科学管理者必须为专门学者，以全部精神和时间从事科学事业，以免浪费研究时间。[59]

由此出发，任鸿隽思考具体的国家科学发展战略。1946 年 12 月发表文章，指出由政府邀集专家制定的科学规划，要切实可行，切忌“少数人之私见，外行建议与官样文章”。应确立纯理研究与应用研究的界限；充分考虑科学发展的总体关系、各门学科之间的关系、现存研究机构的利用与联系、未来发展等；限定每一研究机关的研究范围，以分工合作而避免叠床架屋等。要确保计划实施，除独立科学事业财政预算与科学管理人员专门化（避免使科研机关成为政府部门附属机构，科研人员成为政府要人附属品）外，高薪延请外国权威学者来华指导，并继续派遣优秀青年人才留学，以期中国科学的真正独立。[60]

中国科学社还与多个学术团体联合发起座谈会为发展中国科学事业出谋划策。1948 年 5 月 30 日，与中国科学工作者协会上海分会联合举办“工业与科学”座谈会，与会者包括中国科学社社长任鸿隽、中国科学社总干事卢于道、中央研究院化学所所长吴学周、台湾糖厂总经理沈镇南、中华化学工业会理事长陈聘丞、中国纺织机器公司总经理许长卿、北平研究院镭学研究所所长陆学善、中纺公司总工程师陈维稷、五洲药房经理兼五洲药厂厂长张辅忠、华孚实业公司总经理蔡叔厚、大公报记者潘际坰、科协会员周建人、科协上海分会理事张孟闻、科学时代社主编黄宗甄、世界科学社总干事吴藻溪、幼稚师范教授夏康农等。科学家、工程技术专家、工业家、媒体与教育界人士到场，全面寻求工业发展与科学研究之间的和谐关系。[61]后来还举办过“科学与社会”(1949 年 1 月 3 日)、“急应救急的当前工业”(1949 年 4 月 17 日)等座谈会。

二战后,原子武器的威力使各国政府趋之若鹜,要利用它在新的世界格局抢占位置。同时,有良知的科学家却感到其严重威胁人类生存,因此爱因斯坦和美国原子能科学家们都在为原子能的和平利用而努力。国民政府也在寻求原子能研究的展开,内战不久就爆发,不仅科学研究必需的经费(至少包括设备与图书两个方面)奇缺,科学研究的和平环境也不能维持,科学家们的人身安全与基本生活都不能保障。在这种情况下,中国科学社联合其他科学社团召开联合年会,发出了他们的声音。1947 年 8 月 31 日—9 月 1 日在上海召开七科学团体联合年会,会上专门讨论了“原子能与和平”“改进我国科学教育之途径”两个专题。前者由严济慈主持,涂长望、葛正权、庄长恭、任鸿隽、丁绪宝、卢于道、曹惠群、张孟闻、刘咸等都发表他们的看法;后者由曹惠群主持,杨孝述、王琎等在会上发言。会上通过决议,由与会团体联合发起成立中国科学团体联合会,暂以自然科学为限;组织战时科学损失委员会;请求政府官价外汇购买科学仪器与图书。会后发表《七科学团体联合年会宣言》,表达了科学家们对世界和平的愿望与国家富强安康的追求:

(一) 原子能问题　吾人以为科学研究,应以增进人类福利为目的,原子能之研究亦非例外。原子核可以分裂之发现,适值民主与独裁国家进行生死奋斗之时,科学家乃将原子能用之于战争武器;原子能之不幸,亦科学研究之不幸也。今大战既已告终,民主国家正在努力合作,吾人主张此种研究,应为公开的、自由的、向世界和平及人类福利之前途迈进;不愿见此可为人类造幸福之发明作成残酷之武器,更不愿见因原子能武器竞赛,或保守原子弹制造秘密之故,而破坏民主国之团结或危及科学研究之自由。为此,吾人对于爱因斯坦教授所倡导的原子能教育委员会,及美国原子科学家所组织的同盟,愿予以支持。

(二) 国内科学研究问题　我国人民在原子能时代,仍在饥饿线上挣扎,其原因之一,乃由于科学的落后。盖科学发达之意义,原为提高人民之生活水平,其提高之程度应与科学发展的程度为正比例。吾人对于基本科学向来既不重视,一旦进入原子能时代,乃皇皇然欲输入一二原子能制造仪器,与当世科学先进国家并驾齐驱,是乃不可能之事。吾人以为欲谋我国科学之发展,宜先从根本上着手,如科学教育之图书仪器应尽量予以充实,实行研究及教育人才之科学家,其生活宜有保障。尤要者乃科学事业宜有确定之经费与长久之计划,不可如三峡水利工程之旋办旋止,庶几提倡科学不至如前日之船炮政策,徒供世界人士之讪笑,而科学乃可成为我建国利民之重要因素。[62]

这些决议与吁求面对正致力于两党决战的国民政府无异于缘木求鱼。

尽管他们的愿望一个接一个地不断破灭,但中国科学社还是要为中国科学技术的发展贡献力量。1948 年 10 月,中国科学社分地区召开了第 26 届也是最后一次年会,继续向政府要求民主权利,为中国科学的发展进言。1948 年 10 月在南京召开的十团体年会更是通过了以下提案:①建议政府按捐资兴学奖励办法奖励民间兴办科学研究及发展科学事业;②建议政府确定总预算的千分之五为科学研究经费;③建议政府设立科学基金会奖助科学研究,选拔青年人才;④请政府与美国政府交涉,准许放射性同位素元素输入我国。并进行了“如何促进我国科学的发展”的专题讨论,大家一致认为中国科学不发达的根子在教育的不合理:学生们的功课太忙,教育当局“恨铁不成钢”观念太浓,结果不仅泯灭了学生的求知欲望,更败坏了他们的身体。[63] 11 月在广东举行的十二团体联合年会、成都举行的联合年会也分别通过了在大学增设原子能研究部门、“建议中央建设大西南”等提案。

可见,在中国科学社及其相关团体与个人的影响下,有鉴于世界科学发展的大势,由“科学建国”思潮引起的国家科学战略呼之欲出。可惜内战及随之而起的政权转换,使这些相关中国科学发展的现实考虑与超前思索归于尘土,但我们不能因之而忘记以中国科学社为代表的那一辈学人为中国科学发展殚精竭虑的思考及思想,他们的国家科学发展战略思想及具体的提法与规划,可能仍是今天“科教兴国”战略需要回望与瞻顾的资源。

参考文献

[1] 南京社所一片焦土. 社友,1939,第 62 期:2-3.
[2] 上海社友交谊会. 社友,1939,第 64 期:2.
[3] 上海社友会年会纪略. 社友,1940,第 69 期:3.
[4] 刘咸. 一年挣扎. 科学,1938,22(11-12):491.
[5] 编者. 一年回顾. 科学,1939,23(12):807.
[6] 编者,卷末赘言. 科学,1940,24(12):915-916.
[7] 编者.《科学》第二十五卷完成感言. 科学,1941,25(11-12):591-592.
[8]《科学画报》编辑部.《科学画报》五十年. 中国科技史料,1983,4(4):21-30.
[9] 杨孝述. 十年回忆. 科学画报,1943,10(1):21-22.
[10] 博生. 上海之图书馆. 申报,1939-01-02(13).
[11] 周美权先生捐助图书基金. 社友,1939,第 63 期:1.
[12] 任南衡,张友余. 中国数学会史料. 南京:江苏教育出版社,1995:58.
[13] 如何能容忍重新武装日本?——中国科学社的控诉. 科学画报,1951,17(2):38-39.

[14] 任鸿隽致胡适(1938 年 6 月 22 日)//耿云志. 胡适遗稿及秘藏书信・第 26 卷. 合肥:黄山书社,1994:631.
[15] 翁文灏. 告地质调查所同人书. 地质论评,1937,2(6):590.
[16] 明复图书馆报告. 社友,1940,第 68 期:8-9.
[17] 本社试办生物物理学研究. 社友,1939,第 64 期:3-4.
[18] 翟启慧,胡宗刚. 秉志文存・第 3 卷. 北京:北京大学出版社,2006.
[19] 复旦大学档案馆藏名人手札选. 上海:复旦大学出版社,1997.
[20] 刘咸. 回忆业师秉志. 中国科技史料,1986,7(1):22.
[21] 樊洪业. 竺可桢全集・第 7 卷. 上海:上海科技教育出版社,2005:321.
[22] 禾山(秉志). 科学与民族解放. 申报,1939-07-26(12).
[23] 杨宽. 历史激流中的动荡和曲折:杨宽自传. 台北:时报文化出版社企业有限公司,1993:131-132.
[24] 翟启慧,胡宗刚. 秉志文存・第 2 卷. 北京:北京大学出版社,2006:1.
[25] 刘咸. 科学论坛:科学之厄运. 科学,1938,22(7-8):271.
[26] 刘咸. 科学与社会之关系:介绍国际科学与社会关系委员会之组织及其使命. 科学,1938,22(11-12):534-546.
[27] 杨孝述. 在民族抗战中的科学工作. 科学画报,1937,5(2):43.
[28] 理事会记录(1938 年 6 月 29 日). 社友,1938,第 62 期:1.
[29] 樊洪业. 竺可桢全集(第 6 卷). 上海:上海科技教育出版社,2005:532-533.
[30] 生物研究所近况. 社友,1939,第 62 期:3.
[31] 中国科学社生物研究所二十九年度工作概述. 科学,1941,25(9-10):558-564.
[32] 李约瑟,等. 李约瑟游记. 余廷明,等,译. 贵阳:贵州人民出版社,1999:99.
[33] 卢于道. 四川北碚成立社友会记略. 社友,1941,第 70 期:1-2.
[34] 编著《中国动物图鉴》. 社友,1941,第 72 期:2-3.
[35] 理事会第 143 次会议记录(1940 年 3 月 27 日). 社友,1940,第 67 期:1.
[36] 刘重熙. 中国科学社第二十二届昆明年会记事. 科学,1940,24(12):897-900.
[37] 樊洪业. 竺可桢全集・第 8 卷. 上海:上海科技教育出版社,2006:38-39.
[38] 樊洪业. 竺可桢全集・第 24 卷. 上海:上海科技教育出版社,2014:243,247.
[39] 编后记. 科学,1943,26(1):170-171.
[40] 编后记. 科学,1944,27(1):36.
[41] 本刊启事. 科学,1945,28(1):封二.
[42] 本社消息. 科学,1946,28(2).
[43] 六学术团体联合年会:蒋委员长颁发训词. 中央日报,1943-07-19(2).
[44] 两大问题——六学术团体年会尾记. 大公报,1943-07-24(3).
[45] 中国科学社成立三十周年宣言. 科学,1944,27(9-12):4.
[46] 董理事会联席会议记录(1935 年 1 月 12 日). 社友,1935,第 45 期:2.
[47] 中国科学社为复兴最小限度之科学事业募捐启稿//林丽成,章立言,张剑. 中国科学社档案资料整理与研究・发展历程史料. 上海:上海科学技术出版社,2015:85-87.
[48] 中国科学社征求团体赞助社员启事. 社友,1948,第 80 期:2.
[49] 理事会第 171 次会议记录(1948 年 2 月 7 日). 社友,第 81 期:2.
[50] 赵心梅. 中国生物科学研究所——一个属于纯粹科学工作者自己的研究机构. 中建,1948,2(20):10.
[51] 生物研究所报告. 社友,1948,第 88 期:5.
[52] 图书馆报告. 社友,1947,第 75 期:4.
[53] 明复图书馆报告. 社友,1948,第 88 期:4.
[54] 中国射电实验所(中国科学社第二十五届年会)//林丽成,章立言,张剑. 中国科学社档案资料

整理与研究·发展历程史料.上海:上海科学技术出版社,2015:178-180.
[55] 中国射电实验所报告.社友,1948,第88期:5.
[56] 中国科学促进会成立及工作近讯,中国科学服务社组织章程草案//何志平,等.中国科学技术团体.上海:上海科学普及出版社,1990:217,221.
[57] 樊洪业.中国科学院编年史(1949—1999).上海:上海科学教育出版社,1999:8.
[58] 中国科学期刊协会成立宣言.科学,1947,29(8).
[59] 任鸿隽.我们的科学怎么样了.科学画报,1945,12(5):3-4.
[60] 任鸿隽.关于发展科学计划的我见.科学,1946,28(6):247-248.
[61] 工业与科学座谈会记录.科学,1948,30(7):193-198.
[62] 七科学团体联合年会宣言.科学,1947,29(10):291.
[63] 南京十团体年会.科学,1948,30(11):345-346.

第八章　消亡与不绝的回响

1949 年 5 月 26 日，蛰居上海的竺可桢前往中国科学社，与秉志谈及科学社前途，“目前已无基金，叔永已飞香港，将去美国，嗣后奔走经费，将惟农山是赖。故前途诚难乐观”。① 在竺可桢看来，中国科学社灵魂任鸿隽离开后，其维持与发展只有靠秉志了。而秉志是一个纯粹的科学家，因此社务“前途诚难乐观”。谈及政局，两人意见一致：“以为国民党之失，乃国民党之所自取。在民国廿五六年，蒋介石为国人众望所归，但十年来刚愎自私，包揽、放纵贪污，卒致身败名裂，不亦可惜乎？”[1]447 他们看到，与抗战胜利后汤恩伯等率部进入京沪杭地区荼毒百姓不同，进入上海的解放军“在路站岗，秩序极佳，绝不见欺侮老百姓之事。在〔中央〕研究院门前亦有岗位，院中同人予以食物均不受。守门之站岗者倦则卧地，亦绝不扰人，纪律之佳，诚难得也”“解放军之来，人民如大旱之望云霓。希望能苦干到底，不要如国民党之腐化。科学对于建设极为重要，希望共产党能重视之”。[1]447-448 共产党军队的纪律使竺可桢等对新政权充满了希望，也期待新政权重视对国家建设极为重要的科学。新政权领导人的廉洁奉公更使他们钦佩。华北大学工学院院长恽子强居室“仅一丈见方，而有两只床，远不及余所住之屋；台桌亦甚简单，真所谓一身之外无长物也。……如恽君亦可称共产党之代表人物矣”“人民政府接收中央银行之廉洁自持、奉公守法，且互相监督，先公后私，公事未完亦不回家，一切招待均经拒绝”，与国民党“包庇贪污，赏罚不明”更是鲜明的对比。[1]456,536 新政权对工商业的处理也深得他们的赞同，“以为实行社会主义尚在卅年以后，目前不能不奖励小资产阶级”。[1]454 因此，他们对于新政权的科学政策、知识分子政策和经济政策等也充满了希冀与期望。

---

① 任鸿隽于 5 月 22 日携中基会财务干事叶良材飞香港，处理移交中基会事务。因仅两张飞机票，夫人陈衡哲未能同行，留居上海。任、陈的三个子女都在美国，他们应赴美。后来形势急转直下，陈衡哲滞留上海，任鸿隽在港逗留四个月后，回到大陆。

第一节　欣喜与憧憬

当时在上海与竺可桢、秉志、吴有训、吴学周等著名科学家接触的共产党领导人，也确实表现出对科学知识及科学人才的尊重和礼遇。这与国民党当政者的行为相较，自然更能引起一般科学工作者们的共鸣。陈毅很会做科学家的工作。进入上海没几天，他就请竺可桢、陶孟和和蔡元培夫人吃饭。中央研究院院庆，他亲自到会恭贺并讲话，其中有言："我们现在建国了，要科学，要知识。"会后与张元济、竺可桢等院士座谈，讲了一个多小时，"把竺可桢的心讲动了"。上海市科学技术团体联合会开会，他也去讲话。陈毅及上海市主要领导同志如此重视科学工作者的活动，对科学工作者影响极大，大大增强了他们对共产党领导建国的信心。[2]322 如果说新政权的行为使竺可桢等对新政权充满希望，那么新政权所宣扬的大政方针更使他们对国家的未来充满信心。

1940 年，毛泽东在《新民主主义的宪政》中指出："中国缺乏的东西固然很多，但主要的是少了两件东西：一件是独立，一件是民主。"1945 年，在中共七大政治报告《论联合政府》中，提出废除国民党一党专政，建立各民主党派和爱国人士在内的民主联合政府的主张。针对有人怀疑这一联合政府可能成为苏联一样的无产阶级专政和一党专制，毛泽东还专门有所申论："这种联合政府一经成立，它将转过来给予人民以充分的自由，巩固联合政府的基础。"在人民政协通过的《共同纲领》中，明确规定"中华人民共和国为新民主主义即人民民主主义的国家，实行工人阶级领导的、以工农联盟为基础的、团结各民主阶级和国内各民族的人民民主专政，反对帝国主义、封建主义和官僚资本主义，为中国的独立、民主、和平、统一、富强而奋斗。"这一切论说表明，中国共产党能带领中国人民走向独立、自由、民主、富强。

新政权的政纲与行动使从旧阵营过来的知识分子大都意气风发，感到他们终于等来了为祖国富强贡献力量的大好时机。1949 年 4 月 2 日，燕京大学校长陆志韦对学生讲话说："今天是中国知识分子活跃的最好时机，也是中国最有希望的时期。在过去中国历史上找不到一个比这个政府更廉洁、更关心人民的政府。这是我们人民的政府。"[3] 这似乎已成为一代知识分子的共识，辅仁大学校长、历史学家、中央研究院首届院士陈垣在其引起海内外震动的致北京大学校长胡适的信中更是说："解放后的北平，来了新的军队，那是人民的军队；树立了新的政权，那是人民的政权；来了新的一切，一切都是属于人民的。我活了七十岁的年纪，现在才看到了真正人民的社会，在历史上从不曾有过的新的社会。”[4]①

中国科学社的广大社员们也不例外。1949 年 5 月 27 日，上海解放，总部设在上海的中国科学社迎来了新政权的领导。社员们充满了希望与憧憬。6 月 5 日，中国科学社联合中国科学工作者协会、中华自然科学社、中国工程师学会等 26 个团体在中国科学社总部成立上海市科学技术团体联合会，发表宣言：

我们组成的份子，有综合性的科学团体，也有理、工、医、农等各部门的学会，对于各门科学，无论是在理论与应用方面都有充分的代表性。因此我们相信，这个团体能够以一个综合的机体来参加新时代的建设，同时也可以反映整个科学家的意向，替科学家说话。

眼前是一个人民和科学的世纪，我国人民的觉醒，已经产生了辉煌的成就；但是科学的落后，却是不可否认的事实。现在要急起直追，迎头赶上，必须根据客观条件和时代要求建立一个合理的整个的科学政策。各部门技术人员对于各部门的认识当然是比较明确深刻，此种认识通过我们这团体的综合后，就可以提供基础材料，以促进这个科学政策的建立。

新社会的建设是艰巨的工程，在这个时期，我们所应担负的，是物质建设的展开。我们要动员全面科学技术人材共同参加这项工作。在物质建设的过程中，必须要发生许多问题，遭遇许多困难，而不是少数专家所能单独解决或克服。由于我们组合所包罗的广泛，随时可以沟通各部门，而协同把问题解决。

在我们这次成立大会中，已开始了上海市科学及技术工作者的大团结，以后全国各地必能有同样的组织产生，进而组织全国性的机构，努力为人民服务。以实事求是的作风和苦干的精神，来从事人民所期望的新上海和新中国的建设。[5]

民国时期由于国内不同求学学校、国外不同留学国别等因素，学术界存在各种各样的宗派与团体，像国立研究机构中央研究院和北平研究院更是矛盾重重，科学界的团结与合作非常困难。上海市科学技术团体联合会的成立表征了新社会科学

① 虽然海外对这封信的真实性有所怀疑，但考虑到当时其他知识分子对新政权的看法，信中的观点确实代表了大多数旧阵营过来的知识分子的看法。胡适开始也认为此信“非伪作”，后来感觉到陈垣不可能学习变化“那么快”，他与蒋廷黻都怀疑可能是陈垣先写了一底稿，而另有人利用了该稿进行了改写。见曹伯言整理《胡适日记全编》第 7 册，第778 - 780 页。

工作者们的全新气象，为了建设新社会，他们不再像民国时期一样各自为政、互不统属，开始了"大团结"。按照"宣言"的说法，该组织的成立有三大作用，一是可以"反映整个科学家的意向，替科学家说话"；二是为制定合理的科学政策献计献策，并促使科学政策的诞生，以在科学上奋起直追；三是可以协同解决国家建设过程中碰到的各种科学问题。非常明显，他们希望在"新中国"的建设中做出更大贡献，以显示他们的力量，"以实事求是的作风和苦干的精神，来从事人民所期望的新上海与新中国的建设"。当然，他们自身也要团结起来，为"科学家说话"，表达科学家群体的意见与意向。

中国科学社理事、《科学》总编辑张孟闻当年7月在《科学》上发表文章，希望科学工作者们"忘去了传统的士大夫偏见，要舍去了读书人身份，真正与工人农民团结起来"。他认为中国科学工作者面对这样一个伟大的新时代，"应该肩负起时代所付与 的使命任务来为建设新中国而共同努力，集体地共同来完成它"。正如陈毅市长6月2日在科学工作者协会上海分会临时大会上所说："上海解放了，科学也解放了，科学工作者也解放了，这就是说，以后科学的工作方向与其纲领，都由科学工作者自己来拟定。当然，科学工作的目标，要与人民政府协调，要与共产党的主张，为广大勤劳人民的福利而努力的那一个大目标不相违背。"[6]

1949年10月，适值中国科学社成立35周年，还如过去一般召开庆祝大会，其他科学社团送来锦旗，地方首长代表李亚农、副市长韦悫等与会。祝词中说："三十五年以来，贵社为了中国科学的发达，已经作了不少的工作。我相信今后在建设新中国的道路上，能朝着进步的方向作更大的贡献。"当然也指出："今后中国的科学界除了为人民服务的目的以外，不应再有其他的目的。中国的科学家应该准备把自己的一切成就贡献给中国人民，为了建设新的自由的中国而进行斗争。"[7]中国科学社认为："三十五年来，科学社始终站在时代的前线，为正义，为学术的自立而努力，……一切为正义号召的公开集会，在解放以前，也只有科学社的厅堂是唯一可以聚集的殿堂与壁垒。"[8]副市长韦悫以社友身份发言，指出"今天看一个团体或一桩事业，不能再从团体的历史来看，应该从人民大众的利益来考虑，这样才能打破许多派别甚至乡土的关系"。[9]

社长任鸿隽发表《敬告中国科学社社友》，指出中国科学社35年来"艰难困苦"的主要原因是"大家以为科学研究是少数人的兴趣事业。他们赞助科学，等于慈善布施，至多只能维持到一种不死不活的状态"。现在人民政府成立了，政协共同纲领规定“中华人民共和国的文化教育为新民主主义的，……科学的，大众的文化与教育”，把“爱科学”与“爱祖国、爱人民、爱劳动、爱护公共财物”同列为国民公德，并专条规定“努力发展自然科学，以服务于工业农业和国防建设。奖励科学的发现和发明，普及科学知识”，这些都表明在新政权领导下，科学事业进入了一个全新时代。因此他要求中国科学社的社员作为科学家应担负发展科学的新责任。要完成这一光荣使命，应有相当的觉悟：第一，科学研究需要长时间的创造性劳动，虽科学家不问政治这个观念在新时代已经过时，但科学家不能长时间离开实验室从事政治，应该以实验室为本，“谨守岗位，尽吾人最大之努力，以实现‘努力发展自然科学以服务于工业农业和国防建设’的号召”；第二，由于中国科学技术人才稀缺，而科学事业“待办者指不胜屈”，因此科学家们应团结一致，通力合作，以取得更大成就；第三，不仅要继续从事“世界上科学家未完的工作”，发展具有世界性的科学门类，还应努力发展我们自己的科学即区域性科学。最后他希望社友们注意一点：“一个强有力的学会组织在发展科学上极关重要。它是发表新知，交换智识，联络感情，讨论问题，发展新事业的适当场所。本社……此后的三十五年正是它一展身手的时代。希望社友诸君以爱护科学的精神并爱护本社。”[10]

面对新时代，中国科学社领导层充满希望和信心，他们认为他们的组织在新的国家建设中将担负着与国民政府时期不可同日而语的重任，他们也相信他们的组织在未来的另一个35年里将在祖国的建设中大显身手，要继续保持社团组织科学交流与学术讨论的引领作用与地位，要继续保持社团组织联络科学家情感的功能，以促进中国科学技术的发展，所谓“强有力的学会组织在发展科学上极关重要”。任鸿隽的文章有综观全局的意识，仍然有民国时期作为一个最有影响的综合性民间科学社团领导人那种指点江山、挥斥方遒的气概，不仅对当时科学家精力分散、不能专心致志于科学研究提出批评，而且要求科学家们摒去成见，团结起来通力合作发展各门科学事业，除在普适性的学科门类前沿奋斗而外，还要着力发现国家建设中的实际问题并解决之。像卢于道这样与新政权有过密切联系的人，更是宣称中国科学社等待了漫长的35年，终于迎来了光辉灿烂的时代：“过了三十五年到今天，我们逢到了这么一个二十年来一百年来以至于二千年来的一个突变；在这么一个时代里，就是所谓人民时代与科学时代，我们今天纪念从半封建半殖民地中挣扎过来的第三十五年，一旦从那些桎梏中解放出来，科学事业走上了一个新时代……”[11]

中国科学社正是在这样的思想意识指导下，开展其活动的。在中共中央统战部领导下，1949 年 5 月 13 日，中国科学工作者协会北平理事举行会议，议决向中国科学社、中华自然科学社在北平理事发出邀请，共同发起召开中华全国自然科学工作者代表大会筹备会（简称“科代筹”）。① 之所以要以这三个团体的名义，是因为中国科学社、中华自然科学社是中国影响最大的两个综合性团体，前者有会员 3 300多人，后者也有会员 2 600 多人；中国科学工作者协会由中国科学社、中华自然科学社、中华农学会、中国工程师学会等团体发起于 1945 年 7 月成立，其目的是“群策群力，互助合作，发挥我们最大的力量，遵循最有效最适当的途径，以服务于我们的国家民族”。[12] 后增加东北自然科学研究会，该会由李富春等中共领导人和科学技术工作者 1948 年 4 月 8 日筹设于哈尔滨，邵式平、陈康白为筹委会正副主任委员。这四个综合性团体在当时具有广泛的代表性，能团结大多数科学技术工作者。1949 年 5 月 26 日，时任中国科学社总干事卢于道在北平北京饭店召开了中国科学社在平理事及中国科学社北平分社理事会谈话会，袁翰青、严济慈、陆志韦、曾昭抡等与会，讨论原则接受中国科学工作者协会等的提议，“着手筹备并电告上海总社请予追认”。30 日，上海总社第 182 次理事会予以追认，并以卢于道为中国科学社代表参与筹备。[13] 6 月 10 日，中华自然科学社、中国科学社、中国科学工作者协会、东北自然科学研究会向全国科学界发布倡议书曰：

敬启者：人民解放革命迅将全面完成，新中国的无限光明前途在望，生产建设种种有关科学事业百端待举。敝会社等鉴于时代要求并接受平津宁沪港等地科学界的督促，发起于本年八九月间在北平召开“中华全国第一次科学会议”，以期团结全中国的科学工作者，交换意见，共策进行。兹特邀台端为筹备委员，务希惠允担任，不胜感荷。[14]448

这样，以卢于道为代表的中国科学社积极参与“科代筹”的筹备工作。

从 1949 年底到 1950 年 6 月，中国科学社还先后与其他团体合作举办了多次专题座谈会：1949 年 12 月 4 日“自然科学与辩证法”、12 月 18 日“新民主主义下的医药卫生建设”，1950 年 1 月 15 日“米丘林学说与摩尔根学说”、5 月 7 日“土地改革与农村建设”、6 月 4 日“怎样做好科学普及工作”、6 月 25 日“工人业余教育”等。在“自然科学与辩证法”座谈会开始时，主持人张孟闻说年初曾举行过“科学与社会”

① 相关“科代筹”召开的来龙去脉，参阅樊洪业《周恩来的“科代筹”讲话与新中国的科学方针》，微信公众号“科学春秋”2016 年 12 月 2 日。

"急应救急的当前工业"两个座谈会,进而指出前此座谈会与新开座谈会的本质性差别:"解放后,大家都忙着各种事情,我们而且到北京与东北走了一趟。人分散了,会也不曾举行。现在一切又入正常,最近就决定将这个座谈会重新办起来。虽然主持的团体与人地都没有什么变动,可是意义却不同从前了。从前是斗争,主持正义;现在是建设,而且是学习。"可以说,张孟闻的发言为这些座谈会定下了基调。本次座谈会主席为物理学家陆学善,先请中共华东局宣传部副部长冯定做主题发言。冯定长篇大论,其中有言:"我们要用社会科学的成果来充实与发展辩证法,也要用自然科学的成果来充实与发展辩证法,辩证法本来就存在于自然现象,但自然科学的使命不仅要从自然现象里来证明辩证法,而且还要主动的运用辩证法这个思想武器,去从事自然科学,那么自然科学必将有更辉煌灿烂的造就是无疑的。"也就是说,辩证法可以更好地引导甚至指导自然科学研究,因此在他看来,"资本主义发展到了帝国主义,已经腐朽没落了,自然科学也就此原地踏步不能再前进了"。他最后说,中国科学还在萌芽期,辩证法与科学结合"更不多见",希望科学家将辩证法与科学结合起来,中国科学的发展必将走上新的康庄大道。吴有训、吴学周、孙泽瀛、江仁寿、蔡宾牟、卢于道、王文元、宋慕法等先后发言,从各自专业出发,对辩证法与自然科学的关系进行了讨论,而且还言犹未尽。陆学善最后总结说:

> 冯定同志的话是正确的,我想就可作我们的总结。辩证法本身,应该因科学的进步而经常发展,同时我们应该把辩证法的认识论和方法论用到科学问题上来,来发展科学。辩证法唯物论曾经改进了社会,它应该更容易改进科学。我开头讲过,近代物理学已遇到了哲学上的危机,在辩证法前面,人类正期待着科学的新面目。[15]

看来,科学工作者们不仅积极介入国家建设事业,而且已经热心思想改造,学习辩证法。正如《科学》"编后记"所说,"从此,中国的自然科学界将有新的发展,用辩证唯物论来发展自然科学,也用自然科学的研究成果来充实唯物辩证法"。[16]可以看到"文革"中大肆泛滥的以哲学代替科学研究的种种谬论的影子,历史发展的结果并非陡然出现,有其长久运行的基础与机制。

广大科学工作者已深深地认知到,在新时代学习马列主义新理论、新观点和新方法在科学研究中的重要性。1950 年 2 月 11 日,中国数学会、中国物理学会、中国化学会、中国地质学会、中国动物学会、中国植物学会等 12 个专门学会联合年会在北京中法大学举行,翌日发表"联合年会宣言"称:"经过热烈讨论,一致认识到我们自然科学工作者,在新民主主义的新中国应担负起来的任务是光荣的,是伟大的,同时也是艰巨的。但是我们有足够的信心来克服困难,完成国家人民给我们的任务。为了完成这些任务,我们认为需要加强组织,发挥集体的力量,以克服目前严重的困难。我们要放弃以往为研究而研究,为个人名誉地位而研究的想法;我们所有的自然科学工作者要同心一意面对国家建设的需要,使我们的科学为生产服务,为人民服务。……我们认识到科学不是超阶级的,不是超政治的,是应当为人民服务的,所以我们应该加强政治学习,学习应用马列主义的理论、观点、方法来从事科学的研究。"[17]

可见,中国科学社及当时其他一些社团预备继续以民间科学社团的力量在新社会大展身手,为祖国的科学与建设事业贡献力量,可以说对未来充满希冀。他们没有充分意识到新政府的科学事业是在党与政府领导下的科学事业;新时期科学界的团结是在党与政府领导下的团结,不是过去由民间社团自己领导下的团结。中华全国第一次科学会议筹备委员会曾发表"检讨总结",提出科学工作者今后的方向与任务,"科学工作者应在统一的全国性组织内,积极地参加新中国的建设事业""确定立场,强调科学的阶级性""为了更好地为人民服务,科学工作者首先应当改造自己,解除旧思想的束缚,经常进行检讨与批评""加强科学工作者的团结合作,消除个人主义及宗派门户倾轧的缺点"。[18]

第二节 《科学》停刊

上一章已展示了抗战胜利后,中国科学社社务在内战大环境下维持的艰辛与无力。在新的环境下,首先是先前维持社务的工厂企业大多或停业或整顿,"泥菩萨过河,自身难保",自然无法继续交纳赞助费;国营各生产机构的团体赞助社费因军代表介入又被延搁。不得已只得函请"文教会补助",结果"迄无回音"。1949 年 6 月 28 日,理事会议决茅以升、竺可桢协同张孟闻到文教会"一洽","如本身补助有困难,则请其转促团体赞助社员照付社费"。[19]当日,竺可桢与吴学周、茅以升、张孟闻到霞飞路 1856 号高等教育处晤李亚农、李正文及唐守愚等,"说明科学社向收中纺公司及石油公司团体会员费,希望文教处呈军管处,准各公司照旧例发给"。[1]469接洽最终毫无结果。7 月 30 日,理事会议决售去存中国银行的美金,半数"归月初发薪,余半数存星期存储,俟月底开支"。① 走一步看一步,完全没有了"章法"。

上海没有结果,转向中央。趁到北平开科代会筹备会,卢于道、张孟闻等四处活动。不仅没有成效,反而使中国科学社形象大受影响。7 月 20 日,张孟闻告知竺可桢,中国科学社费用已与"范文澜、张宗麟及统一战线部之王任叔接洽";言及"吴觉农、涂长望、黄宗甄三人排挤卢于道,因之连带及于孟闻本人";竺可桢劝告张孟闻"少讲话,多做,因孟闻之缺点在于随便讲话,易受忌于人""卢于道则人以为太热中自私。二人之受排挤,于科学社极不利"。[1]482 更严重的是,卢于道因在科代会筹备会上没有当选政协委员,"临走作一长函与周恩来表示不满",任鸿隽"迄今在香港观望不来,人颇失望"。② 可以说,在中国科学社等发起召开的科代会筹备会上,中国科学社毫无收获。因此后来政协会议期间,任鸿隽告竺可桢,他"亦知卢析薪有以科学社为政治资本而向政府活动,张孟闻则过于积极为科学社募款,以致引起各方之妒嫉"。他自己"对于向政府要津贴事不甚乐观,且以为科学社经费不易维持"。与上海市副市长韦悫谈及中国科学社,韦认为"中纺公司、招商局等向为科学社团体之机关,仍可出补助费"。[1]529 韦悫的言说"口惠而实不至"。卢于道曾活动担任中央研究院心理所所长(原所长汪敬熙出国未归),也曾在韦悫授意下,与秉志、竺可桢、侯德榜、任鸿隽等商讨中国科学院的组织规划,并执笔起草。[1]533,546-547 可见,虽然在科代会筹备会上,中国科学社遭受一定的打击,但作为昔日最有影响的综合性科学社团,还是有一定的影响力。当然,中国科学院的最终组建,没有也不可能参照卢于道起草的方案。

无论是上海"活动"还是中央"请款",维持社务的费用并未改善,请文管会"号召国营生产机构加入团体社员者继续缴费,未参加者参加",答复是"未便照办"。原来积极赞助的渔业管理处、交通银行、金城银行等,中国科学社派人亲自上门"催讨","均以自顾不暇",不能"续缴团体社费"。万般无奈之余,1949 年 9 月 11 日,召开全体社友大会商讨经费及以后方针问题,决议扩大上海社友会藉以增进社与社员间之联系。同月 14 日,总社理事会决议授权上海社友会在自力更生原则下主持总社社务。[20] 由此,中国科学社实际上由全国性组织退缩为地方性组织,其代表性、合理性及影响力可想而知。35 周年纪念时,发出《我们的启事》,主要是回顾中国科学社

---

①《理事会第 184 次会议记录》(1949 年 7 月 30 日),上海市档案馆藏档案,Q546-1-68-170。

② 参阅樊洪业主编《竺可桢全集》第 11 卷,第 517 页。卢于道虽未在科代会筹备会上当选政协委员,"最后将准其加入",但暂不发表,且"将予以教训"。

“光荣”的历史与面临的艰难的现实困境，最后说：

这个社有房屋、有人员，经常要有水电与薪给的开支，虽然有光荣的历史，却没有可靠的经费。……人民政府和社会人士当然不会漠然视之而听任其销歇的。科学社已经以出售旧存报纸与借款募捐来维持残喘，挺住了图书馆、编辑部、房屋、水电、人员等等过去半年来的用费。眼前已到智穷力竭、山穷水尽的地步了，所以特写出这个启事，希望予以援助，共同为其生存的延续向政府与各界呼吁资助，如果大家以为它还应该存在下去。[21]

可见，中国科学社经费严重匮乏，已到山穷水尽的境地，当然有许多人认为它已经没有存在下去的理由了。

35 周年纪念会上议决修改社章，以“联络同志促进中国科学之发展、提高人民科学水平、扶助工农国防建设”为宗旨，取消监事会，上海社友会改称上海分社，理事会由 39 人组成，1/3 理事需在总社所在地，理事任期 3 年，每年改选 13 人，设常务理事 11 ~ 13 人。[9]但这一社章修改最终未能完成。因庆祝会的宣传与“我们的启事”的呼吁，中国科学社似乎迎来一个发展的转机：11 月 12 日，趁竺可桢来沪之际，中国科学社召开理事会谈话会，任鸿隽、卢于道、张孟闻、裘维裕、曹惠群、杨孝述等与会，议题自然是经费，“华东文教处已允补助生物研究所”，只剩下图书馆、《科学》编辑部，“如将图书馆人员划一二人作生物研究所职员，则所差不多”。另外，35 周年纪念会时社友曾认捐达每月一千五百单位，“故目前可以维持矣”。[1]567其实这仅仅是一些计划与想法而已。当月 19 日举行的理事会上，任鸿隽报告说生物研究所本来想归中国科学院，竺可桢以为中央财政经费没有华东充裕，建议请华东区维持。任鸿隽、秉志曾与陈毅市长、韦悫副市长接触，陈毅“允协助”，已送去请款申请书，“倘能成功，则总社经费可省不少”。①

为了迎接即将召开的科代会，中国科学社上海总社理事会于 1950 年 7 月向社友印发了《中国科学社卅六年来的总结报告》和《中国科学社近两年来的社务》②，对 36 年来的社务和 1949—1950 年以来的社务做总结与检讨，“希望社友予以讨论”。为避免与科代会“竞争之嫌疑”，将原计划于七八月举行的十科学团体联合年会改为“座谈会”，以搜集讨论“科代大会”提案为主，并于 7 月 2 日在中华学艺社礼

① 《理事会第 187 次会议记录》(1949 年 11 月 19 日)，上海市档案馆藏档案，Q546 - 1 - 68 - 223。
② 这两份报告以书本形式印刷在一起，共 19 页，上海图书馆有收藏，已收入林丽成等编注《中国科学社档案资料整理与研究 · 发展历程史料》。

堂举行。座谈会共征得团体提案 44 条、个人提案 3 条、临时个人提案 1 条,并通过致科代会贺电。① 同时,卢于道以北上开会为由,辞去总干事职务,并提议撤销总办事处。提议未通过,选举张孟闻接任总干事。

可见,中国科学社在寻求经费支持的同时,也一直在想方设法适应时代的发展。但随着形势的变化,私立民间社团完全失去了生存的合理性与合法性。1949 年 7 月,梁希在科代会筹备会全体会议闭幕词中代表科学界指出,小资产阶级知识分子中了三千年封建的毒素,宗派主义是免不了的,尤其是经二十多年国民党的分化,“派别实在不少”,这成了新时期科学工作的巨大障碍。唯一的出路就是“痛加改造”,改造的方法:第一,向后辈和青年学生看齐,因为他们没有所谓的清华派、北大派;第二,向工人看齐,因为“他们只知道努力、努力、前进、前进、说说、笑笑”;第三,向农民看齐,因为“他们的高度觉悟,高度团结对敌人”。并呼吁科学界要团结起来,“必须意志集中,力量集中!”[14]459-460科学工作者已经失去了自信,“知识”成为沉重的“包袱”,要俯身向“只知道努力”的工人阶级学习,向有“高度觉悟”的农民兄弟看齐,已完全抛弃了科学家的社会角色伦理与基本责任。1950 年 2 月 11 日,竺可桢在中法大学召开的十二专门自然科学团体联合年会上致辞,说联合年会自 1935 年桂林、南宁举行中国科学社、中国工程师学会等六团体联合年会后,每年均有,广西年会“当作会友社交以及玩山游水则可,以之以为于国计民生有益则不可”,该会花费广西 40 万元,“可称劳民伤财云云”。[22]30完全否定了中国科学社等团体过去的年会形式与内容。这次联合年会参加者都是专业学术团体,不包括综合性团体。这样,1949 年前在联合年会中占据领导地位的综合性团体的地位已然岌岌可危了。

科代会召开前几天,8 月 5 日,竺可桢收到一封匿名信,“系以自然科学工作者五十六人的名义写,攻击丁瓒、严济慈、涂长望,谓其把持科代,原函系寄吴玉章,函中颇为科学社抱不平之意。但惟其如此,外间就不免有疑心,此函即系科学社社员所写,不知何人作此恶作剧也”。[22]156 中国科学社虽名列科代会发起单位之一,但在具体的会议运作等方面,其地位已经完全不能与过去领袖团体相提并论,代表卢于道没有进入 35 人的科代会筹委会常务委员,仅进入候补名单。匿名信事出有因。

---

①《理事会第 196 次会议记录》(1950 年 7 月 10 日),上海市档案馆藏档案,Q546 - 1 - 69 - 224。

1950年8月18日,科代会在清华大学召开,议决成立中华全国自然科学专门学会联合会(科联)和中华全国科学技术普及协会(科普),整个中国科学界就此统一在这两个学会之下。这两个团体组织模式是中国科学社以前一直追求而未能成功的,现以国家政权力量确立,中国科学社及其相类组织角色又如何界定呢?中国科学社作为一综合性团体,既不能以专门学会资格成为科联的下属成员,又不是科普成员,在全国统一的两大机构中已找不到自己的位置,又不能独立于这两大组织之外。中国科学社等综合性私立社团在自己发起召开的会议上宣告了自己存在合法性的丧失。科联与科普成立之后,中国科学工作者协会和东北自然科学研究会"认为已完成了政治的历史任务,便宣告解散了。但是中国科学社和中华自然科学社最初还有留恋,舍不得解散"。[23]

其实,中华自然科学社很快也宣告退出历史舞台,1951年4月10日,发表宣言结束:

中华自然科学社全体社员认为历史所赋予本社的任务,到了人民胜利的今日,确已全部完成。……中华全国自然科学专门学会联合会和中华全国科学技术普及协会,分别领导今后全国的科学提高和普及工作。这样,全国的自然科学工作者,有了统一的组织,可以集中力量,为人民的事业而服务。而全国解放,人民自己掌握了政权,又为今后自然科学的发展铺平了一条广阔的道路,因此本社所负倡导科学的历史任务,已告完成。我们一致决定在1951年3月底,结束本社任务。使本社的组织和事业溶汇在全国科学界的大团结中,我们全体社员必能把以往支持本社的努力和决心,积极的贯注在新生的机构之中,为新中国的科学建设而奋斗。[24]

可中国科学社领导人"却自视其光辉的历史与所办的各种事业",而不从"人民大众的利益"考虑,要在全国一片统一之声中保持它的"独立地位",不愿就这样中断其历史。①

其实,据黄宗甄回忆,科代会举行期间就已酝酿解散中国科学社了,当时的理由是"有人认为中国科学社过去走了弯路,科学社老科学家多,孙科一些人也曾加以利

① 民国时期与中国科学社、中华自然科学社三足鼎立的中华学艺社因其比较突出的政治性,未能名列科代会发起团体,也没有立即宣布停止活动,1951年所做总结报告中当年举办了演讲会、开放图书馆、发行《学艺》杂志6期等工作,并提出了1952年度工作计划报告,诸如加强科学技术演讲工作、充实图书馆设备、改革《学艺》杂志、设置研究日本问题资料室等。《学艺》杂志从1955年1月起变为纯粹水产性期刊,1957年1月变为水产月刊。1957年曾在上海水产学院举行《学艺》编委会座谈会。直到1958年5月,中华学艺社才宣布停止活动。

用，科学社与上层关系比较多。人们认为科学社在政治上不太好，有宗派性。想趁开科代会，把科学社结束掉，成立一个全国统一的'科联'"。[2]321①杨铨利用他与孙科的私人关系，为中国科学社争取到40万元二五国库券；中国科学社曾利用孙科的捐助（主要是中山教育文化馆经费）建造明复图书馆，因此给予他一个"董事"席位。与其说这是孙科利用中国科学社，无宁说是中国科学社利用孙科，至少也是互相利用。说孙科等曾利用中国科学社其实可能是一个"政治话语"，毕竟孙科是中共中央公布的战犯之一，与战犯牵连还有生存的道理吗？当然说中国科学社与国民党上层关系比较多，自然是事实，除孙科而外，汪精卫曾担任董事，翁文灏更是长期担任领导诸如理事、董事、监事、社长、监事长，蔡元培曾长期担任董事与董事长，吴稚晖也曾任董事，蒋介石等众多高官更是赞助社员。中国科学社正是利用了这一点才获得了相对发展的空间。无论如何，中国科学社社员们认为结束其组织的理由不充分，他们还认为其组织在新的国家建设中有大作为呢！于是就想方设法作各种努力，维持其生存。

科代会召开前三天的8月15日，王家楫与竺可桢谈，提议将中国科学社生物研究所归中国科学院水生生物研究所作为一个工作单位。竺可桢与任鸿隽、秉志、严济慈谈，任鸿隽、秉志"对科学社还不肯放弃，以为科学社有它过去的历史，为别的学会所不及"；竺可桢则以为"科学社所不同者，只是有数种事业，此数种事业可以交代与发展有更大希望之机构，即可停止活动矣"。时任总干事卢于道亦来电话，将以竺可桢、任鸿隽名义召集综合科学团体会议。竺可桢认为此事需与中华自然科学社及中国科学工作者协会商量。[22]160也就是说，当时中国科学社大多数主要领导人都不想在科代会后宣告停止活动。次日，以任鸿隽、梁希、曾昭抡3人名义召集中华自然科学社、中国科学社及中国科学工作者协会三方讨论会，到会二三十人，由梁希主持。讨论结果不得而知，但可以肯定的是，中国科学社并不想就此放弃其事业。

8月21日，科代会举行期间，中国科学社理事会召集社员开会，到60余人，任鸿隽主席，叶企孙、沈嘉瑞、陈立等讲话，竺可桢也发言，认为"科学社过去虽有其光荣之历史，但时代已过去，综合团体只能集合一起方克有成，所以主张在科联成立[后]，社中事业已托付得所，科学社可告结束"。抗战期间曾就职《科学》编辑部、此

---

① 黄回忆说解散原有几个综合性团体，成立统一组织的建议是科学家们通过竺可桢提出的。

时任中国科学院办公厅行政处处长、秘书处处长的严希纯发言，谈"科学社过去勾结汪精卫、孙科、翁文灏，为各科学团体中最反动者，科学公司又不肯印进步刊物"。这可实在是相当严重的"指控"，连其顶头上司竺可桢也看不过去，认为这指责"不合事实，因科学社向来有超政治观念，亦是一种不进步的表现，但却是在反动政府下无可如何者，至于汪精卫为董事乃在民十六时代，谁也不知道其后做汉奸也"。[22]164①虽竺可桢等主张将中国科学社解散，同归于科联领导，但商讨最终并没有什么结果。

科代会上，任鸿隽当选科联常委，秉志、王家楫等当选委员；卢于道当选科普常委，张孟闻当选委员。回上海后，9 月 12 日，任鸿隽向中国科学社理事会会议报告在北京接洽结果：生物研究所可归入中国科学院水生生物研究所，"人员、地点均不动，经费自八月份起由中科院担任"；《科学》归中国科学院，因中国科学院有《科学通报》，与《科学》性质冲突，后讨论《科学》专载研究论文，《科学通报》专载科学消息，"如本社同意，即自明年起归并，其人员及版本格式一概不动，期数亦照旧接下去"。胡乔木提议，由政务院文教委或华东军政委员会或上海市政府接办明复图书馆。关于中国科学社前途问题，虽科联、科普成立后，其他综合性团体如中国科学工作者协会、中华自然科学社等已宣布停止活动，因"无论政府或科院方面负责人，均切实声明始终无停办某一团体之意"，因此中国科学社前途请讨论。理事会最终议决：①本社存废应通函社友征求意见（函中说明困难）；②《科学》杂志由科学院接办，理事会原则上同意，详细办法由张孟闻全权处理；③生物研究所由水生生物所接办，理事会原则上也同意，详细办法由秉志全权处理。②

生物研究所归属接洽相对顺利，1950 年 12 月，中国科学院将中国科学社生物研究所作为院外科研机构予以补助。[25]《科学》杂志的交接与补助却出现了意想不到的问题。1950 年 10 月 12 日，中国科学院行政会议讨论商务印书馆、龙门书局领导问题及中国科学社《科学》补助问题，决定给予《科学》40% 的补助。[22]200不想半年时间不到，翌年 5 月，《科学》宣告正式停刊。关于《科学》的停刊，1951 年 5 月出版的《科学》第 32 卷增刊号有一"本社启事"：

本社月刊《科学》创刊已三十五年，满三十二卷，历经战事，数有播迁，藉赖国内学人之爱护与工作同人之努力，得以准期印行，颇得各方之珍视。惟本社同人能力有

---

① 黄宗甄回忆说，竺可桢说中国科学社的任务已经完成了，各组织都取消了，中国科学社再摆在那里是摆不下去的。《黄宗甄访谈录》第 321 页。

②《理事会第 198 次会议记录》（1950 年 9 月 12 日），上海市档案馆藏档案，Q546－1－69－280。

限，长期维持，殊感竭蹶。今幸全国科联发刊《自然科学》，性质与本刊相同，似无须为工作上之重复，即拟休刊。特将稿件汇印增刊号一期，以资结束。谨此通启。

历经各种磨难与困苦的《科学》第二次正式宣告休刊，其原因从"启事"看有两个，一是"本社同人能力有限"，不能继续维持；二是国家已有相同性质的刊物发行，不愿重复浪费。任鸿隽也说：

这次《科学》的停刊，并非出于消极的态度，而是出于积极的精神。本来发行学术杂志是一种艰难的事业，而在我国尤难，因为读者较少的原故。我们为提倡科学而发行杂志，三十五年以来，社中同人苦心支持，已感到心力交瘁。但因国内尚无同性质的杂志出现，虽感负荷艰难，也不敢放下担子。现在好了，国内同性质的杂志出现的已不止一种了，……如《科学》仍然继续出下去，便是重复，便是浪费。所以《科学》的停刊，可以说是表示科学界的大团结。而且我们有理由相信，在人民政府的支持下，在全国科学界的通力合作下，将来的科学杂志比以前的更要办得好些。[26]

先是中国科学社存在的合理性受到质疑，紧跟着是其旗帜《科学》的"合法性"也存在问题。任鸿隽一直强调科学界的团结，这里的述说更多的也是表示"科学界的大团结"，与中华自然科学社宣告停止活动的理由相同。似乎《科学》的停刊主要原因是不愿与中国科学院的《科学通报》和全国科联的《自然科学》重复，以表示"团结"。民国科学界一直想建立的全国统一的科学组织科联与科普的成立，确实表明在新政权的领导下科学界可以走向全面的团结，但《科学》的停刊，其间还有许多"斗争"值得述说。

中国科学院没有按照科代会时商定的条件"接收"《科学》，据张孟闻接洽得知，是因为中国科学院院长郭沫若"不赞成"。后决定给予补助，使《科学》的继续发行似乎有了一定的经济基础。但随着科联、科普也要主办杂志后，中国科学社的《科学》和中华自然科学社的《科学世界》的生存危机也就随之出现。科联、科普的成立宣告了综合性私立社团的"寿终正寝"，它们要创办刊物，随之宣告了综合性私立社团刊物生命的终结。好几种方案的出笼都没能挽救《科学》的停刊。

因中国科学院不愿意接收《科学》，于是交给科联接办，不想科联已先有中华自然科学社《科学世界》接洽请其接办，于是拟定将《科学》与《科学世界》合并称《自然科学》杂志，自 1951 年起刊发第 1 期，仍请张孟闻主编，"惟需常驻京"。张孟闻与任鸿隽、秉志商议决定：第一，"《科学》有悠久历史，已出卅余卷，国际闻名，……学术上有其地位，故须保存原名称及继续卷期"，如科联接办，希望用《科学》名称及卷期，如不可能，则希望《科学》与《科学世界》并存。第二，张孟闻是复旦大学教授，不能顺便离沪，如不能在上海编辑，主编可以换人。两个条件给科联后，科联宣传委员会议决，若仅接收一种刊物，保持原样；如果《科学》与《科学世界》都接收，改名《自然科学》。但很快又改变，议决无论是一种还是两种杂志，都用《自然科学》，下注“前某某杂志”字样，1951 年 1 月 1 日出第 1 期，不再继承卷期，总编辑由原中华自然科学社的沈其益担任。面对突然出现的这种意想不到的局面，1950 年 12 月 8 日召开的中国科学社理事会不能在会上形成决议，派张孟闻到北京，“可根据本日到会诸人之意见，在不使《科学》停办原则下进行商议”。至于《科学》“永久计划，应候本社方针决定后再说。如本社不结束，则维持至不能维持时停刊”。① 也就是说，到此时，中国科学社是否结束，还没有形成定论，但《科学》原则上不停刊。

12 月 11 日，张孟闻应科联曾昭抡之招到北京。他告诉竺可桢，上海理事会上，秉志与任鸿隽认为《科学》可以交出，但名称要保留、卷期要继续；王家楫、吴学周主张无条件交出，但没有最后定案。科联已经决定接收中华自然科学社的《科学世界》，改为《自然科学》。张问竺意见，竺可桢说若不维持《科学》名称，《科学》“尚可继续出版，院中继续贴 40%”。看来中国科学院当时的态度是《科学》不能维持其名称，否则就不继续资助，而中国科学社却要求维持其名称和卷期，然后才交给科联。次日科联开会讨论，让张孟闻主持刊物，要《科学》合并于《自然科学》，但意见不一致，大多数倾向于科联刊物用《科学》，“卷期不作继续”。曾昭抡要竺可桢向科联主席李四光引见张孟闻，希望在科联常委会上解决此一问题。[22]236-238 当然，李四光并没有解决这一问题。

后来似乎出现了转机。12 月 19 日，沈其益、裴文中、张孟闻来中国科学院，“为科学社之《科学》杂志与自然科学社之《科学世界》，均无法维持，要科联接收《科学》，科普接收《科学世界》”。出现了另一套方案，科联接办《科学》，读者对象是大学、研究院，科普接办《科学世界》，对象是中学教员。但这方案因《科学世界》有若干人士与国民党关系密切，特别是编辑李国鼎居然“遂往台湾”，致使《科学世界》不能在上海登记，科联只能办《自然科学》。科普袁翰青、梁希不赞成用《科学世界》名，同时中华自然科学社成员不赞成科联接办《科学》。[22]241-244 面对这种纷争，竺可桢不得不说：“最要乃把刊物办好，名字之争绝无意义。”按胡适的说法，中国虽是个没有宗

① 《理事会第 200 次会议记录》（1950 年 12 月 8 日），上海市档案馆藏档案，Q546 - 1 - 69 - 348。

教的国度，但是个“名教”国家，所谓“名不正则言不顺”。[27]因此，这里的争论就有相当的意义，有一个继承与发展、有一个承认与肯定、有一个过去的“光荣历史”问题存乎其间。中国科学社与中华自然科学社之间的矛盾也由此浮出水面，既然因为政治原因科普不接受“我的《科学世界》”，那么科联单独接受“你的《科学》”也不行。这样，《中华自然科学社简史》撰稿者所述说的中华自然科学社与中国科学社的良好关系也是表面光鲜的“浮夸之辞”，中华自然科学社与国民党的紧密联系也是导致此方案破产的原因之一，中华自然科学社与国民党的斗争述说也成了叙述者的“自我保护性辩护”。[28]

12 月 27 日，中国科学社召开在京理事会，专门讨论《科学》问题。出席会议的有钱崇澍、丁西林、茅以升、叶企孙、章元善、李四光、黄国璋、曾昭抡、竺可桢、袁翰青、陆学善、张孟闻、严济慈，陆志韦有书面发言，竺可桢主席，章元善记录。李四光建议《科学》与《科学世界》并列，而另有人主张用《自然科学》，而将卷期改为 33 卷，“表示继续《科学》之意”。最终形成决议：

《科学》商由科联接办，正所以争取更大的力量来发展我社三十多年来苦心经营的刊物。工作既将延续下去——这是基本的，至于改名以及如何改法，只要我们能于事前向读者充分说明，我们自可积极考虑。为了这层，我们于审慎地衡量了各种现实条件——尤其在艰难困苦中不令《科学》脱期，历三十多年的诸同志的努力与牺牲——之后，悬拟新报名两种，托张孟闻兄携申，备在申同志们采定后，前与科联进行协商。

他们“悬拟”的两种名称，一为《自然科学》第 33 卷第 1 期（《科学》与《科学世界》合刊）；二为《〈科学〉与〈科学世界〉》第 1 卷第 1 期。① 主要目的，一是保证《科学》的继续发刊，二是保有《科学》的痕迹。《自然科学》卷期继承《科学》，《〈科学〉与〈科学世界〉》有《科学》名字在其间。

张孟闻带着北京理事会决议回上海，在 1951 年 1 月 6 日召开的理事会上报告称：

到北京出席科联宣传委员会，初决定三种方案：（1）《自然科学》新 1 卷 1 期起；（2）《〈科学〉与〈科学世界〉》一卷一期起；（3）科联接办《科学》，科普接办《科学世界》。李四光及中华自然科学社负责人曾昭抡及该社在场各位“均不反对合并后用

① 《在北京理事会议记录》（1950 年 12 月 27 日），上海市档案馆藏档案，Q546－1－70－14。

《科学》为刊名"，杨钟健赞成高深研究登载《科学》，科学普及文章登载《科学世界》。于是张孟闻以第三种方案向科普接洽，"有同意趋势"。只是清华大学物理系几位不赞成两刊并存，科普主席梁希"不置可否"。各方意见还未形成定论，出席"世界和平大会"的各位科学家回京，在他们的影响下，科普不愿接办《科学世界》，科联又不能同时办二份期刊。于是，集合在京理事会交换意见，竺可桢强调上海同志维护《科学》有长久历史与劳绩，"应充分尊重其志愿"，最终形成了两种方案，"待在沪同志选择"。这两种方案曾在科联宣传委员会协商，"亦有人不赞成用33卷起者"。吴玉章赞成更名《自然科学》，严济慈、黄国璋、丁瓒也赞成用第一种方案。张孟闻最后总结他在北京活动结果：(1)两刊合并更名，但接《科学》编次；(2)在北京编印。①

理事会议决，同意在京理事会所拟第一种方案，本年起《科学》由科联接办，更名《自然科学》，自第33卷第1期起，下注"《科学》与《科学世界》合刊"字样。并当场电复严济慈。中国科学社自编《科学》第33卷第1期延至2月中旬出一期作为第32卷增刊号，宣布停刊。

皆大欢喜的局面达成，中国科学社开始讨论是否结束，议决将南京社所地产捐献给南京市或中国科学院。1月18日，任鸿隽、秉志还致函章元善，感谢在京理事对这一完满结局达成所做贡献：

关于《科学》改由科联总会出版，并改名《自然科学》，仍继续卅三卷号数，已经此间理事会通过，并电告严慕光兄，想京中同人皆已接洽矣。回忆卅六前吾人发起科学社并创刊《科学》杂志，妄于吾国学术界有所贡献。在此长时期中，虽颇竭尽绵薄，但为环境所限，殊少成就。独此区区杂志继续发行三十余年，虽在抗战时间未尝间断，实可代表科学界同人持久不懈之精神。前此此间同人所以主张保留《科学》名称者，非必宝贵此名字，盖欲为将来参考文献者图便利耳。兹既定为《自然科学》三十三卷第一号，则此目的已可云达到，而名称问题转不关重要。此次京中同人对于此事煞费苦心，弟等及此间同人皆极感佩。②

由此可见，中国科学社同人对于他们苦心孤诣维持三十多年的《科学》"后继有人"，心情之愉悦跃然纸上。很快科联来函，完全同意中国科学社方案，并请撰写"一结束文字"刊入新刊。中国科学社理事会议决任鸿隽与张孟闻撰写"结束文字寄京"。③

---

①《理事会第201次会议记录》(1951年1月6日)，上海市档案馆藏档案，Q546－1－70－1。

②《任鸿隽、秉志致章元善函》，藏上海科学技术出版社《科学》编辑部。

③《理事会第202次会议记录》(1951年1月30日)，上海市档案馆藏档案，Q546－1－70－30。

竺可桢对张孟闻到北京主持《自然科学》抱有极大的期望，希望《自然科学》成为他心目中的权威综合性期刊《自然》。他曾亲笔致函张孟闻说：

孟闻同学足下：惠书已接到。《科学》停刊，《自然科学》继起。科联方面均盼足下于暑假后来京。但《科学》停刊以后在沪又陆续发行增刊，京中人士颇不能了解。翰青来沪，想已面谈。桢个人之意，以为足下能来京主持《自然科学》，使之成为国内外有权威之一般自然科学的期刊，这也是科学工作者的重要事业。英国的 Norman Lockyer 和 Richard Gregory，统化【花】了卅多年工夫，才使 *Nature* 有了今日之地位，所谓事在人为。在京大学兼课□足下在京时所云既不成问题，则在研究学问仍不致脱离，望足下速决之。①

不想事情很快起了变化。据吴学周说，科联常委会会议时，“有年轻分子及从未入学会之老干部，对《自然科学》不自一卷一期起表示异议”，于是科联来函称：“宣委会建议总会刊物《自然科学》卷期仍自第一卷第一期开始案决议通过，并与中国科学社及中华自然科学社函商取销加注‘《科学》与《科学世界》合刊’字样。”对于科联这种突兀的改变，秉志以为“突然硬性作一百八十度转弯，手续上自太鲁莽”。社长任鸿隽此时却显得非常冷静，长时间的反复挫磨似乎已经使他终于认清了形势，也浇灭了他心中的希冀火苗，不再抱奢望，完全同意科联的主张，并宣告《科学》停刊：

科联要出刊物，与本社刊物之是否加入，应为两事。本社刊物从未要求科联接办，《科学》之加入《自然科学》，乃科联对本社之好意，卷期问题亦仅为照顾该刊之历史性而已，本无关宏旨，现既以卅三卷一期为不妥，则即使加注“《科学》《科世》合刊”，亦无意义。至《科学》卅三卷起本社不能再出，则迳行停刊，更不必一定要将卷期保存在不同名称之刊物上。

任鸿隽这样的表态显示出其内心的绝决。于是议决：“本社拥护大团结，因全国科联已有与《科学》同样性质之《自然科学》期刊即将出版，故将《科学》自卅三卷一期起停刊。至卅二卷增刊照出，并在增刊上登一本社启事，科联如来信，亦本此旨答复，推刘咸、曹惠群、张孟闻三君拟启事并全权决定内容。”②于是就有前文所引“本社启事”。

自 1915 年创刊以来的《科学》就这样再次正式宣告停刊，与太平洋战争爆发后的

---

①《中国科学社一般的来往信件、存摺》，上海市档案馆藏档案，Q546－1－198，第 123－124 页。
②《理事会第 203 次会议记录》（1951 年 3 月 14 日），上海市档案馆藏档案，Q546－1－70－50。

第一次宣布停刊还保留“恢复有期”的希望不同,这次似乎是绝决的完全放弃了。许为民先生对此次《科学》的停刊进行了专门研究,认为其原因主要有以下几个方面:

一是对解放前所谓“旧科学”的错误认识,认为科学和社会制度一样也当革旧布新。所以先是卷号要重新编起,继而刊名也不能沿用,以示新旧有别。

二是对科学界大团结的简单化理解,似乎只有杂志归一,各种科学团体合并,才体现团结,才能发展科学,否定了科学需要争鸣,需要不同观点讨论才能前进的客观规律。

三是科学社同人对党的科学事业方针不够了解,或者可以说当时党还没有来得及制定出比较明确的科学事业方针。既然全国科联有意接办,也就视为党的决定加以执行。

四是办刊确实存在不少困难,人力和财力都比较紧张,当然与40年代相比还算是很不错的。但这毕竟是一个可以公开解释的理由。[29]

这分析有可商榷的地方。首先,第一、二两个原因主体不明确,是谁对“旧科学”有错误认识,是谁对科学界大团结有简单化理解?是整个科学界还是中国科学社同人?是政策制定者还是执行者?

第二,1950年的中国,社会主义改造还没有全面展开,许多“私业”还有存在的合法性与理由。那么,中国科学社为什么会放弃他们坚持36年的责任呢?如果说他们认为“旧科学”与“旧制度”一样要废弃,这没有充分的证据。他们从没有宣称过要放弃“旧科学”,反而是要继续发展科学,“继续”是要在“旧科学”上继续,认为当时科学家们认为科学也有“新旧”之分,可能是不恰当的。当然,当时科学家们认为科学制度是有“新旧”之分的。因此中国科学社同人要坚持《科学》的名称与卷期,而科联与科普坚持卷期不继续、刊名不沿用以示“新旧之别”,有“名不正则言不顺”的意识在里面。其实,中国科学院成立以后对中央研究院和北平研究院所属研究所进行了全面的改组,在改组的过程中相关研究所名称就有许多的“争斗”,如中央研究院动物所所长王家楫对动物所改名为实验生物、水生生物等与中国科学院主持人竺可桢等据理力争;竺可桢自己对气象所被改为地球物理研究所也大为不满。① 其后的中国科学院各所的名称毕竟与中央研究院、北平研究院下属各所名称不同,因此杂志的名称与卷期也是有讲究的。毕竟,新的名称与编号显示出在新政权下的新气象,以示与旧政权、旧社会的彻底决裂。所以,科联的《自然科学》既不用《科学》,也不继承卷

① 竺可桢日记中相关记载比比皆是,是相当好的研究材料,这里就不一一赘述。

期，也是有其理由的。总之，此时的社会意识是“科学虽无新旧之分，但科学制度包括期刊与研究机构有新旧之分”。后来，科学不仅有新旧之分，而且还有“资产阶级与无产阶级之别”。

第三，“对科学界大团结的简单化理解”似乎也没有解释力。当时杂志并没有完全统一，许多杂志如一些专业杂志和《科学画报》还是以原名继续发刊，这些杂志的存在并不表明破坏“科学界的大团结”。科联与科普的成立就已经宣告了“各种科学团体合并，才体现科学团结”。

第四，至于说中国科学社社员们对党的科学政策理解不够，这更是完全误解了他们的想法。党的科学方针是“统一还是容许闹独立”是明确无误的，因此可以说中国科学社在科联、科普成立后，还努力争取其自身的生存是对党“统一”科学政策理解不够，而不是放弃其独立地位是对党的科学政策理解不够。中国科学社最终将《科学》停刊是理解党的科学政策最为透彻的地方。

如此看来，许为民先生所分析的前面三个原因虽然有一定的解释力，但不是中国科学社真正停办《科学》的理由。中国科学社放弃《科学》的主要原因，从全局看，是当时党要求“统一”这一基本方针的直接结果，其他因素的最终根源都在于此。具体看，一是有人对他们的办刊方针提出了批判，认为“过于偏重理论，未能与实际相结合”；二是科联成立以后要夺取舆论阵地，实行“统一舆论”；三是中国科学社经费短缺，不能维持《科学》的发刊。许为民先生却认为这不是原因，是“可以公开解释的理由”，仅仅是《科学》停刊的借口而已。此时同样由中国科学社主办的《科学画报》并没有移交其他机关，也没有停刊，其主要原因是此时《科学画报》由于发行量大，还能自负盈亏。当然，《科学画报》后来被迫移交完全是因为“统一”的原因。

《科学》从它发刊那一天起就一直是个“赔钱”的“生意”，中国科学社 1949 年以后面临的经费困境前所未有。正如前面所言，政权转换之前，中国科学社的经费主要是政府资助、中基会资助与各机关团体资助、社员社费与捐款等，在新政权下既无私立机关资助，又无国家预算，社费收入自然也成问题，最终结果就是这些处于体制之外的“私”，不是化为“公”，就是从世界消失。

《科学》是科学社发起成立的理由与原初动意，没有《科学》的发刊也就没有中国科学社的成立。在其存在的三十多年的历史里，许多人为它鞠躬尽瘁，1927 年夭亡的胡明复是为代表，而后继者们也曾希望把它办成像英国的《自然》周刊和美国的《科学》月刊，在世界科学界发出中国的声音。中国科学社希望它永葆青春、长盛不衰，因此在艰苦的抗战时期也要坚持下来。竺可桢1941年阅读英国《自然》周刊时也曾祝愿《科学》成为中国通俗科学杂志的权威，与《自然》周刊相颉颃。① 可惜这些美好的愿望和设想都随着《科学》在1951年的正式停刊而“烟消云散”。《科学》的停刊，不仅使中国科学社在一定意义上失去了发声的孔道，而且使整个中国科学界失去了一个可以发言的园地。从此以后，中国科学界的声音更加整齐划一、更加一致，没有反对的异音，中国科学未来发展的趋向其实在这个时候就已经有了征兆。《科学》的停刊不过是“统一”政策的一个例子而已。从综合性社团存在合法性的丧失到它们主办的科学期刊最终消失这一系列事件来看，学术界的社会主义改造早于经济、社会等方面，后来的全面社会主义改造是否借鉴了学术界改造的经验还有待进一步探讨。社会主义改造从知识界入手，不知是既定方针还是在实践中摸索出的政策？

曾昭抡认为一个学会的任务有许多，但“最重要的，要算发行刊物，联络会员间的感情，促进本门科学的发展和传播这门科学的知识”“这几件事，彼此很有联系；他们表现的方法，却都是集中在刊物上面，所以我们确认，一个学会的好坏应该至少大部分从它的刊物上去判断。……一个学会，没有其他活动，只有一种好的刊物，还可以存在。若是刊物很坏，就是别的方面都很成功，也就失去了它存在的意义了”。[30] 这段话对中国科学社来说，是再贴切不过了。作为中国科学社的旗帜，《科学》的停刊意味着中国科学社的生命为期也不长了。

第三节　最终消亡与不绝的回响

《科学》停刊，生物研究所归并中国科学院水生生物研究所，中国科学社仅剩下价值不菲的财产（包括地产、房产等）和明复图书馆这唯一需要维持的事业，此前一直讨论的是否宣告结束这一问题似乎不再成为问题，社务发展反而有了新的契机。

① 1941年4月5日，竺可桢日记记载说，看英国《自然》，“此杂志问世不过七十载，而竟达今日英语世界中有权威之地位。世界各项科学之新发明均见于此杂志，洵非久年努力，不克臻此。中国之《科学》问世迄今近卅年，甚希望其能成为中国通俗科学之权威杂志。此次研究院评议会决定出《学术概要》，亦有供给此类期刊性之意。然二种刊物同一性质，亦殊不经济”。樊洪业主编《竺可桢全集》第8卷，第51页。

中国药物公司经理方庆咸愿意补助生物研究所从事纯粹科学研究。理事会成员很是困惑,一定要联系人秉志弄清楚方是想做广告,还是真正支持科学研究。最终表明方完全是出于公心。双方于1951年5月13日召开座谈会,成立"中国科学社中国药物建设公司合组药物研究委员会",推举任鸿隽(主席)、方庆咸、林伯遵、姚惠泉、王志稼、董兰孙、吴云瑞7人为委员,秉志为高等顾问,于诗鸢为秘书。[1] 1951年8月,上海科联开始补助明复图书馆500万元,并希望将接收的各学会藏书汇藏明复图书馆,使明复图书馆"成为各学会及科技界的参考资料中心"。明复图书馆决定于9月1日起"全日阅览,以便利读者"。对一直坚守在南京社所的张宗熠予以优抚,真正体现了一个学术社团以人为本的理念。[2]

1951年6月21日,理事会决定改组,先修改社章,再改选理事。推任鸿隽、林伯遵、何尚平、张孟闻、杨孝述起草新社章。11月函请社友(主要对象是发起人、永久社员、曾任理事及重要职位人员或对事业有特别关系者)重新登记,试图重新焕发中国科学社的活力。到1952年1月9日,共发函391份,收到回函上海110封、外地50封共160封,仅占41%。回函不到一半,充分说明大多骨干并不希望继续维持中国科学社的存在。但在收到的复函中附有意见的149封,同意章程的128封、主张修改的17封、主张结束社务的仅4封。说明回函中绝大多数人还是赞成继续维持,而且同意理事会拟定的章程。理事会议决2月10日召开社员大会,通过社章,选出临时工作委员会,筹备选举新理事。[3] 5月,新理事会成立,秉志、任鸿隽、张孟闻、徐善祥、蔡无忌、刘咸、金通尹、陈世璋、王琎、何尚平、程孝刚、林伯遵、陈遵妫、吴蔚、吴沈钇、徐墨耕、蔡宾牟、程瀛章、王镇圭、徐韦曼、王恒守等21人当选理事,杨树勋、陈世骧、张辅忠、潘德孚等4人当选候补理事,除秉志、任鸿隽、张孟闻、刘咸、陈世璋、王琎、何尚平等7人外,其他18人都是第一次当选理事或候补理事。似乎有开展一番新活动的气象。[4] 其中,秉志、何尚平、程孝刚、林伯遵、陈遵妫、吴蔚、程瀛章任期一年;任鸿

①《理事会第205次会议记录》(1951年6月21日),上海市档案馆藏档案,Q546-1-70-108。
②《理事会第206次会议记录》(1951年8月29日),上海市档案馆藏档案,Q546-1-70-193。张宗熠服务中国科学社二十余年,抗战期间协助搬迁,"卓著劳绩"。因生活艰苦,抗战胜利前不幸得肺病,1946年生物研究所"复员东下"时,张"仍勉力从公,帮同照料,以致病体益觉不支"。于是派往南京照看社所并养病。后因南京社所捐献,已无职务,"为顾念张君前劳,在经费极度困难下勉拨等于张君现薪十个月之金额,俾能另谋生计",后还曾为张宗熠手术发起募捐得279万元。
③《理事会第210次会议记录》(1952年1月9日),上海市档案馆藏档案,Q546-1-71-1。
④《理事会第212次会议记录》(1952年5月24日),上海市档案馆藏档案,Q546-1-71-71。

隽、徐善祥、陈世璋、吴沈钇、蔡宾牟、王恒守、杨树勋任期两年,张孟闻、蔡无忌、刘咸、金通伊、王琎、徐墨耕、徐韦曼任期三年。① 后来还选举秉志、任鸿隽、徐善祥、王恒守、陈世璋、蔡宾牟、金通尹、林伯遵、张孟闻等为常务理事,任鸿隽为理事长、林伯遵为书记、徐善祥为会计。② 并以"理事长、书记、会计理事均不能常驻办公",聘请政治学者张慰慈为理事会秘书,"常驻办公,专门对内,酌送交通津贴"。③

即使到1953年2月22日,理事会召开会议时,程孝刚说:"我社在提倡我国科学事业有一定的历史和作用,现虽因科联、科普出现而变为地方团体,但学术无地域限止,从研究方面发展,与各地社友互通声气亦是一条道路。如科学图书馆对研究工作者有很大帮助,此外编辑书籍也是好事,目前主持人老者较多,但吸收些青年同志来合作,则我社依旧年青,不一定以胡子长短来作比例也。"秉志也认为:"我社分子的年龄老中小都有,如能努力,对人民和国家均有贡献。我国科学现正被政府重视,正需全国出现千千万万的像我社一样的科学组织,以协助政府提高人民科学水平。"④ 他们可谓老骥伏枥,壮心不已。

据档案记载,1953年中国科学社曾预备召开大会,更换1953年到期理事7人,并列出了当时"在沪社员"名单和"不在沪社员"名单。当时社员在沪160人、不在沪56人,共仅二百余人,与鼎革之际三四千人的盛况相比,其窘状可以想见。相较"在沪社员","不在沪社员"虽然于社务贡献上可能不能相提并论,但精神的支持与理念上的共通可能更大,因此列出这个名单,更具有历史的意味:

丁求真、丁绪贤、尹友三、王希成、王　琎、王毓秀、王福山、朱荣昭、朱炳海
朱岗崑、何增禄、何　鲁、吴元涤、吴功贤、李乐元、李赋京、李良庆、汪德耀
金通伊、金宝善、侯德榜、段子燮、俞德浚、胡先骕、倪尚达、唐　钺、徐利治
袁复礼、高尚荫、张洪沅、张孝骞、张　芳、张辅忠、曹仲渊、庄　俊、陆仁寿
陆凤书、陈　义、陈忠杰、彭　谦、黄汲清、冯泽芳、杨姮彩、刘宅仁、欧阳翥
蒋　英、蔡　堡、郑　集、郑万钧、郑衍芬、邓植仪、钱崇澍、谢家玉、钟心煊
严振飞、严敦杰⑤

---

①《中国科学社现任理事名单》(1952年选出),上海市档案馆藏档案,Q546-1-199-168。
②《理事会第213次会议记录》(1952年6月22日),上海市档案馆藏档案,Q546-1-72-5。
③《常务理事会第7次会议记录》(1953年2月1日),上海市档案馆藏档案,Q546-1-72-75。张慰慈是民国时期有名的政治学者,此时没有工作,他与任鸿隽等关系密切,聘请他担任秘书,在一定程度上解决了他的生活问题。一代政治学家沦落于此,令人唏嘘。
④《理事会第214次会议记录》(1953年2月22日),上海市档案馆藏档案,Q546-1-72-83。
⑤《中国科学社现任理事名单》(1952年选出),上海市档案馆藏档案,Q546-1-199-168。

这些人都是中国近代科学发展史上彪炳史册的人物，从1883年出生的钱崇澍到1920年出生的徐利治，包括了几代人，其中侯德榜、胡先骕、张孝骞、黄汲清、钱崇澍为1948年首届中研院院士，侯德榜、张孝骞、黄汲清、钱崇澍、冯泽芳、郑万钧是1955年中科院学部委员，高尚荫、俞德浚是1980年中科院学部委员。非常可惜，1953年5月23日，常务理事会召开第10次会议讨论一些事务后，档案保存的会议记录就没有了，中国科学社后来的活动情况，只能通过任鸿隽1960年撰写的《中国科学社社史简述》了解。

对于任鸿隽、秉志等人对中国科学社的改组举动，竺可桢等人并不认同。1952年1月22日，竺可桢日记记载说：

作函与任叔永，为科学社于去年十一月间曾来函要老社友登记，并预备通过《章程》（总章草案），其目的为要团结科学工作者。但前年九月间开科协代表大会时，曾建立中华全国自然科学专门学会联合会，其中不包含综合性科学团体，意即希望在科联以外不再有另一综合性的科学团体，以免对立。此次科学社重新登记，不免有立异之意。又一月十六日公函，谓得复函，大多数赞同，但信中未言明有多少人回信，有多少人不回信。如回信人占少数，不能以少数中之多数来取决。新定《社章》中有事业一项，包括办理研究所、出科学刊物，如此大吹大擂，必被认为反动的团体。因目前政府方欲合并科学刊物，《自然科学》将与《科学通报》合刊，黄海化学研究所又将由科学院接办，科学社忽于此时提倡办研究所、出版物，实在是倒行逆施。

竺可桢与陶孟和、吴有训、李四光讨论后，并报告郭沫若，“即作函与叔永，告以此意，不知叔永作何感想。恐二月十日之大会开时，到的人未必踊跃，少数老社友到会通过，实无意义之可言”。[22]545 身在体制内的竺可桢等人认为体制外的任鸿隽等此时还如此行动，是“倒行逆施”“必被认为反动的团体”。

竺可桢等人的看法“千真万确”，此时一个运动接一个运动到来，在五反运动中，中国科学社自己也出现了问题，追查出贪污腐化分子。与中国药物建设公司合办的药物研究所，经费“无法筹措，遂归停顿”。在全国一片统一之声中，中国科学社执意发表自己的声音，要在统一的组织之外“另立山头”，其努力结果可以想象。艰难困苦中，任鸿隽、秉志等坚持开展活动，并有一定成效，其中比较有影响、值得专门提及的有两件事情，一是组织编纂出版“中国科学史料丛书”“科学史料译丛”；二是1954年中国科学社四十周年时在上海举办“中国科学史料展览”。

中基会编译委员会曾编译有书籍多种，交商务印书馆出版，抽取版税。1942年编译委员会解散时，议决所有“未了事宜”交任鸿隽全权处置。因此在政权转换后，任鸿隽还管理有不少的相关款项。中国科学社决定设立中国科学史编辑室，利用这笔经费组织编辑出版“现代科学丛书”“中国古代科学史丛书”等。① 1952 年底《科学画报》交给上海科普后，取消科学史编辑室，组织编辑委员会，展开译书及编辑小丛书工作，任鸿隽为主委，张孟闻为副主委。② 计划编撰“科学史料”“科学文库”“科学常识丛书”和“科学译著”四类图书，编委会除任鸿隽、张孟闻外，还有王恒守、蔡宾牟、刘咸、程瀛章、顾世楫 5 人。③ 最终“中国科学史料丛书”“科学史料译丛”得以实现。写于 1953 年国庆节的“中国科学史料丛书总序”，讲述了这套丛书的来龙去脉：

中国科学社三十周年时曾经约请许多专家学者写记了三十年来各门科学在中国的进展史迹。……这些总结性的文字很得到各方面的重视，曾经想依照过去二十周年时的成例，收辑起来，合刊成书，题为“中国科学三十年”，作为本社对中国科学界的一个微薄贡献。那时候，上海已经解放了两年多，各人的思想上多少都有些进步。据几位原撰稿人的意见，如果集辑成书，实有修订改写的必要。然而大家都忙于岗位的业务，没有时间容许重新改写。那册合集就始终无法编印出来。

去年全国高等学校课程改革，修订教学计划，学习苏联教学方案，首先就明确规定，在实施教学中必须结合爱国主义教育，每门科学就得有每门科学在中国的发展史。祖国是具有悠久而光辉的历史的，在科学领域里也有其灿烂辉煌的业绩。……然而在浩如烟海的历史文籍中却没有一本全面性的科学史著作，连一册简史也没有；即使是近代的中国科学略史，也还不曾有人整理出来过。

科学在中国有其过去的光辉史迹，现在有其更好发展的社会条件，就必然有其达到更美好成就的将来。将来科学的发展是以已有科学基础为其出发点的，要是没有一册融会贯通，专门述记科学在中国发展的史书，将来的发展上就可能要走些不必要的弯路。为了适应这个迫切需要，重新鼓励起我们的勇气，再次要求朋友们在三十年来的总结性文字那个基础上重加修订来写记科学在现代中国的发展史迹；如其可能，也希望能追叙几千年来某一方面的整个史迹。因此，我们就着手编印“中国科学史

---

①《理事会第 212 次会议记录》（1952 年 5 月 24 日），上海市档案馆藏档案，Q546－1－71－71。
②《常务理事会第 6 次会议记录》（1953 年 1 月 11 日），上海市档案馆藏档案，Q546－1－72－62。
③《常务理事会第 7 次会议记录》（1953 年 2 月 1 日），上海市档案馆藏档案，Q546－1－72－75。

料丛书”，并且分别为现代的与古代的甲、乙两编。

编印这套丛书仍然是个不容易的事情。第一，我们所邀约的专家学者们，在此大规模建设的开端，更忙碌于本岗位的工作；第二，解放后的科学工作突飞猛进，有些部门工作所展开的局面，不但是规模空前，而且是面目全新，即就搜集资料而言，已经是个不容易的工作了；第三，我国的自然科学工作者虽然在各别专业上有其精通淹博的学识，但对于唯物辩证法与历史唯物论的认识，大多数人还停留在初学阶段，不能得心应手地运用新的观点方法来处理所获得的资料，所以很难做出执笔的决心来。——那末我们等待下去吗？不，我们认为不成熟的素材总比整个儿空白为好。退一步而求其次，即使像现在我们编出来的“史料”也是极可珍贵的科学史料，可以给将来编写中国科学史的著作人提供了经过初步整理而现成可得的参考文献。

这些史料的汇集和整理工作，主要是放在现代一段史迹上。不仅因为是我们身处其境，比较可以说得亲切明白；而且就科学在中国的发展来说，也只是在现代才成系统，有规模，而且用学会的集体力量来共同推进科学，尤其是使有地域性的科学更紧密地结合上祖国的实际情况。其次，正如上面所说，我们今后的科学发展一定得建立在当前已有的基础上，因而这一段的史迹特别值得我们多加注意而予以详细的记述。我们当然不会忘记科学在祖国的过去历史里也有其光辉的成就。只是史籍浩繁，披沙拣金，倘使没有相当的专门素养，这方面的工作实情是更难于在一时间内理出头绪来。所以不能希望其百科具备，而只能做到量力而行的地步。

我们今天所做的，只是“筚路蓝缕，以启山林”的开路工作，借用郭璞的话是：“拥慧清道，企待尘躅”，是拿起扫把，做了第一步的清道工作。我们决不以此为满足。我们诚恳地希望大家更进一步的努力，就现在编印出来的史料基础上，在不久的将来，能够有全面性而理论完整的中国各门科学史编印出来。那末现在陆续编印出来的中国科学史料丛书就可以算作奉献给将要产生而正在发展中的新的中国科学史的作者了。①

表 8－1 是“中国科学史料丛书”出版情况一览表。正如总序所言，这些著作为

① 任何一种“中国科学史料丛书”开头都有这个总序，但因出版时间不同，文字有出入。这里以 1954 年 11 月第 2 次印刷的张昌绍书为准。从行文内容来看，执笔人应该是任鸿隽。

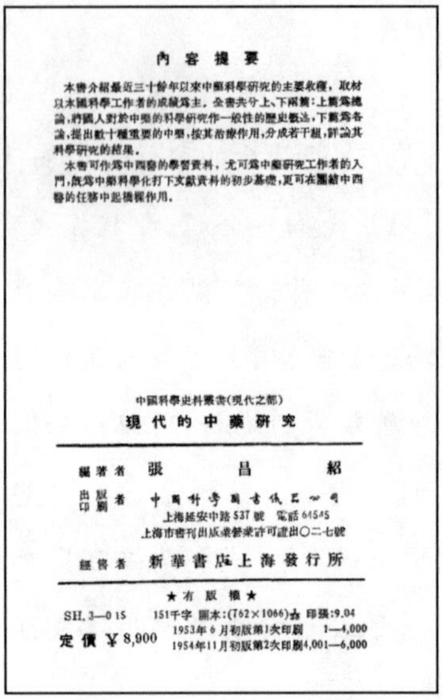

内容提要

本書介紹最近三十餘年以來中藥科學研究的主要收穫，取材以本國科學工作者的成績爲主。全書共分上、下兩篇：上篇爲總論，將國人對於中藥的科學研究作一般性的歷史概述，下篇爲各論，提出數十種重要的中藥，按其治療作用，分成若干組，詳論其科學研究的結果。

本書可作爲中西醫的學習資料，尤可爲中藥研究工作者的入門，旣爲中藥科學化打下文獻資料的初步基礎，更可在團結中西醫的任務中起橋樑作用。

中國科學史料叢書(現代之部)

現代的中藥研究

編著者 張昌紹

出版印刷者 中國科學圖書儀器公司
上海延安中路537號 電話64545
上海市書刊出版業營業許可證出〇二七號

經售者 新華書店上海發行所

★有版權★

SH.3—015 151千字 開本:(762×1066)$\frac{1}{32}$ 印張:9.04

定價¥8,900 1953年6月初版第1次印刷 1—4,000
1954年11月初版第2次印刷4,001—6,000

目　次

緒言……1
1. 古代數字和數的發展……3
2. 規矩和古代幾何學……8
3. 黃帝隸首作數……12
4. 九九……13
5. 古九九表……14
(一)[敦煌漢簡]九九表……16
(二)[居延漢簡]九九表……17
6. 記數方法……18
7. 算學教育……20
8. 算術……21
9. 敦煌千佛洞算書和算表……22
(一)敦煌千佛洞[算書]……22
(二)敦煌千佛洞算表……26
(三)敦煌千佛洞[算經一卷並序]……28
(四)敦煌千佛洞立成算經……36
10. 九宮……40
11. 魏劉徽注九章……42
12. 中國古代數學家(一)……44
(一)張蒼　(二)耿壽昌　(三)許商　(四)杜忠　(五)尹咸
(六)劉歆　(七)張衡　(八)劉洪　(九)馬續　(十)鄭玄
(十一)蔡邕　(十二)徐岳　(十三)闞澤　(十四)趙爽　(十五)陸績

图 8－1　“中国科学史料丛书”张昌绍著作版权页和李俨作品的目录第一页

张昌绍作品很受欢迎，1953 年 6 月初版 4 000 本售罄，翌年 11 月即第 2 次印刷。

后来研究中国科技史特别是现代科技史提供了非常翔实的史料基础，特别是像汤佩松、张昌绍、吴襄、郑集等都是相关学科的亲历者与学科带头人，具有相当重要的意义。非常可惜的是，这套史料丛书除李俨、罗英等人作品外，其他著作并没有得到后来研究者的利用与重视，这不能不说是一种“遗憾”，辜负了中国科学社当初专意编撰这套丛书的“厚意”。

表 8－1　“中国科学史料丛书”出版情况一览表

类　别	作　者	书　名	出 版 机 构	出版时间
古代之部	李俨	中国古代数学史料	中国科学图书仪器公司	1954 年 5 月
	王琎、章鸿钊、梁津、曹元宇	中国古代金属化学及金丹术	中国科学图书仪器公司	1955 年 7 月
现代之部	张昌绍	现代的中药研究	中国科学图书仪器公司	1953 年 6 月
	吴襄、郑集	现代国内生理学者之贡献与现代中国营养学史料	中国科学图书仪器公司	1954 年 3 月
	汤佩松	现代中国植物物理学工作概述	中国科学图书仪器公司	1955 年 8 月
	蔡无忌、何正礼	中国现代畜牧兽医史料	科学技术出版社	1956 年 6 月
	王有琪	现代中国解剖学的发展	科学技术出版社	1956 年 7 月
通史	罗英	中国桥梁史料(初稿)	初稿，未正式出版，有中国科学社编辑委员会 1959 年 1 月序言、茅以升 1959 年序言和作者自序	

“科学史料译丛”至少出版了三种：第一种为蔡宾牟、叶叔眉所译莫斯科大学物理学史讲座教授季米赖席夫主编的《俄国物理学史纲》(上下册)，并附有钱三强《对于苏联物理学的认识和体会》，中国科学图书仪器公司1955年1月出版。据译者所说，译稿曾得到许国保校阅，任鸿隽、张孟闻也多所指正。

第二种为任鸿隽选译英国 Huchinson's Scientific & Technical Publications 1953年出版的《一百年来的科学》中相关化学内容为《最近百年化学的进展》，原作者为弗林特(H. T. Flint)。出版时译者署名庶允，科学技术出版社1956年3月出版。任鸿隽在《编者的话》中对他翻译资本主义国家作品做了专门说明：

(1) 科学历史是整个的、是有继承性的。因此，它的叙述也应是全面的、而且深入旁通的。无产阶级决不拒绝接受人类过去所积累的宝贵经验，而批判地吸收科学遗产，是进一步发展科学的必要步骤。……

(2) 科学知识——用科学方法而获得的真实知识，是有普遍性和一致性的，不因社会制度不同而有差别，但对于科学知识的解释，却因观点不同而有基本的歧异。例如 $E=mc^2$ 这个公式，说明质量和能量都是物质在运动过程中所表现的两种形式，是不同形式间的相互联系。而资产阶级科学界却说成物质似乎“转变”成为能量，这样物质可能归于消灭，完全脱离了唯物论的观点。……但是 $E=mc^2$ 这个公式在科学上是有价值的，应该给予介绍。

(3) 我们知道，在苏联出版的俄文科技书籍，由欧美各国原文翻译出来的也很多，这个事实正好说明了我们上面所说无产阶级决无拒绝接受人类所积累的宝贵经验的意思。……

任鸿隽啰啰嗦嗦说这么多，无非是为自己翻译西方资本主义国家而不是社会主义阵营科学著作寻找理由，可以想见他翻译出版这书所受到的压力与周遭的气氛。

第三种为任鸿隽编译的《爱因斯坦与相对论》，包括他自己撰写的《爱因斯坦传略》、巴勒特(L. Barnett)《宇宙与爱因斯坦》及《爱因斯坦为巴勒特的著作所写序文》，1956年12月由科学技术出版社出版。

科学“史料译丛”内容的选择与翻译，也反映了当日的政治氛围与社会现实。与“中国科学史料丛书”一样，除作为科技史史料解读外，它还可以作为当时社会历史状态标本进行解剖。新政权建立后，任鸿隽、秉志、张孟闻等中国科学社领导人想尽各种办法维持中国科学社的继续运转，编辑出版上述科技史著述，展现了他们那一代科技工作者的韧性与工作环境。

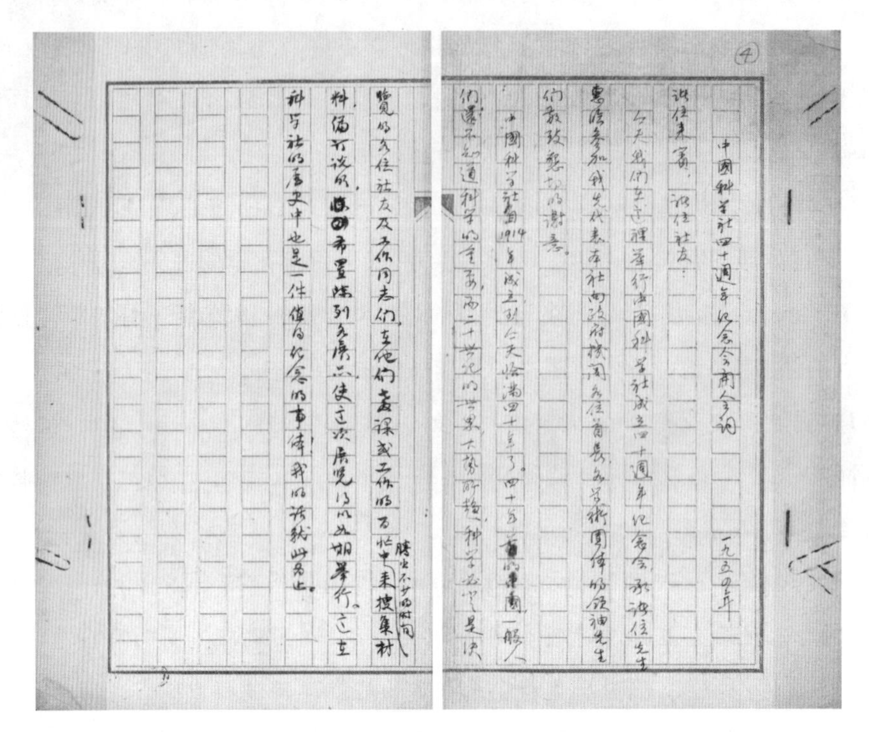

中国科学社四十週年纪念会开会词　一九五四年

诸位来宾，诸位社友：

今天我们在这里举行中国科学社成立四十週年纪念会，承诸位先生惠临参加，我先代表本社向政府机关各位首长及学术团体的领袖先生们致最恳切的谢意。

中国科学社自1914年成立到今天恰满四十年了。四十年前的中国一般人们还不知道科学的重要，而二十世纪的世界大势所趋，科学必然是决

……

览的各位社友及工作同志们，在他们教课或工作的百忙中腾出不少的时间来搜集材料，编写说明，因而希望陈列各展品，使这次展览得以如期举行。这在科学社的历史中也是一件值得纪念的事体！我的话就此为止。

图8-2　中国科学社40周年纪念会开会词原稿首页和尾页(共12页)

图8-3　中国科学社40周年纪念大会留影(1954年10月25日)

1954年10月，适逢中国科学社成立40周年，中国科学社于10月24—26日在上海社所举行了“中国科学史料展览”。任鸿隽在纪念会开会辞中说：

目前我国的宪法已经公布，我们的政府正以最大速度推进社会主义工业化的大政策。作为一个科学工作者，我们自应在总路线号召之下，献出一切力量来促进社会主义社会的实现。一个学术团体的立场，也是一样。就本社来说，我们除已把有多年历史的《科学》交全国科联，《科学画报》交上海科普协会接办外，生物研究所余存的重要植物标本也赠给了中国科学院植物研究所。现在正整理图书馆的旧藏书籍杂志及所有有关科学的文献，准备随时可以接受政府的领导，成为一个科学技术图书馆，以供上海几十个专门学会的利用，我们也正在编辑两种科学史料丛书以供教学及研究人员的参考。此次我们就本社四十周年纪念的机会，举办了一个小规模的，不完备的科学史料展览。一方面是要表彰我们祖先对于科学文化的贡献以发扬我们的爱国主义；一方面希望能增加我们对于科学的信心，鼓舞我们以更大的精神猛勇前进。这也是我们四十年来想办而未办到的一件事。[31]

这次展览分文献和实物两个部分，主要来自中国科学社、上海博物馆、上海文物管理委员会、合众图书馆、中华医学会、复旦大学生物系考古组及收藏专家个人陈遵妫、任鸿隽、范行准、丁济民、王吉民、胡厚宣、蔡宾牟、徐韦曼、周仁等，“皆略依学科性质及时代先后陈列”。文献以天文·算术、物理·化学、地质、生物、医药、农艺、工艺·工程、本社历年出版物、解放后国内科学刊物之一斑、本社所藏百年以前的外文杂志珍本，分为十个部类，共有展品192种之多；实物分中国猿人头骨模型、殷墟甲骨文字、铸造、古代度量衡、板刻印刷、木刻、陶瓷、针灸铜人及金针金灸、最近青年科学家创造品等9个部类50余项。[32]虽展览由于财力不够，不能与1931年明复图书馆开幕时的版本展览相提并论，但也是科学史料上的“第一次”，展期3天，参观者达三千余人。[33]304

由于活动空间日益狭小，中国科学社主要是将其事业或移交或停办。按照任鸿隽事后的说法，“一方面因为本社所办的科学事业均是多年积累的人民财产与经验，应该善于利用以使它能更好地为社会主义建设服务。因此本社采取了逐渐清理，俟机移交或捐赠的办法”。《科学画报》于1952年12月无条件移交上海科普协会继续发行①；

---

① 任鸿隽《中国科学社社史简述》说《科学画报》于1953年移交。按照理事会记录，1952年12月已移交，原《科学画报》编辑部职员三人也于12月中旬转至上海科普协会。《常务理事会第5次会议记录》（1952年11月30日），上海市档案馆藏档案，Q546-1-72-52；《常务理事会第6次会议记录》（1953年1月11日），上海市档案馆藏档案，Q546-1-72-62。

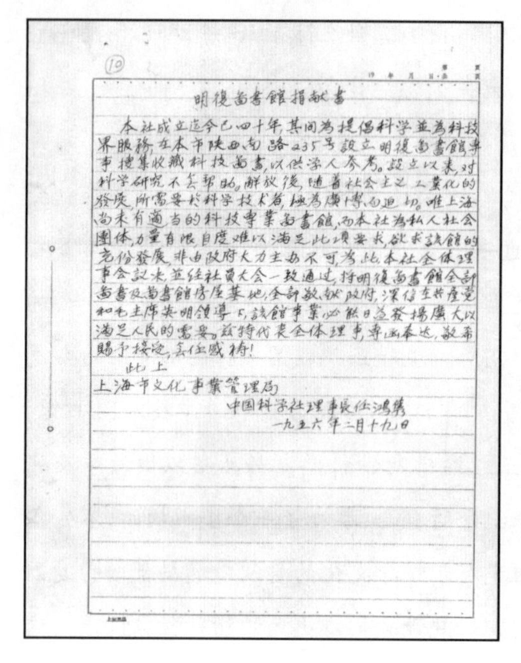

明復圖書館捐献書

本社成立迄今已四十年，其间為提倡科学並為科技界服務，在本市陕西南路235号設立明復圖書館專事搜集收藏科技圖書，以供学人参考。設立以来，对科学研究不无帮助。解放後，随着社会主义工業化的發展，所需要於科学技术者，極為廣博而迫切。唯上海尚未有適当的科技專業圖書館，而本社為私人社会團体，力量有限，自度难以滿足此項要求，欲求該館的充份發展，非由政府大力主办不可，為此，本社全体理事会議决，並经社員大会一致通过，将明復圖書館全部圖書及圖書館房屋基地，全部敬献政府，深信在共產党和毛主席英明領導下，該館事業必能日益發揚廣大，以滿足人民的需要。兹特代表全体理事，專函奉达，敬希賜予接受，無任感祷！

此上

上海市文化事業管理局

中国科学社理事長任鸿隽

一九五六年二月十九日

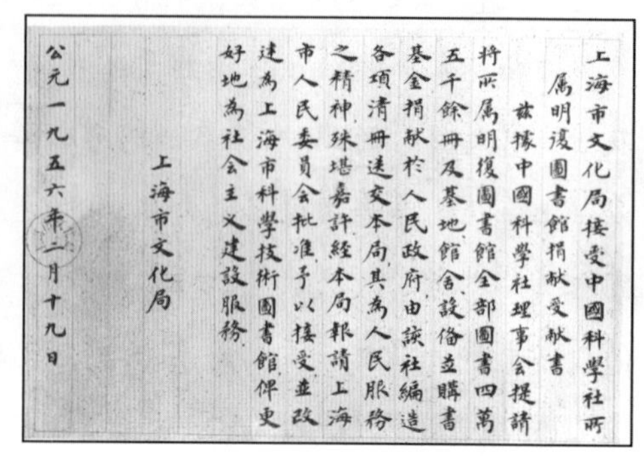

上海市文化局接受中國科學社所

屬明復圖書館捐献受献書

兹據中國科學社理事会提請

將所屬明復圖書館全部圖書四萬五千餘冊及基地、館舍、設備並購書基金捐献於人民政府，由該社編造各項清冊送交本局，其為人民服務之精神殊堪嘉許，經本局報請上海市人民委員会批准予以接受，並改建為上海市科學技術圖書館，俾更好地為社会主义建設服務。

上海市文化局

公元一九五六年二月十九日

图 8－4　中国科学社《明复图书馆捐献书》和上海市文化局接收明复图书馆“受献书”

1954 年，将生物研究所的标本仪器移交中国科学院水生生物研究所，植物标本移交植物研究所，秉志转到中国科学院动物研究所工作；明复图书馆于 1956 年捐献给上海市人民政府，由文化局接收，改组为上海科学技术图书馆，1958 年春并入上海图书馆；中国科学图书仪器公司印刷厂部分合并于中国科学院所属科学出版社，编辑部分合并于上海科学技术出版社，仪器部分合并于上海量具工具制造厂。①

当任鸿隽等将这些事业移交完毕时，却迎来了 1957 年“百家争鸣，百花齐放”的“大好局面”，于是他们又不甘寂寞。1957 年 7 月 5 日，中国科学社将已停刊七年之久的《科学》再次复刊为季刊，并发出“启事”说：

本社自解放后，曾于 1951 年发出通告，请各社友重新登记。惟因各社友工作岗位多有调动，通信地址变更，以致仍有多数社友失去联系。本年社员大会讨论如何响应百家争鸣及向科学进军的号召，曾决议本社应征求新社员并团结老社员继续为发展科学努力。兹特再行通告，请各社友及早向本社办事处登记。社中备有社友登记单，函索即寄，敬希注意为要。[34]

---

① 黄宗甄回忆说，组建科学出版社是不难的，但要办一个印刷厂“就要费劲了”。因此，需要把上海的技术力量和设备搬迁到北京。中国科学图书仪器公司经营多年，印刷力量全国首屈一指，“设备和人员都是高水平。他们也愿意来。中国科学社解散了，他们也要找出路。”主持人一个也没有到北京，去的主要是熟练工人。见《黄宗甄访谈录》，《中国科技史料》，2000 年，第 4 期第 322 页。

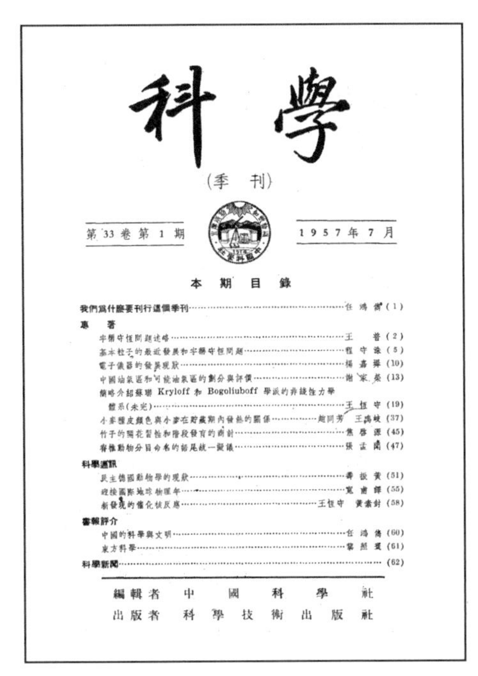

科學

（季　刊）

第33卷第1期　　1957年7月

本期目錄

編輯者　中國科學社

出版者　科學技術出版社

图8－5　1957年复刊的《科学》第33卷第1期封面和当年的任鸿隽

在“双百”方针和“向科学进军”的号召下，任鸿隽等认为他们的“春天”到了，还是坚持原初目标，为发达中国科学而努力，并且要在团结老社友的基础上征求新社员。

复刊《科学》也是有说法的，当初《科学》停刊时并没有说《科学》不“重出江湖”，只是说一俟条件成熟，《科学》还是可以复刊的。现在复刊条件已经成熟：第一，从1951年到现在，国内科学事业大大发展了，虽专门杂志“五花八门，目不暇给，而综合性的杂志却不见有所增加。这拿来应付报道日新月异的科学发明和风起云涌的科学动态，显然是不够的”。因此，复刊《科学》报道中国科学与世界科学的发展动态，“作为《科学》的继续而刊行的这个季刊，在精神上是前后一贯的，在适应形势的发展上是必要的”。第二，在“百家争鸣，百花齐放”和“向科学进军”的大好形势下，科学技术要发展必须给予科学家们互相讨论的舆论阵地，让他们说出自己的心里话，“历来的科学历史家都以科学刊物的兴盛为科学发达的必要条件之一”“正是因为有了刊物，科学发明才能迅速地传播，普遍地讨论，而后科学真理才能明确地成立，而为人类所利用”。《科学》的复刊正是“为科学家增辟一个争鸣的园地”“想也是向科学进军的队伍所欢迎的”。复刊的《科学》以介绍“新知的发见”和“已有的成就”为目标，希望得到科学界同人支持，“对于发展我国科学赶上世界科学水平的规划，能有些微贡献”。[35] 其《征文简则》说，以科学工作者为读者对象，开设栏目有专著（学术报告、座谈会记录、各门学科概述或近况介绍）、书刊评介、研究简报、学术通讯、学会与学人动态、国内外科学新闻与建设成就等。

复刊第一期“专著”栏有王普、程守洙、杨嘉墀、谢家荣、王恒守、赵同芳、王鸣岐、焦启源、张孟闻等人文章，“通讯栏”有寿振黄《民主德国动物学的现状》、徐韦曼译《迎接国际地球物理年》、王恒守与黄素封《新发现的催化核反应》，“书报评介”有任鸿隽评论李约瑟的《中国的科学与文明》、黎照寰评论 H. J. J. Winter 的《东方科学》。可见，专著都是一些名家的文章，其他栏目内容也相当丰富。因此编者在 6 月 10 日所撰《编后记》说，筹备复刊期间向各方征稿，“幸运地得到各地友好的热情支援，得到了不少的稿件”，但与出版社合同为每期 64 页，好几篇文章排好校样也只得延到下期，“特地在此向作者们道歉”。

很快，历史风暴再起，反右斗争也从中国科学社挖出了张孟闻和王恒守两个“右派分子”。只得以“本社”的名义在第二期头版头条发表《粉碎右派进攻　捍卫社会主义》，“坚决表示与右派分子张孟闻、王恒守划清界限，使他们不能再藏身在科学界中做有害社会主义建设的勾当”。并宣称：

反右派分子的斗争，是两条路线的斗争，是政治立场和思想教育的斗争，因此这个斗争必须是艰苦而长期的。……在本刊第一期出版后几月以来，反右斗争已经获得了决定性的胜利，但我们决不能因此便放松这个斗争。我们必须提高警惕，随时揭发右派分子，使他们不能再行为害，同时通过这个斗争，在党和政府的领导下，提高我们的思想教育、政治觉悟，努力学习马克思列宁主义，改造自己，成为真正的人民的科学家，更好地为社会主义建设服务。[36]

一份完全学术性科学期刊发表这样的“宣言”后，继续出版。一直出版到第 1960 年 4 月第 36 卷第 2 期，发布一个《〈科学〉季刊通告》，宣称：“本刊自第 36 卷第 3 期起，由上海市科学技术协会接办，以后有关本刊事务，请与上海科协联系。”

表 8－2 是《科学》复刊后第 33—36 卷每期作者（译者）名单，大致可以看出，其间不少人是一直维持中国科学社活动的任鸿隽、秉志、张孟闻、王恒守、徐韦曼、何尚平、顾世楫、徐善祥、蔡宾牟、顾毓瑔、刘咸、黄素封等，也有不少是中国科学社以往的重要成员，如胡先骕等。发表文章最多的自然是任鸿隽，几乎每期都有文章，内容基本上为通论或书评，没有专业性论文，如最后一期署名庶允的《记雾室法发明人威尔逊》是传记，第 34 卷第 3 期《迎接技术革命，向社会主义建设总路线跃

进》、第35卷第1期《上海科协成立的重大意义》等属于“社论”。其他基本上都是自己的专业性论文或相关译述，如秉志、胡先骕等。值得注意的是，高分子科学论文不少(包括译文)，作者主要是周忠德、黄雪楼、赵同芳等。非常有意思的是，未来中国科技史代表性人物席泽宗、潘吉星、吴德铎等都在《科学》崭露头角。复刊《科学》还紧盯科学发展前沿，1958年10月出版的第34卷第4期为“高分子译文专辑”。之所以有此专辑，是因为高分子化学在化学研究及化工制造，尤其是人造纤维及塑料制造工业上占居极端重要地位，当时国家将高分子科学作为重点发展学科，“因此，我们在本期的季刊打算出一个高分子化学的专号，来适应国内生产大跃进的需要”。

表8-2　《科学》复刊后第33—36卷每期作者名单一览表

卷	期	作者(译者)名单
33	1	任鸿隽、王普、程守洙、杨嘉墀、谢家荣、王恒守、赵同芳、王鸣岐、焦启源、张孟闻、寿振黄、徐宽甫、黄素封、黎照寰
	2	周华章、罗英、郭慕孙、张资珙、何尚平、忻介六、唐启宇、方文培、寿振黄、黄素封、胡先骕、任鸿隽、徐善祥
34	1	任鸿隽、胡先骕、虞丽生、宋世榕、许国保、蔡宾牟、席泽宗、刘咸、张兆麟、顾毓瑔、寿振黄、徐宽甫
	2	秉志、朱钟景、束家鑫、寿振黄、黄素封、诸培南、顾毓瑔、任鸿隽、洪永炎、邹本瑜、忻介六
	3	任鸿隽、马誉澂、奚兆炎、胡先骕、初毓桦、刘朝阳、王时畛、敖振宽、黄祖源、叶嘉慧
	4	朱承炎、洪舒、周忠德、李潋芳、严之光、顾起鹤、林家明、黄素封、秉志、朱中煌、魏宗舒
35	1	任鸿隽、秉志、顾世楫、黄紫封、蔡宾牟、唐桐荫、周忠德、黄雪楼、赵力之、胡先骕、乐亶
	2	秉志、鲍璿、李晓舫、沂樵重、朱中煌、唐桐荫、周忠德、林同琰、王鸣岐、邬文祥、任鸿隽、吴德铎、黄素封
	3	吕炯、刘永达、潘炜庭、赵同芳、王熊、蔡剑萍、朱钟景、薛济明、赵力之、任鸿隽、薛德炯、唐燿
	4	秉志、陈进生、竺可桢、吕炯、潘吉星、吴德铎、玉成、黄书迅、寿振黄、潘清华、俞善昌、唐燿、刘仁庆、黄雪楼
36	1	席泽宗、李晓舫、秉志、刘永达、卢坤、张泽垚、钱鸿嘉、李亚君、汪汝洋、周忠德、任鸿隽
	2	刘永达、唐燿、任鸿隽、朱中煌、周松龄、黄雪楼、周忠德、黄孝全、钱鸿嘉、周世南、吴德铎

反右运动以后，政治形势越来越不利于私立组织的维持。1959年秋间，由全体理事会提议，并得到全体社员同意，决议将社中所有现存房屋、财产(包括银行存款、公债、现款等共83 542.79元)、书籍、设备一并捐献给政府。10月15日，中国科学社曾致函上海科协：

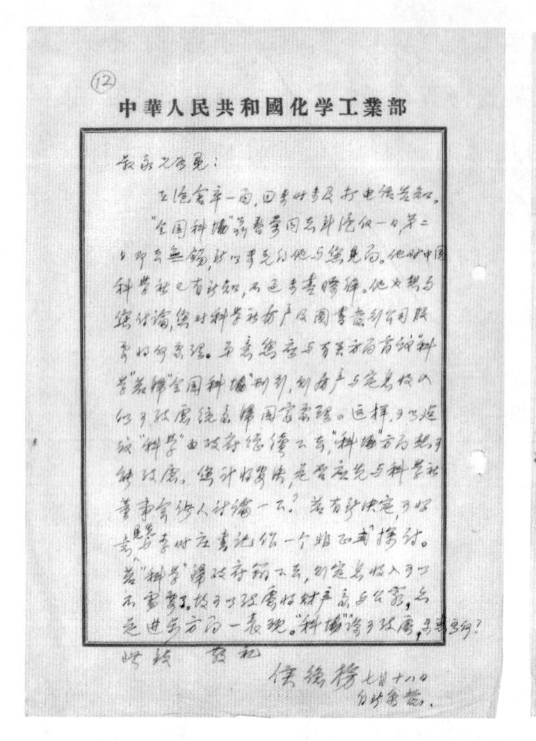
中華人民共和國化學工業部

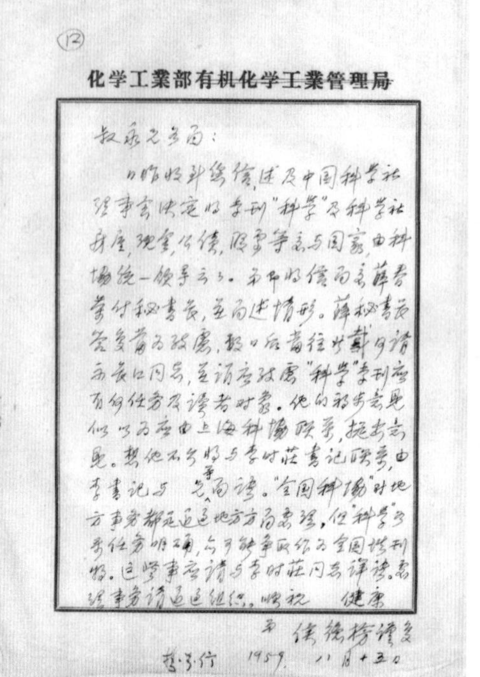
化学工業部有机化学工業管理局

图 8-6　1959 年 7 月 18 日、8 月 15 日，侯德榜就中国科学社移交问题致任鸿隽两函

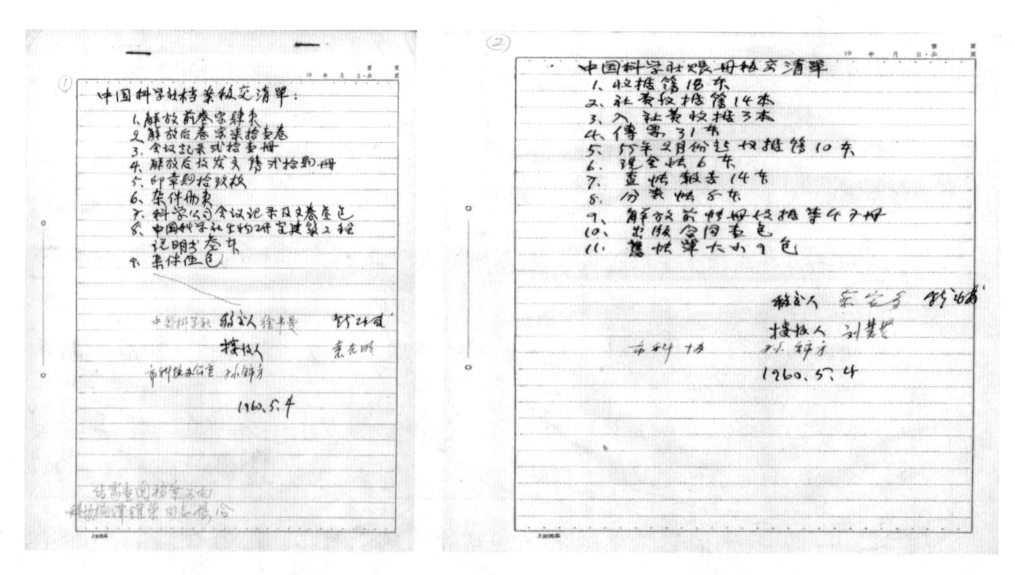
中国科学社档案移交清单

中国科学社账册移交清单

图 8-7　中国科学社档案移交清单与账册移交清单

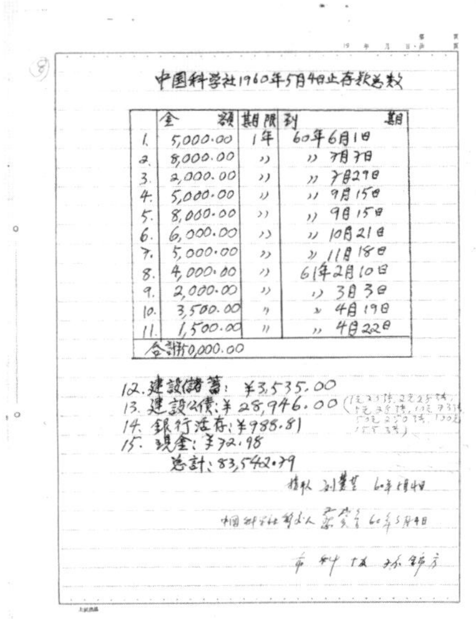

中国科学社1960年5月4日止存款总数

	金额	期限	到期
1.	5,000.00	1年	60年6月1日
2.	8,000.00	〃	〃 7月7日
3.	2,000.00	〃	〃 7月27日
4.	5,000.00	〃	〃 9月15日
5.	8,000.00	〃	〃 9月15日
6.	6,000.00	〃	〃 10月21日
7.	5,000.00	〃	〃 11月18日
8.	4,000.00	〃	61年2月10日
9.	2,000.00	〃	〃 3月3日
10.	3,500.00	〃	〃 4月19日
11.	1,500.00	〃	〃 4月22日
合計[illegible]0,000.00			

12. 建設儲蓄:¥3,535.00
13. 建設公債:¥28,946.00
14. 銀行活存:¥988.81
15. 現金:¥72.98

總計:83,542.79

中国科学社股票清單

	公司名称	股数	金额	每季定息	备注
1.	中国科学院上海分院印刷厂		¥136,334.99	¥1,704.19	定息凭証式张(分别用中国科学社及[illegible])
2.	中科仪器厂(上海量具刃具厂)		30,035.08	375.44	〃
3.	上海科学技术出版社		70,000.00	875.00	股票壹张
4.	上海科学技术出版社(原中工商书出版社股份)		576.00	7.20	〃
5.	上海庆丰棉纺织印染厂	1,000		98.12	(1)股票临时收据壹张(与无锡厂合印)
6.	无锡庆丰纺织厂	1,000	15,645.00	195.56	(1)股票临时收据壹张(与上海厂合印)(2)定息凭証壹张
7.	中国銀行	30	(伪币3,000.00元)	34.65(每两季)	股票叁张
8.	闸北水电公司	200,000	(伪币2,000,000.00元)	8.75	股票弍张
9.	公私合营銀行	186	¥1,860.00	23.25	股票收据壹张

图8-8 中国科学社移交存款清单与股票清单

我社请求直接领导问题,虽经迭次请求,迄今尚未解决。社务进展,尤以《科学》季刊的刊行,在政治思想性的审查方面,殊感困难。日前本社侯德榜理事来沪,与任鸿隽理事长谈及此事,侯理事认为:办理《科学》如有困难,不妨与全国科协联系,请其接办或有考虑可能,并建议将此事提出理事会讨论。当于八月九日提五十五次常理会讨论,全体常务理事认为:《科学》季刊原为响应"百花齐放、百家争鸣"的号召,并得市委有关方面的支持而复刊的。出版以来,一般反应尚好,稿源亦尚无问题,在目前国内综合性科学刊物较少的时候,似有继续办理刊行的必要。为彻底解决问题起见,同意侯理事建议,向全国科协请求请其接办《科学》季刊及本社其它编辑事项。会议并作出进一步的决议:《科学》季刊及其它编辑工作交出之后,本社即将全部财产一并献给国家以资结束。[37]

《科学》的移交,不完全是经费问题,稿件"政治思想性的审查"对任鸿隽等人来说,实在是勉为其难,政治的"达摩克利斯剑"随时可落下,其内心的焦虑与无奈可想而知。上海科协上报全国科协,全国科协同意中国科学社建议,于1959年12月4日,致函中国科学社称,鉴于全国科协"直接处理不便,乃决定由上海科协接办《科学》季刊及其他编辑事项,并接收中国科学社结束后所献财产"。[38] 1960年5月5日,中国科学社与上海科协办妥一切交接事宜后,发布"告社友公鉴",宣告正式退出历史舞台,终于"一了百了"。"告社友公鉴"称:

解放以来,我社在党和政府的关怀和支持下,社务得以顺利进行。为了更好地发展科学事业，曾先后将明复图书馆、生物研究所及《科学画报》等献给政府有关部门，在目前大跃进的形势鼓舞下，为了更好地为加速社会主义建设服务，经全体理事会决议，将现在所余的《科学》季刊，“科学史料丛书”及科学词书等编辑工作，交全国科协接办，同时将我社社所房屋及所有财产一并捐献政府，以完成我社历史任务。……现已交接完竣，我社即宣告结束……[39]

《科学》于1960年4月移交给上海科协，以为会继续维系下去。但上海科协并未将《科学》办下去，当年由于国际形势的变幻莫测和国内经济的困窘，全国进行了一次刊物大精简，《科学》这位“旧社会”的产儿自然成了“新社会”抛弃的对象。

对于中国科学社，任鸿隽这位从其诞生之日起就一直呵护着的领导人在为它所唱的挽歌中如是评价说：“纵观中国科学社四十余年的历史，在组织初期，确曾推动了一些研究科学的风气。此后所办各事，虽然对于推进科学训练人才，均起了相当作用，但不免陷入资本主义国家发展科学的旧窠臼，以致未能作出更巨大的贡献，是我们所极端悚愧的。”[33]307 言语中所表露的辛酸与无奈是我辈所难以理解的。

由此，中国科学社正式宣告退出历史舞台，心不甘情不愿地走完了它从“科学救国”到“科学建国”的艰难历程。

中国科学社，这个历经风雨近50年的综合性私立社团组织，终于走完了它坎坷的一生，其间的荣辱沧桑似乎将蒙上厚厚的历史尘土。但随着时间的流逝，历史的公

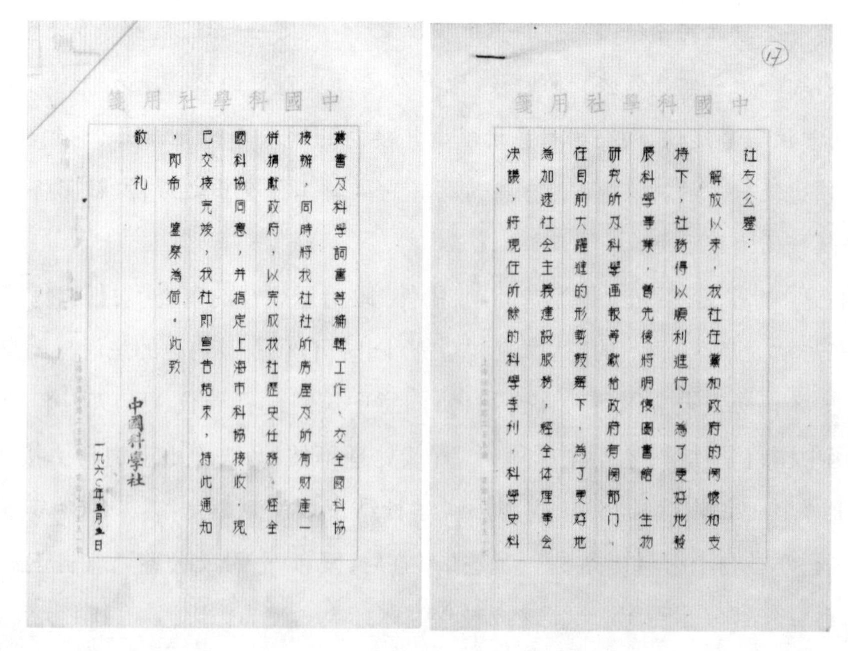

中國科學社用箋

社友公鑒：

解放以來，我社在黨和政府的關懷和支持下，社務得以順利進行，為了更好地發展科學事業，曾先後將明復圖書館、生物研究所及科學畫報等獻給政府有關部门、在目前大躍進的形勢鼓舞下，為了更好地為加速社会主義建設服務，經全体理事会決議，將現在所餘的科學季刊，科學史料叢書及科學詞書等編輯工作、交全國科協接辦，同時將我社社所房屋及所有財產一併捐獻政府，以完成我社歷史任務，經全國科協同意，并指定上海市科協接收，現已交接完竣，我社即宣告結束，特此通知，即希　鑒察為荷。此致

敬　礼

中國科學社

一九六○年五月五日

图8-9　1960年5月5日中国科学社就捐献政府事与宣布结束告知社友公鉴

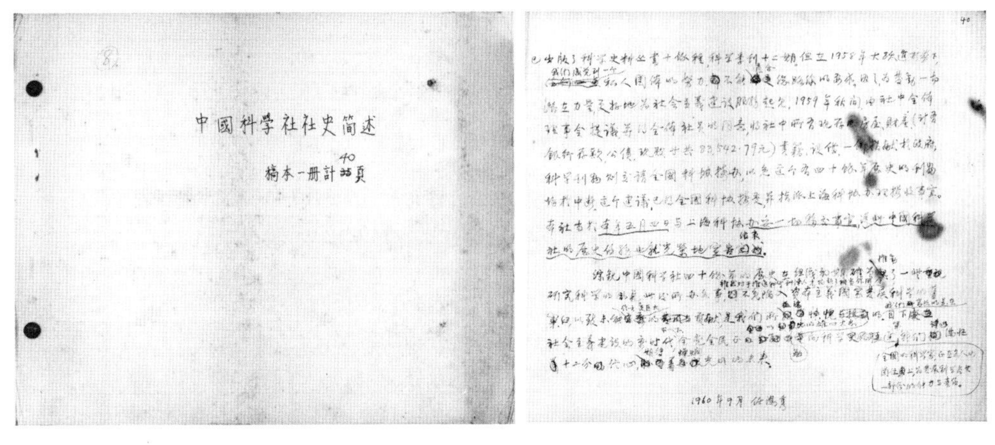
中國科学社社史简述

稿本一冊計40頁

1960年9月 任鸿隽

图 8-10　任鸿隽所撰《中国科学社社史简述》原稿封面与末页

正逐渐显现,中国科学社及其所办事业《科学》、生物研究所等虽然从现实存在中消失了,但它的历史地位在层层剥离历史的掩盖物后却显得愈来愈高远,它所从事的事业也愈来愈得到后来者的缅怀与尊崇。“见贤思齐”,1985 年,在中国科学社老社友,《科学》的老编辑、老作者、老读者,中国科学技术协会和中国科学院的支持下,《科学》再次复刊。复刊后的《科学》继续扛起“格物致知,利用厚生”的大纛,一晃眼又过去了许多春秋,作为“科学的二传手”,很好地架起了专门与通俗之间的桥梁,培养了一批又一批科学爱好者,吸引了一批接一批青年人进入科学的殿堂。但愿这次它能青春永葆,逐步发展成为中国的《自然》周刊,与美国的《科学》周刊并驾齐驱,以告慰长眠者无法言说的哀痛。同时,在明复图书馆旧址现上海市黄浦区明复图书馆建立了中国科学社社史资料展示室,以志纪念。

参考文献

[1] 樊洪业. 竺可桢全集·第 11 卷. 上海:上海科技教育出版社,2006.

[2] 樊洪业,等. 黄宗甄访谈录. 中国科技史料,2000,21(4).

[3] 博迪. 北京日记——革命的一年. 洪菁芸,等,译. 上海:东方出版中心,2001:134.

[4] 陈垣. 给胡适之一封公开信. 人民日报,1949-05-11(4).

[5] 上海市科学技术团体联合会成立宣言. 科学,1949,31(7):212.

[6] 张孟闻. 全国科学会议. 科学,1949,31(7):193-196.

[7] 饶漱石. 中国科学的今后进步方向. 科学,1949,31(11):321.

[8] 张孟闻. 本社同人今后的努力方向. 科学画报,1949,15(11):374.

[9] 本社消息. 科学,1949,31(11):352.

[10] 任鸿隽. 敬告中国科学社社友. 科学画报,1949,15(11):372.

[11] 卢于道. 三十五周年. 科学画报,1949,15(11):373.

[12] 组织中国科学工作者协会缘起//何志平,等. 中国科学技术团体. 上海:上海科学普及出版社,1990:203-206.

[13] 理事会第182次会议记录(1949年5月30日). 社友,1949,第93期:8.
[14] 何志平,等. 中国科学技术团体. 上海:上海科学普及出版社,1990.
[15] 自然科学与辩证法座谈会记录. 科学,1950,32(1):3-15.
[16] 编后记. 科学,1950,32(1):20.
[17] 北京区自然科学十二学会联合年会宣言. 科学,1950,32(3):67.
[18] 科学工作者今后的方向与任务. 科学画报,1949,15(11):414.
[19] 理事会第183次会议记录(1949年6月28日). 社友,1949,第93期:8.
[20] 本社消息. 科学,1949,31(10):298.
[21] 中国科学社三十五周纪念启事·我们的启事. 科学,1949,31(11):322.
[22] 樊洪业. 竺可桢全集·第12卷. 上海:上海科技教育出版社,2007.
[23] 谢立惠. 中国科学工作者协会的成立和发展. 中国科技史料,1982(2):74-78.
[24] 中华自然科学社结束社务宣言//何志平,等. 中国科学技术团体. 上海:上海科学普及出版社,1990:159-160.
[25] 樊洪业. 中国科学院编年史. 上海:上海科技教育出版社,1999:17.
[26] 任鸿隽.《科学》三十五年的回顾. 科学,1951,32(增刊):1.
[27] 胡适. 名教//胡明. 胡适选集. 天津:天津人民出版社,1991:212-222.
[28] 杨浪明,沈其益. 中华自然科学社简史//中国人民政治协商会议全国委员会文史资料研究委员会. 文史资料选辑·第34辑. 北京:文史资料出版社,1963:62-94.
[29] 许为民.《科学》杂志的两度停刊与复刊. 自然辩证法通讯,1992,14(3):26.
[30] 曾昭抡. 中国化学会前途的展望. 化学通讯,1936,1(19):1-4.
[31] 任鸿隽. 中国科学社四十周年纪念会开会词//林丽成,章立言,张剑. 中国科学社档案资料整理与研究·发展历程史料. 上海:上海科学技术出版社,2015:183.
[32] 中国科学史料展览品目录//林丽成,章立言,张剑. 中国科学社档案资料整理与研究·发展历程史料. 上海:上海科学技术出版社,2015:185-196.
[33] 任鸿隽. 中国科学社社史简述//林丽成,章立言,张剑. 中国科学社档案资料整理与研究·发展历程史料. 上海:上海科学技术出版社,2015.
[34] 中国科学社启事(一). 科学,1957,33(1).
[35] 任鸿隽. 我们为什么要刊行这个季刊. 科学,1957,33(1):1.
[36] 本社. 粉碎右派进攻　捍卫社会主义. 科学,1957,33(2):65.
[37] 中国科学社致上海科协函稿//周桂发,杨家润,张剑. 中国科学社档案资料整理与研究·书信选编. 上海:上海科学技术出版社,2015:314.
[38] 全国科协就结束社务事宜给中国科学社的函//周桂发,杨家润,张剑. 中国科学社档案资料整理与研究·书信选编. 上海:上海科学技术出版社,2015:316.
[39] 中国科学社就捐献政府事告社友公鉴//林丽成,章立言,张剑. 中国科学社档案资料整理与研究·发展历程史料. 上海:上海科学技术出版社,2015:465.

中篇　奠基中国科学体制

科学体制化(institutionalization)就是科学社会体制的形成过程。按照本-戴维的界定,包括三个方面的内容:一是科学活动不仅为社会所承认,而且因其自身价值逐渐受到社会尊敬;二是存在一些调整科学活动、实现科学目标的独特行为规范,以区别于其他社会活动,显示科学的自主独立性;三是其他社会活动要在一定程度上适应科学活动的规范,以满足它的要求。[①] 也就是说在科学体制化过程中,科学活动在社会生活中已赢得一定的声望和地位,并有自己独特的活动空间,其价值越来越为社会所承认;科学家们在科学活动中逐步形成了一套独特的交往、奖励乃至惩罚的行为规范,诸如普遍主义(universalism)、共有主义(communism)、无私利性(disinterestedness)、有条理的怀疑主义(organized scepticism)等[②];社会其他活动(如政府政策、教育、出版、集会结社自由等)为了适应和促进科学的发展,必须有相应的变化,如政府加大科技投入等。

国内学者一般将科学体制化看作有关科学事务的组织原则、组织方式和制度、组织结构系统及其运行机制等方面的形成过程,[③]包括专业科研机构的创建、专业社团的成立及其科学交流会议的召开、发表科研成果的专业刊物的创办、科学家社会角色的出现、科学奖励机制和培养科学技术人才的科学教育体制的形成等。[④] 其实,科学体制化的过程不仅是一个制度化过程,还是一个社会了解科学的过程;不仅是科学影响社会的过程,也是社会影响科学的过程。因此,科学宣传与普及也应是科学体制化最为重要的途径与内容,只有通过科学宣传与普及,科学才能扩大其影响,社会才能了解科学并激发社会对科学的兴趣,从而壮大科学家队伍。科学家社会角色的出现与形成同步于科学体制化过程,既是科学体制化的结果,又是科学体制化的重要标志。作为后发展国家,名词术语的审定与统一,也是科学体制化的重要方面,只有在

---

① 参阅本-戴维著,赵佳苓译《科学家在社会中的角色》,四川人民出版社,1988 年,第 147 - 148 页。

② 这是默顿提出的科学家必须遵守的著名理想规范。参见 R. K. Merton 著 *Social Theory and Social Structure*, New York:The Free Press,1964,Ninth Printing,550 - 561。

③ 参阅张碧辉、王平著《科学社会学》,人民出版社,1990 年,第 76 页。

④ 参阅何亚平主编《科学社会学教程》,浙江大学出版社,1990 年,第 36 - 44 页。

一个标准化的统一的名词术语体系基础之上，学术交流与科学传播才成为可能。

中国科学社作为近代中国影响最大、贡献最为特出的民间社团，在中国科学社团的组织发展、科学交流体系的形成与发展、科研机构的创建、科学期刊的创办、名词术语的审定统一、科学奖励系统的形成及科学人才的培养、科学宣传与普及等多方面均有着举足轻重的作用。本篇着重从学会组织、科学交流体系、研究机构、名词术语的审定统一、科学奖励与评议体系、科学宣传与普及、人才培养及科学家社会角色的出现与形成等方面讨论中国科学社在中国科学体制化方面的贡献，并探讨其间存在的问题与不足。

第九章　组织结构变迁与科学社团组织体制化

1934 年 8 月 23 日，中国科学社、中国植物学会、中国地理学会、中国动物学会联合年会在江西庐山开幕，秉志代表动物学会在开幕典礼上发言说：

动物学会尚未开成立大会，只可算尚在胚胎时期。社的范围甚大，动物学之范围甚狭，但研究动物之人今已甚多，足见国内科学已有相当发达。甚愿本会成立后，永远与科学社发生关系，不脱离母体。①

中国植物学会在前一年中国科学社年会成立。中国地理学会和中国动物学会假借这次年会创建，秉志说动物学会不脱离中国科学社这个“母体”。竺可桢在代表地理学会的开幕式发言中也说中国科学社是地理学会的“姐姐”：“承姐姐指导成立，深觉感谢。”由此可见，中国科学社在这三个专门学术社团的创建与发展上有不可忽视的作用，这其实也表征了中国科学社在民国时期各专业社团发展上的地位与影响。

中国科学社在其发展历程中有三次较大的改组，其中 1944 年 11 月的第三次改组，应国民政府社会部要求，仅将董事会改为监事会，同时扩大理事会成员，对逐步走向衰落的社务并没有起到力挽狂澜的作用。相较而言，前两次改组不仅对中国科学社自身的发展非常关键，对中国科学体制化进程也有重要影响。因此，下面讨论前两次改组，分析中国科学社如何从一个股份公司形式的组织转变为一个纯粹学术团体，如何将社务重心从科学宣传向科学研究转化，并以此影响中国科学社团组织的创建与发展，进而影响中国近代科学的进程。可以发现，中国科学社虽不断调适其组织结构与运作机制，但终因多种原因，并没有形成一套完善的内部调节机制，也未能很好地适应急剧变化的外部社会环境，这是近代中国科学社团发展过程中普遍存在的问题，对民国科学的发展产生了一定的影响。

---

①《中国科学社第十九次年会记事录》，中国科学社，1934 年，第 8 - 9 页。

第一节　宗旨的演化:从股份公司到学术社团

1915 年 10 月 25 日,中国科学社从股份公司改组为纯学术团体,是其发展史上至为关键的举措。

一、科学社时期的组织结构

1914 年 6 月发布的《科学社招股章程》全文如下:

(一) 定名　本社定名科学社(Science Society)。

(二) 宗旨　本社发起《科学》(*Science*)月刊,以提倡科学,鼓吹实业,审定名词,传播知识为宗旨。

(三) 资本　本社暂时以美金四百元为资本。

(四) 股份　本社发行股份票四十份,每份美金十元,其二十份由发起人担任,余二十份发售。

(五) 交股法　购一股者限三期交清,以一月为一期,第一期五元,第二期三元,第三期二元。购二股者限五期交清,第一期六元,第二三期各四元,第四五期各三元,每股东以三股为限。购三股者,其二股依上述二股例交付,余一股照单股法办理。凡股东入股转股,均须先经本社认可。

(六) 权利　股东有享受赢余及选举被选举权。

(七) 总事务所　本社总事务所暂设绮色佳①城。

(八) 期限　营业期限无定。

(九) 通信处　美国过探先。[1]

章程虽然规定了组织名称、组织宗旨、成员权利、事务所及通讯地址等,但除股东享有利润与选举被选举权而外,看不出其组织原则。

组织是有意识地集中起来以达到特殊目标的社会群体,按照开普楼(T. Caplow,又译为卡普洛)的定义,一个组织是一种社会体系,有其明显的集体认证,正确的成员名录,活动计划,以及成员的更替程序。[2]14 科学社并无"明显的集体认证",至于成

① 即 Ithaca, 现译为"伊萨卡"。

员的更替程序和领导机构的设置等,章程也未做出规定。从其章程规定和实际的模糊性看,科学社离正规的组织似乎还有一定差距,仅仅是一群留美学生为发行《科学》杂志而临时聚集起来的松散体。从《科学社招股章程》和 1915 年《科学》第 1 卷第 1 期公布的机构来看,其组织结构如图 9 - 1 所示。

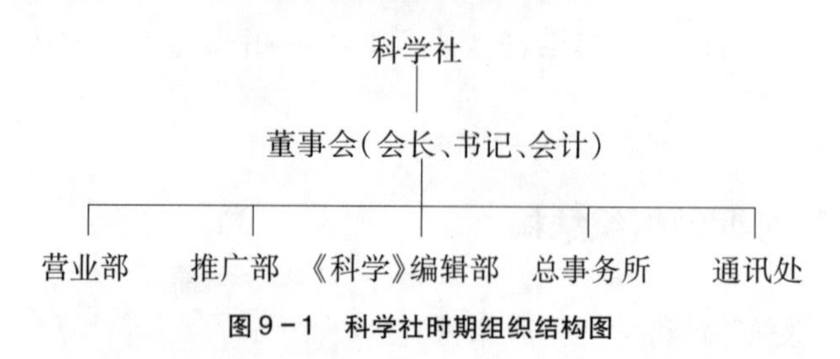

图 9 - 1　科学社时期组织结构图

可见,宗旨虽是"提倡科学,鼓吹实业,审定名词,传播知识",但组织核心与目标是以股东们的股份作为资本发行《科学》月刊,营业部、推广部销售推广《科学》,总事务所、通讯处收集《科学》稿件及社员们往来信件,《科学》编辑部专门编辑《科学》。他们把《科学》当作一种生意来经营,并规定"股东有享受赢余的权利",此时的科学社纯粹是一松散的杂志社而已。从组织目标角度看,该社既类似于义务传播科学于中国的"公益组织",又有享受赢余的"互利组织"意味。任鸿隽也说:"此时的科学社并无正式组织,或者可以说它暂时取一种公司形式。"

章程中关于交股方法及其购股最高限额的详细规定,充分体现了股份公司的精神。当然,在具体的交股过程中,有些股东并没有严格按照规定交纳(具体情况参阅本书第四章)。有人说这章程"考虑十分周到",因为当时留学生们资金来源短缺,而"限定三股,既限定了过分热心的留学生溢份捐献,也限制了富家子弟的垄断社务……入股转股均须先经本社认可,这就预防了有力而又别有用心者的霸道横行、从中捣乱"。[3]63前面的研究表明,就一般情形而言,留美学生并不"资金短缺",而且当时有许多人特别捐款给科学社以维持《科学》发刊,其数额远远超过股份的限定。因此这说法虽有一定的道理,但更多带有"阶级分析"话语系统的痕迹。其实,此章程的规定更大可能性是当初发起人将发刊杂志看作一件太容易的事情,没有料到要维持一份杂志,区区 400 美元根本无济于事。当然,规定其中一半为发起人担负,一方面体现了发起人的"担当"精神,另一方面也表明发起人有将该公司控制在他们自己手中的意思。

科学社宗旨有"鼓吹实业"的词句,其组织形式也是股份公司,这很大程度上是受民初"实业救国"热潮的影响,也是留美学界"建设"潮流的结果。不仅如此,他们还要融入“实业救国”的大潮。这可以在一定程度上解释为何科学社以一个社团为名而没有采取西方先进科学社团的组织形式。然而,股份公司终究不能真正达到振兴中国科学的目标,也与所谓“科学社”这样的名目相背离,而且“以杂志为主,以科学社为属,不免本末倒置”。1915 年 4 月,董事会向社员发出将科学社改组为学术组织的征求意见时,指出改组为学会的三大好处:

一、振兴科学,应举之事甚多;如译书设图书馆等,皆当务之急,不仅发行杂志。故《科学》杂志当为科学社之一事业,科学社不当为发行杂志之一手段也。

二、本社为学会性质,则可逐渐扩充,以达振兴科学之目的;为营业性质,则社员事业皆有限量。

三、本社为学会性质,则与社员不但有金钱上之关系,且有学问上之关系;为营业性质,则但有金钱上之关系,而无学问上之关系,与创立本社宗旨不符。[4]

可见,董事会的征求意见将改组原因落脚于社员们的主观愿望上:中国科学社存在的目的是研究学问,发展中国科学,发行《科学》不应成为唯一任务,还要译书、设图书馆,这样才能真正达到振兴中国科学的目标;只有改组为学术社团后,社务才可能进一步发展,如果仅仅是营业性的公司,无论是社员还是事业都极为有限;社员之间不仅仅是分得“红利”的金钱联系,还应有互相切磋学问的学术关系。

这些都明白无误地展现了一代留美学人振兴中华的拳拳之心。但是还应看到,这仅是社员们的主观愿望,中国科学社的改组,还有客观的经济因素。将第四章表 4－2 处理可得图 9－2。从中可以清楚看出,随着时间的推移,中国科学社的股金收入越往后新增越少,股东人数亦不见增加。而 1915 年 7—10 月,整整 4 个月时间,仅新增 1 位股东,新收股金 65 美元。如果股东不见加增,股金总数也不会增加,其结果必定如董事会征求意见时所说,“社员事业皆有限量”。

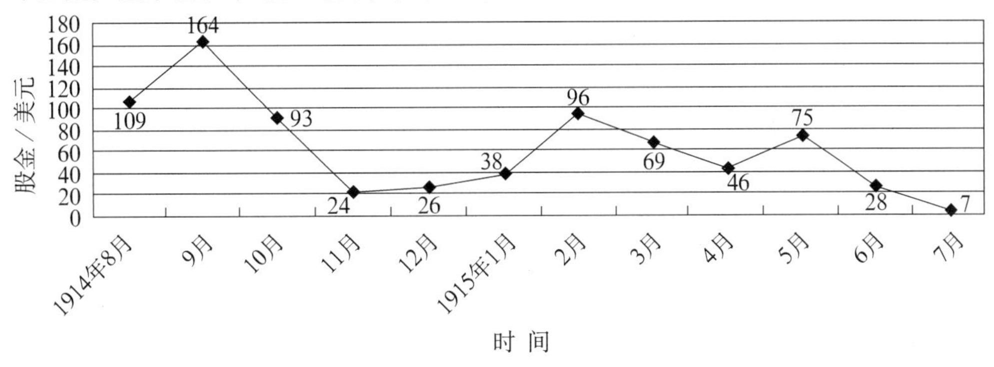

图 9－2　1914 年 8 月—1915 年 7 月股金收入折线图

另外,作为唯一事业《科学》经营的结果,不仅不能给股东们带来"利润",反而需要股东不断捐款以维持其生存。据1916年第一次常年会报告,《科学》每本净赔一角八分四厘,每月合赔约百美元。[5]①这样,股金收入有定数,经营《科学》的支出无定额。如果不另想办法,《科学》重蹈当时国内多种学术期刊"昙花一现"的覆辙也是迟早的事情。

按照公司律例,入不敷出的科学社不是宣告破产,《科学》停刊,就是重组,以另一姿态出现。科学社选择了后者,于1915年10月25日将股份公司形式的科学社正式改组为学会形式的中国科学社。② 与其背负"股东分红"这不可触摸的"谋利"名义,不如明明白白地宣告中国科学社是一学术性的只求中国科学发达,不谋"利润"的纯学术社团。这样,不以世俗的"孔方兄"利益相邀集,而以"发展中国科学"这样崇高的宗旨相激荡,明白标识"投资无回报",不仅剔除了公司谋利的"俗气",而且可以"名正言顺"地展开各种活动,诸如向社会募集、筹集资金等。

二、学术社团的组织结构

改组后,颁布了《中国科学社总章》,凡11章60条。③ 宗旨改为"联络同志,共图中国科学之发达"。规定了社员入社资格和程序,社员分社员、特社员、仲社员、赞助社员、名誉社员五种,以社员为主体。"凡研究科学或从事科学事业赞同本社宗旨"者,经2名社员介绍、董事会通过为社员;社员在科学上有特别成绩者,经董事会同意为特社员;对本社予以赞助者为赞助社员;凡于科学上著有特别成绩者为名誉社员;仲社员为预备社员。各类社员的入社或名誉的获得都有一定的资格与程序。章程要求社员从事科学事业,并且鼓励科学研究,对有特别科学成绩的社员选为特社员,有特出科学成绩者的非社员选为名誉社员。特社员与名誉社员的设立,应该说具有象征意义,不仅表明对科学研究的提倡,而且在某种意义上,可以看作未来中央研究院设立院士这一终身荣誉职位的源头。因此,特社员和名誉社员地位比较特殊,在中国科学社存在的近半个世纪里,当选特社员的社员和名誉社员寥寥无几(具体参阅本书第十六章)。同时,为发展社务,专门设立并不要求科学研究的赞助社员。成为中国科学社的一员,不

① 按《科学》每本成本0.310元,而销售收入仅0.126元。

② 关于科学社早期成立及其改组情况参阅《科学社改组始末》,《科学》第2卷第1期,第127页;任鸿隽《外国科学社及本社之历史》,《科学》第3卷第1期,第14-18页。

③ 全文见《科学》第2卷第1期,第128-135页。

是以认购股份、以金钱作为标准,而是一要从事科学研究或科学事业,二要“赞同本社宗旨”。这样,中国科学社就具备了明显的集体认证,具备了一个正规组织所应有的标准,这也是科学社由股份公司向科学社团转变的重要标志之一。

章程严格区分了不同类别社员的权利和义务,只有社员、特社员才有选举与被选举权。而赞助社员、名誉社员和仲社员只享受赠《科学》刊物等权利。中国科学社虽为扩展社务、扩大影响而吸引非科学人员入社,但不把他们当作正式成员,保持了学术性社团应由科学家自己处理日常事务的权利,预防了由于社会名流或有钱有势者的浸入造成社务大权旁落,将学术性质的团体演变为其他组织的命运。雷诺兹(D. C. Reynolds)在其师从美国威斯康星大学麦迪逊校区林毓生、历时十余年于1986年完成答辩的博士论文《知识的扩张与生活的丰富:中国科学社与民国前期的科学理解(1914—1930)》(下简称“雷诺兹文”)一文中,也认为中国科学社规定只有那些具体从事科学事业的社员对社务才有决定权,而那些与中国科学社仅仅有金钱资助、道义上支持的成员被排除在这种决定权之外,真正体现了学术团体组织的理想。[6]67① 对于一个缺乏资金的组织而言,要获得金钱的资助,必须让渡一部分权利,但又不能大权旁落,这其间的尺度实在难以把握。据研究,英国皇家学会由于领导层理事会成员的非科学家化,使其发展出现波折,直到19世纪20年代后,学会的控制权才重新逐渐回到科学家手中,皇家学会也才逐渐成为一真正的科学学会。② 中国科学社的领导人是否有鉴于此不得而知,但维新运动期间成立的众多所谓“学会”组织有这方面的惨痛教训,他们的经验既可能来自中国传统,也可能来自西方。

入社社员必须填写入社愿书,愿书是一张硬纸卡片,其格式如图9-3所示。这一格式不知借鉴于什么组织,是中国已有,还是当时学会或政党社团组织通行格式,有待进一步查证。可以清楚地看出,中国科学社对其成员的吸收是相当谨慎和严格的。需要两名介绍人,保证了对社员有相当程度的了解,在一定程度上可以避免沽名钓誉的不学无术者和所谓“别有用心”者的掺入。填写籍贯和学科、学位与执业(职业),一可以掌握社员情况,二可以方便通讯与联络。

---

① 雷诺兹文不仅是国际汉学界而且也是整个学术界最早对中国科学社进行全面而系统研究的成果,惜乎至今未公开出版。

② 1778年,英国皇家学会21个理事中只有8个科学家,而且在接下来班克斯(J. Banks,1743—1820)担任会长的40多年里,科学家理事也基本维持在这个数字。1820年戴维当选会长后,理事会科学家人数增加到12人,由此开始了科学家主导皇家学会事务的历程。莱昂斯著,陈先贵译《英国皇家学会史》,云南省机械学会、云南省学会研究会(无出版时间),第277页。

中国科学社入社愿书

(姓名)______今经________________两君之介绍愿为中国科学社社员,如经正式选决,情愿遵守社章此上中国科学社

介绍人签名______________________

本人签名________________(如在外国请中外并书)

本人生年__________籍贯______(省)______(县)

学科__________学位__________执业__________

住址__________________(在外国请书明其外国住址)

民国______年______月________日

图9-3 “中国科学社入社愿书”格式

这种样式仅是最初的格式,后来随着社务的逐渐发展,又有所改进,例如姓名需填写中英文,还要填写取得学位的学校名称与时间、本人的著作情况、永久通讯地址等。申请人将上述各项填写清楚后,交董事会审批,批准后还要填上批准日期及其同意批准的董事签名。一个社员的入社,不仅有介绍人,还必须签署批准董事的姓名,这样不仅介绍人要对社员予以担保,批准董事也有连带责任,在一定程度上可以保证吸收社员的素质。这些手续办妥后,通知申请人交纳入社费与常年费,收到交费后,申请人就成为中国科学社正式的一员。章程还规定,社员如果2~3年不交常年费就算自动退社,如果要重新成为社员,需再次申请,再次交纳入社费。当然在具体的操作过程中,正如前面1923年丁文江当选社长后,胡明复致函杨铨信中所言,并没有这样严格执行,毕竟这仅仅是一私立组织,并不具备国家机器的强制性。例如在常年费的交纳上就没有完全遵守章程,有些社员多年不交纳社费并没有被开除出社,反而在出版的各种社员名录上将失去联系的社员名单另外标出。毕竟社员的多寡是一个社团成功与否的重要参数。后来中国科学社日常社务的展开与维持主要靠其他资助,数量极小的常年费仅是“沧海之一粟”。这样,对社员的常年费交纳也许就不像早期那样重视了,是否以此作为入社、退社的条件也许就不那么重要了。当然,这仅仅是推测而已,具体情况有待进一步查证。

有人说中国科学社将入社手续制定得如此严格细致,而且郑重其事地办理,“可以把不学无术或无聊的政客官僚们拒诸门外,将这个学术团体办得更纯正而有精神、有朝气”。[3]65成立之初的中国科学社是否有如此深谋远虑的考虑,是可以商榷的。因为从中国科学社的发展历史来看,它从来就不是一个脱离政治的团体,借助政治强力扩充力量也是其经常采取的策略。但社务的支配大权一直掌握在从事科学事业的科学工作者手中,这倒是不争的事实。可以让政客官僚们混迹于其中,但无论如何不把社务大权向政客官僚们交卸(具体分析参阅本书第十六章)。

由于在大学期间对社务发展有特殊贡献，严济慈1923年大学毕业后“破例”成为其中一员。按照他的说法，“凡是未出国留学人员加入中国科学社的，只能称‘仲社员’”。[7]①严济慈的述说，表明要成为社员亦确非轻而易举。改组后中国科学社向学术社团迈进的最重要举措是分股委员会的成立。社员按其所学学科分为若干股，“以便专门研究且收切磋之益”。分股委员会的成立，可以看作未来各专门学会的雏形。本章后面将对此做专门研究。

章程规定办事机关为董事会、分股委员会、期刊编辑部、书籍译著部、经理部和图书部。董事会作为领导机构，总管全社事务，决定本社方针，增设各种办事机构，监督各部工作，管理社内财产，报告账目于年会，由7人组成，任期两年，连选连任。各部管理各自事务，并报告于年会，是办事机构。改组后的中国科学社不仅设立了比较完备的职能机构，而且规定了从属关系；同时，设立了为将来科研做预备的机构，特别是分股委员会、书籍译著部和图书部，表征社务进到新的高度。也规定了职员的选举、结果通告和合法性承认的程序。社章还以专章规定了“常年会”事宜，这也是作为科学社团的重要标志之一。

由章程及其办事机构，可以勾画出改组后的中国科学社组织结构图（图9-4）。与改组前相比，似乎仅仅是增设了几个机构而已，其实由上面的分析可知，已有本质的变化，社务不再仅仅围绕《科学》杂志的发刊了。从组织社会学的观点看，此种组织结构为直线职能型，是一种相对民主的组织形式。[2]114董事会由所有社员直接选举产生，各部部长也由社员选举产生，报请董事会同意。董事会成为民意选举产生的机构，协调各部事业，而无绝对的权力，避免了威权的出现。其组织原则基本上是民主的，这从根本上改变了中国传统组织机构领导的“终身制”和“家长制”，成为一个具

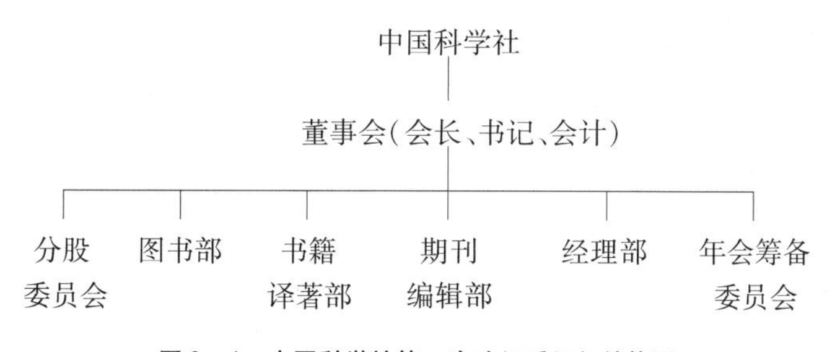

图9-4　中国科学社第一次改组后组织结构图

① 这个说法有所夸张，与章程是冲突的，章程规定仲社员入社资格是中学三年以上或相当程度将来预备从事科学事业的学生，也许在实际操作中这个资格有相当程度的上扬。

有广泛民意的民主组织，这是中国科学社社员们留学美国实践民主的结果，自然也是作为一个近代学术社团所必须具备的基本条件之一。

与科学社时期相比，中国科学社已有本质的改变，已基本具备了一个近代学术社团的组织形式，特别是社员入社资格和程序、各职能机构隶属关系，分股委员会的设立与常年会的召开等规定和社务的次第展开，展现了一个近代学术性社团的社会功能与作用。当然，也应该看到，这一由留美学生组织的所谓学术性社团，与真正的以学术交流促进科学发展的科学社团相比，还是有一定距离与差别的，这可以从它与英国皇家学会的对比分析看出。

任鸿隽后来回忆说中国科学社“开始组织时，是以英国皇家学会为楷模的”。[8]他们认为英国皇家学会反映了科学的价值与理想：第一，需要用开放与怀疑的精神进行研究工作；第二，创建体制化的组织使科学家在其中进行科学研究。他们认为科学研究不是科学家个人的工作，需要群体共同完成，因此英国皇家学会的研究与实验、定期会议、博物馆与出版系列刊物等都体现了发展科学的各个方面。[6]33-34但具体分析，中国科学社与英国皇家学会至少有两个方面的不同。

在成立宗旨上，英国皇家学会是为了更好地进行科学研究、科学交流以图学术的进步，其所从事的事业也是围绕此一目的展开的，如定期召开会议、进行科学实验演示、讨论科研成果、发行期刊等。[9]6-90成立之初的中国科学社宗旨是以传播宣扬科学为主，辅以联络同志，以图学术发展，并不以科学研究与交流为中心。任鸿隽在第一、二次年会上曾疾呼中国科学社要进行科学研究，虽世界上有英国科学促进会、美国科学促进会那样进行科学评议、联络与奖励而不进行科学研究的团体，那是这些国家科学已经发达的产物。要想发展中国科学，必须提倡科学研究、具体实行科学研究，“科学的进步，不是做几篇文章，说几句空话，可以求来，是要在实习场中苦工做出”。[10]17-18第二，二者成立的境况（context）不一样，这是上述不同点的原因。英国皇家学会是科学发展到一定水平，科学研究者出于内心的主动需求而成立的。中国科学社的创建不是科学发展的内在需要，而是社会发展的外力推动，一是外国的影响，二是富强国家的理想追求。①

---

① 其实早在1916年任鸿隽就说过，“我们组织本社的时候，并未参考皇家学会的章程”，至于二者之间有许多相同的地方，可谓“闭门造车，出门合辙”，他最喜欢英国皇家学会“分股期刊编辑”等事（任鸿隽《外国科学社及本社之历史》，《科学》第3卷第1期，第17页）。任鸿隽后来悼念胡明复时也说：“直到1916年开年会时，我个人虽经把英国皇家学会的历史查了一下，才知道我们的组织，竟有许多相同的地方，这是我们大家很引为欣慰的。”（《科学》第13卷第6期“胡明复博士纪念号”，第823页）这说明成立之初的中国科学社并没有完全模仿英国皇家学会，其所谓“以皇家学会为楷模”仅仅是后来的追述。

三、从改组看社员们对学会的理解

中国科学社改组为一个纯粹学术团体，雷诺兹认为主要是受到20世纪早期美国社会十分流行的职业化文化的影响，“虽然皇家学会是中国科学社组织学会的摹本，但社员们对学会本质的认识更大程度上来源于20世纪早期正在美国科研机构中兴起的、他们耳濡目染的‘职业化文化’。更为重要的是，他们将学会作为一个纯粹的学术组织的价值观念可以在中国科学社创建时美国正流行的职业化理念中看到”。[6]36-37按雷诺兹的说法，美国职业化文化包括如下要素：第一是专门化，即有专门的组织来鉴定某人是否胜任某种专业职务；第二，专门职业者所掌握的职业知识必须具有公共社会效用，专家、教授们不能像政客一样只追求个人利益，而要超越党派观念，关心公共利益；第三，职业化观念还包括默顿所提出的一套科学伦理，即普遍主义、共有主义、无私利性和有条理的怀疑主义。虽然这些价值观并不十分完整地体现在20世纪早期美国的科学家和其他职业中，但这是他们时时自我反省的标准。雷诺兹认为虽然中国科学社社员们没有直接提到职业化观念，但他们作为留美学生，有机会在大学科研机构、实习工厂等地感知这些理念，而且他们有些人还在美国参与了科学研究、参加了美国的科学社团，接触了大量的相关著述，这自然影响到他们对学会的理解。[6]37-40雷诺兹的分析可能有其合理的地方，但美国职业文化的上述几个方面在中国科学社的组织结构与组织原则中并没有得到充分体现。

如果说中国科学社社章在规定社员入社的资格上体现了一定的职业标准，那么也仅仅停留于这一点。中国科学社并不是一个鉴定某人能否从事科学研究的专门组织社团，也没有因某人从事与科学道德相违背的事情后将其驱逐出科学界的能力；中国科学社社员们虽然明白科学知识具有超越党派的公共效用，但他们中的许多人本身并不能超越党派；等等。后来多数社员回国后从事的职业也表明，他们并没有完全理解与遵循美国职业化文化的规则。即使到今天，中国职业化文化也还没有达到上述职业化文化三个方面的要求，特别是专门组织鉴定专业人才的专业职位，超越党派之上的职业技能，遵守职业道德，等等。① 前面的分析表明，中国科学社改组的主要

① 否则仅仅就学术界这一本来最应该遵守职业道德的界别就不会出现如此之多的弄虚作假、抄袭与其他各种各样所谓“罄竹难书”的学术腐败了。

原因是经费缺乏的实际与发达中国科学的理想，并不仅仅因为他们对学会理解的加深。

雷诺兹认为中国科学社的这一改组显现了社员们对“纯学术团体”的理解。第一，在社员们心目中，学术是独立的。他们虽同意顾炎武“天下兴亡、匹夫有责”的理念，但更认为学问应该被看作独立的事业，应该与政治统治服务相分离。一个学者从事学术研究以贡献于社会，但不应被迫参加政府为统治服务。他们认为无论是作为一个科学家，还是作为一个团体成员，他们追求的不是个人的私利。他们无论是进行科学研究，还是组织学会，其目的不是个人的，也不是政府的，而是公共的。

第二，虽然社员们对学会的理解主要来自西方，但是作为中国知识分子，他们也会对20世纪早期的中国现实做出反应。他们接受传统学者的公共责任要求，但认为对公共的关心，应该采用近代的方式与理念。他们要求脱离政治的看法，也许跟当时中国社会现实有关，他们大多数人认为，中国的政治问题已经解决，面临的主要问题是文化革新。同时，对社员们来说，传统的“学”“社”或“党”，不仅没有制定成员进行学术研究的合作互助规则，而且与政治牵涉太深，都不能够进行学术研究与积累经验知识，而这是近代学会的核心。因此雷诺兹说：“我认为传统组织之所以对中国科学社社员们没有吸引力，不仅是因为这些组织不能提供进行科学研究的工具，也由于这些组织的政治性色彩。社员们认为，一个学会要保持对真理和公共利益的献身，必须是一个纯粹的学术组织。学会必须与政治私利相分离，否则这就不是他们在美国社会所遇到的职业化模式组织。”

第三，社员们之所以不提及维新时期大量“学会”的原因，也是因为这些“学会”与政治太紧密，太关注自身的私利，不是真正的纯粹学术团体。虽然这些“学会”也是传统中国体系破裂时代的产物，可以看作由传统的组织向近代组织转换的过渡——其组织者所建议的翻译西书、购置科学设备、建立博物馆和图书馆、举行通俗演讲、发刊杂志等事业也是中国科学社所要举办的。[6]52-63

其实，雷诺兹这里的解释，最为关键的一点是，社员们认为一个纯学术团体要超越政治，与政治相分离，寻求学术独立。这一解说自然又是从美国社会来看中国社会，是用美国“职业化文化”标准来解释中国科学社成员的认知。在中国社会，从来就没有也不可能有完全脱离政治而独立生存的机构、团体甚至个人，政治是中国社会最主要有时甚至是唯一重要的事务，中国科学社社员们怎么可能认为他们的学会能完全超越党派呢？本书第四至第八章的分析已经明确地说明，虽然社员们有时认为学术应与政治分离，有其独立的社会存在体制，但从未强调这一点，也没有努力去实现这一点，而且像杨铨这样的领导人还在努力嫁接革命与科学，探讨学术与政治的和谐运作机制；一大批主干社员进入政府，利用政府资源扩展社务；自觉地将自身发展与国家、民族命运紧密联系在一起，积极介入国家建设事业之中，利用其积累的知识优势为国家的发展献计献策。中国科学社社员们与大多数中国人一样，主要关心的是利用科学知识来富强国家、改善人民生活，使中国立于世界强国之林。为了达到这一目标，有时就是牺牲学术的独立性也在所不惜，从而使学术与政治更加紧密地结合在一起。

以学术社团为平台寻求学术独立于政治，本应是学术社团的特性与本质，但在中国情况往往并非如此，这可能是民国学术社团最终“失路”的根本原因，也是中国学术发展的不可避免的悲剧性命运。本书结束语将对这一问题予以进一步讨论。

第二节　社务重心的转化：从宣传到研究

改组为学术社团的中国科学社在美期间稳步发展，但搬迁回国后却陷入几乎消亡的窘境。为了更好地适应中国社会，获取生存空间，达到发展中国科学的目标，1922 年 8 月，中国科学社进行了第二次改组，组织结构有大改变，成立新的董事会负责筹款，改组原董事会为理事会负责日常社务；社务重心也从科学宣传向科学研究与交流为中心转换，并具体实践，创建了生物研究所，为其后的快速发展提供组织与制度上的保证。

一、改组后的组织结构及对其他科学社团的影响

第二次改组后的新章程共 14 章 76 条和一个附则。宗旨为“联络同志，研究学术，共图中国科学之发达”，明确提出“研究学术”的科学研究口号。[①] 规定社员有担任调查研究、讲演及投稿社刊和维持辅助社务发达的义务。社务增加了五项：设立各种科学研究所，进行科学实验“以求实业与公益事业之进步”；设立博物馆以供学术

① 1922 年修改后的新章程全文见《中国科学社社录》，1924 年刊。

研究和参观;举行通俗科学演讲,以普及科学知识;组织科学旅行研究团,进行实地调查与研究;受公私机关委托进行科学咨询。加大了科学调查研究与科学宣传的力度,开拓了普及科学的新方法,并愿意接受社会委托解决实际科学问题。从此,中国科学社从一个纯粹的宣传科学的学术团体转变为一个以科学研究、学术交流以发展中国科学为主要目的的学术组织。

除在组织宗旨与社务上有上述转变外,此次改组最大举措是新董事会的成立。新董事会对外代表该社募集基金和捐款,对内监督财政出纳,审定预决算,保管及处理社中各种基金和财产,并向年会报告基金募集及其保管状况。成立新董事会的关键点是利用这些社会名流的社会声望扩大该社的社会影响并募集基金,以维持扩大社务。社会名流不仅在资金募集上有大影响,而且在资金的分配与运用上也具有较高的社会信任度,这也许是现代社会一般公认的标准。其实英国皇家学会成立之初就曾得到社会名流的资助与眷顾,这自然也是后来英国皇家学会发展走向歧路的原因之一。中国科学社此时走上这条道路,是适应国情的妥协方略,是回国后几年发展的经验与教训。不可否认的是,在新董事会给中国科学社的发展带来"益处"的同时,也带来了不可避免的负面影响。与后来大多数专门学会的董事会基本上是学术中人不同,中国科学社的董事一直是社会名流或政坛大佬,这在相当程度上降低了它作为一个纯粹学术社团的声望,也成为别人批评的口实,因此 1949 年后酝酿解散中国科学社时,其董事会与政治的关系就成了把柄。但中国科学社吸取了英国皇家学会的教训,社务发展的大权一直由学术人物组成的理事会掌握,避免了重蹈英国皇家学会的"覆辙"。

章程虽然规定董事任期九年,每三年改选三分之一,实际上根本没有照章办事,董事从没有三年改选一次,仅仅是每当一位董事亡故后,由理事会议决聘人入替。直到 1937 年,董事会成员的更替亦仅孙科、吴稚晖、宋汉章、孟森分别接替去世的张謇、严修、范源廉和梁启超。马相伯、蔡元培、汪精卫、胡敦复、熊希龄等长期在位,直到或去世,或因其他原因,才脱离董事会。无论是章程规定还是具体的实际操作,董事会都只是一个名誉机构,主持社内大政的还是由原董事会改组的新理事会。

理事会"议决本社政策,组织及改组各办事机关与委员会""司理本社财政出纳,并编造每年预算决算,呈董事会核准"等。为了进一步管理与规范捐款活动与经费使用,新章程还有"基金及捐款"专章,规定只有董事会有权用该社名义进行捐款,其他任何个人或团体,若没有董事会的授权凭证,不得以该社名义募捐;捐助该社的资金如果没有该社的专门收据亦不得作为该社捐款;捐助基金分为特种基金、普通基金、特种捐金、普通捐金四种。这一规定可以杜绝以中国科学社名义进行的“非法集资”与“非法募捐”。新章程还专门对分社和社友会的组织原则进行了规定。按照新章程规定,中国科学社新的组织结构如图 9-5 所示。

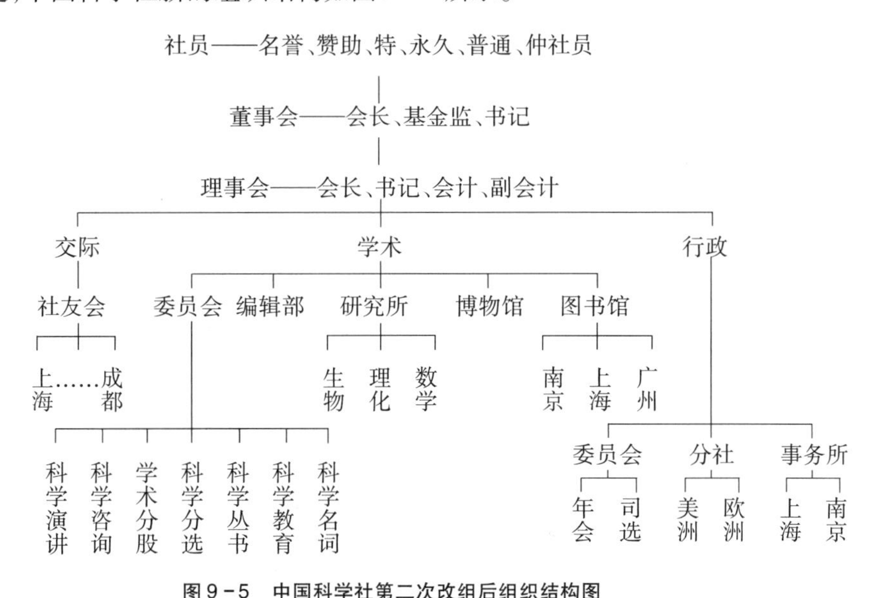

图 9-5　中国科学社第二次改组后组织结构图

本图参考了 1924 年、1931 年刊发的《中国科学社概况》中“中国科学社组织系统”,但有些改动,原图将交际、学术与理事会并列。还需要说明的是,图中有些机构没有成立,如研究所只有生物研究所,而分社仅有美洲分社,广州图书馆也未完全建立,博物馆一直在筹备中。

由图 9-5 可知,与以前的组织结构相比,此系统增加了中间职能机构,使理事会可以更好地调节各个分支机构的工作。按照组织社会学的观点,这是一种更为先进、管理更加有效的组织结构。中国科学社的组织结构体系随着发展越来越趋向完善,反映了中国科学社社务的推进状况。在新的组织系统中,除主要为了联络社员情感、维持社务发展的行政和交际两大块以外,崭新的学术板块成了该社发展的根本点和重心。至此,中国科学社基本完成了向纯粹科学社团的转型。这一组织结构模式成为后来众多专门社团及综合社团模仿的样本,对中国科学社团的发展有很好的示范作用。

改组后的中国科学社明确了社务活动的三大块,确立了一个联络社友感情的社友会。毕竟像中国这样幅员辽阔的国度,若没有各地社友的联络,社务活动如何开展难以想象。但将“社友会”归入“交际”、同性质的“分社”归入“行政”,其间有值得商榷的地方。因此,有必要对“分社”与“社友会”的历史与发展做一梳理。

新社章规定凡国外重要都市社员在 30 人以上,“社务发达,经理事会或该地社员过半数认为有设立分社之必要者,得由理事会之提议,经年会过半数之通过设立分社",受总社理事会领导,具有一定的财产支配权,有一定的独立性。在中国科学社整个发展史上仅成立有美洲分社,叶企孙、梅贻琦、汤佩松等曾先后做过主持人。其实,1918 年中国科学社总部迁回国后,在美的社友也有自己的组织,当时称为"分部",与中国工程学会联合召开年会。但社务并不发达,时时处于停顿状态。因此这次改组后,总部任命叶企孙作为临时执行委员会会长进行整顿,正式选举了由丁绪宝、顾毅成、曾昭抡、钱昌祚、丁绪贤、程耀椿、唐启宇等组成的理事会。然而,美洲分社的社务并未因此而走上正轨,后来总部还不断任命新人整顿分社社务。

虽然国内有许多城市社友都远远超过 30 人,但没有一地成立分社,都称"社友会"。除与分社具有相对独立的地位外,还与国内社会环境和国内分支组织的建设历史有关。前面第四章已提及,中国科学社还在美国时,南京、南通已先后设立有支社,当时董事会以"本社向不主张多设支社,以防国内近日会党之流弊",将南通支社改为"南通社友会"。这是"社友会"一词首次出现在中国科学社话语中。当时,中国科学社为了避免国内一些"党""会"已有的流弊,一直努力将权力控制在总部,这避免了各地社员以中国科学社的名义从事一些与社章不符的事务。同时董事会还议决各地社友会不得支取社员常年费、没有收录社员的权力、没有代表本社的权力。[11]可见,在中国科学社的发展历程中,为了保持其纯粹学术社团的纯洁性,一直小心谨慎,既要预防重蹈晚清学会的覆辙,过分卷入政治旋涡,又要避免各种会党意识对组织的侵袭,可谓用心良苦。

1917 年第二次年会,在原章程 11 章 60 条外,增加第 12 章"社友会"。关于名称有人主张"支社",有人主张"支部",有人主张"社友会",后经民主投票决定用"社友会"。章程规定如下:

第六十一条:凡某处社员在二十人以上,经该处社员五人之发起,经该地社员大多数之同意,得董事会之认可得设立社友会。

第六十二条:社友会应设立理事长一人,理事二人分管书记会计事务。

第六十三条:社友会得(一)办理该地社员交际事务,(二)办理与该地各团体交际事务,(三)办理本社各机关委托事务。

第六十四条:凡在上列各项外,社友会认为应办之事务,经与董事会商酌及他有关机关之许可,得施行之。[12]

这是面对南京和南通的分支机构对章程所做的修改，是对现实的反应。1922 年改组通过的新章程中也有“社友会”专章，规定一地社友在 10 人以上，得过半数的同意，经理事会批准而成立；社友会事务增加了“演讲学术，以提倡学问，普及知识”“调查各地科学实业及教育状况于本社”；对权利和义务也有规定，“社友会非经理事会之认可，不得用本社名义，向人交涉事件，收募捐款，或发起其他事项”“社友会得向该地社员征收相当会费作为该地社友会经常费”。①

要求各地社友会传播科学知识，这是中国科学社回国后要加强的社务，也是年会的必要任务之一；调查各地科学、实业与教育情形，为总社了解各地情况以改变方针政策提供“咨询”。当然规定不能利用总社名义进行交涉、募集捐款等，与“董事会”和“基金与捐款”的规定相适应，保持了与传统会党的区别。从总体上看，社友会是一交谊性组织，主要联络社友之间的情感。

国内社友会由于社友的不断增加，纷纷成立，到 1937 年全国共有 12 个，北起北平、天津，南到广州，东起青岛，西至成都。既有传统文化中心北平，也有新兴都市上海、青岛；既有全国中心城市北平、上海，也有地方中心苏州、梧州；既有沿海发达城市，也有内陆城市开封、重庆等。社友会在固结社友之间的情感，推展中国科学社的社务，扩大中国科学社的影响等多方面都有其独特的影响。“九一八”事变前，以东北大学为据点的沈阳社友会曾经活力四射。前身为 1927 年成立的奉天社友会，后曾改名辽宁社友会，最终定名为沈阳社友会。骨干成员为北京大学物理系首届毕业生孙国封（留美博士）、丁绪宝（留美硕士）和孙昌克、余泽兰、庄长恭等，曾于 1931 年 1 月发起何育杰五十周岁纪念物理学奖。② 旋因“九一八”事变而停止，是为 1939 年中国科学社设立的“何吟苣教授物理学纪念奖金”前身。

中国科学社改组为学术性社团后的组织结构对其他科学社团的组织结构产生了深刻的影响。中华学艺社的前身是 1916 年成立的丙辰学社，其章程规定，其社员分为正社员与名誉社员两种，设立机构有社员总会、执行部与评议部，社务有发行杂志、举行演讲、刊布图书等。后来社章修改，社员分为正社员、名誉社员、赞助社员与团体社员，机关有董事会、总务部、编辑部、各种委员会、分社、各种会议等，社务有研究学术、刊布图书、发行论文集及杂志、设图书馆和博物馆等。[13] 可以看

---

①《中国科学社总章》，《中国科学社社录》，1924 年刊行。

② 何育杰是北京大学物理系首任系主任，孙国封、丁绪宝是他的学生。当时孙国封任东北大学理学院院长，何育杰为物理系主任。

到，后来社章的修改借鉴中国科学社组织结构不少，如将原来的名誉社员分为名誉社员与赞助社员，设立编辑部与各种委员会、分社等组织，增加研究学术、设立图书馆与博物馆等社务。

1928年改组成立的中华自然科学社的组织结构基本上参照中国科学社。社员分普通、永久、赞助、名誉社员四种；组织机构有董事会、社务会（设总务、研究、推广三部）、学术分组（同中国科学社分股委员会）、分社、社友会等；年会是最高权力机构，在学术方面宣读论文、讨论科学问题等，在社务方面讨论社务发展、选举理事等；社务包括科学演讲、设立图书馆与博物馆、创设研究所、刊行杂志、组织科学考察团等。[14]

后来成立的综合性科学社团如中国技术协会、中国科学工作者协会，在组织结构上也借鉴中国科学社不少。专门科学学会在组织结构上参照中国科学社的地方更多，这些学会大多遵循着与中国科学社大致相同的组织形式，即制定了指导性文件"社章"，规定了各类成员的专业标准及其权利与义务；在组织上设置董事会、理事会、评议会、委员会、分会等机构，并规定了领导成员的职权范围及其任期，重大决策由理事会等议决后在年会社员大会上通过；创办自己的专门会刊，发刊专业论文或进行该专业的普及工作（有不少学会两类刊物都有），举行年会进行学术交流；等等。

例如1935年成立的中国数学会，会员分为普通、机关、名誉、赞助会员，其资格、标准与中国科学社社员差不多，普通会员除两位会员介绍、理事会通过外还须具有下列三个条件之一：①研究机关之数学研究员及大学数学教员；②国内外大学数学毕业并有相当成绩者；③与数学相关诸科目之学者，对于数学有特殊兴趣及相当成绩者。名誉会员资格为国外著名数学家，对于本会事业有相当贡献；赞助社员标准为"凡对于本会热心赞助或捐助巨款"。在组织上设立董事会"计划发展本会事宜"、理事会"办理及推动会务"、评议会"评议本会重要事务"，并于必要时组织各种委员会，"得于各地设立分会"，每年暑假举行年会等。[15]

二、从科学宣传到科学研究：科学救国战略的改变

改组后的中国科学社以学术发展为中心，加强了包括各种委员会、编辑部、研究所、图书馆和博物馆等社务工作，强化了"科学研究"这一理念。正如雷诺兹所注意到的，1918年搬迁回国后，《科学》杂志上文章的内容有一个决定性的转变，虽然不放

弃对科学的认识论、伦理性、方法论等层面的关注,但重心已经转移到科学的制度化层面。社员们开始关注科学研究及科研体制化,认为进行科学研究是将西方科学移植到中国的钥匙,科研体制化是科学研究的重要保证。[6]149 这一点在“科学与人生观”的争论中表现得非常明显。虽然任鸿隽、丁文江、唐钺等中国科学社主要领导人积极参加论战,但在《科学》上没有一篇相关文章(主要刊登在胡适与任鸿隽等同人创办的《努力周报》上),单单从《科学》看不到有过这样一场争论。

中国科学社在美国创建时,社务重心是科学宣传,这一科学救国方略的选择有其原因。第一,本书第二章已经分析指出,中国科学社创建时,由于此前科学宣传的缺失,国人对科学还不能正确理解,中国科学社认为他们有必要为中国科学的发展补上科学宣传这一课,纠正社会对科学的“妖魔化”理解。第二,留美时期的中国科学社社员大多为学生,不仅没有从事独立科研的能力与经验,也缺乏进行专业科学研究的机会。因此,他们创办《科学》的主要目标是将其朝夕诵习的科学知识传输给国人。

但是,中国科学社从其诞生之日起,就面临着仅仅是从事科学宣传还是科学宣传与科学研究共同推进的抉择。以任鸿隽为首的领导人比较关注科学研究,在 1916 年第一次年会上,任鸿隽满怀忧郁地指出中国科学社存在的缺陷:“但有一件,为他国科学社所最注重,进而言之,为他国科学社精神所在,而我们中国科学社所尚未议及的,就是自己设立实验室以研究未经开辟的高深学问。”[10]17

西方早期科学社团成立时,大学作为讲经读经的场所,“是教会的灰姑娘”,不仅不是科学的发祥地,很大程度上还阻碍科学的发展,当时科学的发展主要得力于科学学会性质的团体。① 中国科学社成立时,因威廉·洪堡(Wilhelm von Humboldt, 1767—1835)的影响,科学早已进入大学,大学已成为科学发展的推进器;同时,无论是政府还是工矿企业设立的专门科研机构也已大大发展,那些过去曾以进行科学研

① “事实上,这个时代的鲜明特点是,绝大多数现代思想先驱都完全脱离了大学,或者只同大学保持松弛的联系”(沃尔夫著,周昌忠等译《十六、十七世纪科学、技术和哲学史》,商务印书馆,1997 年,第 65 页)。“简言之,文艺复兴时代早期的教育风气对于科学发展来说其意义是令人怀疑的。这一时期的大学训练在极大程度上具有保守的特征”“17 世纪中叶,大多数科学和医学研究是在大学之外的地方进行的”(狄博斯著,周雁翎译《文艺复兴时期的人与自然》,复旦大学出版社,2000 年,第 6,154 页)。“与当时的大学相比,学会是向思想上的旧权威挑战的更安全的场所。新科学主要是来自学会中的门外汉而不是来自已有的大学”(巴伯著,顾昕等译《科学与社会秩序》三联书店,1991 年,第 63 - 64 页)。

究为宗旨、对科学发展贡献很大的科学社团如英国皇家学会已经变成荣誉性组织，专注于学术评议与奖励，不再进行科学研究了。[16]84-85 像美国科学促进会、英国科学促进会这样的科学社团也以科学普及、科学奖励为宗旨，不进行科学研究。在这样的背景下，中国科学社还需成立专门机构进行研究，以推进科学发展吗？当然完全需要。任鸿隽解释说：

目下的中国，也与十六世纪的欧洲差不多。对于近世的新哲学，尚在莫名其妙的境界。高等以上的学校，可算名副其实的，真有几个？若专靠这几个不中不对的学校，不从他方面开一个直捷有力的门径，想要科学发达，恐怕是俟何【河】之清了。诸君或者又说，学会组织有两种。一种是专为自己研究学问的，一种是专为开通民智的。我们的学会，若是专为开通民智起见，这自己研究学问的事，可以不必问及。这也不然。大凡一个组织，必须有体有用，然后其组织不是无根的木、无源的水，可以继续发达。外国的学社，但有以谋科学的进步为宗旨的（如英国科学促进会、美国科学促进会皆是），却没有但以开通民智为宗旨的。因为能谋科学的进步，这开通民智的结果，是自然而然的了。[10]17-18

虽然中国科学社成立之初以开通民智为矢的，但中国国情与早期西方科学团体成立时的情形相差无几，因此中国科学社必须承担开通民智与科学研究的双重任务。任鸿隽还指出科学研究的成果是进行科学宣传的基础，没有这个“源”，科学普及就成为“无本之木”“无源之水”，开通民智云云只能成为“镜中花”“水中月”。并对中国科学社科研工作的未来做了乐观的展望：有几十个实验室，最有学问的社员在其中用培根的方法，研究世界尚未解决的科学问题；出版的期刊书籍，不仅是学校的参考书，而且是各种科学研究的基础。可见，中国科学社成立不久，就将创建科研机构进行科学研究作为努力的目标。

中国科学社从美国搬迁回国后，面对国情，必须做出新的抉择。通过中国科学社同人及其他人的努力，国人的科学观念变得更加复杂与全面，不像1915年前后那样分不清自然科学与应用科学，将技术等同于科学。同时，关于科学的书籍与文章大量出现，王星拱、文元模等人相关“科学概论”的著作出版，庞加莱（H. Poincaré，1854—1912）的《科学与假设》《科学价值论》等名著也纷纷翻译发行，《东方杂志》《新潮》都刊登相关文章。在这种情况下，中国科学社社员们感到他们对于科学宣传的目的已经达到，不必再花力气继续进行这方面的工作，他们应该从事更加重要的工作，即科学的制度化建设，特别是大力宣扬进行科学研究并具体实践。

任鸿隽在《科学》上连续发表《发明与研究》《发明与研究(二)》《何为科学家》《发展科学之又一法》等文章①,鼓吹科学研究。指出科学发明并非偶然所得,而须经"孜孜兀兀好学不倦"的科学家呕心沥血的研究,所以"发明有待于研究,而研究又有待于历久之积力"。介绍国外的研究机构有大学及专门学校之研究科、政府设立之局所、私家建设之研究所、制造家之试验场,即今天通常所谓大学研究机构、政府专门研究机构、私立专门研究机构和工业企业研究机构。但这四类研究机构各有其优点和缺点,他心仪的是像法国巴黎巴斯德研究所和镭学研究所这样"以科学上之大发明为中心,为研究特别问题而设之研究所":

学校内之研究,既以教科之故而不免分歧;政府之局所亦以意主实施而未能深造,其他私立之研究所与制造家之试验场,又各以组织或原动力之不同,而各有相当之限制。求其与研究科学最为相宜,而有互相感应,相引弥长之效者,则莫如以科学上之大发明为中心,为研究特别问题而设之研究所。[17]

通过对巴斯德研究所和镭学研究所的分析,任鸿隽得出结论说:"科学之发展与继续,必以研究所为之枢纽,无研究所则科学之研究盖不可能。反之,欲图科学之发达者,当以设立研究所为第一义。"1920 年,在中国科学社第五次年会上,进一步指出,科学研究及其科研组织的完备,表征着一个国家的进步:

现今观察一国文明程度的高低,不是拿广土众民、坚甲利兵,和其他种种皮面的偏畸的事体来作标准仪,是拿人民知识之高明,社会组织之完备和一般生活之进化,为测量器的。现今世界被科学智识之发达,与科学发明之应用,把一切人类的生活、行动、思想、愿望,都开了一个新面目,那一国之内,若无科学的研究,可算是智识不完全,若无研究科学的组织,可算是社会不完全,有这两种不完全的现象,那社会上生活的情形,就可想而知了。②

只有科研组织的完备和科学研究,才能表征一个国家的进步。杨铨也为文鼓吹科学研究是发展中国科学唯一正途。1920 年他连续在《科学》上发表《科学与研究》《战后之科学研究》等。他说:"科学非空谈可以兴也。吾既喜国人能重科学,又深惧夫提倡科学之流为清谈也,因进而言科学与研究。"与任鸿隽观点基本相同,他将西方科学研究机构分为私人实验室、学校研究科、学会设立之研究所、制造厂之研究部、

---

① 分载《科学》第 4 卷第 1、2、10 期(1918 年 9 月、10 月,1919 年 6 月),第 7 卷第 6 期(1922 年 6 月)。
②《中国科学社第五次年会记事》,上海市档案馆藏档案,Q546-1-223。

政府建立之局所五类，最后总结说：

上述五种机关，政府工厂非旦夕可改良，私人亦困于环境不易实行。求其性质最近而又有改良之机会者，厥惟学校与会社。屈指国内此类机关亦不多，或困于人材，或困于经济，皆难独力研究，与其分而无成，何若合组研究所，以互助精神谋科学发达。[18]

他认为当时国家正处于军阀混战时期，政府设立研究机构不可能，而工厂由于自身发展缺乏设立研究机关的动力，私人更是没有传统，因而给当时中国科学研究指出了一条道路：大学和各科学社团联合起来组建研究所。这样可以收到分工合作、经费节省及仪器、书报、设备共享的益处。

任鸿隽、杨铨等虽一再宣扬科学研究，但科研工作如何进行呢？当时的中国，正如任鸿隽所说，"震惊于他人学问文物之盛，欲急起而直追久矣。顾于研究之事业，与研究之组织，乃未尝少少加意。兴学已历十年，而国中无一名实相副之大学。政变多于蜩螗，而国家无纳民轨物之远猷。学子昧昧于目前，而未尝有振起新学之决心。商家断断于近利，而未尝有创制改作之远志。茫茫禹甸，唯是平芜榛莽，以供梏窳民族之偷生苟息而已，所谓文明之花者，究何由以产出乎？"任鸿隽、杨铨等作文鼓吹科学研究，就是为了纠偏时风，"欲为羡鱼者授之以网，过屠门者进之以肉""陈规具在，其则不远，藉攻玉于他山，成美裘于众腋，作者之幸，当无过于此者矣"。[19]

那些进入学界作"教书匠"的留学生们，一般不进行科学研究，而是"照本宣科"，将留学时的笔记作为教育新一代学生的讲义。早期归国留学生，不可能短时间内调查研究清楚中国的实际情况，而且许多留学生并不下苦功去研究中国的实际，于是他们的教材仍是在国外留学的讲义，教学方法仍然是书本，与实际很是隔膜。

南京高等师范学校农科创始人、中国科学社早期领导人之一邹秉文 1916 年留美回国后，已任安徽省森林局局长的金邦正邀请他去主持安庆农业试验场，但既无试验基地也无资金；江苏第一农校校长过探先聘他作推广部主任，也没有推广的材料，只要作一两篇文章鼓吹鼓吹即成。他认为当时全国所有农事机构、农业试验场以及农业学校形同虚设、毫无作为，农林事业主管部门全为新旧官僚所把持，"对于利用科学改进中国农业的使命及其重要性，一无所知，更不求知"。农业学校的教员无论是专门学校，还是甲种乙种学校，无论留学归国的学生，还是国内毕业者，除了教学以外，根本没有时间从事研究。[20]沈宗瀚在杭州甲种农校学习时，教师多译述日文笔记充教材，不切合实际情况。因此"对农校功课渐感不满，深恐将来只能纸上空谈，不切实际”。于是另投考北京农业专门学校，而该校博物一科仍用书本及日本标本为教材，不免失望。[21]27-32,41-42 虽北京大学和南京高等师范学校（后改名为东南大学）聚集了相当数量的科学工作者，但从事科学研究的机会微乎其微，只有地质调查所的地质学家们和少数生物学工作者从事地质调查与生物调查，这些科研工作基本上都具有地方性科学的特征。

研究机构的缺失、研究经费的短缺、研究人才的稀缺与大多数科学工作者的“空谈”，使中国科学社社员们认识到鼓吹科学研究，进行实地科学调查，开展科学研究，促成科研风气的形成，是他们的首要任务，也是发展中国科学的正途。于是他们也加入地方性科学调查研究的行列。钱崇澍于1916年回国后，先后在七八所大学教授生物学等，常带学生到野外去观察、采集标本，大大提高了学生们的兴趣。他与邹秉文、邹树文等利用星期天到南京郊外采集植物标本和病虫害标本，进行科学研究，1923年与邹秉文、胡先骕等共同编写了我国第一部生物学教材《高等植物学》。[22]

中国科学社虽然在宣扬科学研究方面非常关注国内科研机关，但当时军阀混战的局面，各割据政权都不可能创建他们所期望的专门机构进行科学研究。不得已，他们只得另辟蹊径。任鸿隽在中国科学社第六次年会上演讲说：

只要有研究的人才，和研究的机关，科学家的出现，是不可限量的。学校有学校的办法及设备，要办到能够制造科学家的时势，可不容易。但是我们现摆着一个终南捷径，为什么不走呢？……我们只要筹一点经费，组织一个研究所，请几位有科学训练及能力的人才作研究员，几年之后，于科学上有了发明，我们学界的研究精神，就会渐渐的鼓舞振作起来，就是我们学界在世界上的位置也会渐渐增高，岂不比专靠学校要简捷有效些么？[23]

单独靠学校创办科研机关来提倡科学研究，在当时的中国看来必定是“俟河之清”。正像杨铨所倡议的，不如民间社团与学校合作先因陋就简将研究机关创办起来，起一提倡鼓舞的作用，后起者必“风起云涌”。于是，中国科学社借助东南大学生物系力量，创设了并不被他们自己看好的私立专门研究机构——生物研究所。他们知道，像中国科学社这样的私立社团没有资金来创建专门从事科学研究机构并维持下去，但他们还是勇敢地迈出了这一步，不想却使生物研究所成为中国近代科学史上研究机构的典范。

经过第二次改组，中国科学社不仅组织结构发生了改变，对未来中国科学社团产生了影响；更重要的是，中国科学社科学救国方略从科学宣传转向科学研究，从一个纯粹的宣传科学的学术团体转变为一个以科学研究、学术交流以发展中国科学为主要目的的学术组织。

三、科学研究方略的影响

中国科学社在积极鼓吹科学研究和广大社员具体实践的同时，北京大学、东南大学及其他一些学校和机构的科学工作者们（他们中大部分人本来就是中国科学社社员）也积极进行科学研究，一些团体和工业企业也开始设立专门的研究机构从事科学研究，一些学科如地质学、生物学还取得了相当的成就，中国科学研究的风气也日渐形成。中国科学社年会中具有原创性的科研成果也开始出现，年会论文集《中国科学社论文专刊》（*The Transactions of the Science Society of China*）1922 年开始用西文发行，进行国际交流。这样，以此为孔道，中国科学进入了世界科学共同体，在世界科学界终于有成群体的中国人发出了科学本土化成果的声音。

中国科学社从科学宣传向科学研究的转变对其自身发展具有相当重要的作用，与同时代其他团体诸如中华学艺社等相比，它通过这一角色转变很快就确立了国内科学社团的领导地位，在国际学术界也占有一席之地，在中央研究院成立之前是中国学术界的代表。正如本书第五章所述，改组后的中国科学社做了一个宏大的发展规划，除继续发行杂志、设立图书馆外，创建理化研究所、卫生研究所、矿冶研究所及特别研究所，设立自然历史博物馆和工业商品博物馆是其发展重心。计划是宏伟的，现实是残酷的。中国科学社在其存在的近半个世纪里，除南京生物研究所及图书馆、上海明复图书馆以外，上述计划都流产了。但是，必须看到，中国科学社社员们对科学研究的鼓吹与宣扬，具体进行科学研究实践及其上述规模宏大的科研机构设置计，对后来中国科学体制化的发展产生了极大的影响。1922—1949 年，除《科学》《科学画报》而外，中国科学社陆续出版书籍刊物有："论文专刊"（西文，1922—1947 年，9 卷）、"研究丛刊"（西文，3 本）、专著书籍（中文，十数种，包括李四光《地质力学的基础与方法》等）、"生物研究所论文丛刊"（动物组，西文，1925—1942 年，16 卷）、"生物研究所论文丛刊"（植物组，西文，1925—1942 年，12 卷）、"生物研究所专刊"（森林植物志、药用植物志各 1 本）等，"除有少数中文书籍为通俗性外，其他中西文刊物，皆属专门性。从此可见一九二二年以来，本社事业对于'研究学术'四个字，是有相当成就的"。①

---

①《中国科学社卅六年来的总结报告》，1950 年 7 月印，第 8 - 9 页。

当然，中国科学社虽做出了科学研究的战略性转变，但由于时间不长，还处于草创阶段。因此，1924 年申请中基会资助时，任鸿隽对胡适说：

研究的事业，自然是科学社最应该注重的。不过在研究所未成立以前，我们似乎不能有多大成绩发表。生物研究所就是向这条路上走去，不过时间还不多，我们要问他们拿成绩来看，似乎还早一点。但是这一点，也是只可以为知者道，难为外人言的。

时任社长的丁文江也致函胡适说：

我总觉得社中的同人，注意于宣传的多，尽力于研究的少，似乎是根本错误。十篇英文的“成绩说明书”，不如一篇真正的成绩。现在社中的经费不可说完全没有，而社友能从事研究的人，实在太少。将来进行，似应从这种方面着手，才有希望。[24]

“十篇英文说明书”不如一篇真正的科研成就，可见当时科研成就的缺乏与具体从事科学研究的可贵。

对于中国科学的发展来说，军阀混战时期，无论是中央政府还是割据政府，用于战争的财力远远超过建设，科学研究局面的全面打开自然成问题。因此，到 1928 年左右，潘光旦发表文章批评中国人还分不清楚科学研究与科学提倡，不知道这是两码事：“提倡时期在前，实地研究时期在后，但是我们中国人讲究了二三十年的科学，到如今还在第一时期之内，还是始终在那里提倡。”并以中国科学社作为例证证明他的论断：

中国的科学没有跳出提倡时期，并且没有把提倡与研究分清楚，还有一个很好的证据。这个证据可以在中国科学社的组织里见到。科学社里的领袖人物，都是有相当能力的，那决【绝】没有问题；但是中间有几位领袖，无论他学问如何淹博，能力如何广大，却似乎与科学二字不能发生多大关系，或者从前发生过关系，如今事过景迁，这种关系就很难维持了。欧美各国科学组织的领袖，十九是在科学研究上，不论那一方面，有过多量的成绩的。他们有了研究的成绩，出来发提倡的议论，自然不怕没有良好的影响。但是中国人的提倡科学，就是许多科学社里出来的人物，怕不免始终在那里隔着靴儿搔痒。隔靴搔痒式的科学提倡，如何可以使中国的科学事业脱离提倡时期而进入实地研究时期呢？

总之，科学原无须乎特别的提倡，至少，科学提倡不能成为一种独立的作业，也不是一张嘴，一支笔可以做得到的。给有志于研究的人一个生存的机会，把他们的成绩奖励起来，他们的人格推崇起来，这提倡的至意便寓于其间了。[25]

潘光旦无非是说，像任鸿隽、杨铨这样并不具体从事科学研究者，在那里汲汲于科学研究的提倡实在是"隔靴搔痒"。从任鸿隽、丁文江给胡适书信中的言论,潘光旦对中国科学社的批评应该说还是有一定的道理。科学家们进行科学提倡比非科学家的科学提倡更能恰如其分,具有更大的影响,而且可能将科学引向不断前进的道路,否则很有可能如陈独秀、胡适辈的科学提倡,将"科学"变成一种工具。当然,正如前面所言,作为后发展国家,中国科学研究的提倡如果一定要等待科学家们成长起来以后再由他们来鼓动与宣传,不仅有一个"先有鸡还是先有蛋"的问题,而且时间上必将有所延宕。

实在地,由于各种各样的原因,到南京国民政府成立前后,中国社会还存在着多种多样的所谓科学研究的"非科学研究"现象。1927 年 3 月,陶孟和在《现代评论》挑起对这个问题的讨论。① 有人批评中国的大学没有科学研究的功能,"社会和大学自身大半都认他是一种教书的机构",而有些学会"章程上所定的宗旨,大都是讨论专门的问题,发表创造的著作,……可是实际上我们知道有许多学会的出版物,不过'拾人唾余',东拉西扯,凑成篇幅就罢了"。[26] 陶孟和也说:"中国要想发达科学研究,必须有真正的科学家,必须建立一个科学界,必须有科学上的权威引导科学的进步。"可是当时国人对"科学家"却是误解的,认为凡是受过科学教育的人、大学教授、学者等都是科学家。他认为其实"科学家""必须是对于现存的知识有新的、独特(original)的贡献,发明前人所未发明的人"。当时中国社会不仅不支持产生科学家,反而妨碍科学家的产生,因为这些所谓的科学家一概追求那种无谓的声誉,"像现在一般稍受科学训练的人,一方面都忙于授课,每日奔走于各学校之间,又一方面都忙于做文,每日要'驰骋文场',我们绝不能希望会有一个科学的团体,绝不希望产生出一种科学研究的空气"。他还将当时中国科学家用洋文写科学论文的原因归结为中国科学共同体没有形成。[27]

"科学和民主"是五四新文化运动的两面旗帜,研究者们也十分关注"科学"在新文化运动中的特殊地位。但以往的研究过分注重当时有关科学概念、科学方法、科学精神等(中国科学社同人们所谓的"科学通论")话语,忽视了对中国近代科学发展影响最为巨大的宣扬"科学研究"的声音。思想只有在它生根发芽后才具有革命性的

---

① 陶孟和在 1927 年 3 月 5 日出版的《现代评论》第 117 期发表《科学研究——立国的基础》;3 月 11 日第 118 期,沧生发表《中国的科学》加入讨论;3 月 19 日第 119 期,陶孟和发表《再论科学研究》;3 月 26 日第 120 期竺可桢发表《取消学术上的不平等》也加入这一讨论;6 月 4 日第 130 期坦父发表《中国的科学研究问题》继续讨论。

推动力，科学思想也只有在科学有了相当发展的基础后，才能产生真正的社会影响。中国科学社社员们不停留于“清谈”“空谈”，身体力行进行具体的科学研究实践，将中国科学社的科学救国方略从科学宣传转到科学研究，促使科学研究的开展，使科学思想转化为具体的科研成就，成为中国科学发展的推进器。

第三节　中国科学社和民国科学社团的发展

第二次改组后，中国科学社组织结构基本上成为后来成立的科学社团的组织摹本，但第一次改组后的重要举措——可以看作后来各专门学会雏形的分股委员会，在第二次改组后的地位却大大下降，仅仅与科学演讲委员会等非常设机构等同，而且章程也没有专门规定，到最后竟完全从社务中消失。这情状大大影响了后来中国科学社与各专门学会的关系，对其自身的发展也产生了极为不利的影响。

第一次改组后的中国科学社宗旨为“联络同志，共图中国科学之发达”。成立伊始，就有团结各类人才以规划和领导中国科学技术发展的目标，专门设立了分股委员会这一组织，将社员按学科分股以促进各门学科的发展，试图成为联合各专门学科人才的综合性科学社团。中国科学社以英国皇家学会为楷模，领导人十分看重英国皇家学会的分股组织事业，因此成立和完善分股委员会成为当时社务重心之一。

一、分股委员会的变迁与消亡

1915 年 10 月 25 日，中国科学社公布的章程中有专章规定“分股委员会”：“本社社员得依其所学之科目分为若干股，以便专门研究并收切磋之益。”分股委员会的设立是为了相同专业的社员可以互相切磋交流，进行研究探讨，有社会委托事务时一同商量解决。其职权除议定分股章程、管理设立分股事宜等外，最重要的是征集年会论文。[28] 12 月 4 日，董事会议决孙昌克主持分股委员会，次年 1 月除电机股外，其他各股选出股长，分股委员会宣布正式组成：物理算学股（哲学气象学附）饶毓泰、化学股（化学工程附）任鸿隽、机械工程股（铁道工程及造船附）杨铨、土木工程股郑华、农林股邹秉文、生物股钱崇澍、普通股黄汉樑，并举饶毓泰为委员长。中国科学社俨然成为囊括中国数学会、中国物理学会、中国化学会、中国农林学会、中国生物学会等在内的专门学会联合会。① 这个分股可以看出当时中国科学社社员的学科分布情形,物理数学与哲学气象合并是当时这些学科社员太少的缘故,而生物、农林从一开始就分开,说明这两股社员多,从一个侧面反映了留美学生对这两门学科的重视,中国生物学和农林科学的发达在此已露端倪。

1916 年 5 月,通过《分股委员会章程》,其职志为"讨论学术,厘定名词,审查译著";每年 9 月选举分股长及委员长,任期一年,连选连任;事务为"关于科学各种问题,经中国科学社各种机关之委托或社员之提议,认为有讨论价值者,……得依其性质分股或并股讨论之",并负责厘定名词术语、审查译著部的书籍翻译等,将此前设立的书籍译著部、图书部事务揽入。② 不久,饶毓泰因病辞职,各分股长回国者亦多,委员会无形中停顿。[29]1916 年 10—11 月重组,次年夏增加医药、生计两股,并分化学为化学、化学工程两股共计 12 股,完整的分股委员会成立:委员长陈藩(已回国,由任鸿隽代理)、普通郑宗海、生计王毓祥、物算竺可桢、机械工程杨铨、电机工程欧阳祖绶、土木工程郑华、化学邱崇彦、化学工程侯德榜、矿冶孙昌克、生物钟心煊、医药吴旭丹、农林钱天鹤。分股委员会除加强社员联系和社务发展外,还设法与世界各专门学会联络,"以发达学术,为社会谋幸福"。

分股委员会在办事过程中由于牵涉书籍译著部、图书部等机构事务,摩擦与矛盾自然难免。作为中国科学社当时成立最晚的机关,"办事细则与机关性质均未尝规定",加之分股长分处各地,"往返函商,既需时日,又易滋误会"。因此中国科学社在 1917 年第二次年会前召开特别职员会议,对分股委员会的性质及其权限做了详细的规定,其大意如下:

一、董事会下分经理部、图书部、编辑部和分股委员会,分股委员会下分各分股。"在董事会下之各机关,立于平等地位,……分股委员会下之各分股亦处于平等地位"。

二、董事会对于图书部、经理部有监督及干涉之权,对于分股委员会及编辑部有劝告之权及扶助之义务。

三、各分股只要认为必要,可以自行办理提倡一切事宜,但牵涉它股时需与该股商量,如果不能解决提交分股委员会,还不能解决提交董事会。

---

① 统计当时 122 名社员的分股情况,物算 10 人、化学 18 人、机械 18 人、土木工程 8 人、采矿冶金 22 人、农林 11 人、生物 7 人、普通 14 人,未分 14 人,《科学》第 2 卷第 5 期,第 592 - 593 页。

② 章程全文见《科学》第 2 卷第 9 期,第 1068 - 1071 页。

四、各办事机关任职者不得兼任，兼任者辞去。

五、分股委员会对外之交涉如契约、资金等，需得董事会同意。[30],[31]913-915①

董事会严格限定分股委员会与经理部等部门处于平等地位，不能越权。与此同时，留美学界兴起建立专门学会的思潮，这对分股委员会的发展是一个巨大的挑战，也是中国科学社面临的问题，需要对策。这次特别职员会议对这一问题也进行了讨论，社长任鸿隽认为"为学界大局计，非有专门学会，各专门学术未必能自由发达。本社对于此种建设，当表赞成之意与扶助之义。唯此时国内专门人才尚少，合为一会尚难于有为，分之则两败俱伤，故本此当取联合主义"。胡明复认为日后社务扩张，各分股可以发展成为专门分会，没有设立专门学会的必要。[31]915

当年年会上，任鸿隽对这一问题也有专门论说，继续发挥在特别职员会议上的想法，但有所改变：

鄙意各种专门学会，诚为发达学术所当有事。盖团体愈大，办事愈多困难，则成效之至亦愈缓，不如专门学会于所办之事易于奏功。唯自目下吾国之形势言之，专门人才不过少数，合之尚难有为，分之将同乌有。设立专门学会，尚非其时，鄙意对于此种运动，不敢遽为赞同者，此其一。专门学会，只能办该科以内之事，而于学界大势，未必过问。不有汇集众流之大学会，孰与为登高望远之先驱者。鄙意对于专门学会之举，尚不敢苟为赞同者，此其二。进而言之，总学会与专门学会并非两不相容，乃一而二二而一者也。诸君知本社中有分股委员会之设，分股者即就各社友之专科为小团体，使得于本科中学问事务尽其讨论与兴创之能者也。……将来各分股即可成为一专门学会，而本社总会之性质，仍保存勿失，则是本末具备，偏全成宜，事无便于此者。[32]

陈藩虽已回国，但仍有报告在年会上宣读，与任鸿隽、胡明复等人想法不谋而合，他也认为我国科学人才尚少，不宜组建专门学会，各分股将来可以发展成为专门学会，分股长就是专门学会会长，这样中国科学社就成为各专门学会联合会。并指出分股委员会"实为本社未来命运之重要关键"。[33]

年会选举产生新的分股委员会，委员长为孙昌克。1918 年 2 月，他发出通告，提出两件议案：一是分股长的选举事务归司选委员会管理，"以省手续"；二是分股长及

---

① 特别职员会因"本社成立日浅，大纲粗具，细目未张，以致各机关办事之际，尚欠圆到"而召开，其职责是"专为讨论各机关办事权限，办事办法及将来进行方针；成员以董事、各分股股长、支社理事、编辑部、图书部、营业部部长组织之"。

委员长任期改为两年,以利于工作的更好开展。面临留美学界组织专门学会的热潮,他要求各分股加倍努力工作,迎接挑战:

年来留美同学提倡创办其他专门学会者,日有所闻。创办之人,多系本社社友,而所欲办之事,又皆本社分股委员会或分股所当办、所能办者。发起诸君,固未尝不知创办学会之艰难,与其自立一会,两败俱伤之影响;而必欲出此者,毋亦以本社分股有放弃责任之处,凡所当办所能办者,均在未办之列耶?思维再三,徒有自责,窃谓补救之法,(一)各股长亦常与股员通信,征求意见,并设法联络一股团体,以提议举办一切。(二)各股长宜彼此联合,随时讨论,尤宜以责任为心,劳怨为职,庶不负社内外人之期望,亦足以使中国科学社有天然存在之正当理由。[34]

专门学会所办事业就是分股委员会各分股所从事事业,创建人大多是中国科学社社员,有些还是领导成员。孙昌克展开自我批评,认为其他人“另立山头”的原因很可能是中国科学社分股委员会没有担负起应有的责任,因此要求各分股积极行动起来,“不负社内外人之期望”,也由此使中国科学社有其存在的理由。他将分股委员会的责任提升到中国科学社能否生存与发展的高度。

虽中国科学社分股委员会有机械、电机与土木工程等工程类分股,但留美学生的中国工程学会还是宣告成立了,其主要领导人都是中国科学社领导人,首届董事会由侯德榜、孙洪芬、任鸿隽、淩鸿勋等组成。其他专门学会的设立难见踪影,也许中国科学社的态度影响了它们的创设。当然,中国科学社分股委员会虽面对挑战,但其自身建设实在难见成效。任鸿隽、陈藩、孙昌克等一再顾忌的“两败俱伤”的局面并没有出现,最为重要的原因是他们仅仅是一群留学美国的学生而已,主要精力还是求学,无论是社会影响力还是学术能力都不足以轻易创建一个学术社团并维持其运行。

应当如何理解中国科学社与当时专门学会的关系呢?从西方近代科学发展史看,早期的学会都是些综合社团如英国皇家学会,因为那时还无学科分类,后来各专门学会的建立是各门学科发展的自然结果。留美学界兴起专门学会创建热潮时,各门学科已经独立发展,一个国家科学的发展表现为各专门学科的发展,组织专门学会促进科学发展是“不二法门”。作为后发展国家的中国,从逻辑上讲,没有重复西方近代科学发展历史的必要,一开始就创建专门学会有其道理。然而,西方无论是综合性学会还是专门学会的创建,都是科学发展到一定程度的产物,是科学发展的自然结果。特别是专门学会的创建,需要一定数量专门人才的聚集与一定的专门科研成就。

当然，即使是后发达国家，科学发展的某些阶段也是不能超越的。当时国内除地学（包括地质学与地理学）和铁路工程、矿冶工程等方面有一定的人才聚集，因而有中国地学会、中华工程师学会等组织外，其他学科无论是人才聚集还是人才培养体系、研究机构还是科研成果都很难说有成立专门学会的条件。此时留学生们向先进国家学习，建立专门学会以促进各专门学科的发展，是否符合科学发展的规律，是否有利于中国科学的发展？要简单回答这一问题十分困难。至少，任鸿隽、陈藩、胡明复等人的分析合情合理、很有见地，他们已认识到专门学会对各门学科发展的重要作用，当各门学科还处于萌芽状态时，中国科学社应该对各专门学会的创立发展进行扶持与帮助。但由于当时中国专门学科人才奇缺，“合之尚难有为，分之将同乌有”，因此并不赞成专门学会的成立。当时各专门学会成立的实际结果也说明了成立专门学会时机还不成熟。退而言之，一个国家还必须有像中国科学社这样的综合性社团，不仅从事科学宣传与传播，还要从整体上把握与协调整个国家科学的发展。

其实，随着各专门学科的发展，在班克斯担任英国皇家学会会长（1778—1820）期间，英国皇家学会也面临专门学会纷纷创设的局面。新成立的专业学会若愿意下属英国皇家学会，班克斯表示欢迎，否则他予以强烈反对。有人在1820年写道，班克斯“对皇家天文学会发起进攻，天文学家却非常勇猛地反击了他。他对地质学会的建立发起更为猛烈的攻击，对皇家研究院也是这样做。这只不过更加坚定了这些学会创建者们的决心，使他们团结的更牢固。”[9]263 班克斯之所以反对各专门学会的建立，自然是害怕这些学会成立后与英国皇家学会竞争而威胁到英国皇家学会的地位。当然，历史发展表明，这些专业社团创设后发展迅猛，在极大地促进本学科发展的同时，推动和繁荣了整个科学，而且并没有威胁到英国皇家学会，反而促进了英国皇家学会的进一步发展。[9]274-275

当时的中国，科学社团的发展就这样徘徊于综合与专门的两难境地，这也许是后发展国家在科学社团创建方面所共有的窘境。唯一的出路就是大力培养专门学科人才与发展各门学科。1918 年第 3 次年会选举新的分股委员会：委员长陆费执、普通王文培、生计卫挺生、物算饶毓泰、化学吴宪、化学工程刘树杞、机械工程王成志、土木工程苏鉴、电机工程李熙谋、矿冶工程薛桂轮、农林陆费执、生物钟心煊、医药吴旭丹，他们都还没学成归国。[35] 年会后，中国科学社搬迁回国，这样在美国的分股委员会与回国的董事会之间自然会出现沟通困难，导致分股委员会工作毫无成效。1919 年 1 月出版的《科学》第 4 卷第 5 期公布了新的分股委员会组成：会长侯德榜、普通曹丽明、算理何运煌、化学吴宪、化工侯德榜、机工王成志、电工沈良骅、矿冶张可治、农林王善佺、医药吴旭丹、生计唐庆贻,土木、生物两股无人。几月之间组成已经面目全非,可谓“变动不居”,实际昭示的是运行不畅。1920 年 11 月出版的《科学》第 5 卷第 11 期,又公布了新的分股委员会组成:会长吴承洛、普通李昂、算理饶毓泰、化学周明衡、化工吴承洛、土木徐世大、机工金秉时、电工李熙谋、矿冶朱世昀、生物冯肇传、农林冯肇传、医药孙克基、生计陈清华。

回国后,社员们缺乏联系,分股事务更一筹莫展,有鉴于股长多在美国,董事会决议在国内每股举一理事,“司国内分股事宜”。1920 年秋天前后,选举了第一届国内分股委员会理事:算理何鲁、化工王琎、土木李垕身、电工吴玉麟、矿冶孙昌克、生物钱崇澍、农林葛敬中、医药谢恩增、生计刘大钧、机工关汉光,普通和化学股“推举二次,因本人谦辞,理事尚缺”。[36] 因回国后整个社务基本限于停顿,分股事宜也基本上没有什么活动与行动。次年又筹设分股事宜,“本社分股之设虽已多年,然股员尚少联络,故事务进行,亦难期敏捷,现拟行改组”,最终还是没有结果。① 1922 年,中国科学社改组,分股委员会作为最为重要的机构从章程中完全消失。而留美学生还是不愿放弃,当时担任整理美洲分社的叶企孙向总社来信说:“本社原为研究学术而设,社员之同科者,宜常接触,以资切磋,故分股委员会宜积极整顿以副此旨。”②终因留美分社活动的沉寂,叶企孙的欲求也就无法实现,分股委员会也就在中国科学社的发展历程中消失了。

中国科学社分股委员会没有完善建立起来,不仅不利于其自身的未来发展,而且影响整个中国科学的进步。

二、中国科学社与各专门学会关系

中国科学社分股委员会虽没有完善建立,但在它的影响下,随着各专门学科自身的发展,中国工程学会(后与中华工程师学会合并为中国工程师学会)、中国地质学会、中国天文学会、中国气象学会、中国生理学会、中国物理学会、中国化学会、中国植物学会、中国动物学会、中国地理学会、中国数学会等专门学会等相继建立起来。中国工程学会是留美学界专门学会思潮的结果,受到中国科学社的影响极大,无论是组

① 《科学》第 6 卷第 11 期,第 1175 页。
② 《科学》第 8 卷第 9 期,第 989 页。

织原则、组织结构还是会务展开，都借鉴中国科学社甚多。中国地质学会 1922 年 2 月在北京成立，与中国科学社 1921 年在北京召开的年会有何关系还有待考证①，但它的主要领导人丁文江、翁文灏等与中国科学社有密切关系，丁、翁二人后来还做过社长，其领导成员不少也是中国科学社的骨干或领导人。由高鲁发起，1922 年 10 月在北京成立的中国天文学会，由吕炯、蒋丙然等发起，1924 年 10 月在青岛成立的中国气象学学会，由林可胜等发起，1926 年 7 月在北京成立的中国生理学会，它们与中国科学社的关系很难定位，其领导人当时或后来都是中国科学社的重要成员。但中国化学会、中国物理学会、中国植物学会、中国动物学会、中国地理学会、中国数学会与中国科学社，无论是组织形式、组成成员还是领导层，都有相当密切的关系。

1932 年 8 月，国民政府教育部为讨论化学名词、国防化学和化学课程标准三大问题，邀请各地化学人才与会。大家认为应该团结起来共赴“国难”，决议成立中国化学会，公举黄新彦、王琎、陈裕光等 3 人起草社章，选举陈可忠、陈裕光、丁嗣贤、曾昭抡、王琎、姚万年、郑贞文、吴承洛、李运华等 9 人为理事，黄新彦、戈福祥等 2 人为候补理事。[37] 无论是初始会员还是当选理事都是中国科学社社员，而且许多人还是领导人，如王琎、曾昭抡、吴承洛等，王琎当时正担任中国科学社社长兼编辑部主任。同月在北平成立的中国物理学会，首届董事为梅贻琦、李书华、颜任光、丁燮林、夏元瑮，会长李书华，副会长叶企孙，秘书吴有训，会计萨本栋，严济慈、胡刚复等为评议员。[38] 这些人不仅是中国科学社社员，许多人也是领导成员，如胡刚复、叶企孙、严济慈等担任过理事。

1933 年，中国科学社在重庆召开年会，胡先骕、辛树帜、李继侗、张景钺、严楚江、钱天鹤、秦仁昌、钱崇澍、陈焕镛、钟心煊、刘慎谔等 19 人发起成立中国植物学会，选举钱崇澍、陈焕镛为正副会长。宗旨为“互通声气、联络情感、切磋学术、分工合作，以收集腋成裘之效，并普及植物学知识于社会，以收格物致知，利用厚生之效”。[39] “格物致知，利用厚生”是中国科学社社徽“铭辞”。1934 年中国科学社在庐山召开年会。会前，中国地理学会、中国动物学会分别在竺可桢、秉志的领导下成立。上述三个学会在一定程度上可以说是从中国科学社这个母体中分离出来的，其领导人和大部分成员都是中国科学社社员，特别是植物、动物两会会员基本上是秉志、胡先骕

① 从现有文献看不出中国地质学会的创建与中国科学社的关系。地质学是当时国内唯一有研究基础、研究机构和大学系科的学科，已经有创建学会的基础与条件，但直到中国科学社到北京召开年会后才成立，其间是否有关系值得探究。

领导的中国科学社生物研究所和北平静生生物调查所工作人员或培养的学生。正如本章开头所述，竺可桢说中国地理学会是中国科学社的“妹妹”，秉志也说中国动物学会“永远与科学社发生关系，不脱离母体”。

1935年7月，中国数学会在上海交通大学宣告成立，会址设在中国科学社的明复图书馆美权算学图书室，董事会由胡敦复、周达、冯祖荀、秦汾、何鲁、黄际遇、郑之蕃、王仁辅、顾澄等9人组成，理事有范会国、朱公谨、熊庆来、陈建功、苏步青、江泽涵、孙光远、曾昭安、段子燮、魏嗣銮、何衍璿、汤彦颐、张镇谦等13人。无论是董事还是理事，都与中国科学社有相当密切的关系，特别是董事胡敦复、周达对中国科学社的发展赞助尤多。中国数学会成立后当即召开年会，议决下次年会在会所举行或与中国科学社联合召开。[40]后来中国科学社还曾议决下设数学股，与中国数学会密切合作，惜乎因抗战全面爆发而没有结果。

虽然中国科学社在各专门学会的创建过程中有相当重要的作用，但是各专门学会的成立，却使中国科学社自身的发展空间愈来愈狭小，日益被它自己提倡与催生的组织挤压到极为尴尬的位置，它必须在不断变迁的社会中重新定位。随着科学的发展，如何维持各门学科之间的有效联系与协调发展日益成为重要的问题。专门学会主要关心其自身领域内的问题、政策和工作，发表专业论文、举行学术讨论会和协调本学科发展。这就需要“关心科学作为一个整体的普遍利益和问题”的组织对整个科学进行协调，并关注科学与社会的联系。英国这个任务由皇家学会和科学促进会承担，美国主要由科学促进会担当。[16]83-86,[41]任鸿隽当初反对专门学会成立已经看到了这一问题。在各专门学会创建发展的同时，中国科学社并没有完全放弃在其内部进行分股的努力。但此时不再将这种努力归结为将各分股建设为专门学会的目标上，而是进行角色调适，从一个一般性的综合科学社团转变为对整个中国科学发展进行协调的组织——中国专门科学团体联合会或中国科学促进会。

自分股委员会停顿后，中国科学社虽有学术分组，但一直名存实亡，“社友精神极为涣散”。① 1926年广州年会提出改组社内组织系统，分物质、生物、社会、工程四大学会，并选出了筹备委员：物质组竺可桢、王琎，生物组邓植仪、黎国昌，社会组杨铨、杨端六，工程组周仁、李熙谋。[42]但这一组织系统并没有真正建立起来。

1924年7月，美籍地质学家葛利普(A. W. Grabau，1870—1946)应邀出席中国科

---

①《中国科学社北京年会记事录·书记报告》，1925年刊。

学社第九次年会即成立十周年庆祝会。他在会上提议将中国科学社英文名改为“Chinese Association for the Advancement of Science”(中文可译为“中国科学促进会”),使中国科学社真正成为促进中国科学发展的组织。① 讨论结果是赞成反对呈对峙状态,只能留待来年年会解决。翌年北京年会提出修改社章,社名英文同意葛利普意见,同时增加“其他科学团体会员入社办法”一章,丁绪宝、叶企孙还提议与其他团体联合召开年会,以“联络国内学术团体”。② 本来,接受团体成为会员是将中国科学社转变为中国科学团体联合会这一角色的最基本要求,也是最好的手段。但这些提案由于社员难以集中,社章修改没有合法性而再次成为悬案。

此后中国科学社一直致力于角色转换,联合国内学术团体举行联合年会成为现实。1934 年的庐山年会虽是以中国科学社、中国植物学会、中国动物学会、中国地理学会名义召开的联合年会,但媒体仍将四团体看作一个团体,以《中国科学社年会开幕记》《中国科学社年会闭幕》为题予以报道。年会上,陈立夫鉴于中国科学社处于学术团体的领导地位,鼓励扩大参加年会团体数目,担负起发展中国科学的重任。任鸿隽认为中国科学社由于范围较广,组织上应有改变,像葛利普曾建议那样称“中国科学促进会”。总干事杨孝述认为中国科学社现行组织及计划都是十年前制定的,现在各专门学会与各研究所纷纷成立,主张尽力联络各专门学会,成为国内科学家的集中机构。张景钺、胡刚复认为应尽力发展已有事业,推行社员分股办法以联络各学会。③ 方案众多,虽无一定论,但主旨只有一个,就是将中国科学社发展成为中国科学的协调领导组织。

1935 年在广西召开了真正意义上的联合年会。除上述团体外,中国工程师学会、中国化学会与会。胡刚复代表社长的发言说,“在本社的指引和领导下,国内公私各研究机构已成立,各专门学术团体也相继成立,同时公私学术研究设备也羽翼渐丰,故本社以为提倡研究,已告一段落”,转而提倡科学普及,而且“深感科学各团体彼此有密切关系,科学社居于母体的地位,更觉有与各团体合作联络之必要”。再一次提出中国科学社向“中国科学促进会”或专门科学团体联合会的角色转变。曾义

---

① 葛利普 1929 年在中国科学社第十四次年会上做了题为《中国科学的前途》的演讲,还是建议中国科学社应建设成为像英国科学促进会(BAAS)和美国科学促进会(AAAS)那样的全国性科学团体,在世界上组织一个科学运动的大 ABC,专事科学普及、科学奖励与世界科学合作。《科学》第 14 卷第 6 期,第 759 – 777 页。

②《中国科学社北京年会记事录 · 书记报告》1925 年刊。

③《中国科学社第十九次年会记事录》,民国二十三年刊,第 19 – 21 页。

等4人提议联合六团体发起成立中国科学团体联合会；袁同礼指出欧美先进各国已组织有科学团体联合会，因此也希望中国有此组织；竺可桢提出中国科学社与各专门学会的合作联合工作，诸如“可先与数理化动植物地六学会作刊物上的合作”；等等。年会最终议决1936年年会，除动、植、地三学会外，邀请中国数学会、中国物理学会、中国化学会、中国地质学会等四团体，召开联合年会。[43]

会后虽没有什么实际行动，但各学术团体联合是发展趋势。1936年北平年会联合中国数学会、物理学会、化学会、动物学会、植物学会、地理学会等召开了七科学团体联合年会（中国地质学会未与会），成为抗战全面爆发前中国最盛大的科学集会。任鸿隽在会上指出由于科学的专门化发展，各门学科有分开召开年会讨论学术的必要，这也是中国科学发达的表征。但也有隐忧：

理由乃是分析的过于细微，不免有些寻流忘本的危险。正如人家弟兄有因分离太久，分居太远，以致睹面若不相识，甚至还要彼此争执不下的。因为我们晓得，一个题目，一种材料，有用某种方法得不到的结果，用另外一种方法往往有意外的收获……显示我们学科学的于本门之外，非同时留心他门科学的进展不可。

因为这些原故，我们以为如其为了交换智识与意见，一个学术团体的年会是需要的，那末为了同样的原故，许多学术团体联合开会，尤为需要。[44]

正当中国科学社进一步试图向中国专门科学团体联合会或中国科学促进会角色转换时，随着日本帝国主义发动了全面侵华战争，中国科学社的角色转换自然亦随之流产。但不可否认的是，在此之前中国科学社有时间也有机会完成这一转换，之所以没能完成角色转换，既有自身所限，也有社会历史原因。

三、中国科学社角色转变失败原因初探

1926年5月，正留学法国、后成为著名天文学家的张云，在里昂天文台给《科学》撰稿，表达其对当时国内科学社团发展的不满：“近数年来我国由私人纠合同志所组成的学术团体，已日多一日，但都是分门别类，自树一帜，对内既与政府不发生关系，对外亦不能为国家学术团体的代表。”给任鸿隽写信，要求作为当时国内最大学术团体的中国科学社，“理宜勿作旁观……请于本年年会开会时，用本社名义发起，联合各学术团体呈请政府组织国家学术机关，以代表国家学术人才之所在”。关于这一问题，任鸿隽早在1923年《申报》双十节增刊上《近世科学研究的趋向》中已经发起倡议，但毫无反响。[45]中国科学社作为当时国内最有影响的学术团体，不仅有实力成

为中国科学界的领导团体，而且应该承担起这一责任。

中国科学社要成为中国科学界合法性的领袖团体，有两个契机，一是从一开始就建立完善其分股委员会，使各分股自然成长为各专门学会，这样各专门学会就没有另行创立的必要，中国科学社也就顺理成章成为中国专门科学团体联合会；二是在各专门学会相继成立后，通过角色转换，成为像美国和英国科学促进会一样的组织，担负“指导、奖励和评议”中国科学发展的功能。可以说，在这两个方面，中国科学社都曾努力过，但都没有成功，原因何在？

化学社团的发展情况可以作为参考。留学生界早有化学社团组织，其中以留法、留美最为著名。1907 年成立的中国化学会欧洲支会归于沉寂后，留法学生 1918 年又创建了中国化学研究会，社员有李书华、李麟玉、周发歧等，返国后预备扩大为全国性团体而不得，无形中解散。1924 年，留美学生庄长恭等发起成立中华化学会，1924—1926 年连续在美与中国科学社美洲分社、中国工程学会美国分会联合召开年会，1926 年 7 月回迁国内，1927 年、1928 年连续在上海召开年会，1929 年后会务停顿。当初欲与当时国内唯一的化学社团中华化学工业会（1922 年成立于北京）合并，但化学工业会只愿兼并该会，且不愿意改名，中华化学会以其名称比化学工业会范围广而不愿意放弃，合并宣告失败。留德学生也有类似组织。曾昭抡说：

考留法、留德及留美学生先后所发起之化学组织，其原来目的，均在将其扩充成为包括全中国化学家之团体，并无划定留学界之成见存乎其间……然事实上的推演，多少终至成为一种留学界集团，兼以国内当时化学研究，尚在萌芽；时机既未成熟，成功自然倍形其难，此各团体之所以终未成功之故也。[46]①

留学生在国外创建化学团体的主要目标是回国后扩展为中国化学会，但有留法、留德与留美的区别，不期然成了“留学界集团”。而且国内还有中华化学工业会，这样更存在“海龟”与“土鳖”之间的矛盾。一个学科内部社团的合作与合并已是如此困难，囊括各学科的综合性社团的转型与发展的难度可想而知。

传统中国社会有大量同乡会等地缘性组织，以籍贯为纽带。曾昭抡的述说透露了当时留学生因不同留学国别而造成的不同留学集团，这是以“求学国别”为“地缘”

---

① 其实，1932 年 8 月中国化学会成立时，曾对已经成立的各种化学社团进行了讨论，提出了恢复已有学会并相互合并，或者选择其中历史悠久者作为中坚并改组成为新的全国性的具有代表性的团体两种办法，“辩论良久，均以困难甚多”而没有采用，最后只得另行组织成立中国化学会。参阅《中国化学会成立会记录》，《化学》第 1 卷第 1 期，第 121 页。

标识的组织。应该说,留学生们成立各种起联谊作用的"同学会""校友会"无可厚非。但是,如果在具有近代意义的"业缘性"学术组织中还存在这样的"地缘性"畛域,对学术界来说未必就是幸事,对学术的发展可能造成不可言说的伤害。这些应该都是接受了近代教育的留学生们了然于胸的事体,但当时中国社会现实就是"地缘性"在许多"业缘性"学术团体中压倒了"业缘性"。据说主要由留日学生组成的中华学艺社及其发刊的《学艺》杂志是与主要由留美学生组成的中国科学社及《科学》杂志取对立态度的。[47]曾昭抡也说中华学艺社"以留东毕业生为其主干,无形中与科学社取一种对抗地位"。[48]竺可桢后来说他回国初期在武昌高等师范学校任教时,因同事多为留日学生,作为留美学生"有点格格不入";他也认为中国科学社的《科学》与中华学艺社的《学艺》两种月刊:

性质完全相同,照理应该合并起来,既省力、又省钱,但是因为科学社的主脑人物统是留美学生,而学艺社是留日学生创办的,所以口头上虽经几次接触,总没有能成事实。这也可以见半封建半殖民地社会的作风了。[49]

竺可桢这述说虽有其特殊的话语背景,但还是可以说明宗派主义与小团体思想在近代中国科学社团发展过程中的不可避免。其实,关于留学生留学国别畛域问题,1920—1921年在中国访问的罗素已敏锐地观察到这一点,他在1922年出版的《中国问题》中说:"从不同国家归来的留学生之间时有分歧;特别是那些到日本的留学生并不为到欧美的学生平等对待。我有一种印象,美国比起其他国家来说给它的学生盖上了更明显的印记。"[50]

中国科学社没有完成角色转换也许跟这样一个留学集团畛域有关。试想,如果全国的科学人才都集中在由留美学生创建的一个团体内,留日、留欧学生将何以处之?何况当时留美、留欧与留日学生还有不同的口碑,"当时学生注重教员留学资格,欧美最优,日本次之,本国毕业生常被轻视"。[21]73①因此留日学生有中华学艺社出现,留欧学生虽然没有专门的综合组织,但在中国科学社和中华学艺社中都有其相应位置,留美学生与留欧学生同时还有欧美同学会联谊。既然有不同留学背景的学术团体,那些没有留学背景的国内毕业生呢?1928年由华西自然科学社改组而成的中华自然科学社,特别标识其成员基本上是国内大学毕业生或在校大学生,以青年社

---

① 当时上海称人物之佳者为"大英货",反之则称"东洋货","两国出品之优劣,于此可见"。陈伯熙编著《上海轶事大观》,上海书店出版社,2000年,第80页。

友为中坚，而且不断注意从学生队伍中吸收新鲜血液，出刊通俗性的《科学世界》。[51]

张朋园认为像中国科学社这样由留学生创建的科学社团，“没有地缘的成分在内”。① 在中国科学社、中华学艺社这些综合性社团内部也许没有表现出以籍贯为“标志”的地缘性（即使这一点也要实证研究后才能判定），但其外部却明显地表现出以留学国别为“标准”的“地缘性”，这样任何一个以留学国别为特征而建立的社团都不可能成为中国科学社团的合法性领导团体。于是，中国近代科学发展史上影响最大的三个综合性团体中国科学社、中华学艺社和中华自然科学社成为三足鼎立、互不统属的三个组织。其实，当时由于不同的留学背景结成不同的集团，不仅表现在学术团体的组织上，在科研机构人员组成上也有极为明显的表现。中央研究院虽名为国家的科研机构，蔡元培也以“兼收并蓄”相标榜，但组成人员基本上是以欧美留学生为主；北平研究院由于主持人是留法的李石曾和李书华，其主干成员全是留法学生，表现更为突出。② 医学界也存在所谓英美派与德日派的派系之争。[52]北京大学也有英美派与法日派的对抗，英美派左右《现代评论》和《晨报副刊》，法日派主持《语丝》和《京报副刊》，相互责骂。没有留学经历而“暴得大名”的顾颉刚先生因此致函其师胡适说：“校中党派意见太深，在极小的地方倾轧得无微不至，和旧家庭的妯娌姑媳一般，消耗精神于无用之地。”[53]对于这一现象的原因，孙福熙的分析也指出了地缘因素的影响：

中国近来太多被尊为或自尊为思想者都只看了世界的一角来想概括一切，他们所不晓得的非但不肯采取，而且竭力的排挤。只研究一部分的学术而不顾其余的，原是可以的，虽然这于他所研究的也是有损的，但他不该说此外没有学术，尤其不该如他们的竭力攻击他种学术。中国太大了，加以交通如此阻塞，使历史地理的关系十分显著的影响于极近的各区域的人，况且所受的外国影响也太不一致，在各国留学，学了各不相同的一种语言与各不相同的背景前的学术回来，要大家聚在一处共事，这原是很难合意的，加以中国素重宗派门户之见，于是各不相容是意中事了。[54]

---

① 见他对郭正昭先生《“中国科学社”与中国近代科学化运动（1914—1935）——民国学会个案探讨之一》一文的点评。

② 中央研究院初创时，院长蔡元培留德法，总干事杨铨留美，物理所所长丁燮林留英，地质所所长李四光留英，天文所所长高鲁留学比利时，社会学所所长杨端六留英，化学所所长王琎、工程所所长周仁、气象所所长竺可桢、心理所所长唐钺、动植物所所长王家楫等都是留美出身，一般研究人员也以欧美留学生为主。而北平研究院院长李石曾、副院长李书华、总办事处主任李麟玉、物理学与镭学所所长严济慈、化学所所长刘为涛、生理学所所长经利彬、动物学所所长陆鼎恒、植物学所所长刘慎谔等都是留法出身。留日学生在这两个所谓国立科研机构几乎无立锥之地。

李先闻回忆说："当时从日本留学回来的，法国勤工俭学的人回来的，美国留学回来的，自以为都有学问，就非常骄傲，互相排挤。反之就互相团结，另成一派，我茫茫然在这混乱局面中，派别的分歧中回来，真是鸟儿入网，孤军奋斗。现在想起来还百感交集。"[55]52 当时学界还存在所谓北大派与清华派的对立，南方派（南京高等师范学校即后来的中央大学派）与北方派的对立等，不一而足。时人批评说：

吾国教育界派别之纷歧，乃为无可掩饰之事实，在中小学则有某大学派，某师范派等名目，在大学则有英美法德日等派，派别之中，复有以地域而分化为小派别者，名目繁多，不胜枚举。吾人试一考察学校之内容，如其主脑属于某派，则教员大多数即其同派之留学生，办学方法，即因袭某国成规，课本教材，采用某国原本，演讲亦用某国语言，甚至房屋建筑，学生习惯等等，莫一非模仿某国，或改头换面，或生吞活剥，若一往参观，则俨然一外国学校也。又吾人时闻北方某大，南方某校，具有特殊势力，同学相见，咸亦以此为荣。[56]

李先闻也回忆说，由于北平农专毕业的胡子昂担任了四川建设厅厅长，挤走一手创建四川农业改进所、金陵大学毕业的河南人赵连芳，任命北平农专毕业的四川人董时进为所长，胡董两人一心一意将所内赵连芳的人排挤，大量引进北平农专毕业的四川人，造成清一色的北农派和"川人治川"的局面。而董时进对业务并不热心，每天在办公室写小品文、办农报，并组织农民党，致使赵连芳时代朝气蓬勃的四川农业改进所，业务大受影响。[55]145①

民国科学社团之间的矛盾反映了整个学界的派系争斗。成立科学社团的原初宗旨是联络学界同人共同致力于科学的进步，表征的是学界的合作与协作，结果在相当程度上又成为小团体与宗派主义的滋生地，这就是原初目标与最终结果的背离，所谓"种下龙种，收获跳蚤"。

如果说留学集团畛域是中国科学社角色转换失败的一大外在因素，那么其自身建设上存在的问题可能是内因。从西方近代科学发展史看，最初的社团兼具学术交流与科学研究的双重功能。如英国皇家学会，早期除了召开学术会议、发刊期刊进行学术交流外，还是一个科研机构，学者们进行科学实验，并公布实验结果。随着科学的发展，专业科研机构逐渐创建，各门学科逐步形成，专门学会也随之创立，学会的科研功能逐渐退隐，学术交流与学术评议、指导的功能显现。英国皇家学会后来也演变

① 民国时期学术界的各种宗派是一个值得从科学社会学角度进行分析的社会现象。

为以学术评议为主要任务的名誉性组织。如果说中国科学社是一个纯粹的专门学术社团,可它有生物研究所从事科学研究,有明复图书馆向公众开放,更具有私立研究机关的性质。说它是一个私立研究机关,可它以学会为名,以科学社团的面目面世,举行年会进行学术交流,发刊科学期刊进行学术交流与科学传播。因此可以说它是私立学术社团与私立研究机关的结合体,不只是一个学会组织,仅扮演着一个科学社团的角色,而且还具有研究实体的功能。正是由于它自身的这些属性,使它在中国科学界起"指导、联络与奖励学术"功能的实现困难重重。因为一旦担任此角色,可能会偏向自己创办的研究机构等。

中国科学社选择这种组织形式与中国科学的发展历程密切相关。它成立之初旨在国内宣扬科学、传播科学,使国人理解科学,这是面对当时国人没有真正理解科学的必要工作之一。后来转变为提倡研究科学、具体实施研究工作也是针对当时国内研究气氛淡薄、停留于"清谈"的现状。因此它必须创建生物研究所来提倡科学研究,设立明复图书馆为科学研究服务并传播科学。它承担了科学宣传普及、科学研究与学术交流的三重任务。因此他们后来总结时也说:"像这样的机构,已不仅是限于传布科学而是要创造科学,不只是一个社团而兼为事业机关了。"[57]可是在一个专业日趋分化的时代,这样的社会角色命中注定会落得尴尬的窘境。这也许就是中国这样的后发展国家里,像中国科学社这样的开拓性科学社团的历史命运。①

当然更为重要的原因,也许是科学自身发展的规律。科学技术发展到20世纪30年代,西方国家的政府科学政策已相继形成,[58]面对政府加强对科学管理规划与加大科技投入的发展趋势,国民政府虽还没有完全意识到这一点,但经中国科学社同人的鼓吹、蔡元培等人的努力,国立科研机构中央研究院的顺利创建也是一种醒悟。

---

① 据茅以升说,中国工程师学会与其下属15个专门学会有良好的关系。这些专门学会作为中国工程师学会的团体学会,有相对的独立性,与总会的关系是在历史上自然形成的,"各专门学会内部联络方便,学术性强,自己办专门刊物,又与总会互相交流信息,协同行动,合开年会,对于解决科学技术上的困难,确是好办法"。中国工程师学会能较好地处理与专门学会的关系,这可以和中国科学社与各专门学会之间关系做一对比分析。首先,中国工程师学会是在合并统一国内成立的"中华工程师学会"与留美学生组建的"中国工程学会"而成的,因此应该说它具有中国科学社(留美)、中华学艺社(留日)、中华自然科学社(国内)等综合性社团所不具备的在工程界内的广泛代表性。其实,中华工程师学会与中国工程学会的合并也不是一帆风顺的,从1926年就开始商量合作,经过5~6年时间,才在1931年合并成功。另外,这合并的两团体一个比较强大(中国工程学会合并前有会员1 766人),一个比较弱小(中华工程师学会不到500人),其合并相对两个旗鼓相当的组织而言,就要容易得多。第二,工程学界相对较为广泛的科学界而言,毕竟还是比较狭窄,也更容易团聚。

其后国立北平研究院、中央农业实验所等机构的建立更是宣告了国民政府要担当发展中国科学技术的重任。

如果国民政府仅像西方国家一样,仅仅投资设立专门国立研究机构,这对中国科学社的角色转变并不造成直接的阻碍。关键问题是国民政府赋予了中央研究院“学术评议”和“指导联络”的功能,这样,中国科学社过去在中国科学事务中所担当的领导角色完全让位于中央研究院了。中央研究院不仅设立有众多的专业研究所,还成立了评议会担任“指导、联络、奖励学术”的责任。评议会章程规定“评议会以国民政府聘任之专门学者三十人、中央研究院院长及其直辖之研究所所长组织之”①,按诸章程中央研究院可以“近水楼台先得月”,因为其直辖的研究所所长占据了评议员的相当名额,而这些所长是否比院外那些并没有当选为评议员的学者更有水平是值得商榷的。这样,无论是在学术的指导、联络或奖励上,都自然会使中央研究院得到不少便利,这一评议机构的权威性自然大打折扣。因此有论者虽然认为评议会“具有学术上的权威性、学科上的全国性和代表上的广泛性,不愧为‘全国最高科学评议机关’”,但还是对当然评议员(中央研究院院长及各研究所所长)的任命和聘任评议员的专业仅仅限于中央研究院已设立研究所的学科提出了批评。[59]

中央研究院的“学术评议”功能自然阻碍了像中国科学社这样的私立机关这一功能的“转换”与发挥。西方国家的“学术评议”功能一般不由国家机构承担,往往是私立学术团体的职责,如英国科学促进会、美国科学促进会等。这可能与中国社会一直是政治与政府权力控制整个国家与社会,没有真正建立起良好的民间社会运行机制有关。当然,借助国家强力的中央研究院也没有很好地行使“指导、联络、奖励学术”的任务,抗战期间陈立夫主政的教育部还专门成立学术审议委员会进行相应的工作,侵夺了此时期内毫无作为的中央研究院在学术评议与奖励方面的功能与作用。② 1948 年首届院士选举成功,中央研究院“指导、联络、奖励学术”这一机制才基本形成,但急剧的政权转换使这一功能很快“灰飞烟灭”。

四、综合与专门之间:近代中国科学社团的发展

近代中国科学社团组织发端于戊戌维新运动期间,成长于民国初年。戊戌维新

---

①《国立中央研究院首届评议会第一次报告》,1937 年 4 月版。

② 相关问题的探讨,参阅拙文《良知弥补规则,学术超越政治——国民政府教育部学术审议会学术评奖活动述评》,《近代史研究》2014 年第 2 期。

时期各地广泛创建的学会并不具备科学学会的性质，既没有严密的组织条理和管理机制，也未形成促进科学研究、学术交流的运行体系，基本上是一些关注政治改进、社会改良的普通学会。中国第一个真正具有科学学会性质的团体是 1909 年由张相文等发起成立的中国地学会。1912 年詹天佑等在广州创建中华工程师会（次年与中华工学会、路工同人共济会合并，易名为中华工程师学会）。1914 年留美学界中国科学社成立，1916 年留日学界丙辰学社创建，这是两个综合性学会。接续它们的是大量专门学会的创建，如中国林学会（1917 年）、中华农学会（1917 年）、中美工程师协会（1920 年）、中国心理学会（1921 年）、中国化工学会（1922 年）和前面提及的专门学会等，一直到 1947 年成立中国解剖学会和中国地球物理学会，民国专门学会的创建才基本宣告结束。在专门学会涌现过程中，还出现了中华自然科学社（1927 年）、中国科学化运动协会（1932 年）、中国科学工作者协会（1945 年）、中国科学促进会（1946 年）等综合性团体。

中国科学化运动协会是民族主义高涨的产物，其宗旨虽是“研究及介绍世界科学之应用，并根据科学原理阐扬中国固有文化，以致力于中国社会之科学化”，但其发起也是“感觉科学已不是各个独立的了，科学的研究和发明，有相互的关系，某种科学的进步，可以影响其他科学的变迁，其他科学的新方法的发见，亦可支配某种科学的前途”“所以希望各门专家共同合作”“共同起来在各地分担这种科学化运动的重任”。[60]有团结各门学科专家共同致力于中国科学化运动的目的。

中国科学工作者协会认为向外国学习科学七八十年，结果需要学习的反而越来越多，中国仍是个缺乏科学的国度，主要原因是学习归来者没有起码的研究条件和生活保障，很快“老旧无用”，必须换上一批新的留学者，“这仿佛像一个人过了一年半载须要添做一套新衣服一样”。因此其成立的主要目的有三：一是联络中国科学工作者致力于国家建设，二是促进科学的合理利用，三是争取改善中国科学工作者的工作条件与生活待遇。[61]205,208这是抗战胜利后，面临内战爆发，科学工作者起码的科研条件和生活没有保障、原子弹爆炸对科学的伦理要求，中国科学界发出的声音。

中国科学社与中华自然科学社联合发起组织的中国科学促进会，宗旨为“以谋我国科学之普及与发展”，主要工作有“调查登记全国科学人才，出版中国科学人名录，调查国内外科学研究机关，搜罗研究资料，出版科学年鉴，复拟设立科学教育博物馆及大规模之科学刊物印刷所，编辑科学丛书，筹设科学服务等，以协助各界解决技术上之问题，并为介绍技术人才，改良民众之生产工具，及推广各项有关人民生活之科学资料”。[62]着眼点还是科学普及与提倡研究。

这些综合性科学社团都有一个宗旨，就是团结科学界发展中国科学事业，但它们都没有预备成为各专门学会联合会的目标，也不试图在中国科学的发展过程中起“联络、评议与指导”作用。像中国科学社、中华学艺社这样的综合性社团不能凭借其历史优势转换为中国科学界的领导团体，而在专门学会大力发展后创建的中国科学工作者协会、中国科学促进会也不向中国科学界领导学会努力。这样，民国时期，虽然综合性社团数目不少，整个科学界却没有一个统一的具有代表性的民间声音。作为制衡政府强力的民间科学社团组织四分五裂，它们在与国家力量的对抗中自然处于不利地位。这不仅对中国近代科学的发展是一个问题，对民主的培育也是不利的。科学自有民主的精神存在其间，“科学在本质上是民主的，科学工作者在本质上也是爱慕民主，向往于民主的。科学的研究是为了寻求真理……民主运动和科学运动实不可分。”[61]205一旦由政府担当应该由民间社团承担的角色时，对于科学的发展虽然在某种程度上或者说在某些历史时期可以取得预想不到的成就，但终究与科学本质相背离，因此对于科学的长远发展不利。特别是面临政府倒台、政权转换，学术界完全失去应变机会与应变能力，只能被动地卷入政治斗争的旋涡，自然不能把控自身的命运，对国家科学的发展也不能发出统一的学术界声音，在政治强力面前可谓一无是处。

近代中国科学社团的发展，表面看有一个专门—综合—专门—综合的过程，似乎与西方科学社团综合—专门—综合的发展模式相差不大。但具体分析，内里的实质却完全不同。西方早期的综合性学会，与当时科学还无学科分类有关，其成立是为了学术交流；后来综合向专门的发展，是各门学科自然发展的结果，也是为了更好地进行学术交流，以促进本学科的发展；其后专门向综合发展，是在科学不断分化的过程中，为了协调各门学科的发展，成立了联合各专门学会、承担“指导、联络、奖励”功能的综合性社团。可见，西方科学社团的发展，是科学发展自然演进的结果；其发展的不同阶段对应于科学发展的不同阶段，既是科学发展内在逻辑的结果，也适应了科学不同发展阶段的需求。

中国最早的专门学会是在西学影响下，当时相应专门学科发展的结果；综合性社团则以宣扬与传播科学、提倡科学研究为主旨，并不以学术交流为唯一目标，其后随着社会的演化与科学的发展，才促成了各专门学会的创建。因此，中国科学社团由综合向专门发展的过程与西方这一过程完全不同。后来专门向综合发展，也不是联合各专门学会成立作为协调发展的综合性组织,还与最初成立的综合性社团具有基本相同的功能,并没有真正完成专门与综合的社会整合,成立一个统一的综合性社团,最终形成统一的民间科学社团力量来制衡政府强力。1948 年南京召开的十科学学会联合年会上,英国人萨亦乐(R. A. Silow)建议中国科学社与中华自然科学社合作,“倘使不愿意整个合为一体,那么你们对有关科学事项的向外推荐,最好有个规定合作的协议”。[63] 1948 年 3 月 23 日,在杭州举行的中国科学工作者协会杭州分会上,竺可桢也指出当时中国科学团体如中国科学社、中华学艺社、中华自然科学社等,“均互不相统一,分散精力,工作效〔率〕通减少,故实有统一之必要也”。[64]①同时,中国科学社团除专门学会的创建发展与各门学科发展有直接关系外,综合性社团的发展在更大程度上是科学之外的力量促成的,特别是战后成立的综合性组织又有传统社团组织追寻政治目标的特色。这自然与当时政治环境不良相关,但也与中国社会政治是唯一要务这一传统脱不了干系。

整个民国时期,没有建成一个统一的民间学术组织来“指导、联络、奖励”科学,将之拱手让渡给国立中央研究院,而中央研究院自身未能很好地行使这个职能。1950 年成立“中华全国自然科学专门学会联合会”与“中华全国科学普及学会”,这两个组织模式一直是中国科学社等社团在民国时期追求的目标,似乎实现了中国科学社当初角色转换的宿愿。但这两个组织是执政党领导下的机构,而不是作为制衡政府力量的民间组织。此时作为私立综合社团的中国科学社、中华学艺社、中华自然科学社、中国科学工作者协会等自身已面临存在的合理性危机,而其他专门学会相对却兴旺发达。这就是中国科学社团综合与专门学会发展的最终结果与宿命。

参考文献

[1] 曹伯言. 胡适日记全编·第 1 册. 合肥:安徽教育出版社,2001:307-308.
[2] 张家麟. 组织社会学. 合肥:安徽人民出版社,1988.
[3] 张孟闻. 中国科学社略史//中国人民政治协商会议全国委员会文史资料研究委员会《文史资料选辑》编辑部. 文史资料选辑·第 92 辑. 北京:文史资料出版社,1984.
[4] 科学社改组始末. 科学,1916,2(1):127.
[5] 会计报告. 科学,1917,3(1):106.
[6] REYNOLDS D C. The advancement of knowledge and the enrichment of life:The Science Society of China and the understanding of science in the Early Republic 1914—1930. Madison:Ph D Dissertation of University of Wisconsin,1986.

---

① 由此亦可见全国“科联”“科普”成立后,竺可桢坚持中国科学社解散的缘由了。

[7] 金涛. 严济慈先生访谈录. 中国科技史料,1999,20(3):231.
[8] 任鸿隽. 中国科学社社史简述//林丽成,章立言,张剑. 中国科学社档案资料整理与研究·发展历程史料. 上海:上海科学技术出版社,2015:292.
[9] 莱昂斯. 英国皇家学会史. 陈先贵,译. 昆明:云南省机械工程学会,等.
[10] 任鸿隽. 外国科学社及本社之历史. 科学,1917,3(1).
[11] 南通支社改称社友会. 科学,1917,3(3):391.
[12] 第二次常年会记事. 科学,1918,4(1):62-63.
[13] 丙辰学社社章,中华学艺社社章//何志平,等. 中国科学技术团体. 上海:上海科学普及出版社,1990:107-110,118-122.
[14] 中华自然科学社章程//何志平,等. 中国科学技术团体. 上海:上海科学普及出版社,1990:155-158.
[15] 中国数学会章程//任南衡,张友余. 中国数学会史料. 南京:江苏教育出版社,1995:28-30.
[16] 贝尔纳. 科学的社会功能. 陈体芳,译. 北京:商务印书馆,1985.
[17] 任鸿隽. 发展科学之又一法. 科学,1922,7(6):521-524.
[18] 杨铨. 科学与研究. 科学,1920,5(7):656.
[19] 任鸿隽. 发明与研究. 科学,1918,4(1):1-17.
[20] 恽宝润. 农学家邹秉文//中国人民政治协商会议全国委员会文史资料研究委员会《文史资料选辑》编辑部. 文史资料选辑·第88辑. 北京:文史资料出版社,1983:173-219.
[21] 沈宗瀚. 沈宗瀚自述·克难苦学记. 台北:传记文学出版社,1984.
[22] 中国科学院学部联合办公室. 中国科学院院士自述. 上海:上海教育出版社,1996:440-441.
[23] 任鸿隽. 中国科学社第六次年会开会词. 科学,1921,6(10):1063-1064.
[24] 中国社会科学院近代史研究所中华民国史组. 胡适来往书信选(上). 北京:中华书局,1979:247-248,264.
[25] 潘光旦. 科学研究与科学提倡//潘乃穆,潘乃和. 潘光旦文集·第2册. 北京:北京大学出版社,2000:24-25.
[26] 沧生. 中国的科学. 现代评论,1927(118):4-5.
[27] 陶孟和. 再论科学研究. 现代评论,1927(119):5-7.
[28] 中国科学社总章. 科学,1916,2(1):130.
[29] 中国科学社第二次年会分股委员会报告. 科学,1918,4(1):84-86.
[30] 特别职员会通告. 科学,1917,3(7):819.
[31] 特别职员会经过,特别职员会报告. 科学,1917,3(8).
[32] 社长报告. 科学,1918,4(1):74-75.
[33] 分股委员会报告. 科学,1918,4(1):86.
[34] 分股委员会通信. 科学,1918,4(1):100-101.
[35] 中国科学社本届职员表. 科学,1919,4(4):407.
[36] 推举国内分股理事. 科学,1920,5(7):755.
[37] 吴承洛. 中国化学会成立缘起及一年来经过概要. 化学,1(1):119-120.
[38] 戴念祖. 中国物理学记事年表(1900—1949). 中国科技史料,1983,4(4):71-92.
[39] 中国植物学会. 中国植物学史. 北京:科学出版社,1994:136-137.
[40] 任南衡,张友余. 中国数学会史料. 南京:江苏教育出版社,1995:27-33.
[41] 巴伯. 科学与社会秩序. 顾昕,等,译. 北京:生活·读书·新知三联书店,1991:138-140.
[42] 中国科学社第十一次年会记事. 科学,1926,11(10):1471-1475.
[43] 刘咸. 中国科学社第二十次年会记. 科学,1935,19(10):1646-1647.
[44] 刘咸. 本社第二十一次年会记事. 科学,1936,20(10):877-878.
[45] 张云. 国际学术会议和中国科学的发展. 科学,1926,11(10):1397-1399.
[46] 曾昭抡. 二十年来中国化学之进展. 科学,1935,19(10):1532-1533.

[47] 范寿康. 生平事绩记略//范寿康教育文集. 杭州:浙江教育出版社,1989:328.
[48] 曾昭抡. 中国科学会社概述. 科学,1936,20(10):800.
[49] 竺可桢. 思想自传//樊洪业. 竺可桢全集·第4卷. 上海:上海科技教育出版社,2004:89-90.
[50] 罗素. 中国问题. 上海:学林出版社,1997:174.
[51] 杨浪明,沈其益. 中华自然科学社简史//中国人民政治协商会议全国委员会文史资料研究委员会《文史资料选辑》编辑部. 文史资料选辑·第34辑. 北京:文史资料出版社,1963:55-84.
[52] 傅慧,邓宗禹. 医学界的英美派与德日派之争//中国人民政治协商会议全国委员会文史资料研究委员会《文史资料选辑》编辑部. 文史资料选辑·第119辑. 北京:文史资料出版社,1989:64-72.
[53] 顾潮. 历劫终教志不灰:我的父亲顾颉刚. 上海:华东师范大学出版社,1997:102.
[54] 孙福熙. 古史辨. 上海:上海古籍出版社,1982:345.
[55] 李先闻. 李先闻自述. 长沙:湖南教育出版社,2009.
[56] 谢树英. 今后我国大学教育应有之趋向. 大公报,1935-01-05(4).
[57] 中国科学社卅六年来的总结报告//林丽成,章立言,张剑. 中国科学社档案资料整理与研究·发展历程史料. 上海:上海科学技术出版社,2015:280.
[58] RONAYNE J. Science in government: a review of the principles and practice of science policy. London:Edward Arnold Pty Ltd. ,1984:1-31.
[59] 徐明华. "中央研究院"与中国科学研究的体制化. "中央研究院"近代史研究所集刊,1993(22下):233-254.
[60] 中国科学化运动协会章程,中国科学化运动协会发起旨趣书//何志平,等. 中国科学技术团体. 上海:上海科学普及出版社,1990:166-167.
[61] 组织中国科学工作者协会缘起,中国科学工作者协会总章//何志平,等. 中国科学技术团体. 上海:上海科学普及出版社,1990.
[62] 中国科学促进会成立及工作近讯//何志平,等. 中国科学技术团体. 上海:上海科学普及出版社,1990:217.
[63] 萨亦乐. 科学家与社会进步. 科学,1948,30(12):356.
[64] 樊洪业. 竺可桢全集·第11卷. 上海:上海科技教育出版社,2006:70.

第十章　年会与学术交流体系的形成

1925年8月24日,中国科学社第十次年会在北京欧美同学会举行。时任北京社友会会长翁文灏以东道主身份致欢迎辞说:

有人疑惑我们研究学问,闭户读书可矣,何必跑来开会,此言却不甚然,因为(一)学问之道,每因互相讨论,相引愈深。举一事为例,如前数年有人偶然分析几个古钱,就引起章鸿钊君中国用锌考的文字,又因章君的文字,引起了王季梁君古钱的分析,他的结论是唐以前中国无锌,后来章君复分析王莽钱,知汉时已知用锌。这种辩论,于用锌的发见历史很有关系,现在已成为世界学者的问题矣。(二)各科分立,学此科者每对于他科的进步漠不感兴味,开会时聚各科学者于一堂,可以得商通参观之益。如去年我们听了金鱼研究的论文,亦可以悟到进化的原理即是一例,因为这些原故,我们视年会一事极重要,而对于远方到会诸君尤表欢迎云云。①

翁文灏的发言,可以说在一定程度上阐述了学术社团召开年会的功能与意义。学者们互相之间进行学术交流是学术社团创建的原初动力,定期召开学术讨论会是学术社团体制化的学术交流机会。

学术交流系统的形成,是学术体制化最为重要的标志之一。中国近代科学通过引进而逐渐发展起来,学术交流系统的萌芽与形成有其特定的历史进程。中国科学社创设的原初目标并不是学术交流,而是传播科学知识,它作为一个学术社团虽有定期召开年会这样的机制,但重点并不在学术交流。因此,年会学术交流功能有一个逐渐形成的发展过程,这个过程也就是中国学术交流系统的萌芽与形成过程。

---

① 中国科学社《中国科学社北京年会记事录》(第十次年会),1925年刊。

第一节　年会制度的形成

中国科学社年会制度的形成有一个发展过程,股份公司形式阶段没有召开年会的规程。改组为学术社团后,章程中专章规定了年会是重要的社务之一,但其主要目的并不是满足学术交流,而是社友交谊联络与商讨社务。成立之初的中国科学社,虽有学术社团的框架结构雏形,也有发展中国科学的宏伟目标,但因科研环境的不良与科研成果的缺失,学术交流的需求与冲动并不强烈,这决定了最初年会的功能与内容。其后,随着中国科学的发展,学术成果的不断涌现,年会重心也由社务向学术交流转换,逐渐成为中国科学交流的重要平台,在一定意义上是中国科学交流体系的标志。

按克兰(D. Crane)的研究,科学交流系统大体上可以分为"科学共同体"和"无形学院"两个层次,"无形学院"所代表的是复杂多变的科学研究和交流的前沿;"科学共同体"代表变化不大的正式的学术交流系统,也就是任何一个成熟的学科所拥有的正规的学术会议、学术期刊、学术专著、文献摘要和目录索引等所构成的网络系统。[1]科学研究和交流的前沿是一个相对难以把握的层面,对于近代中国科学的发展而言,也缺乏这一层面的资料,因此这里仅着眼于"科学共同体"这一层次。

据研究,最早使用科学共同体(scientific community)概念的是匈牙利裔英国物理化学家和思想家波拉尼(M. Polanyi,1891—1976)。20 世纪 40 年代,以贝尔纳(J. D. Bernal,1901—1971)为核心的英国左派科学家向往苏联的计划科学,这激起了波拉尼的强烈反对,他发表一系列演讲,力主学术自由、科学自由。正是在这场论战中,波拉尼提出了"科学共同体"的概念。他在《科学的自治》一文中说:

今天的科学家不能孤立地实践他的使命。他必须在各种体制的结构中占据一个确定的位置。一个化学家成为研究化学的专门职业的一个成员;一个动物学家、一个数学家或者一个心理学家,每一个人都属于专门化了的科学家的特定集团。科学家的这些不同的集团共同形成了科学共同体。

这个共同体的意见,对于每一个科学家个人的研究过程产生很深刻的影响。大体说来,课题的选择和研究工作的实际进行完全是个别科学家的责任;但是对于科学发现权利的承认,受科学家整体所表现出来的科学意见的支配。①

可见,科学共同体的形成是如何的重要,不仅是科学专业化的表征,也是科学自治的堡垒,任何将科学以外的标准强加于科学都是对科学的毁灭,也是对科学共同体的挑战。

美国科学社会学家李克特(M. N. Richter, Jr.)从科学家职业这一角度对"科学共同体"进行了与波拉尼相类似的定义。他认为"科学共同体"是"世界上所有的科学家共同组成的,他们在他们自己之中维持着为促进科学过程而建立起来的特有关系"。也就是说科学共同体是世界上所有科学家组织的一个集团,该集团并不是一个随便的聚合,而是有一种独特的关系在其间起胶合作用。这种特有关系就是"科学共同体"对科学家职业角色的承认。科学家以报告、论文或其他文字或图表形式向科学共同体或其部门(如某个学科或某一团体)提供其研究成果这种科学信息,科学共同体接到这一信息后如果接受,就将科学家这一职业角色的"徽号"授予信息提交者。也就是说,科学家对科学贡献的奖励是科学共同体承认其作为科学家这一职业角色。[2]李克特强调了学术交流是科学家职业角色除科研以外最重要的本职工作。

从西方近代科学发展的历程看,早期科学社团的成立,是为了满足科学家进行学术交流的需要,由社团组织学术讨论会、发行科学期刊、举办实验演示等。如英国皇家学会的成立,就是为了满足其在"无形学院"阶段不能达到的日益增长的学术交流的需求。为了更好地进行科学研究、交流以图学术的进步,英国皇家学会规定每周集会两次讨论科学实验等,以达到"增进关于自然事物的知识和一切有用的技艺、制造业、机械作业、引擎和用实验从事发明……",发行期刊登载科学研究所得等。[3,4]中国科学社领导人也深知这一点,任鸿隽说:

单说他们所办的这皇家学会,第一个目的,是用实验的方法,以谋自然哲学(自然哲学是当时常用的话,意思就是现在物理学)的进步。所以此会成立之始,其最重要的事业,就是施行实验。此种实验,或由会员自任或由会中推几个会员专司其事。于每次常会中,对大众施行,以供会员的参考研究。此种实验,乃完全自成一事,不像

① 转引自刘珺珺《科学社会学》华夏出版社,1988年,第116页。吉林人民出版社2002年出版了由冯银江等翻译的波拉尼《自由的逻辑》一书,其中收有《科学的自治》一文。上述译文见第56-57页。但该书翻译无论是语句的通顺程度还是专业术语,都不能与刘珺珺书相比,例如 scientific community 被译为科学团体,而不是科学共同体。

现在人演讲的时候，以实验为陪衬，助解释的。[5]

法国、德国相关科学社团成立的背景与模式虽然有所不同，但成立的原初目的是一致的，都是为了学术交流。西方国家科学社团的成立，是科学研究发展到一定阶段后，为了适应科学发展的需求而出现的。也就是说，学术交流的需求促使了科学社团的成立，社团成立后通过学术交流更进一步推动科学向前发展，社团与科研、社团与学术是相互促进的。那么以英国皇家学会为模式而成立的中国科学社呢？它似乎也不例外，也要召开年会，发行期刊，甚至进行科学研究等，但它成立的背景与宗旨却有所不同，它同科学研究之间的关系也与这些早期科学社团有很大的区别。

第一次改组后的中国科学社虽已具备了一个学术社团的“外壳”，也有学术社团的理想与宗旨。但成立之初，社员们把绝大部分精力用在传播西方科学知识于中国社会这项事业上了。当时社员们大多虽习自然科学，而且有些人还获得了学士、硕士或工程师之类的学位与职衔，但基本上还没有进行独立科研的能力，也很少有独立科研成果，科学家这一职业角色还没有“获得”。当然国内更少科学研究机构，也少有真正意义上的“科学家”职业角色，进行科学交流的时机还未真正到来。

但是，并不是说没有“科学家”这一职业角色，就不能进行科学交流。正如当时《科学》“编辑部启事”所言：“同人不揣固陋，组织此杂志，一为海内同胞尽传播新知之义务，一为海外同学树发挥所得之机关。”①《科学》除传播科学知识于中国而外，还有供海外留学同学进行学术交流的功能。《科学》成为社员和留学生们锻炼研究能力的平台。因为文章的撰写也需要文字、逻辑与资料搜集等方面的磨炼与历练，研究思路的形成也许就在通俗文章的写作过程中闪现而被最后“捕获”，成为研究工作的起点。

其实，科学社团通过学术交流以促进科学人才的成长与发展的功能，也早为中国科学社领导人所洞察。杨铨早在1915年10月25日科学社改组前就有言：“今之科学昌明之国，莫不自有其学会为崇学尚能之劝，其选会员也唯谨无滥，故士之得中选者率为当世所推重之学者。”杨铨这里所说的学会是名誉性的，荣膺会员是对科学家取得成就的奖励。然后他指出学校固然是培养人才的地方，“夫兴学以学校为重，尽人能言之”，但“学校不过科学之母；生之育之，学校之能事尽矣。培养训诱而使为有用之大器则有赖于师友；学会，师友也”。他把科学学会看作促进学术进步的师友，

---

①《科学》第1卷第8期“编辑部启事”。

是科学家进行交流讨论场所，是科学家成才的后续机关，学生毕业进入社会若没有科学学会的帮助将会一事无成，“今之学者一离学校则毕生之科学事业告终，入而家庭，出而社会，举非无与于科学问之事；不用则朽，物理固然，忧世之士欲图学术之倡明者，其以学会为当务之急乎”。[6]因此，一个科学工作者必须加入科学学会，进入科学共同体，在其中“自由倘佯”，借助其中的力量才能使自己获得成功。领导人们已领会到科学社团的学术交流功能，因此第一次改组后的章程中专门以一章规定了“常年会”。①

章程没有说明举行年会的目的和意义，只规定年会应办以下事务：选举司选委员及特社员、赞助社员、名誉社员，议决董事会提出事件、提议，宣读论文，修改章程，检查账目等。主要目的是进行年度社务总结、议决来年事务和进行长远社务发展规划，学术交流即“论文宣读”仅仅是诸多事项中的一项，并不占有特别重要的地位。任鸿隽对年会也有自己的看法：“今之为学者必有会。会者非徒所谓团体之组织而已，必将有握手之欢，讲论谈笑之乐，而后有以尽其情，而砺德铄智之事，亦于是出焉。”[7]在他看来，学会组织的年会在讲论谈笑的情感联络过程中，自然而然会产生学术交流的篇章。杨铨也说：“古人有以文会友杯酒言欢者，窃谓此会兼之矣。”科学社的年会“杯酒言欢”中，“以文会友”，学术交流也是其中之意，并有乐观的预言：“吾科学社今日之常年会，他日中国全国科学大会之原生动物耳。”[8]已深悟年会的重要意义与发展前景。

无论如何，从其早期章程的规定及其任鸿隽、杨铨等领导人的论说来看，当时中国科学社的年会主要目的并不在学术交流，而是讨论社务与联络社友们之间的感情，学术交流仅仅是一个可有可无的“配角”而已。从发展进程来看，这无可厚非，因为只有科学有一定程度发展后，才有进一步学术交流的基础。但必须承认，年会若仅限于社务讨论与情感联络，则与学术社团年会应有之义未免大异其趣。

随着时代发展和社会变迁，中国科学社转换年会重心，向学术交流发展，使社务讨论成为学术交流的“配角”。1922年改组后，新社章规定年会分学术会与社务会两部分，明确提出学术会与社务会一般重要，表明中国科学社年会重心开始从社务向学术讨论转移。规定学术会议分“宣读社内外科学研究之著作或论文”“演讲科学学理及应用”“讨论关于科学上一切问题”三部分，这样中国科学社年会就将科学研究交

---

① 中国科学社的年会，最初称“常年会”，后取消“常”字。

流与普及宣传结合在一起了。

中国学术交流体制化的最终完成,中国科学社年会制度在其间充当了以年会学术交流拉动科学研究这样一个重要的角色。在中国学术交流体系的发展过程中,中国科学社年会在1937年前地位非常突出,其后随各个专门学会的成熟,其在学术交流方面基本上起联合作用,重要性已经让位于各专门学会。因此下面重点考察1937年以前中国科学社召开的年会,具体分析其在中国科学体制化过程中的作用与地位,全面抗战期间及战后情形,另辟一小节予以简介。

抗日战争全面爆发前,中国科学社虽面临各种危机,但一直按照章程规定,年年举行年会,并不为自然环境和社会环境所限,到1936年共举行21次。其后虽环境改易,还是排除各种困难,联合其他团体举行联合年会,各次年会举行的时间、地点等见表10-1。

表10-1　中国科学社年会简况一览表

届　次	年　份	地　点	具体地点	具体时间	备　注
1	1916	美国马萨诸塞州	菲利普学院	9月2—3日	
2	1917	美国罗得岛州	布朗大学	9月5—7日	
3	1918	美国纽约州	康奈尔大学	8月30—9月2日	
4	1919	浙江杭州	省教育会	8月15—19日	
5	1920	南京	社所	8月15—21日	
6	1921	北京	清华学校	9月1—3日	
7	1922	江苏南通	南通俱乐部	8月20—24日	
8	1923	浙江杭州	省教育会	8月10—14日	
9	1924	南京	社所	7月1—5日	
10	1925	北京	欧美同学会	8月24—28日	
11	1926	广州	中山大学	8月27—9月1日	
12	1927	上海	总商会	9月3—7日	
13	1928	江苏苏州	东吴大学	8月18—22日	
14	1929	北平	燕京大学	8月21—25日	
15	1930	山东青岛	青岛大学	8月12—17日	
16	1931	江苏镇江	焦山	8月22—26日	
17	1932	陕西西安	省政府	8月13—20日	
18	1933	四川重庆	川东师范	8月16—21日	
19	1934	江西庐山	青年会	8月22—25日	四团体联合
20	1935	广西南宁	省政府	8月12—15日	六团体联合

（续表）

届　次	年　份	地　区	具体地点	具体时间	备　注
21	1936	北平	北大、清华、燕京	8月17—21日	七团体联合
22	1940	昆明	云南大学	9月14—18日	六团体联合
23	1943	重庆	北碚	7月18—20日	六团体联合
24	1944	成都	华西大学	11月4—6日	十一团体联合
25	1947	上海	社所	8月30—9月1日	七团体联合
26	1948	南京	中央大学	10月9—11日	十团体联合

资料来源：《科学》各次年会报道及中国科学社编纂的年会记事或报告，另见任鸿隽《中国科学社社史简述》。

第二节　从交谊性年会到学术性年会

中国科学社在全面抗战爆发前召开的21次年会，有两个转变过程：一是从在美期间的学生会性质的交谊性年会向学术团体的学术性年会转变；二是从单个综合性社团年会向联合多个专门学会的联合年会转变。

一、在美期间年会分析

第一次年会举办成功与否在很大程度上决定着中国科学社的前途与命运，因此地点和时间的选择就非常重要，否则到会社员太少，不仅失去年会的意义，对组织的进一步发展也可能产生不利影响。因为社员大多在美国，年会决定在美国举行，而在美社员“亦散处各地，道途邈远，未见能特以此会来相聚合”。经董事会讨论后，决定“暂就东美留学生年会开会之处举行之，以便社员到会者一举两得”，会址在东美的马萨诸塞州。[9]①首次年会是借东美学生会年会间隙召开的，在大多数留学生或者社员们看来，中国科学社年会自然不能与东美学生会年会相提并论。

1916年4月，推定哈佛大学赵元任、孙学悟、钟心煊为年会干事，并与东美学生会主干宋子文等商讨中国科学社年会与东美留学生年会合作问题。领导人也千方百计“笼络”各方人才，任鸿隽8月1日致信胡适言：

① 据统计，1916年8月年会召开时，共有社员180人。统计其中168人，美国109人，东部77人、中部23人、西部9人。《第一次年会书记报告》，《科学》第3卷第1期，第101－102页。

闻将不赴学生会，甚失望，“科学”之文艺会方望足下去读一篇大文也。迩闻饶树人病瘵，已弃学养摄，科学会自不能到。赵元任亦割腹治所谓 appendicitis〔阑尾炎〕。去此二人，科学年会岌岌可危。足下若又不往，愈减色矣。望勉为一行，或于最后二、三日内一往亦可。[10]3

饶树人即饶毓泰，此时担任分股委员会长，他和赵元任都是中国科学社骨干。好在最后赵元任光临会议并宣读论文一篇，胡适虽未与会，但提交了一篇论文，由杨铨代为宣读，为年会“增色不少”。

经过周密的筹备，中国科学社第一次年会假借东美留学生年会会场在马萨诸塞州安多弗的菲利普学院举行。到会社员 30 人，社长任鸿隽主席，唐钺、赵元任任书记，主要议程有社务会、讲演会和交际会。任鸿隽致开幕词后各职员报告。① 社务讨论中“社徽”形状未定案；期刊加价提案没有通过；通过胡明复提议，分基本金与专用金募集款项，并拟向政府请款。

年会交际会，旨在“引起到会者之兴趣，促进社内外之交谊”。讲演会即以后论文讨论会的雏形，当时名曰论文宣读。共宣读论文 5 篇，分别是任鸿隽《外国科学社及本社之历史》、赵元任《中西星名考》、张贻志《科学系统论》、钟心煊《名词短评》、胡适《先秦诸子进化论》。任鸿隽文系统地论述了他对科学社团的看法，是了解中国科学社历史的重要文献。赵元任文被认为是他早期最为重要的著作之一，以后扩展发行单行本，由中国科学社出版。钟心煊文回应了《博物杂志》对《科学》的批评，《博物杂志》说《科学》所用科学名词“多属别创”，不遵从已通行的翻译，于学术传播与交流都不利。钟心煊认为这种批评相当有道理，希望以后社员们作文应多备中国粗浅教科书，不要多用新名词。胡适文章则是他博士论文的重要组成部分。几乎每篇论文宣读后，都曾引起讨论。如任鸿隽宣读后引起梅光迪关于名誉性学会与研究性学会的区分论说，赵元任对张贻志的研究有不同看法，任鸿隽更与钟心煊有商榷。

虽然宣读的论文仅有 5 篇，但内容还不错，有些甚至在中国近代学术发展史上也有其地位。可以说，年会的“论文宣读”为这些作者的成长提供了机会与舞台。但是从另一个角度来看，这些文章很难用学术论文的标准来衡量，基本不是实验室的科学

① 计有社长、书记、会计、期刊编辑部、书籍译著部、分股委员会、经理部等 7 个报告。此次年会资料参阅《科学》第 3 卷第 1 期。

图 10-1　中国科学社首次年会社务会会所(安多弗科学馆)和演讲会会所(安多弗的古物所)

图 10-2　中国科学社第一次年会留影

前排正中的女士为陈衡哲。

研究与大自然的调查，因此也就难以达到真正学术交流的目的，起到学术交流的功能。同时，与会社友 30 人，提交论文之少显而易见。所以从“论文宣读”这一事项讲，此次年会实在难以用一般的科学社团年会来界定，毕竟是科学落后国家的一帮留学生召开的第一次准备不足的科学社团年会而已。但会议出乎意料的成功，象征着中国学术交流系统的萌芽，常年会干事部的报告中也说：“此会为本社有史以来之第一次，然以会中之成绩观之，尚为不劣，莅会社员亦颇称许。惟是到会人数究属太少，而论文之宣读者尤鲜，此急宜设法鼓励者也。”[11]任鸿隽也说年会“辰【晨】有社务之讨论，午有学术之讲演，晚则以艺文之绪余，心能之发舒，相竞为戏。繁而有理，辨而不乱，竞奋而悦怡，庶几于会之二义各有合乎！”[7]

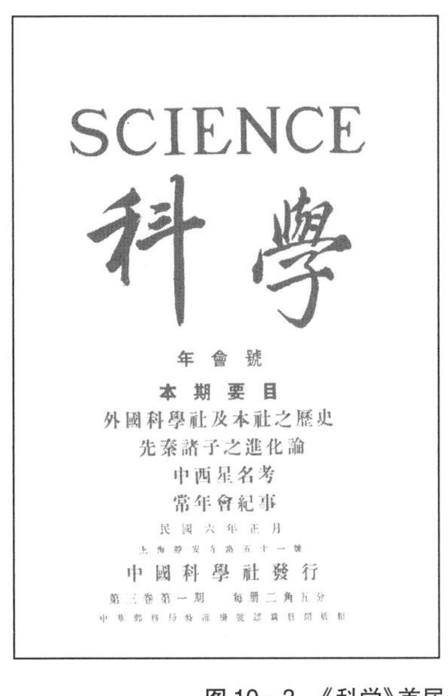

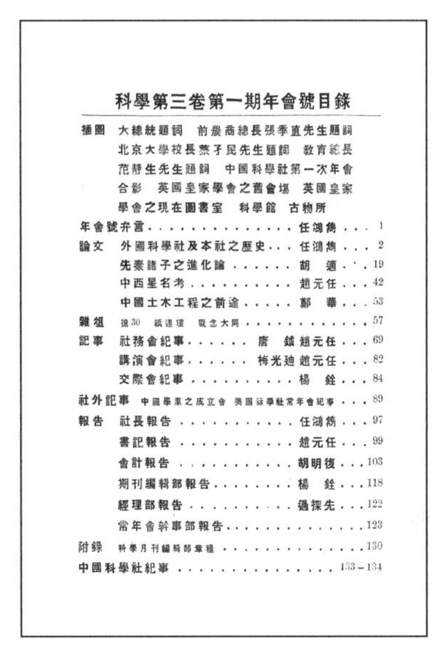
科學第三卷第一期年會號目錄

插圖　大總統題詞　前農商總長張季直先生題詞　北京大學校長蔡孑民先生題詞　教育總長范靜生先生題詞　中國科學社第一次年會合影　英國皇家學會之舊會場　英國皇家學會之現在圖書室　科學館　古物所

年會號弁言……任鴻雋……1

論文　外國科學社及本社之歷史……任鴻雋……2
先秦諸子之進化論……胡　適……19
中西星名考……趙元任……42
中國土木工程之前途……鄭　華……53

雜俎　撿30　紙連環　觀念大同……57

記事　社務會紀事……唐　鉞　趙元任……69
講演會紀事……梅光迪　趙元任……82
交際會紀事……楊　銓……84

社外記事　中國學桼之成立會　美國科學社常年會紀事……89

報告　社長報告……任鴻雋……97
書記報告……趙元任……99
會計報告……胡明復……103
期刊編輯部報告……楊　銓……118
經理部報告……過探先……122
常年會幹事部報告……123

附錄　科學月刊編輯部章程……130

中國科學社紀事……133－134

图 10－3　《科学》首届年会“年会号”封面与目录

“年会号”刊载了年会各种报告，是研究中国科学社早期历史的主要资料来源。

第二次年会与会社员共 29 人。第一次社务会听取职员报告，选举张謇为名誉社员，伍廷芳、唐绍仪、范源廉、黄炎培为赞助社员，蔡元培为特社员，并议决向政府和私人筹款。第二次社务会修改章程，确定了由吕彦直设计的社徽，铭刻“格物致知，利用厚生”八字。讲演会参加者 25 人，由杨铨主持，他说因演讲人数较多，时间短促，故限定每人平均演讲时间为 20 分钟。宣读论文有侯德榜《科学与工业》、吴宪《水于化学上之位置》、王孝丰《飞机》，不得宣读机会的论文有任鸿隽《发明与研究》、杨铨《科学的管理法在中国之应用》、李寅恭《森林与农业之关系》、张贻志《桐油之制造及其商业价值》、胡嗣鸿《用火蒸法于黄铜中取纯铜及纯锌之索隐》等。①

从论文宣读的过程看,重点是王孝丰用幻灯演讲飞机的类别及功用、发展历程等,引起与会者的极大兴趣:“闻者津津如吸学泉,佥谓为不可多得之演讲”。杨铨、赵元任对侯德榜的演讲进行了补充与质疑。侯德榜报告中说“科学研求律令,实业应用律令”,赵元任指出1914年美国《通俗科学月报》(*Popular Science Monthly*)也有文章讨论这样的论题,但观点不同。侯德榜回应说他的论文“仅就普通而言,科学与工业经济上区别甚多”。对于吴宪的报告,孙学悟、赵元任也提出问题进行讨论。应该说,论文宣读引起与会者的讨论,达到了“砥砺学问”以促进学术进步的效果与目的。

但作为一次年会的专门议程,提交8篇论文,只宣读了区区3篇,多数被藏之“深闺”,对论文作者来说,这是不“尊重”;对会议的这一专门议程来说,这是不规范,似

图10-4　1917年第二次年会合影、合影人姓名及其位置

由此照可以看到中国科学社早期许多社员的容貌。值得注意的是,凌鸿勋应写为凌鸿勋。

① 除《飞机》一文外,其他7文分别发表于《科学》第4卷第1期和第3期。另外,胡嗣鸿、李寅恭未到会。此次年会资料源于《科学》第4卷第1期。

乎有形式主义的嫌疑。与此形成鲜明对比的是,“交际会”不仅有时间开得充分,而且场面十分火爆。就是这能提高学术氛围的论文宣读是如此“干瘪无味”,可见学术交流在年会中的地位。虽然分股委员会长陈藩在年会报告中有言,“本年各股均有论文付常年会宣读,皆作者特别研究,多则年余,少亦累月,潜心考验之结果。深望众社友于宣读之时,或于发刊之后,细加讨论,以期阐扬真理。”[12]但从实际情况看,除吴宪、张贻志、胡嗣鸿等人文章有一定水准外,其余各篇很难算作学术性论文,因此《科学》也将任鸿隽、侯德榜、杨铨等文归为“通论”。具体而言,吴宪等三人的文章虽仍是一般性论述,还未达到真正科学研究的水平,但还是有相当的价值与意义,如胡嗣鸿文就被认为开中国工业化学研究之端,[13]张贻志文也涉及一定的实际情况。那些所谓“通论”文章也开启了中国最早的科学社会学研究,不能不说有开风气之先的意义。因此,本次年会“演讲会”虽因宣读论文太少实在不算成功,但从论文内容质量与数量看,与上次年会相较,终有一定的进步。同时,本次年会还有一个举措——参观工厂,这是当时留美学界一般社团组织年会所没有的,因为社员们认为“参观工厂可增长学识,此为吾学生之分内事”。

1918 年年会是一个转折点。首先,虽然会议地点与东美留学生年会召开地很近,但毕竟与其分开举行,表明中国科学社年会在留学生中已经有了一定的影响,至少可以半独立了。第二,此次年会议程对中国科学社年会的发展来说也有里程碑意义,不但与中国工程学会联合召开,而且增加了开幕式邀请主人演讲这一以后固定的模式和开创邀请社外名人演讲的先例。① 开幕式上有康奈尔大学文学院院长梯利②和设计建筑大同俱乐部的班斯(Barnes)教授演讲,闭幕式有康奈尔大学代理校长金姆保(Kimball)致词,并邀时任教育总长范源廉做报告。论文宣读安排在最后一天下午 2—5 时,仍由杨铨主持,共宣读论文 12 篇,篇目及作者如下:

1. 刘廷芳《美国教科书对华态度之研究》

2. 陆费执《诱鸟谈》

3. 颜任光《测量光速新法》

---

① 有关本次年会资料见杨铨《中国科学社、中国工程学会联合年会记事》,《科学》第 4 卷第 5 期,第 496－501 页。

② 杨铨当时翻译为文科科长特勒教授(Prof. Thilly),即 F. Thilly(1865—1934),著名哲学家和哲学史家,以《西方哲学史》一书著称于世,1915—1921 年任康奈尔大学文学院院长。

4. 顾振《电话》

5. 汤震龙《克尔雷每小时行百里火车之发明》

6. 程孝刚《工业之标准》

7. 钟心煊《植物之应用》

8. 王善佺《选择棉种术》

9. 张名艺《复性盐对于电流分解之作用》

10. 卫挺生《国外资本输入问题》

11. 茅以升 *Transition Curves*

12. 王金吾《家畜传种秘法》

其中前5篇由本人宣读,接下来5篇由人代读,最后2篇由于内容太专深,仅宣读题目。由于论文多,时间紧,每篇文章"仅述大意,讨论亦极少",没有得到充分讨论。与前两次年会与会论文仅为一般性介绍在美习得科学知识不同,这些文章大多是研究所得,如王善佺、张名艺、茅以升、王金吾等人的文章。12篇论文中有多篇相关生物农作物,表征了社员们关注现实社会的程度。从论文内容与质量、数量看,本次年会的学术交流功能有相当大的提升。但也正是因为这样,出现了一些亟待解决的问题,如论文已显出内容艰深、专业性强的趋向;演讲会时间太短,论文宣读时间已远远不够,遑论讨论;等等。这样自然减低了学术交流的功能、达不到通过交流促进学术发展的目的。这就要求会议组织者们考虑减少议程中其他事项,增加学术讨论的时间与机会。会议历时4天之久,却仅有一个下午两点到四点五十分进行学术讨论,其他外出游玩(会议期间一整天)、社务会、交际会、演讲会等不一而足,无论如何这不是一个学术社团年会的表现。

陆费执是在美时期中国科学社骨干,曾执掌分股委员会。他暑假参加了东部中国留学生年会及中国科学社年会,下面是他日记中关于此次年会情况的记载。8月30日抵达伊萨卡,"遍询中国科学社会所不得,乃往万国学生会访秉君志,岂知踏破铁鞋无觅处,得来全不费工夫,科学社会所即在其地。报到者已有廿四人矣。晚科学社年会开始"。31日,上午开议事会,"不外乎诸职员报告、选举新职员结果及琐事而已。下午范静生先生在科学社演讲。大旨谓现在少年人(留学生尤甚)鉴于中国内乱外患及种种不宁之现状,多抱悲观主义。此乃大误,盖世无不可为之事,无不可救之事,且中国现在并非处于不可救药之地位。所有内乱为过渡时代之所必经,自当渐行解决。但望诸君切勿自馁,勇往直前,坚忍不拔而为之,必可达到

图 10-5　1918 年与中国工程学会联合年会留影

目的云云”。[①] 9 月 1 日，上午全体摄影，下午作游湖之举，晚开交际会，金岳霖、杨铨表演滑稽翻译，“金君以英文演说，杨君为汉文传译，按字译字，竟与原文意大不相同，其中离奇处，颇堪发噱，亦可谓游戏中之雅者”。赵元任有问题 50 条，“读其问语，在座者应以答语，以首答者为胜，亦练人脑力之一法也”。9 月 2 日，下午宣读论文会，共有文 12 篇。晚以音乐会闭会。[14]

从这三次年会时间分配可以了解当时会务孰重孰轻。第一次年会借用了东美学生会活动时间的一天，上午社务会，下午演讲会，晚上交际会，非常清楚，学术交流时间占据 1/3。第二次年会开了两次社务会、一次演讲会、一次交际会，学术交流时间为 1/4。第三次年会也仅用了一个下午进行学术交流。从会议时间安排来看，当时年会学术交流每次仅有一次机会。在美的这三次年会，规模小，历时时间也不长，会议重心在社务讨论与社员之间的交谊上，特别是交谊方面与当时留美学界的学生会组织有“共通之处”。因此，在一定程度上说，此时中国科学社年会可以名之曰学生会性质的交谊性年会，而非真正意义上的学术性学会的学术年会。

---

① 比较中国科学社对范源廉演讲的记载，可见记录者不同所造成的绝大差异：“先言对于中国政局之见解。略谓中国之亡不亡，各人问心便知。吾信其不亡，努力作事，便不亡矣。今日南北所争为宪法问题，久必自决，实不足深忧。次言中国之根本问题实在社会，社会中之最大问题则为工人问题，因痛论工人自有史以来所受之虐待无告，与其对于中国存亡之影响，及所以补救之方。末于留学生归国办事立身之道复深切言之。”杨铨《中国科学社、中国工程学会联合年会记事》，《科学》第 4 卷第 5 期，第 499 页。

从发展趋势看，作为一个学术社团的年会，还是有与学生会年会不同的地方，无论是演讲会的论文质量还是数量，都有一个不断上升的趋向。这表明它逐渐在向一个学术团体的年会功能转化，其向学术交流体制化方向的发展也很明显，特别是随着论文数量的增多与专业质量的提升，已经有增加论文宣读时间和分组讨论的客观现实需求。

当时国内成立的所谓各种科学社团，虽然有学会的名义，但没有学会的内容，年会这一学会必须事务一般也不召开。中国地学会章程规定举行定期和临时演讲会进行学术交流，开近代中国科学发展史上正规学术交流的"风气之先"，但非常遗憾的是，地学会由于社务发展时断时续，未能将此机制制度化。中华工程师学会成立后也召开年会，但基本上不进行学术交流。中国科学社年会在美国的召开及其论文宣读，直接受当时世界上各种学术团体年会模式的影响，回国后将这一先进的模式输入中国，并引导中国学术交流体系的发展。当然，作为学生时代的社团，中国科学社年会还保留了当时留美学生会组织的痕迹，大体上还是一个"交际"的场所，而不是学术交流的舞台。

1916 年第一次年会后，研习数学的胡明复参加了在哈佛大学举行的美国数学会年会，"欲一观美国学社开会之条理与精神，以得与本社相比较"。"其会之最堪注意者，为其论文呈进之多，计前后共有四十余篇。回顾吾社，范围虽较广甚，而论文呈进之数，乃仅有四。相形之下，不觉自惭"。他为中国科学社年会论文之少分析客观原因："美国算学会为算学教师所组织，其社员类皆能为高深之研究，而其会员人数且达四五百以上，则其常会之有四十余篇论文者，亦其所宜。吾社则草创未久，社员虽亦有百八十人之谱，然多半尚在肄业时代，不能为独立高深之研究。其在本国者，以无图书馆及实验室，亦不能有所著述。则四篇之数，已不得谓少。所深望者，第二次常年大会时，能数倍此数耳。"最后褒奖中国科学社年会曰："就开会之精神言，则吾社未尝少逊于美国算学会，而热心则过之。此尤为可贺者。"[15] 胡明复到美国数学会年会是去取经的，他知道中国科学社还是一个刚出生的婴儿，需要阳光与雨露，更需要它山之石。他看到了中国科学社的不足，也认识到了以后努力的方向，他是乐观主义者，希望中国科学社未来的年会能如美国数学会年会一样成为学术交流的平台。

1917 年第二次年会后，研读化学的任鸿隽到麻省理工学院参加美国化学会年会，"不独自视亦化学会之一分子，有参与其会之义务，且欲藉他山之石，为吾科学社攻错也"。与胡明复一样，任鸿隽首先看到的是与会学者之众与提交论文之多(700 余人与会，提交150余篇论文）。会后他有两点观感，除慨叹美国科学家对国事热心而外，更钦佩他们对学问的挚诚："学会之有会，固以讨论学术为事，然如该会之日列讲筵，亘二三日不休者，亦不多有；而到会者皆能听不倦，是又讲学有道之士所与常人异者耶。"[16]任鸿隽看到的是美国学者对学问的态度，这自然也是他们需要学习的榜样。具体操作年会的成员们深知年会存在的问题，需要改进与改良的地方。1917年第二次年会干事杨铨、钟心煊、薛桂轮、胡明复、徐允中在《常年会干事报告》中提出"临时干事宜多""论文宜先期交稿""宜征集社员对于常年会之意见"三点建议，指出：

常年会制度尚在试验时代，徒恃少数干事之经验见解自不能餍全社之望。其中如交际会讲演会次改良之处甚多。然若不得社员之意见，虽年年更易，仍不免暗中摸索隔靴搔痒之讥。[17]

中国科学社作为一个留学生社团，无论其目标多么远大、活动多么频繁，但对美国而言，仅仅是一个外国学生组织，是外在于美国社会的产物，不能融入美国社会；对中国社会而言，也仅仅是一个在中国之外的留学生组织。中国科学社成立的目标是针对中国的，只有在中国社会取得成功，它的创建才有意义。中国科学社能把他们在美国的经验与成功带回在这方面几乎是"荒漠"的中国吗？

二、迈向学术性年会：1919—1925年年会分析

正如前面章节所言，回国后的中国科学社首先面临的是生存问题。年会因而成为中国科学社向国人展示自身价值的舞台，也成为扩大社会影响的手段，获取生存资源的重要方式。因此，第一次国内年会是否能如期举行、是否成功，对中国科学社来说，至关重要。

社员们归国后四处分散，聚合成为问题。在时间和精力上，不像在美国时总有假期可以利用，现在不仅有职业牵挂，而且有些人还有"家累"，哪能有过去那般潇洒。国内科学研究氛围稀缺，更缺乏研究资料与实验设备，年会宣读的论文从何而来？1919年4月22日，任职汉阳铁厂的杨铨，与竺可桢、陈伯庄等接待途经汉口的任鸿隽后，致信胡适说：

今年年会论文尚无一篇，兄在大学，于哲学上必有新研究，能许我一篇否？大学同志中必多学者，请代年会征求论文。若无此物，今年年会真意尽失矣。[10]39-40

年会若没有学术论文宣读，也就失去了意义，杨铨深知年会学术交流的重要性，因此千方百计征求论文。经过多方努力后，回国后的第一次年会在杭州召开，推定了

以钱天鹤为委员长的年会筹备委员会，包括杨铨、金邦正、尤志迈、路敏行、陈伯庄、张孝若、高铦、李垕身、蒋梦麟、凌道扬、钱崇澍、陈嵘、郑宗海、邹秉文等。这些人中邹秉文、陈嵘、钱天鹤、郑宗海、凌道扬、钱崇澍等在南京任教，是当时南京教育界的中流砥柱；金邦正、蒋梦麟当时已是教育界的名人；张孝若作为张謇的儿子，也有潜力可以"挖掘"。从年会筹委会的组成看，其顺利召开应毫无疑问。

1919年8月15日，中国科学社第四次年会在杭州的浙江省教育会如期举行（同时美洲分部与工程学会举行联合年会），到会社友30余人。开幕式由竺可桢主席，胡明复代表社长任鸿隽致词，其中有些话很有道理：

> 今日中国现状至可危，外交勿论矣，政局不定，学术不讲，实业不兴，人以利禄为怀……吾国近年教育实业发达颇可人意。惟教育仍多属普通，不及高深，卒业生于学术上苦无自立之能力，不足以济用。而资本家又多眼光太近，不善用新人材……吾人根本之大病，在看学问太轻，政府社会用人不重学问，实业界亦然；甚至学界近亦有弃学救国之主张，其心可敬，其愚则可怜矣。①

切中当时中国的肯綮问题，诸如"弃学救国"、不尊重学问、急功近利等。正式会议8月16—19日共4天，论文宣读会仅18日上午9点半到11点，其他有所谓社务会、科学演讲会、名词审查会、全天游览西湖、参观工厂农场等。

图10-6　1919年国内首次年会召开地杭州浙江省教育会

---

① 此次年会资料源于杨铨《中国科学社第四次年会记事》（《科学》第5卷第1期，第107页），不再一一注明。

论文宣读会由郑宗海主持，他说："各学会每年皆有论文，其目的有二，(一)互相策励，(二)公共研究，故余以为谓之宣读论文，不如曰研究报告之为切当也。"郑氏真正切中学术交流的要旨，确实应该将论文宣读改名为"研究报告"，将平常研究所得报告于与会同人。他虽说本次论文较多，但由于时间关系，仅读三篇：

胡适《清代汉学家之科学方法》(金邦正代读)

胡先骕《细胞与细胞间接分裂之天演》

黄金涛《汉阳铁厂炼铁法》(周仁代读)

除继承了在美时期论文宣读时间紧张而不能充分讨论的"遗产"而外，在宣读论文的数量上是一个倒退，这样留美时期需要分组讨论的"客观需求"亦复不存在了。郑宗海既然说收到论文甚多，却不予以讨论，甚至到底是哪些人写了些什么文章，都不得而知，这在相当意义上是对作者的极端不尊重。当然，仅从宣读的三篇论文来看，其学术性已经超过了在美时期，胡适文章被认为是胡适重要作品之一，开启其科学研究方法和整理国故先声；胡先骕和黄金涛论文也都是专业性较强的作品。

本次年会也有"创新"。由于在科学落后的国内，年会增加了公开通俗科学演讲一项会程。本来吴稚晖有"妙言"的，但"因误车不及到会"，胡敦复讲《科学与教育》、过探先讲《中国在世界农业之位置》。此外还实地参观工厂、农场等，更少不了各处应酬，四出赴宴。这种情况在以后各次年会形成"定式"，至今仍是许多学术会议的"通病"。到1934年该社还在下决心，"议决以后绝对避免一切宴会，以讨论学术为宗旨"云云。[①] 此次年会基本上确定了以后年会模式，开幕式—社务会—赴宴—科学演讲—游览—论文宣读—实地参观，其中"赴宴"似乎为重中之重。

第五次年会原计划在北京举行，后因财政部拨给南京社所和图书馆的建成，为表庆贺改在南京举行，举金邦正、胡刚复、张准为筹备委员。[②] 本次会议在中国科学社年会发展史上有特别指出的地方。一是会期长达七天，这不仅使社务讨论有充裕的时间，更给以前总是草草了事的学术交流提供扩展时间的机会；二是在此前通俗科学演讲之外，增加了学术演讲，即任鸿隽在报告所说的"公开学术讲演"，"使一班人知

---

① 《申报》1934年8月28日。

② 本次年会资料除注明外，主要源于《中国科学社第五次年会记事》(上海市档案馆档案，Q546－1－223)和《申报》1920年8月12、16、17、18、21日，不再一一注明。

道科学上的新理与新发明”。本次会议,共进行了三次通俗演讲,分别为颜任光《实验主义》、任鸿隽《爱恩【因】思坦重力新说》、黄昌穀《钢铁金图学提要》。更为重要的是,也举行了三次论文宣读:

第一次:第三天上午,由胡明复主席,分别宣读:

1. 谢恩增《中国脏腑经络之沿革》(孙洪芬代读)

2. 茅以升《西洋圆周率史》

3. 过探先《中国棉业之前途》

4. 何鲁《中等算学教授选材问题》

谢恩增、茅以升两文引起听众的极大兴趣,“听者均极满意”“见者无不惊羡”;过探先、何鲁文章,“皆本其学问经验,对照现状立言,实有关系于实业及教育之前途”。从上午九时开始,“散会时已过正午矣”。

第二次:第四天上午,由孙洪芬主席,宣读有:

1. 竺可桢《西湖造成原因》

2. 李寅恭《鸟对于农林之利害》

竺可桢研究表明,西湖约在一万二千年前形成。论者以为竺可桢的研究,在历代文人雅士咏叹西湖的诗文之外,为西湖湖色山光“放一异样色彩”。李寅恭分类说明鸟对农林的作用,“对于中国森林之不振及益鸟之无保护,良深叹息”。

第三次:第五天上午,由胡刚复主席,分别宣读:

1. 赵元任《注音字母与译音标准》

2. 颜任光《阳极射电》

3. 经利彬《麻醉剂对于血液成分之影响》(何鲁代读)

4. 钱天鹤《新式蚕种盒》(过探先代读)

有鉴于名词术语翻译的杂乱无章,赵元任“就注音字母定出译音标准”,论者希望其标准能通行;颜任光研究了阳极射电在化学分析上的应用;经利彬成果由实验得来,“且极有关于生理学及医学”;钱天鹤的研究,“于丝业极有影响,有志此业者不可不注意”。

会后,因本次年会论文多,内容丰富,而且大多为科研论文,《科学》刊载又嫌太慢太迟,故拟出年会论文专刊,名《中国科学社研究论文第一集》。[18]已经认识到科学交流的时效性与专业性,这是学术交流体制化很重要的一步,可惜这一预想未能最终实现。只得退而求其次,将《科学》第6卷第1期编辑为“年会论文专刊”,虽在时效上打了折扣,但仍可谓开创先例。杨铨在发刊词说学会刊与会论文专刊是常识,由于过去论文较少，不能发为专刊，而此次年会论文较多，故发刊此“年会论文专刊”。并说：“兹篇所载，非有新知创论以饷国人，聊举同人研究所得以与吾国学者相切磋而已，年来国人皆知提倡科学之不容缓，然惟研究乃真提倡。”①《科学》刊载这些论文已深切科学交流的真谛，并认为提倡科学研究才是提倡科学的唯一正途，打出了科学研究的旗帜。正如上面所述，本次年会论文内容表明国内终于有进行科学交流的人才与成果，如钱天鹤《金陵大学新式蚕种制造盒》是作者在金陵大学潜心研究所得。当然并非一切都是如此乐观，由于欧战的影响，“数年前，社会重科学，弃文学，今则反之，重哲学”；而且“新旧学派各据一方，但前者专凭经验……后者玄谈，皆无科学精神”。[19]受世界思想界因反思一战而兴起“东方主义”影响所致，“科学破产论”已经在中国社会蔓延，可以说中国科学社切中时弊的科学宣传与提倡研究的道路任重道远。

1921 年年会是中国科学社第一次走向当时政治文化中心北京。② 中国科学社与地质调查所、北京大学的地质学家们联合起来，也得到了当时中国学术水平最高的地质学界的承认。年会开幕式由时任清华学校校长金邦正主席，召开了社务会、科学教育讨论会和论文宣读会。会议两天，召开了两次论文宣读会，宣读论文九篇：

1. 翁文灏《甘肃地震考》（丁文江代读）
2. 秉志《缺色鼠之神经系》（唐钺代读）
3. 竺可桢《中国对于气象学之贡献》（胡刚复代读）
4. 李四光《中国地质》
5. 张泽尧《油脂质分解加速之研究》（程瀛章代读）
6. 黄昌穀《吾对于高速钢之经验》（任鸿隽代读）
7. 杨光弼《分析矿锌之经验》
8. 谌湛溪《沙金采集计算法》（胡明复代读）
9. 赵元任《国语罗马字》（唐钺代读）

九位作者中有翁文灏、秉志、竺可桢、李四光、赵元任等五人为 1948 年首届中央研究院院士。第一次出现了地质学论文，《甘肃地震考》是用近代科学方法研究中国

---

①《科学》第 6 卷第 1 期，第 1 页。该专刊刊载了茅以升《西洋圆周率略史》、谢恩增《中医脏腑经络学的沿革》、黄昌穀《钢铁金图学提要》、黄金涛《汉阳铁厂冶铁法》（英文）、胡先骕《浙江植物名录》、过探先《吾国棉业之前途》、钱天鹤《金陵大学新式蚕种制造盒》、赵元任《官话字母译音法》。可见，既没有全部刊载本届年会论文，刊载的也不全是本届论文。

② 有关本次年会资料见《中国科学社第六次年会记略》，《科学》第 6 卷第 9 期，第 967－968 页。

地震地质的第一位学者翁文灏在地震地质学方面的处女作,由此他对中国地震的分布及其地震与地质构造的关系等做出了卓越的贡献。[20]李四光1920年回国就任北京大学地质系教授,1921年就参加年会,进入科学共同体。作为中国科学社主要领导人之一的竺可桢,提交的论文开启了他对中国气象学史之研究,为他后来研究五千年中国气候的变迁奠定了基础。黄昌穀、谌湛溪、杨光弼的论文都是来自实践的结论,赵元任已经完全转向语言学的研究,秉志孜孜不倦地在动物学园地耕耘。虽然论文作者大多未能与会,但从论文数量和质量来看,这次年会在学术交流上有极大的提升,真正学术交流的机制正在形成。会后年会论文专刊终于诞生,名《中国科学社论文专刊》(*The Transactions of the Science Society of China*),用西文发行,进行国际交流(具体情况参阅本书第十五章相关内容)。这样,以此为孔道,中国科学进入了世界科学共同体,在世界科学界终于有成群体的中国人发出了声音。这是中国科学社在中国科学交流系统体制化过程中最值得宣扬的诸事之一。

同时可以看到,虽中国科学社生物研究所当时还未成立,但地质、生物这两门当时中国学界的显学已走到一起了。因此可以说,中国科学社至少已经成为中国地质、生物学的科学交流共同体。这样随着国内科学的发展,中国科学家角色也将逐步出现,中国科学社的学术交流也将逐渐走上真正的科学交流正途。当然此次年会并非了无缺点,曾受到鲁迅的讥诮。① 这也从一个侧面说明当时社会对科学的社会作用的了解和理解都存在分歧,也说明后来"科学与人生观"的争论不可避免。

1922年第七次年会在南通举行。为了迎接这次会议,南通各界专门组织了招待委员会,下分文牍演讲部、普通招待部、交通部、饮食及旅馆部、陈设点缀部、参观部、娱乐部、女宾招待部、会计庶务部等。同时南通各界对这次会议寄予厚望,希以此为契机,检讨南通自治、教育、实业等方面的得失,"引而进之,俾入于科学之途径"。本次年会可谓名流云集,开幕式社员40余人,而军政学商各界来宾梁启超、马相伯等达千余人,轰动一时。②

---

① 1921年9月4日鲁迅致信周作人说:"此间科学会开会,南京代表云,'不宜说科学万能!'此语甚奇。不知科学本非万能乎?抑万能与否未定乎?抑确系万能而不宜说乎?这是中国科学家。"《鲁迅全集》第11卷,人民文学出版社,1991年第5次印刷,第397-398页。需要指出的是,有关这段话的注称本次年会为"1921年8月20—31日在北京清华园举行的全国科学大会"。注释有两个不妥之处,一是开会时间不对;二是该会并不是全国科学大会,仅是中国科学社这个综合社团的一次年会而已。2005年11月版《鲁迅全集》注释依旧(第11卷第416-417页)。

② 有关本次年会见杨铨《中国科学社第七次年会记事》,《科学》第7卷第9期,第974-1008页。

统计5天会议赴宴9次,论文宣读仅5篇:

1. 丁文江《云南之东部地质结构》

2. 何鲁《数学之教学法》

3. 秉志《鸟类耳骨之解剖》

4. 赵元任《研究中国之方言发音法》(胡敦复代读)

5. 徐南驹《江苏水利问题》

丁文江论文为“亲历情形而撰成”“故愈觉真切有味”;秉志“极言鸟耳之构造,分外中内三部及其感觉声音之原理”;赵元任“历言研究之方法,又举声韵之学以申明之”;都引起与会者的极大兴趣。因时间问题,徐南驹论文不得宣读,只得移到晚上,与丁文江《历史人物与地理之关系》一样成为“科学演讲”。可见,本次年会虽然在中国科学社发展史上有举足轻重的地位(进行改组),但其学术交流相对于此前的1920年、1921年两次,有一个顿挫。

1923年再次在杭州召开年会。① 7月22日,任鸿隽致信胡适透露了其间的一些内幕:

科学社年会的事体,因为柏丞不给我们回信,我们正没有办法,幸亏后来钱天鹤到了杭州,和何、应诸君商量定了,才得将会程付印。……年会筹备委员中,何、黄、应、张诸人均在内,你的大名也列入讲演委员中,想来你是不会反对的。社外讲演的人,我们约了精卫、君武和相伯几人。精卫答应准到,并且希望见见你。君武因为我们去年约了任公,没有约他,很不高兴,所以我们必得约他一下。至于相伯老先生,今年未必能去,不过敷衍敷衍罢了。[10]211-212

任鸿隽信函中提及几位分别是何柏丞(炳松)、应时、黄人望、张乃燕、汪精卫、马君武、马相伯与梁启超等,年会在一定程度上成了名流们展示自己的舞台,共安排了三次社务会,两次论文宣读十篇(有多篇代读):

1. 吴伟士《显微镜理论》

2. 翁文灏《中国中生地质述略》

3. 朱其清《晚近无线电之发明》

4. 董常《江苏火山遗迹》

5. 谢家荣《中国坠石考》

---

① 有关资料见《中国科学社第八次年会记事》,《科学》第8卷第10期,第1105-1112页。

图 10－7　1923 年杭州年会留影

6. 冯肇传《玉蜀黍之遗传形迹》

7. 张景欧《蝗患》

8. 陈桢《新式薰蚁炉》

9. 王琎《五铢钱成份及古代用铅锌考》

10. 吴承洛《化学史研究》

六次通俗科学演讲，主要有翁文灏《何谓地质学》、曹惠群《人类之恩仇》、吴伟士《自然学研究》、汪精卫《个人对于科学之概念》、柳诒徵《人类与科学》、李熙谋《无线电》、吴承洛《创造与他学》、马相伯《世道人心由于同化力》、胡适《科学方法整理国故》等。并召开一次“实业讨论会”。

可见，本次年会不仅加大了科学交流的力度，对科学宣传和普及更为重视，也关注实业发展。首次出现外国科学家论文（美国昆虫学家、时任江苏昆虫局局长吴伟士），表明年会科学交流的开放性，使这一时期来华外国科学家进入中国科学共同体，以更好地服务于中国，当然也提升了年会的学术性与吸引力。本次年会论文以地质、农学、生物、工程为特色，作者中有翁文灏、谢家荣、陈桢三人后来成为首届中央研究院院士，王琎关于五铢钱的研究，是中国化学史研究的标志性成果。当然，本次年会最大特征是公开科学演讲之多，对有关科学的各个方面都进行了阐述，如汪精卫认为当时“托诸空言，不求实在”的清谈现象很不利于科学的发展，这在很大程度上是对“科玄”之争的批判，也切合了中国科学社宣扬科学研究的科学救国策略。

图 10-8 第九次年会暨十周年纪念留影(1924 年 7 月 2 日摄)

1924 年年会本来计划在青岛或济南举行,饶毓泰因南开大学科学馆建成也邀请到天津召开,后因临城劫车案造成鲁南政潮,改在南京举行,同时开成立十周年纪念会①。论文大增,两次讨论共计 24 篇,翁文灏因之反驳"中国虽有科学社,中国究竟有无科学?"的疑问,宣称"中国有科学了!"[21]第一次宣读论文 7 篇生物学论文,第二次宣读论文 17 篇②,每人宣读时间规定 15 分钟,"对于各论文均有讨论,兴趣甚多",论文作者都是以后在中国科学发展史上做出重要贡献的科学家,③其中有些论文在中国

① 本次年会资料见《中国科学社第九次年会及成立十周纪念会记事》,《科学》第 10 卷第 1 期,第 141-149 页;《申报》1924 年 7 月 3—7 日。

② 论文题目分别为陈桢《芽虫之发长及他生物现象》《金鱼之变异》,秉志《浙江沿海动物采集之报告》《扬子江鲸鱼之鲜剖》《中国蚌壳之类别》,孙宗彭(雅荪)《南京蜥蜴之分类》,陈隽人《燕京大学育种试验场之组织及成绩报告》,朱其清《自由振荡与继续连接之电路及其对于无线电信之应用》,叶企孙《晚近发现的磁学新现象及磁学理论之改造》,竺可桢《南宋时代我国气候之揣测》,翁文灏《长江流域地质之新调查》,谌湛溪《晶类之天然排列》《昆仑山构造纪略》《唯咈石之发现》,徐宽甫(韦曼)《昆仑山化石岩层纪略》,姚醒黄《土壤反应及植物对于地灰需要之检定法》《石灰、石膏及石溶磷酸盐与土壤之反应及其对于植物生长成分之影响》《土壤反应对于植物汁内氧游子浓度之影响》,梁津《周代合金之化学成分》,陈焕镛《中国樟科之分类》《中国植物名词商榷》,王家楫《南京原生动物之调查》,喻兆琦(慕韩)《蟹类神经系之解剖》,曾省(巍夫)《蜥蜴类脑部细胞之比较观察》。

③ 如生物学家秉志、陈桢、陈焕镛、王家楫、曾省、孙宗彭、陈隽人、喻兆琦,地质学家翁文灏、徐宽甫、谌湛溪,物理学家叶企孙,无线电专家朱其清,气象学家竺可桢,农学家姚醒黄等。

科学发展史上值得特书大书，如王家楫《南京原生动物之调查》、陈桢《金鱼之变异》等。此届年会虽然地质、生物、物理、化学、工程、农学、气象等各门学科都有涉及，但以生物、地质为中心。论文宣读已出现专业化趋势，生物学论文较多，因此进行生物学专门讨论(因时间不够，未能全部宣读)，其他学科分开交流。同时可以发现，中国科学社生物研究所已经初见成效，陈桢有论文 2 篇、秉志有论文 3 篇、陈焕镛有论文 2 篇在年会讨论，这都是他们在生物研究所研究所得。

1925 年年会在北京召开，虽然前后只有 5 天时间，但论文宣读会三次，第一次在北京大学，讨论生物学论文 6 篇，过探先的《中美棉种生育状况之比较》一文在中国棉业改良史上有突出的地位，秉志、陈焕镛的论文是在生物研究所研究的成果，金叔初与葛利普合著古生物学论文。第二次在政治学会宣读李济、马寅初、刘大均、丁文江等人的社会科学论文 4 篇，李济论文关注人种测量，丁文江继续他的历史人物与地理关系研究，成为近代学术史上的名篇。第三次在地质调查所宣读地质、气象、物理学等方面的论文，竺可桢、蒋丙然、叶良辅、谢家荣、饶毓泰等宣读论文 5 篇。由于时间关系，翁文灏、袁复礼、孙云铸等人论文来不及宣读。[①] 本次论文宣读虽没明确提出分组，但已有分组的事实。同时本次年会更突出了地质学、生物学的地位，袁复礼、孙云铸、叶良辅等的加盟使地质学阵容可与生物学相媲美。从生物学和地质学论文作者供职单位可见，近代中国成果最为辉煌、人才辈出的两大研究基地，以秉志、胡先骕等为领袖的中国科学社生物研究所和以丁文江、翁文灏等为领袖的地质调查所已紧密地结合在一起，共同致力于中国科学共同体的建设与科学研究环境的改善。从 1924 年、1925 年的年会发展趋势看，随着科学本土化，科研成果越来越丰富，与会论文越来越多，中国科学社年会科学交流系统的分组讨论规范化形式将逐渐形成，并有可能由此促进各分股甚至各专门学会的产生；同时由于论文日益增多，论文宣读时间的限定也必将成为现实。

自 1919 年第一次在国内召开年会到 1925 年，时光逝去不少，年会也逐渐体制化，特别是在地质调查所和中国科学社生物研究所的引导下，在中国科学社社

---

① 在此次年会上南京社友会会长赵承嘏(石民)认为："科学社于某一部分的科学研究，虽觉当有贡献，但于科学的根本问题，仍未解决，……(一)须使科学与社会发生关系……(二)须科学家本其牺牲精神，不为他种利益而异其研究事业。"见《中国科学社北京年会记事录》单行本，1925 年刊，本次年会资料源于此，下不一一注明。

员等的不断鼓吹下，科学研究的风气逐渐形成，各大学的科学教育随着大批留学生的回归也有长足的进步，科学研究的成果不断涌现，各门学科的建设也正行进在"康庄大道"上，科学交流的需求与现实都日益加增，中国科学交流系统的体制化已经初步形成。中国科学社年会这段时间的繁衍充分展现了当时科学发展的历程。

但，新的国民革命开始了。

第三节　从单团体年会到联合年会

国民革命使1919—1925年中国科学社年会的学术性转换历程中断，从1926年开始，年会在革命与学术之间摇摆，一直到1929年才基本恢复其学术交流体制化进程，从此步入全面发展阶段，最终演化为中国科学家的大团结。

一、1926—1933年学术性年会的顿挫、恢复与发展

1926年的广州年会是中国科学社第一次真正走向革命的"圣地"，会期六天，以论文宣读与公开演讲相配合，间以游览参观，而以公开演讲为主。[①] 年会第二天，当吴稚晖、过探先在中山大学大礼堂进行通俗科学演讲时，在农科学院，秉志、胡先骕、黎国昌、孙宗彭、方炳文、张宗汉、喻兆琦的论文正在接受与会者的检验，共宣读7篇生物学论文，其中6篇为生物研究所成果，除秉志、胡先骕等老师辈外，方炳文、张宗汉、喻兆琦等学生辈也"登场亮相"（秉志未能与会，论文由胡先骕代读）。第四天，杨端六、李熙谋、曾昭抡举行公开演讲时，生物、物理、化学和工程、社会等方面论文9篇予以宣读，秉志、曾昭抡、冯锐、孟心如、吴承洛等中国学者外，窦维廉、伊博恩等外国学者也有文与会。[②] 但自1921年来就占据重要位置的地质学论文一篇不见，而且以后翁文灏、李四光等虽积极参加社务，并相继成为领导，但除1928年、1930年各有2

---

① 参加公开演讲者有吴稚晖、过探先、杨端六、李熙谋、曾昭抡、胡先骕、褚民谊、王琎、何鲁和孟森。年会有关资料见《中国科学社第十一次年会记事》，《科学》第11卷第10期，第1471－1475页。

② 窦维廉（W. H. Adolph，1890—1958），美国著名营养化学家，时任教齐鲁大学，在年会上发表论文《中国北部食物之研究》；伊博恩（B. E. Read，1887—1949），英国著名药理学家，时任职北京协和医学院，提交会议论文《食品与疾病》。

篇文章外，地质学论文难见踪影。从此，前面提及的生物、地质科学共同体破灭了，其间的原因有待进一步探讨。①

本次年会最大特色是科学与革命、科学与政治关系的讨论，体现了社员们对“革命”的看法。但这种倾向表现得更明显的是1927年的上海年会。② 该次会议原定在青岛或庐山举行，因交通问题改在南京，结果孙传芳率军南下造成沪宁交通中断，不得已临时改在上海。这是中国科学社自1918年搬迁回国后第一次在上海这个国内第一都市召开年会。与会者虽然有80余人，其间不少名流如蔡元培、胡敦复、马相伯、胡适等，也有不少的学术名家如竺可桢、陶孟和、胡刚复、郭任远、叶企孙、严济慈、周仁、钱崇澍、饶毓泰、姜立夫等，但除赴各种宴饮外仅召开一次论文交流会，只宣读竺可桢《春秋日蚀考》、叶企孙《清华大礼堂之余音改正问题》、严济慈《石英结晶之两重反射》、钱宝琮《春秋历法置闰考》、梁伯强《最近血液类别研究之趋势及其与我国民族变迁之关系》、阮志明《我的日晷五种》及费德朗(M. Vittrant)《国际单位刍议》，

图10-9　1927年首次在上海召开的第十二次年会留影

① 中国科学社社长1923—1925年为丁文江，1925—1927年为翁文灏，都是中国地质学泰斗。从领导人看不出地质学退出中国科学社年会的原因。难道中国科学社到广州开年会，公开表现其政治态度是地质学离开年会的原因？因为当时中国地质学毕竟仅仅存在于北京的地质调查所和北京大学地质系，而丁文江却在国民革命高潮时应军阀孙传芳之邀就任淞沪商埠总办，公开与国民革命唱“反调”。当然，更大的可能性与地质学会自行召开年会有关，因为相比地质学会年会的专业性特点，中国科学社年会在学术交流方面当时实在还“非常业余”。1925年北京年会时，曾提出联合其他团体召开年会，翁文灏以为各学会开会时期不同，如地质学会在冬季、中国科学社在夏季，“势难同时”。具体原因何在，还需继续考察。

② 此次年会资料见《中国科学社第十二次年会记事》，《科学》第12卷第11期，第1616-1629页。

图 10-10　1928 年在苏州召开的第十三次年会合影

"此外尚有多篇",因赴白崇禧、郭泰祺宴而提前散会,"未能一一宣读"。社长竺可桢次年批评说:"去年在上海开会,几将大半之时光消废于各种应酬宴会,似觉于社务方面减却几分讨论之机会"。[①] 这一总结没有意识到 1919—1925 年逐渐建立起来的科学交流体制化进程已被中断。1926 年、1927 年两次年会在科学交流系统的建设上不但没有前进,反而退步了,从一个侧面反映了政治对科学的影响。

1928 年在苏州东吴大学召开的第十三次年会,出席社务会议的人数超过法定人数,是一大特色,因此更多时间花在参观与社务讨论上。会议有论文 19 篇,作者分别为翁文灏、赵元任、任鸿隽、秉志、钱崇澍、胡先骕、陈桢、陈隽人、蔡堡、黎国昌、喻兆琦、崔之兰、张春霖、欧阳翥、谢淝成、张宗汉、朱庭祜、秦仁昌、纪育沣等。[②] 但论文宣读时间仅 2 小时,只有 7 篇论文有幸宣读与讨论,其他论文因作者未到都被"束之高阁",并言"诸论文均得由本社各印刷品发表,兹略而不述焉"。即使到这时,学术交流还没有成为中国科学社年会的重心,虽提交论文的质量与数量都有质的飞跃,但它们在会议中的遭遇却是如此之"不幸"。从论文内容看,除任鸿隽一文为通论性质呼吁科学研究而外,地质学 2 篇、化学 1 篇、语言学 1 篇,其余 14 篇相关生物学,作者增

---

① 《科学》第 13 卷第 5 期,第 686 页。

② 本届年会资料除注明外来源于《中国科学社第十三次年会记事》,《科学》第 13 卷第 5 期,第 685-719 页。

加了蔡堡、张春霖、欧阳翥、谢淝成、纪育沣等,新一代学者相继加入,使中国科学社年会慢慢演变为新老科学家学术交流的舞台。这些作品都是作者科学研究的成果,例如纪育沣 1928 年在耶鲁大学获得化学博士学位,回国后就任东北大学教授,一跨进国门就迈入了中国科学社年会所形成的科学交流系统,这对他日后的成长有相当影响。翁文灏作为近代中国地质学的奠基人之一,提交论文是他关于华北中生代地质构造运动——燕山运动理论的重要组成部分。同时可以发现,除翁文灏、赵元任、任鸿隽、陈隽人、黎国昌、朱庭祜、纪育沣等人外,其他人都是生物研究所研究人员,或为导师,或为研究助理。中国科学社年会成为生物研究所展示科研成就的主要场所,这也许是生物研究所能很快培养出大批人才的秘诀之一。

1929 年年会在燕京大学召开了两次论文讨论会,①第一次主要是有关数学物理化学方面的论文共 9 篇,大多以英文写成,全为最新研究成果,②特别是第一次出现了数学论文,表明数学这门在中国有着古老传统而民国以来不受重视的纯粹学科也进入了中国科学社年会学术交流系统,物理学方面吴有训也是第一次与会。数学论文作者孙镛(字光远),1928 年获得芝加哥大学博士学位,回国任教清华大学,从 1927 年开始先后连续在国外发表 7 篇论文,是当时我国数学界最为活跃、成果最丰的学者之一。陈省身慕其名,南开大学毕业后考入清华大学跟随他读研究生。[22]吴有训在康普顿的指导下,完成了“康普顿效应”的部分工作,1926 年获得博士学位回国,先在大同大学、中央大学任教,1928 年夏来到清华大学。第二次会议讨论的全是生物学(包括古生物学)论文共 10 篇,③又有李继侗、李建藩、伍献文、王恭睦等新生力量与会。

图 10-11 燕京大学科学馆(左)和睿湖(右)

第十四次年会于 1929 年 8 月 21—25 日在燕京大学召开。

① 有关资料见《中国科学社第十四次年会记事》单行本,1929 年 10 月刊行。

② 作者分别是吴有训、余泽兰、孙光远、萨本栋、曾义、张克忠、韦尔巽(S. D. Wilson)。

③ 作者分别是蔡堡、李继侗、李建藩、胡先骕、秉志、伍献文、张宗汉、方炳文、王恭睦等。

本届年会最大举措是专门召开“一年来各种科学之进步”报告会，由各学科带头人报告，天文学由竺可桢代余青松，气象、无机化学、有机化学、地质学、动物学、农学分别由竺可桢、张子高、曾昭抡、翁文灏、秉志、沈宗瀚报告，这是中国科学社历届年会的第一次也是唯一一次。通过报告，使与会人员了解到自己专业以外各门学科的最新发展状态，扩展了科学知识视野，增加了科学交流的范围，脱离了仅仅专业讨论的樊篱，有利于科学的整体发展。可惜仅仅是“灵光一闪”，以后这种形式没有再在年会出现。

1930 年青岛举行的第十五次年会上，蔡元培得意于生物研究所的成绩，提议生物研究所要多招研究生以培育人才。竺可桢用德国人“若要科学能在德国发达，科学必须说德国话”来论证命题：“要发达科学，单靠翻译，专从灌输科学知识着手，是不够的，中国若是要在科学上有所建树，必须从研究入手。”①本次论文共 24 篇，门类较为齐全，各门学科的专家们纷纷与会，物理学方面有吴有训、陆学善、施汝为、王淦昌、龚祖同、倪尚达，化学方面有陈可忠、施嘉钟，数学方面有孙光远、高均，气象学方面有竺可桢，生物学方面有钱崇澍、汪振儒、曾义，生理学方面有蔡翘、徐丰彦，地质学方面有谢家荣、孙云铸，农学方面有张心一等，这些人都是近代中国相关学科发展的见证人。他们的加盟，表明随着时间的推移，中国科学社不断吸收各门学科人才进入其学术交流系统，而各门学科也将此作为他们科学交流的媒介，特别是此时还没有成立专门学会的学科，如物理学、化学、动物学、植物学和数学等。与以往年会生物学论文较多相比，本次年会物理学论文占据主导地位，说明随着中国科学的发展，其他各门学科的研究成果也日渐显现，不再让生物学唱独角戏了。吴有训的 X 射线研究得到了很好的讨论，②学生辈陆学善、王淦昌、施汝为等在他和叶企孙等人的指导下也茁壮成长起来，中国科学社年会为他们的成长提供了外在“动力”。值得指出的是，本次年会本来有两次论文讨论，但因大多数论文作者未能与会，被压缩为一次。另外，有鉴于日本虽然将青岛观象台移交给中国，但日本职员还把持着台务，台长蒋丙然希望予以援助。杨铨以为这事关学术独立问题，“本社以学术为立足点，故对于此事应以年会到会同人名义，对外宣言，促政府及社会之注意，以达到撤除日本职员，解决悬案之目的”。得到与会者同意，形成决议：“发表对于解决青岛观象台日本职员

① 《中国科学社第十五次年会记事》单行本，1930 年 10 月刊。

② 他把本次年会论文《单原子气体散射 X 光之强度》投寄给美国《科学院月刊》，此文与他同年先期投寄给英国《自然》周刊的《单原子气体散射之 X 线》为他赢得了世界声誉，同时也开创了“我国物理学研究之先河”。见严济慈《二十年来中国物理学之进展》，《科学》第 19 卷第 11 期，第 1708 页。

悬案之宣言,向政府呼吁;并促国内各学术团体注意,一致援助。”举蒋丙然、竺可桢、杨铨起草宣言书。

1931年镇江年会,论文交流机制更趋完善规范,规定每篇论文宣读时间不超过15分钟,讨论5分钟。① 论文共34篇,其中英文成文23篇,物理、化学论文大增,分别有7篇和15篇。物理论文主要由吴有训、严济慈、周培源、龚祖同、萨本栋、丁绪宝、倪尚达等撰著,化学论文主要由庄长恭、曾昭抡、余兰园、张仪尊、王葆仁等完成,生物学方面增加了罗宗洛等。从著者与论题可以看出许多论文是某一课题的子课题,在某一导师的指导下完成,如庄长恭与田遇霖等,曾昭抡与王葆仁、张仪尊等。这既说明了中国合作科学研究已有一定的成绩,也表明在某一导师指导下,学生们正茁壮成长。由竺可桢主持的第一次讨论会中,蔡堡《蛙类性腺之分化、互变及与脑下腺之关系》使与会者大有兴趣,他的研究表明,动物的性别可以在外力的作用下互换。留学日本获得博士学位的罗宗洛20世纪20年代对植物生理学的离子吸收研究在国际上影响很大,他的加盟扩大了年会生物学的研究范围。虽然留美与留日学生之间壁垒森严,而且罗宗洛传记作者也一再提及罗宗洛与长期“盘踞”在中央大学并欲统一中国生物学界的一位“元老”②的矛盾,但中国科学社年会还是向罗宗洛“开放”了。[23]本次年会虽然召开了两次论文讨论会,仅有11篇论文得到宣读,因此“每篇宣读后均有深切之讨论”。另外,会前将论文“汇编排印成小册,先期分发到会各社员”,这可以说是年会学术交流制度建设上的一个重大举措,这也是今天学术会议的“标准动作”。另外,根据年会论文委员会的建议,年会期间举行小规模的科学成绩展览会,“有本社及中央研究院、中央大学医学院、广州中山大学理学院与天文台、北平地质调查所及两广地质调查所等一年来之论文单行本工作写真及设备写真等二百余件”“参观者甚多”。

1932年在西安举行的第十七次年会是中国科学社第一次迈出东部地区,试图让科学进驻落后的西部地区。省主席杨虎城亲临,可惜到会社员仅21人,论文委员长竺可桢缺席,出席论文宣读会社员仅9人,收到论文11篇,宣读了6篇,大多与工业化学有关。③ 这是“国难”(指九一八事变)后首次年会,结果是如此模样,学术交流

---

① 有关资料见《中国科学社第十六次年会记事》单行本,1931年刊。

② 此传记作者也指出当时中国科学界存在比较严重的宗派主义,留学畛域仅是其中之一,另外有师承关系、毕业学校等。这位被指责的“元老”应是秉志。

③ 参见《中国科学社第十七次年会记事》,《科学》第16卷第11期,第1683－1687页。论文作者为李俨、胡博渊、陶延桥、李国桢、杨鹤庆、倪尚达、周厚复、纪育沣、余兰园等。

与传布科学于“落后”地区的愿望几乎落空,在相当程度上可以说,本次年会无论从哪方面看都是失败的。这自然与当时西安鼠疫爆发,阻碍了广大科学工作者的与会热情,也可能与当年中国物理学会与中国化学会分别在北平和南京召开成立大会有关。

与冷清的西安年会相比,1933 年的重庆年会可谓盛及一时。① 与会社员 118 人,不仅通过了有关四川建设和全国科学规划的 6 个重要提案,论文交流也达到了空前的规模,共有 42 篇,其中生物学论文占绝大部分,有 27 篇之多。② 已进入清华大学算学系的华罗庚才情勃发,有两篇论文与会;虽然著名地质学家杨钟健以《论研究有地方性科学之基本工作》从理论上讨论了地方性科学与普遍性科学的关系及其研究方法,但地质学论文并未回归;有国外学者莫尔司著文与会。③ 更为重要的是,中国植物学会借此得以成立,开启了在中国科学社年会期间成立专门学会的“风气”。可以说此次一百多人参加的年会为中国科学社单团体年会画上了一个相当圆满的句号,以后就进入使科学交流系统完全体制化的联合年会阶段。

到 20 世纪 30 年代,中国各门学科特别是纯粹科学数学、物理、化学等发展很快,加上前此已很有基础的生物学、地质学,中国科学的各门基础学科已经初具规模。可以清楚地看到,各门学科的科学家相继加入此一时期中国科学社年会这个学术交流系统,切磋学问,互相启发,共同促进中国科学的进步。许多老一辈科学家带领着他们的弟子在此倘佯,欣喜地看着他们通过这里走进科学殿堂,茁壮成长起来。同时,由于各门学科的发展,在年会中分科讨论的需求更为急切,在其他专门学会成立的基础上,召开联合年会是解决这一问题的最佳方案:可以集合各门学科专家就一些对中国科学发展来说具有全局意义的问题进行讨论,并分组进行各学科学术交流,以适应科学不断专业化的发展趋势。关于专门学会与联合年会的关系问题,曾昭抡曾有论说。他指出有了专门学术团体,“各门科学家的彼此合作和互相勉励,才很容易的进

---

① 有关资料见《中国科学社第十八次年会记事》,《科学》第 18 卷第 1 期,第 126－133 页。

② 论文作者从老一辈的秉志、钱崇澍、陈焕镛、黄际遇到后起之秀方文培、郑万钧、秦仁昌、张孟闻、方炳文、朱洗、卢于道、华罗庚等。

③ 莫尔司(W. R. Morse,1874—1939):加拿大传教士,华西大学医科创始人之一,曾任华西医院院长。初以医学博士在四川传教行医,后接受体质人类学教育,在中国开展相关研究,并在华西大学创办华西边疆研究学会和学会杂志。他提交会议论文为 *Notes on the Anthropology of West China, a very Abridged Report on the Chinese and non-Chinese Population*,是他人类学研究的成果。多谢四川师范大学张晓川兄提供莫尔司信息。

行”;但“除了各门科学的个别发展以外,相关的科学彼此合作,也是很重要的问题”,中国科学社发起召开联合年会就是从这个方面着想的。[24]

二、1934—1936 年的联合年会与中国科学界的大团结

1934 年中国科学社年会在庐山召开,中国地理学会、中国动物学会在竺可桢和秉志的领导下分别成立。于是该年会成为由中国科学社、中国植物学会、中国动物学会、中国地理学会四团体联合召开的联合年会,使学术论文分组讨论的规范化进程终于完成。① 论文宣读分成理化地理组,由竺可桢主持;动物组,由秉志主持;植物组,由钱崇澍主持。与会论文也达到了空前的 102 篇,其中地理气象 10 篇(英文 3 篇),作者有朱庭祜、张其昀、竺可桢、郑子政等;理化 5 篇(英文 1 篇,法文 1 篇),作者有倪尚达、张江树、王佐清、邓植仪、许植方等;植物 21 篇(英文 6 篇),作者有张景钺、李先闻、陈焕镛、李良庆、郑万钧、方文培、王志稼、孙雄才、裴鉴、李寅恭等;动物 66 篇(英文 15 篇,法文 3 篇),作者有秉志、李汝祺、卢于道、朱鹤年、李赋京、徐凤早、张宗汉、吴功贤、苗久棚、郑集、伍献文、陈世骧、方炳文、孙宗彭、朱洗、倪达书、王家楫、张春霖、杨惟义、喻兆琦、寿振黄、郑作新、张孟闻、曾义、曾省等。一批接一批的科学工作者在这学术交流的舞台先后登场。虽论文分组讨论,还是可以看出,生物学论文占据绝对重要地位,物理化学方面,由于没有相关专业团体参加,论文较少,与地理气象一起讨论。

图 10－12　1934 年在庐山召开的名义上的联合年会留影(摄于莲花谷青年会)

① 年会资料源于《中国科学社第十九次年会记事录》单行本,1934 年刊。

至此,中国科学社年会论文交流机制已基本规范化、体制化,从先期交稿到论文宣读讨论时间的限定,从无论谁都可主持论文宣读到由各学科带头人主席分组讨论,从以社务为中心到以论文讨论的学术交流为中心,近二十年漫长的历史发展终成"正果"。年会上也对学术交流的一些细节进行了讨论,如竺可桢指出"本年论文委员会成立时间太促,不便审查与整理,以后应提前组织",得到与会者一致同意。

规范化后 1935 年在广西召开的联合年会,除上述团体外,还有中国工程师学会、中国化学会参加,出席各团体会员及眷属 346 人,奥、德、美、日等外国会员 13 人,真可谓中国的科学大会,具有相当的国际性。这是自 1918 年中国科学社在美与中国工程学会联合召开年会以来,这两个团体在国内的首次合作。中国工程师学会相比中

图 10-13　1935 年在广西召开的第二十次年会合影

这是第一次真正意义上的联合年会,出席人数之多,从合影可见。

国科学社而言是一个专门团体，但它也是作为一个综合性团体出现在工程领域，到后来它一共有下属专业团体15个。中国工程师学会是当时中国会员最多的学术团体，无论是在学术界还是在实业界等都具有广泛的影响，中国工程师学会与中国科学社的联合是当时科学界走向团结的一个表征。

本次会议共收到论文140篇，分地理和普通、工程、化学、动植物四组讨论，分别由各学科带头人竺可桢、周仁、曾昭抡、王家楫主持。其中动物论文62篇（中文仅2篇），作者有秉志、王家楫、倪达书、陈义、喻兆琦、陈世骧、张春霖、方炳文、朱鹤年、卢于道、张香桐、欧阳翥、张宗汉、刘咸等，并有外国学者林耐自然历史博物馆馆长霍夫曼（W. E. Hoffman）。植物24篇（中文亦仅三数篇），作者有钱崇澍、张景钺、郑万钧、方文培、马保之、严楚江、李良庆等，也有外国学者日本人木村康一。地理和普通组25篇，作者有竺可桢、谢家荣、胡焕庸、刘咸、杨钟健、任美锷、陈宗器等，亦有两位日本学者和一位奥地利学者。化学15篇，作者有赵廷炳、郑法五、吴学周、柳大纲、袁翰青等。工程14篇，作者有蔡方荫、赵祖康、茅以升等。论文的分组更加科学化、规范化，论文的分布更具有代表性，当然生物学仍居于主导地位。① 竺可桢作为大会主席发言，论说了召开联合年会的"益处"："往年学会开会，往往单独分开，但是因为有若干会员，是属于两三个学术团体的，若是各会统到，则时间与财力，两不经济，若单到一处，则顾彼失此，故各学术团体，既然志同道合，联合开会，是最经济的办法，而且各学术会员团聚一堂，切磋之功尤大！"也对年会论文质量进行了表扬，"今年年会论文的多，也是历年以来所未有的，这也可表示近来科学进步的种种表现"；更欢迎外国科学家与会，"本来科学是无分国界的，不但科学上发明，人人可沾利益，即科学家的眼光，亦作世界观""因为科学家的目的，是在求真理，真理是超国界的"。

1936年年会被誉为"最大也是最后"的中国科学界盛会。[25]②此次联合年会由中国科学社"居先发起"，中国数学会、中国物理学会、中国化学会、中国动物学会、中国植物学会、中国地理学会等六团体响应共同召开，基本上是自然科学家的一次集会，充分显示了"国难当头"科学界的大团结，他们希望广大国人也如科学界一样团结起来共赴"国难"，这样任何强权与暴力都是可以战无不胜的："良以各学会之历史、组

① 年会资料源于《中国科学社第二十次年会记事》单行本，1935年11月刊。

② 这一说法有偏差，抗战后还有更大的联合年会，如果说这是1937年前"最大"还倒恰如其分。《剑桥中华民国史》说此次年会论文为250篇也不对。此次年会有关资料见《中国科学社第二十一次年会报告》单行本，1936年10月刊行。

织、对象各有不同，会务亦有繁简之别，举行联合年会，本不免困难，乃能适此就彼，水乳无间，具征科学家之能大事团结。吾人希望由科学家团结之精神，树为模范，使全国上下，一律效之。”①该次年会不仅仅具有学术交流的意义，还有向外敌“示威”的含义，这也许是科学界当时最为广泛的呼声。联合年会组成了以蒋梦麟、梅贻琦、李书华等为首的强大主席团，年会委员27人，论文委员21人，各学会也有论文委员会，可见学术讨论的重心所在。到会会员456人，以中国科学社身份出席者209人，集中了当时中国科学界的大部分精英。年会以科学交流为核心，第二、三、四天连续进行分组讨论，《申报》连篇累牍以《各学会专家均有新发现》《植物学、地理学又有新发现》等题目对学术交流会议进行详细报道。②

年会共收到论文292篇。其中数学14篇，由华罗庚、许宝騄、江泽涵、庄圻泰、曾远荣、徐贤修、傅种孙、汤璪真、陈鸿远、申又枨、程毓淮等撰；物理48篇，作者有赵忠尧、吴有训、周培源、吴大猷、严济慈、翁文波、傅承义、周同庆、马仕俊、霍秉权、蔡镏生、谢玉铭、饶毓泰、丁绪宝、丁燮林、任之恭、郑华炽、陈茂康、梁百先、朱物华、孟昭英、冯秉铨等；化学57篇，由韦尔巽、曾昭抡、余兰园、吴学周、周发歧、张汉良、刘为涛、许植方、汤腾汉、袁翰青、赵廷炳、蒋明谦等写成；动物117篇，秉志、陈桢、张宗汉、郑集、彭光钦、王家楫、陈义、伍献文、胡经甫、李赋京、张春霖、张孟闻、卢于道、蔡堡、高尚荫、倪达书、朱树屏、徐锡藩、唐仲璋、陈世骧、杨惟义、欧阳翥、郑作新、李汝祺等都有文与会；植物32篇，由俞大绂、汤佩松、胡先骕、张景钺、裴鉴、秦仁昌、严楚江等著；地理24篇，张其昀、袁复礼、杨钟健、黄国璋、刘咸、胡焕庸等都有论文与会。上述列举表明参会各团体的主要学术领导人都有文与会，而且各门学科还是新老几代科学家在一起。这一作者群体，群星璀璨，各学科学术领导层已然形成，他们不仅奠定了各学科的发展基础，而且形成了自己的研究特色与研究领域，并领导着年轻的后进们布局学科发展。接续他们的是一批刚刚留学回国的年轻学人，他们接受了最为先进的科学教育，接触到世界科学发展前沿，是各学科更为重要的一批中坚力量。当然也有一批更年轻的学人，他们或刚刚大学毕业、或刚刚攻读研究生，或在研究机构内实习，已经展露出科研才华，科学研究的未来道路在他们面前慢慢展开，等待着他们不断向前。顾毓琇曾评述年会论文说：

---

①《科学》为此专门发行了“专刊”，其中不仅记载了众多科学家的讲话，而且还有各大报纸的评论，此段话是当时《科学》主编刘咸在“前言”所讲，见《科学》第20卷第10期，第788页。

②《申报》1936年8月18—22日。如吴宪、张昌颖研究表明仓鼠在实验室也能生长，俞德浚等发现中国新物种，数学会通过汪联松的几何三大题新证明无效案。

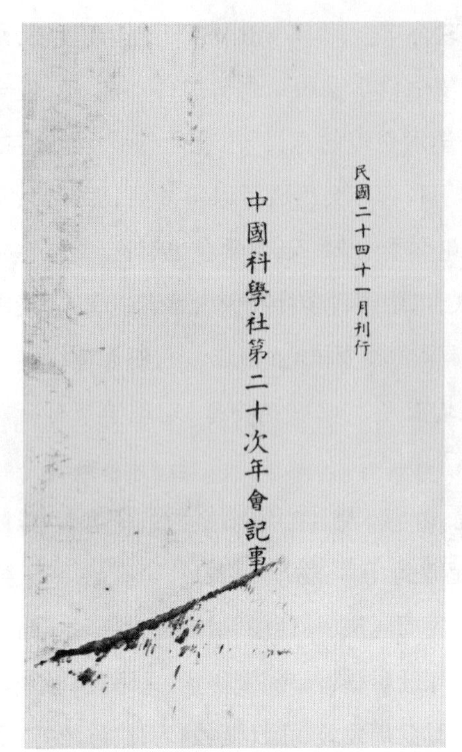

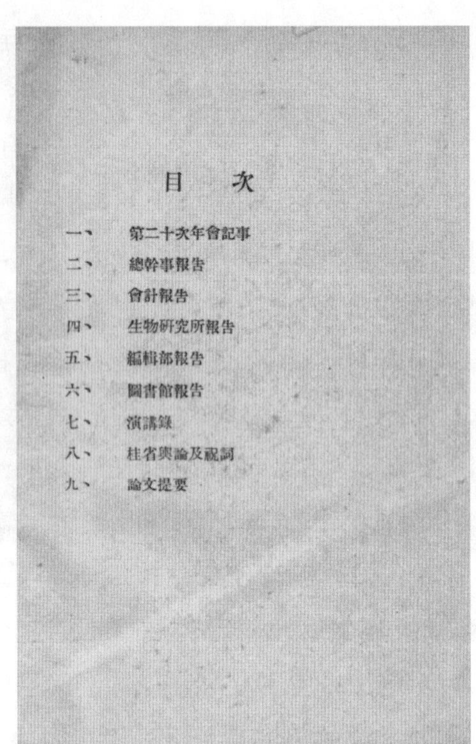

目　次

一、第二十次年會記事
二、總幹事報告
三、會計報告
四、生物研究所報告
五、編輯部報告
六、圖書館報告
七、演講錄
八、桂省演論及祝詞
九、論文提要

图 10－14 《中国科学社第二十次年会记事》封面及目录

自 1925 年第十次年会以来，中国科学社相继编辑出版多次年会纪(记)事单行本，收载了年会会议详情及各部门详细报告，是研究中国科学社社务发展的第一手资料。

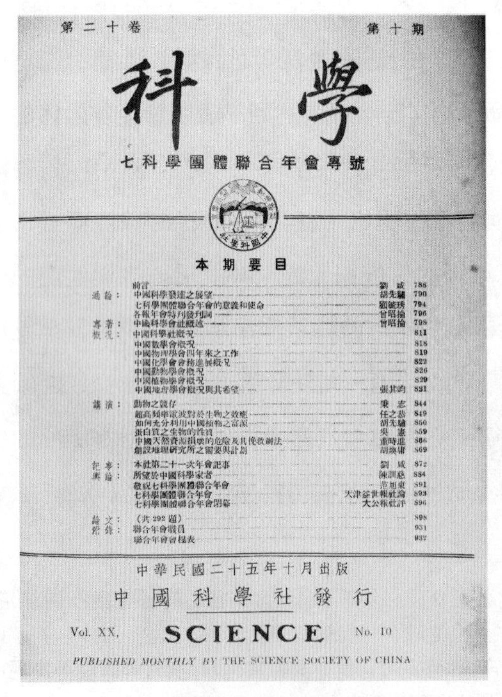

第二十卷　第十期

科學

七科學團體聯合年會專號

本期要目

	前言	劉咸	788
通論：	中國科學發達之展望	胡先驌	790
	七科學團體聯合年會的意義和使命	顧毓琇	794
	各報年會特刊發刊詞	曾昭掄	796
專著：	中國科學會社概述	曾昭掄	798
概況：	中國科學社概況		811
	中國數學會概況		818
	中國物理學會四年來之工作		819
	中國化學會會務進展概況		822
	中國動物學會概況		826
	中國植物學會概況		829
	中國地理學會概況與其希望	張其昀	831
講演：	動物之競存	秉志	844
	超高頻率電波對於生物之效應	任之恭	849
	如何充分利用中國植物之富源	胡先驌	850
	蛋白質之生物的性質	吳憲	859
	中國天然資源損壞的危險及其挽救辦法	董時進	866
	創設地理研究所之需要與計劃	胡煥庸	869
記事：	本社第二十一次年會記事	劉咸	872
輿論：	所望於中國科學家者	陳訓慈	884
	敬祝七科學團體聯合年會	范旭東	891
	七科學團體聯合年會	天津益世報社論	893
	七科學團體聯合年會閉幕	大公報社評	896
論文：	（共 292 題）		898
附錄：	聯合年會職員		931
	聯合年會會程表		932

中華民國二十五年十月出版

中國科學社發行

Vol. XX.　SCIENCE　No. 10

PUBLISHED MONTHLY BY THE SCIENCE SOCIETY OF CHINA

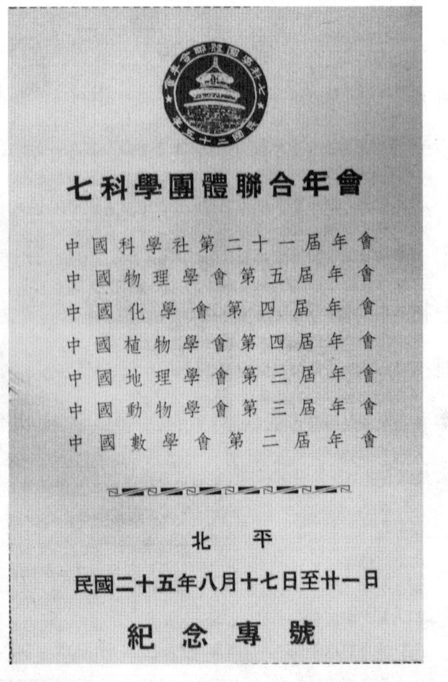

图 10－15 《科学》第 20 卷第 10 期发刊的“七科学团体联合年会专号”封面及“联合年会会徽”

这次的论文，都是注重专门性质，不但量很多，而且质亦较好。近年各专门科学会都有专门杂志，程度比较高，所以现在年会论文的质地亦就跟着提高了。量的增加，则可表现国内研究工作的进步同国内学者对科学年会宣读论文的重视。[26]

刘咸也认为由年会论文，"藉知吾国近年之科学研究，确实大有进步""近来常闻人言，吾国科学颇有进步，然并无实证，观于此次各学会所提出论文之多，可以确信"。论文"总计不下三百篇，皆一年来各科学家研究之心得，科学上之新贡献，洋洋大观，……以后诚能孟晋不已，则发扬光大，更可预卜"。同时，这些科研成就，也证明了"吾国人之富有科学创作天才，与适宜于从事科学研究，一雪外人讥吾人不科学之耻"。随着我国科学的发展，"自可跻于列强之林，而'科学救国'之雄图，亦非徒托空言矣"。[27]

统计不仅表明本届年会集聚了当时各学术研究中心大学如清华大学、北京大学、燕京大学、中央大学、浙江大学、南开大学、武汉大学、金陵大学等，专门研究机关如中国科学社生物研究所、北平静生生物调查所、中央研究院、北平研究院等；而且还可以明显地看出各学术中心的专长，如数学论文 14 篇，清华大学 6 篇，北京大学 4 篇，武汉大学 2 篇；植物 32 篇，北平静生生物调查所、北京大学各 8 篇，北平中国学院 4 篇，金陵大学 3 篇，武汉大学与生物研究所各 2 篇；化学 57 篇，清华大学 9 篇，北平研究院 8 篇，中央大学 6 篇，浙江大学、北京大学、燕京大学各 5 篇；生物研究所与中央研究院以动物学研究最为擅长。① 这从另一个侧面反映了当时中国科学研究状况，各门纯粹科学如数学、物理、化学主要由大学的研究机关承担，生物学主要由两大生物研究机关中国科学社生物研究所与北平静生生物调查所从事。国家研究机关——中央研究院和北平研究院虽然成立有年，无论是在科研水平、能力还是在科研成就上，都还亟待提高。

第四节　中国学术交流系统的形成与年会的"乱世绝唱"

正是在中国科学社与其他团体的合作下，在广大科学工作者的共同努力下，随着中国各门学科的发展和各专门学会的先后成立，中国学术交流系统到 20 世纪 30 年

---

① 本次年会论文题目作者及作者单位参见《科学》第 20 卷第 10 期，第 898 - 930 页。

代中期已基本形成。

一、中国学术交流系统的形成

中国科学社年会的变迁表明，其演化历程在一定程度就是中国学术交流系统正规学术会议萌芽发展的一个缩影。1916—1918年在美的三届年会，虽是初创，还停留于学生会交谊性质上，但年会的各个事项基本定型，特别是学术交流已经从开始的一般性论述进化到专门研究讨论，客观上已经要求学术交流的规范化。

1919年国内第一次年会是对中国社会的一种适应，年会模式也由此定型。1921年年会在学术交流系统的发展史上是个里程碑，促成了国内地质、生物两门显学科学在年会学术交流形式上的联合。更重要的是1922年发刊的年会论文西文专刊，成为中国科学进入世界科学共同体通道之一，使中国科学与国际科学连接，这对后发展国家、科学落后之邦具有划时代意义。此后学术交流系统一直顺利发展，到1925年又有论文分组讨论的模式要求。

1926年、1927年两年会议具有过渡性质。到1929年，年会学术交流又恢复到1925年水平，在某些方面还有进一步的发展。1934年开始的联合年会既是中国科学社内部发展的需要，特别是以中国科学团体母体地位自居的形势（在相当意义上可以说，在其内部分别产生了中国植物学会、中国动物学会和中国地理学会三个团体），又是中国科学发展的客观需求（各门学科迅速发展，专门学会也相继成立，要求综合性团体年会分科讨论，又需要协调各门学科的发展）。随着中国科学社年会的逐年发展，数学、物理、化学等各门学科也相继进入该学术交流圈，各门学科的后起之秀与老一辈科学家互相争辉，到1936年形成了一个囊括数学、物理、化学、动物、植物、地理等学科的全国性科学交流网络，成为各门学科的学术交流中枢。正如中国科学社自己总结所说，其年会不仅具有科学宣传普及、学术交流等功能，还促进了专门学会的创建，除前面提及的中国植物学会、中国动物学会、中国地理学会外，1944年在成都举行的第二十四次年会上成立了中国牙医学会和中国遗传学会，1947年在上海第二十五次年会上成立了中国解剖学会。[28]通过这些专门学会，进一步完善了学术交流系统。

在中国科学社等团体及相关机构的领导和影响下，到抗日战争全面爆发前，全国各专门学会已大多创建，它们不仅或单独开年会，或联合召开年会进行学术交流，而且各自创办专业或通俗刊物，进行学术交流或科学宣传，形成了一个较为完善的各学科学术交流网络。此外，各大学如北京大学、清华大学、中央大学、武汉大学、中山大学、交通大学等都拥有自己专门的自然科学学报，各研究机关如中央研究院和北平研究院各研究所、中国科学社生物研究所、北平静生生物调查所等也有自己的专门刊物，刊载学术成果进行学术交流。① 同时，各专门学科的学术专著、文献摘要、目录索引也逐渐成为现实。到此时，中国科学的学术交流体系已经全面建立起来了。

表 10－2 是 20 世纪 30 年代中国科学社外各主要自然科学团体及其创办期刊一览表。由表可见中国学术交流系统的一些基本特征：综合性团体主要从事通俗性的科学宣传，普及科学知识。专业性团体主要进行学术交流，提高科学研究水平，促进各门学科发展；而这种交流的载体——专业期刊大多以西文刊行，统计 11 种专业期刊，有 10 种以西文发行，主要是英文、法文和德文。专业期刊文种不仅表明该学科中国科学工作者主要留学国别，而且在某种程度上反映了该学科的世界发展状况。中国科学社年会论文亦多以西文成文，这些都是后发展国家科学进入世界科学共同体的必由之路，也是中国科学发展的独特道路。

在中国科学交流系统中，专业期刊以外文发行虽说有其独特的原因，但这在很大程度上阻碍了国内科学交流，对国内科学的发展与普及极为不利。1936 年，袁翰青发表文章认为，研究者喜欢将论文送到国外杂志发表，“一经登载每有身价十倍之感”“这种情形，多少还是过渡时期的变态”。他指出中国科学落后是事实，但国内刊物论文水平并不见得低，国外刊物论文水平也不是都高，国内发表的许多论文亦很有影响。他希望“造成一致的舆论，来矫正并消灭这种变态的心理”。[29] 1939 年，曾在华盛顿卡内基学院访学研究期间发现核裂变缓发中子的王普，以物理学为例对此也做了评说：“我国物理学犹在妊育时期，刊行唯一之物理杂志，而使用英文，理由何在？若其目的为对外的，外国物理学家几许肯费其宝贵之光阴，对此加以涉猎？吾人试自审，现时国内研究结果，堪入外国学者之目者，又有几许。……如谓其目的为对

---

① 1932 年，汪敬熙对这些刊物进行了点评，说“‘学报’”是“‘杂货堆’”“自数学到生物学，往往是件件俱全”；而各研究机构专刊虽内容单一，比“学报”好，但“印行零星片段”。造成这种状况的原因是“我国人顾自己的体面心太重。学校自己有季刊，研究所自己有杂志，办大学或研究所的人便可以此示人，夸耀成绩！至于杂志中的研究报告，究竟在科学的进步上有无一点贡献，是他们所不问的”。因此他建议国内各专门学会应学中国地质学会，办专门的学术刊物，设立专门的审稿委员会对稿件审理，以提高我国科学论文的质量。翁文灏也同意汪敬熙的看法，指出当时国内科研成果发表的“‘方法与形式’太不讲究，不足以引起人家的注意与重视”。并举例说日本自从设立了国家研究理事会（National Research Council）后，全国用西文发表的重要论文都要经过筛选后集中在几个期刊上发表。参见汪敬熙《论中国今日之科学杂志》，《独立评论》第 19 号（1932 年 9 月 18 日）；翁文灏《中国科学的工作》，《独立评论》第 34 号（1933 年 1 月 8 日）。

内的,则国人互相研磋,理应使用国文。”[30]

表 10-2　20 世纪 30 年代中国科学社外各主要自然科学社团及其创办期刊一览表

类别	学会名	创立时间	创刊时间	内容性质	文种
综合社团	中华学艺社	1916	《学艺》(1917)	通俗间专业	中文
	中国科学化运动协会	1932	《科学的中国》(1933)	通俗	中文
			《中国科学化运动协会会报》(不定期)	会务消息	中文
	中华自然科学社	1927	《科学世界》(1932)	通俗	中文
专门学会	中国地质学会	1922	《中国地质学会志》(1922)	专业	西文
			《地质评论》(1936)	专业间通俗	中文
	中国天文学会	1922	《中国天文学会会报》	专业	西文
			《宇宙》	通俗	中文
	中国气象学会	1924	《气象杂志》(1925)	专业间通俗	中文
	中国生理学会	1926	《中国生理学杂志》(1927)	专业	西文
			《营养杂志》(1935)	通俗间专业	西文
	中国物理学会	1932	《中国物理学报》(1933)	专业	西文
	中国化学会	1932	《中国化学会会志》(1933)	专业	西文
			《化学》(1934)	专业间通俗	中文
			《化学通讯》(1936)	会务消息	中文
	中国植物学会	1933	《中国植物学杂志》(1934)	通俗	中文
			《中国植物学会汇报》(1935)	专业	西文
	中国动物学会	1934	《中国动物学杂志》(1935)	专业	西文
	中国生物科学学会	1926	《中国植物学报》	专业	西文
			《中国实验生物杂志》	专业	西文
			《生物学杂志》	通俗	中文
	中国地理学会	1934	《地理学报》(1934)	专业	中文
	中国数学会	1935	《数学杂志》(1936)	通俗	中文
			《中国数学会学报》(1936)	专业	西文

资料来源:曾昭抡《中国科学会社概述》,《科学》第 20 卷第 10 期,第 798 - 810 页;《概况》,《科学》第 20 卷第 10 期,第 811 - 839 页。

当然,从中国科学社年会的演变,也可发现一些启示。1923 年在杭州召开的第八次年会上,任鸿隽演讲以为召开年会有三个用意:一讨论社务,二学术交流,三与地方领袖讨论以促进实业发展。注重社务对每个学会来说是其最为本质的工作,如果学会不能存在其他功能自然消失。但是,当一个学会发展步入正轨,社务发展已经制度化,年会重心就应该有所转换。1923 年中国科学社还处于发展时期,注重社务无可非议。1928 年竺可桢还认为年会的三个目的是学术交流、发展社务与联络社员情感，表明中国科学社的发展还没有完成制度化，发展社务与联络社员情感还是社务重点。到1928年，中国科学有了相当进步，同时科学家职业角色也已基本形成，作为科学家必须进入科学交流系统，因此年会重心应转移到学术交流，以学术交流促进社务发展与社员情感联络。作为一个学术社团，学术交流与学术合作应是联络社员情感最为基本的手段与方法，早期学生会性质的联谊不是一个学术团体所应追求的。社务重心转移到学术后，学术交流成功也就是社务成功。正如1937年有人所说，"科学团体之举行年会，其主要目的，不外乎集各方硕学专家，晤对一堂，各出教研所得，著为论文，到会宣读，俾得多数同道之讨研，获切磋观摩之实益"，而不是游览观光，赴宴奔酒。[31]中国科学社年会学术交流体制化迟延的原因，就是会务一直徘徊于社务与学术交流之间，不能迅速地将会议重心转移到学术交流，这也直接影响中国学术交流系统的体制化进程。当然，对中国科学社个体而言，由于它还创办有生物研究所、图书馆和科学图书仪器公司等事业，其社务自然比专门学术团体复杂得多，因此年会中社务讨论自然较专门团体内容繁复。

中国学术交流系统在20世纪30年代中期的形成，除以中国科学社为领导的科学社团苦心孤诣的努力，科学教育体系的建成、大批留学人才的回归、各大学和科研机构的逐步创设、科学家职业角色的社会出现等因素促成的各门学科的发展等科学发展的内在需求与逻辑发展而外，从1927年以来相对稳定的政治环境、快速发展的社会经济与比较自由而开放的对外学术交流，不仅促成了学术交流系统的建设，而且也对科学的发展提出相应的要求。也就是说，中国学术交流系统的形成是科学发展内部规律和外在社会环境共同作用的结果。同时，还可发现中国学术交流系统与科学研究之间的关系，是交流系统雏形推动科研的发展，然后相互作用促进交流系统的发展和完善，并共同促进中国科学的发展；而不是西方科学以研究推动交流体系的形成这种模式。这不仅是中国科学发展的独特规律，也是后发展国家在科学这一领域内赶上先进国家的一条捷径，只不过不同的国家由于国情不一样，其发展轨迹也会不同。其间的成功与得失自然成为科学社会学这门学科的研究对象。从这种意义上讲，中国近代科学的发展历史为科学社会学的研究拓展了范围，做出了自己独特的贡献。

二、"乱世"绝唱

日本侵华战争的全面爆发，毁灭性地打击了中国人民正在进行的近代化事业，从此，中国科学社往昔年年不断引导中国学术交流体系逐步走向体制化进程的年会走上了一条崎岖而坎坷的道路。战后所谓的光明只是"昙花一现",短短三年时间不到,中国共产党的红旗已飘扬在中华大地,私立事业被迫退避到历史的角落。

1937年中国科学社准备继续联络各专门学会在杭州浙江大学召开联合年会,时间为8月20—25日。可日本帝国主义的枪炮不允许中国科学家自由地讨论学术、发展科学,为中国也为人类做出贡献。年会的召开遂成为一个似乎不可企及的目标。

虽然一些专门学会如中国地质学会、中国工程师学会在抗战期间一直没有停止过年会的召开,但中国科学社与另外一些专门学会一样,正常的社务难以顺利开展。直到1940年9月14日,即第二十一次年会四年之后,中国科学社才联合中国天文学会、中国物理学会、中国植物学会、中国数学会、新中国农学会等团体在昆明云南大学召开六团体联合年会,是为其第二十二次年会。因"越南局面紧张,交通修阻,致平、津、沪、宁各地社员,多不克前往参加",但大后方社员"不远千里,恭临盛会",出席会议的各学会代表及来宾200余人,共提交论文115篇,"非常时期,有此成绩,难能可贵"。其中物理学40篇、数学35篇、植物学13篇、农学6篇、天文学5篇、动物及化学等16篇。[32]

中国天文学会虽成立很早,但这是它第一次参加中国科学社的联合年会。新中国农学会前身为旅欧农学研究会,1924年改名,会址设在法国朗斯,1926年迁回国内,1930年在教育部备案,主要领导人有何尚平、谭熙鸿等。[33]与1917年成立于上海的中华农学会相比,是一个影响小得多的留法学生农学团体,这也是它第一次参加中国科学社年会。成立以来一直与中国科学社共同召开年会的中国动物学会、中国地理学会未能与会。本次年会物理学和数学论文远远超过向来在年会中占据绝对地位的生物学论文,在学术交流中充当主角。中国纯粹科学特别是物理学、数学在大后方以西南联大为中心的学术机构中有着异乎寻常的发展,这一方面得力于战前北京大学、清华大学在这方面的深厚沉淀,另一方面也是广大学者艰苦奋斗的成果。西南联大战前已经取得成就的大批学者在艰苦环境下学术亦不断进步取得不少重大科研成果,如数学系华罗庚及其合作者的数论研究、许宝騄的数理统计研究、陈省身的微分几何和拓扑学研究等;物理系吴有训的X射线研究、周培源的相对论和湍流理论研究、饶毓泰和吴大猷等人的原子分子结构及光谱研究、赵忠尧和张文裕等的核物理研究、余瑞璜的X射线晶体结构研究等。同时培养了一大批青年才俊,诸如数学系的王宪钟、王浩、廖山涛等,物理系的杨振宁、李政道、黄昆等。[34]比较而言,需要实地具体调查研究的学科如动物学、植物学等,受战争影响很大。这也许是动物学会未能参会，植物学会参会论文也相对较少的原因。

此后两年，因各种各样的原因，中国科学社年会未能正常召开。1943 年 7 月 18—20 日，中国科学社联合中国气象学会、中国动物学会、中国植物学会、中国地理学会、中国数学会等六学术团体在重庆北碚召开第二十三次年会，竺可桢等领导的中国气象学会首次与会。对于抗战期间的这次年会，蒋介石书面致词予以嘉勉：

国防民生之发展，建国工作之达成，皆不能脱离科学，科学之急切不容忽视，固已家喻户晓矣。顾科学门类繁多，蹊径非一，钻研愈专精，则分工愈细密。纯理科学一物之微、一理之奥，往往为整个科学体系中必不可缺之因素，但其效能则未必为常人目光所能察及，非如工程、农业、医药诸科学处处示人以显著之功用也。抗战以来，吾学术界与一般社会对于应用科学各部门，皆尝应事实之切需而为积极之提倡，盖以当前战时之需要，应用科学人才之供给自较急于纯理科学之人才。然我中国欲自致于现代国家之林，则纯理科学之研究决不可置为缓图，而须急起直追以赴之者也。中正恒言"无科学即无国防"，又常昭示国人谓理论科学倘无深厚之基础，则应用科学即不能有确实之进步。吾人更须体会国父所谓"欲使中国进于世界上一等地位，还须迎头赶上欧美之科学"。盖包括纯理科学与应用科学而言，诚以应用科学必须以纯理科学为基本，必有大群人士共同精研于纯理科学，而有不断之发明，则我国科学方有深厚之基础。逐渐去除其倚赖性，而建树本国独立之学术。……深盼诸君鉴于目前职责之重，益励初衷，在求知精神与爱国思想两相配合之下，交策互勉，更求精进，同时领导全国各学门之青年学者不断致力于科学之提倡与奋斗，积之以功力，假之以岁年，期能渐近而与欧美各国著名之科学团体并驾齐驱，以发扬我中华民族之学术文化，愿共勉旃！[35,36]

科学的重要性不言而喻，重视纯粹科学研究，以奠定科学发展的基础，谆谆教诲，实在是语重心长。但纸上谈兵自然容易，要将这一意识落实到实处就困难异常了。年会到会二百余人，共有论文 373 篇，以动物学为最多，气象学也有 21 篇。在抗战最艰苦的年代，居然有如此多论文参与交流，足见这一代学人的风骨与风姿。[37]

1944 年 11 月 4—6 日，成都召开联合年会本会，昆明、浙江大学所在地贵州湄潭及重庆的北碚等地召开多团体联合年会分会。成都年会有数学、物理、动物、植物、生理、心理、遗传、地理教育、营养、药学及牙医学会等 11 个团体参加，可谓"盛况空前"。学术讨论在华西大学举行，共有论文 168 篇，分为 9 个组讨论，各组具体篇数与主持人分别为：普通组（任鸿隽）9 篇、数理化组（戴运轨、余光烺）36 篇、地理教育组

(刘恩兰)14 篇、动物组(陈纳逊)43 篇、植物组(焦启源)19 篇、遗传组(范谦衷)12 篇、生理组(蔡翘)10 篇、牙医组(戴述古)5 篇、心理组(蔡乐生)20 篇。① "宣读论文之时,各组皆有人满之患,尤以数理化为最;而讨论热烈,认真不懈,尤为特色。"[38,39] 湄潭分会于 10 月 25—26 日举行,共有论文 80 篇,分为生物学(48 篇)、化学(7 篇)、物理(9 篇)、农学(16 篇)等 4 个组讨论。昆明分会有 8 个学术团体参加,于 10 月 14—15 日举行,出席会议的有 268 人,论文 150 篇,其中数学 21 篇、物理 31 篇、化学 17 篇、地质 28 篇、植物 26 篇。北碚分会有论文 27 篇。② 本次年会本会和分会共有论文四百余篇,涉及数学、物理、化学、地质、动物、植物、遗传、生理、医学、心理、农学等多个学科,好一派学术繁荣景象。

日本帝国主义投降后,各机关团体忙于复员,与当初内迁一样,经过一段时间之后学术交流才进入正轨。直到 1947 年中国科学社才联合中华自然科学社、中国天文学会、中国气象学会、中国地理学会、中国动物学会、中国解剖学会等七团体在上海召开联合年会。中华自然科学社这一民国时期较为著名的综合性团体第一次参加中国科学社主持的联合年会,在一定程度上表明这两个综合性社团有合作的欲求,它们也联合发起成立了中国科学促进会。此时内战烽烟正浓,科学家们的呼声对于交战双方而言,显得那样的软弱与无力。

会议在中央研究院上海办事处、上海医学院和中国科学社社所三个地方进行,到会社友及来宾四百余人,大会由各团体主持人任鸿隽、竺可桢、朱章庚、陈遵妫、胡焕庸、王家楫、卢于道组成主席团。监事会会长翁文灏在演讲中强调科学演讲的意义,"此等公开演讲极端重要,不少科学界名宿即藉此启发而进研成功",并以法拉第做例子。还指出国外各国的科学团体组织,"经历皇朝兴革数次,而事业继续不衰,不因政治势力或思想变动而中辍"。即使苏联也没有中断沙皇时代成立的科学院,强调科学发展的继承与延续的重要性,似乎已经感受到政权更替后中国科学体制将变更的气息。他向科学工作者提出几点希望:"第一,科学工作及其研究机关,惟真理是求,必须长期努力;第二,科学家探寻真理,提高整个人类知识,凡有发明,应公开于

① 值得指出的是,《本社三十周年纪念大会暨二十四届年会记》说本次年会论文为 152 篇,其中普通组 9 篇,数理化组 26 篇,地理教育组 14 篇,动物组 43 篇,植物组 16 篇,遗传组 12 篇,生理组 10 篇,牙医组 5 篇,心理组 17 篇。但在具体的学术讨论过程中,征得各组主持人同意,临时有多篇论文插入讨论。

②《科学》第 28 卷第 1 期,第 51－84 页。

众而不守秘密；第三，科学家探寻真理，须重视互相讨论批评以求进步；第四，科学团体于专家讨论及公开演讲之外，兼为集合全国学者之重大贡献集中出版之处，庶几使世界学者参考阅读，大增便利。”①

开幕式后，赴国际饭店应中央研究院、中国科学促进会、复旦大学、交通大学等机关联合公宴。下午各学会在上海医学院开社务会，晚上赴市政府宴。第二天上午宣读论文，共有论文185篇，分物理科学、生物科学与天文气象地理3组，分别由裘维裕、王家楫、竺可桢主持。每篇论文宣读时间10分钟、讨论5分钟，到12点都未完成。中午赴商务印书馆、中华书局与正中书局的联合欢宴。下午在中国科学社社所讨论“原子能与和平”“改进我国科学教育之途径”，晚赴交通部与资源委员会的联合招待会。第三天上午继续论文宣读，近12点结束。下午开七团体共同事务会议，晚赴商会联合会、银行业联合会、保险业联合会、轮船业联合会等六团体联合鸡尾酒会，宣告年会结束。学术年会似乎又回归“赴宴奔酒”状态。

1948年，内战正酣之际，为了国家学术的发展，科学家们还是照样召开学术年会。战争已使交通阻塞，学人们不能聚集一堂，中国科学社决定在南京、北平、武昌、广州、

图10-16　1947年七科学团体联合年会开幕典礼合影(1947年8月30日)

① 此次年会资料见《七科学团体联合年会》,《科学》第29卷第10期，第310-313页。

成都、昆明等6个地区联合其他社团分别召开年会。在双十节前后,南京十团体联合年会、北平十二团体联合年会、武汉七团体联合年会分别召开。国家虽是如斯之混乱,但科学界的团结似乎更加紧密,他们更要表达他们对国家建设的愿望。北平年会,由中国科学社首先发起,先后加入的有中华自然科学社、中国物理学会、中国化学会、中国科学工作者协会、中国动物学会、中国植物学会、中国地质学会、中国昆虫学会、中国药学会、中国数学会、中国地理学会等。会期10月9—11日三天,在中法大学举行,陆志韦主持。他在讲话中指出参加年会的来宾及会员不过五百余人,"可见科学工作者人数之少,又从而感慨于学人生活之清苦与环境之恶劣,因以限制学术之发展"。一个学术年会有500人参加,还嫌人少,似乎不是讲话者本意。学者们以学术讨论为主,9日下午专题讨论"如何利用科学改善中国人民的生活"。10日上午分组学术交流,共宣读论文146篇,化学18篇、物理23篇、数学12篇、地质学20篇、动物学21篇、昆虫学21篇、植物学14篇、药学17篇。

南京十团体年会参加者分别为中国科学社、中华自然科学社、新中国数学会、中国物理学会、中国天文学会、中国气象学会、中国地理学会、中国地球物理学会、中国动物学会、中国遗传学会,于10月9日在中央大学礼堂举行开幕式,由中央大学校长周鸿经主席。年会名誉会长翁文灏说科学家为行政工作或其他事务所羁绊,"皆为精力之浪费"。英国人萨亦乐惊诧于中国许多大学的校长由杰出的科学家担任,这在西方是绝对不可能的事情,"这也许多少可以映照着在这个国家里科学家从事研究的机会较少,因而他们就愿意担任行政的职务"。[40]年会会长朱家骅发言认为联合年会是沟通国家与学术的途径。任鸿隽做了题为《十字路上的科学家》的演讲,指出原子弹出现后科学家面临的伦理窘境。年会论文150余篇,其中数学26篇、物理16篇、天文5篇、气象15篇、地理50篇、地球物理20篇、其他(动物、遗传)约20篇。武汉年会有中国化学会、中国物理学会、中国植物学会、中国动物学会、中华自然科学社等七团体参加。① 广东十二团体联合年会、成都的联合年会分别于11月中旬前后举行,前者建议在各大学增设原子能研究部门,后者通过"建议中央建设大西南"等提案。②

随着中国科学的发展,科学家们已经感到联合的重要性,他们一直在寻求全面联

---

①《科学》第30卷第11期,第345－347页。

②《科学》第30卷第12期,第379页。

合与团结的“模式”，战后年会为多团体联合年会也就容易理解了，他们要联合起来发出科学界的声音，关注科学之外，向当局寻求“民主”，要求保障科学家的科研环境，成为中国真正的科学论坛。1945 年 7 月成立的中国科学工作者协会就认为“中国目前一个急切的基本的课题”是“全盘民主化”，“在推进民主和发扬民主的运动中，科学工作者必然是一支中坚的队伍。因为科学在本质上是民主的，科学工作者在本质上也是爱慕民主向往民主的”。中国科学工作者协会要为科学工作者争取权益：“具体说来，我们要使每一个中国的科学工作者的物质报酬能达到适当的水准，要使他们的生活能安定而具有保障，他应该有工作所必需的图书仪器设备，他必须能获得相当的研究费用的供给，他要有进行研究以及和别的科学工作者集会讨论的充分自由，他也应该有发表的种种方便。”[41] 这些正常社会科学工作者们理所应当有的基本权利需要团体争取，可见当时科学工作者面临的恶劣环境与可悲境遇。中国科学工作者协会还发布宣言抗议对科学家的迫害。对外抗议美国政府对诺贝尔奖获得者艾琳·约里奥-居里(Irène Joliot-Curie)和美国全国标准局局长康顿(Condon)的拘捕和迫害。[42] 对内呼吁国民政府正确对待科学工作者出席学生集会：“高唱还政于民的现在，党政当局竟在我国文化旧都的北平，不准‘假藉民主集会结社言论自由等等名词’。公然对于忠贞纯正的科学工作者，加以无理诬蔑，威胁其安全；意图挑拨感情和转嫁责任，这是对于民主的一大讽刺。”[43]

面对战后国际国内局势，科学工作者们这些行动也仅仅成为历史的“过客”，没有引起多大反响，也难有什么社会影响。在国共殊死大决战之际，科学家们联合召开这样的年会，通过了这样一些提案，发出如是的“吁求”，真正表达了他们建设祖国、希望祖国富强的良好愿望。

那是一个“天翻地覆慨而慷”的年代，也是一个“告别”的年代。中国科学社自 1916 年在美国马萨诸塞州菲利普学院开创的年会制度也“告别”了，只留待后人凭吊与感慨。

参考文献

[1] 克兰. 无形学院——知识在科学共同体的扩散. 刘珺珺，等，译. 北京：华夏出版社，1988：118－119.

[2] 李克特. 科学是一种文化过程. 顾昕，等，译. 北京：生活·读书·新知三联书店，1989：138，152－153.

[3] 莱昂斯. 英国皇家学会史. 陈先贵，译·昆明：云南省机械工程学会，等：6－90.

[4] 梅森. 自然科学史. 上海自然科学哲学著作编译组，译. 上海：上海人民出版社，1977：240.

[5] 任鸿隽. 外国科学社及本社之历史. 科学,1917,3(1):8.
[6] 杨铨. 学会与科学. 科学,1915,1(7):707-711.
[7] 任鸿隽. 年会号弁言. 科学,1917,3(1):1.
[8] 杨铨. 第二次常年会记事. 科学,1918,4(1):48.
[9] 成立二周年纪念会. 科学,1916,2(9):1071-1072.
[10] 中国社会科学院近代史研究所中华民国史组. 胡适来往书信选(上). 北京:中华书局,1979.
[11] 常年会干事部报告. 科学,1917,3(1):123.
[12] 分股委员会长报告. 科学,1918,4(1):85-86.
[13] 曾昭抡. 二十年来中国化学之进展. 科学,1935,19(10):1517.
[14] 陆费执. 暑假旅行日记. 留美学生季报,1919,6(1):186-187.
[15] 明(胡明复). 美国算学会常年会记事. 科学,1917,3(1):90-91.
[16] 永(任鸿隽). 美国化学会开会记. 科学,1918,4(1):69-72.
[17] 常年会干事报告. 科学,1918,4(1):95-98.
[18] 年会论文将出专刊. 科学,1920,5(10):1068.
[19] 宁垣中国科学社开会纪. 申报,1920-08-17(7).
[20] 石宝珩,潘云唐. 翁文灏//《科学家传记大词典》编辑组. 中国现代科学家传记·第5集. 北京:科学出版社,1994:340.
[21] 中国科学社年会开幕纪. 申报,1924-07-03(11).
[22] 陈省身. 学算四十年//张奠宙,等. 陈省身文集. 上海:华东师范大学出版社,2002:20-21.
[23] 黄宗甄. 罗宗洛. 石家庄:河北教育出版社,2001:78-95.
[24] 曾昭抡. 各报年会特刊发刊词. 科学,1936,20(10):796.
[25] 费正清,等. 剑桥中华民国史(1912—1949)(下卷). 刘敬坤,等,译. 中国社会科学出版社,1993:465.
[26] 顾毓琇. 七科学团体联合年会的意义与使命. 科学,1936,20(10):794-795.
[27] 刘咸. 前言. 科学,1936,20(10):788-789.
[28] 中国科学社卅六年来的总结报告//林丽成,章立言,张剑. 中国科学社档案资料整理与研究·发展历程史料. 上海:上海科学技术出版社,2015:286.
[29] 袁翰青. 关于科学论文的管见. 科学,1936,20(11):937-938.
[30] 王普. 关于我国物理教学及研究几点意见. 科学,1939,23(12):727.
[31] 重熙. 论科学团体之年会. 科学,1937,21(8):603-604.
[32] 中国科学社第二十二届昆明年会记事. 科学,1940,24(12):897-900.
[33] 教育部. 第一次中国教育年鉴. 开明书店,1934:1139.
[34] 西南联合大学北京校友会. 国立西南联合大学校史. 北京:北京大学出版社,1996.
[35] 六学术团体联合年会蒋委员长颁发训词. 中央日报,1943-07-19(2).
[36] 高素兰. 蒋中正"总统档案":事略稿本·第54卷. 台北:"国史馆":2011,117-120.
[37] 卢于道. 编后记. 科学,1944,27(2):46.
[38] 本社三十周年纪念大会暨二十四届年会记. 科学,1944,27(9-12):70-77.
[39] 中国科学社三十周纪念会及第二十四届年会论文提要. 科学,1945,28(1):17-50.
[40] 萨亦乐. 科学家与社会进步. 科学,1948,30(12):356.
[41] 组织中国科学工作者协会缘起//何志平,等. 中国科学技术团体. 上海:上海科学普及出版社,1990:205.
[42] 中国科学工作者协会对于美国居礼夫人事件及康顿博士事件的抗议(1948年5月9日). 上海科协,1948(4):2.
[43] 中国科协抗议书:抗议北平党政当局对本会理事袁翰青教授的无理恫喝【吓】. 上海科协,1948(4):2,4.

第十一章　生物研究所与科研机构体制化

1936年，一位记者在参观南京中国科学社社所后报道说：

在首都成贤街教育部斜角的文德里内，便是中国科学社的社址了。它巍然矗立于两个明镜般的小湖之间，左右有一些小小丛林，那花草竹木廊宇屋舍倒映在湖水中，一眼望去，非常美丽。这里面就有一批运用脑汁和心血的学者，在研究室中，朝朝暮暮，为中国科学界求进步；同时也是为世界科学界谋发展。[1]

记者这里所说的中国科学社社址，其实是中国科学社南京社所暨生物研究所①，此时中国科学社总社早已搬迁到上海亚尔培路。1936年，生物研究所正处于鼎盛期，在原有动物研究室、植物研究室之外，创设了生物化学研究室和生理研究室，开始向实验生物学领域进发。生物研究所作为中国科学社宣扬科学研究、从事科学研究的载体，是中国科学社举办最为成功的事业之一，是民国科研机关的典范。它筚路蓝缕，对中国科学无论是科研人才的培养、科研成果的产出，还是科学研究氛围的形成、科学精神的塑造与传播都有不可估量的贡献。正如记者所言，作为一个纯粹科研机构，生物研究所通过科研成就在国际科学界为中国赢得了崇高荣誉，与世界上许多著名的学术机关建立了良好的互通关系，是中国科学走向世界科学共同体最为重要的通道之一，同时也为世界科学"谋发展"，极大地扩展了人类知识的视野。

① 英文名为"The Biological Laboratory of the Science Society of China"，难怪刘敬坤等译，中国社会科学出版社1993年出版的《剑桥中华民国史》将该所直接从英文"转译"为"生物实验室"（见下卷第434页），对译者而言这无可厚非，因为历史研究者们没有使译者知晓中国科学社生物研究所英文名。可章建刚等译，上海人民出版社1992年出版的《剑桥中华民国史》将该所译为"生物图书馆"（见下卷第415页），似乎就有些"说不清楚"，毕竟laboratory与library相差极远。

第一节　创建发展及其消亡

1922 年 8 月 18 日,生物研究所在南京成贤街举行开幕典礼,来宾有江苏省省长韩国均①、督军齐燮元代表刘先生、财政厅厅长严家炽、昆虫局局长吴伟士等十余人,社员有梁启超、实业厅厅长张轶欧、东南大学校长郭秉文等 40 余人。虽正值酷暑时节,社员及来宾大汗淋漓,但他们内心透明而沉静,充满了希冀与憧憬。

一、民间科研机构的嚆矢

中国生物学资源丰富,是世界生物标本宝库。美国康奈尔大学一教授在华游历三年,归而语人曰:“三年游历,所见植物实较益于四十余年之研究。”[2] 这令外国人羡慕不一,鸦片战争以后,英、美、俄、德、法、奥地利、瑞典等国数以百计的传教士、使馆职员、海关官员、军官、探险家、旅行家、商人和科学家等,假借各种名目深入中国腹地,如入无人之境,采集了无数动植物标本,但从未给中国留下一份副本,致使标本大量散落国外。这一状况自然引起中国学者的不满,他们深感有必要利用自身所掌握的知识进行生物学的本土化研究。[3]703

中国科学社搬迁回国后,致力于科学研究的宣扬与实践。秉志留学归国后在东南大学创建生物系,“间尝循海采集动物”。胡先骕也“尝遣人远旅青藏,以搜求奇花异卉”,采集所获动植物标本,“已蔚然烂然矣”。于是他们向社里提出创办生物研究所的建议:

海通以还,外人竞遣远征队深入国土以采集生物,虽曰致志于学术,而藉以探察形势,图有所不利于吾国者,亦颇有其人。传曰,货恶其弃于地也,而况慢藏诲盗,启强暴觊觎之心。则生物学之研究,不容或缓焉。且生物之研治,直探造化之奥秘,不拘拘于功利,而人群之福利实攸系之。进化说兴,举世震耀,而推原于生物学。盖致用始于力学,譬若江河,发于源泉,本原不远,虽流不长。向使以是而启厉学之风,惟悴志于学术是尚,则造福家国,宁有涯际。至于资学致用,进以治菌虫药物,明康强卫

① 韩国均作为江苏省省长,“以不贪污、不持成见、不避责任相标榜,人家也说他能名实相符,一任之后,声誉鹊起”。沈蕃《辛亥前后的江北名流》,中国人民政治协商会议全国委员会文史资料研究委员会编《文史资料选辑》第 8 辑,中华书局,1960 年,第 143 – 157 页。

生之理，免瘟癀疫疠之灾，犹其余事焉。[4]248

研究生物学的实际用途诸如防治病虫害等还不是最重要的，外可以抵挡外人“觊觎之心”，内可以提倡为学术而学术的研究之风，“造福家国”，这才是成立生物研究所专门从事生物学研究的目标。秉志等的提议自然受到社内的重视。中国科学社获得南京固定社所后，生物研究所的创办纳入了议事日程。1921 年 10 月，在南京召开职员会议上，正式提出“生物研究所与陈列品之建设”：

设立研究所一事，久为本社之志愿，皆因社所与经费无着而止，今社所已成立，又有胡石青、王敬芳先生颇乐于捐助款项，为本社设立生物研究所。已由秉农山君向王先生接洽矣。又秉农山君去夏曾至烟台各处为东南大学各校采集动物标本，胡步曾君则至长江各省，采集植物标本，皆拟将所余一份赠与本社陈列。此殆为吾社科学博物院之起点欤。[5]

可见，生物研究所的成立与胡石青、王敬芳等许诺捐助有莫大关系，秉志与胡先骕的前期研究成果也是一个原因。董事会乃委任秉志、胡先骕、杨铨三人为生物研究所筹备委员，经过近一年的精心擘划，1922 年 8 月 18 日生物研究所终于正式宣告成立，成为国内由民间私立社团创建的第一个研究机构。因此，1935 年 10 月，任鸿隽在中国科学社 20 周年纪念会上回忆说：“此所成立，实为国内私人团体设立研究所之嚆矢。”[6]

图 11－1　1922 年 8 月 18 日生物研究所开幕留影

开幕式典礼由社员、北京大学生物系主任谭熙鸿主持。他说生物研究所的成立基于两个原因:“其一,中国地大物博,研究新材料极多,可以供于世界。吾国科学程度与欧美先进各国相较,已觉瞠乎其后,故应即起研究,俾有所得以为涓滴之助。其二,本社社员于生物研究采集动植物标本等已有成绩,当便继续进行,且有社员表示极热心赞助,故遂决定。”所长秉志演说,认为“注重研究精神不可因无造次之得而自阻,亦不可专重应用,因科学家目的在求真理故也。就本所为基础,一面当求达到研究高深问题,一面求能通俗,以期普及”“提倡研究科学,可以提高个人道德,增强国民性,尤为吾国今日救弱之急图”。吴伟士演讲说中国科学社生物研究所虽才成立,但可以预见不久将闻名于世界,研究者不要因为设备不足、书籍缺乏就灰心丧气,要寻找新问题,研究新问题。赞助社员梁启超做了《生物学在学术界之地位》的演讲,指称生物学影响于“人生学术甚大”:一是达尔文进化论明确人由下等动物演化而来,打消了“人为万物之灵”的认知;二是中国传统以为人类与社会不断退化,因而悲观,“任事流于消极”,生物学“主进化”,这一观念已经深入人心,影响到社会各层面。因此他寄希望于生物研究所能像生物学一样,突飞猛进。另外,蔡元培、汪精卫、黄炎培、沈恩孚、丁文江及中华教育改进社等个人或团体都有贺信或贺电。① 因张謇允诺捐款一万元作为开办费,开幕式还专门举行了“献与礼”,将生物研究所献给张謇:本社名誉社员张季直先生耆年硕德,利用厚生,科学昌明,端资先导,同人谨献生物研究所以志纪念。

从资助和关心该所成立的人士看,有中国科学社活跃的领导人任鸿隽、杨铨、秉志、胡先骕、丁文江等,有实业家张謇、王敬芳、胡石青等,有教育界名流蔡元培、邹秉文、黄炎培等,有北洋政府的官僚韩国均和地方军阀齐燮元等,有南方政府的代表汪精卫。他们或亲自到场,或发来贺电,或提供资金上的资助,或给予道义上的支持。无论如何,生物研究所的成立得到了社会各界的关注,即使某些人仅仅是到场应个卯,应付应付场景,但终归是一次社会效果不错的广告。

有人认为生物研究所是仿美国韦斯特生物学及解剖学研究所模式建立的,没有举出具体的理由,只是说秉志曾在该所做过研究工作,回国后也曾为文介绍过该所,认为其成功的一个重要经验是与大学保持密切的联系和合作。[3]712 其实,生物研究所的建立究竟仿照什么模式并不重要,重要的是在千呼万唤之后终于建立起来了。的确,中国科学社与韦斯特生物学及解剖学研究所有着比较密切的关系。在美国时期,该所就

① 参见《本社生物研究所开幕记》,《科学》第7卷第8期,第846-848页。

试图与中国科学社合作，当南京的图书馆成立后，该所是最早赠送书报的机关之一。[7]

二、经费来源及其发展

在开幕典礼上，主席报告了筹款情况：开办费方面张謇捐一万元，齐燮元许诺捐巨资（确切数目没有宣布），胡石青、王敬芳两位约捐二千元①，任鸿隽在四川代募五六千元；经常费王敬芳允每年约捐三千元。根据生物研究所以后的报告及具体发展情形，这些捐款大多数"口惠而实不至"："创立之先，颇多假许，而于时率皆不应，徒托空言，终无佽助"。[4]248 齐燮元的巨款也许早准备打"内战"了，其他人的捐款能否真正到位也是个未知数。无论这些捐款是否落实，他们促成生物研究所的创设是不容忽视的事实，从这一点上说，他们在生物研究所的发展史上也应记上一笔。

成立之初的生物研究所非常困难，仅在社所南楼"榜其楹曰生物研究所而已"，并分用南楼两个小房间作为"研治藏修之所"。社里勉力拨款 240 元，"藉资常年经营"，除助理员"略受津贴以资膏火外，各研究员皆以大学教授课余之时间，从事研究而提倡之，皆不计薪"。② 当时所中的所谓研究员大多是南京地区大学中的教授，自有薪水，在生物研究所从事科学研究仅仅是他们教学之外的业余生活。

1923 年，江苏省每月补助中国科学社 2 000 元后，社里拨给生物研究所经常费每月 300 元。动物、植物二部各得其半，开始购备器械，采集标本，将社所南楼下层辟为标本陈列馆，"参观者日以增多。本所遂逐渐为人注意。南京之有公开自然历史博物馆者，实自此始。"③陈列室"虽所展陈，都属寻常，而以国内向无公开之博物馆，倡立新异，观者盈途。于时东南大学以讲学驰名大江南北，言教育者多来南都观摩，过南都者几莫不过生物研究所之标本室，皆诧异叹服而去"。[4]248 生物研究所已有相当社会影响。

---

① 胡汝麟（1881—1942）：字石青，河南通许人，秀才，京师大学堂优级师范科毕业。历任众议院议员、全国烟酒事务署署长、中国公学代理校长、教育部次长、华北大学校长、东北大学和河南大学教授等，1938 年当选国民参政会参政员。王敬芳（1876—1933）：字博沙，河南巩县人，举人，留日。曾任众议院议员、河南宣慰使、中国公学校长、河南大学教授等。两人都是河南人，都有传统功名，在与英国人争夺河南中福煤矿利权中"并肩作战"，由此介入实业，有实力资助生物研究所。他们之所以资助生物研究所，一可能他们与秉志有比较密切的关系（胡石青是秉志同学，后来他主编《河南通志》时，请秉志介绍张春霖等编纂"动物志"）；第二，两人都曾担任过中国公学的领导职务，也许正是这一层关系使他们与任鸿隽、杨铨等有了联系。具体情形有待进一步考证。感谢庐山植物园胡宗刚先生提供相关信息。

②《中国科学社概况》（1931 年 1 月刊，上海明复图书馆、南京生物馆开幕纪念刊物），第 15 页。

③《中国科学社概况》（1931 年 1 月刊），第 16 页。

图 11－2　成立初期的生物研究所楼(后称南楼)

生物研究所最初三年经费由社中支取和借助各处零星捐款,“但为数至微,对于各项设施及研究问题,每以费用无着,少有进展”。① 中基会成立后,中国科学社理事会积极行动,1924 年 11 月就推定胡刚复、秉志、叶企孙、曹惠群、周仁、杨铨组成请款委员会,具体负责相关事宜,包括中英文的各种报告书。② 此后多次理事会讨论相关问题,诸如生物研究所研究成果尽快出版,作为请款的重要凭据。经过努力,从 1926 年开始,生物研究所成为中基会主要资助对象,从此走上蓬勃发展的道路。对于中基会在生物研究所发展上的重要作用,秉志曾总结说:“向使无中华教育文化基金董事会之资惠,虽有实物,而证考无人;就令研几有得,亦无从措资发刊也。”“研究所之本原不固,基金无着,每届预算终杪,辄皇【惶】然不知后来经费之能持续否也。给养之饩廪既有不继之虞,则研学之志意自以纷扰。中华教育文化基金董事会幸而年年惠予借助,假或偶有变故,则此苗而秀者,不将蹙然以萎乎。”[4]252,266-267

中基会的资助每三年一届,表 11－1 是 1926—1937 年中基会资助生物研究所金额一览表。当 1926—1928 年度经费兑现后,效果立竿见影:“于是所内工作,比之往昔,稍觉便利,研究用仪器,渐得购置,职员中除研究助理数人外,添聘动植物专任学者各一人,每年发刊之论文,亦因之增加。”也就是说,生物研究所从此才有专门研究人员,脱离最初的兼任状态。1929—1931 年,补助费增加,研究人员也随之加增,专

①《中国科学社生物研究所请款书》,中国社会科学院近代史研究所藏“胡适档案”,2293－2。
②《理事会第 32 次会议记录》(1924 年 11 月 7 日),上海市档案馆藏档案,Q546－1－63－126。

图 11－3　生物研究所成立初期的实验室之一和陈列馆局部

任动植物学者各 2 人，“除探讨各种问题之外，又指导其他人员从事研究，此外有研究员七人，采集员四人，标本制造员二人，实验技术员一人，动物标本室管理员二人，植物储藏室管理员二人”。研究事业蒸蒸日上，人才更是辈出，“一方又以甄陶青年为职志，自开办迄今，敝所研究生之造就者，颇不乏人。现在留学国外者，美六人，英一人，德法各四人，已经学成归国者亦有四人，皆任职于学校或研究机关”。①

表 11－1　中基会 1926—1937 年对生物研究所的资助一览表（单位：万元）

年份	1926	1927	1928	1929	1930	1931	1932	1933	1934	1935	1936	1937
金额	1.5	1.5	1.5	4.0	4.0	4.0	5.0	5.0	5.0	4.8	4.8	4.8

资料来源：各次年会记事中生物研究所报告。

注：1926—1928 年度另补助 0.5 万元开办设备费，1929—1931 年度另补助 2 万元建筑费。

生物研究所向中基会请款，还有一些小插曲。1929 年 5 月 21 日丁文江致信胡适：

我另外有一件事托你。秉农山新从北平回去，甚是牢骚。南京科学社的生物研究所每年仅仅乎有文化基金会的一万五千元补助费，生活异常之苦。农山同时又担任北平的静生生物调查所，两头跑走。他向科学社请款，杏佛不以他为然（说他是 T 党）②，毫无结果。秉把他收入的半数也贴在里边。往来北平、南京多坐二等车，有时坐三等。南京的同事大概不能如他这样刻苦，如没有他方补助，或是文化基金会的款不能增加，恐怕南京的机关不能维持，农山也必出于辞职的了。

他现在最希望本年文化基金会开会增加补助费。我告诉他叔永方面不成问题，

①《中国科学社生物研究所请款书》，中国社会科学院近代史研究所藏“胡适档案”，2293－2。

② 杨铨说秉志是“T”党，胡宗刚先生认为表面上是指曾经与国民党作对的“研究系”，实际上是指郭秉文党。在东南大学易长风潮中，秉志等人支持校长郭秉文，抵制国民党党化教育。参见胡宗刚《秉志与丁文江之恩怨》，2015 年 10 月上海社会科学院“赛先生在中国：中国科学社成立百年纪念暨国际学术讨论会”会议论文。

但是必须向蔡先生方面疏通。第一，蔡先生要在南京办博物院的，要告诉他生物研究所是博物院的根本。第二，要说明研究所、博物院又是两件事，不能合并的（这是农山的意思）。我给他出主意，亲到上海给蔡先生谈谈。他到时一定来找你，请你帮他说话，希望万万不要推辞。

杏佛方面最好请李仲揆说说。不可当一件事说，不然杏佛又要不高兴。只要随便主张科学社拿钱砌一所房子……总之，他的目的：（一）要基金会加补助费——从一万五加到二万；（二）要科学社拿一——笔款（二万元）砌研究所——地已经有了，计划是现成的。请你照我上边所说的情形，帮帮他的忙。[8]

从这信不仅看出秉志对生物研究所的绝大贡献，而且还可发现丁文江、胡适等作为生物研究所的支持者是如何联合"哄骗"蔡元培的。① 1929—1931 年度，中基会不仅补助生物研究所经常费每年 4 万元，远远超过秉志期望的 2 万元，而且还直接拨助 2 万元建筑经费，实在出乎秉志意料。当然，生物研究所之所以得到中基会这样的"垂青"，主要是其所取得令人刮目相看的科研成就，"自受款补助以来，学人尽其力，财用尽其利，三年之间，终始努力。中华文化基金董事会深为嘉奖，以为难得"。[4]251

关于生物研究所经费运用情况，以 1929—1930 年度的情况略做分析（表 11－2）。

表 11－2　1929—1930 年度生物研究所收支状况　　（单位：元）

收入		支出			结余
项目	金额	项目	金额		
			动物部	植物部	
中基会补助	40 000.00	薪金	10 631.40	8 307.50	
上年结余	1 014.08	标本室	1 168.10	1 052.87	
其他机构资助采集费	1 950.00	实验室	1 287.58	123.97	
银行利息	91.01	采集	6 153.27	4 202.76	156.67
支款收回	3 292.52	书籍杂志	5 235.03	3 303.91	
借款	1 929.40	购置	2 909.80	922.67	
收售标本	74.00	印刷	89.39	504.27	
		杂项（含还借款）	1 771.73	530.09	
总计	48 351.01	合计	29 246.30	18 948.04	
		总计	48 194.34		

资料来源：《中国科学社第十五次年会记事》单行本，第 54－58 页。

---

① 1929 年 1 月 25 日，中国科学社曾致函蔡元培任院长的中央研究院，要求补助一万元建筑博物馆，中央研究院以"本院方筹设博物院，实无余款可资补助"拒绝。国立中央研究院文书处编《国立中央研究院十七年度总报告》，第 308－309 页。

由表可知，在收入方面，中基会补助占据决定地位，占 82.7%，其他还有一些零星的资助与自办事业收入。在支出方面，动物部用款达占 60.68%，植物部占 39.32%，动物部用费是植物部的 1.5 倍。薪金占总支出的 39.3%，标本室占 4.6%，实验室占 2.9%，采集占 21.5%，书籍杂志占 17.7%，购置占 7.9%，其他占 6.1%。在当年生物研究所花费中，以薪金、采集与书籍杂志购订占据大宗，而标本室与实验室费用比例极低。此时生物研究所基本上还是一个采集调查研究机构，室内工作耗费不多。

1932 年 2 月，中基会第三个资助期到来时，生物研究所继续申请，希望在原有每年 4 万元补助的基础上增加 2 万元，达到每年 6 万元。如果能兑现，生物研究所将扩大动植物的调查范围，“溯江而上，历江苏、安徽、江西、湖南、湖北诸省，直至四川西陲而止”，浙江东南部和海洋动物也将做大规模的调查研究。同时加强实用与经济作物研究：“着手研究各种食用鱼类之生活史及其养育方法，……若是则将来结果，于国计民生，必可有多少贡献也。”还要添聘研究人员、购买书籍杂志、出版论文等等。① 这个周期生物研究所得到经常费每年 5 万元，虽没有 6 万元，也有所增加。得到资助后，生物研究所大量引进人才，研究成果自然有长足增长。

生物研究所作为中基会重点资助对象，曾引起人们的嫉妒与非议。有人指责胡适、任鸿隽把持中基会款项。[9]任鸿隽作为中基会的实际负责人，为生物研究所争取经费亦留下话柄。在中基会创办的北平社会调查所合并到中央研究院社会科学研究所过程中，陶孟和与时任中央研究院总干事的丁文江就因此而大为不满，矛头直指生物研究所。②

---

①《中国科学社生物研究所请款书》，中国社会科学院近代史研究所藏“胡适档案”，2293－2。

② 1934 年 7 月 1 日，中央研究院社会科学研究所与北平社会调查所合并，仍沿用社会科学所名，并继续接受中基会补助的一部分经费，两所工作人员，除自动辞职外，由中央研究院继续聘用，所长由社会调查所所长陶孟和担任。两所合并最初由中基会干事长兼社会调查所委员会委员长任鸿隽提出，他认为当时中国国内社会调查工作，除各省及各银行自设经济调查部外，还有北平社会调查所、南开大学经济学院、中央研究院社会科学研究所。三所鼎足而立，虽各有所长，若能合并为南北各一，并充分与各省各财政机关的经济调查机关合作，就可以避免重复而收增进效益的结果。此议一出，引起陶孟和的强烈反对。任鸿隽本着“避免重复，增进效益”的精神与丁文江多次磋商，最终达成协议。但不知为何任鸿隽对协议又有反悔，因此也引发了丁文江的不满，但并不牵涉生物研究所事。陶孟和却在给胡适的信中对任鸿隽大发牢骚，说 1933 年任鸿隽将北平社会调查所预算经费由 8.5 万减为 8 万，1934 年中基会财政有坏无好，各机关预算有减无增，独静生生物调查所经费由 6.6 万跃为 8.4 万，“请问叔永这样的差别的待遇如何解释？”“叔永想把社所逐出中基会，已非一日。事情凑巧中央研究院给了他的机会。你曾说叔永无意驱逐社所，他不过想为中基会省些款项，应付各方”。可是他并没有应付各方，而是将各机关的经费节省下来去“膨胀生物所的预算”。然后提出几个问题：（一）如为节省经费，中基会自办事业不只一种，为何独挑社会所？（二）如谓性质相同的研究机关要合并，何以北平的静生生物研究所不与南京之生物所合并？何以生物所不与中央研究院动植物所合并？（三）如（转下页注）

其实,丁文江1934年还未出任中央研究院总干事前,就曾计划将生物研究所合并到中央研究院。3月,与蔡元培商量,将生物研究所并入中央博物院,“则地质、生物、人类、考古等均可供给材料,以社会科学研究所、自然历史博物馆、考古组、生物研究所经费集中于馆”,年经费18万元以上作为基本费用,开办费由英庚款拨充,若不足还可由中央研究院担负。[10]这个计划因牵涉方面众多无法实现,改为将生物研究所合并到中央研究院自然历史博物馆,改组为动植物研究所,以秉志为所长,并得到了任鸿隽的同意。但这一计划激起生物研究所同人的强烈反抗。1934年5月2日,生物研究所植物部主任钱崇澍致函正在上海的秉志说:

顷接步曾来电,谓有要事将于明日动身南下会商。弟思此事乃或即系与中央研究院合并之事。若果为此事,可见叔永意若坚决,有非办到不可之态度,如何对付,甚为难。与步曾固可无话不谈,若至必要时,弟或与步曾同至上海,与兄面商。如非合并不可,弟意研究所行政政策、经费必须分开,博物馆实仍用于博物馆,此为合并之必要条件。①

钱崇澍看来,如果任鸿隽一意孤行,同意丁文江的计划,起码条件是生物研究所并入中央研究院后,要与自然历史博物馆分开,保持独立地位。胡先骕来南京与钱崇澍一同赴上海,与秉志商量,达成一致意见反对合并。胡先骕返回北平之后,得知丁

(接上页注)谓华北不应有两个社科研究机关,应该知道这两个机关的性质及工作不同。应该说任鸿隽合并北平社会调查所于中央研究院有其道理与理由,但是陶孟和上述追问同样具有合理性。中基会当时单独办理的事业除北平社会调查所外,还有静生生物调查所、北平图书馆等,因此单独选了社会所实在使陶孟和不服气。自然中基会与尚志学会共同办理的为了纪念前中基会董事长范源廉的静生生物调查所不可能成为合并的对象,北平图书馆自然也不可能退出舞台,这样,社会调查所只能充当“牺牲品”了。性质相同的研究机关合并,这是任鸿隽合并社会调查所的“冠冕堂皇”理由,生物研究所与静生生物调查所是性质完全相同的两个机关,确实应该合并的。但是生物研究所是当时中国唯一的由私立学术团体主办的私立科研机关,它与由久大盐业公司、永利制碱公司创办的黄海化学工业社和由天厨味精厂出资创办的上海中华工业化学研究所等有大企业作为背景,给企业发展提供技术支持的工业研究机关不一样。它可以说是当时所谓学术独立的一种标志,是学术自由的一面旗帜,这又怎么能丢弃呢?无论如何,陶孟和的反问是有力的,因此他非常不满,抱怨任鸿隽说:“他应该公道的,正直的,真诚的执行他的职务——奖励科学的研究。以他这样的人,主持这样有财权的文化机关,我实在要痛心的。中国的人才极少,比较有机会做事的人更少。叔永是我们多年的熟人,他这样的措置,你想是不是一件极可痛心的事?……我们的工作,一般人不认识,我并不失望。我所痛心的是执文化事业的财权的叔永,不特不扶植他,却来压迫他,驱逐他,摧残他!我的同事们如果知道这个中真相,他们一定要放下书本,去革命去了。”吴相湘《胡适实事求是的交友之道》,载《胡适研究丛刊》第1辑,北京大学出版社,1995年,第243－245页;中国社会科学院近代史研究所中华民国史组编《胡适来往书信选》(中),第250－251页。

①《中国科学社为图书出版事一般来往信件》,上海市档案馆藏档案,Q546－1－199。

文江仍坚持合并方案，快函相告。生物研究所同人钱崇澍、王家楫、裴鉴、王钦福、张孟闻、郑万钧、周蔚成、方文培、孙雄才、苗久棚、何锡瑞、倪达书等13人，致函时任中国科学社总干事杨孝述斥责丁文江说：

步曾先生北去后，以为研究所合并之事，大抵可以无事矣。今日得其快函，所称述者，大可诧异。丁在君先生以为农山先生不宜于行政而极赞成仲济，渠拟一办法云农山辞去所长以仲济继之，同时仲济兼任博物馆馆长之职。不解此间行政事宜在君先生以何资格可以作此提议？渠欲仲济任馆长尽可商量，何以必须涉及本所之事？此间事业可谓是农山先生一人手创，十余年来几经困苦，略有成就。吾侪断不能见利忘义谢创业者而他求。且一所卅余人合心一德，坚奋向学，试问国内更有其他机关如此间之谐和无间者乎？则如何谓农山先生不宜于行政耶？藉曰不宜于行政，亦无与丁文江之事。在君先生今日欲并吞此间，视科学社若无人，遂敢倡两处一长之说，以合作之名图吞并之实。此间同人既已洞烛其谋，又爱护本社之惟一研究机关，有玉碎之决心，无瓦全之委随。敬奉快函，藉布寸臆。若以此转告在沪诸理事，即在君先生有所动议，千万勿为所惑。是所至盼。①

言辞中一会“丁文江”、一会“在君先生”，可见他们心中的愤怒。丁文江的合并计划最终未能实现，其间来来往往的争斗与斗争因资料原因具体细节目前还不清楚。丁文江这一举动无疑留下了不小的后遗症，1932年在西安举行的年会上，他高票当选理事，1934年任期满后未能连任，而且连候选人也不是。1935年2月，生物研究所申请中基会新一周期资助，丁文江是中基会非常有力的人物。秉志致函其学生、时任《科学》主编的刘咸说：

兹有欲与弟言者，即去岁丁在君欲吞并吾所未得成功，今年恐又卷土重来。彼以科学社社员未便公然为难，去岁文化基金开会，吾所请求补助，彼授意协和之顾临出面捣乱。顾临适因事回国，写一极有力之信要求该会停止吾所之补助。幸顾临已不到会，各董事已晓其内情。该会原定予吾所三年补助，而丁出而反对，结果给予一年，俟明年再说。今年又须续请，其开会决定提前在四月间。顾临有于六月离华之说，而四月开会，彼必到场，倘彼二人合力捣乱，吾所今年必受其害。然丁系最势利之人，倘见有实力之人出而为所于事前仗义执言，彼之阴谋即刻云消雾散矣。

---

①《中国科学社为图书出版事一般来往信件》，上海市档案馆藏档案，Q546－1－199。

为此,秉志与刘咸商量,请董事汪精卫、孙科等在事前发表谈话,甚至通过结交陈立夫、陈果夫兄弟这样强力人物言明捐款,以壮声势,逼迫丁文江知难而退。[11]胡先骕也曾指出丁文江就任中央研究院总干事后,“气焰极盛,而傅斯年为人尤不可耐,赵元任、李济之亦然”。[12]上一周期中基会资助生物研究所每年5万元,因此这个周期秉志申请6万元,最终只得到4.8万元,金额的减少不知是否与丁文江相关。

表11-3所列是1933—1936年生物研究所收支情况。可见,收入方面几乎完全是中基会资助,其他完全可以忽略不计;支出方面薪金占大半,书籍杂志的购订也占据相当地位。1933—1934年度,书籍杂志购订占第二位、印刷和标本室占第三位;1934—1935年度,仪器购置占第二位,书籍杂志购订占第三位;1935—1936年度书籍杂志购订占第二位,仪器购置占第三位。其间的变化与生物研究所扩大研究范围,建立生理实验室和生物化学研究室相关。

表11-3　1933—1936年生物研究所的收支状况　　（单位:元）

年　度		1933—1934		1934—1935		1935—1936	
收入	上年结余	2 672.82	各项支出比例	6 353.87	各项支出比例	8 280.60	各项支出比例
	中基会补助	50 000.00		50 000.00		48 000.00	
	利　息	42.96		205.22		222.60	
	其他资助			1 962.30		73.92	
	合　计	52 715.78		58 521.39		56 577.12	
支出	薪　金	25 564.00	55.1%	25 962.00	51.7%	26 538.80	52.3%
	标本室	3 950.65	8.5%	4 767.00	9.5%	4 140.00	8.2%
	采　集	2 500.33	5.4%	1 499.16	3.0%	4 314.80	8.5%
	书籍杂志	6 512.89	14.0%	6 223.98	12.4%	5 379.74	10.6%
	仪器购置	2 503.06	5.4%	7 849.26	15.6%	4 832.29	9.5%
	印　刷	3 926.62	8.5%	2 449.86	4.9%	3 824.61	7.5%
	杂　支	1 404.36	3.0%	1 489.53	3.0%	1 687.21	3.3%
	合　计	46 361.91	99.9%	50 240.79	100.1%	50 717.45	99.9%
结　余		6 353.87		8 280.60		5 859.67	

资料来源:中国科学社第十九、二十、二十一次年会报告。

生物研究所经费除中基会资助外,主要来自募捐与社内拨付。据1934年年会报告,1933年8月正式发起的50万元生物研究所基金捐,杨森、刘湘各捐一万元,社友捐款甘典夔二千元、尤怀皋一千元、生物研究所同人七千元,并有无名氏捐一万元。

次年年会报告，社友刘梦锡捐助生物研究所土地 100 亩，价值一千元，洛克菲勒基金会补助六千元，南京市政府拨大洋三千元等，距 50 万元相差何止“千里”。①

与中国科学社的所有事业一样，抗战的全面爆发对生物研究所是一个沉重打击。经过千辛万苦搬迁到北碚的生物研究所，先借西部科学院开展工作。1940 年春，才在北碚郊外造就简陋研究室，“进行一切研究事宜”。太平洋战争爆发后，限于财力、物力，又鉴于建设事业的重要性，动物部将研究工作转移到“学童健康问题”和“桐茶害虫问题”两个方面。学童健康问题主要研究战争期间膳食营养缺乏对学童身心健康的影响程度，并考察青年身心健康及其疾病倾向。桐油和茶叶是战争期间我国国际贸易的大宗产品，而桐茶害虫对产量影响很大。动物部通过调查，了解害虫名字及生活习性，并研究防治方法。在生物研究的推广方面，研究动物的保护色，并将研究成果应用到国防军备方面。[13]经费除中基会资助外，中英庚款委员会也每年资助一万元。

这些经费面临通货膨胀只是杯水车薪，于是有人开始建议中国科学社将生物研究所移交政府办理。不久，研究人员基本上都到复旦大学等校兼课，代理所长钱崇澍还到北碚 25 千米外的中学兼课，所里的研究工作自然受到冲击。抗战胜利后，对于生物研究所的复员，秉志曾建议与北平静生生物调查所合并，胡先骕以人事上无法调整为由不同意。南京所址已为日本侵略军毁坏，于是只得蜷曲在明复图书馆，研究工作难以展开。1948 年任鸿隽曾向政府建议生物研究所可以援引北平图书馆成例，由教育部接收，但没有结果。只有苟延残喘到 1954 年，正式宣告结束。中国科学社 1950 年总结说，生物研究所二十多年来，发表论文专刊 20 多卷，“造就了专家近二百人，工作人员最多曾达四十人，国际交换达八百余处，现在还藏有名贵成套生物学杂志二百六十余种。这真是人民的宝贵财产”。[14]

第二节　人才聚集与培养

生物研究所在其存在的三十多年，特别是 1937 年前的 15 年里，聚集和培养了大量的科研人才，对中国生物学的发展做出了独一无二的贡献。胡适也曾说，生物学是

---

①《中国科学社第十九次年会记事》单行本、《中国科学社第二十次年会记事》单行本。

中国科学社重要工作之一,“经秉农山、胡步曾诸位先生之努力,在这二十年中,在文化上辟出一条新路,造出许多人才,要算在中国学术上最得意的一件事”。① 张孟闻也说:“世界学人,咸知中国有秉胡二人,而秉氏尤负盛誉。于是时彦论学,始崇之为大师,启迪后生,资作模楷。”[15]

一、人才聚集

秉志作为生物研究所的创始人与长期领导人,从生物研究所建立一直到结束都是所长,其间他曾不止一次要求辞去所长职务由钱崇澍接替,但都未获理事会批准。抗战期间由于秉志滞留上海,所长职务由时任植物部主任兼秘书钱崇澍代理,战后仍归职于秉志。生物研究所从成立伊始就设立了动物和植物两部,成立之初分别由秉志和胡先骕担任主任。1923 年胡先骕再度留美,秉志约请时任东南大学教授陈桢和陈焕镛两教授来所共同主持。1926 年胡先骕归国后,再度担任植物部主任,直到他接任秉志担任北平静生生物调查所所长。胡先骕离职后钱崇澍接任植物部主任,后兼任秘书。1934 年,在动物部下增设生理学和生物化学两个研究室,分别由该所培养的研究生、留学回国的张宗汉和郑集主持。生理学研究室侧重研究神经代谢,生物化学研究室偏重于营养与食物问题。

成立之初,生物研究所仅有研究人员秉志、胡先骕、陈焕镛等,他们都是东南大学的教师,生物研究所职位是兼职。最先到生物研究所从事研究工作的助理常继先,他“日赴东南大学习剥制标本之法,夜则宿所中治理杂事”。1923 年,聘王家楫为研究助理,陈长年和常继先分任动植物标本采集员。同时,东南大学生物系助教曾省、孙宗彭、喻兆琦等,“亦俱来所资用便利,进求所学。盖已纯志为学,不事功利之风焉”。[4]248 王家楫 1920 年毕业于南京高等师范学校农科,任高师附属中学生物教员。1921 年 7 月—1923 年 6 月在秉志指导下潜心研究,1924 年获得东南大学农学学士,1925 年春考取公费赴美留学。王家楫留美后,以张春霖补其缺。翌年秋,得中基会资助,增聘张宗汉为动物部研究助理,耿以礼为植物部研究助理,“所中经费既较前略裕,因各取半俸以明其职守,所中负责人员,至是乃增益至六人,而工作亦踵事增繁”。[4]251 表 11 - 4 列举了 1926—1931 年生物研究所

---

① 胡适 1935 年 10 月 24 日在上海社友会上演讲中的话。《上海社友会庆祝大会》,《社友》第 51 期,第 5 页。

图 11－4　1925 年初秋，秉志南下赴厦门大学任教，
东南大学生物系同学欢送会在生物研究所门前留影
前排左起胡先骕、秉志、陈焕镛。

工作人员变迁及其主要职责情况。

表 11－4　1926—1931 年生物研究所工作人员变动情况

动　物　部
1926—1927 年度： 正式职员 4 人：秉志（所长兼动物部主任、动物研究教授）、张春霖（助理，管理收支及图书室、实验室、物品保管室事务）、张宗汉（助理，管理采集标本事宜）、常继先（采集及标本装置员） 非正式职员 7 人：陈桢（东南大学动物系主任，遗传学）、孙宗彭（东南大学动物系助教，生理学）、曾省（东南大学动物系教员，解剖及寄生虫）、喻兆琦（东南大学动物系助教，无脊椎动物）、欧阳翥（东南大学动物系助教，神经学）、方炳文（东南大学动物系助教，分类学）、谢淝成（东南大学毕业生，无脊椎动物）
1927—1928 年度： 正式职员 5 人：秉志、张春霖、张宗汉、常继先、方炳文（动物研究员） 非正式职员 5 人：曾省、喻兆琦、欧阳翥、谢淝成（中央大学助教，无脊椎动物）、崔之兰（前东南大学生物学助教，组织学与生理学）

（续表）

1928—1929 年度：

正式职员 4 人：秉志、张宗汉、王钦福（采集员）、贾泰寅（标本采集及装置员）

非正式职员 13 人：喻兆琦、谢淝成、伍献文（中央大学助教，脊椎动物及寄生虫）、方炳文（中央研究院自然历史博物馆技师）、崔之兰（中基会研究员）、郑集（中央大学助教，生理学）、陈家祥（江苏昆虫局，分类学）、吴功贤（中央大学助教，神经生理学）、吴长春（江苏昆虫局，解剖学）、常继先（中央研究院自然历史博物馆采集员）、徐锡藩（厦门大学借读生，胚胎学）、陈义（中央大学动物系助教，脊椎动物）、何锡瑞（开封中山大学毕业生，脊椎动物）

1929—1930 年度：

正式职员 11 人：秉志、王钦福、贾泰寅、王家楫（兼任教授）、张孟闻（研究员兼书记）、周蔚成（研究员兼会计）、徐锡藩（助理兼仪器管理）、郑集（助理兼药品管理）、何锡瑞（范太夫人奖金研究生）、陈月舟（绘图员）、刘子刚（标本采集及装置员）

非正式职员 12 人：方炳文、陈义、吴功贤、陈家祥、常继先、阎敦建（中央工业试验所，无脊椎动物）、江志道（江苏昆虫局助理，解剖学）、杨㺯（中央大学动物系助教，生理学）、吴长生（中央大学心理系助教，神经学）、王启汾（光华大学毕业生，胚胎学）、王有琪（中央大学动物系四年级学生，无脊椎动物）、徐凤早（中央大学动物系四年级学生）

1930—1931 年度：

正式职员 11 人：秉志、王家楫、王钦福、张孟闻、周蔚成、何锡瑞、贾泰寅、刘子刚、郝世襄（研究员兼仪器管理）、冯展如（绘图员）、陈进生（切片制造员）

非正式职员 7 人：方炳文、陈义、吴功贤、杨㺯、吴长生、范德盛（金陵大学生物学助教，细胞学）、黄其林（江苏昆虫局助理，无脊椎动物）

植　物　部

1926—1927 年度：

正式职员 4 人：胡先骕（植物部主任兼植物研究教授）、耿以礼（研究助理兼标本室管理员、标本采集员）、叶宏舒（研究及制造切片标本助理）、李钟茵（采集员）

非正式职员 2 人：陈焕镛（东南大学植物系教授，分类学）、张景钺（东南大学植物系教授，形态学）

1927—1928 年度：

正式职员 4 人：胡先骕、方文培（替耿以礼）、金维坚（助理兼标本采集员）、冯澄如（绘图员）

非正式职员 4 人：陈焕镛、张景钺、秦仁昌（中央大学讲师，分类学）、严楚江（中央大学助教，形态学）

1928—1929 年度：

正式职员 5 人：方文培、冯澄如（与静生所合聘）、钱崇澍（植物部主任兼植物研究教授）、金震（标本室助手）、刘其燮（标本室助手兼采集员）

非正式职员 5 人：张景钺、严楚江、陈焕镛（中山大学植物学教授）、秦仁昌（中央研究院自然历史博物馆研究员）、胡先骕（静生所植物教授）

1929—1930 年度：

正式职员 7 人：钱崇澍、方文培、刘其燮、孙雄才（助理兼标本室管理员）、郑万钧（助理兼采集员）、汪振儒（助理兼采集员）、王锦（标本室助手）

非正式职员 1 人：名誉研究员戴芳澜（金陵大学植物病理学教授）

1930—1931 年度：

正式职员 8 人：钱崇澍、裴鉴（兼任教授）、方文培（研究员兼采集员）、孙雄才（研究员兼标本室管理员）、郑万钧（研究员兼采集员）、曲桂龄（助理）、刘其燮（标本室助理）、吴骏元（标本室助理）

非正式职员：（无）

资料来源：1927—1931 年五次年会生物研究所报告。

动物部前三年正式职员仅 4 ~5 人,1929 年获得中基会更多资助后,聘请职员达 11 人。正式职员先后有秉志、张春霖、张宗汉、常继先、方炳文、王钦福、贾泰寅、王家楫、张孟闻、周蔚成、徐锡藩、郑集、何锡瑞、陈月舟、刘子刚、郝世襄、冯展如、陈进生等 18 人。非正式职员最少时 5 人,最多时达 13 人之多,先后有陈桢、孙宗彭、曾省、喻兆琦、欧阳翥、方炳文、谢淝成、崔之兰、伍献文、郑集、陈家祥、吴功贤、吴长春、常继先、徐锡藩、陈义、何锡瑞、阎敦建、江志道、杨嘘、吴长生、王启汾、王有琪、徐凤早、范德盛、黄其林等 26 人。有些人最初仅仅是非正式职员,第二年就变成了正式职员,得到锻炼后"毕业"出所到其他机关任职,然后再被聘为非正式职员,继续与研究所发生关系。植物部前三年正式职员仅 4 ~5 人,后增加为 7 ~8 人,增长幅度不如动物部,先后有胡先骕、耿以礼、叶宏舒、李钟茵、方文培、金维坚、冯澄如、钱崇澍、金震、刘其燮、孙雄才、郑万钧、汪振儒、王锦、裴鉴、曲桂龄、吴骏元等共 17 人,更换频率高于动物部。非正式职员最多时有 5 人,最少时没有人,这说明植物部在接受外单位科研人员上不如动物部活跃。非正式职员先后有陈焕镛、张景钺、秦仁昌、严楚江、胡先骕、戴芳澜等共 6 人,除秦仁昌、严楚江外,其他人都已是成就卓著的教授,胡先骕也是任静生生物调查所所长后成为非正式职员的。

这 5 年中,作为生物研究所所长和动物部主任的秉志,是唯一没有变动的人物,其他人无论是正式职员还是非正式职员,无论是大学教授还是大学助教,无论是大学毕业生还是高年级学生,来来往往,在生物研究所接受培训、从事研究,然后或获得资助或考取公费留学,离所去接受更为系统和高级的训练,或到其他机构作为领导人或主持人等。

1926—1927 年度动物部正式职员有秉志、张春霖、张宗汉和常继先,非正式职员陈桢、孙宗彭、曾省、喻兆琦、欧阳翥、方炳文、谢淝成。在所中常务人员的正式职员中,真正可以独当一面的所谓研究人员只有秉志一人,张春霖、张宗汉是秉志的两名研究助理,常继先作为标本采集员,是研究辅助人员。植物部真正的研究人员仅胡先骕一人,其他 3 人为辅助人员。可以自由利用所里实验室的所外学术机关的合作研究人员,即非正式职员,远远多于所中研究人员,他们基本上都是当时东南大学的教授或助教,说明了生物研究所的创建与东南大学有直接关系,生物研究所的发展也与东南大学有紧密联系。当然,东南大学生物学的发展与生物研究所也是互利的,若没有东南大学的生物学人才,生物研究所能否创建于南京值得怀疑;另外,生物研究所的创建为东南大学的教师、学生提供了进行科学研究的基地与场所,对东南大学科研成果的取得与其在学术界地位的提升有着相当直接的作用。

在动物研究方面，非正式研究人员力量更为强大，不仅有教授陈桢，而且有 6 位研究人员，植物部仅有 2 位教授级人才陈焕镛与张景钺。此外，1926—1927 年度的生物研究所研究范围亦不局限于所谓的“生物调查分类方面”，在实验方面也有“行动”，除陈桢的遗传研究而外，还有孙宗彭的动物生理研究、欧阳翥的神经学研究等。

1927—1928 年度，正式职员动物部仅增加方炳文作为研究员，植物部除胡先骕外，其他 3 人全部改换。非正式职员动物部陈桢北上任北京师范大学教授，在北京开创其生物学事业，先后创建北平师范大学、清华大学生物系；孙宗彭申请到“洛氏基金”赴美留学，增加东南大学毕业生崔之兰；植物部仅增加中央大学讲师秦仁昌与助教严楚江。1928—1929 年度正式职员动物部张春霖赴法国留学，方炳文和常继先到中央研究院任职，另聘 2 人；植物部胡先骕离职，钱崇澍接替，并另聘 2 人。非正式职员来源发生了大变化，不仅限于过去的东南大学（即中央大学）了，还有中央研究院、江苏省昆虫局、开封中山大学（河南大学）、中基会、广州中山大学和北平静生生物调查所等机构，这不仅是当时研究机关及大学科研发达的结果，也表明生物研究所正努力扩大其合作机关，扩展其影响范围。1929—1930 年度和 1930—1931 年度，非正式职员范围进一步扩大，不仅有教授级别的人物，也有大学毕业生和在校高年级大学生。同时生物研究所培养的人才也有留学归国者，开始到生物研究所担任导师职位，指导科研工作。

表 11 - 5 是 1933—1936 年度生物研究所动物部人员变化情况。在中基会加大投入的同时，生物研究所的人员也有大幅度的增加。这三年中，动物部正式职员先后有秉志、王家楫、王钦福、张孟闻、周蔚成、倪达书、何锡瑞、苗久棚、陈月舟、贾泰寅、陈进生、刘子刚、郝敏坚、傅贻训、张宗熠、张宗汉、郑集、戴芳沂、柴雨顺、武希之、金祖怡、陶宏、马致远、唐慧成、余毅坚、卢邵瀞容等共 26 人，除王家楫、张宗汉、郑集是生物研究所过去培养的人才，现回所担当导师与领导职务外，其他人基本是一些研究员和研究助理。3 年来正式职员中教授（技师）级研究人员变化不大，仅仅是王家楫离去，郑集与张宗汉回来。助理（研究员）的变化也不是很大，张孟闻、王钦福离去，增加了戴芳沂、金祖怡、陶宏 3 人，研究助理则呈增长趋势。到 1936 年，正式职员有 19 人之多，其中研究员 7 人、研究助理 7 人，他们在这里通过训练成长起来，成为中国生物学的生力军。

图 11－5　利用中基会补助建成的生物研究所新楼

图 11－6　生物研究所新楼动物部研究室之一，所长秉志在其中工作

图 11 - 7　生物研究所新植物部研究室之一和标本剥制室

图 11 - 8　生物研究所豚鼠畜养园

表 11－5　1933—1936 年度生物研究所动物部人员变动情况

1933—1934 年度： 正式职员 15 人：秉志（所长兼动物部主任技师），王家楫（动物学技师），王钦福、张孟闻、周蔚成、倪达书、何锡瑞、苗久棚等共 6 人为研究员，陈月舟（绘图员），贾泰寅（标本室管理员），陈进生（切片制造员），刘子刚（标本制造员），郝敏坚（切片制造员），傅贻训（采集员），张宗熠（采集员） 研究客员 9 人：孙宗彭（中央大学生物学主任教授）、伍献文（中央研究院自然历史博物馆动物部主任技师兼代理馆主任）、方炳文（中央研究院自然历史博物馆动物部技师）、常继先（中央研究院自然历史博物馆动物部助理技师）、吴功贤（中央大学助教）、徐凤早（中央大学助教）、朱树屏（中央大学生物系高年级生）、许承诗（中央大学生物系高年级生）、杨虓（国立编译馆编译员） 1934—1935 年度： 正式职员 14 人：秉志，张宗汉（生理学技师），郑集（生物化学技师），周蔚成、倪达书、何锡瑞、苗久棚、戴芳沂 5 人为研究员，陈月舟（绘图员），陈进生、张宗熠、柴雨顺、武希之、傅贻训 5 人为研究助理 研究客员 14 人：孙宗彭、常继先、吴功贤、欧阳翥（中央大学生物系教授）、王家楫（中央研究院动植物所所长）、伍献文（中央研究院动植物所技师）、王希成（中国西部科学院生物部主任）、雷震（河南大学毕业生）、成凤西（厦门大学毕业生）、赵师楷（武汉大学毕业生）、吴襄（中央大学心理系毕业生）、李赋京（河南大学医学院教授）、傅相生（河南博物馆动物部主任）、程永心（中央大学毕业生） 1935—1936 年度： 正式职员 19 人：秉志，郑集，张宗汉，研究员周蔚成、倪达书、何锡瑞、苗久棚、戴芳沂、金祖怡、陶宏共 7 人，研究助理陈进生、张宗熠、柴雨顺、傅贻训、马致远、唐慧成、余毅坚共 7 人，绘图员陈月舟，推广编辑卢邵滲容 研究客员 10 人：欧阳翥、王家楫、孙宗彭、伍献文、雷震、吴襄、李赋京、陈义（中央大学生物系教授）、常继先（中央研究院动植物所助理技师）、李秀峰（东南大学毕业，国立编译馆编译）

资料来源：1934—1936 年三次年会生物研究所报告。

所谓研究客员的非正式职员变化很大，除具有高级职称和其他科研机关的领导如孙宗彭、王家楫、伍献文、方炳文、欧阳翥、王家楫、王希成、李赋京、陈义等而外，一批又一批的大学毕业生来到这里，接受锻炼。这些人的来源虽然更加广泛，但可以清楚地看出，当时中国科学的中心之一北平的高校很少有学生来此进修，不知原因何在。当时主持清华大学、北京大学生物系的陈桢、张景钺等都曾是生物研究所研究人员。同时，这些研究客员的学科也不仅仅限于生物学，还有医学、心理学等。

表 11－6 是 1933—1936 年度生物研究所植物部人员变化情况。正式从事研究的研究人员这三年中变化极小，技师级别无一人"来"和"往"，研究助理也没有变化，仅仅是研究员有稍许变动，第二年方文培去而增加曲桂岭，第三年曲桂龄去而已。研究客员 1933—1934 年度还有 4 人，耿以礼是生物研究所培养出来的人才，其他 2 人中学教员，1 人为大学生。1934—1935 年度仅有 2 人，一个留法博士，一个大学生。1935—1936 年度只有 1 人，还是前几年的研究员，在所中工作到一定程度离所到西部科学院工作，被聘为研究客员。可见这几年植物部的最大特征是正式职员的稳定

与研究客员的稀少。职员的不流动说明了该部在人才吸引及其利用方面有着优势,使研究人员处于相当稳定的状态,这是研究出成果的基础。科学研究首先需要的就是人才的相对稳定,给他们充裕的时间进行科研。但不可否认的是,人才流动也是科研成果取得的最为重要的条件之一,而且如果没有人才流动,该所培养人才的目标就不可能实现。研究客员的稀少说明该部在吸收人才与培养人才方面与动物部存在差距。

表 11-6　1933—1936 年度生物研究所植物部人员变动情况

1933—1934 年度: 正式职员 13 人:钱崇澍(植物部主任技师),裴鉴(植物部技师),王志稼(藻类学技师,范太夫人纪念奖金学侣),研究员有方文培、孙雄才、郑万钧 3 人,绘图员冯展如,采集员有陈诗、陈光禄、吴中伦 3 人,标本室助理有傅贻昌、冯雪岩 2 人,采集员兼标本室助理姚仲吾 研究客员 4 人:耿以礼(中央大学生物学教授)、方锡琛(苏州中学教员)、朱裕魁(中央大学附属实验中学教员)、欧世璜(中央大学农学院学生)
1934—1935 年度: 正式职员 13 人:除研究员方文培去增加曲桂龄外,一切同前 研究客员 2 人:冯言安(法国巴黎大学博士)、王树嘉(中央大学四年级学生)
1935—1936 年度: 正式职员 12 人:除研究员少曲桂龄外,一切如去年 研究客员 1 人:曲桂龄(中国西部科学院)

资料来源:1934—1936 年三次年会生物研究所报告。

整个生物研究所,1933—1934 年度,正式研究人员有 28 人之多,研究客员 13 人;1934—1935 年度,正式研究人员 27 人,研究客员 16 人;1935—1936 年度,正式研究人员 31 人,研究客员 11 人。中央研究院 1929 年研究人员专任 54 人、特约 50 人、助理 83 人、其他 5 人,共 192 人;其中人数最多的历史语言研究所专任研究员 8 人、编辑员 4 人,特约研究员 11 人、编辑员 2 人、外国通信员 3 人,助理员 13 人,共 41 人,正式人员仅 25 人。[①] 1948 年,中央研究院相关科学技术研究所(包括数学、天文、物理、化学、地质、动物、植物、气象、医学、工学和心理研究所)现职人员,包括兼任、通信研究员、未到任研究人员及其辅助性的管理员等在内总共才 273 人,其中通信研究员与兼任研究员 66 人,本职工作在其他单位,也就是说 11 个研究所真正的在职人员仅 207 人,还包括大量未到任人员。[②] 可见,对生物研究所这样一个私立研究机构

① 中央研究院总办事处秘书组编印《中央研究院史初稿》,1988 年,第 45 页。
② 据《国立中央研究院概况》(中华民国十七年六月至三十七年六月)相关资料整理。

来说，其研究人员阵容在当时确实非常强盛。

二、人才培养

生物研究所成立伊始不仅注重研究工作，也十分重视人才培养。1934 年秉志说生物研究所：

为公开机关，国人苟愿从事于生物学之研究而自信其学力足以赴之者，得请求入所研究，所中且与以种种便利，盖主持者极愿藉所内设备之利便以惠益学人，以公诸社会。愿能用此供应，使研究者得窥生物科学各门之径奥，以应国内大学之需求。凡从事研究者，若起初即专治一门，则偏狭之见，故所难免，而学力浅仄，智识隘陋，殊不足以应大学之宠邀，以主持学系。故初入该所之研究员，必先使其经习各方面之学识，然后就性所近，自为选择，以专攻一学。研究员在所内即获得相当经验之后，往往得有留学异邦，就欧美名家观摩切磋之机会。其人既在国内精治所专之学，基础湛深，故在欧美研究机关从事研讨，亦复驾轻就熟，易致精妙。[16]418

生物研究所对人才的培养有其独到之处。首先它培养人才的主要目的并不仅仅为研究所利用，主要是供给各大学及其他研究机构，特别是培养大学生物系领导人。第二，它对人才的培养以通才教育为基础，以便触类旁通后成为独当一面的人才。第三，年轻研究员在所得到一定的经验后，再在导师们的推荐下，赴欧美各国留学，继续深造学习最先进的知识，然后回国贡献于学术界。

来生物研究所学习和锻炼的助理，在秉志、胡先骕、钱崇澍等导师的指导下，理论联系实际，进步很快。最早的研究助理王家楫，在秉志的指导下，1923 年 6 月—1924 年 11 月先后完成《金鱼之变异》《金鱼之遗传》和《南京原生动物研究》等奠定其未来科学生涯的论文。为了使来所工作的年轻后辈免于经济困境，提升他们对学术的兴趣与专一，生物研究所对来所进行研究的非正式研究人员补助生活费。正如前面丁文江致胡适信函所言，补助经费中有不少是秉志等导师捐献的薪水。1927 年 4—10 月，谢淝成接受每月 8 元的研究奖金，“以为膳费，并许其在社中住宿”；欧阳翥、方炳文 1927 年 4—8 月由秉志所捐赠的月薪中每月补助每人 20 元，“社中许其住宿，以为其膳宿之助，俾得静心研究”。那些在所工作的正式职员自然给予薪水，方文培自 1929 年 1 月起月薪 80 元，张宗汉每月研究补助费 50 元。① 当时上海产业工人的月

① 《科学》第 13 卷第 5 期，第 722 页。

工资一般在20～40元，大学助教在80～140元。[17,18]相较而言，生物研究所研究人员的薪水也不算低。

秉志等人捐赠薪水作为生物研究所经费情况，可举一例。秉志在完成室内研究工作、给所内研究生上完课等工作后，计划于1927年10月往海滨调查海产动物兼采集标本，大约需四个月时间，所需费用已另外筹得。9月16日，他致函中国科学社理事会请假，并提出"将四个月之薪水捐入社中，做为生物研究所维持各研究生之费及增购书籍或仪器之用"。次日再函理事会，以为在所内进行研究工作的方炳文、欧阳翥、谢淝成、喻兆琦等成绩优秀，但经费"补助之期将行告完"，而"研究方进行未已""恐其一旦无助，所研究者或受影响"，提出将所捐四个月薪水提出一部分，"以维持此数人之研究"。"此四人皆属寒畯，志切向学，而从事研究又颇有成绩，吾社以提倡科学为志职，宜对于此种有志之青年有以奖励之也。"①

倪达书后来回忆说："秉师的中英文根底都很好，对每个从学者的文章必逐句逐段修改并为之发表，及至其认为基础已打好，且有一定的论文著作时，必尽力向有关方面推荐出国深造。因为常年经费有限，所以对在所研究的教授尽量让他们到大学去任教支薪，对中、低级工作人员，尽量照顾周到，除允许到中央大学旁听课程外，每年总要给大家加一点工资，使其能维持家用。"倪达书1932年5月到所工作，生活费30元，6月加到60元，以后每年增加10元，到1937年已达110元，"这样每人都很安心努力工作，于公于私都有利，形成一派蓬勃兴旺的景象"。[19]

生物研究所是当时大学不少高年级学生和毕业生进入科学殿堂的第一步，虽然这些导师如秉志、后来再次留美的胡先骕、陈桢等都是留美取得博士学位的人才，但当时中国科学毕竟不发达，只有将后辈送到世界科学中心欧美才算完成他们心目中的求学。因此生物研究所总是推荐那些能够在所中工作取得成就的人才到国外留学。最早进所工作的王家楫1925年1月考取江苏省公费留美，入宾夕法尼亚大学。后来进所的张春霖、曾省、崔之兰也相继留学欧美。仅1929年，在所中工作的助理以在所的研究成果向中基会及其他学术机关申请资送留学者就有5人：伍献文（得中基会补助金留学法国，专治鱼类）、张宗汉（考取清华赴美专科生留学，专治两栖类及爬虫类）、喻兆琦（江苏省官费留学法国，专治蟹之解剖）、谢淝成（中基会补助金留学德国，专治蠕虫类）、严楚江（留学美国）。[20,21]在生物研究所工作后相继留学的还有

---

①《理事会第60次会议记录》（1927年10月28日），上海市档案馆藏档案，Q546－1－63－184。

孙宗彭、郑集、欧阳翥、张孟闻、方文培、吴功贤、倪达书等一大批在未来中国生物学发展史上声名赫赫的人物。

生物学论文在中国科学社年会上一直占据绝对地位，其中绝大部分是生物研究所的成果。进入生物研究所的各位助理，在导师指导下进行研究，论文完成后参加中国科学社年会进行学术交流，这对他们的成长非常有利。1924 年年会上，助理王家楫宣读论文《南京原生动物之调查》，这决定了他未来的研究方向“原生动物”，成为国际原生动物学界的杰出人物。1926 年年会上，方炳文、孙宗彭、喻兆琦也拿出他们的研究成果，供与会学者讨论。此后，生物研究所年轻人的论文成了中国科学社年会论文一道奇特的“风景线”。

除在中国科学社年会进行学术交流，生物研究所浓厚的研究气氛也使所内学术交流成为必然，“本所同人，以平日研究皆各有范围，研究之外又各有职守，为便利彼此增益起见，拟组织生物学讨论会”。经多次筹备，1929 年春天在伍献文、喻兆琦等人的组织下得以开展。每两周一次，第一次在图书馆举行，由欧阳翥演讲已研究 3 年之久的“白鼠脊髓之增长”；第二次由谢淝成演讲“蚂蟥之解剖”。[22]

同时，生物研究所发刊丛刊，与国际学术界交流，也促进了人才的成长。正是在生物研究所这样的良好氛围下，生物研究所人才辈出，许多人通过在生物研究所两三年锻炼就成为学术界举足轻重的人物。张春霖接替王家楫到所担任研究助理，1928 年 8 月留学法国专门研究鱼类，1930 年获得博士学位，回国后任职于北平静生生物调查所。据说，留学期间，他国内妻小生活费用由秉志资助。[23]

方炳文 1926—1927 年度是东南大学动物系的助教，作为非正式职员在所接受训练与研究，由于成绩特出，次年被吸收为正式职员，经过一年培训后，到中央研究院自然历史博物馆担任技师。三年中从初级职称的助教升为中级职称的研究员，再升为高级职称的技师。

郑集是著名营养学家和生物化学家，是我国生物化学发展的见证人。1922 年考入东南大学，主修生物学、副修化学，在秉志的指导下，逐步走向科学殿堂。1928 年毕业后留校任农化系助教，进行“镇江陈醋”的母菌分离和鉴定。1929 年秋，应秉志邀请到生物研究所任助理，秉志给了他两项任务，一是单独进行题为“春冬两季鲫鱼胃肠表皮细胞的变化”的实验研究；一是协助秉志进行“豚鼠大脑运动区功能的定位”研究。不久他与秉志合作的课题完成，合作撰写的论文发表在有影响的美国《比较神经学杂志》上，而单独承担的课题论文也发表在生物研究所丛刊上。1930 年考取公费留美,1934 年获得博士学位。同年夏回生物研究所工作,负责创办生物化学研究室,陶宏、金祖怡任助手。为了培养生物化学人才,1935 年开始兼任中央大学农学院生化教授,同时为中央大学医学院筹备生物化学科。翌年,正式就任中央大学医学院生物化学系教授兼主任,并兼任生物研究所工作。抗战期间,生物研究所迁北碚,“因陋就简地布置了一个生化实验室和一间大白鼠饲养室”。中央大学医学院迁成都后,不时到北碚指导生物研究所生化室的工作。在获得金叔初的资助后,开始与周同璧一同撰写长篇科普论文《营养讲话》在《科学》上连载发表,后在此基础上,编写了《实用营养学》一书。[24]

王家楫留学归国先在生物研究所担任职务,后由秉志推荐担任中央研究院动植物研究所首任所长,1948 年当选首届中央研究院院士。伍献文 1921 年毕业于南京高等师范学校后,任教于厦门集美学校,后转到厦门大学。1925 年秉志休假到厦门大学任教,他重新注册成为秉志的学生,毕业后到中央大学,同时成为生物研究所研究客员。1929 年留法,1932 年获得巴黎大学博士学位。回国后就任中央研究院自然历史博物馆动物部主任技师兼代理馆长,同时担任生物研究所研究客员,1948 年当选首届中央研究院院士。

张宗汉 1926 年毕业于东南大学,应聘到生物研究所工作。1929 年留美入芝加哥大学医学院,攻读普通生理学,获博士学位。1933 年归国,历任上海医学院教授、生物研究所研究员,中正大学、浙江大学、同济大学教授等,后到华东师范大学任生物系主任兼教授。[25]249-250

张孟闻 1922 年入东南大学生物系,1926 年获得理学学士。1928 年就任北平大学农学院副教授。半年后到生物研究所任研究员,兼秉志秘书,达 6 年之久。1934 年获中基会甲种奖学金留法,1936 年在巴黎大学获得博士学位,并再次获得中基会奖金,考察德国马普博物馆、柏林大学博物馆、法兰克福哥德博物馆、比利时皇家博物馆、瑞士博物馆、英国不列颠自然博物馆等。1937 年应聘到浙江大学,1943 年到北碚任教复旦大学,不久担任《科学》主编。1951—1952 年任复旦大学生物系主任,后任教授。

倪达书 1932 年还没有从中央大学毕业就经陈义教授介绍进入生物研究所进行寄生纤毛虫研究,后在王家楫指导下从事原生动物研究,到 1933 年发表了寄生和自由生活原生动物研究论文十多篇,被提升为研究员。抗战中与生物研究所一同迁重庆北碚,1946 年留美,入宾夕法尼亚大学从事原生动物研究。回国后在中央研究院和中国科学院工作,1955 年当选学部委员。

吴中伦 1933 年毕业于浙江大学农学院高级农业职业中学,不应嘉兴女子中学与金华畜牧场等单位 60 ~ 70 元每月的薪水聘请,进入生物研究所作月薪仅 15 元的练习生。在这里,他如鱼得水,跟随郑万钧到黄山采集标本,半工半读入金陵大学学习。抗战期间随生物研究所迁到北碚。1946 年留美获得博士学位,回国后在中国林业科学研究院工作,1980 年遴选为学部委员。[26] 可以说,他放弃高薪进入生物研究所作练习生是他一生最为重要的抉择。

吴襄 1934 年毕业于中央大学心理学系,时逢中国科学社生物研究所创设动物生理学研究室,申请成为生理学自费研究生,跟随张宗汉做研究,1936 年到中央大学医学院,师从蔡翘。1948 年曾应《科学》杂志的邀请,撰写《三十年来中国生理学者之贡献》。[27]

此外,生物研究所培养的人才如鱼类学家方炳文、王钦福,兽类学家何锡瑞,组织学胚胎学家崔之兰,植物学家方文培、耿以礼、秦仁昌、严楚江、汪振儒、孙雄才、裴鉴,神经组织学家欧阳翥,藻类学家王志稼,林学家郑万钧,鸟类学家常继先、傅桐生,昆虫学家曾省、苗久棚,原生动物学家戴立生,甲壳动物学家喻兆琦,细胞学家徐凤早,无脊椎动物学家陈义,胚胎学家、鸟类学家王希成,解剖学家李赋京,苔藓学家陈邦

图 11-9　生物研究所人员在南京长江边采集标本

图 11-10 生物研究所人员在浙江平阳城外(左)和普陀(右)采集标本

杰,植物病理学家沈其益,浮游生物学家朱树屏等,都是在中国生物学发展史上留下深深印迹的人,这里就不一一介绍。① 1935 年 11 月,蔡元培在中央党部总理纪念周上报告中央研究院与中国科学研究的概况时说:“现在国内研究生物的学者,什九与该所〔生物研究所〕有渊源。”[28]

除培养专门研究人才而外,生物研究所也注意培养中学师资。秉志说:

南京各高中之教师,也常于课务之暇,或冬夏假日,来所作长期之研讨。无锡、常州、沪、杭、宁波等处之高中教员,亦常来所攻读,以消度炎热之长夏。生物研究所虽其性质不类其他教育机关,未尝开设学程以教授后进之学子,顾常愿善助向学之人,使彼等俱有机会创作有永久价值之科学研究,故来所之各校教员,即无暇作长期之研究,而以常与研究者交游,浸润既久,见闻遂广,向学之心,勃然以兴,于其归去,辄挟为学之热忱以俱行,转以薰育其生徒,浸假而邻省诸校,好生物学者日以增多。[16]422-423

生物研究所通过培养的大量人才,将影响不仅扩大到当时各个学术机构和大学

① 参阅薛攀皋《中国科学社生物研究所——中国最早的生物学研究机构》(《中国科技史料》1992 年第 2 期)。曾长期担任联合国农业专家,当选为华盛顿科学院院士的凌立于 1927 年入中央大学,他回忆说在生物研究所见钱崇澍,“每天低头细看植物标本,到天色已暗,还不肯开灯,为的是节省电费”。在北平静生生物调查所见秉志,他“健谈,对我们这些后生小子,常讲起故都旧事”。凌立《中央大学读书记》,(台北)《传记文学》2004 年第 3 期,第 114-119 页。

图 11－11　生物研究所采集人员在浙江温州炎亭海口与当地人士留影

图 11－12　生物研究所 1928 年赴四川、贵州进行植物标本采集时与多位赞助人合影

宝贵的影像留下了中国科学社第一位缴纳股金者傅友周的面容，方文培的题识也留下了珍贵的文字记载。

如中央研究院动植物所、静生生物调查所及北京大学、清华大学、中央大学、中山大学等,而且影响所及还达到国外科研机关,为当时中国各类研究机构树立了一个良好的榜样。1932 年,汪敬熙发表文章表达了他对人才培养的看法。他认为提倡真正的科学研究,首先需要各研究机构的成立,各种科学仪器的购买与装备,"不过我们不可以为设立研究所,便是鼓励研究:研究所是可以同衙署一样地变成一群无业游民啖饭之地的。我们更不可以为买了许多仪器,便是鼓励独立研究:仪器是为人用的,研究的结果不是随着仪器买来的"。因此有了研究所和仪器,没有科学研究的精神,是根本不能做出科学研究成果的。研究所首先应成为一个人才的培养基地,不应该过分注重研究机构所发表的研究报告与论文,并以之来评判研究成绩的好坏,这样不仅不能使研究所培养人才,而且这些研究成果可能是在外力"逼迫"之下、而不是研究者自身圆满完成的,其质量也就值得推敲。因此研究所的主要任务:一是如何安置已有人才;二是如何在国外培养有希望的人才;三是如何在国内拣选有希望的人才。[29]虽然汪敬熙发表此文批评的对象是秉志及秉志领导的生物研究所,但不可否定的是生物研究所在汪敬熙所要求的各个方面都做出了卓越的成就。无论如何,人才培养毕竟是大学应有之意,对研究机构来说,最重要的应该还是其科研成就。

第三节　科研成就及其对中国科学发展的影响

1942 年 8 月,适逢生物研究所创建 20 周年,胡先骕发表文章说:

尝忆当年追随秉先生之后,以在东南大学授课之余暇,共创斯所,既无经费,复少设备,缔造艰难,匪言可喻。然奋斗数载,卒见光明。由是而孳乳者,先后有静生生物调查所,国立中央研究院动植物研究所,国立中山大学农林植物研究所及庐山森林植物园;云南农林植物研究所则又燃再传之薪者。二十年中共同奋斗,为全国生物学研究之先导,卒能蜚声海外,为邦家光。今日事业之发皇,皆发轫于当年二三人之擘画,回首前尘,恍如梦寐,不禁为之怃然而叹,欣然而喜也。[30]

胡先骕高度评价了生物研究所在中国生物学发展史上的地位。生物研究所不仅培养了大批人才,更重要的是取得了大量科研成就,并扩展其影响,引导了静生生物调查所、中央研究院动植物研究所、中山大学农林植物研究所及西部科学院等研究机构的创建，奠定并形塑了中国科学研究的精神，极大地影响了中国科学的进程。

一、研究成果列举及分析

1925年，生物研究所创办了英文《中国科学社生物研究所论文丛刊》（*Contribution from the Biological Laboratory of the Science Society of China*）。1925—1929年共刊动植物论文5卷，每卷5号。从1930年第六卷起，“因经费稍裕，成绩较富，乃分动物与植物两组，每组亦不限于五号”。到1933年生物研究所发布“第一次十年报告”时，总共出版11卷（动植物分开后各出版三卷），共刊载论文88篇，其作者与篇目见表11－7。

前五年共发表论文25篇，每年5篇，后三年发表63篇，每年21篇，仅从发表论文数量上看，实在是长足的进步。前五年作者有陈桢、胡先骕、王家楫、秉志、陈焕镛、孙宗彭、魏喦寿、张景钺、钱崇澍、伍献文、谢淝成、徐锡藩、张春霖、方炳文、张宗汉、严楚江等共16人，其中陈桢、胡先骕、秉志、陈焕镛、魏喦寿、张景钺、钱崇澍等7人为导师，其他人为学生辈。发表论文胡先骕5篇、伍献文4篇、秉志3篇，其他人都是一篇。一方面说明丛刊是以研究成果来作为发表资格而不是以学术地位作为标准的，另一方面也表明伍献文特出的研究才能。这个作者群体大多数是中国生物学各学科的奠基人，有首届中央研究院院士动物学方面的秉志、陈桢、王家楫、伍献文，植物学方面的胡先骕、钱崇澍、张景钺，多达7人。实实在在说明生物研究所这个研究群体的权威性及其对中国科学发展的巨大影响。

后三年63篇论文作者，动物方面有徐锡藩、王家楫、方炳文、伍献文、张春霖、陈义、秉志、戴立生、崔之兰、张宗汉、郑集、张孟闻、倪达书、王钦福等14人，增加了陈义、戴立生、崔之兰、郑集、张孟闻、倪达书、王钦福等人，除伍献文继续表现突出，发表6篇论文以外，方炳文也发文6篇，同样优秀。非常可惜，上苍未能眷顾这位才俊，方炳文于1938年应巴黎博物馆邀请赴法从事鱼类研究，在1944年8月26日的巴黎空袭中罹难。另外，张孟闻、倪达书、郑集等也有特出表现。植物方面作者有戴芳澜、郑万钧、钱崇澍、裴鉴、汪燕杰、邓叔群、孙雄才、沈其益、方文培、凌立等10人，除钱崇澍外，全是新人。其中邓叔群发表论文10篇，郑万钧5篇，裴鉴3篇，显示出他们特出的才能，特别是邓叔群三年间就展示出真菌学家的看家本领，戴芳澜、邓叔群后当选首届中央研究院院士。

表11-7　1933年前《中国科学社生物研究所论文丛刊》发刊论文情况表

作　者	题　目	作　者	题　目
陈　桢	金鱼之变异	伍献文	福州海鱼之一新种
胡先骕	中国植物之新种	张春霖	白鼠之生活史
王家楫	南京原生动物之研究	徐锡藩	三身鸡胎之研究
秉　志	鲸鱼骨骼之研究	方炳文	四川爬岩鱼之一新种
陈焕镛	樟科研究	王家楫	两种新纤毛虫
秉　志	虎骨之研究	伍献文	福州鱼类之调查
孙宗彭	南京蜥蜴类之调查	方炳文	南京双栖类志(与张孟闻合作)
魏喦寿	一种由蔗糖渣中提取精蔗糖之生物学方法	陈　义	四川陆地寡毛类及数新种之记述
张景钺	厥茎组织之研究	秉　志	南京动物志略
胡先骕	中国东南诸省森林植物初步之观察	戴立生	透明金鱼及杂斑金鱼发生期中返光质之变化
钱崇澍	安徽黄山植物之初步观察	伍献文	长江上游鱼类小志(与王钦福合作)
伍献文	鲨鱼胃中之新圆虫	崔之兰	蛙肾脏四季之变迁
秉　志	白鲸舌之观察	张宗汉	南京蛇类及龟类之调查(与方炳文合作)
伍献文	幼水母之感觉器	方炳文	石虎属鱼类全志(与王钦福合作)
胡先骕	中国榧属之研究(附秦仁昌分部及产地记述)	郑　集	鲫鱼胃部之变迁
胡先骕	榧克木:中国东南部安息香料之新属	伍献文	烟台四新种鱼(与王钦福合作)
谢淝成	蚂蟥之解剖	张孟闻	四川爬虫类略述
徐锡藩	水母之新种	秉　志	半指蜥蜴舌部之解剖
张春霖	南京鱼类之调查	王家楫	南京之变形虫
方炳文	鳙鲢鳃棘之解剖	张孟闻	四川两栖类略记(与徐锡藩合作)
张宗汉	福州之新龟	倪达书	南京湖蛙肠内之纤毛虫
伍献文	新种且新属之蛙	张孟闻	浙江两栖蝾螈记
严楚江	梧桐花之解剖及其两性分化之研究	方炳文	山东沙鱼志(与王钦福合作)
伍献文	厦门鱼类之研究(第一卷)	王家楫	厦门海产原生动物之调查(与倪达书合作)
胡先骕	中国植物志长编	伍献文	平胸扁鱼唇部之观察(与王钦福合作)
以上前五卷共25篇		**以上三卷 Zoological Series 共30篇**	
徐锡藩	夹板龟之新变种	戴芳澜	三角枫上白粉病菌之一新种
王家楫	腹毛虫新种之记载	郑万钧	中国松属之研究
徐锡藩	厦门巨蛙	钱崇澍	浙江兰科之三新种
方炳文	中国平鳍鲩类之新种属	郑万钧	西康云杉之一新种
伍献文	长江上游数种类鱼类之研究	裴　鉴	中国马鞭草科之地理分布

（续表）

作　者	题　　目	作　者	题　　目
汪燕杰	南京玄武湖植物群落之观察	邓叔群	中国西南部真菌之增志
钱崇澍	中国植物数新种（与郑万钧合作）	邓叔群	南京真菌之记载二
钱崇澍	中国兰科植物之研究一	邓叔群	浙江真菌之记载一
邓叔群	稻之黑穗病胞子发芽之观察	郑万钧	浙江木本植物之二新种
邓叔群	棉病之初步研究	裴　鉴	南京植物记载一
郑万钧	贵州铁杉之一新种	钱崇澍	豆科三新种
孙雄才	南京唇形科植物	邓叔群	真菌类数新种（与凌立合作）
邓叔群	中国西南部真菌之记载	邓叔群	浙江真菌记载二
邓叔群	南京真菌之记载一	邓叔群	广东真菌类
沈其益	中国二属半知菌之研究一	郑万钧	浙江新植物
方文培	中国槭树科之初步研究	沈其益	南京真菌记载三
钱崇澍	南京钟山之森林	方文培	中国槭树科二志
裴　鉴	中国马鞭草科之补述	凌　立	北京大学植物标本室真菌之记载
钱崇澍	南京钟山山顶石植物之观察	**以上三卷 Botancial Series 共 33 篇**	
孙雄才	贵州唇形科植物之记载		

资料来源：《中国科学社生物研究所概况》（第一次十年报告），林丽成等编注《中国科学社档案资料整理与研究·发展历程史料》，第 262－266 页。

表 11－8 是 1933—1936 年生物研究所动物部刊印完成研究论文情况。可见，1933—1936 年，生物研究所动物部人才济济，他们全神贯注于科学研究，一篇篇论文的发表为人类知识视野的扩展增添中国人的贡献（每年发表论文二三十篇）。许多研究成果是在某一导师的指导下共同完成的，例如王家楫与倪达书、伍献文与王钦福、秉志与周蔚成、张宗汉与戴芳沂等，助理们独立完成的工作也占据相当地位。1933—1934 年度的成就中，除秉志与周蔚成的工作是实验动物学的研究以外，其余 24 篇论文基本都集中在动物分类学与解剖学上。1934—1935 年度，实验动物学研究大为增加，秉志、吴功贤、周蔚成、张宗汉、戴芳沂、郑集等的成果都属于此类，在 24 篇文章中有 7 篇，说明分别由郑集、张宗汉领导的生物化学与生理学两个新的研究室成立后很快有了成效。1935—1936 年度的研究成果中，30 篇论文中有 10 篇是实验性研究成果。19 项正在进行中的课题，除倪达书、陈义、伍献文、苗久棚、何锡瑞等 7 项研究为分类与解剖研究外，其他 12 项为生理学、生物化学等方面的研究，如郑集分别与陶宏、李秀峰、金祖怡展开的食物营养研究等；张宗汉及其分别与吴襄、雷震进行的

呼吸、代谢方面的研究。从课题的分布数量已经可以看出,生物研究所已经将其研究重心逐渐向生理学与生物化学等实验生物学转移。早先创立基业的分类、形态学、解剖学等方面的研究当然仍在继续。

表 11-8 1933—1936 年生物研究所动物部刊印完成论文情况

1933—1934 年度 已刊印完成 25 篇: 秉志:中国沿海之经济鱼类 王家楫、倪达书:豚鼠白鼠体内之寄生原生动物,厦门之海产原生动物,南京肉质虫之研究一,南京肉质虫之研究三,希种新种纤毛虫报告一,南京所见非洲团走子之生活史 伍献文、王钦福:中国之狮子鱼,中国比目鱼补遗 张孟闻:新种蛙名之更改,浙江蝾螈志,四川龙蛇记名,浙江爬虫类初志 王钦福:浙江鱼类初志(软骨鱼),山东沿海硬骨鱼志二,山东沿海硬骨鱼志三 徐凤早:南京丰年虫之解剖与发生,南京之无甲鳃足类,南京水虱之调查 倪达书:沙壳纤毛虫三新种,寄生于南京两栖类体中之原生动物 陈义:长江下游蚯蚓之调查 何锡瑞:金鱼之求偶行为 秉志、周蔚成等:豚鼠大脑皮层对于电流刺激所发生之反应速率 苗久棚:镇江鱼类志 此外正在进行的研究课题有 16 项,由秉志、周蔚成、伍献文、王家楫、倪达书、杨虓、何锡瑞、苗久棚、张孟闻、朱树屏、许承诗、吴功贤等承担 1934—1935 年度 刊印完成 24 篇: 倪达书:厦门之沙壳纤毛虫志略,厦门海胆肠内之纤毛虫,南京两栖类肠内之纤毛虫志略 秉志:豚鼠大脑皮层受电达于四肢之延迟性 苗久棚:镇江鱼类之调查 张孟闻:庐山两栖类爬虫类之调查,江西两栖类之报告 吴功贤:白鼠大脑皮细胞之研究,白鼠大脑皮纽笼之研究 何锡瑞:南京哺乳类之研究,陕西鼠类之新变种 张宗汉、戴芳沂:盐类对于脑脊髓呼吸之影响(一),蛙类神经系统与皮肤吸水之关系 王钦福:浙江鱼类志略,山东沿海硬骨鱼调查第二集,山东沿海硬骨鱼调查第三集 伍献文:中国蝎之调查 王家楫、倪达书:白鼠肠内之变形虫及三鞭毛虫之志略,希种新种纤毛虫报告之二 王希成:四川鸣兽之研究 常继先:长江下游鸟类之初步研究 郑集:南京人膳食之研究(一),米麦营养价值之研究 周蔚成:南京蜥蜴脑部大细胞冬夏之变迁 此外正在进行的研究课题有 20 项,分别由秉志、苗久棚、张宗汉、戴芳沂、吴襄、郑集、赵师楷、倪达书、程永心、何锡瑞、雷震、周蔚成等承担 1935—1936 年度 刊印完成 30 篇: 王家楫、倪达书:南京菲洲团走子,希种新种报告之二 倪达书:海南岛之双鞭毛虫之一,海南岛之沙壳纤毛虫

（续表）

伍献文:中国之蝎及蛛蝎 王希成:四川省鸣兽类之研究 常继先:南京鸟类之研究 王钦福(现留学欧洲):山东沿海硬骨鱼类之调查(二),山东沿海硬骨鱼类之调查(三),浙江鱼类初志,海南产之鳍鱼,海南产之鹦哥鱼 张孟闻(现留学欧洲):中国鲵鱼之研究,中国四种蝾螈幼子之研究,江西庐山蛇类之研究 周蔚成:蜥蜴延脑中运动神经细胞内尼斯尔体在各情形下之研究 陈义:厦门寡毛目二新种志略,四川陆地寡毛类再志 秉志、苗久棚:豚鼠失去一部分大脑皮层之影响 苗久棚:南京森林昆虫研究(一) 何锡瑞:四川哺乳类之研究,金鱼之生长 郑集、陶宏:全麦全米之营养价值对于白鼠之生长血色素及血清与骨骼磷钙成份之影响,中国盐制及罐头蔬菜丙种维生素之测定 郑集:相克食物之试验 郑集、金祖怡:中国食物之分析 张宗汉、戴芳沂:脑脊髓代谢作用之研究:(一)蟾蜍脑脊髓之正常虹呼吸,(二)电解物对于脑脊髓呼吸之影响 戴芳沂:蟾蜍脑脊髓之钾含量 吴襄:性腺对于脑皮代谢作用之影响(一) 此外还有19项课题正在进行中,分别由倪达书、伍献文、陈义、秉志、苗久棚、何锡瑞、郑集、陶宏、李秀峰、金祖怡、张宗汉、吴襄、戴芳沂、雷震等承担

资料来源:中国科学社第十九至二十一次年会报告。

说明:这些论文中有极少数是重复的,很可能是上一年度完成后没有付印,下一年度重复计算,这里就不一一指出。

表11-9是1933—1936年生物研究所植物部刊印完成论文情况。虽然植物部工作人员比动物部少,但完成的科研成果毫不逊色。主要工作集中在植物种类的调查、分类与解剖上,关于光合作用、植物的生长等实验生物学研究基本上没有涉及,这是植物部与动物部研究范围区别之所在。其中王志稼、裴鉴、郑万钧等表现突出。

表11-9　1933—1936年生物研究所植物部刊印完成论文情况

1933—1934年度 刊印论文20篇: 王志稼:南京水绵藻志,南京颤藻志,南京蓝绿藻之概况,南京蓝绿藻之三新种 邓叔群:分离菌类胞子之一法,南京真菌记载三,南京真菌记载五 凌立:中国多孔菌中一属之研究 钱崇澍:中国交让木属之研究,珍珠菜属数种之记述 裴鉴:南京微管束植物之记载二,南京微管束植物之记载三,四川秋牡丹属数种之记述,南京植物及其群落之状况 郑万钧:浙江微管束植物之记载一,浙江微管束植物之记载二,中国松杉植物志一 秦仁昌:Polypodium Dryopteril及其相关种类之命名与分类上位置之探讨 方锡琛:南京四联子藻志略 钱崇澍、方文培:槭树科在中国之分布 此外完成付印论文共11篇

（续表）

1934—1935 年度 刊印完成论文 20 篇： 裴鉴：三白单科之裸鞘属志，中国半夏属之记载，贵州钱线草属一新种 王志稼：安徽藻类志，藻类与饮水关系，四川重庆藻类志，附生于龟壳上之藻类 方锡琛：南京四联子藻补志 张肇骞：中国莴苣属记述 耿以礼：四川禾本科新植物记 裴鉴、钱崇澍、郑万钧：南京微管束植物之记载四 郑万钧：广西槲寄生属之一新种，中国木本植物杂志，中国木本植物著要及新种 方文培：四川槭树属之一新种，中国吊钟花属志 钱崇澍：浙江植物分布略图，中国荨麻科植物讨论及新种 钱崇澍、郑万钧：浙江维管束植物之记载三 孙雄才：浙江唇形科植物之二新种 此外付印和正在研究中之论题 10 个 1935—1936 年度 刊印完成论文 18 篇： 裴鉴：中国半夏属志略，中国药用植物图志（一），哈曼铁线莲之讨论，中国金粟兰图志，中国南部及西南部诸省之铁线莲讨论及新种 王志稼：附生于龟身之绿藻，淡水绿藻与饮水之关系，江西及湖南淡水藻类记载，普陀藻类之记载 方文培：中国吊钟花属初志 郑万钧：中国新木本植物，木本植物著要及新种 裴鉴、钱崇澍、郑万钧、孙雄才：南京微管束植物志五 钱崇澍：华东兰科之一新种 裴鉴、钱崇澍、郑万钧：南京微管束植物志六，浙江微管束植物之记载四 孙雄才：浙江唇形科植物之二新种，中国鼠尾草属之记载 此外正在研究中的有裴鉴、钱崇澍、方文培、孙雄才、郑万钧等进行的 13 个课题

资料来源：中国科学社第十九至二十一次年会报告。

从上述列举可以看出，生物研究所的研究成果主要集中在动植物的调查、分类、形态、生态及解剖学等方面，对生物化学、生理学等也有相当研究。① 动植物的调查、采集是生物研究所研究工作的重点，其范围“北及齐鲁，南抵闽粤，西迄川康，东至于海”。比较重要的采集活动有：1930 年为了阻止以鱼类学家岸上谦吉为首的日本科学远征队对四川一带动植物的采集，生物研究所想尽一切办法赶在日本科学家前面，在各方面的帮助下完成了采集任务，岸上谦吉后在重庆抑郁而逝。1934 年同静生生物调查所、中央研究院自然历史博物馆、山东大学、北京大学、清华大学等单位组成“海南生物采集团”赴海南岛进行大规模的生物调查，采集了大量珍贵的热带与亚热

① 下面的简介除注明外，主要参阅薛攀皋《中国科学社生物研究所——中国最早的生物学研究机构》一文。

带动植物标本。此外,还应江西省经济委员会和实业厅、广西省政府的邀请进行动植物的调查与采集。为配合抗战,进行森林植物、药用植物等的调查采集,并从事经济动植物如森林昆虫的习性和防治、食用鱼类、作物蔬菜害虫的研究等,编纂了《中国森林图志》《中国药用植物图志》和《中国野生食用植物图志》等。

动物分类学的研究,无脊椎动物相对集中在原生动物,包括淡水、海洋和寄生原生动物方面,如王家楫、倪达书的纤毛虫、鞭毛虫等,徐锡藩的水母,伍献文的蝎类,何锡瑞的蜘蛛,陈义的蚯蚓,秉志的蚌类等研究。脊椎动物的分类研究包括鱼类、两栖类、爬行类、鸟类和哺乳类,如张春霖、伍献文、方炳文、王钦福、苗久棚、秉志等对鱼类,孙宗彭、张宗汉、伍献文、徐锡藩、方炳文、张孟闻等对两栖类和爬行类等的研究。植物分类学研究,如钱崇澍的兰科、荨麻科,胡先骕的榧属、安息香科,陈焕镛的樟科,郑万钧的裸子植物,裴鉴的马鞭草,孙雄才的唇形科,方文培的槭树科,耿以礼的禾本科,邓叔群和戴芳澜的真菌,王志稼的藻类研究等都很有价值。

动物形态学、解剖学和组织学方面研究成果仅次于动植物的调查和分类研究,除以鲸鱼、老虎、小白鼠、蜥蜴、蛙、鱼类、水母等材料进行某一系统或某一器官的解剖学、形态学、组织学和胚胎学的研究外,神经解剖学与组织学的研究也相当多,如秉志的哺乳动物交感神经的比较,秉志与周蔚成的蜥蜴脑部的组织和细胞学研究等。

植物形态学方面,主要进行植物形态的发生与形成研究,如张景钺的蕨茎组织、严楚江的梧桐花解剖及其两性分化研究都是我国植物形态学的开拓性工作。植物生态学方面,钱崇澍的安徽黄山植物、南京钟山森林,裴鉴的南京植物及其群落,汪振儒的南京玄武湖植物群落等开创了我国植物生态学研究的风气。

动物的遗传学与动物行为的研究,只有陈桢、何锡瑞等有少数成就。动物生理学方面,孙宗彭的"白鼠小肠内表皮之变迁"和"关于切除甲状腺大鼠的肾上腺内肾上腺素的变化"研究都是中国生理学发展史上的标志性成果。[25]48-49 张宗汉的中枢神经系统组织的呼吸代谢、神经系统对水代谢的作用,秉志的兔子大脑运动区及白鼠大脑皮层损伤对呼吸的影响,卢于道对中国人大脑皮层的一系列细胞结构学方面的研究,欧阳翥对人类大脑皮层结构的研究等都在中国生理学史上占据重要地位。[22]79-80 在郑集的领导下,生物化学的研究主要集中在营养学方面,如南京人的膳食、米麦营养价值、中国盐干制蔬菜内维生素 C 的测定等。

生物研究所在其发展和取得重大科研成就的过程中,对中国生物学的发展产生了极为重大的影响,引发了 20 世纪 30 年代学术界关于生物学的"实验"与"调查"之争。

二、“实验”与“调查”之争

生物学是以调查分类、形态研究等描述性研究走向成熟的。20世纪初，随着物理、化学等学科实验技术的发展，实验生物学（包括生理学、生物化学、药理学、遗传学、细胞学等分支）也慢慢发展起来，并逐渐成为20世纪生物学的主流。①

生物研究所之所以能在经费极端困难的条件下扛起生物科学研究的大旗，时任洛克菲勒基金会代表祁天锡做了解释。他在中国科学社的一次集会上说：“中国地大物博，从自然历史言，几全为未开辟之域，但稍事搜寻，触处可发见新种，用力不多，而有助于世界科学实至大。”[31]只要有心出门就有研究成果，花小力气，做大贡献。任鸿隽也说：“至各种研究中，所以独先生物者，则以生物研究，因地取材，收效较易，仪器设备，须费亦廉，故敢先其易举，非必意存轩轾也。”[32]之所以先成立生物研究所进行生物学研究，主要是进行调查、采集与分类研究，不仅容易取得成果，而且花费极少，并不是故意有先后主次之分。何况中国动植物资源极为丰富而研究稀缺，因此，生物研究所最初调查与分类研究方向的确定不仅有其合理性，而且也有其必要性。

生物研究所这一研究趋向极大地影响了后来的研究机关和学术机构。到20世纪30年代，中国生物学已有相当发展，科研机构与大学科系相继建立，学术刊物如雨后春笋，生物学人才亦是长江后浪推前浪，已经成为可以与地质学相提并论的显学，在世界生物学界取得了相当声誉。但这一繁荣背后存在严重偏向，时任北京大学心理学教授的汪敬熙发表文章批评说：“在中国现在生物学界中，最惹人注意的一件事，就是太偏重分类学和形态学。”从学术机构看，生物研究所和北平静生生物调查所专门注重这两方面，后来成立的厦门海洋生物学会夏令会也声明专门研究当地海洋生物的分类，中央研究院自然历史博物馆亦专门进行分类学研究，各大学的生物系所从事的研究也以分类学和形态学为多。从学会活动看，中国科学社在生物研究方面提倡分类学和形态学研究，自然历史研究会也偏重这两方面。从经费看，政府和其他基金的款项应用根本不可能有清楚的报告可查，只有中基会的报告可稽，它将大部

---

① 霍普金斯爵士在1934年英国皇家学会年会的主席致词中说：“在一切研究生命机体的科学的历史中可以找出一个天然的次序。首先是对形态进行研究的单纯描述阶段，这种形态研究归根结蒂会促使人们去进行分类。接着是对机能进行研究，并且设法把机能和结构联系起来。以后就注意到形成结构和外形的材料的性质，再以后，就力图探索构成积极机能的一切表现的基础的分子学活动。现代生物物理学和生物化学忙于从事最后一个任务。这一工作虽然才开始不久，却已在今天取得进展而且其进展还在加速之中。”贝尔纳著，陈体芳译《科学的社会功能》，第94－95页。

分经费用于分类学和形态学方面，受它资助的各研究机构自然也是研究这两方面的，其出资邀请到中国讲学的外国生物学家也多是研究这两方面的，其给生物学的科学研究补助金大半也给分类学和形态学学者。他总结说这种倾向非常危险，可能对中国生物学的未来发展产生极为不利的影响：

生物学自从十九世纪末是一日一日变为一种实验科学。……甚而至于形态学也利用实验方法了。分类学则大见衰颓，分类学者往往有后起无人之叹。我国生物学界的情形与这种趋势相反，……今日这种几乎将所有的人力财力完全注入分类和形态方面，实是一种眼光短浅的策略。[33]

对他的批评，生物研究所和静生生物调查所的汪振儒、胡先骕立马发文予以反驳，由此在学术界引发了一场持续数年的关于“实验”和“调查”的争论。“实验论”的支持者有汪敬熙、彭光钦、张锡均等；“调查论”的支持者有胡先骕、汪振儒、杨惟义、张孟闻、刘咸、秉志和张景钺等。

“实验论”的主要观点有：第一，从学科发展来看，实验生物学是生物学发展的趋势，因此中国生物学家继续“沉溺”于分类学与形态学研究是与生物学发展方向背道而驰的；无论是从理论上还是从应用上，生物学上许多问题的解决都取决于实验生物学，而不是分类学与形态学；同时当时世界上所有生物学的重大进步都来源于实验生物学。第二，从国情看，太偏重分类学与形态学研究，不利于生物学的整体发展，“中国如果要有科学，必须提倡实验的科学”；中国已经萌芽的实验生物学研究必须得到扶持与重视。

“调查论”者则认为：从学科发展来看，第一，分类学与形态学是生物学的基础；第二，生物学研究的对象有区域性，不像物理化学等具有普适性，“朝习之于外国，夕即可施教于本国，不必需有专门高深之研究也”；第三，分类学与形态学也需要实验；第四，外国也在进行分类学与形态学的研究；第五，中国必须先进行分类学与形态学研究，在此基础上逐步发展实验生物学。从中国国情看，第一，中国科学基础差，经费有限，应该首先进行花费少的分类学与形态学研究；第二，前人对中国动植物的分类学、形态学研究错误很多，需要纠正；第三，外国人对中国的动植物资源很感兴趣，我们必须自己亲自动手；第四，中国的动植物调查不是太多，而是远远不够。[34,35]

“实验论”者主要是批评当时生物学界“太偏重分类学与形态学”，恐怕不利于中国整个生物学将来在世界上的地位。“调查论”者也同意“实验论”的看法，也认为实验生物学是生物学的发展方向，但在当时的中国必须大力发展分类学与形态学。二者都从关心中国生物科学的发展这一基点出发,在大方向是基本一致的,只是有轻重缓急之分。这场论争之起,可能与汪敬熙文章中一些“意气用事”的提法有关,诸如“是我国学术落后的一种表现”,特别是他对当时分类学家的批评可能让分类学家们难以接受:

在形态学和分类学之中,据近来所见国内生物学家所发表的研究报告看来,是研究分类学的比研究形态学的多。在中国研究分类学最大的目的,似乎应该是求做出一个中国所有的动植物的分类的总帐簿。如以此为目的,分类学家是应该合作,并且应该欢迎合作。但据我们看来,我们的分类学家似乎不以此为目的,而是以改正他人的错误和发现新种为目的。两样之中,尤其重视新种的发现。改正他人的错误而出之以卑视他人的态度是易起争端的。中国的动植物分类的研究是一未经大发掘的矿山;矿中金块极多,但不是无限的。并且新种的发现先后,在重视此点的人眼光里,是非常重要。谁先发现,谁便可以把自己的名字附在此新种学名的尾上,同此新种,永垂不朽。因这些缘故,分类学家中,有时不免有激烈的竞争。这种竞争愈激烈,愈见得竞争的人底未成熟。至于因竞争而用卑劣的手段,就真是中国科学界一种极可耻可悲的事了。

抛开具体的事实不谈,汪敬熙已经从学术争论“滑到”人身攻击了。何况,汪敬熙指责生物研究所过分偏重分类学与形态学研究也与事实不符。早在筹备期间,生物研究所就有进行实验生物学研究的计划:

去年秋间,鉴于吾国科学研究之缺乏,复从事生物研究所之筹备,已指定南京社所一部分房屋为所址,一方面着手编制动植物标本,一方面进行募集开办及经常费。其研究课程,动物学从形态学入手,以达分类、生态、生理、遗传等要门;植物学以采集国内高等植物标本,研究植物生理学、细胞学、胚胎学入手,渐及于菌学、细菌学、植物育种学等。一俟经费筹足,即行正式成立。最近汤尔和君亦有生物研究所之发起,注重医学应用方面,与本社之从生物学基本问题着手者殊途同归,亦科学界之好消息也。[7]

它的最初目标并不仅仅是一个所谓的生物学“调查”中心,也要进行实验研究,诸如动物的生理、遗传,植物的生理、细胞及胚胎研究等。但是实验生物学不仅要在调查基础上进行,而且更重要的是,需要大量的实验设备,这样经费自然就成为问题。由此可以看出中国近代实验生物学的研究中心在北京协和医学院的缘由所在了。因为这个由美国洛克菲勒基金会资助创办的机构,经费相对其他机关而言,不仅有保证,而且比较充裕。洛克菲勒基金会1921年为该校建校舍基建费一项就拨付200多万美元,以后每年常年费为60万~70万美元,到1947年共资助协和医学院及其附属医院共44 652 490美元。① 此外,当时的实验生物学中心还有上海雷士德研究院,也有大量的资金作后盾。

因此,在某种程度上可以说,经费决定了中国生物学研究的方向:外国资助或主持的机构不仅有资金,而且也了解国际科学发展前沿,他们可以利用中国科研机构的分类学与形态学研究基础,进行实验生物学研究;中国人自办的科研机构由于经费缺乏,只有勉为其难,进行分类学、形态学与解剖学的研究。这样看来,汪敬熙作为一个实验生物学者,看法虽有一定的道理,但也有片面之处,主要站在他所从事的学科本位出发发表言论。他关于国内没有将经费用于实验生物学研究,而仅仅用于分类学与形态学研究的说法,在相当程度上是无的放矢,“姑妄言之”。

更为重要的是,他指责分类学者不合作,而且以发现新种和改正他人错误为最高学术目标,也完全不符合事实。因此,首先发文反对他的胡先骕说:

以植物分类学而论,北平、南京、广州三研究所,各有分担编纂北方、东南、西部、南方四植物志及中国树木志之计划。每一植物志亦非一人所能担任,必须互相帮助,方克有成。此数研究所互相交换标本,互相切磋,关系极密。两研究动物机关亦然。此外尚与其他大学生物研究室交换标本,互相谈论,书札甚勤,汪君从何知中国分类学家不合作耶?

至谓分类学家以改正前人之错误及发表新种为目的,此亦隔靴搔痒之说。夫前人有错误,自不得不改正之,自己有错误,亦莫不然。此为求真之精神,在分类学如此,在其他科学亦莫不如此。……中国分类学家职责既在整理中国之分类学,则安能听其谬种流传,不加纠正?至于发表新种,苟诚为新种,安可不发表?此为研究分类学之职责,并非有意出风头。[35]

有论者说:“参与这场辩论的人全是‘西潮’中人,全都关心国族的前途,中国的富(开发资源)与强(学术水准)在他们心中占有首要地位,学术只居于工具的地位。因此,当年中国生物学‘偏重’于田野生物学的现象,不过是机缘与物质条件造成的。”[36]中国科学社生物研究所作为分类和形态生物学基地,在实际的研究工作中并不排斥实验生物学家,而且生物研究所后来还建立了生理和生物化学两个研究室,前

---

① 转引自董光璧主编《中国现代科学技术史》第706页。

面科研成就的分析表明只要资金允许,生物研究所的研究方向也逐渐向实验生物学发展。1934 年,生物研究所主持人还说:"十年以来,关于生物学之研究,常思兼顾各方,不欲有所偏畸。顾以限于财力,未克遍及。"虽然生理学研究有所成绩,但"以困于资用之贫乏,书籍仪器俱感简缺,因不能即有成就"。①

汪敬熙挑起的这场论争,除纯粹的学术之争外,还有其他因素渗透其间。1932 年争论暂告一段落后,1934 年他又在《独立评论》开设"闲谈"专栏,继续老调重弹,并直接批评秉志不懂实验生物学。胡先骕实在忍无可忍,发表《读〈科学〉杂志随笔》一文,借阅读美国《科学》和英国《自然》上两篇文章,回击汪敬熙:

吾国科学不发达,自小学始科学教育即未上轨道。幸而上达能在国外有所专研,则在事倍功半情况之下,舍专研之学科外,求对于一般之科学有广博之基础,深切之认识,殆不可能。然吾国学者器小易盈,因己有一得之长,遂不肯虚心,而对他人之工作,不惜轻于评骘。故为生理学张目者,每鄙视分类学与形态学。美国学者之科学基础类较欧洲学者为浅薄,而今日在中国科学界露头角者多为在美国留学者,故亦时蹈其覆辙。殊不知彼国真正有识之学者,方以彼国趋势为错误,而吾人乃尤而效之,不亦可笑乎![37]

汪敬熙之所以如此,与他回国后在中山大学的遭遇有关,他自认为受到中国科学社秉志等人的打压,申请中基会研究教授的席位无论是在中山大学还是在北京大学都未成功。面对汪敬熙在《独立评论》上愈来愈过分的"闲谈",胡先骕做一揭露内幕文章并致函《独立评论》主持人胡适,指出汪敬熙的幕后主使者为傅斯年,并说:"若汪仍续作此类文字或兄以弟此文过于感情用事,不允在《独立评论》发表,则弟更将作一较此更为明显之文在它处登载,则汪、傅俩【两】人之面子殊不好看也。"还说,汪敬熙中山大学的纠纷起于辛树帜,而辛与秉志、胡先骕感情皆已变好,傅斯年、汪敬熙"态度如此,具见二人气度不及辛也"。[38] 此后,汪敬熙就不再在《独立评论》上"闲谈"了。② 可见,当日学术界的派系与利益之争也往往超越了学术本身,对学术发展自然造成了相当的影响。

汪敬熙"闲谈"停止了,但胡先骕及其门徒似乎"意犹未尽"。1936 年,胡先骕在《科学》发文,对汪敬熙的论调继续予以回应,指称:"吾国生物学研究历史甚短,虽现

---

①《中国科学社第十九次年会记事录》单行本,"生物研究所报告"第 18 - 19 页。

② 关于此一争论背后的利益之争可参阅胡宗刚《1930 年代中国生物学界的一场论争》,《中华科技史学会会刊》2006 年第 10 期,第 53 - 57 页。

在有研究所六七而成绩皆颇优，然经费则极支绌，而有多种研究，本可在专门应用之机关，如农业研究所等内研究者，而以百废待举，人才与经费皆不充裕，在此类机关中无法进行，是在国家认定何种生物学研究为中国今日之急务，或另立机关，主持其事，或资助现有之生物研究机关，使之担任此项工作，则收效之大而且速，可以逆睹矣。”[39]刘咸也在《科学》发表社论性质的《生物调查与国家资源》为胡先骕张目。

对于这场争论，因计划合并生物研究所到中央研究院而与秉志等产生矛盾的丁文江，在当时有较为公允的评说。1935 年 11 月，他在广播电台演讲《我国的科学研究事业》，其中如是说：

> 科学社生物研究所的工作，大部分注重于分类。近几年来颇有人责备秉先生，以为他的工作太不时髦了，太狭隘了。这种批评是不公道的。不错，在欧美各国动植物的分类学是已经过时的了，然而这是因为他们已经把本国的动植物的种类、分布，在这二百年中弄明白了。并不是分类学不重要，我们则刚刚着手，譬如与动植物有实用关系的莫过于渔业、农业和森林，假如我们连有几种鱼、几种树、几种害虫都说不明白，如何能讲到应用，高谈深造呢？秉先生做分类的工作，在他个人是一种牺牲，因为他本来是学体形学(Morphology)的，他个人的兴趣原不在分类的，动植物学范围太广泛了，要把各种研究工作都包括在一个机关里面，本来是不可能的，何况他的经费只有四万六千元一年呢？[40]

生物学的“实验”与“调查”论争仅仅是生物研究所对中国生物学发展影响的一个标志而已。生物研究所对中国科学发展的影响远不止此。

三、对中国科学发展的影响

生物研究所对中国科学发展的影响，除其本身的科研成就与培养的大量人才外，正如前引胡先骕文章所表明的，在科研机构的创建与发展上也具有榜样作用，积极帮助参与其他研究机构的创建，并与他们进行合作研究；在人才的培养模式与科研氛围的形成方面，也有典范意义，特别是它所培养的大批人才为中国科学的发展提供了必不可少的智力保障。

生物研究所以“发扬文化，努力学术”自励，因此“凡可促进学术之发达，无不尽力以赴之”。① 为纪念范源廉，由中基会与尚志学会共同主办北平静生生物调查所，该所

① 《中国科学社第二十一次年会纪事》单行本，“生物研究所报告”第 10 页。

的创建与发展受生物研究所的帮助极大。静生生物调查所的倡立,“此间〔指生物研究所〕实为其筹措规划,执事人员多为前时本所之职员,不啻为此间之新枝”。① 成立之初的静生生物调查所,所长兼动物部主任秉志、植物部主任胡先骕,此时分别担任生物研究所所长兼动物部主任和植物部主任,俨然是生物研究所的翻版。最初的职员如动物部技师寿振黄、助理沈嘉瑞、绘图员冯澄如等都曾在生物研究所担任过职员,后来进静生生物调查所的秦仁昌、李良庆、张春霖等也与生物研究所有密切的关系。[41] 生物研究所还与静生生物调查所进行合作研究与采集,“关系密切有如一家”。

中央研究院动植物所的建立也与生物研究所有极大关系,其人才基本上是生物研究所培养的,它在调查研究上与生物研究所进行合作,“研治则彼此分工,避免重复;采集则互相合作,共获便利;标本互相参考,书籍有无相通。该所今日之专家技师,固即本所昔日之研究人员”。② 蔡元培也说:

中央研究院动植物研究所和中国科学社生物研究所的关系,向来异常密切,不但书籍标本,常相交换,采集研究,亦时时合作。至于静生生物调查所,更不啻为中国科学社联盟的集团。这三个生物研究机关和北平研究院的生物研究所,多注重于生物的分类,惟性质虽相类同,而彼此工作仍有区别,不失分工合作的原意,大概本院动植物研究所注重于沿海的生物分类,中国科学社注重于长江流域生物的分类,北平研究院和静生生物调查所大家注重于中国北部的生物分类,但二者之间仍不互相冲突。[42]

陈焕镛组织创建的中山大学农林研究所也深受生物研究所的影响。除与同类研究机构合作外,生物研究所还与其他机构有广泛的联系。1933 年出版的生物研究所“第一次十年报告”说:

本所研究人员,既常为所外机关鉴定标本,又时时乘采集之便利,为各处搜罗远省花木之种苗,若中山陵园、江苏造林场、浙江西湖博物馆、四川中国西部科学院等,俱曾资此利便,以为彼用。至若以既得标本互相交赠者,则关涉尤多。就国内而言,有北平静生生物调查所、开封河南博物馆、四川成都大学、中国西部科学院、南京自然历史博物馆、中央大学、金陵大学、上海圣约翰大学、浙江西湖博物馆、广东中山大学、岭南大学与香港之香港大学;国外有美国自然历史博物馆、杜达雷植物标本所、安诺德植物院,英国伦敦博物院,德国麦格达堡博物馆诸处。[4]266

①《中国科学社第十九次年会纪事录》单行本,“生物研究所报告”第 20 页。
②《中国科学社第二十次年会记事》单行本,“生物研究所报告”第 19 页。

仅1935—1936年度，中央卫生署、北平研究院化学研究所研究中国药用植物都委托生物研究所鉴定；河南省立博物馆关于生物学的工作程序也由生物研究所筹划，并派人到生物研究所实习；山东大学派人到生物研究所研究鱼类，所中给予方便；中国西部科学院生物研究计划亦由生物研究所编订；国立编译馆委托生物研究所审定编译名词；中央大学更是与生物研究所展开各种合作。“本所不仅与国内学术机关通力合作，且力求与国际学术界相沟通，故至今世界各著名大学及研究所与本所交换刊物者已达五百余处，各国专家与本所通函商学问者，尤指不胜屈。”①

1942年8月，生物研究所创建20周年。为表庆祝与纪念，1941年5月，曾在该所工作的生物学者方文培、王希成、王家楫、王钦福、伍献文、吴功贤、周蔚成、徐凤早、凌立、耿以礼、孙宗彭、曾省、陈邦杰、陈义、张宗汉、张孟闻、郑集、郑万钧、裴鉴、邓叔群、欧阳翥、刘咸、卢于道、戴立生等24人共同发起“中国科学社生物研究所廿周年纪念征文”，希望通过这一活动来纪念在中国科学史上举足轻重的生物研究所及其创始人秉志，其启事说：

秉农山先生学综文理，识通中西，慨旧绪之已荒，悯新学之未显，纠饬学侣，精思笃行，创始中国科学社生物研究所于南京，就象记形，即物穷理，锥指终夜，管窥经年，不仅发学术之光芒，且冀振邦国之凌替。故其采集实物也，西穷流沙，东极沧溟，北其大漠，南竟琼崖。其研几物象也，详其形态，辨其名实，穷其几微，覆其会要，不猎高以忽卑，不徇名而忘实。积十余年所藏蓄制作，亦已流誉域中，驰声海外。自东夷②凌迫，南都沦没，生物研究所标本文籍未及迁移者，悉遭焚掠，积岁辛劳，一旦俱尽。然而穷当益坚，危且弥奋，攻研之业不辍，名物之记续刊。盖自创始设所，二十年于兹矣。其间支柱困顿，黾勉辛勤，虽在颠沛，未尝怠忽。文培等追随师座，旧侍绛帷，或亲承欢声，共经艰苦，既感缔造之不易，又幸光辉之日新。建国建教，举无重于实学，树范树人，要莫难于作则。而生物研究所者，学潜研物，志切扶衰，继前哲之芳尘，扬大汉之休烈。值其念周，乌可无辞。用是摭拾崖略，启陈左右。附尺壤于崇邱，勉千虑之一得。所望英彦硕学，锡以嘉言，豪士达儒，惠以宏论。扬清激浊，期托群贤，拥帚洒尘，敢辞夫下走。

并附录“征文条例”，指称纪念集刊分为普通论文与研究论文两种：普通论文以中文

---

①《中国科学社第二十一次年会纪事》单行本，“生物研究所报告”第10－11页。

② 该征文启事与征文条例同载《科学》第25卷第7－8期合刊第475－476页，《社友》第71期（1941年7月5日）第2页。公开出版的《科学》载文中此处“东夷”二者以“□□”代替，亦可想见当日沦陷区言论不自由之一斑。

为主，内容相关生物科学的评论、生物研究所过去工作的检讨及将来发展的期望等，字数以5 000字以内为宜；研究论文以西文为主，西文附中文提要，中文附西文提要，篇幅在20页面之内。研究论文集在上海印刷，普通论文集就近印制，出版时间为1942年6月。非常可惜，这一计划因太平洋战争爆发后中国科学社社务日趋衰落而最终未能完成。

为表彰生物研究所20年来所取得的重大成就与贡献，国民政府予以嘉奖。时任教育部部长陈立夫于1941年10月16日传令嘉奖："查该所成立以来，各员努力研究，二十年如一日，成绩昭著，殊堪嘉尚；兹届该所二十周年纪念，合行传令嘉奖。"[43]

1945年，秦仁昌、王家楫、耿以礼、曾省、方文培等以秉志、钱崇澍、胡先骕三人分别年满六十和五十，以祝寿名义发起"征金祝寿"①，有张群、邓锡侯等题词，翁文灏赋寿诗，其中有"桃李成蹊觇化育，沛颠无改见坚贞"。复员后将寿金奉与三人，三人转捐生物研究所，"以为奖励研究之助，庶几善人利普，嘉惠后学。纪念感情，可资永久"。[44,45]惜乎随着世事变动，这愿望"随风而逝"。

中国动物学会是当时动物学研究者的学术共同体，其创始人与领导人名单可以佐证生物研究所对中国生物学的影响。学会发起人为郑章成、胡经甫、秉志、陈桢、辛树帜、薛德焴、陈子英、蔡堡、经利彬、刘崇乐、曾省、陈纳逊、武兆发、陈心陶、孙宗彭、寿振黄、郑作新、雍克昌、张作人、卢于道、朱洗、刘咸、徐荫祺、戴立生、伍献文、任国荣、张春霖、张宗汉、喻兆琦、王家楫共30人，其中只有极少数人与生物研究所没有关系。表11－10是1934—1949年学会各届领导人名单，其中除胡经甫、陈纳逊、武兆发、徐荫祺、经利彬、辛树帜、朱元鼎、林可胜、陈子英、刘崇乐、汤佩松、贝时璋等人与生物研究所关系不大外，其余基本上都是生物研究所的工作人员或培养的人才。[46]

表11－10　中国动物学会历届负责人一览表

届次	时间	会长	副会长	书记	会计	理事
1	1934	秉志	胡经甫	王家楫	陈纳逊	武兆发、伍献文
2	1935	胡经甫	陈桢	寿振黄	徐荫祺	秉志、王家楫、辛树帜、伍献文、经利彬
3	1936—1942	辛树帜	王家楫	伍献文	卢于道	张春霖、朱元鼎、刘咸、林可胜、陈子英
4	1943—1944	陈桢	经利彬	林增瑞	崔之兰	蔡堡、刘崇乐、沈嘉瑞、汤佩松、贝时璋
5	1945—1947	王家楫		卢于道	伍献文	童第周、陈世骧
6	1948—1949	朱元鼎		徐荫祺	陈世骧	

注：第5届开始由于理事扩大，只计常务理事，同时不称会长，改称主席，而且不设副职。

① 秉志、钱崇澍、胡先骕分别生于1886、1883、1894年，1945年都不是寿辰整年。考虑到钱崇澍考庚款留美时曾瞒报年龄（录取年龄20岁，实际年龄27岁），中国人祝寿虚岁、实岁等等，当年发起者行为似乎可理解，不必过分强求实际年岁。

1948年首届中央研究院院士选举中，生物学组包括动物、植物、医学、药物学、体质人类学、心理学和农学几个门类，动物学科候选人有王家楫、伍献文、朱洗、贝时璋、秉志、胡经甫、陈世骧、陈桢、童第周、刘承钊等10人，当选院士王家楫、伍献文、贝时璋、秉志、陈桢、童第周共6人，只有贝时璋、童第周与生物研究所没有关系，他们主要从事实验生物学研究。

植物学科候选人有胡先骕、殷宏章、秦仁昌、张景钺、裴鉴、刘慎谔、钱崇澍、戴芳澜、罗宗洛、饶钦止等10人，当选院士胡先骕、殷宏章、张景钺、钱崇澍、戴芳澜、罗宗洛6人中，仅殷宏章、罗宗洛与生物研究所无关系，二人分别研究植物生长素与光合作用，亦属于实验生物学范畴。此外，正如前面所言，在农学中的院士邓叔群也曾作为生物研究所的所外研究人员，在丛刊发表不少论文。

吴大猷曾说：

一个国家的学术根基，就在于人才及学术气氛，有了气氛才能进一步谈学术水准。有了学术气氛和水准即可激动学者从事学术工作，在良性循环下，才能获致更高的学术水准。……学术气氛是无法用钱来提升的，而是要让学者在学术工作中得到一种“愉快”，感到一种“名誉”。学者最需要的也就是能从学术气氛中感受到精神上的鼓励和支持，所获得的是学术声望，研究同侪的推许。这种气氛不仅会激起或维持一个学者对学术的兴趣，而且自己会从内心升起一股内在的后力，逼着自己从事学术研究。[47]

生物研究所无论是人才培养与科研成就的取得，都与所内良好的学术氛围有关，学者们在这里不仅感到“愉快”与“名誉”，也感受到学术工作的重要性。生物研究所对中国科学研究良好氛围的形成，其人才培养机制等都对中国科学的发展产生了极其深远的影响。有论者将秉志、胡先骕在生物研究所创立的学风归结为两点，一是专业化精神，一是本土化精神：

在传统上，我国的知识分子大多有泛政治思想倾向；换句话说，就是想做官，不想苦守本行。……我国科学发展不起来，这是一大原因。这个时期的生物学家却并不如此，人人坚守岗位，发挥高度专业精神。……本土化就是以乡土之爱为动力，化洋为土，使科学在本土生根。从另一个角度看，本土化正是专业化的基础。不想为本土效力，又如何会在本土上坚持专业精神。[48]

秉志、胡先骕在生物研究所所创立的超越政治的治学精神深深地影响中国科学的发展，政权转换之际，受他们影响的生物学家极少有人选择离开。但是，也应该看到，超越政治的专业化与本土化科学精神和治学态度并没有真正成为中国科学界共同遵循的科学道德，这也自然影响未来中国科学的发展。

参考文献

[1] 石江. 中国科学社参观记. 中心评论，1936(2)：26.

[2] 张准. 科学发达略史. 上海：中华书局，1923：248.

[3] 董光璧. 中国近现代科学技术史. 长沙：湖南教育出版社，1997.

[4] 中国科学社生物研究所概况(第一次十年报告)//林丽成，章立言，张剑. 中国科学社档案资料整理与研究 · 发展历程史料. 上海：上海科学技术出版社，2015.

[5] 中国科学社记事. 科学，1921，6(11)：1175.

[6] 任鸿隽. 中国科学社二十年之回顾. 科学，1935，19(10)：1484.

[7] 中国科学社记事 · 本社最近之近况. 科学，1922，7(4)：404.

[8] 中国社会科学院近代史研究所中华民国史组. 胡适来往书信选(上). 北京：中华书局，1979：514.

[9] 中国社会科学院近代史研究所中华民国史组. 胡适来往书信选(中). 北京：中华书局，1979：112－113.

[10] 蔡元培研究会. 蔡元培全集 · 第16卷. 杭州：浙江教育出版社，1998：323.

[11] 秉志致刘咸书信//周桂发，杨家润，张剑. 中国科学社档案资料整理与研究 · 书信选编. 上海：上海科学技术出版社，2015：18－19.

[12] 胡先骕致刘咸书信//周桂发，杨家润，张剑. 中国科学社档案资料整理与研究. 书信选编. 上海：上海科学技术出版社，2015：95.

[13] 中国科学社生物研究所概况. 科学，1943，26(1)：133－138.

[14] 中国科学社卅六年来的总结报告//林丽成，章立言，张剑. 中国科学社档案资料整理与研究 · 发展历程史料. 上海：上海科学技术出版社，2015：285.

[15] 张孟闻. 中国生物分类学史述略(为"中国科学社生物研究所20周年"作)//中国科学史举隅. "民国丛书"第1编第90册. 中国文化服务社，1947：76－77.

[16] 秉志. 国内生物科学(分类学)近年来之进展. 科学，1934，18(3).

[17] 张剑. 二三十年代上海主要产业职工工资级差与文化水平. 史林，1997(4)：81－89.

[18] 王大明. 试论二、三十年代中国科学家的社会声望问题. 自然辩证法通讯，1988(6)：36－43.

[19] 倪达书. 回忆业师秉志. 中国科技史料，1986(1)：22－24.

[20] 生物研究所消息(1929年6月). 科学，1929，14(1)：135.

[21] 生物研究所消息(1929年8—9月). 科学，1929，14(4)：605.

[22] 生物研究所消息. 科学，1929，13(9)：1284－1285.

[23] 李思忠. 张春霖//中国科学技术协会. 中国科学技术专家传略 · 理学编 · 生物学卷2. 北京：中国科学技术出版社，2001：10－11.

[24] 郑集. 一个生物化学老学生的自述——为祖国生化发展而奋斗//王志均，等. 治学之道——老一辈生理科学家自述. 北京：北京医科大学，中国协和医科大学联合出版社，1992.

[25] 王志均，等. 中国生理学史. 北京：北京医科大学，中国协和医科大学联合出版社，1993.

[26] 中国科学院学部联合办公室. 中国科学院院士自述. 上海：上海教育出版社，1996：368.

[27] 吴襄. 从事生理学工作五十五年的回顾//王志均，等. 治学之道——老一辈生理科学家自述. 北京：北京医科大学，中国协和医科大学联合出版社，1992.

[28] 蔡元培. 中央研究院与中国科学研究概况//中国第二历史档案馆. 中华民国史档案资料汇编 · 第五辑第一编"教育"(二). 南京：江苏古籍出版社，1994：1350.

[29] 汪敬熙. 提倡科学研究最应注意的一件事:人材的培养. 独立评论,1932,第 26 号:10-11.
[30] 胡先骕. 中国生物学研究之回顾与前瞻. 科学,1943,26(1):5.
[31] 中国科学社记事・欢迎杜里舒之盛宴. 科学,1922,7(10):1104.
[32] 任鸿隽. 中国科学社之过去及将来. 科学,1923,8(1):7.
[33] 汪敬熙. 中国今日之生物学界. 独立评论,1932,第 12 号:9-11.
[34] 汪振儒. 读了《中国今日之生物学界》以后. 独立评论,1932,第 15 号:10-15.
[35] 胡先骕. 与汪敬熙先生论中国今日之生物学界. 独立评论,1934,第 15 号:15-22.
[36] 王首还. 再谈实验派与调查派之论战.(台北)科学月刊,1984(9).
[37] 胡先骕. 读《科学》杂志随笔. 独立评论,1934,第 104 号:17-19.
[38] 胡宗刚. 胡先骕先生年谱长编. 南昌:江西教育出版社,2008:211.
[39] 胡先骕. 中国亟应举办之生物调查与研究事业. 科学,1936,20(3):212-213.
[40] 丁文江. 我国的科学研究事业//欧阳哲生. 丁文江文集・第 1 卷. 长沙:湖南教育出版社,2008:107.
[41] 吴家睿. 静生生物调查所纪事. 中国科技史料,1989,10(1):26-36.
[42] 蔡元培. 中国的中央研究院与科学研究事业(1936 年 3 月)//高平叔. 蔡元培全集・第 5 卷. 北京:中华书局,1984:379.
[43] 本社生物研究所荣获教部嘉奖. 社友,1941,第 72 期:2.
[44] 学者寿庆征金申祝. 科学,1947,29(2):43.
[45] 秉志胡先骕钱崇澍启事. 科学,1947,29(6):192.
[46] 郑作新. 中国动物学会五十年. 中国科技史料,1985,6(3):44-51.
[47] 吴大猷. 科学研究的观念与方法//吴大猷科学哲学文集. 北京:社会科学文献出版社,1996:323.
[48] 张之杰. 民国十一年至三十八年的生物学.(台北)科学月刊,1981(2):13-14.

第十二章　统一名词奠定科学发展术语基础

1915年1月,一位留美学生致信《留美学生月报》,指出不少留学生都“曾尝试翻译一些重要的科学技术书籍,但最终都在绝望中放弃”。主要原因是科学技术术语的翻译没有一个统一的标准。因此,呼吁留美学生“针对如何才能将科学技术术语以最好的方式译出并实现标准化,提出你们的意见”。[1]信函在3月号《留美学生月报》刊登后,很快引起回响。留美中国学生会工程技术委员会主席贺懋庆(M. C. Hou)提出在学生会夏季年会中专门安排一次术语标准化大会,事前征集自然科学与工程技术各学科自愿者,“请他们译出各自专业所使用的基础性术语”,大会讨论并最终确定。或者请“同校且所学课程相同的一组同学”译出该学科术语,这样“不仅任务得到分担,也能确保成果的速度更快”。年会时各组向全体与会者提交已经翻译完成与标准化的术语,讨论评议最终“实现标准化的目标”。他自己倾向于后者,因他们在中国船学会已有实践。赵元任代表科学社致函“月报”,报告科学社在科学技术术语方面的一些尝试,并提出在术语翻译和标准化过程中的一些原则性准则与应当避免的一些问题。术语翻译方面,要考虑到“含义的准确性、相关术语之间的一致性(即相似术语应按照同一原则来翻译)、惯用法、外来词汇的词源、语音的和谐、术语的长度等”;术语的标准化方面,避免走极端,“反对任何一部分人成为绝对正确者”“反对形成任何事实上处处皆准的‘绝对权威标准’”;也反对“以适者生存的法则,允许每位作者按照自己的喜好甚至个人的判断,自由地使用术语”。科学社所用的方法与上述两种极端情况截然不同,《科学》编辑部将“已用的术语整理成档,既是为了确保术语使用上的一致性,也是为了确保新术语翻译所采用原则的一致性”。科学社还准备设立译书部,其工作的重点之一就是术语审定。[2,3]

术语是学术交流、传播的基础,是学术发展不可或缺的重要工具。中国近代科学通过引进而逐步发展起来，翻译成为其间最重要的环节，对科学技术术语译名的确定也因之而成为最基本的工作。近代中国科学技术名词术语审定统一并不完全是一件学术事业，其间的困苦艰难、分分合合与利益冲突在在体现了学术发展与社会变迁的关系。合作是名词术语审定统一的应有之意，相互之间的矛盾是事物发展的动力，合作与矛盾冲突自始至终贯穿于整个名词术语审定统一过程中。自西方科学技术成规模输入中国以来，经晚清西人特别是传教士群体与国人的努力，名词术语审定统一已有相当的成就。民国成立后，官方教育部和民间组织科学名词审查会在此方面也有所作为。[①] 从上述信函可以看出，留美学界已认识到科学技术名词术语的审定与统一在学术交流与发展上的重要性，但似乎没有看到前辈先贤与同时期国内在此方面的工作，也没有认识到术语审定统一的“艰巨性”，以为“轻易而举”，因此要“重起炉灶”，重新建立一套他们自己的术语体系。

1914 年 6 月，科学社成立时，其宗旨中就有“审定名词”的内容。可见，成立伊始，中国科学社就将名词术语的审定统一即标准化作为与“提倡科学”“鼓吹实业”“传播知识”同样重要的社务，并希望在术语审定与统一过程中发挥举足轻重的作用。从中国科学社后来的历史发展来看，主事者很快就认识到术语统一的长期性与艰巨性，在美时期成立名词讨论会进行术语的研讨，《科学》更成为名词讨论的一个平台与论坛；回国后积极介入科学名词审查会工作，并发挥其聚集各门学科众多学者的优势，日渐成为名词术语审定统一的生力军与主力军。

第一节　在美时期的草创

1915 年 10 月中国科学社改组为学术性社团后，设立书籍译著部和分股委员会介入名词术语的审定与统一。正如前面第四章所言，书籍译著部的宗旨是让“科学用中文说话”，名词术语的“划一”是非常重要的事务。1916 年 4 月通过的《中国科学社书籍译著部暂行章程》规定，译著所用名词，“应遵用本部所规定者。其未经本部规定者，得由译者自定，惟书成之后，应将此项名词另列一表送交部长转交分股委

---

① 关于中国近代科学名词术语审定统一的大体情况参阅拙文《近代科学名词术语审定统一中的合作、冲突与科学发展》(《史林》2007 年第 2 期)，或拙著《中国近代科学与科学体制化》第 4 章“科学名词统一与科学交流传播术语基础的奠定”。

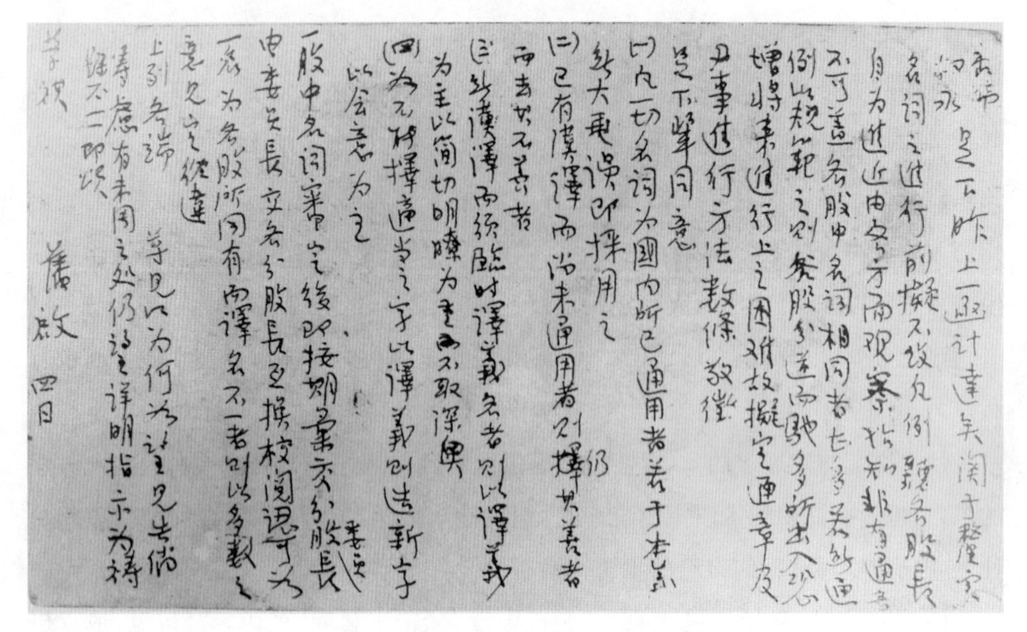

杏佛、叔永足下：昨上一函，计达矣。关于厘定名词之进行，前拟不设凡例，听各股长自为进，近由各方面观察，始知非有通章不可。盖各股中名词相同者甚多，若无通例以规范之，则各股分道而驰，多所出入，恐增将来进行上之困难。故拟定通章及凡事进行方法数条，敬征足下辈同意。

（一）凡一切名词为国内所已通用者，若于本义无大错误即采用之。

（二）已有汉译而尚未通用者，则择（仍）其善者而去其不善者。

（三）无汉译而须临时译义名者，则以译义为主，以简切明瞭为重，而不取深奥。

（四）如不能择适当之字以译义，则造新字，以会意为主。

一股中名词审定后，即按期汇交分股长（委员长），由委员长交各分股长互换校阅，遇有为各股所同有而译名不一者，则以多数之意见定从违。

上列各端，尊见以为何如？望即见告。倘尊虑有未周之处，仍请详明指示为祷。馀不一一，即颂

学祺

藩启 四日

图 12-1　陈藩致杨铨、任鸿隽讨论名词术语信

员会评定”。[4]可见，名词术语的“划一”主要由分股委员会负责。1916 年 5 月通过《分股委员会章程》，分股委员会以“讨论学术，厘定名词，审查译著”为职志。对于名词的“厘定”，该章程规定了 8 条，诸如中国科学社所用名词“由本会厘定之”；交该会厘定的译名，须将原文及“大宗师所定界说原文载明”；依名词所属学科交各分股长，由分股长与股员厘定，再交该会取舍；各分股长每三月将厘定名词报告该会，由该会汇交书籍译著部编辑刊布；非社员著作交该社发表，宜用该会厘定名词，若不用“宜声明中国科学社作某某字样，以便参证”；等等。[5]可见，分股委员会与书籍译著部在名词厘定上相互合作，分股委员会负责厘定，书籍译著部负责编辑发布。

对于分股委员的名词厘定，1916 年 11 月 4 日，其委员长陈藩曾致杨铨、任鸿隽讨论审定名词事宜函，其中说：

关于厘定名词之进行，前拟不设凡例，听各股长自为进，近由各方面观察，始知非有通章不可。盖各股中名词相同者甚多，若无通例以规范之，则各股分道而驰，多所出入，恐增将来进行上之困难。故拟定通章及凡事进行方法数条，敬征足下辈同意。

（一）凡一切名词为国内所已通用者，若于本义无大错误即采用之。

（二）已有汉译而尚未通用者，则仍其善者而去其不善者。

（三）无汉译而须临时译义名者，则以译义为主，以简切明了为重，不取深奥。

（四）如不能择适当之字以译义，则造新字，以会意为主。

一股中名词审定后，即按期汇交分股委员长，由委员长交各分股长互换校阅认可。如一名为各股所同有而译名不一者，则以多数之意见定确诂。

上列各端，尊见以为何如？望见告。倘筹虑有未周之处，仍望详明指示为祷。余不一一。[6]

陈藩有鉴于各分股名词厘定的实际情况，自行拟定了相关通则，对“章程”进行了补充。应该说更有操作性，也更有合理性，诸如分股厘定的名词，须交各分股长校阅认可。

无论是分股委员会还是书籍译著部，其所厘定名词都是为中国科学社所用，而且版权归属中国科学社，基本上属于中国科学社内部的名词审定与统一。为了将名词术语审定统一的范围扩大，汲取社内外学人的智慧，1916 年 7 月，中国科学社专门成立了名词讨论会。其“缘起”说科学社成立已两年，《科学》发刊也超过一年，“然去审定名词之期则夐乎其远也。夫名词庞杂，非今日科学著者稀少之大因耶？语云：‘工欲善其事必先利其器’。名词，传播思想之器也，则居今而言输入科学，舍审定名词末由达。虽然，国人之谋划一名词者众矣。前清有名辞馆，今日坊间书贾亦多聘人纂辑辞典，则数年以后终有蔚然成章之一日，《科学》又何事其亟亟耶？是有故焉。科学名词非一朝一夕所可成，尤非一人一馆所能定。人积博士穷年之力乃有今日之大成，而我以旦暮之隙，佣不明专学之士，亦欲藏事，窃恐河清难俟而名辞且益庞杂也。同人殷忧不遑，因有名词讨论会之设，为他日科学界审定名词之预备”。已经认知到名词审定的长期性与艰巨性，“非一朝一夕所可成”“非一人一馆所能定”，需要汇集广大的学者共同努力。因此专门设立名词讨论会，公举周铭、胡刚复、顾维精、张准、赵元任“理其事”，“社内外同人有以讨论名词见教者，无任欢迎”。并制定简章四条：讨论字数以三百字为限、译名附原名（多国文字同附“尤佳”）、认同已有译名请说明理由、自创译名更要说明原因。[7]

名词讨论会以周铭所拟定的《划一名词办法管见》为标准。周铭在“管见”中说：

自译籍流行，名辞淆乱，于是划一之议时有所闻。或谓科学之事不能强人和同，苟其名实相符，历久自能得多数科学家之认可；苟其义疏理窒，则不久自归消灭。或谓我国科学初兴，机关未备，苟不早立标准，则纷杂之弊将不知胡底。前后二说，似各自成理，然而观诸国内情形，事实不然。科学程度极形幼稚，译籍既少，著作而有心得者尤鲜。若从放任主义，则科学昌明何日可待？第一说之不足为法，不待智者而后知也。若从后说，则我国专家既鲜，博涉各科者尤难其选。纵有其人，亦未必能将诸科名辞选审精确，或以拘于偏见而武断其词，或以限于才力而敷衍了事，徒有划一之皮毛而无统一之精神，则于实际何补？或曰：名之当否，由于习用，呼狗曰狗，呼猫曰猫，习用然也；苟人皆名猫为狗，名狗为猫，则将狗猫二字颠倒用之，何所不可？设科学名词，一人创之，人尽用之，其效亦当如斯也。余曰：不然；凡地名人名物名器名，可强定某名为标准，而关于学说之名词则否。盖科学名词者，学说之符号也。名词之相维相系，即一切学说之枢纽，吾人不能任意命某名词为标准，亦犹吾人不能任创何说谓之学说。苟反此而行，则立名既杂乱无章，措词自必扞格不明；强人通行，恐科学界中无斯专制淫威。是故于此事求一正常解决，非于二说之间设一通融办法，恐成效难期也。

周铭秉持了赵元任在本章前言所说标准，批评了名词术语审定统一中两种流行的看法，特别是所谓"呼狗曰狗，呼猫曰猫，习用然也"这样的论调。接着指出"划一科学名词"之繁杂、艰巨与持久性：

划一科学名词，非细事也；需才既多，需时亦久。盖学既分科，科更分门，一门之中时或再别为数类：其学术愈精者则门类亦愈繁。况一门之内，学说既辨宗派，理论更分新旧；童而习之，壮而行之，终其身而不能尽一门一类之涯略。是故以科学范围之广，分科之繁而论之，则译名一事以分工愈细而愈佳。虽然，科学之条例虽繁而层次井然，科目虽多而彼此息息相通。分工既细，需人比多，意见亦必庞杂；苟各科各门之人各是其是，各从其便，则同一名词对于此科称便而不合于他科之用，或在此科为精确于别科为背理。由此观之，各科名辞必须取决于一二人之手方能通篇一气。是以划一名词之办法要端有二：立名务求精确，故必征求多数专家之见；选择须统筹全局，故必集成于少数通才之手。

周铭是当时少数真正认知到科学名词本身繁复因而翻译也非常庞杂的名词审定者。按照他所拟定原则，以为名词术语厘定可分三步走。第一步，征集名词："凡各科名词已译者集之，未译者补之，未当者正之，不切于最新学说者修之；由总纲而及细目，由粗而求精。每译一名，加以讨论，务以能得至精至确之名词为归。"第二步，将所征集名词，以"贯一之精神统筹全局为选择诸名之标准"进行选择，"使之便于解理易于应用为归"。第三步为公决，"征集全国之科学家开大会公决，或仍由报章宣布讨论"。第一步成果逐月登载《科学》，第二步成果也由《科学》分科宣布，或由"中国科学社"特印号外。通过这些步骤，"成效可期"："征求众才，不患才短；编辑出诸一手，自无散漫之弊；公诸众议，更无武断之议。"[8]

应该说，无论是中国科学社分股委员会所拟定的名词术语审定统一原则，还是名词讨论会所遵循的周铭所拟定的名词术语审定统一规程与步骤，都具有非常重要的理论与实践指导意义。非常可惜的是，正如前面第九章所言，分股委员会并没有真正行动起来，因此在名词术语的审定统一上也就没有多少作为。第二次年会时，化学股长任鸿隽报告称："翻译名词，本股尚未着手。诚以兹事体大，难以潦草从事。目下本股接有教育部暂定无机化学命名草案，理科研究会、医药学会等之化学名词草案，及数年前留欧化学会员李景镐君拟定之有机化学命名例等书，大可据为讨论之资。傥于夏休之间，能有本股择一相当地点，约集股员，开一特别讨论会，于名词之审定或有冀乎。"机械股长杨铨报告说"翻译名词讨论服务诸事""徒以铨负荷太重，遂荒厥职"。农林股长钱天鹤说"至于厘定名词讨论学术""因本股规模粗具，股员散处，尚无成绩可言"。只有电机股徐允中说："译成者约千字，拟送月刊部登入《科学》，与众研究。"[9]名词讨论会似乎也仅仅有此章程与"管见"，其具体成就难现。相较而言，《科学》作为中国科学社的旗帜，不期然间成为当时名词术语讨论的平台与论坛（其间是否有名词讨论会的作用，待考）。

1915 年 1 月出版的《科学》创刊号"例言"说："译述之事，定名为难。而在科学，新名尤多。名词不定，则科学无所依倚而立。本杂志所用各名词，其已有旧译者，则由同人审择其至当；其未经翻译者，则由同人详议而新造。将竭鄙陋之思，籍基正名之业。当世君子，倘不吝而教正之，尤为厚幸。"[10]《科学》作为传播科学新知的专业刊物，科学技术名词术语的翻译与选定成为最为重要的事务，否则同一术语在不同的文章中以不同的中文出现，甚或同一文章前后译名也不一样，读者"不独读之难、记之艰，实使学者不能顾名思义"。① 因此，《科学》编辑部专门设立"名词员"，"专司选理汇集名词"。[11]并于第 2 卷第 12 期公布了《中国科学社现用名词表》，分名学（逻辑学）、心理学、天文、算学、物理、化学、照相术、气象学、工学、生物学、农学及森林学、医学、人名表、学社及公司名、地名，大约 1 500 个术语。[12]在表前"例言"中说，这样的"表"将"年出一次，就本年月刊中已用诸名词汇而刊之，以便本社编辑员采用"；表中名词是《科学》中已采用者的汇集，"非为有秩序之翻译""故一科之中，至要之字有时也付阙如"；表中名词编辑时有重新改定的，与《科学》所用之字不尽相同，"然新

① 虞和钦语，转引自谢振声《近代化学史上值得纪念的学者——虞和钦》，《中国科技史料》2004 年第 3 期。

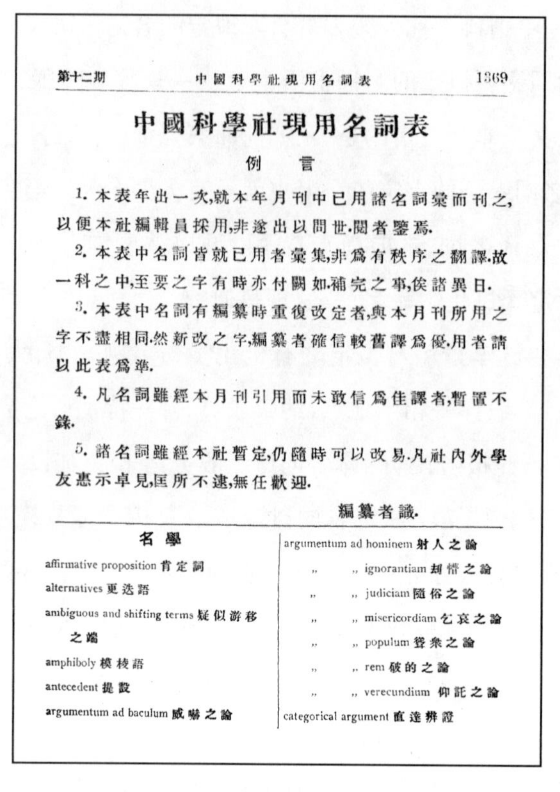

第十二期　中國科學社現用名詞表　1369

中國科學社現用名詞表

例　言

1. 本表年出一次,就本年月刊中已用諸名詞彙而刊之,以便本社編輯員採用,非遂出以問世.閱者鑒焉.

2. 本表中名詞皆就已用者彙集,非爲有秩序之翻譯.故一科之中,至要之字有時亦付闕如.補完之事,俟諸異日.

3. 本表中名詞有編纂時重復改定者,與本月刊所用之字不盡相同.然新改之字,編纂者確信較舊譯爲優.用者請以此表爲準.

4. 凡名詞雖經本月刊引用而未敢信爲佳譯者,暫置不錄.

5. 諸名詞雖經本社暫定,仍隨時可以改易.凡社內外學友惠示卓見,匡所不逮,無任歡迎.

編纂者識.

名學

affirmative proposition 肯定詞
alternatives 更迭語
ambiguous and shifting terms 疑似游移之端
amphiboly 模棱語
antecedent 提設
argumentum ad baculum 威嚇之論
argumentum ad hominem 射人之論
„ „ ignorantiam 刦懵之論
„ „ judiciam 隨俗之論
„ „ misericordiam 乞哀之論
„ „ populum 聳衆之論
„ „ rem 破的之論
„ „ verecundium 仰託之論
categorical argument 直達辨證

图 12-2　刊载于《科学》第 2 卷第 12 期的《中国科学社现用名词表》首页

改之字,编纂者确信较旧译为优秀”;有些名词《科学》虽已采用,但因“未敢信为佳译,暂置不录”;这些名词虽仅暂定,“仍随时可以改易。凡社内外学友惠示卓见,匡所不逮,无任欢迎”。总而言之,中国科学社所发布的这个“名词表”,并不是一个标准的定稿,希望社内外学人与读者提供宝贵意见,共同促进术语的标准化。充分体现了前面赵元任所说,中国科学社不能也不愿意成为“绝对正确者”“绝对权威标准”。

当然,《科学》本身所用名词,也曾受到质疑,并引起争论。《博物学杂志》第 1 卷第 2 期批评《科学》用名词“多属另创”,如 protoplasm 旧译“原形质”,《科学》译“原生质”;annual ring 旧译“年轮”,《科学》译作“岁环”。中国科学社第一次年会上,钟心煊发表论文《名词短评》,以为《博物学杂志》的批评,“颇足命吾人注意”“此种批评不无理由”“吾人作文者宜多备中国初浅教科书,以资查考,已用之名辞,不致动辄另译新者”。对于钟心煊的看法,讨论中大多表赞成,《科学》编辑部应“购备中文书以资名辞参考”。但任鸿隽以为,“通用名辞,未必合用;若有充足理由,本社自当改从之”。未有译名的名词,“亦不得不另创新名”。[13]

《科学》上第一篇相关名词术语的文章是《权度新名商榷》，以中国科学社名义发表于第1卷第2期。文章对当时北京政府公布的以国际度量衡为标准的"权度条例"表示赞赏的同时，也提出了该标准存在的一些问题，诸如"名称之混淆""单位之殊异"。建议将政府所定长度单位"新厘""新分""新寸""新尺""新丈""新引""新里"改为"毫米""厘米""分米""米""十米""百米""千米"，分别对应于英文millimetre、centimetre、decimetre、metre、decametre、hectometre、kilometre；面积单位"新厘""新亩""新顷"改为"方米""百方米""万方米"，对应centiare、are、hectare；容量单位"新撮""新勺""新合""新升""新斗""新石""新秉"改为"立厘米""十立厘米""百立厘米""立特""十立特""百立特""千立特"，对应millilitre(cubic centimetre)、centilitre、decilitre、litre、decalitre、hectolitre、kilolitre；质量单位"新丝""新毫""新厘""新分""新钱""新两""新斤"改为"毫克""厘克""分克""克""十克""百克""千克"，对应milligramme、centigramme、decigramme、gramme、decagramme、hectogramme、kilogramme。中国科学社这些建议，除容量单位的音译"立特"以外，其他经一定的演变，都成为今天中国国际度量衡的标准用名，诸如长度之毫米、厘米、分米、米、千米，面积之平方米，质量之毫克、克、千克。中国科学社并言，度量衡这些名称及其之间的量级关系，"皆由同人酌定，以供本社著作之用""海内外方家有不吝教言商榷尽善者，同人馨香祝之矣"。[14]

如果以1918年9月开始发刊的《科学》第4卷为界①，前四卷为中国科学社留美时期，其间《科学》发表相关名词术语讨论文章并不多，连前述已提及者共有十来篇，主要集中在植物学和化学名词讨论上。钱崇澍对1914年创刊的《博物学杂志》进行了评论，赞许刊载的有些成果，"实开学者独立研究之门"，但也对其名词术语的运用提出了商榷，"吾国科学正在草创之时，一切名词不能确定，势也。然为免纷杂谬误计，各种名词自以中西文并立为宜"。如吴冰心《江苏植物志略》，各植物仅列中文名，"使阅者见其名不知其果为何种植物"，若在每个中文名下，"注以拉丁科学原名，则毫无疑义矣"。[15]邹秉文为文介绍世界植物学定名凡例，呼吁中国植物学者汇聚国内植物，"鉴定其学名，并详考其普通物名"，仿照英国人米勒(W. Miller)所编纂《英国植物词典》，"将吾国植物之学名及普通物名并列为词典，俾浅近之作即可根据词

---

① 正如前面所言，中国科学社搬迁回国后，《科学》有延期，第4卷第1期于1918年9月出版，第12期1919年11月出版。从内容来看，《科学》前四卷与后面有一个相对明显的界线。

典中之普通物名以名其植物”。他殷切希望这样的词典“早日成书”,“以应植物学作者之急需,他日有人作《中国植物图谱》,亦可取用其中名词,如此则吾国植物学之文章不至乞怜于外国文字,而有此词典在,则本国普通物名可与拉丁学名相比较,可以宏学名之用”。[16]

相较上述相关植物学名词宏观上的论述,此一时期,《科学》也发表了两篇相关植物学具体名词的翻译问题。钱崇澍、邹秉文对旧译 pistil(macrosporophyll)为雌蕊、stamen(microsporophyll)为雄蕊提出异议,应该译为大蕊、小蕊。他们认为旧译“误以大蕊小蕊为雌雄生殖器官”,实际“蕊系属于胞子体(生胞子之植物体)之器官,胞子体无雌雄之分别,不得谓之为雌为雄。雌雄生殖器官惟精子体(生精子之植物体)有之。高等植物之精子体虽寄生于胞子之内,然与胞子体为截然不同之一植物体,不可以其囿于胞子之内而即视为一体。故雌蕊雄蕊之名,名实既乖,且初学者尤易误解”。同时,他们对“花粉囊、花粉、半透压”等名词的译名也提出了商榷。[17]

对于雌蕊、雄蕊译为大蕊、小蕊,吴元涤并不认同。他对中国科学社于名词“划一”的努力予以赞赏:“贵社各科编辑于学术之名词异常考核,主求适切而一贯,是实吾国科学进步上之要着。然名词之审定与创始非武断杜撰藉成一家之私言也,必考之历史与习惯,证之以学理而权其轻重。更与海内同人共同商榷以其斟酌妥善方可垂诸久远耳。”他主张:“种子植物(spematophyta)之雌雄蕊,其占有空间之形态,异常繁复,断不能笼统以大小二字概括之。雌蕊本意为产出卵子之器官,并非混指雌蕊即为卵子体,雄蕊为产出精子之器官,并非注明雄蕊即为精子体……”他认为雄蕊、雌蕊“习用已久,细绎其意,并无谬误,似不必拘泥于语源,窜改为大蕊、小蕊以事纷更”,而且“植物学上与此字相关连结之名词甚多,苟尽改之,则支离割餐之弊在所不免”。

对于吴元涤的意见,钱崇澍、邹树文并不信服,强调大蕊、小蕊为西文植物学书籍中所常用,“二名词初用之时,以种子成于大蕊之内,而误为雌性器官,以花粉为雄性精子,误小蕊为雄性器官。后知其非,仍而不改者,则以习用已久之故。其名虽仍袭用,其义则已更改”。因而认为:“吾国科学方在萌芽时代,各种名词虽有旧译,然推行未广,为时又浅,严密考订,斯正其时……盖科学上所用之名词,皆非本有,虽先曾误用,然习用未久,改之甚易。如以他国已经误用,而吾国必仍其误,则殊可不必也。”

可以说,钱崇澍、邹树文、吴元涤相关雄蕊、雌蕊、大蕊、小蕊的论争,是中国科学社及《科学》相关名词术语真正进入审定统一的核心地带。此外,钱崇澍还对“光合作用与同化作用”“隐性植物与显性植物”的翻译提出了自己的意见。[18]

1915年2月出版的《科学》第1卷第2期，发表了任鸿隽《化学元素命名说》，开启了《科学》化学名词术语的讨论。任鸿隽介绍英文化学元素命名的八种方法（诸如根据物理性质、化学性质、平常物质、发现之地等）之后，检讨中国化学元素译名方法，以为有以物理性质、化学性质命名的，也有依音造新字的音译等。他进行一番探讨之后，提出了一个已发现化学元素的译名体系，并据1914年世界化学原子量报告，制成《1914年化学元素名量表》，依次为译名、英文原名、元素符号和原子量，并称“凡此改订，草略未详，以供本社暂时之用……海内外君子，惠匡不逮，或愚昧之见，更有所进，将继今以讨论焉”。[19]

任鸿隽的“抛砖”，并未引起响应。直到第4卷第2期，才刊载郑景芳《有机无机二名词不适用于今日之化学界》一文，提出化学之所以分为无机、有机，是因为最初人们以为生物界（包括动物与植物）所生成物质“用人工的方法则绝对不能造成”，因此有机化学研究“一般生活物质实质变化之学”，无机化学研究“一般无生活物质实质变化”。随着科学的发展，人工可以制造有机物，证明“有机物质与无机物质之间，殊无绝对歧异之处”，因此“有机无机二名词自宜废除”。并且说化学界“仍多引用之者，乃因习惯既久，一时不易更改，故循例用之耳，非有充足之理由与正确之意义也”，化学界已开始用炭素化合物化学与非炭素化合物化学取代有机化学与无机化学。对于郑景芳的言说，任鸿隽在文章后面附录自己的看法，也以为“有机无机之不合用，专就分别化学物质上立言，自足代表当今化学界之公论”，但以炭素化合物化学与非炭素化合物化学来区分，“终嫌累赘（中西皆同）”“虽以矜奇好进如西方学界，亦未之见”。“炭素化合物化学、非炭素化合物化学之名适于常用与否，有较善之名以代之否，尚有待于讨论。”[20]

第4卷第10期陶烈的文章《有机物质命名法》讨论有机物质如何命名，“欧美之炭化合质学名尚无统一，盖历史上之根底深大有不可破者之故也；故炭化合质命名之规则固与无机全然相等”。对于陶烈的方案，《科学》还专门说明：“此篇大意及方法颇有可研究之处，惟其系统未必能为实用标准，今载之作为讨论之议案，非本社定名之文也。”[21]

中国科学社自1914年6月成立以来，虽然一直非常重视名词术语的审定统一，但由上述可知，主要集中在宏观性的译名原则制定，具体实践性活动因社员主要身份是学生，而且身处异国他乡，与国内实际还是有不少的隔阂，具体成就可以说难见。由表12-1可见，留美时期《科学》杂志公布的名词术语也仅有第2卷的三种而已。

搬迁回国后，中国科学社立马介入国内轰轰烈烈的名词术语审定统一事业中。

表 12－1 《科学》刊载名词术语表

作　者	名　　称	卷　期	页　码
中国船学会	中国船学会审定之海军名词表	第 2 卷第 4 期	473－486
王彦祖	植物普通名与拉丁科学名对照表	第 2 卷第 12 期	1341－1344
中国科学社	中国科学社现用名词表	第 2 卷第 12 期	1369－1402
钱天鹤	园艺植物英汉拉丁文对照表	第 6 卷第 12 期	1267－1281
科学名词审查会	有机化学名词草案	第 7 卷第 5 期	469－503
黄昌穀	钢铁名词英汉对照表	第 7 卷第 12 期	1315－1321
冯肇传等	遗传学名词	第 8 卷第 7 期	759－775
方子卫、恽震	射电工程学（无线电）名词及图表符号之商榷	第 9 卷第 4 期 第 9 卷第 12 期	447－458 1572－1579
科学名词审查会物理学名词审查组第一次审查本第三集“磁学电学”	磁学	第 9 卷第 8 期	978－1002
	电解及电池	第 9 卷第 9 期	1150－1167
	发电机	第 9 卷第 10 期	1297－1304
	电炤	第 9 卷第 11 期	1450－1466
	电子学说	第 9 卷第 12 期	1580－1590
科学名词审查会算学名词	Ⅰ普通名词	第 10 卷第 2 期	255－268
	Ⅱ数学	第 10 卷第 3 期	400－416
	Ⅲ代数学	第 10 卷第 4 期	521－537
	Ⅳ代数解析学	第 10 卷第 5 期	660－669
	Ⅴ微积分	第 10 卷第 6 期	769－784
	Ⅵ函数论初步	第 10 卷第 8 期	1030－1038
	Ⅶ代数学及微积分（续）		
	Ⅷ函数论（续）（1925 年杭州大会通过）	第 11 卷第 2 期	247－272
	Ⅸ初等几何学、平面三角与球面三角	第 11 卷第 8 期	1130－1154
	Ⅹ解析几何学、二次曲线与曲面		
	Ⅺ投影几何学、直线几何学（1924 年苏州大会通过）	第 11 卷第 9 期	1278－1320
	代数几何学、代数曲线曲面（1931 年镇江年会补充）	第 16 卷第 4 期	620－643
	微分几何学、超越曲线曲面（1925 年杭州大会通过）	第 16 卷第 5 期	799－819
	高等、非欧、多元几何学（1931 年镇江年会补充）	第 16 卷第 9 期	1371－1389

注：第 10 卷第 2 期开始登载时，说算学名词Ⅰ－Ⅵ 1923 年 7 月通过，Ⅶ－Ⅸ 1924 年 7 月通过。而后来实际登载情况有所不同，第 16 卷第 4 期登载时不再有序号。

第二节　从参与到主导：与科学名词审查会合作

晚清名词术语审定统一中，1886 年在上海由传教士医生组织的博医会是一个非常重要的团体，主要关注学科为医学。民国成立后，博医会继续开展医学名词的审定统一工作。1915 年 2 月,在上海举行名词审查会,就商于江苏省教育会,希望中国人也共同参与医学名词审查工作。建议激起反响。翌年 2 月,博医会、中华医学会、中国医药学会和江苏省教育会四团体各举代表组成医学名词审查会,每年定期开会审查名词草案,并请教育部派人与会,审查结果公布于全国医学界,定稿呈请教育部审定公布。1917 年,理科教授研究会加入,并在上海成立执行部处理日常工作。1918 年,更名为科学名词审查会,并得到教育部批准。这样,医学名词审查会扩展为科学名词审查会,审查对象也由单一的医学名词扩展为各门学科名词,并得到政府确认,具有相当的合法性与一定的权威性。

中国科学社搬迁回国后,立马介入科学名词审查会工作。1919 年 7 月 4 日,科学名词审查会第 5 次会议在上海举行,分组审查组织学、细菌学和化学名词,中国科学社派邹秉文、张准、钱崇澍、王琎、胡先骕和程延庆出席。大会议决下届开会审查细菌学、化学、物理学三组,物理学草案委托中国科学社拟定、细菌学草案委托中华民国医药学会拟定,化学草案继续审查有机化学,推陈庆尧、窦维廉、张准依照本届审查表决结果加以修正,并推张修敏、伊博恩、恽福森搜集有机化学普通名词编成草案,下届一并审查。[22,23] 当时参会除上述团体外,还有中华博物学会,邹秉文也是该会代表。可见,中国科学社第一次与会,就受到极大重视,担任物理学名词草案起草工作,张准还负责修订已审查通过化学名词。

同年 8 月,中国科学社在杭州召开国内第一次年会,会上曾就名词审查召开专门会议:

> 晚八时三十分开审查名词办法讨论会,过探先君主席。……有中华科学名词审查会成立,本会曾派有代表。此会议决由本社担任物理名词草案,现所欲决者为请何人担任此事。胡明复君言名词会应有常川委员随时研究,故拟以《科学》一部分供其宣布之用,此事已由曹梁厦君接洽。继苏鉴君询此会内容,主席言先有医学名词审查会,继由省教育会改为科学名词审查会,江苏省教育会、博物学会均加入。讨论至此,众主张举定办事人,公举胡敦复先生为执行员,胡刚复、竺可桢、周仁、杨孝述、罗英五君为起草员,并举定胡刚复君为委员长,遂散会。[24]

年会议决在《科学》为科学名词审查会发布名词专留版面,胡敦复担任中国科学社在科学名词审查会的执行员,胡刚复、竺可桢、周仁、杨孝述、罗英为物理名词的起草人,胡刚复任委员长。虽除胡刚复以外,其他起草员皆非专门物理学者,但还是看出中国科学社对该事项的重视。

1921年7月，科学名词审查会第7次会议在南京中国科学社举行，与会团体增加至12个，中华农学会、南京高等师范学校、广州高等师范学校、厦门大学、华东教育会也派代表出席。中国科学社作为东道主，“开茶话会欢迎来宁各代表”。会议分四组审议病理学、有机化学、物理学和动物学名词。病理学组审查“循环系统之病理名词”，与会赵士法、鲁德馨、庞敦敏、王承钧、吴济时、何积烺、徐诵明、孟合理、王完白；物理学组审查“磁电学名词”，与会赵修鸿、杨孝述、胡刚复、吴家高、许肇南、杨铨、李协、熊正理；化学组审查“有机物化学名词”，与会吴和士、孙洪芬、陈庆尧、王琎、张准、黄新彦、曹惠群、朱恒璧、陈聘丞、陈熀、赵燏黄、陈宗南；动物学组审查“动物名词”，与会吴子修、钱崇澍、过探先、陈映璜、秉志。[25]各组与会代表除病理学组外，不少是中国科学社领导人或骨干，如杨孝述、胡刚复、许肇南、杨铨、李协、熊正理、孙洪芬、陈庆尧、王琎、张准、曹惠群、陈聘丞、钱崇澍、过探先、秉志等。

化学组以吴和士为主席，孙洪芬、曹惠群为书记，有机化学名词“历经反复，前后阅四载”，终告完成。推定陈庆尧、曹惠群、王琎为整理无机、有机全部名词委员。物理学组许肇南、杨铨为主席，审查磁学、电学名词，“全日讨论，星期不停”。病理学组吴济时主席，庞敦敏为书记，动物学组未推主席。大会议决下年仍开物理学、病理学、动物学三组，加植物学组，推中华博物学会担任起草。并决定1923年审查动物学、数学、生理或生理化学、地质、矿物，除动物原有草案外，数学由中国科学社起草，生理及生理化学由博医会、中华民国医药学会起草，地质及矿物由中华博物学会起草。1922年会议在浙江杭县举行，由杨铨和钱天鹤接洽招待事宜。[26]可见，中国科学社在名词审查会中地位越来越重要，孙洪芬、曹惠群、王琎、许肇南、杨铨等在具体的审查中都担当非常重要的角色。

会后《科学》杂志刊载了科学名词审查会审定的有机化学名词，其编者按说，“科学名词审查会为有机化学名词开会讨论者四次，阅时五稔，去年在南京本社社所开会，将全部审定告终”，交中国科学社社员曹惠群、王琎、陈庆尧整理。“今整理已毕，将与无机化学名词汇刊出版，以社员急欲先睹，敦促先将其有机之部刊布，特为揭载于此。社中同志对于此稿有所建议或商榷者，寄交南京本社编辑部可也。”由此，正如胡明复在1919年年会所提议，《科学》开始刊载科学名词审查会审查的名词术语。[27]由表12－1可见，除此有机化学名词以外，《科学》仅仅刊载了由中国科学社起草的物理学名词（磁学电学）、算学名词，而其他学科名词并未登载。

1922年会议并没有在杭州召开，而是改在上海举行。会上，将中国科学社负责起草的物理学名词审查完毕，“物理名词前后三年，至此终了”；公推中华博物学会和中国科学社共同负责起草动物名词草案；胡刚复说会后已审查名词的整理“亦甚费时”，议决“闭会后两月以内，将决定之审查稿及纪录统交执行部印发”。[28]

1923 年第 9 次会议还是在上海召开，分医学、动物学、植物学、算学四组审查，中国科学社与会代表医学吴谷宜、周仲奇、王兆祺，动物学吴子修、陈桢、郑章成，植物学胡先骕、钟心煊、钱崇澍，算学何鲁、胡明复、段育华。出席算学审查代表有顾珊臣、胡明复、段育华、何鲁、段调元、姜立夫、周剑虎、吴广涵和特聘专家胡敦复、吴在渊，以姜立夫为主席，何鲁为书记，审查数学、代数学、解析学三种。动物学组代表秦耀庭、薛良叔、秉志（江苏教育会代表）、黄颂林、吴子修、郑章成、王凤金、杜就田等；植物学组出席者吴冰心、朱凤美、钟心煊、胡先骕、王采南、李咏章、陈养材、吴子修等。议决下年在苏州医学专门学校开会，推定曹惠群、陈庆尧、王琎加入生理化学组。[29]

江苏省政府决定削减 1924 年度财政支出，其中包括减少对中华职业教育社、中华教育改进社及中国科学社的资助。经斡旋，中国科学社仅减少十分之一。江苏省教育会代表袁观澜提出中国科学社资助科学名词审查会以维持其生存，因教育部停发该会津贴（每月 400 元），造成年赤字 1 500 元。1924 年 2 月 20 日，中国科学社理事会认为中国科学社虽不是科学名词审查会基本会员之一，但每年经济上照例与其他机关一样分担，并且审定后的名词如化学、物理各科均由科学社出资排印，对名词审查会向来“极力维持”。议决以后该会若经费支绌，自当与其他各机关“协同量力补助”。① 后名词审查会专门来函，要求中国科学社拨江苏省补助费十分之一二以维持该会。3 月 14 日中国理事会决议与前相同：以中国科学社向来对于该会尽力维持，将来如经费支绌，当与其他有关系各机关协力维持答复。②

1924 年 5 月 9 日，中国科学社理事会推举出席当年科学名词审查会各组代表：医学组吴谷宜、周仲奇、宋梧生，数学组姜立夫、胡明复、何鲁、段育华，动物学组秉志、陈桢、郑章成，植物学组钟心煊、钱崇澍、戴芳澜，矿物组谌湛溪、徐宽甫、翁文灏。③旋补推曹惠群、胡经甫分别作为医学和动物学组代表。可见，中国科学社这个“代表团”学术水准非常高，姜立夫、秉志、陈桢、钱崇澍、戴芳澜、翁文灏等 6 人是后来首届

① 《理事会第 13 次会议记录》（1924 年 2 月 20 日），上海市档案馆藏档案，Q546 - 1 - 63 - 65。
② 《理事会第 15 次会议记录》（1924 年 3 月 14 日），上海市档案馆藏档案，Q546 - 1 - 63 - 76。
③ 《理事会第 21 次会议记录》（1924 年 5 月 9 日），上海市档案馆藏档案，Q546 - 1 - 63 - 99。

图 12－3　1925 年 7 月在杭州召开的科学名词审查会第十一届年会与会代表合影

中央研究院院士，其他医学方面的宋梧生，数学方面的胡明复、何鲁，动物学方面的胡经甫也都是各自学科的奠基人。当年出席会议的其他团体代表（除兼代）外，只有北京协和医学院的吴宪、陈克恢当选首届中央研究院院士。会上推举中国科学社拟定电机名词草案。7 月 14 日，中国科学社理事会推定李熙谋、杨孝述、杨肇燫、周仁、裘维裕、叶企孙为草案委员，李熙谋为委员长负责。①

科学名词审查会 1925 年在杭州召开会议，中国科学社理事会于 5 月 8 日推举各组代表：有机化学、生理化学、药理学组曹惠群、沈溯明、吴谷宜，植物学组钱崇澍、戴芳澜、陈宗一，动物学组陈桢、郑章成，算学组姜立夫、段育华、熊庆来，外科组及生理组吴谷宜。在本次会议上，中国科学社介绍中国工程学会及中华学艺社加入科学名词审查会。

1926 年 7 月 3 日，科学名词审查会在上海举行，中国科学社推举各组代表：内科学组宋梧生、吴谷宜、周仲奇，药学组赵承嘏，植物学组钱崇澍、戴芳澜、钟心煊，动物学组秉志、陈桢、胡经甫，数学组姜立夫、胡明复、靳荣禄，生理学组林可胜、蔡无忌。7 月 5 日正式开会审查，10 日结束。内科学组先后列席的有吴谷宜、鲁德馨、俞凤宾、余云岫、应元岳、程瀛章、宋梧生、倪章祺等 8 人，草案由吴谷宜、鲁德馨起草，五

① 《理事会第 27 次会议记录》（1924 年 7 月 14 日），上海市档案馆藏档案，Q546－1－63－114。

天通过所有 1 060 条词条。药学组先后出席代表有于线定、朱恒璧、黄鸣龙、汪于冈、宋文政、孟心如、陈宗南、张修敏、刘汝强等 9 人，五天通过 653 条词条，并议决药物学自成一组、凡新药注册名词不得更改。生理学组先后出席代表有江镜如、余德荪、俞凤宾、王以敬、黎国昌、梁伯强、蔡无忌、倪章祺、陈禹成等 9 人，审查通过 654 条词条。植物学组代表有吴和士、钱崇澍、部重魁、朱凤美、戴芳澜、焦启源、吴子修、陆费叔辰等 8 人，胡先骕因妻子生病不能与会，另有陈嵘、陈养材、张镜澄 3 人因学校招生不能与会。先讨论蕨类植物，议定将全世界科属名称加入，厘定中名；次讨论系统名词，议定为界、门、刚、目、科、族、属、系、种、品、式。先后审查蕨类植物、真菌类名词。动物学组有黎国昌、黄颂林、潘以治、蔡章儒、秉志、王凤荪等人，第一天因出席人数不够，改为谈话会，讨论去年鸟类名词，但原稿在秉志处，议决电请秉志与会。第二天正式审查，秉志为主席，继续审查鸟类名词。算学组出席张济华、王济仁、王曦晨、魏嗣銮、胡明复、吴在渊、潘序伦、李传书、钱宝琮、金国宝、裘维裕、卢平长等。第一天谈话会，议决电请段育华、熊庆来与会，第二天胡明复主席，讨论应用算学之利息、年金名词等。通过了下年度工作计划，分产科妇科小儿科组、药学组、动物学组、植物学组、农学组审查，工程学组 1928 年由算学组继续审查。另外，钱崇澍介绍南方生物学会加入。①

自 1919 年中国科学社正式加入科学名词审查会以来，参与其间的代表都是中国近代各门学科的奠基人和中国科学社的领导或骨干成员，他们给以博医会、江苏教育会为核心的科学名词审查会注入了年轻的活力，大大提升了该组织的科学水准，可以说极大地促进了科学名词审查会的工作。② 表 12－2 是 1916—1925 年科学名词审查会审定名词成绩一览表。除医学相关学科而外，中国科学社起草了物理学、算学和动物学草案，也积极参与化学、植物学和生理学的审查，整理化学审查名词。并派出医学组代表，代表中国科学社在医学名词审查中发言，可见中国科学社在科学名词审查会的作用。中国科学社自己也在 1931 年说："自民国八年以来，本社参与科学名词审查会，其中已审定之名词，如数学、物理、化学、生物各科，多出本社社员之手。"[30] 任鸿隽也曾说，后来由国立编译馆主持的审定统一工作，其"所有材料，大部分仍是根据本社及三数团体已有的成绩"。[31]

---

① 关于此次会议情况，参见《申报》1926 年 7 月 4—11 日，不一一注明。

② 相较而言，除医学而外（中国科学社代表极少参与该学科），科学名词审查会其他团体代表在科学水准上与中国科学社代表不在一个水平线上。

表12-2 1916—1925年科学名词审查会审定名词术语成绩一览表

已审查名词		审查时间	审定情况	出版情况
医学解剖学	骨骼	1916.8	已审定	审定本待汇印
	韧带、肌肉、内脏	1917.1		
	内脏、感觉期、皮肤	1917.8		
	血管、神经	1918.7		
医学组织学、胎生学、显微镜术语		1919.7		
细菌学总论、免疫学、细菌名称、细菌分类		1918.7—1920.7		
病理学	总论	1921.7	待送教育部	审查本出版
	各论	1922.7		
	总论补遗	1923.7		
寄生物学寄生虫		1923.7		
药理学一部分		1924.7—1925.7	待征集意见	审查本待印
生理化学一部分		1924.7		
外科学		1924.7		
生理学呼吸·新陈代谢		1924.7		
化学	原质名称(元素)	1917.1	已审定	审定本汇编出版
	术语	1917.8		
	无机化合物	1918.7		
	仪器	1919.7		
	有机化学普通名词	1920.7		
	有机化学系统名词	1920.7—1921.7		
物理学	力学、物性学	1919.7		审定本待印
	热学	1920.7		
	磁学、电学	1921.7	待征集意见	审查本待印
	声学、光学	1922.7		
动物学	分类、解剖学、胚胎学	1921.7—1923.7	已审定	审定本待印
	遗传学、进化论术语、分类补遗、分科名词	1924.7	待送教育部	审查本出版
	哺乳类、鸟类种名	1925.7	待征集意见	审查本待印
植物学	术语、分类科目	1922.7—1923.7	已审定	审定本出版
	种名	1923.7		审定本待印
	种子植物属	1924.7	待送教育部	审查本出版
	胞子植物属	1925.7	待征集意见	审查本待印
算学	数学、代数学、代数解析学、微积分、函数论	1923.7	已审定	审定本待印
	初等几何学、平面球面三角、解析几何、二次曲线曲面、投影几何学、直线几何学	1924.7	待征集意见	审查本待印
	微积几何学、超越曲线曲面、高等解析学	1925.7		

资料来源:《科学名词审查会昨开预备会纪》,《申报》1926年7月5日。

从表12－2也可以看出，短短十年间，作为一个民间组织，科学名词审查会成效甚著，取得了不少的成果，对科学名词术语的审定统一厥功至伟，也产生了相当的影响。1926年会议上，执行部报告说，“本会出版各项名词本，向来除分发各处征集意见外，绝少索阅者。近年则渐已引起各方之注意”。1925—1926年度，“影响尤宏，专函索阅者，络绎不绝。远如美德日本各国留学生，川黔各省学术团体亦有函索者。此后苟能于会务方面，再图发展，不难渐达科学名词统一之目的”。① 科学名词审查会集中了当时国内有名的学术团体与机构，其间有中国科学社、中国工程学会、中华农学会、中华博物学会这样的专门学术团体，特别是晚期汇聚了当时科学界的一些专门人才，还有北京政府教育部作为支撑机构，应该说有相当的科学性与权威性。

据说，科学名词审查会对每一个名词都经过充分的讨论，化学名词审查时：

有一名词而费时至二三小时者，务使怀疑者有蕴必宣，然后依法表决。若两名词俱臻妥善，表决时俱不满三分之二者两存之。闭会后即以审定名词印送海内外学术团体暨化学专家征集意见，至下届开会时，郑重讨论，加以最后之修正。[32]

而且，与会人员本着求真求知的态度，积极发表意见，务使科学名词精益求精：“中西博硕，荟萃一堂。论辩风生，各抒意见，徇名责实，不厌精详。务使理蕴毕宣，始付表决。”化学名词审查中，博医会放弃其习用名词，改用审定名词，深受国人赞赏。[33] 1935年9月，曹惠群为鲁德馨整理的科学名词审查会《动植物学名词汇编（矿物名附）》作序，说“每编之成，必历十年内外之时日，沥十百专家之精力，与夫鲁君编次之精勤，而后始克蒇事而公诸国人，噫亦劳矣！夫劳而无所获，在研习科学者固不以为病。苟有所获，而于国家之建设，民主之进展，得有裨补于万一，则用力虽多，亦至足引以自慰矣”。[34]可见，科学名词审查会工作之艰辛，目标之远大。

但科学名词审查会的地位及其审定结果的权威性却受到了社会质疑。正如曾昭抡所言，北京政府威信“日见衰落，故科学名词审查会所定之名词，虽经教育部颁布，始终未得普遍推行”。[35]1527更有人质疑已审定多年的医学名词：

我们早就听说有什么科学名词审查会，年年审查医学名词，但是我们对于这种无足轻重的举动，向来是抱这样的见解——“其审查若当，不过备医学界做一种参考品。其审查若不当，不过多几张废纸，更与我们无关。”——所以便漠不关心。[36]

将科学名词术语审定这样严肃的学术事业看成“无足轻重的举动”，“审查得当”

①《申报》1926年7月5日。

是一种“参考品”,“审查不当”便是“废纸”,因此“漠不关心”。但一当牵涉自己的具体利益时,就有些出离的愤怒了,要“批评批评”:

今年春,我们有一位朋友,偶然高兴,编几页解剖学教科书,碰见一位学理科的人。他说:“你这书,教育部是不能给你审定的。教育部已出审定医学名词本,你不用他的名词,照例是不能给你审定呢。”我们听了他说,方才知道审查本之外,还有审定本。而且知道这个审定本的权力是很大,竟有左右学术界的魔力与暴力。这正与我们有切肤的关系,所以不能不拿来拜见拜见。不料我们拿了审定本来一看,实在觉得太不成样子,不能不给他批评批评。[36]

正是由于政府威权的丧失、科学名词审查会权威的不能树立,使北京政府时期主要由民间社团主持的科学名词审查结果命途多舛:“既定好的译名,往往有人不用。往往使人看到甲书里的甲名,悟不到就是等于乙书里的乙名,因为二者之间,竟可绝不相似。这样下去,开千百次科学名词审查委员会也是没有用的。”[37]政权变更后,有鉴于国民政府大学院有成立译名统一委员会从事名词术语的审定统一计划,科学名词审查会执行部议决,大学院译名统一委员会正式成立后,即将科学名词审查事业及科学名词审查会现存经费自动移交大学院接办。决议得到中国科学社等团体的赞成,科学名词审查会历史使命完成。博医会对这种结局表示非常遗憾,认为由于政治的变化,使得经年累月的努力付诸东流。因此,1926 年在上海召开的第 12 次会议是科学名词审查会的绝唱。

1928 年 4 月 4 日,中国科学社理事会推举曹惠群代表中国科学社参加科学名词审查会 5 月 20 日会议,商讨与公决将科学名词审查事业移交大学院译名统一委员会详细办法。① 6 月 21 日,推定叶企孙、饶毓泰、钱崇澍、薛德焴、胡先骕、秉志、胡刚复、王琎、何鲁、陈庆尧、曹惠群、段子燮为整理已审定及已审查的科学名词(医学除外)委员会委员,参与科学名词审查会名词整理工作。最终委托鲁德馨汇编医学名词和动植物学名词,曹惠群汇编算学和理化名词。[38]Ⅳ

南京国民政府成立后,蔡元培开始实施其教育学术独立计划。1928 年在上海设立译名统一委员会,聘请李石曾、王云五、胡适、胡庶华、严济慈、何炳松、秉志、郑贞文、郭任远、高鲁、姜立夫、鲁德馨等 30 人为委员,以王云五为主任委员,着手编译法律、教育、矿物、地质、岩石等学科名词。委员会聘请相关专家,广泛搜集近年出版书

①《理事会第 66 次会议记录》(1928 年 4 月 4 日),上海市档案馆藏档案,Q546-1-64-13。

籍，调查学界采用名词的标准，分类统计，总结学界使用名词的趋向。这项工作刚刚起步，1928 年 11 月大学院改组为教育部。同年 12 月，教育部设立编审处管理名词编译事宜。1929 年 2 月，公布编审处译名委员会规程，聘请赵廷为、郑贞文、黄守中、沈恩祉、洪式闾等 15 人为常务委员，分数学、物理、化学、医学、药学等 18 个组，前后共聘请委员 240 余人开展工作。1932 年 6 月，教育部成立国立编译馆，馆长为辛树帜，专门从事教科书审查、名词编订、辞典编订、图书编译等工作。[①] 由此，科学名词的审查统一工作步入由国家机构全面负责的全新阶段。此后，虽然中国科学社社员作为个体广泛参与国立编译馆所举行的名词审定与统一工作（如秉志、王琎、刘咸等），但国立编译馆主要依靠与专门学会合作展开工作，如中国数学会审定统一数学名词、中国物理学会审定统一物理学名词，中国科学社作为一个综合性社团在其间不再担当重要角色。随着中国各门学科的发展，名词术语的审定统一也就不再成为中国科学社的重要社务和学术界的重要事业。

当然，这并不表明，面对政府机构的名词审定"统制"，中国科学社毫无作为。1938 年 10 月，曹惠群负责整理的科学名词审查会《算学名词汇编》出版，他追溯了算学名词审查及编印经过：

算学名词于十二年七月在上海开会时，开始审查。期前推定中国科学社提出名词草案，由该社委托专家胡明复、姜立夫起草。第一次审查包括数学、代数学、解析学等名词，刊有单行本。其中所列审查员名单有姜立夫（主席）、何鲁（书记）、胡明复、段调元、段育华、顾珊臣、周剑虎、吴广涵、胡敦复、吴在渊等，编者在其例言中，声明"编辑题材，暂依性质分类编序，以便比较。俟各部完全拟定，再依字典办法汇编刊印"。又"定名以'意义准确'，'避歧解'与'有系统'为原则；以旧译与日名为根据。凡旧译与日名之能合上之原则者，择一用之；其不合者，酌改或重拟"。……

十三年七月在苏州开会，通过初等几何学、平面三角、球面三角、解析几何学、二次曲线与曲面、投影几何学、直线几何学等名词。

十四年七月在杭州开会，通过代数学及微积分（续）、函数论（续）、微分几何学、超越曲线曲面等名词。

所惜科学名词审查会结束过早，未能将全部算学名词审查完竣；且历届记录亦散佚无存，幸中国科学社于二十年七月在镇江举行年会，先期通知算学组专家到会，继

---

① 《国立编译馆一览》（1934 年 8 月编印），第 29 – 30 页。

第九期　科學名詞審查會 算學名詞　1371

科學名詞審查會　算學名詞

（續第十六卷第五期）

民國二十年本社鎮江年會補充

XIV. Higher Geometry, Non-Euclidean Geometry, Hypergeometry, etc.

高等幾何學，非歐幾何學，多元幾何學等等.

	英	法	德	日	舊譯	擬定	附記
1	Higher geometry	Géométrie supérieure	Höhere Geometrie			高等幾何學	
2	Geometric transformation	Transformation géométrique	Geometrische Transformation			幾何變換	
3	Principle of correspondence	Principe de correspondance	Correspondenzprincip			對應之原則	
4	Point correspondence	Correspondance Ponctuel	Punktcorrespondenz			點對應	
5	Algebraic correspondence	Correspondance algebrique	Algebraische Correspondenz			代數對應	
6	Reducible correspondence	Correspondance réductible	Reduzible Correspondenz			可約對應	
7	Irreducible correspondence	Correspondance irréductible	Irreduzible Correspondenz			不可約對應	
8	Singular correspondence	Correspondance singulière	Singulare Correspondenz			奇異對應	
9	Non-singular correspondence	Correspondance non singulière	Nicht-singulare Correspondenz			非奇異對應	
10	(M, N)-correspondence	Correspondance (M, N)	(M, N)-Correspondenz			(m, n)對應	
11	Symmetrical correspondence	Correspondance symetrique	Symmetrische Correspondenz			相稱對應	

图 12－4　《科学》第 16 卷第 9 期所刊载中国科学社 1931 年镇江年会补充的“算学名词”首页

这也是《科学》最后一次刊载名词术语审定成果。

续审查补充之名词。费用亦由该社担任。曾通过代数几何学、代数曲线曲面、高等几何学、非欧几何学、多元几何学等名词。历届审定之名词，曾先后在《科学》杂志发表。[38]Ⅲ-Ⅳ

曹惠群这段叙述不仅展现了中国科学社在算学名词审定统一上的作用，也可以看出有鉴于国民政府成立初期在名词审查上毫无成效，中国科学社自行接续科学名词审查会的工作，于 1931 年镇江年会期间，召集熊庆来、姜立夫、胡敦复、钱宝琮等专家，将算学名词审查完竣，为曹惠群整理出版《算学名词汇编》奠定了坚实基础。同时，还可以看到《动植物名词汇编 · 矿物名词附》（1935 年）、《算学名词汇编》（1938 年）、《理化名词汇编》（1940 年）等科学名词审查会审查结果的整理出版，除表示对科学名词审查会工作的总结外，似乎也有不承认国立编译馆权威的嫌疑。因此，当国立编译馆颁布其化学新名词系统时，受到一些人的“质疑”，“尤以从前科学名词审查

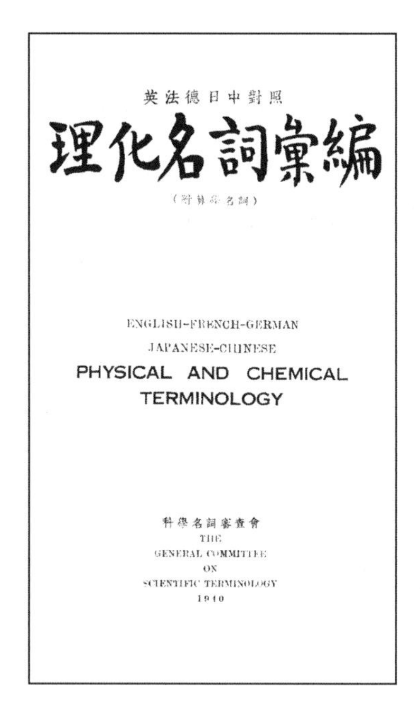

英法德日中對照

理化名詞彙編

（附算學名詞）

ENGLISH-FRENCH-GERMAN
JAPANESE-CHINESE
PHYSICAL AND CHEMICAL
TERMINOLOGY

科學名詞審查會
THE
GENERAL COMMITTEE
ON
SCIENTIFIC TERMINOLOGY
1940

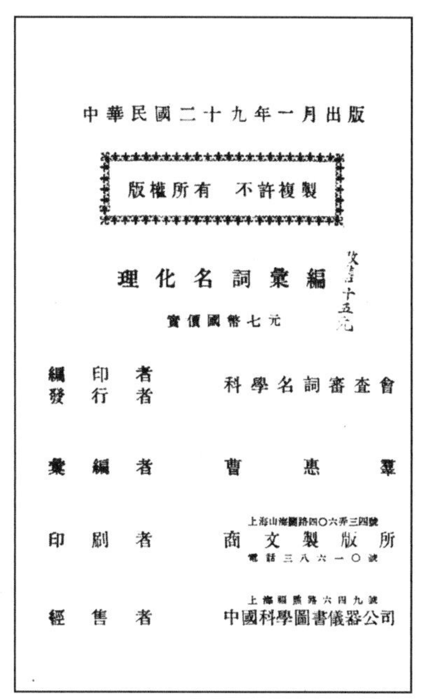

中華民國二十九年一月出版

版權所有 不許複製

理化名詞彙編

實價國幣七元

編印者 發行者 科學名詞審查會

彙編者 曹惠羣

印刷者 上海山海關路四〇六弄三四號 商文製版所 電話三八六一〇號

經售者 上海福熙路六四九號 中國科學圖書儀器公司

图 12－5 1940 年出版的《理化名词汇编》的书名页与版权页

会一般旧人，深恨其昔日手定之方案，无辜随北京政府而俱倒，不惜以恶声相报”。[35]1530

当然，中国科学社对名词术语审定统一的贡献，并非仅仅停留于上述具体的审定统一工作，《科学》作为名词术语讨论的论坛，在科学名词审查会期间及后来所产生的影响也不可忽视。

第三节 《科学》：名词术语论坛

《科学》作为当时中国影响最为巨大的综合性科学期刊，在科学名词审查会期间和国立编译馆期间，在名词术语的审定统一舆论上表现也可以划分为两个阶段：前期主要集中在具体学科审定方针、名词术语的确定等方面，讨论充分且论题丰富；后来因社务重心转换，关注极少，但也有零星文章对国立编译馆的工作进行评说并提出建议。

中国科学社虽然负责科学名词审查会物理和数学名词草案的拟定，但《科学》上相关讨论却很少。只有深深介入中国近代数学发展，也积极参与数学名词审查的何鲁，1920 年 3 月发表有《算学名词商榷书》一文。何鲁在文章开首即对当时学界兴盛的名词审查事业予以高度评价,认为这是“科学将发达之先兆”:“科学订名词一事,为近数年学界最注意者,此我国高深科学将发达之先兆。”然后以数学为例子予以说明:

以算学论,十余年前所通用之书仅普通类及中等教科书而已,需名词有限,间有不洽适者,附例可明。故读者常自足,编译者转相采用以期通行,于其当义与否,初未尝计及。

初等数学所用名词有限,可以附注原文予以解决。但随着数学科学的发展,这一“偷懒”的做法已经完全不能适应形势,于是数学名词的统一就显得分外重要:

绩学深思之士虑其未足,谋益匡之,以为名词所以系义者也。故审之以合理,精之以别义,守之以成事,然后基之以立说,执之以明术,则将来算学之发达必更有远逾今日者矣。

但现状却并不令人满意:“今之编译者好徇己意,于新名词多各自为说,是不能相守也。相近之名词不能别,则统以一名而混淆真义,是不能精也。好旧名或日本名,不问其浃义与否,是不能审也。”回国后在南京高等师范学校从事数学教学的何鲁与同人,“于讲习译述之余,辄于各名词详加讨定”,将方案在《科学》披露,希望与海内外专家商榷。[39]并对数学学科的名称用“数学”还是“算学”提出自己的看法:“算学总称,或为算学,或为数学,本社主用算学为通称,而以数学为 arithmetique。鄙意后名可沿用算术,而以数学名高等算术,或做数论,更无混淆之虞。”[40]

何鲁的方案与建议,在《科学》上并没有引起反响。此后,化学名词术语方案的讨论成为《科学》热点。任鸿隽在 1920 年 4 月发刊的《科学》第 5 卷第 4 期提出了他的无机化学名词方案。留美期间,任鸿隽作为分股委员会化学股负责人,曾搜集有医学会化学草案、医学名词审查会审定的化学名词、理科教授会化学名词草案、教育部无机化学命名草案等,这些方案,“各以草案名之,示不敢遽定以待讨论”。任鸿隽以为“一名之立,欲其行之也久远,必其定之也详慎。详慎之所由致,则在学者各出其所见而折衷于一是,不必固执己说,斤斤然不相让也”。因此,他对以往各草案进行评说,“冀以为大雅椎轮之一助,非以议论不足,设簧鼓而助波澜也”。他指出化学元素旧有译名分三类:旧有之物,沿用本名,如金、银;因其特性而命名,如 H 为轻,O 为养;因其符号发音造新字,如 Na 为钠。在他看来,这三种方法各有其缺点:第一种失之在“诬”,造成“名实不副”,如砒为 As 的化合物,不能以之名元素 As;第二种缺点是作为元素名称的字(如轻、养)容易与不作为元素名称汉字(如轻、养)相混,不具有专门术语特性;第三种缺点是因同音字多,难免产生“一音数字之弊”。在他看来,有机化学名词繁复远胜于无机,因此他希望学者们对于无机化学名词这样“近且易者”不要斤斤计较,“而置远且难”的有机化学名词“于不顾”,早日统一无机化学名词,以展开有机化学名词审定统一工作。[41]

任鸿隽的建议很快就有反响,第5卷第10期就登载了梁国常的有机化学名词讨论。梁国常将译名方法归纳为译音、译意、造字三种。“译音”“以极不相干之中国字,表出极不类似之外国音”,读者不能望文生义且“冗累不便记忆”“诚为极为无价值之一法”。“译意”译名便于表达意义却很难找到适当的字。“惟有新造字,注重于科学之意义,兼顾于说文之解释,明瞭简当,法至善也。”而学界对于新造字“每以为造字新奇,难于遵用,常避而不作”“不知造一字者,所以表一种知识也;如此知识灌输普及,则此字自能通行”。更为重要的是,“且古今来之字,皆随历代进化而递增,并非同出于一时”。因此,梁国常力主造新字,并将造新字推崇得无以复加,以为是译名的最高发展阶段:“窃考我国译名之进步,每常经过译音、译意、造字三者之阶级。现无机化学译名,凡有不适用古字之处,均造新字以代之,故已进于造字之境矣。而有机化学译名,尚滥觞于译音译意之间。盖有机化学名辞,至称繁颐,更非造字,难得有成。”[42]造字法在化学译名中虽运用较为成功,例如CH_4现称为“甲烷”,“烷”是新造字,但并非是所谓的新发展阶段。《科学》发表梁国常文时,有编者按说:“吾国近日学者渐能注意有机化学之命名法,然造字与不造字之争颇烈。梁君此篇可代表一部分造字者之意见,其法颇简,统系亦明,惟下半有忽略处,未能自归一致耳。”似乎表达了中国科学社的看法。

此后,科学名词审查会化学名词审定统一成果公布,因该成果似乎主要反映了中国科学社的意见,《科学》相关讨论陷于沉寂。与中国科学社取对立态度的中华学艺社的《学艺》,相继发表不少文章对该成果进行讨论,如郑贞文、杜亚泉先后在《学艺》第2卷第6期和第8期发表文章评论科学名词审查会成果。直到1926年3月出版的第11卷第3期,《科学》才刊载了吴承洛《有机化学命名法平议》,对以往各种有机化学译名进行总结,并提出了自己的看法。按照吴承洛的说法,有机化学名词译名有虞和钦的有机化学命名大意(为恽福森《详注英汉化学词汇》采用),曹惠群、王琎、陈庆尧整理的科学名词审查会审定的《有机化学系统名词》,前述梁国常《有机化学名词刍议》,李书华、李麟玉等以中国化学研究会名义发表的《有机化学译名草案》,张修敏向科学名词审查会提出的草案(不造新字),陈庆尧向科学名词审查会提出的草案,马君武以语尾音译的方案(见其《中等有机化学教科书》),前述杜亚泉、郑贞文方案。可见,当时相关有机化学名词译名方案至少有九种之多,可谓“眼花缭乱”,表征了当时学界权威缺乏的状况。吴承洛“参酌上列诸说”,以虞和钦方案为蓝本,采用科学名词审查会审定本“之可通者”,并杜亚泉、郑贞文的讨论,“杂以拙见,汇成斯编”。其原则“以已经通用者为经,易以通用者为纬;以不造新字为主,创造新字为附,不独注重系统名词,并连及通俗与商工名词”。[43]吴文刊载第11卷第3、4、7期,可谓连篇累牍。

1927年,吴承洛又在第12卷第10、12期发表《无机化学命名法平议》。无机化学译名方案,有晚清江南制造局译本、益智书会译本、博医会译本,还有教育部“元素译名商榷”和“化学命名草案”,科学名词审查会的“化学原质名词”和“无机化合物名词”,任鸿隽和梁国常“无机化学命名商榷”,郑贞文“无机化学命名草案”十种之多,译名“虽大体均已经决定”“尚有不易而不便于通行之处不少”“坊间通行而有势力之教科书,尚多有用异奇之命名”。与有机化学名词一样,他在总结上述方案之上,提出了自己的系统,原则是“只须一见中文之名。即能连【联】想直译为原本之西名,而西名亦同样能若是直译为中名”,这样“于普通教育上大有帮助矣”。[44,45]

南京国民政府成立后,化学译名仍然是热点。1929年12月,陆贯一发表《译几个化学名词之商榷》,认为译名在“能表出结构为大前提”下,应力求简单:一是“笔画简单,以便笔述”,二是“音韵清晰,以便口讲”。如果能贯彻这三个原则,“中国译名,且将超欧美原名而上之,盖原名于笔画音韵上,繁冗模糊处甚多”。[46]1930年5月,曾昭抡以他参与教育部名词委员会的经历,也对有机化学译名发表意见,以为“中文有机化学名词,虽几经审订,迄未统一,其最大原由虽在各印刷机关,不肯牺牲成见,而审订时之欠周密及慎重,亦其一因”。教育部虽努力统一名词,但还未讨论化学名词,他“鉴于以前之失败,将就己见,略陈一二,先期陆续发表,以供化学家之参考”。[47]可见,曾昭抡之所以此时发表意见,是总结以往经验教训基础上,为政府主持的化学名词审订提供参考。①

随曾昭抡而来,是时任教于东北大学理工学院的郿恂立,《科学》第15卷第3－7期连续刊载了他的《有机化学名词之商榷》。他认为有机化学名词,西文“既有接头连尾语根之辅助,复藉拼法读音之易于差别,因而有无穷之变化”,经国际学者的通

① 曾昭抡关于有机化学名词的建议,《科学》仅登载此一文,后续意见不见刊载。

力合作,“方得一至有规则之系统”。中文译名,“既多文字上之困难,复以取径不同,难分轩轾,遂至人自为例,显著差异”。他总结以往方案,可分为造字与不造字,“似均有考虑之处,而最觉困难之一点,即各案凡遇较为复杂之有机名词,即有不敷应用或拖沓太甚之苦。目下有机化学作品,每遇此种情形,辄仅列程式,或译以不规则之名词(如照音直译之类),长此以往,中文有机名词将无叙述较深学识的可能”。他在总结以往各方案基础上,“经长时间之推敲”,提出自己的方案。最后,他提出学术界应破除门户之见,促成名词术语的统一:

抑作者尤有进者,吾国方言之不统一,已为国人所诟病,而科学文字乃亦有不统一之现象。即如目今化学界所用名词,显可分为二种。商务印书馆出版之教本,大抵用郑贞文氏所拟诸草案,而中国科学社等之出版品,则大抵用名词审查会所定。其他作品,更有沿用陈旧草案,枘辆格砾,不一而足。此于学术前途,所关诚非浅鲜!

夫学术尚无国界,何有于门户之见。名词为叙述学术之工具,更无故步自封之必要。苟其确有片长,则他山之石,无不可以攻错。苟其确有未妥,则习惯沿用,亦不妨从事更张。所望科学先进,艺林名宿,毅然主持,设法沟通。俾全国之出版著述,悉归统一。则中国科学之幸,亦中国文字之幸也![48,49]

正如鄘恂立所言,化学名词译名之所以这样长期争论不休,科学名词审查查会审订的译名不能得到通用,不仅有学者们门户之见与意气之争,更有各方利益的角逐。科学名词审查会对化学名词审查最为紧张的时候,专家学者不断提出自己的方案,无机化学方面主要有郑贞文、任鸿隽、梁国常、钟敏灵等,有机化学方面主要有陶烈、梁国常、中国化学研究会、张修敏、陈庆尧、郑贞文等。科学名词审查会开会时充分考虑各方面的意见,“当时到会之专家,颇多过视译名之重要,争思推行己案以扬名,于是成见甚深,议论纷纭,莫衷一是,甚至有尽弃旧案而临时起草大纲之事”。无论如何,科学名词审查会还是有定论,并由教育部颁布实行。但因“政府威信日渐衰落”,虽经教育部颁布,但科学名词审查会名词,“始终未得普遍推行”:

惟该审查会之重要人员多系中国科学社社员,故凡与该社接近者,类多先后采用此项名词。而与此种势力相抗最烈者,则为上海商务印书馆。商务之所以不采是项名词,一部分固因郑贞文先生关系(郑先生在馆日久,且对科学名词审查之案,极表不满),而其更重要之理由,则为该馆使用郑先生所定之无机及有机名词系统,已有相当时期,猝然将书中名词,另改从他种系统,殊不经济……实际上当时一般社会所习之化学译名,大都为该馆所用,而非科学名词审查会所公布者,此两派势力之斗争,

迄至1932年以后，乃始终止。[35]1527-1528

可见，名词审查中并非仅仅是与会人士要争取自己的“发明权”，如罗家伦所谓“译名的人，多好独出心裁，自心裁独出后，便好坚持己见”。[50]背后还有巨大的利益之争。当然，据曾昭抡说，当时这些人之所以“斤斤计较”于名词，主要与当时中国科学发展的状况有关：“国内学校设备，尚不足以语研究，聪明才智之士，不得不另找发挥之出路，于是名词之争，乃成为必然之结果。”意思是说，由于科学家不能将聪明才智发挥于独创的科学研究之中，只有争取在名词审定上的“创新权”。[35]1530“一·二八”事变中，商务印书馆书籍旧版被毁，不再反对用新名词。在教育部与编译馆的共同努力下，1933年6月出版《化学名词命名原则》，宣告化学名词译名的最终确立与通行。

除化学名词译名争论之外，《科学》上也刊登不少其他学科名词译名的讨论文章，诸如地质学、生物学、钢铁冶金学等。1923年9月，翁文灏发表文章对“地质时代”译名发表意见。他提出译名要“从先从众”：“以愚所见，新名之创，当慎之于始。既已创立，既已通行，而中途改易，则继我而作者，后之视今，又岂异于今之视昔。转辗纷更，将无已时。与其出奇制胜，致统一之难期，不如因利仍便，庶称谓之一贯。”还特别举例说，李四光将carboniferous译为葭蓬纪，虽然音义兼备，理由充分，由于已经有了相应的译名石炭纪，故应该沿用旧译名，而不该创制新译名。这也是日本学界译名统一，中国学界译名纷杂的原因之一。[51]同年12月，翁文灏又发表文章对火成岩译名提出意见。[52]

翁文灏的议论立马引起李四光的响应。1924年3月，李四光发表《几个普通地层学名词之商榷》，指出科学讨论，最没有趣味的，“恐莫如讨论名词”，但名词不定，“学者称谓失据，将致人人各自为言，错乱混淆，伊无止境”。因此他赞成翁文灏提出的“定名当以从先从众为准绳”的观点，这符合科学上“优先权”通例。同时，他也指出译名有修改的必要，“从先从众”为“常规”，“修改”为“应变之道”，二者相辅相成。他认为重要的翻译方法有标记法（译音法）和会意法（译意法）两种。针对翁文灏对他的批评，他坚持carboniferous译为“葭蓬纪”，原因之一是世界上产石炭的时期并不限于石炭纪，译为“葭蓬纪”，“一则求与原音相符，一则以示当时植物繁盛之象”。[53]

生物学方面，1923年7月，南通大学冯肇传在《科学》发表文章，公布他与冯锐、王璋、陈宰均及唐载均等对遗传学译名进行研讨修订的结果，他们对651个译名进行了统一。[54]1926年10月，秉志发表文章，从生物学名词译名角度，提出译名“双名制”原则。因生物分类学有种属之分,每一生物有一种名一属名,属名、种名要以中文原有字为宜,不可另造新字。对于当时有人说属名、种名完全采用各国通用的拉丁文,“以求一律,不必再创中名”,秉志直接驳斥说:

此乃无国家精神者之言也。门、纲、目、科等,皆有中名,属种二者,岂可缺乎?科学倘能在中国发达,中国之人宜用中文之名词。为中国人士计,为中国文化计,岂可舍本国之文字,而纯用他国之古文乎?中国科学家尽可博通欧洲文字,要不宜于科学上舍本国文字而不用也。[55]

可谓民族主义跃然纸面。

1934年12月,杨惟义发表《昆虫译名之意见》,提出昆虫译名统一原则:第一,竭力采用中国固有名词;第二,若无固有名词,则采用土名;第三,若无古名及土名,则可译意;第四,凡遇地名、人名或其他原意难以查悉学名,尽可音译并加虫字旁,凡遇原名太长则可仅译其首字一二音,不必全译,以免笨拙。他还在附言指出中国文字对于昆虫译名之方便:

吾国古人造字,用意最善,蟲有虫旁,禽有鸟旁,树有木旁,使人一望而知其为何物,并可即读其音,极合科学分类之道,自应采取此法,于译名时,必使译成之名中,含有虫字,或虫字之旁,使人一目了然,如乏固有之字,不妨斟酌自造……[56]

早期常常参加中国科学社年会,发表相关钢铁冶金论文的黄昌穀,1922年12月,发表文章对钢铁名词译名提出了方案。[57]1924年4月,方子卫、恽震对无线电名词及图表符号发表了意见。[58]1929年3月和10月,萨本栋和翁为分别发表文章对电工名词译名进行商榷。[59,60]20世纪30年代以后,有人对数学名词等也提出意见,这里不再一一列举。

《科学》作为科学名词术语论坛,对国立编译馆名词术语的审订统一进行了充分的讨论,他们认识到译名应该准确、简单、明了、单义、系统化,并且要符合汉语造字构词规律。对于国立编译馆的名词术语审定,《科学》也曾以“社论”形式发表文章,表达看法。认为其“编审办法”“似尚不无可商榷之处”。第一,各名词大抵均重视英文名词,而拉丁文、德、日、法文,“往往疏而不备,此于不谙习英文者极感不变,且吾国科学家之习德、法、日文者为数亦多,为求完备起见,宜将拉丁、德、法、日文之名词,一并列入”。第二,各科专家审查名词方法,有先期集会逐词讨论者,有寄阅个别审查者:

前者商讨,颇费时日,久而厌倦,加以审查者多为忙人,难得多数出席;后者个人披阅,索然寡趣,结果均不免忽遽了事。迨召开最后审查会时,又或以事牵或路途过远,不克赴京出席,从容商讨,结果虽形式上作正式通过,而大多数审查员之意见,恐未全体体现。

因此除呼吁各审查专家负起责任外,“更希望编译馆尽最大努力,统一审查办法”。对于国立编译馆编订名词推广应用,也“希望全国科学界工商界,对于统一名词加以绝对的赞助,自动采用。盖科学名词之统一,有百利无一弊,……且于推进科学事业,发展科学教育,普化科学知识,均有重大关系”。[61]

科学名词术语的统一,不仅牵涉政治、各利益集团的矛盾化解,从科学发展的内部来看,更重要的是各门学科的发展。到20世纪30年代,随着中国近代各门学科的发展,各专门学会不断成立,国立编译馆在与各专门学会合作的基础上,科学名词的审查审定乃至统一,才有了学术上的权威性,避免了北京政府时期科学名词审查会所面临的各种尴尬境况。也就是说,名词术语审定中无论存在怎样的矛盾与利益冲突,其最终成功取决于中国近代科学的发展水平,如果没有各门学科的发展,就没有各专门学会的成立,各专门学科名词术语的审定统一自然也就不能完成。

科学名词审查会虽在名词审定统一上成效很大,但没有多少社会效应。国立编译馆虽仅仅起着一个联络的作用,具体工作主要由各专业学会完成,但推广应用的社会效果却很好。其背后的原因,前者是民间组织,没有政治的强力权威;后者是一个政府组织,有政府威权的力量。这说明,在中国这样一个社会,民间社团或者说民间力量如果缺乏政府强有力的支持,是难有所作为的。这昭示着,在中国这样一个缺乏民间社会力量的社会,或者说以政治威权笼罩的社会,民间社会的力量无论在什么时候都不能估量过大,其影响力毕竟十分有限,学术界更是如此。

参考文献

[1] YU MAI CHU. Appeal for suggestion for translation of scientific and technical terms. The Chinese Students' Monthly, 1915, X(6):388.

[2] HOU M C. Proposes general conference to decide on scientific terms. The Chinese Students' Monthly, 1915, X(7):453.

[3] CHAO Y R. Science Society's attempt to translation scientific terms. The Chinese Students' Monthly, 1915, X(7):453-454.

[4] 中国科学社书籍译著部暂行章程. 科学,1916,2(7):828.

[5] 分股委员会章程. 科学,1916,2(9):1070.

[6] 中华人民共和国名誉主席宋庆龄陵园管理处. 啼痕——杨杏佛遗迹录. 上海:上海辞书出版社,2008:229.

[7] 名词讨论会缘起. 科学,1916,2(7):823－824.
[8] 周铭. 划一名词办法管见. 科学,1916,2(7):824－825.
[9] 分股委员会报告. 科学,1918,4(1):89－91.
[10] 例言. 科学,1915,1(1):2.
[11] 科学期刊编辑部章程. 科学,1917,3(1):131.
[12] 中国科学社现用名词表. 科学,1916,2(12):1369－1402.
[13] 常年会记事. 科学,1917,3(1):84.
[14] 中国科学社. 权度新名商榷. 科学,1915,1(2):123－129.
[15] 钱崇澍. 评《博物学杂志》. 科学,1915,1(5):605－606.
[16] 邹秉文. 万国植物学名定名例. 科学,1916,2(9):1015－1016.
[17] 钱崇澍,邹树文. 植物名词商榷. 科学,1917,3(3):387－388.
[18] 吴元涤,钱崇澍,邹树文. 植物名词商榷. 科学,1917,3(8):875－881.
[19] 任鸿隽. 化学元素命名说. 科学,1915,1(2):157－166.
[20] 郑景芳. 有机无机二名词不适用于今日之化学界. 科学,1918,4(2):196－201.
[21] 陶烈. 有机物质命名法. 科学,1919,4(10):956－968.
[22] 科学名词审查会开会预志. 申报,1919－07－03(11).
[23] 科学名词审查会闭会纪. 申报,1919－07－13(10).
[24] 杨铨. 中国科学社第四次年会记事. 科学,1919,5(1):111.
[25] 科学名词审查会开会. 申报,1921－07－08(11).
[26] 科学名词审查会开会续纪. 申报,1921－07－13(11).
[27] 科学名词审查会所审定之有机化学名词草案. 科学,1922,7(5):469.
[28] 科学名词审查会纪要. 申报,1922－07－14(15).
[29] 科学名词审查会之各组纪事. 申报,1923－07－11(15).
[30] 中国科学社. 中国科学社概况(1931年1月刊)//林丽成,章立言,张剑. 中国科学社档案整理与研究·发展历程史料. 上海:上海科学技术出版社,2015:241.
[31] 任鸿隽. 中国科学社社史简述//林丽成,章立言,张剑. 中国科学社档案资料整理与研究·发展历程史料. 上海:上海科学技术出版社,2015:305.
[32] 科学名词审查会. 化学名词·凡例(1927)//张澔. 中文化学术语的统一:1912—1945年. 中国科技史料,2003(2):125.
[33] 科学名词审查会第一次化学名词审定本·序. 东方杂志,1920,17(7):120.
[34] 鲁德馨. 动植物学名词汇编(矿物名附). 科学名词审查会,1935:Ⅰ.
[35] 曾昭抡. 二十年来中国化学之进展. 科学,1935,19(10).
[36] 陈方之,等. 对于教育部审定医学名词第一卷质疑. 学艺,1927,7(1):1.
[37] 罗家伦. 中国若要有科学,科学应先说中国话. 图书评论,1932,1(3):4－5.
[38] 曹惠群. 算学名词汇编. 科学名词审查会,1938.
[39] 何鲁. 算学名词商榷书. 科学,1920,5(3):240－243.
[40] 何鲁. 算学名词商榷书. 科学,1920,5(6):542－546.
[41] 任鸿隽. 无机化学命名商榷. 科学,1920,5(4):347－352.
[42] 梁国常. 有机化学命名刍议. 科学,1920,5(10):998－1006.
[43] 吴承洛. 有机化学命名法平议. 科学,1926,11(3):345－346.
[44] 吴承洛. 无机化学命名法平议. 科学,1927,12(10):1449－1478;
[45] 吴承洛. 无机化学命名法平议. 科学,1927,12(12):1803－1824.
[46] 陆贯一. 译几个化学名词之商榷. 科学,14(4):592－597.
[47] 曾昭抡. 关于有机化学名词之建议(一). 科学,14(9):1452－1457.
[48] 鄘恂立. 有机化学名词之商榷. 科学,1931,15(3):477－478.

[49] 鄢恂立. 有机化学名词之商榷. 科学,1931,15(7):1204－1205.
[50] 罗家伦. 文化教育与青年. 上海:商务印书馆,1947:38.
[51] 翁文灏. 地质时代译名考. 科学,1923,8(9):903－909.
[52] 翁文灏. 火成岩译名沿革考. 科学,1923,8(12):1274－1278.
[53] 李仲揆. 几个普通地层学名词之商榷. 科学,1924,9(3):326－332.
[54] 冯肇传. 遗传学名词之商榷. 科学,1923,8(7):759－775.
[55] 秉志. 中文之双名制. 科学,1926,11(10):1346－1350.
[56] 杨惟义. 昆虫译名之意见. 科学,1934,18(12):1618－1619.
[57] 黄昌穀. 钢铁名词之商榷. 科学,1922,7(12):1313－1321.
[58] 方子卫,恽震. 射电工程学(无线电)名词及图表符号之商榷. 科学,1924,9(14):447－458.
[59] 萨本栋. 常用电工术语译文商榷. 科学,1929,13(8):1122－1133.
[60] 翁为. 常用电工术语之商榷. 科学,1929,14(2):292－293.
[61] 阙疑生. 统一科学名词之重要. 科学,1937,21(3):181－182.

第十三章　学术评议与奖励

1927 年，瑞典探险家斯文·赫定（Sven Hedin，1865—1952）委托刘半农、台静农打探鲁迅是否愿意被提名为诺贝尔文学奖候选人。台静农作为鲁迅学生，9 月 17 日致函鲁迅询问。9 月 25 日，鲁迅回信说：

请你转致半农先生，我感谢他的好意，为我，为中国。但我很抱歉，我不愿意如此。

诺贝尔赏金，梁启超自然不配，我也不配，要拿这钱，还欠努力。世界上比我好的作家何限，他们得不到。你看我译的那本《小约翰》，我那里做得出来，然而这作者就没有得到。

或者我所便宜的，是我是中国人，靠着这“中国”两个字罢，那么，与陈焕章在美国做《孔门理财学》而得博士无异了，自己也觉得好笑。

我觉得中国实在还没有可得诺贝尔赏金的人，瑞典最好是不要理我们，谁也不给。倘因为黄色脸皮人，格外优待从宽，反足以长中国人的虚荣心，以为真可与别国大作家比肩了，结果将很坏。[1]

鲁迅这高冷的绝决态度，于现今国内对诺贝尔奖不切实际的热望是极好的清醒剂。

每年 10 月引发媒体狂欢的诺贝尔奖金，作为目前世界上最重要的学术奖项，在科学社会学家看来，仅仅是科学奖励系统等级较低一类。科学评议和奖励，在科学规范内部有其独特的等级结构，最为有名的自然是以科学家命名，第一等级是诸如哥白尼宇宙体系、牛顿力学、爱因斯坦相对论这些科学发展的时代性标志；第二等级是某门学科之“父”或奠基人；下一等级是分支学科的奠基人；再下一等级是将发现者的名字缀在某种发现物的后面或以名字命名某个定律定理，还有以名字命名一些计量单位等，不一而足。这些，都是科学规范内部对科学独创性的崇高奖励，像诺贝尔奖这样无论如何权威的世俗奖项都不能与上述科学内部规范相提并论。但科学发展史上大多数独创性发现并不能归入上述极为崇高的奖励中,这就需要科学共同体或专门的社会组织对科学进行评议和奖励,颁发诺贝尔奖这样一类世俗的奖项。

学术奖励与评议是一个完善的学术共同体的主要任务之一,也是科学共同体形成的标志之一。中国近代制度化的学术评议与奖励的形成,既有民间努力,更有政府作为。相对而言,民间力量较为弱小,本来应该由民间特别是学术共同体自身承担的角色最终为政府所占取,这既有中国传统、当时中国社会历史环境的原因,更与大科学时代的科学发展的特性有关。在这个制度化发展过程中,从民间力量这个层面看,相较中国地质学会1925年就设立了"葛利普奖章",并形成了终身成就性的荣誉性奖励与鼓励年轻学人从事学术研究的鼓励性奖励两个层次,中国科学社无论是在学术奖励的设立时间、奖励类别上都不能与中国地质学会同日而语。但作为一个综合性社团,中国科学社所设立的一些奖项还是有其特色,而且因其综合性较中国地质学会奖项仅仅限于地质学不同,在社会上的反响更大,对学术发展的影响更为全面。自1929年以来,中国科学社设立、管理的奖金有高君韦女士纪念奖金、考古学奖金、爱迪生纪念奖金、何育杰物理学奖金、梁绍桐生物学奖金、裘氏父子理工著述奖金等,这些学术奖励的评选及其颁发,对促成中国学术评议与奖励系统的形成和科学的发展具有重要作用,也是年轻学人成材的推进器,更展现了当时学界权威们的风采与学术良知。

第一节　高君韦女士纪念奖金

学术评议是学术社团设立应有之意,入社的资格限定是最基本的评议,如现今英国皇家学会会员的选取已是非常严格的学术评议了。对中国科学社而言,其"特社员"的选举也是学术评议的一种表现。其章程中规定,"凡本社社员有科学上特别成绩,经理事会或社员二十人之连署提出,得年会到会社员过半数之选决者,为本社特社员"。可见,中国科学社"特社员"这一名号是专门授予"有科学上特别成绩"的社员。在中国科学社长达近半个世纪的历史上,获此荣誉者并不多,而且有些人完全是"名不副实",具体参阅本书第十六章相关部分,这里不赘述。

有鉴于中国地质学会设立"葛利普奖章",中国科学社也将学术评议与奖励提上议事日程。1925年8月在北京欧美同学会召开的第十次年会上,任鸿隽提议为奖励研究提倡学术起见,中国科学社应设奖章基金,分年颁奖章给国内科学家研究最有成绩者,并愿自认100元为奖章基金之用。任鸿隽提议在社务会讨论后通过,翁文灏还报告了中国地质学会颁给奖章的办法。会议推定秦汾、任鸿隽、丁文江、翁文灏、赵元任五人为奖章章程起草委员,拟定颁给奖章的办法。[①] 应该说,这个章程起草委员会具有相当的权威性,秦汾是当时国内数学界领军人物,时任职教育部;丁文江、翁文灏是中国地质学奠基人;赵元任正任清华国学院导师(与王国维、梁启超、陈寅恪并称四大导师);任鸿隽是中国科学社的灵魂人物。可就是由这些人组成的委员会,年会后毫无动作。

1927年2月10日,在南京社所召开寒假理事大会上,竺可桢、任鸿隽、周仁、胡明复、过探先、秉志、王琎、路敏行等出席,议决"科学奖金应即成立"。推举秦汾、姜立夫、叶企孙、李协、王琎为奖金委员会甲组委员,李四光、唐钺、秉志、竺可桢、胡先骕为乙组委员,并由中国科学社通信"各委员筹备一切,定期宣告成立"。[②] 至于为何分为甲乙两组,会议记录没有说明,由委员学科来看,大致甲组为数学(秦汾、姜立夫)、物理(叶企孙)、化学(王琎)、工程(李协),乙组为地质(李四光)、心理(唐钺)、生物(秉志、胡先骕)、气象(竺可桢)等,其间有一定的分野。

雷声大、雨点小,这两个由众多学术权威组成的委员会还是没有结果。1927年10月28日理事会,任鸿隽以在北京募集的奖章基金为数有限(不满千元),"不便制造奖章,改为《科学》月刊悬赏征文之用"。议案通过,请奖章委员会担任审查论文。[③] 还是没有下文。1928年3月17日理事大会上,议决将奖章基金划拨为《科学》编辑部征文奖金基金,并推举秉志、胡刚复、王琎三人起草征文奖金条例。[④] 至此,1925年8月由任鸿隽提议的中国科学社奖章,经近三年的流转完全破产。当然,所谓的《科学》征文奖金条例也没有下落,这不满千元的基金最终挪作何用,还有待进一步查证。

中国科学社奖章一事搁浅后,中国科学社转而筹设由北平社友会捐赠的考古学奖金。正当理事会召开会议商讨这一事项进展时,高君珊女士捐献1 100元给中国

---

①《中国科学社第十次年会记事》,上海市档案馆藏档案,Q546-1-227。

②《理事会第58次会议(理事大会)记录》(1927年2月10日),上海市档案馆藏档案,Q546-1-63-177。

③《理事会第60次会议记录》(1927年10月28日),上海市档案馆藏档案,Q546-1-63-184。

④《理事会第65次会议(理事大会)记录》(1928年3月17日),上海市档案馆藏档案,Q546-1-64-10。

图 13-1　高君韦女士像

科学社,设立高君韦女士纪念奖金。这是中国科学社第一次接受社外捐款设立奖金,不想却成为中国科学社最先设立、影响也最大的一个奖项。

高君珊、高君韦姐妹是商务印书馆元老高梦旦的女儿。高君韦先后就学于上海爱国女学、民立女子中学、圣玛丽亚书院,并入沪江大学就读两年。1924 年秋留美入康奈尔大学,专攻食物化学,先后获得学士、硕士学位。1927 年 3 月回国,8 月应聘任教燕京大学。1928 年 1 月 26 日因病去世。求学期间,致力于著述,译有《希腊小史》《盲聋女子勒氏自传》(海伦·凯勒自传)等。[2]在康奈尔大学求学期间,曾在《科学》第 11 卷第 12 期发表《当代化学之进步》。据她说,1926 年夏,国际化学大会在美国召开,哥伦比亚大学趁机以每小时 100 美元的薪酬,邀请与会化学大家 26 位,在化学系暑期学校开设“当代化学之进步”课程。他们各就其专门研究,“撮其要者,以为演讲材料;或述其个人未发表之成绩,或讨论本系之贡献及其将来”。她将在暑期学校所听所记整理之后,以飨国人。该文后注“待续”,但续篇未再刊发。[3]

中国科学社接受高君珊捐款后,理事会决议奖励范围不限于化学一科,并于 1929 年 4 月 28 日推举竺可桢、王琎、杨孝述拟定奖金办法。7 月 15 日出版的《科学》第 13 卷第 12 期公布了《中国科学社“高女士纪念奖金”之征文办法》:

本社社员高君珊女士于民国十七年捐赠本社银一千一百元,用以纪念伊亡妹高君韦女士,并指明此款为著作奖金之基金。本社为提倡科学研究并纪念高君韦女士起见,特设“高女士纪念奖金”,征求科学论文,其办法如下:

(1) 该项奖金为现款一百元,并附本社金质奖章一枚,用以给与征文首选之一人,每年征文一次。

(2) 论文题目之范围,限于自然科学中之算学、物理、化学、生物及地学五学科,由本社理事会每年就以上五学科中,轮流择定一种,并组织征文委员会,主持征文及审查文稿事宜。

(3) 凡现在国内大学及高等专门学校学习纯粹科学及应用科学者,俱得参与征文投稿。

（4）应征者就征文所定学科，著作论文一篇，字数应在三千以上一万以下；撰文材料务求充实、新颖、真确；文字务求明显、条畅、通俗。凡抄袭、翻译与曾在别处发表之文字，俱不得当选。

（5）文稿写法，一律用横行，每行二十三字，每页二十二行，加新式标点符号，并于稿首注明姓名、年岁、籍贯、住址、肄业学校、所习学科及年级，誊写务求整齐清楚，毛笔写或钢笔写听便。如有图表，应用黑墨水绘制于洁白之纸上，务求工整，照片则粘于厚纸上。

（6）民国十八年度征文以化学一科为限。

（7）本年征文期，自六月一日起，至十月三十日截止。论文缮就后，投交上海亚尔培路309号中国科学社“高女士纪念奖金”征文委员会王季梁先生收。

（8）委员会收齐文稿后，即请专家评定甲乙，及决定当选之人，于十二月中发表，并给与奖金及奖章。

（9）征文当选之论文即在本社所刊行之《科学》杂志内发表。

（10）凡征文虽未当选，其文字在本社认为有价值者，亦得在《科学》内发表，并酌给酬金。①

当年应征论文共8篇，经王琎（时任中国科学社社长、中央研究院化学所所长）、曹惠群（大同大学校长）、宋梧生（中央研究院化学所研究员）三人审查，获奖者是燕京大学研究院一年级女学生刘席珍《海参之分析》。征文委员会认为另有三篇论文也有价值，因此当月中国科学社总干事致函东吴大学吴诗铭、协和医学院方先之、浙江大学工学院陈毓麟说：

本社办理上年份高女士纪念奖金征文，辱蒙海内学者不吝珠玉纷锡宏著，欣幸奚似。兹经审查委员会共同评阅之下，决以刘席珍女士之《海参之分析》一篇当选，但大著《宇宙三元论》、《今日医学之进步》、《苋菱鞣革》一篇亦不忍割爱（但奖额只限一人，是以决定刘女士当选）。大著拟在本社刊行之《科学》杂志内发表并酌致稿酬二十元，倘蒙同意，请于一个月内来函答复，以便照办。[4]

刘席珍论文发表于《科学》第14卷第9期（1930年5月1日出版）第1308－1324页，

---

① 该“征文办法”每年都有所变化，主要是指明当年征文学科。当然随着奖金的不断运行，在奖励程序上也有所改进，如1935年征文时间自1935年1月1日—10月31日；征文也不再寄送个人，而是“高女士纪念奖金”征文委员会。每年的征文广告多在《科学》《科学画报》和《申报》等报刊上刊登。

注明“高女士奖金首选”，并附有刘席珍照片与简介“江苏南京人，北平燕京大学研究院第一年”。陈毓麟文发表于《科学》第14卷第10期，吴诗铭、方先之文发表于《科学》第14卷第11期，都以普通文章发表，没有说明与简介等。① 以后各届论文登载《科学》大致遵循这一模式不变。

1930年3月17日，理事会议决1930年度高女士纪念奖金应征学科为物理学，公推胡刚复（中央研究院物理所专任研究员）、丁燮林（中央研究院物理所所长）、叶企孙（清华大学理学院院长）为征文委员。为了扩大影响，4月1日，中国科学社致函国内各地大专院校，寄送“征文办法”，遍布华北、华东、华中、华南、西南和西北共90所院校250份。② 尽管如此，还是有学生专门来函索取“征文办法”：“顷悉贵社举行物理论文比赛，未识对于文字有无国际界限，字数有无限制。倘有评章即希掷下以便参考。”[5] 说明高女士纪念奖金在当时高校学生中已有相当影响。本届应征论文7篇，分别为：

戴晨（东吴大学）：原子结构之蠡测

李荣梦（北洋大学）：静力学基本定律之新检阅

吴元海（金陵大学）：光是什么？

萧士珣（北平师范大学）：光电学与光之构造论证

① 按其“卷首语”所言，陈毓麟文是他1929年2—8月在浙江大学工学院实验室与制革工厂完成，受李寿恒博士指导，孟心如博士提供材料，葛祖良博士给予建议。方先之文改名《化学对于今日医学之进步》。

② 具体看看有哪些院校，也可观察当日高等教育状况及其分布：上海18所高校包括中国公学、大夏大学、沪江大学、南洋医科大学、复旦大学、持志大学、光华大学、大同大学、东南医科大学、震旦大学、上海女子医学专门学校、交通大学、同济大学、中央大学医学院、劳动大学、圣约翰大学、中法工业专门学校、同德医学专门学校，共寄送简章59份；真如暨南大学3份；天津北洋大学、南开大学、河北省立工业专门学校、海军军医学校、河北省立水产专门学校、电报学校共18份；南通大学3份；南京中央大学理学院、工学院、农学院，金陵大学、金陵女子大学共19份；南昌江西省立医学专门学校、农业专门学校、工业专门学校和心远大学共8份；广州中山大学理科学院、农科学院、医科学院和广东省立工业专门学校、广州大学、岭南大学共16份；苏州东吴大学3份；北平北平大学、北平大学医学院、工学院、农学院和北平师范大学、北平女子师范学院、中国大学、中法大学、华北大学、清华大学、畿辅大学、燕京大学、协和大学、朝阳大学、民国大学、平民大学共41份；厦门大学5份；成都成都大学、四川大学共4份；济南齐鲁大学3份；唐山交通大学3份；安庆安徽省立大学2份；长沙湖南大学、群治大学、湘雅医学校共7份；沈阳东北大学、辽宁医科专门学校、冯庸大学共9份；武昌武汉大学5份；焦作福中矿务大学2份；开封河南中山大学2份；云南东陆大学2份；太原山西大学、山右大学、兴贤大学、农业专门学校、工业专门学校共10份；杭州浙江大学工学院、理学院、农学院和浙江医学专门学校共12份；梧州广西大学2份；福州福建协和大学2份；西安陕西中山大学2份；兰州甘肃中山大学2份；青岛大学2份；贵阳贵州大学2份；清苑河北省立河北大学2份。《中国科学社为1930年度高女士纪念奖金征文致国内各大专院校通函及名单》（1930年4月1日），周桂发等编注《中国科学社档案资料整理与研究 · 书信选编》，第223－226页。

叶彭(成都大学):相对时空与相对运动

谢明山(中央大学):物理学分家问题之商榷

杨德惠(大夏大学):太阳本身有热么？日光之热从何而来？[6]

戴晨一文因涉及原子物理,征文委员胡刚复、叶企孙、丁燮林等都非专家,于是公推清华大学物理系教授吴有训审阅。因有此一环节,造成获奖时间宣布有所延宕,戴晨等人曾来函询问。最终戴晨获奖,其文章发表于《科学》第15卷第9期第1414－1444页。编者按说,审查专家吴有训认为论文叙述汤姆孙(Thomson)“原子理论太详”,原子人工蜕变(artificial disintegration)及同位素(isotopes)“诸部太略”,玻尔(Bohr)理论和斯通勒(E. C. Stoner)的原子分配表“亦未列入,似嫌不合”,“但为保存原文真面目起见,未便代为加入”。

1931年度应征学科为生物学,应征论文4篇,经秉志(中国科学社生物研究所所长)、胡经甫(燕京大学生物系教授)、钱崇澍(中国科学社生物研究所植物部主任)“详加讨论,认为各文均不及格”,因此无人当选。①

1932年度应征学科为地学,包括地理学和地质学,审查专家为竺可桢(中央研究院气象学研究所所长)及其学生张其昀(字晓峰,中央大学地理系教授)和李四光(中央研究院地质研究所所长)。应征论文4篇,分别为汪大铸《地震的研究》、王翌金《土壤之历史观》、丁骕《地层比较之原理》、陈国达《广州三角洲问题》。[7]

1933年9月27日,中国科学社总干事杨孝述致函竺可桢,寄送应征论文,并说“此次审查委员为兄与李四光、张晓峰二先生,即希会商决定首选之人”。竺可桢审查完毕后,12月9日将4篇论文寄送张其昀评阅。[8]张其昀评审完成后,寄还竺可桢,竺可桢再寄送李四光。1934年1月,竺可桢致函李四光专门讨论此事。此函未收入最新出版的《竺可桢全集》,全文如下:

年中握别,倏已一周。另封附寄中国科学社高君韦女士纪念奖金应征论文四篇,多关于地质方面。弟与晓峰已将全文阅读一遍,觉汪大铸《地震的研究》与王翌金《土壤之历史观》类多翻译,均非创作。丁骕《地层比较之原理》较前二文稍近论文性质,但亦缺独创之研究。陈国达《广州三角〔洲〕问题》,根据实地调查解决具体问题,于征文原意性质似较相合,应推为首选。惟其论断根据是否可靠,弟与晓峰于地质一道皆为门外汉,无从悬揣,尚希我兄品阅,一言为决。如四文均不合意,该项奖金可停

①《中国科学社第十七次年会记事录》单行本,第25页。

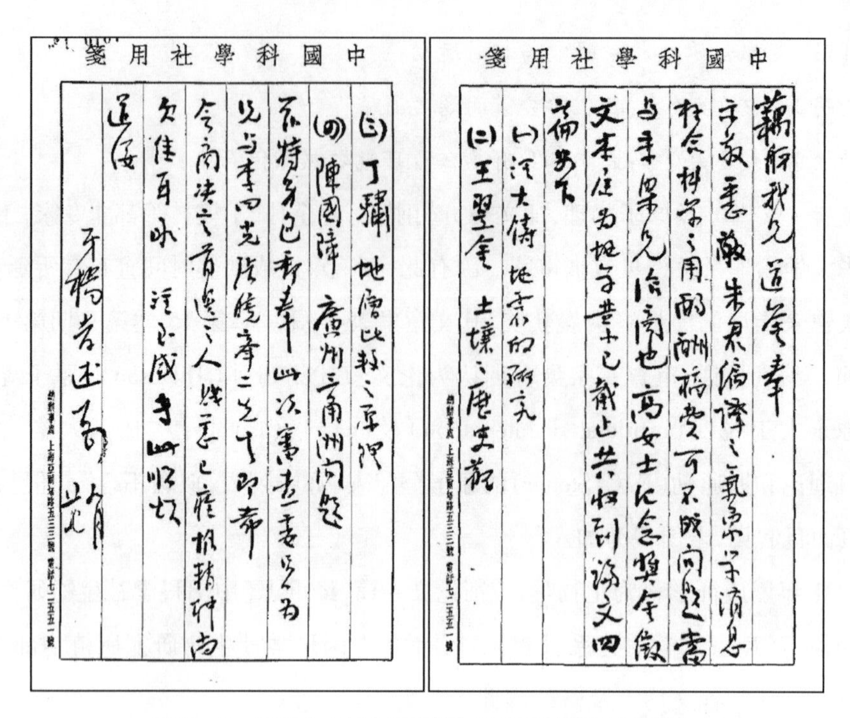
中國科學社用箋

藕舫我兄道鉴：

(一)汪大铸 地震的研究

(二)王翌金 土壤之历史观

(三)丁骕 地层比较之原理

(四)陈国达 广州三角洲问题

道安

弟杨孝述启

图 13-2 1933 年 9 月中国科学社总干事杨孝述致竺可桢函

给一年亦无妨也。附允中兄原函及征文办法一纸,统希查入。[9]

正如竺可桢在信函中所说,应征论文 4 篇,无论是“地震”“地层”还是“广州三角洲”,多相关地质。因此,非地质专家的竺可桢、张其昀虽然对 4 篇论文有比较明确的意见,汪大铸、王翌金两文类多翻译,“均非创作”,丁骕文虽属研究性质,但缺乏“独创之研究”,陈国达文独立调查研究,最符合标准,但其依据是否可靠,他们是门外汉,需要地质专家李四光“一言为决”。竺可桢也提出,如果都不符合给奖标准,还是可以继续“空缺”。李四光自然当仁不让,1934 年 1 月 27 日,致函中国科学社总干事杨孝述,建议给奖陈国达,并称“鄙人意见完全与竺、张二先生之意相同”。[10] 1934 年 2 月 8 日,理事会决议陈国达获奖,其他文章是否适于《科学》登载,请竺可桢审定。最终,陈国达文登载《科学》第 18 卷第 3 期第 356 - 364 页;丁骕文经审核后发表于《科学》第 18 卷第 6 期。

1933 年度应征学科为算学,审查委员为胡敦复(交通大学数学系主任)、钱宝琮(浙江大学数学系教授)、姜立夫(南开大学数学系主任)。应征论文比较踊跃,到 1935 年 1 月还有稿件寄达,共有 18 篇,作者与篇目如下:

陈忠杰:示性方程(英文)

沈振年:欧几里特【得】几何与非欧几里特【得】几何之理论的统一

黄步瀛:存在定律

李森林:双曲线之特性

林瑞湍:记数论

新计算器图形原理

李则林:讨论函数论起初之一小部

张云枢:齐次不变式与射影性质之关系

赵庸:导数论

闵嗣鹤:函数方程解法

李金鉴:线性积分方程式及线性微分方程式不变于展 $vf \equiv \varphi(x)4(y)\frac{\mathrm{z}f}{\mathrm{z}y}$底下所求之解答

周炳年:二次函数之一特性及应用目录

许海津:近世微分方程式之存在定理

杨立言:双曲线函数

许世雄:n 方关系引论

严冰人:一个问题的推论

程凡豪:数学之引申

时振山:三元一次无定式之有限值及其应用[11]

据中国科学社与应征者往来信函等可以看出,这些论文作者有浙江大学、武汉大学、北平师范大学数学系学生,也有中等专业学校毕业者、江苏土地局工作人员,更有后来的抗日飞行英雄赵庸,他在冯庸大学肄业后改习航空工程,当时正在南昌空军第一队见习。① 经审查最终武汉大学数学系三年级学生李森林《双曲线之特性》获选,登载《科学》第 19 卷第 7 期第 1003 - 1032 页。另外,许海津、严冰人文审查专家也认为可登载《科学》,最终仅严冰人文发表于《科学》第 19 卷第 9 期,题目改为《数字颠倒之一概性》。许海津文刊载《国立武汉大学理科季刊》1936 年第 1 期。

像 1932 年度地学征文审查中,竺可桢、李四光、张其昀"英雄所见略同",在高女士纪念奖金的评选中并不罕见。1934 年度应征学科又轮到化学,应征论文有 13 篇之多,分别为:

---

① 赵庸(1907—1937):辽宁大连人。1929 年入私立冯庸大学工科,接触飞机、机械原理。1931 年考入杭州中央航校,毕业后编入空军第 8 大队任轰炸员。抗战全面爆发后,多次驾机参加对日空战与空袭日军。1937 年冬多次驾机往日本长崎、福冈等地散发反战传单,一次执行任务返航至南昌机场附近,因燃料耗尽和大雾,飞机不幸触山牺牲。

吴中枢：化学上接触作用之今昔

钱宪伦：杭州茶之品质与采集时期之研究

华国桢：重氢与重水

黄昌麟：硫化黑染料制造之研究

管永真：虾干之研究

林天佑：重氢

夏馥萁：纤维素之化学反应

秦道坚：肉桂之研究

郑浩：贝爱氏张力说及其发展贝爱氏张力说之意义

顾振军：气体在水中之溶解度与气体液化之关系

余大猷：无机化学方程式之研究

庞燦骞：十二种华茶主要成分之分析及其在酸液与碱液中溶解度之研究

吴冰心：科学与化学的结合[12]

这次审查委员本来由任鸿隽、张准（清华大学化学系主任）、曾昭抡（北京大学化学系主任）三人担任，但任鸿隽因入川就任四川大学校长，“不便阅卷”，推荐庄长恭（中央研究院化学研究所所长）接任，得理事会通过。1935年12月5日，总干事杨孝述致函庄长恭将文稿寄上，开启了论文评审工作。庄长恭评审结束后，转寄曾昭抡，请他审定好后传递给张准，张审竣后再寄给庄，由庄汇总寄回中国科学社。

1936年1月18日曾昭抡评阅后将论文传递给张准。曾昭抡对13篇论文进行了排名，从第1名到第13名依次排序为华国桢、管永真、秦道坚、钱宪伦、庞燦骞、黄昌麟、夏馥萁、郑浩、吴中枢、林天佑、余大猷、顾振军、吴冰心。并在一些论文后注明意见，如第3名秦道坚文“应查已否在别处发表”；第8名郑浩文“有须补充之处”；第11名余大猷文“命意尚佳，但颇嫌芜杂”；第12名顾振军文“此文为一大胆的尝试，但理论方面是否有根据尚可怀疑，因对有机化合物完全不能应用也”。最后还称“以上评定，不过照每文之一般价值而言。至各文能否在《科学》上发表，应另请专家审查修改，以免错误”。

张准将稿件分为三类，并给予各类优劣，第一类“系出自心裁者”5篇，次第钱宪伦、庞燦骞、秦道坚、管永真、顾振军；第二类“系出自编纂者”7篇，次第华国桢、夏馥萁、吴中枢、林天佑、郑浩、黄昌麟、余大猷；第三类“系属于通论者”，仅吴冰心1篇。1936年4月9日，张准致函庄长恭，将稿件寄送，并告知其审查意见：“除第三类仅一篇极幼稚之论文可无庸讨论外，余两类以鄙见所及予以次第。然二者之间，未易轩轾，

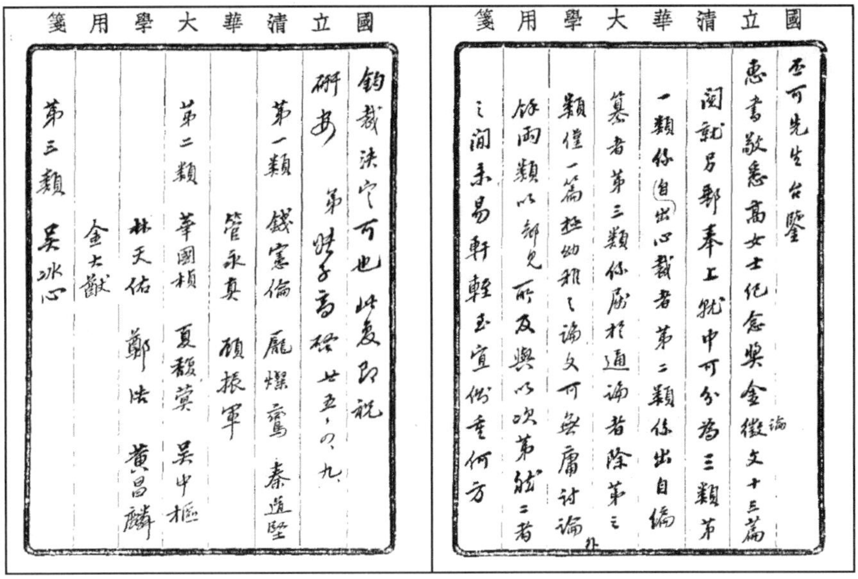

國立清華大學用箋

丕可先生台鑒：

惠書敬悉。高女士紀念奬金徵論文十三篇閱訖，另郵奉上。就中可分為三類：第一類係自出心裁者；第二類係出自編纂者；第三類係屬於通論者。除第三類僅一篇拉雜幼稚之論文可無庸討論外，兩類以鄙見所及與以次第，然二者之間未易軒輊，至宜側重何方

國立清華大學用箋

鈞裁決定可也。此复，即祝

研安

弟 張子高 啓 廿五、四、九

第一類 錢憲倫 龐爍鸞 秦道堅 管永真 顧振軍

第二類 華國楨 夏穀萸 吳中樞 林天佑 鄭法 黃昌麟 金大猷

第三類 吳冰心

图 13－3　1936 年 4 月 9 日张子高致庄长恭信函

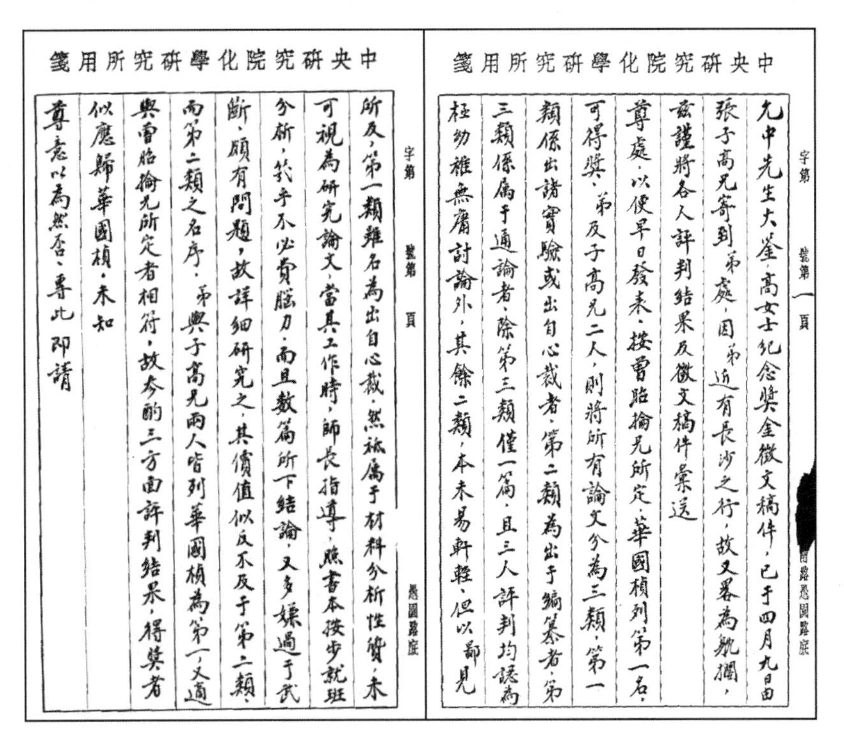

中央研究院化學研究所用箋

字第　號第一頁

允中先生大鑒：高女士紀念奬金徵文稿件，已于四月九日由張子高兄寄到弟處，因弟近有長沙之行，故又畧為躭擱，茲謹將各人評判結果及徵文稿件彙送

尊處，以便早日發表。按曾昭掄兄所定，華國楨列第一名，可得奬。弟及子高兄二人，則將所有論文分為三類：第一類係出諸實驗或出自心裁者；第二類為出于編纂者；第三類係屬于通論者。除第三類僅一篇，且三人評判均認為極幼稚，無庸討論外，其餘二類，本未易軒輊，但以鄙見

中央研究院化學研究所用箋

字第　號第　頁

所及，第一類雖名為出自心裁，然祇屬于材料分析性質，未可視為研究論文。當其工作時，師長指導，照書本按步就班分析，幾乎不必費腦力，而且數篇所下結論，又多嫌過于武斷，頗有問題，故詳細研究之，其價值似反不及于第二類，而第二類之名序，弟與子高兄兩人皆列華國楨為第一，又適與曾昭掄兄所定者相符，故參酌三方面評判結果，得奬者似應歸華國楨，未知

尊意以為然否，專此即請

图 13－4　庄长恭 1936 年 5 月 15 日致杨孝述函前两页

至宜偏重何方，钧裁决定可也。”与曾昭抡明确提出第一名为华国桢不同，张准以为“出自心裁”与“出自编纂”二者不相上下，如何选择请庄长恭确定。1936 年 5 月 15 日，庄长恭致函杨孝述说：

按曾昭抡兄所定，华国桢列第一名，可得奖。弟及子高兄二人，则将所有论文分为三类，第一类系出诸实验或出自心裁者，第二类为出于编纂者，第三类系属于通论者。除第三类仅一篇，且三人评判均认为极幼稚无庸讨论外，其余二类，本未易轩轾，但以鄙见所及，第一类虽名为出自心裁，然只属于材料分析性质，未可视为研究论文，当其工作时，师长指导，照书本按步【部】就班分析，几乎不必费脑力，而且数篇所下结论，又多嫌过于武断，颇有问题。故详细研究之，其价值似反不及于第二类。而第二类之名序，弟与子高兄两人皆列华国桢为第一，又适与曾昭抡兄所定者相符，故参酌三方面评判结果，得奖者似应归华国桢。

三人虽然在具体的评判标准与角度上有所不同，对有些论文的质量认定上也有差别，但都同时以华国桢文为第一名，吴冰心文最差。在具体的评定上，庄长恭对每篇论文都有意见，第一类钱宪伦、庞燦鸾、秦道坚、管永真四篇“虽未可视为研究论文，但亦颇有兴趣，原有在《科学》发表之价值，惟惜所下结论多嫌太武断，倘欲发表时，应请专家修改”；顾振军文“胆量可佳，但此项理论恐难成立”，与曾昭抡意见相同。第二类黄昌麟、夏馥蒉两文“题目尚颇有兴趣，或可在《科学》发表，但须经专家修改”；郑浩文“文字尚佳，但最新材料待补充”；吴中枢文“文字尚佳，但题目太广泛，不易出色”；林天佑文“欠详尽准确”；余大猷文“命题尚好，但内容无甚价值”。而对于获奖的华国桢《重氢与重水》一文，庄长恭如是评说：

关于此问题年前已有吴光玺著一论文载在《科学》十八卷三九五页，但此篇论文材料尚充实新颖，无抄袭之弊而文字亦明显条畅可取，但内中有几点错误，欲在《科学》发表时，应请专家修改。[13]

最终，华国桢获奖，其论文发表于《科学》第 20 卷第 8 期第 655－671 页。另外，钱宪伦、管永真、庞燦鸾三人文章有发表价值，仅有庞燦鸾文发表在《科学》第 20 卷第 12 期。

1935 年度应征学科为生物学，推定秉志、伍连德（全国海港检疫管理处处长兼上海海港检疫所所长）、钱崇澍为审查委员，收到论文 4 篇，分别为：

许霁云：黄山植物论

江怀德：倒悬生长植物根部定向之研究

向壔：肾脏之生理

张果:青蛙与蟾蜍之受精观察及其培养法[14]

经三人审查后,于 1937 年 6 月宣布无合格者,生物学论文再次空缺。

1936 年度应征学科为地学,谢家荣(北京大学地质系主任兼地质调查所北平分所所长)、张其昀(浙江大学史地系主任)、胡焕庸(中央大学地理系主任)任审查委员,曾收有徐尔灏等人论文,但因抗战全面爆发,“各审查委员行踪无定,所收论文一时均无法送审”[15],学术评议不能正常运行,最终没有结果。

直到 1939 年 8 月,中国科学社理事会修正高女士纪念奖金征文办法,奖励对象改为“国内研究机关或专门以上学校之学生、研究生、助教”,从高校扩展到研究机构,从学生扩展到助教;奖励改为“国币一百元,并附本社奖状一纸”,金质奖章变成了奖状。并指定 1939 年度应征学科为算学,审查委员为熊庆来(云南大学校长)、姜立夫(西南联大数学系教授)和江泽涵(西南联大数学系主任),以姜立夫为主任。[16]虽在抗战期间,但经过初期的混乱之后,中国学术界又恢复到相对稳定阶段,学术活动日渐开展。本届应征论文达到 12 篇之多,具体情况见表 13－1。可见应征作者区域分布较广,西南联大数学系 3 人,中央大学、交通大学各 2 人,英士大学、武汉大学、大夏大学、西北工学院和广西大学各 1 人。

表 13－1　1939 年度高女士纪念奖金应征论文情况一览表

姓　名	年　龄	籍　贯	职业或学籍	论　文　题　目
王宪钟	22	山东福山	西南联大四年级	线丛群下之微分几何学
吕学礼	21	江苏青浦	交通大学二年级	级数广衍
汪锡麒			中央大学	廉法表
吴文晋	21	江苏青浦	交通大学四年级	直线上之线段集合
徐桂芳	28	浙江永嘉	英士大学数学系助教	在数论立场上,等余式 $x^{\varphi(m)} \equiv 1(\mathrm{mod.}\ m)$ 中,凡属于“$\varphi(m)$所含各因数”之根之个数定理
闵嗣鹤	27	江西	西南联大算学系助教	相合式解数之渐近公式及引用此理论讨论奇异级数
莫绍揆			中央大学数学系助教	多值函数之讨论
曾宪昌	22	湖北宜昌	武汉大学三年级	雀牌中和牌的数目
黄肇模	22	江苏吴县	大夏大学二年级	算学论文
杨荫黎	22	辽宁新民	西北工学院二年级	计算表
龙季和	28	广西贺县	西南联大算学系助教	迷向坐标及其应用
魏保瑜	27	广西桂林	广西大学算学系助教	“蕴涵”与“数学证题法”

资料来源:《姜立夫致杨孝述函》(1940 年 5 月 20 日),周桂发等编注《中国科学社档案资料整理与研究・书信选编》第 293－294 页。

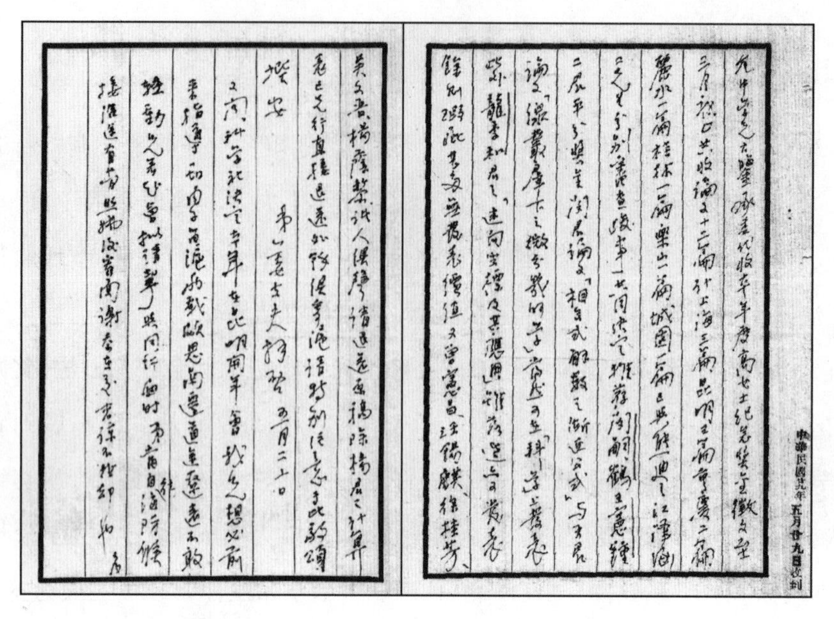

图 13-5　1940 年 5 月 20 日姜立夫致杨孝述函

1940 年 5 月 20 日，姜立夫致函杨孝述说：

承委代收本年度高女士纪念奖金征文，至三月底止，共收论文十二篇，计上海三篇、昆明三篇、重庆二篇、丽水一篇、桂林一篇、乐山一篇、城固一篇。已与熊迪之、江泽涵二先生分别审查竣事，共同决定推荐闵嗣鹤、王宪钟二君平分奖金。闵君论文《相合式解数之渐近公式》与王君论文《线丛群下之微分几何学》当然可在《科学》上发表。此外，龙季和君之《迷向坐标及其应用》虽落选，亦可发表。余则瑕疵甚多，无发表价值。[17]

高女士纪念奖金也迎来了史上第一次两人分享。获奖者闵嗣鹤是西南联大算学系助教，此前作为学生曾应征未能获奖，王宪钟是同系四年级学生。论文可发表的龙季和为西南联大助教。闵嗣鹤论文发表于《科学》第 24 卷第 8 期第 591－607 页，没有照片，仅注明 1939 年度高女士纪念奖金获选论文第一篇，王宪钟论文发表于《科学》第 24 卷第 10 期第 723－738 页，都作为“科学专著”第一篇。龙季和论文发表于《科学》第 25 卷第 3－4 期合刊。

当时何育杰物理学奖同时公布，中国科学社曾于 6 月以《中国科学社二种奖金获选人揭晓》为题致函新闻媒体称：

中国科学社为奖励青年科学研究起见，设有奖学金多种。本年何育杰教授物理学纪念奖金，由北平燕京大学物理学系助教马振玉获选，其论文题为《单晶铝镍之制备及其均匀热电效应之研究》。又高君韦女士算学纪念奖金，由西南联合大学算学系助教闵嗣鹤及算学系四年级生王宪钟二人平分。闵君论文题为《相合式解数之渐近公式及应用此理以讨论奇异级数》，王君论文题为《线丛群下之微分几何学》。参加此次征文者有中央大学、西南联大、燕京大学、浙江大学、交通大学、西北工学院、广西大学、大夏大学、武汉大学、英士大学等十余校，共三十余人，尚有旅顺工大一人，均系一时之优秀，其中有创作性之佳著甚多，均将在该社出版之《科学》杂志发表。足见年来国内各大学及研究所，虽处非常环境，仍在积极努力之中，实堪令人兴奋。

右新闻一则乞刊入贵报"教育新闻栏"为感。[18]

该新闻《申报》等大报都曾予以刊登报道，以彰显抗战艰苦时期学术界的作为，表达"兴奋"之情。

此后，因通货膨胀，以区区千余元为基金的高女士纪念奖金自然经不起风霜。

第二节　考古学、爱迪生、何育杰奖金及其他

在高女士纪念奖金运行的同时，中国科学社自行设立的考古学奖金也在操作中。1928 年 11 月 30 日，理事会审议翁文灏拟定的办法三条，诸如"中国科学社为提倡考古学及其关系学科（如人类学等）之研究起见"，特设考古学奖金云云。原则通过，并提出了修改意见。[19] 1929 年 4 月 28 日，理事会议决请翁文灏按照其所订三条原则，拟定具体的"该奖办法，公布施行"。1930 年 2 月 9 日，理事会通过翁文灏拟定的考古学奖金办法：

(1) 推举三人为考古学奖金委员会；

(2) 此项奖金为现款一百元，并附金质奖章一枚。

(3) 每年举行一次，由委员会就国内研究考古学成绩最良之一人给与之。

并推举翁文灏（地质调查所所长）、丁文江（地质调查所名誉所长）、章鸿钊（曾任中国地质学会首任会长）三人为考古学奖金委员。[20]

翁、丁、章三人都是中国地质学奠基人，考古学奖金以他们为奖金委员，自然属于自然科学特别倾向于地质学方向的考古学即古人类学，不是今天属于历史学范畴的人文考古学。与高女士纪念奖金由应征者自行申请，审查委员会审查获奖不同，考古学奖金由奖金委员会提名，授予每年国内考古学研究成绩最优良者。一个是请奖制、一个是提名制，属于两种完全不同的评议模式。不同的评议模式对应于不同的奖励

对象与层次,请奖制鼓励青年人,以发现人才为目标,人数众多,自然需要自告奋勇;提名制奖励成绩突出者,只有一人,自然不能“王婆卖瓜”,需要相关专家遴选推荐。1931年5月,奖金委员会推荐当年获奖人为裴文中,其推荐理由说:

> 裴先生自民国十七年加入地质调查所,主办周口店化石采集,十八年由裴先生独立担任此项采掘工作,继续至十九年夏。在此工作期间,裴君发现有价值之化石甚多。现由步达生、杨钟健及裴先生等分别研究。各种化石中,尤为世界所称道者,为猿人化石。除零碎牙齿外,于十八年十二月二日,发见保存颇完全之猿人头盖骨一具。又于十九年七月,在整理材料中发见十八年十月所采之猿人头盖骨又一具。此项头盖骨不但比爪哇猿人更为完整,为研究原人骨骼之重要材料,且同时有大宗其他动物化石保存完整,确与原人同时生存,与爪哇化石为水冲积时代不一者不同。故从此项多数动物化石之研究,可以确定地质时代较各处所得任何猿人之时代更为确切。此项古生物研究,裴先生亦参加工作,现有一部分即可发表。裴先生此项难得之发见,大规模之采掘工作,及已有一部分之研究工作,其价值或已得其他专门家之承认,或极为世界学术界之称扬,似均应得中国学术界之相当奖励。[21]

对于奖金委员会的推荐,理事会议决通过。裴文中北京大学地质系毕业后,入地质调查所从事周口店考古发掘,有划时代的发现。翁文灏等将首届考古学奖金授予仅有国内学士学位,刚刚从事实际科研工作几年的裴文中,不仅实至名归,而且足见他们以学术为唯一标准的评议原则。非常可惜的是,虽然获奖办法规定每年颁发一次,但

图13-6 1931年裴文中(左)与翁文灏(中)、步日耶(右)在周口店

此后该项奖金没有再颁发。

与考古学奖金由北平社友会捐赠不同，爱迪生纪念奖金是中国科学社向社会募集基金设立的。1931 年 10 月 18 日，爱迪生去世。中国科学社立即召开会议讨论纪念方法，决定募集纪念奖金基金，分论文、演讲、研究、发明四种方式奖励予以纪念。并发出《中国科学社募集爱迪生纪念奖金基金启》：

美国爱迪生先生为近代发明大家，毕生从事于科学事业，丰功伟绩，贻惠无穷。本年十月因病逝世，噩耗传来，环球震惊。良以先生研究精神，虽年登大耋而孜孜不倦。其所发明不为一己博荣光，而为众人谋福利。实为近世学者之良模，人类之明灯也。本社同人震悼之余，对于先生思有以留永久之纪念，垂后世之师表。爰拟募集基金，奖励后进，或于论文演讲，或于研究发明，终期于先生之精神事业，有所阐扬而光大之。所望邦人君子，实业先觉，解囊以助，共成伟业。

并附有募捐简章，募捐截止时间为 1931 年底，并选举社友中各界知名人士赵元任、任鸿隽、吴有训、曾昭抡、杨荩卿、杨铨、熊正理、方光圻、徐乃仁、陈裕光、吴贻芳、鲍国宝、裘维裕、曹惠群、刘鸿生、黄伯樵、方子卫、丁燮林、徐作和、胡刚复、邹秉文、陈茂康、张廷金、杨肇熑、朱其清、王琎、郭承志、周仁、顾振、钟兆琳、路敏行、杨孝述、赵修鸿、徐韦曼、陈宗南、黄巽、钟荣光、李熙谋、张绍忠、顾世楫、杨振声、蒋丙然、宋春舫、徐景韩、王义珏、沈百先、桂质庭、王星拱、王锡恩、文澄等 50 人为募捐委员。[22] 虽正值国难（“九一八”事变）、长江水灾交加，但亦募集到大洋 1 739.2 元，“足征诸君子爱国之余，尤具提倡科学之热忱”。中国科学社在《科学》“爱迪生”纪念专号（第 16 卷第 10 期）发布了基金募捐“征信录”，“以昭核实，并志盛意”。从征信录看，有单位捐款，杭州电灯厂、浙江大学工学院各捐 100 元，杭州电话局也捐 50 元；个人丁雪农捐 100 元、李观森 50 元，其他 1 ~ 20 元不等，有外国人如 G. F. Shecklen、M. Vittrant（费德朗）、J. C. Buck（卜凯）、L. H. Roots、A. A. Gilman 等，也有顾颉刚、郭绍虞等人文学者。[23]

几经讨论，最后确定爱迪生纪念奖金仅奖励应用科学上的发明，因“研究论文等项，中国近来到处皆是，无须再加提倡，且爱迪生平生最恶空谈理论”。1932 年 10 月，理事会最终通过了《爱迪生纪念奖金给奖办法》，并在《科学》等刊物上发布：

一、此项奖金为金质奖章一枚，并附现款一百元。

二、奖励范围以应用科学上之发明为限。

三、由本社理事会推举专家三人组织爱迪生纪念奖金委员会，主持审查事宜。

爱迪生

Thomas Alva Edison

（科學第十六卷第十期再版本）

要　目

發刊辭　王璡
愛迪生及其發明　許應期
愛迪生傳　朱任宏
愛迪生發明年表　路敏行
眞空中熱在金屬上的作用—以太力—愛迪生效應及其應用—白熾電燈改進史—白熾電燈五十週年紀念—留聲機鹼性蓄電池及改向器—愛迪生探求橡皮樹記略　路敏行譯
美國愛迪生獎章及其得獎人—愛迪生試題—愛迪生學生　路敏行
中國科學社愛迪生紀念獎金給獎辦法
愛迪生著作題名錄　路敏行
關於愛迪生之書籍論文目錄
中國科學社愛迪生獎金基金捐款徵信錄

中華民國二十一年十一／十二月一／十日初／再版

中國科學社發行

图 13－7　《科学》为纪念爱迪生逝世发刊的纪念专号封面

该专号不仅刊有爱迪生生平等内容，更有中国科学社发起爱迪生奖金相关事宜。

四、凡中华民国青年对于应用科学有新发明，由社员二人之介绍，将其新发明品及其图说提交审查委员会审查之。

五、此项奖励每年举行一次，由委员就国内从事发明者有最良成绩之一人或数人，推荐于理事会核准给予之，但本年如无适当人选，得延归下年度支配。

推举任鸿隽（中基会董事兼干事长）、颜任光（大华科学仪器公司总工程师）、黄伯樵（沪杭甬铁路局局长）组成奖金委员会。[24]

可见，该奖金采取的是申请与推荐相结合的评议方式，发明者由两名社友推荐将成果提交给审查委员会，审查委员会也可以直接推荐（当然需要审查通过）。虽然基金募集“动静”很大，但奖励办法发出后，反响似乎并不强烈，具体情形不得而知。近一年后的1933年8月12日，赴重庆开年会途中，中国科学社召开理事会，讨论任鸿隽提交的爱迪生纪念奖金应征者王邦椿所著《豆腐培养基》一文（附有本品原液一瓶及审查人意见）。王邦椿时任卫生署中央卫生试验所技佐，将其豆腐培养基发明过程叙述为文，经曹惠群、胡敦复介绍，提交给奖金委员会。委员会请化学家吴宪（北平协和医学院生化系教授)、曾昭抡和细菌学专家李振翩(国立上海医学院细菌学教授)审查,以为“此发明于学理上无甚贡献,但亦为实用的发明”。[25]理事会讨论,以为“实在贡献可无问题,惟其论文应加以补充修正”,议决按照审查意见,请作者修改完善后提交讨论。[26]1934 年 2 月 8 日,王邦椿论文修正交来,理事会决议“修正文再请原审查人曾昭抡、吴宪二先生审查”。同年 4 月 3 日,理事会才最终决议将首届爱迪生纪念奖金及奖章授予王邦椿。文章登载《科学》第 18 卷第 3 期第 338 – 344 页。

1934 年 2 月 8 日的理事会上,张道镇以其发明的乳精石两块及说明书交中国科学社,拟申请爱迪生纪念奖金。议决“矿石之能划开玻璃者甚多,张君道镇之乳精石不可谓发明,毋须审查”。此后,爱迪生纪念奖金与考古学奖金一样,未见再次颁发。1936 年 3 月 17 日理事会上,总干事杨孝述的建议称:“爱迪生纪念奖金及考古学奖金等,非每年必有相当之人可授给”,该基金利息的余款,“与其储款”“曷若……用以购买书稿”。“凡用某种纪念金购稿,即于其出版物上注明某种纪念字样,则既不失纪念之原意,而于文化上大有裨益”。理事会通过了杨孝述的建议。① 可见,考古学奖金、爱迪生纪念奖金之所以颁发一次后,未再继续,主要原因是每年“没有相当之人可授给”。一方面,可见当日虽然李济、梁思永等领导的人文考古异常繁荣,但古人类学方向的考古学有重大发现实在不易;应用科学方面的发明,更是难有引起奖金委员们瞩目的。另一方面,可见考古学奖金委员丁文江、翁文灏、章鸿钊,爱迪生纪念奖金委员任鸿隽、颜任光、黄伯樵对中国科学社自行设立的奖励这一名器相当看重,并不轻易发放。

因有高君珊捐赠设立高女士纪念奖金做榜样,中国科学社运作效果也很好,继起仿效者不少。1934 年,广东阳江县梁绍桀捐赠其弟梁绍桐遗产大洋 2 000 元,作为纪念梁绍桐基金。10 月 8 日,理事会议决取息作为定期刊物稿费,并在所选各篇文题下注明“本篇稿酬由梁绍桐纪念金项下支给”,稿费范围限于梁绍桐“平日所致力之各学科”,包括建筑工程、机械工程、化学、药物学、园艺学、养蜂学等,“但有必要时得以年息之全部或一部移充征文奖金之用”。[27]

这样操作并不容易,如《科学》稿件向来没有稿酬,后来因经费相对充裕,开始发放稿费,但规定很有意思。如刘咸担任专职主编后,规定稿费每篇 5 ~ 30 元,投稿者需声明“愿受何种报酬”,编辑部再根据稿件价值最终确定,“不声明者以不受稿酬

① 《理事会第 129 次会议记录》(1936 年 3 月 17 日),上海市档案馆藏档案,Q546 – 1 – 66 – 27。

论”。因此,以梁绍桐遗产利息作为某些学科稿件稿酬,与其他学科稿件相比,可能就有厚此薄彼的嫌疑。因此,1936 年 3 月,杨孝述建议,将每年利息作为购买书稿稿费,并可以将年息与购买书稿出版后收入继续购买书稿,“如此孳生不息,将来纪念出版物之数量必甚可观,则所以纪念梁先生者不特永久且效用较广矣”。理事会同意了杨孝述的建议。

应该说,这是一个非常好的纪念方式,“既不失纪念之原意,而于文化上大有裨益”,非常可惜,虽然当时杨孝述说已购得两部书稿,现仅查得一本《医疗中的奇迹》[(德)爱文·李克(Erwin Liek)著,周宗琦译]以“中国科学社梁绍桐纪念基金出版丛书”名义出版。① 而考古学奖金、爱迪生纪念奖金虽也照此办理,却没有结果。

同时,更值得注意的是,中国科学社仍然不能忘情“中国科学社奖章”这一在他们看来更具有权威性的全国最高科学奖。1936 年 5 月 28 日理事会,翁文灏提出应该照章选举特社员。在翁文灏看来,特社员可以作为“中国科学社奖章”获得者候选人。理事会议决各理事提出候选人,再全体通信投票通过,提交年会选决。特社员的当选,需要三关,首先是理事提出候选人,全体理事投票通过后,再在年会上选决。[28] 8 月 16 日理事会上,虽各理事提出了名单,但意见并不统一,伍连德以为“特社员”名称需“另行考虑”,而且应先规定若干合格条件下后再选候选人,“到会者各有意见发表,讨论历半小时。咸谓此事比较重要应从长计议,暂缓提出”。于是特社员选举归于沉寂。

“东方不亮西方亮”,在这次理事会上,秉志再次提出在“现有各种捐助奖金外设立中国科学社奖金”,为金质奖章一枚、奖状一纸,“给予国内科学研究成绩最著之一人者,每年年会时颁给之”。再次接续 1928 年停止的“中国科学社奖章”议案。议案得到与会者同意,并推定胡先骕(生物科学,北平静生生物调查所所长)、胡刚复(物理科学,浙江大学理学院院长)、顾毓琇(工程科学,清华大学工学院院长)、黎照寰(社会科学,交通大学校长)四人为中国科学社奖金委员会委员,胡先骕为委员长,“妥拟给奖办法,提交本社理事会通过施行”。[29] 1937 年 5 月 1 日,理事会修正通过了奖金委员会拟定的章程:

1. 本奖章为奖励国内科学研究而设,定名为“中国科学社科学研究奖章”。

2. 本奖章以金质特制,另附奖状。由本社分年遴选国内物理科学、生物科学、工

① 1936 年 7 月中国科学社出版,1939 年 12 月再版。

程科学及社会科学各门中研究有特殊成绩者给与之。

3. 本奖章候选人之提出及审查由本社设立奖章委员会办理之。

4. 奖章委员定为七人，由本社理事会推聘之。其中常设委员四人，就第二条所列四门学科各推一人，特设委员三人，就轮奖学科于给奖前一年推定之。

5. 常设委员任期四年，每年改聘一人，特设委员任期一年。

6. 委员会设委员长一人，由常设委员互推之。

7. 本奖章候选人不限为本社社员。

8. 本社社员有五人以上之连署，亦得就轮奖学科提出候选人于奖章委员会。

9. 本奖章由本社理事会根据奖章委员会之推荐决定后，于每年年会给与之。

10. 本章程如有未尽事宜得由奖章委员会提议修改之。

11. 本章程由本社理事会通过施行。[30]

可见，"中国科学社科学研究奖章"章程已相当完备，不仅设立有常设委员会办理相关事宜，而且每年就奖励学科专门聘请该学科专家三人进行候选人推举。社员连署五人以上可以提出候选人。更值得注意的是，该"研究奖章"并不局限于科学技术，还包括社会科学。当时，国内学术界权威性的学术奖励，如中国地质学会的"葛利普奖章"、中国工程师学会的"工程师荣誉金牌"都限于本学科，整个学术界还没有一个比较权威的学术奖项。如果该奖项能成功举行，虽然每年仅一个学科，但几年下来也将形成国内学术界的标志性大奖，必将成为民国学术评议与奖励的标志性事件。① 中国科学社也踌躇满志，理事会还决定该奖章自 1938 年开始办理，该年轮奖学科定为物理科学（包括数学、物理、化学、天文、地学、气象），并推李四光（中央研究院地质所所长）、张准（燕京大学客座教授）、沈璿（上海自然科学研究所研究员）为特设委员。[31] 下次理事会还修改章程，委员长由"常设委员中轮奖学科之一担任"。

与其他所有事业一样，抗战的全面爆发，对中国科学社的学术评议与奖励事业也是一个巨大的顿挫，1938 年"研究奖章"候选人的遴选自然成为泡影。中国科学社理事会也在 1937 年 7 月 24 日召开 136 次会议之后，几近一年之后的 1938 年 6 月 29 日才再次召开。经历初期的混乱之后，形势暂时稳定，中国科学社的学术评议与奖励也开始运行，但"研究奖章"已不再提及。1939 年 8 月 26 日在上海召开第 140 次理事会，修改高女士纪念奖金征文章程，开启新一届高女士纪念奖金的评选；并推举翁文

① 即使当今的"国家最高科学技术奖"也不包括"社会科学"，其视野与自信可见一斑。

图 13-8 何育杰像

灏(国民政府经济部部长)、李济(中央研究院史语所考古组主任)、吴定良(中央研究院史语所人类学组主任)为考古学奖金委员,让他们"就国内研究考古学成绩最良之一人推荐于理事会"。更为重要的是,新设立了"中国科学社何吟苢教授物理学纪念奖金",并由此对中国科学社奖金的设立产生很大影响。

何吟苢(1882—1939),名育杰,字吟苢,浙江慈溪人,中国高等物理教育奠基人。1901年入京师大学堂师范馆格致科。1904年公派留英,1907年获曼彻斯特大学物理学学士学位,后游历德、法等国。1909年回国,任教京师大学堂,筹建北京大学物理门,曾任主任。1927年因病辞职回里休养,旋赴东北大学任物理系主任。正是在东北大学期间,其北京大学学生孙国封、丁绪宝等为庆祝他五十周岁生日,特以中国科学社沈阳社友会名义,于1931年元旦发起"何育杰先生五十岁纪念物理奖",募得基金二百余元,以每年利息奖励东北大学物理系一年级学生物理成绩最优者。并决定1931年7月提取23.1元作为第一次奖金之用。[32]不想,"九一八"事变爆发,计划归于泡影。

"九一八"事变后,何育杰辞职回里。1937年被聘为交通部参事。抗战全面爆发后,携家入川避难居重庆。1939年1月,不幸因病去世。为了表彰和纪念何育杰在中国近代物理教育事业上的重要贡献,中国科学社社友蔡宾牟特与裘宗尧发起纪念奖金,并合捐款1 200元。① 8月,理事会通过了征文办法9条,大致与高女士纪念奖金征文办法相同,指定征文学科仅为物理学,应征对象也与高女士纪念奖金一样,并规定当年征文时间为1939年10月1日—1940年1月31日,仅有4个月时间。[33]理事会还推举蔡宾牟(大夏大学理学院院长)、叶蕴理(交通大学教授)、查谦(中基会秘书)为征文委员,以蔡宾牟为委员会主任。

征文办法发出后,引起了较大反响。1940年1月20日,燕京大学物理系主任、

① 蔡宾牟父亲蔡琴孙曾与何育杰等人创办宁波效实中学,裘宗尧是何育杰外甥。后来何育杰女儿何平玖捐款600元,使基金增加到1 800元。谢振声《中国近代物理学的先驱者何育杰》,《中国科技史料》1990年第1期,第36-40页;《续收何育杰纪念奖基金》,《社友》第67期,第2页。

英国人班威廉①专门致函蔡宾牟推荐燕京大学论文：

亲爱的蔡先生：

现有参加何育杰教授物理学纪念奖金征文两篇，参加者为葛庭燧与马振玉，二人均为理学院物理系助教。文章题目分别为：马振玉《单晶铝线之制备及其均匀热电效应之研究》、葛庭燧《萝藤杀虫剂之吸收光谱学研究》。

这两篇文章不是学位论文，均为二人的独立研究成果。[34]②

信函当然是英文，引文是整理者的译文。可见，班威廉非常重视马、葛二位助教参加评奖一事。

1940年4月，首届何育杰物理学奖揭晓，马振玉文当选。葛庭燧文及浙江大学物理系助教钱人元《重核分裂》二篇"内容亦优，因限于奖额，未能全录，改由本社《科学》杂志内发表，并致稿酬"。其余应征论文（具体有多少篇不得而知）"分别发还"。[35]

当年以翁文灏、李济、吴定良为奖金委员会的考古学奖金，仍然没有选出最终人选。

因何育杰物理学奖金的设立及其颁发，中国科学社考虑对其所设立的奖金按学科进行归类整理。1940年11月15日召开的147次理事会决议，爱迪生、梁绍桐、高君韦、考古学四种纪念奖金，"自本年起悉照何育杰物理学纪念奖金办法给奖"，分别改称为"爱迪生电工学纪念奖金"③"梁绍桐生物学纪念奖金""高君韦化学纪念奖金""北平社友地质学及考古学奖金""未设奖金之学科，俟有捐助基金时再增设，每一学科得设不同名之纪念奖金"。[36]2-3可见，因何育杰物理学奖的设立，中国科学社有改变被动接受捐赠设立学科奖金的局限，变为主动设立各种学科奖金的计划，数学、天文

---

① 班威廉（W. Band，1906—1993）：1927年获曼彻斯特大学理论物理学硕士学位，放弃在卡文迪什实验室攻读博士学位机会，于1929年来华，任教燕京大学，1932年任物理系主任。太平洋战争爆发前辗转延安、重庆等地，1945年离华回国。1946年获利物浦大学博士学位，后移民美国，先后任职芝加哥大学核研究所、金属研究所和华盛顿大学。

② 信件还附有葛庭燧自撰的"略历"，可知他学士论文为译文，指导老师为吴有训、叶企孙，硕士论文指导老师为陈尚文，并在后来成为他夫人的何怡贞指导下从事相关研究。应征论文在蔡镏生指导下完成，"系半年来研究之结果"。

③ 值得注意的是，无论是中国科学社1950年7月印发的《中国科学社三十六年来的总结报告》，还是任鸿隽《中国科学社社史简述》，都称中国科学社设立的是"爱迪生电工奖金"，基金由电工社友捐赠。由上可知，爱迪生电工奖金其实就是此前的"爱迪生奖金"。总结报告和任鸿隽的回忆并没有因为这次改名而称高女士纪念奖金为"高君韦化学奖金"。他们如此称呼"爱迪生奖金"，而且将社会募捐改为社友捐赠，不知原因何在。

气象等学科待有捐助基金后再增设,目标是“每一学科得设不同名之纪念奖金”。

理事会还议决当年各种奖金名额,物理学2名、化学1名、生物学2名、电工学2名、地质学及考古学2名,可见,除高君韦化学奖因全面抗战前几乎年年评选,基金额度不大,当年只能设奖额1名,其他都是2名。并推举了各学科的奖金委员会:物理严济慈(召集人,北平研究院物理所所长)、吴有训(西南联大理学院院长)、吴大猷(西南联大物理系教授),化学纪育沣(召集人,上海医学院教授)、庄长恭(中央研究院化学所研究员)、程瀛章,生物王家楫(召集人,中央研究院动植物所所长)、钱崇澍(中国科学社生物研究所代所长)、卢于道(复旦大学生物系教授),电工钟兆琳(召集人,交通大学电机系主任)、薛绍清、杨肇燫(中央研究院物理所研究员),地质与考古学杨钟健(召集人,地质调查所古生物研究室脊椎古生物组主任)、谢家荣(西南矿产勘查处处长)、李济。

可见从1940年度开始,中国科学社的奖金已有五种之多,而且奖励人数也远超以前,如果全额获选,将有9人之多。还公布了《中国科学社各种奖金征文办法》9条,与高女士纪念奖金、何育杰物理学奖金征文办法大致相同。规定了当年度各奖金名额和各学科征文寄送地址:化学和电工学寄送上海中国科学社,物理学寄送昆明黄公东街十号国立北平研究院严济慈,生物学寄送重庆北碚新桥中国科学社生物研究所,地质学和考古学寄送昆明北门街25号地质调查所昆明办事处杨钟健。

为了扩大影响,中国科学社还专门致函重庆卢于道、昆明严济慈、贵阳朱侣仟、桂林丁绪宝、兰州寿天奉,分别寄送当年度征文办法三份,请他们分送当地报馆,“义务登载教育新闻栏内,以资传播”。[37]非常可惜,随着抗战局势的恶化,中国经济出现严重问题,通货膨胀加剧,中国科学社各种奖金基金的区区数目自然抵挡不住这样的侵袭。中国科学社首次五种奖金同时运行的计划完全落空。仅有一些信函透露了奖金评审的些许信息:1941年9月5日,杨孝述致函杨肇燫,称爱迪生电工奖金仅收到罗祖鉴《电波分析》一篇,已经钟兆琳审查,请杨肇燫“再审阅以昭评责”,然后“再行会商,藉凭取舍”。同年10月22日,杨钟健告知中国科学社他并未收到地质学和考古学应征文字。[38,39]其他物理、化学与生物学科毫无信息。由此,中国科学社的学术评议在抗战期间完全停止。

抗战胜利后,这些奖励基金成为废纸,几乎一钱不值。1946年5月20日,理事会议决称:“本社各种纪念奖基金,现因国币贬值不便运用,应并归总基金,比照《社友》六十九期所载各种纪念奖金办法,保留原奖金名称,如系私人所捐,可征求捐款人同意,不同意者将该基金退还。”这是对此前中国科学社所有奖金的善后处理,具体有哪些并入中国科学社总基金,有哪些被退还,也不得而知。①

与此同时,即使在战后这样的多事之秋,中国科学社还是借助捐赠设立了裘氏父子理工著述奖金。1945 年裘维裕介绍其族人无锡巨绅裘可桴、其子外交家裘汾龄遗族裘复生、裘幼恒、裘毓莼、裘吴梅丽、裘达君等捐赠庆丰纱厂股票 1 000 股(面值 10 万元),指定生息充作"裘氏父子理工著述奖金"。当时由上海社友会接受,举曹惠群、陈聘丞、沈璿、杨孝述、裘维裕、裘复生、杨肇燫 7 人组成奖金委员会,"暂行主持"。当年收到股息中储券 90 万元,"因战局未靖,给奖困难,遂捐入与著述有关之明复图书馆为维持费"。次年又获息法币 5 万元。1946 年 4 月 9 日,理事会、监事会联席会议议决,追认上述 7 人为奖金委员会委员,并请裘维裕为召集人,讨论征文办法等。到 1948 年 2 月,因利息"积有成数",遂决定进行征文,并公布了《中国科学社裘氏父子理工著述奖金办法》。规定理工著述论文或著作可由各方推荐和公开征求,以理工两科轮流颁奖,获奖作品发表时得在其显著位置标明"本著述获得某年份中国科学社裘氏父子纪念奖金"。1948 年度奖励学科为电工科,征文需在 3 月底前挂号寄送中国科学社,奖额 1 名,奖金 1 000 万元。②

据报道,征文以来,响应者不少。经奖金委员会初选三人,提交给周仁(中央研究院工学所所长)等相关专家审阅,再提交委员会审定,最终确定项斯循获奖。因通货膨胀,原奖金 1 000 万元已贬值不少,裘复生加捐 2 000 万元共 3 000 万元,"当即汇交项君收讫"。项斯循毕业于交通大学电机系,时任职交通部平汉铁路管理局长辛店机厂,获奖论文为两篇,分别为《Heroult 式电弧炉及其炼钢法》《高周率诱导式电炉》。专家评阅意见如是说:

查项君之著作两篇……文字通顺,词意畅达,对电炉之学理与构造,能扼要叙述,使读者易于明了;在应用方面,更能本其经历,提示纲领,俾从事电炉炼钢之低级技术人员,得正确之依归。虽无甚特殊之创见,然所依据之参考文献,极为可靠,殊不乏有益于我国冶炼工业之处……[40]

项斯循两篇论文中一篇修改为《高周率感应式电炉》发表于《科学》第 30 卷第 7 期第 215 - 216 页,注明"节自三十七年度裘氏纪念奖金原文"。

1948 年 5 月颁发的裘氏父子理工著述奖金,是为中国科学社学术评议与奖励绝

---

①《理事会第 157 次会议记录》(1946 年 5 月 20 日),上海市档案馆藏档案,Q546 - 1 - 66 - 163。

②《理事会第 155 次会议(理监事会联席会议)记录》(1946 年 4 月 9 日),上海市档案馆藏档案,Q546 - 1 - 66 - 150;《本社裘氏父子纪念奖金征求理工著述》,《社友》第 81 期,第 3 页。

唱。另外,金叔初昆仲曾捐赠中国科学社"金太夫人纪念奖金"1 000 元,指明奖给生物研究所钱崇澍。[36]2由范旭东捐赠的范太夫人奖金(1929 年捐赠基金 1 万元),每年拨取 1 000 元,分别奖励中国科学社生物研究所和北平静生生物调查所研究生各一人。该奖金由中基会设立管理,并非中国科学社设立,只是每年奖励给生物研究所一名年轻人而已。[41-43]

世俗的学术评议与奖励,有终身成就性质的荣誉性奖励,如院士选举;有对某项重要学术成就的物质奖励,如诺贝尔奖金;有专门鼓励青年学人从事学术研究的奖励。民国时期学术评议与奖励制度,大体上也可分为这样三个层次:一为终身成就性质的荣誉性奖励,如中央研究院院士、中国地质学会葛利普奖章、丁文江先生纪念奖金(虽有物质奖励,但荣誉性更强)、中国工程师学会工程师荣誉金牌等,是对当选人或获奖者终身成就的承认;二是对取得某项重要学术成就者的物质奖励,如中央研究院杨铨奖金和丁文江奖金、教育部学术审议委员会的学术奖励;三是专门鼓励青年学人从事学术研究的奖励,以中基会甲种、乙种研究奖金最有成效,中国地质学会的多种奖励也有非常大的影响。中国科学社上述实际颁发的奖项中,除裴文中获得的考古学奖金属于奖励某项重要学术成就(主要是北京人的发现与研究)外,全部属于提携年轻人的鼓励性奖励。从 1925 年就开始筹划的具有终身成就荣誉性的"中国科学社(研究)奖章",一直未能付诸实践,这一情况的出现,除上面所提及的多种原因外,可能还与中国科学社在学术界的权威性不够(特别是随着各专门学会成立后)有关。当然,如是重要的奖项,以少数几个权威学者来操作,本身就难以具有权威性。即使是考古学奖金,最初限于自然科学类别,奖金委员后来虽然推举了李济这样的历史类考古学专家和吴定良这样的人类学家,还是未能找到实至名归的年度"成就最卓著者",将奖金顺利颁发。

第三节　评议人的"良知"与年轻人的"推进器"

中国科学社学术评议与奖励所请专家都是当日学界真正的权威。将上文提及的各类奖金评审专家名单列表(表 13-2),数学方面胡敦复、钱宝琮、姜立夫、熊庆来、江泽涵、沈璿,物理学方面胡刚复、颜任光、丁燮林、杨肇燫、叶企孙、吴有训、严济慈、吴大猷、裘维裕、蔡宾牟、叶蕴理、查谦,化学方面王琎、任鸿隽、曹惠群、宋梧生、曾昭抡、张准、庄长恭、吴宪、纪育沣、程瀛章,生物学方面伍连德、秉志、胡经甫、钱崇澍、李振翩、胡先骕、王家楫、卢于道，地学（包括地质学与地理学）方面丁文江、章鸿钊、翁文灏、李四光、谢家荣、胡焕庸、杨钟健、张其昀，气象学方面竺可桢，考古学与人类学方面李济、吴定良，工程科学方面黄伯樵、钟兆琳、薛绍清、陈聘丞、杨孝述、裘复生、顾毓琇，大多是中国近代各门学科奠基人。胡敦复是中国数学会首任会长；胡刚复、颜任光对中国实验物理学发展贡献极大，当年北京大学物理系的颜任光与东南大学物理系的胡刚复有“南胡北颜”之称；丁燮林、王琎分别是中央研究院首任物理所、化学所所长；伍连德在国际上声望极高，曾候选诺贝尔生理与医学奖；丁文江、章鸿钊是中国地质学奠基人。其中不少人更取得了卓越的科研成就，总共56人中，数学姜立夫，物理学叶企孙、吴有训、严济慈、吴大猷，化学曾昭抡、庄长恭、吴宪，生物学秉志、钱崇澍、胡先骕、王家楫，地质学翁文灏、李四光、谢家荣、杨钟健，气象学竺可桢，工程周仁，考古学李济，人类学吴定良等20人当选1948年中央研究院首届院士。当年首届院士物理学共7人、化学共4人、地质学6人、气象学和人类学各1人，可见这群学术评审专家在近代科学各门学科中所占据位置。另外，熊庆来、江泽涵、纪育沣、胡经甫等也曾名列150位正式候选人，不少人后来当选中国科学院学部委员。①

表13-2　中国科学社各类奖金评审专家一览表

奖　项	年度	学　科	奖金委员会	备　注
高女士纪念奖金	1929	化学	王琎、曹惠群、宋梧生	
	1930	物理学	胡刚复、丁燮林、叶企孙	后加请吴有训
	1931	生物学	秉志、胡经甫、钱崇澍	
	1932	地学	竺可桢、李四光、张其昀	
	1933	数学	胡敦复、钱宝琮、姜立夫	
	1934	化学	任鸿隽、张准、曾昭抡	任鸿隽退出，庄长恭代替
	1935	生物学	秉志、伍连德、钱崇澍	
	1936	地学	谢家荣、张其昀、胡焕庸	
	1939	数学	熊庆来、姜立夫、江泽涵	
	1940	化学	纪育沣、庄长恭、程瀛章	
考古学奖金	1930	考古学	翁文灏、丁文江、章鸿钊	
	1939	考古学	翁文灏、李济、吴定良	
	1940	考古学与人类学	杨钟健、谢家荣、李济	

① 当然，以当选中央研究院院士作为评判标准，在这里有失公允。因为这些奖金委员大多是各学科奠基人，而中央研究院院士中不少人是他们的学生辈，如数学方面五位院士中的华罗庚、陈省身、许宝騄是姜立夫、熊庆来的学生。

（续表）

奖 项	年度	学 科	奖金委员会	备 注
爱迪生纪念奖金	1933	新发明	任鸿隽、颜任光、黄伯樵	吴宪、曾昭抡、李振翩评审
	1939	电工学	钟兆琳、薛绍清、杨肇燫	
何育杰物理学奖金	1939	物理学	蔡宾牟、叶蕴理、查谦	
	1940	物理学	严济慈、吴有训、吴大猷	
梁绍桐生物学奖金	1940	生物学	王家楫、钱崇澍、卢于道	
裘氏父子理工著述奖金	1948	电工学	曹惠群、陈聘丞、沈璿、杨孝述、裘维裕、裘复生、杨肇燫	周仁等评审
中国科学社奖章	1938	物理科学	常设胡先骕、胡刚复、顾毓琇、黎照寰	特设李四光、张准、沈璿

在具体的学术评阅中，他们并不以权威自居，知道自己并非全能，在自己的专业研究之外，与普通人没什么两样。因此，对原子物理没有研究的胡刚复、丁燮林、叶企孙推举原子物理专家吴有训审查戴晨论文；竺可桢、张其昀请李四光决定陈国达地质研究论文的性质；曾昭抡不能确定各论文是否适合在《科学》上发表，需另请专家审查修改，“以免错误”；张准因自己在化学研究上并没有特出的贡献，因此请庄长恭具体决定论文等第；庄长恭虽对每篇论文都有所论列，但这些论文若要发表，必须请专家对论文进行修改。对爱迪生纪念奖金应征者王邦椿《豆腐培养基》，奖金委员任鸿隽、颜任光、黄伯樵不仅聘请化学家吴宪、曾昭抡，而且还专门邀请细菌学专家李振翩评审。充分尊重评审专家意见，专家意见说需要修正补充，就返回作者修改补充，并将修改稿再次请专家评阅。裘氏父子理工著述奖金委员虽然有 7 人之多，但他们还是要请专家周仁等审查。这些奖金委员们所面对的基本上是大学高年级或工作不久大学毕业生的习作（早期），而非专业的研究论文，即使后来应征对象扩展到研究生或助教，应征论文的水平还是可以想见，他们所采取的却是如此严谨的学术态度，可见学术在他们心目中的地位和他们对学术的尊崇。

中国科学社的学术评议与奖励，今天看来程序并不规范。首先，不是每个评审委员独立评审，而是一个审查完成后，传递给下一个，这样上一个的评审结果自然会影响到下一个的判断。第二，没有遵循学术评议基本的匿名原则，每篇应征论文作者及其单位都是公开的，给“别有用心者”以可乘之机。正因为评审专家们心怀对学术尊崇，以他们的学术良知弥补了规则的不足，以学术为唯一标准，以公平、公正为原则，评选出实至名归的成果。他们更本着宁缺毋滥的原则，高女士纪念奖两届生物学论文都没有当选者；考古学奖金和爱迪生纪念奖金更是只颁发了一次。通过学术评议，他们真正选拔出真才实学的青年才俊，以促进中国近代科学的发展。

他们本着提升学术水准的原则，给有价值的应征论文（无论是获奖者、论文可以在《科学》发表者还是其他有价值的作品）都提出了非常中肯的修改意见，并将意见反馈给作者让他们修改。于是，可以看到中国科学社与奖金应征者这样的通信：

瑞湍先生鉴：

敝社上届高女士纪念奖金征文业经审查委员会评定揭晓，大著《新计算器图形原理》一篇虽未能获选，而立意新颖可取。惟全部尚欠完备，且间有舛误，兹将是稿璧还，仍希继续研究，以冀君更佳之结果。[44]

这是1933年度高女士纪念奖金（数学学科）评选结束后，1935年6月，中国科学社给应征者林瑞湍的信件，在在体现奖勉后进的温情。在保存的原始档案中，林瑞湍论文后专门注明“原稿退回，请仍继续研究以致获选”。对于何育杰物理学奖金获得者马振玉，中国科学社也有如下的函件：

兹接何育杰教授物理学纪念奖金征文委员会通知，本届征文业已评定，由足下当选。惟关于文字方面尚有数点应请修正：（一）论文题目似应改为《单晶铝镍之制备及其均匀热电效应之研究》；（二）插图七之曲线不通过 O 点，又一边通过轴线一边逼近轴线，但照实验情形似应对称，应加以说明或改正；（三）论文所用名词应依照教育部公布之物理学名词，例如“公分”为“厘米”、“电动力”为“电动势”等。兹将文稿及插图七奉上，希于最短期内修正寄还，以□□而便正式发表。[45]

正是这样的拳拳之心，引导着青年才俊们向着学术殿堂进发。

对年轻的学者而言，获奖不仅仅是成果获得承认，更是对他们学术人生道路选择的极大鼓励。高女士纪念奖金的历届获得者除1930年度的戴晨生平不详而外，其他各位都在各自领域做出了重要贡献。

刘席珍（1905—1997）：江苏南京人，1929年毕业于燕京大学化学系，继续攻读研究生，1931年获燕京大学硕士学位。翌年留美入密歇根大学医学院深造，获卫生科学硕士学位。回国后先后任广西大学、福州协和大学等校教授，1950年调任南京药学院（现中国药科大学）教授，从事与获奖论文有关的生物化学研究与教学。

陈国达（1912—2004）：广东新会人。1934年中山大学地质系毕业，受洛克菲勒基金会资助入北平研究院随翁文灏读研究生。翌年回广州，任两广地质调查所技士，并任教中山大学地质系。抗战期间曾任江西地质调查所技正。战后回中山大学，任地质系主任。1952年院系调整到中南矿冶学院，先后任系主任、副院长等。1961年，创建中国科学院中南大地构造与地球化学研究室并任主任。研究室后不断改制，最终发展成为长沙大地构造研究所，任所长。长期从事地质学理论研究，创立大地构造学说"地洼学说"，具有国际影响。1980年当选中国科学院学部委员。

李森林(1910—1996)：湖南桂阳人。1936年毕业于武汉大学数学系。曾任中学教员，1946年任教广西大学数学系。后调回湖南，任中南土木建筑学院教授，随学校改名任湖南工学院、湖南大学教授，合著有《泛函微分方程》等。他相当长时间离开科研环境，年近五旬才在近现代数学领域开拓，年近七旬还开辟新的领域，年过八旬仍能不断有所创获，在数学界实属罕见。

华国桢(1915—?)：江苏无锡人。1936年毕业于浙江大学化学系，后留美入宾夕法尼亚大学燃料工程系。回国后曾任职中央大学、浙江大学、兵工署材料试验处、大渡口钢铁厂。1946年赴台任职台湾肥料公司。后历任台湾地区行政机构"美援运用委员会"技正，"国际经济合作发展委员会"第一处技正、副处长、处长，"经济建设委员会"计划处处长等。著有《台湾肥料工业的成长》等。

闵嗣鹤(1913—1973)：江西奉新人。1935年毕业于北平师范大学数学系，任附中教员。1937年任清华大学算学系助教。随校迁昆明任西南联大助教，随华罗庚从事数论研究。1945年考取中英庚款留英，1947年获牛津大学博士学位，赴美国普林斯顿高等研究院游学。1948年回国，任清华大学数学系副教授，旋晋升教授。1952年院校调整，任北京大学数力系教授。与华罗庚一起培养了一批数论方面的人才，如陈景润、王元、潘承洞等，促成解析数论中国学派的诞生。

王宪钟(1918—1978)：山东福山人。1936年考入清华大学物理系，后转入西南联大数学系。1941年本科毕业，随陈省身读研究生，1944年获硕士学位。翌年与胡世桢一同赴英，在曼彻斯特大学研究拓扑。因此后与胡世桢学术与生活轨迹多有重合，被誉为"曼彻斯特双雄"。1948年获博士学位回国，任中央研究院数学研究所副研究员。1949年赴台，复转美国，历任路易斯安那州立大学讲师、华盛顿大学讲师、西北大学副教授和教授、康奈尔大学教授等。1964年当选台湾"中央研究院"院士。

考古学奖金获得者裴文中(1904—1982)：河北丰润人。1935年赴法留学，专习史前考古学。1937年获巴黎大学博士学位。回国后任地质调查所新生代研究室负责人。1949年后历任文化部社会文化事业管理局博物馆处处长、中国科学院古脊椎动物研究室研究员、古脊椎动物与古人类研究所古人类研究室主任、北京自然博物馆馆长等。1955 年当选中国科学院学部委员。

何育杰物理学奖金第一届征文获奖者马振玉(1906—?):河北固安人。1931 年毕业于燕京大学物理系,1940 年获硕士学位。1946 年任教河北医学院,曾于 1982 年获中国物理学会所颁“从事物理教学 50 周年”荣誉奖。译有海森伯(W. K. Heisenberg,1901—1976)《原子核物理学》等。

即使那些未能获奖,但论文有价值得以登载《科学》者,也有不少人取得了非常重大的科研成就,如首届何育杰物理学奖的燕京大学物理系助教葛庭燧和浙江大学物理系助教钱人元。

葛庭燧(1913—2000):山东蓬莱人。1940 年获燕京大学硕士学位,应吴有训、叶企孙之邀赴西南联大任物理系教员。1941 年留美,1943 年获加利福尼亚大学伯克利分校博士学位。在麻省理工学院光谱实验室从事研究,曾参与“曼哈顿工程”,进行“铀及其化合物的光谱研究”,获得美国政府颁发奖章与奖状。1945 年到芝加哥大学从事金属内耗研究,成为国际内耗和滞弹性领域奠基人。1949 年回国,先后在清华大学、中国科学院应用物理所、沈阳金属研究所和合肥固体物理研究所从事科研工作,曾任中国科学院合肥分院副院长、固体物理研究所所长等。1955 年当选中国科学院学部委员。

钱人元(1917—2003):江苏常熟人。1939 年毕业于浙江大学化学系,被物理系主任王淦昌聘为助教。翌年转入西南联大任教。1943 年留美,先后在加州理工大学、威斯康星大学、艾奥瓦州立大学学习研究,博采诸家之长。1948 年回国,先后任厦门大学副教授、浙江大学副教授。1951 年调任中国科学院物理化学所研究员。1953 年,转向从事高分子物理研究,成为我国高分子物理研究及教学的开创者,曾任中国科学院化学研究所副所长、所长。1980 年当选中国科学院学部委员。

高女士纪念奖金中也有这样的人物。

方先之(1906—1968):浙江诸暨人。1933 年毕业于北平协和医学院,历任协和医学院住院医师、助教、讲师、副教授,曾到美国进修骨科。后任天津市人民医院骨科主任等。

丁骕(1912—?):云南曲靖人。1927 年考入辅仁大学,翌年转入燕京大学,1933 年毕业。翌年考取第二届中英庚款,入格拉斯哥大学攻读地理学,1937 年获博士学位。辗转回国,先后任教广西大学、重庆大学、中央大学、中山大学。政权转换之际,任教香港,后转美国任洛杉矶加州大学地质系教授。著有《地形学》《数量地理》等著作，对庐山第四纪冰川持反对态度。地理而外，致力于甲骨文研究，著有《夏商史研究》等。

龙季和（生卒年不详）：1949 年后曾任教北京工业学院、广西大学等，著有《集论初步》，译有《富里哀级数》。

更多的参与者也有相当的科研成就。

李荣梦（1912—1988）：湖南长沙人。1932 年毕业于北洋大学土木系。1935 年留美，1938 年获得康奈尔大学博士学位。曾任西北工学院土木系及水利系教授、台湾台中海港总工程师及台湾农田水利局总工程师、湖南沅资流域规划委员会总工程师、长江流域规划办公室副总工程师、长江水利科学研究院副院长、长江工程大学副校长等。

谢明山（1911—？）：浙江鄞县（今属宁波）人。中央大学毕业后留学英国伦敦皇家理工学院，1937 年获博士学位。曾任南开大学、西南联大等校教授。1949 年去台湾，曾任台湾碱业公司协理、中原理工学院院长、"教育部"次长、东海大学校长等。

林瑞湍（生卒年不详）：福建人。1938 年考入浙江大学数学系，毕业后曾执教于贵州、福建等地。战后曾赴马来亚任教，著有《中国古籍数学化》等。

许海津（生卒年不详）：武汉大学数学系毕业，考取浙江大学数学系研究生，1947 年留美，回国在中国科学院数学所工作。

吴中枢（1912—1985）：江苏南通人。1936 年毕业于清华大学化学系。先后任教西北农学院、重庆大学、北方交通大学、天津大学、河北师范大学，曾任化学系主任。译有《无机化学》等。

秦道坚（1912—？）：广西桂林人。1935 年毕业于广西大学化学系。1937 年留美，先后就读路易斯安那州立大学、俄勒冈州立大学。1940 年回国，先后任广西大学化学工程系主任、浙江大学教授等。1948 年赴台，曾任化工厂厂长、东海大学化学系系主任及训导长等。1958 年任新加坡南洋大学化学系主任。1969 年回台，任台北中国文化大学教授。著有《有机化学》等。

顾振军（1915—？）：江苏无锡人，1938 年毕业于浙江大学化工系，入兵工署材料试验处工作。1941 年留美，先后入俄克拉荷马大学、麻省理工学院，1945 年获博士学位。1946 年回国，历任浙江大学、大同大学、华东化工学院、上海交通大学教授。

余大猷（1910—？）：江西人。1935 年毕业于大夏大学化学系。1949 年后长期任第二军医大学教授。译有《定性分析化学》《无机定性分析化学》等。

向壔(1915—1993):江苏江阴人。1937 年毕业于浙江大学生物系,留校任教。次年转江西兽医专科学校,曾任校务委员会主任。1952 年院系调整到江西农学院,曾任副校长等。著有《家畜生理学》《家畜生理生化学》等。

张果(1911—?):江苏昆山人。1934 年肄业于北平大学农学院生物系,随朱洗从事实验细胞学研究。战后曾任台湾海洋研究所驻沪工作站副研究员、北平研究院生理学研究所副研究员。1949 年后,曾任中国科学院实验生物研究所副研究员,上海细胞生物学研究所副研究员、研究员等。

徐尔灏(1918—1970):江苏江阴人。1939 年毕业于中央大学地理系,留校任助教。1941 年入中央气象局从事天气预报工作。1945 年公费留英,1947 年获伦敦大学帝国理工学院硕士学位,入皇家科学研究院深造,1948 年回国。历任南京大学气象系主任,国家科委气象组副组长、中国气象学会副理事长、《气象学报》副主编、《气象译报》主编等。

吕学礼(1919—1995):江苏青浦(今属上海)人。1942 年毕业于交通大学数学系,曾任中学教员,交通大学助教、讲师。1954 年调人民教育出版社,曾任编审、学术委员、课程教材研究所研究员、人教版九年义务教育初中数学系列教材主编、《数学通报》编委等。

徐桂芳(1912—2010):浙江永嘉人。1937 年毕业于交通大学数学系,先后任教英士大学、浙江大学、北洋工学院等校。1946 年回母校任数学系副教授,后晋升教授。1956 年随校迁西安,创办西安交通大学计算数学专业和应用数学系,曾任应用数学系主任、校学术委员会副主任等。计算数学界元老,曾任《高等学校计算数学学报》编委等。

莫绍揆(1917—2011):广西桂平人。1939 年毕业于中央大学数学系,留校任助教。1941 年任中山大学数学系讲师。抗战胜利后,回中央大学任讲师。1947 年赴瑞士留学,先后就读洛桑大学、苏黎世高等工业学校,从事数理逻辑研究。1950 年回南京大学数学系任教,曾任数理逻辑教研室主任、中国逻辑学会副理事长等。

曾宪昌(1917—1993):湖北宜昌人。1940 年毕业于武汉大学,留校任教。1948 年留美,1950 年获哥伦比亚大学博士学位。翌年回国,任教武汉大学,筹建武汉大学计算机科学系,曾任武汉大学计算机软件工程研究所所长。

魏保瑜(生卒年不详):毕业于广西大学数理学院,曾任广西大学教授、中国数学会广西分会理事长。后院系调整,随数学系调入中南矿冶学院任教授。

如果说奖金的获得是科学共同体对年轻科研工作者的承认,对这些青年科研人员来说是巨大的鼓励,是使他们在未来的科学研究道路上披荆斩棘、奋勇前行的“推进器”;那么,中国科学社奖金也为众多的参与者提供了一个展示学术才能的舞台,在撰写论文的过程中锻炼了他们的学术能力。

正如前面所言,中国科学社设立与管理的这些奖金基本上属于奖励年轻人范畴,虽有“考古学奖金”评选年度考古学成就“最著者”,但影响实在太小。这是中国科学社作为一个民间私立社团在中国社会所遭遇的窘境,它不能取得如美国科学促进会、英国皇家学会那样评议奖励全国学术的地位。这在一定程度上也昭示了中国科学社作为一个综合性学术社团在近代中国的历史命运。

参考文献

[1] 鲁迅. 鲁迅全集·第12卷. 北京:人民文学出版社,1991:73-74.
[2] 社友高君韦女士事略. 科学,1928,13(3):463.
[3] 高君韦. 当代化学之进步. 科学,1926,11(12):1760-1773.
[4] 中国科学社致征文应征者吴诗铭、方先之、陈毓麟(1930年1月20日)//周桂发,杨家润,张剑. 中国科学社档案资料整理与研究·书信选编. 上海:上海科学技术出版社,2015:222.
[5] 姚建贵致中国科学社(1930年4月17日)//周桂发,杨家润,张剑. 中国科学社档案资料整理与研究·书信选编. 上海:上海科学技术出版社,2015:227.
[6] 高女士纪念奖金揭晓. 社友,1931,第6号:1.
[7] 理事会第116次会议记录(1934年2月8日). 社友,1934,第38期:1.
[8] 致张其昀函//樊洪业. 竺可桢全集·第22卷. 上海:上海科技教育出版社,2012:611.
[9] 竺可桢致李四光(1934年1月)//周桂发,杨家润,张剑. 中国科学社档案资料整理与研究·书信选编. 上海:上海科学技术出版社,2015:237.
[10] 李四光致杨孝述(1934年1月27日)//周桂发,杨家润,张剑. 中国科学社档案资料整理与研究·书信选编. 上海:上海科学技术出版社,2015:240.
[11] 中国科学社1933年度高女士纪念奖金应征稿件目录(1935年1月4日)//周桂发,杨家润,张剑. 中国科学社档案资料整理与研究·书信选编. 上海:上海科学技术出版社,2015:252-253.
[12] 中国科学社致庄长恭(1935年12月5日)//周桂发,杨家润,张剑. 中国科学社档案资料整理与研究·书信选编. 上海:上海科学技术出版社,2015:273.
[13] 庄长恭致杨孝述(1936年5月15日)//周桂发,杨家润,张剑. 中国科学社档案资料整理与研究·书信选编. 上海:上海科学技术出版社,2015:275-277.
[14] 中国科学社致秉志(1937年1月14日)//周桂发,杨家润,张剑. 中国科学社档案资料整理与研究·书信选编. 上海:上海科学技术出版社,2015:280.
[15] 中国科学社致徐尔灏(1938年1月6日)//周桂发,杨家润,张剑. 中国科学社档案资料整理与研究·书信选编. 上海:上海科学技术出版社,2015:285.
[16] 理事会第140次会议记录(1939年8月26日). 社友,1939,第64期:1.
[17] 姜立夫致杨孝述函(1940年5月20日)//周桂发,杨家润,张剑. 中国科学社档案资料整理与研究·书信选编. 上海:上海科学技术出版社,2015:293-294.
[18] 中国科学社致新闻报刊(1940年6月)//周桂发,杨家润,张剑. 中国科学社档案资料整理与

研究・书信选编. 上海:上海科学技术出版社,2015:302.
[19] 理事会第 75 次会议记录(1928 年 11 月 30 日). 科学,1928,13(7):1001.
[20] 理事会第 85 次会议记录(1930 年 2 月 9 日). 科学,1930,14(7):1082.
[21] 考古学奖金委员会推荐应奖人选. 社友,1931,第 9 号:1-2.
[22] 中国科学社募集爱迪生纪念奖金基金启. 社友,1931,第 17 号:附录.
[23] 中国科学社爱迪生纪念奖金基金捐款征信录. 科学,1932,16(10):1578-1584.
[24] 理事会第 103 次会议记录(1932 年 10 月 11 日). 社友,1932,第 24 号:1.
[25] 王邦椿. 豆腐培养基. 科学,1934,18(3):338-344.
[26] 理事会第 110 次会议记录(1933 年 8 月 12 日). 社友,1933,第 35 期:10.
[27] 理事会第 120 次会议记录(1934 年 10 月 8 日). 社友,1934,第 44 期:3.
[28] 理事会第 130 次会议记录(1936 年 5 月 28 日). 社友,1936,第 55 期:1.
[29] 理事会第 132 次会议记录(1936 年 8 月 16 日). 社友,1936,第 56 期:4.
[30] 中国科学社科学研究奖章. 社友,1937,第 60 期:2.
[31] 理事会第 135 次会议记录(1937 年 5 月 1 日). 社友,1937,第 60 期:1-2.
[32] 社员何育杰先生五十岁纪念物理奖. 社友,1931,第 13 号:2.
[33] 中国科学社"何吟苢教授物理学纪念奖金"征文办法. 社友,1939,第 63 期:2.
[34] 燕京大学物理学系主任班威廉致蔡宾牟(1940 年 1 月 20 日)//周桂发,杨家润,张剑. 中国科学社档案资料整理与研究・书信选编. 上海:上海科学技术出版社,2015:288-289.
[35] 本社何育杰氏物理学奖金揭晓. 科学,1940,24(5):418.
[36] 理事会第 147 次会议记录(1940 年 11 月 15 日). 社友,1940,第 69 期.
[37] 中国科学社函复川、滇、黔、桂、甘五处征文办法(1940 年 11 月 30 日)//周桂发,杨家润,张剑. 中国科学社档案资料整理与研究・书信选编. 上海:上海科学技术出版社,2015:304.
[38] 中国科学社致杨肇燫(1941 年 9 月 5 日)//周桂发,杨家润,张剑. 中国科学社档案资料整理与研究・书信选编. 上海:上海科学技术出版社,2015:305.
[39] 杨钟健致中国科学社(1941 年 10 月 22 日)//周桂发,杨家润,张剑. 中国科学社档案资料整理与研究・书信选编. 上海:上海科学技术出版社,2015:306.
[40] 裘氏纪念奖金之收获. 社友,1948,第 84 期:2.
[41] 庄文亚. 全国文化机关一览. 上海:世界书局,1934:168.
[42] 胡宗刚. 胡先骕先生年谱长编. 南昌:江西教育出版社,2008:144.
[43] 范太夫人奖学金. 科学,1935,19(3):422.
[44] 中国科学社致林瑞湍(1935 年 6 月 5 日)//周桂发,杨家润,张剑. 中国科学社档案资料整理与研究・书信选编. 上海:上海科学技术出版社,2015:266.
[45] 中国科学社致马振玉(1940 年 4 月 8 日)//周桂发,杨家润,张剑. 中国科学社档案资料整理与研究・书信选编. 上海:上海科学技术出版社,2015:292.

第十四章　科学宣传、普及与社会影响

1810 年,法拉第(M. Faraday,1791—1867)已经从报童成长为一名熟练的书籍装订工,沉浸在知识的海洋里。一天,他发现伦敦自然哲学会有收费每次一先令的系列自然哲学演讲。一先令对他来说也太昂贵了,幸好他的雇主是一个开明的人,慷慨地给予假期,他哥哥资助费用。由此,法拉第向知识进步的阶梯迈出重要一步,不仅能前往聆听演讲,而且很快也成为自然哲学会一员,并通过自然哲学会去倾听戴维(H. Davy,1778—1829)爵士讲座进而成为助手,最后超过戴维成为一代物理学宗师。在某种程度上可以说,维多利亚时代的通俗科学演讲成就了法拉第。

培根(F. Bacon,1561—1626)说:"知识的力量不仅取决于其本身的价值大小,更取决于它是否被传播以及被传播的深度和广度。"科学宣传与普及是扩散科学的社会影响、提高其社会知名度与科学家的社会声望、提升国民科学素养的重要途径。科学宣传是利用大众媒介,有目的、有系统地向传播对象传输科学的知识、方法和精神等信息,使之按有利于科学和社会进步的方向转变其意识、信念、态度、行为等。[1]中国科学社的科学传播除发行《科学》《科学画报》等大众媒体外,还举行通俗科学演讲、设立科学咨询处、建筑图书馆和举办科学展览等。本章主要分析《科学》办刊宗旨及内容随中国科学发展和社会变迁如何不断调适、《科学》的科学认知、通俗科学演讲的模式、《科学画报》的科学宣传普及等,并讨论其社会影响。

第一节　《科学》科学宣传的变迁与影响

创刊《科学》是科学社成立的缘由,改组为纯学术团体后,最初的社务核心仍然是发刊《科学》,并千方百计维持与改进它的质量。《科学》是中国科学社的旗帜和存在的标志，没有《科学》的中国科学社，就像不能开口说话的人，因此《科学》的存在与兴旺是中国科学社存在与兴旺的表征。中国科学社发刊《科学》是为了宣传科学、传播科学、推进中国科学的发展，因此《科学》不仅是社员们发表意见的喉舌，也是中国科学社达到其目标的一个极端重要的工具和手段。《科学》的变迁不仅反映了中国科学社自身的演化，也是中国近代科学发展与社会变化的"风向标"。

一、坎坷经历

《科学》1915 年 1 月创刊，到 1960 年长时间停刊，前后历时整整 45 年，共发刊 36 卷和一个增刊号，是中国近代科学发展史上持续时间最长、影响最为广泛的综合性科学期刊。它的经历并非一帆风顺，其间的艰辛与甘苦一言难尽，只有先后主持其事者才深知其味。

1915—1917 年正常发刊，每年一卷共 3 卷，每卷页码在 1 400 页左右。① 1918—1921 年应该发刊 4 卷，中国科学社搬迁回国后因稿源与经费等原因，仅发刊 3 卷，每卷在 1 280 页左右。1922—1927 年正常发刊 6 卷，页码为 1 350 ~ 1 780 页不等。1928—1931 年应该发刊 4 卷，由于从商务印书馆收回自行印刷发行等原因亦耽误一卷，仅发刊 3 卷，页码为 1 750 ~ 2 070 页不等。1932—1941 年正常发刊 10 卷，在 1935 年改版之前，页码在 1 900 页左右，改版后在 1 000 页左右，全面抗战期间除 1938 年第 22 卷仅 600 页外，其余各卷基本维持在 800 页左右。1941 年底太平洋战争爆发后，第一次正式宣告停刊。1943 年 3 月在重庆复刊，当年仅发刊 2 期成第 26 卷。1944—1946 年应该发刊 3 卷，因抗战胜利复员等原因，仅发刊第 27、28 卷，第 27 卷第 1 - 4 期为月刊、第 5 - 8 期为双月刊、第 9 - 12 期合刊，共 7 册；第 28 卷完全是双月刊，页码不固定。1947—1950 年正常发刊 4 卷，页码固定在 384 页。1951 年 5 月刊发第 32 卷增刊号 92 页，第二次宣告正式停刊。1957 年再次复刊，成为季刊，当年 2 期 128 页；1958—1959 年正常发刊第 34、35 卷，每卷 256 页；1960 年第 36 卷刚发 2 期后，宣告由上海市科协接办，结果停刊，仅 128 页。

从发刊历程看，有三个值得注意的地方。第一，发刊不正常。从 1915 年创刊到 1951 年第二次宣告停刊，本应该发刊 36 卷，却仅有 32 卷，共耽误了 4 卷。关于《科学》不能定期出刊，任鸿隽后来回忆说：

---

① 1917 年第 3 卷已出现脱期现象，如第 12 期出版时间虽标为当年 12 月，但已有 1918 年 2 月记事内容。

有时是因为编辑部的迁移和印刷的困难，有时是因为时局的关系。印刷的困难，直到科学图书仪器公司成立才能解决；时局的关系，尤其以1941年珍珠港事变以后，《科学》由上海迁到内地去印行，影响最大。但无论如何，《科学》总是排除万难，继续出版，以至完成三十二卷。这是靠了多年以来主持编辑与经理的各位社员的努力，以及一般社友的热心赞助，才能有此结果。在初期编辑中有杨铨、胡明复、赵元任诸人，经理中有朱少屏、胡明复、过探先诸人，勤劳独著；后来担任编辑与经理的有刘咸、卢于道、张孟闻诸人，皆是值得我们纪念不忘的。[2]1①

确实，《科学》正是在这些编辑和经理们的共同努力下，才能如此连绵不绝地持续了这如许时间，其间科学家一代接一代地成长起来，《科学》的作者与读者群也换了一茬又一茬。

第二，具体主持其事的编辑部长（主编）变动不居。自筹备创刊起始，杨铨一直担任编辑部长。1918年杨铨因回国辞职，后由在美国的赵元任接任。1919年第四次年会上杨铨再次被推选为编辑部长，重组编辑部。杨铨对《科学》的早期发展居功厥伟。1921年王琎接任，《科学》由"杨铨时代"转入了"王琎时代"。其间，王琎曾于1930—1933年担任社长，是中国科学社社务的重要主持人。与杨铨一样，王琎也是兼职，精力有限，造成"脱期太多"。请路敏行担当常任编辑，也不能解决问题。1934年下半年，王琎留美，年底刘咸出任编辑部长，成为《科学》首任专职主编。1943年3月，在重庆复刊时，卢于道为主编，但他也是兼职。次年底，张孟闻被聘为总编辑（即主编），直到1951年停刊。1957年复刊时，虽没有明确主编，无疑具体负责人为任鸿隽。除主编以外，正如刘咸在第25卷发刊完竣、宣布停刊时总结所说，胡明复、任鸿隽、秉志、胡先骕、竺可桢、唐钺、路敏行、曹惠群、卢于道、范会国、曾昭抡、严济慈、杨钟健、李晓舫等，"于编辑工作，赞襄最力，至足称道"。[3]

第三，作为一个定期刊物，《科学》页码变化很大。1947年第29卷固定页码（每期32页）之前，没有两卷页数相同，总是在变动不居中，这在当时各种刊物似乎也很少见。1915—1919年前四卷看，页数逐渐减少，从首卷的1 464页减为第2卷的1 402页，少62页；第3卷比第2卷少3页，第4卷比第3卷少155页。以后逐渐增加，可还是不太平衡，相差极大，第9卷比第8卷增加256页，第14卷比第13卷增加

---

① 值得注意的是，任鸿隽在该文中说1915—1950年35年间《科学》缺少了3卷。其实1915—1950年共应发刊36卷而不是35卷。

301 页，可谓“奇特”。那时的办刊也许不像今天一定要考虑“版面”与“经费”，也没有扩版缩版一定要上报有关主管部门批复等手续，关键是要向读者尽可能多地传达信息，让读者满意，多增加版面与多花费些资金，在他们看来也是物有所值。成立之初中国科学社的收入主要用于维持《科学》的发刊，后来影响扩大也没有像如今一些学术性杂志收取“版面费”的举措，反而还酌情给作者发放稿费。1935 年改版，字号变小，页码自然大为减少。抗战中能够延续已经不错了，维持或增加印张是根本不可能考虑的事。战后基本上形成固定页码与开本，作为一个定期刊物，形将结束之期才基本上步入“正轨”。

二、趣旨、内容及其变迁

1915 年 1 月，《科学》在中西文化交冲要地上海诞生了，其创刊号有“发刊词”和“例言”。“发刊词”主要论述了科学的强大威力。首先，国家富强与科学有直接的关系，“世界强国，其民权国力之发展，必与其学术思想之进步为平行线，而学术荒芜之国无幸焉”；第二，科学在改进人类的物质生活水平上有强大力量；第三，科学可以提高人类的寿命；第四，科学可以影响人类的智识；第五，科学与人类的道德也有莫大关系。“发刊词”宣扬学术对一个国家的重要意义，指出发展未来中国的学术，不是从故纸堆中爬梳出来的“国故”，而是有上述威力的“科学”：

数千年来所宝为国粹之经术道德，亦陵夷覆败，荡然若无。民生苟偷，精神形质上皆失其自立之计……夫徒钻故纸，不足为今日学者，较然明矣。然使无精密深远之学，为国人所服习，将社会失其中坚，人心无所附丽，亦岂可久之道。继兹以往，代兴于神州学术之林，而为芸芸众生所托命者，其唯科学乎，其唯科学乎！[4]

“例言”从总体上规定了《科学》办刊宗旨及栏目：

文明之国，学必有会，会必有报以发表其学术研究之进步与新理之发明。故各国期报实最近之学术发展史，而当世学者所赖以交通知识者也。同人方在求学时代，发明创造，虽病未能，转输贩运，未遑多让，爰举所得就正有道。他日学问进步，蔚为发表新知创作机关，是同人之所希望者也。

本杂志虽专以传播世界最新科学知识为帜志，然以吾国科学程度方在萌芽，亦不敢过求高深，致解人难索。每一题目皆源本卑近，详细解释，使读者由浅入深，渐得科学上智识，而既具高等专门以上智识者，亦得取材他山，以资参考。

为学之道，求真致用两方面当同时并重。本杂志专述科学，归以效实。玄谈虽佳不录，而科学原理之作必取，工械之小亦载，而社会政治之大不书，断以科学，不及其他。

科学门类繁赜，本无轻重轩轾可言。本杂志文字由同人分门担任，今为编辑便利起见，略分次第如下，（一）通论，（二）物质科学及其应用（Physical Sciences and Their Applications），（三）自然科学及其应用（Natural Sciences and Their Applications），（四）历史传记，（五）杂俎，其余美术音乐之伦虽不在科学范围以内，然以其关系国民性格至重，又为吾国人所最缺乏，未便割爱，附于篇末。

……本杂志印法，旁行上左，兼用西文句读点乙，以便插写算术物理化学诸方程公式。非故好新奇，读者谅之。[5]

可见，《科学》发刊原初目的虽是学习“文明之国”的学会期刊模式，但并不像这些期刊一样发表科学研究的前沿成果，而是传播世界最新的科学知识，重点在“传播”二字上。由于中国科学当时发展的幼稚，因此行文不能高深，只求尽可能的通俗易懂，尽可能的详细明了。内容一定要与科学相关，与科学无关的无论如何重大都不刊载。按最初设想，“音乐美术”也是《科学》的一个栏目，原因是“关系国民性格至重，又为吾国人所最缺乏”，但与科学相去实在太远，除赵元任发表过音乐作品外，此栏目很快消失。当然，《科学》内容也要有一个发展过程，待“他日学问进步，蔚为发表新知创作机关”，就是说一旦中国科学发达后，中国自己有独创的科研成果之后，《科学》还是要转变为一个发表科研前沿成果的园地，供“研究家”交流学术、“交通知识”，变成“文明之国”学会类期刊一样的科学刊物。

《科学》印刷格式一改传统从右向左的竖排，采用从左向右的横排，并用新式标点符号断句。之所以这样，并不是一味求新出奇，主要是为了便于排印数学、物理、化学的公式符号等。虽不敢说《科学》是国内最先采用横排与标点符号的杂志，但也开一代风气之先。1919 年 1 月创刊的《北京大学月刊》，印刷格式以《科学》为模范，“编辑略例”有一条为：“写稿均横行，自左而右，加句读符号，如中国科学社所发行之《科学》。”即使到此时，北京大学也有人并不完全同意采用此一格式。蔡元培不得不再发刊“启事”[6]说：

本校教授、讲师诸先生公鉴：《月刊》形式已由研究所主任会公决，全用横行，并加句读符号。但诸先生中亦有以吾国旧体文学形式一改，兴趣全失为言者。鄙人亦以为然。惟一册之中，半用横行，自左而右，半用直行，自右而左，则大不便于读者。今与诸先生约，凡科学性质之文，皆用横行，送各研究所编入普通月刊。文学性质之文，有不能不用直行式者，请送至校长室，为鄙人编辑，为临时增刊。①

1915 年发刊的《科学》第 1 卷，共有署名作者 33 人，完成文章 130 余篇，内容主要包括以下几个方面。一是"通论"，如《说中国无科学之原因》《近世科学的宇宙观》《战争与科学》《发见与发明》《学会与科学》《科学上之分类》《科学与工业》《科学与教育》等。一是专门介绍某门学科，如杨铨所撰《电学略史》，洋洋洒洒数万言，连载多期，详细介绍了自 1600 年以来电学的发展史。一是大量译述当时西方出版物，如胡明复所译《近世纯粹几何学》为霍尔盖特（T. F. Holgate）所著，是扬（B. J. W. A. Young）所编《现代数学专题研究》（*Monographs on Topics of Modern Mathematics*）书中一篇，也连载多期；任鸿隽《世界构造论》为沃德（W. H. Ward）著《宇宙的原子结构》（*The Atomic Constitution of the Universe*）译文，讲述了物质世界由分子组成，而分子由原子和电子构成等，其术语多为今天所沿用。还有专门聘请美国大学名教授撰写其专业的通俗文字，如威尔逊（W. M. Wilson）《国家气象台之建设及设备》等。

也有一些研究性质的稿件，如谢家荣来稿《质射性之质概论》，是讨论放射性元素的；张景芬来稿《富于功用之矿物（附中国已知矿藏地点表）》内容相当丰富，列举了中国各省（包括西藏）的各种矿物的分布情形。过探先《植物选种法》有言："履美后，国人嘱购美棉种者数四，作者于报复时，每附选种为嘱，恐国人之欲速不达也。会有《科学》出现，爰思作棉种选择论一篇广播其方法。"[7] 赵元任的《科学会话》以"槐宜人"（怀疑人）、"柯学嘉"（科学家）的对话传播了一些科学常识，如地球是否球体、是否运动等。更有《欧美全年所受煤烟之损失》一文，指出工业污染造成环境损失："自汽机发达，工艺林立，凡以制造著名之地，莫不烟雾障天，衣服房屋货物用品等俱为所污，而害人卫生尤甚焉。且煤中燃料亦未用尽，是以于卫生及经济上，急宜设法补救之。"西方国家一些专家学者已经注意及此，并思万全之策。[8]《科学》出刊时，第一次世界大战打得正"酣"，为了使国人了解现代战争与科学的关系，专门刊发第 4 期为"战争"专号。

1916 年第 2 卷，署名文章 113 篇，由 43 人写成。内容与第 1 卷相差无几，大多也

---

① 可见蔡元培采用了折中态度，希望用增刊解决这一矛盾。笔者曾见一份出版于 1917 年左右的《复旦》，采用了三种编排形式，文学性质文章按照传统的竖排；科学类文章横排、页码传统顺序；英文文章横排、现行页码编排。这说明写作科学文章采用横排的必要性。也就是说《科学》的所谓改革是客观必然的，并不是中国科学社同人一厢情愿想出来的。另外，《北京大学月刊》中有许多的文学性质文字，并没有竖排。

是介绍科学知识。其中20篇标明翻译或译述,多是当时英美各国科学家的最新言论、专著摘要、演讲记述或刊物所载新发明、新理论。基本上反映了当时世界科学技术发展趋势和最新动态,为国人了解科技发展状况提供了比较全面的信息。有读者来信说:"贵杂志已为祖国输进文明之书籍,其中论说皆有价值,余不禁为祖国科学前途祝……鄙人尤愿贵杂志多取各国近年科学杂志翻译之以饷国人,则觉更为完美……虽今日祖国人民之科学程度尚浅,不可不从根本上做起,然于每期中插入一二篇,究无阻碍,而且可使国民接续研究,而知所向往也。"对于建议,《科学》回答说:"所言翻译各国科学杂志,的是卓论。凡本月刊能力所及者,自当勉为之,以尽吾职,以副雅意。"①《科学》这一传播科学方式虽在一定程度上切合了当时国内的需要,但已有读者感到不满足,需要知晓一些最新科学研究成果,并想通过对这前沿知识的了解,开始科学研究的征程。问题是,读者的这一建议要实施非常困难。第一,当时世界科学发展日新月异,有众多的学术期刊,选择哪个学科的哪个领域的哪个方向的哪篇文章?第二,不是看几篇最新前沿研究成果,就"可使国民接续研究,而知所向往",这未免将科研看得太简单与太容易了。

1917年第3卷,52人署名作文102篇,留法的何鲁、罗世嶷、经利彬等也成了主要撰稿人,说明《科学》在留法学界已有相当影响,内容与前两卷无明显区别。在国内延期的第4卷,有62位作者成文107篇,专门性的研究内容开始出现,且数量不断增加,如邹秉文《中国病菌之闻见录》,祁天锡《江苏植物名录》等。作者范围不断扩大,个人作文相对数量减少,表明《科学》已开始向科学交流期刊功能转化,刊载内容也开始变化。第5卷有64名作者成文114篇,成文3篇以上者有何鲁、竺可桢、王琎、谢家荣、胡先骕等13人共48篇,各位作者逐渐形成自己的专业范围,如韩组康的工业化学、谢家荣的地质学、何鲁的算学、胡先骕的生物学、竺可桢的气象学等。上述变化趋势表明作者范围越来越大,从第1卷的33人增加到第5卷的64人,科学宣传主体不断壮大,《科学》的社会影响也日益增强。从第4卷开始,《科学》已走出完全通俗阶段,加强了科学交流功能,步入通俗与专业相间阶段。后来任鸿隽总结说:

《科学》的目的,不但是传播新知以促进科学的研究,还要发表研究结果以建立学术的权威。这个目的虽然未必遽能达到,但《科学》编辑的内容则显然是从这条路

---

①《科学》第2卷第3期,第349页。

径进展。我们试看《科学》首二三卷登载的文字，以鼓吹科学效用及解释科学原理的为多；到第三四卷以后，则逐渐登载国内科学家自己研究的结果。[2]2

《科学》内容的此一变化，是对中国科学发展状况的直接反应。因大量社员和留学生回国，科学研究也次第展开，学术交流的要求也就日益显现。

从内容看，前面几卷《科学》尤其重视对科学概念和科学史的普及传播，"通论"和"历史传记"两栏对"科学"进行多方面阐述和讨论。由于《科学》重视"通论"文字，美国有评论说其"通论文字，方之他邦科学杂志如美之科学周刊、科学月报等，未遑多让"。[9]1919年中国科学社曾将前四年此栏文章汇成单行本名曰《科学通论》发行，1934年扩充再版。科学的传播和理解有其特殊的方法和途径，正如王琎所言："言科学者，不难于枚举各科学中所罗列之事实，而难于解悟其原理之真诠；不贵乎但知有何种发明，而贵乎并知何以有此发明。盖明原理则事实之分类著而有所归依，源委穷则进步之因果彰而知所效法矣。故研究科学者必须知各科学之历史，藉以观察昔日科学家之思想与方法。"[10]周光召也说，科学史能帮助公众理解科学，"通过科学史，非专业人员可以对科学理论及其演变过程有一个大概的了解……从而体会到探索自然奥秘的幸福和艰辛"。[11]"历史传记"专栏对激发国人学习科学的兴趣，自然也有大作用。中国科学社1924年将该栏文章结集为《科学名人传》出版。① 中国科学社抓住科学概念和科学史两个方向进行科学宣传与普及，是中国社会现状与科学发展、科学普及的自然要求，充分体现了领导人的远见。

1919年4月，时为北京大学学生、新文化运动干将罗家伦发表文章评点当时中国的期刊，分为各种各样的派别，称有政府机关创办的"官僚派"，多是些无用的"档案汇刻"；有各学校创办的最时髦的"课艺派"，除策论式的课艺而外就是无病呻吟的"诗"；有"毫无主张毫无选择，只要是稿纸就登"的"杂乱派"；有脑筋浑沌和脑筋清楚的"学理派"，前者"名为谈学理，实在没有清楚的脑筋，适当的方法……只是混混沌沌的信口开河"，后者"少说空话，著者对于学问有明了的观念，适当的解决"；"论科学的有《科学》《学艺》《观象丛报》等种，而以《科学》为最有价值。而以前二年的《科学》为更有精采"。对《科学》可谓褒奖有加，并对《科学》提出了三点建议：

---

①《科学名人传》1924年6月由中国科学社出版，收有《科学》第1－8卷20余篇科学家传记，1931年增订再版，增加了《科学》后来登载的林奈、高斯、赫胥黎等人传记，1933年5月三版，亦可见该书的受欢迎程度。关于《科学》对科学史的关注请参阅宋子良《〈科学〉的科学史价值》，载《科学》1993年第45卷第6期。

（一）多做科学方法论，而少有过于专门的东西。因为过于专门的东西，国内中等知识以下的人还看不懂，高等以上的人大概都可以直接看西文（这不过就国内现状说法，不是说过于专门的东西不应该有）。而科学方法论实在是改中国人"面糊脑筋"为"科学脑筋"的利器。不但治科学的人应当知道，就是不治科学的人也应当有，而且容易看懂。（二）专用白话……《科学》上说理的文字，虽然也经著者费了许多苦心作得还好，但是为中国文言本身有许多多歧的地方，所以读者看起来还是很费力气，而且容易生出种种的误会来。若是用赤裸裸的白话文来说科学的道理，我想一定更要真切明了，更可以唤起读者的兴趣……（三）或是专以现在的《科学》作纯粹专门以上的参考书用，而另外发行一种《科学讲演录》说科学上最新的，而比较起来还算浅显一点的道理，以为中等知识的人的参考书。我想这种出品的传布科学的效力更要大。

他也知道中国科学社经费匮乏，"但是我一方面望社会上有慷慨的人为他捐助巨款，一方面也盼望科学社的诸君，赶快着手去做，我们今天要做的事，千万不要等到明天"。[12]

这是《科学》刚搬迁回国后，学界对它的要求，是那个时代对科学的心声，如白话文、通俗等。其实，《科学》发刊不久，同人们对其编辑方针、刊载内容就有讨论。发刊满三卷，编辑部开会后向董事会致函要求改良《科学》内容：

董事会诸先生公鉴：《科学》出版已阅三载，赖社友职员维持之力，得无殒越。唯内容时有庞杂之嫌，销路因而影响，此因读者程度不齐，亦编辑部审察无一定方针所致也。现于今年（1917—1918）第一次编辑会议议决，从第四卷第一期始，月刊专载通俗文字，另出增刊载专门艰深文字，每年至少一厚册。事关经济，望采择赐行。[13]

董事会通过了编辑部改良《科学》决议。但胡明复回国调查国内情形，与南京社友商量后，"以为分刊之举，目下有所不宜"，提请董事会取消了决议。[14] 1917 年年会上也曾提议发一专门增刊，并提议以后编辑部实行分股审稿及扩大征稿范围。[15]这说明此时《科学》杂志就已经面临通俗与专门的两难抉择。通俗与专门相间的内容与形式，既不能很好发挥科学宣传的作用，同时科学交流功能也大大削弱。他们要创办专刊以进行科学交流，给《科学》留出空间让科学宣传驰骋，可惜没有成功。之所以如此，一方面，社员大多刚刚回国，科学研究事业还不见头绪，没有专门科研成就刊登，专刊创刊自然不成；另一方面，若《科学》完全变为通俗刊物，似乎难以起到联络社员情感的作用，因为正是"促进中国科学发达"使社员们走在一起，而不仅仅是"科学宣传普及”。

《科学》内容使其读者对象难以确定，一般读者可看懂“通论”一类文字，而对于专业文字只有“望文兴叹”，专业研究者每期可供参考的文献又太少。因此，销量一直成问题，一般每期难超 3 000 份。[2]2 为解决矛盾，《科学》曾刊专号进行专题科学宣传与提倡。① 回国后专号始于 1921 年的“年会论文专号”，其后在相当长时间内几乎每年都有。如“科学教育专号”（第 7 卷第 11 期）、“通俗科学讲演号”（第 8 卷第 6 期）、“工程号”（第 9 卷第 2 期）、“经济学专号”（第 10 卷第 1 期）、“无线电专号”（第 10 卷第 7 期）、“赫胥黎专号”（第 10 卷第 10 期）、“食物化学专号”（第 11 卷第 8 期）、“中国科学史专号”（第 11 卷第 10 期）、“泛太平洋学术会议专号”（第 12 卷第 4 期）、“胡明复博士纪念专号”（第 13 卷第 6 期）、“有机化学百年进步专号”（第 13 卷第 12 期）、“第四次太平洋科学会议专号”（第 14 卷第 5 期）、“爱迪生逝世周年纪念专号”（第 16 卷第 10 期）、“气象专号”（第 18 卷第 8 期）等。从这些专号可以看出《科学》科学宣传的深度和广度。从涉及内容看，包括教育、工程、经济学、无线电、中国科技史、有机化学及某学科的历史流变、著名科学家的纪念、国际学术会议召开的详细报道等，范围广泛。从宣传深度看，这类专题性“专号”给予读者多方面了解乃至研究某一专题的众多材料，例如“有机化学百年进步专号”有利于读者从总体上把握有机化学的发展全貌，以增强继续深入的兴趣；“泛太平洋学术会议专号”可以使读者全面了解这次学术会议的来龙去脉与中国科学家在会议期间的表现、中国科学与世界科学的差距等。下以 1925 年 10 月刊发的“无线电专号”具体分析“专号”的一些特征。

“无线电专号”由朱其清主持。朱其清留美入斯坦福大学攻读无线电学，获博士学位后曾到英国马可尼工厂实习。1922 年回国，参与主持中国科学社无线电事业。他指出国内不仅无无线电生产厂家，而且政府对租界借助治外法权引进推广无线电毫无办法，结果是利权旁落。有鉴于此，《科学》发刊此专号，“汇辑国内专家宏论，以供研究无线电学者之参考，增进国人研究新科学之兴趣，并促专家互相切磋竞争之心，而从事制造，俾应来日吾国社会之所需而挽回利权”。[16] 报道中国科学社在南京设立“无线电研究所”的消息，其中痛心疾首地指出，无线电学发展日新月异，用途极

① 有人对《科学》专号曾做专门研究，参阅陶贤都等《〈科学〉专号的内容与传播策略》，《科学》68 卷第 3 期。

为广泛，影响也极大，各国正着力发展，“返观我国，各科学均届幼稚，而于无线电学，更瞠乎其后，无识武人，又误认为军用品，悬为厉禁，即有热心研究之士，亦只观瞻不前，长此以往，不特为国际学术界之奇耻，抑全国传布音讯之最灵机关，亦将难期发达”。因此中国科学社筹设无线电研究所，以提倡中国无线电学之研究。[17] 可惜该研究所并没有真正建立起来，仅设立了广播电台，开租界之外民用无线电事业的“先风”。该“专号”刊布有李熙谋《电工能之发射输送》、傅德同《无线电反射》、夏炎《真空管传递上所需之高压直流检集法》、郑方珩《无线电短电波之发收》、杜立本《魏根氏消灭天电无线电接收机之装置》、朱其清《无线电界之大障碍》、曹仲渊《收音机三极真空管病及其治法》等当时国内无线电学专家的专门文章。发刊“无线电专号”的本意，不仅仅要向国人传播宣扬无线电学方面的知识，关键是要引起国人对无线电学的重视，以督促国家发展无线电事业，挽回利权。无线电是当时刚刚兴起的新兴学科，《科学》及时在国内宣传与鼓动，势必对无线电事业在中国的发展起到推动作用。“专号”一般都由相关方面专家主持征集稿件，都具有这种既能捕捉到当时科学界的热点传播科学知识，又切合实际的特点。

三、刘咸担任主编与《科学》改版

到20世纪30年代，随着各专门学会及专业期刊、大学学报、研究机关丛刊与集刊的大量出现，《科学》内容、形式及其发展都面临挑战。“在十几年前《科学》或者能称为一种好杂志，近年来《科学》已变成一种不够专门难称通俗的杂志了！”汪敬熙在点评《科学》和各种专门杂志后，指出中国缺乏真正适合青年阅读的科学刊物：

青年学生中有人喜欢学科学，如果他的外国文程度不高，他就不能找到一种杂志，源源供给他以各种科学的消息，一方使他眼界开扩，一方鼓励他学习的兴趣。如想使青年走上科学之路，实有办此种通俗杂志之必要。再有一层，就是使现在许多成年人知道世界科学发达到什么田地，这也是很紧要的。只有在我国，方有杂志上登出飞机在天空发现真龙的怪话。更有一层，如有一种通俗的科学杂志，报告世界及我国科学界的消息，使大家晓得各方面的情形，至少无形中可以在国内造成一种公正的批评。就是因为大家不晓得各方面的情形，没有公正的批评，所以在中国才能做几篇文章论一下科学方法、科学价值、科学精神，再经一班朋友吹嘘吹嘘，便可成了科学家。所以在中国才有埋头研究多年而社会不晓得，不帮助的人。[18]

其实，对《科学》的改版一直有讨论，有人主张另出通俗科学杂志；有人建议将文稿分类出专号；有人主张由编辑部选题，请人专作；有人提议与各专门学会联系，专门论文刊各专业期刊，综合论文载《科学》。这些讨论雷声大，雨点小，直到1934年下半年，因主编王琎赴美留学，中国科学社理事会终于下定决心借此对《科学》进行改良，在秉志、胡先骕的极力推荐下，中国科学社聘请时任山东大学生物系主任刘咸出任专职编辑部长，《科学》的改版才"浮出水面"。①

1934年8月20日，中国科学社理事会在庐山召开会议，就王琎赴美后继任《科学》编辑部长人选进行讨论："咸以《科学》月刊为本社重要事业，亟须设法维持并加以精进，部长一职若再欲请人义务兼任，不特事实上困难，且亦不甚相宜，是否应专聘一人担任，提交年会大会讨论决定。"[19]年会通过聘请专职总编辑一人，各科编辑由总编辑接洽并报理事会聘请。此后，秉志、胡先骕与刘咸书函往来，就刘咸担任《科学》主编各种细节，就任后于刘咸个人、于中国科学社及整个学术界的有益之处进行了往返讨论。如1934年11月13日，秉志致函刘咸告知理事会已决议聘请他担任主编：

志甚盼弟可接受此事，仲济、献文皆与志意相同。献文谓国防委员会似拟约弟任事，该会待遇或较优于科学社，然志谓此间以成例所格，不得不暂定为三百元，而半年后即可增加，弟为学术事业计，亦可不必介意。山大月薪较高，然系教课之职务，此则纯为促进学术之事业，关系较重，而个人终身之发名成业，亦以此间为较宜，故志甚望弟可忘怀于待遇之厚薄，而来此与同人等为国内之学术努力耳。弟若以为可行，即望早日预备一切，俾下学期起首即可到沪任事。将来社中一切重要之兴革，有弟从中主持，发挥光大，将来希望无穷尽也。[20]15

刘咸在东南大学生物系毕业后，留校任助教，在胡先骕指导下在生物研究所从事藻类研究，后考取江西官费留英，入牛津大学改习人类学。1932年回国，在胡先骕举荐下担任国立山东大学生物系教授，后兼任系主任。当年生物研究所同人王家楫、伍献文和师辈秉志、胡先骕都希望他接任《科学》编辑部长。虽然国防委员会也曾邀约他任职，薪水较中国科学社高，但秉志从学术发展角度出发，还是力劝他任职中国科学社。11月11日，中国科学社理事会议决聘请刘咸为编辑部长，"担任《科学》月刊及本社其他一切刊物之编辑事宜，并兼任图书馆馆长"。11月24日，任鸿隽代表中

---

① 此前编辑部长王琎一直是兼职，主要任中央研究院化学研究所所长。刘咸后来回忆说："王琎任主编时，由于兼职，脱期太多，请路敏行任常任编辑，亦不能解决问题。"刘咸《我前后的几任〈科学〉主编》，《科学》第37卷第1期。

国科学社致函刘咸：

关于科学社编辑部长一职，前闻先生可以俯就，无任忻幸。兹经科学社理事会第一百廿一次会议通过，聘请先生为科学社编辑部长，担任《科学》杂志及社中其他一切刊物之编辑事宜，并兼任本社图书馆长，月致薪金三百五十元（但明年一月至七月，因前任图书馆馆长路季讷先生暂行留职，帮同办理图书馆事务，以资接洽。在此期间内，图书馆馆长由路季讷先生暂任，先生只任编辑部长。尊处月薪暂定为三百元）。

以上办法谅能得先生同意。兹随缄送上聘书及应聘书各一份，敬请将应聘书签字寄还，并盼于明年一月即行到沪就职，以共策《科学》刊物之改进，国内科学前途实利赖之。[21]

刘咸放弃山东大学和国防委员会的高薪，接受了《科学》主编的位置。他走马上任，雷厉风行，很快就拟定了《科学》的改良计划及其实施办法。1935 年 1 月 26 日，任鸿隽致函刘咸说：

奉十九日来示，忻悉文驾已于月中到沪就职，一切计画皆极中肯要，曷胜钦佩。行见指挥，一定旌旗易色，为《科学》前途庆也。一年以前，弟在北平，曾约集咏霓、步曾、洪芬诸先生，为改良《科学》内容之计画，兹将当时所拟办法油印纸寄上一份，以供参考。若能如尊缄所云，将负责编辑及特约通信员组织完备，则所有计画不难实现。[22]

任鸿隽等人对刘咸的改革计划持赞成态度，而且对刘咸的作为也充满信心。

刘咸对《科学》的改版，因无法找到相关原始文档，只有根据他发表于《科学》第 19 卷第 1 期的《〈科学〉今后之动向》一文予以解读。该文对《科学》前 18 卷进行了总结："十余年来，举凡国内外科学家用国文写著之科学论文，大都在本志发表，计先后登载之各种纯粹及应用科学文字，及有关科学记事，都二万九千零四十二页，论题以千数计，依其性质，汇别为三十三大类，所以记世界科学之进步，及吾国科学家之贡献。"揭示《科学》在传播科学、促进中国近代科学发生发展上的独特地位与作用。然后指出，《科学》创刊二十年来，世界科学发生了天翻地覆的变化，中国虽政局混乱，经济穷困，国民思想紊乱，教育方针"靡定"，但科学事业的建设，"赖有苦心孤诣、筚路蓝缕之少数领袖，提倡于上，志虑纯洁、躬行实践之有为青年，努力于下"，稳步发展，在地质学、生物学等方面已可以与东邻日本相媲美。在这发展过程中，各种专门学会次第成立，各种专业科学期刊也纷纷创刊，《科学》的使命自然也面临转折的关节点："年来科学在吾国之进展，即渐趋于高深及专门化……则以本志为发表各种专门论著之喉舌，以时代衡之，良非所宜，为避免重复，及联络各门科学，互通消息计，今

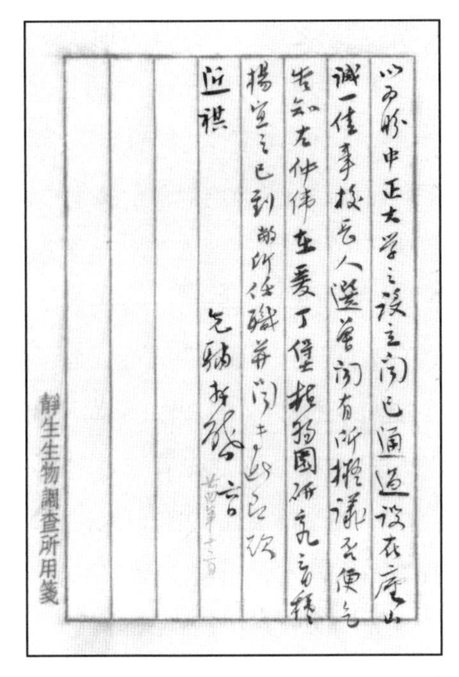

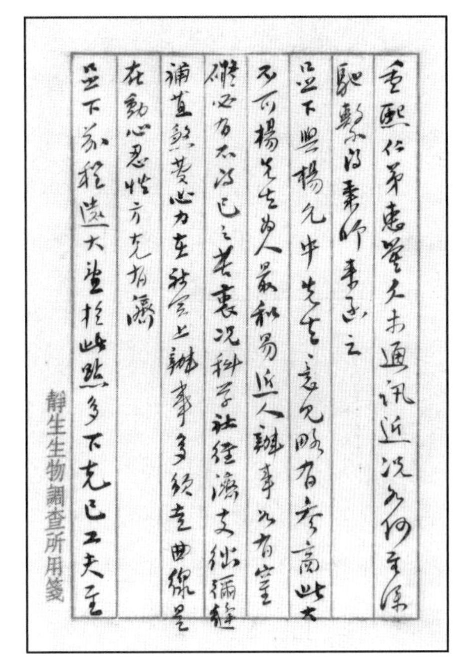

图 14－1　1935 年 12 月胡先骕致刘咸函

该函劝告担任《科学》主编的刘咸与中国科学社总干事杨孝述“和平共处”。

后本志之动向，亟有改弦更张之必要。”提出了《科学》自 1935 年第 19 卷开始的改版宗旨与方案。

过去《科学》由于中国科学期刊的稀缺及其历史地位，不得不兼收并蓄，范围宽广，“论题之旨趣既异，斯文字之高下悠殊，往往一篇论著，为某门读者所喜悦，未必同时能得其他学者所欣赏，因此不免顾此失彼，难得一般读者所同趋”。改版后的《科学》，“作为科学舆论之喉舌，广播科学知识，提倡科学建设，自兹以往……以力求通俗，而同时能除去时下言科学者粗疏浅薄之弊病为目的”。取材以“（一）能使读者发生科学兴趣，（二）能记述科学进步，（三）能传播科学消息”为标准，“力求科学知识之普遍化”“务使初学者读之不觉深，专门家读之不嫌浅”，读者对象“首为高中及大学学生，次为中等学校之理科教员，再次为专门学者，最后为一般爱好科学之读者”。[23]1-8 基于上述主旨及读者定位，《科学》除保持其独立性外，还要与其他宗旨相同的科学杂志密切联络，“共图吾国科学事业之发展”。

改版后的《科学》设有“社论”“专著”“科学思潮”“科学新闻”“书报介绍”“科学通讯”“科学拾零”等栏目。“社论”由编辑部请国内科学界泰斗担任撰述，“阐论科学与近代生活，及公众事业之关系，以期唤起科学界之舆论，指示建设吾国科学事业之途径，以及树立研究科学之风尚”。目标高远，欲通过这一栏目将《科学》变成中国的“科学论坛”,为国家科学事业的发展献计献策,有高屋建瓴之势。“专著”每期刊登 3 ~5 篇,“以叙记科学上之新贡献、新发明,性质以浅显明了为主”“其有关系吾国及世界学术大势之译述,亦所欢迎”。“科学思潮”范围广泛,诸如短篇论著、科学演讲、科学进步等。“科学新闻”全面报道中国科学界各机关各团体动态及政府对科学事业的关注、科学家个人的言行受奖、世界科学动态等,不仅为研究中国科学发展史留下了第一手资料,也为比较研究中外科学发展提供了较全面的信息。“书报介绍”本着服务的宗旨,介绍国内外新出版之书报。“科学通讯”仿《自然》周刊的“通讯”一栏,是科学家进行学术讨论的园地。“科学拾零”收上述各栏不能归入的材料,如来件、专载、附录、通告等。1936 年栏目进一步优化调整为“科学论坛”“书报介绍”“专著选登”“科学通讯”“科学思潮”“科学新闻”“科学拾零”等,并增加一论文摘要性质的“研究提要”。

《科学》编辑过去由年会大会选举,并未征得本人同意,“形同虚设,不负责任”,而且散处各地,不利于编务进行。1934 年年会决定,编辑由编辑部长商请理事会分学科聘定,“以近在京沪者为原则,俾得随时奉商,藉收集思广益之效”。刘咸聘定的编辑部成员如下:

范会国:国立交通大学理学院数学教授　　严济慈:北平研究院物理研究所所长

倪尚达:国立中央大学物理系教授　　张江树:国立中央大学化学系教授

李　珩:青岛观象台技师兼山东大学教授　　张其昀:国立中央大学地理系教授

吕　炯:中央研究院气象研究所技师　　杨钟健:地质调查所技师兼北京大学教授

伍献文:中央研究院动植物研究所技师　　钱崇澍:中国科学社生物研究所植物部主任

吴定良:中央研究院史语所人类统计学组主任　　杨孝述:中国科学社总干事

卢于道:中央研究院心理研究所技师　　陈思义:上海中法大学药学专科教授

李垕身:上海仁记路 97 号大兴建筑事务所　　陈茂康:中央研究院物理研究所技师

陆志鸿:国立中央大学工学院教授

这个编辑队伍包括了数学、物理、化学、天文、气象、地理、地质、动物、植物、人类学、心理学、药学、建筑学、农学与工程技术等学科门类,基本上都是每个学科的代表人物,大多“有声于世,可谓极一时之选”。① 除严济慈、李珩、杨钟健外,其他人都在南京、

①《中国科学社第二十一次年会记事》(单行本)“编辑部报告”。杨钟健后来回忆说《科学》编辑部也多年聘他为编辑或特约编辑,“此也是一种虚名,实际上负编辑之责的另外有人,这种办法不过是想收‘集思广益’之效”(《杨钟健回忆录》,地质出版社,1983 年,第 164 页)。这个编辑队伍后来有不小的变化,有人离开有人加入。如第 19 卷第 1 期出版时,就增加了中央棉产改进所技师冯泽芳。

上海就职，确实有利于编务的顺利进行。

同时于各学术中心广聘热心科学事业的特约通讯员，每月报告一次该机关的最新动态，诸如研究成果、科学家言行等。这些通讯员分布广泛，包括专门的研究机构如中央研究院、北平静生生物调查所，国立、省立大学如清华大学、浙江大学、山东大学、中山大学、广西大学，私立研究机关如中国西部科学院，私立大学如福建协和大学，省立工业试验机构长沙工业试验所，以及国外的德国柏林等。

改版后的《科学》，成了专门科学与通俗科学之间的桥梁，同时加强了科学传播与学术交流的功能。下可以接续完全通俗的给一般读者阅读的科学期刊如《科学世界》（中华自然科学社主办）、《科学的中国》（中国科学化运动协会主办）、《科学画报》（中国科学社主办）等，上可以接续各专业学会的专业期刊，“实居中心枢纽地位……其宗略规托英国之《自然》（*Nature*）周刊，美国之《科学》（*Science*），德国之《自然科学》（*Die Naturwissenschaft*）等杂志”。[23]4 特别是“书报介绍”和“研究提要”两栏目的设立，为国人了解各国科学研究的前沿及国内各门学科的发展提供了较为全面的信息，成为中国科学交流系统形成的重要标志。袁翰青曾专门致函刘咸讨论如何提高“科学提要”编撰水平，诸如“取材以‘研究论文’为限”，分“数学、物理、化学、动物、植物、生理、地质、心理、天文、气象、地理”等学科，必须注明题目、作者、杂志卷期、页码、出版年等，并说“科学提要”专栏的设立，满足了当时中国科学发展的需要：

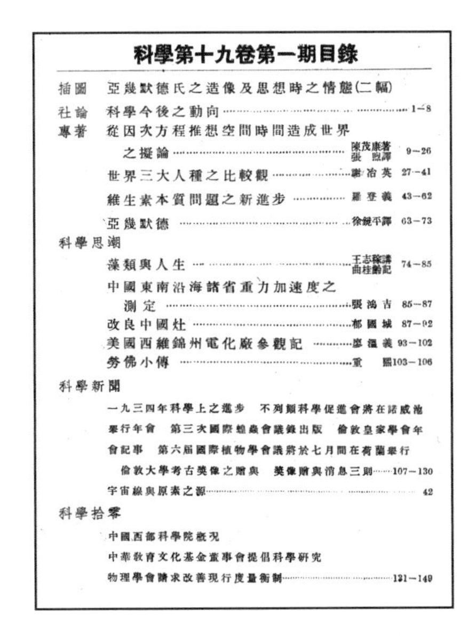

科學第十九卷第一期目錄

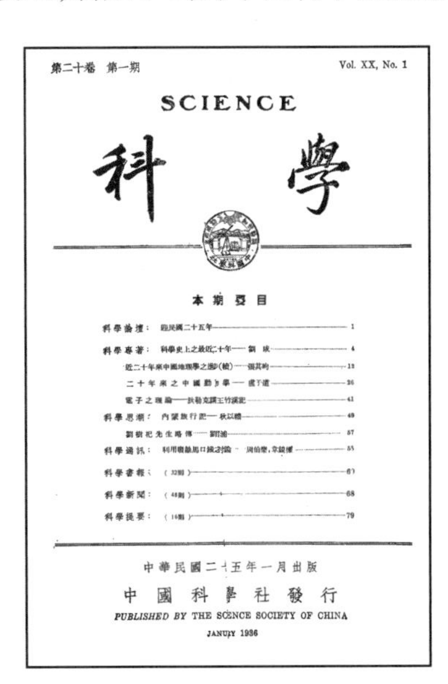

图 14－2　《科学》改版后的第 19 卷第 1 期目录与第 20 卷第 1 期封面

栏目与栏目名称进行了调适。

"近年来国内研究空气日益浓厚,发表论文亦渐多,散见于国内外各大杂志中,若无'撮要'使之集中,读者恒有顾此失彼之苦。"曾昭抡也致函刘咸对《科学》栏目与内容的编辑提出建议,诸如"社论"一栏"宜仿《大公报·星期论文》办法,预先排定次序,约定名家轮流撰述,以免主编者太忙",宜继续刊发"科学名人传记"以提高读者兴趣等。[24]

改版后,《科学》社会反响良好,销量与影响不断扩大。1935 年年会报告每期零售达 2 500 册。① 1936 年年会报告定户达 625 户,每期零售 4 988 册,已超过 5 000 份。② 刘咸借助他在学术界的广泛联系与地位,给《科学》增添了不少光彩。翁文灏推荐其任所长的地质调查所同事熊毅论文给《科学》;孙洪芬向《科学》推荐葛利普荣获汤普森奖章(Thompson Medal)一事的材料及葛利普的演讲词;吴有训答应给《科学》联系物理学泰斗玻尔(N. H. Bohr,1885—1962)的文章;刘咸向范会国约稿法国数学家哈达玛传略,由于哈达玛(J. S. Hadamard,1865—1963)当时正在清华大学讲学,范会国转请熊庆来撰写。[25]

四、"观化"事件

改版后的《科学》也曾出过"纰漏",并引起风波。中央研究院评议会成立后,刘咸在《科学》第 19 卷第 6 期"社论"栏化名"观化"发表《国立中央研究院评议会成立》一文,恭贺之余,对中央研究院的组织提出了两点批评意见。一是研究所设立地点。指出研究所分设南京、北平、上海,"北平学术机关林立,复有北平研究院之设立。设所于此,事实上实嫌重复;上海环境错杂,商业中心,并非研究学问之适当处所,设所于此,亦非所宜。而各所分立,精神散漫,管理困难,考绩不易,且各自为政,增加许多可避免之耗费及不需要之职员"。刘咸这一说法,似乎与 1930 年蒋介石要求中央研究院各所集中南京"遥相呼应",③但更大可能性是受到当时世界性"统制"产生效率的潮流影响,1936 年他曾撰文呼吁政府学习苏联,建立一个像苏联科学院一样的机构,"使之负起改造国家之重任,非徒为时代之装饰品"。[26]

二是需"重新厘定各所组织"。指出中央研究院拟设的"国文研究所""教育研究所",已设的"历史语言所"与组织条例规定研究范围限于数学、天文学与气象学、物

---

①《中国科学社第二十次年会记事》单行本,1935 年 11 月刊。
②《中国科学社第二十一次年会报告》单行本,1936 年 10 月刊。
③ 参阅拙文《学术与政治:1930 年中央研究院院址之争》,《学术月刊》2013 年第 4 期。

理学、化学、地质学与地理学、生物科学、人类学与考古学、社会科学、工程学、农林学、医学等相违背,与“实行科学研究”的宗旨尤相悖谬。因此要求添设数学、地理、人类学、考古学、医学等研究所,裁并不合理的机构,“现有之历史语言研究所,应即裁并,其中属于科学范围内为条例中所有者,如人类学组应即扩充为人类学研究所,考古学组扩充为考古研究所,语言组……应归入人类学研究所”云云。[27]

中央研究院本来包括自然科学与社会科学,认为“国文研究所”“教育研究所”与组织条例相违,未必有道理,但将人类学、考古学等归入历史语言所确实也有些不伦不类,特别是人类学、考古学更接近于自然科学。“言论自由”,作为一个私立学术团体具有全国性影响的期刊对国立机构的组织条例“指手划脚”,似乎也无可厚非。但这意见却令被批评的中央研究院史语所傅斯年、李济等人大为不满。傅斯年致函李济说:

《科学》之妄人(必是刘咸),真正万分混账。兄动义愤,佩服之至。弟当日即找任理论,大骂了一回科学社。一切详情弟今晚写下寄上。弟为此气得两三天不舒服。[28]

史语所所长傅斯年、考古组主任李济都是当时学界呼风唤雨的人物,“能量”极大。何况,留学欧洲的傅斯年一直对中国科学社不满意,曾上书蔡元培不满于中国科学社对中央研究院的影响力,这次终于找到了机会,自然不遗余力“找茬”,找到任鸿隽“大骂”,具体情形如何,信中未言,不得而知。无论如何面对傅斯年等人的强烈反应与强力介入,任鸿隽等理事只得立马召开会议对此进行专门的研究,并形成了决议。《科学》紧接下一期刊出“中国科学社理事会启事”予以道歉与声明:

本社所出《科学》月刊,纯为发表学术论文及科学消息机关,对于国内时政及政府行为,向来不加评论,前查本刊第十九卷第六期有观化君所作《中央研究院评议会成立》一文,对于中央研究院之组织有所论列,措词并有欠妥之处,此自属观化君一人意见,不能作为代表本社的言论。因其登载本刊首篇,恐滋误会,特兹声明。

将刘咸言论与中国科学社切割,归于个人言论。1936 年 5 月,理事会议决《科学》自第 20 卷第 7 期停刊社论,代之以通论。①《科学》设立“社论”一栏的原初目的,就是想使之成为中国科学论坛,对相关科学政策发表看法。刘咸的文章可以说是

---

①《理事会第 130 次会议记录》(1936 年 5 月 28 日),上海市档案馆藏档案,Q546-1-66-32;樊洪业主编《竺可桢全集》第 6 卷,第 82 页。

完全正常的言论,似乎没有发表声明的道理,更无改变专栏名称的必要,但这就是当时社会现实,政治强力挤压民间声音。正如前面所讨论的那样,民国时期民间社团与政府并没有建立起良好的制度化关系,与政治的关系往往转化为社会网络中人与人之间的关系。在此情况下,刘咸因任鸿隽、秉志等通过蔡元培的私人关系予以疏通,也得以保全。但这一"纠纷"并非完全相关学术。胡先骕7月就此事先后致函刘咸,13日信中说他阅读刘咸文,"方以为立言得体,然不知已犯投鼠忌器之嫌",并劝导说:

在中国社会,凡事皆须顾虑社会背景,不能全凭理论。阅世久,当自知之,弟切勿以此而稍灰心,但视若一小小波折可耳。《科学》自足下主编后,面目大改,公道自在人心,即对足下此文不满者,亦不能不承认也。

语气可谓心平气和,但三天之后,信函中对中央研究院诸公已是"怒气冲天"了,并有"人身攻击"与派系争执:

昨于王仲济致秉师函中得知中研院诸公忿犹未息,除一面由秉师与任叔永先生商酌,再去函解释外,骕觉足下亦须有所准备。中研院自丁在君继任总干事后,气焰极盛,而傅斯年为人尤不可耐,赵元任、李济之亦然。或彼等竟欲以势力相凌,亦未可知。彼等为人极其势利,以张其昀近年甚活动,且在国防委员会任职,竟聘之为评议员,实则张并非气象专家,所以聘之者,纯为拉拢计也。

在今日治学术而犹须倚赖势力,至为可慨。然欲不为人所凌,则自身亦须与之旗鼓相当。东大同学在此点未免有逊色,允宜力图补救之者……[20]94-96

与胡先骕对中央研究院诸君的愤懑不同,秉志却从学术自由的理念出发,并不完全认同"理事会启事"。7月12日,秉志致刘咸函中说:"现在国内无言论之自由,本不足怪,千万不可因此惹动感情与意气,反为嫉我者之所快也……吾人忍耐奋斗,以工作为国人效力,不计其他可矣。"四天后信函中还是坚持这一点:"科学界亦无言论之自由,而该方面恶闻其过,毫不知士有诤友之义,殊为可笑!弟完全以淡泊之态度处之,勿为盛情所动,看其下文如何可也。"[20]22-23 面对傅斯年等为代表的"北大派"对"东大系"的"打压",以秉志、胡先骕等为代表的"东大系"自然也非完全无所作为。很快,刘咸作文《科学进步与言论自由》在"东大系"主办的《国风月刊》登载予以反击。文章以言论自由是宪法赋予现代文明国家国民的基本权利出发,指出处于发轫阶段的中国科学事业,需要集思广益:

吾国科学事业,方在发轫,一切建设,多在草创时期,复以真正科学人才缺乏,致讲求建设事业者,每有才难之叹。故凡举一事,创一业,苟非有真知灼见,或确具专门知识与经验者,于计划之初,理应周咨博访,审慎参详,以期收集思广益、群策群力之效,庶几所办事业,可望止于至善。此主持建设事业,为国家百年大计者,所应具有之态度也。

然后笔锋一转,指称一些国家机关主持人不仅不"虚心擘画,详参各方专家意见,以资借箸",反而"一闻有所建议,或批评所办事业,或论列机关组织,不论为善意为恶意,辄勃然大怒,唁唁然报以恶声,一若我之主张尽善尽美,孰得议而论之,我之权威至高无上,孰得冒而犯之"。这样的"主事者"一定"未曾受过科学洗礼",因为科学家重事实,"不尚意气,是者是之,非者非之,知之为知之,不知为不知"。进而指称这些主事者"咆哮谩骂,以势凌人,或造作蜚语,故意压迫,斯不特失科学家至善态度,亦且示人以不广"。当日党政军机关,"尚主张大开言路,予人民以发表机会",在"以求真理为职志"的科学界,"实毫无压迫言论自由之理由,亦且无其必要",如果他们一意孤行,不仅将成为国家的罪人,而且也会阻碍中国科学发展,"留科学史上莫大污点"。在"统制"的潮流中,科学不可统制,因"科学以勘破自然,寻求真理,造福人类为鹄的,方面至多,范围至广,途径至宽,有金银者可以为之,无经费者亦可以为之,国立机关可以为之,私人团体亦可以为之,孰得统而制之"。[29]

刘咸反击文章登载《国风月刊》,与《科学》无涉,因此秉志以为"社中理事可以完全无碍。彼等绝无干涉之权,更不能借口向人作第二次之道歉矣"。应该说,傅斯年等人的"大怒"确实有失风度,刘咸的反击却也有"过当之处",不乏"诛心之论"。"言论自由"是一个可以公开言说的理由,"北大派""东大系"这样的派系之争,毕竟上不了台面。傅斯年等人对刘咸的后续似乎并无反应,此一事件由此也就烟消云散,毕竟当日中国面临着更加严重的"国难",中国学术界也有更为重要的学术事业需要关注。①

改版后的《科学》按照其目标向英国的《自然》周刊和美国的《科学》发展。1941年12月,第25卷出版后正式宣布停刊之际,刘咸发表"完成感言"说:"近年一般科学杂志,所在多有,然体大范广,年数久长,宗旨一贯,不激不随,鲜有出本志之右者,宜为学人所爱护,齐之于英之《自然》(*Nature*)、美之《科学》(*Science*)之林,实至名归,非偶然也。"[3]抗战胜利后,从1946年10月出版的第28卷第5期开始,增设"研究简报"专栏,"限于研究结果的写述,文字不妨以图快睹。文责由作者自负,所以于

---

① 相关这一事件的进一步分析,参阅拙文《派系争斗与言论自由——〈科学〉"观化"事件探析》(未刊)。

作者姓名之后，要连带写上工作机构的名称以备学人间的互相咨询”[30]。由此，规范化的《科学》主要刊登科学研究论文摘要与简报，如1948年出版的第30卷就刊登数学研究成果38篇，作者有苏步青、陈省身、王宪钟、闵嗣鹤、周鸿经、项黼宸、段学复、胡世桢、廖山涛、杨忠道、叶彦谦、白正国、周毓麟、徐利治等，都是中国近现代数学史上大名鼎鼎的人物，大多是中央研究院院士或中国科学院院士。这样，《科学》真正向《自然》等靠拢，其发展目标也基本得以实现。

随着科学不断发展，逐步显现出大科学趋势，科学研究需要大量经费，这是科学家个人与民间团体难以企及的，政府在科学进步上作用越来越明显。以第一次世界大战期间英国成立科学工业研究部为标志，西方国家科学发展战略逐步发展，到20世纪30年代最终形成。对于科学发展这一变化趋势，《科学》也有敏锐的感知。面对国难日重，国事越来越危险之际，《科学》1936年发表文章请政府设立科学实业研究部，以为当时中国最急切需要是“解除国难”同“建设国民经济”，科学事业是“二者之基本”。因此“亟宜参考欧美各国过程，考量国家‘此时此地’之需要，于现有研究机关外，添设大规模、有计划、有目的、组织统一，指挥若定之科学实业研究部，专门担任复兴民族、保全领土，富国裕民之研究”。[31]正如前面所言，有鉴于苏联计划科学体制取得的举世瞩目成就，刘咸也撰文呼吁政府学习苏联，建立一个像苏联科学院一样的科研机构。

原子弹的研制成功，标志着大科学时代真正到来。《科学》也顺应这一改变，在编辑方针上“转向到科学的社会功能方面”，当然“也并不放弃专研的岗位”。战后《科学》进一步加强和扩充1935年改版形成的“通论”专栏，关注相关科学的各种社会因素，特别注重国家科学政策的建设与建议。仅1946—1947年第28、29卷，该栏目就先后发表卢于道《中国与国际科学合作事业》《一个任务，一个领袖》《研究组织的单位问题》《科学工作者亟需社会意识》，竺可桢《为什么中国古代没有产生自然科学》《科学与世界和平》，任鸿隽《科学与工业》《关于发展科学计划的我见》《七科学团体联合年会的意义》，李晓舫《中国科学化的社会条件》《建国与科学》，张孟闻《原子能与科学界的责任》等，也刊载了《七科学团体联合年会宣言》等。

这些文章为中国科学的发展出谋划策，多方面论述科学发展与政治、经济、社会的互相关系。如卢于道《一个任务，一个领袖》指称战后“我们全国上下，惟一的任务，就是科学建国”。“科学建国”繁复庞杂，牵涉方面非常广泛，需要有组织、有计划地实施，因此需要“一个政治组织，一个政治计划，同时亦需要一个政治领袖”。他阐述说:“在民主国家所尊重的领袖,和偶像式的个人、傀儡式的皇帝,毫无相同之处,谁都可以作领袖。当某人作了领袖,既为我们大家所信任,我们大家就得服从。我们所服从者,是我们所共认的一位领导者,不是某甲和某乙。……这样的服从,不是被奴役,或鄙视自己;正相反,是尊重自己,尊重有机组织的集团,尊重这个集团的完整,而不是崇拜偶像。”[32]

对于《科学》的内容,1949 年后有“过于偏重理论,未能与实际相结合”的批评,任鸿隽虽表面上接受,但还是做了意在否定的辩解:

第一,偏于理论,脱离实际,是我们二三十年来科学研究的普遍现象,《科学》是反映当时科学发展情形的,自然脱离不了这一般的现况。第二,所谓理论与实际,不知是指那【哪】方面的情形而言。若就一般的社会情况而言,当三十余年前一般人还不明了科学究竟是什么东西的时候,我们不惮烦言地指陈科学的性质怎样,科学智识与其他智识的区别在什么地方,这些正是合乎实际的主张,不得以其是关于理论的文字而谓其脱离。第三,若理论与实际是指科学的原理与应用的而言,则在《科学》发刊号的“例言”中,我们曾标举一个原则,说“为学之道,求真致用两方面当同时并重”。所谓求真,即是指学理;所谓致用,即是指实际。我们试检查一下《科学》第一卷的索引,关于算学、天文、物理、化学、地质、气象、生物、心理、教育及普通性质的文字约为 129 篇,而关于各种工程学、矿业、农业、卫生、建筑、实业的文字约为 118 篇,两种数目几乎相等。以后关于普通理论的文字逐年加多,专门技术的文字渐渐减少,这是因为各种专门学会逐渐成立了,而且各学会都有它的专门杂志,所以许多专门性质的文字便可不在《科学》上发表了。如其以关于应用科学文字的减少,便指为脱离实际,我们以为是未加深思之言。我们须知,如讨论科学研究问题,科学教育问题,那【哪】一样不是目前所切实需要的?科学的范围愈来愈广,实际的需要也随时而不同。主持科学界言论的权威者,应该放大眼光,顾虑周到,方能真正做到切合实际的工作。[2]2

他认为《科学》内容,按照批评者的意见,即使是“偏重于理论”,那也仅仅是反映了中国科学几十年发展的实际历程,不是《科学》自身的原因。可实际上,《科学》创刊以来并没有偏重理论而脱离实际,这有具体的统计数据作证。《科学》创刊之初进行理论方面的梳理也自有其社会历史原因,后来随着专门学会的成立,刊载普通文字更是不可避免的。即便如此,难道可以说讨论科学研究、科学教育这些问题就是脱离实际吗?因此他对《科学》“偏重理论”的指控可以说是完全不接受,他不仅不承认这种指控,而且还要求“主持科学界言论的权威者”要放大眼光,继续讨论科学发展的一些基本问题,“顾虑周到”,才能真正做到“切合实际的工作”。

任鸿隽总结说,1915—1950年,《科学》“以每卷十二期,每期六万字计算,应有三千余万字”,虽然销路不广,但“国内所有的中等以上学校、图书馆、学术机关、职业团体,订阅《科学》的相当普遍”。而且《科学》也是外国学术机关的交换刊物,“并且得到外国学术团体的重视,拿来代表我们学术活动的一部分”。[2]2 曾昭抡1935年所写《二十年来中国化学之进展》中专列一节“中国科学社之成立与中国化学研究之开始”。他说由于《科学》的发刊,“关于化学之专门论著,于是乃有处可投”,任鸿隽在创刊号发表的《化学元素命名说》是“具有研究性之化学论文”。1922年开始发刊《中国科学社论文专刊》,“专载研究论著,为我国是类刊物之嚆矢”。“现今此两种刊物,自纯粹的化学眼光观之,虽已不若以前之重要;然中国科学社对于化学研究之开端,有颇大的促进功效,则为一般人所公认者也。”[33]

第二节 《科学》的科学认知及其影响

《科学》无论是科学观念的传播,还是具体科学门类的发展上都有其独特的地位,这是毫无疑义的。相较而言,《科学》在中国人形成正确的科学观念上居功厥伟。

一、《科学》的科学认知

伟大的革命先行者孙中山曾说:“世界大势,浩浩荡荡,顺之者昌,逆之者亡。”20世纪的“世界大势”,新文化运动的先贤已经响亮地喊出,即“赛先生”和“德先生”在人类发展史上的不可抵挡。一般认为,在中国近代史上占据重要地位的新文化运动起始于1915年9月,标志为陈独秀在上海创刊《青年杂志》。事实上,早在《青年杂志》创刊8个月前的1915年1月,《科学》就已经在上海发刊,在其“发刊词”中指出“世界强国,其民权国力之发展,必与其学术思想之进步为平行线,而学术荒芜之国无幸焉”,率先发出对“科学”与“民主”的吁求,并从“科学之有造于物质”“科学之有造于人生”“科学之有造于智识”和科学有助于提高道德水准等方面论述了科学的社会功能。[4]因此,樊洪业先生认为将“科学”与“民主”举为改造中国社会两大武器,思想源头是《科学》,而不是后起的《青年杂志》,“尤其以倡导科学论之,任何刊物都难与《科学》相比”。[34]

更为重要的是，虽然陈独秀在《青年杂志》创刊号《敬告青年》中提出新时代青年明辨是非的六条标准，其中一条即为“科学的而非想象的”，对科学进行了一定的阐述和宣扬，并标举“科学”与“民主”两面大旗：

科学者何？吾人对于事物之概念，综合客观之现象，诉之主观之理性而不矛盾之谓也……近代欧洲之所以优越他族者，科学之兴，其功不在人权说下，若舟车之有两轮焉……国人而欲脱蒙昧时代，羞为浅化之民也，则急起直追，当以科学与人权并重。[35]

但此后该杂志在其变动不居的多年发展史上，很少有专门讨论、宣传科学或相关科学的文章，也少有传输西方科学知识的篇章。即使在掀起反对迷信和批判灵学的争论中，也仅仅将科学作为一种“欲脱蒙昧”的工具与武器，并没有对科学本身及其科学知识进行基本的讨论与宣扬。也就是说，《新青年》在新文化运动的两大旗帜“科学”与“民主”中，其关注的重点与中心是“民主”，而不是“科学”。①

与之相对应的是，中国科学社的《科学》不仅在中国揭橥“科学”这一大旗，而且在此后几年间，除具体而翔实、及时地传输西方科学技术知识之外，还相继发表大量相关科学的通论性文章，后来结集为《科学通论》出版。表 14－1 是 1934 年增订版《科学通论》篇目、作者与在《科学》发表卷期一览表。在总共 38 篇文章中，大多数发表于 1915—1920 年的前五卷（仅有 9 篇发表于第 6－11 卷）。作者除任鸿隽、杨铨、胡明复等科学社发起人与主要领导人之外，也不断有专业学者如翁文灏等加入，逐渐形成了专家撰写相关专业通论文章的趋势，如邹秉文谈农业、郑宗海谈教育等，还译载了一些国外著名科学家相关论述。

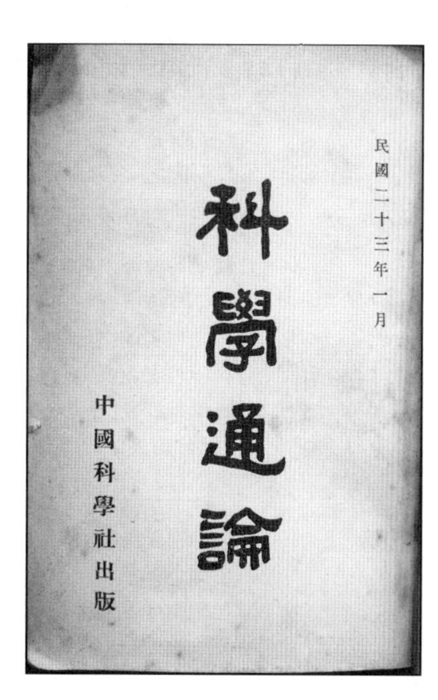

图 14－3 《科学通论》1934 年书影

①《新青年》从 1915 年 9 月创刊到 1920 年 9 月第 8 卷第 1 号变成上海共产主义小组机关刊物前，在其前 7 卷 42 期（号）中，相关科学的文章仅有陈独秀《当代两大科学家之思想》《科学与基督教》，王星拱《未有生物以前之地球》《未有人类以前之生物》《科学的起源和效果》，周建人《生物的起源》，张申府《近代心理学》等几篇。当然，也转载了任鸿隽《何为科学家》一文。

表 14-1 《科学通论》分类、篇目、作者与在《科学》发表卷期一览表

编　次	文章名(作者、发表卷期)
科学真诠	1. 科学精神论(任鸿隽,第 2 卷第 1 期) 2. 科学与知行(黄昌穀,第 5 卷第 10 期) 3. 科学与近世文明(梅加夫著,任鸿隽译,第 4 卷第 4 期) 4. 科学与近世文化(任鸿隽,第 7 卷第 7 期) 5. 科学精神与东西文化(梁启超,第 7 卷第 9 期) 6. 何为科学家(任鸿隽,第 4 卷第 10 期) 7. 科学的人生观(杨铨,第 6 卷第 11 期) 8. 托尔斯泰与科学(杨铨,第 5 卷第 5 期)
科学方法	1. 说"合理的"意思(任鸿隽,第 5 卷第 1 期) 2. 科学方法讲义(任鸿隽,第 4 卷第 11 期) 3. 科学方法论一(胡明复,第 2 卷第 7 期) 4. 科学方法论二(胡明复,第 2 卷第 9 期)
科学分类	科学之分类(汤姆孙著,唐钺译,第 2 卷第 9 期)
科学与发明	1. 发明与研究一(任鸿隽,第 4 卷第 1 期) 2. 发明与研究二(任鸿隽,第 4 卷第 2 期) 3. 科学与研究(杨铨,第 5 卷第 7 期) 4. 科学之应用(杜兰德著,任鸿隽译,第 4 卷第 6 期) 5. 发明与机遇(张铁僧,第 5 卷第 3 期) 6. 发明之母(曹惠群,第 8 卷第 1 期) 7. 纯正研究与实用(程延庆,第 9 卷第 1 期) 8. 发明家之奖报(培尔著,杨铨译,第 3 卷第 9 期) 9. 为何研究科学如何研究科学(翁文灏,第 10 卷第 11 期)
科学应用	1. 科学与教育(任鸿隽,第 1 卷第 12 期) 2. 科学与德行(唐钺,第 3 卷第 4 期) 3. 科学与实业(任鸿隽,第 5 卷第 6 期) 4. 科学与农业(邹秉文,第 4 卷第 7 期) 5. 科学与林业(金邦正,第 1 卷第 1 期)① 6. 科学与工业(任鸿隽,第 1 卷第 10 期) 7. 科学与商业(杨铨,第 2 卷第 4 期)
中国之科学	1. 说中国无科学之原因(任鸿隽,第 1 卷第 1 期) 2. 中国之科学思想(王琎,第 7 卷第 10 期) 3. 如何发展中国科学(翁文灏,第 11 卷第 10 期) 4. 科学教授改进商榷(郑宗海,第 4 卷第 2 期) 5. 吾国学术思想之未来(任鸿隽,第 2 卷第 12 期) 6. 中国科学的前途(葛利普,第 14 卷第 6 期)
学会与科学	1. 学会与科学(杨铨,第 1 卷第 7 期) 2. 外国科学社及本社之历史(任鸿隽,第 3 卷第 1 期) 3. 中国科学社之过去及将来(任鸿隽,第 8 卷第 1 期)

① 原题为《森林学大意》。

这些文章被中国科学社分为“科学真诠”“科学方法”“科学分类”“科学与发明”“科学应用”“中国之科学”“学会与科学”等七个方面，涉及科学本身及其各方面，诸如科学与教育、实业、农业、工业、林业、商业、德行等，并专门有科学社团与科学发展的论述，更有相关中国科学现状及其发展前景的论说。更重要的是，这些文章全面讨论了什么是科学、科学方法、科学精神及科学的社会功能等，填补了自洋务运动以来中国近代科学发展历程中缺乏科学宣传的空白，厘清了国人对科学的模糊认知，使国人比较准确而全面地认识理解科学。

中国科学社社员作为新一代留美学人，直接接受西方科学的熏陶，对科学有比较全面的认知。他们认为，要全面理解科学至少应包括五个方面。第一，科学不仅仅是物质的、功利的，更重要的是学问，是认识理解自然，有系统的知识。也就是说，科学首先是人类认识自然的一种系统的知识体系。任鸿隽说科学是通过实验进行研究与推理的“学问”，不是仅仅表现为技巧的“艺术”。他如是定义科学：“科学是根据于自然现象，依论理方法的研究，发见其关系法则的有统系的智识。”因此他还提请读者注意三点。A.“科学是有统系的智识，故人类进化史上片断的发明，如我国的指南针火药等，虽不能不说是科学智识，但不得即为科学。”B.“科学是依一定的方法研究出来的结果，故偶然的发见，如人类始知用火、冶金，虽其智识如何重要，然不得为科学。”C.“科学是根据于自然现象而发见其关系法则的，设所根据的是空虚的思想，如玄学、哲学，或古人的言语如经学，而所用的方法又不在发明其关系法则，虽则如何有条例组织，而不得为科学。”[36]1

第二，科学有独特的方法。胡明复说，科学之所以不同于其他学问，就是因为它有独特的方法，即演绎法、归纳法和实验：

> 演绎者，自一事或一理推及他事或他理，故其为根据之事理为已知，或假设为已知，而其推得之事理为已知事理之变体或属类。归纳则反是。先观察事变，审其同违，比较而审察之，分析而类别之，求其变之常理之通，然后综合会通而成律，反以释明事变之真理。故归纳之法，其首据之事理为实事，而其归纳之结果则为通理，即实事运行之常则也。自此性质上之区别观之，科学之方法当然为归纳的。科学取材于外界，故纯粹演绎不能成科学。此理至明。盖演绎必有所本。今所究为外界，则所本必不可为人造。是以演绎之先，必有归纳为之基。[37]721

当然，归纳法也有其局限，“科学之方法，乃兼合归纳与演绎二者。先作观测，微有所得，乃设想一理以推演之，然后复作实验，以视其合否。不合则重创一新理，合而不尽精切则修补之，然后更试以实验，再演绎之，如是往返于归纳演绎之间”。任鸿隽也特别看重归纳法，他认为中国之所以没有科学，就是因为没有归纳法。[38]

第三，科学具有独特的求真的“理性精神”。胡明复说：“科学方法之惟一精神曰‘求真’。取广义言之，凡方法之可以致真者，皆得谓之科学的方法；凡理说之合于事变者，皆得谓之科学的理说。凡理论之不根据于事实者，或根据于事实而未尽精切者，皆科学所欲去，概言之曰‘立真去伪’。故习科学而通其精义者，仅知有真理而不苟从，非真则不信焉。”[37]723任鸿隽1916年发表《科学精神论》，指出科学并非当时朝野上下所认知的“奇制、实业”，而是“非物质的，非功利的”，对科学“当于理性上学术上求”；科学“以自然现象为研究之材料，以增进智识为指归”“故其学为理性所要求，而为向学者所当有事，初非豫知其应用之宏与收效之巨而后为之也”。之所以这样，是因为有科学精神存在，所谓科学精神，“求真理是已”：

真理之为物，无不在也。科学家之所知者，以事实为基，以试验为稽，以推用为表，以证念为决，而无所容心于已成之教，前人之言。又不特无容心已也，苟已成之教，前人之言，有与吾所见之真理相背者，则虽艰难其身，赴汤蹈火以与之战，至死而不悔，若是者吾谓之科学精神。[39]

一个人要具备科学精神，必须具备“崇实”“贵确”两个基本要素。当时国人不仅缺乏科学精神，“神州学风，与科学精神若两极之背驰而不相容者”，一为“好虚诞而忽近理”，一为“重文章而轻实学”，一为“笃旧说而贱特思”。此数者不去，“日日言科学，譬欲煮沙而为饭耳”。后来，他对科学精神进行了新的阐述，除“崇实”“贵确”而外，“察微”“慎断”“存疑”也是科学精神的基本特征。这五种科学精神，虽不是科学家所独有，但缺少这五种精神，绝不能成为科学家。“我们要说的完备一点，还可以把不为难阻、不为利诱等等美德，也加入科学精神的条目里去。”[36]50

第四，科学能扩展生活。科学不仅能改变我们的物质生活，提高我们的物质生活水平，而且能陶冶情操，提高我们的精神境界，完善人格。唐钺作文《科学与德行》说：“科学固无直接进德之效，然其陶冶性灵培养德慧之功，以视美术，未遑多让。”“科学之潜移默化，能使恃气傲物之意泯灭于无形”；科学可以使“为善者知其方，施政者探其本，去头痛治头脚痛治脚之劳，收种瓜得瓜、种豆得豆之效”；“科学精神磅礴郁积，故能宝贵真理以忘其身，为近世文明之先导”；科学可以使“个人服公之心切，社会团结之力强”；科学可以“绝苟得幸免之心，而养躬行实践之德”等等。[40]

第五,要完整地理解科学必须考虑科学的社会层面。科学不是孤立于社会之外,其发展不仅需要体制化的保障,而且也受到各种社会环境因素的影响。中国科学社社员在这方面有广泛的言说,发表有《科学与教育》《科学与农业》《科学与工业》《科学与商业》《科学与林业》《科学与实业》《科学与研究》《学会与科学》等文章。

中国科学社社员上述对科学的认知,已经认识到科学是独立于政治、工商利益之外的一种社会建制,有独特的意义与价值。这种对科学多层次的认知,完全切合后来兴起的实证主义科学社会学对科学的理解。《科学》关于"科学"的上述认知不仅深刻地影响了中国科学的发展(参阅前面相关章节,如关于科学研究的论说等),也对中国人对科学认知的转变产生非常重要的影响。

二、科学的本质是"求真"

"九一八"事变后,"科学救国"思潮出现了新的变化。看到飞机炸弹的重要,兴起了捐款购买飞机的"航空救国"运动。以陈立夫、陈果夫兄弟为首成立的中国科学化运动协会,作为民族主义高涨的产物,更提出了"研究及介绍世界科学之应用,并根据科学原理阐扬中国固有文化,以致力于中国社会之科学化"宗旨。在传播普及科学知识的同时,以科学原理阐扬传统文化,使中国社会科学化,与新生活运动、文化建设运动结合起来,对抗于以胡适等为代表的"全盘西化论",达到民族复兴的宏大目标。[41]这样,科学不仅成为救国的工具,而且成为整理宣扬传统文化的工具,也成为所谓文化保守主义者的护身符,成为反击"西化论"者的"尚方宝剑",自然给科学增添不少外在的非科学的东西。当然,相比保守主义者,"西化论"者更看重科学,这样,论争的双方都将科学作为手中的利器。这种将科学仅仅作为工具的看法和态度,自然是对科学的误解、误读甚至误用。

科学工作者们对此有清醒的认知,他们在"科学救国"呼声一再高涨之际,反思"科学救国",为科学进行准确定位,为科学研究张目。1934 年 3 月,任鸿隽在《大公报》"星期评论"发表《科学与国防》说:"目下的中国,提倡科学的声浪,虽然是甚嚣尘土,但科学是什么恐怕还没有真正的了解。"他批评"航空救国",指出科学不是器械。飞机虽然在作战上很重要,但正如船坚炮利不能代表科学一样,飞机也不能代表科学,"我们五十年前忽略了根本的科学而抓住机械的船炮,终于弄到一蹶不振,现在我们又专心注意于飞机,而忘记了根本的科学,其结果能比五十年前好些吗"。他针对科学化运动指出“科学不是语言”：

此次国难的发生，国内忽然添出了无数的大小杂志，使我感觉到目前爱国志士要救国的便是去办一个报。这在国难当前，人情激昂的时候，本来是应有的现象。不过这个风气，若是波及到科学事业上去，那便是不幸之至。我们晓得，科学应该脚踏实地，做一分算一分的。若是科学家一天到晚，忙着写文章，闹什么“化”的运动，把杂志讲台上的口号，当作真正的科学事业，那便非徒无益而又有害了。[42]

而竺可桢在《航空救国和科学研究》中说：“我们要讲飞机救国，就得迎头赶上，要迎头赶上就非去研究大气力学和建筑风管不可。而且要制造飞机，必须有适当的原料，要谋飞机行动的安全，非有敏捷精确的天气报告不可，这又要靠地质学家、化学家、冶金学家和气象学家的研究。所以飞机救国，必须从研究科学入手。”[43] 1935年，顾毓琇直接提出“科学并不能救中国”：

科学既没有功利观念，亦没有爱国思想。科学的目的是为知识，科学的任务是求真理。……我们科学界努力的方向，从坚甲利兵的功利主义，已经进步到科学研究的理想境界，实在是合于科学的本旨的。……从前利用科学去达到坚甲利兵的情绪，终于为四千年来重知识爱真理的理智压服了。我们将要为科学而研究科学，而求对于世界的科学有贡献。从科学的立场看，前面是一条康庄大道……[44]

玄学家张君劢在批评实用主义科学思潮的同时，认识到科学的本性：

学术之目的，虽不离乎利用厚生，然专以利用厚生为目的，则学术决不能发达；以其但有实用之目的，而缺乏学术上游心邈远之自由精神也。……人类因有思想有智识，以解决宇宙奥秘为己任；若但以有用无用为念，则精神之自由必不能臻于高远与抽象之境。……吾人注重于精神自由，自与唯物论者之偏重物质者异。一般人之所见，以为吾国所缺，在乎自然科学之发达、在乎实业之发展、在乎军事上之防御，以为此数方面尤为重要；故应先图振兴实业，先图增加战斗力。然吾人自欧洲科学发展史求之，其始也，有地动之说；继也有物体下坠之公例；其后乃有奈端之公例。一属于天文学，一属于物理学，其创始人但求真理，初无足食足兵之实用目的存乎其间；及十八九世纪以后，生物学化学物理学渐次昌明，蒸汽机造成后，而后科学之应用推及于工商。[45]

上述对科学的认知，代表了当时人们对科学的认识水平。如曾长期执掌南京国民政府科学事业发展大权的留德博士朱家骅，认为科学首先在精神上，表现为不为个人感情所支配的一种客观态度。因此客观事实是什么就是什么，不能因为自己的好恶或其他原因就视而不见，或任意改变。其次，科学有独特的方法，即观察与实验、归纳与演绎。科学的结论是在对研究对象的不断观察与反复实验的基础上,通过分析归纳演绎得出的,不是凭空想象、主观意识得来的。再者,根据科学规律所推导出的结论或论点,要经得起实验和实践的检验,这个证伪的过程,就是科学进步的历程。因此,科学精神要求我们,在实际的工作生活中,不能因为是自己的上司或崇拜的偶像就不敢向他们提出异议,要一切从实际出发,从事实出发,按科学规律办事。1943年4月8日,朱家骅在三民主义青年团第一次全国代表大会演讲说:

什么是科学?简单地说,在精神上,科学方法最显著的特点,便在力求不为成见感情或欲望所支配,亦不完全信任自相矛盾的推论,而依从于有系统的实验,所以也可以说科学是我们感官所感觉的客观的对象,经思维之洗炼与组织,而得成为有条不紊不相矛盾的事实。我们利用感官观察客观现象,必要时加以实验,然后将各种客观现象,胪列在一起,应用我们的思维,来分析他们,比较他们,取其共同特征,而归纳得一较为普通的事实。[46]

科学精神的实质是理性的怀疑主义,科学规律是在科学观察与实验的基础上,通过分析比较后,"取其共同的特征"才能获得,对归纳法进行了相当切实而简明的阐述。

在另一次讲演中,朱家骅又说:

什么叫科学方法呢?科学的方法,就是不专凭空想,务使思想不为感情或欲望所支配,不崇拜偶像,或任何权威,不容有自相矛盾的推论或判断,也不完全相信自相矛盾的推断或判断,而以从实验的方法求得的事实做基础,用来证验推论和判断已有的问题,或发现新事实的方法,可以说就是实验的方法。[47]

用演绎法所推导出来的推论或判断,必须得到实验的验证。实验是科学方法的本质,因此科学的方法就是实验的方法。①

这样,科学终于从作为救国工具与"强国强种"这样宏大的目标回归到科学本来的"求知"面目,这对培养中国学术界以追求真知为目标的学术氛围非常重要,也深刻地影响了科学的本土化历程。可以说,国人科学认知的这一发展演化过程,与《科学》当初的科学宣扬有密不可分的关系。虽然,此后科学仍然不断被作为各种各样的工具、不断被赋予各种各样的重任,但科学"求真"的本质特性一旦被认知,其影响和作用将不断被提升。

---

① 关于朱家骅的科学观念,参阅拙文《朱家骅的科学观念与国民政府时期科学技术的发展》,《近代中国》第14辑,上海社会科学院出版社,2004年。

第三节　通俗科学演讲与展览

《科学》杂志虽一直摇摆于通俗与专门之间，在科学宣传与普及上有所欠缺，但以宣扬科学、传播科学为成立宗旨的中国科学社从成立以来，科学宣传普及一直是其重点社务。回国后的定期通俗演讲与年会通俗科学演讲都是他们达到目标的手段和方法，不时举办的科学展览也传布了科学知识与科学意识。

一、定期通俗科学演讲

通俗科学演讲是科学宣传普及的重要方法，中国科学社也相当注重这种科学宣传方式，它采取了三种形式：一是定期演讲，以南京社所为代表；一是随年会召开而随之进行的演讲；一是请国外著名科学家进行学术演讲。

虽然中国科学社早期的"章程"中并未规定通俗科学演讲是其事业之一，但1916年9月南京支社成立时，就有"拟借公共机关举行科学演讲，以为通俗教育之助"的设想。[48]1919年杭州年会，邹秉文曾提议在南京定期举行科学演讲。1920年暑假，这一设想终于得以实现，8月2日，黄昌穀演讲《科学与知行》，指出之前输入中国的"是科学上枝叶末节的皮毛，不是科学上根本的精神"。此次演讲后，"社内外皆以为此举于推广科学教育，甚为重要"，社中设立演讲股，举王琎、徐乃仁、钱崇澍三人为筹备委员，专门经办在南京社所进行通俗科学演讲事宜。此年寒假举行三次，分别是孙洪芬《研究化学方法》、竺可桢《南京地质》、杨铨《科学与社会主义》。从此形成定例，每年春季、暑假、寒假进行定期通俗科学演讲。后觉得"虽讲者与听者俱颇形踊跃，然范围仍为狭窄"，为进一步推进通俗科学演讲事业的发展，1921年10月，以王伯秋、杨铨、竺可桢、秉志、钱天鹤五人组成新的演讲委员会，统一安排演讲事务。[49]

1922年，经演讲委员会特别组织，"题目次序俱作有统系之排列，欲使听者依次听毕，于现今世界之重要科学问题，差可了然于心"，春夏演讲题目日程如下：

科学与近世文化（任鸿隽，4月29日）

科学之宇宙观四讲：

天象浅说（段育华，5月3日）　　地形之研究（竺可桢，5月6日）

人类之天演（秉志，5月10日）　　物质之结构（胡刚复，5月13日）

图14-4　1922年4月29日，任鸿隽在南京社所演讲《科学与近世文化》的盛况

衣食住行之化学三讲：

衣（孙洪芬，5月17日）　食（王琎，5月20日）　住（张准，5月24日）

工业问题三讲：

原动力与工业（刘承芳，5月27日）　原动力之制造（李世琼，5月31日）

原动力之传递（杨肇燫，6月3日）

其他七讲：

生物学与人生（秉志，6月7日）　习惯之影响（陆志韦，6月10日）

中国人口统计与人口问题（杨铨，6月14日）　电线电信（熊正理，6月17日）

治水与一国文化之关系（李协，6月21日）　科学与市政问题（王伯秋，6月24日）

遗传浅说（秉志，6月28日）[50,51]

这些演讲内容广泛，从天到地，从宇宙发生到人类进化，从工业生产到日常生活，从生活习惯到人口，从生物学到市政建设，凡是科学及与生活息息相关者皆在其关注范围内，牵涉天文、地理、气象、物理、化学、生物、工程、心理学及社会学等。而且论题还具有一定的连续性与系统性，很容易引起大众科学兴趣并从中受益。《申报》也称"其题目尤为切要，材料尤为丰富，且按照科学次序，为有统系之组织，使听者依次听毕，于现今世界之重要科学问题即可了然心目，诚为留心科学者所不可失之机会也"。[51]演讲人都是当时著名的科学家或社会活动家，他们对自己所讲论题都有独到的研究，如秉志的生物学，王琎、张子高的化学，胡刚复的物理学，竺可桢的气象学等。

据称每次听众“约三百人至四百余人之谱”，演讲者和听众，“俱有不倦之精神与兴趣。且各讲员俱有充分之预备，或用仪器实验，或用图表，以解说表明各科学之原理与事实”。秉志的演讲多用图形以演示人与动物及猿类的胚胎、骨骼、细胞的相似之处；胡刚复由浅入深，从原子理论、电离理论入手明白透彻地讲解物质的结构；王琎、张子高、孙洪芬的“衣食住行之化学”，相关日常生活，女性听众很多。[52]任鸿隽的演讲，听者500余人，只得由专门的室内讲演厅改为露天，“听者皆娓娓忘倦”。

1923年夏天的通俗演讲稿，集结为“通俗科学讲演”作为《科学》专号出版，是为第8卷第6期。专号刊载了赵承嘏《科学之势力》、杨铨《社会科学与近代文明》、茅以升《工业与近世文明》、钱天鹤《近世文明与农业》、陆志韦《应用心理学之大概》、吴济时《肺痨病之预防法》、陈桢《遗传与文化》等演讲，都是相关专业专家就相关问题的通俗性演讲。其发刊词[53]说：

科学演讲的目的很多，有时可极其专门，譬如发表新发明，讲解新原理，绍介新应用。这一种演讲是专门家藉以交换智识，却不容易得到一般人的兴趣。有时科学演讲，亦可极其普通，如科学常识、科学方法及科学影响。这一种演讲不但专门家乐听，并且可引起

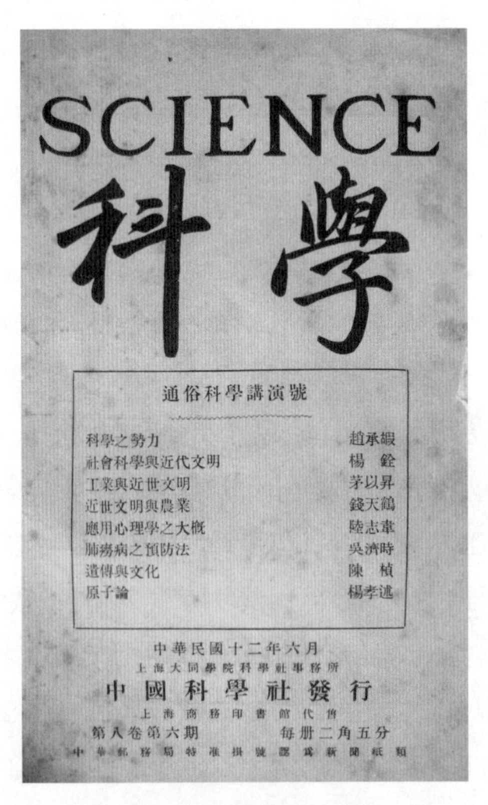
SCIENCE

科學

通俗科學講演號

科學之勢力	趙承嘏
社會科學與近代文明	楊 銓
工業與近世文明	茅以昇
近世文明與農業	錢天鶴
應用心理學之大概	陸志韋
肺癆病之預防法	吳濟時
遺傳與文化	陳 楨
原子論	楊孝述

中華民國十二年六月
上海大同學院科學社事務所
中國科學社發行
上海商務印書館代售
第八卷第六期　　每册二角五分
中華郵務局特准掛號認為新聞紙類

图14-5 《科学》“通俗科学讲演”专号封面

社会对于科学的了解同兴趣。若一般社会对于科学表同情，则科学事业进行便无阻碍，且多帮助，所以各国对于普通科学演讲俱极注意。即以伦敦一处而论，差不多每日总有一个。例如自本年三月五日起至三月十五日止，此十日便有十四处的通俗演讲，并且他所讨论的范围又极广。……本社的演讲大半由本社社员担任，固然不敢和世界名家的演讲比较，不过我们的目光，却与他们相同，就是想把科学普及，且要人晓得他的重要。①

南京的通俗科学演讲切合了国人的需要，效果很好，充分体现了中国科学社"提倡科学""传播知识"的宗旨。有鉴于此，中国科学社1922年第二次改组时，将通俗科学演讲写入了"章程"中，规定重要社务之一是"举行科学演讲，以普及科学知识"。后来南京社所定期讲演随生物研究所的扩张，影响范围也日渐扩展，每月举行一次。其他设有社友会的地方也不时举行此类演讲以传播科学知识，如上海社友会曾与文庙上海市通俗教育馆合作，假该馆大厅，每两星期举行一次公开科学演讲，听众有学生、劳工阶级、居民等。②

二、年会通俗科学演讲

年会通俗科学演讲，正如任鸿隽所说，充分发挥年会社员集中、地点变化频繁的优势，可以"使内地比较偏僻的地方得许多科学专家莅止，把科学的新发见或当前的科学问题，作成讲题，向当地的公众讲演，这对于通风气与宣传科学皆会起很大作用"，年会开到哪里就把科学带到哪里。[54]年会科学演讲始于1919年首次在国内召开的杭州年会，由胡敦复、过探先分别演讲《科学与教育》《中国在世界农业之位置》。

中国科学社第二次改组后，章程规定通俗科学演讲是年会学术会议的一个组成部分。1922年年会演讲有杨铨《科学的办事方法》、邹秉文《新农业与南通》、钱天鹤《实业家对于农民之新态度》、王琎《衣食住之化学常识》、胡刚复《研究与科学发展》、何鲁《数学之应用》、秉志《人类之天演》、竺可桢《飓风》等，内容丰富、浅显易懂。1923年年会演讲者除马相伯、马君武、胡敦复等名流外，还有翁文灏、吴伟士、李熙谋、吴承洛等科学家，他们以其所长宣讲予民众。年会通俗科学演讲制度化后，无

① 文中所举伦敦通俗科学演讲题目分别为：《锡兰岛之生活工业及植物》《西印度农业大学之事业及目的》《统计学在欧战时之应用》《古代欧洲同东方之交通》《对于科学同工业关系之感想》《建筑学与图画》《大海蛇》《卫生行政之原理及实施》《欧战前后之食物供给》《原子物理与电场》《科学之影响》《建筑学为必需物或为奢侈品》《格陵兰之夏季》《中古时代之旅行》《大虾之天然史》，可见演讲论域实在广泛。

② 《中国科学社第二十次年会记事》单行本，"总干事报告"第3页。

论到哪里开年会，通俗科学演讲都是年会最为重要的任务之一，这也成为社员们答谢“地主之谊”的最好方式。与定期科学演讲相比，年会演讲虽有一定的程序，但内容比较庞杂，缺乏系统性。下以1926年在广州举行的第十一次年会和1944年在成都举行的第二十四次年会为例具体分析。

1926年8月28日即年会第二日，吴稚晖、过探先在中山大学大礼堂分别演讲《科学与洋八股》《科学与中国农业之革命》；29日，孟心史演讲《废除不平等条约》、王琎演讲《化学研究与实业》；年会第四日，杨端六演讲《法制与思想》、李熙谋演讲《无线电》、曾昭抡演讲《化学战争之常识》；年会闭会之日（即9月1日），胡先骕演讲《生物学研究与人生》、褚民谊演讲《科学与生命》、王琎演讲《科学与民生》、何鲁演讲《科学与救国》。[55]本次年会会期6天，4天有通俗科学演讲，演讲者既有科学工作者过探先、王琎、曾昭抡、胡先骕、何鲁等，也有政界人士吴稚晖、褚民谊，还有社会科学与人文学者杨端六、孟心史（孟森），题目自然也是“海阔天空”，有些论题并不牵涉科学。

1944年11月成都年会，通俗科学演讲于6日上午在成都全城各大中学校举行，主讲人都是中国科学社社员，具体演讲人题目与地点见表14－2。与广州年会不同，演讲在同一天于不同地点举行，讲题都是相关科学的，主要演讲科学的精神、方法等，地点主要是中学和大学，可以看出年会科学演讲的变化趋势与方向。

表14－2　中国科学社第二十四次年会暨30周年纪念会通俗科学演讲一览表

演讲人	题　目	地　点	演讲人	题　目	地　点
戴述古	中国牙医科学之展望	中央大学医学院	冯汉骥	科学化与革命化	金陵女子大学
李方训	我国科学问题	燕京大学	郑　愈	科学与武器	光华大学
郑　集	战后中国之科学	川康农工学院	周太玄	科学与人生改进	金陵大学
卢于道	科学与人生	华西协合大学	魏时珍	科学与道德	四川大学
李晓舫	自然科学与社会建设	齐鲁大学	孙明经	电化教育	南熏中学
范谦衷	科学之真谛	树德中学	张鸿基	数学在科学中之地位	民新中学
汪仲钧	立志学习科学	甫澄中学	潘廷光	科学的基础	立达中学
魏景超	介绍巴斯德氏	浙蓉中学	何伟发	科学精神与科学方法	济川中学
程守洙	物理学与现代战争	建国中学	张　奎	科学名词绪论	华西中学
刘硕甫	实验与学习科学的关系	高琦中学	段天育	科学与未来世界	清华中学
倪尚达	观察与实验	市中	方文培	科学与抗战建国关系	成城中学
吴　襄	学医与女青年	益州中学	许国梁	二十世纪之新物质与新能量	石室中学
焦启源	农业工业化	敬业中学	刘恩兰	科学精神与创作	中华中学
陈尚义	我为什么学科学	协进中学	汪志馨	科学方法之重要性	大同中学

资料来源：《科学》1945年第28卷第1期第10页。值得注意的是，《科学》第27卷第9－12合刊第73－74页也有，但名单与此有些出入。

中国科学社在国内共举行了23次年会，遍及全国各主要大中城市，东起青岛，西至成都，北起北京，南到广州，西北至西安，西南到昆明，所及范围不可谓不宽广。仔细分析年会召开地域分布，1932年西安年会前，一直在各方面都比较发达的东部地区召开，其中北京3次，南京、杭州各2次，在南京—上海—杭州这一长江三角洲最富饶的区域一共召开了8次。从一个侧面表明这一地区经济发达，中西文化交流比较活跃，科学技术已经显示出其强大的威力与作用，可能也只有在这些地区中国科学社才能成功地召开年会，否则很可能像1932年西安年会那样，出席会议的社员较少，不仅丧失了年会学术讨论的功能，社务讨论、科学宣传自然也难以展开。当然从另一个方面看，这也大大减弱了中国科学社年会科学宣传的作用与功能。即使在东部地区，科学宣传也并不如意。1931年镇江年会时，杭州社友会代表钱宝琮说："研究科学者在杭州人才颇多，惟大多数对于科学社之宗旨尚未十分明了。"①这是召开了两次年会的杭州，连进行科学研究者还不知道中国科学社的宗旨，可以推知其他地方情形。1932年西安、1933年重庆、1935年广西，年会终于挺进西部。按照顾毓琇的说法，是为着"准备西南"。[56]全面抗战期间，在昆明、重庆、成都召开年会；抗战一结束，又回到了上海、南京。可见，虽然在一定意义上讲，中国科学社的年会开到哪里，就将科学的种子带到了那里，为传播科学做出了重大贡献。但从地域分布来看，中国科学社的年会科学宣传目的在某种程度上是不成功的。

邀请国外著名专家学者做通俗科学演讲也是中国科学社进行科学宣传的重要措施之一。早在1920年4月22日，中国科学社就邀请来华讲学的杜威(J. Dewey, 1859—1952)在南京社所演讲《科学与德谟克拉西》，是为中国科学社第一次通俗演讲，主持人胡刚复曾说，第一次通俗研究，"即得名学者如杜威教授发端，斯诚难得而可荣幸者也"。[57,58]

1920年，法国数学家、前总理班乐卫(P. Painlevé，今译潘勒韦，1863—1933)来华考察，其"对于科学上之战备，规划尤多，欧战最后之胜利，实基于是"。在其过沪归国途中，中国科学社上海社友会于9月10日邀请他及其助手在上海青年会演讲。班乐卫讲演《中国教育及科学之问题》，建议中国仿效法国，建立科研机构。[59]10月，罗素在中国科学社演讲《物之分析》，后于《科学》第6卷第2、4－6期开始连接，分别由任鸿隽译记、赵元任编记。

① 《中国科学社第十六次年会记事录》单行本，1931年10月刊。

图14-6　应中国科学社在上海青年会演讲的法国数学家班乐卫

1922年3月,来华就任江苏昆虫局局长的美国昆虫学家、加利福尼亚大学教授吴伟士也受邀在南京社所演讲在华治虫及在南京消灭蚊蝇的计划。吴伟士指出"科学为国际的而非私有的,善于应用,乃全人类之福"。7月,来华考察的美国教育家推士也在中国科学社演讲科学教育问题。10月,德国哲学家杜里舒(H. Driesch,1867—1941)应邀在中国科学社演讲《科学与哲学的关系》。

此后,中国科学社积极参与接待国外著名科学家来华访问、教学与演讲,诸如马可尼(G. M. Marconi,1874—1937)、哈达玛等,在中外学术交流与科学宣传上有大作用与大贡献,这里不再赘述。

三、科学展览

中国科学社还通过各种各样的科学展览进行科学宣传。生物研究所有陈列室,长期免费对外开放,供公众参观,以引起公众科学兴趣。1934年1月29日,生物研究所举行生物学展览会,前后16天,比计划延长6天,观众达1万人以上。[60]这次展览标本分四部分,第一部分为寄生动物标本室,从寄生在人体内的原生动物到节肢动物等共47种。墙壁上挂着绘图说明书和分布地图,显微镜上有片子,校准了光,显示出细小的构造来。第二部分为动物分类陈列室,分为三间:第一间为哺乳类、爬行类和两栖类三纲动物;第二间为鱼类,浸液标本1 200多件,剥制标本六七百件;第三间为无脊椎动物。第三部分为植物标本陈列,有中国东部经济树木标本、初中植物教材标本等。第四部分为中学动物标本陈列。观众有许多留言,有衷心赞赏的,有善意批评的,当然也有"信口雌黄"的,更多的是提出建设性意见,如建议设立常设展,使南京的中小学可以随时参观;早日完成一套作物病虫害说明图,以供中小学教学用等。摘抄批评意见三则[60]:

贵所为全国研究生物之中心点,……称为全国研究生物学之最高机关,对国内各大学，似宜互相联络共同研究，以广见闻。惜乎贵所未能与各大学生物系合作，有负政府苦心设立之本意。贵所王博士今春在明复图书馆演讲时，鄙意已提及。——不须具名

我国的生物学本来是很幼稚，希望这种分类工作，能很快的把我国生物都定了名，不必在这上面去拼命的死研究，实在这是无谓的。——仲

译名多不完备，不免为西文附庸，是可惜耳。然布置井然，易所谓君子以类族聚物者，庶几近之。顾会中诸君子，益努力自奋。——季海

对这些批评，张孟闻代表生物研究所进行了解答。第一，明确指出生物研究所是一个私立机关，与"有负政府苦心设立之本意"毫不相关。第二，生物研究所一直与国内各大学进行合作研究，而且与该所互通研究信息、交换刊物的机关不仅限于国内，在国际上亦有七百多个，但仍不敢自诩为"全国研究生物学之最高机关"或"中心点"。第三，该所的经费，除中国科学社提供一部分外，主要是中基会的资助，因此所内人员要加倍努力工作，"干出些成绩来，使基金会董事感觉补助金并非白费，不忍弃置不管"。因此在展览会期间，研究人员一直在进行研究工作，不能来管理会场，使展览会"减色不少"。第四，所内同人认为中国生物学此时最要紧的工作就是进行生物分类研究，而且不是短时间内可以完成的。同时由于资金和研究人员不够，不可能"很快的把我国生物都定了名"。自然他们想将工作从分类学上扩展到其他方面，因此希望社会能给予资助与支持。第五，该所还进行了其他大量的科学普及工作。生物研究的论文用英文发表是为了与国际上的研究机关进行交换，为答谢外界对科学普及的要求，新的生物学论文将用中文写出，登载在《科学》上。另外，生物研究所还专门分出一部分力量来编著初中动物学教科书和写作通俗生物学文章登载在《科学画报》和其他刊物上。第六，译名的简略，一是因为没有对应的中文名；二是实在不能翻译。无论是来宾留言还是生物研究所自己的答复都充分证明了生物研究所这次展览已经实现了展览的目标，不仅大大拓展了本身的影响领域，而且加深了人们对生物学的了解。

1931 年元旦，为庆祝明复图书馆建成开馆，举办中国图书版本展览会。展览会设在明复图书馆的三楼，分古代与近代两个部分：收藏家应征参加者有瞿氏铁琹铜剑楼、刘氏嘉业堂、狄氏平等阁、涉园主人张氏、叶恭绰、白山夫、吴湖帆、柳诒徵、周仁、黄宾虹、邓氏群碧楼、潘明训、丁福保、赵燏黄、张天放等；图书馆有中央研究院图书馆、江苏国学图书馆、浙江图书馆、北平图书馆等；书局有中国书店、商务印书馆、中华

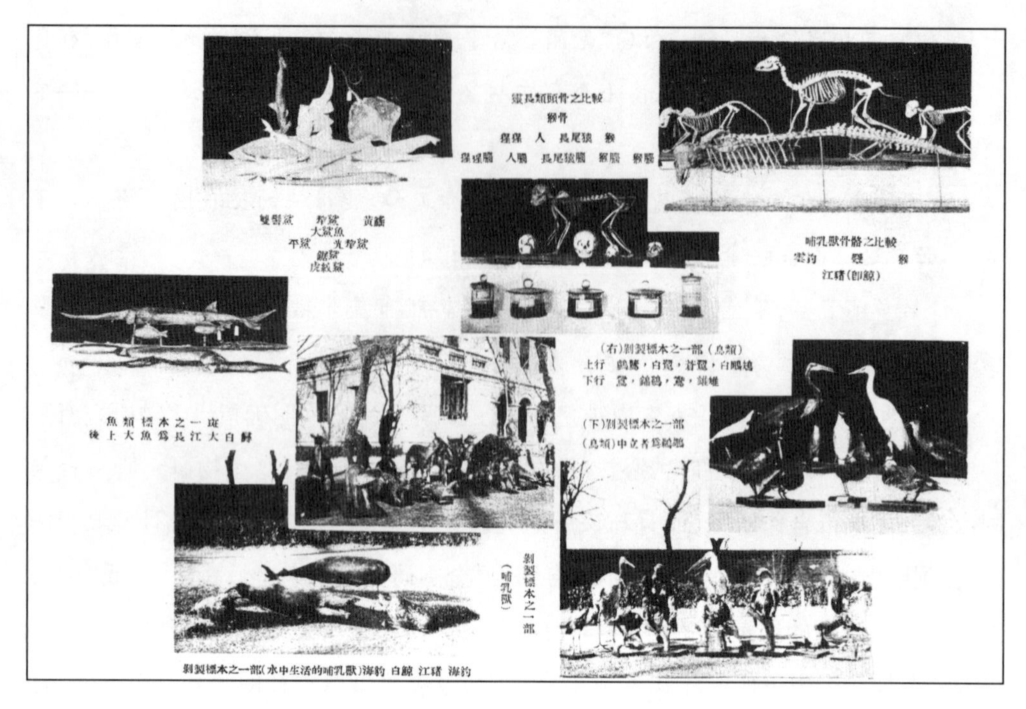

图 14－7　1934 年 1 月生物研究所展览部分标本

书局、科学仪器馆、友正书局、中国科学图书仪器公司等。陈列有甲骨文、竹简、石经、汉印、陶器；印版书籍以唐刻佛经为最古，其次宋元刻本百余种，明代刻本以嘉靖本为最多，有清一代，流传很多，择要陈列六十余种；手写佛经以六朝写经为最早，其次隋唐，手抄以唐人手写千字文及唐代日人手抄文选为最早。展览备有入场券 5 000 张，结果不敷，最后只有签名入场，每天签名者达三四百人。会众大多要求展览展期，但由于与各参展单位商定 6 日，只好于 6 日停展。[61] 另外，1954 年 10 月 24—26 日，为庆祝成立 40 周年，中国科学社在社所举办了“中国科学史料展览”，是为中国科学社科学展览之绝唱。

毫无疑问，无论是《科学》的科学宣传，还是通俗科学演讲与展览，在传播科学知识上都起到了相当重要的作用。但是上述分析也清楚地表明，《科学》还是没有解决其专门与通俗之间的矛盾；无论是定期通俗科学演讲、年会通俗科学演讲，还是不时举办的科学展览，都远未制度化。中国科学社的科学普及无论就其广度还是深度来看，都存在一定缺陷。这样，如何使科学知识不再仅仅驻足于知识分子阶层，而进入寻常百姓之家，使普通人也享受科学的甘露，自然成为中国科学社众多社员和当时学术界相当紧迫的任务。早在 1925 年，鲁迅就曾批评科学界的科学普及：“单为在校的青年计，可看的书报实在太缺乏了，我觉得至少还该有一种通俗的科学杂志，要浅显而且有趣的。

可惜中国现在的科学家不大做文章，有做的，也过于高深，于是就很枯燥。”他希望中国的科学家们能像法布尔讲昆虫故事一样将科学知识写得生趣活泼。[62]中国科学社真正能达到这一要求与科学普及目的的是1933年8月创刊的《科学画报》。

第四节 科学普及旗帜:《科学画报》

到20世纪30年代，科学知识已经成为各级学校的必修课程，掌握相当程度的科学知识是对每一个学生最起码的要求。同时，在民族主义的大旗下，一场影响甚大的中国科学化运动蓬勃发展起来，他们要“以科学的方法整理中国固有的文化，以科学的知识充实中国现有的社会，以科学的精神广大中国未来的生命”。[63]科学中国化运动也达到新的高潮，要求科学说中国话，用中文而不是用外文表述科研成果，使中国科学家的成果成为“国家的学术”而不是科学家“个人的学术”。① 要达到这些目标，通俗科学宣传就成为最基本的任务。但当时科学普及的状况并不令人满意，非科学甚至反科学的一些现象屡见不鲜，例如宰杀牲口祈雨、飞机在空中发现真龙等一再登上新闻媒介版面。一方面，科学界人士认为民众不愿意了解科学，“社会上对于科学的意义和价值纵不怀疑，亦视若无足轻重，不感兴趣”。[64]另一方面，民众没有适当的途径去了解、理解甚至掌握科学。

为消除二者间隔阂，通俗科学期刊的创办一时成为社会热潮，中华自然科学社的《科学世界》，中国科学化运动协会的《科学的中国》，其他如《自然界》等不下十余种通俗刊物相继出现，同时一些专门学会也发刊通俗刊物，进行本学科的普及宣传。但是，这些通俗刊物大多以文字为主，不能引起一般民众与青年学生的注意与兴趣，且发行量少，影响范围狭小，有些仅几年后就“无可奈何花落去”。在此情形下，中国科学社不失时机地创办了《科学画报》，异军突起成为今天仍延续发行、影响极为深远的科普读物，可以说是中国科学普及的旗帜。

一、《科学画报》的创刊

关于《科学画报》的创刊，中国科学社时任总干事杨孝述回忆说，他在1930年春

① 参阅蔡元培为白季眉编著《普通测量学》教本所做“序言”，高平叔编《蔡元培全集》第5卷，第426页。

间曾草拟一《通俗科学周刊》办法，油印分送各位理事及热心社友，并因有社友丘峻来函提议创办通俗科学期刊，而在 1931 年 2 月出刊的《社友》第 6 号发表，但终因筹款不易而搁浅。[65] 1933 年 1 月，他又在中国科学社理事会议中提出“举办民众科学化运动”一案，建议创刊通俗科学画报，但理事先生们太钟爱《科学》，话题都集中在《科学》的改良上，提案又没有通过。5 月，曾留学法国的冯执中到中国科学图书仪器公司来看他，给他看冯自己编辑的中外书店出版的《科学知识》。冯说他愿意为中国科学社创刊《科学知识》同类的通俗科学期刊，条件是允许他同时办一个“科学情报处”。杨孝述看《科学知识》很是浅显、新颖、有趣，乃一方面跟科学图书仪器公司的几位董事商量，一方面又与中国科学社的几位理事商量，结果两方面的同人都表赞成。[66]

1933 年 6 月，中国科学社第 108 次理事会召开，杨孝述提交“发行通俗科学杂志”议案，其中称：

本社求普及科学知识起见，数年来迭有发行通俗科学杂志之拟议与计划，社内外各方面亦多发表此种主张，只以编辑人才难得，经费浩繁，不易实现。迩来本社创办之中国科学公司，基础渐臻巩固，在印刷与发行方面均无问题。同志中热心于此种科学化运动而肯实力担任者亦渐众。鄙人对于编辑、印刷、发行以及垫款等各方面，均有详细之考虑与计划。编辑内容图文并重，以介绍最新之世界科学智识。印刷力求精美，以引起读者之观感。发行预定每半月一期，于一年以内能销至每期一万册。经济必求自立，以资维持永久。现在科学公司董事会已通过，愿担任印刷发行，并可垫款二千元。倘本社决定办理，亦应予以垫款，以资开办。现估计第一期先印六千册，印刷费约须七百八十元，加以广告、编辑、推销等费，共须垫款一千四百元。六个月之后，经济上似可逐渐自立。是否有当，敬请公决。

理事会经详细讨论后，议决《科学画报》由中国科学社主办，中国科学图书仪器公司印刷发行；冯执中担任经理编辑，徐韦曼、卢于道、周仁、王琎等担任常务编辑，由杨孝述接洽聘请特约编辑，编辑方针“由编辑部会同总干事决定”。在经济未自立前，“编辑员概尽义务”，经理编辑酌送车马费每年 500 元，垫付开办费 2 000 元，冯执中所办“科学情报社”改组为“科学情报处”等。[67] 由此，《科学画报》开始紧锣密鼓地筹备，8 月 1 日，创刊号面世。时任中国科学社社长兼《科学》编辑部长、中央研究院化学所所长王琎撰写“发刊辞”，其中说：

发刊《科学画报》的宗旨，最主要的就是要把普通科学智识和新闻输送到民间去。我们希望用简单文字和明白有意义的图画或照片，把世界最新科学发明、事实、现象、应用、理论以及于谐谈游戏都介绍把【给】他们。逐渐地把科学变为他们生活的一部分，使他们看科学为容易接近可以眼前利用的资料，而并非神秘不可思议的幻术。古人说"百闻不如一见"，图画与实物最为相近，看了图画，虽不能如与实物相接触之一见，然比较空谈已胜过不少，至少可以说得半见。我们希望这呱呱堕地《科学画报》，可以做引大众入科学的媒介……希望国内各界与以赞助和批评，并供给材料，使这小小刊物，由播种而开花而结实，以供大众的收获，这就是同人最馨香祷祝的了！①

社会似乎没有辜负创始人的"美意"，虽然几多挫折与顿挫，今天的《科学画报》不只是个"小小刊物"，它已经在中国科学的传播方面起了其他任何期刊都不能匹敌的作用，"由播种而开花而结实"。

《科学画报》创刊时，国外同类期刊在上海发行的已不少，仅英文的科普期刊就有30多种，著名的有《世界之奇》(*World of Wonder*)、《大众科学》(*Popular Science*)、《大众科学教育》(*Popular Science Education*)、《大众机械》(*Popular Mechanics*)、《伦敦新闻》(*London News*)、《科学美国人》(*Scientific American*)等。这些期刊不仅内容丰富，而且编辑方式独特，为《科学画报》的创刊不仅在内容而且在编辑方针与编排形式上都提供了相当的经验。[68]23

《科学画报》创刊时，由冯执中负责具体的编辑事务，但他仅仅负责了前6期的编辑工作就因故离开了。此后编辑部的主要工作由杨孝述承担，他此时不仅是中国科学社总干事，还是中国科学图书仪器公司的总经理。《科学画报》第1卷常务编辑为杨孝述、曹惠群、卢于道、王琎、徐韦曼、周仁、于渊曾、王常(后2人为编辑员)，其后变化很小，1934年王琎留美离开，刘咸接替。此时其他常务编辑中，曹惠群任私立大同大学校长、中国科学社上海社友会理事长，卢于道是中央研究院心理所研究员，周仁是中央研究院工程所所长，常务编辑阵容可谓相当强大。

《科学画报》第一卷特约编辑有李赋京、张巨伯、关实之、竺可桢、蔡元培、李方训、沈璿、钱昌祚、翁文灏、张孟闻、余青松、任鸿隽、胡适、秉志、沈怡、胡嗣鸿、褚民谊、张景欧、柳诒徵、林语堂、方炳文、伍连德、严济慈、唐钺、何尚平、赵元任、李济、蒋丙然、曹仲渊、韩组康、陈宗南、孟心如、魏嵒寿、郑肇经、叶良辅、钱崇澍等共62人，阵容

① 《科学画报》第1卷第1期。

图 14－8 《科学画报》创刊号封面

强大，囊括了工业、化学、农学、气象学、工程学、地质学、生物学、天文学、物理、化学、数学、社会科学与人文科学等各学科的专家。第二卷特约编辑离开了 37 人，新增王琎、胡先骕、裘维裕、孙莲汀、沈百先、张其昀、徐善祥、方子卫、程孝刚、喻兆琦、王家楫、倪达书、伍献文、何鲁、赵承嘏等 31 人。第三卷有 29 人离去，增加了丁燮林、邹树文、郑万钧、茅以升、谢家荣、蔡无忌、张宗汉等 44 人，特约编辑达 70 人。可见，特约编辑是一个变动不居的群体，其充分的流动性与开放性保证了《科学画报》的内容与质量，这些科学界的“权威”们亲自写作科普文章成为当时科学界一道奇特的风景线。

胡适于 1933 年 12 月 19 日写作“格致与科学”给《科学画报》，并说：“《科学画报》是今年中国科学社新出的，印刷很好，编制也不坏，销路已过一万，可算是科学社的一件成功的事业。”[69] 正是由于中国科学社能团结这一大批学术界权威，保证了《科学画报》的质量，使其长盛不衰。

二、艰难时世中的变迁

《科学画报》创刊于国民政府“黄金十年”的中段，可惜不久时势就发生了巨大的改变，它的生存与发展也就面临巨大的挑战。《科学画报》从 1933 年 8 月创刊到 1949 年，其发展可以分为 1933—1937 年、1938—1945 年和 1946—1949 年三个阶段。最初《科学画报》是一份 12 开本、每期 40 页的半月刊，到 1937 年 7 月淞沪抗战爆发前共发刊 4 卷 96 期。内容可分为两大类：一是编译外国材料，一是创作文章。编译文章分量较大，占 2/3 ~ 3/4，其中介绍最新科技知识及时且富有趣味，用图画结合文字的形式阐述科学原理，通俗易懂。创作文章虽然不多，但大多是名家作品，如蔡元培、竺可桢、秉志、胡适、任鸿隽、赵元任、曹惠群、卢于道、刘咸、邹树文、胡先骕、王家楫等人写的有独到见解的社论；一些专家如王琎、卢于道、李赋京、张巨伯等人结合自己专业所写的通俗文章。①

辟有“家庭实用小知识”“小工艺”“科学小说”“小玩意儿”“科学杂俎”和“科学新闻”等专栏，指导儿童和青年动手做实验，启发他们爱好科学，成为《科学画报》的特色栏目，有些专栏的文字后来也曾结集成书发行。如《科学魔术》系采用《科学画报》前六卷的魔术资料编辑而成，“如演习纯熟，则即使不成为职业的，亦足为业余的魔术家。用作业余的消遣，或社交的补助，确是妙不可言”。《船——它的起源和发展》，原为作者对英国少年的讲演，从最基本的原理到最复杂的应用，从最古老的独木舟到最新的“美丽皇后”号，都有涉猎，“实为有志于科学的少年们不可不读之书”。此外结集发行的还有《废物利用》《化学工艺》《家常巧作》《土木工艺》《电机工艺》等。

《科学画报》创刊后，大受欢迎，声誉日隆。1934 年年会报告说每期初版 1.2 万册，代销处遍及全国各地及南洋，创刊一年实销总数达 20 万册以上②。1935 年不仅经济可以自负，完全独立，而且还能盈利，为中国科学社其他事业的扩展提供支持。为进一步扩大科学宣传普及的影响，定价降低一半。③

可惜好景不长，第 5 卷第 1 期于 1937 年 8 月 1 日发刊后，淞沪抗战爆发，第二期就此暂搁，直到淞沪之战结束才得发行，被延迟了四五期。科学家们纷纷内迁，写作队伍大为削弱，原来由知名科学家提供的稿件急剧减少；加之过去取材的外国期刊多

① 特别是一些长篇连载专栏，如王琎的“通俗丛谈”、卢于道的“脑的解剖”、李赋京的“人体解剖生理图解”、孟心如的“化学战”、张巨伯的“昆虫丛谈”和“植病丛谈”等，这些后来都结集为“科学画报”丛书出版单行本。

②《中国科学社第十九次年会记事录》单行本，“总干事报告”第 2 页。

③《中国科学社第二十次年会记事》单行本，“总干事报告”第 2 页。

不能输入上海，乃决议每月暂出一期，所以第5卷的半月刊24期一直出到1939年7月才完。从第6卷起索性改为月刊，每期60页，仍没有足够内容充实，从第8卷起改成18开本的80页，篇幅被一再缩减。太平洋战争爆发后，上海与内地联系完全中断，国外期刊也完全不能输入上海，"科学新闻"只得中断，其他小栏目也大为缩减。从1942年开始篇幅由80页减为68页，再减为52页，到胜利前夕仅有36页。同时，销路萎缩，印数急剧下降，最困难时期总印数仅有几千份。[68]24-25

内容方面，首先取消了"读者信箱"，因为回答读者关于科学上的问题，不仅十分繁杂，而且不是少数几个科学家就能解决问题的，因为每个科学家都有其专业限制："故信箱一栏亦不得不暂告停顿。惟年来读者仍多函询，每有不克奉答者，希谅之为幸。"①第二是科学新闻的减少。第三是插图的减少，主要原因是制版费用大增。至于发行方面，自从上海与内地各省邮运不通之后，就以每月纸型由香港运往桂林出版。太平洋战争一起，纸型也不能运了，就在桂林另组编辑部，特出桂林版。但由于桂林的印刷所太忙，每期要延迟两三个月，一年只出得四五期，而且无法制铜锌版，结果成了没有图画的《科学画报》。[66]

当然，这一时期，《科学画报》同人并没有完全屈从于时势的变化，而是千方百计为抗战大业和科学发展尽心尽力。在此期间，《科学画报》发刊了许多宣传抗日鼓动抗日的文章，如杨孝述的《在民族抗战中的科学工作》、秉志的《如何利用国内科学家》等。特别值得专门提及的是发刊"战时特刊"。"特刊"1937年10月1日创刊，"发刊旨趣"说全面抗战以来，中国已进入战时状态，前方战士三军用命，予侵略者以沉重打击，不仅坚定了国人最后胜利的信念，也"已博得全世界之赞颂"。《科学画报》创办特刊，"本科学谨严立场，解释与战争有关之一切现象，藉以灌输国人以急切有用之科学知识，期于抗战有所裨益，……纠正社会上'不科学'或似是而非之科学言论与主张，庶几谬种不致流传，贻害可以幸免"。"特刊"介绍枪炮、坦克、军舰、防空、化学战等知识。

战后，随着科学家们的复员与欧美科技期刊的重新输入，《科学画报》人力与材料都有保障，又逐步恢复起来。篇幅很快增加到48页，恢复"科学新闻"，集中报道相关原子能方面的消息。从1947年第13卷开始重新聘请特约编辑，恢复"读者信箱"为"读者来信"，组织了30余位各学科专家专门回答问题，包括竺可桢、秉志、任

① 《科学画报》第7卷第3期（1940年9月），第186页。

图 14－9 《科学画报》出版的战时特刊(合订本)封面

鸿隽、吴有训、周仁、茅以升、严济慈、王琎、裘维裕、张孟闻、卢于道等,并将篇幅增加到 60 页,及时报道世界最新科学技术发展现状,恢复过去所开辟的专栏。但从 1948 年第 14 卷第 6 期到 1949 年 4 月,因纸张供应紧张,篇幅与内容又大为缩减。

“读者来信”中对画报的编辑方式与内容等提出了许多建设性意见。如天津的郭学义致函杨孝述说:“《科学》和《科学画报》在我国很有历史,内容之佳,印刷之精,早已闻名全国,在抗战期中,虽于敌人压迫之下,《科学画报》仍本着抗日救国之宗旨,这种勇敢的精神,可佩之至。……不料自光复之后,本地未见到《科学画报》,而增添了许多由上海运来的低级粉色杂志来诱引青年使青年堕落。……为何《科学》和《科学画报》在天津不见呢? 是为了纸张太贵而停刊,还是不得寄来呢?”希望加强《科学》与《科学画报》的发行网。① 有读者来信说图片不够清晰,有读者说篇幅不够,希望恢复创刊时的半月刊,“俾能多得知识”。② 有读者虽对《科学画报》战后的改进大加赞赏,诸如编排设计的活泼新颖、内容的充实,“比之世界任何一科学杂志

① 《科学画报》第 13 卷第 1 期,X－4 页。
② 《科学画报》第 13 卷第 1 期,X－7、X－8 页。

都无逊色”,但“美中不足”的是,“图片方面较缺乏我们自己已有的材料,自然我们的科学是落后的,但是我们的精神绝不可也输人一筹。我们自己的研究探险,或工程建设的实况,自己编绘的科学事物的图解,以及国人在外国搜罗的图片,都是可求得的……”。[①] 有读者建议纸张及图片颜色可以更好一点,另外在译介外国科学文献及消息时,能在篇末注明译自杂志名及时间,“俾读者得以藉兹参考原稿,互相比较,得益更多”。名家撰述应在作者名下注明作者“资历和职函”。[②] 有读者建议译名应附原文,还有人建议开辟一“新书介绍”专栏,专门介绍最新出版的科学书籍,使购书人先有一个了解。

可以说,《科学画报》“读者来信”不仅在读者与刊物之间搭建了交流桥梁,而且也充分反映了通过阅读《科学画报》成长起来的新一代读者对《科学画报》的期望,更展示了《科学画报》发行十年来的巨大影响。

三、新政权下的延续、中断与起复

政权转换之际,《科学画报》得以延续。1950 年《科学画报》开始第 16 卷,时任总干事卢于道在《卷头语》首先检讨过去,指出十几年的《科学画报》没有达到其最初提出的“主观愿望”,主要是客观环境的原因。如今客观环境已经改变,“我们努力于科学普及工作,不再是主观的愿望,相反乃是客观的要求。……我们要将主观的愿望改为客观的任务,要将主观的努力改为客观的工作;这不再是《科学画报》独有的任务,而是有《科学画报》所参加的国内科学普及工作者共同的任务;不再是中国科学社独占的工作,而是有中国科学社所参加的国内科学工作者共同的工作”。他提出办刊的十二字方针:不垄断、不关门、大家学、大家干。所谓“不关门”,“在这个新时代里,思想上、作风上、政治认识上以及取材内容上需要学习改变者很多。譬如阶级意识的转变,譬如苏联科学的学习,……早学习者我们普遍称为进步分子;晚学习者我们称为落伍分子。进步分子带了头,希望他们不要关了门,让落后分子永远落了后”。“不关门”意思是希望政治学习的先进们不要将门关上,“如果我们中国科学社和《科学画报》是落后,我们可以看到进步之门是没有关上的”。已经意识到中国科学社与《科学画报》在“一片大好形势”下落伍了。“大家学”是编辑与读者、自然科

① 《科学画报》第 13 卷第 3 期,第 128 页。
② 《科学画报》第 13 卷第 3 期,第 129 - 130 页。

学工作者与社会科学工作者共同学；“大家干”是全中国人民一起干。科学工作者已经不太相信自己的科学智识了，需要全社会的监督与指教，需要与社会科学工作者和全国人民的合作，已经失去了作为一个科学技术工作者的“社会角色”意识。[70]

当年4月，杨孝述辞去担任17年之久的总编辑，由张孟闻接任，《科学画报》进行改版。改版的缘由说是过去的《科学画报》普及科学的希望“是部分地实现了的，只是实现在小资产阶级的知识分子里。当初大概也只是存在着这么一个愿望的罢”。如今是人民翻身当家作主人，《科学画报》也要为人民服务，而不是为小资产阶级服务，因此，“无论是从写作的态度、内容、形式上来说，都要与从前的不同了”，要与工农兵大众走在一起。可工农兵大众大多数是“斗大字不识”，因此只有先通过工农兵干部来走向工农兵大众。以此为宗旨，《科学画报》决定了新的方针政策：

一、文字与图画的本身要容易看，容易懂。不要说教的味儿太重。

二、方式是散文，诗歌，快板，戏剧，相声，秧歌，连环图画，……新的旧的一切民族的形式都要，总要与实际生活相连结而容易为大众所接受的都好。……

三、内容一定要做到正确，千万错不得。……只有科学，没有大众，当然干不好什么科学普及工作；但是贪图了大众，没有了科学，也就不成其为科学普及了。

四、……邀请了总工会，近郊农民协会，本地部队，劳动局，教育局，以及其他有关社团个人，共同来参加本刊的编辑工作。……使编辑的工作能做到“从群众中来，到群众中去”。

五、如果能在不远的将来，从群众中培养出科学干部来，自己动手写文字……更好。[71]

尽管如此“紧跟”时代，中国科学社还是不能保持对《科学画报》的主办权，随着《科学》的停刊，《科学画报》也在1952年底交由上海市科学技术普及协会主办，1959年由上海市科学技术协会主办、上海科学技术出版社编辑出版，一直延续到1966年下半年停刊。1972年以《科学普及材料》复刊，1974年更名为《科学普及》，1978年恢复《科学画报》原名，至今仍继续发刊，成为科学的“二传手”，真可算是历史的“幸运儿”！

“科学……在世界各地的传播并不是如通常所理解的，是通过‘扩散’进入其他文化的，而是作为摧毁其他文化传统形式的一种力量进入的。”[72]西方科学技术作为传统中国文化的一种异质物，进入中国社会后广泛地影响生活的各个方面，对工农业生产、思想文化、政府政策乃至人民的生活习惯等都产生了深远的影响。在中国科学的体制化过程中,中国科学社的科学宣传普及起着相当重要的作用,将科学知识传播于民间,引导国人正确理解科学,激发了一批又一批科学爱好者,使他们进入科学殿堂,为中国科学家社会角色的出现、形成及其中国科学的最终体制化起了十分重要的作用。

参考文献

[1] 卞毓麟."科学宣传"六议.科学,1995,47(1):23-26

[2] 任鸿隽."科学"三十五年的回顾.科学,1951,32(增刊).

[3] 刘咸.《科学》第二十五卷完成感言.科学,1941,25(11-12):592.

[4] 发刊词.科学,1915,1(1):3-7.

[5] 例言.科学,1915,1(1):1-2.

[6] 蔡元培启事.北京大学月刊,1919,1(1):1-2.

[7] 过探先.植物选种法.科学,1915,1(7):799.

[8] 欧美全年所受煤烟之损失.科学,1915,1(1):107.

[9] 任鸿隽.初版弁言//科学通论.中国科学社,1934.

[10] 王琎.弁言//科学名人传.中国科学社,1924.

[11] 席宗泽.中国科学技术史学会20年.2000,中国科技史料,21(4):295.

[12] 罗家伦.今日中国之杂志界.新潮,1919,1(4):625-631.

[13] 改良杂志内容通过.科学,1917,3(10):1127.

[14] 增刊季报作罢.科学,1918,4(1):99.

[15] 杨铨.期刊编辑部报告.科学,1918,4(1):93.

[16] 朱其清.编辑引言.科学,1925,10(7):799-800.

[17] 中国科学社于南京总社设立无线电研究所缘起.科学,1925,10(7):801.

[18] 汪敬熙.论中国今日之科学杂志.独立评论,1932,第19号:14.

[19] 理事会第119次会议记录(1934年8月20日).社友,1934,第44期:3.

[20] 周桂发,杨家润,张剑.中国科学社档案资料整理与研究·书信选编.上海:上海科学技术出版社,2015.

[21] 任鸿隽1934年11月24日信//周桂发,杨家润,张剑.中国科学社档案资料整理与研究·书信选编.上海:上海科学技术出版社,2015:135.

[22] 任鸿隽1935年1月26日信//周桂发,杨家润,张剑.中国科学社档案资料整理与研究·书信选编.上海:上海科学技术出版社,2015:136.

[23] 刘咸.《科学》今后之动向.科学,1935,19(1).

[24] 改进《科学》之商榷.社友,1936,第53期:3-5.

[25] 翁文灏、孙洪芬、吴有训、范会国致刘咸函//周桂发,杨家润,张剑.中国科学社档案资料整理与研究·书信选编.上海:上海科学技术出版社,2015:155,164,165,175-176,179.

[26] 刘咸.苏联科学院.科学,1936,20(8):619-622.

[27] 观化(刘咸).国立中央研究院评议会成立.科学,1935,19(6):826-828.

[28] 王汎森,潘光哲,吴政上.傅斯年遗札·第2卷.台北:"中央研究院"历史语言研究所,2011:669.

[29] 刘咸.科学进步与言论自由.国风月刊,1936,8(7):826-827.

[30] 编后记.科学,1946,28(5):216.

[31] [卢于]道,[刘]咸.迎民国二十五年.科学,1936,20(1):1-3.

[32] 卢于道.一个任务,一个领袖.科学,1946,28(4):175-176.

[33] 曾昭抡. 二十年来中国化学之进展. 科学,1935,19(10):1516 - 1517.
[34] 樊洪业. 中国科学社与新文化运动. 科学,1989,41(2):83 - 87.
[35] 陈独秀. 敬告青年. 青年杂志,1915,1(1):5 - 6.
[36] 任鸿隽. 科学概论(上篇). 上海:商务印书馆,1927.
[37] 胡明复. 科学方法论一. 科学,1916,2(7).
[38] 任鸿隽. 说中国无科学之原因. 科学,1915,1(1):8 - 13.
[39] 任鸿隽. 科学精神论. 科学,1916,2(1):2.
[40] 唐钺. 科学与德行. 科学,1917,3(4):403 - 410.
[41] 中国科学化运动协会章程//何志平,等. 中国科学技术团体. 上海:上海科学普及出版社,1990:167.
[42] 樊洪业,等. 科学救国之梦——任鸿隽文存. 上海:上海科技教育出版社,2002:506 - 507.
[43] 樊洪业. 竺可桢全集・第 2 卷. 上海:上海科技教育出版社,2004:152.
[44] 顾毓琇. 科学研究与中国前途. 中山文化教育馆季刊,1935,2(1):55.
[45] 张君劢. 明日之中国文化. 上海:商务印书馆,1936:125 - 126.
[46] 科学世界与建国前途(1943 年 4 月 8 日)//王聿均,孙斌. 朱家骅先生言论集. 台北:"中央研究院"近代史研究所史料丛刊(3),1977:29.
[47] 科学之路(1943 年 7 月 19 日)//王聿均,孙斌. 朱家骅先生言论集. 台北:"中央研究院"近代史研究所史科丛刊(3),1977:45 - 46.
[48] 本社南京支部成立. 科学,1917,3(1):133 - 134.
[49] 中国科学社纪事. 科学,1921,6(11):1175.
[50] 举行春季演讲. 科学,1922,7(5):518 - 519.
[51] 中国科学社之演讲. 申报,1922 - 05 - 05(10).
[52] 本社春季演讲续志. 科学,1922,7(6):623.
[53] 科学通俗演讲号发刊词. 科学,1923,8(6):579 - 580.
[54] 任鸿隽. 中国科学社社史简述//林丽成,章立言,张剑. 中国科学社档案资料整理与研究・发展历程史料. 上海:上海科学技术出版社,2015:303.
[55] 中国科学社第十一次年会记事. 科学,1926,11(10):1471 - 1475.
[56] 顾毓琇. 七科学团体联合年会的意义和使命. 科学,1936,20(10):795.
[57] 杜威在中国科学社之演讲. 申报,1920 - 04 - 27(7).
[58] 杜威在中国科学社之演讲(续). 申报,1920 -04 -28(10).
[59] 班乐卫氏关于中国教育问题之言论. 科学,1920,5(12):1183 - 1188.
[60] 张孟闻. 中国科学社生物研究所展览会记. 科学画报,1934,1(19):722 - 731.
[61] 中国书版展览会记. 社友,1931,第 5 号:4.
[62] 鲁迅・通讯//鲁迅全集・第 3 卷. 北京:人民文学出版社,2005:26.
[63] 顾毓琇. 中国科学化的意义. 中山文化教育馆季刊,1935,2(2):422.
[64] 发刊十年感言. 科学画报,1943,10(1):1.
[65] 社友通讯. 社友,1931,第 6 号:2 - 3.
[66] 杨孝述. 十年回忆. 科学画报,1943,10(1):21 - 22.
[67] 理事会第 108 次会议记录(1933 年 6 月 13 日). 社友,1933,第 33 号:6.
[68]《科学画报》编辑部. 科学画报五十年. 中国科技史料,1983,4(4).
[69] 曹伯言. 胡适日记全编・第 6 册. 合肥:安徽教育出版社,2001:254.
[70] 卢于道. 卷头语. 科学画报,1950,16(1):6 - 7.
[71] 编辑部. 新开场白. 科学画报,1950,16(4):165.
[72] 李克特. 科学是一种文化过程. 顾昕,张小天,译. 北京:生活・读书・新知三联书店,1989:13.

第十五章　知识生产与科学家社会角色的形成

1918年10月，任鸿隽同杨铨等几位留美学生回国，上海的几家报纸以《科学家回沪》予以报道，任鸿隽感到很是“惶恐”，因此不久即在寰球中国学生会做《何为科学家》的公开演讲，从科学共同体这一角度对科学家社会角色进行了阐述。任鸿隽认为中国文化不及西方文化的原因，就是“因为一个在文字上做工夫，一个在事实上做工夫”。科学所研究的是自然界的现象，科学家们所注重的是“未发明的事实”，这样科学家不仅要像中国人一样读古人书，了解前人的研究，更重要的是研究事实，在实验室和大自然进行成年累月的观察和实验。由此，他定义说科学家“是个讲事实学问以发明未知之理为目的的人”，一个科学家不是大学毕业或者博士毕业就能养成的，得了博士学位后，“如其人立意做一个学者，他大约仍旧在大学里做一个助教，一面仍然研究他的学问。等他随后的结果果然是发前人所未发，于世界人类的智识上有了的确的贡献，我们方可把这科学家的徽号奉送与他”。[1]在任鸿隽看来，作为一个科学家，必须为人类的知识视野的扩展做出独特的贡献，这是区别于其他社会角色最为本质的所在。因此他与他同船回国的同学根本不配称为“科学家”，最多只能称为“科学家”的预备人员而已。①

按照兹纳涅茨基（F. Znaniecki，1882—1958）的界定，科学家这一社会角色内涵包括四个方面：①科学家群体即科学共同体的形成；②科学家社会角色的自我意识的形成，包括遵守相应的行为规范、树立“科学求真”的价值观念等；③科学家具有区别于其他角色的社会地位及职业特色；④科学家须向科学共同体提交获取科学共同体认同的科研成果。[2]对后发展国家而言，科学家角色的形成与高等教育、工业化和政

---

① 任鸿隽该文已经成为中国科学社会学发展的经典性文本，至今大多数中国人对科学家职业角色的认知还远未达到他的水平与高度。

府科学事业的发展密切相关，大学教育与科研、工业中的研究机构、政府研究机构及民间研究机构为科学家的职业活动提供了场所。科学家这种以科学为职业的社会角色并不仅仅局限于他们自己的社会小圈子，还与社会有一个互动的过程。作为职业的科学家角色与医生、律师这样的职业角色不同，它强调知识的扩展，他们并不直接服务于顾客，他们的经济收入也不直接来源于顾客。[3]科学家社会角色的出现与形成同步于科学体制化过程，既是科学体制化的结果，又是科学体制化的重要标志。只有在科学教育体系、科研机构、科学社团与科学交流体系等方面有了较为充分发展的基础上，科学家社会角色才会形成。

近代科学家角色的形成是西方近代科学发展几个世纪的结果，经历了文艺复兴时期大学教师与工艺实验家、英国民间业余科学家（以英国皇家学会会员为代表）、法国科学院专门科学家到真正意义上的近代科学家这样一个发展历程。[4]87–265正如本书第二章所言，传统中国社会没有近代意义上科学家这一社会角色，中国近代科学家角色的出现与形成不是由传统中国知识分子演化而来，不是中国社会历史自我内在衍生的，而是随着西方近代科学在中国的生根、发芽、成长这一过程而逐渐形成的。在这一过程中，中国科学社无论是作为一个科学社团在科学家群体的团聚与学术交流，还是其所创办的事业诸如《科学》杂志和生物研究所的人才培养与人才聚集，科学书籍的出版以知识生产促进人才成长，都起着相当重要的作用。本章主要讨论《科学》及其他科学书刊的出版发行等知识生产促进中国近代科学家社会角色的形成等方面的作用。

第一节　《科学》杂志与科学家群体的形成

1915 年创刊的《科学》是当时中国科学界唯一有重要影响的科学刊物，在促成中国科学家角色的形成方面有相当重要的地位。随着中国各门学科的发展，特别是各专业学会的创建与专业期刊的创办，其在这方面的凝聚力逐渐降低，但仍努力于学术交流与人才的聚集培养。

《科学》创刊以来，聚集了大批作者，他们通过《科学》走向学术殿堂，逐步成为中国学术界人才，《科学》成为他们走向成功的平台与阶梯之一。第 1 卷第 1 期，作者共 11 人，发起人中只有章元善无文（他已回国），另有陈茂康、杨孝述、李垕身 3 人为文,中国科学社社号杨孝述为1,李垕身为4,可见他们对社务的热心程度;第2期增加郑华;第3期有廖慰慈、唐钺、吕彦直加盟;第5期来了钱崇澍;第6期补充胡先骕;第7期收到谢家荣、张景芳两篇来稿和沈溯明文章;第9期加盟饶毓泰、钱天鹤、陈衡哲、金铉九4人,陈衡哲是第一位在《科学》上发表文章的女性;第10期新来胡宪生;第11期王应伟、孙昌克、邹树文加盟;第12期新增江履成、周京、何运煌、陈少宏、黄振洪等5位作者。

第1卷署名文章共有作者33人,除江履成、何运煌等英年早逝,其中许多人后来成为学术史上大名鼎鼎的人物,如任鸿隽、过探先、秉志、周仁、胡明复、杨铨、赵元任、金邦正、吕彦直、钱天鹤、郑华、陈茂康、杨孝述、廖慰慈、唐钺、钱崇澍、胡先骕、谢家荣、饶毓泰、孙昌克、邹树文、李垕身、陈衡哲等。其中周仁、赵元任、秉志、钱崇澍、胡先骕、谢家荣、饶毓泰等7人荣膺1948年首届中央研究院院士,吕彦直的建筑设计,金邦正、钱天鹤、过探先、邹树文的农学,胡明复的数学,郑华、李垕身、孙昌克的工程技术,唐钺的心理学,陈茂康的物理学等都在中国科学发展史上有其独特地位。陈衡哲为中国近代第一位女教授,五四新文化运动中成长起来的女作家。他们成才的原因固然很多,但《科学》及其中国科学社在他们成才过程中所起的桥梁与聚集作用不可忽视。另外,金铉九是韩国留美学生,为《科学》作者群增添了国际色彩。

第2卷署名作者43人,新增胡适、黄子焜、顾振、竺可桢、陈藩、高崇德、张准、孙学悟、钟心煊、姜立夫、邹秉文、胡刚复、熊说严、薛桂轮、李寅恭、戴芳澜、李协(仪祉)、李允彬、叶玉良、王彦祖、杨永言等人。除陈藩、杨永言等人早逝而外,其他人也都取得了相当成就,胡适、竺可桢、姜立夫、戴芳澜4人是首届中央研究院院士,高崇德、张准、孙学悟的化学,钟心煊的生物,邹秉文的农学,胡刚复的物理,顾振的路矿工程,薛桂轮的矿业工程,李仪祉的水利工程,李寅恭的林业也已成为近代中国科技史的重要组成部分。

可见,《科学》最早两卷就聚集了大量的人才,他们大多数是中国近代各门学科的奠基人,对中国科学的发展产生了极为重要的影响。如数学方面的胡明复、姜立夫,物理学方面的饶毓泰、胡刚复,化学方面的孙学悟、张准、高崇德,气象学方面的竺可桢,生物学方面的秉志、钱崇澍、戴芳澜、胡先骕,地质学方面的谢家荣,农林学方面的邹秉文、邹树文、钱天鹤、李寅恭,工程技术方面的周仁、李仪祉、李垕身、孙昌克等。在他们的引导下,一批又一批人才走向前台,不断在《科学》上发表他们的研究成果或心得。

到 1922 年第 7 卷，先后又有李俨、李积新、茅以升、孙洪芬、何鲁、罗世嶷、经利彬、韩组康、侯德榜、张贻志、吴宪、胡嗣鸿、陈长蘅、程孝刚、周达、陆费执、徐名材、程瀛章、王善佺、邹钟琳、王琎、裘维裕、曹惠群、程延庆、熊正理、董时进、黄昌穀、曹元宇、朱元鼎、万国鼎、谢恩增、陈隽人、顾世楫、章鸿钊、冯肇传、李四光、翁文灏、丁文江、唐启宇、陈焕镛、梅贻琦、严济慈、赵亚曾、王家楫、寿振黄、吴元涤、陆志韦、蔡堡、王云五、杨肇燫、张其昀、蒋丙然、刘咸等之后成名的科学家或学者发表文章，有些人发表文章时还是在校学生，如邹钟琳、赵亚曾、王家楫、寿振黄、蔡堡、刘咸、严济慈等，更重要的是，一些留欧学生如何鲁、罗世嶷、经利彬等和国内学界重要人物如章鸿钊、李四光、翁文灏、丁文江等也相继加盟成为作者，这一方面反映了《科学》影响的扩大，另一方面也表征了中国科学的进一步发展。这些人多是中国近代各门学科的奠基人之一，如数学方面的周达、李俨、何鲁，物理学方面的杨肇燫、裘维裕、严济慈等，化学方面的吴宪、王琎、程瀛章等，气象学方面的蒋丙然，地质学方面的章鸿钊、李四光、翁文灏、丁文江等，生物学方面的陈焕镛、王家楫、朱元鼎、寿振黄、蔡堡、刘咸等，工程技术方面的茅以升、程孝刚、徐名材、裘维裕、顾世楫等，化学工程方面的侯德榜、韩组康等，医学方面的经利彬、谢恩增等，农学方面的王善佺、邹钟琳、董时进、万国鼎等，心理学方面的陆志韦，等等。其中茅以升、侯德榜、吴宪、李四光、翁文灏、严济慈、王家楫等 7 人荣膺首届中央研究院院士。

到 1930 年以前，又相继有钱宝琮、孙云铸、赵承嘏、陈桢、伍献文、叶企孙、熊庆来、彭家元、朱其清、张景欧、原颂周、张绍忠、曾昭抡、倪尚达、方子卫、卞彭、孟心如、吴承洛、张景钺、高鲁、李济、钱昌祚、李熙谋、王竹泉、卢于道、丁绪宝、李书田、刘树杞、叶良辅、向达、王国维、余泽兰、周厚枢、王葆仁、冯景兰、顾毓琇、袁复礼、黎国昌、耿以礼、张孟闻、辛树帜、黄际遇、侯光炯、罗登义、吕炯、沙玉彦、李国鼎、杜增瑞、孙雄才、柳大纲、杨惟义、张江树、张钰哲、周同庆、朱庭祜、何衍璿、胡焕庸、艾伟、俞大绂、荣达坊、张春霖、华罗庚、赵忠尧、余青松、沈宗瀚、曾义、杨钟健、裴文中、李晓舫、郑集、顾毓珍、方文培、赵以炳、刘桐身等一大批未来的著名科学家或学者在《科学》发表论文及文章。又有一批学科代表进入《科学》作者群，天文学方面的高鲁、李晓舫、张钰哲等，数学方面的熊庆来、钱宝琮、华罗庚、黄际遇等，物理学方面的叶企孙、卞彭、赵忠尧、丁绪宝等，化学方面的赵承嘏、曾昭抡、余泽兰、王葆仁、张江树、赵以炳等，生物学方面的张景钺、陈桢、伍献文、张孟闻、辛树帜、卢于道、郑集、方文培、张春霖等，地质学方面的孙云铸、冯景兰、朱庭祜、杨钟健、裴文中等，农学方面的俞大绂、彭家元、沈宗瀚等，工程技术方面的倪尚达、王崇植、方子卫、顾毓珍等，人类学方面的李济等。这些人中当选首届中央研究院院士的有陈桢、伍献文、叶企孙、曾昭抡、张景钺、李济、俞大绂、赵忠尧、华罗庚、杨钟健等10人。

到1930年以前，《科学》作者群中有28人当选首届中央研究院院士，数理组28位院士中，只有数学方面许宝騄、苏步青、陈省身，物理学方面吴大猷、李书华、吴有训，化学方面吴学周、庄长恭，地质学方面朱家骅、黄汲清，工程方面凌鸿勋、萨本栋等12人没有在《科学》上发表文章。这些人中许宝騄、陈省身等刚入大学，吴大猷、吴学周、黄汲清等还留学未归，苏步青作为留日学生一般不在《科学》上发表文章[1]，朱家骅这样职业官僚回国后就没有发表过科学论文。因此，可以说，数理科学各门学科的奠基人基本上都曾在《科学》上发表过文章，有些人还是非常重要的作者，《科学》成为他们进入中国科学共同体较为重要的平台。生物组25位院士，动物学6人中只有贝时璋、童第周，植物学6人中只有殷宏章、罗宗洛共4人不是作者，贝时璋、童第周、殷宏章当时或刚大学毕业，或刚留学回国，罗宗洛是留日博士。相较而言，生物组其他学科院士13人中只有农学俞大绂是《科学》作者，倒是一个值得分析的现象（除年龄以外）。[2]

大批青年才俊通过《科学》走向成功之路，最为著名的自然是华罗庚。这是一个广为流传的故事，有些书籍或文章不免有"戏说"的成分，这里略作考订。华罗庚最早发表在《科学》上的文章是《Sturm氏定理之研究》[3]，已显露其数学才华。苏家驹[4]在《学艺》第7卷第10号发表《代数的五次方程式之解法》，宣告代数五次方程可解，这自然引起学术界的惊喜。因为英年早逝的挪威天才数学家阿贝尔（N. H. Abel，1802—1829）早已证明五次方程一般不能用根式求解，并由此对近代数学产生极大影响；另一早逝的法国天才数学家伽罗瓦（E. Galois，1811—1832）对此也有巨大贡

---

① 其实，正如早期中国科学社有留日学生社员一样，早期《科学》上也有留日学生的文章。后来随着中华学艺社的成立与《学艺》的创刊，留日学生不再参加中国科学社，《科学》上再也难以找到留日学生的文章了。由此亦可见当时留美、留日学生相互封闭之一斑。

② 例如医学李宗恩、张孝骞，药物学陈克恢，生理学林可胜等都与协和医学院密切相关，他们都有自己的论文发表阵地，如《中国生理学杂志》（*The Chinese Journal of Physiology*，1927年创刊）。

③《科学》1929年第14卷第4期，第545－548页。

④ 据网上介绍（百度百科），苏家驹（1899—1980），湖南长沙人，1924年毕业于武昌高等师范学校数学系，长期在中学任教，被学生誉为"不以规矩，自成方圆"。曾以"终日作小事，把点线弧尽组方圆角；平生无大志，愿作*XYZ*尽变*ABC*"述怀。业余醉心数学思考，还曾对"费马大定理"和"哥德巴赫猜想"等用力。

献。如果苏家驹这一研究成果得到学界验证并承认，世界数学史上将奏响中国的最强音。华罗庚当时作为江苏金坛中学的庶务员，“欣读之而研究之，于去年冬仿得‘代数的六次方程式之解法’矣”。华罗庚按照苏家驹的方法，对苏家驹的研究成果有进一步的推广。他“对此欣喜异常，意为果能成立，则于算学史中亦可占一席之地也。唯自思若不将阿贝尔言论驳倒，终不能完全此种理论”。取得成果的华罗庚虽然高兴，但并没有“得意忘形”，因为有阿贝尔的证明在前，只有证明阿贝尔是错误的，才能反证苏家驹的正确，他的研究成果也才有意义。于是他“沉思于阿贝尔之论中，凡一阅月。见其条例精严，无懈可击，后经本社编辑员暗示，遂从事于苏君解法确否之工作”，结果“于六月中遂得其不能成立之理由”。作为“来件”而不是专题论文刊登在 1930 年 12 月出版的《科学》第 15 卷第 2 期第 307 - 309 页，名曰《苏家驹之代数的五次方程式解法不能成立之理由》，指出苏家驹文中一个 12 阶行列式计算错误，当然也由此验证了自己“代数的六次方程式之解法”的错误。

《科学》编辑部在华罗庚完成“苏家驹”文上有指点“作用”，华罗庚最初欲通过从根本上推倒阿贝尔的证明来验证苏家驹的正确，经编辑员暗示后，才反其道而行之，先鉴定苏家驹解法正确与否，结果发现苏家驹错误，自然证明阿贝尔的正确。现不知编辑员是如何暗示华罗庚的、这编辑员是谁，但中华学艺社的《学艺》当时与《科学》是取一种“对抗”态度的，因此编辑员暗示华罗庚是否还有其他原因就不得而知了。[①] 其实，华罗庚发现苏家驹错误后，曾致函《学艺》杂志社指出其错误，《学艺》于第 9 卷第 7 号登出简短声明，指出苏文错误：“前半均合理论，但自第三页第十五行……以下语意暧昧，显与次页下段矛盾，查此问题，早经阿柏（N. H. Abel）氏证明不能以代数的方法解之。仓促付印，未及详细审查。近承华罗庚君来函质疑，殊深感谢，特此声明。”《学艺》以这样简单的方式处理了华罗庚的发现，而未能将华罗庚的信函或者说发现错误的推导与论证全文刊登，也许《学艺》编辑们注意到华罗庚仅是一个中学庶务员而已，没有发现这数学证明背后所隐藏的数学才华与天赋。这给了《科学》机会，更给了华罗庚学术生涯真正起步的机缘，也为中国数学发展领军人才的出现提供了契机。当然，《学艺》编辑的教训，也是值得汲取的。

---

① 钱永红先生推测暗示华罗庚的编辑员很可能是其祖父钱宝琮，理由诸如钱宝琮是当时《科学》杂志编辑部唯一的数学和数学史专业学者，华罗庚后来一直尊钱宝琮为师，有人间接言说等。参阅钱永红编《一代学人钱宝琮》，浙江大学出版社，2008 年，第 583 页。

Wissen und Wissenschaft

Band 7, Heft 10.

學藝

第七卷 第十號

要 目

十五年七月十五日發行

中華學藝社出版

代售處各埠商務印書館

中華郵務局特准掛號認爲新聞紙類

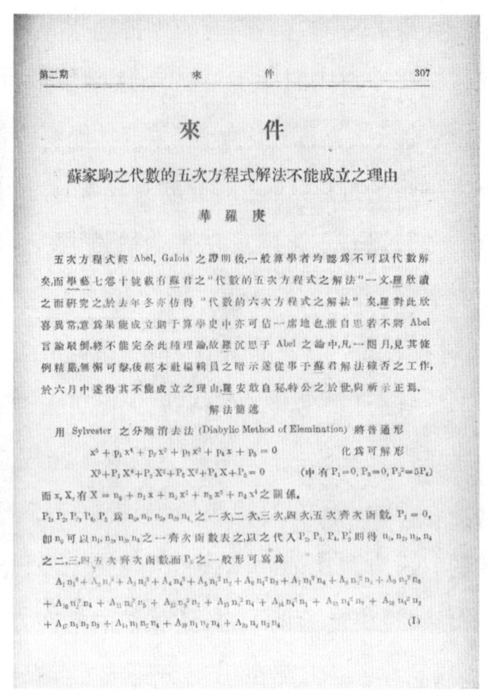

來 件

蘇家駒之代數的五次方程式解法不能成立之理由

華 羅 庚

五次方程式經 Abel, Galois 之證明後,一般算學者均認爲不可以代數解矣,而學藝七卷十號載有蘇君之"代數的五次方程式之解法"一文,羅欣讀之而研究之,於去年冬亦仿得"代數的六次方程式之解法"矣。羅對此欣喜異常,意爲果能成立則于算學史中亦可佔一席地也,惟自思若不將 Abel 言論駁倒,終不能完全此種理論,故羅沉思于 Abel 之論中,凡一閱月,見其條例精嚴,無懈可擊,後經本社編輯員之暗示遂從事于蘇君解法確否之工作,於六月中遂得其不能成立之理由,羅安敢自秘,特公之於世,尚祈示正焉。

解法簡述

用 Sylvester 之分離消去法 (Diabylic Method of Elemination) 將普通形

$x^5+p_1x^4+p_2x^3+p_3x^2+p_4x+p_5=0$ 化爲可解形

$X^5+P_1X^4+P_2X^3+P_3X^2+P_4X+P_5=0$ (中有 $P_1=0, P_3=0, P_2^2=5P_4$)

而 x, X, 有 $X=n_0+n_1x+n_2x^2+n_3x^3+n_4x^4$ 之關係。

P_1, P_2, P_3, P_4, P_5 爲 n_0, n_1, n_2, n_3, n_4 之一次,二次,三次,四次,五次齊次函數。$P_1=0$,卽 n_0 可以 n_1, n_2, n_3, n_4 之一齊次函數表之,以之代入 P_2, P_3, P_4, P_5 則得 n_1, n_2, n_3, n_4 之二,三,四,五次齊次函數,而 P_3 之一般形可寫爲

$$A_1n_1^3+A_2n_2^3+A_3n_3^3+A_4n_4^3+A_5n_1^2n_2+A_6n_1^2n_3+A_7n_1^2n_4+A_8n_2^2n_1+A_9n_2^2n_3+A_{10}n_2^2n_4+A_{11}n_3^2n_3+A_{12}n_3^2n_2+A_{13}n_3^2n_4+A_{14}n_4^2n_1+A_{15}n_4^2n_2+A_{16}n_4^2n_3+A_{17}n_1n_2n_3+A_{18}n_1n_2n_4+A_{19}n_1n_2n_4+A_{20}n_2n_3n_4 \quad (I)$$

图 15-1 刊载苏家驹论文的《学艺》第七卷第十号封面与华罗庚《苏家驹之代数的五次方程式解法不能成立之理由》首页

图 15-2 17 岁时的华罗庚

华罗庚此文一发表,就引起了时任清华大学算学系教授杨武之的注意,他意识到华罗庚不仅掌握了阿贝尔、伽罗瓦的理论,而且治学严谨,具有科学研究最为本质的"求真"与"批判"精神,于是向系主任熊庆来推荐。熊庆来也意识到一个学术天才的出现,力主将华罗庚招聘来清华。在杨武之、唐培经等的联络下,华罗庚摇身一变,从乡下的中学庶务员成了学术中心北平清华大学算学系的一员,从此一发不可收,成为中国最伟大的数学家之一。华罗庚具有成功的三个条件中的两个,一是天赋,二是勤奋,现在第三个条件"机会"也不期而至。《科学》提供了展露他才华的舞台,也提供了他成功的契机。未进入清华之前,他又相继在《科学》上发表了多篇文章,如第 15 卷第 6-7 期连载《$T^{-1}\{H(x)\}$函数之研究》,第 12 期《三角学上和

角公式之推广与探讨》,这两篇文章都是作为“论著”刊载的。第16卷第1期《N度空间有心二次超越曲面之共轭直径》,归入“杂俎”栏。进入清华大学后的华罗庚自然是《科学》最为主要的撰稿人之一,也积极参加中国科学社的活动,在年会上发表论文。《科学》能慧眼识英才,登载一个业余数学爱好者的文章,并加以指导,除华罗庚自身的优势外,编辑们“不拘一格”的办事风格实在值得今日看“作者名头”的杂志编辑们多学学。

并不是所有的杂志都可以成为青年人成才的园地,也不是所有的杂志都能提供成才的机会。《科学》之所以在中国科学家角色方面有重要的作用,除它开放性的给所有人机会的“性格”而外,编辑们着意造就的浓厚的学术讨论氛围也是其中最为重要的原因之一。南洋大学学生徐震池在《科学》上发表《商余求原法》一文就充分体现了这一点。胡明复在徐氏文章的“编者按”中说:

徐君震池,少年好学,喜穷算理,暇时则以问题自课,多有心得。去春徐君成《商余求原法》一篇,来就正于余。……徐君此篇,乃其累月深究之所得,未尝有所凭藉。惟是商余求原之法,中国古算中已有研究,余于中国古籍素未涉猎,故以之质诸吾友裘君冲曼,裘君冲曼复转质诸苏州一工教授钱君宝琮,得钱君考证一篇,乃知徐君之作,与古籍所载符合,虽未有新益,然推证立式,要为近法,其功未可没也。

徐震池写好此文后,向担任南洋大学教授的胡明复请教,美国数学博士胡明复对中国数学史不熟悉,乃向浙江嵊县人裘冲曼请教,嗜好古算史的裘冲曼与中国数学史大家李俨、钱宝琮是知交。裘将文章转交钱宝琮,终于找到了真正的专家。钱宝琮对此问题自然有研究,指出徐震池虽没有阅读过秦九韶《大衍求一术》,但文章所得结果“多与秦氏术暗合,非于数论方面素有研究者,不克臻此。若能于中国旧籍更涉猎一过,其进益当非浅鲜也”,并对这个问题做了新的考证,徐震池也对钱宝琮考证中的疑点做了质疑。[5]

《科学》编辑就是这样制造学术研究与讨论的氛围,并提供无私的帮助,其唯一目标是促进中国科学的发展。虽然随着各专业期刊的创办,《科学》在人才的培养与聚集方面吸引力有所下降,但仍孜孜以求。下以在上海发刊的《科学》第22—25卷(1938—1941年发刊)“科学专著”栏作者及论题情况具体分析在此期间人才培育方面的作用。这一时期,正是其他专业期刊大多停刊期间,更可看出《科学》对中国科学发展的影响与作用。

正如刘咸所说,1938年是“挣扎的一年”。“战前科学事业,蒸蒸日上,研究机关林立,学会崛兴,刊物之多,有如雨后春笋,气象蓬勃,颇具现代国家之规模。乃经战事摧残，大学、研究所、图书馆以及其他文化机关，十之七八均被毁于敌人之飞机大炮，其幸而孑遗者，则又迁流转徙，损失綦重，科学刊物，则大都因人力财力支绌，被迫停刊"，《科学》虽绵力刊行，但也无奈中变月刊为双月刊。第 22 卷全年共在"科学专著"栏刊登 19 篇文章（表 15－1），其中 3 篇为译文，自然算不上国内学术研究成果。剩下的 16 篇中王熙强、苗久棚文章是首届《大公报》科学奖金获奖论文，刘咸两篇关于人类学研究，还有一些介绍性的普通文章诸如《宇冰学说与天气》《综合树脂》等。无论如何，许植方、吴振钟、郑万钧、王恒守、郑作新、龚祖德、俞启葆、林春猷、蔡翘等提交了他们最新科研成果在《科学》发布，有些成果可能在他们学术成长道路上有非常重要的意义。作者单位明确的有 12 篇，其中中国科学社 4 篇，中央大学、山东大学各 2 篇，交通大学、北平研究院镭学研究所、中央棉产改进所、福建协和大学各一篇，可见此一期间《科学》在稿源上存在较为严重的问题。

表 15－1 《科学》第 22 卷"科学专著"栏情况一览表

期	作 者	单 位	题 目
1－2	王熙强	山东大学数学系	尤拉氏多项式根之分布
	刘 咸	中国科学社《科学》编辑部	海南黎人口琴之研究
	刘福辰		宇冰学说与天气
	郭质良	山东大学化学系	纤维质废物之发酵利用法
	许植方	交通大学化学系	国产民间生草药调查第三次报告
3－4	刘 咸	中国科学社《科学》编辑部	人类学及其研习法
	钱临照译	北平研究院镭学研究所	空气之阻力与其影响于飞机之速率（伦敦大学 G. T. R. Hill 著）
5－6	苗久棚	中国科学社生物研究所	南京及其附近数种森林昆虫之研究
7－8	荣达坊		水中细菌之检验
	吴振钟	中央棉产改进所	我国棉蚜问题之解决
	谭文炳译		高空知识之进展（F. J. W. Whipple 著）
	陆家驹译		高层大气（G. M. B. Dobson 著）
9－10	郑万钧	中国科学社生物研究所	湖南莽山森林之观察
	王恒守		方圆两物体在斜面上竞赛落下问题
	郑作新	福建协和大学生物系	福建脊椎动物的统计
	龚祖德		植物油提炼汽油之展望
11－12	俞启葆	中央大学农学院	中棉之黄苗致死及其连锁性状之遗传研究
	朱汝华、朱汝蓉		综合树脂
	林春猷、蔡 翘	中央大学医学院生理系	鸡蛋壳内薄膜对于普通生理学实验示范之应用

与第22卷相比,1939年发刊的第23卷情况有所好转(表15-2),从第9期恢复为月刊,自然扩大了容量。全年“科学专著”栏共载文28篇,比上卷多出9篇之多。除两篇译文和时在美国卡内基学院任外籍研究员的王普两文外,其他基本上都是最新的学术研究成果,如燕京大学罗宗实相关汽油研究(3篇),中央大学医学院生理系蔡翘、林春猷、蔡纪静成果(2篇),清华大学农业研究所植物生理组汤佩松团队成果(2篇),浙江大学数学系章用的历算史成果(2篇)共9篇。此外还有9篇论文作者可以确定单位,稿源有相当程度的扩展,浙江大学、震旦大学、西北工学院、黄海化学工业研究社等也有作者来稿,燕京大学、中央大学、清华大学是论文大户,共发表论文11篇。

表15-2 《科学》第23卷“科学专著”栏情况一览表

期	作者	单位	题目
1	罗宗实	燕京大学化学系	近来国人对于汽油问题之研究
	林昌善	燕京大学理科硕士	定县六种重要梨树害虫生活史
2	林春猷、蔡纪静	中央大学医学院生理系	用酒精或汽油以烧吹玻璃
	严敦杰		上海算学文献述略
	毛乃琅		西洋化学传入日本考
3-4合刊	王　普	美国卡内基学院外籍研究员	核子物理与高电压
	李晓舫		现今天文学所昭示之宇宙
	梁其瑾	清华大学生物系	小米发芽之研究
	钱圣发		英国算学家Cayley、Sylvester、Salmon合传
	许植方	交通大学化学系	国药“三七”之研究
5-6合刊	刘福远	黄海化学工业研究社	中国明矾石化学工业研究
	罗宗实	燕京大学	汽油之抗噎剂
7-8合刊	汤佩松、刘友铿	清华大学农业研究所	云南蓖麻籽之利用Ⅰ
	俞启葆	中央大学农学院	中棉之卷缩叶与黄绿苗两突变及其连锁性状之遗传研究
	罗宗实	燕京大学	汽油之抗氧化剂
	魏元恒		中国北部及中部高空气流与天气
9	汤佩松、曹本熹	清华大学农业研究所	云南蓖麻籽之利用Ⅱ
	林春猷、蔡　翘	中央大学医学院生理系	光电比色计及血球脆性与血红素之测定
	章　用	浙江大学数学系	奭夷佛历解
10	王　普	美国卡内基学院外籍研究员	盖革米勒计数器
	倪达书	中国科学社生物研究所	角鞭毛虫属骨板之形态及腹区骨板之讨论
	魏寿昆	西北工学院工科研究所	炼铁炉炉身之设计

（续表）

期	作　者	单　位	题　　目
11	章　用	浙江大学数学系	垛积比类疏证
	焦启源	金陵大学应用植物学	油菜与菜子油之研究
	顾启源译	震旦大学	爱斯基摩人的书法（巴黎人类学博物院 A. Leroi-Gourhan 著）
12	徐尔灏	中央大学地理系	柯本分类法之中国气候区
	奚元龄译		棉属之分布及其商业上棉种之进化（J. B. Hutchinson 著）
	潘德孚		汽油性能之进步

注：连载第7－8合刊、11期的王普译华盛顿大学理论物理学教授伽莫夫（G. Gamow）著《老朱梦游幻境》虽是介绍相对论、量子力学等物理学理论作品，似乎与“科学专著”栏刊登专业论著目标相去甚远，故不取。

第24卷共刊载42篇论文（表15－3），比23卷多出14篇，显现出经过抗战初期的动荡不宁后，科研工作日渐展开，科研成果也不断涌现的态势。可以确定作者单位32篇，单位16个，辅仁大学、中央工业试验所、武汉大学、协和医学院、西南联大、西北大学和中山大学等也有成果刊载，其中燕京大学物理系和化学系5篇、中央大学农学院和医学院5篇，清华大学农业研究所、浙江大学、辅仁大学、金陵大学各3篇，共计22篇，占据“半壁江山”。

表15－3　《科学》第24卷“科学专著”栏情况一览表

期	作　者	单　位	题　　目
1	罗士苇	清华大学农业研究所	秋水仙素与多套型植物之产生
	汪仲毅	浙江大学农学士	中国土产杀虫植物汇录
2	戴安邦	金陵大学	中国化学教育之现状
	郑　集、顾学箕	中央大学医学院生化系 松潘中央职校卫生试验所	松潘中华汉回人膳食之调查
	韦镜权		四川重庆之石油
	罗宗实	燕京大学化学系	关于热裂棉籽油的几个试验
3	焦启源、彭佐权	金陵大学	四川之五棓【倍】子Ⅱ
	陈世骧	中央研究院动植物所	昆虫之中文命名问题
	陆学善	北平研究院镭学研究所	X射线在工业问题上之应用
	苏盛甫译	辅仁大学	同位素分离之新展望（H. S. Taylor 著）
4	杨钟健	地质调查所	中国上新统与更新统之分界问题
	曾泽培译	燕京大学物理系	近年来凝结汽体理论之进展（班威廉著）
	胡笃敬	清华大学农业研究所	植物生长素之利用
	唐　燿	中央工业试验所	设立中国木材试验室刍议
	孙观汉		中国玻璃工业之过去与将来

（续表）

期	作 者	单 位	题 目
5	张大煜、冯新德		报纸脱墨概论
	俞启葆	中央大学农学院	亚洲棉中花青素多对性新系之研究
	叶蕴理		电子计数管之构造及其应用
6	孙醒东	中央大学农学院	豆薯(地瓜)几种性态之分析
	王 普	辅仁大学物理系	中子源
7	马振玉	燕京大学物理系	单晶铝镍之制备及其均匀热电效应之研究
	高尚荫	武汉大学生理实验室	土壤、植物、动物与人类营养之相互关系
	徐锡藩	协和医学院寄生物学系	中国寄生虫学发展之回顾与展望
	秦道坚		稻草炸药之探讨
8	闵嗣鹤	西南联大数学系	相合式解数之渐近公式及应用此理以讨论奇异级数
	汪良寄		吸着分离法
9	张孟闻	浙江大学生物系	宜山蛇类记
	葛庭燧	燕京大学物理系	应用吸收光谱学研究萝藤杀虫剂
	区伟乾	中山大学生物系	血液型
10	王宪钟	西南联大数学系	线丛群下之微分几何学
	焦启源、彭佐权	金陵大学	川康之核桃与核桃壳
	郑 集	中央大学医学院生化系	学生膳食研究(一)
	罗宗实	燕京大学化学系	石油热裂法概论
11	陈一厂		近代制粕方法进步概况
	李晓舫		民国三十年我国境内能见之日全食之推算
	张龙翔	清华大学农业研究所	植物生长素之利用
	李 俨		章用君修治中国算学史遗事
	闻 宥		青年数学家章用教授传略
12	孙醒东	中央大学农学院	豆薯(地瓜)产量之研究
	刘 拓、刘荣藻、刘盛钦	西北大学化学系	陕南纸业
	王 普	辅仁大学物理系	中子与质子之碰撞
	钱人元	浙江大学物理系	重核分裂

虽因物价上涨等,《科学》第25卷又改为双月刊,但“科学专著”栏居然刊载了56篇专著(表15－4),比上一年又增加了14篇之多,比第22卷的19篇,整整多出37篇。可以确定作者单位35篇,单位22个(以大类分,如中央大学、中央研究院、北平研究院),广西农学院、四川农业改进所、美国加州理工学院、岭南大学、广西河池黔

桂铁路等纷纷加盟，以中央大学、清华大学、燕京大学、北平研究院等最为重要。①

表 15-4 《科学》第 25 卷“科学专著”栏情况一览表

期	作 者	单 位	题 目
1-2	丁绪贤	中山大学师范学院	半微定性分析的采用
	葛庭燧译	燕京大学物理系	狭义相对论之逻辑的基础(班威廉著)
	黄鸣龙		人工的动春性化合物
	杨钟健	地质调查所	三年来新生代地质与脊椎动物化石研究之进展
	经利彬、侯玉清	北平研究院生理研究所	昆明膳食之调查
	罗宗实	燕京大学化学系	石油热裂之化学原理
	何 景		1,4-Dioxane 及正-丁醇(N-Butyl Alcohol)应用于生物技术学之检讨
	汤腾汉、郭质良		山东酒麴
3-4	王华文	中央大学物理系	两用秤
	龙季和	西南联大算学系	迷向坐标及其应用
	翁德齐	广西大学农学院	水稻直播与移植问题
	郑 集、李学骥	中央大学医学院生化系	彭县铜矿工人营养状况
	郭俊钚、李琼华	江苏医学院	蚕豆丙种维生素之产生
	徐荫祺、丁汉波	东吴大学生物系、燕京大学生物系	鸡蛔虫生活史及其卵子之实验
	张明哲	国立北平研究院	酒精代汽油之理论与实际
	卢于道、唐慧成	中国科学社生物研究所	关于研究实验用之白鼠问题
	过兴先	浙江大学农学院	种子植物之不亲和性
	买树槐、曾昭抡		云南盘溪糖业概况
	彭佐权	清华大学农业研究所	人造纤维——耐纶
5-6	杨惟义	北平静生生物调查所	利用热力熏治室内害虫之试验
	黄礼镇		上海大气的导电度及游子电荷含量
	周西屏		全纯四维函数
	李鹏飞译	中山大学农林植物所	采集竹类标本指南(岭南大学莫古礼著)
	殷宏章		美国油桐业调查记
	林梦彰		高岭是什么?
	陆学善	北平研究院镭学研究所	汤姆生传略

① 可见当时中国科学界，大学是学术的中心，以中央大学、清华大学、燕京大学、西南联大为主，当然西南联大由清华大学、北京大学和南开大学组成，其间有重叠。

（续表）

期	作　者	单　位	题　目
7－8	孙醒东	中央大学农学院农艺系	现代甘蔗品种改良法
	桥下客(周宗琦)		气胸器之商讨
	邹钟琳	中央大学农学院	水稻抗螟试验
	姜淮章	清华大学农业研究所	会泽县白腊问题之调查
	张尔琼	清华大学生物系	数种通常抗疟药治疗疟疾之效应
	周复译		孪生研究面面观(H. H. Newman 著)
	王　普、苏士文译		核子同素异性体最近之实验结果(B. Pontecorvo 著)
	郑作新	福建协和大学生物系	福建脊椎动物统计续编
	严敦杰		祖暅别传
9－10	薛兆旺	加州理工学院研究院	绝对零度
	黄如瑾	广西河池黔桂铁路	自动视距仪之创制(经济部专利)
	顾世楫		自动视距仪之检讨
	张春霖		盲鳗之发现
	徐　旸、张　昕		木材的收缩
	潘尚贞	清华大学农业研究所	酒精代汽油问题之检讨
	李寅恭	中央大学森林系	林木病虫害之一斑
	李毓镛		中国古代生物学
	龚树模	中央研究院天文研究所	校正赤道仪之一法
	钱人元译	西南联大	中子与化学(汉堡大学 Hans Suess 著)
11－12	靳自重、庄巧生	金陵大学农艺系	小麦穗部性状之遗传
	翁德齐		多品种比较试验之设计与分析摘录
	经利彬		肥胖问题
	杨鸿祖、洪用林	四川农业改进所	促成甘薯开花结实研究之初步报告
	宋以方		法国大革命时代的数学
	王　普		铀镭与国防
	丁普生、曾昭抡		云南开远、弥勒、宜良三县褐煤矿概况
	高尚荫、沈珂芝	武汉大学生理实验室	微生物之辅佐生长素(二)
	罗宗实	燕京大学	石油热裂产物之生成及其处理
	李芳洲	福建协和大学农学院	我国作物根部寄生线虫之初步研究
	顾青虹	中国蚕桑研究所	柞蚕的化性研究

可见,1938—1941 年四年间,《科学》作者队伍不断扩大,作者单位分布(仅注明

者)国立大学有中央大学、清华大学、浙江大学、交通大学、西南联大、中山大学、山东大学、武汉大学、西北大学、西北工学院、江苏医学院、广西大学,私立院校有燕京大学、福建协和大学、辅仁大学、东吴大学、金陵大学、岭南大学、协和医学院、震旦大学,研究机构国立有中央研究院、北平研究院、地质调查所、中央工业试验所、中央棉产改进所,私立有北平静生生物调查所、中国科学社生物研究所、黄海化学工业研究社、中国蚕桑研究所,另外还有四川农业改进所、松潘中央职校卫生试验所、广西河池黔桂铁路,国外有美国加州理工学院、卡内基学院等,共有30多个单位。具体分析,中央大学论文最多有16篇,农学院俞启葆和孙醒东各有3篇论文,医学院生理系蔡翘课题组、生化系郑集课题组也各贡献3篇论文;燕京大学共有12篇,化学系罗宗实从事汽油研究,个人单独发表论文7篇,后曾任资源委员会植物炼油厂厂长;清华大学发表论文10篇,其中农业研究所贡献8篇,表征当时以汤佩松、罗宗洛为核心的该研究所实力;另外,浙江大学6篇、金陵大学5篇、中国科学社生物研究所和北平研究院各4篇。四年间先后有130人在《科学》发表文章共145篇,其具体名单如下(音序,可能有化名):

蔡纪静、蔡　翘、曹本熹、陈世骧、陈一厂、戴安邦、丁汉波、丁普生、丁绪贤、冯新德、高尚荫、葛庭燧、龚树模、龚祖德、顾启源、顾青虹、顾世楫、顾学箕、郭俊钚、郭质良、过兴先、何　景、洪用林、侯玉清、胡笃敬、黄礼镇、黄鸣龙、黄如瑾、姜淮章、焦启源、靳自重、经利彬、李芳洲、李鹏飞、李琼华、李晓舫、李学骥、李　俨、李寅恭、李毓镛、梁其瑾、林昌善、林春猷、林梦彰、刘福辰、刘福远、刘荣藻、刘盛钦、刘　拓、刘　咸、刘友铿、龙季和、卢于道、陆家驹、陆学善、罗士苇、罗宗实、马振玉、买树槐、毛乃琅、苗久棚、闵嗣鹤、倪达书、潘德孚、潘尚贞、彭佐权、钱临照、钱人元、钱圣发、秦道坚、区伟乾、荣达坊、沈珂芝、宋以方、苏盛甫、苏士文、孙观汉、孙醒东、谭文炳、汤佩松、汤腾汉、唐慧成、唐　燿、汪良寄、汪仲毅、王　普、王恒守、王华文、王熙强、王宪钟、韦镜权、魏寿昆、魏元恒、闻　宥、翁德齐、吴振钟、奚元龄、徐尔灏、徐锡藩、徐　旸、徐荫祺、许植方、薛兆旺、严敦杰、杨鸿祖、杨惟义、杨钟健、叶蕴理、殷宏章、俞启葆、曾泽培、曾昭抡、张春霖、张大煜、张尔琼、张龙翔、张孟闻、张明哲、张　昕、章　用、郑　集、郑万钧、郑作新、周　复、周西屏、周宗琦、朱汝华、朱汝蓉、庄巧生、邹钟琳

这些人有不少已经湮灭在历史的尘土中,但他们在中国科学发展史的些微贡献

也因《科学》而留下了痕迹。当然,更多的人为中国近代科学的发展做出了卓越的贡献,蔡翘、曾昭抡、汤佩松、杨钟健、殷宏章等当选首届中央研究院院士,更有不少人后来成为中国科学院学部委员或院士(如曹本熹、陈世骧、冯新德、高尚荫、葛庭燧、黄鸣龙、李俨、陆学善、钱临照、钱人元、魏寿昆、杨惟义、张大煜、郑万钧、郑作新、庄巧生等)和台北"中央研究院"院士(如王宪钟等)。他们中有些人当时已经是具有独立研究能力的专家学者,如蔡翘、曾昭抡、陈世骧、戴安邦、丁绪贤、高尚荫、黄鸣龙、焦启源、经利彬、李晓舫、李俨、李寅恭、刘咸、卢于道、汤佩松、汤腾汉、唐燿、徐锡藩、徐荫祺、许植方、杨惟义、杨钟健、张春霖、张大煜、章用、郑集、邹钟琳等;有些人刚刚留学归来正在学术界大展鸿图,如王普、叶蕴理、陆学善、殷宏章、张孟闻、钱临照等;还有在校大学生、研究生或刚刚毕业,如曹本熹、葛庭燧、龚树模、钱人元、闵嗣鹤、王宪钟、严敦杰、靳自重、庄巧生、郑作新等。专家们通过《科学》将其成果在学术界交流,留学归国者和大学生们通过《科学》进入了学术共同体,逐渐成长起来。这些作品有些是基金课题结果,如中基会、中英庚款基金等;有的是导师与研究生共同研究的成果;还有些是学生在导师的指导下独立完成的。例如清华大学农业研究所罗士苇的作品《秋水仙素与多套型植物之产生》是在汤佩松、彭光钦等人指导下完成的,而且得到了他们与吴征镒的修改。

这些发表论文中也有一些故事值得述说。黄如瑾 1940 年春发明自动视距仪后,通过亲戚请时任之江大学测量学教授顾世楫进行检验。顾世楫对其详细说明书和蓝印图样进行研究后,以为"学理上之立场甚强,而藉重力作用使视距丝自动垂直,颇属巧妙;又另创平置之测高丝,更为他种仪器所无,故觉该项创制确有价值"。当时黄如瑾向经济部申请专利"略有波折",顾世楫鼓励黄撰文将"新仪器公诸学术界",并介绍上海一个工业社为其制造样品。后来黄获得专利,其所撰文章也寄给顾,顾觉得有些冗长,亲自加以删削,改正其中名词术语译名,并撰写了一商榷文章《自动视距仪之检讨》与黄讨论。两文同时刊登在《科学》第 25 卷第 9－10 期合刊。《科学》仍本其一贯学术研讨与交流的学术品格。

任鸿隽后来说 1915—1950 年的《科学》,"每期……以长短论文八篇计算,应有论文三千余篇,假定平均每人作论文三篇,则有作者一千余人,通过《科学》而以所学所作与当世见面"。[6]《科学》成了一千多名科学工作者成长的推进器,其在中国科学家社会角色形成上的作用也就不言而喻。

第二节　科学书刊的编译出版与科学人才的成长

除发刊《科学》而外，译著书籍也是中国科学社成立以来极为重视的工作，1915年10月改组后还专门成立有书籍译著部。留美时期因学生身份等各种原因，该项工作并没有什么成效，书籍译著部也于1917年被撤销，事务归入分股委员会。分股委员会没有顺利展开多少工作，后来也在无形中停顿。因此，中国科学社的书籍译著与出版事务，除1917年编辑出版赵元任《中西星名考》，1919年将《科学》上通论性文字集结为《科学通论》出版，1921年出版由钱崇澍翻译祁天锡《江苏植物名录》外，实在没有多少作为，而且具有极大的随意性。1923—1924年商务印书馆翻译出版汤姆生《科学大纲》，可能是中国科学社再度关注书籍译著出版的关键性因素。

《科学大纲》(*The Outline of Science*)是英国生物学家、博物学家兼科普作家汤姆生(J. A. Thomson，1861—1933)主编的4卷本高级科普巨著。1922年问世，5年内销售超过10万册，1937年出版的合订本厚达1 220页。原版面世不久，汉译第一、二册于1923年6月出版，第三、四册于1923年10月、1924年1月相继出版。这套由商务印书馆主持编译的科普巨著，与中国科学社紧密相关。

商务印书馆作为中国近代出版业巨擘，在西方科学技术传播上也欲多有作为，这切合了中国科学社对科学宣扬的需要，《科学》自1922年5月第7卷第5期归商务印书馆出版发行。王云五出任商务印书馆编译所所长后，对编译所进行整顿，一批中国科学社理事会成员和骨干成员任鸿隽、朱经农、唐钺、竺可桢、段育华等先后被聘为编译所理化部部长、哲学教育部部长、总编辑部编辑、史地部部长、算学部部长，胡明复、胡刚复、杨铨、秉志等也被聘为馆外特约编辑。正因有这样强大的阵容，商务印书馆主持人在《科学大纲》原版出版后，敏锐地看到其价值与意义，借助中国科学社的力量，将该书以最快的速度翻译出版，以飨国人。

早在1923年1月出版的《科学》第8卷第1期，任鸿隽就发表文章介绍《科学大纲》，将《科学大纲》与韦尔斯(H. G. Wells，1866—1946)的《世界史大纲》(*Outline of History*)相提并论，认为是第一次世界大战后英国出版界的两大巨著，“《世界史大纲》之所以为大，在其书之体裁方法，与前此之史家异，有以树世界一体之规模；《科学大纲》之所以为大，以其范围之广大，取材之宏富，有以示智识一致之趋向。两书之在今日，皆为当世所需要，而以科学界进步之速，关系之巨，这《科学大纲》之出世，尤吾人所亟表欢迎者也”。指出《科学大纲》有取材新精、叙述明了、图画例证众多而精美的三大特点。最后，任鸿隽还为商务印书馆汉译此书广而告之：“此次商务印书馆能博求国内专家担任译事，盖全书三十八篇而分任译事者，不下二十人。……又其图画明显，印刷精良，在吾国出版界中亦无出其右者。”[7]

汉译《科学大纲》共38章，参与翻译的共21人（各章译者见表15－5），其中包括中国科学社9位创始人中的任鸿隽、杨铨、秉志、胡明复、过探先，主要领导人竺可桢、胡先骕、钱崇澍、唐钺、孙洪芬、胡刚复、王琎等人，骨干社员陈桢、段育华、徐韦曼、朱经农、张巨伯、陆志韦等。可以说，没有中国科学社领导层与社员的密切合作，商务印书馆汉译《科学大纲》不可能如此迅速面世。当然，汉译《科学大纲》的出版，也实现了中国科学社在科学宣传与传播上的目标。商务印书馆与中国科学社的密切合作，成就了中国近代科学技术宣传与传播上的一件盛事。汉译《科学大纲》后作为“汉译世界名著丛书”之一，于1930年编入“万有文库”第393种，分14册出版，影响了一代又一代中国人。

表15－5　汉译《科学大纲》各章译者

译　者	章　　名	译　者	章　　名
秉　志	自然史之一、自然史之二、人体机械	陈　桢	生物学、自然史之五、竞存
段育华	爱因斯坦之学说	过探先	显微镜下之奇观、天演之递进
胡刚复	宇宙之根本组织	胡明复	谈天
胡先骕	人类之上进、季候之生物学、天演之历史、发电发光之生物、自然史之四、细菌、蓄养动物之故事	陆志韦	灵学、科学于人类之意义：生命与心与物质、心之初现
钱崇澍	生物之相互关系、对于环境之适应、生物之特性	任鸿隽	科学与近世思想、达尔文主义在今日之位置
孙洪芬	化学家之创造事业	唐　钺	心之科学
王　琎	化学之奇迹	熊正理	应用科学之二
徐韦曼	海洋学	杨　铨	飞行
杨肇燫	应用科学之一	余凤宾	健康学
张巨伯	自然史之三	朱经农	人种学
竺可桢	气象学、地球之构成与岩石之由来		

正是在与商务印书馆合作翻译出版《科学大纲》过程中，中国科学社再次认识到书籍译著对发展中国科学的重要性。1923年3月理事会上，议决编纂“科学丛书”，推举任鸿隽、翁文灏、秦汾、胡刚复、秉志、茅以升、饶毓泰、竺可桢、过探先等9人组成

图 15－3　汉译《科学大纲》第二册封面与内封

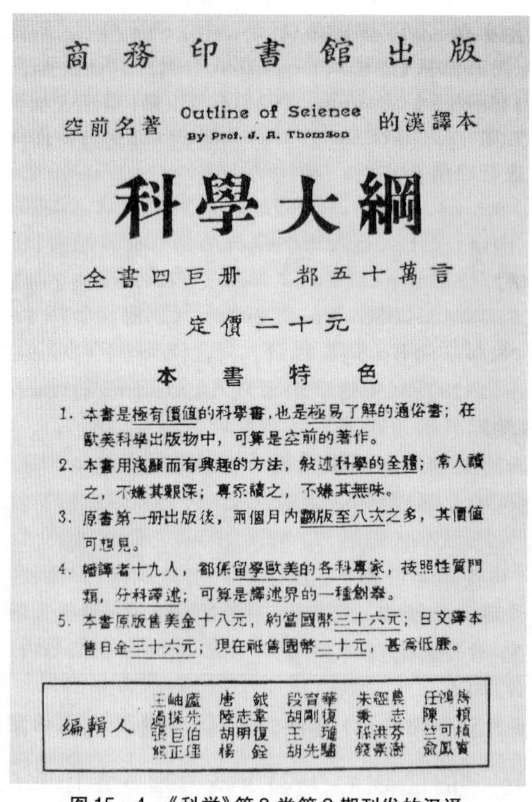

图 15－4　《科学》第 9 卷第 2 期刊发的汉译《科学大纲》广告

委员会,“先拟大纲及办法”。① 据当年8月杭州年会任鸿隽的社长报告称,“丛书”分为四种:(甲)各科参考书,“以详尽高深能表示最近科学之进步为主”;(乙)古今名著,“以曾在科学上发生重大关系有永久价值者为主”;(丙)科学方法及科学家传记,“以能表示科学精神及科学发达之次第为主”;(丁)通俗科学,“以浅近而有趣味,能灌输重要的科学智识,并唤起一般人的科学与兴趣为主”。其出版发行,仍由商务印书馆代办,并称“契约已经订妥,甚望社友诸公能发奋著述”,将来“蔚成大观,那末吾国的学界就受赐不少了”。[8]134

可见,中国科学社对编纂“科学丛书”有宏伟的规划,但具体成效却并不如人意,最终也没有形成上述四个系列。谢家荣《地质学》(上)是丛书第一本。谢家荣将他在东南大学讲授普通地质学等课程的教材几经修改后,由中国科学社出钱购买,并与商务印书馆订立合同,交商务印书馆于1924年出版。这是中国人自己编撰出版的第一部普通地质学教材,其在地质学人才培养上的作用与地位可以想见。中国科学社后来将此教材一类归类为“科学丛书”,并说:“我国各大学所用之教科书、参考书,多系西籍。不特中外情形不同,难以适用,且一年中漏卮亦属不赀。”“科学丛书”的编辑出版,“即所以救此弊”。[8]232先后还出版有章之汶《植棉学》(1926年3月,商务印书馆)、任鸿隽《科学概论》(上篇,1926年11月,商务印书馆)、李俨《中国数学大纲》(上册,1930年6月,商务印书馆)、鲍鉴清《显微镜的动物学实验》(1931年,科学图书仪器公司)、蔡宾牟《物理常数》(1939年,科学图书仪器公司)、李四光《地质力学之基础与方法》(1947年1月,中华书局)等。

章之汶在金陵大学求学期间,师从美国著名植棉专家郭仁风(J. B. Griffing),曾育成“百万华棉”新品种,开创了以中棉作亲本培育成功优良品种的先例。毕业后留校任教,“教授植棉,以学理证诸实验”,于1924年底撰成《植棉学》五篇25章。金陵大学教授过探先推荐给中国科学社,理事会议决由社员王善佺审查,“如有出版之价值,应请章君先入社为本社社员”。审查结果,《植棉学》作为丛书出版,“但须章君入社,并须将书中所有序除自序外概行删去”。② 李俨书由任鸿隽接洽1928年3月以500元购得,交商务印书馆出版。李四光“地质力学”理论具有世界性影响,《地质力学之基础与方法》首次提出了“地质力学”一词,并对其进行了系统论证。其后进一

---

①《董事会1923年3月会议记录》,上海市档案馆藏档案,Q546-1-87-12。

②《理事会第37次会议记录》(1925年2月14日)、《理事会第38次会议记录》(1925年3月26日),上海市档案馆藏档案,Q546-1-63,第132-134页。

中國科學社叢書
中國數學大綱
上 册
此書有著作權翻印必究
中華民國二十年六月初版
每册定價大洋壹元伍角
外埠酌加運費匯費
著作者 李 儼
上海寶山路五〇一號
發行人 王雲五
上海寶山路
印刷所 商務印書館
上海及各埠
發行所 商務印書館

The Science Society of China Series
AN OUTLINE OF CHINESE MATHEMATICS
Vol. I
BY LI YEN
PUBLISHED BY Y. W. WONG
1st ed., June, 1931
Price: $1.50, postage extra
THE COMMERCIAL PRESS, LTD., SHANGHAI
ALL RIGHTS RESERVED

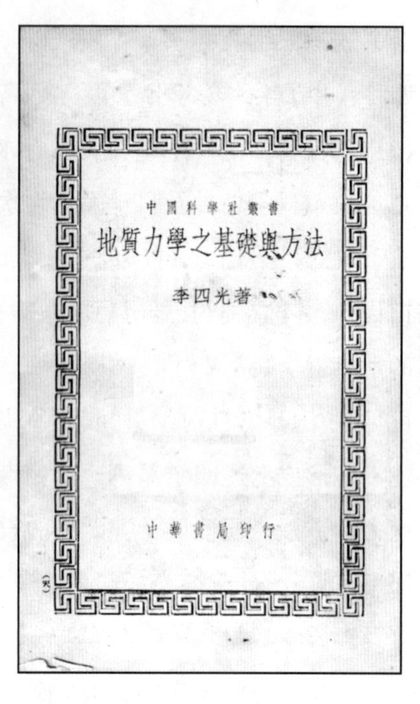

图 15－5 1931 年出版的李俨《中国数学大纲》上册版权页和 1947 年出版的李四光《地质力学之基础与方法》封面

步完善，1962 年完成《地质力学概论》，宣告地质力学的真正确立。可见，作为教材一类的“科学丛书”，《地质学》《植棉学》和李四光著作都有极大的影响，而任鸿隽《科学概论》在当时影响也很大，1929 年 11 月已出第四版。

除命名为“科学丛书”这样的系列书籍外，中国科学社还曾编辑出版有下述著述。如前面所言，1924 年将《科学》上人物传记文章集结为《科学名人传》；钟心煊 *A Catalog of Trees and Shrubs of China*（《中国灌木及树之目录》，中国科学社曾想以此为起始，出版一系列“较为高深而有系统之科学研究”的“科学丛刊”）；吴伟士 *Microscopic Theory*（《显微镜理论》）等。1936 年《科学》杂志广告曾登载“中国科学社刊物提要”，除上述提及者外，还有《袖珍积分式》（顾世楫编）、《军用毒气》（孟心如著）、《中国版本略说》《科学的南京》《空气湿度测定指南》（顾世楫著）、《人类生物学：尼登博士演讲集》［尼达姆（J. G. Needham）著，俞德浚等笔述］等。另外，中国科学社还曾编辑出版《中国科学二十年》（1937 年 5 月中国科学图书仪器公司出版，中国科学社曾想以此为起始编撰一套“科学文库”，分为“科学通论、科学史、科学名人传等”“数学、天文学”“物理学、化学”“动物学、植物学、古生物学”“地理学、气象学、地质学、矿物学”“人类学、考古学”“医学科学”“农林科学”“工程科学”“社会科学”等十集，可惜很快抗战全面爆发，无力回天）、《科学的民族复兴》（上篇第六章已提及）等。

这些书籍中,《科学的南京》一书值得专门述说。1932 年 1 月,时任中国科学社社长王琎为该书作序说,南京作为六朝古都,素以风景名胜著称,相关著述甚多,但多为“文学之做,而与科学无与也”。自国民政府定都南京以后,各项建设方兴未艾,而苦于南京自然环境、地质构造、动植物分布、气候变迁等记载缺乏,“欲参考而无由”。中国科学社为满足各方要求,编纂了该书:“科学社同人,不乏久居南京从事于教育实业者,间有本其对于该地自然科学各现象之研究,著写论文,登载于历年来本社所出版之《科学》,其中不无有价值之作,或供留心建设者之参考。”该书主要仿照前此编辑《科学通论》与《科学名人传》“成例”,将《科学》杂志中相关南京的文字“汇为一编”,更“特别征求数文,以补其不足”。也就是说,与《科学通论》《科学名人传》仅仅编辑《科学》杂志文章不同,为求系统与科学,《科学的南京》一书还在《科学》杂志文

中國科學社刊物提要 第一期

增訂 袖珍積分式 顧世楫編 每册實價國幣六角 寄費國外一角國內不計

是書將常用積分之公式分爲八大類列式凡五百餘個復列有附表關於普通應用之式詳載無遺且曾參照美國剖斯氏之積分表式酌加增删極切實用校對正確印刷精良洵爲用積分式者參考所必備之書

軍用毒氣 孟心如著 每册實價國幣二角 寄費國外一角國內不計

滬戰爆發寥惟化學戰爭爲懼本社早有所怵曾倩社友孟心如君撰著軍用毒氣一書及時刊行萬人快睹是書詳論各種毒氣中毒症候及其防治與面罩之製法並附精圖八幀洋洋萬言誠我國同胞所宜人手一編者也尚有餘書低價發售

增訂 科學名人傳 楊銓 劉咸 任鴻雋 經利彬 趙元任 王璡 李國鼎 陳楨 胡先驌 秉志 張準等合著 每册實價國幣一元 寄費國外四角國內不計

溯自十八世紀以來科學界哲人輩出科學因之昌明日盛洎乎今日國家之盛衰隆替胥於科學之進退爲轉移科學之重要於茲可見現今建政方始百廢待興科學人材需用孔亟青年學子急宜致力於斯途然方圓之製規矩是賴欲求成功當以先哲爲圭臬本社有鑒於此爰有科學名人傳一書歷敘科學名人三十餘家立身之要則成功之法規實爲青年之良好模範比經再版益事增搜遠非初版可及凡有志於科學者不可不人手一編全書凡三十萬言附科學名人造像二十餘幀

中國版本略說 每册實價國幣一角 寄費國外五分國內不計

此係二十年新正本社舉行中國書版展覽會之紀念特刊自古書契以迄活版印刷裝訂之遞嬗源源本本依科學立場蒐闡殆盡言簡意賅獨具卓見冠以北宋本華嚴殘經及明陳老蓮繪黃子立鐫博古葉子等縮本尤爲海內學者之珍古雅裝潢合插鄴架

增訂 科學通論 王璡 任鴻雋 金邦正 胡明復 翁文灝 唐鉞 梁啓超 曹惠羣 黃昌穀 楊銓 葛利普 鄒秉文 鄭宗海等合著 每册實價大洋一元六角 寄費國外五角國內不計

科學未能在發明新理固以實不以言但人情不知眞善之所在則不能生忻羨追求之念茲編所集均係國內科學界先進所撰述之論文於宣播科學及解釋科學之役可謂盡其能事初版早經風行全國各地中學並選爲國文課之讀物此次再版增益倍逾初版且類爲七編曰科學通論曰科學方法曰科學分類曰研究與發明曰科學應用曰中國之科學曰科學學會更見條理全書都四百七十葉大瑞典紙精印

科學的南京 張其昀 趙元任 竺可楨 王璡 李[illegible] [illegible]章 張更 胡煥庸 曾[illegible] 張春霖 [illegible]剛等合著 每册實價國幣一元四角 寄費國外五角國內不計

用科學的方法詳述南京的地理環境氣候語音飲料地質動物植物礦物著爲是書其人人所注意之雨花臺石子湯山地質等並有專篇論列凡欲眞實認識首都研究首都者不可不手此一編首都人士用此餽贈親友爲最得體最珍貴之禮物全書二百六十頁附單色地圖地質圖十三幅五色地質圖一大幅上等桃林紙印

空氣濕度測定指南 顧世楫著 每册實價國幣二角五分 寄費國外一角國內不計

是書先將水氣之來源變化漲力等加以解釋復將測定濕度之原理儀器計算方法逐一說明除濕度表外附有檢查濕度之曲線圖一大幅尤爲本書之特色

科學首十五卷總索引 平本/善本每册實價國幣四角/五角 寄費國外二角/三角國內不計

科學創刊以來登載各種純粹及應用科學文章篇圖廣漠篇幅浩繁首十五卷都二萬三千四百三十七面閱者每覺檢查不易本社編輯部因就各篇內容分爲通論科學史算理化天地生物農醫工礦電航空社會科學教育心理科學名詞雜件人學哲學等三十三大類每類下再分若干門每篇之卷數期數面數均詳細註明條分縷析一覽無餘手此一編省時無限

顯微鏡的動物學實驗 鮑鑑清編 每册實價國幣六角 寄費國外二角國內不計

茲書首論顯微鏡之構造及用法次述實習之方法與程序自纖毛滴蟲類至脊椎動物共分二十五次每次復分七八節十餘節不等適合大學醫科理科或高中理科一學年之用全書選材精當插圖極富最能引起學者之注意與興趣實爲各學校動物實驗之良導師

人類生物學 尼登著 每册實價國幣五角 寄費國外二角國內不計

本書爲美國著名生物學家尼登教授前年來華公開演講之演講集共計十九講說理淺顯譯筆暢達雖在未習生物學者讀之亦可明瞭人類之天演及其與各種動物之關係人類各種重要之現象皆可由此類推信人人宜手一編者也

總發行處 上海亞爾培路五三三號 中國科學社刊物經理部

惠購本社刊物不收郵票寄費新疆蒙古日本朝鮮照國內論香港澳門照國外論同件掛號國內每包外加八分國外除寄費外每包再加二角五分否則寄失不補

图 15-6 《科学》刊载中国科学社出版物广告
“中国科学社刊物提要”

载 1936 年 12 月出版的《科学》第 20 卷第 12 期,刊有战前中国科学社编辑出版的主要中文出版物(不包括《科学的民族复兴》等)。

章之外，专门向相关专家约稿，撰写《科学》杂志中所缺文章。该书载有下述文章：

张其昀《南京之地理环境》、竺可桢《南京之气候》、赵元任《南京音系》、谢家荣《钟山地质及其与南京市井水供给之关系》、王琎《南京之饮水问题》和《江苏凤凰山铁矿之化学成分》、张更《雨花台之石子》和《汤山附近地质报告》、赵亚曾《南京栖霞山石灰岩之地质时代》、董常《江苏西南部之火山遗迹及玄武岩流之分布》、张春霖《南京鱼类之调查》、林刚《南京木本植物名录》、秉志《南京自然史略》。

其中张其昀、秉志文章未曾在《科学》登载，可见是新征求文章。① 另外，竺可桢文有新的修订。更值得注意的是，《科学的南京》的出版，其意义并非仅仅止于为研究者提供参考资料，中国科学社希望通过该书可以引起国人科学研究的兴趣：

吾人深望此书之出，不但可供研究新都者之参考，且可引起国人研究本国科学之兴味，盖吾国地大物博，随时随地，皆有可研究之资料。惟因注意乏人，遂使此种智识，深感缺乏，有时反须求之外人所著之书籍，可耻孰甚！虽然，科学记载，最贵新确，本编所载，多数年前所观察与讨论，衡诸最近所见，或须有补充与纠正之处，此则有待于异日续编之出也。[9]

正如前面相关章节所述，抗战期间中国科学社也曾主持编纂多种大型图书的出版，这里就不赘述。相较这些书籍的编纂出版，中国科学社 1922 年创刊的《中国科学社论文专刊》，可能在科学家成长过程中作为更为明显。该"专刊"以外文专门刊布年会论文，不仅避免此前年会论文以中文散布《科学》杂志各期的缺陷，而且具有发布时间快、以外文向世界学术界传输等优点。"专刊"1922 年发刊时，国内还没有中国人自行创办的综合性专门外文科学期刊②，因此成为当时中国人向世界科学共同体发出自己声音的重要通道，世界科学界终于有成群体的中国人发出了声音。有人曾专门致函杨铨称："最近奉读贵社英文论文集，极佩之。国内学术团体以贵社为最有辉光，不能不钦仰先生暨叔永、适之诸先生计划之慎密也。"[10] 但因各种各样的原因，自 1922 年创刊以来，"专刊"并没有如期每年刊布，1922—1947 年，仅发刊 9 卷。第 1 - 6 卷是每卷一期，后来因年会论文较多，作者并不按期提交论文予以编辑出版，于是中国科学社决定以论文提交先后分期出版，第 7 卷发刊

① 值得指出的是，翟启慧、胡宗刚编《秉志文存》未收入《南京自然史略》，其未收目录中也没有该文目录。可见，该文未在其他杂志上刊布过。

② 中国地质学会 1922 年创刊《中国地质学会会志》，主要以英文刊载地质学论文，当年发刊一卷仅 99 页。

1930 年青岛年会论文，于 1931—1932 年分三期出版。随着各专门学会的先后成立与各专业期刊的创办，"专刊"的重要性大为降低，因此，自 1930 年年会出版第 7 卷后，到 1947 年仅出版了两卷。无论如何，在 20 世纪 30 年代各专业期刊创刊以前，"专刊"在学术交流与科学家的成长方面具有不可替代的作用，表 15 - 6 所列是第 1 - 5 卷所刊载论文及其作者。

表 15 - 6 中国科学社论文"专刊"1 - 5 卷目录

卷 数	作 者	论 文 题 目
1 (1922)	J. S. Lee(李仲揆)	Outlines of the Geology of China
	T. Y. Chang(张泽尧)	Catalytic Saponification of Oils and Fats
	C. Ping(秉志)	On the Growth of the Largest Nerve Cell in the Superior Cervical Sympathetic Ganglion of the Albino Rat from Birth to Maturity
	C. C. Chu(竺可桢)	Some Chinese Contributions to Meteorology
	C. H. Hu(胡正详)	The Newer Knowledge of Nutrition
	C. T. Kwei	Wireless Telegraphy
	C. H. Hu(胡正详)	Patent Medicines
	H. C. Wang	Signaling and Interlocking
2 (1923)	W. H. Wong(翁文灏) and A. W. Grabau	Carboniferous Formations of China
	Ame Pictet and Tsan Quo Chou(赵承嘏)	Uber Die Einwirkung von Methylal auf Tetrahydro-Papaverin
	Ame Pictet and Tsan Quo Chou(赵承嘏)	Bildung von Pyridine-und Isochinolinbasen aus Casein
	C. W. Woodworth(吴伟士)	Miscroscope Theory
3 (1924)	Coching Chu(竺可桢)	Climatic Pulsations During Historic Times In China
	C. Li(李济)	The Bones of Sincheng
	K. Weiman Hsu(徐韦曼)	Note on Fossil-Bearing Strata of Lunshan
	Janshi Sen(谌湛溪)	Natural Arrangement of The Thirty-Two Classes of Crystal Symmetry
	Janshi Sen(谌湛溪)	Genetic Classification of Rocks
	Janshi Sen(谌湛溪)	Note on Sturcture of Lunshan, Chu-Yun, Kiangsu
	Janshi Sen(谌湛溪)	Note on Occurrence of Wavellite, Kautze, Tan-Tu, Kiangsu
	Herbert Chatley	The Physico-Chemical Problem of Cohesion
	Geo. T. W. Fong(方子卫)	A Method of Eliminating The Carrier Wave in Radio Telephony
	Asta Ohn	Some dietary measures in the treatment of nephritis based upon recent findings in physical and bio-chemistry
	W. Y. Fong	Complexions

（续表）

卷 数	作 者	论文题目
4 (1926)	B. E. Read(伊博恩)	Diet and Disease—The Importance of Inorganic Saits
	W. H. Adolph(窦维廉)	Chinese Foodstuffs:Composition and Nutritive Value
	W. H. Adolph(窦维廉)	Dietary Habits in North China
	Coching Chu(竺可桢)	A Preliminary Study on the Weather Types of Eastern China
	C. Ping(秉志)	A Sea Snake from Yenting
	Chow-chie Yu(喻兆琦)	Note on the Structure of the Protocerebrum of the Brain of Eriosheir sinensis
	P. W. Fang and T. H. Chang(方炳文、张宗汉)	A Frog from Wenchow
	F M. Vittrant(费德朗)	A Note on the Unification of the Units of Measurement in the United States,the British,and China
5 (1929)	Ny Tsi Ze(严济慈)	Sur L'effet de la Reflexion Interieure Multiple d'une Lame de Quartz Argentee
	C. S. Yeh, T. C. Chow, and J. W. Sze(叶企孙、赵忠尧、施汝为)	The Effect of Tension upon the Electric Resistance of a Nickle Wire
	Michel Vittrant(费德朗)	Sur L'unification et La Modernisation des Measures Chinoises
	Backiang Liang(梁伯强)	Neue Untersuchungen Uber Isohamagglutinine bei den Chjnesen, Insbesondere die Geographische Auderung des Hamagglutinationsindex
	Shisan C. Chen(陈桢)	The First Case of Simple Mendelian Inheritance in the Goldfish,Carassius Auratus
	Tsi-tung Li(李继侗)	Effect of Climatic Factor on Suction Force
	Yao Nan(姚楠)	Recherches Histologiques sur les Tubes de Malpighi chez le Ver a Soie du Murier

1922 年第 1 卷刊载 1921 年 9 月在北京举行第六次年会论文,有 8 篇之多。据当年年会报道共宣读论文 9 篇,而且论文作者与“专刊”论文作者有极大的区别。年会论文没有胡正详和两位不知中文名的作者 C. T. Kwei 和 H. C. Wang,翁文灏、黄昌穀、杨光弼、谌湛溪和赵元任等在年会宣读的论文并没有收入该“专刊”。这说明,虽然“专刊”是为年会论文所创办,但并非完全是年会论文的机械性复制。这一情况在 1923 年、1924 年出版的第 2 卷和第 3 卷同样存在。1925 年“专刊”未能出版,1926 年第 4 卷刊载当年广州年会论文,但当年宣读论文有 16 篇之多,“专刊”仅刊载 8 篇,不足半数。此后 1927—1928 年都没有发刊。1929 年第 5 卷刊载的是 1929 年在北平召开的年会论文,自然也没有完全刊载。从“专刊”刊载论文及其作者可以看出,这是

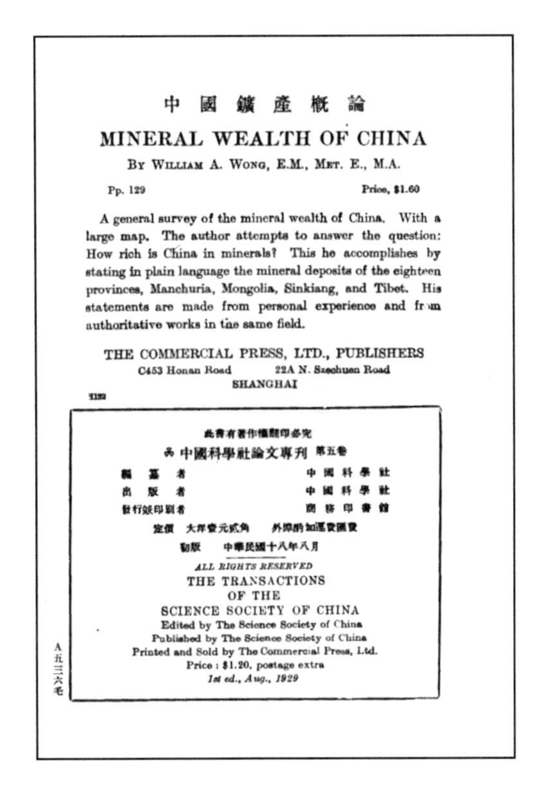

中國鑛產概論

MINERAL WEALTH OF CHINA

BY WILLIAM A. WONG, E.M., MET. E., M.A.

Pp. 129 Price, $1.60

A general survey of the mineral wealth of China. With a large map. The author attempts to answer the question: How rich is China in minerals? This he accomplishes by stating in plain language the mineral deposits of the eighteen provinces, Manchuria, Mongolia, Sinkiang, and Tibet. His statements are made from personal experience and from authoritative works in the same field.

THE COMMERCIAL PRESS, LTD., PUBLISHERS
C453 Honan Road 22A N. Szechuen Road
SHANGHAI

此書有著作權翻印必究

中國科學社論文專刊 第五卷

編纂者 中國科學社
出版者 中國科學社
發行兼印刷者 商務印書館

定價 大洋壹元貳角 外埠酌加運費匯費

初版 中華民國十八年八月

ALL RIGHTS RESERVED

THE TRANSACTIONS
OF THE
SCIENCE SOCIETY OF CHINA
Edited by The Science Society of China
Published by The Science Society of China
Printed and Sold by The Commercial Press, Ltd.
Price : $1.20, postage extra
1st ed., Aug., 1929

A五三六毛

图 15-7 《中国科学社论文专刊》第 5 卷版权页

版权页上清楚表明由商务印书馆印刷发行,同时还为商务印书馆做广告。

一个中外学者交流学术的平台,当然所谓外国学者是指在中国工作的外国人,例如葛利普、吴伟士、窦维廉、伊博恩等,他们都是非常著名且成就卓著的科学家。

中国科学社通过这些期刊和书籍,为中国科学的发展进行了大量的知识生产,极大地促进了中国科学家的成长。当然,科学家群体的形成,仅有中国科学社的努力是远远不够的。完善的科学教育体系的正常运转才是培育科学家群体最为重要的条件之一;大学与科研机构网络的形成,为科学家们提供了从事科学研究、展现他们才智的舞台。

第三节　科学家的栖身地:科研平台的搭建

虽然京师大学堂的成立被认为是近代中国大学之滥觞,但大学的真正发展是 20 世纪 20 年代以后的事。到 1936 年,全国专科以上高校(在教育部注册)110 所,其中大学42所,国立有中央大学、清华大学、北京大学、浙江大学、武汉大学、四川大学、交通大学等13所,省立有东北大学、重庆大学、云南大学等9所,私立有燕京大学、金陵大学、厦门大学等20所;独立学院38所,国立有北洋工学院等5所,省立有江苏教育学院等9所,私立有协和医学院、中国公学等24所;专科学校30所,国立5所,公立4所,省立12所,私立9所。[11]这些学校作为培养科学工作者的基地,为科学家群体的形成提供了后备军。表15-7是1931—1937年全国高校毕业本科和专科理工农医学生统计表。可见,除1937年因受战事影响外,每年毕业人数不断上升,7年间总共毕业人数已经接近1.7万人,他们是中国近代科学发展的人才基础。其中工科占据第一位,理科人数也有5 000余人,占据第二位。比较而言,理科专科生比较少,其他工、农、医实用性科系专科生较多,这表明理科主要培养对象是研究型人才,他们毕业后有相当一部分人通过留学或读研究生进一步深造,成为科学发展生力军。

表15-7 1931—1937年全国大专以上毕业生统计表

年度	理			工			农			医			总计
	本科	专科	小计	本科	专科	小计	本科	专科	小计	本科	专科	小计	
1931	427		427	779	52	831	251	137	388	150	58	208	1 854
1932	507		507	725	149	874	181	191	372	227	32	259	2 012
1933	686		686	785	185	970	253	146	399	248	99	347	2 402
1934	895		895	955	165	1 120	256	57	313	216	93	309	2 637
1935	923	32	955	941	96	1 037	320	37	357	273	113	386	2 735
1936	910	25	935	982	261	1 243	324	37	361	272	129	401	2 940
1937	747	33	780	812	115	927	282		282	306	93	399	2 388
合计	5 095	90	5 185	5 979	1 023	7 002	1 867	605	2 472	1 692	617	2 309	16 968

资料来源:《中华民国史档案资料汇编》第五辑第一编"教育",第346-354页。

与此同时,相对完善的留学体系也建立起来:"对于公费留学,须严其派遣,确定大学或专科毕业,曾经服务具有成绩,及大学优秀助教两种资格,为派遣标准,其所习学科,亦须限定,各省派遣者,并须经过本部〔教育部〕复试,……至于私费留学,至少须有专科或大学毕业资格,……如此留学教育,方可渐符研究专门学术,以改进本国文化之本旨。"这一措施,改变了过去"年龄无限制,资格无限制,而所习学科更无限制,结果成为往国外受普通教育,并非往国外研究专门学术"的弊病。[12]

正是通过中国科学社和其他团体及机构的大力提倡、大学科学教育体系的运转,到20世纪30年代中国科学家群体已然形成,成为社会生活中一支不可忽视的力量。

更为重要的是，作为科学家工作与研究的场所——专门科研机构也广泛建立，成为科学家职业角色形成的重要前提条件之一。

现代大学既是传播知识培育人才的地方，也是科学家们进行科学研究扩展知识的园地，它往往是基础研究的基地。大学进行科学研究的理念，源于德国人威廉·洪堡创办的柏林大学，他提出大学是研究高深学问的机构，是学术和文化中心，教师的首要任务是从事“创造性的学问”。洪堡这一理念不仅极大地影响了德国科学的发展，对世界大学办理也产生了深刻影响。科学研究机构的创建是科学人才聚集到一定程度的产物，也是科学家赖以生存的载体，科学家在这里从事科学研究与发明创造，促进和带动整个科学的发展。没有专门的科研机构和进行科学教育与科学研究的现代大学，也就没有科学家社会角色的出现。

中国近代大学的理念，在蔡元培的极力提倡下，深受德国办理大学观念的影响。在蔡元培领导下制定并于1912年10月发布的《大学令》中，指出“大学为研究学术之蕴奥，设大学院”。后来修订的学制也同样规定在大学设立研究院。蔡元培就任北京大学校长后，也积极实施其理念，1917年北京大学就已经设立研究所，主要任务有研究学术、研究教授法（本校及中小学校定教案，编教科书）、特别问题研究、中国旧学钩沉、审定译名、译述名著、介绍新著、征集通讯研究员、发行杂志、悬赏征文等。[13]1331,1336因当时根本没有研究基础，这些研究所也不能真正从事学术研究，被称之为研究生教育机构。[14]1925年清华学校设立国学研究院，王国维、梁启超、陈寅恪、赵元任等作为导师招收研究生，培养了大批学者。另外，上海南洋大学也于1926年成立工业研究所，后改组为交通大学研究所。这些所谓研究所，不是研究对象非科学技术，就是处于散兵游勇阶段，远未制度化。

1929年国民政府教育部公布的高等教育计划内，有国立各大学得设立研究机关的规定。设立研究机关的大学必须满足四个条件：每年经常费在100万元以上；图书、仪器、标本等设备充实；校内教授对于某种学术有特殊贡献；校内学生程度已提高。公布的大学组织法有“大学得设研究院”的明文规定。当时，国立中山大学、清华大学，私立金陵大学、燕京大学等均开始筹备设立研究院。[15]1934年5月，国民政府教育部颁布了《大学研究院暂行组织规程》，规定“大学为招收大学本科毕业生研究高深学问，并供给教员研究便利起见，……设研究院”。研究院分文、理、法、教育、农、工、商、医各研究所，“凡具备三个研究所以上者，始得称研究院”。各研究所依本科所设各系分若干部，称某研究所某部如理科研究所物理部。设立“研究院”必须满足三个条件：除大学本科经费外，有确定充足的经费专供研究之用；图书仪器建筑等，“堪供研究工作之需”；师资优越。[16]1383-1385这样，各校设立研究院有了基本的立法依据。

1935 年 4 月，国民政府公布了《学位授予法》，规定学位分学士、硕士、博士三级，学士毕业后在大学研究院或研究所继续研究 2 年以上，经考试合格成为硕士候选人，提交论文经考核合格、教育部审查无异者由学校授予硕士学位。硕士毕业后在研究院或研究所工作 2 年以上，经考试合格、教育部审查无异后成为博士候选人，提交论文经博士学位评定会考试合格后由国家授予博士学位。并从当年 7 月开始实行。[16]1406-1407

大学设立研究院不仅培养研究生，还要为教师进行科研提供帮助与机会。蔡元培说：“大学无研究院，则教员易陷于抄袭讲义不求进步之陋习。盖科学的研究，搜集材料，设备仪器，购置参考图书，或非私人力所能胜；若大学无此预备，则除一二杰出之教员外，其普通者，将专己守残，不复为进一步之探求，或在各校兼课，至每星期任三十余时之教课者亦有之。”[17]大学教师从事科研，还有为学生树立榜样的作用：“为教授者，若对所教学科，不事研究，不能与时俱进，则其授予学生之知识，必不免陈腐而机械，亦不能得学生之敬仰。反之，则教授若能从事研究，其研究学问之兴趣与方法，均可无形中为学生所模范，则其贡献，必将超过研究中只能研究学问而无机会训练学生之人。”[18]

其实，大学招收研究生在政府条文出台前已经开始。除上面提及的清华国学院研究院、北京大学、上海交通大学外，还有一些教会大学也早就有研究生毕业，并获得学位。陈省身 1930 年从南开大学毕业后，考取清华大学研究生，师从孙光远研究射影微分几何，1934 年毕业到德国留学。张青莲 1930 年从上海光华大学毕业后考入清华大学，1934 年毕业。到 1936 年，全国大学设立理工农研究所见表 15－8。可见，清华大学学科最齐全，有数理化和生物四个学科，北京大学也有数理化三个学科，中央大学有数学和农学两个学科，三个教会大学燕京大学、金陵大学和岭南大学各有两个学科，其他大学各一个学科。从学科分布来看，清华大学、北京大学、中央大学有数学学科，物理仅有清华大学、北京大学两所学校，化学有清华大学、北京大学、南开大学、燕京大学、金陵大学和岭南大学六所学校，生物有清华大学、燕京大学、岭南大学三所学校，其他农学有中山大学、中央大学、金陵大学三所学校。不仅可以看出各门学科的发展状况，也可看出当时各门学科的学术中心。应该说这些大学声望的高下，与它们所设立的研究所的门类及其培养的人才的多寡有极大的关系。当时设立了研究所的这些大学也确实是近代中国最为有名的大学之一。①

表 15－8　1936 年大学设立研究所一览表(仅列理工农)

学校名称	研究所及设置学科
国立清华大学	理科研究所物理部、化学部、算学部、生物学部
国立北京大学	理科研究所数学部、物理部、化学部
国立中山大学	农科研究所农林植物部、土壤部
国立中央大学	理科研究所算学部,农科研究所农艺部
国立武汉大学	工科研究所土木工程部
国立北洋工学院	工科研究所采矿冶金部
私立南开大学	理科研究所化学工程部
私立燕京大学	理科研究所化学部、生物学部
私立金陵大学	理科研究所化学部,农科研究所农业经济部
私立岭南大学	理科研究所生物部、化学部

资料来源:《中华民国史档案资料汇编》第五辑第一编"教育"(二),第 1385－1386 页。

1932 下半年北京大学设立研究院,根据规程北京大学本科毕业生成绩总平均分 80 分以上、外语成绩平均 80 分以上可免试入学;研究生在研究院一年以上,做够 8 个读书报告并考试及格后,北京大学发给乙种证书,将来教育部公布学位制度后,补发硕士学位;得乙种证书的研究生如果愿意继续研究,再研究 2 年以上,提出专门著作,并考试及格后发给甲种证书,将来补发博士学位;设立奖学金,每名 360 元,没有助学金。当年报考学生踊跃,二百多人仅录取 26 人(包括免试)。自然科学录取 3 人,分别为物理学任自立、心理学雷肇唐、生物学张维汉。1935 年招收物理学研究生 4 人,依成绩排名分别为马仕俊、郭永怀、卓励、赵松鹤。翌年物理学招收虞福春、马大猷,化学招收陈初尧、张麒、赵宗彝。1934 年 5 月,北京大学研究生向校长蒋梦麟提出要求,诸如延长研究期限、指定研究院经费、增聘校外导师、设研究生补助金以资

① 另外,如浙江大学数学实力很强,但因当时只有陈建功、苏步青两位教授,还没有设立研究所。到 1947 年,全国大学有理科研究所 41 个、工科研究所 19 个、农科研究所 15 个。其中设立数学研究所的大学有中央大学、浙江大学、清华大学、北京大学、重庆大学。从大学实力来看,中央大学有 6 个理科研究所、4 个农科研究所、3 个工科研究所共 13 个研究所,浙江大学有 4 个理科研究所、1 个农科和工科研究所,清华大学有 7 个理科研究所、6 个工科研究所和 3 个农科研究所共 16 个研究所,北京大学只有 6 个理科研究所。可见此时大学研究实力的分布状况。参见教育年鉴编纂委员会《第二次中国教育年鉴》(民国二十三年至三十六年),沈云龙主编《"近代中国史料丛刊"三编》第 11 辑,(台北)文海出版社,1986 年,第 575－576 页。

鼓励等。蒋梦麟说研究院不是养老院,有了成绩才给钱。当时有代表"很不客气地说了两句痛快话:'那么我们研究生不能与学校作招牌,干脆我们不研究了。'"双方不欢而散,因有些研究生不愿意继续靠家里拿钱供养,不能安心读书,"各寻各的饭碗去了"。学生们批评蒋梦麟不重视研究生教育、不注意培养高深人才,在这方面必将被清华大学超过。[13]575,583-584,1321-1324,1358

对于大学的科研状况,国民政府教育部1934年开始调查,1936年完成,以《全国专科以上学校教员研究专题概览》刊行,调查统计了13所国立大学、5所省立大学、12所私立大学、3所国立独立学院、7所省立学院、15所私立学院、2所国立专科学校、2所公立专科学校、8所省立专科学校、4所私立专科学校,其具体结果见表15-9。

表15-9　1936年全国专科以上学校教员研究专题统计表①

校别	研究员				理科		农科		工科		医科		合计		文法等合计	
	主任	合作	助理	合计	完	未	完	未	完	未	完	未	完	未	完	未
国立	339	72	96	507	65	81	34	67	11	19	26	6	136	173	66	132
省立	110	44	21	175	16	13	12	27	1	10	5	6	34	56	26	39
私立	289	31	64	384	46	39	6	10	1	0	228	14	281	63	54	53
总计	738	147	181	1 066	127	133	52	104	13	29	259	26	451	292	146	224

资料来源:《全国专科以上学校教员研究专题概览》(下册),第450-451页。

1934—1936年,进行专题研究的教员共1 066人,其中主任即课题负责人738人,合作研究者147人,共885人,他们基本上是教员;助理研究人员181人,多为助教和学生。课题合作者(包括助理)共328人,每个课题负责人只有合作者0.4人,说明课题研究主要是个人项目。当时全国专科以上学校教员总人数共7 560人,进行科研者仅占14.1%。专题研究共1 113项,理科(包括数学、物理、化学、生物等)260项,农科(森林、作物、园艺、土壤等)156项,工科42项,医科285项,文科、法科、教育科、商科等方面共370项。大学科研主要集中在理科和医科,农科次之,而工科很少。科学技术方面课题共743项,是文法商教育等科的两倍多,显现当时大学科研的重点。

晚清新政以来,一些以"试验场"为名的各种农事改良机关可以视为中国自行创办的最早专门科研机构雏形。全国先后设立有直隶农事试验场(1902年)、山西农事试验场(1903年)、山东农事试验场(1903年)、农工商部农事试验场(1906年)、奉天

① 表中,"完"表示课题已完成,"未"表示课题未完成。

农事试验场(1906年)、福建农事试验场(1906年)等。[19]作为一个传统农业国家,这种情况的出现,也许是传统重视农业的惯性使然,当然更大可能性是在中国的早期近代化过程中国人自觉不自觉地意识到,农业的近代化是国家经济发展的基础,只有以此才能带动整个国家的近代化。① 当然,这些农事试验场基本上没有科研能力,大多也没有什么科研成果。真正从事科研工作的是1913年农工商部设立的地质调查所。到20世纪30年代,各类科研机构的设立已蔚为大观。表15-10是1934年由政府设立的重要科学研究机关调查情况。前7个是中央政府努力的结果,以中央研究院、北平研究院、中央农业实验所为重点,每年经费相对很高,自然科研成就及其对中国科学发展的影响也是其他机关难望项背的。地质调查所经费每年仅6万元,似乎与其在学术界的地位及其对中国科学发展影响不相称。其他机构基本上是地方政府创办的,江苏省设立最多,8个中6个相关农业、1个渔业、1个医药卫生;江西省3个,分别为地质矿业、陶瓷业和农业;湖南3个,1个地质、2个农业;上海4个,分别相关工业、卫生、农业和法医;其他福建、两广、河北各1个。

表15-10　1934年全国政府设立的主要学术研究机构一览表

名　称	负责人	所在地	成立时间	备　注
中央研究院	蔡元培	南京	1928年6月	岁入120万元
北平研究院	李石曾	北平	1929年8月	岁入60万元
国立编译馆	辛树帜	南京	1932年6月	岁入13万元
中山文化教育馆	孙　科	南京	1933年11月	岁入48万元
中央农业实验所	陈公博	南京	1932年1月	岁入60万元
中央工业实验所	欧阳仑	南京	1930年7月	岁入92 200元
实业部地质调查所	翁文灏	北平	1912年	岁入6万元,研究员28人
法医研究所	孙达方	上海	1932年8月	岁入2 900元,岁出66 000元
江苏省立农业试验场	谢鸣珂	镇江		职员15人,研究员10人
江苏省立麦作试验场	尹聘三	铜山县	1919年7月	职员4人,研究员7人,岁入3 000元
江苏省立稻作试验场	宋镜寰	苏州	1925年3月	职员13人,岁入1 879元
江苏省立棉作试验场	王志鸿	南通县	1915年	职员3人,研究员11人,岁入25 277元
江苏省立渔业试验场	姚咏平	上海	1930年	职员4人,研究员10人,岁入54 000元
江苏省立蚕种制造所	易廷鉴	江都县	1934年2月	职员6人,研究员15人,岁入38 700元

① 关于这一问题在农业教育方面的粗浅讨论,参阅拙文《近代中国农业教育体系的初创与社会变迁》,《上海行政学院学报》2001年第1期。

（续表）

名　称	负责人	所在地	成立时间	备　注
江苏省立蚕丝试验场	汤锡祥	无锡	1933 年 8 月	职员 16 人,研究员 52 人,岁入 60 240 元
江苏省立医院卫生试验所	汪元臣	镇江	1934 年 7 月	
江西地质矿业调查所	周作恭	南昌	1928 年 1 月	隶属省政府,岁入 16 800 元
江西陶业试验所	邵德辉	南昌	1932 年 8 月	隶属建设厅,岁入 17 700 余元
江西省立农业院	董时进	南昌	1934 年 3 月	隶属省政府,岁入 254 000 余元
湖南地质调查所	刘基磐	长沙	1927 年 3 月	隶属省政府,研究员 8 人,岁入 21 000 元
湖南茶事试验场	罗　远	安化	1928 年 7 月	隶属建设厅,研究员 6 人,岁入 640 元
湖南农事试验场	周声汉	长沙	1932 年 8 月	隶属建设厅,研究员 16 人,岁入 48 000 余元
河北县政建设研究院	晏阳初	定县	1933 年 4 月	隶属省政府,岁入 108 440 元
福建省立科学馆	黄开绳	福州	1933 年	岁入 43 000 余元
两广地质调查所	邹　鲁	广州	1927 年 9 月	隶属国立中山大学,岁入 67 200 元
上海市卫生试验所	程树榛	上海		隶属市政府,岁入 44 000 元
上海市工业试验所	沈熊庆	上海	1929 年 6 月	职员 8 人,岁入 8 800 元
上海市立农业试验场	包伯度	上海	1930 年 3 月	研究员 2 人,岁入 6 900 余元

资料来源:《中华民国史档案资料汇编》第五辑第一编"教育"(二),第 1396－1401 页。

可见,政府科研机构有如下明显特征:第一,地域分布极不平衡,与地方经济的发达与否有极大关系。第二,具有相当突出的地方特色,江苏农业发达,科研机构主要集中在农业方面;江西陶瓷业发达,因此有陶业试验所。第三,除农业而外,地质调查似乎也是全国各地较为关心的,因此除有中央的研究机构而外,还有三个地方研究所。1935 年,贵州也成立了地质调查所。对于这些地质调查机构,章鸿钊提出了三点意见,一是希望各个机关应加强合作与联络,"至少要完成一个精神上的统一";二是批评调查机构分布不平衡,黄河以北只有北平有;三是北平向来是文化重镇,仅一内容空虚之地质调查分所,实在是不相匹配(当时地质调查所主体已南迁南京)。[20]第四,相较而言,相关工业研究机关比较少,工业研究似乎不是中央政府和地方政府关注的重点,这与国民政府最后选择以工业化带动中国近代化的国策有一定的差距,也似乎与近代化主要表现为工业化相背离。当然,这亦表征民国时期工业化发展存在相当问题,也许与民国工业发展主要是通过技术引进来实现有关。第五,除中央政府机构经费相对充足外,地方机构除江西省立农业院岁入高达 25 万元以上①、河北县政建设研究院超过

① 江西省立农业院是国民政府 1933 年开始在江西农村进行重建工作的重要方策之一,经费极为充沛,开办费达 30 余万元,以后每年的经费也在 30 万～40 万元不等。参阅吕芳上《抗战前江西的农业改良与农村改进事业(1933—1937)》,"中央研究院"近代史研究所编《近代中国农村经济史论文集》,1989 年。

10 万元以外,其他基本上在几千元到几万元,特别是湖南茶事试验场仅区区 600 余元。当然有些研究机构的科研人员更是成问题,这样的研究经费与研究人员,其科研成就自然可以想象。

上述调查与统计并不完备,政府设立的科研机构后来又有发展。全国经济委员会成立后,在全国设立了不少科研机构,如西北畜牧改良场、祁门茶叶改良场、棉产改进所(包括中央棉产改进所,陕西、河南、河北等地方棉产改进所)、棉纺织染实验馆、蚕丝改良会、卫生实验处等,其中棉纺织染实验馆与中央研究院合办。其他还有湖南工业试验所(1933 年)、陕西工业试验所(1935 年)、中国第一水工试验所(1934 年)等。[21]政府设立机构除中央研究院、北平研究院是综合性科研机构外,其他基本上是分门别类的专门研究机关。

表 15 - 11 所列是 20 世纪 30 年代主要私立科研机构情况。黄海化学工业社和中华工业化学研究所是企业创办科研机构的典型,但已在一定程度上有所独立而成为社会科研机关,与完全直属于企业的科研机构有所区别。中国科学社生物研究所与北平静生生物调查所是社会办基础科学研究机构典型,因为有相对雄厚的基金做保证,因此科研成果相当卓著。中国西部科学院是一个地方性机构,是地方人士为了发展地方事业而成立的,在四川科学技术的发展上有相当作用。从关注的对象看,企业创办机构基本上集中在应用性科研上,地方性机构是综合性的,社会团体主办机构是专门性的基础研究机构,与出资方的出资预期目的基本一致。当然,私立科研机构并不止这些,如中华农学会也创建有农业研究所、上海华商纱厂联合会也创建了中华棉产改进会等,但相较而言,往往旋起旋落,影响极为有限。

表 15 - 11　20 世纪 30 年代私立科研机构情况

名　称	创建时间	地　点	备　注
中国科学社生物研究所	1922 年	南京	参阅本书第十一章
黄海化学工业社	1922 年	天津	九大盐业、永利制碱公司出资创办,有农业化学、分析化学、冶金机械工业、制造化学工程、化学工程设计等部门
静生生物调查所	1928 年	北平	由尚志学会与中基会出资创办,设动植物两部,注重动植物的分类研究,附设有庐山植物园等
中华工业化学研究所	1929 年	上海	吴蕴初与上海天厨味精厂共同出资创办,主要进行应用性的工业化学研究,例如维生素 B、退墨灵等
中国西部科学院	1930 年	重庆	卢作孚等出资创办,有生物、理化、农林、地质等研究所

资料来源:《中华民国史档案资料汇编》第五辑第一编"教育"(二),第 1350 - 1351 页;上海市档案馆编《吴蕴初企业史料 · 天厨味精厂卷》,第 111 - 121 页。

直属于工矿企业的科研机构，是科学技术应用于实际生产的主要环节，是科技转化为生产力的关键，是企业科技进步的钥匙，也是国家科技发展水平的重要体现。到20世纪30年代，工矿企业中也建立了不少研究机构。例如，1934年上海大中华橡胶厂建立了物理研究室，大丰工业原料公司建有大丰化学研究所；1926年，五洲固本皂药厂建立研究部，逐步发展为工程、化学、药物及编译4个部门的科研机构；1935年，新亚药厂建立新中化学药物研究所；等等。[22,23] 此外，政府机关如交通部门、资源委员会、兵工署也有相应的研究机构。

在当时半殖民地的中国，外国人也创办有专门科研机构，有相当部分的中国科学家在这里取得了举世瞩目的成就，例如陈克恢、林可胜、吴宪等在协和医学院取得的生理学、生物化学研究成果。表15－12所列是外国人在上海设立科研机构情况。可见，虽然帝国主义在上海各有其势力范围，但设立科研机构的主要是法国，徐家汇天文台不仅对中国天文科学和物理磁学等贡献极为重大，在国际科学史上也有其举足轻重的地位。上海巴斯德研究院前身是公董局卫生救济处医学化验所，资金来源于法国文化基金。属于英国的仅一私立性质的雷士德医学研究所。日本帝国主义以庚子赔款建立起来的上海自然科学研究所，后演化为文化侵略机构。另外，除徐家汇天文台外，英法两国科研主要集中在城市卫生和医学方面；日本帝国主义却不是这样，上海自然科学研究所的研究范围几乎囊括了自然科学的各个方面，特别还曾进行过原子武器的研究，抗战后国民政府曾有意欲通过接收这一机关进行原子能研究。①

表15－12　外国人在上海设立科研机构

单位名称	创建时间	隶属国度或创立者	研究方向	备　注
董家渡气象观测站	1865年	法国天主教	气象	
徐家汇天文台	1872年	法国天主教	气象、授时、地震等	上海天文台前身
工部局卫生处化验室	1896年	公共租界	卫生检疫、防疫等	病理试验室、化学试验室
上海自然科学研究所	1931年	日本	理化、生物、地质等	后为中央研究院接收
雷士德医学研究所	1932年	英商雷士德遗产	生理、病理和临床医学	上海医药工业研究院前身
上海巴斯德研究院	1938年	巴斯德研究院	卫生防疫等	1950年为上海市人民政府接管

资料来源：《上海科学技术志》，第114－117、122－127页；工部局卫生处化验室资料由上海市档案馆马长林先生提供，谨此致谢。

无论是政府设立还是私立科研机构，无论是大学研究所还是外国人设立的机构，

① 上海自然科学研究所对原子武器的研究，《上海科学技术志》并没有反映，其具体详情参阅《抗战胜利后国民政府留用日本原子能专家的一组史料》，《民国档案》1994年第3期。

都是当时科学人才“栖息”的地方，是他们的群居之所，是他们施展才华的舞台。科学家群体有了活动空间，自然积极展开科学研究，科研环境与科研风气亦逐渐形成，科学家社会角色意识产生，科学家角色真正形成。

第四节　科学家社会角色的形成与变异

专指从事科学职业的科学家(scientist)一词，大致在19世纪30年代由英国人惠威尔(W. Whewell，1794—1866)创造，并慢慢传播开来。[24]科学家“是研究自然的人，他不研究上帝和人。他使用的智力工具是数学、测量和实验，而不依靠权威的解释和思辨与灵感。他认为当时的科学状况在将来会被不断改进，而不认为科学知识会止于过去黄金时代的标准之下。……在尊严方面他享有传统的哲学家、神学家和文学家的同等地位，在实用性方面他比这些传统角色优越”。[4]331作为科学家，无论是在高等学校教书育人、从事科研工作，还是在专门研究机构专心致志于科学研究；无论是在实验室里做实验，还是在大自然进行调查研究，都有其角色特征。

本书第二章的分析表明，从鸦片战争到世纪之交的几十年中，中国科学家的变迁可以分为三代：第一代是传统意义上的科学家，他们基本上是业余的科学爱好者，自然没有科学家角色意识；第二代是传统科学家兼具西方科学翻译者，虽然他们花大量时间在西方近代科学的翻译上，但并未真正以科学为职业；第三代是洋务运动中成长起来的科学工作者，他们有些人虽然已经以科学活动为职业，并以此为生且成名于世，但他们并没有真正意义上的科学家角色意识。留欧的严复多次参加科举考试，不得已最后弃理从文，以启蒙思想家闻名于世；詹天佑最后亦接受清廷的工科进士称谓。

历史车轮毕竟滚滚向前，从洋务运动后期开始，传统认为不可分割的“政治”“文化”“社会”诸领域开始逐渐分离，随着科举制度的废除、出版工业的发达、现代教育体系的出现，作为知识分子的学者、诗人、作家、新闻记者、教育家、科学家等新的社会角色在20世纪初露出轮廓。在传统社会，这些新的社会角色被严重忽视，甚至被认为是对现存秩序有害的，而此时这些角色在新的社会有其全新的社会作用。在中国科学社成立之前，国内已经有了在国外接受系统科学教育，回国后主要从事相关科学事业的新一代职业科学工作者，他们无论是在学校教书育人，还是在政府机构从事科学事业，都以发展中国科学为平生志事，也开始注意于学术交流与同人团聚。

洋务运动以引进西方科学为名，为了快速见成效，无论官办、商办还是官商合办的企业，无论是官办新学堂还是西书的翻译，都以技术为主，对科学及其理念的引进与宣传微乎其微。当时人们认为，坚船利炮是西方富强发达的缘由，因此只要引进制造坚船利炮的工艺技术，中国也就能走上富强之道，至于技术的源头科学及其方法与理念被完全忽略，这是后来著名的“中体西用”论的前导。洋务运动的失败，本可以认为是引进技术的失败，却成为科学的失败，科学又成为“被侮辱与损害者”。这对后来社会对科学家角色的认识带来了极大的负面影响。

任鸿隽在本章起首所述《何为科学家》的演讲中，指出了当时对科学家社会角色的三种误解：第一，科学家不过是一些“江湖术士”“魔术师”，与上海新世界的“卓别林”、北京新世界的“左天胜”差不多。第二，科学家与科举时代做八股文章的秀才们一样，“不过做起文章来，拿那化学、物理中的名词公式，去代那子曰、诗云、张良、韩信等字眼罢了。……把科学家仍旧当成一种文学家，只会抄袭，就不会发明；只会拿笔，就不会拿试管”。第三，“科学家也不过是一种贪财好利、争权狗名的人物”，其所谓发明创造，诸如摩托车只不过供给那些总长督军们“在大街上耀武扬威，横冲直闯罢了”，先进的军事武器用于战争荼毒生灵而已。因此，任鸿隽在演讲中给出科学家社会角色的本质特性，即为人类的知识视野的扩展做出独特的贡献。

应该说，任鸿隽的演讲已经认识到科学作为独立于政治、工商利益之外的一种社会建制，有其独特的意义与价值。当然，任鸿隽的演讲也充分体现了当时科学工作者对科学家社会角色的自觉，他们已经认识到并不是在大学获得科学学位就可以成为科学家，他们必须还要在科学的园地继续耕耘，直到获得对人类知识有贡献的成果后，科学共同体才会将科学家这一职业角色赠给他。这一认知与本书第九章所引陶孟和 1927 年在《现代评论》所发表文章基本相同。科学家是“求真知”的人，对真理的追求超过其他一切价值。任鸿隽和陶孟和等人这种科学家自我意识的自觉，说明科学家已开始作为一种社会角色在中国社会萌芽了。①

到 20 世纪 30 年代，随着科研场所的建立、科学家群体的形成、科研成就的取得与科学交流系统的建成，科学家自我角色意识也已开始形成。早期那种“做几篇文章论一下科学方法科学价值科学精神，再经一班朋友吹嘘吹嘘，便可成了科学家”的

---

① 值得注意的是，任鸿隽对科学家角色的这一定义，同第十章提及的美国科学社会学家李克特的界定基本相同，从一个侧面说明了他对科学家角色认识的超前性。

现象已经受到科学界的质疑,这最多不过是科学的宣传与鼓动者而已,根本不是真正的科学家。[25]这说明学术界已经充分认识到科学家角色的真实含义,开始进行学术角色的"打假"工作。学术界对科学家角色意识基本形成共识时,社会及其政府官员对科学家角色也有充分的理解。朱家骅就要求科学工作者"打破读书为官的心理,立志做大事,为学术工作,为造福人类努力"[26]10-11,坚守学者的阵地:"治学的人是不好讲求名利的,须有富贵不能淫,贫贱不能移,威武不能屈的精神,再守之以衡,持之以久,朝斯夕斯,终身不倦,方能有所成就,……绝对不把金钱名位混为一谈,……希望全国学术界大家起来,提倡为学术而研究的作风,尤其对于研究纯粹理论科学的学者,更加以尊重与协助,俾能孜孜不倦,终身从事,庶几可以提高我国现代学术的水准,奠定我国学术的基础……。"①

科学是追求真理的事业,科学家自然是追求真理的人,要为学术而学术,这是其角色本质所在。控制论奠基人维纳(N. Wiener,1894—1964)说:

学者的行为准则是:为追求真理而献身。这包括一种意愿,即愿意作出这种献身所要求的那种牺牲,无论是金钱上的牺牲,还是名誉上的牺牲,甚至是在极端情况下(并非绝无仅有)的人身安全的牺牲。然而,这一行为准则基本上是内在的,属于人和自然本身的关系,而不是人对于科学所处的那个外部环境的反应。[27]

以《知识分子的背叛》一书闻名的法国政治和社会哲学家本达(J. Bande,1867—1956)也说:

学者全是这样一种人,他们的活动本质上不追求实用目标,他们是在艺术、科学或形而上学的思考中,简言之,是在获得非物质的优势中寻求乐趣的人,也就是以某种方式说"我的国度不属于这个世界"的人。[28]

在科学工作者科学家社会角色意识形成的同时,他们在社会上也享有其独特的社会声望与社会地位。有人从政治地位、经济收入和社会知名度三个方面对20世纪30年代科学家的社会地位做了一些分析,表明1933年国民政府中央机关公务人员12 671人中,理工农医出身者1 315人,占10.4%;樊荫南编撰的《当代中国名人录》(1931版)中,理工农医四类出身占14.5%。从经济收入来看,大学教授的工资收入是一般工人的数十倍,可以说相当优厚。[29]表15-13所列是20世纪30年代中期清华大学教职员工的工资情况,从事科学教育与科学研究的教授的收入远远高于行政

① 朱家骅本人就是"读书做官"的典型例子,于是他这个提倡就显得有些滑稽。

人员，所谓知识分子地位之“隆尊”在当时可以从金钱上得到充分体现。

表 15-13　20 世纪 30 年代中期清华大学教职员工工资情况　（单位：元）

类别	教师				职员			
	教授	讲师	教员	助教	主任	事务员	助理	书记
数目	300~500	166~280	120~200	80~140	220~360	60~200	40~100	30~60

资料来源：《国立清华大学一览》，1935 年。

到 20 世纪 30 年代，知识分子社会地位正处于逐渐边缘化过程中，虽科学家的经济收入源于其传统的“士”身份，正如余英时所说“托庇于士大夫文化的余荫”，[30] 但这些数据表明，科学家社会角色无论是其自身行为还是社会承认上，都已经确立，并取得了相当的声望，在“名人录”中占据了相当地位，他们广泛分布于大学校园、国立研究机关、私立研究机关、一些工矿企业与交通运输等部门，是国家走向近代化的一支不可忽视的力量。作为社会角色的科学家们对国家建设也不断从“科学家”这一角色献计献策，诸如抗战期间的专家入主政府担当救国重任，大后方的科学家为抗战做贡献；战后的“民主”追求与稳定的科研环境吁求等，都充分体现了作为科学家的社会角色的“本分”。

必须承认，由于中西文化传统与国情不同，中国科学家社会角色无论是从社会影响还是他们自身的意识来讲，与西方近代意义上的科学家角色相较，呈现出差异与不同。20 世纪 30 年代中国科学家的社会声望与地位还不能与 17 世纪的英国相提并论，①“中国科学界中没有一位人物能为全社会所家喻户晓，而政界、军界，甚至知识界及其他领域却存在这样的人物”。中国社会仍以“官”为本，以“人文”为经。1939 年 5 月 18 日，竺可桢在日记中说：

目前各国立大学之工学院院长鲜有知名者，因中国人传统观念，凡受教育不外乎读书，教育受毕即做文章以与人读。因此受教育者称为读书人，而受毕教育之人称为文人，除读书作文以外更无所谓教育。而所谓知名之士无非在各大报、杂志上作文之人，至于真真做事业者国人知之极少。即如永利、久大为我国最大之实业，但有几人能知永、久两公司中之工程师侯德榜、傅尔攽、孙学悟。粤汉铁路以极廉之价、极速之时间造成，但其总工程师凌鸿勋国人亦鲜有能道之者，而天天在报上作文之胡适之、

① 正如默顿所说，17 世纪中叶的英国，“科学毫不含糊地跃升到社会价值体系中一个受人高度尊重的位置”，富人也要求加入英国皇家学会寻求科学家的身份，文人骚客们对杰出的科学家大加歌颂。参阅默顿著，范岱年等译《十七世纪英国的科学、技术与社会》，商务印书馆，2000 年，第 57-60 页。

郭沫若则几乎尽人皆知。在大学工学院做院长、系主任者，统是埋头苦干，试问目今各大学之工学院院长有几人能道其姓名者。中大卢恩绪(孝侯)与本校吴馥初，同时在河海、武大之邵逸周，联大则余亦不知其人，皆无藉藉名。喜做文而有声望者如顾一樵即一跃而为教育部次长，不复在工业界矣。[31]90

其实，竺可桢自己也没有在其专业上继续“革命”，而是走上传统“学而优则仕”的老路，成为浙江大学校长，他借以安身立命的气象学、地理学已经成为“业余爱好”，整天沉溺于“文山会海”之中。当时，有一大批学有成就的学者都有如此经历，诸如地质学界泰斗翁文灏从政以后，相继担任过国防设计委员会秘书长、行政院秘书长、资源委员会主任、经济部部长、战时生产局局长、行政院副院长、行政院院长等，最终在中共公布的43名战犯中名列第12，地质学研究已成为过去。因在康普顿效应方面研究取得突出成果而声名鹊起的吴有训战后也做起了中央大学校长。技术官僚阶层是近代化历程中必然出现的一个群体，也是近代国家管理的需要。因此，像翁文灏、朱家骅、顾毓琇这类所谓“技术官僚”是中国近代化过程中所必需的。但与近代化国家中的技术官僚阶层不一样，民国时期像朱家骅、翁文灏这样的学人从政后并没有成为真正的技术官僚，也没有形成一个真正的技术官僚阶层，担当起在国家近代化中所应承担的重任。在某种意义上说，他们虽在有些时候和某些方面表现出其独立的“自由意志”，但终归是传统中国政治在近代中国运转过程中一颗被人摆弄的棋子而已。学者从政现象使得1948年10月参加十团体联合年会的英国科学家萨亦乐非常奇怪，他说他发现中国许多大学校长由出众的科学家担任，而在西洋是不可能的，“这也许多少可以映照着在这个国家里科学家从事研究的机会较少，因而他们就愿意担任行政的职务”。[32]学者们之所以对“官”有如此兴趣，自然与“官”所掌握的丰厚资源分不开，正如论者评价朱家骅所云，他初入官场时，曾想“在政治上登高一呼，天下响应，或许兴办学术，成事较易。因此他后来每任一职，必在职权内或利用形势，设法做点学术工作，在学术界留点成绩，以为天下先”。他在学术界所做工作所具有的历史价值，“远高于他在官场中政坛上所贡献的价值”。[33]

科学界有许多杰出之士抛弃名利、“粪土当年万户侯”，醉心于学术研究，这应该是当时科学工作者的主流，但也不能不看到有不少科学工作者不能抵挡“官”的资源优势诱惑而拜倒在其“石榴裙”下。虽然几代科学工作者不遗余力地宣传普及科学，也影响了一代代科学家，但要“科学”及其“科学精神”在中国社会生根发芽可谓任重道远：

五四时代，时髦的学者教授们，多半闭口哲学，开口文学，……当时虽说有人高呼“拥护赛先生”，但言之谆谆，听之藐藐，赛先生只得呼一声“倒霉”而去。“文哲”为什么像热包子刚刚出笼受人欢迎，科学——特别是自然科学，为什么像一副鬼脸子受人冷视？简单的原因，提倡新文化的公子哥儿们，多钟情于文学、哲学，而文学、哲学又似乎比自然科学容易恋爱，所以面目冷酷、专讲定理的自然科学在当时没有和文学、哲学争锋的资格。即使偶尔想变变口味去照顾一下科学，不过是名义上借用科学方法，而研究的对象依然是故纸篓里的东西，所谓自然现象还是孤零零地没人问津。[34]

这说法可能有些文学夸张，但基本反映了新文化运动时期及其以后中国社会的现实。许多人用“科学”做幌子，鼓吹各种所谓“科学的文学”“科学的哲学”“科学的历史学”等等，当然也有“科学的人生观”云云。但就是没有“科学的研究”，真正能从事艰苦而孤寂的自然科学研究者在欢呼“赛先生”的热潮中，可谓“寥若星辰”。1922年，《科学》编辑部注意到当年留学生所学科别，“为农工科人数之减少与商科人数之加增，……所最不可解者，国内数学物理生物学人才最缺乏，而本届百三十五人中竟无一人欲习此三科者，吾国学生之不重视纯粹科学，于此可见矣。”[35]科学在中国虽取得一定的地位，而且也有许多人学习研究，但大多本着“科学救国”的宏伟目标，学习有关实际的实用科学，而于基础科学数学、物理、化学乃至天文、气象、生物、地质，却少有人问津。正如有人解说那样，“五四”精英们虽然激进地倡言革命反传统，但仍然遵循着一种古老的思维定势，“人文知识比科技知识与国家兴亡、民族命运更紧密相关，因而在知识体系中地位更高”，因此1923年的“科玄”之争，实质上是科学家用人文话语与玄学争论，表面上看来是科学家取得了胜利，但实际上真正的科学技术仍处于边缘地位。[36]

此后大学生、留学生习科学者日渐减少，到20世纪30年代初期，社会“一般风气，对社会科学的兴趣，比自然科学来得浓厚，各大学招生文法商等学院投考的异常众多，而理工农医等学院则寥若晨星，结果毕业生在文法商方面人浮于事，许多人找不到职业，而在理工农医方面，则事浮于人，许多事没有人去做，各种事业因此也不易发达。”[26]9 1931年9月，国联教育考察团的调查表明，当时国内大学生三分之一以上习政法，五分之一以上学文科，习工科者不过十分之一强，习自然科学者十分之一弱，至于农科不过百分之三。[37]时任教育部部长朱家骅看到这一弊病后，大加整顿，制定大学限招文法科学生，鼓励发展理工农医的大政方针。继任部长陈立夫萧规曹随。1933

年5月，教育部发令，指称“吾国数千年尚文积习，相沿既深，求学者因以是为趋向……遂致侧重人文，忽视生产”，要求各大学限制招收文法科学生。① 当然，这一状况并没有立即得到改善，造成当时工农业生产急需人才大为紧缺。1937年出国考察的翁文灏致信胡适说，小规模的工程发展，使“中国工业人才已大感不足，现在学工程者殆无一人失业，……中国绝少专门人才，过去者已大后时，新来者未见其人，此诚为中国教育之一大问题。教育如不能供给国家所需要的人才，则教育为虚设……”[38]②

虽经过政府和社会的提倡，学风丕变，习文科的学生少了，学科学技术的人多了。但很快又显出“学习应用方面的特别多，而学习纯粹理论的太少”的现象。据竺可桢日记记载，1940年同济大学、四川大学、中山大学、重庆大学、西北大学五所大学竟不能招收到一个理科学生，而“所取全国大学生至六千之多，工院竟占三千以上，则吾国科学前途大可悲观矣”。[31]465

更大的问题是，虽然有相当一部分人已经认识到科学追求真理的属性，但总体而言，学界还未真正形成“为学术而学术”的风气，社会上一切以“有用”为矢的。1919年12月，陈寅恪与吴宓长谈，说中国人重实用，不利于中国科学之发展，也不利于国家的富强与发达，反而会造成“人欲横流、道德沦丧”：

昔则士子群习八股，以得功名富贵；而学德之士，终属极少数。今则凡留学生，皆学工程、实业，其希慕富贵、不肯用力学问之意则一。而不知实业以科学为根本。不揣其本，而治其末，充其极，只成下等之工匠。境遇学理，略有变迁，则其技不能复用，所谓最实用者，乃适成为最不实用。至若天理人事之学，精深博奥者，亘万古，横九垓，而不变。凡时凡地，均可用之。而救国经世，尤必以精神之学问（谓形而上之学）为根基。乃吾国留学生不知研究，且鄙弃之，不自伤其愚陋，皆由偏重实用积习未改之故。此后若中国之实业发达，生计优裕，财源浚辟，则中国人经商营业之长技，可得其用。而中国人，当可为世界之富商，然若冀中国人以学问、美术等之造诣胜人，则决难必也……尤有说者，专趋实用者，则乏远虑，利己营私，而难以团结，谋长久之公益。即人事一方，亦有不足。今人误谓中国过重虚理，专谋以功利机械之事输入，而不图

---

①《申报》1933年5月22日。鲁迅曾以此等材料写成杂文《智识过剩》予以讥讽。见《准风月谈》，《鲁迅全集》第5卷，第224－225页。

② 但胡适并不完全认同翁文灏的看法，他更焦虑的是：“兴学五十年，至今无一权威政治学者，无一个大法官，无一个法理学家，无一个思想家，岂不可虑？兴学五十年，至今无一部可读的本国通史，岂不更焦虑？”因此，他认为应该提倡纯粹学术研究，“注重为国家培养基本需要的人才，不必赶在人前面去求眼前的实用”[《胡适来往书信选》（中册），第358页]。

精神之救药，势必至人欲横流、道义沦丧，即求其输诚爱国，且不能得。[39]

有人问富兰克林（B. Franklin，1706—1790）他的新发现有何用处时，他反问道：“一个新生儿有什么用处呢？”正如默顿所说：“基础的科学知识是一种自足的善，而且作为一种剩余价值，它到了一定的时候就会导致各式各样的实用结果，为人类的其他利益服务。”[40]中国人似乎缺乏这种“远见卓识”，总是紧紧盯着可以看得见的眼前利益。① 在此价值理念关照下，中国人自然也缺乏“为学术而学术”的精神。张荫麟在《论中西文化的差异》中说：“中西文化的一个根本差异是：中国人对实际的活动的兴趣，远在其对于纯粹的活动的兴趣之上。”他比较亚里士多德《伦理学》和《大学》《中庸》后，说：“亚理士多德认为至善的活动，是无所为而为的真理的观玩；至善的生活，是无所为而为地观玩真理的生活。《大学》所谓‘止于至善’，则是‘为人君止于仁，为人臣止于敬，为人子止于孝，为人父止于慈，与国人交止于信’……中国人说‘好德如好色’，而绝不说‘爱智’‘爱天’。西方人说‘爱智’‘爱天’，而绝不说‘好德如好色’。”[41]

1944年，钱宝琮在浙江大学夏令营演讲说：“我国历史上亦曾提倡过科学，而科学所以不为人重视者，实因中国人太重实用。如历法之应用早已发明。对于地圆之说，亦早知之。然因不再继续研究其原理，以致自然科学不能继续发展。而外国人则注重实用之外，尚能继续研究由无用而至有用，故自然科学能大有发展。”②竺可桢1945年8月演讲说：“孟子谓劳心者役人，劳力者役于人。士大夫阶级是劳心者，而农民苦力是劳力者。这样的阶层结构，迄今还存在。长衫阶级以及学农学工的大学生，仍认为动手做工为可耻……一受教育，就以士大夫阶级自居，不肯再动手。在学校所习科目，只问其出路之好，待遇之丰，更不校量科目之基本训练如何，个人之兴趣如何。把利害之价值放在是非价值之上。而社会上一般提倡科学的人们，亦只求科学之应用。”[42]殷海光也说，传统中国没有“为知识而知识”的学术独立传统，学术是道德伦理的支柱。因此，近代以来，在面临大变动中的种种问题时，“以天下为己任”的知识分子，“很自然地把吸收外国的观念、思想和知识同用以解决这些现实大问题的迫切要求混扯在一块”。自五四运动以后，一般人接受“救国救民”的大道理，“并不是靠科学理论，并不

① 国外学者分析指出农民具有“不能延迟满足”的“亚文化”特征。从这一层面看，中国社会重“实用”可能与中国是一个农民社会有极大的关系。参阅罗吉斯等著，王晓毅等译《乡村社会变迁》，浙江人民出版社，1988年，第323－324页。

② 转引自竺可桢《为什么中国古代没有产生自然科学》，《科学》第28卷第3期，第137页。

是靠统计数字,并不是靠工程师的设计。这些太‘枯燥无味’了。他们多是经由诗歌、小说、漫画、木刻、唱游、戏剧,甚至标语口号等等来接受”的。[43]

这种“实用”的价值伦理使中国科学难以建立坚实的基础,不能完全独立。可见,西方科学传入中国后,虽对中国思想文化冲击很大,改变了许多观念和看法,但并未改变中国人本质中最重要的一点,即李泽厚所谓的“实用理性”。科学的“实用性”反而在某种程度上强化了这一观念,科学那“求真”“怀疑一切”“为科学而科学”的理性并未在中国真正生根。因此,一有“风吹草动”,平时口谈笔划的“科学理性”迅速让位于“实用理性”。科学的实用性切合了中国传统的“实用理性”,因此,我们撷取了科学实用性的一面,反而舍弃了科学最为本质的“理性精神”。

在中国这样一个社会,科学家这一社会角色是从西方移植而来的,虽从 20 世纪 30 年代开始一直在进行“本土化”的努力,但还是存在上面所提到的那些缺点。真正科学家的声音是非常微弱的,往往淹没在党派斗争与权力之争的声浪中。当他们连这种非常微弱的声音也无法释放出来的时候,“科学家”这一社会角色内含的基本道义与责任也就不可避免地丧失,沦为政治人或政治的附庸和婢女。从这个意义上说,中国科学家社会角色存在严重的缺陷,关键是不真正具备作为科学家的本质——“求真”的科学精神。当然这一缺陷的存在并不是科学家们自身所能克服的,他们突破不了社会大环境所设定的帷障。在这种背景下,要求科学家们保持他们真正的科学家本色,在一定意义上说,是一种不切实际的苛求与非难。作为科学家个体而言,毕竟是人而不是超人,不能期望他总是一个目光敏锐和讲求“客观真理”的探索者,他们在自己的专业内可能冷静地进行分析,但“一旦他超出自己的专业知识范围,似乎就没有多少所谓‘智慧的转移’了,也没有多少科学视为习惯了。总之,人们动不动就指责科学家放弃了科学,其实,人们是太粗心大意了,误以为一个人力求在一个领域中进行严密的思考,就自然而然地意味着他对于任何事物都会进行严密的思考”。[44]

中国科学家社会角色的形成历程与西方有相当程度的差异。从长时段看,西方近代科学家角色从其萌芽开始就是以进行科学研究、“探索大自然的真谛”为其终身志业。① 在科学家寻求真知的努力下,科学的运用也日渐广泛,技术得以发展,工业

---

① 1662 年 7 月,英国皇家学会首任秘书奥尔登伯格致信斯宾诺莎说:“杰出的先生,来吧,打消惊扰我们时代庸人的一切疑惧;为无知和愚昧而作出牺牲的时间已经够长了;让我们扬起真知之帆,比所有前人都更深入地去探索大自然的真谛。”转引自沃尔夫著,周昌忠等译《十六、十七世纪科学、技术和哲学史》,商务印书馆,1997 年。

革命爆发。随之，科学技术作为教学课程进入正规教育体系。这样，西方科学家角色的工作场所总体上看有这样一个发展趋势：文艺复兴时期大学教师与工艺实验家，英国皇家学会的业余科学家，法国、德国等国家科学院的科学工作者，德国大学科学工作者，最终形成了在政府、工业企业、大学等几种科学工作者类型。这是科学自我发展的一种内在的历程。

与此发展进程不同，作为后发展国家，中国近代科学通过引进而逐步发展起来，科学家社会角色的形成不需要西方科学家角色几百年的发展历程。但中国近代科学的发展从其萌芽之初就担负了富国、强种的重任。这样，致用成为中国近代科学发展的首要目标，最初引进的是技术，以为可以依靠技术引导中国走向富强，技术压倒科学成为早期科学发展的主要特征。后来随着新教育体系的建立，科学教育成为正规教育的主要内容，并以此作为推展科学发展和科学家角色形成的重要手段与途径。到最后随着科研机构的建立与大学科研功能的发掘，科学研究才成为推进科学发展的真正途径。因此，第一代科学家以翻译西方科学为其职业特征，这是引进西方科学必经之路，也是后发展国家在科学发展上的共同特征。第二代科学工作者以工程技术为特色，科学还了无基础就已经享受到了科学的利益。后发展国家虽然可以跨越某些阶段，国家科学独立发展是根本不能迈过去的。第三代科学工作者以科学教育为主，这也是后发展国家跨越式发展所采用的手段，为后来中国科学的发展奠定了坚实的基础。最后以科学研究为职业的科学家角色终于形成，与西方近代科学家萌芽之初的道路吻合，终于走上了科学发展的正轨，已经具备了西方国家最后发展阶段的特色：有广阔的职业空间，有尊崇的社会地位，等等。但是必须看到，留学国外是成为科学家职业角色最为重要的经历，离建立真正独立的中国科学体系的目标还有很长一段路。

参考文献

[1] 任鸿隽. 何为科学家. 科学，1919，4(10)：917－924.
[2] 兹纳涅茨基. 知识人的社会角色. 郑斌祥，译. 南京：译林出版社，2000：8－16.
[3] 刘珺珺. 科学社会学. 上海：上海人民出版社，1990：130－131.
[4] 本-戴维. 科学家在社会中的角色. 赵佳苓，译. 成都：四川人民出版社，1988.
[5] 徐震池. 商余求原法. 科学，1925，10(2)：174－199.
[6] 任鸿隽. "科学"三十五年的回顾. 科学，1951，32(增刊号)：2.
[7] 任鸿隽. 介绍科学大纲. 科学，1923，8(1)：95.
[8] 林丽成，章立言，张剑. 中国科学社档案资料整理与研究・发展历程史料. 上海：上海科学技术

出版社,2015.
[9] 王琎. 科学的南京. 上海:中国科学社,1932:1 - 2.
[10] 李石岑 1923 年 11 月 1 日致杨杏佛函∥中华人民共和国名誉主席宋庆龄陵园管理处. 啼痕——杨杏佛遗迹录. 上海:上海辞书出版社,2008:243.
[11] 中国第二历史档案馆. 中华民国史档案资料汇编·第五辑第一编“教育”(一). 南京:江苏古籍出版社,1994:300 - 322.
[12] 朱家骅. 九个月来教育部整理全国教育之说明(1932 年 11 月 25 日)∥王聿均,孙斌. 朱家骅先生言论集. 台北:“中央研究院”近代史研究所,1977:139 - 140.
[13] 王学珍,郭建荣. 北京大学史料·第二卷. 北京:北京大学出版社,2000.
[14] 史贵全. 抗日战争前的交通大学研究所. 自然辩证法通讯,2002,24(5):59 - 65.
[15] 教育年鉴编纂委员会. 第二次中国教育年鉴(民国二十三年至三十六年)·第五编“高等教育”. 台北:文海出版社,1986:86.
[16] 中国第二历史档案馆. 中华民国史档案资料汇编·第五辑第一编“教育”(二). 南京:江苏古籍出版社,1994.
[17] 蔡元培. 论大学应设各科研究所之理由(1935 年 1 月)∥黄季陆. 抗战前教育概况与检讨. 革命文献·第 55 辑·台北:中国国民党中央委员会党史史料编纂委员会,1971:133 - 135.
[18] 杜元载. 抗战前之高等教育. 革命文献·第 56 辑. 台北:中国国民党中央委员会党史史料编纂委员会,1971:157 - 159.
[19] 穆祥桐,莫容. 中国近代农业史系年要录. 中国科技史料,1988,9(3):90 - 92.
[20] 章鸿钊. 中国地质学发展小史. 上海:商务印书馆,1937:23.
[21] 蔡元培在中央党部总理纪念周上报告中央研究院与中国科学研究之概况∥中国第二历史档案馆. 中华民国史档案资料汇编·第五辑第一编“教育”(二). 南京:江苏古籍出版社,1994:1349 -1350.
[22] 上海化学工业志. 上海:上海社会科学院出版社,1997:468.
[23] 上海医药志. 上海:上海社会科学院出版社,1996:449 - 450.
[24] 罗斯. “科学家”的源流. 张焮,译. 科学文化评论,2011(6):5 - 25.
[25] 汪敬熙. 论中国今日之科学杂志. 独立评论,1932,第 19 号:14.
[26] 朱家骅. 科学研究之意见∥王聿均,孙斌. 朱家骅先生言论集. 台北:“中央研究院”近代史研究所,1977.
[27] 哈代,等. 科学家的辩白. 毛虹,等,译. 南京:江苏人民出版社,1999:149.
[28] 科塞. 理念人:一项社会学的考察. 郭方,等,译. 北京:中央编译出版社,2001:1.
[29] 王大明. 试论二、三十年代中国科学家的社会声望问题. 自然辩证法通讯,1988,10(6):36 - 42.
[30] 余英时. 论士衡史. 上海:上海文艺出版社,1999:17.
[31] 樊洪业. 竺可桢全集·第 7 卷. 上海:上海科技教育出版社,2005.
[32] 萨亦乐. 科学家与社会进步. 科学,1948,30(12):356.
[33] 杨仲揆. 中国现代化先驱——朱家骅传. 台北:近代中国出版社,1984:99 - 101.
[34] 简贯三. 科学运动与反读书思潮. 独立出版社,国民出版社,1933:27.
[35] 十年来留美学生学科之消长. 科学,1922,7(10):1093.
[36] 陶东风. 中心与边缘的位移——中国知识精英内部结构的变迁∥傅国涌. 直面转型的时代——《东方》文选(1993—1996). 北京:经济科学出版社,2013:83 - 93.
[37] 国联教育考察团. 中国教育之改进. 国立编译馆,译. 南京:国立编译馆,1932:165.
[38] 中国社会科学院近代史研究所中民国史组. 胡适来往书信选(中册). 北京:中华书局,1979:354.
[39] 吴学昭. 吴宓日记·第 2 册. 北京:生活·读书·新知三联书店,1998:100 - 101.
[40] 默顿. 十七世纪英国的科学、技术与社会. 范岱年,等,译:北京:商务印书馆,2000:19.

[41] 陈润成,李欣荣.张荫麟全集(下).北京:清华大学出版社,2013:1889-1890.
[42] 竺可桢.为什么中国古代没有产生自然科学.科学,1946,28(3):141.
[43] 殷海光.中国文化的展望.上海:上海三联书店,2002:425-426.
[44] 贝尔纳.科学的社会功能.陈体芳,译.北京:商务印书馆,1985:305.

下篇　社员群体与领导层

中国科学社汇聚了数千名民国学术精英,这个群体是中国近代科学发展的主体。通过对他们社会结构与社会网络的分析,不仅可以从社员组成与领袖群这一角度阐释其事业的成败得失,而且还可以探讨中国近代科学发展过程中存在的一些问题。群体有两个层次:一是全体社员,对他们的社会结构与社会网络进行分析,了解他们与当时中国整个学术界的关系,探讨其社会结构、网络的演化与近代社会变迁之间的关系;一是领导层群体,对他们的社会结构与社会网络予以剖析,可以探讨他们对中国科学社发展的具体贡献及对整个中国科学进步的作用,探究民国科学社团在发展过程中存在的问题与面临的困境。对不同类别领导层代表性人物做较为详细的传记分析,不仅可以更为具体入微地了解近代社会激变中个人的历史命运,不同类别的人物对中国科学社乃至整个中国科学的贡献,而且通过对他们的人生与事业的分析,可以了解社会如何促进他们的成长,又怎样限制他们才智的发抒,社会在哪些方面促进了科学的发展,哪些因素制约了科学的进步,科学的发展又如何促进社会变化。

所谓社会结构,社会学的含义丰富而复杂,由于资料和技术等方面的原因,这里仅从籍贯、所学学科和就职地域三个方面复原中国科学社社员群体的社会结构与网络。至于领导群体,因牵涉人数少,资料较易收集,分析指标除籍贯、学科而外,还有年龄、国内外求学情况、主要经历等,力图呈现其相对复杂的社会结构与网络。

第十六章　社员群体、董事会成员社会结构与社会网络

1934 年 8 月，中国科学社编印了《中国科学社社员分股名录》，将全体社员分为物质科学、生物科学、工程科学及社会科学四大类。随着科学的发展和社会影响的扩展，社会对科学的需求越来越强烈，需要专家解决的社会咨询问题越来越多。有鉴于此，董事长蔡元培在中国科学社各种集会中，屡次提议社员按学科分股，“俾本社组织益见细密而有系统，凡遇科学上一种问题，即可交有关系之一股或数股讨论研究”。同时，这似乎也是解决各专门学会成立后中国科学社的发展问题，“在此组织之下，分之可为各种科学之专会，合之即为中国科学社之全体”。他希望恢复与健全

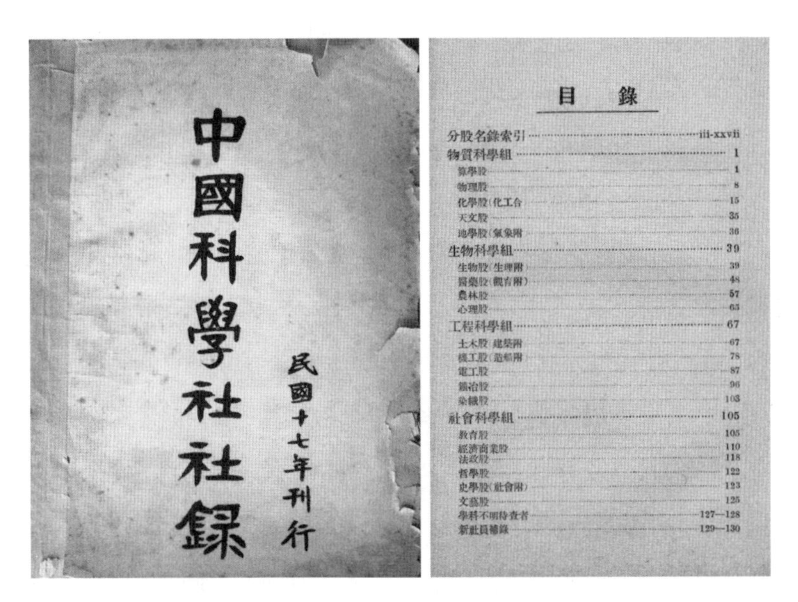

目　錄

图 16－1　1928 年刊行的《中国科学社社录》书影和 1934 年出版《中国科学社社员分股名录》“目录”第一页

发刊社录或社员录，或按姓名或按学科，专门刊登社员名录与永久及临时通讯地址，是中国科学社联络社员情感的一种载体。

分股委员会的体制来重建中国科学社的合法性、重振中国科学社的活力。中国科学社也认为在“国难”(“九一八”事变)之后的“科学救国”时期,“本社之组织与地位实为全国科学家分工合作所系之唯一适当机关”。① 该“名录”同时在姓名之下附有籍贯、最近通讯处,也可以作为“社员通讯录”。这本“名录”在一定程度上反映了社员群体的社会结构与社会网络。

社员群体可分为全体社员与特殊社员两个层面,全体社员表征整个中国科学社成员的群体特征,特殊社员群体则有其相对独特的特征和地位。

第一节　历年入社社员概况②

1914 年 5 月 19 日,临回国的傅骕入社成为中国科学社第一个社员(他社号并不是 1 号,而是 7 号,第 1 号为杨孝述)。中国科学社宣告成立的 6 月,是当年入社社员最多的月份,先后有计大雄、胡明复、过探先、杨孝述、李垕身、赵元任、路敏行、钱崇澍、邹树文、胡适、沈艾、陈福习等 12 人,其中有发起人胡明复、过探先、赵元任 3 人。杨孝述、李垕身、路敏行、钱崇澍后来都成为中国科学社的重要领导人。胡适于 6 月 22 日入社。7 月先后入社的有刘寰伟、秉志、任鸿隽、金邦正、周仁、杨铨、尤怀皋、张孝若、邹秉文等 9 人,其中,秉志、任鸿隽、金邦正、周仁、杨铨 5 人为科学社发起人。至此,创始人除章元善外都成为社员。8—12 月有 18 人入社成为股东,包括廖慰慈、饶毓泰、钱天鹤、梅光迪、唐钺、胡先骕、吕彦直等知名人士。本年社员中后来当选 1948 年首届中央研究院院士的有赵元任、钱崇澍、胡适、秉志、周仁、饶毓泰、胡先骕等 7 人,可谓人才济济。

1915 年 1 月入社社员不多,仅有严庄、姜立夫、朱少屏 3 人,但他们后来都具有相当的社会影响力,朱少屏还是中国科学社早期领导人。2—4 月三个月的入社人数大为增加,有 26 人,其中较为有名的有罗英、薛桂轮、陈藩、殷源之、张贻志、孙学悟、胡刚复、程瀛章、孙昌克、谌湛溪、戴芳澜等。5—8 月四个月仅有孙洪芬、顾振、邱崇彦、程孝刚、熊正理等 9 人,其中 7 月居然无一人入社,可见那时中国科学社的发展已

---

①《中国科学社社员分股名录 · 绪言》,中国科学社,1934 年 8 月刊行。

② 本节主要依据本书“附录”撰写,具体社员名单参阅“附录”。

存在相当问题。中国科学社开始进行第一次改组,9 月入社人数不少,有 21 人之多(其中两人退社),知名人士有张准、邢契莘、吴宪、陈衡哲、蔡声白、李绍昌、蔡翔、程延庆、钟心煊、竺可桢等人,竺可桢很快成为中国科学社的主要领导人。整个 1915 年,共有 82 人入社(有 3 人退社,但 1 人后来又入社),还包括韦以黻、郑华、顾维精、高崇德、赵国栋、徐祖善、徐佩璜、张名艺等知名人士。本年入社社员中后来当选首届中央研究院院士者有姜立夫、戴芳澜、吴宪、竺可桢 4 人。

1916 年全年有 128 人入社,几乎每月都有新社员,这说明新改组的中国科学社严格按照章程每月举行理事会,极大地促进了社务的扩展。本年入社的知名人物包括侯德榜、何鲁、郑宗海、李协、张天才、段子燮、韦悫、凌道扬、张巨伯、李俨、虞振镛、黄新彦、李寅恭、桂质庭、刘树杞、陈长蘅、卫挺生、胡光麃、吴钦烈、茅以升、吴承洛、马名海、陈嵘、胡正详、王徵、许先甲、王善佺、钟荣光等,其中侯德榜、茅以升两人当选首届中央研究院院士。

1917 年新入社社员 126 人,也是每月都有人入社。本年入社的有裘维裕、温毓庆、巴玉藻、谢恩增、尹任先、张申府、经利彬、蔡元培、叶企孙、王伯秋、宋杏邨、王赓、杨光弼、程耀枢、黄昌穀、金岳霖、胡敦复、胡宪生、陈体诚、凌鸿勋、朱经农、陈裕光、刘廷芳、黎照寰、李熙谋、段育华、沈元鼎、过养默、陈祖耀、张泽尧、孙恩麐、陆费执、孙国封、顾世楫、罗世嶷、贺懋庆、韩安、陶行知、王琎、原颂周等。像张申府、蔡元培、胡敦复等当时在国内外已有较大影响力的人入社,可能在相当程度上提升了中国科学社的社会知名度。1917 年入社的社员中,叶企孙、金岳霖、凌鸿勋当选首届中央研究院院士。

随着中国科学社准备从美国搬迁回国,可能因中美之间迁移等问题,1918 年仅有经 5 次理事会通过的新社员 40 人,约占此前 1915—1917 年每年入社人数的三分之一。本年新社员中比较著名的人物有汪懋祖、赵志道、曹惠群、吴在渊、颜任光、洪深、丁绪宝等。

1919 年共有 136 人入社,主要集中在上半年,下半年仅有 15 人入社。因此,在中国科学社自身以年度为标准(上年 8 月到下年 7 月)的统计中,1919—1920 年度中 68 人入社(参见第五章表 5-1),说明大多是 1920 年上半年入社的。1919 年入社的社员中,有蒋梦麟、孙科、王敬礼、应尚德、吴玉章、朱复、程时煃、朱文鑫、窦维廉、严恩棫、徐名材、黄金涛、鲍国宝、张廷金、应尚才、李荫枌、杨肇燫、冯景兰、郭任远、关颂韬、梅贻琦、徐诵明、张慰慈、王舜成、廖世承等人,蒋梦麟、孙科、吴玉章等是当时的国内名流和政坛人物,窦维廉应是第一个入社的外国籍社员。1918—1919 年两年入社的社员无一人当选首届中央研究院院士。

因记载原因，无法弄清 1920—1922 年 4 月期间入社的人数。根据“附录”名单，到 1919 年底，已有社员 534 人，除去退社、死亡等，社员至少超过 500 人，可据中国科学社自己的记载，到 1922 年 7 月，社员人数仅 522 人。可见，二者差距非常大。据中国科学社 1950 年的总结记载，1921 年 8 月—1922 年 7 月年度，仅有两人入社。据 1923 年第八次年会报告，1920 年秋—1922 年夏两个年度，每年有 50 余人入社。[1]而根据“附录”，两年多时间有三百多人入社①，其间有不少彪炳史册的人物，如黄际遇、方光圻、丁嗣贤、张绍忠、曾昭抡、纪育沣、张贻惠、张轶欧、陈桢、陈兼善、熊庆来、沈鹏飞、郑章成、冯锐、徐韦曼、费鸿年、赵承嘏、张东荪、寿振黄、曾省、喻兆琦、钱昌祚、王家楫、董时进、陶孟和、孙宗彭、柳诒徵、李济、何炳松、应时、张乃燕、陈焕镛、何育杰、吴伟士、严济慈、朱其清、方子卫、庄长恭、李顺卿、马君武、沈熊庆、须恺、徐新六、张景钺、查谦、许炳堃、杨荫榆、许寿裳、张耀翔、冯肇传、程耀椿、陈宰均、谭熙鸿、陈克恢、葛敬中、孟宪承、杜镇远、王季茞、唐启宇、涂羽卿、邵家麟、丁文江、刘大钧、周达、罗清生、周厚枢、卜凯、陈鹤琴、韦尔巽、吴博渊、萧友梅、王兼善、余泽兰、张昭汉、邓植仪、吴韫珍、叶元鼎、卞彭、杨步伟、秦汾、程树榛、严智钟、金宝善、章鸿钊、丁佐成、丁燮林、丁绪贤、罗家伦、张云、陈可忠、叶元龙、萧纯锦、鲁德馨、汪精卫、汪胡桢、许崇清、陆志韦、金湘帆、马相伯、宋梧生、邵元冲、俞同奎、赵廷炳、王助、陶延桥、庄俊、李继侗、李四光等，曾昭抡、陈桢、王家楫、陶孟和、柳诒徵、李济、严济慈、庄长恭、张景钺、陈克恢、李四光等 11 人当选首届中央研究院院士。丁文江、秦汾等国内学界领军人数入社后，很快就成为领导人；而汪精卫、马相伯等入社后成为新组建的董事会董事。可以说，中国科学社度过回国初期的困难之后，迅速发展成为团结各学科学术精英的学术社团。这一时期入社者不仅对中国科学社发展有极大的影响，而且对中国科学技术的发展有极大的贡献。

1922 年 5 月到年底，仅 8 人有具体名单，1923 年全年也仅 8 人有名单。② 这 16 位新社员中倒有不少知名人物，如胡经甫、胡卓、翁文灏、蒋丙然、胡文耀、何尚平、查

---

① 其间自然有不少是此前入社《科学》失载，或此后入社混入者，这里暂时都归于 1920—1922 年之间。

② 据 1923 年中国科学社第八次年会报告，1922 年 8 月—1923 年 7 月有 78 人入社，其中 1922 年 58 人，1923 年 20 人，可见理事会会议记录中有非常之多的缺漏，其中大多数名单可能被归入到“附录”1922 年 4 月之前。当年报告称，1922 年 6 月—1923 年 6 月，“实为本社进步最速之一年”。

德利、谢家荣、高鲁等，其中翁文灏、谢家荣当选首届中央研究院院士。

面对新入社社员稀少的困境，中国科学社设法解决问题。1924 年 7 月 6 日理事会决议设立征求委员会，“物色新社员入社”，并推定上海沈奎、广东邓植仪、南京杜光祖、北京李思广负责。[1] 有此举动后，成效很快显现。

1924 年 16 次理事会共通过 58 人入社，虽然入社的社员不多，但全年分布较为平均，并由此显示真正改组后理事会召开的制度化，社务逐步进入正轨。当年入社社员有名人物有吕子方、张鸿年、荣达坊、钟兆琳、李汝祺、张景欧、蔡堡、葛利普、刘崇乐、倪尚达、黄子卿、赵学海、潘履洁、陈去病、高均、叶良辅、徐渊摩、马寅初、朱庭祜、姚醒黄、林文庆、李书田、顾静徽、袁同礼、潘光旦、吴有训等，马寅初、吴有训当选首届中央研究院院士。

1925 年 54 人新入社，9 月之前理事会记录中有入社社员名单，此后几次理事会都没有通过社员。本年度入社的著名社员有萨本栋、李运华、吴贻芳、林继庸、潘慎明、顾冀东、谢玉铭、王箴、周志宏、张江树、孟心如、祁天锡、庄秉权、林天骥、钱宝琮、顾翊群、章元善、金叔初、孙云铸、袁复礼、陈传瑚等，发起人之一章元善 1925 年 8 月 25 日才正式入社，萨本栋当选首届中央研究院院士。

1926—1927 年两年共入社 88 人，人数较此前减少。值得注意的是，理事会多次会议记录中相关新入社社员信息全无，这两年的社员名单主要根据《科学》登载整理，可能显示了因北伐战争而造成的动荡对学术的影响。两年间新入社的著名社员有孙佩章、林可胜、褚民谊、李寿恒、钱端升、沈宗瀚、丁颖、何德奎、周佛海、郭泰祺、徐恩曾、曹仲渊、何衍璿、雷沛鸿、宋子文、孟森、吴稚晖、杨端六、郑莱、曹元宇、葛绥成、薛德焴、冯祖荀、陆志鸿、艾伟、刘咸、叶雅各、欧阳翥、涂治、何廉、蔡无忌、傅焕光、梁伯强、张其昀、王星拱等，其中，林可胜、钱端升、吴稚晖三人当选首届中央研究院院士。另有莫古礼（F. A. McClure）、葛德石（G. B. Cressey）、吉普思（G. S. Gibbs）、罗德民（W. C. Lowdermilk）、伊礼克（J. T. Illick）、唐美森（J. C. Thomson）、龙相齐（E. Gherzi S. J.）、郭仁风等 8 位外国人入社。一批政治人物如褚民谊、周佛海、郭泰祺、徐恩曾、宋子文、吴稚晖等人的加入，显示了北伐后，中国科学社与南京国民政府的关系。

1928 年仅有 27 人入社，创 1924 年以来的新低，可能与新政权创立之初学界的状态有关。著名人物有李孤帆、胡步川、徐善祥、陈剑修、许植方、蔡翘、朱物华、徐仁

---

[1] 《理事会第 26 次会议记录》（1924 年 7 月 6 日），上海市档案馆藏档案，Q546－1－63－110。

铣、乐森璕、王恭睦、高君珊等，蔡翘当选首届中央研究院院士。

面对这种状况，中国科学社再次设立征求新社员委员，北平叶企孙，广州陈宗南、朱庭祜，南京徐善祥，上海程时煃、何尚平，杭州李熙谋，成都罗世嶷，奉天孙国封，天津饶毓泰，汉口刘树杞，厦门钟心煊当选。[2] 这些人都是当时各地学术界领军人物，效果非常明显。

1929 年有 57 人新入社，著名人物有胡焕庸、黄国璋、孙光远、余青松、陈纳逊、萨本铁、陈兼善、王世杰、李赋京、陈岱孙、孟宪民、杨莨卿、高崇熙、魏嵒寿、佘光烺、曾义、孙国华、张宗汉、辛树帜、陶烈、刘敦桢、周培源、赵燏黄、杨武之等，王世杰当选首届中央研究院院士。

1930 年 8 次理事会通过 100 人入社，其中 8 月 13 日一次通过 43 人，说明社员征求进入快速发展阶段。著名人物有黄柏樵、沈怡、吴定良、宋春舫、胡庶华、王绳祖、李先闻、邬保良、赵进义、傅斯年、何思源、郑肇经、杨振声、唐燾源、段续川、裴鉴、赵访熊、赵以炳、梁思永、卢于道、汤佩松、彭光钦、蔡镏生、张资珙、周同庆、高济宇、熊大仕、张洪沅、区嘉炜、袁翰青、吴鲁强、王崇植、程其保、任之恭、关富权、张道藩、顾毓瑔、厉德寅、戴安邦等，吴定良、李先闻、傅斯年、梁思永、汤佩松 5 人当选首届中央研究院院士。

1931 年新入社 89 人，著名人物有武崇林、刘正经、郦恂立、童隽、梁思成、郑法五、王化启、汤彦颐、邱培涵、蔡方荫、顾燮光、王守竞、姬振铎、陈思义、黄绶、张肇骞、曲桂龄、俞庆棠、卢恩绪、汤腾汉、刘仙洲、郝更生、张春霖、李方训、李良庆、周明牂、李振翩、徐荫祺等，梁思成当选首届中央研究院院士。

1932 年上半年入社人数较少仅 10 人，全年 59 人，年底一次通过 25 人。著名人物有韩组康、陈邦杰、邓叔群、杨钟健、徐学禹、叶善定、卢作孚、王以康、戈定邦、裘开明、顾毓珍、沈鸿烈、吴光、吴大猷、李达、饶钦止、何增禄、周北屏、刘淦芝等，邓叔群、杨钟健、吴大猷 3 人当选首届中央研究院院士。

1933 年是新入社社员最突出与奇特的一年，曾有 2 次理事会都通过 80 余人入社，一次通过 34 人入社，全年 9 次理事会共通过 272 人。这一情状的出现，可能与中国科学社在重庆召开年会，并在年会后到成都考察，激起重庆、成都两地人士大量入社有关。著名人物有王恒守、江泽涵、伍连德、杨述祖、俞德浚、李方桂、蔡乐生、朱鹤年、陈世璋、吴蕴初、张克忠、郑璧成、甘绩镛、丁骕、魏嗣銮、何北衡、常隆庆、刘航琛、李乐元、沈璿、郑集、施肇祥、方文培、杜长明、张凌高、马心仪、彭家元、欧世璜、戈福祥、周西屏、魏寿崑、万绳祖、欧阳藻、朱振钧、柳大纲、蔡宾牟、刘云浦、郑衍芬、谢少文、胡传揆、黄屺瞻、周太玄、金初锐（W. M. Centry）、陈义、臧玉洤、褚圣麟等，李方桂当选首届中央研究院院士。

1934 年恢复正常状态，全年 77 人入社，著名人物有冯泽芳、范会国、张钰哲、何怡贞、洪绂、高尚荫、郦堃厚、郑万钧、陈立夫等，另有蔡路德（R. M. Chester）、费思孟（H. von Wissmann）、速水颂一郎、东中秀雄等外国人入社。

1935 年有 157 人入社，可能与当年到广西召开联合年会有关，年会后 1 次理事会通过了 57 人入社。著名人物有郭坚白、谢立惠、张镇谦、汪振儒、伍献文、李书华、关富权、李珩、马保之、吕炯、唐世凤、魏学仁、胡坤陞、陈世骧、竹垚生、戴述古、王明贞、崔亚兰、吴功贤、李学清、涂长望、张彭春、闻宥、杨亮功、顾毓琇、陈怀书、褚葆真、周宗璜、马荫良、郑华炽、蒋硕民、戴运轨等，伍献文、李书华当选首届中央研究院院士。

1936 年 43 人入社，相对人数较少。著名人物有沈嘉瑞、李捷、方俊、朱炳海、朱公谨、刘君谔、关实之、秦大钧、樊际昌、刘湛恩、顾谦吉、孙泽瀛、秦含章等。

1937 年入社的 24 人都是在“八一三”事变前通过入社的，此后无一人入社。著名人物有李宪之、潘序伦、杨惟义、陈立、冯紫岗、赵曾珏、谭锡畴、周象贤、林春猷、尹赞勋、王吉民等。

截至抗战全面爆发前，中国科学社社员近两千人，后来当选 1948 年首届中央研究院院士有 49 人之多。

抗战全面爆发后，入社社员极少，1938—1939 年两年一共仅有 14 人入社，他们都就职于上海。著名人物有裘作霖、吴云瑞、潘德孚、张忠辅、叶蕴理、王启无、徐寄庼等。度过初期的慌乱之后，学术界日渐沉寂，学术活动也得以恢复。1940 年有 41 人入社，有名者包括孙莲汀、刘永纯、黄素封、唐燿、计荣森、张大煜、邢其毅、王学海、吴学周、雷垣、沙玉彦、陆新球、黄鸣龙等，吴学周当选首届中央研究院院士。1941 年 35 人入社，著名人物有吴沈钇、郑兰华、陈遵妫、张孟闻、史钟奇、赵汝调、毛启爽等。

可以说，1940—1941 年两年，新入社社员人数不少。惜乎很快太平洋战争爆发，在沪理事会 1942 年 3 月通过杨孝述儿女杨姮彩、杨臣勋、杨臣华等入社后，宣告总社内迁。

内迁后，中国科学社非常重视对社员的吸收。1942 年 12 月 19 日内迁第一次理事会，对入社资格进行了重新界定，大学毕业即可成为社员，未毕业者为仲社员，[①]从

① 《理事会内迁后第 1 次会议记录》（1942 年 12 月 19 日），上海市档案馆藏档案，Q546-1-73-1。

原来章程以是否从事科学事业为标准改变为是否大学毕业,有相当程度的降低。当次理事会通过社员124人,非常幸运的是,内迁理事会通过社员名单有档案记载,每个社员都载有工作单位,由此可以探知社员入社时就职情况。124人主要是内迁成都的中央大学医学院、金陵大学、燕京大学、齐鲁大学和本来就在成都的华西大学、四川大学的师生,重庆(包括北碚、歌乐山等)的各高校(如中央大学、复旦大学、江苏医学院等)师生和学术机构(如中央研究院、全国度量衡局、中央地质调查所、中国科学社生物研究所等)的工作人员,如梅贻宝、朱壬葆、吴襄、刘建康、张孝骞、卞美年、黄汲清、李善邦、洪式闾、单人骅、郑子政、张宝堃、卢鋈、胡安定、程裕淇、薛芬、黄瑞采、徐丰彦、李春昱、曲仲湘、孙雄才、杨衔晋、倪达书、朱恒璧、陈训慈、郝景盛、吴藻溪、潘菽、周赞衡、曾世英等,张孝骞、黄汲清当选首届中央研究院院士。① 当时内迁成都的中央大学医学院在蔡翘的领导下,易见龙、林春猷、蔡纪静、吴襄、徐丰彦、周金黄、朱壬葆、匡达人、李瑞轩、濮璚、尤寿山、孟宪章、陈兆仁、张培棪、杨浪明、邱琼云等积极从事科学研究,“济济一堂,和衷共济,学术空气颇为浓厚”。[3]

1943年通过社员182人,其中4月25日一次会议通过131人中,内迁贵州湄潭的浙江大学有36人入社,包括苏步青、贝时璋、王福山、蔡邦华、罗登义、吴文晖、张之毅、束星北、王淦昌、卢守耕、朱正元、吴耕民、王葆仁、张其楷等。其他除上述大学和机构外,还有重庆歌乐山中央卫生实验院、北碚中央工业试验所、中央农业实验所等单位的科研人员和广西大学等校的教职员工,如张昌绍、岳希新、彭琪瑞、朱岗崑、陈学溶、李仲珩、周绍濂、朱廷儒、林传光、卢鹤绂、张香桐、严希纯、胡秀英、杨允奎、陈朝玉、焦启源等。当年7月21日理事会通过社员51人,主要有重庆沙坪坝中央大学、北碚复旦大学和江苏医学院、乐山武汉大学的教师等,著名人士有吴征鉴、张更、柯象寅、杨立炯、杨守仁、张宗燧、沈其益、任美锷、施士元、杨澄中、李旭旦、刘淦芝等,以及西南联大华罗庚、郑作新两人。苏步青、贝时璋、华罗庚当选首届中央研究院院士。

1944年是中国科学社发展史上一年内通过社员最多的年份,有356人之多,这既与降低入社标准有关,更与当年在成都召开年会及三十周年纪念会有关。如1月

①《中国科学社新社员名单》,上海市档案馆藏档案,Q546-1-91。抗战期间具体社员名单及入社时单位与所习学科,来自本档案,下不一一注明。具体名单可参阅本书“附录”。

通过社员共 81 人,仲社员超过普通社员达到 44 人,其中江苏医学院在校学生 20 人,重庆市女子中学 23 人。1 次理事会通过如是之多仲社员,这在中国科学社史上是第一次,也是仅有的一次。这是 1943 年年会通过入社新标准后的第一次实施,凡是非大学毕业生都可以成为仲社员(其间是否有高中生,需要进一步查证,如重庆市女子中学 23 人应该不全是教师)。年会期间通过社员 137 人,会后通过社员 88 人。有名人物有章益、周谷城、丁瓒、戴松恩、林孔湘、毛宗良、孙越崎、陈望道、马宗融、黄季陆、梁宗岱、童第周、汪发缵、张志让、章靳以、郭令智、周立三、周廷儒、解俊民、黄新民、曹日昌、胡昌炽、卞柏年、蔡淑莲、廖韫玉、夏良才、王巧璋、罗忠恕、程守洙、吕叔湘、章之汶、吴大任、雍克昌、陈之迈、马藩之、吴绍骙、李星学、叶连俊、卢衍豪、赵九章、侯学煜、楼桐茂、杨显东、朱福炘、李思纯、李景均、鲍文奎等,童第周当选首届中央研究院院士。在成都华西坝吸收社员众多,多来自金陵大学化学系,华西大学化学系、口腔医院等。一大批后成为著名的口腔医学家的人才如连瑞华、廖韫玉、夏良才、王巧璋、魏治统、刘臣恒、邹海帆、胡郁斌、朱希涛、李宏毅等都在此时入社。

1945 年面临战后复员等形势,仅 3 月召开 2 次理事会通过社员 35 人。第一次 20 人,就职复旦大学的有 15 人之多,包括樊弘、王应梧、言心哲、孙道远、庄鹏、俞徵、王世浚、刘铸晋、周才武、方子重、李诗辰、卫惠林等。第二次通过的社员中有搬迁到福建邵武的福建协和大学的黄维垣等 5 人。

值得注意是,内迁以后,相较于重庆中央大学、复旦大学、江苏医学院等,成都四川大学、金陵大学、金陵女子大学、华西大学等,乐山武汉大学和湄潭浙江大学有大批入社新社员,昆明的西南联大、云南大学等的新社员仅华罗庚、郑作新、黄新民、曹日昌等 4 人,这说明中国科学社在昆明的社务几乎停滞。抗战期间入社社员中,吴学周、张孝骞、黄汲清、苏步青、贝时璋、华罗庚、童第周等 7 人当选首届中央研究院院士。

1946 年 2 月 24 日,距离上次会议几近一年后再召开理事会,一次通过社员 117 人、仲社员 27 人。正是在这次会议上,理事会决定入社标准"应稍严格":"已在大学毕业服务超过两年者,或年满三十岁之非大学毕业而在社会上有永久性科学事业者"为普通社员;"大学毕业未满两年或非大学毕业、年满廿五岁而在科学事业上有成绩者"为仲社员。① 再次提出以从事科学事业为入社标准。本年通过社员 323 人,

① 《理事会第 154 次会议记录》(1946 年 2 月 24 日),上海市档案馆藏档案,Q546-1-66-142。

大多是内迁期间,留守上海的上海社友会接受的申请者。著名的人士有包伯度、朱文熊、朱良骥、吴蔚、李昌祚、胡新南、许宝骏、许宝骅、郭慕孙、陆学善、曾广方、裘复生、赵富鑫、颜福庆、严志弦、林超然、戴立、宋名适、林国镐、徐光宪、茅于越、高怡生、黄耀曾、杭立武、林致平、胡子昂、陈省身、陈华癸、戴弘等,其中陈省身当选首届中央研究院院士。

至此,中国科学社社员中有 57 人于 1948 年当选首届中央研究院院士。81 位院士中仅数学许宝騄,物理赵忠尧,地质朱家骅,植物殷宏章、罗宗洛,医学李宗恩、袁贻瑾,心理学汪敬熙,生理学冯德培,农学俞大绂,哲学汤用彤、冯友兰,古文学余嘉锡、张元济、杨树达,历史学陈垣、陈寅恪、顾颉刚,考古学郭沫若、董作宾,法学王宠惠,政治学周鲠生、萧公权,社会学陈达等 24 人不是社员。

1947 年入社人数大减,全年新入社 79 人,著名的人士有胡寄南、许国保、王梅卿、朱元鼎、汪德耀、周浚明、崔明奇、陈恩凤、樊映川、蒋英、蔡叔厚、周建人、曹诚英、曾世荣、胡永畅、徐利治、陈启天等。1948 年入社更少,当年仅有 22 人入社。在当年 7 月 9 日理事会上,任鸿隽提议,"为吸收大学新毕业同学加入",将入社标准放宽,"凡大学毕业即有为本社普通社员",得以通过,并推定裘维裕、卢于道、刘咸为筹备委员,组织新社员征求委员会。有努力即有收获,1949 年有 203 人入社,其中 10 月 20 日 1 次理事会就通过 160 人。著名人物有于诗鸢、支秉渊、王之卓、朱伯康、吴钧和、李培基、李肇和、沈青囊、沈德滋、周行健、周蔚成、金兆梓、金通尹、侯家煦、徐桂芳、秦元勋、赵祖康、严敦杰等。

此后,中国科学社社务进入停滞时期,新入社社员自然大为减少。1950 年还有 24 人,1951—1952 年每年仅 3 人,有记载的最后一名入社社员是 1953 年 3 月入社的张慰慈,这位民国时期著名的政治学家,早在 1919 年就已入社。[①] 1950—1953 年入社社员中也有一些著名人物,如忻介六、方庆咸、庄权等。

根据以上概述与本书附录,将中国科学社历年入社社员人数(不考虑重复入社、退社、死亡等因素)及其变动情况列表(见表 16-1),与中国科学社自己的统计(参见第五章表 5-1)对照后发现,无论是人数还是具体变动上都有不小的差距。可见,根据具体的名单统计,1936 年人数为 1 962 人,超过科学社统计的 1 688 人近三百人。

① 中国科学社章程中规定,不交纳常年费一年以上者停止其各种权利,"但经缴足欠费或经重举,得恢复其权利"。张慰慈应属于"重举"。当然,正如本书附录所示,有不少人曾重复入社,如熊正理、钱宝琮等。

到抗战结束时的1945年,具体名单统计2 777人,也比科学社的2 389人多388人。①最大的差距出现在1946年,当年按照名单(此时理事会记录遗漏很少,有具体的编号佐证)统计新入社323人,已算人数众多了,中国科学社的统计却从2 389人一下子上涨到3 502人,一年间增加社员1 113人,这似乎是完全不可能的事情。其数据如何得来,不得而知。因此,科学社1949年的统计人数3 776人,与具体名单统计的3 404人,有372人的缺口。真实情况如何,有待进一步查证。

表16-1　中国科学社历年入社社员人数变动表

年份	1914—1915	1916	1917	1918	1919	1920—1922	1923	1924	1925	1926—1927
人数	122	128	126	40	136	325	8	58	54	88
累计人数		250	376	416	552	877	885	943	997	1 085
年份	1928	1929	1930	1931	1932	1933	1934	1935	1936	1937
人数	27	57	100	89	59	272	77	153	43	24
累计人数	1 112	1 169	1 269	1 358	1 417	1 689	1 766	1 919	1 962	1 986
年份	1938	1939	1940	1941	1942	1943	1944	1945	1946	1947
人数	3	11	41	35	128	182	356	35	323	79
累计人数	1 989	2 000	2 041	2 076	2 204	2 386	2 742	2 777	3 100	3 179
年份	1948	1949	1950	1951	1952	1953				
人数	22	203	24	3	3	1				
累计人数	3 201	3 404	3 428	3 431	3 434	3 435				

第二节　社员群体的社会结构及其变动

据统计,1915年10月30日,中国科学社社员115人,除国内26人外,其余都是留美在校学生。国内的26人中除寰球中国学生会总干事朱少屏等极个别人外,也都是归国留美学生,如陈庆尧、周仁、陈福习、傅骕、徐佩璜、计大雄、金邦正、过探先、蓝

① 这一数据上的差距,不知是否与中国科学社严格实施章程规定"不交纳常年费一年以上"停止各项权利有关。从中国科学社出版的各种社员名录看,有不少的社员已失去联系,说明这些社员已经不交纳常年费,但中国科学社并没有将他们除名,因此在社员人数统计上仍将他们统计在内。中国科学社历史上仅主动开除向哲浚一人,参见本书"附录"。

兆干、路敏行、沈艾、沈溯明、邹树文、王谟、韦以黻、黄伯芹、杨孝述、尤怀皋、程延庆、张孝若等，其中周仁、金邦正、过探先是发起人，沈艾、黄伯芹都曾担任部长，路敏行、杨孝述后来相继担任过总干事主持日常事务，邹树文倡议第一次改组，这些人对中国科学社的发展有大贡献。这 115 人基本上都是留美出身，说此时的中国科学社类似于留美学生"俱乐部"毫不为过。[4]

1915 年底，留法的何鲁和留德的周烈忠成为最早的两位留欧社员；1916 年 2—3 月间，留日的曾鲁光成为第一位留日社员；1916 年 5 月在苏格兰求学的钱天任成为第一个留学英伦的社员。到第一次年会时共有社员 180 人，统计其中 168 人所在地，美国 109 人、国内 45 人、欧洲 5 人、日本 3 人、不明 6 人。[5]101-102 欧洲 5 人分别是法国的何鲁、段子燮，苏格兰的钱天任、李寅恭和德国的周烈忠；日本 3 人分别是曾鲁光、顾复和钟季襄，他们后来都学有所成。1917 年 9 月，统计社员 279 人所在地，美国 156 人，占 55.9%；国内 104 人，占 37.3%；欧洲 12 人，日本 6 人，未详 1 人。[6] 此时社员仍主要是留美学生，留欧和留日学生仅占据极小部分。

可见，早期中国科学社也有留日学生，虽然人数极少，与当时中国留日学生的数量相比，实在是微不足道，但仍表明中国科学社是开放性的，并没有着意要成为具有留学国别界限的团体。后来丙辰学社成立，要取与中国科学社对立的姿态，这自然吸引了留日学生，增强了留日学生的归属感，可能在客观上减少了留日学生成为中国科学社社员的数量。① 1919 年 8 月，国内第一次年会上，分股委员会相关社员组成报告中，居然将日本与国内同样对待，统计在一起，当年度新入社社员 123 人，美国 58 人，国内（包括日本）65 人，具体有多少留日学生新入社看不出来。[7] 民国学术生活中，中国科学社与由丙辰学社改组的中华学艺社的对立，不能不说是学术界自行封闭的"门户之见"。在近代性的纯学术社团中，传统学术的"门户之见"、将同乡会这种维系传统社会的纽带关系推延到留学国别这种区分，还起着相当重要的作用，这也许是传统中国社会向近代社会转型过程中的一种迁延性。传统学术是学派的门户之见，同乡会纽带演变为留学国别的"门户之见"，这也是一种"转型"与变迁的样态。

1923 年 8 月，中国科学社在杭州召开第八次年会，书记杨铨向大会报告社员情

---

① 1925 年 1 月，1919 年入社的留日学生高铦要求退社。中国科学社章程有不交纳常年费自动取消权利的规定，以此退社者应该不在少数，像高铦这样主动向理事会提出退社者可谓少见。

况,他按学科、籍贯、居住地(国内、国外)、入社时段四个方面,统计了 1922—1923 年度新入社 78 名社员的社会结构,按学科分物质科学 17 人、生物科学 17 人、社会科学 12 人、工程科学 16 人、未详 16 人;按籍贯江苏 23 人、浙江 20 人,其他省份都在 10 人以下,另有美国、法国学者各 1 人;按居住地国外 40 人、国内 38 人。[1] 说明当时新入社社员正留学海外者还占一定的主导地位。

1924 年统计缴费社员 531 人所在地,国内 379 人,国外 114 人,不明 38 人。国外美国 99 人、法国 8 人、德国 4 人、英国 1 人、比利时 1 人、新加坡 1 人。① 对 1928 年的 751 名社员的所在地统计表明,国内 672 人,国外 79 人,其中美国 77 人(大多数是留美学生,少数是美国社员)、法国 2 人。② 从这两年统计变化趋势看,第一,1924 年在国外社员中已经没有留日学生了,这表明留日学生已经不再新参加中国科学社了(抗战期间苏步青入社则另当别论);在国外的社员仍以留美学生为主体,留欧社员也不少。到 1928 年在国外社员主要是留美学生,留欧学生大为减少,仅法国有 2 人。说明此时中国科学社在留欧学生中的发展似乎存在问题。这也许是此时各种专业社团相继成立后,中国科学社凝聚力下降的表征。1928 年前后留学欧洲的中国学子应该不少。第二,国内的社员越来越多,1924 年仅占 71.4%,1928 年上升到 89.5%。这是社员大量回国投身国家建设的缘故。

社员留学国别的统计表明,中国科学社是一个以留美学生为主体的民间学术社团,其在民国学术界领导地位的取得,与成员的这一组成应该说有极大的关系。毕竟,留美学生在民国社会无论是学术界还是教育界,都占据着任何其他学生集团都不可比拟的地位。比较而言,留日学生社团中华学艺社在学术界的地位就不能与中国科学社相提并论,其主要原因可能也与留日学生群体在民国时期学术界的地位有关。首届中央研究院 81 名院士选出后,夏鼐曾做过院士们的留学国别统计(81 名院士中仅有余嘉锡、张元济、陈垣、顾颉刚、董作宾等 5 人没有留学经历)[8],其结果见表 16 - 2。③ 可见,留美 49 人,占总留学人数的 64%;留欧 5 个国家共 23 人,占 30%;留日 5 人,占 6%。虽

① 参见《中国科学社概况》,1924 年刊,第 8 页。

② 1928 年刊行的《中国科学社社员录》共收有社员 902 人,其中有 146 人已经失去联系,包括金岳霖、陈克恢、陈体诚、张申府、邹秉文、邹树文与美国社员郭仁风、罗德民等。有联系的 756 人中,有些人既有就职地点又有通讯地址,而有些人仅有通讯地址,其中有些通讯地址是籍贯。此处和下面社员籍贯仅统计了 756 人中的 751 人。

③ 夏先生认为留日、留美学生之如此差别,“这大概由于留日多在受过大学教育后便返国,很少仍留日本进毕业院获得较高学位”。另外,夏先生统计有 6 人没有留学经历,其实只有 5 人。

近代中国留日学生人数超过留美学生,但当选院士人数相比留美学生实在太少。留美学生在民国学术界地位的取得,与中国科学社的凝聚作用也有关系,也就是说,留美学生的成才与中国科学社在民国学术界的地位是相辅相成的。

表 16-2 首届中央研究院院士留学国别统计表

国 别	美国	英国	德国	法国	比利时	瑞士	日本	合计
数理组	17	3	3	2	1	1	1	28
生物组	17	4	1	1	1	—	1	25
人文组	15	2	2	2	—	—	4	23
小 计	49	9	6	5	2	1	5	76

注:夏鼐统计人文组有 3 人留日,其实该组有吴稚晖、杨树达、柳诒徵、郭沫若 4 人留日,此处径改。另外,陈寅恪、傅斯年分别留学两个国家,重复统计。

相对留学国别的畛域,中国科学社不断吸收外国社员,以提升其学术水准,扩展社会影响。早在 1917 年,邹秉文就曾提议允许外国人入社,董事会议决:“以本社纯为学术团体,原无国界之分,外国各学社,亦无拒绝他国人入会之例,许外国人入社一层,即行可决。”[9]但作为一个后发展国家由一帮留学生创立的社团,对外国学者的吸引力可想而知。最早加入中国科学社的外国学者,可能是两年之后于 1919 年 2 月入社的美国化学家窦维廉①,社号 427,时任教齐鲁大学;接下来可能是任教金陵大学的美国农业经济学家卜凯②、任教协和医学院的美国化学家韦尔巽③、正在中国访问研究的美国教育家推士④、任教震旦大学物理学者法国人费德朗⑤和担任江苏昆虫局

---

① 窦维廉:1915 年获宾夕法尼亚大学博士学位,来华任教齐鲁大学。1926 年回国,1929 年来华任教燕京大学化学系,曾任系主任。太平洋战争爆发后,被日军拘禁,1943 年返美,在耶鲁大学任教。战后返华,曾代理燕京大学校务长,1947 年任教协和医学院,1951 年返国。著有《近世无机化学》,由曹惠群编译,1922 年由博医会出版。

② 卜凯(J. L. Buck,1890—1975):诺贝尔文学奖获得者赛珍珠前夫,中国农业经济学研究奠基人。1933 年获康奈尔大学农业经济学博士学位。1914 年本科毕业来华传教,1920 年任金陵大学农学院教授,开始主持中国农村调查。1944 年回国。著有《中国农家经济》《中国土地利用》等影响深远的著作。

③ 韦尔巽(1880—1971):芝加哥大学化学博士,1917 年来华,任教协和医学院。1925 年转任燕京大学化学系教授,曾任系主任、理学院院长。太平洋战争爆发后,曾被日军拘禁,1943 年返美。1946 年返华,1949 年归国。

④ 推士(1863—1944):美国教育家。1885 年获俄亥俄州立大学学士学位,1925 年获哥伦比亚大学哲学博士学位,长期从事科学教育和学校管理。1922—1925 年,应邀来华指导科学教育,进行调查、讲演和游说。著有《科学教育原理》《中国的科学与教育》等。

⑤ 费德朗:这位法国巴黎大学理学士,不仅有中文名费德朗,而且字继孟,要继承孔孟,可谓志存高远。他也是中国物理学会会员、徐家汇天文台研究员,曾积极参与中国度量衡的讨论。

局长的美国人吴伟士①,但他们入社具体时间不能确定,社号分别为630、637、728、812和820,应该都在1920—1922年入社。此后,1923年底上海工部局浚浦工程局工程师英国人查德利②,1924年4月葛利普和10月的美国体育教育家麦克乐③,1925年5月燕京大学驻美副校长祁天锡,1926—1927年的莫古礼④、葛德石⑤、吉普思⑥、罗德民⑦、伊礼克⑧、唐美森⑨、郭仁风⑩和意大利人龙相齐(入社不久即因南京事变函请出社)等先后入社。

此后,可能因南京事变造成外国学者对南京政府有一个观察期,入社进入停滞阶段,直到1932年10月才有安权露⑪入社。此后,外国人入社又进入正常时期,1933年4月有金陵女子文理学院教授黎富思⑫,6月有正在北京大学讲学的德国青年数学

---

① 吴伟士(1865—1940):1886年获伊利诺伊州立大学理学硕士学位,曾任加州大学伯克利分校教授。1918年来华,任教金陵大学,讲授昆虫学等课程。1922年任江苏昆虫局局长,1924年任满回国。著有《加利福尼亚昆虫》《昆虫的翅脉》等。

② 查德利(H. Chatley,1885—1955):出生于英国伦敦。1909—1915年任唐山路矿学堂(后易名交通部唐山工业专门学校等)土木工程教授,1915—1937年任职工部局浚浦工程局,曾任总工程师,1931—1932年任亚洲文会会长。撰有相关中国古代天文、机械等方面著述,如"The Heavenly Cover":A Study in Ancient Astronomy(1938)等。

③ 麦克乐(C. H. Mcloy,1886—1959):1907年获哲学学士学位,曾任大学体育教师。1913年来华,任南京高等师范学校体育科主任、东南大学体育系主任等,兼任中华业余运动联合会书记等。1926年返国。

④ 莫古礼(1897—1970):美国植物学家,1919年获得俄亥俄州立大学农学学士学位。当年来华在岭南大学任教,成长为竹类研究专家,1941年回国。

⑤ 葛德石(1896—1963):美国地理学家,1922—1927年任上海沪江大学副教授,其间曾到内蒙古、西藏等地调查。著有《中国地理基础》《亚洲的国家和民族》《五亿人民的国家:中国地理》等。

⑥ 吉普思:美国细菌学家,1927年应聘来金陵大学研究桑蚕病害。

⑦ 罗德民(1888—1974):美国北卡罗来纳州人,1915年毕业于牛津大学林业系和地质系,1929年获美国加州大学伯克利分校博士学位。1922年来华,历任金陵大学、铭贤学校教授,从事中国水土调查研究,贡献甚大。1928年返美。1942—1943年再度来华,任国民政府行政院顾问,主持西北水土保持调查。曾任美国内政部土壤保持局副局长、研究室主任等职。

⑧ 伊礼克(1888—1966):美国人,泰勒(Taylor)大学学士、西纽克斯(Syracuse)大学硕士、普林斯顿大学博士,曾任西弗吉尼亚大学及西方陆军大学医学校教授。1918年来华,在金陵大学任教,曾任生物系主任,1950年返美。

⑨ 唐美森(1889—1974):哥伦比亚大学化学博士,1917—1949年在金陵大学化学系任教,曾任系主任和教务长。

⑩ 郭仁风:美国棉作专家。1919年来华,任金陵大学农学院教授,曾任棉作系主任、推广部主任,从事优质美棉推广研究。后从美国引进幻灯机、电影放映机、手摇发电机、电影摄影机、手摇留声机等,推行视听教学,同时用电化教育手段推广植棉。

⑪ 安权露(M. N. Andrews):毫无信息,有待方家指教。

⑫ 黎富思(C. D. Reeves,1873—1953):女,美国密歇根大学生物学博士,1917年来华,任金陵女子大学生物系教授,曾任系主任。1937年随校迁成都,1941年返国。曾在北卡罗来纳州建立"金女大之家"。

图 16－2　1920 年时任东吴大学生物系主任祁天锡与当年毕业学生王志稼、金小三、朱元鼎的合影

祁天錫博士事略

王志稼

1937年歲暮，吾師祁天錫博士(Dr. N. Gist Gee)在美國故鄉逝世。噩耗傳來，各界人士，凡知先生者，莫不深為悼惜。

先生以1876年4月29日誕生於美國南卡羅拉那(South Carolina)之尤寧(Union)地方。幼時肄業於故鄉公立學校，繼入斯派登勃(Spartanburg)之華福學院(Wofford College)，研習自然科學。在1896年與1898年，先後得學士與碩士學位。先生於生物科學，尤感興趣，潛心研究，數十年如一日。自1899至1923年，數入哈佛(Harvard)，支加哥(Chicago)，及哥倫比亞(Columbia)等大學之暑期學校，從各名家遊，以期深造。1926年，華福學院又授與榮譽博士學位。良以先生在畢業後之二十餘年中，旅居我國，委身教育，提倡與研究生物學，並從事著作，不遺餘力，功名卓著，聲譽昭著，不但增光母校，實為後學模範。

先生在大學畢業後，曾歷任喬登中學(Jordan Academy)與馬林高級中學(Marion High School)校長，以及哥倫比亞學院(Columbia College)自然科學教授。1901年，始來我國，就任東吳大學自然科學教授。1912年，東吳大學始設生物學課，先生受聘為主任教授。同時東吳附中亦訂有生物學課程，先生不辭勞瘁，一身兼任達數年之久。東吳大學之生物學系設立甚早，迄今已有二十八年之歷史，具相當規模與成績者，乃先生盡心提倡之功也。1920年春，先生因夫人病，須返美調養，因而離職。不幸夫人一病不起，使先生悼感殊深，當年即留居故土，掌教於生墨爾登公學(Summerton Public School)與溫斯洛學院(Winthrop College)。1921年至1922年，改就斯賓塞公司(Spencer Lens Co.)駐遠東代表之職，足跡遍各地，藉殺失侶之痛，於任務之外，仍注意考察科學教育並採集標本。未久，[illegible]，深慶內助得人。1922年，應洛氏基金社之聘，為駐華[illegible]指導，乃重來我國。在1928年，又被任洛氏基金社駐華醫學組之自然科學指導員。前後任斯職凡十年，於充實我國各大學之科學設備及促進一般科學之發展良多。對於各大學畢業生有志於醫學或自然科學之深造者，尤極力獎掖補益，或資助留學

Dr. N. Gist Gee

89

图 16－3　祁天锡去世后，王志稼所撰传记（刊《科学》第 24 卷第 1 期）

家斯柏纳①，7 月有华西协合大学教授、加拿大人启真道②和莫尔司，10 月有重庆宽仁医院院长金初锐③等先后入社。1934 年 7 月，金陵女子文理学院化学系教授蔡路德④入社。1934 年出刊的“分股名录”列出了除韦尔巽、龙相齐、伊礼克、安权露和蔡路德外的 20 位外国社员。

可见，到 1934 年 8 月，中国科学社有外籍社员 25 人之多，他们大多是（或曾经在）中国教会大学燕京大学、金陵大学、金陵女子文理学院、华西协合大学从事物理、化学、生物等教学和研究的教授，除德

① 斯柏纳（E. Sperner，1905—1980）：1932 年来北大。战后北大复员北平，有人撰文《北大的数学系》回忆说，斯柏纳这位青年数学家因几何学大师布拉希克的介绍来北大，“完成了拓扑学定点问题的研究，又写完了他的解析几何与代数的第二册，他讲过一个闭口的自身没有交点的曲线把平面分成两部分的证明，又讲过空间维数在拓扑学上的不变性”。因此，“代数抽象化的风气，从这时种下了根芽，使人清楚了公理的真精神，使人明白了数学的严密态度。知道什么，根据什么，要说的和不要说的，假设和结论，证明和归纳，影响了当时，也影响了后来”。参见王学珍、郭建荣主编《北京大学史料》，第四卷（1946—1948），北京大学出版社，2000 年，第 630 页。

② 启真道（L. G. Kilborn，1895—1967）：加拿大人，其父启尔德（O. L. Kilborn，1867—1920），母启希贤（R. G. Kilborn，1863—1942）。生于四川，1913 年回加拿大，就读多伦多大学维多利亚学院，先后修生理、生化、文学和医学。1921 年返华，任教华西协合大学，历任生理系讲师、系主任等。1927 年再回加拿大深造，获医学博士、药学博士和宗教文学博士学位。返华任华西协合大学教授，兼医学院副院长、院长等。1939 年兼任牙医学院院长。1952 年赴香港，任香港大学医学院院长、教授。著有《实验生理学》等。

③ 金初锐：美国卫理公会传教士，1924—1938 年任重庆宽仁医院院长。

④ 蔡路德：生卒年不详，1916 年获美国施密斯学院硕士学位，翌年秋天来中国，担任金陵女子大学化学教学任务，一直到 1951 年离开中国。

国人斯柏纳、法国人费德朗、英国人查德利和华西协合大学的加拿大人启真道、莫尔司和不知国籍的安权露外,都是美国人,由此还是可见美国科学对中国近代科学发展的影响。同时,还可以发现,到 1934 年 8 月,中国科学社社员中尚没有一位日本学者,这似乎表达了中国科学社的某种态度。

情况很快就发生了变化,1934 年 10 月 8 日,理事会通过社员 21 人,其中有中央大学地理系教授德国人费思孟①,上海自然科学研究所的地球物理学者日本人速水颂一郎②、东中秀雄③。1935 年 4 月 21 日通过上海自然科学研究所御江久夫(植物)、大内义郎(昆虫)、木村重④(鱼学)、木村康一⑤(生药)等人为社员。此后再未有日本学者成为社员。这样,1934—1935 年度有 6 位日本学者成为社员,其中木村康一、木村重、大内义郎、速水颂一郎、东中秀雄 5 人参加了 1935 年广西联合年会。为何中国科学社仅在 1934—1935 年通过上海自然科学研究所的 6 位日本学者成为社员?上海自然科学研究所早已创设,以后也存在,这时间上的选择有什么契机吗?有待进一步查证。无论如何,中国科学社还是一个相对比较开放的社团,有一定的国际性。当然,与国际上著名学术社团如英国皇家学会相比,自然差距极大。

此后,还有美国人史德蔚(1934 年 11 月)⑥、法国人白义(P. Baillie,物理学,1936

---

① 费思孟(1895—1970):曾作为飞行员参加一战,其间受伤。1931 年以维也纳大学助教身份被国联派来中国,任中央大学地理教授,1937 年回国。

② 速水颂一郎(1903—1973):京都帝国大学理学部地球物理专业毕业,1931 年任职上海自然科学研究所,从事长江流域水文学研究,被认为是上海自然科学研究所物理学科重要成就。1946 年回国后,历任京都大学助教、防灾研究所教授、理学部教授、理学部长兼防灾研究所所长,退休后被聘请为东海大学教授兼海洋学部长,曾任日本海洋学会会长。

③ 东中秀雄(1906—1979):京都帝国大学理学部地质矿物专业毕业,任职上海自然科学研究所期间,主要利用地磁、重力测量等物理方法进行矿产勘查,研究成果被认为是上海自然科学研究所物理学科重要成就。回国后曾任大阪大学教授、京都大学教授等,测定了亚洲地区的标准重力值。

④ 木村重:毕业于东京帝国大学农学系水产专业,师从岸上谦吉。曾多次来华进行生物学调查,上海自然科学研究所鱼类研究室负责人。1938 年退休后,仍以上海为据点,在南亚和东南亚进行采集工作,并曾在上海的日本帝国海军武官部工作。回国后曾任东京大学农学院讲师、大阪大学教授等。

⑤ 木村康一:毕业于东京帝国大学医学部药学专业,除任职上海自然科学研究所外,历任京都帝国大学讲师、助理教授、教授,大阪大学教授,富山大学教授兼中国药研究所所长,名城大学教授兼药学部长等,曾任日本药学会会长、日本生理药学会长等。

⑥ 史德蔚(A. N. Steward,1897—1959):美国加利福尼亚人,1921 年毕业于俄勒冈农学院,同年作为传教士来华,任教金陵大学,1937 年返美。翌年回到南京,1943 年被日军拘捕,1945 年释放后仍在金陵大学任教,1950 年返美。

年5月)、奥地利犹太地质学家贝克(H. Becker,1936年7月)、德国犹太工程师韩布葛(1941年11月)①、加拿大人刘延龄②(1944年11月)和不知国籍的顾发(F. Kupfer,1947年5月)等外国学者入社成为社员。

相较社员的国籍与留学国别,社员所习学科或专业,可能是社员群体更为重要的社会结构。留日学生以习社会科学为主体,特别是清末民初以法政为主,留美和留欧学生以习自然科学为趋向,中国科学社社员也不例外。1916年第一次年会时,社员按学科分类,数理化及其应用102人(矿冶27、机械19、土木12、电机8、化学工程5、造船2、化学15、物理6、算学5、地质气象建筑各1),生物学29人(农林15、生物学7、植物学4、医学3),社会科学与人文科学共22人(经济与政治12、教育5、哲学3、文学1、史学1),学科未详15人。[5]100-101将上述统计按照现行学科分类可统计如下:自然科学39人、工程技术74人、农学15、医学3,社会科学与人文科学22人,未详15人,习科学技术者占80%。有人统计1914—1915年留美学生的学科表明,在720人中,自然科学76人、工程技术287人、农学52人、医学49人、社会和人文科学256人,习科学技术者占64%,远低于中国科学社。[10]可见,中国科学社是以习科学技术者为主体的综合性社团。

中国科学社社员的学科构成具有相当的广泛性,社员学科变迁在相当程度上表征了中国近代科学的发展变化,也是社会潮流的一个"风向标":农学地位的日益下降,数学、物理、化学的突飞猛进,天文学的缓慢发展等,都能在这里找到线索。社员学科构成的变化在一定意义上成了社会变迁的一个量度。表16-3是中国科学社社员学科变迁抽样统计。总体变化趋势是习物质科学的社员比例增加,由1917年15.0%上升到1934年25.5%;生物科学社员比例基本维持在20%左右,比较稳定;社会科学和人文科学社员比例也有些许增加,由1917年的14.0%上升到1934年的17.7%;工程科学社员比例逐年下降,从1917年的48.4%下降到1934年的34.4%。到1934年,社员学科构成已经发生了比较大的变化,由最初的工程科学社员占据半壁江山(48.4%),逐步演变为自然科学(包括表中的物质科学和生物科学两类)社员成为社员构成主体(46.4%)。

---

① 韩布葛(H. G. Hamburger,1899—1982):德籍犹太人,汉诺威工学院土木工程系毕业,1935年逃难来沪。曾在多所大学任教,长期任职上海工务局,"文革"爆发后回国。

② 刘延龄(R. G. Agnew,1898—?):先后求学于维多利亚大学、多伦多大学,获医学硕士和博士学位。1923年来华,任华西大学牙医学院教授。1949年赴美。

表 16－3　中国科学社社员学科变迁

年　份		1917	1921	1924	1930	1934
物质科学	天　文				6	7
	数　学	10	38	50	40	85
	物　理	8			47	90
	化　学	22	32	33	99	196
	地　学	1	9	9	35	38
	气　象	1			5	5
	合计(%)	42(15.0)	79(15.1)	92(17.3)	232(23.0)	421(25.5)
生物科学	生　物	9	23	25	69	124
	医　药	20	32	33	58	115
	农　林	26	45	47	74	106
	合计(%)	55(19.7)	100(19.2)	105(19.8)	201(20.0)	345(20.9)
工程科学	化　工	18	27	27	42	83
	电　工	18	36	43	70	118
	土　木	26	49	52	106	148
	机　械	30	37	34	69	120
	矿　冶	42	29	31	48	86
	染　织	1	6	6	8	14
	合计(%)	135(48.4)	184(35.3)	193(36.3)	343(33.5)	569(34.4)
社会人文科学	心　理		29	31	14	22
	教　育	5			35	66
	经济商业	18	30	31	61	106
	政治社会	8	10	12	28	47
	文史哲	8	23	15	31	52
	合计(%)	39(14.0)	92(17.6)	89(16.8)	169(17.0)	293(17.7)
未　详		8(2.9)	67(12.8)	52(9.8)	68(6.5)	24(1.4)
总　计		279	522	531	1 005	1 652

资料来源:《书记报告》(《科学》第 4 卷第 1 期)、《中国科学社社录》(1921 年刊、1924 年刊)、《中国科学社概况》(1931 年刊)。1924 年共有社员 648 人,这里统计的是当年缴费之社员。1934 年数据为《中国科学社第十九次年会记事录》(统计到 1934 年 7 月底,其中化学与化工共 279 人,此处以 1930 年度化学与化工比例统计)。

社员学科构成的这一变化与整个中国学术发展进程密切相关。天文学社员极少,与近代中国天文学发展极其缓慢有关。虽然政府机构中很早就有观象台,后来也有中央研究院天文研究所、中山大学数天系天文专业等研究和教学机构,在全国各地还广泛设有观测站点,但从事天文学事业的人还是很少。据统计 1933—1949 年中山大学天文专业共毕业学生仅 44 人,从事天文工作的却不到 1/4。[11]837 1922 年成立的天文学会会员人数发展也非常缓慢,成立时 47 人,到 1930 年才 233 人,政权改换之前也仅六百余人。[12] 中国科学社可以说集中了当时全国天文学的精英,包括高鲁、张云、高平子、余青松、朱文鑫、张钰哲、李晓舫、陈遵妫、龚树模、陈宗器等,他们都是中国科学社的热心社员,也是天文学会的主要领导人,对中国天文学的发展贡献极大。气象学虽有像竺可桢这样的大师作为学术带头人,也建立有中央研究院气象研究所、中央气象局、中国气象学会这样的学术体制化的机构团体,在全国也设立了不少气象的观测台站,陈寅恪在 20 世纪 30 年代将其与生物学、地质学相提并论,认为是中国对人类知识扩展做出了贡献的学科[13],但从事气象科学的高级人才还是极为稀少,据统计 1949 年以前培养的气象人员,大学毕业水平的不过百余人。[11]680 相对而言,数学、物理学、化学发展迅速,因此这几门学科的社员人数增长很快。例如数学,到 1930 年,全国有北京大学、南开大学、清华大学等 23 所高校设立了数学系,到 1935 年中国数学会成立时,有会员 400 余人;数学社员也从 1930 年的 40 人增长 1934 年的 85 人。化学社员也由 1930 年的 99 人上升到 1934 年的 196 人,4 年间就增加了一倍。

当然,中国科学社社员学科构成变化也不能完全反映中国科学发展的各个侧面。地质学作为显学,发展很快,人才众多,可在中国科学社中比例却很低。本书第十章分析中国科学社年会时已经指出,中国科学社回国之初很快就与中国地质学界建立起比较密切的联系,但从 1926 年中国科学社在广州召开年会开始,地质学论文基本上从中国科学社年会消失,这一变化原因有待进一步查证。1934 年,中国科学社地学股(包括地质、地理和气象学)地质学社员有丁文江、王恭睦、朱庭祜、李四光、孟宪民、袁复礼、常隆庆、孙云铸、徐渊摩、徐韦曼、翁文灏、章鸿钊、叶良辅、杨钟健、刘季辰、乐森璕、谢家荣等,这些人都是当时中国地质学的领导人与中坚。

生物科学方面,生物学社员从 1917 年的 9 人增长到 1934 年的 124 人,增长了 13 倍左右,所占比例由 3.2% 上升到 7.5%;医药社员增长了 5 倍左右,所占比例由 7.2% 下降到 7.0%;农林科学增长了 3 倍左右,所占比例由 9.3% 下降到 6.4%。生物学社员发展最快,这与生物学的大力发展有关,特别是在生物研究所工作或学习过的大量生物学人才基本上都成了社员。农林科学发展比较缓慢,1917 年农林是生物科学中人数最多的学科,到 1934 年却变成人数最少,这表明“以农立国”的近代化道路探索失败后,农学社会地位的日渐低落。

相对物质科学的飙升与生物科学的稳定,工程科学社员比例却呈急剧下降趋势,具体分析,矿冶和机械方面社员增长缓慢,1917 年是所有学科中社员最多的,到 1934

年仅分别增长2倍和3倍，与农学具有相同的命运。但这并不表明当时矿冶、机械等工程技术科学的全面衰退，主要原因也许是当时工程科学的各类社团也非常活跃，特别是各工程技术团体在中国工程师学会领导下，学术交流与会务发展很快。化工、电工、土木工程社员人数增长也不大。这一方面说明中国科学社在与工程社团的合作方面存在问题，另一方面也表明中国工程科学的发展存在一些问题。

社员中习社会和人文科学占据相当的比例，经济商业和教育学科类发展很快，政治社会和文史哲发展较慢，心理学人数更是有所减少。这倒也在一定程度上表征了当时社会科学与人文科学的发展情况。除极个别学科外，中国科学社社员学科分布变迁表征了近代中国各门学科的发展历程，说明中国科学社作为一个综合性社团团聚了各门学科的代表性人物，从学科组成看，确实有条件成为中国科学界的领袖团体，以协调、规划和评议中国科学的发展，但由于各种各样的原因，这一功能没有最终实现。

“老乡见老乡，两眼泪汪汪”。传统中国社会，籍贯是一个非常重要的社会网络资源，有各种各样的同乡会组织作为乡情纽带，民国时期也不例外，蒋介石政权的班底基本上是浙江人。中国科学社社员籍贯分布由于资料原因只有1916年和1917年两年度的统计情况，另有1922—1923年度新入社社员籍贯统计，可以作为社员总体籍贯与个别年份新入社社员籍贯情况的分析，其具体分布见表16－4。

表16－4　1916年、1917年两年社员和1922—1923年度新入社社员籍贯分布表

省份	江苏	浙江	广东	福建	四川	安徽	湖南	江西	湖北	山东	陕西	直隶	云南	广西	甘肃	河南	贵州	未详	合计
1916年	35	23	23	17	9	9	7	7	6	5	4	3	3	2	1	1		13	168
1917年	66	39	38	22	18	11	14	13	10	8	5	10	2	2	2	1	2	16	279
新社员	23	20	9	5	1	4	1	1	3	1		1	1			1	2	1	74

资料来源：《科学》第3卷第1期第99－102页；《科学》第4卷第1期，第76页；《中国科学社第八次年会职员报告》，林丽成等编书第137页，新入社社员78人中，本国76人，其中吉林、奉天还各有一人。

虽然数据不多，但亦能看出一些趋向。从1916年、1917年两年社员总体上看，第一，社员籍贯分布有一个从东部向西部逐渐减少的趋势。江苏、浙江、广东和福建是社员最多的省份，这些“东南沿海”地区，得“风气之先”与地理优势，留学生最多，因此社员也最多。四川成为这一趋势的“异常”，按照其发展态势有取代福建占据第四位的前景。这与社长任鸿隽的四川身份有关，如1919年任鸿隽回四川，在成都鼓吹科学，当年7月成都成立了社友会，有新社员20余人，仍然是同乡关系在其间起作用。[14]当然，这一“异常”可能随着中国科学社的发展而日趋“正常”。与此形成鲜明对比的是，山东作为一个沿海省份似乎不能与其地位相匹配，不仅不能与四川相比，也不能与所谓内陆地区安徽、湖南、江西、湖北相比。第二，社员来源比较广泛，只有内蒙古、新疆、西藏没有，东北三省人数也很少。东北三省由于日本的控制，留学欧美学生很少。这说明社员构成从地域方面看，确实具有广泛的代表性，在中央研究院成立之前，中国科学社作为中国学术界代表，仅从这一点看也有其合理性。第三，江苏、四川、湖南、江西和直隶籍社员增长最快。1922—1923年度新入社社员情况与上述总体情况有相同，如江苏、浙江、广东、福建仍占据前四位；也有不同，东北吉林、奉天各有一名社员入社，安徽、湖北、贵州入社社员超过四川、山东、江西等省。

由于资料缺乏，社员籍贯的未来变化趋势难以管窥。对近代人物的地理分布已有不少专门研究成果，这里不妨比较一下。表16－5分别是统计樊荫南编辑的《当代中国名人录》、1936年回国留学生、1985年山东科学技术出版社出版的《科学家辞典》中近代科学家籍贯分布前十位情况。

表16－5　中国科学社社员与其他类别人物籍贯分布统计比较表

名　次	1	2	3	4	5	6	7	8	9	10
社　员	江苏	浙江	广东	福建	四川	湖南	江西	安徽	湖北	直隶
名人录	江苏	浙江	广东	河北	福建	湖南	安徽	湖北	江西	四川
留学生	江苏	浙江	广东	河北	湖南	福建	四川	江西	安徽	湖北
科学家	江苏	浙江	河北	福建	广东	山东	四川	湖南	安徽	江西

资料来源：王奇生《中国近代人物的地理分布》，《近代史研究》1996年第2期。

可见社员籍贯分布与其他人物籍贯分布有相同也有不同。比较而言，社员籍贯分布与1936年的留学生籍贯分布差别最小，这自然与中国科学社基本上是一个留学生团体有关。按常理，社员籍贯分布应该与近代科学家籍贯趋同，结果却是相差最大，特别是山东籍近代科学家的异军突起，这可能与统计材料由山东出版有关。

对中国近代科学与社会发展来说，也许社员就职地点比籍贯分布更具有讨论的价值。近代教育体系的出现已经改变了传统教育“服务桑梓”的观念，受新教育成为人才者大多不再回到生育他、养育他的祖宗所居住的家乡，城市成为他们的“天堂”，特别是大中城市。对社员就职地域的分析不仅可以看出中国社会发展的区域性特征，还可以在一定意义上解释近代中国社会发展的不平衡性。

统计1924年国内社员379人的就职地点，江苏179、北京58、直隶29、四川26、广东18、浙江18、福建9、河南9、湖北8、山东8、江西5、奉天4、甘肃2、湖南2、陕西

2、山西1、云南1。① 统计1928年国内672人的所在地，上海161人、南京122人、北平80人、江苏(除南京外)49人、广东45人、天津39人、浙江32人、四川24人、奉天22人、山东14人、河南12人、福建11人、直隶8人、安徽8人、江西8人、湖南7人、湖北7人、广西4人、山西4人、香港4人、云南3人、吉林2人、黑龙江2人、陕西2人、甘肃1人、绥远1人。其中四川人董时进就职绥远实业厅，甘肃人赵元贞任甘肃建设厅厅长。

1924年社员就职地方以江苏、北京、直隶、四川为前四位，籍贯一直占据前列的浙江、广东、福建反而落在后面。其中在江苏工作的社员比例远远超过其他地方，占47.2%，几乎是半壁江山，主要集中在上海、南京和张謇兴办实业的南通这三个地方，特别以上海、南京为多。上海作为当时中国最为发达的城市，无论是工业、商业还是文化教育都有其独到的吸引人才的优势地位，成为社员们的聚集之地，也是水到渠成。南京作为中国近代教育发展的中心，此时的东南大学、金陵大学、河海工程专门学校等教育机关都是社员们聚集的地方；南通本是中国科学社在国内较早成立社友会的城市，在张謇的事业中，无论是工厂还是学校都能聚集社员。社员就职地点的这种分布，也许与中国科学社从美国搬迁回国后将上海和南京作为社所所在地，而不是将北京作为发展重心的原因之一。在北京的社员占15.3%，居第二位。北京作为政治学术文化中心，当然也是每一个预备在政治和学术上有所成就者向往的地方，特别是北京大学、清华学校等是社员群集的地方完全可以理解。② 1928年江苏、北平继续处于前两位，但情势已然不同。1924年江苏和北京两地社员占62.5%，1928年占61.3%，总体上有所下降，表明其他地区已有发展，特别是像广东、浙江等地由于大学的建立，吸引了不少人才。但是具体看，1928年江苏占49.4%，上升了约2个百分点；北平占11.9%，下降了近4个百分点。这自然与南京已经成为首都，北京变为北平有关。

1924年就职广东的社员并不多，此时的广东正是革命的“圣地”，与社员们建设国家的志向相背离，因此处于北方军阀统治的直隶(包括天津)社员人数可以遥遥在上，四川由于前述籍贯原因，处于前列也可理解。但是到了1928年，情势发生了变

---

① 参见《中国科学社概况》，1924年刊，第8页。

② 中国科学社回国以后为什么没有将北京这一当时政治文化中心作为社务中心，而是以上海、南京为中心，除当时最重要的社务《科学》在上海印刷出版外，也许还与南方经济比较发达、社会比较开放等因素有关。

化，社员总人数已经增加了一半左右，而在四川工作的社员反而下降了2人，由于天津的发展，天津的直隶社员虽然增加了，但并不能与广东相提并论。比较而言，上升得最快的是当时的奉天，由1924年的4人上升为22人。这些都与当时广东、奉天的建设计划有相当的关系，在广东的社员大多在广州的中山大学，在奉天的社员大多就职于东北大学。而其他省份如浙江、安徽、河南、福建、江西、山东、湖南等社员人数都在增加。与四川一样，湖北社员人数在减少，这可能与当时这两省的情势有关，如四川长期军阀混战，社员们自然只有“胜利大逃亡”，出川到上海、南京、北平或广东就职；而外地出生的社员自然更不愿意“自投罗网”。宁汉合流后，武汉一直处于各派势力的争斗旋涡中，国立武汉大学正在筹建，社员们逃离“混乱”，寻求稳定，自然可以理解。

1928年的672人，有203人供职于高等院校，就业比例最高，达30%，说明当时社员主要从事科教工作，以培养下一代科学人才。在上海、南京和北平这三大城市就业有360余人，占54%。城市特别是大中城市已经成为社员群居的地方，除上海、南京与北平这三大城市外，在广东的基本上在广州，在浙江的基本上在杭州，在山东的基本上在青岛，在奉天的基本上在沈阳，安徽的8人主要在省政府所在地安庆和重要城市芜湖，福建的11人主要是厦门大学教师和马尾造船厂工程技术人员，香港的4人主要是“生意人”，例如曾被胡适赞誉的中国科学社首任总经理、留美学地质学的黄伯芹供职于香港上环和昌金店。社员中有许多人来自偏僻的小县城或农村，但他们学成后基本上在城市生活，将毕生精力奉献给了“五光十色”的城市，城市对农村人才的吸引力显而易见。

中国科学社1937年6月刊行的《中国科学社各地社友会社员通讯录》（共刊载有通讯地址社员1 171人），不仅专门列出了各地社友会名单（社友会都以城市为名），而且还列出社友会之外各省社员名单，统计其分布更能看出当时就职地点情形。各地社友会南京317人、上海229人、北平121人、重庆82人、成都54人、广州47人、天津42人、杭州38人、武汉27人、青岛26人、梧州26人、开封18人、苏州16人、香港2人；除上述城市之外，江苏21人、江西17人、福建11人、陕西11人、山东10人、湖南9人、河南8人、广西7人、安徽6人、河北4人、浙江3人、山西3人、云南1人、甘肃1人，国外共14人，其中留日4人、留美5人、留英2人、留德2人，美籍1人。可见，随着日本侵华形势的日益严峻，北平不少文化机构南迁到南京，南京一举超过上海成为社员就职第一城市；随着国民政府大后方建设计划的展开，重庆、成都也超过天津、杭州，成为继北平之后最为重要的就职地，广西梧州因广西大学的建设，这样过去很少有社员就职的偏僻之地社员也有26人之多，与青岛相同。也就是说，从中国科学社社员的就职地点与城市，也能反映出当时中国社会政治的变动。

另外，即使各省社员也主要集中在城市，如江苏社员主要在无锡、镇江与南通，安徽的主要聚集在安徽大学，江西的全部在南昌，湖南的都在长沙，福建的聚集在厦门大学等。当然，也有一些社员在县城及其以下地方工作，如习数学的徐韫知在京沪线铁路南翔东大街，对发现华罗庚有直接贡献的王维克住在江苏金坛西轿巷7号，也有3名社员住在松江，蔡诵芬是浙江温岭县立初级中学教师，等等，但他们毕竟是少数，所占份额微不足道。

就职地点主要在城市并不限于中国科学社社员群体，研究表明旧制清华留学生，回国后大部分集中在大都市，职业以教育界、商界和实业界为多，政界及其他行业较少。[15]获得新式教育特别是留学归国者的就职情形与此相差不大。像上海、南京、北平、天津、杭州、广州、成都、重庆这样的大城市集中了当时社会的大部分精英，对这些城市的发展来说当然具有极为重要的作用；但从另一个方面看，对广阔的中国其他地区来说，人才的极端稀缺成为必然的现实，从而加剧了沿海与内地、城市与乡村社会的不平衡，其结果是造成一种恶性循环：贫穷落后、社会动乱与社会反抗、自然灾害就成为这些不发达地区的“常态”，这更加重了精英们对这些地区的“疏离”，最后的结果自然是只有上海、南京、北平、广州、杭州、天津这些所谓的大城市感受到了近代化所带来的“好处”，而其他不发达地区的广大民众被隔离在这些城市的近代化大门之外。近代中国存在一对无法调和的深刻矛盾——近代化的城市与基本上处于传统或者说受近代化城市剥夺的广大农村地区的矛盾。因此，中国共产党领导的“农村包围城市”革命的成功，在这一层面上看也具有一定的必然性。①

通过对社员群体的社会结构与社会网络分析，可以清楚地看出，中国科学社是留美学生占绝对地位、留欧学生为辅的团体，也有主要在中国（或曾在中国）工作的外籍人士。虽最初有留日学生的加盟，但随着中华学艺社的成立，“不经意间”亦成为

① 殷海光也说：“中国的新知识分子一旦‘出洋’留学或到大都市求学，便多不愿再回到乡村里去。他们不喜欢乡村‘落后’的及‘闭塞’的生活方式。他们追求大都市日趋现代化的生活方式，以及较高的职位和报酬。乡村社会里的家庭也以自己家中‘有人在外面作事’为‘有面子’和‘有靠山’。这是清朝时候乡村社会的家庭有人在外面——省城或北京——做官便觉‘光宗耀祖’及‘有势’的新版。……上述的情形更扩大都市和乡村文化发展的位差：乡村滞留在半原始状态，而上海、天津、汉口等大都市则向现代化前进。”参见《中国文化的展望》，上海三联书店，2002年，第400页。

一个几乎没有留日学生的“留学界集团”(后来虽有留日学生社员,但他们大多是在国内入社后再留日)。这一情况的出现,可能完全出乎创始人意料,既是中国科学社自身的悲哀,对中国近代化来说,也不是什么幸事。民间科学社团不是互相合作,携手共同致力于中国科学的发展,不是团结起来共同致力于平衡政府强权,而是将有限的精力花费在互相牵掣、争夺有限的资源上,这自然不利于中国科学的发展,更不利于中国社会的近代化。

第三节　特殊社员的角色分析与社会网络

中国科学社特殊社员包括永久社员、特社员、赞助社员与名誉社员,其中赞助社员与名誉社员不能参与社务的管理,没有选举与被选举权,他们不是普通社员。不同类别的特殊社员群体在中国科学社中担当着不同社会角色,因此对社务的发展有不同影响。

永久社员是为了汇聚维持中国科学社发展资金而设立的。1915 年 10 月通过的章程第 9 条规定,凡社员一次缴费 100 元(美金 50 元,其他国家以汇率照算)为终身社员,不另交纳常年费。在美期间虽然有不少社员以特别捐名义给向社里捐赠不少款项,如 1916 年 9 月前任鸿隽、胡明复、秉志、廖慰慈等捐赠 100 美元,赵元任、杨铨等也捐赠 90 美元以上,但他们并没有因此要求成为永久社员,而是无偿捐赠。搬迁回国后,发起了 5 万元基金募捐活动,效果不佳。在一次上海社友会上,任鸿隽希望社员们积极行动担任募捐,每人代捐或自捐 75 元,就可以获得 5 万元的一半。胡明复认为“他救不如自救”,不如提倡社员交纳 100 元成为永久社员,这样既增加了基金,可以生利息,又免除了每年交纳常年费的麻烦。[16] 后来董事会开会议决通融办法,凡是社员在一年内按月交足 100 元,就成为永久社员。当场就交足 100 元成为永久社员的有胡敦复、任鸿隽、胡明复、竺可桢 4 人,另有李垕身、刘柏棠、杨铨、廖慰慈、胡刚复、李协、过探先、邹秉文、胡先骕、王璇、程时煃、许寿裳、郑寿仁等表示愿意成为永久社员。[17]

为了募集资金,在永久社员的资格上一再“让步”,最初是一次缴费 100 元,后来变为一年内交纳 100 元。即使如此,到 1921 年永久社员除上述 4 人外,仅增加温嗣康、孙洪芬、许肇南、徐乃仁、孙昌克、朱文鑫、刘柏棠、陈宝年、过探先、黄昌穀、黎照寰、关汉光等 12 人。当初“表示愿意”的李垕身、杨铨、廖慰慈、胡刚复、李协、邹秉文、胡先骕、王璇、程时煃、许寿裳、郑寿仁等人还没有“兑现”。1922 年通过的新章程又有规定:“一次或三年内分期缴费至 100 元者,得为永久社员,不另纳费。”出台了更加“优惠”的政策,缴费之期又从一年扩展到三年,以期调动社员们的积极性,解决经费困难问题。

到 1924 年,永久社友仅增加金邦正、赵志道、程时煃、陈衡哲、李垕身、侯德榜、朱箓、胡适、周仁、钟心煊、曹惠群、谢家荣、秉志等 13 人,最初“表示意愿”的绝大多数人还是未能践诺。到 1928 年共有永久社员 58 人,除上述 29 人外,还有谭熙鸿、张轶欧、李协、程耀椿、姜立夫、王琎、胡先骕、熊庆来、张乃燕、胡刚复、杨孝述、杨铨、杨端六、程瀛章、刘梦锡、王徵、何鲁、丁文江、翁文灏、税绍圣、刘惠民、朱经农、徐允中、李孤帆、卢伯、严庄、廖慰慈、邹秉文、万兆芝等29 人。① 到 1930 年增加到 70 人,又有张昭汉、叶云龙、王伯秋、段子燮、庄俊、高君珊、李俨、程志颐、黄伯樵、胡庶华、孙国封、杨振声等 12 人。到 1934 年 8 月,增加到 104 人,新增顾燮光、田世英、徐宗涑、杨光弼、吴承洛、刘树梅、陈端、王庚、吴宪、盛绍章、姬振铎、郝更生、刘仙洲、周厚枢、蔡堡、涂治、汤震龙、孙继丁、叶善定、卢于道、雷沛鸿、季宗孟、甘绩镛、朱德和、张孝庭、张登三、唐建章、鲁波、程孝刚、陈宗蓥、张延祥、曾瑊益、张树勋、叶企孙等 34 人。②

按照当初的设想,5 万元的基金,若有 250 人愿意成为永久社员,就有 2.5 万元的基金。到 1934 年,社员人数超过 1 700 人,只要 1/7 的社员就可以达到这一预期目标。可事态的发展跟 5 万元的募捐一样,到 1934 年,永久社员亦仅刚超过百人,考虑到通货膨胀,永久社员刚超过万元的社费收入相对当日社务来说,实在是微不足道了,这也许是这一动议的发起人所没有料到的。这从一个方面说明,不仅当日社会对中国科学社的发展不支持,大部分社员自身对社务也并不是很热心,其发展及社会影响也可以想见了。

抗战全面爆发后,中国科学社经费面临困境,有不少新社员入社时就交足费用,成为永久社员。在沪时期,有 1940 年 3 月入社的孙莲汀,1941 年 5 月入社的郑兰华、寿俊良,同年 11 月入社的张孟闻,1942 年 3 月入社的杨姮彩、杨臣勋。总社内迁后,永久社员人数大增,1942 年 12 月第一次内迁理事会通过社员中就有刘建康、朱健

---

①《中国科学社社员录》(1928 年刊行),第 5 页。

②《中国科学社社员分股名录》(1934 年 8 月刊行),第 134 页。值得注意的是,该“名录”所收永久社员中没有“万兆芝”,因此总人数仅有 103 人。

人、凌敏猷、张孝骞、杨平澜、谭娟杰、濮璚、黄汲清、洪式闾、白季眉、单人骅、燕晓芬、杨明声、戚秉彝、张敬熙、娄执中、刘导丰、简实、邱鸿章、郑子政、张宝堃、卢鋈、胡安定、薛芬、王述纲、黄瑞采、李春昱、曲仲湘、孙雄才、杨衔晋、苗雨膏、倪达书、毛守白、胡福南、谢祚永、姚钟秀、郝景盛、周赞衡、曾世英等人。1943 年 4 月通过社员中也有张昌绍、廖素琴、金大勋、周廷冲、王成发、王进英、林振国等。但非常奇怪的是,此后新入社社员不再注明有永久社员,难道与此时脱缰的通货膨胀相较,永久社费无济于事有关?

从普通社员转变为永久社员,是热心社务、对中国科学社的发展关心的标志,从这个意义上说,永久社员群体可以看作中国科学社社员群体中的核心小群体(虽然他们并没有以永久社员为名结成小团体,造成所谓的“党内有党”的情状)。具体分析这一小群体,当回国后募集基金出现困难时,中国科学社正式推出“永久社员”这一名号时,胡敦复、任鸿隽、胡明复、竺可桢 4 人成为第一批永久社员。胡敦复当时已在国内教育界颇有声名,中国科学社上海社务所设在他创办的大同学院内,在弟弟胡明复的影响下,他对中国科学社社务自然热心,1922 年当选改组后的董事会董事。任鸿隽、胡明复不仅是创始人,也是当时中国科学社最为重要的领导人,任鸿隽是社长,胡明复是会计。竺可桢虽不是创始人,但 1916 年首届年会上就当选执掌社务发展的董事会董事,并由此成为最为重要的领导人。

到 1921 年缴费成为永久社员的 12 人中,孙洪芬、孙昌克、过探先是董事会董事,许肇南是南京社友会会长,黄昌穀、黎照寰也是积极的社务参与者,如黄昌穀提交论文连续参加年会。到 1924 年新增 13 人中,金邦正、周仁、秉志是创始人,也是理事会理事,李垕身是理事会理事,曹惠群长期担任上海社友会会长,谢家荣不仅长期在《科学》发表文章,而且其著作《普通地质学》是中国科学社购买出版的第一本“科学丛书”,其他赵志道、陈衡哲、侯德榜、胡适、钟心煊等也是社务的积极参与者。后来成为永久社员的李协、王琎、胡先骕、胡刚复、杨孝述、杨铨、丁文江、翁文灏、王伯秋、高君珊、胡庶华、孙国封、杨振声、叶企孙等,或是理事会理事,或是社友会会长。

永久社员群体主要是中国科学社的主要领导人与热心社务者,他们对社务的发展有极端重要的贡献,如任鸿隽、胡明复、竺可桢、过探先、秉志、周仁、杨铨、王琎、翁文灏等。更为重要的是,这个小群体中更有不少人是中国各门学科的奠基人,如数学方面的胡敦复、姜立夫、熊庆来、何鲁、段子燮、胡明复等,物理学方面的胡刚复、孙国封、叶企孙等,化学方面的王琎、程瀛章、杨光弼、吴承洛、吴宪等,生物学方面的秉志、钟心煊、胡先骕、蔡堡、卢于道,地质学方面的丁文江、翁文灏、谢家荣等,气象学和地理学方面的竺可桢,农林方面的过探先、邹秉文、涂治等,工程科学方面的李垕身、侯德榜、周仁、李协、杨孝述、庄俊、胡庶华、刘仙洲、程孝刚等,社会科学界的胡适、杨端六、杨振声,教育界的王伯秋、朱经农、张乃燕等。当然,永久社员中也有不少政界名流,如朱箓、谭熙鸿、张轶欧、王徵、黄伯樵、王庚等。必须指出的是,永久社员中有不少人并非科学界人物,他们在未来的历史发展进程中也未能留下可以记载的"丰功伟绩"。这从一个侧面说明,学术界社员更应该成为永久社员,毕竟中国科学社是他们自己的"组织"。

中国是一个讲究社会关系的国度,除同乡、同学等网络外,与血缘有关的夫妻、兄弟、姻亲关系更为重要。通过对上述永久社员社会关系的考订,可以发现中国科学社的壮大与扩展就颇得益于社员的家庭与亲朋好友这种社会网络。社员中间存在好几个层面的社会关系:社友关系、同学关系、同事关系、朋友关系、夫妻关系、亲戚关系等。有些社员是上述多种关系网络的纽接点,通过这个接点,中国科学社可以扩展其关系网络与社会影响,并获得社会资源。例如杨铨与任鸿隽是同学、同事关系,又是朋友关系;杨铨与赵志道曾是夫妻关系,与赵凤昌曾是岳婿关系。通过杨铨这一接点,杨铨与赵志道是永久社员,赵志道的父亲赵凤昌是赞助社员。同样,任鸿隽和夫人陈衡哲同是永久社员;姜立夫娶胡敦复妹妹胡芷华为妻,与胡氏三兄弟同为永久社员。通过胡明复这一层关系,中国科学社回国后将上海社所临时建立在胡敦复创办的大同学院里面。何鲁、段子燮与任鸿隽是同乡关系,他们留法期间已与中国科学社建立联系,成为社友,回国后同在东南大学任教,又成为同事关系;何鲁与段子燮还合作编纂数学教科书《行列式详论》等。虽然中国科学社章程对社员入社有明确的规定,是以"研究学术"为标准的,但在借助传统社会关系网络进行扩张时,对这一标准似乎并没有完全遵循。像中国科学社这样的学术社团,社友之间主要是社友关系和学术关系,其他社会关系本不应是重要因素,但事实上并非如此。当然,如果坚持原则,社员的吸收与社务的扩展可能受到很大的影响,这也是主持者们不能不考虑的问题,这自然也是作为一个模仿西方学术社团而建立起来的综合性学术社团在中国社会发展过程中必须面临的问题,是其不断调适以适应社会的结果。虽然传统社会关系在扩展社务方面有其独特的地位和作用,但也对社团自身的发展及其社会属性有一定程度的影响,这在其领导层中表现得更为突出(参阅本书第十七章)。

永久社员仅需交纳足额费用,就可以自动由普通社员转变而成,费用的交纳表征了社员对社务的热心程度。特社员却需要经理事会推举和年会社员大会的选举，其衡量标准是学术成就。按照1915年10月改组通过的章程，“凡本社社员有科学上特别成绩，经董事会或社员二十人之连署之提出，得常年会到会社员之过半数之选决者，为本社特社员”。1917年第二次年会，选举蔡元培为第一个特社员，1919年杭州年会选举周达，1920年南京年会选举胡敦复，1921年北京年会选举汪精卫，1922年南通年会选举马相伯，1923年杭州年会选举吴伟士、马君武、张轶欧，1924年南京年会选举葛利普，1926年广州年会选举吴稚晖、孙科、葛雷布①。相隔许久之后，1934年庐山年会选举范旭东为特社员。② 此后，没有再增选。

按照章程规定，蔡元培的当选有一些勉强，因为他在科学上并没有“特别成绩”，也不是真正的科学家。若从蔡元培对科学的提倡与对中国科学社的赞助来说，当选为赞助社员倒是“名正言顺”。可赞助社员是给予那些对中国科学社有一定赞助的社外人士的，而蔡元培是社员，看来他的当选主要是基于他在学界的名望。当然，如果从其对北京大学的整顿及创建中央研究院进而对整个民国时期学术发展的影响而言，蔡元培又确实对科学有特别贡献，当选特社员也无可厚非。周达（1878—1949）是中国近代数学发展史上的过渡人物，其数学研究兼具传统数学与近代数学，对中国数学的发展有一定的贡献。如果说他有什么特别成绩，主要是收集数学书籍，并捐献给中国科学社在明复图书馆设立美权图书室，后来在创建中国数学会上也有大作用，曾当选中国数学会首届董事会董事。无论是蔡元培还是周达，他们对学术界的如许贡献，都是在当选特社员之后。胡敦复作为教育界的名流，康奈尔大学的早期毕业生，曾任清华学堂教务长，大同学院创始人，虽曾任中国数学会首任会长，但在数学研究上并没有特出成绩。与蔡元培、周达一样，他对中国科学社的发展也有大赞助，特别是供给大同学院里的上海事务所，后来曾当选董事会董事兼基金监。与蔡元培一样，神学博士马相伯也是以教育家角色名于世，虽著有《致知浅说》等，但在科学上实在难说有成就。如果说蔡元培、马相伯当选特社员有些勉为其难，周达、胡敦复两人虽在中国近代数学发展史上有其独特位置，但从学术上有特别成绩这一标准来看，也同样有些名不副实。

---

① 此葛雷布不知是何人。如果是葛利普，但他于两年前已经当选，葛利普当时译名还有葛拉普，没有葛雷布这样的译名。在广州当选，似乎应该是当时在广州的国籍人士。他当选为特社员，首先应该是社员，但社员名录中没有此人。具体如何，有待进一步查证与方家指教。

② 年会前理事会曾决议选举范旭东为赞助社员，后改为特社员，因为他是中国科学社社员，而且在中国化学工业上有大贡献。见《理事会第118次会议记录》（1934年7月21日），《社友》第42期，第1页。

1921 年选举的汪精卫和此后选举的吴稚晖、孙科，都是政坛名流，国民党的大佬，在科学上根本说不上有什么特出成就，而且汪精卫当选时还不是社员。换言之，他们当选为特社员，是与中国科学社章程相违背的。按照他们对中国科学社的贡献，当选为赞助社员是恰如其分的。这三人后来都曾当选董事会董事。可见，中国科学社无论是选举他们为特社员还是董事，都是借重于他们在中国社会的影响力，而非学术成就。此外，马君武虽然曾获得德国柏林工业大学冶金学博士，担任过广州石井兵工厂无烟火药厂总工程师，也翻译过达尔文《物种起源》，后来还创建广西大学，在教育文化上有其独特贡献，但他作为国民党元老，主要社会角色还是政治人物，在学术上也没有特出的成就。1923 年当选的张轶欧（1881—1938），时任江苏实业厅厅长。他留学比利时，获得冶金学硕士学位，曾任北京政府工商部矿务司长、农商部矿政司长，任内与丁文江、翁文灏等创办地质调查所，又纠集人才创设矿冶研究所等，后曾任南京国民政府工商部商业司长、实业部技监等。张轶欧在中国地质矿产事业发展上有相当贡献，但在学术上难说有成就。1934 年推选范旭东也有些勉强，当时对他介绍如是说："改良华北食盐，创办久大精盐公司，又创办东方最大之永利制碱公司，最近又在组织硫酸铔厂，于发展国内化学工业，厥功甚伟，且对于本社种种事业，素所赞助。"①范旭东对中国近代化学工业有大贡献，但在学术上成就也难说特出。无论如何，蔡元培、周达、马相伯、胡敦复、张轶欧、范旭东相比汪精卫、孙科、吴稚晖等，当选特社员还是有一定的合理性，但与后者一样，他们都不是学术上有"特殊贡献者"。

可见，中国科学社无论选举学界蔡元培、周达、马相伯、胡敦复等，还是政坛汪精卫、孙科、吴稚晖、张轶欧等为特社员，都是为了发展社务而借助这些社会名流，可谓"用心良苦"。但这种视游戏规则为儿戏的行为，在社务发展得到发展空间的同时，也给社务的发展埋下了隐患，可能引起那些真正向学的学者对中国科学社的疏离与不满。由于中国科学技术发展的具体状况，在当时不可能选举出真正名副其实的中国籍特社员，后来中国科学社扩大特社员队伍非常谨慎，也可能有这方面的考虑。问题是，早期选举如是之多名不副实的特社员，似乎严重影响到后期中国科学社在相关方面的作为。当中国近代科学技术发展到一定程度，已经出现有特出成就的社员时，中国科学社却因噎废食，不再选举特社员。中国科学社设立"中国科学社奖章"时却提不出候选人，翁文灏 1936 年提出照章选举特社员也未能挽回这一局面

---

①《中国科学社第十九次年会纪事录》，第 16 页。

图 16-4　北京博物学会成立十周年留影(1935 年)

前排左 3—5 分别为胡先骕、葛利普、胡经甫。北京博物学会由葛利普、祁天锡等倡导成立,中外科学家共同参与,致力于中国动物、植物的调查研究。

(参阅本书第十三章)。

比较而言,中国科学社选举美国人葛利普和吴伟士为特社员可谓恰如其分,以葛利普最为特出。葛利普这位德裔美国地质学家,对中国地质学特别是古生物学有极大的影响,被尊称为"科学大师"。选举时,翁文灏曾如是介绍:

葛氏掌教美国哥伦比亚及其余各大学,已历十八年之久,著作极富。于前年来华,对于中国地质学、古生物学已多贡献。葛氏近患腿病,行路不便,此次闻中国唯一之科学机关在南京开会,决南下与会。中外友人,咸劝其勿过跋涉,有伤身体,葛君未允,其仰慕中国科学社可谓至矣。

全场一致通过后,葛利普发言说他应邀来华:

一因中国为研究自然科学之大猎场,观其地大物博,宝藏尚未大开,诚为将来最有希望之国。二因近代科学应用甚广,因有渐趋于偏重物质应用及谋利方面,失去研究科学之真精神。中国向来注重自然科学,此种正确研究科学之精神,亟宜提倡,定能领袖世界作纯正科学研究之国家。鄙人此次来华,对于家庭安乐,自人幸福不能谓全无牺牲。但鉴于上述种切,觉此次被聘来华以从事于中国科学事业之研究,实为荣幸。今更被举为贵社社员,此后得追随于诸君子之后,为研究开发宝藏以福世利人之一人,更较被举为英国及其他国之会员为荣幸矣。中国科学方在萌芽时代,理应联合同志,亟力提倡。今观诸君热心异常,宗旨纯正,甚为愉快,甚为钦佩,谨为诸君及贵

葛利普教授

孫雲鑄

國立北京大學教授

葛利普先生 Amadens W. Grabau 原籍德國，其祖父於1839年始遷至美國。祖及父均為教堂牧師。1870年先生生於美國威斯康星州席達堡村(Cedarburgh)。年十五，在水牛城充釘書工人；晚入夜校補習，對於植物學及地質學尤感興趣。最初由函授從麻省工業學校克羅斯貝(Crosby)教授習礦物學，至1890年始充該系特別生。自此以後，先生得與當代古生物學家赫艾(Alpheus Hyatt)及賽克森(R.T. Jachson)兩氏學習古生物學，學業大進。至1896年畢業。次年，入哈佛大學；1900年得科學博士學位；又次年，任哥倫比亞大學講師，至1905年升為教授，担任古生物學及地史學課程。

1910年先生遊歷歐洲，赴英瑞德奧等國實地研究古生代地層，並與當時歐陸諸地質大師相接觸〔為德國克賽(Kayser)瓦特(Walther)兩氏，英國馬爾氏(Marr)，法國奧格氏(Haug)〕。對於瓦特氏著作，尤為悅服。返美後，曾注意研究古生物之生活環境，(特別注重珊瑚類腹足類及筆石類)及各種層之發生史，並著有歐美下奧陶紀地層之比較，及大地槽遷移問題。先生在美研究範圍至廣，零星著作尤多，最重要者有地層學原理一巨冊，北美標準化石兩冊(與夏謨博士 Shimer 合著)及地質學兩冊，均為模範教本。所著地質學內容新穎，含有不少歐洲材料，為本書特色。先生在美國地質界頗負盛名，弟子遍全國。當時中國留學生如王寵佑王臻善葉良輔袁復禮諸先生均係先生弟子。

第一次歐戰開始，美國對德宣戰，學校禁用德文。先生以德國科學重要，衆反對戰爭，是以有辭去哥大教授之議。適丁文江所長托美國維理氏(White)代聘古生物學專家來華協助工作，當時美國地層學家如舒可特(Schuchent)露得門(Ruedemann)兩氏均有來華之意。嗣後各方因先生較為適宜，決定請先生赴華任職。

1920年9月，先生到平，協助丁文江所長奠定中國地質學基礎。除在大學地質系任地史學，古生物學歐美地層比較學三課外，並於每星期日下午公開講演，講題為地球與生物之演化，由王烈李四光翁文灝謝家榮諸教授任翻譯。1920年農商部地質調查所設古生物研究室，先生任主任，定研究計劃，並發刊中國古生物誌，由丁文江翁文灝孫雲鑄先後任編輯之責。1922年，先生著中國北部奧陶紀動物化石，1924年中國北部寒武紀動物化石(孫雲鑄著)，1926年中國石炭紀海百合化石(田奇㻪著)，1927年中國北部蜓科(李四光著)，1927年中國北部長身貝卷上(趙亞曾著)，相繼出版。此項刊物至今已出版百餘冊，為世界重要出版物之一。當時北方大學山西大學北洋大學北京大學尚少有研究所之設立，中央北平兩研究院亦均未成立，斯時地質調查所之古生物研究室尚屬首創，在中國科學史上實佔重要之一頁。

先生來華二年後，即與中國友人章鴻釗丁文江翁文灝李四光王寵佑諸氏等創中國地質學會，並發刊中國地質學會誌，至今已繼續出至第二十六卷，為中國科學重要出版物之一。先生不辭勞苦，時任校對修改之責。先生在華廿六年中，貢獻尤多；終日研究，毫無倦容，著作豐富，共二百九十二種(每種自十餘頁至千餘頁不等)，最重要者有中國地質史兩冊，蒙古之二疊紀及中國古生物誌十一冊。最近十餘年，先生首創脈動學說及地極控制說，並用脈動學說劃分古生代系統，已先後成巨著七大冊(已有四冊出版)。內容豐富，材料新穎，頗有獨到之見識，

70

图 16 - 5　葛利普去世两周年，孙云铸在《科学》发表文章纪念

国前途祝福。①

葛利普在美国时，中国留学生王宠佑、叶良辅、袁复礼等就是他的弟子。1920年，他应丁文江邀请来华，二十多年如一日，为中国培养了大批古生物学者，赵亚曾、杨钟健、裴文中、黄汲清、斯行健、计荣森、孙云铸、王鸿桢等都是他的得意门生②，他自己在地质学特别是古生物学上也有大成就，被誉为 20 世纪重要的地质学和古生物学家之一。[18]抗战期间，他受尽日本侵略军的折磨，1946 年在北平逝世。他去世后，中国学界曾隆重纪念他，《中国地质学会会志》和《科学》都出版过纪念专刊。《科学》纪念刊第 30 卷第 3 期发表了杨钟健《科学家是怎样长成的？——纪念葛利普先生逝世二周年》、孙云铸《葛利普教授》、寿振黄《古生物学大师葛利普教授年表》等。

特社员是社会名流与学术界人物的混合体，他们对中国科学社的发展贡献很明显。蔡元培对《科学》的资助、孙科捐助修筑明复图书馆、周达捐献数学书籍、胡敦复

① 《中国科学社第九次年会及成立十周年纪念会记事》，上海市档案馆藏档案，Q546 - 1 - 228。

② 除赵亚曾早逝外，杨钟健、黄汲清当选中央研究院首届院士，其他人大多于 1955 年当选中国科学院学部委员。

在大同大学提供社所，等等，都在中国科学社的发展史上留下深深印迹。即使如马相伯、吴稚晖等元老，对中国科学社的赞助也不遗余力，积极参加各种活动，宣扬科学与呼吁科学研究；汪精卫、孙科、马君武等人与任鸿隽、杨铨等领导人有密切的私人关系，中国科学社通过他们不仅可以扩大影响，而且还可以获取一些资源。

中国科学社在其长达近半个世纪的存在期间，只选举了张謇、格林曼和李约瑟三个名誉社员，可见对于名誉社员这一“徽号”，中国科学社是相当重视的。[①] 1917 年 9 月在美国召开的第二次年会选举张謇为名誉社员。按照章程，“凡于科学学问事业上著有特别成绩，经理事会之提出，得常年会到会社员过半数之选决者”，当选为中国科学社名誉社员。也就是说，名誉社员首先在学术上有特别成绩，张謇当选为特社员似乎违背了这一原则。张謇作为王朝时代的状元，“剑走偏锋”成为“实业救国”代表人物。实业之外，张謇也注重教育文化事业，创办学校、博物院、图书馆等，当然也是政治运动与政坛的风云人物，但在中国科学社所宣扬的“科学学问事业上”实在难说有特别成绩。有鉴于他对中国科学社赞助甚力，选举他为赞助社员“实至名归”，作为名誉社员自然“名不副实”。

1920 年 8 月在南京社所召开的第五次年会上，选举美国生物学家、韦斯特解剖学与生物学研究所所长格林曼[②]为名誉社员。格林曼作为世界闻名的生物研究机构掌舵人，不仅自己有特出的科研成就，而且对研究机构的发展影响甚大，创办有《形态学杂志》《比较神经科学杂志》《美国解剖学杂志》《实验动物学杂志》等专业期刊，极大地影响了世界生物学的发展。对于中国学者而言，格林曼是科学不分国界的“大公无我之精神”的体现者，研究所也弥漫着“唯知学术，不问其他”的“意味”：“凡学人入其中工作者，亦自忘其何国何籍焉”。格林曼一生的努力，“一以促进科学之发展，增加人类之幸福，一以弥漫科学之精神，扫除伪科学家之忌刻，及其种族国籍之隘见”。1937 年 4 月 17 日，格林曼去世后，秉志撰文悼念说，中国科学社成立后，他

① 值得注意的是，任鸿隽在《中国科学社社史简述》中说爱迪生也曾当选名誉社员，并在回答相关人员的问题时说：“选举爱迪生则在《科学》月刊出版后，曾得他的来信表示赞助本社发展科学的意思。他本来只居于赞助社员的地位，但因为他对于应用科学的贡献，故社中同人主张给他较高的荣誉，以作为本社工作的标志。”（见周桂发，杨家润，张剑编注《中国科学社档案资料整理与研究 · 书信选编》第 323 页）。可见，爱迪生对中国科学社仅有赞助作用，“居于赞助社员的地位”，但因其科学发明的成就被提升为“名誉社员”。虽然同属于非社员，名誉社员高于赞助社员。查遍相关中国科学社的各种记录（特别是年会会议记录，因名誉社员是年会选举通过的）和中国科学社出版的各种社员录，都没有找到爱迪生当选名誉社员的记载，任鸿隽的回忆可能存在偏差。

② 秉志译为“葛霖满”。

"热心属望其事业之展进，每遇吾国人士，辄表示其爱护希冀之热忱，嗣后凡遇吾国各种事业关于科学者，及科学家之各种企图，恒引以为可喜之事，科学社生物研究所之成立，至今十余年中，韦斯特所每尽力相助，盖以先生之热心故"。秉志最后总结说：

总而言之，先生一生即精诚博爱之精神所贯注，乃高尚纯洁、大公无私之科学家，民胞物与，一以学术为依归，其科学精神之真挚，世罕其匹。呜呼！先生以七十一岁逝世，虽已享古稀之年，成久远之伟绩，然凡知先生者，犹悲其不慭。而吾国科学人士，无论与先生习与不习者，乃失一最不易得之良友也！[19]

可见，中国科学社当年选举格林曼为名誉社员，可谓实至名归。

此后二十多年，中国科学社未再增选名誉社员，直到1943年7月，在重庆举行的第二十三次年会上，选举李约瑟为名誉社员。李约瑟作为英国政府派遣来华担任战时情报和宣传工作的科学家，其任务是"与中国学者和科学家交换观点，并向中国人解释英国以及英国的生活与文化"。[20] 1943年2月24日，李约瑟抵达昆明，访问西南联大、中央研究院和北平研究院多个研究所。3月21日，从昆明飞抵重庆，受到陪都各界热烈欢迎。此后，赴各地考察，迅速与众多一流中国科学家建立起良好的朋友关系。1943年4月25日，中国科学社召开内迁第二次理事会，提出选举李约瑟为名誉社员的议案，议决提交年会社员大会。① 当选后，李约瑟也曾积极参与中国科学社社务，出席1944年10月25日在湄潭举行的中国科学社湄潭分会年会，11月3日电贺在成都举行的中国科学社第二十四次年会暨中国科学社三十周年纪念会。

1915年10月通过的章程规定，"凡捐助本社经费在二百元以上或于他方面赞助本社"，经董事会提出，得年会到会社员过半数同意，得为赞助社员。后来，捐助经费提升为500元，其他条件与程序不变。1917年第二次年会选举伍廷芳、唐绍仪、范源廉、黄炎培为赞助社员；其后1919年杭州第四次年会选举黎元洪、徐世昌、傅增湘、熊克武、杨庶堪、赵凤昌、谢蘅牕、凌潜夫、王云五等9人；1920年南京第五次年会选举阎锡山；1921年北京第六次年会选举叶恭绰、梁启超、宋汉章、陈嘉庚；1922年南通年会选举张謇、熊希龄、严修、齐燮元、韩国均、王敬芳、许沅、吴毓麟；1923年杭州年会选举卢永祥、张载阳、严家炽；1924年南京年会选举袁希涛；1926年广州年会选举谭

---

①《理事会内迁后第2次会议记录》(1943年4月25日)，上海市档案馆藏档案，Q546-1-73-8；樊洪业主编《竺可桢全集》第8卷，第554页。

延闿、蒋介石、张静江、宋子文、陈陶遗、傅筱庵、江恒源、张乃燕、张乃骥、王岑等10人;1934年庐山年会选举杨森、刘湘、甘绩镛;①1947年上海第二十五次年会选举张群、何北衡、蒋梦麟、钱永铭。

这些人物的当选与召开年会的地点有极大的关系,大多数当选者都是当地的政界或社会名流。例如1923年在杭州召开年会,选举卢永祥督办、张载阳省长和严家炽厅长为赞助社员;1926年在广州召开年会,选举谭延闿、蒋介石、张静江、宋子文、陈陶遗、傅筱庵、江恒源、张乃燕、张乃骥、王岑为赞助社员,都与广州革命政府有极为密切的关系。这些人中不少确实对中国科学社的发展有大贡献。1924年南京年会选举袁希涛时,胡明复介绍说:"袁先生为当今教育界巨子,其事业道德为社员所共知,且袁先生对于本社极为热心,曾为本社募捐巨款。"②1934年庐山年会选举杨森、刘湘和甘典夔为赞助社员,因前两人各给生物研究所捐款一万元,甘捐款二千元。当然,有不少人不是通过捐助中国科学社款项而是"他方面赞助"当选赞助社员,值得指出的是,蒋梦麟、张乃燕、宋子文既是普通社员又是赞助社员,与章程规定不符。

这些赞助社员基本上都是当时中国社会呼风唤雨的人物,北洋政府的总统黎元洪、徐世昌,国务总理唐绍仪、熊希龄,总长范源廉、叶恭绰,省长韩国均、张载阳、杨庶堪,地方军阀阎锡山、卢永祥、齐燮元、熊克武、杨森、刘湘,教育界名流黄炎培、袁希涛、傅增湘、严修,金融界人士宋汉章、钱永铭,实业界人士张謇,新兴政权的领导人蒋介石、谭延闿、张静江、宋子文、张群,民国初年南北议和的幕后人物赵凤昌等,真可谓阵容强大。

赞助社员基本上是与科学没有多少关系的社会名流,特别是政治、教育与军事方面的人物,他们对中国科学社发展的影响更大程度上体现在经费资助与"政策倾斜"方面,在具体的社务发展上可能影响不大。特社员虽不少人在一定意义上也可以归结为赞助社员一类,他们对社务的发展可以说亦属于赞助层面,但他们多些学术色彩,而且作为社员对社务的发展影响也大于赞助社员,对社务的关心程度也较高。考虑到赞助社员主要是一些政坛名流,他们虽不参与社务活动,但与中国科学社牵扯在一起,可能给外界和学术界留下中国科学社与政治牵连太紧密的印象,这对一个学术

---

① 值得注意的是,1934年8月出版的《中国科学社社员分股名录》所载赞助社员共40人,与上述名单相比,有不少的出入,上述名单中到1934年共43人,陈嘉庚、凌潜夫、傅筱庵、张乃燕等4人没有出现在"名录"中,"名录"中姚永清不知何时当选。

②《中国科学社第九次年会及成立十周年纪念会记事》,上海市档案馆藏档案,Q546-1-228。

性社团来说,可能并非幸事。作为一个纯粹的学术社团,为了生存和发展,不得不与政治相勾连,从一个侧面说明,政治在中国社会的影响力,学术独立之路充满了荆棘。当然,更值得关注的是,有些社员是敌对的双方。北京政府是广州政府要推翻的对象,卢永祥、齐燮元等也是北伐军的敌人,他们与在政治上、军事上刀枪相见的蒋介石等新兴政权人物"和平共处"于中国科学社这样一个学术性组织,其标志性意义有继续挖掘的价值。

无论是特社员中的社会名流还是赞助社员群体这一"名流俱乐部",他们在中国社会无论是在经济、军事还是教育等多方面都具有巨大的影响力,可以处置和配置的社会资源十分庞大,中国科学社结交他们,正是看重了这一点。通过他们,中国科学社与社会各界关系网并网,扩大了中国科学社的社会网络,自然扩大了其社会影响,这样为中国科学社的发展提供了必要的社会资源。同时,这些社会名流也愿意充当以学术为名的社团"保护人",不仅可以为自己塑造一个支持学术研究的"良好"形象,以获得社会支持;而且中国科学社社员群体是一个巨大的资源宝库,可资利用的地方很多,例如人才与名义等。

当然,无可否认的是,特社员、赞助社员群体中的各式各样人物不可避免地将一些政坛、社会上的负面因素带进中国科学社,使中国科学社的纯学术社团面目在一定程度上有所模糊,对中国科学社的发展产生负面影响,因此 1949 年后中国科学社会被认为与政治关联太多。也许正是看到了这一点,当中国科学社 1928 年左右获得了相对比较稳固的经费基础以后,就基本上停止了这个名流俱乐部的扩展。1947 年再次扩展,也是面对当时经费难以为继,需要社外各种有力人物赞助的现实反应。与特社员、赞助社员相校,永久社员是中国科学社社务发展的骨干力量,其中大多数是著名科学家,他们将中国科学社的发展作为与自己有密切关系的事体。正是在这些社内科学家与社外赞助人物的共同努力下,中国科学社才得以蓬勃发展。

与赞助社员、特社员组成成员的"名流"性相比,1922 年改组新成立的董事会组成成员更具有这样的"名誉性"。

第四节　董事会(监事会)成员分析

这里的董事会是指 1922 年改组后新成立的名誉性的、主要向社会捐款的董事会，而非此前领导机构董事会。1922 年通过的新社章规定，董事会以董事九人组成，任期九年，每三年改选三分之一，“由司选委员就本社名誉社员、赞助社员、特社员、普通社员、永久社员中选定候选董事，提出常年会”，经年会到会社员过半数同意当选，可连选连任。设会长一人，基金监二人，由董事互选出之；书记一人，由董事会就在理事中“择任之”。其职责主要有：①代表中国科学社；②监督财政出纳、审定预算决算；③保管及处理社中各种基金及财产，每年须编制基金及财产一览表报告于年会；④报告募集基金及各种捐款。董事会每年至少开例会一次，遇有重要事件不及会议者，得用通信表决，理事会会长、书记列席董事会，“但无表决权”。此后章程多有修订，但相关董事会规定没有什么变化，设总干事后，总干事代替书记列席董事会。1944 年 11 月，按照国民政府社会部规定，修改社章将董事会改称监事会，其他一切不变。

纸面的社章规定，在实际的操作中很难亦步亦趋完全遵循。例如三年改选三分之一，基本上没有执行，往往是董事去世后选举入替者而已。董事会书记由董事就理事会中选择一人，往往是理事会自行确定。董事替代人选的确立，也不是司选委员负责，往往是理事会决议，年会通过即可。对于首次 9 人董事会成员的选举，任鸿隽《中国科学社社史简述》撰成后，有人曾专门问任鸿隽：“选出董事会和董事会成员事前如何联系？熊希龄、梁启超当时有什么表示？他们是否只是被动？”任鸿隽回答说：

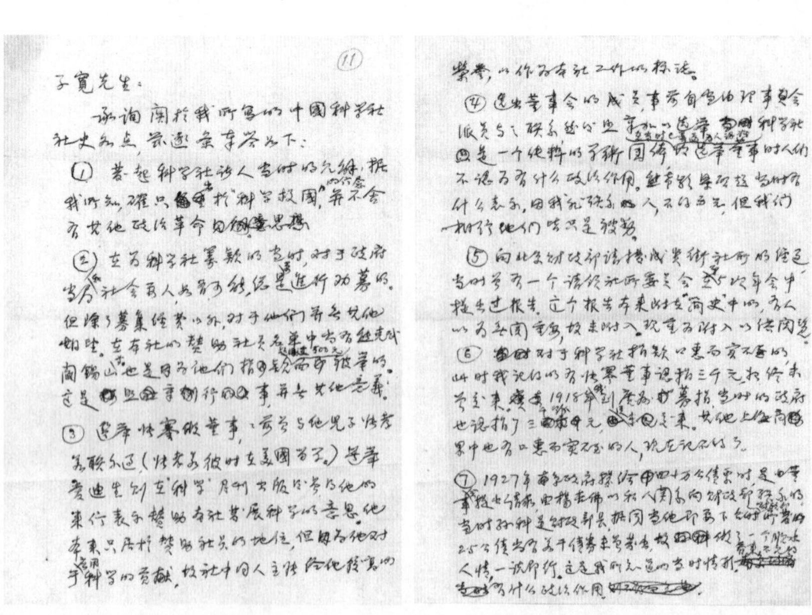
子宽先生：

承询关于我所写的中国科学社社史各点，兹逐条答如下：

① 发起科学社诸人当时的认识，据我所知，确只出于“科学救国”的信念，并不含有其他政治革命的思想。

图 16－6　任鸿隽就李子宽相关《中国科学社社史简述》中疑问回复信函

选出董事会的成员，事前自当由理事会派员与之联系，然后照章加以选举，科学社是一个纯粹的学术团体，在当时已普遍为人认识，故选举董事时人们不认为有什么政治作用。熊希龄、梁启超当时有什么表示，因我就〔是〕联系人，不得而知，但我们相信他们皆只是被动。[21]321-323

1922年冬天选举出张謇、马相伯、蔡元培、汪精卫、熊希龄、梁启超、严修、范源廉、胡敦复为第一届董事，他们主要由任鸿隽等理事亲自联系，而且这些人当选董事，"皆只是被动"，似乎自己没有多少选择权。但这9人名单是如何确定与选举的，不得而知。辛亥革命期间，任鸿隽与汪精卫交好。留美回国后，他南下北上，东奔西走为中国科学社募集基金，在广州时，汪精卫正在医院养病，"既彼此多暇，因得时时往见"。[22]抗战期间，任鸿隽诸事不顺，落选第二届参政会，辞去中央研究院总干事和化学所所长之职，昆明家又遭劫。1941年3月率家人飞香港并转往上海，竺可桢等人很为他担心，因"去沪寄人篱下"，且他与汪精卫"尚相得，不免有伪组织方面拉拢之"。[23]可见，汪精卫任董事当为任鸿隽联系。辛亥革命后，任鸿隽曾短期任职南京临时政府和北京政府，与蔡元培、熊希龄等交往，蔡元培、熊希龄、梁启超也为任鸿隽联络。1920年，任鸿隽就任北京大学化学系教授，受教育总长范源廉之邀，兼任专门教育司长。范源廉与严修关系密切，范源廉、严修也可能是任鸿隽联系的。其他人马相伯、张謇具体是谁联系，不得而知。胡敦复因与胡明复是亲兄弟，他在其中可能起到枢纽作用。9位董事可谓汇集了当日各派力量，不仅有北京政府政教人物、南方革命政权代表，也有学界和实业界翘楚，在在证明了中国科学社在当时的社会影响及任鸿隽、胡明复、杨铨等人的力量。下为各位董事简历及与中国科学社关系（以出生年龄为序）。

马相伯（1840—1939）：名良，字相伯，江苏丹徒人，天主教徒，著名教育家。震旦学院首任监院，复旦大学创始人，耶稣会神学博士。因坚决主张抗日，被誉为"爱国老人"。1922年南通年会当选特社员，同年入社。

张謇（1853—1926）：字季直，江苏南通人。慈禧六十寿辰恩科状元，曾任民国政府实业总长等职。以政治势力推展实业，先后创建大生纱厂等20多家企业，并以实业推展教育文化事业，创办通州师范学校、通州博物院等。1917年第二次年会当选首位名誉社员，对中国科学社社务发展有重要贡献。

严修（1860—1929）：字范孙，天津人，晚清翰林，著名教育家。曾任贵州学政、学部侍郎等，积极推进新式教育，被尊为"南开之父"。1922年南通年会当选赞助社员。

蔡元培(1868—1940):字孑民,浙江绍兴人,著名教育家。晚清翰林,辛亥革命元勋,历任民国政府首任教育总长、北京大学校长、中央研究院院长等。1917 年 3 月入社,同年当选首位特社员,对中国科学社发展助力甚大。

熊希龄(1870—1937):字秉三,湖南凤凰人,曾任北京政府财政总长、内阁总理等职。政坛失意后,转向慈善和教育事业。1922 年南通年会当选赞助社员。

梁启超(1873—1929):字卓如,号任公,广东新会人,著名思想家、政治活动家、史学家和文学家。先后策划参与戊戌维新、辛亥革命、护国运动等,曾任北京政府司法总长、财政总长。退出政坛后,专意史学研究。著述超过一千四百万言,影响了一代又一代中国人。1921 年北京年会当选赞助社员。

范源廉(1876—1927):字静生,湖南湘乡人,著名教育家。历任北京政府教育总长、中基会干事长、北京师范大学校长等。为纪念他对科学教育事业的贡献,中基会在北京专门设立了静生生物调查所,是民国最为重要的科研机构之一。1917 年年会当选赞助社员。

汪精卫(1883—1944):浙江山阴(今属绍兴)人,后以大汉奸名世。对中国科学社社务在广州的开展有大贡献。1921 年北京年会当选特社员,1922 年入社。

胡敦复(1886—1978):江苏无锡人,著名教育家与数学活动家。曾任清华学堂首任教务长、中国数学会首届会长,在上海创办私立大同大学,并长期担任校长。1917 年 8 月入社,1920 年南京年会当选特社员,对中国科学社发展大有助力。

1922 年当选时,年龄最大的马相伯已经 82 岁,年龄最小的胡敦复仅 36 岁,相差 46 岁,可能有“代沟”,但他们在致力于中国科学发展方面却有共通的一面。马相伯、蔡元培、汪精卫、胡敦复 4 人是社员,还先后当选特社员;张謇是名誉社员,严修、熊希龄、梁启超和范源廉是赞助社员,都有候选董事资格。从籍贯看,江苏三人、浙江和湖南各两人,广东、天津各一人,地域性与整个中国科学社群体并没有多大的差异性。这些人中,对中国科学社发展有重大贡献的,除蔡元培外(本书第十八章将专门分析),还有张謇和胡敦复。当然,任鸿隽也回忆说张謇认捐的三千元基金“始终未曾交来”。其实,任鸿隽 1918 年在广州的募捐,当时政府认捐的三千元也未兑现,上海工商界有更多“口惠而实不至”。[21]323

9 位董事虽然照章选定,但董事会似乎并没有运行起来。1923 年 3 月原董事会会议中,还讨论新举董事如严修、熊希龄、蔡元培、梁启超诸人,社长“任君或已见及,或未见及，俱请其于筹募捐事，与董事会组织极力进行”。① 同年11月9日，任鸿隽致函杨铨说：

图16-7　对中国科学社发展影响甚大的董事张謇

致各董事缄已分致（季直、孑民两先生缄系寄去）。会长人物敦复主张就汪、马两人中择一，因季老不甚热心，有事颇难望其出力，弟亦极以为然。好在此事不关我等，让敦复前往组织可矣。在君处弟去缄虽略言及董事会长以不带研究色彩者为宜，免致外间误会，却未言及他。弟意前信发后，各董事应有复信，若复信中能举出会长、监察员，即不必再发选举票，姑稍待之如何？由弟处转交之各董事信，皆将本届董事名增入。[24]

可见，胡敦复是董事会核心人物。他身处上海，与任鸿隽、杨铨、胡明复、周仁等理事会成员时相过从，因此也比较熟悉，凡事可以商量。虽然张謇对中国科学社赞助贡献绝大，但因其“不甚热心”，中国科学社有事时可能指望不上，胡敦复建议会长在汪精卫、马相伯两人中选择一个。任鸿隽以为，董事会会长和两位基金监由胡敦复和董事们选举，如果董事们回信时已自行选举人选了，就不用再次发送选票了。信中言及任鸿隽致函时任社长丁文江，说董事会会长以不带研究色彩者为宜，“免致外间误会”。说明中国科学社员虽邀集了不少政界人物担任董事，但还是非常在意社会舆论，不愿卷入党派战争之中，不想董事会给人留下由名声不佳的以梁启超为核心的“研究系”把控的印象。

但董事会的组成似乎一直存在问题，1924年1月出版的《科学》第1期，仅公布了董事会名单，没有会长与基金监名字。第2期也仅增加了任鸿隽为书记。此后一直保持着这种状态。从后来的实际情况看，董事会会长（亦称董事长）由蔡元培担任。1926年8月24日，张謇病逝。当年8月27日在广州召开的年会上，于30日选举孟森继任。孟森（1869—1937），字心史，江苏常州人，曾留日专攻法学，是以明清史研究闻名的一代史学大家，著有《明史讲义》《清史讲义》《心史丛刊》《明清史论

---

①《董事会1923年3月会议记录》，上海市档案馆藏档案，Q546-1-87-12。

著》等书,其《满洲名义考》《清初三大疑案考实》《八旗制度考实》、《科场案》等专题文章,对明清史研究有重大影响。他如何继承张謇当选为董事,不得而知。立宪运动期间他与张謇共出入,被视为张謇幕僚。民国成立后,曾当选国会参议员,任进步党干事,反对国民党,但主张责任内阁,与宋教仁观点一致。后弃政从学,1925年与其子孟心如创办《兴业杂志》,报道国内外工商情况,发表技术调查报告。参加了1926年的广州年会,演讲《废除不平等条约》。当选董事后,才入社成为社员。

1927年12月23日,范源廉病逝。1928年2月16日,理事会推举孙科为董事,请年会追认,但1928年苏州年会没有相关记载。无论如何,孙科由此成为董事。1926年广州年会时,时任广州市市长的孙科为年会的召开贡献甚大,不仅是年会筹备委员、会程委员,还是开幕式主席,主持在市政厅召开的社会调查讨论。更为重要的是,中国科学社40万元二五国库券的获得与孙科密切相关。任鸿隽回忆:

1927年南京政府拨给四十万公债票时,是由董事会提出请求,由杨杏佛以私人关系向财政部联系的。当时孙科是财政部长,据闻当他即要下台时,财政部所发的2.5公债尚有若干债券未曾发出,故做了一个顺水人情,一说即行。[21]323

如此说来,孙科是拿国家之钱财慷个人之慨,获得了好名声,有"徇私舞弊"的嫌疑。其实40万元的国库券不是那么容易就能"顺水人情"的,孙科有许多可以"顺水人情"的地方与方面,何故就单单看重了中国科学社?任鸿隽的回忆有其特殊的背景,中国科学社当时正承受与国民政府及孙科等"战犯"联系紧密的罪名。当选董事的孙科,后来在明复图书馆的建造上也曾在经费上予以赞助。应该说,相较范源廉、严修、熊希龄等董事,孙科对中国科学社发展贡献甚大。

1929年1月19日,梁启超去世。2月17日,理事大会议决推吴稚晖入替。3月14日,严修去世。6月19日,董理事会联席会议议决请宋汉章为董事。当年北京年会,追认两人为董事。吴稚晖(1865—1953),名敬恒,江苏阳湖(今属常州)人,被誉为"民国怪人"。热心政治的无政府主义者,国民党元老,与张静江、蔡元培、李石曾并称"民国四老",共同支持"四一二"政变。蒋梦麟称其为中国学术界一颗光芒四射的彗星,胡适赞誉他是中国近三百年来四大反理学思想家之一。1923年科玄论战中发表《一个新信仰的宇宙观及人生观》,介入论战,站队科学,反对玄学。1948年当选中央研究院首届院士。他一生淡泊名利,与各帮各派都有联系,周旋于官场之间,化解了不少的纠纷(如蔡元培与蒋介石之间矛盾),当然也有无能为力的时候与事情,自然也制造了不少矛盾与纠纷。他于1927年入社。

宋汉章(1872—1968),名鲁,浙江余姚人,金融泰斗。历任大清银行上海分行经理,中国银行上海分行经理、总经理、董事长,上海银行公会首届会长,上海总商会会长等,并曾兼任南京国民政府公债委员、银行币制委员等。1928 年 3 月,理事大会议决成立基金保管委员会,推举董事蔡元培,银行家宋汉章、徐新六为保管委员。① 宋汉章加入董事会后,董事会终于有了一个懂得理财的董事,他与蔡元培合组基金监,使董事会"监督财政""保管及处理社中各种基金及财产"落到实处。1934 年底,宋汉章以"年迈体弱不胜繁剧",致函中国科学社辞职。理事会议决:

宋先生热心社务数年如一日,本社基金因得年有增加。先生年高体弱,同人具有同情,惟对于先生之德望及向来一番热心,实有依依不舍之情绪,故拟请基金保管委员会蔡孑民先生婉商宋先生留任,并转商徐委员新六先生分任保管事务。[25]

但宋汉章辞意甚坚,1935 年 1 月 12 日,中国科学社召开董理事会联席会议,宋汉章办理相关移交事宜。主席蔡元培代表中国科学社对宋汉章保管基金之"苦心而善于运用"表示感谢。宋汉章答谢说:

本人承本社董事会之委托,保管基金,责任异常重大,六年以来幸免陨越,惟近来两耳失聪,绝少应酬,对于金融界之消息因此隔膜,与其贻误于后,曷若在此时移请别位管理,以后力所能及,仍当随时辅助也。[26]

宋汉章辞职后,董事会选举胡敦复继任基金监,并聘请金融专家竹垚生加入,这样基金保管委员会由蔡元培、胡敦复和徐新六、竹垚生组成,所有一切财产凭证及收支账目,都交由徐新六和竹垚生共同管理。1938 年 8 月,徐新六空难去世,理事会曾讨论是否选举继任人选,任鸿隽曾提及竹垚生"声誉德望均为同人所钦仰,且系熟手",不再聘请继任人选,但需报请蔡元培同意。[27] 显然,蔡元培对于任鸿隽的提议并未接受,转聘请银行家徐寄庼继任。[28] 1940 年 3 月 5 日,蔡元培去世,基金监仅剩下胡敦复一人。1941 年 3 月,董事会再次选举宋汉章为基金监,但他以"年老重听且寄寓异邦,来函辞去基金监之职",以金叔初递补。当然,中国科学社基金面临通货膨胀,无论银行家们有如何的通天本事,也不能挽回其成为"一堆废纸"的命运。

可见,抗战全面爆发前,中国科学社董事会成员的更替,由执掌社务大权的理事会主导,完全违反了章程规定。为什么出现这样的反民主操作,不得而知。但这操作

---

①《理事会第 65 次会议(理事大会)记录》(1928 年 3 月 17 日),上海市档案馆藏档案,Q546-1-64-10。

自然有一定的后遗症。中国科学社早期领导之一、1918年曾当选董事的中国心理学奠基人之一唐钺,1924年致函理事会,要求辞去司选委员会职务,其中理由之一为"近来司选委员会已失独立资格"。① 设立独立的司选委员会选举董事、理事,是一个学术社团民主运行的基本保证和应有之义,但中国科学社并没有遵循自己制订的这一规定,纸面规定与实际运作差距之大可想而知。

抗战全面爆发后,中国科学社董事会也连遭不幸。1937年12月13日,孟森在北平协和医院去世。同年同月25日,熊希龄在香港去世。1938年12月,汪精卫叛逃。1939年11月4日,马相伯病逝于越南谅山。1940年3月5日,蔡元培命归香江。未能正常运转的中国科学社自然也不能及时选举递补董事,1939年2月出版的《科学》第23卷第2期,刊印董事会由马相伯、蔡元培、汪精卫、吴稚晖、宋汉章、孙科、胡敦复和书记任鸿隽组成,已缺两位董事。对于已叛逃的汪精卫没有任何意见,理事会会议也没有讨论。此后《科学》不再登载中国科学社董事会、理事会、社友会等相关组织机构名录,因此汪精卫名字也不再出现在《科学》上,似乎是对汪精卫叛逃的一种反应。

经过全面抗战初期的慌乱与忙乱,到1940年,学术界基本安定下来。1940年3月27日,理事会议决第二十二次年会在昆明召开,以接续1936年在北京召开的第二十一次年会。② 按照章程,董事需要司选委员提出候选人在年会大会选举,而不是由理事会选决。这次董事会替补,突破前此由理事会议决,年会表决的成例,完全按照章程办理。5月20日,司选委员董时进、伍献文、袁翰青发出董事选举"通告",其中称:

查本社董事会董事熊希龄、孟森、马相伯、蔡元培四位先生先后去世,遗额亟待补推。兹依据本社总章……规定,敬拟范锐(旭东)、金绍基(叔初)、叶揆初、卢作孚四位先生为本社候选董事。倘社员中欲提出候选董事者,务希依照社章……规定,由二十人之连署,于本年七月二十日以前,将名单函送四川北碚惠宇伍献文收转本委员会,以便依照社章……规定,合并提出常年会选举……[29]

这应是司选委员会第一次行使他们在董事选举方面的权力,而且社员们也着实按照章程行使了自己的权力,推举了自己心目中董事候选人。任鸿隽、梅贻琦、熊庆

① 《理事会第12次会议记录》(1924年2月15日),上海市档案馆藏档案,Q546-1-63-63。

② 《竺可桢日记》记载本次理事会还推宋子文、金叔初、范旭东、叶揆初4人为董事,以继熊希龄、蔡元培、马相伯、孟森等4人。与实际情况有出入。

来、卢于道、吕炯、陈世骧、李书华、沙玉彦、尹赞勋、严济慈、钱崇澍、殷源之、杨钟健、裴鉴、王家楫、何尚平、孙宗彭、叶企孙、张宗汉、陈衡哲、秦大钧等 21 人连署，推举翁文灏、马君武、胡适为候选人。因马君武于当年 8 月 1 日去世，董事正式候选人为范旭东、金叔初、叶揆初、卢作孚、翁文灏、胡适 6 人。[30] 9 月在昆明举行的年会上，经社员大会推举，叶揆初、金叔初、卢作孚和翁文灏当选。司选委员会提出的范旭东落选，社员推举的翁文灏当选。对于汪精卫的董事一职，无论是理事会还是年会，都没有做出明确说明。但此后，任鸿隽作为董事会书记进入董事会，保持了董事 9 人额度，无形中宣告汪精卫出局。新董事会选举，翁文灏当选董事长，胡敦复、宋汉章当选基金监，宋汉章辞职，以金叔初递补。[31]

叶揆初（1874—1949），名景葵，以字行，浙江杭州人，晚清进士，金融界元老，著名藏书家。任职大清银行监督期间，提携宋汉章。任浙江兴业银行董事长期间，引进徐新六、徐寄庼。后专事搜集文献，抗战期间，与张元济等创办合众图书馆等。叶揆初当选董事时，留居上海，后也曾参加中国科学社董理事会联席会议。此时选举他担任董事，不知是否与金融投资有关。值得指出的是，叶揆初既不是社员，也没有当选过其他名号的社员，司选委员会以他为候选人并最终当选，不符合章程规定。金叔初于 1925 年参加中国科学社，1936 年捐赠平生所搜罗价值不菲的贝壳学图书给中国科学社，成为明复图书馆镇馆之宝。此时推举他为董事，是否为酬谢也未可知。卢作孚（1893—1952），四川合川（今属重庆）人，中国航运业先驱，民生轮船公司创始人，致力于北碚地方自治建设，成绩斐然。创办西部科学院期间与中国科学社联系颇多，对 1933 年中国科学社在重庆召开年会贡献甚大，抗战期间为生物研究所在北碚开展工作更提供了诸多方便与帮助，是 1943 年 7 月在北碚召开的第二十三次年会委员长。此时当选董事，既是对他此前贡献的认定，也与中国科学社需要继续借重他在政府与大后方的社会网络和力量有关。翁文灏于 1925 年接替丁文江担任中国科学社社长，于 1936 年再次当选社长，直到此时被选入董事会，并被选举为董事长，是中国科学社最为重要的领导人之一。他是民国时期学者从政的典型，此时正担当着多种重任诸如资源委员会主任、经济部部长等，是蒋介石最为倚重的技术官僚。此时的翁文灏可谓事务缠身，让他继续担负需要具体主持社务的社长可能已勉为其难，因此将他选入名誉性的董事会，由任鸿隽接替他担任社长，可能更有利于中国科学社社务的展开。

此后，董事会似乎进入相对稳定时期，1943、1944 年两次年会都没有更动，成员 9

人分别为会长翁文灏、书记任鸿隽、基金监胡敦复和金叔初、宋汉章、孙科、吴稚晖、叶揆初、卢作孚。需要指出的是,任鸿隽是理事会会长,并非董事会董事,人数不符合章程规定,造成这样的主要原因可能是汪精卫。1944 年改称监事会后,人员也没有变动。直到 1945 年 3 月,理事会议决监事会中胡敦复、叶揆初、金叔初需改选,似乎完全符合社章规定,三年改选三分之一。但按诸章程,任期九年,叶揆初、金叔初都远未到期,倒是宋汉章、孙科、吴稚晖三人已"超期服役"。理事会提出改选三人名单依据为何不得而知。① 理事会提出了候选人宋子文、范旭东、钱永铭和刘鸿生。宋子文很快就被取消候选人资格。② 1946 年 2 月 24 日,第 154 次理事会又提出胡敦复、金叔初、叶揆初任满,候选人除他们三人外,另推钱新元、刘鸿生。③ 也就是说,将近一年之久,监事会更替没有完成,理事会所提候选人也发生了变化。1945—1946 年两年年会都未召开,按照章程规定,监事会不能更替。但从 1946 年 2 月出版的《科学》第 28 卷第 2 期公布的监事会名单可知,胡敦复、叶揆初两人被替换,钱永铭、刘鸿生两人当选,金叔初仍是基金监。年会未召开,监事被改选,监事改选又进入此前由理事会决定的程序,完全与章程不符。更让人不能理解的是,叶揆初已不是监事,1947 年 12 月理事会却决议将科学图书仪器公司捐助中国科学社的 2 亿元"托中基金或叶揆初董事管理,生息充经常费"。[32]

新任监事钱永铭(1885—1958),字新之,浙江吴兴人,银行家。曾任上海银行公会会长、国民政府财政部次长、浙江省财政厅厅长、中法工商银行中方董事长、国民参政会参政员等。时任交通银行董事长兼金城银行董事长。刘鸿生(1888—1956),浙江定海人,被誉为"火柴大王"。曾先后创办中华码头公司、章华毛纺织厂、大中华火柴股份有限公司、华丰搪瓷厂、上海水泥厂等。抗战军兴后,内迁大后方,先后创办中国火柴原料厂、中国毛纺织厂等。战后曾任善后救济总署执行长兼上海分署署长。中国科学社选举他们为监事,主要是想借重他们的物力与财力,以维持社务。

1948 年 10 月,中国科学社在北平、南京、成都、广州、武汉等地召开联合年会。

---

① 更选三人在抗战期间都留居上海,身陷沦陷区。太平洋战争爆发后,胡敦复为维持大同大学的生存,曾与汪伪政权周旋,曾名列汪伪"上海教育委员会"委员。战后以有附伪嫌疑,大同大学校长职务被剥夺,1942 年当选的教育部部聘教授资格也被取消(当时他与滞留上海的秉志同时当选部聘教授,是 30 人中身处沦陷区仅有的两位,名单未公布)。中国科学社此时提出改选他们三人,可能与他们滞留沦陷区有关。

②《理事会内迁后第 10 次会议记录》(1945 年 3 月 11 日),上海市档案馆藏档案,Q546-1-73-25。

③《理事会第 154 次会议记录》(1946 年 2 月 24 日),上海市档案馆藏档案,Q546-1-66-142。

不知出于何种考虑，中国科学社决定重选全体监事，并经司选委员会（伍献文、丁绪宝、张孟闻三人组成）和社员连署，提出了13人的候选名单：翁文灏、任鸿隽、钱永铭、宋汉章、孙科、吴稚晖、金叔初、卢作孚、刘鸿生（以上现任）、侯德榜、徐学禹、葛敬中、吴蕴初。更为重要的是，此次监事选举与理事选举一样，由社员投票，年会社务大会公布选举结果。[33]选举结果：

当选监事：任鸿隽78票、翁文灏68票、侯德榜68票、卢作孚67票、吴蕴初65票、钱永铭61票、吴稚晖54票、刘鸿生45票、葛敬中43票。

候补监事：孙科33票、徐学禹32票。①

突然出现候补监事（理事会也有候补理事），这可能是面对日益不堪的政局所造成的人员流动的不可预测性，所采取的补救性与临时性措施。因为监事或理事可能随时"消失"，若没有候补人选，会议与决议时人数不够，可能造成法理上的失据。翌年3月，鼎革之际，监事会有了选举结果：翁文灏当选监事长（任鸿隽虽得票最多，但他已当选理事长），钱永铭、吴蕴初当选基金监。[34]需要指出的是，任鸿隽作为社长当选董事，与章程不符。

宋汉章、孙科、金叔初落选董事，孙科变为候补，侯德榜、吴蕴初、葛敬中新任董事，徐学禹新任候补董事。侯德榜（1890—1974），字致本，福建侯官（今属福州）人，著名化工专家，以"侯氏制碱法"闻名于世。1948年以"制碱研究，著有《碱之制造》一书"，当选中央研究院首届院士。时任永利公司总经理及董事长。吴蕴初（1891—1953），江苏嘉定（今属上海）人，化工实业家，创办天字号化工企业天厨味精厂、天原电化厂、天盛陶器厂、天利氮气厂等。也曾创设中华工业化学研究所，设立清寒教育基金会等。葛敬中（1892—1980），浙江嘉兴人，蚕桑教育家、实业家。曾任中国合众蚕桑改良会监理、总技师，浙江大学蚕桑系主任、云南蚕业新村公司经理等，时任中国蚕丝公司总经理。徐学禹（1903—1984），浙江绍兴人，曾任国民政府交通部技正兼上海电话局局长、浙江省公路局局长、福建省政府委员兼建设厅厅长、上海市招商局总经理兼董事长等。他们当选监事，与中国科学社社务此时维持主要依靠他们所任职的企业或机构捐助有关。

1949年11月，理事会讨论社章修改时，议决取消监事会。虽然政权转换后，监事会基本处于停顿状态，但由此才从法理上真正进入历史的尘土之中。

---

①《理事会第177次会议记录》（1948年11月11日），上海市档案馆藏档案，Q546-1-68-35。

从1922年董事会成立，到1949年宣告取消，先后有张謇、马相伯、蔡元培、汪精卫、熊希龄、梁启超、严修、范源廉、胡敦复、孟森、孙科、吴稚晖、宋汉章、叶揆初、金叔初、卢作孚、翁文灏、钱永铭、刘鸿生、任鸿隽、侯德榜、吴蕴初、葛敬中、徐学禹等24人当选董事（监事、候补监事）。除任鸿隽、翁文灏两位中国科学社真正领导人之外，成员变化有一定的趋势，早期主要是政坛或教育界名流，中国科学社希望借助他们进行社会募捐以获得发展空间。后来主要以实业家和银行家人物为主，政治人物基本排除（孙科虽然一直在，但已降为候补），他们不仅可以直接为中国科学社的发展贡献财力与物力（如卢作孚、钱永铭、侯德榜、吴蕴初），而且也为中国科学社的基金生息助力不少（如宋汉章）。特别是战后中国科学社的发展面临绝境，主要依靠各位银行家与实业家的直接资助（主要是团体社员名义）才不断度过面临的道道难关。这似乎说明，随着形势的发展，中国科学社也日益认清政坛上呼风唤雨者的不可靠与政治的不可依赖，这不能不说是中国学术社团几十年发展历史的经验与教训，可惜未能为后继者所汲取。读史至此，不免踯躅徊惶。

更为重要的是，无论董事还是监事选举，大多数时候都未按照章程规定由司选委员会操作，而是由理事会自行议决，不仅程序上，而且实质上都违反了作为一个现代学术社团所应具有的特性与特质。“科学”从本质上是与民主、规则相辅相成的，非常可惜的是，以发展科学为职志的中国科学社却未能按“科学”办事，其造成的后果自然可以想见。

参考文献

[1] 中国科学社第八次年会职员报告//林丽成，章立言，张剑. 中国科学社档案资料整理与研究·发展历程史料. 上海：上海科学技术出版社，2015：137.

[2] 理事会第72次会议记录（1928年8月23日）. 科学，1928，13（5）：721.

[3] 陈孟勤. 中国生理学史. 2版. 北京：北京医科大学出版社，2001：291.

[4] 中国科学社社友录. 科学，1916，2（1）：136－141.

[5] 赵元任. 书记报告. 科学，1917，3（1）.

[6] 赵元任. 书记报告. 科学，1918，4（1）：76－77.

[7] 中国科学社第四次年会职员报告//林丽成，章立言，张剑. 中国科学社档案资料整理与研究·发展历程史料. 上海：上海科学技术出版社，2015：122.

[8] 夏鼐. 中央研究院第一届院士的分析. 观察，1948，5（14）：3－5.

[9] 外国人得为本社社员. 科学，1917，3（3）：393.

[10] 黄炎培. 一九一四年至一九一五年留美学生统计//陈学恂，等. 中国近代教育史资料汇编·留学教育：209－212.

[11] 董光璧. 中国近现代科学技术史. 长沙：湖南教育出版社，1997.

[12] 吴美霞. 中国天文学会简述. 中国科技史料,1989,10(3):66 - 79.
[13] 陈寅恪. 吾国学术之现状及清华之职责//金明馆丛稿二. 上海:上海古籍出版社,1982:317.
[14] 中国科学社成都社友会成立. 科学,1918,4(10):1033 - 1034.
[15] 苏云峰. 抗战前的清华大学(1928—1937). 台北:"中央研究院"近代史研究所,2000:14.
[16] 上海社友之盛会. 科学,1918,4(8):808.
[17] 永久社员. 科学,1918,4(10):1032.
[18] 孙承晟. 葛利普与北京博物学会. 自然科学史研究,2015(2):182 - 200.
[19] 秉志. 悼葛霖满先生. 科学,1937,21(8):605 - 610.
[20] 段异兵. 李约瑟赴华工作身份. 中国科技史料,2004(3):199 - 208.
[21] 周桂发,杨家润,张剑. 中国科学社档案资料整理与研究・书信选编. 上海:上海科学技术出版社,2015.
[22] 任鸿隽. 五十自述//樊洪业,张久春. 科学救国之梦——任鸿隽文存. 上海:上海科技教育出版社,2002:685.
[23] 樊洪业. 竺可桢全集・第8卷. 上海:上海科技教育出版社,2006:39,48.
[24] 任鸿隽1923年11月9日致杨杏佛函//中华人民共和国名誉主席宋庆龄陵园管理处. 啼痕——杨杏佛遗迹录. 上海:上海辞书出版社,2008:237.
[25] 理事会第121次会议(秋季理事大会)记录(1934年12月24日). 社友,1934,第44期:4.
[26] 董理事会联席会议记录(1935年1月12日). 社友,1935,第45期:2.
[27] 理事会第138次会议记录(1938年9月19日). 社友,1938,第62期:2.
[28] 本社基金保管委员推定. 社友,1938,第62期:4.
[29] 中国科学社司选委员会通告. 社友,1940,第67期:1.
[30] 第二十二届司选委员会通告. 社友,1940,第68期:1.
[31] 理事会第150次会议记录(1941年3月24日). 社友,1941,第71期:1.
[32] 理事会第169次会议记录(1947年12月19日). 社友,1947,第80期:2.
[33] 司选委员会通告第二号,卅七年全体监事及候选监事名单. 社友,1948,第87期:1 - 2.
[34] 理事会第179次会议记录(1949年3月8日). 社友,1949,第93期:7.

第十七章　传统与现代之间:理事会群体变迁

1946年6月12日,就当年度理事和监事选举,司选委员章元善致函另两位司选委员胡安定、伍献文说:

关于中国科学社本年度理监事选举一案,自经完成提名手续通函社员以来,适值本社复员总社移回上海,弟到申之日,即有若干社员以交通尚未恢复,为便于开会起见,提议追加提名,具书送请司选委员会核办云云。弟鉴于事实需要,接受上项提议仍候两先生共同决定。此项提议如承同意,拟请以委员会名义再发通知,将先后三次提名(弟名此次务请删去)合并提出。对已投票社员并将原票附回,另投新票。鄙见如斯,未识当否。上海一部社员之提名原件附奉审核……①

此前因中国科学社内迁,为求办事效率,理事会组成人员以在大后方社员为主。战后北大复员,在沪部分社员"鉴于总社现既复员于上海,则对常留总社所在地之理事应增加名额,俾于主持及推行社务盼收指臂之效",连署推举7名候选人。

理事会是中国科学社领导机构,其成员的选举与最终组成自然是中国科学社正常运转、健康发展的关键。领导群体在社团组织中扮演极为重要的角色,他们负责引导社团成员设立目标,并带领成员去实现这一目标。因此,他们的整体素质是社团组织发展的保证:前瞻能力决定了社团组织的发展方向,行政才能决定了社团组织实现目标的程度。社团组织领导层的正常更替对其发展极为关键,这不仅是社团组织民主化程度的表征,也是吸引年轻一代进入领导层、为组织发展储备人才以利于进一步发展的保证。同样,领导层的社会结构与社会网络对社团组织各项事业的开展与实施也相当重要。②

①《中国科学社153次理事会记录、公函及发文存稿、基金报告册、账目报告单》,上海市档案馆藏档案,Q546-1-197,第89-90页。

② 1922年改组前,中国科学社没有理事会,仅有董事会。改组后将原董事会改名为理事会,新成立董事会。这里为了不与1922年后之董事会相混淆,将1922年前的董事会也称为理事会,因为二者在性质上是完全一致的。

第一节　理事会成员变动

1915 年出版的《科学》第 1 卷第 1 期公布中国科学社理事会由会长任鸿隽、书记赵元任、会计秉志和胡明复、周仁组成。这是为发刊杂志而成立的股份公司时期的理事会，与一个真正学术性团体的理事会有区别。1915 年 10 月 25 日改组为纯学术团体，公布章程，规定理事会 7 人组成，任期 2 年，连选连任；由全体社员直选，司选委员负责选举并在年会上报告结果，每年 10 月 1 日交接。1916 年在美国举行的第一次年会选举产生了首届理事会，投票表决任鸿隽、胡明复、赵元任、秉志 4 人为两年理事，周仁、竺可桢、钱天鹤 3 人为一年理事，以后每年以 3 人、4 人间或换届。

翌年修改章程，议决理事会由 11 人组成。1918 年留任理事仅 3 人，新选理事 8 人，投票表决任鸿隽、胡明复、赵元任、唐钺、孙洪芬任期两年，其后每年以 5 人、6 人间选。1922 年第二次改组，理事会人数不变。1930 年度理事选举出现错漏，将在任理事胡刚复作为候选人，并最终当选。向年会报告选举结果的司选委员丁绪宝指出，自 1928 年以来理事会一直由 12 人组成，建议将胡刚复的选举票作废，恢复 11 人组成。丁绪宝的说法没有根据，理事会成员一直是 11 人。最终杨孝述提议，以次多数高君珊代替胡刚复，获得大家赞同。就是在这次年会上，鉴于社务日益发展，社员人数日增，周仁提议理事会人数从 11 人增加到 15 人（包括当然理事总干事），并按照修改章程的手续，提交下次年会议决。议案得到大多数与会社员的赞同通过。① 1931 年年会讨论通过周仁议案，选举何尚平、陈宗南、钱天鹤组成司选委员会。1932 年当选理事 9 人，抽签孙洪芬、竺可桢任期一年，其后每年改选 7 人。1933 年年会通过 1932 年 1 月理事会议决的社章修改案，规定理事会设常务理事 7 人，社长、总干事、会计为当然常务理事，其他 4 人由理事会互选之。当年 11 月秋季理事大会，选举任鸿隽为社长，周仁为会计，王琎、竺可桢、胡刚复、秉志为常务理事。② 此后，到 1936

---

①《中国科学社第十五次年会记事录》。像这种任期未满再次被作为候选人并当选的事例，一再出现。1932 年秉志任期未满当选，理事会援引 1930 年成例，以次多数胡先骕替补。

② 社长选举中任鸿隽以 3 票当选，其他丁文江、竺可桢、王琎、秉志各 2 票，周仁、李四光各 1 票。可见，社长选举竞争之激烈，这其实也在一定程度上表征了中国科学社在社长选举上存在的问题。这些人中只有秉志、李四光未担任过社长，而他们两人在学术成就上的造诣自然非任鸿隽所可比拟，但最终大家还是选择了对社务贡献大的任鸿隽。周仁以 10 票当选会计，似乎是众望所归。常务理事选举中，除王琎、竺可桢各得 10 票，其他人票数也相对比较分散。《理事会第 114 次会议（秋季理事大会）记录》（1933 年 11 月 8 日），《社友》第 36 期，第 4 页。

年,年年举行年会,理事会的换届选举亦正常进行,也没有多少变化。

抗战全面爆发后,年会不能如期举行,理事会的换届随之亦成问题。直到1940年9月,才在昆明召开第二十二次年会,前届理事任期已四五年了,但还是仅能按章更换7人,选举秉志、竺可桢、翁文灏、胡刚复、赵元任、刘咸、吴有训担任。次年3月24日召开理事会,选举任鸿隽为社长,周仁为会计,秉志、孙洪芬、竺可桢、刘咸为常务理事。此后,年会还是不能正常进行,到1943年7月才在重庆北碚举行第二十三次年会,选举任鸿隽、李四光、胡先骕、叶企孙、钱崇澍、严济慈、周仁、孙洪芬等8人为理事。① 当年年会曾讨论修改社章,理事会成员扩展一倍达到26人,加总干事共27人,但并未立即执行。翌年10月,在成都召开第二十四次年会及三十周年庆祝会,会上章程修改通过,并规定常务理事5人,理事长、总干事、会计为当然常务理事,其余两人由理事互选;理事任期也由原来的两年改为三年,每年改选三分之一,连选连任,但"以一次为限"。司选委员章元善、胡安定、伍献文向大会报告了选举结果:

同人等受命办理选举本社理事事宜,当于本年八月间发出选票约计六百份。截至今日(十月十九日)止共收到自各地寄回之选票共一百四十二张。即在中央研究院动物研究所开票,结果下列十三人得票最多当选为理事:

卢于道(113票)、顾毓琇(97票)、王家楫(94票)、萨本栋(93票)、茅以升(88票)、邹秉文(75票)、张洪元【沅】(74票)、沈宗瀚(73票)、蔡翘(73票)、郭任远(71票)、王琎(65票)、欧阳翥(64票)、李春星【昱】(63票)[1]

加上原有理事任鸿隽、杨孝述、钱崇澍、竺可桢、叶企孙、周仁、秉志、孙洪芬、刘咸、胡刚复、吴有训、胡先骕、李四光、严济慈等14人共27人组成新的理事会。社务会上还是选举章元善、胡安定和伍献文组成司选委员会。年底理事会选举任鸿隽为社长,钱崇澍为会计,卢于道为总干事,王家楫和李春昱为常务理事。②

1945年未能召开年会。1946年4月,司选委员会开始进行理事选举事宜,预示着

---

① 1943年年会社务会记录资料未能寻得,这里的新当选理事名单,是根据《科学》第27卷第1期(1944年1月出版)所公布的理事会名单减去1940年理事会组成成员而得(1943年3月出版的《科学》第26卷第1期公布的理事会组成,除翁文灏进入董事会外,与1940年年会选举后名单完全一致),共有8人之多。问题是,1940年当选的赵元任应该留任,但却没有。《竺可桢日记》记载说1943年新当选任鸿隽、李四光、胡先骕、曾昭抡、叶企孙、钱崇澍、严济慈,加上原有刘咸、胡刚复、孙洪芬、秉志、吴有训、竺可桢共得13人。他名单中有曾昭抡,缺少周仁,与《科学》记载相左。具体情况如何,需要进一步查证。

②《理事会内迁后第9次会议记录》(1944年12月25日),上海市档案馆藏档案,Q546-1-73-21。

当年将召开年会，因此就有本章开头章元善致胡安定、伍献文函。当时，上海社友宋梧生等 21 人联名推举曹惠群、裘维裕、汤彦颐、陈世璋、杨肇燫、黄伯樵、何尚平等 7 人为候选人。对于上海社友的推举，司选委员会表示赞同，并于 6 月 27 日发出"启事"称：

本年四月三十日为更选本年度本社理事发奉候选人名单并启事，但以复员关系，社员地址更动者多，致事隔二月，寄来之选票寥寥无几。是此情形，其结果恐不能代表全体社员。又前更选启事发出不久，上海社员宋梧生君等廿一人连署提出曹惠群君等七人为本届理事候选人。既总社复员于上海，增加上海社员为候选人之名额，于理至当，因此决定将前发之选举票作废，另发新选票。

①1946 年任满理事任鸿隽、钱崇澍、竺可桢、叶企孙、周仁、秉志、孙洪芬、刘咸、胡刚复、吴有训、胡先骕、李四光、严济慈等 13 人中，按照选举章程只能留任 4 人，另外在 31 位候选人中选举 9 人。候选人除上述 7 人外，还有丁燮林、尹赞勋、吴宪、吴学周、李俨、李振翩、姜立夫、涂长望、唐钺、孙镛、洪式闾、冯泽芳、张其昀、张昌绍、曾昭抡、黄汲清、赵元任、赵九章、郑衍芬、郑集、魏学仁、张孟闻、童第周、章元善等 24 人。但因战后复员等各种因素，当年中国科学社并未召开年会，当年理事更选事宜未能完成。直到翌年 8 月，才在上海召开第二十五次年会，理事会更替才完成。新当选理事曹惠群、丁燮林、曾昭抡、赵元任、裘维裕、黄伯樵、章元善、张其昀、吴学周、任鸿隽、竺可桢、秉志、胡刚复等 13 人，候补理事陈世璋、姜立夫、吴宪、钱崇澍、周仁。[2] 可见，上海社友最后连署 7 人中有 3 人当选理事，一人候补。当然，章元善信函中要求将他从候选人中"删去"的"谦逊"表达未能实现。他当选后还以"司选委员当选理事，声请避嫌辞职"，被理事会以"社章上并无司选委员不许当选理事之规定"，议决"应毋庸议"。[3]

理事会议决 1948 年 10 月在南京举行第二十六次年会，依据章程司选委员会伍献文、丁绪宝、张孟闻向社员发出通告，要求社员连署提出候选人（因改选 9 人，候选人为 27 人）。7 月，司选委员会再次发出通告，从严济慈、陆学善、黄汲清、袁翰青、庄智焕、庄长恭、沈璿、李珩、何文俊、陈立、陈省身、吴宪、周仁、钱崇澍、姜立夫、王天一、蔡叔厚、马荫良、钱临照、赵曾珏、刘咸、崔之兰、闵淑芬、张辅忠、袁丕烈、何尚平、卢鹤绂等 27 人中选举 9 人，从当年度任满理事顾毓琇、王家楫、萨本栋、茅以升、郭秉文、张洪沅、

---

①《中国科学社 153 次理事会记录、公函及发文存稿、基金报告册、账目报告单》，上海市档案馆藏档案，Q546－1－197，第 97 页。

沈宗瀚、蔡翘、郭任远、王琎、欧阳翥、李春昱、杨孝述等13人选出4人留任。[4]后来，卢于道、任鸿隽等20人又连署推举张孟闻、伍献文、丁绪宝为候选人。结果萨本栋、茅以升、王家楫、欧阳翥4人留任，严济慈、钱崇澍、袁翰青、刘咸、黄汲清、张孟闻、周仁、庄长恭、陈省身等9人新当选。另外，赵曾珏、何尚平、伍献文、杨孝述当选候补理事。[5]

政权转换后，理事会成员"东奔西跑"，自然是"溃不成军"。1950年1月出版的《科学》第32卷第1期，公布理事会名单仅有理事长任鸿隽、总干事卢于道、会计理事吴学周和曹惠群、张孟闻、杨孝述三位常务理事共6人，并宣称社章正在修改中，理事会有待改选。直到1952年5月，新理事会组成，秉志、任鸿隽、张孟闻、徐善祥、蔡无忌、刘咸、金通尹、陈世璋、王琎、何尚平、程孝刚、林伯遵、陈遵妫、吴蔚、吴沈钇、徐墨耕、蔡宾牟、程瀛章、王镇圭、徐韦曼、王恒守等21人为理事，杨树勋、陈世骧、张辅忠、潘德孚等4人为候补理事。6月，举秉志、任鸿隽、徐善祥、王恒守、陈世璋、蔡宾牟、金通尹、林伯遵、张孟闻等9人为常务理事，任鸿隽为理事长、林伯遵为书记、徐善祥为会计。1953年曾预备召开社员大会，进行理事更换，但全体社员仅200余人，几乎失去了学术社团的功能。中国科学社在新政权下的继续维持，主要就是依靠这些理事的苦心苦力。

1916—1952年中国科学社历届理事会成员更替具体情况见表17-1，时间虽然有37年之多，但仅有27次选举。理事会成员由最初的7人，中经11人、15人，最终变成了27人(1947—1948年两年选举候补理事，使理事会成员达到32人，1952年共25人，这些变更都未载诸章程)，仅从人数增加而言，变动非常大。

表17-1　中国科学社理事会成员变迁情况

年份	理事会成员	
	当　选	留　任
1916	任鸿隽、胡明复、赵元任、秉志、周仁、竺可桢、钱天鹤	
1917	周仁、竺可桢、邹秉文	任鸿隽、胡明复、赵元任、秉志
1918	任鸿隽、胡明复、赵元任、唐钺、孙洪芬、孙昌克、过探先、钱天鹤	周仁、竺可桢、邹秉文
1919	邹秉文、杨铨、裘维裕、金邦正、李仪祉、李垕身	任鸿隽、胡明复、赵元任、唐钺、孙洪芬
1920	任鸿隽、胡明复、赵元任、孙洪芬、郑宗海①	邹秉文、杨铨、裘维裕、金邦正、李仪祉、李垕身
1921	胡刚复、杨铨、金邦正、王琎、张准、王伯秋	任鸿隽、胡明复、赵元任、孙洪芬、杨孝述

（续表）

年份	理事会成员	
	当　选	留　任
1922	任鸿隽、胡明复、孙洪芬、丁文江、秉志	胡刚复、杨铨、金邦正、王琎、张准、王伯秋
1923	秦汾、胡刚复、杨铨、赵元任、王琎、竺可桢	任鸿隽、胡明复、孙洪芬、丁文江、秉志
1924	任鸿隽、胡明复、丁文江、秉志、胡先骕	秦汾、胡刚复、杨铨、赵元任、王琎、竺可桢
1925	杨铨、赵元任、王琎、竺可桢、翁文灏、过探先	任鸿隽、胡明复、丁文江、秉志、胡先骕
1926	任鸿隽、胡明复、丁文江、秉志、周仁	杨铨、赵元任、王琎、竺可桢、翁文灏、过探先
1927	杨铨、赵元任、竺可桢、翁文灏、过探先、胡刚复、王琎[2]	任鸿隽、胡明复、丁文江、秉志、周仁
1928	任鸿隽、秉志、周仁、王琎、叶企孙	杨铨、赵元任、竺可桢、翁文灏、过探先、胡刚复
1929	杨铨、赵元任、竺可桢、翁文灏、胡先骕、胡刚复	任鸿隽、秉志、周仁、王琎、叶企孙
1930	任鸿隽、周仁、王琎、高君珊、钱宝琮	杨铨、赵元任、竺可桢、翁文灏、胡先骕、胡刚复
1931	杨铨、赵元任、秉志、翁文灏、胡刚复、杨孝述	任鸿隽、周仁、王琎、高君珊、钱宝琮
1932	任鸿隽、胡先骕、周仁、王琎、丁文江、胡庶华、李仪祉、竺可桢、孙洪芬	杨铨、赵元任、秉志、翁文灏、胡刚复、杨孝述
1933	赵元任、竺可桢[3]、翁文灏、胡刚复、孙洪芬、秉志、李四光	杨孝述、周仁、王琎、丁文江、任鸿隽、胡先骕、胡庶华、李仪祉
1934	任鸿隽、胡先骕、王琎、周仁、伍连德、李仪祉、丁绪宝	杨孝述、赵元任、竺可桢、翁文灏、胡刚复、孙洪芬、秉志、李四光
1935	秉志、翁文灏、胡刚复、竺可桢、马君武、赵元任、胡适	杨孝述、任鸿隽、胡先骕、王琎、周仁、伍连德、李仪祉、丁绪宝
1936	任鸿隽、胡先骕、王琎、周仁、李四光、孙洪芬、严济慈	杨孝述、秉志、翁文灏、胡刚复、竺可桢、马君武、赵元任、胡适
1940	秉志、竺可桢、翁文灏[4]、胡刚复、赵元任、刘咸、吴有训	杨孝述、任鸿隽、胡先骕、王琎、周仁、李四光、孙洪芬、严济慈
1943	任鸿隽、李四光、胡先骕、叶企孙、钱崇澍、严济慈、周仁、孙洪芬	杨孝述（卢于道代）、秉志、竺可桢、胡刚复、刘咸、吴有训
1944	卢于道、顾毓琇、王家楫、萨本栋、茅以升、邹秉文、张洪沅、沈宗瀚、蔡翘、郭任远、王琎、欧阳翥、李春昱	任鸿隽、杨孝述（总干事由卢于道代）、钱崇澍、竺可桢、叶企孙、周仁、秉志、孙洪芬、刘咸、胡刚复、吴有训、胡先骕、李四光、严济慈

（续表）

年份	理事会成员	
	当　选	留　任
1947	理事：曹惠群、丁燮林、曾昭抡、赵元任、裘维裕、黄伯樵、章元善、张其昀、吴学周、任鸿隽、竺可桢、秉志、胡刚复 候补理事：陈世璋、姜立夫、吴宪、钱崇澍、周仁	卢于道、顾毓琇、王家楫、萨本栋、茅以升、邹秉文、张洪沅、沈宗瀚、蔡翘、郭任远、王琎、欧阳翥、李春昱
1948	理事：萨本栋、茅以升、王家楫、欧阳翥、严济慈、钱崇澍、袁翰青、刘咸、黄汲清、张孟闻、周仁、庄长恭、陈省身 候补理事：赵曾珏、何尚平、伍献文、杨孝述	曹惠群、丁燮林、曾昭抡、赵元任、裘维裕、黄伯樵、章元善、张其昀、吴学周、任鸿隽、竺可桢、秉志、胡刚复、卢于道
1952	理事：秉志、任鸿隽、张孟闻、徐善祥、蔡无忌、刘咸、金通尹、陈世璋、王琎、何尚平、程孝刚、林伯遵、陈遵妫、吴蔚、吴沈钇、徐墨耕、蔡宾牟、程瀛章、王镇圭、徐韦曼、王恒守 候补理事：杨树勋、陈世骧、张辅忠、潘德孚	

注：① 很快为杨孝述所代替。
② 代替去世的胡明复为任期 1 年理事。
③ 下画线者为常务理事。
④ 1940 年年会上翁文灏同时当选董事与理事，进入董事会并当选会长，由此理事会仅有 14 人。

第一届理事中竺可桢和钱天鹤不是发起人，他们的当选是积极参与社务活动的结果。9 位发起人中过探先、章元善、金邦正已经回国，留在康奈尔大学的 6 人中，《科学》编辑部长杨铨没有当选。第二届邹秉文代替钱天鹤，仅变化一人。第三届理事增为 11 人，前两届当选的 8 人中秉志落选，新增 4 人：唐钺、孙洪芬、孙昌克和过探先。1919 年在杭州召开的第四次年会，是在国内召开的首次年会，为扩大社会影响，吸收新的成员进入领导层，新当选的杨铨、裘维裕、金邦正、李仪祉、李垕身都是从未当选过的"新人"。这届理事会组成，发起人仅有任鸿隽、胡明复、赵元任与杨铨，李仪祉是第一个非留美学生理事，他当时就职于南京河海工程专门学校。

1920 年郑宗海加盟，是第一个非科学技术理事，但很快辞去。1921 年王琎、胡刚复、张准、王伯秋新当选，他们都是南京高等师范学校教师，王伯秋是第二个社会科学出身的理事。1922 年丁文江成为新生力量，他是国内地质学界的领袖人物、学界名流，是第二个非留美出身理事。1923 年秦汾成为理事会新成员，他是当时数学界的领军人物之一，后弃学从政。1924 年胡先骕成为新理事，此前他已就任中国科学社生物研究所植物部主任。1925 年翁文灏加盟，他是地质学界的权威，留学比利时。1926—1927 年没有新面孔出现，1928 年叶企孙成为新鲜血液。1929 年没有新人物出现，1930 年高君珊、钱宝琮新当选，高君珊在中国科学社设立了很有影响的高女士纪念奖金，教育学出身，是两位女性理事之一。1931 年杨孝述真正当选，此时他已经是中国科学社的总管——总干事。1932 年理事会扩大到 15 人，但仅增添了一位新人胡庶华，时任同济大学校长，旋任湖南大学校长。1933 年增添李四光，1934 年来了丁绪宝和伍连德，丁绪宝是第一位在国内大学毕业再留学当选理事者，可作为理事会中第二代科学家代表。伍连德因扑灭东北鼠疫声名鹊起，1935 年以"从事肺鼠疫研究工作，特别是发现旱獭在其中的传播作用"被提名为诺贝尔生理学或医学奖候选人。1935 年新增胡适与马君武，胡适是第四位非科学技术理事，虽然从中国科学社创立起就有关系，但似乎一直若即若离。1936 年严济慈当选，他真正是第一代理事胡刚复等培养的学生。

1940 年刘咸、吴有训进入理事会，刘咸已担任《科学》专职主编 5 年之久，并兼任明复图书馆馆长，是总干事杨孝述外最为重要的社务主持人，是第一代理事秉志、胡先骕的学生；吴有训也是胡刚复在南京高等师范学校的学生。1943 年，时任生物研究所代理所长钱崇澍首次进入理事会，并当选会计理事，他长期担任生物研究所植物部主任。1944 年，理事会扩展到 27 人，新当选的 13 人中，除 1917 年当选理事后长时间消失的邹秉文回归外，大批新人卢于道、顾毓琇、王家楫、萨本栋、茅以升、张洪沅、沈宗瀚、蔡翘、郭任远、欧阳翥、李春昱等 11 人进入理事会，这是中国科学社历史上理事会最大规模更换新鲜血液（1952 年理事会组成完全是非常时期，另当别论），除卢于道已于前一年开始代理总干事、王家楫是生物研究所培养的人才，因而与中国科学社有密切关系外，这样大批与中国科学社关系并不紧密的学人当选理事，在一定程度表征中国科学社领导层已经认知到要保持团体活力，必须不断吸引新的人员进入领导层，特别是那些在学术界有重要影响的人物，这次新当选者中，王家楫、萨本栋、茅以升、蔡翘是首届中央研究院院士。1947 年，除理事外，还增选 5 位候补理事，理事会成员其实达到 32 人之多，曹惠群、丁燮林、曾昭抡、黄伯樵、章元善、张其昀、吴学周等 7 人首次当选理事，陈世璋、姜立夫、吴宪等 3 人首次候补理事，特别是创始人章元善终于进入领导层。1948 年，袁翰青、黄汲清、张孟闻、庄长恭、陈省身、赵曾珏、何尚平、伍献文等 8 人第一次进入理事会（后 3 人为候补）。1952 年徐善祥、蔡无忌、金通尹、程孝刚、林伯遵、陈遵妫、吴蔚、吴沈钇、徐墨耕、蔡宾牟、程瀛章、王镇圭、徐韦曼、王恒守、杨树勋、陈世骧、张辅忠、潘德孚等 18 人进入 25 人理事会，可见新政权确立后，维持中国科学社继续运行的已非过去的理事成员，除任鸿隽、秉志、张孟闻、刘咸、王琎等老人外，基本上都是新面孔。

几十年间，先后有任鸿隽、胡明复、赵元任、秉志、周仁、竺可桢、邹秉文、王琎、胡刚复、杨铨、翁文灏、胡先骕、丁文江、杨孝述、孙洪芬、过探先、钱天鹤、李仪祉、郑宗海、金邦正、李四光、唐钺、孙昌克、裘维裕、李垕身、张准、王伯秋、叶企孙、高君珊、钱宝琮、胡庶华、伍连德、丁绪宝、马君武、胡适、秦汾、严济慈、刘咸、吴有训、钱崇澍、卢于道、顾毓琇、王家楫、萨本栋、茅以升、张洪沅、沈宗瀚、蔡翘、郭任远、欧阳翥、李春昱、曹惠群、丁爕林、曾昭抡、黄伯樵、章元善、张其昀、吴学周、陈世璋、姜立夫、吴宪、袁翰青、黄汲清、张孟闻、庄长恭、陈省身、赵曾珏、何尚平、伍献文、徐善祥、蔡无忌、金通尹、程孝刚、林伯遵、陈遵妫、吴蔚、吴沈钇、徐墨耕、蔡宾牟、程瀛章、王镇圭、徐韦曼、王恒守、杨树勋、陈世骧、张辅忠、潘德孚等共87人当选理事或候补理事，他们到底是一个什么样的群体?

第二节　理事会成员小传

理事会成员小传包括籍贯、国内教育、国外教育、学术专长或社会角色、主要经历、与中国科学社关系等方面(每项之间用句号隔开，以当选先后为序)。①

任鸿隽(叔永②)(1886—1960)：四川垫江(今属重庆)人。秀才，就读重庆府中学堂、中国公学。1908年入日本高等工业学校习化学;1912年稽勋留美国，先后获康奈尔大学化学学士学位、哥伦比亚大学化学硕士学位(1918年)。科学宣传与活动家。南京临时政府总统府秘书，北京大学教授，教育部司长，东南大学副校长，四川大学校长，中

① 除注明外，胡明复、秉志、周仁、竺可桢、邹秉文、唐钺、胡刚复、王琎、张准、丁文江、胡先骕、翁文灏、叶企孙、钱宝琮、李四光、伍连德、严济慈、吴有训、钱崇澍、王家楫、萨本栋、茅以升、张洪沅、沈宗瀚、蔡翘、郭任远、李春昱、丁爕林、曾昭抡、张其昀、吴学周、姜立夫、吴宪、袁翰青、黄汲清、庄长恭、陈省身、伍献文、陈遵妫、陈世骧等40人主要参考《中国现代科学家传记》第1－6集(科学出版社，1991—1994年);孙洪芬、金邦正、李垕身、王伯秋、高君珊、杨孝述、丁绪宝、李仪祉、郑宗海、胡庶华等10人主要参阅樊荫南编纂《当代中国名人录》，另外杨孝述还参见《上海市松江县志》;马君武见莫世祥编《马君武集》(华中师范大学出版社，1991年);钱天鹤见《钱天鹤文集》(中国农业科技出版社，1997年);任鸿隽见《任鸿隽年谱》[《中国科技史料》第9卷第2、4期(1988年)，第10卷第1、3期(1989年)];杨铨见《杨杏佛年谱》[《中国科技史料》第12卷第2期(1991年)];裘维裕见张孟闻《悼念裘(次丰)维裕先生》(《科学》第32卷第6期);胡庶华参阅《湖南历代人名词典》;过探先、孙昌克主要见杨家骆主编《民国名人图鉴》;胡适参见《民国名人传记词典》(包华德主编，中华书局，1980年);孙昌克还参见胡光麃《中国现代化的历程》。

② 括号中大多为“字”，也有“号”，当然也可能是“名”，主要以通行为标准。如马君武原名“道凝”，又名“和”，字“厚山”，“君武”为号，以号行，名“和”也较为多用;曾昭抡字“隽奇”，号“叔伟”，号比字多用。

基会董事、干事长，中央研究院化学所所长、总干事，上海科联主任、上海科协副主席、上海图书馆馆长等。发起人，长期担任理事、社长，中国科学社最主要的领导人。

胡明复（1891—1927）：江苏无锡人。南洋公学、南京高等商业学堂。二届庚款留美，1914 年获康奈尔大学学士学位，1917 年获哈佛大学博士学位。数学教育家。大同大学数理教授，兼任东南大学、交通大学、上海商科大学等校教授，担任过国民政府上海政治分会教育委员。发起人，长期担任领导并实际负责《科学》的编辑校对等工作。

赵元任（1892—1982）：江苏武进（今属常州）人。南京江南高等学堂。二届庚款留美，1914 年获康奈尔大学学士学位，1918 年获哈佛大学博士学位。国际知名语言学家，首届中央研究院院士。康奈尔大学及哈佛大学讲师、清华国学研究院导师、清华大学教授、中央研究院历史语言所第二组主任兼专任研究员、中基会董事等，1982 年病逝于美国马萨诸塞州。发起人，最主要的领导人之一，长期担任理事，贡献极大。

秉志（农山）（1886—1965）：河南开封人。举人，京师大学堂预科。首届庚款留美，入康奈尔大学攻读生物学，先后获学士、博士学位（1918 年）。中国动物学奠基人之一，首届中央研究院院士。南京高等师范学校、东南大学、厦门大学、中央大学、复旦大学教授，中国科学社生物研究所所长兼动物部主任，静生生物调查所所长兼动物部主任，中国科学院水生生物研究所、动物研究所研究员。发起人，最主要的领导人之一，长期担任理事，创建并领导生物研究所。

周仁（子竞）（1892—1973）：江苏江宁（今属南京）人。上海育才中学堂、南京江南高等学堂。二届庚款留美，1914 年毕业于康奈尔大学机械系，次年获得冶金学方面硕士学位。冶金学、陶瓷学家，首届中央研究院院士。南京高等师范学校教授，南洋大学机械系教授、主任、教务长，中央大学工学院院长，中央研究院工程所所长，中国科学院冶金陶瓷研究所所长、硅酸盐化学与工学研究所所长等。发起人，最主要的领导人之一。

竺可桢（藕舫）（1890—1974）：浙江上虞人。复旦公学、唐山路矿学堂。二届庚款留美，1913 年获伊利诺伊大学农学学士学位，转哈佛大学习气象学，1918 年获博士学位。中国气象学、地理学创始人之一，首届中央研究院院士。先后任教武昌高等师范学校、南京高等师范学校、东南大学，中央研究院气象所所长、浙江大学校长、中国科学院副院长、中国科协副主席等。最主要的领导人之一，长期担任理事，1927—1930 年担任社长。

钱天鹤（安涛）（1893—1961）：浙江杭县（今属杭州）人。清华学校。1913 年入康奈尔大学攻读农学，1918 年获得硕士学位。农学家与农业领导人。金陵大学教授兼蚕桑系主任,浙江农业专门学校校长、浙江建设厅农林局局长、中央农业实验所副所长、经济部农林司司长、农林部常务次长等,1949 年去台,主持农林事业。早期领导人之一,1916 年当选首届理事,也当选过司选委员,后从领导层消失。

邹秉文(应崧)(1893—1985):广东广州人。北京汇文学校。以官宦子弟留美,先读中学,后入康奈尔大学,1915 年获农学学士学位,入研究院攻读植物病理学。农学家。金陵大学农林科教授、南京高等师范学校教授兼农科主任、东南大学教授、上海商品检验局局长、上海商业储蓄银行副总经理、联合国粮农组织执行委员、中美农业技术合作团中方团长等。早期领导人之一,1917 年当选理事,后从领导层消失,1944 年再次当选。

唐钺(擘黄)(1891—1987):福建侯官(今属福州)人。福州英华书院、上海闽皖铁道学校、清华学校。1914 年留美入康奈尔大学习心理学,1920 年获哈佛大学心理学博士学位。心理学家。北京大学心理学教授、商务印书馆哲学教育部主任编辑、清华大学教授、中央研究院心理学所创始人与所长、北京大学哲学系教授。连续当选第一、二届司选委员,1918 年当选理事,后从领导层消失。

孙洪芬(洛)(1889—1953):安徽黟县人。秀才,武昌文华书院。1915 年留美,先后就学于科罗拉多矿业学院、芝加哥大学及宾夕法尼亚大学,获硕士学位。宾夕法尼亚大学有机化学助教、加士制漆公司化学技师,南京高等师范学校及东南大学预科主任、理科主任兼化学教授,中央大学理学院院长,华中大学校董,中基会执行秘书、干事长兼董事,农林部顾问、代理技监、代常务次长,台南工学院化工教授、教务主任等。主要领导人之一,1917 年当选司选委员,次年当选理事。[6]

孙昌克(邵勤)(1897—1938):四川人。北京蜀学堂。科罗拉多矿业学院毕业。南开大学教授、建设委员会事业处专门委员、淮南煤矿局局长、开滦林西矿师、矿冶工程学会干事等。1918 年当选理事,后从领导层消失。

过探先(宪先)(1887—1929):江苏无锡人。上海中等商业学堂、南洋公学等。二届庚款留美,初入威斯康星大学,后转学康奈尔大学,先后获学士与硕士学位,1915 年毕业归国。农学家。江苏第一农校校长,东南大学农科教授、农艺系主任、推广部主任等,金陵大学农科主任、校务委员会主席等,江苏省银行总经理,教育部大学委员会委员,农矿部设计委员,中山陵园计划委员等。发起人,贡献极大,曾担任经理部长,1918 年当选理事。

杨铨(杏佛)(1893—1933):江西清江(今属樟树)人,生于玉山。中国公学、唐山路矿学堂。1912 年稽勋留美,入康奈尔大学习机械工程,后入哈佛大学读管理学,1918 年获硕士学位后回国。南京临时政府总统府秘书,南京高等师范学校(东南大学)教授兼商科主任、社会学系主任,孙中山秘书,国民党上海特别市党部执委兼宣传部长,大学院副院长,中央研究院总干事等。发起人,主要领导人之一,首任编辑部长,1919 年当选理事。

裘维裕(次曼)(1891—1950):江苏无锡人。邮传部高等实业学校。1916 年留美,1920 年获麻省理工学院电机科硕士学位,1923 年回国。电机专家。爱迪生电厂助理工程师,交通大学电机系教授、物理系主任、理学院院长等,1942 年日伪占领交通大学后去职,战后回交通大学任教授兼理学院院长,兼任江南造纸厂厂长。早期社员,1919 年当选理事,后还曾当选司选委员。

金邦正(仲藩)(1886—1946):安徽黟县人。南开中学、清华学堂。首届庚款留美,1914 年获康奈尔大学林科硕士学位。安徽省立第一农校校长、省立森林局局长、北京农业专门学校校长、清华学校校长,1922 年从清华辞职后转入实业界,历任秦皇岛耀华玻璃制造公司经理、上海商业储蓄银行北平分行经理等。发起人,曾任推广部长,1919 年当选理事。

李仪祉(协)(1882—1938):陕西浦城人。秀才,京师大学堂。1909 年官费留德,入柏林工业大学,两年后返国,1913 年再次留德,三年后回国。中国近代水利事业创始人。河海工程专门学校教授、陕西省水利局局长、教育厅厅长、建设厅厅长兼省政府委员、西北大学校长,主持修建洛惠渠等,泽被后世。1919 年当选理事,1934 年再次当选。

李垕身(孟博)(1889—1985):浙江余姚人。浙江高等学堂。1907 年留日,曾就读金泽第四高等学校工科;1913 年留美,获康奈尔大学土木工程师学位。津浦铁路总工程师秘书、沪宁沪杭甬铁路管理局局长、交通大学唐山土木工程学院院长、国民政府建设委员会委员、交通部技正、上海大兴建筑事务所经理兼工程师、英商开能达公司华商业务部经理、善后救济总署上海储运局工程师等。1919 年当选理事,后从领导层消失。[7]

郑宗海(晓沧)(1891—1979):浙江海宁人。浙江高等学堂。1914 年清华庚款留美,1918 年获哥伦比亚大学教育硕士学位。教育家、教育史家。南京高等师范学校、东南大学教授,江苏省立第一女子师范学校教务主任,浙江教育会会长,中央大学教育学院院长,浙江大学教授、教育系主任、教务长、师范学院院长、研究院院长和代理校长等，浙江师范学院教授、院长等。1920 年当选理事，很快辞去。

胡刚复(1892—1966)：江苏无锡人。南洋公学、震旦公学。首届庚款留美，获哈佛大学学士、硕士、博士学位(1918 年)。实验物理学家、教育家。南京高等师范学校、东南大学物理系教授兼系主任，厦门大学物理系主任兼教授，中央大学物理系教授、主任、理学院院长，交通大学教授，大同大学教授、理学院院长、工学院院长、校长，浙江大学理学院院长兼教授，天津大学、南开大学教授等。主要领导人之一，1921 年当选理事，曾任明复图书馆馆长等。

王琎(季梁)(1888—1966)：福建闽侯(今属福州)人。京师译学馆。首届庚款留美，1915 年获里海大学化学工程学士学位，1934—1936 年再度留美，任明尼苏达大学访问研究员，获得化学硕士学位。化学史家、教育家。长沙工业学校、南京高等师范学校、东南大学教授，浙江高等工业学校化学工程系主任，中央研究院化学研究所所长，四川大学教授，浙江大学教授兼师范学院院长，浙江师范学院教授等。主要领导人之一，1921 年当选理事，1921—1934 年任《科学》编辑部长，1930—1933 年任社长。

张准(子高)(1886—1976)：湖北枝江人。秀才，武昌文普通中学堂。首届庚款留美，1915 年麻省理工学院化学系毕业，翌年回国。化学史家、教育家。南京高等师范学校、东南大学教授，中基会编辑委员会副委员长，金陵大学、浙江大学教授，清华大学化学系教授、主任、教务长，燕京大学客座教授，北平中国大学教授、系主任及理学院院长兼辅仁大学教授，清华大学教授、工程化学系主任、副校长等。1921 年当选理事，后从领导层消失。

王伯秋(1884—1939)①：江苏江宁(今属南京)人。杭州武备学堂。日本早稻田大学政法系毕业，后入美国哈佛大学继续深造政治学，1919 年回国。东南大学政法经济科主任、江苏法政大学教务长、平民教育促进会理事、国民政府立法委员、军事委员会委员长南昌行营秘书、福建第一区行政督察专员及保安司令、长乐县县长等。南京社所获得他大力帮助，1921 年当选理事，后从领导层消失。[8]

丁文江(在君)(1887—1936)：江苏泰兴人。私塾就读。1902 年游学日本，1904

---

① 王伯秋 1914 年在美国与孙中山二女儿孙婉结婚前，已在国内结婚生子。回国后，孙中山这位平生致力于民主革命的领袖自然不愿意接受西方教育的女儿成为王伯秋的小妾，王伯秋又不能拂母意休妻。于是，王伯秋“非法”的婚姻只得宣告“破裂”。1921 年 3 月，孙婉下嫁戴恩赛。王伯秋 1924 年经母亲同意与江苏第一女子师范学校“品学兼优”的毕业生刘明水再结连理，继续“重婚”。可见民国时期一代“新派人物”的婚姻价值观之所在。

年赴英国，就读格拉斯哥大学，1911 年以动物学和地质学双学科毕业。中国地质学奠基人之一。工商部矿政司地质科长、农商部地质调查所所长，涉足矿业界担任北票煤矿总经理等，挑起“科学与玄学”之争，中基会董事、淞沪商埠总办、北京大学教授、中央研究院总干事等。1922 年当选理事，并被举为社长。

秦汾（景阳）（1887—1973）：江苏嘉定（今属上海）人。北洋大学。1906 年留美，入哈佛大学学天文、数学，1908 年获硕士学位。同年游学英国，1910 年回国。上海浦东中学校长，南洋公学教员，北京大学教授、理科学长，教育部专门司长、东南大学校长、“京师大学校”理科学长，后弃学从政，曾任财政部会计司长、常务次长，全国经济委员会秘书长、经济部政务次长、最高经济委员会副秘书长等，1949 年去香港，后转赴台湾。1923 年当选理事，1929 年进入政界后在学术界消失。[9]

胡先骕（步曾）（1894—1968）：江西南昌人。生员，京师大学堂预科。1913 年以江西官费留美，1916 年获加利福尼亚大学学士学位，1923 年再度赴美，先后获得哈佛大学植物学硕士、博士学位。中国植物学奠基人之一，首届中央研究院院士。江西庐山森林局副局长，南京高等师范学校、东南大学教授，中国科学社生物研究所植物部主任，静生生物调查所植物部主任、所长，中正大学首任校长，中国科学院植物研究所研究员等。1924 年当选理事，活跃的领导人之一。

翁文灏（咏霓）（1889—1971）：浙江鄞县（今属宁波）人。秀才，上海震旦公学。1908 年浙江公费留学，入比利时鲁汶大学，1912 年获地质学博士学位。中国地质学奠基人之一，首届中央研究院院士。农商部地质调查所所长，清华大学教授、代理校长，后弃学从政，历任国防设计委员会秘书长、行政院秘书长、经济部部长、资源委员会主任、战时生产局局长、行政院副院长、行政院院长等。主要领导人之一，1925 年当选理事，1936—1941 年任社长，1941 年当选董事兼董事长。

叶企孙（鸿眷）（1898—1977）：上海人。上海敬业学校、清华学校。1918 年留美，1920 年获芝加哥大学物理学学士学位，1923 年获哈佛大学博士学位。物理学家、教育家与科学史家，首届中央研究院院士。东南大学物理系教授，清华大学物理系主任、理学院院长，西南联大教授，中央研究院总干事，北京大学物理系教授等。1926 年当选司选委员，1928 年当选理事。

高君珊（1893—1964）：女，福建长乐人。1925 年获美国哥伦比亚大学教育学学士学位，1931 年获密歇根大学教育学硕士学位。教育学家。北京女子高等师范学校、东南大学教育科教授，上海市教育局督学，国民政府大学院文化事业处第一科科长,燕京大学、中央大学、暨南大学、震旦女子文理学院、大同大学教授,华东师范大学教育系教授。因捐款设立高女士纪念奖金,1930 年当选理事,后从领导层消失。

钱宝琮(琢如)(1892—1974):浙江嘉兴人。苏州苏省铁路学堂。1908 年官费留英,1911 年获伯明翰大学土木工程学士学位。数学史、天文学史家。浙江省民政司职员、南洋大学附属中学教师、江苏省立第二工业学校教师、南开大学数学系教授、浙江大学数学系教授、中国科学院科学史一级研究员。1930 年当选理事,后从领导层消失。

杨孝述(允中)(1889—1974):江苏松江(今属上海)人。松江府中学堂、邮传部上海高等实业学堂。三届庚款留美,1914 年毕业于美国康奈尔大学电工系。南京河海工科大学教授、校长,中央大学秘书长兼机械工程科主任、交通大学教授,上海市政协委员、杨浦区政协副主席等。主要领导人之一,1929 年担任总干事,长期主持日常事务,创办《科学画报》并任总编辑,创建中国科学图书仪器公司并任总经理,1931 年当选理事。

胡庶华(春藻)(1886—1968):湖南攸县人。生员,明德学校、京师译学馆。1913 年留德入柏林工业大学,获钢铁冶金博士学位,1922 年回国。武汉大学代校长,同济大学、重庆大学、西北大学、湖南大学校长,江苏教育厅厅长,汉阳兵工厂厂长,农矿部农民司司长,上海炼钢厂厂长,立法委员,国民党中央监察委员,北京钢铁学院教授兼图书馆馆长。1932 年当选理事,后从领导层消失。

李四光(仲揆)(1889—1971):湖北黄冈人。武昌高等小学。1904 年官费留日,1910 年毕业于大阪高等工业学校,1913 年稽勋留英,入伯明翰大学习采矿,后改学地质,1918 年获得硕士学位,后授予博士学位。中国地质学奠基人之一,首届中央研究院院士。北京大学地质系教授兼主任、中央研究院地质所所长、中国科学院副院长、地质部部长、全国科联主席、中国科协主席。1933 年当选理事,此后长期当选。

伍连德(星联)(1879—1960):广东新宁(今台山)人。英国剑桥大学医学学士、博士,美国约翰·霍普金斯大学公共卫生学硕士。医学微生物学、病理学家。曾在英国、德国、法国著名研究所工作,先后任天津帝国陆军军医学堂副监督、东北鼠疫防治总管、哈尔滨医学专门学校首任校长、全国海港检疫处处长兼上海海港检疫所所长等,曾任中华医学会会长等,1937 年回到出生地马来亚。1934 年当选理事。

丁绪宝(1894—1991):安徽阜阳人。北京大学第一届物理学学士。美国芝加哥大学物理学硕士。物理实验教育家。东北大学理学院中基会讲座教授、安徽大学理学院教授、中央大学物理系主任、广西大学教授、贵州大学物理系主任、浙江大学物理系教授、国家科委计量局研究员等。1934 年当选理事。

马君武(和)(1881—1940):广西恭城人。上海震旦学院。1901 年入东京帝国大学读制造化学,1906 年毕业;同年广西官费入德国柏林工业大学习冶金,1910 年获学士学位,1915 年获博士学位。南京临时政府各省代表会议副议长,实业部次长,第一届国会议员,参加"二次革命""护法运动",历任孙中山军政府交通总长、广西省长、大夏大学校长、北京工业大学校长、临时执政府教育总长、中国公学校长、广西大学校长等。1923 年被选为特社员,1935 年当选理事。

胡适(适之)(1891—1962):安徽绩溪人。中国公学。二届庚款留美,入康奈尔大学,1914 年获得学士学位,后获哥伦比亚大学博士学位。哲学家、思想家、新文化运动领袖之一,在立言、立德与立功三个方面都很成功,首届中央研究院院士。北京大学教授、光华大学教授、中国公学校长、北京大学文学院院长、中基会董事、驻美大使、北京大学校长等,1949 年后去美,后赴台北,就任"中央研究院"院长。早期社员,曾撰写社歌等,非重要领导人,1935 年当选理事。

严济慈(慕光)(1901—1995):浙江东阳人。东南大学物理学学士。1923 年留法,先后获巴黎大学数理硕士学位,法国国家科学博士学位;1928 年冬再次出国,先后在法国科学院大电磁实验室、居里夫人实验室进行研究。物理学家,首届中央研究院院士。大同大学、中国公学、暨南大学教授,北平研究院物理研究所所长、镭学研究所所长,中国科学院办公室主任兼应用物理所所长、东北分院院长、技术科学部主任、副院长,中国科技大学教授、副校长、校长,中国科协副主席等。学生时代被破格吸收为社员,并协助胡刚复等编辑《科学》,1936 年当选理事。

刘咸(重熙)(1901—1987):江西都昌人。东南大学生物学学士。1928 年江西官费留英,1932 年获得牛津大学科学硕士学位。东南大学助教、清华大学生物系讲师、山东大学生物系教授兼系主任,暨南大学教授、人类学系主任兼理学院院长,复旦大学社会学系教授兼系主任、生物系教授,上海自然博物馆筹备组主任、上海人类学会理事长等。1935 年担任《科学》专职主编兼明复图书馆馆长,成为重要骨干成员与领导人之一,1940 年当选理事。[10]

吴有训(正之)(1897—1977):江西高安人。南京高等师范学校。1921 年留美,1926 年获得芝加哥大学物理学博士学位。物理学家,首届中央研究院院士。中央大学物理系副教授、系主任,清华大学物理系教授、系主任、理学院院长,西南联大物理系教授、主任、理学院院长,中央大学校长,交通大学教授、校务委员会主任,中国科学院副院长,全国科联副主席,中国科协副主席。1940 年当选理事。

钱崇澍(雨农)(1883—1965):浙江海宁人。秀才,南洋公学、唐山路矿学堂。二届庚款留美,先后在伊利诺伊大学、芝加哥大学、哈佛大学学习,先学农学,后改植物学,1916 年获硕士学位回国。植物学家,首届中央研究院院士。先后任教江苏甲种农业学校、金陵大学、北京农业专门学校、清华大学、厦门大学,复旦大学教授,中国科学院植物研究所研究员兼所长等。1928 年任中国科学社生物研究所教授兼植物部主任,抗战期间率所内迁北碚,并代理所长,1943 年当选理事,并任会计。

卢于道(析薪)(1906—1985):浙江鄞县(今属宁波)人。东南大学学士。1926 年官费留美,1930 年获芝加哥大学解剖学博士学位。神经解剖学家和社会活动家。上海医学院副教授、中央研究院心理学所研究员,复旦大学生物系教授、系主任、理学院院长、研究生部主任等;九三学社发起人之一,曾任九三学社上海主委、中央副主席,上海市科协主席、政协副主席等。1941 年秋任北碚中国科学社生物研究所教授,负责在重庆复刊《科学》,担任主编,并代理总干事,战后复员代替杨孝述任总干事,1944 年当选理事,后期主要领导人之一。[11]

顾毓琇(一樵)(1902—2002):江苏无锡人。清华学校。1923 年留美,1928 年获麻省理工学院博士学位。电工学家,文学家,台湾"中央研究院"院士。浙江大学工学院电机科主任,中央大学工学院院长,清华大学电机系主任、工学院院长、航空研究所所长等,1938 年弃学从政,先后任教育部次长、中央大学校长、政治大学校长、上海市教育局局长,1950 年经香港赴美国,曾任麻省理工学院客座教授、宾夕法尼亚大学教授。1944 年当选理事。[12]

王家楫(仲济)(1898—1976):江苏奉贤(今属上海)人。1923 年获东南大学学士学位。1925 年江苏公费留美,1928 年获宾夕法尼亚大学博士学位。动物学家,首届中央研究院院士。中国科学社生物研究所教授,中央研究院动植物研究所所长、动物研究所所长,中国科学院水生生物研究所所长、武汉分院副院长等。中国科学社生物研究所第一个专职研究人员,1944 年当选理事。

萨本栋(亚栋)(1902—1949):福建闽侯(今属福州)人。清华学校。1921 年留美,先后入斯坦福大学、伍斯特(Worcester)工学院,习机械工程、电机工程和物理学,1927 年获物理学博士学位。电机工程学家,首届中央研究院院士。清华大学物理系教授、美国俄亥俄大学电机工程系客座教授、厦门大学校长、中央研究院总干事兼物理所所长等。1944 年当选理事。

茅以升(唐臣)(1896—1989):江苏镇江人。1916 年唐山工业专门学校毕业。

同年留美，翌年获康奈尔大学硕士学位，1919 年获卡内基理工学院博士学位。土木工程学家、桥梁专家、工程教育家，首届中央研究院院士。唐山工业专门学校教授、东南大学教授兼工科主任、河海工科大学校长、北洋大学教授、江苏省水利局局长、钱塘江大桥工程处处长、唐山工学院院长、中国桥梁公司总经理、上海交通大学校长、上海市政府秘书长、铁道部铁道科学研究院院长、全国科普副主席，中国科协副主席等。1944 年当选理事。

张洪沅（佛宁）（1902—1992）：四川华阳人。1924 年清华学校毕业。留美入加州理工学院，后转麻省理工学院，1930 年获博士学位。化学工程教育奠基人之一。中央大学、南开大学化工系教授，四川大学化学系教授、系主任、理学院院长，重庆大学校长兼化工系主任，四川化学工业学院教授，成都工学院（成都科技大学）教授等，曾任中国化学会会长（1944 年）。1944 年当选理事。

沈宗瀚（海槎）（1895—1980）：浙江余姚人。1918 年北京农业专门学校毕业。1923 年留美，次年获佐治亚大学农学硕士学位，1927 年获康奈尔大学博士学位。作物遗传育种学家。金陵大学教授、农艺系主任，中央农业实验所总技师、副所长、所长，赴台后曾任台湾“农村复兴委员会委员”、“主任”，亚洲蔬菜研究和发展中心理事会主席等。1944 年当选理事。

蔡翘（卓夫）（1897—1990）：广东揭阳人。北京大学中文系旁听生。1919 年留美，先后入加利福尼亚大学、印第安纳大学、哥伦比亚大学、芝加哥大学研习，后主攻心理学，也研究生理学和神经学，1925 年获博士学位。中国生理学奠基人之一，首届中央研究院院士。复旦大学教授、上海医学院教授、雷士德医学研究所研究员、中央大学医学院教授、第五军医大学校长、军事医学科学院副院长等。1944 年当选理事。

郭任远（1898—1970）：广东潮阳人。1916 年入复旦公学。1918 年留美入加利福尼亚大学习心理学，1923 年回国，1936 年获博士学位。国际知名行为心理学家、反本能论者。复旦大学教授、代理校长，中央大学教授，浙江大学教授、校长，中国生理心理研究所所长等，1946 年移居香港。1944 年当选理事。

欧阳翥（铁翘）（1898—1954）：湖南长沙人。1924 年获东南大学生物系学士学位。1929 年留欧，先在法国巴黎大学研究神经解剖学，旋转德国柏林大学读动物系和人类学，1933 年获博士学位。神经解剖学家。中央大学生物系教授、南京大学生物系教授兼系主任等。东南大学毕业后留校任教，曾随秉志在中国科学社生物研究所从事科研。1944 年当选理事。

李春昱(庚阳)(1904—1988):河南汲县人。1928年北京大学地质系毕业。1934年留德,1937年获柏林大学博士学位。地质学家,1980年当选中国科学院学部委员。四川省地质调查所所长兼重庆大学地质系教授,中央大学地质系教授,经济部中央地质调查所所长,东北地质矿产调查总队总队长,渭北煤田普查大队队长,华北地质局总工程师,地质部北方总局总工程师、地质科学研究院区域地质室技术负责人、西北地质科学研究所技术负责人、地质研究所研究员等。1944年当选理事。

曹惠群(梁厦)(1886—1959):江苏宜兴人。秀才,南洋公学。1905年江苏官费留英,1910年获伯明翰大学学士学位。复旦公学教授,大同学院(大学)化学系主任兼教授、校长,上海市政协委员等。中国科学社骨干成员,长期担任上海社友会会长,抗战期间对中国科学社在上海的活动贡献甚大,1947年当选理事。[13]

丁燮林(巽甫)(1893—1974):1949年后改名西林,江苏泰兴人。1913年毕业于南洋公学。1914年留英,1919年获伯明翰大学理科硕士学位。物理学家、剧作家、社会活动家。北京大学物理系教授、系主任,中央研究院物理研究所研究员兼所长、总干事,全国科普协会副主席、中国科协副主席、文化部副部长、北京图书馆馆长等。1947年当选理事。

曾昭抡(叔伟)(1899—1967):湖南湘乡人。1920年清华学校毕业。1926年获美国麻省理工学院博士学位。中国有机化学奠基人之一,首届中央研究院院士。广州兵工试验厂技师,中央大学化学系教授兼化工科主任,北京大学化学系教授、系主任、校常务委员兼教务长,教育部副部长兼高教司司长、高等教育部副部长,中国科学院化学所所长,武汉大学教授等。自1924年任《科学》驻美编辑部主任始,断断续续任《科学》编辑、特约编辑前后23年,1947年当选理事。

黄伯樵(1890—1948):江苏太仓人。1916年同济医工学校毕业。1920年入德国柏林工业大学习工业管理。中华职业学校校长,陇海铁路汴洛工程局总务处处长,汉口市政委员兼工务局局长,杭州市工务局局长,上海市公用局局长,京沪、沪杭甬铁局局长等,抗战期间因病避居香港、上海,主持编译《德华标准大辞典》。1947年当选理事。[14]

章元善(1892—1987):江苏苏州人。江南高等学堂。三届庚款留美,入康奈尔大学读化学,1915年获学士学位。华北华洋义赈会总干事,华洋义赈会副总干事、总干事,实业部合作司司长,经济部商业司司长、平价购销处处长等,参与筹建民主建国会,长期担任中央常委。虽名列中国科学社创始人,但当时并非交纳股金入社,直到1925年8月25日才被理事会批准入社,社号为950,曾当选司选委员,1947年当选理事。

张其昀(晓峰)(1901—1985):浙江鄞县(今属宁波)人。1922 年毕业于南京高等师范学校。人文地理学家。商务印书馆编辑、中央大学教授、浙江大学教授、总裁办公室秘书组长、国民党中央宣传部部长、国民党中央改造委员会委员兼秘书长、国民党中央常务委员兼中央常委会秘书长、"教育部部长"等。1947 年当选理事。

吴学周(化予)(1902—1983):江西萍乡人。1924 年南京高等师范学校毕业。1928 年留美,1931 年获加州理工学院博士学位。物理化学家,首届中央研究院院士。中央研究院化学研究所研究员兼所长、中国科学院上海物理化学研究所所长、长春应用化学研究所所长兼环境化学研究所所长等。1947 年当选理事。

陈世璋(聘丞)(1886—1963):江苏嘉定(今属上海)人。复旦公学。1911 年留英入伯明翰大学,1914 年获理学学士学位。北京大学化学系教授兼主任,江苏省政府委员兼建设厅厅长,中华化学工业会理事长兼总干事,轻工业部上海工业试验所所长,上海化工学会副理事长等,主持将中华化学工业会图书馆移交给政府,出任上海市科技图书馆副馆长。1947 年当选候补理事,中国科学社晚期社务主要维持者之一,曾任明复图书馆馆长。[15]

姜立夫(蒋佐)(1890—1978):浙江平阳人。杭州府学堂。三届庚款留美,先后入读加利福尼亚大学、哈佛大学,1919 年获博士学位。中国现代数学奠基人之一,首届中央研究院院士。南开大学数学系创始人,负责筹备中央研究院数学研究所并担任所长,曾任新中国数学会会长,1949 年后执教中山大学。1947 年当选候补理事。

吴宪(陶民)(1893—1959):福建闽县(今属福州)人。全闽高等学堂。三届庚款留美,1916 年获麻省理工学院化学学士学位,翌年入哈佛大学,1929 年获得生物化学博士学位。中国生物化学奠基人之一,首届中央研究院院士。协和医学院教授、生物化学科主任、执行院长职务三人领导小组成员,中央卫生实验院营养研究所所长兼北平分院院长,美国哥伦比亚大学访问学者,亚拉巴马大学客座教授等。1947 年当选候补理事。

袁翰青(1905—1994):江苏南通人。1929 年获清华大学化学学士学位。1932 年获美国伊利诺伊大学博士学位。有机化学家、教育家和科学史家,1955 年当选中国科学院学部委员。中央大学教授、甘肃科学教育馆馆长、北京大学教授兼化工系主任,文化部科学普及局局长、商务印书馆总编辑、中国科技情报所研究员兼代所长等。1948 年当选理事。

黄汲清(德淦)(1904—1995):四川仁寿人。1928 年北京大学地质系毕业。1932 年留学瑞士,1935 年获浓霞台大学博士学位。地质学家,首届中央研究院院士。地质调查所调查员、地质主任、所长，北京大学地质系教授，西南地质调查所所长，西南地质局局长，地质部石油地质局总工程师、地质矿产研究所副所长、地质科学研究院副院长等。1948年当选理事。

张孟闻(1903—1993)：浙江宁波人。1926年毕业于东南大学生物系。1934年留法，1936年获巴黎大学博士学位。动物学家。北平大学农学院副教授，浙江大学、复旦大学、黑龙江大学、华东师范大学等校生物系教授。1929年任生物研究所研究员兼书记，1943年参与《科学》事务，并很快担任主编，成为晚期中国科学社重要领导人之一，1948年当选理事。

庄长恭(丕可)(1894—1962)：福建泉州人。1918年北京农业专门学校毕业。留美入芝加哥大学化学系，1924年获博士学位。中国有机化学奠基人之一，首届中央研究院院士。东北大学、中央大学教授，中央研究院化学所所长，北平研究院研究员，台湾大学校长，中国科学院上海有机化学研究所所长、化学研究所筹建主任等。1948年当选理事。

陈省身(1911—2004)：浙江秀水人。1930年南开大学数学系毕业，入清华大学读研究生。1934年留德，1936年获汉堡大学博士学位，赴巴黎师从嘉当(Joseph Cartan，1869—1951)研习。国际著名数学家，首届中央研究院院士。西南联大教授、中央研究院数学所代所长、芝加哥大学教授、加利福尼亚大学伯克利分校教授兼数学研究所所长等。1948年当选理事。

赵曾珏(真觉)(1901—2001)：上海人。1924年南洋大学电机系毕业。赴英、德实习，1928年入美国哈佛大学深造，翌年获硕士学位。浙江大学教授、浙江电话局局长兼总工程师、交通部邮电司司长、上海公用局局长、美国哥伦比亚大学资深研究员等。1948年当选候补理事。[16]

何尚平(伊榘)(1887—1973)：福建闽侯(今属福州)人。早年留学比利时农科大学和法国巴斯德研究院。南通农校校长、北京大学教授、上海劳动大学农学院院长、驻巴黎总领事、里昂中法大学代理校长、中国合众桑蚕改良会总技师、云南经济委员会蚕业新村公司总技师、中国蚕丝总公司蚕业研究所所长、华东农林部蚕丝研究所所长等。早期曾任上海社友会会长，积极参与社务，1948年当选候补理事。[17]

伍献文(显闻)(1900—1985)：浙江瑞安人。1921年南京高等师范学校农科毕业，1927年获厦门大学学士学位。1929年留法，1932年获巴黎大学科学博士学位。中国鱼类分类学、形态学和生理学的奠基人之一，首届中央研究院院士。曾任中央大学助教，中央研究院动植物研究所研究员，中国科学院水生生物研究所副所长、所长、名誉所长，中国科学院武汉分院院长等。留学前曾在生物研究所从事研究工作，1948年当选候补理事。

徐善祥（凤石）（1882—1969）：上海人。副贡生，1904年圣约翰大学毕业。1906年江苏公费留美，1909年获耶鲁大学理学学士学位，1925年获哥伦比亚大学化学工程博士学位。中国公学教务长、长沙雅礼大学化学系主任、中央大学教授、中央工业试验所所长，工商部技正、技监，商务印书馆董事、上海科技协会会长、上海文史馆馆员等。1952年当选理事，晚期主要领导人，任会计理事、上海分社社务主席等。[18]

蔡无忌（1898—1980）：浙江绍兴人，蔡元培长子。1919年获法国国立格里农学院农业工程师学位，1924年获法国国立阿尔福兽医学校博士学位。兽医学家。中央大学教授兼农学院院长，实业部上海商品检验局副局长、局长兼上海兽医专科学校校长，经济部昆明商品检验局局长，农林部中央畜牧实验所所长，经济部上海商品检验局局长，华东局贸易部上海商品检验局局长，对外贸易部商品检验总局副局长等。1952年当选理事。[19]

金通尹（问洙）（1891—1964）：浙江平湖人。1915年北洋大学土木科毕业。复旦大学教授、土木系主任、理学院院长，北洋大学教务长、代校长，震旦大学教授、理工学院院长，青岛工学院教授、院长，武汉测绘学院教授、副院长等。1952年当选理事，举为常务理事。[20]

程孝刚（叔时）（1892—1977）：江西宜黄人。江西高等学堂。1913年留美，1917年获普渡大学工程机械学士学位。机械工程学家，1955年当选中国科学院学部委员。机务工程师、机务段长、处长，机车工厂工程师、车间主任、厂长，交通部技监，上海交通大学校长，浙江大学教授，上海交通大学运输起重系主任、教授、副校长等。1952年当选理事。

林伯遵（1903—1966）：四川富顺人。1925年清华学校毕业。1931年获美国芝加哥大学数学硕士学位。冯庸大学理科主任教授，中基会秘书、执行秘书等。1946年开始列席理事会，1950年8月担任总干事，晚期重要领导人之一，1952年当选理事，并被选为书记。

陈遵妫（志元）（1901—1991）：福建福州人。1920年北师大附中毕业。1926年日本东京高师数学系毕业。天文学家、天文史家。北京女子高等师范学校教授，中央研究院天文研究所研究员、代理所长，中国科学院紫金山天文台研究员兼上海徐家汇观象台负责人，北京天文馆馆长等。1952 年当选理事。

吴蔚（1918—1989）：女，上海人。1936 年考入金陵大学化学系，后转入大同大学，1940 年毕业。生物化学家。上海天平药厂化学师、研究室主任，军事医学科学院副研究员、研究员、室主任。1952 年当选理事，第二位女性理事。[21]

吴沈钇（1914—2017）：浙江嘉善人。1935 年浙江大学土木工程系毕业。1949 年获美国密歇根大学工程硕士学位。上海国际饭店经理兼大厦工程师，上海市政建设委员会工程师，大同大学、光华大学教授，同济大学教授、图书馆馆长等。1952 年当选理事。[22]

徐墨耕（硕田）（1908—1975）：河南卫辉人。1930 年获河南大学学士学位。1940 年获美国密歇根大学化学硕士学位。四川铭贤学院讲师、河南大学副教授、复旦大学教授、郑州大学教授兼化学系主任等。1952 年当选理事。[23]

蔡宾牟（1910—1980）：浙江鄞县（今属宁波）人。1931 年光华大学物理系毕业。1931—1933 年先后就读美国密歇根大学、哈佛大学。暨南大学、四川大学教授，大夏大学教授兼数理系主任，英士大学教授兼教务长，上海人文中学校长，华东师范大学物理系教授。曾任中国科学社何育杰奖金征文委员会主任，1952 年当选理事，并被选为常务理事，积极参与晚期事务，如编译科学史著作。

程瀛章（寰西）（1894—1981）：江苏吴江（今属苏州）人。清华学校。留美，先后就读普渡大学、芝加哥大学，1920 年获得博士学位。北京大学、光华大学、大夏大学教授，商务印书馆编辑，国民政府教育行政委员会参事、大学院秘书、工商部技正，中华化学工业研究所所长，浙江大学化学系教授兼主任、暨南大学教授兼理学院院长、台湾大学教授，江南大学教授、华东化工学院教授等。1952 年当选理事。

王镇圭（生卒年不详）：1940 年毕业于中央大学生物系。1954 年任浙江农学院教授，1986 年获浙江省科协从事科技工作 40 年奖，曾与张玉麟合作编译《生态生物化学导论》。1952 年当选理事。

徐韦曼（宽甫）（1895—1974）：江苏武进（今属常州）人，与徐渊摩（厚甫）为兄弟。南洋中学毕业后，考入工商部地质研究所，毕业后任地质调查所调查员。1919 年留美入芝加哥大学地质系习古生物学。东南大学教授、中央研究院出版品国际交换处主任兼庶务主任、桂林资源委员会锡业管理处处长、淮南路矿公司协理等，翻译莱伊尔《地质学原理》。曾任《科学画报》常务编辑，1952 年当选理事。

王恒守（咏声）（1902—1981）：浙江海宁人。中央大学数学系毕业。留美入哈佛大学攻理论物理。先后在山东大学、南开大学、广西大学、中央大学、南京大学、复旦大学、安徽大学任教,教授而外曾任物理系主任、研究部主任等。[24] 1952 年当选理事,并被举为常务理事。

杨树勋(建吾)(1899—?):广东揭西人。广州圣心中学。1921 年留美,先后入哥伦比亚大学、芝加哥大学攻读化学,1931 年获博士学位。协和医学院教授、中央研究院化学所研究员兼生化研究室主任、上海信谊药厂厂长等,自创杨氏化学治疗研究所和杨氏药厂,化工部上海生物化学制品研究所筹备主任等,1979 年赴美定居。1952 年当选候补理事。[25]

陈世骧(1905—1988):浙江嘉兴人。1928 年毕业于复旦大学。1934 年获法国巴黎大学博士学位。昆虫学家和进化分类学家,1955 年当选中国科学院学部委员。中央研究院动植物、动物研究所研究员,中国科学院上海实验生物研究员、室主任,中国科学院昆虫所研究员、所长,中国科学院动物所研究员、所长、名誉所长等。1952 年当选候补理事。

张辅忠(1889—1957):浙江余姚人。1911 年浙江高等学堂药科毕业。1927 年留德,1931 年获柏林大学药物化学博士学位。药物化学家。曾参加革命军,后脱离军队,先后任五洲固本皂药厂制药部主任、五洲第二制药厂厂长、五洲药房总经理、华东军政委员会卫生部药政处处长、华东药品检验所所长、上海医学药学院院长、华东药学院院长等。1952 年当选候补理事。[26]

潘德孚(生卒年不详):江苏青浦(今属上海)人。1938 年毕业于上海交通大学化学系。五洲药厂工程师、上海市医药公司副经理、北京市化工研究院工程师等。20 世纪 70 年代病逝。1952 年当选候补理事。[27]

第三节　理事会成员更替与民主化进程

中国科学社理事会成员虽一直处于变动中,特别是回国之初,曾大量吸收国内人才。但此后并没有继续保持这一"法宝",直到 1944 年理事会扩充到 27 人之后,才有大量新人的补充。1916—1952 年,先后有 87 人当选理事,似乎是一个不小的知识精英群体。仔细分析,1937 年前正常运行的 21 次选举,仅有 37 人有幸进入这个"圈子";后面 6 次选举有 50 人新当选,而且最后一次最多达到 18 人。这说明理事会成员的更替存在相当大的问题。比较而言,理事会的更替,1937 年前的历届换届选举具有连续性与代表性,而且人数变动严格按照章程,没有随意性,因而具有分析的价值。下面以 1937 年前历届理事会成员为对象,分析其组成状况及社会结构与网络,同时与此后几届成员进行一定的对比分析,讨论理事会组成与中国科学社的发展,并进一步思考民国学术社团与中国科学技术发展的关系问题。

将表 17－1 中 1937 年前理事会组成变动处理为表 17－2。1916—1936 年共 21 届理事会,将少数一年期理事算作一届即两年,按章程应当选 129 人次,实际当选总人数为 37 人,平均每人当选届数为 3.5,每届两年,也就是说平均任期为 7 年。在分析的 21 年中,平均每位理事的任期占据了三分之一的时间,对一个学术社团而言,应该说更换频率并不算快。具体分析,有比较明显的“马太效应”存在。这些理事中,当选届数相差极大,有 17 人是一次当选,也就是说他们或任期 2 年或任期 1 年,而另 20 人占据了 112 次机会,平均每人任期达 11.2 年。具体分析一次当选的 17 人,大多数是当选一次后就从领导层消失,只有严济慈等成绩优秀的年轻人,新进入领导层。总体来看,这些一次当选者对中国科学社发展影响有限。有 4 人当选过 2 次,2 人当选过 3 次,3 人当选过 4 次。当选 5 次及 5 次以上的 11 人,他们共占据了 86 次机会,平均每人任期达 15.6 年,可以说,中国科学社领导权掌握在他们手中。

表 17－2　1916—1936 年理事担任届次统计表

姓　名	任鸿隽	赵元任	竺可桢	王　琎	秉　志	周　仁	胡刚复	杨　铨	胡明复	翁文灏
届　数	11	10	10	9	8	7	7	7	6	6
姓　名	孙洪芬	胡先骕	丁文江	杨孝述	过探先	李　协	邹秉文	钱天鹤	金邦正	李四光
届　数	5	4	4	4	3	3	2	2	2	2
姓　名	唐　钺	孙昌克	裘维裕	李垕身	郑宗海	张　准	王伯秋	叶企孙	高君珊	钱宝琮
届　数	1	1	1	1	1	1	1	1	1	1
姓　名	胡庶华	伍连德	丁绪宝	马君武	胡　适	秦　汾	严济慈			
届　数	1	1	1	1	1	1	1			

9 位发起人除章元善外,都当选过理事,共 54 人次,占总人次的 42%,平均任期 13.5 年;任鸿隽、赵元任、秉志、周仁、胡明复、杨铨等 6 人当选 49 人次,占总人次的 38%,平均每人当选时间为 16.3 年。如果胡明复、过探先、杨铨等不是过早去世,他们当选的届次会占更大的比例。另外,竺可桢、王琎作为社务主要主持人(竺可桢曾任书记、社长,王琎担任《科学》编辑部主编十余年,也曾任社长),他们当选届次超过发起人秉志、周仁。

中国科学社理事的选举应该说有相当严格的程序，由专门的司选委员负责选举，章程专章规定司选委员的权利与义务，也出现过由于选举出现问题而结果作废的情况。1926年年会选举叶企孙、宋梧生及褚民谊为司选委员，负责次年理事选举。在翌年年会上，叶企孙以此次理事选举参选人数不够、他对选举结果没有表示同意，按照章程司选委员三人中只要一人不同意，选举无效的规定，宣布此次理事选举作废。与会代表同意重新选举。这在中国科学社的发展史上可谓"空前绝后"。[28]后来重新选举结果如下：竺可桢80票、杨铨74票、胡刚复67票、翁文灏58票、过探先53票、赵元任52票、王琎41票、李熙谋37票、何鲁28票、朱经农27票、李石曾25票、张乃燕25票、姜立夫20票、唐钺19票、朱少屏18票、李四光16票、饶毓泰15票、钟荣光14票、吴宪13票、丁燮林10票、金湘帆10票、段育华9票、郭任远9票、熊庆来5票。应选理事6人，因留任理事胡明复逝世，故多选一人补为一年理事。按得票多少，竺可桢、杨铨、胡刚复、翁文灏、过探先、赵元任当选两年理事，王琎补缺胡明复。[29]可见理事选举竞争相当激烈，没有当选的姜立夫、李四光、饶毓泰、吴宪等是各学科门类的创始人或奠基者，他们4人还是1948年中央研究院首届院士；李石曾、张乃燕、郭任远、熊庆来、何鲁、丁燮林、钟荣光、朱经农等也是学界名流。当然，选举过程中，也有可能并没有严格按照章程行事。正如上一章所说，早期领导人之一唐钺曾致函理事会，辞去司选委员职务，理由是"司选委员会已失独立资格"。中国科学社是以科学技术成员为主体的综合性社团，科学技术不比社会科学，它在相当程度上是年轻人的事业。20世纪著名数学家、华罗庚在剑桥大学的导师哈代(G. H. Hardy)曾说过，"数学家们都不应该忘记这一点：比起其他技艺或科学，数学更是年轻人的工作""我还不知道有哪一个重要的数学进展是由一个年过半百的人创始的。假如一个年长的人对数学不感兴趣而放弃了它，这种损失不论对数学本身还是他本人来说，都不十分严重"。[30]非但数学如此，其他学科如物理、化学，重要的进展也都是科学家们在青年时代做出的。在民国时期这样一个科学技术快速发展的时代，作为一个团聚科学技术人才的学术社团领导层，不能加快更换频度，将有创造力与活力的青年后进吸收入领导层，对其未来发展是不利的。

作为中国化学会的主要领导人，曾昭抡认为学会的领导人一定要常换常新，"常规的职务，像干事、编辑等，任期不妨略微长些。但是决定政策的会长、副会长和理事是应当常换新的分子。公共团体的同人化、包办化，是中国许多公共团体的悲剧。一个人在一个团体作了十几年的职员，结果他自己厌倦了，别人也对这个团体失去了兴趣”。他举例说美国化学会会长每年换一位新的，连任很少，美国田径运动的发达也是因为新陈代谢快速的原因。加快学会领导层的更换频率不仅可以使学会的发展充满活力，而且从另一方面看，也是对后进的鼓励，“欣悦他们的成功，一反从前‘同行是冤家’的谬论，是我们科学家应有的胸襟”，也是中国科学发展的“重要推进力”。[31] 茅以升在总结中国工程师学会会务活跃的原因时也说，中国工程师学会每年选举一次会长、副会长，改选 1/3 的董事，“这样换人对会务更新有明显的好处，人员得到锻炼，一些新方法得到试验”。[32]

曾昭抡的述说对中国科学社领导层有相当的针对性，中国科学社就有“同人化”“包办化”的嫌疑。理事成员的更替存在上述不足，在更为重要的职务——社长的选举和任期上也有问题：1915—1923 年为任鸿隽，1923—1925 年为丁文江，1925—1927 年为翁文灏，1927—1930 年为竺可桢，1930—1933 年为王琎，1933—1936 年为任鸿隽，1936—1941 年为翁文灏，1941—1960 年为任鸿隽。9 位发起人中仅任鸿隽担任过社长，这说明中国科学社成立以来并不固步自封，特别是 1918 年从美国迁回国后，积极吸收新鲜血液，注意与国内其他科学家联系，1922 年丁文江当选理事，并从 1923 年开始担任社长。此后，中国地质学科的另一位领导人翁文灏也当选社长。同时，从 1923 年丁文江当社长开始，任期基本为 3 年，似乎有一个较好的更换机制。但仔细分析，仅仅是表面现象，任鸿隽两次当选，翁文灏也是两次荣任，虽非连任，终究不出几副老面孔。更为重要的是，自 1941 年任鸿隽第三次担任社长以后，近 20 年就他一人孤独地“站在舞台上”。无论如何，中国科学社是一个学术社团，并不是其他以个人为轴心的组织，社长自然应该以学术领导人为最佳人选，正如曾昭抡、茅以升所说，需要不断更换。任鸿隽虽然在中国科学发展史上有其独特的重要历史地位，毕竟不是一个以科学研究为职业的科学家，自然更算不上当时科学界的领军人物。曾经担任过社长的任鸿隽、丁文江、翁文灏、竺可桢、王琎五人中，早逝的丁文江不算，只有翁文灏、竺可桢两人是当时学术界真正的领袖人物，可惜翁文灏后来弃学从政了。也就是说，中国科学社从社长这一职位来看，它也与一个真正的学术社团（如曾昭抡所说）有不小的差距。1941 年以后，不知为何历次理事会职员的选举，都是任鸿隽当选，其他真正的科学界领袖人物如秉志、竺可桢、李四光、胡先骕、茅以升，甚至他们的学生辈吴有训、叶企孙、萨本栋、严济慈、蔡翘、曾昭抡、王家楫等都不能当选一届社长。难道说他们这些科学界领军人物都不愿意担任这一职务？还是任鸿隽及其周围有一个核心圈子，他们不愿意将中国科学社的领导权移交出去？即使有这样一个圈子，秉志、竺可桢应该属于这个圈子，为何他们每次投票选举任鸿隽。1943 年换届后理事会职员选举无记录可查。1944 年换届后，1945 年 3 月进行理事会职员选举，任鸿隽以 11 票当选社长、钱崇澍以 7 票当选会计。参与投票具体理事人数不知，相比钱崇澍以 7 票当选会计，任鸿隽 11 票当选社长，应该属于高票了。1947 年换届后，任鸿隽 18 票当选社长，杨孝述 10 票当选会计，更是高票。1948 年换届后，有效投票 19 票，任鸿隽以 8 票（次多数竺可桢、秉志各 4 票）当选社长，吴宪 5 票当选会计；1952 年任鸿隽 13 票（次多数秉志、徐善祥各 2 票）当选社长，林伯遵 6 票当选书记，陈世璋 9 票当选会计。① 可见，自 1944 年开始，每次换届选举，任鸿隽都是高票当选社长，不知这一"传统"是如何形成的。难道说，各专门学会成立后，秉志、竺可桢等人宁愿担任专门学会会长，不愿意出任综合性的中国科学社最高领导人？

科学社团表现出与其他所有领域中的志愿社团相同的成员构成模式。其成员由两部分构成，一是少数积极分子，一是不太积极的大多数人。"少数积极分子有最强烈的兴趣并占据大多数领导职位。但……科学组织中的最高职位几乎从不由那些仅在组织中表现得非常积极的人来充任。体现着科学的等级和价值的这些最高职位，习惯地通过成员的表决而作为优秀职业成就的象征，授予那些在组织中最有名望的科学家，无论其是否非常积极地参与组织的事务。积极的参与……可能也起作用，但不是特别重要……被自由的科学组织选为领导人乃是对于成就的一种正式承认……"[33] 作为学术社团共性的这一特征在中国科学社领导群体中也有相应的体现，大多数理事是社务的积极参与者，当然也有例外。社长职务也曾授予最有名望的科学家，第二任社长丁文江，确实不是社务的积极参与者，而是当时科学成就最为突出者之一，后来相继担任社长的翁文灏和竺可桢也可以如是看待；但王琎、任鸿隽的当选可能就脱离了这一趋向。最初任鸿隽作为发起人当选无可厚非，后来再次当选就"说不过去"了，王琎的当选自然是因积极参与社务而不是科研成就特出。这是否在一定程度上表明，中国科学社与一般的学术社团有区别，除发刊杂志而外，还有自己的研究所、图书馆甚至出版公司这样的独特事业，需要一个尽心尽职而不是名誉性的领导人物。

中国科学社领导群体更替分析表明，老一辈长久占据着领导位置，这在下面的年

① 《理事会内迁后第 11 次会议记录》（1945 年 3 月 31 日）、《理事会第 167 次会议记录》（1947 年 10 月 31 日）、《理事会第 178 次会议记录》（1949 年 1 月 3 日）、《理事会第 213 次会议记录》（1952 年 6 月 22 日），上海市档案馆藏档案，Q546－1－72－5、Q546－1－67－69、Q546－1－68－71、Q546－1－73－28。

龄分析中表现更为充分。因此,1949 年后中国科学社被指责为"老科学家多""有宗派性"。[34]这不仅阻塞了后进者的道路,而且可能使他们舍弃该团体,另行组织或参加其他团体,主要吸收国内毕业大学生、由年轻人创办的中华自然科学社在很大程度上可能有这方面的原因。这也可能是 20 世纪 30 年代中国科学社向中国专门学科团体联合会或中国科学促进会角色转换未能成功的原因之一。

也许正是因为认识到存在这样的问题,1943 年修改社章,扩展理事会成员人数,在 1944 年的选举中,一下子就吸收了卢于道、顾毓琇、王家楫、萨本栋、茅以升、张洪沅、沈宗瀚、蔡翘、郭任远、欧阳翥、李春昱等 11 个新人进入理事会,他们大多是当时学界顶尖人物,王家楫、萨本栋、茅以升、蔡翘 4 人后当选首届中央研究院院士,当然比任鸿隽等年轻得多,卢于道、顾毓琇、萨本栋、张洪沅、李春昱等出生在 20 世纪。可惜,这样的血液更换未能正常进行,直到三年后的 1947 年才进行第二次选举,曹惠群、丁燮林、曾昭抡、黄伯樵、章元善、张其昀、吴学周首次当选理事,陈世璋、姜立夫、吴宪当选候补理事。这次更替,选举了更多年纪较大的人物,只有张其昀、吴学周出生于 20 世纪,但比卢于道、李春昱等都大好几岁,其他如曹惠群、黄伯樵、陈世璋出生在 1890 年及以前。理事会成员不是年轻化,而是逆向的老年化。这可能与战后需吸收孤守上海的老一辈有关,但客观上未能使领导层进一步年轻化。虽然有曾昭抡、吴学周、姜立夫和吴宪后当选首届中央研究院院士的学界翘楚,但相比 1944 年新当选人员,这次当选者在学术水准上总体不能相提并论,如曹惠群、黄伯樵、陈世璋等基本已脱离学术界。1948 年,袁翰青、黄汲清、张孟闻、庄长恭、陈省身、赵曾珏、何尚平、伍献文等 8 人第一次进入理事会,虽更替力度已不如 1944 年和 1947 年,但除何尚平年龄较大外,其他人基本出生于 20 世纪,当时代理中央研究院数学所所长的陈省身年仅 37 岁,被举入理事会,说明中国科学社对年轻学者还是有一定的吸引力,张孟闻、黄汲清、袁翰青等也刚 40 来岁。8 人中有黄汲清、庄长恭、陈省身、伍献文后荣膺首届中央研究院院士,是所有届次中新当选者比例最高的。可以说,战后理事会成员的更替有反复。非常可惜的是,理事会成员更替似乎逐渐走上正轨时,却迎来政权变更。

可以发现,战后中国科学社在吸收学术界中坚力量方面似乎存在困难,这可能是导致中国科学社面临各种困境的一个原因。表 17 - 3 是 1952 年选举的 25 人理事会成员出生年月与社会角色,可见,此时理事大多是老人,1890 年以前出生的有秉志、任鸿隽、徐善祥、陈世璋、王琎、何尚平、张辅忠等 7 人,都在 60 岁以上,秉志、任鸿隽、徐善祥、陈世璋、何尚平等 5 人还是常务理事;1890—1900 年出生的有蔡无忌、金通尹、程孝刚、林伯遵、程瀛章、徐韦曼、杨树勋等7人,金通尹、林伯遵是常务理事;1901—1910年出生的有张孟闻、刘咸、陈遵妫、徐墨耕、蔡宾牟、王恒守、陈世骧等7人;其他4人吴蔚、吴沈钇、王镇圭、潘德孚非常年轻,仅三十多岁。按照正常的正态分布,应该1890年以前和1910年以后出生的人数应该较少,结果是老人数量远远超过年轻人,即使是1900年以前出生的人当时也已超过50岁,已度过一个科学工作者创造力盛年。1953年一次理事会上,秉志说当时社中"年龄老中小都有,如能努力,对人民和国家均有贡献。我国科学现正被政府重视,正需全国出现千千万万的像我社一样的科学组织,以协助政府提高人民科学水平"。程孝刚却全不认同,他认为"目前主持人老者较多,但吸收些青年同志来合作,则我社依旧年青,不一定以胡子长短来作比例也"。① 更为重要的是,这些理事成员的学术水准已与此前理事不可同日而语。25人中,只有秉志一位是首届中央研究院院士,程孝刚、陈世骧两位是中国科学院学部委员,其他人在科学研究上的贡献实在难说突出。因此,可以说,政权更迭后,中国科学社由任鸿隽、秉志等团聚一批老人苟延残喘地维持而已,其消亡由此可见也不可避免。

表17-3 1952年理事会成员出生年份与社会角色

姓　名	出生年份	社会角色	姓　名	出生年份	社会角色
秉　志	1886	动物学奠基人,首届中央研究院院士	任鸿隽	1886	科学活动、宣传与推进者
张孟闻	1903	动物学家	徐善祥	1882	化工学者
蔡无忌	1898	兽医学家	刘　咸	1901	人类学家
金通尹	1891	土木工程教育	陈世璋	1886	化工学者
王　琎	1888	化学教育家、化学史家	何尚平	1887	纺织蚕业工作者
程孝刚	1892	机械工程学家、中国科学院学部委员	林伯遵	1893	科学活动家
陈遵妫	1901	天文学家、天文史家	吴　蔚	1918	生化学家
吴沈钇	1914	工程管理者	徐墨耕	1908	化学教育
蔡宾牟	1910	物理教育	程瀛章	1894	化学教育
王镇圭	20世纪20年代	农学教育	徐韦曼	1895	科学工作者
王恒守	1902	物理教育	杨树勋	1899	药物化学家
陈世骧	1905	昆虫学家、中国科学院学部委员	张辅忠	1889	药学家
潘德孚	20世纪20年代	化学工程师			

①《理事会第214次会议记录》(1953年2月22日),上海市档案馆藏档案,Q546-1-72-83。

其实,民国时期科学社团的民主化进程特别是在领导层的更替上,中国科学社所表露的问题具有相当的代表性。其他社团组织在这方面也存在同样的问题,在某种程度上,正如曾昭抡所说,成了"同人化、包办化"、由某些人把持的机关。据杨钟健回忆说,中国地质学会"理事会开会,早年主持者为翁文灏先生。他显然有左右会场之极大力量,多数理事不过陪衬而已。不过,这时的国内风气,上至政府,下至民间团体,无不如此,也不能责怪少数人。事实上,就地质学会来讲,主持的人实是完全为发展此学会而努力的,并无其他杂念。近年以来,各种会务亦逐渐走向民主之途"。[35] 翁文灏在中国地质学会的地位和影响是其他任何人都不能匹敌的。

对于中国工程师学会领导层的更替,其主要领导人之一茅以升在回忆中很是自豪,但具体分析,也存在问题。1931—1948 年,中国工程师学会仅 1937 年、1944 年、1946 年或因战事紧张或因复员,年会停止召开,共召开 15 次年会,选举会长 15 任,有韦以黻、颜德庆、萨福均、徐佩璜、曾养甫、陈立夫、淩鸿勋、翁文灏、茅以升等 9 人当选,平均每人当选 1.7 次;其中曾养甫 1 人当选 5 次,颜德庆、翁文灏各当选 2 次。副会长 20 任,有胡庶华、支秉渊、黄伯樵、恽震、沈怡、茅以升、胡博渊、杜镇远、侯家源、李熙谋、顾毓琇、徐恩曾、萨福均等 13 人,平均每人当选 1.5 次。整个会长、副会长选举,共 35 次,当选 20 人,平均每人当选 1.75 次。① 更重要的是,曾养甫、陈立夫作为国民党重要的党务工作者共 6 次当选会长,而地质出身、与工程毫无关系的翁文灏也以国民政府政要当选会长 2 次,中统局长徐恩曾(电机工程出身)也曾担任两届副会长,已经完全背离了当选学术社团最高领导人是对学者最尊崇的表征这一原则。

作为模仿西方纯粹学术社团而成立的中国科学社,其领导群体的选举并没有真正体现民主精神。这一现象的出现,自然与中国社会缺乏民主传统有关。虽然留美学生

① 1931—1948 年中国工程师学会会长、副会长具体更替情况见下表:

年　度	1931	1932	1933	1934	1935	1936	1938	1939
会　长	韦以黻	颜德庆	萨福均	徐佩璜	颜德庆	曾养甫	曾养甫	陈立夫
副会长	胡庶华	支秉渊	黄伯樵	恽　震	沈　怡	沈　怡	沈　怡	沈　怡
年　度	1940	1941	1942	1943	1945	1947	1948	
会　长	淩鸿勋	翁文灏	翁文灏	曾养甫	曾养甫	曾养甫	茅以升	
副会长	恽　震	茅以升	胡博渊 杜镇远	侯家源 李熙谋	顾毓琇 徐恩曾	顾毓琇 徐恩曾	顾毓琇 萨福均	

资料来源:茅以升《中国工程师学会简史》。

们在美国时,曾实践民主精神与民主化程序,欲将之移植回国内,但这毕竟不是一件器物,说“拿来”就“拿来”。中国科学社的章程规定理事可以连选连任,而不是国外同类社团组织通行的不得连任或任期不超过几届。也就是说,中国科学社章程为上述现象的出现提供了法理基础。民国时期各种学术社团也普遍存在同样的问题,中华自然科学社董事是连选连任,中国科学化运动协会董事亦连选连任,中国科学工作者协会也是同一理路,只有中华学艺社规定董事连任不得超过两次。也许是认识到这一点,1944 年中国科学社章程修改,理事虽可连选连任,但规定以一次为限。

作为一个学术社团,充分的开放性与民主化是其正常发展与成长的先决条件。在缺乏民主传统的中国,像中国科学社这类模仿西方而创建的纯学术性社团,在民主化方面应该走在前列,为中国其他方面的民主化起示范作用。上述现象的出现,正是行走在近代化道路上的中国学术体制化所表现出来的过渡性质,传统与现代、民主与把持、开放与封闭交织在一起。

不可否认的是,学术社团的民主化进程出现这种情况也有其原因。领导群体的相对稳定,对维持社务或会务的发展有重要作用。对中国科学社而言,1918 年回国之初,老社员不关心社务,没有新人入社,社务经费奇缺。这时,稳定的领导群体对维持其生存发展至关重要。创始人等像照顾自己的孩子一样,经多方努力而走出困境。问题是,当社团的发展走上正轨后,领导群体还保持如此稳定就不利于社团的正常发展。这样就存在一个悖论:开创人不关心社务,社团就可能瘫痪乃至解散,民国时期有许多开办之初生机勃勃的学术社团很快就销声匿迹,就有这方面的原因;开创人过分关注社务,将之看成自己的“禁脔”,同样会导致社团发展缺乏活力与后劲。这一悖论的解决,既需要遵守学术发展自身的规律,又需要研究、交流、评议等学术体制化的全面建立。

当然,对中国科学社领导层更替程序也不能苛求,毕竟理事们大多是科研成就突出的科学家,社长除任鸿隽、王琎之外,也主要由成就特出的科学家担任。在一个没有民主选举意识与领导层正常更替的国度,虽说存在上述各种各样的问题,其领导层的更替应该说还是走在了历史的前列,展现了中华民族通过实践可以逐步走向民主的历史景象。

为进一步了解理事会成员更替所反映的问题及其原因,分析成员们的社会结构与社会网络,也是一个可以参考的路径。

第四节　理事会成员的社会结构与社会网络

这里还是主要以1937年前理事群体作为分析对象，仅以理事会成员的籍贯、年龄、国内外求学经历、所学学科、社会角色、与中国科学社的关系等指标，构筑理事会成员的社会结构与社会网络，力图对其更替进行社会学意义上的解释。

由本章第二节的传记材料，可以将理事会成员的社会角色、籍贯、年龄及他们与中国科学社的关系简化为表17-4。由表可以将理事会成员分为几类：第一类是长期关心社务的发展，因而长期担任理事，如任鸿隽、赵元任、竺可桢、王琎、秉志、周仁、胡刚复、杨铨、胡明复、翁文灏等；第二类是早期积极参加社务活动，后来不再关心社务，在领导层逐渐消失，以钱天鹤、邹秉文、金邦正、李垕身、张准、唐钺等为代表；第三类是因在某些事件上对中国科学社贡献较大而当选理事，但并不持久关心社务，因此担任理事仅"昙花一现"，以王伯秋、高君珊为代表；第四类是对有突出学术贡献者的奖励，以伍连德、李四光、严济慈为典型；还有一些纯粹社会名流，如胡适、马君武、胡庶华等。

表17-4　理事会成员社会角色、籍贯、出生年份及与中国科学社的关系

姓　名	社会角色与学术成就	籍贯	出生年份	与中国科学社关系
任鸿隽	科学活动、宣传与推进者	四川垫江	1886	发起人，长期担任理事、社长
胡明复	数学教育家	江苏无锡	1891	发起人，长期担任理事负责《科学》编校
赵元任	语言学大师，首届中央研究院院士	江苏武进	1892	发起人，主要领导人之一
秉　志	动物学奠基人，首届中央研究院院士	河南开封	1886	发起人，主要领导人之一，领导生物研究所
周　仁	冶金陶瓷学家，首届中央研究院院士	江苏江宁	1892	发起人，主要领导人之一
竺可桢	气象学奠基人，首届中央研究院院士	浙江上虞	1890	主要领导人之一
钱天鹤	农学家与农业行政领导人	浙江杭县	1893	早期领导人之一，后从领导层消失
邹秉文	农学家	广东广州	1893	早期领导人之一，后从领导层消失，1944年回归
唐　钺	心理学家	福建侯官	1891	1918年当选理事，后从领导层消失
孙洪芬	化学教育工作者	安徽黟县	1889	主要领导人之一

（续表）

姓　名	社会角色与学术成就	籍贯	出生年份	与中国科学社关系
孙昌克	矿业工程师	四　　川	1897	1918 年当选理事,后从领导层消失
过探先	农学家	江苏无锡	1887	发起人,主要领导人之一
杨　铨	政治活动家与学术推进者	江西玉山	1893	发起人,主要领导人之一
裘维裕	电机专家	江苏无锡	1892	1919 年当选理事,后曾当选司选委员
金邦正	从校长到商人	安徽黟县	1887	发起人,1919 年当选理事,后消失
李垕身	铁路工程师	浙江余姚	1889	1919 年当选理事,后消失
李仪祉	水利创始人事业之一	陕西蒲城	1882	1919 年当选理事,西安年会再次当选
郑宗海	教育家	浙江海宁	1891	1920 年当选理事,但很快辞去
胡刚复	物理学家、教育家	江苏无锡	1892	主要领导人之一,任明复图书馆馆长等
王　琎	化学教育家与化学史家	福建闽侯	1888	主要领导人之一,担任过社长
张　准	化学教育家与化学史家	湖北枝江	1886	1921 年当选理事,后从领导层消失
王伯秋	政治学教育工作者	江苏江宁	1884	南京社所得他帮助,1921 年当选,后消失
丁文江	地质学奠基人之一	江苏泰兴	1887	1922 年当选理事,并被举为社长
秦　汾	数学工作者转为政治人物	江苏嘉定	1883	1923 年当选理事,后从领导层消失
胡先骕	植物学奠基人,首届中央研究院院士	江西南昌	1894	生物研究所植物部主任,活跃的领导人之一
翁文灏	地质学奠基人,首届中央研究院院士	浙江鄞县	1889	主要领导人之一,曾担任社长、监事长
叶企孙	物理学家,首届中央研究院院士	江苏上海	1898	1928 年当选理事
高君珊	教育工作者	福建长乐	1893	第一位女性,捐款设立高女士奖金,后消失
钱宝琮	科学史家	浙江嘉兴	1892	1930 年当选理事,后消失
杨孝述	科学活动与宣传工作者	江苏松江	1889	主要领导人之一,长期主持日常事务
胡庶华	教育家	湖南攸县	1886	1932 年当选理事,后消失
李四光	地质学奠基人,首届中央研究院院士	湖北黄冈	1889	1933 年当选理事,后长期当选
伍连德	医学、病理学家	广　　东	1879	1934 年当选理事
丁绪宝	物理学家	安徽阜阳	1894	1934 年当选理事,后消失
马君武	政治活动家与教育工作者	广西恭城	1881	1935 年当选理事
胡　适	哲学家,首届中央研究院院士	安徽绩溪	1891	早期社员,1935 年当选理事为最好表现
严济慈	物理学家,首届中央研究院院士	浙江东阳	1901	被破格吸收为社员,第一代理事学生

由表可知,37 位理事集中了近代中国科学技术精英,有物理学、化学、地质学、生物学、气象学、工程技术等学科的奠基者与创始人,有语言学、哲学大师。当选 1948 年中央研究院首届院士的有赵元任、秉志、周仁、竺可桢、胡先骕、翁文灏、叶企孙、李四光、胡适、严济慈等 10 人。理事中也有一些科学工作推进者,如任鸿隽长期担任对中国科学影响很大的中基会总干事、董事与干事长,杨铨在中央研究院的创建与规划方面、丁文江在中央研究院评议会的成立等方面、钱天鹤在农业科学的发展方面等都做出了很大贡献。理事成员还有一些著名的教育工作者,例如胡刚复在物理学,王琎、张准在化学,胡明复在数学等,培养了大批青年才俊。但是也可以清楚地发现,中国科学社作为一个欲囊括各学科人才的综合性学术社团,还有许多杰出人才没有被吸收进入领导层,特别是逐渐成长起来的一代中坚力量,他们后来成长为中国科学界领军人物,直到 1944 年才开始吸收他们。

从理事籍贯分布看,37 名理事中江苏 11 人,当选 45 人次;浙江 7 人,当选 22 人次;安徽 4 人,当选 9 人次;福建 3 人,当选 11 人次;四川 2 人,当选 12 人次;江西 2 人,当选 11 人次;湖北 2 人,当选 3 人次;河南 1 人,当选 8 人次;广东 2 人,当选 3 人次;陕西 1 人,当选 3 人次;广西、湖南各 1 人,各当选 1 人次。理事会人数以江苏、浙江为多,这与近代社会经济发展与人才分布具有同一性。但是,江苏平均每人当选 4.1 届次,浙江为 3.1 届次,无论是当选人次还是平均当选届次,江苏都远远高于浙江。考虑到仅江苏无锡就有 4 位理事当选 17 人次,创始人中有胡明复、赵元任、过探先、周仁 4 人是江苏人,可能有地域关系在起作用。广东籍人数之少与安徽籍人数之多,是理事群体地域分布的特色,而且这与中国科学社社员人数广东远远高于安徽也不相称。这样一个籍贯分布状况,一方面固然反映了近代中国社会经济与科学技术发展的不平衡,另一方面也显示了理事的当选与地域因素有显而易见的关系。出生四川的任鸿隽作为中国科学社最重要的领导人,其他仅有孙昌克一人作为四川人当选理事,而且仅有一届,地域因素似乎在四川没有起作用。其实,任鸿隽虽然出生四川,但祖籍浙江。

从理事年龄来看,1885 年以前出生的理事有伍连德、马君武、李仪祉、王伯秋、秦汾 5 人,当选 7 人次;1886—1890 年出生的有胡庶华、任鸿隽、秉志、过探先、张准、金邦正、丁文江、王琎、翁文灏、杨孝述、孙洪芬、李四光、李垕身、竺可桢共 14 人,共当选 67 人次,平均每人当选 4.8 次,高于平均的 3.5 次;1891—1895 年出生的有赵元任、周仁、杨铨、胡刚复、胡明复、胡先骕、邹秉文、钱天鹤、唐钺、裘维裕、郑宗海、钱宝琮、高君珊、丁绪宝、胡适共 15 人，共当选 52 人次，平均每人当选 3.5 次；1896—1900 年仅有孙昌克、叶企孙 2 人，当选 2 人次；1901 年出生 1 人，当选 1 人次。可见从年龄段来看，1937 年前理事主要是由 1886—1895 年出生的人担当，共有 29 人，当选 119 人次，其中以 1886—1890 年龄段更具有优势。1898 年出生的叶企孙 1928 年当选理事时年仅 30 岁，1901 年出生的严济慈 1936 年当选董事时也仅 35 岁，但这样年轻有为的年轻人理事会中实在太少，而且叶企孙、孙昌克仅仅当选一届就基本消失，充分说明年轻人在理事会没有地位。

其实，中国各门学科由于先期留学归国者和各方面的努力，20 世纪 20 年代的后期已经有年轻的科学家们展露头角。到 30 年代，世纪之交出生的新一代科学家们已经 30 来岁，他们在各个领域已经取得了令人瞩目的成就。37 位理事中仅丁绪宝、严济慈是国内大学毕业再留学者，理事会还主要由前一辈组成。37 位理事中当选 1948 年首届中央研究院院士的，1895 年以后出生的叶企孙、严济慈都是院士；除秉志、翁文灏、李四光三人是 1890 年前出生，其余 5 人都是 1890—1895 年生人。

籍贯和出生时间是上天注定的，后天不能改变。求学经历是可以选择的，这也构成了理事成员的社会结构与社会网络。表 17－5 是理事会成员们求学经历列举。可见，37 位理事都是留学生，他们留学前都有不同的国内求学经历，在中国公学就读过的有任鸿隽、杨铨与胡适 3 人；在江南高等学堂学习过的有赵元任、周仁；唐山路矿学堂有竺可桢和杨铨；京师大学堂（包括译学馆）有王琎、秉志、胡先骕、李仪祉、胡庶华 5 人；南洋公学（包括邮传部高等实业学堂，即上海交通大学前身）有胡刚复、胡明复、裘维裕、过探先、杨孝述 5 人；清华学校（包括学堂）有钱天鹤、金邦正、李垕身、叶企孙 4 人；震旦公学、震旦学院有翁文灏、竺可桢、马君武 3 人。以京师大学堂和南洋公学人数最多，清华学校、中国公学、江南高等学堂、唐山路矿学堂等靠后。国内求学经历也构成了中国科学社发展的社会关系网络，如任鸿隽、杨铨、胡适在中国公学的同学关系是他们未来事业的最早基础。值得注意的是，有不少人还有举人、秀才这样的传统功名，如秉志为举人，任鸿隽、孙洪芬、李仪祉、张准等为秀才。

表 17－5　理事会成员求学经历

姓　名	国内求学包括传统功名	留学国别	就读大学	所学学科
任鸿隽	秀才，重庆府中学堂、中国公学	日本、稽勋留美	日本高等工业学校，康奈尔大学、哥伦比亚大学	化学
胡明复	南洋公学、南京高等商业学堂	庚款留美	康奈尔大学、哈佛大学	数学

（续表）

姓　名	国内求学包括传统功名	留学国别	就读大学	所学学科
赵元任	江南高等学堂	庚款留美	康奈尔大学、哈佛大学	数学、物理
秉　志	举人，京师大学堂预科	庚款留美	康奈尔大学	生物学
周　仁	上海育才中学、江南高等学堂	庚款留美	康奈尔大学	机械工程
竺可桢	复旦公学、唐山路矿学堂	庚款留美	伊利诺伊大学、哈佛大学	农学、气象学
钱天鹤	清华学校	美国	康奈尔大学	农学
邹秉文	北京汇文学校	美国	康奈尔大学	农学
唐　钺	福州英华书院等	美国	康奈尔大学、哈佛大学	心理学
孙洪芬	秀才，武昌文华书院	美国	宾夕法尼亚大学	化学
孙昌克	北京蜀学堂	美国	科罗拉多矿业学院	
过探先	南洋公学等	庚款留美	康奈尔大学	农学
杨　铨	中国公学、唐山路矿学堂	稽勋留美	康奈尔大学、哈佛大学	机械工程等
裘维裕	邮传部高等实业学校	庚款留美	麻省理工学院	电机
金邦正	清华学堂	庚款留美	康奈尔大学	林学
李垕身	浙江高等学堂	日本、美国	金泽第四高等学校、康奈尔大学	铁路工程
李　协	秀才，京师大学堂	德国	柏林工业大学	水利
郑宗海	浙江高等学堂、清华学校	美国	哥伦比亚大学	教育学
胡刚复	南洋公学等	庚款留美	哈佛大学	物理学
王　琎	京师译学馆	庚款留美	里海大学、明尼苏达大学	化学
张　准	秀才，武昌文普通中学堂	庚款留美	麻省理工学院	化学
王伯秋	杭州武备学堂	日本、美国	早稻田大学、哈佛大学	
丁文江	私塾就读	日本、英国	格拉斯哥大学	地质、动物学
秦　汾	北洋大学	美国	哈佛大学	数学、天文学
胡先骕	生员，京师大学堂预科	美国	加州大学、哈佛大学	植物学
翁文灏	秀才，上海震旦公学	比利时	鲁汶大学	地质学
叶企孙	上海敬业学校、清华学校	美国	芝加哥大学、哈佛大学	物理学
高君珊		美国	哥伦比亚大学、密歇根大学	教育学
钱宝琮	苏州苏省铁路学堂	英国	伯明翰大学	土木工程
杨孝述	邮传部高等实业学校	庚款留美	康奈尔大学	电工工程
胡庶华	生员，京师译学馆	德国	柏林工业大学	钢铁冶金
李四光	武昌高等小学	日本、英国	大阪高等工业学校、伯明翰大学	采矿、地质
伍连德		英国	剑桥大学	医学
丁绪宝	北京大学物理学学士	美国	芝加哥大学	物理学
马君武	上海震旦学院	日本、德国	东京帝国大学、德国柏林工业大学	化学、冶金
胡　适	中国公学	庚款留美	康奈尔大学、哥伦比亚大学	哲学
严济慈	东南大学物理学学士	法国	巴黎大学	物理学

理事中仅有留美经历的25人，先前留日后留美的3人，共28人留美，在理事中占据绝对地位，达75%以上；当选109人次，占84%以上，平均每人当选3.9次。留欧的有9人，其中3人先前还留学过日本，当选20人次，平均每人当选2.2次。这说明中国科学社理事会组成以留美学生为主，留欧学生为辅，在其间的地位与作用也是留美学生占绝对主导。没有一位纯粹的留日学生当选理事，这与其社员组成上也是相一致的。留美28人中，13人为1909—1911年的三届庚款留美生，2人为后来清华留美，庚款官费留美占主导地位。13位庚款生中秉志、周仁、赵元任、胡明复、过探先、金邦正等为发起人，他们与竺可桢、胡刚复、王琎、杨孝述等10人成为未来中国科学社重要的领导人，特别是杨孝述长期担任总干事，成为中国科学社日常事务的主持人，他们当选理事届次共66人次，平均达6.6次；其他官费与私费留美不能与庚款留美相提并论。在留美类别上也存在明显的社会关系网络。

留美学生中有14人曾在康奈尔大学就读过，有9人曾在哈佛大学获得学位，4人曾在哥伦比亚大学获得学位，3人在麻省理工学院就读，其中有4人是从康奈尔大学转到哈佛大学，2人从康奈尔大学转到哥伦比亚大学。这说明在留美学校方面，理事们主要来源于中国科学社创建地康奈尔大学，这又是一个必须考虑的社会关系网络指标。扩大一点看，康奈尔大学、哈佛大学、哥伦比亚大学、麻省理工学院就读过的有23人之多，占据绝对地位。在留美同学网络中也存在着留学学校的“马太效应”。

从留学学科来看，按当时分类，物质科学方面数学2人、物理5人、化学4人、地质学3人、气象学1人共15人；生物科学方面生物学（包括心理学）3人、农学4人（包括林学）、医学1人共8人，工程科学10人，社会人文科学（包括哲学、政治学、教育学）共4人。说明理事会群体主要以习科学者组成，其中又以习物质科学的为特征。虽然中国科学社从创建伊始就宣称它是一个囊括所有学科，包括人文科学在内的一个学术团体，但社会人文科学在其间并不占据重要位置。

具体分析这些理事后来所从事的职业即社会角色，情况又有所变化。从事物质科学的有12人，真正有研究成果仅有竺可桢、翁文灏、丁文江、胡刚复、叶企孙、严济慈、李四光等人；从事生物科学仅有5人，真正有科学成就的仅有秉志、胡先骕与过探先等；从事工程技术工作的有6人，有成就者周仁、李屋身、裘维裕等。其他人基本上是改行从事其他工作，如任鸿隽、杨铨根本“学非所用”，从事的是科学管理与推进工作，与最初所学关系不大；金邦正最后经商，秦汾、钱天鹤等从政，赵元任从物理学改换为语言学，钱宝琮从工程改为数学史；也有些人社会角色多次转变，如孙洪芬回国从事科学教育，后转任中基会，再转任农林部或银行职务等。

理事会成员的社会结构与社会网络表明，当选中国科学社理事，地域因素起相当重要作用；从年龄上看，严重地阻隔了年轻一代进入领导层；在国内求学经历、留学国别与就学大学等方面，存在明显的社会关系网络；在所学学科上以自然科学为主。也就是说，在这样一个所谓的纯学术社团中，其实并不仅仅是以学术贡献大小和对社务的关心程度来选举理事的，其他关系诸如同学、留学国别、所学学科、籍贯等都是极为重要的考量因子。这虽然可能是任何一个组织都不能避免的社会结构与社会网络，但是对一个纯学术社团，却未必合适。

理事会成员这样的社会结构与社会网络，在团聚社员与人才方面、在资金筹集与社务发展上功不可没。但是，如果一个学术社团不是以学术成就的大小、对社务关心参与的程度作为标准来选举其领导层，那么这个社团的正常发展可能会出现问题，这也许是20世纪30年代中国科学社试图向中国科学促进会或中国专门学会联合会这样的角色转换没有成功的原因之一。因为领导层没有相当全面地聚集全国学术界的真正精英，由一些老面孔控制把持，其他任何社团组织或个人自然也不愿意成为其中的一员。严重的是，中国科学社这方面的问题，其他社团也同样存在。因此，中国科学社和其他任何团体都不可能成为中国科学界的唯一领袖团体。这样，作为制衡政府强力的民间力量——科学社团最终不能统一，自然不能成为制衡政府的力量，在与政府的对抗中处于十分不利的位置，这对民国科学技术的发展产生了相当不利的影响。

作为一个模仿西方学术社团而建立起来的近代组织，中国科学社在许多方面仍然不能脱离传统习惯与势力的侵袭。正是在这种意义上，可以说中国科学社领导层理事会的变迁与发展是处于近代与传统之间，采取了近代性的民主选举形式，也规定了相当民主的选举程序，但实际的组成仍然不能摆脱传统的束缚。这也许是科学社团在近代中国这样一个急剧变动社会中必须经历的演化过程与必须接受的宿命。

上述社员群体与领导层的社会结构与社会网络分析，如果能与其他综合性社团如中华学艺社、中华自然科学社，专门社团如中国数学会、中国物理学会、中国化学会等团体进行对比研究，必将丰富思考的路径，分析结论也许更具有说服力，对近代科学社团及其科学自身的发展可能提供更为广阔的背景，这将是未来关注的研究方向之一。

上面主要分析了理事会成员的变迁情况和他们的社会结构与社会网络，他们作为一个群体自然对中国科学社的影响很大，对中国科学的发展也有其功勋。但是，对中国科学社的发展来说,许多当选为理事的人并不是很关心社务。真正促进社务发展的,应该是那些长期关心社务的人,他们才是中国科学社发展的核心成员,下章将以个人传记的方式分析这些核心成员及其他一些具有特殊意义的领导人,以进一步了解近代中国科学发展与社会变迁之间的关系。

参考文献

[1] 本社三十周年纪念大会暨二十四届年会记. 科学,1944,27(9-12):71-72.

[2] 司选委员会报告. 社友,1947,第75期:1.

[3] 理事会第167次会议记录(1947年10月31日). 社友,1947,第(78-79)期:2.

[4] 司选委员会通告第二号,司选委员会第三号. 社友,1948,第87期:1-2.

[5] 本社三十七年度监事理事题名. 社友,1948,第(89-90)期:2-3.

[6] 孙洪芬先生事略//胡健国. "国史馆"现藏民国人物传记史料汇编·第28辑. 台北:"国史馆",2003:222-225.

[7] 余姚市政协文史资料委员会. 余姚文史资料·第13辑(近代现代人物). 1995:137.

[8] 沈飞德. 民国第一家:孙中山的亲属与后裔. 上海:上海人民出版社,2002:245-246.

[9] 秦宝雄. 往事杂忆:从父亲秦汾和丁文江先生谈起//刘瑞琳. 温故21. 桂林:广西师范大学出版社,2012:170-187.

[10] 中国人民政治协商会议江西省都昌县委员会文史委. 都昌文史资料·第8辑(历代人物专辑:都昌历史名人). 2008:385-388.

[11] 汪新. 中国民主党派名人物. 南京:江苏人民出版社,1993:384-387.

[12] 李新,孙思白,朱信泉,等. 中华民国史·人物传·第2卷. 北京:中华书局,2011:957-962.

[13] 徐善祥. 忆曹梁厦老友. 科学,1957,34(2):127-128.

[14] 黄伯樵先生传略//胡健国. "国史馆"现藏民国人物传记史料汇编·第30辑. 台北:"国史馆",2006:371-375.

[15] 吴义. 化工专家陈聘丞. 嘉定文史资料·第22辑. 2005:74-76.

[16] 傅润华. 中国当代名人传. 世界文化服务社,1948:248-250.

[17] 中国近代纺织史编委会. 中国近代纺织史研究资料汇编·第12辑. 1996:54-55.

[18] 顾翼东. 化学词典. 上海:上海辞书出版社,1989:695.

[19] 中国科学技术协会. 中国科学技术专家传略·农学篇·养殖卷1. 北京:中国科学技术出版社,1993:153-164.

[20] 复旦大学校史编写组. 复旦大学志·第1卷. 上海:复旦大学出版社,1985:468-473.

[21] 马继红. 淡泊生涯伴水烟——记生物学家吴蔚//华夏妇女文化发展中心. 中华妇女风采录. 成都:四川人民出版社,1994:176-191.

[22] 本书编委会. 同济大学教授录. 上海:同济大学出版社,2007:1017-1018.

[23] 刘卫东. 河南大学百年人物志. 郑州:河南大学出版社,2012:341.

[24] 复旦物理系. 风雨春秋物理系. 2005:14-15.

[25] 汕头市文史委员会. 汕头文史·第12辑(科技英才:旅外潮籍科技人物). 1994:243-244.

[26] 杭州市余杭区地方志编纂委员会. 余杭著名人文自然. 北京:方志出版社,2005:487.

[27] 级友联谊会. 六十年回顾:纪念上海交通大学1938级级友入校六十周年. 1994:323.

[28] 中国科学社第十二次年会记事. 科学,1927,12(11):1625.

[29] 中国科学社记事:本届理事选举结果. 科学,1927,12(11):1655.

[30] 哈代,维纳,怀特海. 科学家的辩白. 毛虹,仲玉光,余学工,译. 南京:江苏人民出版社,1999:

39－40.
[31] 曾昭抡.中国化学会前途的展望//一代宗师——曾昭抡百年诞辰纪念文集.北京:北京大学出版社,1999:17－18.
[32] 茅以升.中国工程师学会简史//政协全国委员会文史资料委员会.文史资料选辑・第100辑:144.
[33] 巴伯.科学与社会秩序.顾昕,等,译.北京:生活・读书・新知三联书店,1991:142－143.
[34] 樊洪业,等.黄宗甄访谈录.中国科技史料,2000,21(4):316－324.
[35] 杨钟健.杨钟健回忆录.北京:地质出版社,1983:164.

第十八章　领导层分析:以人物传记为中心

1923 年 6 月,就中国科学社当年在杭州召开的第八次年会,时任社长任鸿隽不断致函书记杨铨往还商讨。诸如因浙江省立第一中学与第一师范“成对抗势”,若拉第一师范校长何炳松入社,“不能不拉”第一中学校长黄人望入社。虽然他们更看重何炳松,希望他负责筹备年会。何炳松应允后,开始讨论年会通俗演讲,分为社员与社外两种,社员由竺可桢担任,社外“在上海约人当较易也”。对在杭州的社员,任鸿隽以为“尽可派定职事,不必先与商量也”,以更好地筹备年会,而且希望杨铨“主持速办为要”。任鸿隽在 27 日函中说:

年会委员长为谁?请示知,以便有事与之接洽。弟今日特访精卫,欲请其到年会讲演,乃又值其赴杭,俟其回时当再往也。孑民先生如能留,不出国约其一往亦佳。本社社员方面讲演不知已有准备否?大概本年年会委员人数虽多,太嫌散涌,非有一得力之委员长不易集事。藕舫如何?能担任否?

年会会程大致确定后,任鸿隽在上海与胡明复、胡刚复和周仁等讨论修改后,寄给何炳松,请其审订。讲演人暂列汪精卫、马相伯、马君武三人,“将来如不能到,即由社员代替”。年会事宜大致底定后,30 日任鸿隽致函杨铨说:

年会期【时】间已由弟暂决定八月十日至十四日,昨已将会程寄杭征同意,大约只待时间、宿舍两项决定即可发表,其余讲演等不妨暂定将来,固可任意改窜也。年会委员长照排列次序似属何柏丞,但恐彼不肯任耳。张君谋君为瑞士化学博士,弟已去信请其预备论文及讲演,此人亦应使其负重要职任。昨奎垣来谈,言此次过津拟约经利彬君到会,并云周美权君亦应约其到会,并在年会中略任事务,将来于募建图书馆尚须望彼出力也。其余应办之事请兄记下,来沪时面商一切可也。[1]

从一次年会的筹备,大致可以看出中国科学社中各种人物在其中扮演的角色,正如任鸿隽所言,董事们大多处于“被安排”的被动地位,虽然他们也可以变被动为主动;真正起领导作用的是任鸿隽、杨铨、竺可桢这样的理事会成员。中国科学社的领导层包括董事会成员与理事会成员,但对中国科学社发展影响较大的是其核心成员,包括历任社长任鸿隽、丁文江、翁文灏、竺可桢、王琎,中国科学社生物研究所主持人秉志、胡先骕、钱崇澍,中国科学社总干事杨孝述、卢于道,《科学》编辑部长(主编)杨铨、刘咸、张孟闻,明复图书馆馆长胡刚复,对中国科学社早期发展贡献很大的胡明复、过探先,长期担任理事会书记或会计的赵元任、周仁等。当然,董事会(包括后来的监事会)对中国科学社的发展也有其重要作用,例如蔡元培、张謇、胡敦复等在中国科学社搬迁回国后的支持,孙科在经费上的用力,宋汉章等对基金的操持。另一些理事会成员虽然对中国科学社发展影响不是很大,但对中国科学的发展有重要贡献,个人经历也有典型意义,如曾昭抡、钱天鹤等。从对中国科学社乃至整个中国科学的发展来说,这些人可以分为几种类别。一是科学组织的行政管理者,他们虽科学出身,有些人甚至取得了相当的科学成就,但以科学规划、科学管理影响中国科学发展名世,而不以科学家角色垂名,任鸿隽、杨铨、钱天鹤、杨孝述等为代表。二是科学家和科学宣传教育家群体,他们以卓越的科研成就和科学教育对中国近代化做出了重要贡献,虽有些人如翁文灏、竺可桢等都担当过重要的行政职务,也留下了深深的历史印迹,但主要以科学家角色在中国近代科学史上定位。三是一些社会名流,主要是董事会成员,中国科学社通过他们扩大了社会影响,获得了发展的资源。每类科学工作者都对中国科学社的发展和整个中国近代科学的发展做出各自不同的贡献,下面选取这几类人物的典型进行个案分析,进一步了解他们对中国科学社乃至整个中国科学发展的具体贡献、社会是如何促进与限制他们科学才能的发挥,并试图通过这些人物传记探讨科学技术与社会变迁之间较为复杂多变的互动关系。

第一节　领导规划中国科学发展:组织行政管理者

中国科学社作为民国时期影响最为广泛和深远的综合性学术社团,自然得益于其行政领导人的努力。下面选取不仅对中国科学社的发展贡献很大,而且在整个民国科学组织管理上也有重要作用的任鸿隽、杨铨、钱天鹤三人为例,具体分析他们在中国科学发展史上的作用与影响。

一、从“革命救国”到“科学建国”：任鸿隽尽瘁于推展科学的一生

任鸿隽①（1886—1961），字叔永，祖籍浙江归安（今属湖州），生于四川垫江（今属重庆）。与当时绝大多数读书人一样，任鸿隽 6 岁进学，读朱熹集注的四书，第一部是《论语》，“这一部四书，加上朱子集注，足足有十几本，叠起来差不多有一尺高，这可把六岁的小孩子骇倒了”。也学作八股文，以参加科举。1904 年，18 岁的任鸿隽冒籍巴县参加科考，在一万多名童生中名列第三，成为最后一代秀才。时世毕竟不是采菊东篱、从容论道的时代，甲午战败、割地赔款的消息也传到了垫江，任鸿隽开始阅读《盛世危言》《时事新编》一类著作，得知国家之多艰。新的气息也在垫江弥漫，算学成为 1898 年开办的书院课程，所谓“中西兼备，新旧两全”。任鸿隽中秀才那年考入的重庆府中学堂，更是汇聚了留日学生、新学堂毕业生和革命党人，不仅传授新知识，有算学、物理、化学、英文等课程，而且教员学生一律短装，上体操课，进行军事训练。在这里，任鸿隽从革命党人杨庶堪②游，读梁启超《新民丛报》、孙中山演说小册子，“渐不以校课为满足，而时时作改革运动”，革命的种子悄然植下。[2]171

1905 年以短期师范班毕业，次年春到重庆开智小学和私立重庆中学教书一年。1907 年到上海入中国公学。中国公学是“革命党的大本营”，虽程度仅中等，但“乐其与己见相合，故即居之”。任鸿隽入学后第一件事是剪辫易服，“虽由此冒革命党之嫌疑，不顾也”。在这里，任鸿隽结交大批朋友，如胡适、杨铨、张奚若、朱经农、但懋辛、傅友周等。中国公学虽然满足了任鸿隽革命的欲求，但毕竟是个中等程度的学校，而且他继续待在上海的经费也没有了，于是在朋友的帮助下，翌年东渡日本。③

1909 年，任鸿隽考入东京高等工业学校，选习化学，中学阶段乃告一段落，成为

---

① 目前关于任鸿隽的研究已有不少成果，具体参阅拙文《中国科学社研究的历史、现状与展望》（《中国科技史杂志》2016 年第 2 期），这里不再赘述。

② 杨庶堪（1881—1942），名先达，字品璋，后改沧白，四川巴县人。1905 年入同盟会，担任重庆支部领导人。其后，以教员、学校监督身份为掩护，进行反清革命活动。辛亥革命后，曾任四川省省长、广东省省长、北京政府司法总长等职务。后隐居上海，抗战期间为避汪伪政权强行拉拢，抱病经香港回重庆，1942 年 8 月病逝。为纪念他，重庆府中学堂旧址改建为“杨沧白先生纪念堂”，炮台街改名为“沧白路”。杨庶堪也是一位才华横溢的诗人，“开国有诗人，沧白杨夫子。秀句兼丰功，辉映同盟史”是他一生真实的写照。有《沧白诗抄》《杨庶堪诗文集》《沧白先生论诗绝句百首笺》等传世。

③ 胡适作《中国公学校史》说：“有时候，忽然班上少了一两个同学，后来才知道是干革命或暗杀去了。如任鸿隽忽然往日本学工业化学去了，后来才知道他学制造炸弹去了；如但懋辛也忽然不见了，后来才知道他同汪精卫、黄复生到北京谋刺摄政王去了。”胡颂平编著《胡适之先生年谱长编初稿》第 1 册，（台北）联经出版事业公司，1984 年，第 66 页。

晚清政府的“官费生”。同时加入同盟会,担任同盟会四川分会书记、会长等职,积极从事革命活动。此外,从章太炎习国学,“在学问方面,自己认为值得的,恐怕是从章太炎先生读了几年国学”。同学有钱玄同、朱希祖、马裕藻、马叔平、沈士远、沈尹默、沈兼士等,他们后来大多成为著名的语言文字学或历史学方面的专家。[3]

武昌起义后,任鸿隽弃学回国,参加革命。南京临时政府成立,担任临时大总统秘书,秘书长为胡汉民,与吴玉章、萧友梅、张季鸾、杨铨、谭熙鸿、冯自由、李书城等共事。南北议和后,临时政府解散。与时人奔走于官场、亟亟于利禄不同,与大多数革命者在新秩序中以胜利者自居不一样,任鸿隽毅然抛弃通过革命奋斗得到的高位,选择了留学美国继续深造的求知道路。每个人的一生都面临许许多多的选择,任鸿隽弃官从学是他人生轨迹的重大转折,从此,他从一个“暴力革命”的青年行动者转变为“科学建国”的实行者,“国家建设”成为他终生不渝的志业,之后的无数次选择都以此为基准点。

与张元济等辈戊戌维新以后被迫脱离官场,走上“为祖国谋文化上之建设”道路不一样,①任鸿隽自愿脱离宦海,主动离开官场;与另一些革命党人在袁世凯暴露其面目以后继续进行暴力革命不一样,任鸿隽没有重操“旧业”;与杨铨等弃官从学,后来再次“抛弃苟全乱世之教读生涯,恢复十年前之国民革命生活”不一样,任鸿隽从此心无旁骛,走上了专心一致的国家建设道路,以科学为平生志事,不再顾盼官场。“为官作宰”是中国社会最为重要的资源,任鸿隽疏离官场,在相当意义上也就放弃了对许多“资源”的处置与分配权,这对他未来科学推展事业的进行必将产生相当重要的影响。② 当然,从官场中心退居边缘,也在一定意义上“远离了无谓的彷徨、幻灭和大起大落,……意味着另一种选择变得现实了”。[4]因为在中国,政治只有党,只有派,只有系,只有利益,没有是非,没有对错,没有原则,只要求目的与结果,不考虑手段与过程。任鸿隽远离政治,投身于科学事业,对他自身、对中国近代科学事业,实在是“幸莫大焉”。当然,我们也应看到,中国近代社会毕竟不是一个民主社会,政治强力所附带的丰厚资源,自然是民间事业所不断争取与依凭的。因此,任鸿隽曾经的为

① 关于张元济戊戌维新后之道路选择,周武兄在《张元济:书卷人生》(上海教育出版社,1999 年 5 月)中有极其精当的分析。

② 如果任鸿隽选择了以“官”推展中国科学事业,其结果如何不得而知。在中国社会,这确实是一个悖论,进入官场,大量的精力与体力浪费,但没有“官”的支持,许多学术事业又无法展开。这也许是目前学术界存在大量“学官”“资源主编”的原因之一。

官经历及与官场结下的广泛的社会网络，对他日后事业的扩展也产生了极大的影响。

出国前，任鸿隽在唐绍仪内阁作秘书，看到开会时肩负国家重任的“衮衮诸公，除了闲谈一阵无关重要的话外，竟难得看见有关国计民生的议案”，感慨言之：“这样的国务员，即送与我，我也不做了。”①厌弃做官之念愈益坚决。唐内阁垮台后，到北方革命党人的机关报天津《民意报》作编辑，同事有何鲁、杨铨等。他们办报自然与袁大总统过不去，袁乃通过法租界把报纸给查封了，曾请孙中山与袁通融复刊，未获成功。不久，“放洋”时间已到，报馆生涯暂告结束。

留美前，任鸿隽在其革命生涯中，已结交了各式各样的人物，如政界大佬胡汉民、熊希龄、汪精卫，教育界名流章太炎、蔡元培，同辈学人杨铨、何鲁、胡适，还有谭熙鸿、吴玉章等，编织起较为广泛的社会网络，成为他后来创建并维持发展中国科学社、推展科学事业的重要社会资源。

1912 年冬天，任鸿隽与杨铨等人以稽勋名义留美入康奈尔大学，从此，在他个人的生命中，“开始了一个新的阶段”。任鸿隽回忆他选择康奈尔大学的缘由时说：

吾等何以独赴康校？以同行诸人志习政治经济及社会科学者为多，独吾与杨君志在科学，康校在美国，固以擅长科学著称，且是时胡君适之已在此校，时时以康校风景之美以相劝诱，吾等遂决计就之。……盖吾人出外游学，于所学功课外，尤应注意两事：一为彼邦之风俗人情，一为朋友之声应气求。是二者皆于每人之学成致用有绝大关系，康校于此二者皆曾与我以难得机会。[2]177-178

他选择康奈尔大学，一是该校以科学闻名；二是这里有他的朋友们，可以切磋技艺，互相促进。正是在这里，他与杨铨等创立了中国科学社，开始了宣扬、传播科学的征程。康奈尔大学毕业后，任鸿隽又到哈佛大学、麻省理工学院和哥伦比亚大学深造，最终获得化学硕士学位。

美国经历使他对科学的理解更为深刻，铸成了他的科学观念。他认为所谓科学，并不是什么数学、物理、化学、生物学这些具体的门类，而是“西方近三百年来归纳方法研究天然与人为现象所得结果之总和”。在他看来，只要是运用科学的方法进行的研究，无论是相关自然界还是人类都是科学。“故所谓科学者，决不能视为奇巧淫

① 他还举了一个例子，当时第一等的外交人才陆徵祥从驻俄公使任上回国，在第一次国务会议上，不是谈论国际外交情势，而是大谈外国女人的长裙是如何优美，上海外国女人所穿衣服是爬山服。当然，茶余饭后谈谈这些也未免不可，若在正式会议上作如是状，确实该“打屁股”。参见“前尘琐记”，《任以都先生访问记录》第 163 页。

技或艺成而下之事，而与吾东方人之用考据方法研究经史无殊，特其取材不同，鹄的各异，故其结果遂为南北寒燠之互异耳。”他认为中国的考据具备科学方法与精神，只是因为取材的对象和所期望的目标不同，得到的结果自然大相径庭。① 因此，对西方科学的介绍要取整体主义的态度：“盖科学既为西方文化之泉源，提纲挈领，舍此莫由。绍介科学不从整个根本入手，譬如路见奇花，撷其枝叶而遗其根株，欲求此花之发荣滋长，继续不已，不可得也。”[2]179

学习之余，任鸿隽发挥他在留学生中年岁较长、经验丰富的优长，广泛参与留学生界的活动，担任《留美学生季报》主笔，发表言论，倡议中国建立“学界”。任鸿隽认为“学界”的有无与一国的强弱有极大关系：“吾人试一盱衡当世，其能杰然特出，雄飞大地之上者，必其学术修明之国也。其茶阘不振，气息奄奄，展转于他人刀砧之上者，必其学术荒芜之国也。”[5] 国家安定、国人诚心向学是建立学界的基本前提，组织学会是建立学界的根本。他批评民国以来，国人虽知建设重要，但共趋政治一途，“于学界前途，未尝措意”“侈言建设而忘学界，是犹却行而求前也”。正是在这种思想关照下，他与他的同道们创立了中国科学社，并开始在中国绍介、传播、普及西方科学知识，呐喊进行科学研究，将科学真正移植到中国，使科学本土化、中国科学走上独立自主的发展道路。由此形成了当时与白话文运动旗鼓相当的革新运动——科学救国运动，任鸿隽在其间的作用与贡献自然不可磨灭。[6]192

与时人“科学救国”理念主要停留于“技术救国”层面不一样，任鸿隽将追求科学真理、进行纯学术研究看作科学家的本质特征。早在 1914 年发表《建立学界论》《建立学界再论》中，他就鲜明地指出，中国科学要发展，国人必须诚心向学：“是故建立学界之元素，在少数为学而学、乐以终身之哲人，而不在多数为利而学、以学为市之华士。”他批评当时留学生留学只为求出身，得学位，“故方其学也，不必有登峰造极之思，唯能及格得文凭斯已耳。及其归也，挟术问世，不必适如所学，唯视得钱多者斯就之已耳。故有学文科而办铁路，亦有学机械而官教育者”。他特别看重科学的“求真”精神与本质，曾反复阐述与论说(参阅本书第十四章)。

任鸿隽也积极参加当时各种相关科学的论争，为科学辩护。自梁启超《欧游心

---

① 任鸿隽这一观点与胡适对清代考据学的看法基本相同，胡适为此还专门作文《清代汉学家之科学方法》在 1919 年的中国科学社杭州年会宣读，后来收集在《胡适文存》第 2 卷中，名为《清代学者的治学方法》。这是胡适著名的“大胆假设，小心求证”提法的源头，也是他后来一再述说的话语，对于今天的学术研究与发展还具有不可估量的作用，可供后来者进一步体念与思索。

影录》发表以来,"科学破产论"开始在中国蔓延流行,终致"科玄"论争于1923年爆发。任鸿隽站在以丁文江为代表的科学一派,被郭颖颐作为经验论唯科学主义论者出现在被广泛征引的著作《中国现代思想中的唯科学主义》中。① 他发表文章指出"科学破产论"的荒谬,说鼓吹"科学破产论"者不过是"一二神经过敏之人"。战后国际科学发展的趋势表明,在充分享受科学益处的西方,"科学在性质上、组织上,皆有扩充之势,无萎缩之兆;有调和之机,无冲突之患"。那些因第一次世界大战而问罪科学并预言科学将衰落者,既不了解科学自身,也不了解世界科学发展大势。因此,对1923年前后中国的科学发展充满忧患意识:"以地大物博之我国,科学既鲜有发明,科学团体之组织复不见进步,……不知将以科学破产之言自欺欺人以自耶?抑将自绝于人文之域,不为当世智识界之增进尽一份人类应具之责任也?"[7]

作为中国科学社的灵魂,任鸿隽在《科学》上发表了大量文章,这些文章可以分为五类。第一类是科学通论,如《说中国无科学之原因》《科学家人数与一国文化之关系》《科学与实业》《科学与近世文明》《科学与教育》《科学精神论》《科学方法论》等,这部分文字后来大都收集在由中国科学社出版的《科学通论》中。第二类相关专门学科,任鸿隽的专业是化学工程,所以他主要关注化学,集中在新化学元素的介绍与化学名词的审定等方面,如《化学元素命名说》《1917年万国通行原子量委员会报告及原子量表》《电流镀镍法》《说铝》《空气中硝素之固定法》《无机化学命名商榷》等。第三类是科学的应用,如《化学于工业上之价值》《欧洲制糖工业发达史》等。第四类是科学史,如《外国科学社及本社之历史》、"近世化学家列传"专栏中如拉瓦锡、道尔顿、戴维、李比希等人传记。第五类是呐喊和鼓吹在中国进行科学研究,如《何为科学家》《科学与发明》《发明与研究》《发展科学之又一法》等。②

第一类文字对中国人正确理解科学有大贡献,在相当程度上扭转了当时国人对科学的妖魔化理解。第四类能激发中国人学习科学的兴趣,第二、三类也有其自身的历史作用与地位。相形之下,提倡科学研究的第五类文字是当时科学宣传与呐喊中最为特出的声音,对近代中国科学影响最为巨大,却是今日论者甚少注意的方面。研

---

① 自从郭书为江苏人民出版社以"海外中国研究丛书"之一种出版以来,引发了中国学界有关中国唯科学主义之研究潮流。值得注意的是,撇开观点不说,是书有关任鸿隽的述说有不少史实错误,诸如任鸿隽是数学家等。

② 杨翠华将任鸿隽这些文章分为"通论""专门"和"应用"三类,见《任鸿隽与中国近代科学思想与事业》第301-302页。笔者的分类受其启发,谨以致谢。

究者们大多从思想史的角度研究五四时期的科学，没有从中国近代科学技术的具体发展切入，这一“理路”自然很难厘清五四时期科学宣传者在近代中国科学发展史上的重要地位。思想只有在它生根发芽后才具有真正的作用，科学思想也只有在科学有了相当发展的基础后，才能产生真正的社会影响。只有进行实实在在的科学研究，中国科学才能生根发芽，才不会停留于“空谈”与“清谈”。

任鸿隽一再指出科学的发展需要科学家们进行艰苦的科学研究，勉励国人用正确的方法进行独立的科学研究。在他心目中，专门的研究机构是科学发展的源泉，法国巴黎的巴斯德研究所和镭学研究所为典范。因此，他与同道先后在南京和北平创设了专门的生物学研究机构——中国科学社生物研究所和静生生物调查所。

除领导中国科学社发展中国科学事业外，任鸿隽还担任过其他一些推动中国科学发展的职位。1920 年秋应蔡元培聘任北京大学化学系教授，不久受教育总长范源廉邀请，兼任教育部专门司司长，由于主张一人一时只任一事，乃辞去北京大学教职，专任司长。[①] 在教育部任职期间据说对教会学校有些“不恭”，致使后来不能进入此类学校做事。[②] 次年因范总长去职，他也一同进退。1923 年冬任东南大学副校长，1925 年辞职。当年夏天，范源廉就任中基会董事兼干事长，邀请他担任专门秘书，从此介入中基会工作。1935 年出任四川大学校长，1938 年继庄长恭为中央研究院化学研究所所长，不久兼任中央研究院总干事。他在四川大学的作为被给予很高的评价；[③]在中央研究院的工作几乎没有得到应有的估量。下面仅看看他在中基会是如何推进中国科学发展的。

当范源廉邀请他时，他考虑到自 1918 年回国后，“以发展科学之重要强聒于国人

---

① 任鸿隽说：“余生平作事有一信条，即一时只任一事，必不脚踏两只船以自便而误事。盖吾见当时事业之败坏，由于一人之包揽而不负责者占其大半。”见“五十自述”，《任以都先生访问记录》第 183 页。

② 1925 年“东南大学易长”风潮时，任鸿隽是副校长，夹在两派中间，左右为难，于是他的朋友们都劝他辞职。朱经农想介绍他到沪江大学任国文部主任或化学教授，结果因为“教会学堂因为叔永作专门司长的时候，对他们太严厉，疑他反对教会学校，所以进行竟不顺利”。参见《胡适来往书信选》（上），第 319 页“朱经农致胡适函”。

③《四川大学史稿》（四川大学出版社，1985 年）名任鸿隽掌校时期为“学校的革新与发展”，从人才聘请和教学改革等方面对其在四川大学的工作做了极为详尽的梳理。最新研究成果，参阅王东杰《建立学界　陶铸国民：四川大学校长任鸿隽》（山东教育出版社，2012 年）。据说他在四川大学的所作所为并不为蒋介石赏识，而且中央也有人因他不愿担任四川省教育厅厅长而不满意。因此后来竺可桢曾多次推荐他接任浙江大学校长，都未获成功。樊洪业主编《竺可桢全集》，第 6 卷第 259、267 页，第 8 卷第 56 页。

之前,顾响应者寡,苦无力以行其志。今得此有力机关,年斥百余万金钱,以谋科学事业之发展,是真吾所寤寐以求,且以为责无旁贷者也”。自回国以后,任鸿隽一直致力于中国科学的发展,可七八年间,成效甚微,被中国科学社领导层寄予厚望的5万元基金募集也极不理想。因此,当有机会支配大批款项发展科学事业时,其心中的愉悦自然是不能述说的,于是欣然应召。1925—1935年,他由专任秘书而执行秘书、副干事长,再干事长兼董事,同时担任科学研究补助金及奖励金审查委员会当然委员、社会调查所委员会委员长、国立北平图书馆委员会委员长、静生生物调查所委员会委员长等,成为中基会的重要领导人和实际负责人。将中基会事业,“由纯粹保管款项机关进而为推进科学文化之有力组织”。1935年以后,他继续担任中基会董事、静生生物调查所委员长等。1942年1月,中基会成立非常时期委员会,被举为干事长兼会计,再次实际负责中基会工作。①

在中基会的二十多年间,他努力践行发展科学的理想,陈衡哲也认为其夫君留美回国的事业中,“尤以中基会为最能使他发展其对于科学的抱负与贡献,……他曾利用中基会的经济辅助,尽量的在全国各大学去奖励科学的研究与工作;又遣送有科学天才的青年,到欧美去留学。对于国内的科学研究事业……他也尽力的给予经济及道义上的支持”。[6]193 中基会在科学教育方面,以培养中学师资为重点,在大学设置若干“科学教席”;在科学研究方面,在人才设备已有基础的科研机关设置“研究教授”,延请名家进行科学研究,翁文灏、李济、秉志、庄长恭、陈焕镛、葛利普、胡先骕等分别作为地质调查所、中央研究院史语所、中国科学社生物研究所、中央研究院化学所、中山大学农林植物研究所、地质调查所古生物研究室、静生生物调查所专家担任过此职;另外还设置“研究奖学金及助学金”,以培养鼓励人才,华罗庚、裴文中、黄汲清、吴大猷、陈省身、钱思亮等大批青年才俊借此施展才华;在科学应用方面,对农、工、医等方面以集中原则予以补助。中基会对中国科学事业最大的推动应该是与尚志学会合作成立的静生生物调查所、派遣大量留学生出国学习和资助大量的科学研究课题。②

正如任鸿隽自己所说,他以过渡时代之人物,“初时沉没于科举学校之潮流,继乃辗转于普通中学之限制,迄至生年二十有九,始正式在外国大学毕业。是时已人事

① 参阅赵慧芝《任鸿隽年谱》。

② 关于中基会对中国科学发展的影响,参阅杨翠华专著《中基会对科学的赞助》(“中央研究院”近代史研究所专刊,1991年)。

复杂,聪明消磨,学业之终无所成”。终其一生,他并没有像他一直宣扬的那样,在实验室进行科学研究,而是致力于科学事业的宣传与推展,以救国建国。政权转换之际,因子女三人都在美国,任鸿隽夫妇在选择上可能有犹豫、彷徨,但最终未离开大陆。据说他们都有记日记的习惯,可惜这些珍贵记录不知所踪。他们留下的大量照片也在“文革”期间被红卫兵们撕成一条一条地扔进了水盆,以致在美国的大女儿任以都认为这些“袭击”其母亲家的红卫兵,可能是些假借名义的“地痞流氓”。① 因此要真切地理解任鸿隽1949年前后的心态变化是一个难以解决的历史问题。

据任以都推测(后来也得到了她母亲同意),像任鸿隽夫妇这样有机会“出走”而选择留在大陆,主要是与他们一生的信条有关,他们要为国家做点事:

在他们心目中里,中国指的就是那块土地,和那块土地上生活的人民。他们一辈子立志为国家做点事,当然舍不得撇开这块土地与人民,一走了之。家父虽然有机会到美国去,但是,他在美国能干什么呢?当时很多人避难美国,也只能做做寓公、虚度岁月。家父似乎认为国家正处于危急关头,每个国民都应该牺牲奉献,贡献一己所能;况且他也不愿放弃推展科学教育的半生专业,留在大陆,才能继续做点这方面的努力。对他而言,不论去美国或是到台湾,显然都没有机会施展他的抱负。[8]

也就是说,任鸿隽当初选择离开官场,准备以科学知识献身建设国家之时,就在相当程度上决定了他在鼎革之际的抉择。如果说任鸿隽离开大陆就不能“推展科学”似乎有些不合情理,难道说台湾不需要科学吗?胡适去美国后不照样转赴台湾“推进科学”了?也就是说,任鸿隽夫妇选择留在大陆,并不是因为海外没有他们施展才华的空间。正如陈衡哲对任以都所说:“我们那一代人出去留学,都有一个理想,就是学成归国,要为国家、人民尽点心力、做点事。你们这一代却根本对公众的事,没有理想,只愿念个学位。找份好差事,这算什么?”任鸿隽夫妇这样一代留美知识分子,他们平生的志业是为国家和人民做点事。在他们看来,个人只是达到这一终极目的最为重要的工具而已,个人的一些损失或不便,与国家建设、民族复兴这样的宏大叙事和宏伟目标相比都是可以不予计较的,个人的自由与行为从属于“为国家做点事”这个大目标。虽然他们曾经留美,受过系统的西方教育,但传统士大夫“先天下之忧而忧,后天下之乐而乐”的精神特质还是在他们身上有很好的体现。因此,他们也许可以被认为是传统中国士大夫最后的代表,西方文化中“人的觉醒”虽然在

① 这自然是身居美国的任先生不了解中国国情的说法,参阅《任以都先生访问记录》第103页。

图 18－1　1920 年的任鸿隽、
陈衡哲夫妇(摄于北平)

图 18－2　1948 年的任鸿隽、
陈衡哲夫妇(摄于上海)

图 18－3　1939 年全家福(摄于香港寓所)

后排左起为任以都、任鸿隽;前排左起为任以安、陈衡哲、任以书。

美国受教育时曾经“沐浴”过，但终未成为他们人生的“航标灯”。

自1912年任鸿隽弃参议院秘书长职位不就以来，一直以推展科学、发展科学为己任，虽然南京国民政府一再邀请他出任诸如厅长、部长等高位，但他不为所动，专心致志于科学推展事业。这既是他当初弃官从学，选择以科学救国道路的逻辑发展，也是他认定的建设国家、富强国家，为国家和人民贡献力量的正途。要为国家和人民做贡献，除了留在这块土地上还有什么选择呢？无论是什么政权，国家建设总是必须的、总是要进行的，北京政府时期不是可以推展科学吗？南京国民政府时期也可以推展科学，那么在共产党领导下自然也是可以贡献力量的，特别是在科学宣传与推展事业上。①

1949年后，任鸿隽苦心孤诣维持中国科学社而外，还相继翻译出版《最近百年化学的进展》《爱因斯坦与相对论》等著作，写文章评论李约瑟《中国的科学与文明》、海森伯《物理学与哲学——现代科学的革命》，发表《谈科学翻译问题——从严译〈天演论〉说起》讨论科学翻译，批评当时喧嚣一时的科学阶级论，“科学知识——用科学方法而获得的真实知识，是有普遍性和一致性的，不因社会制度不同而有差别”。[9]这自然是不合时宜的说法与观念。

1949年5月，中国科学社等团体联合发起“科代会”，任鸿隽名列发起人之一。6月5日，中国科学社等26个团体发起组织“上海科学技术团体联合会”，任鸿隽也是发起人之一。9月，从香港到北平，出席全国政协会议。1950年8月，出席在清华大学召开的“科代会”，当选中华全国科学学会专门联合会（简称“全国科联”）25位常委之一。11月，担任中国人民抗美援朝委员会上海分会常务委员、科技界分会主任。12月，被推选为政务院文化教育委员会委员和华东文化教育委员会委员。1951年，当选上海市科联主任委员。

任鸿隽在担任各种“委员”与出席各种会议中度过了新政权的最初一两年。世事难以逆料，他的科学推展事业进行得并不顺利，耗费心血最多的中国科学社旗帜《科学》1951年5月出版第32卷增刊后被迫停刊，中国科学社也面临最严重的危机。1952年底，主持将《科学画报》移交上海市科普协会，组织编撰出版“中国科学史料丛

① 冯友兰的弟弟地质学家、清华大学教授冯景兰，在去留问题上曾问计于冯友兰，冯友兰说：“何必走呢？共产党当了权，也是要建设中国的，知识分子还是有用的，你是搞自然科学的，那就更没有问题了。”因为他的态度是“无论什么党派当权，只要它能把中国治理好，我都拥护。”参阅冯友兰《三松堂自序》，人民出版社，1998年，第120页。关于冯友兰1949年去留问题，台湾学者翟志成有长文专题研究，参见氏著《冯友兰的抉择及其转变》，《中国文哲研究集刊》2002年第20期。

书”“科学史料丛刊”。1954 年 10 月，主持在上海召开中国科学社 40 周年纪念会，举办“中国科学史料展览”。当年主持将中国科学社生物研究所标本、仪器及工作人员移交中国科学院。1956 年将明复图书馆移交上海市文化局，改组为上海科技图书馆，担任馆长；并以中国科学图书仪器公司董事长身份将公司公私合营，印刷厂合并到中国科学院所属科学出版社，人员和机器搬迁北京。1957 年初，将中国科学图书仪器公司编辑部合并给上海科学技术出版社，仪器合并给上海量具工具厂。

当任鸿隽主持将这些事业移交完毕时，却迎来了 1957 年“百家争鸣，百花齐放”的“大好局面”，于是又不甘寂寞，复刊《科学》（季刊，为第 33 卷），发刊至 1960 年 4 月第 36 卷第 2 期，移交给上海市科协而停刊。1958 年春天，上海科技图书馆并入上海图书馆，任鸿隽被任命为上海图书馆馆长。冬天，当选上海市科学技术协会副主席。1960 年 5 月 5 日，中国科学社与上海科协办妥一切交接事宜后，发布《告社友公鉴》，正式宣告退出历史舞台。9 月，任鸿隽应政协文史资料委员会之请撰写中国科学社社史。年底以年老体弱辞去上海图书馆馆长职务。1961 年 5 月，《中国科学社社史简述》在《文史资料选辑》第 15 辑发表。10 月 9 日心脏病发作，送华东医院急救。11 月 9 日，与世长辞。①

任鸿隽 1949 年后的主要工作，是一步一步将他一手创建并克服千辛万苦发展起来的中国科学社，分批拆散移交给政府的相关部门。当他完成这个“撤毁”工作之后，就是为它唱“挽歌”——撰写社史，对中国科学社可谓“鞠躬尽瘁，死而后已”。一切收拾停当，环顾四周，突然发现“四壁空空”，再没有值得留恋的一丝一毫，一生的志业结束了，生命的支撑失去了，油灯已燃尽。可他留下了他的另一半——妻子陈衡哲，让她一个人独挡此后的风风雨雨。1976 年 1 月 7 日，近代中国第一位女教授、新文化运动的知名女作家和史学家陈衡哲走完了她的一生，在上海长眠，留下了极有影响的《西洋史》和大量“女权主义”的文章。②

二、徜徉于革命与科学之间：“民主斗士”杨铨的科学生涯

任鸿隽推展中国科学事业的任务没有最终完成，但他毕竟“寿终正寝”，杨铨这

① 1949 年以后任鸿隽的活动主要参阅《任鸿隽年谱简编》，载樊洪业等编《中国近代思想家文库 · 任鸿隽卷》，人民大学出版社，2014 年。

② 她的《西洋史》被收入“新世纪万有文库”，1998 年由辽宁教育出版社重版；《衡哲散文集》也作为“中国现代小品经典”，1994 年由河北教育出版社重版；小说集《小雨点》作为“中国现代文学史参考资料”，上海书店 1985 年影印出版。

位对中国科学的发展有重大贡献的人，却是“命丧盛年”。1933年6月18日，中央研究院总干事、中国民权保障同盟总干事、中国科学社理事杨铨被暗杀身亡。7月1日下午，中国科学社在万国殡仪馆予以礼葬，由理事会、董事会及全体社员致祭，主祭者为社长王琎。7月2日下午3时开吊，灵柩覆盖中国科学社社旗，由社友王琎、胡刚复、周仁、杨孝述、丁燮林、唐钺6人抬灵柩，蔡元培、吴稚晖等亲往执绋，送至永安公墓。唐钺作《杨杏佛先生传略》云：“君赋性豪爽，待人诚挚，平生尚气节，愤嫉阿世取容之辈，避之如蛇蝎。素强毅，志之所在，不辞艰险，不苟取，死后家无余财。”柳诒徵撰《本社祭杨君杏佛文》曰：百年大齐，人孰不亡，尽性令终，世所论臧，明复之溺，君为神伤，志摩之燔，君涕淋浪，痛彼俊才，不俾寿康，岂惟哀友，国脉实戕，君视胡徐，毕命尤惨。[11[10-12]]

此后，杨铨作为一个反抗国民党暴政的民主斗士进入煌煌史册。其实，杨铨的一生不仅是战斗的一生，也是实干的一生。他虽不以科学家角色活动，却对中国近代科学的发展有独特的贡献。从1914年在美国与任鸿隽等创建中国科学社到1927年与蔡元培等筹办中央研究院，为中国科学的发展具体擘划呕心沥血。与任鸿隽一样，杨铨早年从一个革命青年转变为“科学青年”，致力于科学传播与鼓吹事业。但与任鸿隽不一样，杨铨还经历了第二次转变，从“科学青年”转变为“革命中年”，再次卷入政治斗争的旋涡。

杨铨①(1893—1933)，字杏佛，江西清江(今樟树)人，生于玉山。幼随典狱吏父亲迁居扬州、杭州等地。1905年春节期间曾代失职入狱的父亲坐牢。1907年就读中国公学，在这里不仅结识了任鸿隽、胡适、张奚若等后来相从过密的好友，而且受到革命思潮熏陶，加入同盟会。1911年8月毕业，考入唐山路矿学堂，要为建设国家掌握基本本领，与茅以升、李俨等为同学，并结为友好。武昌起义后，弃学奔赴武昌，后担任南京临时政府总统府秘书，负责收发机要文件，与老同学任鸿隽等一同共事。临时

---

① 目前关于杨铨的研究应该说不少，但大多具有“革命史”的味道，因此对全面认识他有所“壁障”。主要相关研究有许为民《杨杏佛年谱》(《中国科技史料》第12卷第2期)、《杨杏佛：中国现代杰出的科学事业组织者和社会活动家》(《自然辩证法通讯》第12卷第5期)，李晓红《杨杏佛对中国科学事业的贡献》(《肇庆学院学报》2001第4期)，许康等《我国科学管理先驱者杨杏佛的效率观》(《科学决策》2005年第11期)，刘斌《试评杨杏佛救国探索》(华中师范大学硕士论文，2006年)，曲铁华等《论杨杏佛的科学教育思想》(《教育史研究》2009年第5期)，朱华《杨杏佛科学救国思想论》(《中国国家博物馆馆刊》2011年第4期)，刘云侠《民权运动先驱杨杏佛人权思想研究》(山东大学硕士论文，2013年)。相较而言，目前对杨铨相关资料的整理(如文集)还有待进一步努力，中华人民共和国名誉主席宋庆龄陵园管理处编《啼痕——杨杏佛遗迹录》(上海辞书出版社，2008年)提供不少私人性材料。

政府解散后稽勋留学，入康奈尔大学，习机械工程。中国科学社创建后，担任《科学》编辑部首任部长，实际负责《科学》的编辑与领导工作，是中国科学社最重要的领导人之一。

从《科学》创刊到1921年，杨铨前后担任编辑部长达7年之久，共编辑6卷69期杂志，处理了大量的日常事务，苦心孤诣于维持《科学》的发刊。当赵元任与胡明复先后从康奈尔大学毕业到哈佛大学攻读博士学位后，康奈尔大学的编辑工作几乎全部落在杨铨身上。1916年6月，他作了一首打油诗给胡明复：

> 自从老胡去，这城天气凉。新屋有风阁，清福过帝王。境闲心不闲，手忙脚更忙。为我告“夫子”，《科学》要文章。

夫子指赵元任，他在学生中有“教授”的绰号。赵元任见此诗后和了一首：

> 自从老胡来，此地暖如汤。《科学》稿已去，“夫子”不敢当。才完就要做，忙似阎罗王。幸有辟可匿〔英文 Picnic，意为野餐〕，那时波士顿肯白里奇〔Cambridge，剑桥镇，哈佛大学所在地〕的社友还可大大乐一场。

正如胡适所说：“这也可以表示当时的朋友之乐，与科学社编辑部工作的状况。”[13]

杨铨在《科学》发表的文章近60篇，主要集中在前几卷，如第1卷14篇共123页，从文章篇数看仅次于任鸿隽；第2卷10篇69页，篇数与任鸿隽持平。在这些文章中他论述了科学技术的力量及其在富国强兵中的作用，并为科学辩护。如在《科学与商业》中，他认为世界文明是科学与商业共同进步的结果，商业的计量需要推动了数学等学科的产生，科学的发展又大大促进了商业的繁荣：“科学不仅与商业以交通之利器，更与以交易之物。今之商品不恃天然产物而重制造品，故必工业发达之国而后商业可操必胜之券。”阐述了科学—工业—商业三者间关系，指出中国由于没有科学，因此工业不兴，商业自然不畅，国家的富强也无途径，发达科学是振兴工业与商业的唯一出路。[14]

《科学》发刊之时，第一次世界大战的战火正在欧洲弥漫。由技术进步而造成的人类空前灾难，使“科学”成为战争的“替罪羊”。《科学》为此专门发刊一“战争”专号，杨铨为文《科学与战争》，指出正是由于科学技术的发达，使人类互相杀伐的武器更加精进，但将科学技术应用于战争并不是科学之罪。首先，没有科学就没有今天的世界文明，“吾人之有近世文明，实科学、共和寡战三物之功”。第二，科学可以制止战争，因为“科学虽未尝明减战争，然使世界知战争非儿戏，因而慎重其事，不敢轻试”。第三，科学推动共和与政治进步，使人类的相互理解和交游机会大增，“故非万不得已，则民无自杀之心而战不起”。因此,“科学者战争之友,而战争则科学之敌也”。[15]

从康奈尔大学毕业后,杨铨进入哈佛大学商业管理学院读管理学研究生,他在《科学》上也发表了一些管理学方面的文章,如《人事之效率》《效率之分类》《科学的管理法在中国之应用》《科学管理法之要素》《工商业组织》等。回国后他也尽力鼓吹科学研究是发展中国科学的唯一正途,1920 年他连续在《科学》上发表《科学与研究》《战后之科学研究》等。他说:“科学非空谈可以兴也。吾既喜国人能重科学,又深惧夫提倡科学之流为清谈也,因进而言科学与研究。”

杨铨回国后,四处奔走为中国科学社的维持发展筹募资金,欲在上海谋职,但看到洋行中的中国职员办事情形不啻“洋奴”“为之毛骨悚然”。他岳父赵凤昌也劝导他:“能为中国人办事自较为西人执役优也。”于是远赴武汉就任汉阳铁厂的成本科长,不久即辞职应聘南京高等师范学校经济学教授兼商科主任,同时兼任学校多种委员会委员。1920 年 5 月 27 日致函校长郭秉文要求辞职:

> 铨性不善管理事业,自主任商科以来,于内容无裨万一。秋间将实行选科制,添聘教员,整理课程,非得长才不能胜任。窃念商科开办已经三载,课程庞杂,无一定之宗旨。教员少不敷分配,往往有课无人,有人无课。凡此种种,皆铨不能胜任所致。往者不可追,来者犹可及。……谨辞下年商科主任之职,乞早日另觅贤者主持,添聘教员与暑假实习诸事。

郭予以挽留,说“本校事业现在积极进行之际,先生长才硕学,正资借重”云云。[16]

国立东南大学成立后,杨铨为社会学系主任,并筹备工科,他邀请在唐山交通大学任教的同学茅以升来任工科主任。① 在这里,杨铨继续宣扬科学,参加与主持中国科学社的系列科学通俗演讲。也就是在这里,杨铨的关注对象发生了第二次转变,“革命”又成为他所倾心的事业,演讲“科学与社会主义”“社会科学与近代文明”“劳动问题”等。其间,学校暗潮涌动,校长郭秉文倚重江苏地方势力建校,排挤杨铨等教授,对他在校“宣传社会改造思想”更是不满。1924 年夏,以经济困难、江苏工科学校较多、东南大学工科没有特色停办工科,逼迫杨铨离校。杨铨愤而辞职,南赴广州,担任孙中山的秘书,在革命工作之余,开始在革命与科学之间架设桥梁。

---

① 许为民所编《年谱》没有提及他担任社会学系主任及筹备工科,此来自吴宓《吴宓自编年谱》(生活·读书·新知三联书店,1998 年)第 232 页。吴宓说杨铨“面麻,黑且瘦”“工心计,殊诡谲”“其妻极美”“妻每扬言‘我受了彼骗’”。应该说吴宓的观察有一定的道理。1931 年春,杨铨与妻子赵志道以性格不和而协议离婚。

1926年《民国日报》元旦增刊发表他《科学与革命》一文。他反思在《科学与战争》里的见解，说"自科学发明以来，世界的进化，虽然快得许多，但同时亦增加了不少的破坏、堕落与战争"，其原因是"科学家与革命家分道扬镳不能合作"。他认为科学家身上有两个毛病：一是专注于自己的研究，对外界不闻不问，任意让军阀、奸商利用他们的发明创造；一是容易被贪官污吏引诱，忘却了研究科学的使命。因而指出：

惟有科学与革命合作是救国的一个不二法门。换句话说，便是革命家须有科学的知识，科学家须有革命的精神，共同努力去研究社会问题，以及人生一切的切身问题，中国才有救药，世界上才有光明。[17]

图18-4 杨铨像

杨铨注意到，科学的具体应用而不是科学本身才是科学产生正面负面作用的原因。作为一个学习过科学而不以科学为终身职志的革命者，鼓吹研究科学的科学家们将科学与革命结合起来，成为具有革命精神的科学家，似乎"一厢情愿"。科学家本身一定要具有革命精神，否则不可能突破科学已有的框架，获得突出的科学成就。但杨铨这里的革命是指政治革命，与科学革命相差极大，政治革命不但要担当政治风险，而且需要时间进行具体工作，这样科学家如何保持其科研时间，如何安心从事科研工作？1949年后科学家的遭遇与杨铨的要求何其相似！按照他的说法，革命与科学、革命家与科学家是相互的，既然要求科学家需具有革命精神，那么革命家当然也应该具有科学精神，他指出了这一点，却没有着意强调，感觉似乎是作为革命家的杨铨对科学家的单方面吁求。其实，问题的关键不是科学家缺乏革命精神，而是革命家不具备科学知识和科学精神，这才是中国历史的惨痛教训与经验。

1927年在上海的中国科学社年会上，杨铨继续阐述"科学与革命"关系，提出了"科学家与革命家订婚、结婚"说：

本党〔国民党〕总理为医学家，由研究生理及物质科学，进而研究社会科学，创立"三民主义"，故本党之革命实为科学之应用；科学社同人之从事科学事业，实多得总理之感化。本党同志为社员者亦众，惟去年在粤开会，关系乃益密切。中国之科学家与革命家至斯乃入订婚时期，此后联合而谋中国之改造。今订婚已及一年，吾人甚盼

图 18-5　留美时期杨铨、赵志道与任鸿隽合影

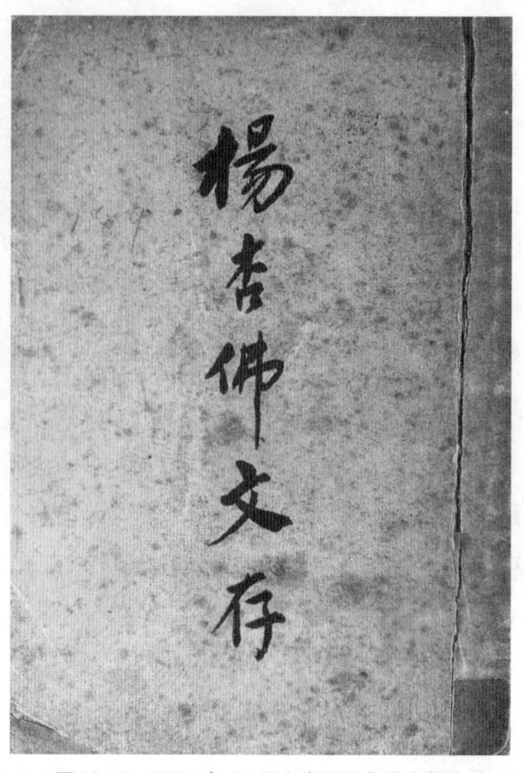

图 18-6　1929 年 11 月上海平凡书局出版的《杨杏佛文存》书影

早日结婚,而产生一自由平等之新中国。[18]1624

中国科学社同人从事科学事业得孙中山感化的说法可能有些勉强。孙中山毕竟是一个职业革命家,而不是以“科学家”身份从事革命的,更没有以革命家的身份从事科学研究。不可否认的是,后来许多中国科学社社员也成为国民党党员,任鸿隽、杨铨等与汪精卫等人关系也非同一般。要让科学家与革命家结为“连理”,似乎不伦不类。虽然科学家天生具有革命精神,但相对政治革命而言,又往往是“保守”的,而不是天生的“激进”派。一些中国科学社的主干成员,如下面将分析的胡先骕还是新文化运动的激烈反对者。科学家要进行科学研究,社会稳定是首要条件之一。要求科学家们成为政治革命的“同道”,或者为政治革命服务,那么科学家作为一种社会角色的社会责任与科学精神何存?

成为革命者后的杨铨担任过下列职位:孙中山葬事筹备处干事主任,1926 年元旦成立的国民党上海特别市党部执委兼宣传部长,1927 年 3 月被第二次市民代表会议选举为上海市政府委员,并被武汉国民党中央政治委员会任命为上海政治分会委员。南京国民政府成立后,先后担任过大学院教育行政处主任兼中央研究院秘书长、大学院副院长、中央研究院总干事等,成为国民政府国家科学研究事业的规划者与国家科研机关的具体主持人。但他很快对国民党失去了信心。1928 年 8 月 21 日,宋庆龄致信杨铨说:"既然你已最终认清了国民党已不再是一个革命的组织,那你与它越快断绝关系越好。"[19]"不断革命"成为杨铨生涯最后阶段的主旋律,1930 年他秘密参加了以邓演达为首的第三党,1932 年与宋庆龄、蔡元培等人发起中国民权保障同盟,逐步走上了与国民党政权相背离的道路。暗杀的罗网已经布下,但他仍一往无前,终于遭到毒手。①

成为革命者后的杨铨对中国科学的发展也有极大贡献,他担任国民政府中央研究院总干事,具体擘划中国科学的发展。② 蔡元培致悼词曾说:"中央研究院之得有今日,先生之力居多。……人孰不死,所幸者,先生之事业,先生之精神,永留人间。……同人等当以先生之事业为事业,先生之精神为精神,使后辈青年学子有所遵循,所以告慰先生者,如此而已。"[20]后来翁文灏与胡适谈及中央研究院"若非杨杏佛那样盲干,若由我和在君来计划,规模绝不会有这样大"。[21]可见杨铨在担任总干事期间为中央研究院的发展奠定了多么坚实的基础。

杨铨走了,但他将永存。中央研究院第一届评议会第二次年会,由陶孟和、李四光提议,胡适、丁燮林副署《国立中央研究院杨铨、丁文江奖金章程案》,提请评议会审议。经讨论于 1936 年 5 月 28 日公布《国立中央研究院杨铨、丁文江奖金章程》,"本奖金为纪念本院两故总干事杨铨丁文江而设,名杨铨奖金丁文江奖金"。规定杨铨奖金奖励对象为"对于人文科学研究有新的贡献者"。人文科学包括历史、考古、民族、语言、社会学、经济、政治、法律等八门学科。[22]杨铨给中国人文社会科学的发展留下了一个激励后辈前进的"奖金",李方桂、李卓敏、巫宝山、梁庆椿、劳榦、王振铎、全汉昇、张子毅、

---

① 钱昌照说杨铨"有才气,思想进步,能说能写。他与宋子文感情好",宋庆龄发表的某些中文文字由他代笔。他组织民权大同盟,在钱家吃饭时,钱曾劝他小心点,蔡元培也劝他少露面为好,但他认为蒋介石知道他与宋庆龄、宋子文关系好,不会下手(钱昌照:《钱昌照回忆录》,中国文史出版社,1998 年)。杨铨被刺后,胡适在其日记中说:"我常说杏佛吃亏在他的麻子上,养成一种'麻子心理',多疑而好炫,睚眦必报,以摧残别人为快意,以出风头为作事。必至于无一个朋友而终不自觉悟。我早料他必至于遭祸,但不料他死的如此之早而惨。"(《胡适日记全编》第 6 册,第 226 页)杨铨与胡适从中国公学结下友谊后,关系一直不错,但杨铨惨遭毒手后,胡适在日记中却是如此评语,实在出乎意料。

② 作为国家学术的领导人,杨铨曾提出改组中基会提案,结果酿成轩然大波,成为中基会发展史上的一大事件,胡适等人以学术独立的名义进行了"坚决的斗争"。参阅杨翠华《中基会对科学的赞助》相关章节。

严中平、傅乐焕、周法高、董同龢等都曾获得该项奖励。[23]非常可惜的是,随着政权的更替,这一奖项也"随风而逝"。李四光把鉴定的二叠纪一个䗴科新属定名为"杨铨䗴",并注明:"杨铨䗴的命名,是用以纪念中央研究院已故总干事杨铨先生的惨死。凡是为科学事业忠心服务的人,都不能不为这种令人沮丧的境遇而感到痛心。"[24]

三、从农学家到农业科学领导人:致力于农业的钱天鹤

任鸿隽、杨铨基本上是以纯粹的科学规划与推进者形象矗立在中国近代化的道路上,钱天鹤却以一个科学家的身份进入政府,成为一个推进科学、传播科学的人物。钱天鹤虽然对中国科学社的发展没有任鸿隽、杨铨等人的作用大,但对他进行个案分析,具有相当的典型意义。他作为农业科学家为中国近代农业科学的发展贡献良多,更为重要的是,他是当时许多"学而优则仕"代表之一,从一个科学工作者转变为一个行政工作者,但并没有成为纯粹的"政客",而是所谓的"技术官僚",长期担任农业部门的领导。如果说从政以前作为一个农业科学家要亲自进行农业科学研究,那么后来他基本上是对中国农业科学的发展起指导和规划作用,而且主要以这种面貌在历史的长河中留下印迹。与翁文灏等人从政以后脱离专业不一样,他还是在其擅长的农业领域内活动,充分发挥其专业才能。1949年后他抛妻离子到了台湾,继续在农业改良上为台湾的农业发展贡献力量,抛开不同政治观点与立场,可以说他终其一生为发展中国农业鞠躬尽瘁。钱天鹤的一生可分为两个阶段:一是作为农业科学家,一是作为农业行政领导人。①

钱天鹤,又名钱治澜,字安涛,1893年2月27日出生于浙江杭县,1910年考入清华学堂,1913年毕业后留美,入康奈尔大学习农学,专攻植物育种。康奈尔大学农科是全美最著名的学科之一,对中国近代农业科学的发展影响甚巨,在此习农学的中国留学生非常多,包括邹秉文、邹树文、过探先、谢家声、李先闻、沈宗瀚、冯泽芳、戴松恩、李竞雄、邓叔群等著名农学家。②

① 钱天鹤公子钱理群为其父作传说,钱天鹤一生可以划分为三个阶段,早年学习的准备期,在以中国科学社为代表的留美学生群体中"脱颖而出"(1913—1918年);在农业教育、科研领域初试锋芒(1919—1930年);在现代农业组织与领导岗位上鞠躬尽瘁(1931—1961年)。见钱理群《钱天鹤的农业思想及其对中国现代农业的贡献》,载《钱天鹤文集》,中国农业科技出版社,1997年。关于钱天鹤的资料除注明外皆源于此文集(多谢钱理群先生赐赠该书)。

② 参阅拙文《中国近代农学的发展——科学家集体传记角度的分析》,《中国科技史杂志》第27卷第1期。

钱天鹤是科学社的股东，股金 20 元，是除任鸿隽、杨铨外，捐款最多的十几位社员之一。科学社改组为中国科学社后，他将股金除入社金 5 元外，其余 15 元全作为特别捐给中国科学社。他积极参与社务，在 1916 年中国科学社第一次年会上当选任期一年董事，还担任过分股委员会农林股股长、中国科学社驻美经理。《科学》创刊时他就是编辑，在第 1 卷第 9 期第一次发表文章，在第 2 卷发表文章 4 篇，宣扬西方农业科学技术。第一篇文章《玉蜀黍浅谈》全面介绍了玉蜀黍的起源及分布、种类、选种及栽培等，虽通篇国外材料，但其目的是昭然的："狂瞽之见，自知无价值之可言；然朝野方创振兴农业之议，刍荛之献，或为阅者诸君所许乎。"①《机器孵卵》介绍了机器孵蛋的方法，指出如果采用此法，养鸡农民可以得到好处，"若能高瞻远瞩集数十万或数百万之资本，开辟一二如美国南部及西部之大农场聘专门人才经理其事，则鸡鸭变为无本之利，…… 否则作一小农，专事养鸡，亦可终年饱煖也"。② 虽建议与中国现实有些隔膜，但终是以所学贡献于祖国。

1918 年，钱天鹤再次当选中国科学社董事。翌年回国就任金陵大学农林科教授，兼任蚕桑系主任。蚕桑系由"万国蚕桑合众改良会"与金陵大学农林科合作创办，目的是改良中国的蚕桑事业。钱天鹤主讲作物学、育种学等课程，开展蚕桑的科研工作。他调查了当时蚕桑大国日本、法国、意大利和中国的蚕桑业发展状况，指出中国蚕桑业已远远落后于日本等国。认为中国蚕桑业衰败的主要原因，一是不讲究科学，对蚕农来说，蚕病蔓延、养蚕方法落后；对工厂而言，蚕丝经纱粗细不均而多胶结，不合英美国家之用。二是金融机构不完备和政府不提倡甚至漠视。因此建议：科学家要控制蚕病、改良蚕种推广；政府除积极奖励和资助外，要防止商人操纵价格，派人调查各国蚕业情形，派遣留学生去日本、法国和意大利取经，振兴蚕业教育和提倡国际间直接贸易以减少成本，设立生丝检查所等；资本家要对各丝厂大力整顿；社会上书报杂志要大力宣扬，蚕业家们更要互相联络、社会团体要补助蚕农等等。③

钱天鹤任职金陵大学期间，潜心蚕病防治与蚕种选育，发现多种新蚕病，设计新式蚕种制造盒，培育成上海白种、横林白种、新元白种、意大利黄种等优良蚕种。[25] 但科研成就的推广却并不令人满意，他后来回忆说："民国八九年之际，余在金陵大学

① 参见《科学》第 1 卷第 9 期；《钱天鹤文集》第 1 – 6 页。

② 参见《科学》第 2 卷第 1 期，第 101 – 102 页；《钱天鹤文集》第 14 页。

③《中国蚕丝业之研究》《振兴蚕业之管见》《发展我国蚕业刍议》，分载《钱天鹤文集》第 35 – 42、55 – 61、69 – 93 页。

图 18－7 钱天鹤与夫人项洁结婚照

办理蚕种事，较之今日之成绩，相差甚远。在今日可售一元一角之改良种，在彼时分赠与人亦不愿接受。然若无当时之宣传，导民气于先，何得有今日。”[26]

回国之初，他积极参与中国科学社活动，1919 年担任在杭州召开的年会筹备委员长，1920 年在南京年会上宣读了在金陵大学潜心研究成果《金陵大学新式蚕种制造盒》。此后与中国科学社关系逐渐疏远，并离开了领导群体，直到 1929 年、1931 年才两次当选司选委员，这可能与他离开学术界有关。

当他在金陵大学取得科研成就不久，就离开了科研岗位，走上了另一条道路。1925 年出任浙江农业专门学校校长，1927 年任南京政府大学院社会教育组第一股股长，后改为教育部社会教育司第一科科长。1929 年任中央研究院自然历史博物馆筹备委员，次年就任浙江省建设厅农林局局长。1931 年到南京筹设直属实业部的中央农业实验所，后任副所长，从此进入中国农业科学的领导层，对中国农业科学的发展进行全面的规划与指导。1935 年兼任全国稻麦改进所副所长。他认为聘请国内第一流的专家是研究机构进行科学研究的首要条件，第一流的设备与图书、通畅的学术交流渠道也必不可少。在钱天鹤及其同人共同努力下，中央农业实验所很快成为中国农业科学与研究的中心，设备较为完美，先后建成稻作、麦作、蚕桑、病虫害、兽医等 5 座实验大楼；先后设立植物生产科、动物生产科、农业经济科，下设 9 个系，大批农业科学家如沈宗瀚、赵连芳、马保之、冯泽芳、卢守耕、吴福桢、朱凤美、蔡邦华、张乃凤、程绍迥等欣然来所工作。还聘请国外著名专家进行学术交流与演讲，如康奈尔大学作物育种学教授洛夫（H. H. Love）、剑桥大学生物统计学教授韦适（J. Wishert）、美国明尼苏达大学作物育种教授海斯（H. K. Hayes）等主讲作物改良讨论会；此外还创刊《农报》《农情报告》等刊物。①

抗战全面爆发后，国民政府在武汉进行机构改革，实业部改组为经济部，钱天鹤出任农林司司长；1940 年单独成立农林部，被任命为常务次长，到 1947 年虽部长数

---

① 参阅中央党部国民经济计划委员会主编的《十年来之中国经济建设》，南京扶轮日报社，1937 年；沈志中著《钱天鹤传略》。

易其人，但他一直以此身份主持全国农业，这自然与他是农业专家这一角色有关。离开农林部后，出任联合国粮农组织远东顾问一年，后任中美农村复兴联合委员会农业组组长，1949 年随迁台湾。1952 年升任"农复会"委员，亲自制定台湾地区的农业政策与实施纲要，为台湾农业的复兴与发展贡献力量。在农复会，他继续以在中央农业实验所的作风，领导农业组同事努力工作，"工作时严肃认真，提倡工作效率，凡事务须按时完成，但办公时间外常与同事谈笑风生，和易近人，令人敬之爱之"。[27] 1952 年亲自主持策划金门马祖两岛的农业建设。[28]

作为中国近代农业的主要领导人之一，钱天鹤对发展中国农业的战略选择、中国农业科学研究的基本道路与方针等问题都有他独特的思考，这里就不赘述。1961 年，钱天鹤因轻微中风而退休，以颐养天年。退休之后，美国"国际合作署驻华共同安全公署"与"农复会"联合颁给奖状，称他：

十二年如一日，在决策方面不断提倡个人之卓越理想，实际经验及审慎判断。对于改良中国农村生活，不辞劳瘁，悉力以赴，……厥功尤伟……治事之态度与勤劳，有助于农复会之成就者至深且钜。①

他在"农复会"的贡献，"将为吾人长久记忆"，其领导"将为吾人深切怀念"。

钱天鹤只身来到台湾，家人除第三子外均滞留大陆，因此晚年生活虽有大量的工作占据与好友学生的"包围"，但天伦之乐的缺失对他未免不是"天缺"。据说八十寿辰时，他曾拉着孙女的手问："你的祖母在哪里？"他的八个子女和妻子，除老三外，作为"反动官僚"直系亲属，在大陆的遭遇可以想象。1972 年，钱天鹤因心脏衰竭去世。

化学出身的任鸿隽，终其一生除短期担任北京大学化学系教授外，很少从事化学科学事业，主要以学术组织机构的行政领导角色来宣传与推进中国科学向前发展。作为中国科学社最为重要的领导人，任鸿隽在中国科学社的发展史上作用无人匹敌，从最初倡议成立时担任社长，到最后作为社长宣布解散，他为中国科学社贡献了近半个世纪。他的作用在中国科学社最为困难的时期显得特别重要，如 1918 年搬迁回国后"四处化缘"，寻求支持以维持社务并扩展社务；抗战期间中国科学社社务停滞时期，他亦以社长的身份整顿社务；1949 年后更是一意坚持中国科学社的存在，并千方百计维持其生存，这可得有"冒天下之大不韪"的气概与勇气。自然，他在中基会和中央研究院对中国科学的发展规划也有相当作用。曾学工程后学管理的杨铨，短期

① 转引自台湾"中华农学会"编撰《钱天鹤先生传略》，《钱天鹤文集》第 408 页。

从事教学工作后完全成为一个行政领导人，试图构架科学与政治革命之间的桥梁，在南京政府政府科学政策的制定与政府科学规划方面作用重大，是为当时最为重要的政府学术领导人。相较任鸿隽、杨铨两人对中国近代学术全面发展的影响而言，钱天鹤虽然后来也成为一个行政领导人，但一直在他的本行农业内努力。由于他曾任中央农业实验所副所长、农林部常务次长，因此他在近代农业学术的规划与发展方面影响很大。

以往的民国史大多注重政治人物，感叹于政治斗争的波谲云诡，近来开始注意学术人物的解剖，深为他们的学术成就所折服，且形成了一股向慕风潮。但对处于二者之间的既不纯粹属于政治人物又不是学术人物的学术机构行政管理者不经意间有所忽视。其实，上述行政管理者的个案分析表明，他们在相当程度上不仅规划制定了学术发展的方向，而且为学术人物进行学术研究提供了必要的资源与环境。正是由于他们的努力，学术人物才能取得成就，中国科学社生物研究所所取得的重大成就与任鸿隽在中基会为该所争取经费分不开；中央研究院的规模与发展与杨铨的计划相关；近代中国农业科学的发展自然也与钱天鹤在农业领导岗位上的策划密不可分。因此可以说，这类人物是中国科学发展的关键中间环节，是科学技术与社会变迁互动关系的关节点。社会对科学技术的促进通过他们得以体现，社会对科学技术的制约通过他们得以疏导；科学技术对社会的影响，在相当程度上又通过他们而得到实现。加强对他们的分析与研究，对进一步了解科学技术与社会变迁的关系极为重要。特别是对像任鸿隽、杨铨、钱天鹤这样出身科学、具有科学精神的行政管理者来说，他们在近代科学发展史上所占据的位置应该予以相当的重视。

四、中国科学社日常事务管理者简介

在中国科学社的发展过程中，除社长、董事、理事这些把握社务发展方向领导层而外，日常社务的主持人对中国科学社的发展也有其重要作用。这些人主要包括先后担任总干事的路敏行、杨孝述、卢于道、林伯遵，《科学》主编刘咸、张孟闻等，除路敏行以外，其他人都曾当选理事。下面对这些人物予以简介。

路敏行(1889—1984)，字季讷，浙江东阳人，后移居江苏宜兴。1910 年毕业于南洋公学中院，考取第二届庚款留美，先在哥伦比亚大学学农，后转里海大学习化学。1914 年毕业，获学士学位。又入纽约大学进修，1916 年回国。先后在省立苏州工业专门学校、浙江工业专门学校、南京高等师范学校、东南大学、中央大学等校任教。

1926 年开始担任中国科学社总干事，后兼任明复图书馆馆长。1929 年以后，曾任京沪铁路局化验室工程师、上海大新化学厂厂长等。1939 年，应竺可桢邀任教浙江大学，先后出任龙泉分校主任和杭州本部主任。1946 年离开浙江大学，曾任上海铁路局化验室所长等。1984 年在上海逝世。

杨孝述，字允中，江苏松江（今属上海）叶榭镇人。1905 年考入松江府中学堂，1909 年入邮传部上海高等实业学堂（上海交通大学前身）。1911 年考取第三届庚款留美，入康奈尔大学读机械工程。1915 年获工学士学位回国，初任职美商美孚洋行，旋任教河海工程专门学校，相继担任教务长、校长。1927 年，学校并入东南大学，转任秘书长兼机械工程科主任。旋辞职赴沪，任交通大学电机系教授。1929 年，不就浙江大学工学院院长，专任中国科学社总干事。他上任后，大力发展社务，筹建明复图书馆，创办中国科学图书仪器公司并任总经理，创刊《科学画报》并任总编辑，为中国科学社社务出力甚多。抗战期间在沪维持中国科学社社务，组织翻译出版《土木工程丛书》《电工技术丛书》等大量科技书刊。抗战胜利后，他不再担任总干事，重操旧业，进入电机领域，曾先后创办鼎达仪器厂、新华科学仪器公司及新华电炉厂。1950 年辞去中国科学图书仪器公司总经理、《科学画报》总编辑等职务，专任新华电炉厂总工程师，先后设计了试验石油和汽油的仪器、工业淬火回火的电炉 20 余种。企业改组合并为新业电工机械厂后任顾问工程师。曾任上海市杨浦区政协副主席、上海市电机工程学会理事、上海市科协委员等。“文革”中受冲击，逝于上海。

卢于道，字析薪，浙江鄞县（今属宁波）人。1926 年毕业于东南大学生物系、心理系。随后留美，在芝加哥大学攻读解剖学，1930 年获得博士学位回国，任上海医学院副教授。1931—1940 年任中央研究院心理学研究所技师，从事人脑的显微研究。1941 年应聘贵阳湘雅医学院，秋到北碚任中国科学社生物研究所教授，开始代理中国科学社总干事，负责《科学》在内地复刊并任主编。抗战后复员上海，接替杨孝述成为总干事，是中国科学社晚期主要负责人之一。1942 年秋任教复旦大学，曾任生物系主任、理学院院长、研究部主任等。是我国神经解剖学的奠基人之一，对人脑、哺乳动物脑组织与结构进行了一系列的研究，尤其对大脑皮层的生成发育及机能有深入研究。是九三学社发起人之一，曾任九三学社中央常委、副主席、上海市主委，上海科协主席、上海市政协副主席等。

林伯遵，名徇，字伯遵，四川富顺人。1925 年清华学校毕业留美，1931 年获美国芝加哥大学数学硕士学位。曾任冯庸大学理科主任教授，长期任职中基会，曾任秘书、执行秘书等，与学界交往甚多。1946 年开始列席中国科学社理事会，1950 年 8 月担任总干事，是中国科学社晚期重要领导人之一，1952 年当选理事，并被选为书记。曾任科联上海分会副秘书长兼秘书处处长、上海科学技术编译馆馆长等。1966 年 12 月，病逝于无锡华东疗养院。

刘咸，字重熙，又作仲熙，化名观化、汉士等，江西都昌人。1921 年毕业于江西省立第一中学，考入国立东南大学生物系，师从秉志、胡先骕、陈桢、钱崇澍、张景钺等名师。1925 年毕业，获理学学士，经秉志推荐，留校任助教，并在胡先骕指导下从事南京藻类研究。1927 年，经陈桢介绍，应聘清华学校生物系讲师。1928 年秋，考取江西省官费赴英，入牛津大学改习人类学。曾多次赴德国、法国考察，寻师访友，屡有所获，与时在伦敦大学攻读博士学位的体质人类学家吴定良等交好。1929 年被选为英国皇家学会会员，翌年荣膺巴黎国际人类学院院士。1930—1931 年代表中国科学社出席在葡萄牙里斯本和法国巴黎召开的国际人类学、考古学会议。1932 年获得牛津大学科学硕士学位回国，经胡先骕等推荐担任青岛国立山东大学生物系教授，后曾兼系主任。1933—1934 年，参加秉志领导，由北平静生生物调查所、中国科学社生物研究所、中央研究院自然历史博物馆及北京大学、山东大学、清华大学生物系等合组的“海南生物采集团”，赴海南岛从事人种学与民俗学调查研究，收获颇丰。“九一八”事变后，日本帝国主义加紧侵华步伐，青岛地处要冲，为日军所垂涎，刘咸寻机他往。1935 年应聘担任《科学》主编并兼任明复图书馆馆长，介入中国科学社社务，成为重要骨干成员与领导人之一。抗战全面爆发后，滞留上海，与秉志、杨孝述等一起维持中国科学社上海社务特别是《科学》的出版与明复图书馆的开放，成为当日沦陷区学术的象征。太平洋战争爆发后，《科学》停刊，刘咸失业。曾与秉志多次策划内渡重庆未果，就聘胡先骕首任校长的中正大学，也被日本人监视起来，并牵连秉志也不能行动，只得滞留上海。无可奈何之下，“下海”与同学王恒守合办煤球厂以维持生计。其间曾任国际科学与社会关系委员会中国委员兼召集人。战后任暨南大学教授、人类学系主任兼理学院院长，同时任复旦大学生物系教授。1950 年，专任复旦大学社会学系教授兼系主任，院系调整后任生物系教授。1956 年被评为二级教授。同年与秉志等一同创刊《中国动物学》杂志并任主编。在生物学、人类学和社会学方面都有研究，特别是在人类学方面造诣尤深，著有《从猿到人发展史》等，曾任上海自然博物馆筹备组主任、上海人类学会理事长等。

张孟闻，浙江宁波人。1922 年考入东南大学生物系，完成动物学和心理学学业，

1926 年毕业获得理学学士学位。曾担任浙江水产学校教师、北伐军前敌总指挥白崇禧部下秘书,"四一二"后流亡日本,回国后任中学教师。1928 年经秉志推荐,任北平大学农学院副教授,翌年任中国科学社生物研究所研究员兼书记。1934 年底,获中基会资助留法,1936 年获巴黎大学博士学位。因成绩优秀,再次获得中基会资助,考察德国马普博物馆、柏林大学博物馆、法兰克福哥德博物馆、比利时皇家博物馆、瑞士博物馆、英国不列颠自然博物馆等。1937 年应竺可桢聘担任浙江大学生物系教授。1943 年离开浙江大学,赴重庆任复旦大学生物系教授,开始参与《科学》事务,并接替卢于道担任《科学》主编,成为晚期中国科学社重要领导人之一,1948 年当选理事。曾任科学工作者协会上海分会副理事长、《上海科协》主编,复旦大学生物系主任,全国科联宣传委员会副主任委员、上海科普协会副主席、中国动物学会上海分会理事长、上海自然博物馆筹委会副主任等。"反右"中被打成"右派",被发配黑龙江大学筹备生物系。1976 年退休返沪,1980 年受聘华东师范大学生物系。是享有国际声誉的两栖类、爬行类动物学专家,也是中国生物科学史奠基人之一,与李约瑟交好,曾主编《李约瑟博士及其〈中国科学技术史〉》《中国科技史探索》(与李国豪、曹天钦共同主编)等。

第二节　科学技术与社会变迁:科学家与科学教育家群体

中国科学社作为一个以科学技术人才为主体的学术社团,科学家在其领导层占据主导地位。这些以科学家角色在近代化历程留下印迹者也有不同类别,一是像秉志、周仁、胡先骕等完全纯粹的科学家,终身以科学事业为职志,因其卓越的科研成就而名垂后世。二是以丁文江、翁文灏、曾昭抡、竺可桢等为代表的曾有"学而优则仕"经历,他们或毅然走出书斋在抗战危亡时刻担负起救国大任,或担当教育学术机构领导人,或替科学立言掀动社会思潮成为推动中国科学发展的重要人物。从科学家角色来说,也许有人批评他们心有旁骛,但他们仍保持了一个科学家的本色,主要因科研成就载入史册。三是像胡明复、过探先、胡刚复、王琎一样主要以科学宣传与科学教育家的角色留名,他们对推进中国科学的发展也贡献极大。下面以秉志、胡先骕、曾昭抡这三位具有特殊命途的科学家作为代表,分析科学技术与社会变迁在他们身上的体现。同时对丁文江、翁文灏、竺可桢、胡明复、过探先、王琎、胡刚复、吴有训、严济慈、周仁等予以简单分析,对钱崇澍、姜立夫、饶毓泰、戴芳澜、沈宗瀚、郭任远、叶企孙、王家楫、欧阳翥、郑万钧等进行简介。

一、纯粹科学家:生物学宗师秉志

1933年1月,翁文灏在《独立评论》发表文章,将秉志作为中国科学界的楷模,"足以引起社会的景仰与效法":

秉志先生不但是生物学著作等身,而且二十年来忠于所业,从未外骛。学校散了,没有薪水,他一样的努力工作。经费多了,待遇高了,他也是这样的努力工作。标本有所得,他便尽力研究。研究有所获,他便从速发表。他的工作只求一点一滴的进益,并不追求铺张扬厉的虚声。这都是真正科学家的态度。他对于后起的学者不但尽心指导,而且尽力的拿好的材料给他做,甚至分自己的薪水帮助他。因为有他这样的人格,所以养成中国许多动物学家,莫不仰为宗匠。[29]

图18-8 秉志像

秉志作为中国科学社创始人之一,与胡先骕、曾昭抡等人在政治与学术方面发表大量言论不同,他基本上坚守自己的生物学领域,但也不失一个爱国科学家的赤子之心,抗战期间发表大量抗日爱国言论。与曾昭抡、翁文灏、竺可桢、吴有训、严济慈等人"学而优则仕"不同,他基本上一直坚守自己的研究岗位,以一个纯粹的科学家角色安身立命。

秉志①,字农山,生于河南开封,满族。他是中国科学社创始人中获得传统科举功名最高者——举人,关于他的情况,前面相关章节中已有陆续介绍,这里仅稍做补充。秉志自幼随父诵读四书五经、文史诗词,17岁那年的上半年考中秀才,下半年得取举人。1902年,考入河南高等学堂,习英文、数学等新知识。1904年被河南省推荐入京师大学堂预科英文班学习。课余博览各种新书,"渐觉欧美各国国力强盛,是由教育与专门科学与技术而来",并对进化论产生浓厚兴趣,由

① 关于秉志的情况除注明外,参阅伍献文《秉志教授传略》、王家楫等《回忆业师秉志》(载《中国科技史料》第7卷第1期);翟启慧《秉志》(《中国现代科学家传记》第1集,第458-468页);《秉志传略》(翟启慧、胡宗刚编《秉志文存》第1卷,第1-19页)。

此决定了一生的选择。

1909 年，秉志从京师大学堂毕业，考取首届庚款留美生，入康奈尔大学师从著名昆虫学家尼达姆(J. D. Needham)，1913 年获学士学位，1918 年获博士学位，成为在美国以昆虫学研究获得博士学位的第一个中国人。导师很是看重这位学生，曾称赞他是“一位学者、一位值得尊敬的同行和一位亲爱的朋友”。从康奈尔大学毕业后，秉志又到费城韦斯特解剖学与生物学研究所师从著名神经学家唐纳森(H. H. Donaldson)从事脊椎动物神经学研究，历时两年半。其间在宾夕法尼亚大学注册修课，广泛涉猎生物学各学科与领域。

1920 年冬，秉志学成归国，放弃胡适在北京大学的呼唤，到先前应聘的南京高等师范学校。在这里，他开启了中国生物学科学研究的大门，先后创办了中国第一个生物系(南京高等师范学校生物系)与第一个生物研究机构中国科学社生物研究所。当时，南京高等师范学校只有农业专修科，秉志教授普通动物学，据伍献文回忆说：

当时大学里教普通动物学是采取模式教学法，就是在动物的一门或一纲采用一种动物作为模式，详细叙述其形态、生理，等等。这样教授法，学生觉得枯燥无味，而且彼此不连贯，缺乏系统性。秉老的教授法却别开生面，他用胚层、体腔的真伪以及进化原理将各类动物贯穿起来。这在当时很生动，也很有吸引力，并富于一定的启发性。因此，这个班本来是学农的，共有 19 个学生，后来转向于学习动物学的将近半数之多，可见影响之大。这不仅是教授法问题，更重要的是秉老具有科学家的风度和感化力。

正是因这种“科学家的风度与感化力”，秉志周围很快就聚集了一大群生物学精英，并以他在学术界很快就建立起来的威信，规划和布局中国生物学发展，先后或合作或指导创办北平静生生物调查所(兼任首任所长)、中央研究院动植物研究所(学生王家楫担任所长)、中国西部科学院生物研究所(先后派多名学生前往主持工作)等。他还先后担任过厦门大学、中央大学、复旦大学生物系教授和中国科学院水生生物研究所和动物研究所研究员，是中国动物学会创始会长，中央研究院评议员，首届中央研究院院士，中国科学院学部委员。

秉志常对学生们说：“一个学生在美国那种环境下取得研究成果是可以预期的，但更可贵的是在国外受了训练之后，回到中国来，在我们这种比较困难的环境下做出成绩来，使中国的科学向前推进一步。”他说到做到，作为中国生物学开创者、近代动物学主要奠基人，一生撰写 63 篇论文，其中脊椎动物形态学和生理学方面 27 篇(神经解剖与生理学12篇)、昆虫学及昆虫生理学7篇、贝壳学11篇、古生物学11篇、动物区系6篇、考古学1篇。

作为一名科学家,他著作等身。作为导师,他桃李满天下,1948年首届中央研究院6名动物学科院士中,就有王家楫、伍献文两人是他手把手教出来的。作为一个中国人,他更具有崇高的民族气节。1936年北平召开联合年会,有人说赶快趁此机会到北平旅游一番,否则被日本占领后需要办理签证才能去。秉志听到后,严厉斥责:"我们应该看中华寸土是神圣不可侵犯的,失去一寸土地,应该痛心疾首,何况北平是最近三朝都城所在,不应轻率作笑话。"他将他在抗战中所写的文章集结为《科学呼声》与《生物学与民族复兴》出版,宣扬科学建国(秉志在抗战期间的作为,参阅本书第七章相关内容)。

作为一个纯粹学人,秉志一再强调科学家必须具备科学精神。他认为所谓科学精神,就是"公、忠、信、勤、久",即"公而忘私""忠于所事""信实不欺""勤奋苦励""持久不懈"。所谓"公",科学知识为人类所共有,因此科学家必须公开其研究成果,不得严守秘密,否则"科学永无发达之希望";所谓"忠",科学家必须忠诚于科学事业,"科学之真理,不以忠诚之精神,努力进取,绝不能自来相寻";所谓"信",即科学研究来不得半点虚假,"科学以求真理为唯一之目的,所研究之问题,几经困难,得有结果,是即是,非即非,不能稍有虚饰之词""毫不容参加意气,尤不容作伪矫强,自欺

图18-9　1928年,秉志老师康奈尔大学生物系主任尼达姆携夫人、女儿来华访问,在生物研究所合影

后排左1、左2为胡先骕、秉志。

欺人”；所谓“勤”，既然献身科学，就得“朝于此，夕于此”，穷年累月，方能有所成；所谓“久”，也就是持之以恒，终身不懈，“真正之科学家，对于科学无论处何等环境，遭如何困难，必锲而不舍，一息尚存，不容稍懈”。并由此出发，他批评留学生在国外取得了重要科研成就，“归国之后，未能继续努力，致将所学荒弃，而改入他途”，这些人都不具有科学精神。[30]

秉志身边总是带着一张卡片，右写“工作六律”：“身体健康、心境干净、实验谨慎、观察深入、参考广博、手术精练”“努力努力、勿懈勿懈”；左撰“日省六则”：“心术忠厚、度量宽宏、思想纯正、眼光远达、性情平和、品格清高”“切记切记、勿违勿违”。

秉志就像他述说的那样，终身孜孜以求的是学问，即使到晚年也仍然如此。1959年底，他致函诗词好友龙榆生说：“志以数十（年）专攻动物学，既攻科学，即不能不终身以之，今日朝夕鲜暇，亦是自然之势，唯有割舍一切，以求无负初心而已，然此犹恐不免落后也。”此时他已年届73周岁，真可谓“老骥伏枥，壮心不已”。一年多后，致老友信函中还是如此表述，“志一切如恒，朝夕于实验室中度生活，几成世外之人”。1960年致函自己的得意门生郑集，谈及自己的养生之道是超然外物，每日晚上九点到早上六点卧床休息，午饭后再休息一个小时：

再加以省心，外事不受刺激，遇到任何不顺之事，皆视为不足介意。宇宙间自然有处理之者，不必我来过问，如此超然物表，专心一志于专业之研究，觉处处畅快，事事顺适……志觉以往是一生世，今后是一生世，以往者，有种种人事之牵挂，今后者，只有科学的工作，不再受人事之牵挂，任何事都已看穿，丝毫不复置怀，唯对于动物学的研究，感觉有极大之兴趣，吃饭睡觉外，只有此事，希望再有数十年之寿命，在此学问上能挖掘出少许东西，是最如意之事。

可以说老年的秉志将一切置之度外，一切以学问为中心，而且希望能再有数十年的寿命，在学术上有所贡献，并以此与学生共勉，“自信尚可研究三十年，愿与弟共勉之”。[31]可惜，自然之力谁也不能抗拒。1964年7月，秉志出席中国动物学会30周年大会时，突然不能讲话，延致次年2月病逝，享年79岁，可谓“尽忠”于动物学。反倒是郑集，作为中国营养学奠基人之一，2010年以110岁高寿辞世。

二、科学家职业伦理的实践者：“逆潮流”而行的胡先骕

胡先骕作为中国近代植物学奠基人，自南京高等师范学校起，就与秉志相过从。中国科学社生物研究所创立后，与秉志分别执掌植物部、动物部。北平静生生物调查

所成立后，担任植物部主任，后又接替秉志担任所长。但与秉志不同，胡先骕在植物学之外，深深介入各种社会论争，并曾出任首任中正大学校长，其命运自有其特殊性。

胡先骕，字步曾，号忏庵，江西新建人。1894 年 5 月 24 日生于江西南昌，秉志从京师大学堂毕业那年，考入京师大学堂预科。1912 年考取江西公费留美，入加利福尼亚大学，先习农学，后改植物学。1916 年获学士学位回国，先后任江西省庐山森林局副局长、南京高等师范学校农科教授、东南大学农科教授兼生物系主任等。其间与秉志一同创建中国科学社生物研究所，任植物部主任，带领学生外出采集植物标本，调查植物资源，并与邹秉文、钱崇澍等合编我国第一部高等植物学教材《高等植物学》。

1923 年得江西省公费，再次留美，入哈佛大学随杰克（J. G. Jack）攻读植物分类学。1925 年以《中国有花植物属志》获得博士学位，开创中国植物学研究新局面，并与梅丽尔（E. D. Merrill）、雷德尔（A. Rehder）建立良好学术关系。回国后续任中国科学社生物研究所植物部主任兼东南大学教授。1928 年北平静生生物调查所成立后，北上任植物部主任兼北京大学等校教授。1932 年接替秉志任静生生物调查所所长，任内创建庐山森林植物园、云南农林研究所等。发起成立中国植物学会，当选第二任会长。1940 年就任国立中正大学首任校长，1944 年因与在赣州开展新生活运动的蒋经国产生矛盾，被迫辞职，专事科学研究。战后回北平继续主持静生生物调查所，兼任北京大学等校教授。1949 年后，任中国科学院植物分类学研究所、植物研究所研究员。

胡先骕与秉志一道主持近代中国最为有名的两大生物学研究机构，不仅取得了重要的科研成就，更培养了大批人才。他一生主要科研成就集中在植物分类学、植物解剖学、植物地理学和古植物学上，特别是与学生郑万钧一同鉴定水杉，轰动世界学术界。1948 年因“植物分类学、植物生理学及新生代古植物学之研究、主持静生生物所”当选首届中央研究院院士。科学家而外，胡先骕在诗词上也有作为，是江西诗派代表人物之一，有《忏庵诗稿》行世，后人辑有《胡先骕文存》和《胡先骕诗文集》等。①

① 关于胡先骕资料主要源于施浒《胡先骕》（《中国现代科学家传记》第 4 集）、胡宗刚《胡先骕先生年谱长编》。但值得注意的是，胡先骕不是中国科学社的创始人，他就读的学校是美国西海岸的加利福尼亚大学，中国科学社是东海岸康奈尔大学的学生创办的。有人认为他与同学好友胡适、任鸿隽、赵元任等共同发起成立中国科学社，这“创见”不知从哪里演绎出来。至于说他“组建静生所，与好友秉志等创建生物调查所”，不知此调查所是否就是中国科学社生物研究所，抑或他真与秉志还创建有生物调查所？见沈卫威著《回眸“学衡派”——文化保守主义的现代命运》，人民文学出版社，1999 年，第 148－149 页。

胡先骕是科学社时期的股东，1916 年开始在《科学》发表文章，1924 年当选理事，以后一直当选，是少数与中国科学社相始终的领导人之一。

图 18－10　第二次留美时期的胡先骕

据说胡先骕“自幼聪慧过人，七岁时即被乡人誉为‘神童’，国学造意殊深，诗词歌赋样样在行，甚至还写过激发国人抗日情操的剧本《锄奸者》”。[32] 作为植物学家的胡先骕，如今知道的人不多，笔者第一次看见他的大名是在《鲁迅全集》里，在那里他可是一个彻头彻尾的“落后人物”，被鲁迅狠狠地“估”了一把。在“新文化运动”时期，胡先骕绝对是个“弄潮儿”，但他的“弄潮”是反方向的。“文学革命”正如火如荼，大家都说白话文好，他却在南京与梅光迪“纠合”吴宓一起创建了学衡社出版《学衡》，与胡适等所倡导的新文化运动唱“对台戏”，提倡国粹，宣扬古文，撰写古体诗。

图 18－11　胡先骕与他的论敌胡适在 1925 年的合影

胡适题词为“两个反对的朋友”。

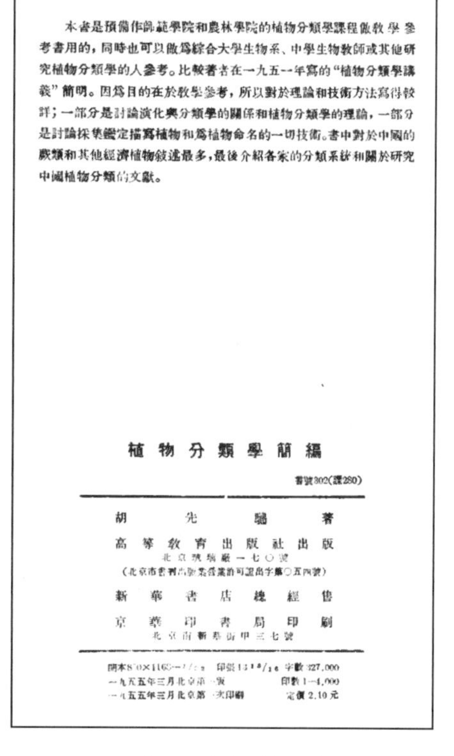

本書是預備作師範學院和農林學院的植物分類學課程做教學參考書用的，同時也可以做爲綜合大學生物系、中學生物教師或其他研究植物分類學的人參考。比較著者在一九五一年寫的“植物分類學講義”簡明。因爲目的在於教學參考，所以對於理論和技術方法寫得較詳；一部分是討論演化與分類學的關係和植物分類學的理論，一部分是討論採集鑑定描寫植物和爲植物命名的一切技術。書中對於中國的蕨類和其他經濟植物敍述最多，最後介紹各家的分類系統和關於研究中國植物分類的文獻。

植物分類學簡編

書號302(課280)

胡　先　驌　著

高等教育出版社出版

北京琉璃廠一七〇號

(北京市書刊出版業營業許可證出字第〇五四號)

新華書店總經售

京華印書局印刷

北京市新華街甲三七號

開本850×1168—1/32　印張13 13/16　字數327,000

一九五五年三月北京第一版　印數1—4,000

一九五五年三月北京第一次印刷　定價2.10元

图 18－12　给胡先骕带来麻烦的《植物分类学简编》初版版权页

作为“学衡”派的主将，他说胡适、陈独秀所言“固不无精到可采之处，然过于偏激，遂不免因噎废食之讥”，提出了自己的“中国文学改良论”。这自然引起胡适派大为不满，“新潮巨子”罗家伦出来对他嬉笑怒骂了一番。① 他对胡适的“流行诗集”《尝试集》进行全面的“科学”分析，说胡适的诗“平心评之，无论以古今中外何种之眼光观之，其形式精神，皆无可取”，在中西交冲时代，胡适诗集的价值是“负性的”，“是胡君者真正新诗人之前锋，亦犹创乱者为陈胜吴广，而享其成者为汉高”。[33] 他认为胡适以“死文学”“活文学”为标准来评判中国文学，“毫无充分理由。……若徒以似是而非之死活文学之学说，以欺罔世人，自命为正统，……未必即能达其统一思想界之野心，即使举国盲从，亦未必能持久”。[34]

胡先骕等在新文化运动时期的反“潮流”，在一定意义上是新文化运动的“解毒剂”，体现了一个知识分子的独立思考，是“独立之意志，自由之思想”的真正表现，到今天才逐渐显示其深远的意义。据说北平和平解放前夕，有人劝胡先骕去南京或美国，因为他与国民政府有很深的渊源，可他不仅拒绝了，而且 1949 年元旦受傅作义邀请出席宴会时，还劝说傅作义“看清形势，顾全大局，顺从民意”。

1950 年，他苦心孤诣支撑的静生生物调查所与北平研究院植物研究所合并，成立中国科学院植物分类学研究所，他并没有成为负责人，被聘为研究员，成为“普通一兵”。据竺可桢日记记载，1951 年 12 月 15 日，在北京西郊公园参加学习会，讨论学习与业务的矛盾问题，“胡先骕提出学习是突击性的，大家不赞同。又渠不肯做笔记，谓自大学毕业以来已无此习惯，抗拒抽查笔记，谓其记性甚好，可知其确存在若干包袱。讨论学习和业务上之矛盾，时间上是免不了的，但二者可以统一调和，错误是把业务当是自己的，学习当是人家的”。[35] 当他过去的一些同人慢慢顺应时代潮流，他又一次直接与“时流”相对拒，不仅“不认真地改造自己”，好好地参加政治学习，反而还“阴阳怪气”，说“学习是突击性的”，那意思是说政治学习不需要“长抓不懈”了，或者说可有可无，其不识时务之甚可见一斑。“自大学毕业以来”不再记笔记的说法不免有些“孩子气”，未必是实情，想必在研究工作中一定要记笔记，否则如何进行研究？但领导讲话不记笔记，政治学习不记笔记，这可能是真的，而且还要用“记性好”来“搪塞”，真是“可恶透顶”！当然，政治学习要抽查笔记，也

① 胡先骕《中国文学改良论》（《东方杂志》第 16 卷第 3 期）、罗家伦《驳胡先骕君的中国文学改良论》（《新潮》第 1 卷第 5 号），均收入耿云志主编《胡适论争集》（上卷），中国社会科学出版社，1998 年。引文见第 150 页。

实在是“荒谬绝顶”。

他天生是个“反叛”的人，是个特立独行的“思考”者，在“一切向苏联看齐”，李森科主义在中国“如日中天”时，他却在1955年出版的《植物分类学简编》中批评李森科主义，说李森科的获得性遗传理论是反科学的，认为李森科是靠政治力量来推展其反科学学说的，呼吁中国的生物工作者不要“被引入迷途”。这自然引起国际纠纷与国内的李森科论者大为不满，在华苏联专家“严重抗议”：“这是对苏联在政治上的诬蔑。”北京农业大学的几位青年教师上纲上线，说他们的祖师爷“诋毁苏联共产党和政府，反对共产党领导科学”，要求销毁《植物分类学简编》，要胡先骕“彻底检查，公开检讨，真正下决心改正”。1955年10月在米丘林诞生一百周年纪念会上胡先骕被点名批判。① 但他就是一块“又臭又硬”的石头，“死不悔改”。虽然向领导保证会自我批评，但在发表的文章中继续反对李森科学说。[36] 1956年还上书党中央，要求在大学恢复与李森科理论相对立的“摩尔根理论”的教学。虽然他的批评与建议都被历史验证为“真理”，可他还是因为这一原因逐步远离中国科学共同体，成为“孤家寡人”。

1955年中国科学院学部成立时，这位中国植物学的奠基人虽然在中国科学院上报的最后名单中，但中宣部在最终确定名单时还是将他删除，只能“名落孙山”。学部委员的遴选是按照“学术成就、对科学的推动作用及对人民事业的忠诚”三个标准来进行的，胡先骕“按他的学术水平完全应该是学部委员，他的学术成就是国内外公认的，但是在政治上他同国民党的关系较多”；“就在学部大会开会前不久，他还说政治不能干涉学术嘛！因此胡先骕就出了名”。② 当然1955年不能当选，还有1957年的第二次机会，可是这次仍然是“名不见经传”。据说胡先骕的问题，还在1956年4月27日中央政治局扩大会议这样重要的会议上成为议题。讨论毛泽东《论十大关系》时，陆定一所做发言有如下记录：

从前胡先骕那个文件我也看了一下，看一看是不是能够辩护一下，那是很难辩护

---

① 胡先骕身处困境之中，只有秉志认同他的观点，反对对他进行批判。据竺可桢日记记载，秉志认为要胡先骕检讨“不但不现实，而且无需要”；秉志对“李森科的科学造诣有意见，认为许多人盲从了”。樊洪业主编《竺可桢全集》第14卷，第203页。

② 参阅李真真《中宣部科学处与中国科学院——于光远、李佩珊访谈录》，《百年潮》1999年第6期。从被采访者说话的口气，似乎是说他们当时将胡先骕从上报名单中删除无可厚非，而今天看来似乎也是历史的“真确”，而没有一点惋惜或者说“叹息”的意思，更不用说“深挖思想根源”，这就是所谓的“历史反思”。

的。那个时候我们就给他加了几句，就是着重他的政治问题，因为他那个时候骂苏联，所以我们就气了。他讲的问题是生物学界很重要的问题，这个人在生物学界很有威望。（毛泽东插话：不是什么人叫我们跟他斗一斗吗？）后来我们把那个东西缓和了，报纸上没有提他的名字，是在一个什么米丘林的纪念会上有几个人讲话讲到他，我们掌握了这一点，就是报纸上的一个名字都不讲，因此没有和他撕破脸。（毛泽东插话：胡先骕的那个文章对不对？）他批评李森科的观点很好，那是属于学术性质的问题，我们不要去干涉比较好。[康生插话：我问了一下于光远，他觉得胡先骕是有道理的。胡先骕是反李森科的，什么问题呢？李森科说，从松树上长出一颗榆树来，这是辩证法的突变，松树可以变榆树（笑声），这是一种突变论。毛泽东问：能不能变？康生答：怎么能变呢？那颗松树上常常长榆树，那是榆树掉下来的种子长出来的。这件事情胡先骕反对是对的。但胡先骕说李森科可以吃得开是有政治支持着的。其实，斯大林死了以后，苏共批评了李森科，没有支持李森科，所以胡先骕这一点没有说对。但整个的来讲，胡先骕讲得还是对的，他只讲错了一个例子，我们不应该去抓人家的小辫子，就说他是错误的。]那倒不一定去向他承认错误。（毛泽东插话：那个人是很顽固的，他是中国生物学界的老祖宗，年纪七八十了。他赞成文言文，反对白话文，这个人现在是学部委员吗？）不是，没有给。（毛泽东插话：恐怕还是要给，他是中国生物学界的老祖宗。）[37]

可见胡先骕没有当选学部委员并不仅仅因为他反对李森科，关键是他要求“政治与学术脱离关系”。他要求学术与政治分开，也许就是看到了李森科借助政治而走上了一条不仅给科学蒙羞，更给“社会主义苏联”抹黑的不归路。当学术为政治所利用时，政治就披上了真理的外衣，被装扮得“可敬可信”。而学术利用政治后，自然追寻的不是真理，而是“霸道”。关于学术与政治的关系，从来就是一个热门话题，似乎德国人韦伯说得最为明白透彻。①

即使毛泽东也认为学部委员“恐怕还是要给，他是中国生物学界的老祖宗”，可他还是没有当选学部委员。② 胡先骕这种言行在“反右”时自然不能脱离干系，被定

---

① 参阅韦伯著，冯克利译《学术与政治》，生活·读书·新知三联书店，1998年。

② 据《竺可桢日记》记载，这次胡先骕落选，主要是北京大学张景钺、李继侗说他“有宗派、喜乱讲，工作中有错误”，研究所里钟补求、中山大学陈焕镛等“亦不赞同”，《植物分类学简编》“多取材于西文某书，而不加以说明，掠美之嫌，于著作道德也不好”（樊洪业主编《竺可桢全集》第14卷，第545、549页）。关于胡先骕落选学部委员，可参阅胡宗刚《胡先骕落选学部委员考》（《自然辩证法通讯》2005年第5期）。

为“不用戴帽的右派”。生活进入了黑暗的轨道，1968 年 7 月 16 日，他在悲愤中去世，享年 74 岁。

胡先骕一生可以说著作等身，专著有《高等植物学》(1923 年)、《中国植物学小史》(1935 年)、《中国植物图谱》(5 卷，1927—1938 年出版)、《种子植物分类学讲义》(1951 年)、《经济植物学》(1953 年)、《经济植物手册》(1955—1957 年)，另有译著 5 部、学术论文 140 余篇。胡先骕的一生，真正体现了科学家社会角色的责任伦理，以真理为准绳，以自己的独立思考立世。

三、化学宗师、副部长、“大右派”：1949 年后的曾昭抡

与秉志、胡先骕不同，作为中国化学学科奠基人之一的曾昭抡，在 1949 年以前已经充分展现了进步教授的一面。曾昭抡，湖南湘乡人，曾国藩二弟曾国潢的曾孙。1915 年考入清华学校，1920 年留美，入麻省理工学院习化学工程，1926 年获得博士学位。同年夏天回国，在上海短期逗留后，到广州参加中国科学社年会，任广州兵工试验厂技师。次年应聘到国立第四中山大学(旋改为中央大学)理学院化学系任教授兼工学院化工科主任。1931 年北上任北京大学理学院化学系教授，一直到 1949 年走上行政领导岗位。他一生的成就集中在创建中国有机化学的基础和推动中国化学事业的发展，主要科研成果有改进有机分析方法、制备有机化合物、测定有机化合物物理常数等。他对中国科学发展的贡献得到学术界的广泛认同，1948 年因“有机合成及分析之研究、主持北京大学化学系”当选首届中央研究院院士。①

曾昭抡自 1924 年任《科学》驻美编辑部主任开始，断断续续担任《科学》编辑、特约编辑等，前后 23 年，被《科学》誉为“于编辑工作，赞襄最力，至足称道”的编辑之一，1947 年当选中国科学社理事。曾为《科学》编辑过“工程专号”“有机化学百年进步号”和一些中国科学社年会专号。据统计，自 1924 年在《科学》第 9 卷第 2 期上发表《理论科学与工程》以来，到 1950 年第 32 卷第 10 期发表《科学界的大团结》为止，他在《科学》上发表各类文章(包括翻译)共 34 篇，从篇数上讲，超过他在《中国化学会会志》及《化学学报》上发表的论文，可以说《科学》是他一生最为重要的言论阵地和通道，自然也是《科学》最重要的作者之一。其中《科学最近之进步》《有机化学百年来进步概状》《毕克特及双糖属之组成》《国际有机化学名词改良委员会报告书》

---

① 参阅王治浩《曾昭抡》，《中国现代科学家传记》第 5 集。

《二十年来中国化学之进展》等都是极有影响的作品,及时介绍了国内外化学科学特别是有机化学的发展状况,为国内同行提供了线索与基础。袁翰青 1929 年留美前夕,在上海买了一本《科学》,看到了曾昭抡为纪念德国化学家维勒人工合成尿素一百周年而写的文章,对他后来学习有机化学有大影响;唐敖庆 1936 年投考大学时对专业选择颇费思量,有人告诉由曾昭抡主持的北京大学化学系很好,他也看过《东行日记》,于是投考北京大学化学系。①

曾昭抡是西南联大有名的进步教授之一,下以 1949 年前后他与他的留美学生王瑞駪的通信来剖析他在这一时期的思想变化。② 战后军工署派华罗庚、吴大猷、曾昭抡各带两名学生赴美学习研制原子弹知识,王瑞駪为曾昭抡所带学生之一(另一位为唐敖庆)。可见,曾昭抡对王瑞駪是极为赏识的。1948 年 1 月 23 日,曾昭抡访问欧洲回国到了香港,3 月 26 日写信说:"原拟即返北平。到此得悉东北华北局面异常紧张,友人坚劝勿行,乃暂时留下,再作第二步打算。"同时勉励王瑞駪在美努力学习,最好毕业后在美继续研究四五年,待国内局面安定后再回来。此时他认为国共内战不是短时间可以解决的,6 月 1 日信中还说:"居港数月,国事日乱,令人焦念。大致两三年内,尚难望安定。"香港"文化水准异常低落。普通书籍杂志,虽不难购得,科学书报则绝少",只得将在美国购买的还未来得及看的书籍"予以阅读,如此亦颇能获益"。

1949 年 1 月 21 日,《关于和平解决北平问题的协议》签订。焦急等待的曾昭抡自然喜出望外,26 日写信说:"国内局面急转直下,北平和平易手,……中国前途有望,弟安心多读两年书再回。我一时不动,但亦可能不久北返。"28 日致信说:"国内和平,初以为指日可期。照最近趋势,恐华中华南尚不免一战。安定之期,当在半年以后矣。"3 月 2 日写信说:

北平情形不错,北大同仁同学均安,生活较解放前安定。久住香港无聊,已决于日内启程北上。……北大想必会续订各种科学杂志,以后弟私人所订杂志,不妨自己留作参考,不必转寄。但如有十分重要的新化学书,则祈有时惠寄一两本为感。国内

---

① 参阅袁翰青《平生风义兼师友——缅怀曾昭抡教授》、唐敖庆《深切怀念我的北大老师曾昭抡教授》、美政《30 年代曾昭抡教育与科学活动述评》,同载《一代宗师——曾昭抡百年诞辰纪念文集》。

② 这批信件是留居美国,任纽约州立大学爱因斯坦讲座(Einstein Chair)教授的王瑞駪保存的,他于曾昭抡百年诞辰时贡献给学界,这是我们这些研究者要衷心感谢的。信件收集在《一代宗师——曾昭抡百年诞辰纪念文集》,第 143-150 页,通信时间在 1947 年 10—1949 年 11 月,共 11 封。下面引文不再一一注明。

此刻尚未脱离军事时期,弟能在美多留一年最好。预料一九五〇年夏季,国内科学研究工作,可望开始。

3月27日,曾昭抡回到北平,4月4日写信说:“北大上课如常,希望不久可以回校。学校接收方竣,经费不裕。高深研究,一时尚难实行。”回北平后,曾昭抡积极参加科研和教学工作,一再劝说王瑞駪在国外多读书,为回国建设打下基础。在1949年发表的一篇文章中,对新时期中国科学的发展充满了信心,他说在抗战和四年内战中,中国科学家在食不得饱、衣不得暖、居不得安,设备极端稀缺的情况下做出了卓越的贡献。现在中国科学的厄运到头了,在未来中国的建设中,科学家将处于异常重要的地位,科学家们应该“鼓起勇气迎上去,发挥自己一生伟大的抱负”。[38] 在次年发表的一篇文章中,号召科学家们突破心理障碍与过去的小天地,团结起来,建设新中国。[39]

事情的发展看起来与曾昭抡的看法有相当程度的吻合,他回到北平后不久就走上了行政领导岗位。先是担任北京大学校务常务委员和教务长、化学系主任,并积极参与主持“科代会”,当选副主任委员。1950年被任命为教育部副部长兼高教司司长,1952年担任高等教育部副部长,1955年当选中国科学院学部委员,1956年筹建中国科学院化学研究所并兼任所长。从一个科研工作者转变为高等教育领导者,负责高等教育的规划与发展。当时一些人要完全照搬苏联模式:科学院负责研究,大学负责教学不进行科研。曾昭抡据理力争,说“高等学校不只是传授已有知识的场所,而且是创造新知识的场所;既是国家培养专门人才的机构,同时又是科学研究机构”。[40] 1957年3月,在政协第二届全国委员会第三次会议上做长篇讲话,对1949年以后在干部培养计划方面存在的问题、高等教育改革取得的成就和存在的问题等进行了全面的反省,并提出了整改方案与措施。[41]

曾昭抡对党对国家建设,可谓“知无不言,言无不尽”。此后,他响应“百家争鸣,百花齐放”号召,以民盟中央科学规划组召集人的身份与华罗庚、钱伟长等人一起就保护科学家、科学院与高校之间的合作等问题,以《对于有关我国科学体制问题的几点意见》为题向党中央汇报,在保护科学家方面,提出要保证科学家进行科学研究的时间(除少数例外,有领导能力的科学家应尽可能不担当行政工作;保证科学家每年有连续研究的时间;科学家不能兼职过多;科学家对社会活动等由于科研需要可以请假;招待外宾不能成为科学家的任务等)、给有领导能力的科学家配备助手(由科学家自己选择)、加强科研设备的建设、资料保密制度不利于科学研究、科研经费要合

图 18－13　1965 年，曾昭抡、俞大絪在北京大学燕东园

图 18－14　1965 年，曾昭抡在北京大学燕东园寓所与亲属的合影
前排曾昭抡（右 1）、俞大绂（右 3）、俞大絪（左 1）。

理分配、应使科学家回到他自己的专业工作中去。在协调科学院与高等学校、业务部门的分工合作方面建议：应该以研究工作“就人”，不同部门要合作；科学院的工作应该以科学上的基本问题和全国性的综合性问题为主，高校的研究工作可以多样化；现有科研机构重复浪费、兵多将少，应考虑合并或缩减，以后新设机构要慎重考虑。在社会科学方面建议：应继承过去的社会科学成就，不能将领导人的讲话和国家政策作为社会科学的客观规律，使社会科学工作者仅仅成为宣传机器。关于科学研究的领导方面，为了进一步加强科学家之间的联系，应给予专门学会支持；学术领导和科研的“火车头”应该在工作中自然形成，不能由领导决定。在培养新生力量方面，升学、升级、选拔留学生、研究生方面过去片面注重政治条件，应该业务与政治并重。[42]该汇报未经作者同意，《光明日报》予以发表，“造成了使人误解的舆论”。[43]

这样一篇为国为民为党的诚恳意见，却被定性为“反党反社会主义的科学纲领”，厄运自然难逃。曾昭抡等6位教授被“任命”为大右派，曾昭抡的副部长职务被撤销，化学研究所所长让位于人。更令他始料不及的是，他长期就职的北京大学居然拒绝接收他。无奈之下，通过高教部的安排，1958年他抛家离妻只身一人来到远离北京的武汉大学，开始他本职工作的第二个春天，这时他已是一个年满60的花甲老人。他妻子俞大絪时任北京大学西语系教授，不能夫妻同往，只得老来分居。

作为一个从民国时期走过来的科学家，他在新时期已经完全成为一个行政工作者，作为科学家赖以生存的本职工作——科学研究对他来说是遥远的过去。现在仕途受挫，又可以回到他的“自由王国”了。他在武汉大学完全沉浸在学术的海洋中，培养学生、研究课题。可苍天不佑人，1961年查出患癌症。但更可怕的是“文化大革命”的“怒吼”已经响起，与他相濡以沫整整40年的爱妻在北京大学不堪受辱，于1967年2月含冤自尽。他不仅不能千里奔丧，与已经西去的妻子见上最后一面，自己也成为“狂风暴雨”摧残的对象。“大右派”“资产阶级反动学术权威”“曾国藩的孝子贤孙”，每一指控都可以置人于死地，被保持5年之久的“癌症秘密”也被“革命人士”“真诚”地揭露，助手们远他而去，孤独的老人在批斗的叫骂声中病倒了。1967年12月8日，作为中国化学科学奠基人之一的曾昭抡，在湖北医学院第二附属医院的普通病房里长眠，离开了这扰攘的人世间。

与曾昭抡同因“科学体制”成为右派的费孝通，在专门回忆曾昭抡的文章中说：“曾公当时所受的折磨，我实在不忍再去打听，也没有人愿意告诉我。让这些没有必要留给我们子孙知道的事，在历史的尘灰中埋没了吧。”[44]费孝通的话其实是想让大家不要忘记那段历史。对曾昭抡这样一个科学家来说，费孝通以为更重要的是他的学术成就："凭什么能说一个行政领导是高于一个为国家直接创造和传播知识的教师呢？"他还说："将来说起曾昭抡先生在历史上的贡献，我看他在中国化学学科上的贡献会比他当部长的贡献重要得多。"[45]诚然，部长不过是一个政府一个职位而已，化学研究成果及其学科建设却是可以长久传承的。历史上的曾昭抡不是作为政府官员的曾昭抡，而是创建中国化学科学的曾昭抡，这也许才是历史的公正。

胡先骕和曾昭抡是中国科学史上功勋卓著的两位大师，他们在1949年后的最初经历虽说极端不同，但最后的遭遇却是一样。胡先骕似乎总是反潮流，要保持他作为一个科学知识分子的独立思考角色；曾昭抡紧跟潮流，但他坚守了一个科学家的最后阵地。可以称他们为值得后人敬仰的近代知识分子代表。

四、"有办事才的科学家"：丁文江、翁文灏、竺可桢、吴有训、严济慈

蔡元培曾说丁文江是"有办事才的科学家。普通科学家未必长于办事；普通能办事的，又未必精于科学。精于科学而长于办事，如在君先生，实为我国现代稀有的人物"。[46]其实，翁文灏、竺可桢等人也与丁文江属于相同类型的人。

丁文江，字在君，江苏泰兴人。1902年东渡日本，"谈革命、写文章"，未正式入学。1904年回国转赴英国留学，先后入剑桥大学、格拉斯哥技术学院、格拉斯哥大学，攻读动物学和地质学。1911年毕业回国，经学部考试获格致科进士。翌年任工商部矿政司地质科长，与章鸿钊、翁文灏等创办地质研究所，培养地质人才。1913年9月，创办地质调查所并任所长。1916年1月，地质调查所改组为地质局，丁文江任副局长，为实际负责人。10月，地质局再改回地质调查所，丁文江任所长。1921年，辞去所长职务"下海"经商。1922年与胡适等创办《努力》周报，鼓吹"好人政府"。1923年，掀起"科玄论战"，影响甚大。1926年，出任孙传芳治下的淞沪商埠督办公署总办。南京国民政府成立后，隐退于北京和大连。1928年重返地质调查所，1931年任北京大学地质系教授，1932年与胡适等创办《独立评论》，1934年出任中央研究院总干事。1936年1月5日，因煤气中毒不治逝世。

作为中国地质学的奠基人之一，丁文江开创了中国地质调查事业，他先后到云南、广西、贵州做大规模的区域地质调查，并于1929年制定西南地质调查计划，在其统一指挥下，经赵亚曾、黄汲清、曾世英、王曰伦、谭锡畴、李春昱等的努力，于1930年夏天完成调查计划。西南地质调查，奠定了西南区域地质基础，在地层学方面，建立

了泥盆、石炭和二叠系重要剖面；在构造地质学方面，初步认识了四川地台和秦岭地槽的构造轮廓；在矿产勘查方面，重新勘定了各种矿产。[47] 在丁文江的领导下，地质调查所成为近代中国最为成功的科研机构之一，他聘请美国哥伦比亚大学教授葛利普来华，为中国培养了大量古生物人才。他参与管理中美庚款和中英庚款，推荐了许多有为青年出国留学，为中国科学发展奠定基础。在他主持下，利用洛克菲勒基金展开周口店挖掘工作，发现"北京人"头盖骨。出任中央研究院总干事后，致力于评议会的成立，欲建立独立的中国科学发展体制。这些都充分体现了他的行政才干与办事能力。

傅斯年说丁文江是"新时代最善良最有用的中国之代表""欧化中国过程中产生的最高的菁华""用科学知识作燃料的大马力机器""抹杀主观，为学术为社会为国家服务者，为公众之进步及幸福而服务者"。[48] 丁文江不仅是科学家和科学行政的主持者，他对改进社会也有热情，他是个积极入世的学者。面对北洋军阀时期民不聊生的政治混乱局面，他说：

我们中国政治的混乱，不是因为国民程度的幼稚，不是因为政客官僚腐败，不是因为武人军阀专横；是因为"少数人"没有责任心，而且没有负责任的能力……只要有几个人，有不折不回的决心，拔山蹈海的勇气，不但有知识而且有能力，不但有道德而且要做事业，风气一开，精神就要一变……只要有少数里面的少数，优秀里面的优秀，不肯束手待毙，天下事不怕没有办法的。[49]

于是，他与蔡元培、胡适等积极投身于"好人政府"运动，发表"好人"宣言，支持"好人"入阁。"好人政府"失败后，他并不气馁。1923 年，与张君劢展开"科学与玄学"的大论战，为科学在中国思想文化上正名，争地位，深远地影响了中国科学的发展。1926 年，他又出任孙传芳统治下的淞沪商埠督办公署总办，提出"大上海"计划，要将租界周围的华界统一起来，建立统一的市政、财政与公共卫生系统；他从外国人手中夺回许多利权，"交出这些权利的外国人，反而能够诚意的佩服他"。无论如何，作为地质学家的丁文江，行政才干出众，思想敏锐，无论是在地质学发展史上，还是在中国近代思想史上都有其独特的地位。

与丁文江兴趣广泛不同，作为地质学家的翁文灏是民国时期学者从政的典型代表，他在中国近代史上的角色可以从政治人物与科学家两个方面来界定。他是中国地球科学（包括地质学与地理学）的重要奠基人之一，也是学术界公认的组织者和领导者。从政后担任过一系列重要职位：国防设计委员会秘书长、行政院秘书长、资源委员会主任、经济部部长、战时生产局局长、行政院副院长、行政院院长等，在中共方面公布的43名战犯中名列第12。①

1906年，翁文灏考入上海震旦学院，1908年毕业，考取浙江省官费留学比利时，1912年以“勒辛的石英玢岩”获得博士学位，是我国第一位地质学博士。回国后担任地质研究所讲师，培养地质学人才。1916年转入地质调查所任矿产股股长，1921年接替丁文江出任代理所长，1926年正式担任，直到1938年才卸任。从回国到1932年从政不到20年间，翁文灏取得了辉煌的科学成就：在矿床学方面，1919年发表专著《中国矿产志略》，后相继发表《中国矿产区域论》《金属矿床分布之规律》《中国金属矿床生成之时代》等重要论文，探讨了金属矿床的生成及其分布规律，为矿产资源的开发和利用提供了理论基础；在构造地质学方面，修正了此前一些外国地质学家在中国地质构造上的认识错误，创立了燕山运动及其有关的岩浆活动和金属矿床生成理论，至今仍是地质构造学的教科书内容；在地震地质方面，1920年的甘肃大地震造成20余万人死亡，翁文灏前往考察完成了我国近代地质学家对地震地质的首次调查，开始研究我国地震的分布及其规律，并领导建立了我国第一个地震台；他在煤田地质、石油地质、古生物学、地层学、沉积学及其地理学方面也都留下了艰苦跋涉后的深深印迹。1948年以“创立华南矿床分带、燕山运动、地震与构造关系、华煤分类新法、剥蚀与沉积之研究等，曾主持中央地质调查所”荣膺中央研究院首届院士。翁文灏积极创建中国地质学会，先后多次担任副会长、会长，创建中国地理学会连任十届会长，也曾任国际地质学会副会长。他是中国科学社最为重要的领导人之一，也是少数长期当选理事、董事（监事）的领导人之一。1925年，首次当选理事，并被举为社长。此后一直当选理事或董事（监事），并长期担任董事会（监事会）会长。

正当翁文灏在科学的道路勇往直前时，“九一八”事变爆发。面对日本帝国主义的悍然侵略，他毅然走出“象牙塔”，选择了从政的道路，将余生献给国家，从此，他的生命转入了另一路径。他不仅是一位杰出的科学家，而且也有杰出的行政领导才干。他本来可以在科学王国里取得更大的成就，他自然也在行政领域留下了可供记载的史迹：在矿产资源开发、实行工业化、加强经济建设等方面为抗战建国立下汗马功劳，更为国家的近代化做出了卓越贡献。虽然他官至行政院院长，但仍不失一个学者的本色，因此在蒋介石政权中，他是政客们的“眼中钉，肉中刺”，这自然使他在行政工

① 参阅石宝珩等《翁文灏》，《中国现代科学家传记》第5集，第334－345页。

作中处处碰壁，大大降低了他的行政工作效率，这是他辈弃学从政学人的悲剧之所在。1949 年离国他去，经相当痛苦的彷徨于 1951 年回国，1971 年 1 月 27 日病逝于北京。回国后虽担任过多个名誉性职务，并翻译大量地质矿产书籍，但 20 年的生命历程中之所遭际可以想象，特别是诸如长子不堪受辱自杀身亡这类白发哀黑发的人生大悲。

与翁文灏后来完全从政不一样，竺可桢虽亦属于“学而优则仕”一类，但主要担任学术机构的领导工作。有论者以为，“若以推动科学研究而论，任鸿隽可作为科学研究的宣传者与领导者，而竺氏则为实践者……他主要引介科学知识及研究自然现象，训练研究人员，确立地理及气象学知识的地位，又筹办有关地理及气象学的刊物，推动自然科学的研究”。[50]①确实，竺可桢在中国近代科学发展史上首先是一个科学家，虽然他曾经担任过中央研究院气象研究所所长、浙江大学校长、中国科学院副院长等领导、规划科学事业的职务。他是中国近代地理学、气象学的奠基人之一，他一生著述颇丰，涉猎的学术领域颇广，在季风、台风、地理学与自然区划、物候学、气象变迁、自然资源综合考察、科学史等方面都取得了令人瞩目的成就。

竺可桢，字藕舫，生于浙江绍兴(出生地东关镇今属上虞)。1905 年到上海，就读澄衷学堂中学部，1908 年考入复旦公学。翌年进唐山路矿学堂读土木工程，与杨铨、茅以升等同学。1910 年考取第二届庚款留美，放弃土木工程，在伊利诺伊大学攻读农学。1913 年获得学士学位，旋入哈佛大学攻读气象学，1918 年获得博士学位，论文题目为《远东台风的新分类》。回国后先后在武昌高等师范学校和南京高等师范学校(东南大学)任教，曾创办中国高校中第一个地学系并任主任，改革地学系的课程内容，培养了大批的地理学与气象学人才，确立地理学和气象学的专业学科基础。1927 年，创建中央研究院气象研究所并任所长，进行气象事业的观测与研究。在气象研究所，“培养了一批气象观测人才，并统一观测标准，积累气象基础资料，公开出版观测年报和研究成果”；同时在全国广设观测台站，开展天气预报等。1936 年，担任浙江大学校长，十年间将之建设为东方的“剑桥大学”。

与翁文灏从政后基本上脱离科研不一样，竺可桢一生一直将科研作为生命存在的标志。1916 年 2 月，竺可桢在《科学》上发表《中国之雨量及风暴说》，开始了他的中国季风研究，提出了在国内外盛行的“海陆分布季风形成说”。此后相继发表了

---

① 感谢参加“二十世纪中国之再诠释”国际研讨会的程念祺老师提供论文。

《中国气流之运行》《东南季风与中国之雨量》等重要论文，提出至今仍然是我国长期天气预报的主要理论依据的观点。台风是竺可桢博士论文的研究对象，他对在中国登陆且对我国国计民生有影响的台风进行了统计，为台风的预报留下了宝贵资料。他对台风的结构也进行了探索，许多观点已被后来的先进技术探测所证实。竺可桢十分重视自然区划，并且把农业气候分析、气候区划与自然区划有机结合起来。1930年率先提出中国气候区域的划分，1949 年后进行的亚热带划分界线及其有关论断，“得到了中外地理学家的公认”。竺可桢对中国气候变迁的研究不仅是气候学研究的扛鼎之作(《中国近五千年来气候变迁的初步研究》)，而且已经成为历史学研究的典范，他对科学史的研究涉及天文学、气象学、地理学、中外科学家评传等多方面。此外，竺可桢在物候学、自然资源综合考察和科学普及与宣传等方面都有大贡献。

与当时大多数科学机构领导人一样，竺可桢一直呼吁重视基础研究，提倡科学研究，批评从洋务运动以来中国社会形成的重视技术引进、不注意基础科学研究的风气。1933 年 11 月，在中央大学大礼堂演讲时说：

我们中国近五十年来醉心西洋，就因为一般人震惊于西洋军事的利器，和商品的精巧。曾国藩就提倡制枪炮火轮，张之洞在《劝学篇》主张“中学为体，西学为用”，最近的“摩托救国”、“飞机救国”等等口号，也是提倡应用科学。我以为只讲科学的应用，而不管科学的研究是错误的，这样的错误，是应该矫正的。[51]

只购买飞机，不知道制造飞机的原理，永远受制于外人，“我们要讲飞机救国，就非得从研究地质学、冶金学、物理学、化学和气象学着手不可”。

竺可桢认为发展中国科学，必须培养“科学的空气”。因为“科学等于一朵花，这朵花从欧美移来种植必先具备相当的条件，譬如温度、土壤等等都要合于这种花的气质才能够生长”。“科学的空气”就是“科学精神”，就是“只问是非，不计利害”，就是“只求真理，不管个人的利害，有了这种科学的精神，然后才能够有科学的存在”。[52]探求真理的科学家，“一方面是不畏强御，不受传统思想的束缚，但同时也不武断，不凭主观，一无成见，所以有虚怀若谷的模样”；还要“专心一致，实事求是，不作无病之呻吟，严谨整饬毫不苟且”。[53]

正如樊洪业先生所说，竺可桢的一生经历了中国科学体制化发展过程的三个阶段，而且在每个阶段都起着十分重要的作用。在中国科学体制处于团体化组织时代，竺可桢是中国科学社的重要领导人；在中国科学体制进入中央研究院时代，竺可桢是气象研究所所长、评议会评议员与院士；在中国科学体制进入中国科学院时代，竺可桢是中国科学院副院长，直接领导规划这一进程。[54]在第三阶段，他看到了科学体制全面国家化的强大效力，一反当初提倡的“为科学而科学”的信条，批评民国科学工作者的个人主义倾向，指出新时期中国科学发展的新方向是“理论与实际配合”“群策群力，用集体的力量来解决眼前最迫切而最重大的问题”。[55]

竺可桢是中国科学社第一次改组后入社的。入社后他积极参加社务活动，自在《科学》第2卷第2期发表文章以来，成为《科学》杂志最重要的作者之一，也成为中国科学社最重要的领导人之一，无论是留美时期还是回国之后，无论是抗战中最艰苦的年代，还是内战战火纷飞时，他都自始至终关注中国科学社的发展。他1917年在第二次年会上首次当选理事。1923年再次当选理事，以后几乎届届当选，并于1927—1930年任社长。1949年后，与任鸿隽等人一直坚持维持中国科学社的生存不同，竺可桢一直持“解散”态度。这可能与他当时担任的中国科学院副院长职务等有关，他已深刻体会到在新的历史时期已经完全没有私立社团存在的理由与必要。

像竺可桢这样曾担任学术机构领导人的中国科学社重要领导人还有吴有训、严济慈等人。吴有训，字正之，江西高安人。1916年考入南京高等师范学校，中国最早从事X射线研究的胡刚复任教南京高等师范学校后，他跟随这位年轻先生，确定了未来研究方向。1921年考取江西官费留美，入芝加哥大学师从康普顿进行X射线研究，参加了后来康普顿获得诺贝尔物理学奖的康普顿效应工作。1926年获得博士学位，秋天回国，先后任教大同大学、中央大学。1928年到清华大学，1934年任物理系主任，1937年任理学院院长，后任西南联大理学院院长，1946年任中央大学校长，1949年后曾任中国科学院副院长、中国科联副主席、中国科协副主席等。

由于在南京高等师范学校时师从胡刚复，因此与中国科学社关系极深，长期担任《科学》编辑，1940年当选理事。作为中国科学社早期成员在国内培养的大学生，严济慈是第一位当选理事的，他是第二位。他一生物理学成就卓著，1948年以“X光之康波顿效应等研究，曾主持清华大学理学院及物理系”荣膺首届中央研究院院士。吴有训的主要科研工作完成于20世纪40年代以前，其后参加行政工作，极大地影响了科研工作的进行。1948年10月南京年会时，英国科学家萨亦乐说他发现中国许多大学校长由出众的科学家担任，而在西洋是不可能的，其中指名道姓提及吴有训。[56]

严济慈，字慕光，浙江东阳人。1918年考入南京高等师范学校，先修商业专修科，转工业专修科，再转数理化部专攻数学和物理，1923年毕业，获东南大学物理学学士学位。同年留法,先后获巴黎大学数理硕士、法国国家科学博士学位。回国后同时在大同大学、中国公学、暨南大学和中央大学任教,并兼任中央研究院事务。1928冬再次出国,先后在法国科学院大电磁实验室、居里夫人实验室进行研究。1930年回国,任北平研究院物理研究所所长、镭学研究所所长,一直到1949年。1948年以“光谱、压力对于照相效应、水晶振动及应用光学等研究,主持北平研究院物理学研究所”当选首届中央研究院院士。1949年后,先后担任中国科学院办公厅主任兼应用物理所所长、东北分院院长、技术科学部主任、副院长,中国科技大学教授、副校长、校长,中国科协副主席等职。

严济慈在南京高等师范学校时,深得中国科学社领导人物理学家胡刚复和著名数学家何鲁的喜爱,胡刚复让他参与中国科学社的日常工作,何鲁在数学上给予他极大的帮助。因此大学一毕业就被破格吸收为中国科学社社员。1927年回国后积极参与中国科学社的各项活动,诸如提交论文参加年会、担任《科学》编辑等,1936年当选理事,进入领导层,此后一直当选。严济慈的科研成就主要在1949年以前取得,在抗战中领导应用光学的研究,研制大批军用设备,对抗战的胜利贡献极大,被授予胜利勋章。1949年后,主要担任行政工作。当郭沫若要求他参与筹建中国科学院时,他很是踌躇:“一个科学工作者一旦离开实验室,他的科学生命就结束了。”但他还是放弃了小我的科研,全身心投入中国科学院的领导工作。[57]

五、科学宣传与科学教育工作者:胡明复、过探先、王琎、胡刚复

在中国科学社创始人中,任鸿隽、杨铨两人以推进中国科学事业的发展而名垂后世,秉志、周仁、赵元任以其独特的学术贡献屹立在中国近代学术发展史上。而早逝的胡明复、过探先在很大程度上却是以科学教育工作者的身份在近代史上留下长长的身影。

胡明复,名达,字明复,江苏无锡人。中国最早在美国获得数学博士学位者,似乎应该于中国近代数学有所作为,却以中国科学发展史上的“小工”自称。1910年考取第二届庚款留美,入康奈尔大学学数学,成绩优秀。康奈尔大学毕业后,入哈佛大学研究院专攻数学,1917年获得博士学位。次年《美国数学会会刊》刊登了胡明复的博士论文《具有边界条件的线性积分——微分方程》,对伏尔泰拉、希尔伯特等人的成果加以推进,是为中国近代数学家在国际数学界的第一次发言,影响较大。

胡明复是科学社时期的5位董事之一,也是改组为中国科学社后的第一任董事,

到1927年逝世时一直担任理事会会计职务。在《科学》第1卷发表文章13篇共158页，是本卷撰写篇幅最多的作者。在《科学》第2、3卷发表文章也不少，但此后基本上仅担当编辑任务，没有再在《科学》上发表文章。据其姐姐胡彬夏说，中国科学社十余年的烦琐麻烦之事皆他独任，如校对、清理账目等，"我每至其住处时，必见印刷家送稿子来或取稿子去，我常遥见细小的红字散于篇面，此即他的手笔"。[58]他曾对杨铨说："我们不幸生在现在的中国，只可做点提倡和鼓吹科学研究的劳动，现在科学社的职员社员不过是开路的小工，那里配称科学家，更谈不上做科学史上的人物。"[59]事实确实如此，胡明复科研成就除博士论文以外难以见到其他"作品"。他终其一生不是以一个科学家的角色出现在中国科学史上，而是以一个科学教育和普及宣传工作者的身份奉献于社会。

胡明复1917年回国时，受到国内许多大学的邀请，但他决然就任私立大同学院教授，立志将他哥哥胡敦复创办的这所私立大学学术水准提高。他在大同大学倡议设立数理研究会，提高学生数学兴趣，提升学校数学水平。同时，他还兼任东南大学与南洋大学等学校数学教授，在数学教育上诲人不倦。

有学者认为他在《科学》第2卷发表的文章《科学方法论》正确地表达了"科学"的概念，可惜"科玄论争"的双方各执一词，对此却不予理会。[60]这虽是一家之言，但表明胡明复对国人正确理解科学有其独特的贡献。胡明复对中国科学社贡献极大，因此他1927年意外溺水身亡后，《科学》出版专号纪念，并在杭州墓前竖立墓碑，将中国科学社图书馆命名为明复图书馆，以志纪念。

过探先，字宪先，江苏无锡人。吴稚晖所写的墓志铭说："先生治农学，初成业于美利坚之惠斯康辛及康奈尔两大学，归国教授于东南大学及主任金陵大学之农科。一时公私所有农林事业，争倚恃先生擘画指导，得全国之唯一信仰者，恒十余年。而其他科学界亦共推先生主持重要组织。先生不惟学术为一时之领袖，而性行尤超乎群伦。"①历来"墓志铭"多不实之词，但过探先当时是国内农学界泰斗应是不争的事实。

传记资料②说他少年失怙，聪慧异常，13岁已"出口成章"，但不沉溺于科举，"注意专门学术"。22岁入上海中等商业学堂，不久改入苏州英文专修馆，约两年后入南

---

①《社友》第12号(1931年7月11日)。

② 过探先资料除注明外，皆源于南京农业大学编《过探先先生纪念文集》(南京农业大学，1994)和杨家骆主编《民国名人图鉴》，南京辞典馆，1937年。

洋公学，数月后考取第二届庚款留美。先入威斯康星大学，后转学康奈尔大学，1915年毕业，获林学硕士学位。归国后受江苏省当局委任调查江苏省农业教育，因报告有“卓见”而被任命为第一农校校长，“长校五年，对于校务，改革整顿，不遗余力，故内而诸生奋发有加，外而校誉日益隆起”。与此同时，他还发起开辟江苏省教育公有林场，进行大规模造林运动，后来南京中山陵所在地就是其成就之一。1919年应华商纱厂联合会之聘，主持全国的棉业改良事业，先后在江、浙、直、鄂、皖、湘设立试验场16处。事业扩大后，由过探先和邹秉文联合主持，成果卓著，“我国植棉事业，迄今尚有可观者，皆赖邹、过二君及东大各农学专家热诚任事之结果，与纱厂联合会诸会员热心赞助之赐也”。[61] 1921年，转任东南大学农科教授，兼任农艺系主任，并先后担任农科副主任、推广部主任。1925年辞东南大学职，就任金陵大学农科中方主任，“四年以来，金陵农科之进展一日千里，而负盛誉于海内者，皆过之赐也”。1927年“南京事件”后出任金陵大学校务委员会主席，并先后兼任江苏银行总经理、教育部大学委员会委员、农矿部设计委员、国民政府禁烟会委员等，1929年3月病逝。

科学社在美发起成立时，过探先的居住地就是通讯地址。1915年回国后担任经理部长，为《科学》的最初发行贡献了极大的力量。中国科学社搬迁回国后，在南京的临时社所是他的寓所。作为中国近代农业科学的奠基人之一，过探先在《科学》创刊号就发表了《中美农业异同论》，说：“吾国有志之士，苟欲阐明科学，发达实业，自以借助先进之欧美为上策。惟农业一科，吾国每自称为世界冠，欧美则后进也。因之士夫或鄙之而不学，或学之而不能用。劳力于陇亩者，大都不学之徒。水旱频仍，虫害相侵，委诸天灾流行，而不知补救之方。农夫囿于一隅，族于斯而葬于斯。……诩诩然欲以四千年古法之耕牧，敌工竞商战之世界，难矣。北美农业，足为吾国法者，不在实验之方法，在于科学之观念。欲效法，当先瞭其短长，当先研究其与吾国异同之处。”他认为中美农业存在本质之区别，即中国农业为“力耕”的集约化农业，地少人多，农民集中于农业，辛苦劳作一年到头，五口之家还不能自养，更不用说发展工商了；而且“士之子恒为士，农之子恒为农”。美国农业是“广耕”的粗放型农业，每个农民的耕种面积几至千亩，“一家耕而可供数家食”，而“此数家，能致力于制造、商业、教育、物质之文明，及他公益之事”。当然美国农业并不是一开始就是如此之美妙，“回顾北美百五十年之前，适如中国今日之现象，工艺未发达，商业未推广，八口之家，老幼均尽力于耕牧，犹患不足。鲜有能顾及读书游历，及一切社会上之交际”，当农业科学技术得到应用后才有如此繁荣。[62] 此后，他还相继发表过多篇论述农业发展的文章。

1926年8月,中国科学社在广州召开第十一次年会,过探先作为主要领导人演讲《科学与中国农业之革命》,提出革命要完全成功,须先从事于农业革命工作,“但农业革命工作非宣传所可济事,需从实际上做去,方能收效;为实际工作,非采取科学不为功,盖因政治革命乃为一时的,不彻底的;农业革命方为根本的及彻底的”。[63]可谓在山说山,在水说水。过探先在这次以革命为中心的年会中提出了农业革命的问题,可惜这革命与当时的政治革命没有多大关系。宣传是政治革命的“法宝”,而他的农业革命却要求“实干”,而且从他的言谈中,似乎要求同志们放弃政治革命,因为政治革命是不彻底的,只有农业革命才是解决中国问题的根本办法。这农业革命的理想自然没有实现的希望,但在那“政治革命”满天飞的时日里,未免不是一个救国方策,至今仍然有其独特的价值所在。

与胡明复、过探先在科学教育的征途上英年夭寿不同,王琎、胡刚复在中国化学、物理学的教育岗位上奋斗终生,桃李满天下。王琎,字季梁,我国近代分析化学和化学史研究的先驱者之一,著名化学教育家。祖籍浙江黄岩,出生于福建闽侯(今属福州)。1906年考入京师译学馆,1909年首届庚款留美,先在中学学习,后入里海大学攻读化学工程,1915年毕业。当年回国,在湖南长沙高等工业学校短期任教后,到南京高等师范学校创建化学系,推动大学开设理化课程,为培养理化大学毕业生做了开拓性工作。后又在浙江高等工业学校筹建我国第一个化学工程系,对化学工程技术人员的训练影响很大。1928—1934年任中央研究院化学研究所所长,组建有机化学、物理化学、分析化学等研究小组,推动了沪宁(上海、南京)一带化学工业的发展。1934—1936年访美,在明尼苏达大学获得硕士学位。回国后应时任四川大学校长任鸿隽邀请担任化学系主任兼教授。次年到浙江大学任教,先后担任化学系主任、理学院代院长和代理校长、师范学院院长等,抗战期间被聘为首批部聘教授。1952年院系调整到浙江师范学院任职,被定为一级教授,后任杭州大学教授。曾任全国政协委员和浙江省政协副主席。1966年,被暴徒殴打致死。①

王琎的科研成就主要集中在利用现代化学分析实验结果与历史考证相结合研究中国古代化学史,开拓了化学史研究的新途径,受到李约瑟的推崇。他毕生致力于化学教育,培养了几代化学人才。在南京高等师范学校主讲定性分析、定量分析和高等

① 参阅戚文彬《王琎》,《中国科学技术专家传略·理学编·化学卷1》,中国科学技术出版社,1993年。

分析化学，经过6年努力，使实验设备和课程初具规模。他编写了几十万字化学史和分析化学讲义，并主编高等学校教材《分析化学》上下册。王琎是中国化学会的发起人，连续当选第1－6届理事。自1919年在《科学》上发表文章以来，到1931年共在《科学》发表文章30多篇。1921年首次当选理事，此后几乎届届当选。接替杨铨任《科学》编辑部长，直到1934年刘咸接任。1930—1933年担任社长，是当时中国科学社社务主要主持人。

王琎在担任《科学》编辑部长与中央研究院化学研究所所长时，是中国化学界的领军人物，因此1932年中国化学会成立时被举为三位章程起草人之一，并担任成立大会主席。1934年出国进修回国后，主要致力于大学化学教育，在化学界的影响似乎已经不能与此前相提并论，以后在科学研究上似乎也没有多少作为，因此未能入学《中国现代科学家传记》。

与王琎主要在浙江大学、杭州大学从事科学教育不同，胡刚复一生先后在11所高校任教，或创建物理学系，或担任理学院院长，真正桃李满天下，早期学生有吴有训、严济慈、赵忠尧、施汝为、朱正元、吴学周等，稍晚有余瑞璜、钱临照、陆学善、钱学森、吴健雄等，晚期有程开甲、胡济民等著名科学家。①

胡刚复是胡明复的弟弟，早年先后就读于上海南洋公学和震旦公学。1909年考取首届庚款留美，入哈佛大学攻读物理学，1918年获得博士学位。论文主题为“X射线的研究”，分5篇论文分别发表在美国《物理评论》1918年6月号和1919年10、12月号上，产生了很大影响，被认为是发现康普顿效应与建立物质波概念的前奏。毕业后他谢绝导师挽留的好意，回国服务。他在一封公开发表的信中说：“我国十分贫困，物资缺乏，生产落后，急需振兴实业。由于经费和物资短缺，致使教育事业也难以有效推动……今后我的一生将面临艰苦的斗争了。”

胡刚复回国后就任南京高等师范学校物理学教授，在这里创建了中国第一个物理实验室，被誉为“真正把物理学引进中国的第一人”，后任东南大学物理系主任。1923年底，东南大学理化楼失火，实验仪器被毁。胡刚复从大同大学、东吴大学借仪器上课。当时教育界有“南胡北颜”之称，是指胡刚复与北京大学的颜任光，推崇他们在物理教学与培养人才方面的功勋。1926年受聘为厦门大学物理学教授，后兼任物理系主任和理科部主任，聘请姜立夫、张子高、秉志等到校任教，使厦门大学名声鹊

---

① 胡刚复传记资料源于解俊民《胡刚复》，《中国现代科学家传记》第2集，第141－151页。

起。后回南京就任中央大学理学院院长。1928—1931 年任中央研究院物理研究所专任研究员。1931—1936 年任上海交通大学教授。1936—1949 年任浙江大学教授、理学院院长。1949—1951 年任北洋大学教授,1951—1952 年任天津大学教授,1952—1966 年任南开大学教授。此外,1918—1950 年,他长期担任大同大学教授、理学院院长、工学院院长和校长。在大同大学创建的近代物理实验室,设备先进,在国内私立大学中首屈一指。同时他还曾兼任同济大学、光华大学、大夏大学等校教授。胡刚复 1923 年首次当选中国科学社理事,此后长期当选理事并长期担任图书馆馆长,也是中国科学社有影响的领导人之一。

有鉴于胡刚复等在中国物理学发展史上的卓越贡献,中国物理学会在 1987 年召开的第四次全国代表大会上设立了饶毓泰、胡刚复、叶企孙、吴有训奖励基金,奖励有突出成就的物理学工作者,以纪念他们。

胡明复、过探先、王琎、胡刚复等人留学回国的时代,虽然地质学、生物学等具有地方性性质的学科开始发展起来,但像数学、物理、化学这样具有普适性的纯粹科学还处于起步阶段。当时国内还没有进行科研的合适环境与场所,因此他们的首要任务是创造条件,科学教育是最为重要的工具。只有培养了一批新的人才,共同致力于学术发展,逐渐形成科研风气与科学共同体,真正的科学研究才可能进行。科学工作者们都知道,学术是他们的生命,科研是他们赖以生存的基础,但为了奠基近代中国科学,他们选择了培养学生的教读生涯,而不是躲进"象牙塔"专力从事科学研究。不由想起顾颉刚向中山大学校长戴季陶辞职以"定心研究学问"时,戴季陶的一席话:"我们这辈人,像树木一样,只能斫了当柴烧了。如果我们不肯被烧,则比我们要矮小的树木就不免了。只要烧了我们,使得现在的树木都能成长,这就是好事。"正是这一代科学家们的"燃烧",才培育了大量的后辈人才,为中国近代科学的发展奠定了坚实的基础。[64]

正是从这一点出发,我们才能估量出胡明复等人作为早期中国科学界的代表,放弃科学研究,致力于科学教育,对中国科学发展的巨大意义。他们是当时一大批留学归国者的代表,也是中国科学社中今天已被历史的尘土掩盖得无声无息的一批社员的典型。

六、群星闪烁:中国科学社科学家群体

中国科学社领导群中,像任鸿隽、杨铨这样的纯粹学术组织行政管理者,像翁文

灏、曾昭抡、竺可桢、吴有训、严济慈这样"有办事才干的科学家"毕竟是少数,大多数人还是像胡明复、胡刚复等科学教育工作者以科学教育家和像秉志、胡先骕、周仁、钱崇澍这样以其卓越的科研成就在科学发展史上留名。下面先简要介绍创始人周仁,然后以出生为序简单介绍其他为中国科学社和中国科学的发展做出重要贡献、与中国科学社有密切关系的科学家。①

与秉志一样,周仁的一生也是以一个纯粹科学家角色闻世。周仁,字子竞,1891年8月5日生于江苏省江宁县(今属南京)。自幼失怙,外祖母为盛宣怀妹妹,因此与盛家有关系,大哥周成曾任盛宣怀办理汉冶萍铁矿中文秘书(英文秘书为宋子文)。1902年曾到上海投靠盛家,入育才书社(今育才中学)。两年后回到镇江求学。1908年考入南京江南高等学堂,与赵元任等同学。1910年考取第二届庚款留美,笃信"强国必先利器",入康奈尔大学机械系学习。1914年毕业后入研究院攻读冶金学,1915年得硕士学位回国。

回国后曾想去汉冶萍公司发挥专业才智,但多方接洽没有结果。1916年3月,出任《申报》新馆安装机器工程师。翌年任教南京高等师范学校,其间还曾兼任江西九江电灯公司的工程顾问。1919年8月,受聘担任四川炼钢厂总工程师,与任鸿隽一同去美国考察并购买电炉等设备。但次年回国时,川省政局改变,设备等运抵重庆,成为"废品"。1921年底,与王季同共同筹资在上海天通庵创办大效机械厂。翌年受聘任南洋大学机械系教授,曾任系主任、教务长。1927年参与中央研究院的筹备工作,任理化实业研究所常务筹备委员。同时任中央大学教授兼工学院院长。后辞去教职,专任中央研究院工程所所长。

"注重于国内旧工业之改进,及新工业之创设",这是周仁办理工程研究所的宗旨。旧工业中如纺织业手工不敌机器已几乎被淘汰,只有精细工艺品如瓷器、玻璃等有研究价值,新工业一切有待于机器,机器的制造端赖钢铁,因此工程所首先建立陶瓷试验场与钢铁试验场。② 作为国立研究机构,这个研究方向的制定可能在一定程度上有一些偏差,纺织业作为工业重点,需要改造,而不是完全放弃。因此,1934年工程所与棉业统制委员会共同创办了棉纺织试验馆,进行棉纺织业的改进研究。在周仁的领导下,陶瓷试验场仿古瓷、彩釉研究成功后,又开始研究工业瓷、机制用瓷工

---

① 相关人物介绍,除注明外,参阅《中国现代科学家传记》,不再一一注明。

② 国立中央研究院文书处编《国立中央研究院十七年度总报告》,第140页。

艺,取得了相当成就。在钢铁方面,研制出各级炭素铸钢、锰钢、镍铬钢、不锈钢、合金铸铁等。在玻璃研究方面,对化学玻璃、耐酸玻璃、中性玻璃、阻电玻璃等进行学理研究后,实验制造,效果极佳。

抗战全面爆发后,周仁主持工程所内迁昆明,生产了大量的军需产品,为抗战的胜利立下汗马功劳。1948 年以"钢铁理论及制造之研究,主持中央研究院工学研究所"荣膺首届中央研究院院士。中国科学院成立后,周仁任由工学研究所改组的工学实验馆馆长。领导课题组完成了"球墨铸铁"的研究,获得 1956 年国家自然科学三等奖。1953 年工学实验馆改组为冶金陶瓷研究所,周仁任所长,1959 年任中国科学院华东分院副院长,先后担任上海科技大学校长、上海冶金研究所所长、上海硅酸盐化学与工学研究所所长等职。周仁的一生基本上贡献在中央研究院工程研究所及其由它改组的各种研究机构,一直以一个工程学权威出现在中国科学舞台。①

周仁作为中国科学社创始人,也是中国科学社最为重要的领导人之一,直到政权转换之前,一直担任理事。

一直在植物学领域用心用力的钱崇澍,字雨农,浙江海宁人。1904 年中秀才,1905 年考入南洋公学,开始习新学,"科举制度将我关了 16 年。新学固然不好学,但比起死背古书却是一种进步"。1909 年毕业,因成绩优异,保送入唐山路矿学堂攻读工程。翌年考取第二届庚款留美②,入伊利诺伊大学理学院习植物学,1914 年获得学士学位。同年秋到植物学享有盛誉的芝加哥大学学习植物生理学和植物生态学,1915 年到哈佛大学学习植物分类学。

1916 年归国,先后在江苏第一农校、金陵大学、南京高等师范学校和北京农业专门学校、清华学校任教,1927 年任厦门大学生物系主任。1928 年任中国科学社生物研究所植物部主任,从此在这个私立机构工作 20 余年,做了大量的研究工作,培育了大批生物学人才,同时兼授中央大学生物系和农学院森林系的植物学和树木学课程。其间曾受任鸿隽聘请,1935—1937 年任四川大学生物系主任,开创对峨眉山、青城山的植物区系研究。抗战期间,带领中国科学社生物研究所内迁北碚,代理主持所务,

---

① 一直由周仁担任所长的中央研究院工程研究所,1949 年后与天文研究所、心理研究所一起被定性为中央研究院"最弱的研究所之一","工作不够水准,它只相当于一大工厂的研究室或者检验室",被建议划归"上海企业部门"(参见《建立人民科学院草案》,《中国科技史料》第 21 卷第 4 期)。

② 庚款录取名单上年龄为 20 岁,而真实年龄为 27 岁,显然谎报了年龄。当时许多庚款生如过探先等都隐瞒年龄,这倒是一个值得注意的现象。

不断发表论文和研究报告，同时在复旦大学兼课。1948 年以“植物分类学及植物生态学之研究，主持中国科学社生物研究所”荣膺首届中央研究院院士。

钱崇澍一生桃李满天下，他亲手培养的生物学家先后有李继侗、秦仁昌、陈邦杰、裴鉴、郑万钧、严楚江、吴韫珍、方文培、汪振儒、仲崇信、杨衔晋、曲仲湘、孙雄才、吴中伦、陈植、邓宗文、张楚宝等，听过他课的人则更多，如汤佩松、段续川、吴素萱、薛芬等。战后，由于在南京的生物研究所建筑与实验室破坏殆尽，工作难以为继，乃专任复旦大学教授，1949—1951 年任农学院院长。此后担任中国科学院植物分类研究所、植物研究所所长。

姜立夫，名蒋佐，以字行，浙江平阳人，中国近代数学奠基人之一。幼失怙恃，赖兄嫂抚养。先后就读平阳县学堂和杭州府中学堂，1911 年考取第三届庚款留美生，入加利福尼亚大学，1915 年获理学学士学位。同年入哈佛大学攻读博士学位，1919 年毕业回国。应聘到南开大学，创建数学系，并任教至 1948 年。其间 1934 年到德国进修，先后在汉堡大学、哥廷根大学研习两年。抗战期间在昆明筹建新中国数学会，当选会长，筹建中央研究院数学研究所，战后到美国普林斯顿高等研究院研修。姜立夫创造性地用矩阵方法改写并发展了圆素和球素几何学。1948 年以“圆与球的几何之研究，曾主持南开大学数学系”当选首届中央研究院院士。数学被认为是年轻人的事业，但姜立夫四十多岁才到世界数学中心哥廷根大学研习，56 岁还要到普林斯顿高等研究院“充电”，而他《圆素和球素几何的矩阵理论》论文也是到 1945 年 55 岁才发表。姜立夫可能是数学领域内的“另类”，他突破了数学研究对年龄的限制。他是科学社时期 20 元股东之一，1947 年当选候补理事。

饶毓泰（1891—1968），字树人，江西临川人。1913 年江西官费留美，先后就读加利福尼亚大学、芝加哥大学、哈佛大学、耶鲁大学和普林斯顿大学，1922 年获物理学博士学位。回国后创建南开大学物理系。1929 年赴德国莱比锡大学访问研究，1932 年回国任国立北平研究院物理研究所研究员。翌年转任北京大学物理系教授兼系主任，曾任北京大学理学院院长、西南联大物理系主任等。1944 年赴美国，先后在麻省理工学院、普林斯顿大学和俄亥俄大学从事分子红外光谱实验研究，1947 年回国续任北京大学理学院院长。1948 年以“光谱、电离作用、电子等研究，主持北京大学理学院及物理系”当选首届中央研究院院士。院系调整后，卸职院系领导职务，1968 年 10 月 16 日，不堪受辱于北大燕南园 51 号含冤自尽。他也是中国科学社早期社员之一，曾任在美时期分股委员会委员长，后也曾多次候选理事，终未当选。

戴芳澜(1893—1973),湖北江陵人,著名真菌学、植物病理学家。1911 年考入清华学堂,毕业后留美,入康奈尔大学攻读植物病理学。1918 年毕业,入哥伦比亚大学继续深造,因家境困难于 1919 年提前回国,先后执教江苏第一农校、广东农业专门学校、东南大学、金陵大学,1934 年到清华大学任教,直到 1952 年院校调整,任北京农业大学植物病理系教授。其间曾担任清华大学农业研究所病虫害组主任、植物病理学主任等,1948 年以"菌类学及植物病理学之研究,主持清华大学植物病理研究部分"当选首届中央研究院院士。1953 年后,到中国科学院任职,曾任植物研究所真菌病害研究室主任、应用真菌学研究所所长、微生物研究所所长等。留学康奈尔大学时,戴芳澜成为中国科学社早期社员,任职金陵大学期间也曾任生物研究所名誉研究员。

郭任远,广东汕头人,国际知名行为心理学家。1916 年考入复旦公学,1918 年留美入加利福尼亚大学习心理学,1923 年修完博士课程回国(1936 年授予博士学位)。任教复旦大学,1924 年任副校长,并代理校长,将心理学系扩建为心理学院,创设生物系,先后吸引了知名学者如蔡翘、蔡堡、唐钺、李汝祺等来任教,培养了童第周、冯德培、胡寄南、陈世骧、沈霁春、徐丰彦、朱鹤年等学生。[65] 1927 年因学潮离开复旦,先后任教浙江大学、中央大学,1933—1936 年任浙江大学校长。离职后远赴美国、英国、加拿大等国教授心理学和从事研究工作,回国后任中国生理心理研究所(中英庚款资助)所长,1946 年移居香港。郭任远在心理学上成就卓著,他反对本能的先天概念,并设计了实验予以证明,提出了较为完善的行为发展的动力形成论。他的成果在国际心理学界影响极为深远,一直是国外心理学书籍中的"常客"。中国科学社热心社友之一,1944 年当选理事。

叶企孙,原名鸿眷,以号行,上海市人。1907 年入上海敬业学校,1911 年考入清华学堂,旋因辛亥革命中断学业,改入上海兵工学校,1913 年再次考入清华学校。1918 年毕业留美,1920 年获芝加哥大学物理学学士学位,1923 年获哈佛大学博士学位。回国后曾短期任教东南大学。1925 年北上,创办清华学校物理系,任教授兼系主任。后曾任清华大学理学院院长、西南联大教授、中央研究院总干事、西南联大理学院院长等,也曾多次代理清华大学、西南联大校务。1948 年以"磁学研究及勃郎克(今译普朗克)常数之测定等研究,主持清华大学理学院及物理系"当选首届中央研究院院士。院系调整后到北京大学,曾任校务委员、金属物理及磁学教研室主任,中国科学院自然科学史研究委员会副主任委员等。中国物理学会创始人之一,多次担任副会长、会长。一生桃李满天下，培养英才无数。“文革”中遭受迫害，于 1977 年 1 月 13 日去世。在清华学校学习期间即加入中国科学社，留美期间曾主持中国科学社留美分社工作，回国后积极参与社务，长期担任《科学》编辑，1926 年当选司选委员，1928 年当选理事。

王家楫(1898—1976)，号仲济，江苏奉贤(今属上海)人，我国原生动物学开创人和轮虫学奠基者。先后求学江苏省立第一商业学校、南通私立专门纺织学校预科等，1917 年考入南京高等师范学校农业专修科，1921 年毕业任中学教员，同时在东南大学生物系学习，1923 年获农学学士学位。1925 年江苏公费留美，1928 年获宾夕法尼亚大学博士学位。在美期间，曾任韦斯特解剖学与生物学研究所访问学者、林穴海洋生物研究所客座研究员、耶鲁大学动物系研究员等。1929 年归国，历任中国科学社生物研究所教授兼中央大学生物系教授，中央研究院动植物研究所研究员兼所长、动物研究所研究员兼所长等。1948 年以“原生动物分类形体生态等研究，主持中央研究院动物研究所”当选首届中央研究院院士。政权转换后，历任中国科学院水生生物研究所所长，中国科学院中南分院、武汉分院副院长等。王家楫任中学教员期间就被聘任为中国科学社生物研究所助理员，是生物研究所第一个专职研究人员，师从秉志潜心研究。留学归国后，再次任职生物研究所，担任指导学生的导师，1944 年当选理事。

欧阳翥(1898—1954)，字铁翘，号天骄，湖南长沙人。1919 年考入南京高等师范学校，初读国文，再转东南大学教育系和动物系，终随秉志习动物学。1924 年毕业，留校任助教，在中国科学社生物研究所从事研究。1929 年留欧，先在法国巴黎大学研究神经解剖学，旋转德国柏林大学读动物系和人类学，1933 年获博士学位。留学期间，曾任威廉皇家神经学研究所研究助理。回国后长期担任中央大学生物系教授，曾任系主任、理学院代理院长、师范学院博物系主任等。政权转换后，担任南京大学生物系教授兼系主任。研究领域广泛，在人类学、神经学、解剖学、心理学等领域都曾耕耘，也创作有大量古体诗词，作品有《退思盦诗草》等。1954 年 5 月 25 日自杀。长期随秉志从事研究，是生物研究所培养人才之一，1944 年当选理事。

郑万钧(1904—1983)，林学家、树木分类学家、林业教育家，中国近代林业开拓者之一。江苏徐州人，1917 年考入江苏省第一农校林科学习，毕业留校，后到东南大学作助理。在东南大学得到秉志、陈焕镛等名学者的指教，打下了坚实的理论基础。1929 年应聘到中国科学社生物研究所担任植物部研究员，在这里工作十年，主要从事中国森林植物的调查研究工作，发表论文20余篇。抗战全面爆发后，随生物研究所搬迁至重庆。工作期间常感理论薄弱，同时中国科学社见他工作努力、学习勤奋，1939年选派到法国图卢兹大学森林研究所进修，同年底获得博士学位。回国后被云南大学聘为教授，1944年到中央大学任教授兼森林系主任。政权转换后，担任南京林学院教授、副院长、院长，1955年当选中国科学院学部委员，1962年调中国林业科学研究院工作，历任副院长、院长等。

郑万钧是中国科学社生物研究所培养、成绩极为特出的科学家之一，他在生物研究所的十年野外森林植物调查工作给他未来学术的发展提供了坚实的基础，他一生发现树木新属种4个，新种100多个，他与胡先骕共同发现命名活化石“水杉”更是令他举世闻名。“文革”期间，仍孜孜不倦完成《中国植物志》第7卷“裸子植物”的撰写，该书于1978年出版，1982年获得国家自然科学奖二等奖。此后，他还主持编写《中国树木志》，直到去世。

在中国科学社的发展史上，还有许许多多人物的名字也不应遗忘，如赵元任、邹秉文、唐钺、孙洪芬、孙昌克、裘维裕、金邦正、李垕身、李仪祉、张准、秦汾、钱宝琮、胡庶华、李四光、伍连德、丁绪宝、顾毓琇、萨本栋、茅以升、张洪沅、蔡翘、李春昱、曹惠群、丁燮林、黄伯樵、张其昀、吴学周、陈世璋、吴宪、袁翰青、黄汲清、庄长恭、陈省身、伍献文、蔡无忌、程孝刚、陈遵妫、蔡宾牟、程瀛章、徐韦曼、王恒守、陈世骧、张辅忠、潘德孚、李寅恭、孙国封、韩组康、吴承洛、谢家荣、范会国、吴定良、杨钟健、何尚平、朱少屏、胡焕庸、汪胡桢、蒋丙然、倪尚达、张江树、吕炯、冯泽芳、刘树杞等，他们都曾为中国科学社和中国近代科学技术事业做出过重要贡献。

秉志作为中国动物学宗师，无论是其研究成就还是人格魅力，都将光照史册，彪炳后世；胡先骕作为一个植物学家，其植物学成就已深深地影响到社会生活，为提高人类对自然界的利用自有其贡献；曾昭抡的化学成就改变了我国化学工业的面貌；丁文江的地质学成就，翁文灏的地质学、地理学成就，竺可桢的气象学、地理学研究及其钱崇澍、戴芳澜、王家楫、欧阳翥、郑万钧等人的生物学成就，胡刚复、吴有训、严济慈、饶毓泰、叶企孙的物理教学与研究，过探先的农学，胡明复、姜立夫的数学，郭任远的心理学及王琎的化学教育等都影响了中国社会经济文化等各个方面，充分体现了科学技术的威力。胡先骕反对李森科主义的影响已经超越科学界，进入政治、外交乃至思想文化等方面，这是科学技术对社会变迁影响最为典型的案例。同样，在这些科学家的成长及其取得科研成就的过程中，受到社会各个方面的促进或制约。胡先骕的一生也体现了近代社会变迁是如何制约了一个真正科学知识分子的活力与思想火花。

科学家们是以他们的科研成就来表征其社会角色的，虽然有些人还有其他角色，诸如翁文灏的行政院院长、曾昭抡的高教部副部长、竺可桢的中国科学院副院长、吴有训的中国科学院副院长、严济慈的中国科学院副院长等职务，但与纯粹的行政组织领导人不一样，这些位置仅仅是他们科学家角色之外的另一种身份。从这种意义上可以说，在近代科学发展史上科学家们的作用与地位自然是任何其他社会角色都难以比拟的。

在评点中国科学社领导规划中国科学发展的行政组织领导人和科学家及科学教育家们的贡献时，不应忘记另一些社会名流，他们对中国科学社这样的私立社团的发展乃至对整个中国科学的发展也有其贡献。

第三节　社会名流与中国科学社：以蔡元培为中心

中国科学社的名流主要集中在赞助社员方面，但对中国科学社影响最大的应是1922年改组后成立的新董事会（监事会）成员。新董事会仅仅是一个名誉机构，对中国科学社的大政方针并不产生多大影响。但他们是一个为中国科学社聚集财富的群体，对外代表该社募集基金和捐款、对内监督社内财政出纳，审定预决算，保管和处理社中基金和财产。董事会成员到1937年共有张謇、马相伯、蔡元培、汪精卫、熊希龄、梁启超、严修、范源廉、胡敦复、孟森、孙科、吴稚晖、宋汉章等13人当选。孙科捐资建筑明复图书馆，张謇、胡敦复对回国之初中国科学社解囊与帮助，蔡元培、范源廉为中国科学社募捐的呼吁，宋汉章对基金的管理等都已经留存在中国科学社的社史上。后来金叔初向明复图书馆捐赠了大量的珍贵图书，叶揆初、卢作孚、刘鸿生、钱永铭、侯德榜、吴蕴初、葛敬中等在抗战及战后困难时期对中国科学社有资金资助，都当选过董事。正如前面曾述说，从当选董事的社会角色来看，前后期董事的角色有很大的变化。前期主要以政界和学界的名流为对象，后来主要是实业界和银行界人物。这自然也表征了中国社会的变迁与中国科学社自身发展方针的某些改变。下以蔡元培为代表分析董事与中国科学社发展的关系。

蔡元培1917年与张申府等人一同参加中国科学社，并在是年年会上当选特社员。1922 年当选董事,深深介入了中国科学社的各项事业与活动中。

1919 年冬,蔡元培当选中国科学社北京社友会理事长。1920 年 10 月 3 日,北京社友会开暑期后第一次会议,“欢迎新到北京各社员,并讨论社务进行”,由理事长蔡元培主持。因蔡不久将赴法考察,辞理事长职,由任鸿隽代理。①

1921 年 9 月 14 日,蔡元培从国外回到上海,15 日“胡敦复、刚复昆弟、杨杏佛、周仁代表科学社邀晚餐于大东”;18 日回北京,19 日任鸿隽来言,“拟于二十五在科学社社友会演说”。[66]25 日,北京社友会开会欢迎蔡元培,蔡演讲《欧洲科学近况》,[67]说“出外九个月,未曾有利于本社,抱歉之至”。并言邀请爱因斯坦、居里夫人来华不得,“世界各大科学家心目中皆无中国。今吾既有此社之基础,将来或可希望有与欧洲科学家联络之日也。现在欧洲人民生活极难,食物皆不自由,而研究科学仍日进步,不遗余力。中国人安居乐业,而无人注意及之,甚可惜也。今可借本社立一提倡科学之基础”。②

1922 年 8 月 8 日,中国科学社生物研究所成立,蔡元培、汪精卫、黄炎培、丁文江等发来贺电;南通年会,蔡元培本来要到会,但因“足疾复发中止”,发来函电致贺。③

1923 年由蔡元培、张謇、马相伯、汪精卫、范源廉、梁启超等人具名,上书政府请拨赔款关税资助中国科学社,其中谈及学术团体是科学发展之基础,并加以夸大。说如果没有英国皇家学会、法国科学院,“无今日之科学也”,美国也有“斯密生学社”“卡列基学社”。这些组织不是私立,就是政府资助,科学研究必须借重这些组织,“故西方先进诸国,皆视此种学术团体与大专院校同时并重,建设组织之唯恐不及”。“吾国近年以来,群知科学之重要矣,顾提倡科学之声虽盈于朝野,而实际科学之效终渺若神山,则以实际讲求者之缺乏,而空言提倡之无补也。”现在中国科学社“讲求科学,为吾国树实验学术之先声”,几年来得到社会各界的支持,成果卓著,《科学》杂志发行 7 年,“实国内学术杂志之最有价值者”,现在计划设立研究所、博物馆等,“徒以为经济所限,未能即行。元培等伏见太平洋会议后,各国退还赔款及加抽关税皆将成为事实”,所以“拟请中央于前项款下拨出一百万元作为补助学术团体开办研究所、博物馆之用,……庶几吾国科学得所依藉以图发达,不惟可与西方学术界并驾齐驱,国家富强之计,实利赖之。……再科学事业为近世文化标准,

---

①《科学》第 5 卷第 11 期第 1178 页,北京社友会何时成立有待考证。

② 高平叔编《蔡元培全集》第 4 卷收有《向中国科学社北京社友会演说要点》,内容相差很大。

③ 分见《科学》第 7 卷第 8 期第 848 页、第 9 期第 976 页。

兴办与否，各国具瞻，如能拨款兴办，各国瞭然于吾国热心科学之真意，于促成退还赔款，不无裨益”。①

1926年2月17日，上海社友会举行新春宴会，蔡元培演讲，主旨为科学研究精神：“科学家研究一事一物，亦不究其效用所在，正所谓无所为而为。科学家本人，仅觉其研究之有兴趣，至研究之能否成功，结果如何，非所暇计。知之不如好之，好之不如乐之，此即科学家研究科学之精神。”[68]

1927年9月3—7日，中国科学社第十二次年会在上海举行，蔡元培与会。3日，开幕式在上海总商会举行，蔡元培主席。4日蔡元培做公开演讲，题为《各民族记数法之比较》。6日代表中国科学社答谢上海各团体，演说科学与人之关系，并希望中国科学社同人“应报定宗旨，努力研究，以期科学之应用，决不因政局关系而中止”。[18]1628 同年11月，当选南京社友会理事长。

1928年3月4日午前十时，中国科学社追悼范源廉。蔡元培主席，挽范源廉联为“教育专家，最忆十六年前同膺学务/科学先进，岂惟数百社友痛失斯人”。[69]209-210 同年，任在苏州举行的第十三次年会委员长，但由于“公务纷纭”，年会未到。

1929年6月19日，参加中国科学社基金保管委员会和理事会联席会议。11月2日，明复图书馆举行奠基仪礼，蔡元培主持，他先演讲修建明复图书馆纪念胡明复的意义，后感谢孙科的经费支持。[70]

1930年8月，出席在青岛举行的中国科学社第十五次年会，在开幕式上讲话，希望中国科学社进一步发展，并提高科学研究水平，生物研究所多招收研究生，培养人才：“最初在南京社中，创立生物研究所。内中研究员皆是学校中人，一方面担任教授职务，一方面从事研究生物学，后来研究的成绩很好，并且造就出许多生物学的人材。现在有许多好生物学者，多是那时候的学生。现在生物研究所很是发达，我们意思，待社务再进发展，更须多招研究生，训育中国科学人材。”[69]450-451 同年10月，在中国科学社15周年纪念会上，蔡元培要求中国科学社社员按学科分组，“如是倘有一问题发生，可以立即提交与之有关系之小组共同研究……即可以得到全国科学家之注意研究，其收效必宏”，他领导的中央研究院由于评议会没有建立，还不能解决这方面的困难。[71]

1931年元旦，明复图书馆举行开幕典礼并举行中国版本展览会，蔡元培主席，谈

① 《科学》第8卷第2期，第192－195页。

及科学家对图书馆的重视及中国科学社创建图书馆的历史，并希望中国科学社能借着本次书版展览会的举办，将来建设一个像法国和德国一样的专门的书版博物馆。[72] 10月，广州社友会欢迎他，他再次希望中国科学社按学科分组与全国学术界进行分工合作研究。[73]

图 18－15　蔡元培像

以下为蔡元培在其日记中所记参加中国科学社活动。1934 年 4 月 19 日，去年"中国科学社往四川开年会，由西南【部】科学院卢作孚、曾义等招待，甚周到。社中以石刻日晷赠之，作为纪念品。要求作铭，已写发"。

1935 年 1 月 12 日，"午后三时，以宋汉章辞中国科学社之基金保管委员，在社开会，宋君交出单据，由徐新六接收"；30 日，中国科学社召开董事会、理事会联席会议，"推胡敦复加入基金监，由基金监与专门家徐新六、竹垚生合组基金保管会"；2 月 6 日晚，"在国际大饭店开上海社友会联谊会，我与云五、巽甫演说，有音乐七次"。

1936 年 1 月 19 日晚，"上海社友会在国际俱乐部开新年同乐会，并为我祝寿，有口琴会音乐……音专有《敬祝蔡院长孑民先生千秋诗》如左：是艺人和学者的父亲/博大的艺人和精明的学者的父亲/作社会和人生的模范/善良的社会和庄严的人生的模范……"。会上马君武代表中国科学社致词，蔡有答词。3 月 23 日，法国大数学家哈达玛到沪，晚"由我代表本院〔中央研究院〕宴哈氏及其夫人于新亚酒店"，中国科学社、中国数学会、中国物理学会等代表作陪；次日，中国科学社等宴请哈氏，蔡元培

图 18－16　中基会第六次年会合影

前排正中为蔡元培，后排左二为任鸿隽。

图 18-17　中国科学社庆祝蔡元培 70 岁寿辰宴会留影(1936 年 1 月 19 日)

主席。4 月 18 日,中国科学社宴中基会董事,“尤对金叔初捐入二十年来所搜关于贝壳学的书籍与杂志二十余本(值五万元)〔给明复图书馆〕,表示感谢”。8 月 7 日,中国科学社“茶会欢迎王季梁、沈义航二社员自海外归国”。①

上述蔡元培参加中国科学社活动表明,他作为中国科学社董事,虽然在一定意义上是名誉职务,但是他比所有其他董事如张謇、严修、范源廉、梁启超这些早逝者和胡敦复、马相伯及汪精卫这些晚逝者等,都更热心于中国科学社事业,也比其他一些担任理事者更关心社务。1935 年 7 月,蔡元培发表声明辞去兼职 23 个,包括一些学校的董事长、董事、校长,一些团体的董事、会长、评议及会员等,诸如中基会董事及董事长、国立北平图书馆馆长、中国公学校董兼董事长、中国经济统计社社员等,但是没有辞去中国科学社董事及基金监,这表明中国科学社是他一直关注倾力的事业。

蔡元培曾说:“一地方若是没有一个大学,把有学问的人团聚在一处,一面研究高等学术,一面推行教育事业,永没有发展教育的希望。”[74]中国科学社虽然不是一

① 上述内容来自蔡元培日记,见蔡元培研究会编《蔡元培全集》第 16 卷,第 384、387-388、451-452、461-462、468、485 页。

个大学，但是它是一个“把有学问的人团聚在一处，一面研究高等学术，一面推行教育事业”的私立科技社团，它符合蔡元培的理想。蔡元培是个“科学救国”论者，他认为学术团体是科学发展的基础。中国科学社为他“科学救国”理念提供了社团组织方面的施展空间，他积极参与中国科学社的活动也是他“科学救国”理念演化为实践的另一途径。中国科学社团聚了这样一大批当时中国社会精英，他可以通过他们来实现他的理想与事业，中国科学社为蔡元培的事业提供了组织条件与人才积累。在蔡元培一生中，北京大学占据极为重要的地位，在他对北京大学进行整顿过程中，吸收新人才是关键。胡适 1917 年回国任教北京大学，他作为早期中国科学社社员虽然对中国科学社活动兴趣不是很大，但他与任鸿隽、杨铨、胡明复、赵元任、周仁、唐钺等人留美时就是同学加朋友。通过这层关系，北京大学聚集了一批中国科学社社员，对北京大学的发展起了相当作用，蔡元培也说：“因胡君之介绍而请到的好教员，颇不少。”[75]当然中国科学社的人才积累与组织准备对中央研究院贡献最大，这在前面已经详细分析过。

蔡元培对中国科学社的发展产生了极为重要的影响。第一，担承为中国科学社集资、募捐的任务。如由他与其他董事的活动，中国科学社 1923 年 1 月获得江苏省政府国库每月拨款 2 000 元，1927 年 12 月获得南京国民政府 40 万元国库券资助，还有 1923 年上书北洋政府请拨款，1933 年与其他董事吴稚晖、孙科、马相伯等共同发起 50 万元中国科学社生物研究所基金募集，等等。资金是任何团体和组织发展的基础，如果没有这些经费来源，中国科学社作为一个没有固定收入而且自己也不能创收的私立社团，其发展根本不可能。

第二，他对中国科学社寄予厚望，希望它担当起发展中国科学技术的重任。中国科学社在国内开展活动时，中国科学技术还处于草创阶段，加之中国缺乏“纯学术”的治学态度，缺乏科学研究的学术氛围，困难重重。虽然中国科学社一回国就开始就提倡科学研究，与蔡元培办理大学的理念相切合，但转移社会风气非短期内能奏效。因此，蔡元培 1920—1921 年在欧美考察大学教育及学术研究状况后，有上述 1921 年 9 月的讲话，希望以中国科学社为基础，提倡科学研究，发展中国科学，然后担当起联络国际科学的重任。由于各种各样的原因，中国科学社的诸多计划没有实现，在某种程度上也辜负了他的期望。

第三，他作为发展中国科学技术的最高国家机构中央研究院的院长，对中国科学技术的发展肩负极为重要的任务，因此他对科学家的精神、科学研究的实质、如何协调各科研机构与科学社团的关系、如何发展中国科学技术有其独到的见解。他要求中国科学社重新组织当初分股委员会模式的机构，以收到各团体、科研机关分工合作的效果。虽中央研究院“实综合先进国之中央研究院、国家学会及全国研究会议各种意义而成”[76]，但它并没有真正担负起这一责任，“中央研究院设立各所，本具此种志愿。但因种种关系，不能见诸事实。吾觉这一件事，由科学社办理最为适宜”。[71]中央研究院除实施科学研究而外，还有“指导联络奖励学术之研究”的责任，直到1948年首届院士选举成功后中央研究院体制化才初步完成，而勉强担当此任。中国科学社在向全国专门科学学会联合会或全国科学促进会角色转换过程没有完成，使其在未来各专门学科学会林立之局面下处于一尴尬地位，自然没有实现蔡元培的期望。

这些只是蔡元培直接参与中国科学社的各项活动对中国科学社产生的重要影响，对中国科学社发展影响更大的是蔡元培的社会地位与社会声望这一有形无形的社会资源。蔡元培在北京大学的成功确立了他在教育界的泰斗地位，从此他桃李满天下。这些“桃李”在中国近代化历程中留下种种足迹，中国科学社通过蔡元培不仅吸收他们成为成员，而且经他们将其影响扩展到中国社会的各个方面。蔡元培主持中央研究院，规划全国科学技术的发展，中国科学社也通过蔡元培影响其规划发展。

正如吕思勉先生所说，蔡元培不为人所注意的贡献，是在举世皆以“有用”为归旨的局面下，为近代中国树立了进行纯科学研究的学术风气，“所以能为中国的学术界，开一新纪元”。[77]要进行真正的纯科学研究，学术独立是最为基本的条件之一，至少不为各种政治势力与政治争斗所左右。蔡元培在民国时期一直寻求“教育独立”“学术独立”，1922年发表《教育独立议》，提出了教育独立于政党、独立于宗教的主张，设计了大学区的蓝图。南京国民政府成立后他开始以“大学院”体制实施这一理想，可惜没有成功。“随着大学院及大学区制度实验之失败，教育独立运动遂成为教育史上的绝响。”[78]既然在政府体制内不能寻求到教育与学术的独立，那么在体制之外呢？南京国民政府时期，私立机关与组织还是一个合法的社会存在，中国科学社作为政府体制之外的私立学术团体还曾得到政府资助，也就是说，在体制之外还是可以找到学术自由与独立的空间，于是中国科学社就成为“学术独立”的一个榜样与标本，这也许就是蔡元培自始至终关切中国科学社发展的另一个原因。这说明在近代中国这一多灾多难的时代，蔡元培及其中国科学社众多成员们一直致力于建设近代中国学术独立发展的体制，也说明近代中国虽然存在各种各样的制约条件，但还是为学术独立发展留下了一定的缝隙。蔡元培与中国科学社的关系是特定历史条件下形成的特定互惠关系,从当时的历史条件来看具有社会合理性,但应该看到由于社会历史的畸变,并没有形成合理的社会支撑体系,使中国科学社之类的私立社团的发展一直处在风雨飘摇中。

蔡元培作为董事会这一社会名流组织的典型代表,充分体现了他们在中国科学社及其中国科学发展史上的作用与地位。这些名流无论是政坛上呼风唤雨之人,如熊希龄、汪精卫、孙科,还是教育界的巨擘,如蔡元培、范源廉、严修、马相伯、胡敦复;无论是学术泰斗,如梁启超、孟森,还是实业巨子,如张謇、刘鸿生、卢作孚,他们作为社会上层人物,无论是在社会资源占有还是社会网络的扩展方面,无论是社会声望还是社会影响方面,都远远超过作为科学家角色个人的中国科学社社员。因此说,中国科学社通过这些社会名流将自己的社会网络与名流们的社会网络并网,扩张了自己的社会网络,这样中国科学社通过名流们的社会网络进一步扩展了自己的社会影响。

当然,正如蔡元培的例子所表明的那样,社会名流们与中国科学社的关系是互动的、是互惠的。这些社会名流通过中国科学社,有些人聚集了人才,有些人获得了赞助学术的好名声,有些人将自己与学术精英联系在一起。

中国缺乏民间资本资助科学事业的传统,政府的资助自然成为社团发展的一个重要款项来源。因此在民间社团与政府之间总是存在或多或少的关系。这种关系主要通过领导人物来体现,特别是所谓的社会名流俱乐部董事会。董事会成员中有熊希龄、严修、汪精卫、孙科等,中国科学社通过这些政治人物确实获得了不少发展的资金与“倾斜政策”。民国时期民间学术社团与政府之间保持密切关系的现象非常普遍,例如工程师学会以曾经学过工程的政治人物陈立夫作为会长;中华自然科学社与政治也有说不清的关系。非常幸运的是,对中国科学社来说,虽然与政治有纠缠不清的关系,但是并没有因为政治而改变其民间学术社团的宗旨,没有因为政治原因而做出非学术的事情来。特别是没有将社务大权交予政治人物手中,成为政治家们政治生活中的砝码。

曾昭抡认为学会的政治化对学会来说是极端危险的事。作为中国社会一部分的学会,自然免不了要与政府接触,有许多地方也要政府帮忙,而政府需要解决的问题学会也可以协助解决。但是学会自身,“在任何环境下,是要保持固有的纯粹学术团体组织;不管利害如何,绝对不能供作任何人或者任何方面的利用”。[79]从这一点上说,中国科学社没有成为政客、官僚把持的机构,也没有成为商人或其他人占主导地位的社团，这也许是他们一直追求学术独立、学术体制化的一种结果。

附：开创者的离散聚合

中国科学社9位创始人中，任鸿隽、杨铨作为中国科学的组织行政领导管理者典型，在前面已有较为详细的分析；作为科学家代表，秉志是中国生物学界的泰斗，周仁长期掌管中央研究院工程研究所，也是中国工程学界的权威，前面亦有解说；作为科学宣传与科学教育工作者，胡明复、过探先也已经有比较简单的介绍。其他人中，赵元任是弃理从文的典型人物，他物理学博士出身却从事语言学研究，成为国际著名语言大师，被尊为"汉语语言之父"，1948年以"为我国现代语言学研究之创导者，规划并实行汉语方言调查工作"荣膺首届中央研究院院士。他历任康奈尔大学及哈佛大学讲师、清华国学研究院导师、清华大学教授、中央研究院历史语言所第二组主任兼专任研究员、中基会董事等职，1982年病逝于美国马萨诸塞州。胡明复、过探先早逝，金邦正1946年病逝，享年60岁。章元善1987年逝世，是最后一位离开人世的创始人，下面主要介绍金、章二人的经历。

9位创始人中，金邦正与章元善两位对社务的发展虽没有上述几位热心，在中国科学社发展史上所占据地位当然也没有上述几位重要，但作为发起人自有其作用。金邦正，字仲藩，祖籍安徽黟县，生于杭州，先后在上海、天津、北京求学，1909年考取首届庚款留美，入康奈尔大学，1914年获得林科学士和硕士学位，回国后历任安徽省立第一农业学校校长、安徽省立森林局局长，1917—1920年就任北京农业专门学校校长，1920年9月出任清华学校校长，1921年因处分闻一多、罗隆基等罢考学生"失当"，成为清华历史上第二位被学生驱赶出校的校长。① 后转任留美监督处督办，不久离开了"学界"这是非之地，转入商界，先后任上海商业储蓄银行北平经理、秦皇岛耀华玻璃制造公司经理等。

章元善，苏州人，被誉为"中国农业合作事业的开拓者"。1907年入南京江南高等学堂，与赵元任、周仁等为同学，一起攻读数学与英文。1911年第三届庚款留美，

---

① 1921年6月3日，北京发生八校教职员索薪运动，闻一多等29位应届毕业生同高等科三年级学生罢考，被学校董事会处以降级一年，于是他们只能推迟一年毕业出洋。当年秋天，全体学生抵制金邦正主持的开学典礼，不久金邦正到美国出席太平洋会议，于是学生趁机在《清华周刊》上发表致金校长公开信，说他是农学专家，在清华是才非所用，而且与学生感情不合，不如不回清华，于是从美国回来后金邦正正式向外交部提出了辞呈。参见苏云峰《清华校长人选与继承风波》，《"中央研究院"近代史研究所集刊》第22期。

入赵元任所读的康奈尔大学习化学,得到赵不少帮助。1915年获得学士学位回国,9月就任直隶工业试验所技士,兼任北洋防疫处技士,先后参加主持防疫与禁毒工作。1920年出任华北华洋义赈会总干事,并编写《平民千字课》,与晏阳初等走到一起。1922年担任中国华洋义赈会副总干事,旋任总干事,领导开展农村合作事业,直到1935年去职,在此期间还担任过多种社会团体如欧美同学会、扶轮社等的职务。1935年11月就任实业部合作司司长,进入国民政府,结果在官场混战中败北,被排挤出其事业的基础——合作事业。后曾担任过经济部商业司司长、平价购销处处长,结果在这个平价购销处处长职位上栽了大跟头。1941年离开官场成为社会"贤(闲)达",被邀请参与国际救济委员会。同时与黄炎培、胡厥文等筹建中国民主建国会,进入"民主人士"行列,1949年以后基本上以此角色处世。"文革"中受冲击,1987年病逝,享年95岁。

章元善虽名列9位发起人,但并没有认购股份,回国后早期也很少参加中国科学社的活动,直到1925年才入社,担任过北平社友会的职务,1929年当选司选委员,直到1947年第二十五次年会当选理事。他虽然学的是化学,回国之初担任过化学技士,但被认为是"学非所用",主要从事农村合作事业,离开所谓的科学已经远矣。

9位创始人当初在康奈尔大学创建科学社时,都是习科学技术的,任鸿隽、章元善化学,杨铨、周仁工程,胡明复、赵元任数学,秉志、金邦正、过探先农学。当时他们也许都认为将以他们在美国所习贡献于科学落后的祖国,发展中国科学事业,于是聚集在一起。也许连他们也没有想到,后来的经历却是如此的不一样:有3人(胡明复、过探先、杨铨)可以说是盛年夭寿,早早地离开了他们的科学事业。而另有2人(金邦正、章元善)完全离开了科学学术这一"行当",转入实业或其他事业。剩下的4人中有1人(任鸿隽)终生致力于科学推进,1人(赵元任)转入语言学研究,仅有2人(秉志、周仁)是以"科学家"安身立命于社会。借一数学术语说这一群体的"离散度"不可谓不高。当然不可否认的是,9人中有3人名列1948年的首届中央研究院81位院士之列,这是极高的成才率,中国科学社在他们成长过程中的作用可以想见。

在9位创始人中,赵元任、周仁、章元善在国内求学时曾同学南京江南高等学堂,任鸿隽、杨铨不仅同学中国公学,而且同在南京临时总统府任职,金邦正、秉志是首届庚款生,赵元任、周仁、过探先是第二届庚款生,章元善是第三届庚款生,这些社会关系与网络对他们共同创建科学社可能起着相当重要的作用,同学朋友间的互相吸引与共同爱好可能是他们发起创建科学社的坚实基础。

参考文献

[1] 中华人民共和国名誉主席宋庆龄陵园管理处. 啼痕——杨杏佛遗迹录. 上海:上海辞书出版社,2008:232-236.
[2] 任鸿隽. 五十自述//张明园,等. 任以都先生访问记录. 台北:"中央研究院"近代史研究所,1993.
[3] 任鸿隽. 前尘琐记//张明园,等. 任以都先生访问记录. 台北:"中央研究院"近代史研究所,1993:153-154.
[4] 周武. 张元济:书卷人生. 上海:上海教育出版社,1999:53.
[5] 任鸿隽. 建立学界论. 留美学生季报,1914年夏季号:43.
[6] 陈衡哲. 任叔永先生不朽//张明园,等. 任以都先生访问记录. 台北:"中央研究院"近代史研究所,1993.
[7] 任鸿隽. 科学研究之国际趋势. 申报,"国庆纪念增刊",1923-10-10(7).
[8] 张明园,等. 任以都先生访问记录. 台北:"中央研究院"近代史研究所,1993:113-114.
[9] 编者的话//Flint H T,等. 最近百年化学的进展. 庶允[任鸿隽],译. 上海:上海科学技术出版社,1957:2.
[10] 本社社葬杨杏佛先生记. 社友,1933,第34期:1.
[11] 唐擘黄. 杨杏佛先生略传. 社友,1933,第34期:2.
[12] 柳诒徵. 本社祭杨君杏佛文. 社友,1933,第34期:3.
[13] 胡适. 回忆明复. 科学,1928,13(6):831-832.
[14] 杨铨. 科学与商业. 科学,1916,2(4):365-370.
[15] 杨铨. 科学与战争. 科学,1915,1(4):353-358.
[16] 南京大学校庆办公室校史资料编辑组,等. 南京大学校史资料选辑(内部发行). 1982:79-80.
[17] 杨铨. 杨杏佛文存. 上海:上海平凡书局,1929:69-77.
[18] 中国科学社第十二次年会记事. 科学,1927,12(11).
[19] 宋庆龄基金会,等. 宋庆龄书信集(上). 北京:人民出版社,1999:58-59.
[20] 蔡元培. 祭杨铨时致词(1933年6月20日)//高平叔. 蔡元培全集·第6卷. 北京:中华书局,1988:293.
[21] 中国社会科学院近代史研究所中华民国史组. 胡适来往书信选(中). 北京:中华书局,1979:357-360.
[22] 国立中央研究院秘书处. 国立中央研究院首届评议会第一次报告(民国26年4月). 21-22,98,126.
[23] 郭金海. 民国时期中央研究院学术奖金的评奖活动. 民国档案,2016(4):67-76.
[24] 马胜云,等. 李四光年谱. 北京:地质出版社,1999:112-113.
[25] 沈志牛. 钱天鹤传略//钱天鹤文集. 北京:中国农业科技出版社,1997:395.
[26] 浙省园艺事业之前途——在浙大农院园艺学会的演讲//钱天鹤文集. 北京:中国农业科技出版社,1997:200-203.
[27] 沈宗瀚. 悼念钱天鹤兄//钱天鹤文集. 北京:中国农业科技出版社,1997:417.
[28] 金门农业试验所. 钱天鹤先生对金门的功绩概述//钱天鹤文集. 北京:中国农业科技出版社,1997:438.
[29] 翁文灏. 中国的科学工作. 独立评论,1933,第34号:7-8.
[30] 秉志. 科学精神之影响//翟启慧,胡宗刚. 秉志文存·第3卷,北京:北京大学出版社,2006:145-148.
[31] 翟启慧,胡宗刚. 秉志文存·第3卷. 北京:北京大学出版社,2006:437,438,444-445.

[32] 胡炎汉. 胡炎汉回忆录. “中央研究院”近代史研究所史料丛刊(46),2001:38.
[33] 胡先骕. 评《尝试集》.//耿云志:胡适论争集(上集). 北京:中国社会科学出版社,1998:310,330-331.
[34] 胡先骕. 评胡适《五十年来中国之文学》. //耿云志:胡适论争集(上集). 北京:中国社会科学出版社,1998:149-150.
[35] 樊洪业. 竺可桢全集·第12卷. 上海:上海科技教育出版社,2007:489.
[36] 薛攀皋. “乐天宇事件”与“胡先骕事件”//谈家桢,赵功民. 中国遗传学史. 上海:上海科技教育出版社,2002:422-440.
[37] 陈清泉,等. 陆定一传. 北京:中共党史出版社,1999:414-415.
[38] 曾昭抡. 一九四九年的中国科学家. 科学,1949,31(2):33-34.
[39] 曾昭抡. 科学界的大团结. 科学,1950,32(10):289.
[40] 文集编撰委员会. 一代宗师——曾昭抡百年诞辰纪念文集. 北京:北京大学出版社,1999:154.
[41] 曾昭抡. 提高高等教育的质量. 人民日报,1957-03-18.
[42] 曾昭抡. 对于有关我国科学体制问题的几点意见. 光明日报,1957-06-09(1).
[43] 钱伟长. 八十自述//钱伟长学术论著自选集. 北京:首都师范大学出版社,1994:602.
[44] 费孝通. 曾著《东行日记》重刊感言//文集编撰委员会. 一代宗师——曾昭抡百年诞辰纪念文集. 北京:北京大学出版社,1999:218.
[45] 费孝通. 我心目中的爱国学者//文集编撰委员会. 一代宗师——曾昭抡百年诞辰纪念文集. 北京:北京大学出版社,1999:194.
[46] 高平叔. 蔡元培全集·第7卷. 北京:中华书局,1989:15.
[47] 孙荣圭. 丁文江//《科学家传记大辞典》编辑组. 中国现代科学家传记·第5集. 北京:科学出版社,1994:329.
[48] 傅斯年. 我所认识的丁文江先生. 独立评论,1936,第188期:2.
[49] 丁文江. 少数人的责任. 努力,1923(67):2-4.
[50] 区志坚. 二十世纪中国学术专业化的建立——以竺可桢与近代地理学及气象学的开展为例. 香港:“二十世纪中国之再诠释”国际研讨会,2001.
[51] 竺可桢. 科学研究的精神. 科学,1934,18(1):2.
[52] 竺可桢. 利害与是非. 科学,1935,19(11):1701-1704.
[53] 竺可桢. 科学之方法与精神. //樊洪业,等. 竺可桢文录. 杭州:浙江文艺出版社,1999:41-42.
[54] 樊洪业. 竺可桢文录·后记. 杭州:浙江文艺出版社,1999:329-330.
[55] 竺可桢. 中国科学的新方向. 科学,1950,32(4):97-99.
[56] 萨亦乐. 科学家与社会进步. 科学,1948,30(12):354-356.
[57] 何仁甫. 严济慈//《科学家传记大辞典》编辑组. 中国现代科学家传记·第2集. 北京:科学出版社,1994:152-165.
[58] 胡彬夏. 亡弟明复传略//胡明复博士纪念刊——明复. 大同大学数理研究会出版,1928:4-5.
[59] 杨铨. 我所认识的明复. 科学,1928,13(6):838.
[60] 林毓生. 民初“科学主义”的兴起与含意——对“科学与玄学”之争的研究//中国传统的创造性转化. 北京:生活·读书·新知三联书店,1996:259-261.
[61] 穆藕初. 藕初五十自述//赵靖. 穆藕初文集. 北京:北京大学出版社,1995:46.
[62] 过探先. 中美农业异同论. 科学. 1915,1(1):86-91.
[63] 中国科学社第十一次年会记事. 科学,1926,11(10):1473.
[64] 顾潮. 历劫终教志不灰——我的父亲顾颉刚. 上海:华东师范大学出版社,1997:132.
[65] 复旦大学校史编写组. 复旦大学志·第1卷. 上海:复旦大学出版社,1985:330.
[66] 蔡元培研究会. 蔡元培全集·第16卷. 杭州:浙江教育出版社,1997:155.
[67] 北京社友会九月开会纪录·附蔡孑民先生演说. 科学,1921,6(11):1178-1179.

[68] 本社上海社友会新春宴会记事. 科学,1925,10(12):1569 - 1570.
[69] 高平叔. 蔡元培全集 · 第5卷. 北京:中华书局,1988.
[70] 明复图书馆奠基礼记. 科学,1929,14(4):603 - 604.
[71] 中国科学社十五周纪念汇志(1930年11月10日). 社友,1930,第2号:1.
[72] 明复图书馆开幕志盛(1931年1月12日). 社友,1931,第5号:1.
[73] 广州社友会欢迎蔡元培先生记略(1931年11月15日),社友,1931,第16号:2.
[74] 蔡元培. 湖南自修大学的介绍与说明//李永春. 湖南新文化运动史料 · 第2册. 长沙:湖南人民出版社,2011:92.
[75] 蔡元培. 我在北京大学的经历//高平叔. 蔡元培全集 · 第5卷. 北京:中华书局,1988:351.
[76] 蔡元培. 中央研究院过去工作之回顾与今后努力之标准//高平叔. 蔡元培全集 · 第5卷. 北京:中华书局,1988:379.
[77] 吕思勉. 蔡孑民论//吕思勉遗文集(上). 上海:华东师范大学出版社,1997:402 - 406.
[78] 杨翠华. 中基会的成立与改组. "中央研究院"近代史研究所集刊,1989(18):259 - 280.
[79] 曾昭抡. 中国化学会前途的展望//文集编撰委员会. 一代宗师——曾昭抡百年诞辰纪念文集. 北京:北京大学出版社,1999:17.

结　束　语

1956年7月29日，华罗庚在《人民日报》发表《培养学术空气，展开学术争论》。其中述及要顺利实施十二年科学规划，完成党和人民对科学家提出的在12年内赶上或接近世界先进水平，依照科学先进国家的经验，"培养学术空气，展开学术争论"是"一个具有头等重要意义的问题"："有学术空气的社会，能够展开自由争辩的社会，确是适宜于科学生长的好环境。"为此，他提出了两点建议，第一，学术机构的领导人，应以身作则亲自动手从事学术工作：

无论在社会主义国家和科学发达的资本主义国家都有一个惯例，就是学术团体或者学术机构的负责人在当选就职的时候，必须有一个学术报告（或者称为就职演讲），报告内容大致是他这一生中精彩贡献的一部分的综合报告；这种报告一般对该门科学的发展，将起启发性的作用。这样的报告也表示，这一学术负责人对学术的重视和他在学术上的造诣以及对这项工作的胜任；另一方面，也鼓励后来者，在他所领导的团体中起表率作用。在国外常把历届就职演讲内容的比较，来作为这学会盛衰的测候器。

第二，学术社团吸收成员，需要学术甄别：

学术团体成员的吸收和加入也必须有别于一般的社会团体，必须经过学术甄别。也就是说，会员的入会除掉要办理一般社会团体的手续以外，也必须提出入会论文，并且作一次学术报告，在报告会上经过充分讨论，再经过理事会通过的手续。这为的是使参加者认识到，他的入会是他进入学术领域的标志，因而有一种光荣感……[1]

华罗庚的论说直接针对1949年后学术机构与学术社团现实，有其独特的社会背景，但也在相当程度上正中民国时期学术社团共有的"命门"。

一、中国科学社与中国科学体制化

从美国伊萨卡小镇走来，到1960年黯然退场于上海，中国科学社经历了近半个世纪的风雨沧桑，山重水复，可以容后人反复思考的空间很大。

中国科学社诞生之时，恰好遭逢中国历史上三千年来未有之社会大变局。从宏观上来看，它在百年新陈代谢进程之中灵光一现，浪花飞扬，留下不少值得追思的业绩。但作为中国近代社会变迁的一个情节，众多时代演化环节中的一环，它自身的命运却不能完全由自己把握，更多地受到时代的设定、制约。杨国强先生描述该时代的特征时说："这个〔进化〕过程是在逼拶之下进行的；逼拶之下没有从容。每一代人都推进了近代化，但每一代人都以自己的急迫、张皇留下了简约化和片面性。"[2] 中国科学社复杂多蹇的经历，再一次验证了此一历史判断所包含的深刻历史内涵。

以传播科学、发展科学、实践民主为宗旨的中国科学社，为适应不断变化的社会环境，锲而不舍地开拓进取，多次或主动或被动调适过自己的社会角色，享受到了为科学理念和科学事业奔走呼号的职业化乐趣，也备尝在新旧杂陈的社会夹缝中争取学术社团生存的艰辛，更感知到难获学术独立与自由的无奈。潮声消寂，海滩上留下一道道沙痕，令人流连回味。

传统中国社会结构基本上呈板结僵硬、两极对立态势。内里既没有充分的社会分化，更不可能有独立的社会角色，所谓"士农工商"的分野仅仅是社会等级上的排列坐次，而不是职业化意义上的社会角色界定。因此，传统中国社会也就说不上有社会分层意义上的科学家角色。今天被有些历史著作和通史教材称道的传统时代"科学家"，不是一些"为官作宰"的业余科技爱好者，便是供役于官府或手工作坊的能工巧匠。他们之间没有正规的具有公共性质的学术交流与社会传播的渠道与平台，不可能形成独立的职业共同体。只有待西学东渐之后，传统知识分子开始分化，先是涌现出一些以翻译西书为主、爱好西方科学技术的人士。他们虽然仍不脱传统色彩，但通过研习，成为初步掌握西方科学知识的领先人物；他们有一定的学术交流圈子，但并无组织学会的动力；有人虽以科学技术为职业，也有一定的职业化特征，但并不具有社会角色上的意义。随着科举制度的废除，新教育体系的初创，特别是一批批年轻学子出洋留学，近代意义上科学技术人才的培育开始有了较前丰厚得多的社会基础。

大略而言，从19世纪60年代起，经过努力，中国终于出现了历史上从未有过的一种新的社会角色，逐渐产生了职业科学家这样一个新的社会分层。第一代是在洋务运动中留学国外或学习西方科学技术的人才，以詹天佑为代表；第二代是清末民初留学归国的一批科学技术人才，他们虽然有一定的群体规模，但还没有进行科学研究的栖息之地。直到20世纪30年代，随着科学教育体系的全面建立、科学名词术语的统一、专门科研机构的创建、科学家群体的形成、科研成就的取得与科学交流系统的建成，中国科学家社会角色才真正形成。

科学家角色形成的标志，不仅仅是社会上出现了专门以从事科学为职业的群体，更重要的是科学家们有其自身独立的社会角色意识。他们不仅在职业区分上不同于一般的社会角色，有自己的工作场所（实验室、科研院所或大自然）和工作目标（进行科学研究），更重要的是，他们具有“理性”和“怀疑一切”的精神特质和思维内涵，以追求和发现科学真理为唯一目标。

如果科学家仅仅是作为少数个体而出现，就不可能获得社会分层意义上的特质，其在培育和促进近代社会形成方面的地位和作用更十分有限。正是从这层意义上说，打破传统社会“政治一体化”坚硬冰层，诞生相对独立于官方的近代学术社团，及其所引起的科学学者群聚的效应，在社会变迁中就具有了“社会学”的意义，非同一般。

传统中国社会基于“政治一体化”的规则，一切具有中间势力性质的“社会组织”，都不会被政府认可，因而就不可能存在任何代表社会分层意义上的社团。撇开会党、教派之类不谈，就是明清之际知识分子组成的书社、会社，尽管常被政府视为“朋党”或异端，但实际上仍然是传统官僚政治的延伸和变种。它们最多只能表征传统社会结构内部关系的乱象，与近代“社会组织”相距何止千万里，实在是风马牛不相及。晚清中央政府威权下坠，内外交逼，各种以救亡图存、社会革新为宗旨的民间文化社团、政治社团陆续涌现，但也多与传统形式牵攀而纠葛不清，政治色彩深厚是它们共通的特征。因此，相对独立于政治的近代科学学术团体的出现，就显得醒目突出，别具一种社会变迁的情味。

中国科学社既是科学人才聚集到一定程度的产物，更是不断催生科学家成长和科学家群体壮大的摇篮。团体的凝聚、机构的扩展以及年会制度的形成演化等，从不同侧面发挥了上述促进功能。即以机关刊物《科学》杂志为例，它在相当长的时期里吸引、聚集了一大批科学工作者和科学爱好者（据任鸿隽的粗略估算，1915—1950年总计作者不下千人）。他们中的许多人，正是通过《科学》杂志而逐步迈入学术研究殿堂，成为中国科学界的杰出人才。中国近代科学各门学科奠基时期的开山人物或领军者，在《科学》杂志的作者名单中大多都可以找到。更值得注意的是，中国科学社通过自身活动，对科学、科学方法、科学研究、科学家特质的反复阐述和倡导，促成了中国科学家自我意识的觉醒和角色意识的形成，表明科学家已开始有别于其他社会人群，闪亮登台于近代中国社会，成为实现人的"近代化"过程的一种标识，并宣告传统士人群体在日益分化中再次被消解、被替代。中国科学社投射在近代科学人才发展史上这浓重有力的一笔，理所当然地要被看作中国近代社会变迁总情节中精彩的场景之一。

中国科学社从一个股份公司形式的组织转变为一个纯学术社团，既是美国"社会模式"沐浴的结果，更有鉴于中国国情，力图借胎创新本土化的努力。中国科学社领导人不仅要将中国科学社这一组织区别于传统"会""党""社"组织，避免与政治利益的过分牵连，又要吸取戊戌维新时期形形色色社团的经验教训，更要破除以往社团组织公私不分，"重交情而忽宗旨，视法定之会社作酬酢之利器"的弊病①，可谓用心良苦。

留美时期的中国科学社飘浮于国门之外，能否适应中国社会环境，能否真正影响中国社会，需要实践检验。与大多数留学界社团（无论是学术性社团还是其他性质的社团）回国后销声匿迹不一样，中国科学社迁回国内后，虽一度面临困境，但经众多领导人的艰苦努力，终渡过难关而稳定发展起来。为改变国内科学根基薄弱、科学研究氛围淡薄的现状，避免停留于"书生空论"与"纸上谈兵"，回国后的中国科学社除继续宣传科学的认识论、方法论与伦理性等科学观念外，又不失时机地将社务重心逐步转移到科学研究及其科研体制化层面，寻求科学本土化目标的实现。1922 年 8 月，中国科学社进行第二次改组，宗旨改为"联络同志，研究学术，共图中国科学之发达"，明确打出了科学研究的旗号。思想只有在它生根发芽后才具有革命性的推动力，科学思想也只有在科学有了相当发展的基础后，才能产生真正的社会影响。中国

① 杨铨曾因南社出现纷争，致函柳亚子说："以弟经验言之，我国团体无能持久者，盖由结合之时重交情而忽宗旨，视法定之会社作酬酢之利器，故有时人存社存，人亡社亡。或其甚者，乃至以去留系诸情之变迁，……不知社之结合虽由少数人之志同道合而成，惟章程既立，则百事悉如法则，私人之感情至此皆当消灭。故世仇可同属一社，夫妇可舌战广场，良以既入其中，即如列星之在天空，各循轨道进行，一切意欲悉无所用也。此种公私不分之积弊，吾人受之最深。故有己之观念，则兄弟可以阋墙；有家之观念，则乡党可以捐弃；有乡之观念，则一国可以吴越；有国之观念，而世界之公理委地，人道之是非不明矣。"任武雄、王美娣辑录《杨杏佛致柳亚子的书信》，见中国人民政治协商会议上海市委员会文史资料编辑部《上海文史资料选辑》第 66 辑，上海人民出版社，1991 年，第 18－19 页。

科学社的科学救国方略从科学宣传转到科学研究并促使科学研究的展开，使科学思想转化为具体的科研成果，成为中国科学发展的推进器。西方科学的本土化是近代以来一代接一代中国学人努力的目标，中国科学社科学救国方略的转变成为科学本土化的关键点。非常可惜的是，五四新文化运动时期这一最为特出的“救国方案”却被以往的研究者忽视。

随着科研工作的次第展开，中国各门学科迅速发展起来。到20世纪30年代中期，各专门学会在中国科学社的影响下逐步创建，中国科学社自身的发展又面临新的挑战，不得不再次进行角色调适，逐步将社务重心转向科学研究与科学普及并重，创刊《科学画报》作为科学普及读物，改版《科学》杂志作为专门科学与通俗科学的桥梁。同时，作为中国科学界的母体社团与处于领导地位的综合性社团，中国科学社试图向中国科学团体联合会或中国科学促进会的角色转换，冀图承担美国科学促进会或英国科学促进会“指导、奖励、评议”科学发展的功能。不幸的是，这一努力未获成功。

中国科学社角色转换的失败，主要有三个方面的原因。第一，政府权力向学术界扩张。随着南京国民政府基本统一中国，它不断强化其学术文化控制权，赋予国立研究机关中央研究院全国性“学术评议与奖励”功能，占据了本来应该由民间私立学术机关担当的角色，中国科学社的角色转换自然流产。第二，其时综合性科学社团之间存在着以求学国别为“地域性”标志的畛域。南京国民政府时期最有影响的三大综合性社团中，中国科学社以留美学生为主，中华学艺社以留日学生为主，中华自然科学社以国内大学毕业生为主。这三大学会组织在发展中国科学上不是通力合作，而是“各自为政”。中国科学社要想转换为一个团聚全国所有科学家的领导性团体自然不成。第三，中国科学社自身兼具学会与实体的组织模式也是它角色转换失败原因之一。因为既然有研究实体，就不能客观地承担评议学术的“裁判员”，否则在具体的操作中难免会偏向自身创办的事业。中央研究院在学术评议上就曾因其有偏向自己的研究机构的嫌疑而受到批评。

在这里，一个关于科学社团发展更深层的生存条件凸显出来。从西方特别是从美国移植过来的学术社团观念、组织以及运作方式，要在中国本土生根发育，“土壤改良”与“品种改良”都是必不可少的前提。然而，对处于社会转型初期的中国，一方面，“政治一体化”的传统根须深不可拔，中央政府的威权一旦复苏过来，便会重新恢复统管一切的习惯威势，强使任何社会中间组织都必须匍匐其下。另一方面，与“国家”（实际是全能的政府威权)相对抗的“社会”发育进展缓慢,中产阶级、民间经济都远没有成形和成气候,人的观念与行为方式的近代化更非一蹴而就。得不到民间充分的财力支持,缺乏政府财政对科学技术发展的大力投资,科学家的人格素质有待提高,诸如此类。科学社团的“营养不良”状态自然可以想见。因此,中国科学社向前发展的困境,根本上是受制于“近代社会”发展的不充分;中国科学社实在是靠着“不可为而为之”的精神支撑,“超人”般地存活了这么长时间,可以说已近乎一种“奇迹”。

由于向中国科学团体联合会或中国科学促进会这样的角色转换失败,中国科学社在其后发展进程中的角色一直难以定位,甚至变得有些尴尬。但凭借其悠久的历史与广泛的社会影响,它还是在当时学术生活中起到重要作用。特别是抗战胜利后,号召与领导科学家们行动起来共同致力于科学的合理利用、追求民主与学术独立、嫁接科学与工业,致力于“科学建国”,费尽心血。1949 年后,面对全面国有或公有化趋势的发展,中国科学社不可避免地失去了存在的合理性。但是,与其他民间私立社团很快宣告退出历史舞台或改制为国家组织不一样,它在日渐逼仄的环境下,一直以私有身份艰难地存在,编著出版一系列科技史著作。1957 年在“双百方针”鼓舞下还曾“青春再来”,复刊《科学》,直到 1960 年才正式宣告消亡。这在 1949 年以后的中国,也是极为稀少而极具意义的。

中国科学社社员以留美学生占绝对优势,其次为留欧学生。最初虽也有留日学生的加盟,随着中华学艺社的成立,“不经意间”,它竟成了再没有留日学生加入的“留学界集团”。中国科学社的成员人数,从 1914 年最初的 9 位创始人,到 1949 年的三千多名社员,汇聚了各门科学的代表性人物,1948 年首届中央研究院 81 位院士中有 56 位是社员。除极个别学科外,社员学科的分布变迁表征了近代各门学科的发展历程。中国科学社作为一个综合性社团,有着如此良好的学科构成,理应有条件成为中国科学界的领袖团体,起到协调、规划和评议中国科学发展的作用。社员的成材经历,也是中国各门学科的诞生和发展的历程,中国科学社在其中起着桥梁和枢纽作用。此外,社员的籍贯分布与地区发达程度基本上成正比关系,社员就职地点的分布与区域社会文化经济的发展则完全成正相关,他们基本驻足于大中城市,反映了近代中国沿海与内地、城市与农村科学技术发展的极端不平衡态势。这说明中国科学社的发展,乃至中国科学的发展,受制于整个社会变迁的程度及其态势,不可能创造出所处社会未能提供的活动天地。

中国科学社的领袖群体,从其对中国科学社乃至整个中国科学的发展来说,可以分为三类。

以任鸿隽、杨铨、钱天鹤等为代表的科学组织与规划的行政管理者，他们是中国科学发展史上的关键人物，承当了科学技术与社会变迁互动的桥梁作用。社会对科学技术的促进通过他们得以实现，社会对科学技术的制约通过他们得以疏导。

另一类是以科学家角色在中国近代化历程上留下深刻印迹者。他们也可以约略分为不同类别。一是像秉志、周仁、胡先骕等纯粹的科学家，终身以科学事业为职志，因其卓越的科研成就而名垂后世。一是以翁文灏、竺可桢、曾昭抡、吴有训、严济慈等为代表的“学而优则仕”经历者，曾因从政成为政治人物，或担当重要教育学术机构领导人，但仍保持科学家的本色，并因科研成就载入史册，他们的“官僚”身份并不占据重要位置。三是以胡明复、过探先、王琎、胡刚复、杨孝述、刘咸、张孟闻等为代表的科学宣传与科学教育工作者，他们在个人研究之外，致力于教学与科学传播，培养了大批学生，影响了大量读者，为中国科学的发展奠定了人才基础。这些科学家们均以卓越的科研成果，深刻地影响了社会经济生活，乃至思想文化领域，在提高人类的认知能力、扩展人类知识视野等方面都有重要建树。科学宣传与科学教育工作者通过读者与学生拓展了中国科学发展的途径，扩大了科学的社会影响，促进了社会对科学的认同。

第三类是以蔡元培为代表的社会名流，包括张謇、马相伯、范源廉、汪精卫、梁启超、熊希龄、严修、胡敦复、孙科、吴稚晖、宋汉章、孟森、卢作孚、范旭东、刘鸿生等。他们或是政坛呼风唤雨之人，或是教育界巨擘，或是学术界泰斗，或是实业巨子。作为社会上层人物，无论是在社会资源掌控和社会网络扩展方面，还是在社会声望和社会感召力方面，他们都远远超过作为科学家角色的中国科学社社员。中国科学社通过这些社会名流将自己的社会网络与他们的社会网络并网，从而获得了丰富的社会关系资源，大大扩展了自身的社会网络系统，进一步扩大了社会影响。当然，这些社会名流通过参加中国科学社，也获得了赞助学术的名声，将自己的事业同学术与学术精英联系在一起，也进一步提升了自身的社会声誉、扩大了社会影响。

中国科学社归国之际，正值军阀混战时期，中央政府和各地方割据政权都不可能斥巨资创建中国科学社所提倡与期望的专门科研机构。社员们不为残酷的现实所困，努力进取，募集资金创建了私立专门研究机构——中国科学社生物研究所。该所作为中国科学社宣扬科学研究、实践科学研究的载体，是中国科学社举办最为成功的事业之一，也是中国近代史上科研机关的典范。它筚路蓝缕，无论是在科研人才的培养、科研成果的产出，还是科研氛围的形成、科学精神的塑造与传播方面，都对中国科学的发展做出了重大贡献。作为一个纯粹科研机构，它通过科研成就在国际科学界为中国赢得了位置，与世界上许多著名的学术机关建立了良好的互通关系，是中国科学走向世界科学共同体最为重要的通道之一。

从推进科学研究事业这一层面上讲，后来国民政府的中央研究院、北平研究院等国立专门科研机构的成立，都有中国科学社先导的一份功劳，它们部分地实现了中国科学社发展中国科学的愿望。中央研究院虽然是蔡元培借鉴德国、法国和苏联办理国家科学院模式建立的，但其筹备与发展不能不受到主要由中国科学社领导层组成的主干成员的影响。这样，无论是从宣扬科学研究还是呼吁创建各类专门研究机构，无论是科研机构的创建还是具体科学研究的实践层面上，中国科学社对中国专门科研机构的体制化都有十分重要的作用。

中国科学社在科学交流的基础——科学名词术语的审定统一、学术讨论会与刊物学术交流等方面为中国科学交流系统的形成做出了独特的贡献。成立伊始，中国科学社就将科学名词的审定作为社务。1918 年从美国搬迁回国后，就积极投身到国内正在开展的科学名词审查工作中，并逐渐成为中坚力量，大大提升了科学名词审查会的学术地位与社会影响，除医学等少数学科外，大多数学科名词草案都是由中国科学社社员提出，然后在会议上审查通过，并成为未来国立编译馆公布的方案基础，《科学》更成为名词术语审定统一的讨论阵地。中国科学社年会的发展是中国科学交流系统正规学术会议从萌芽到成长的一个缩影，从最初以交谊为主，发展到以学术交流为主，到抗战全面爆发前成为团聚全国大部分科学精英的科学家盛会。正是在中国科学社等团体及相关机构的领导和影响下，抗日战争全面爆发前，中国科学交流系统包括学术会议、学术刊物、学术专著、文献摘要、目录索引等已经全面建立起来，大大促进了中国科学的发展。但也必须看到，与西方科学发展是以科学研究推动科学交流体系的形成不同，中国科学交流系统与科学研究之间的关系为：先由科学交流系统雏形推动科研的发展，然后相互作用，促进交流系统的发展和完善，再共同促进中国科学的发展。这不仅是中国科学发展的独特性，也是后发展国家在科学这一领域内赶上先进国家的一条捷径，只不过不同国家的国情不同，其发展轨迹也会出现变化。其间的成功与得失自然成为科学社会学这门边缘学科的研究对象。从这种意义上讲，中国近代科学的发展历史也为科学社会学的研究拓展了范围，增添了新的有待进一步挖掘的研究课题。中国科学交流系统中，学术论文大多用西文撰写，论文文种不仅表征了该学科的世界科学发展状况，也与作者群体的留学背景有关。学术论文的西文表达，是后发展国家科学进入世界科学共同体的必由之路，也是当时中国科学发展的一大特色。自然，这也在某种程度上延缓了科学本土化、科学说中国话的进程。

学术评议与奖励是一个完善的学术共同体的主要任务之一，也是学术体制化最为重要的方面之一，更是学术独立运行的重要基础。自 1929 年以来，中国科学社相继设立、管理的学术奖金有高君韦女士纪念奖金、范太夫人奖金、考古学奖金、爱迪生奖金、何育杰物理学奖金、梁绍桐生物学奖金、裘氏父子科学著述奖金等，这些学术奖励的评审颁发不仅是对年轻科研工作者学术成果的承认，更是对他们从事学术研究的巨大鼓励，是他们在未来科学研究道路上披荆斩棘、奋勇前进的“推进器”。这些学术评议活动，虽然存在没有遵循回避原则、没有匿名评审等缺陷，但参与评审的各学科领军人物以他们的学术良知弥补了规则的漏洞，体现了以学术为标准的评选准则。中国科学社也曾有向国内科学研究最著名者颁发“中国科学社奖章”的设想，并制定了章程，选定了评选委员会，但终因各种原因，未能真正实行。在民国时期主要以政府奖励为特色的学术评议环境下，中国科学社的学术评议活动独具特色，充分体现了民间学术评议的性质，展现民间学术评议的风采。

中国科学社在完善与促进中国科学社团的发展方面也有其自身的历史地位和作用。中国科学社第一次改组后，就成立了具有专门学会雏形的分股委员会，拟发展成为囊括各专门学会的综合性社团。但是，分股委员会不仅没有完善建立起来，反而在发展过程中归于沉寂。这不仅使后来中国科学社向科学团体联合会或科学促进会的角色转换不能实现，也延缓了中国科学体制化在专门学会建设方面的进程。但无论如何，作为近代中国科学社团的母体，中国科学社对其他学术社团的成立和发展都起着指导或榜样的作用。从社团组织结构而言，与中国科学社取对立态度、以留日学生为主的中华学艺社，后来的社章修改借鉴中国科学社组织结构的地方很多。其他综合性社团如中华自然科学社、中国技术协会、中国科学工作者协会在组织结构上都借鉴了中国科学社的经验。各专门学会在组织结构上更是基本参照中国科学社的社章，大都基本遵循中国科学社的组织形式：制定指导性文件“社章”，规定各类成员的专业标准及其权利与义务；设置董事会、理事会、评议会等机构，并规定领导成员的职权范围及其任期，重大决策由理事会等议决后在年会社员大会上通过；创办自己的专门会刊，发刊专业论文或进行该专业的普及工作，举行年会进行学术交流，等等。从各社团的具体创建而言，一些学会受其影响而诞生，一些学会在其直接指导下创建，在相当程度上可说是以中国科学社为母体的产儿。

1947年9月，胡适发表《争取学术独立的十年计划》，立即激起强烈反响，陈序经首先反对，李书田、邹鲁等跟进，翁文灏、李石曾、胡先骕、程孝刚、顾毓琇等发表看法，时为青年学者的陈旭麓先生也加入论战，指出所谓学术独立，是与西方发达国家比较之后，“别人有更好的学术文化出现在我们眼前，而为我们所远不及，由不及而有争取独立的思想”。[3]作为后发展国家，追求学术独立于世界学术之林，建立起自己独立的学术发展轨道，自行从事独立的学术研究，在解决实践活动中出现的各种各样实际问题的同时，为人类知识视野的扩展做出贡献，而不是跟在别人后面亦步亦趋，一直是近代以来代代中国人的梦想。

学术社团的成立，其原初目标是通过发展学术达到学术独立，中国学术社团的成立，其目标也是通过促进科学发展在世界科学共同体取得独立的学术地位，为世界科学做出中国的贡献。如果仅仅从学术独立于世界学术之林，以中国科学社为代表的民国学术社团促成了中国科学体制化，涌现了一批学术大师（1948年首届中央研究院院士即为其群体代表）和青年才俊，科学发展水平虽与世界有相当的差距，但还是取得举世瞩目的成就。抗战全面爆发前，物理学研究者的论文大都在国外著名杂志上发表，在X射线、原子核物理、无线电及电路、流体力学及统计力学、光谱学、水晶体振动、地磁、声学、放射线等方面都做出了相当的成绩。诺贝尔物理学奖获得者狄拉克、玻尔与控制论奠基人维纳、空气动力学奠基人冯·卡门等先后访华，传布世界学术前沿知识。玻尔来华期间，吴大猷等还曾就最新研究成果向玻尔讨教，玻尔对在中国看见这样前沿的研究成果“显然有些意外”，在讲演中专门提及。[4]

抗战胜利后，中国的国际地位大大提升，大批教授与青年才俊也通过各种各样的机会到世界各学术中心或访问研究或留学深造，如饶毓泰、曾昭抡、姜立夫、吴大猷、华罗庚、许宝騄、陈省身、张文裕、彭桓武、马仕俊、张宗燧、杨振宁、李政道、吴健雄、胡宁、马祖圣、李卓皓、黄昆、钱学森、郭永怀、林家翘、朱兰成、马大猷、王兆振、袁家骝、陈新民、汪德熙等，探知世界科学发展前沿，进而行走在世界科学发展的前列，一些学科的一些研究成就为世界所称道，如数学方面陈省身、华罗庚、许宝騄等“都被外国的数学大师约去共行研究”“将来对于我国的数学，乃至于对于全体科学，有极好的影响是不用说的”。[5]可以说，从人才培养与聚集方面来看，战后中国出现了实现真正学术独立的大好局面，赶上世界科学技术发展的步伐似乎指日可待。因此严济慈在面临战后科学发展的困苦时，也曾不无得意地说：

近年来，大家在想中国学术独立的问题。单从人才方面说，我想中国已足够独立的。有很多做过十年以上工作的人，有很多做过二十年以上工作的人，在任何学科，在每一学科的任何部分，中国都已经有了可以独立的人才。打开北平研究院抗战前的职员录来看，在今日几乎个个都成为了不得的人才，其他大学和机关，更不必说了。①

可惜，这一形势并没有被很好利用，反而很快被断送，不仅未能实现中国学术对世界学术的真正独立，而且随着时光的流逝，与世界科学技术发展水平的差距越发明显。其间最为根本而且主要的原因自然是政治变动，但民国学术界特别是学术社团也难辞其咎。

胡适在《争取学术独立的十年计划》中指出，中国的"学术独立"除上述相对世界的学术独立，还有更为重要的层面，即相对政治的独立，前提是经费的独立，并保证学术自由研究的独立。相对政治的独立是独立于世界学术之林最终实现的条件，以学术独立于政治来达到学术独立于世界的目标。[6] 民国学术社团成立的目标，除上述在世界学术之林获得独立之外，还有胡适所提出的，使学术在中国社会获得自身的位置，取得独立的地位和发展的制度空间，科学的发展不受政治风波或政体变动的影响。非常可惜的是，以中国科学社为代表的民国学术社团在这方面没有做出民间学术社团应有的贡献。

二、学术与政治：民国学术社团建设的"阿喀琉斯之踵"

团聚同好结成统一的学术力量，在促进学术自身发展的同时，共同对抗外在各种不利因素的侵扰，是成立学术社团原初的动力，但民国学术社团没有结成统一的力量，去面对不利于学术发展的各种外力特别是政治的侵袭，反而与政治纠缠不清，最终自己也不得不退出历史舞台。

从中国地学会、中华工程师会等专门社团的率先成立，到中国科学社、中华学艺社等综合性团体的创建，再到 20 世纪二三十年代各专门学会的纷纷创立，抗战胜利前后中国科学工作者协会等综合性团体的设立，近代中国学术社团的发展，表面看有一个专门—综合—专门—综合的过程，似乎与西方科学学会综合—专门—

① 参见严济慈《科学工作者的愤慨》，原载北平《世界日报》1948 年 9 月 9 日，转载《民主与科学》2015 年第 6 期，第 65－66 页。

综合的发展模式相差不大，但具体分析，内里的实质完全不同。西方早期的综合性学会，与当时科学发展还无学科分类有关，其成立是为了学术交流；后来综合向专门的发展，是各门学科自然发展的结果，也是为了更好地进行学术交流，以促进本学科的发展；再后来的专门向综合发展，是在科学不断分化的过程中，为了协调各门科学的发展，成立联合各专门学会、承担"指导、联络、奖励"功能的综合性社团。可见，西方学术社团的发展，是科学发展自然演进的结果；其发展的不同阶段对应于科学发展的不同阶段，既是科学发展内在逻辑的结果，也适应了科学不同发展阶段的需求。

中国最早的专门学会是在西学影响下，当时相应专门学科发展的结果；综合性社团则以宣扬与传播科学、提倡科学研究为主旨，并不以学术交流为唯一目标，其后随着社会的演化与科学的发展，才促成了各专门学会的创建。因此，中国学术社团由综合向专门发展的过程与西方完全不同。后来的专门向综合发展，也不是联合各专门学会成立作为协调发展的综合性组织，仍与最初成立的综合性社团具有基本相同的功能，并没有真正完成专门与综合的整合。也就是说，中国科学社团特殊的发展历程，虽然有其历史的合理性一面，但与政府担当民间学术社团的"指导、联络、奖励"的学术评议功能有关，是中国科学发展的本土特色，这自然也是限制中国科学社角色向更高层次转换的一个社会根源。同时，中国近代学术社团除专门学会的创建发展与各门学科发展有直接关系外，综合性社团的发展在更大程度上是由科学之外的力量促成的，特别是战后成立的综合性组织有着传统社团组织追寻政治目标的特色。这自然与当时政治环境不良相关，但也与中国社会政治是唯一要务这一传统脱不了干系。因此，总体上看，中国近代学术社团的发展历程，除专门学会外，基本上不是科学发展内在逻辑的结果，自然没有适应中国科学发展的阶段需求。中国综合性学术社团的发展似乎可以脱离科学而自行成长或消亡。

整个民国时期，虽然综合性科学社团数目不少，但中国科学界并没有一个统一的具有代表性的民间声音。作为制衡政府的民间学术社团组织处于四分五裂的景况，在与政府力量的对抗中自然处于不利地位。这对中国近代科学的发展来说是一个问题，对民主的培育也是不利的。待由政府来担当本应该由民间社团承担的角色时，对科学而言虽然在某种程度上或者说在某些历史时期可以取得意想不到的成就，但这终究与科学本质相背离，对科学的长远发展不利。科学一旦获得适合其发展的"土壤"，就会有其自身的发展逻辑，社会主要是起着从旁赞助的作用，而不是介入其中予以干扰，甚至以国家名义进行主导。

上述情形自然影响民国科学技术的发展。民国各门学科的发展很不平衡，各国立研究机关之间、私立研究机构之间、私立与国立组织之间，矛盾重重。中国科学院成立时，有许多科学家认为民国两大国立研究机关中央研究院与北平研究院“各自为政，设置的研究所叠床架屋；两院只把目光局限在自己的研究所上，从未发挥计划与领导全国科学研究工作的作用；科学研究漫无计划，与大学和其他科学研究机构缺乏密切的联系合作”。[①] 这述说因有一定的语境，可能有些夸大其词，但在相当程度上真实反映了民国时期科学发展过程中的问题。不独研究机构如此，科学社团之间也不例外，各学会组织在国家学术资源的相互争夺中消耗了不少本来应该用于发展科学的力量。

中国科学社的历史进程还表明，作为一个模仿西方学术社团而建立起来的近代科学组织，其领导层成员的更替频率不高，这虽对保持领导群体的稳定性、维持组织的发展有一定作用，但没有完全遵循它所追求的西方学术性社团的民主精神与民主程序。其章程中“连选连任”的规定在一定程度上是与民主进程相违背的，连选连任势必造成“垄断与把持”。有鉴于此，一些专门社团修改社章，对会长及理事的任期做出新规定。例如，1933 年 8 月通过的《中国化学会简章》并没有对理事的任期做出严格规定，1935 年修改章程，明确提出会长与副会长任期均为 1 年，连选得连任一次；理事任期 3 年，连选得连任一次。[②] 同样，中国科学社领导层的社会网络与社会结构表明，理事的当选不完全以对社务关心的程度或学术成就的高低为标准，地域因素、同学关系及留学国别、留学学校及其学科等都是十分重要的因素，虽对人才的团聚、社务的扩展功不可没，但毕竟不是一个学术社团应有的特性。

---

① 参见樊洪业主编《中国科学院编年史（1949—1999）》，上海科技教育出版社，1999 年，第 2 页。由钱三强等人起草的《建立人民科学院草案》中对国民政府时期科研机构有如下评说，精神基本相同：“在拟定人民科学院的草案以前，我们曾经直接间接的从正面或侧面调查了一下中国科学界对于过去国家研究机构的批评意见。（1）过去国家科学研究机构最大的缺点在于漫无计划，这个缺点的具体表现为下列的事实：A 研究院把目光只局限于自己设立的研究所，从未发挥计划和领导全国科学研究的机能。B 一切科学研究是自流的，只根据各单位主管人的兴趣而与整个国家政策脱节。C 同属研究院的各研究单位间也缺乏密切的联系，流弊所及乃至形成宗派主义，如北大和南高的对立。D 各研究单位的设立按照各科的形式排列，而一点不顾虑到客观需要和人材设备等条件以致有些研究所流为空洞贫乏和名实不符。如只有一二人作生理学的一部分研究工作而名为医学研究所等。（2）大学和研究机构也没有密切的合作，于是，或重床叠屋或则分散力量，直接间接都减低了科学研究的效率。”见《建立人民科学院草案》，《中国科技史料》2000 年第 21 卷第 4 期，第 333 - 338 页。

② 见《化学》1934 年第 1 卷第 1 期第 135 页；1935 年第 2 卷第 3 期第 677 页。

其社长一职，晚期近20年一直由任鸿隽担任，任鸿隽并不是一个真正意义上的科学家，当然也就没有独特的科研成就，他如何完成华罗庚所提出的就职学术报告，如何对科学发展做出启发性预测，如何显示他"对学术的重视和他在学术上的造诣"以及胜任社长这个职务？他如何"鼓励后来者"，如何在中国科学社中起科研方面的"表率作用"？像中国科学社这样的综合性学术社团，社长的最佳人选自然应该是中国学术成就最为突出的一些人，而且需要不断更替与改换。同样，在社员入社资格上，也曾有反反复复的降低和提高，这如何体现华罗庚所说当选社员的"光荣感"？更不用说入会提交论文，并做学术报告后由理事会充分讨论了。当然，华罗庚的要求对中国科学社这样的综合性社团来说，不太实际，但至少应该是其他专门社团最低限度的标准。

中国科学社上述情况在中国地质学会、中国工程师学会等团体同样存在，似乎这是民国科学社团一个不能解决的问题。于是，一个悖论由此产生，领导群体不稳定，社团就可能瘫痪乃至消亡，民国时期许多开办之初生机勃勃但很快就销声匿迹的学术社团就有这方面的原因；另外，一些人过分关注社务，将之视为自己的"禁脔"，同样会导致社团发展缺乏活力与后劲，很容易出现杨铨所说的"人存社存，人亡社亡"情况。这就是没有民主传统与民间学术组织传统的中国，民间学术社团所面临的两难困境。唯一的出路，既要遵循学术发展的自身规律，又需要研究、交流、评议等学术体制化的全面建成。

作为一个学术社团，充分的开放与民主化是其正常发展与成长的先决条件。在缺乏民主传统的中国，像中国科学社这类完全学习模仿西方而创建的学术性社团，应该在民主化方面走在前列，为中国其他方面的民主化起示范作用。以上现象的出现，正是行进在近代化道路上的中国学术体制化所表现出来的过渡性质——传统与近代、民主与把持、开放与封闭交织在一起。这也许是民国科学社团在近代中国这样一个急剧变动社会中必须经历的演化过程与必须接受的宿命。

这说明，自向西方学习以来，表面看取得的成就不小，但本质上无论是科学精神还是西方民主意识基本都被束缚在传统光环中。西方科学传入中国后，虽对中国思想文化冲击很大，改变了许多观念和看法，但并未改变中国人本质中最重要的一点——"实用理性"。科学的实用性正切合了传统的"实用理性"，并在某种程度上强化了这一观念。于是撷取了科学实用性的一面，却丢弃了科学最为本质的"精神"——科学"求真""怀疑一切""为科学而科学"的理性精神。科学被视作国家独立与民族富强的强大工具，其自身的独立地位与独特性却被掩盖，这样的结果反而阻碍了科学在中国的真正发展及科学精神在中国的真正生根。科学在中国从未做过神学的婢女，因此也就没有将它从神学解放出来的运动，也就没有西方社会对科学独立性的认知。

在实用理性的关照下，科学家的声音往往淹没在党派斗争与权力之争的声浪中。当他们的声音无法释放出来的时候，"科学家"这一社会角色内含的基本道义与责任也就不可避免地丧失了，沦为政治人或政治的附庸和婢女。从这个意义上说，近代中国科学家社会角色存在着严重的缺陷，很难真正拥有科学家的本质——"求真"的科学精神。当然这一缺陷的存在并不是科学家自身所能克服的，他们突破不了社会大环境所设定的这个帷障。在这种背景下，要求科学家们始终如一地胜任真正的科学家的社会角色无疑是不切实际的苛求与非难。从这个意义上看，以宣扬科学、发展中国科学、实践民主为目标而创建的中国科学社，在中国科学的发展这一物质文化层面的建设上可以说功勋卓著，尽管在科学精神和民主的宣扬和实践上取得了一定成就，但总体而言是不成功的。

一叶知秋，中国科学社虽仅仅是一个民间学术社团，但从其命途多舛的近半个世纪的历程中，还是可以寻绎出民间社团的发展与政治、经济、文化乃至社会等多方面的关系。就民间社团与政治的关系而言，由于政治在中国社会所占据的无可匹敌的至高位置，民国时期民间社团的发展与政府的关系值得专门探讨，经济、文化等因素与之缠绕在一起，其"曲径通幽"处可反复探究。

民国时期的中国并不是一个自由民主的社会，虽然存在不完全受政府控制的民间组织，但并没有建立起比较完善的民间社团与政府的良性互动关系，政府始终处于威权的主动与支配地位，民间社团不仅不能影响或左右政府政策，反而处处受其制约。南京国民政府成立不久，就制定了一系列相关民间社团的法令，各类民间社团的成立都有一定的程序和标准，诸如"具备理由书，先向当地高级党部申请许可"，党部核准后派员指导；获准成立的各民间社团不得违背三民主义言论及行动、接受国民党指挥等等。①

同时，中国是一个讲究人脉关系的国度，在民间社团与政府之间冷冰冰的"规章

---

① 见《人民团体组织方案》《文化团体组织原则》《文化团体组织大纲》(1930年1月23日)，中国第二历史档案馆编《国民党政府政治制度档案史料选编》(上册)，安徽教育出版社，1994年，第645－650页。

制度”之外，还有一个民间社团成员与政府组成人员之间“温情脉脉”的人与人之间的关系。中国科学社主要是通过其领导人物来实现这些关系的整合，特别是以社会名流为中介，获取政府的经济资助。非常幸运的是，对中国科学社来说，虽然并没有如初期预想的那样“清高”，与政治也有纠缠不清的关系，但始终没有因与政治的纠葛而改变其民间学术社团的宗旨与立场，没有因为政治而做出非学术的事情，更没有将社务大权交予政治人物，成为政治家的政治筹码。应该指出，在中国科学社通过私人这一非正规的关系获得发展空间的同时，社团与政府之间冷冰冰的条文关系却一再钳制其发展，民间社团的被动地位并没有得到丝毫改变。这就是说，民国时期民间社团与政府之间的正规关系建树极小，当政府可以主宰民间社团的命运时，民间社团只能听天由命，毫无还手之力。当然，民间社团与政府之间良好的制度性关系建设，并不是民间社团自己所能决定的。

茅以升总结中国工程师学会二十多年学术活动历程的经验说，“学会组织独立，经费自给，所受政治影响较少，但也不可能脱离政治”。如 1948 年国民政府召开“行宪国大”，中国工程师学会董事会选举了 6 名会员做代表。另外，国民党党务工作者①陈立夫、曾养甫、徐恩曾等都曾当选会长、副会长，曾养甫还五次当选。② 作为纯粹的党务工作者，他们因其在党内或政府中的官位势能当选民间学术社团的第一领导人或重要领导人，这是民间社团特别是像中国工程师学会这样的职业学术团体的悲哀。这一现象的出现，可从两个方面理解。一方面，民间学术社团可能需要借助官场以扩充其自身的力量，这恰好迎合了一些官员“亲民”或“提倡学术”的欲望，双方一拍即合。先后担任执掌国民政府学术发展大权的教育部部长、中央研究院代院长等职务的德国柏林大学地质学博士朱家骅，可能是这类官员的典型。除“为官作宰”（他还先后担任交通部部长、浙江省主席、考试院副院长，国民党中央委员会秘书长、组织部长等）之外，朱家骅以政治权势推展学术，筹建两广地质调查所、中国地理研究所、中国蚕桑研究所等，积极参与中央研究院的筹备和组建，参与创办多个学术社团，担任重要领导人如中国地质学会理事、会长等。③ 传记作者也认为朱家骅虽做过

---

① 这里所谓党务工作者，意指以党务为职业，而不是以工程技术工作为职业。

② 见茅以升《中国工程师学会简史》第 147 页。茅以升说曾养甫连任三年及四次当选，据其文前面提供的年会选举情况，曾养甫是五次当选会长。

③ 参阅拙文《朱家骅的科学观念与国民政府时期科学技术的发展》，陈绛主编《近代中国》第 14 辑，上海社会科学院出版社，2004 年。

各类官僚,“但平心而论,他不是官场中人,而是学术中人”。他初入官场时,曾想“在政治上登高一呼,天下响应,或许兴办学术,成事较易。因此他后来每任一职,必在职权内或利用形势,设法做点学术工作,在学术界留点成绩,以为天下先”。他在学术界所做工作所具有的历史价值,“远高于他在官场中政坛上所贡献的价值”。[7] 另一方面,虽然民间社团并不希望官场中人执掌其权力,但官场中人却以强力来攫取这一权力,民间组织处于“被动挨打”局面,只有委曲求全。一些民间社团领导人 1949 年以后的回忆中似乎都是如此处理这一关系的。①

真实的情况是,当时众多社团都需要借助官场的力量与权威来扩展影响,而不是通过建立民间社团与政府之间良性的制度关系来获得发展空间。② 在没有民间力量资助学术研究与学术发展的中国,通过政府或官场中人引领民间学术社团确实是一个行之有效的办法,也是众多民间社团所效仿的一种策略,特别是在一些综合性的民间科学社团中,是广泛存在的一种现象。问题是,这并不是民间社团健康发展的道路,政治人物由于各种各样的原因(诸如贪腐、站错队等)存在极大的风险,他们个人在政治上的失误自然会给学术社团的声誉造成损伤,极大地破坏了学术界的生态与环境。政治与学术在民国时期就是处于这样一种若即若离、分而不开的状态。

具体分析,民国民间社团与政府的关系在北京政府时期和南京国民政府时期又呈现出不同的态势。北京政府时期,地方军阀各自为政,中央政府的威权难以达到全国各地区,政府在国家学术的规划与机关的建设上毫无建树,虽有议员早于 1923 年就提议创建国家科学研究院性质的机构③,但毫无社会反响,学术发展处于极为尴尬的境地。中国科学社正是利用了这一“政治空隙”大力发展自己的势力,并逐渐充当

---

① 例如,中华自然科学社 1930 年创刊《科学世界》时,陈立夫就想通过资助经费而控制该社。后来也因为经费问题,该社选举叶秀峰、李书田、赖琏、俞大维、陈立夫、朱家骅等为赞助社员,回忆者说:“不言而喻,叶秀峰、陈立夫、朱家骅之帮助本社经费,都是别有用心,即想利用本社作为政治资本,以扩大其政治影响。我们早已洞察其阴谋,始终采取坚定的态度,想尽办法与之斗争,使其伎俩未能得逞。”按这说法,陈立夫、朱家骅等国民党党务工作者借助手中的经济大权强取了中华自然科学社的地位,中华自然科学社“用人钱财,替人销灾”,只有委屈求全了,割让部分权力给予这些党务工作者。当然,为了维护学术社团的民间立场,还进行了针锋相对的斗争。其实,这是 1949 年以后为了开脱民间社团与国民党的联系而“委曲求全”的“违心之论”。而陈立夫、朱家骅等人捐助社团,是否就一定要控制社团,这也是需要加以研究后才能下论断。参阅杨浪明、沈其益《中华自然科学社简史》,《文史资料选辑》第 34 辑,文史资料出版社,1963 年。

② 中国科学社选举汪精卫、孙科、吴稚晖等政治人物为董事,1949 年后自然引起非议。具体参阅本书第八章相关内容。

③ 见《议员建议创设国立科学院》,《科学》第 8 卷第 2 期,第 199-200 页。

起国家学术代表的角色，在国际上代表中国。从某种程度上看，这一状况对整个中国科学的发展是极大的悲哀，但对中国科学社这一私立学术社团个体而言，则是一个机遇。它不仅可以借助于其领导地位扩充自己的力量，而且可以利用政争的“空隙”不断提升自己的地位。因此，可以看到曾经是“革命阵营”一员干将的任鸿隽，以学术团体领袖角色悠游于各派与各割据势力之间，募集资金，联络同好，扩展社务；还可以看到，北京政府时期中国科学社虽然面临各种困难，但一些重要的举措与大政方针都在这一时期奠定基础，例如生物研究所的成立、大学术发展计划（包括研究所、博物馆、图书馆等）的出炉等。作为一个志愿性民间社团，中国科学社与北京政府政权之间没有直接利益冲突，可以相当自由、努力地发展自己，有时还可以利用政府的权威扩张自身。

但南京国民政府成立以后，情势就完全不一样了，学术发展的空间被急剧压缩，学术自由也受到限制，学术不仅不能超越党派（如不能违背“三民主义”），而且需要为政府存在的合理性、合法性寻找理由（如阐释“三民主义”）。虽然三民主义仅仅是近代中国走向近代化过程中，孙中山提供的一个国家建设方案而已，一旦转化为意识形态，情况就发生了变化。与在经济领域不断扩展政府影响力一样，南京国民政府在学术文化事业上也逐步采取统制政策，宣布“三民主义”为中国“唯一思想”，全面实施“党化教育”。① 1928 年 6 月，国民政府颁布了“统一学术机关令”：

> 教育学术为一国文化所自出，现当国民革命势力被于全国，宜有统一整理之必要。曩以政令淆乱，系统不明，中央学术各机关，往往分隶于各部院及特殊团体，如清华学校属于外交部，地质调查所属于农商部，观象台属于国务院，社会调查所属于中华教育文化基金委员会，……似此任意灭裂，障碍前途，实非浅鲜。本政府既设大学院为全国教育学术之唯一枢机，所有从前分隶各部院及特殊团体之中央教育学术机关，自应一律改归大学院主管。其各部院对于专门人材之需要，各团体对于设立机关之条件，统由大学院赓续计划……[8]

命令表面看来仅仅是要求对国立学术机关进行统一，其实还包括“特殊团体”如中基会，自然也就牵涉民间社团及其设立的科研机构。因此，胡适对该命令很不以为然，他认为中基会已成为一种“财团法人”“正宜许其办理学术研究机关”“若谓一切

---

① 对南京国民政府的经济统制政策及其对经济发展影响的研究成果已经有不少，但对它的学术文化政策还缺乏深入研究。关于南京国民政府政策对经济发展影响，可参阅杜恂诚《中国近代经济的政治性周期与逆向运作》，《史林》2001 年第 4 期。

学术机关皆宜统一，则不但交通大学应收归大学院，连一切私立大学，以及科学社之生物研究所，北京社会政治学会之门神库图书馆，都在统一之列了”。① 确实，在杨铨的动议下，国民政府也曾欲通过整顿中基会，将其控制在政府权力范围内，后经胡适等人的多方努力，中基会才依然保持住其独立地位。[9]

当然也应该承认，南京国民政府的统制无论是经济层面还是学术文化层面，都留下了相当的自由空间，“戴着镣铐还可以跳舞”，民间私立事业还有其生存与合理存在的理由。但无论如何，南京国民政府开启了中国近代学术文化事业的政府化进程，加之中国本来就缺乏独立于政治之外的学术传统与学术体制，学术政府化达到极致就是民间学术社团消亡之际。面对这种趋势，像中国科学社这样的私立民间社团，发展前景自然堪忧。

与其他事业不一样，科学研究需要大量的经费投入，在中国这样一个缺乏民间资助科学发展传统的国度，政府加强对学术发展的投资并积极实施国家科学发展战略有其合理性，而且也顺应了世界科学的趋势。因此在南京国民政府成立后，与商会等民间团体向国民政府要求权力以维护经济自由发展不一样[10]，学术社团要求政府在科学发展上加大力量，同时将一些本来由民间学术社团担当的责任移交给国立机关，以利于在国家统一力量之下“成效速见”，如以中国科学社为主干力量的科学名词审查会将名词术语审定统一工作移交给大学院，中国科学社也将国际学术代表转交给中央研究院。政府在科学的发展上确有其一套方针政策，致力于建设政府学术机构与政府学术体制，最突出的表现是成立中央研究院及其他国立科研机构，并赋予中央研究院以学术联络、评议和奖励的功能。于是，像中国科学社这样自己设有研究机构的民间社团与中央研究院这种政府机构之间就存在矛盾与冲突。丁文江成功地将中基会社会调查所合并到中央研究院社会科学研究所，欲将中国科学社生物研究所归并到中央研究院未能成功，这都是政府强力侵扰民间力量的标志性事件。在此情况下，民间社团要突破政府强力发展自己的事业自然就非常困难。论者认为中国科学社成员们：

试图选择以英国皇家学会为楷模建立中国的科学体制（分散型），是社会条件与他们的个性使然。然而，中国并没有这种体制生长的土壤，……在这种情况下，官办

① 胡适1928年6月21日致蔡元培信，见曹伯言整理《胡适日记全编》（第5册），安徽教育出版社，2001年，第162页。

集中型的中央研究院就成为科学界和政府的必然要求和选择。这种体制……符合中国社会集权专制的传统机构模式，……这说明，在缺乏民主基础和科学传统的集权国家中，科学很难靠自身的力量获得自主发展而成为一种独立的社会建制，非借助科学之外的力量——往往是政府的力量——不成，在社会普遍落后的情况下尤其如此。但是，靠外在力量建立起来的科学体制必须有足够的外在制度保证，否则容易受到外力的干预，……外力干预可能是科学的助力，但人们对历史上外力干预给科学带来的灾难留下了更深刻的印象……[11]

其实，中国科学社所要建立的科学体制与中央研究院的科学体制的矛盾并不是分散型与集中型的冲突，主要表现为政府强权与民间社团自治自立的冲突，政府干预与学术界自主性的矛盾。对科学发展而言，政府科学体制有其优势，民间科学体制也有不可替代的作用，关键问题是如何协调这两种力量，使它们不仅更好地适应科学的发展，而且能相互补充、相互促进，而不是互起矛盾与冲突。南京国民政府时期政府科学体制与民间科学体制存在的问题主要是政府体制强占了民间体制所应担负的责任，学术体制国家化挤压了民间力量的发展空间。① 正是从这一意义上说，中国科学体制化走上了异途。

科学体制的国家化使学术发展与政治紧密结合，这在相当程度上造成了中国科学的发展缺乏连续性。在中国这样一个政治不具备连续性的国度，如果一个政权倒台，其实行的科学管理与科学政策也会“随风而逝”；甚至在同一政权领导下，一届政府甚或一个部门领导人，对前任也很少会“萧规曹随”，往往另辟一片天地，这也造成了科学发展的非连续性。胡适 1934 年演讲《科学概论》说，科学进步有赖于持续性的学术机关保存已有的知识、方法、技术与工具。西方科学发达得益于此，东方科学的不发达也是因为无此传统。[12]有研究者分析中国科学家没有获得诺贝尔奖的原因时，也指出中国科学发展很少继承性。②

当政府制定了它的科学政策后，就有它自身的利益，民间力量触及了这一利益，就可能步入“雷区”。因此，南京国民政府成立之初，中国科学社可以利用私人关系从中央政府得到 40 万元国库券的资助。但同时发现，尽管拥有如此巨量的资金，中

---

① 中国近代科学体制化全面国家化，除学术联络、评议与奖励外，在科研机构、名词术语的审定统一等方面也是政府力量全面挤压民间力量。具体参阅拙著《中国近代科学与科学体制化》相关章节。

② 参见赵红洲《中国切莫忘了诺贝尔奖——论诺贝尔精神与爱国主义精神》，原载《中国青年报》1995 年 5 月 23 日，转引自《新华文摘》1995 年第 8 期。

国科学社的大科研计划并没有因而得以展开，连已有基础的数学研究所也不能顺利建立，处于一个所谓“发展与不发展”的悖论境地。一旦政府机关建立后，其资金投入与发展前景都将远远超过私立社团，久而久之，无论私立社团过去地位是如何之崇高，都将会被取而代之，成为一个默默无闻的民间组织。

民间社团正是哈贝马斯建立其“公共领域”理论的重要基点。[①] 对中国科学社这一民间社团发展的个案研究表明，在民国时期，所谓公共领域的发展受到了政府的强力挤压。面对政治强力，无论是学术体制化，还是学术界都没有其独立生存的空间与合法性。虽然以韦伯等为代表的几代知识分子一直致力于建立德国的学术独立机制，但这种努力在纳粹政权的强力面前仍然毫无还手之力。更何况在根本没有建立起独立于政治之外的学术体制和统一学术界的旧中国呢？政治与学术无论是西方还是在东方，都有千丝万缕的联系，但在近代中国，其之间的纠葛更为突出与明显。政治高于学术、政治超越学术、政治统治学术、政治指挥学术、政治引导学术是政府统治与治理国家不言而喻的现实存在。而学术为政治服务、学术以政治为中心、学术紧跟政治也是政府统治学术不言而喻的任务与规范。政治追求的是实用，是个人或团体或党派或阶级之私利；学术追求的是真理，是人类知识之扩展；它们之间有天然的隔阂与鸿沟。一旦隔阂消解、鸿沟填平：学术为政治所利用，政治就披上了真理的外衣，被装扮得“可敬可信”；政治为学术利用后，学术追寻的自然不是真理，而是权力与“霸道”。更为可怕的是，一旦学术“政府化”后，学术与政治的结合就成为合情合理的存在，学术围绕维护政府生存的中心发展，解释政府存在的合理性与合法性，也就成为学术合乎情理的当然任务。这样，学术完全背离了其“求真”本性，不可能以其自身的发展规律向前推进。

因此，近代学人学术独立追求梦想的破灭，在很大程度上是由政治变动造成的，这也使得学术发展的延续性被破坏。相对于政治的学术独立未能实现，以此为基础和条件的相对世界的学术独立自然难以企及。希望中国学术在不久的将来真正能独立于世界学术之林，真正实现学术发展的延续性，为人类学术的进步与人类知识视野的扩展做出应有的贡献。[②]

---

① 参见哈贝马斯著，曹卫东等译《公共领域的结构转型》，学林出版社，1999 年。

② 相关中国近代学术独立追寻的粗浅分析，参阅拙文《学术独立之梦——战后饶毓泰致函胡适欲在北大筹建学术中心及其影响研究》，《中国科技史杂志》2014 年第 4 期。

近代化研究者认为近代中国没有建立一个强有力的中央政府,是导致中国近代化艰难曲折的一个重要原因,这一看法有值得商榷之处。[①] 其实,近代中国中央政府的软弱仅是相对政府权威覆盖面大小而言,例如控制北京政府的军阀和蒋介石领导的南京国民政府,都面临着大大小小地方势力方方面面的制约。政府所拥有的权力与政府权威覆盖区域的大小是两个相互有关联但又有区别的概念。政府拥有的权力主要是对国家资源的处置与配置权,政府权威的覆盖区域是指政府权力能够达到国土面积的大小。政府权力的强弱是相对社会而言的,政府权威覆盖面是相对政府管理区域而言的。如果一个政府不能管理它应该管理的国土,可以说这个政府权威受到了挑战,但并不表明它的权力被削弱。政府权力有一个限度,即一般所谓的裁判员权力。如果一个政府连裁判员的权力都不具备,我们可以名之曰软弱政府,如果一个政府超越了裁判员权力,直接参加比赛并判决比赛的胜负,将许多不应该由它掌控的资源都控制着,那么可以名之曰强力政府。

从政府所拥有的资源多少来看,南京国民政府实施全方位统制政策,通过国家机器不断扩充其资源控制范围,掌握了许多不应该由它掌握的资源与财富,侵占了许多本应由社会自行发展的领域,属于强力政府。政府权力的强大、控制资源的丰富更导致了对政权的争斗,因为获得政权后就会得到更多资源;继而掌握政权者就会加倍努力维护其政权。因此,从许多层面看近代中国,这是一部权力争斗的历史,一部资源和财富争夺的历史,可以冠冕堂皇地称为"国家建设"或者所谓"近代化建设"的一切活动,在相当程度上都是围绕这个目标而进行的。可见,近代中国的政府,无论是地方割据政权还是中央政权,都侵占了大量应该由社会掌管的资源,在各方面都展现出其强力本质,阻碍与延缓了中国近代化的历程。

当政府权力过于膨胀,留给社会成长的空间将越来越小。一个政府无论其性质如何,只要其权力还不能无限扩张,以致完全挤压社会,社会将致力于自身的发展,并茁壮成长,可能形成制约或平衡政府权力的机制。作为国家管理者的政府,无论它是什么性质,总是致力于维持自身的存在,一旦其自身存在的理由与社会发展背道而驰时,就会对整个国家的发展带来悲剧性的后果,特别是当这个政府的权力无限时。社会总是努力于其自身发展,无论政府怎样变化,它总是为国家的进步而斗争,当它的发展与政府相冲突时,如果力量强大到可以影响政府政策以抑制政府的强力,那么它

---

① 这一看法集中体现在罗兹曼等编著的《中国的现代化》(江苏人民出版社,1995 年)。

可以使政府的反社会力量削弱,并促使政府走向促进社会发展的道路。

学术社团作为一支重要的社会力量,应该团结起来共同影响政府,抵制政府的反社会倾向与力量,致力于国家的建设。但中国科学社的历史表明,近代私立民间社团并没有结成一股力量,反而是形成了分割的互不统属甚至对立的派别。它们不是共同面对政府强权,校正政府的国家发展方向,而是互相争夺国家资源,互相消耗力量。这样,自然更进一步增加了政府的强力,进而强化了权力觊觎者的决心,民间社团也就在权力争斗中逐步丧失了存在的价值与理由。

参考文献

[1] 中国民主同盟中央委员会宣传部. 华罗庚诗文选. 北京:中国文史出版社,1986:139 - 140.

[2] 杨国强. 百年嬗蜕:中国近代的士与社会. 上海:上海三联书店,1997 年:封面.

[3] 陈旭麓. 陈旭麓文集・第 4 卷. 上海:华东师范大学出版社,1997:400 - 409.

[4] 吴大猷. 抗战前我国物理学情形——一张历史性的照片//金吾伦. 吴大猷文录. 杭州:浙江文艺出版社,1999:50 - 52.

[5] 任鸿隽. 五十年来的科学//樊洪业,等. 科学救国之梦——任鸿隽文存. 上海:上海科技教育出版社,2002:587.

[6] 胡适. 争取学术独立的十年计划//欧阳哲生. 胡适文集・第 11 册. 北京:北京大学出版社,1998:805 - 808.

[7] 杨仲揆. 中国现代化先驱——朱家骅传. 台北:近代中国出版社,1984:99 - 101.

[8] 国民政府关于各部院及各团体的中央学术机关归大学院主管明令//中国第二历史档案馆. 中华民国史档案资料汇编・第五辑第一编"教育"(二). 南京:江苏古籍出版社,1994:1329.

[9] 杨翠华. 中基会的成立与改组."中央研究院"近代史研究所集刊,1989(18):259 - 280.

[10] 张福记. 抗战前南京国民政府与商会关系. 史林,2001(2):80 - 85.

[11] 徐明华. 中央研究院与中国科学研究的体制化. "中央研究院"近代史研究所集刊,1993(22下):253.

[12] 曹伯言. 胡适日记全编(第 6 册). 合肥:安徽教育出版社,2001:392.

附录　历年入社社员名录

为较清楚地展现中国科学社社员入社的先后与具体时间，名录主要根据早期《科学》各卷期和《社友》各期号的登载情况，上海市档案馆藏档案"理事会会议记录"、两份同名《中国科学社社员名单》（档号分别为 Q546－1－203 和 Q546－1－205）和一份《中国科学社新社员名单》（档号 Q546－1－91）进行整理。无论是《科学》《社友》还是理事会会议记录，都不能整理出一个完整的名录（因记录不完整），而三份档案只有名录与社号，基本没有入社时间，因此，《科学》《社友》和理事会记录中失载名单以两份档案进行补充，但不少人入社具体时间不能确定。早期社员社号主要以第一份档案记载为准，抗战期间以第三份档案与理事会记录（因内迁理事会记录无入社社员名单）进行整理，其他时段以理事会记录为准（理事会会议记录中有具体社员名单），并以《社友》等校勘。原始记录中有些人是名，有些人是字或号，还有人当时用名与现行通行名不同，统一为后来通行的名或号，如姜立夫、钱崇澍原始记载为姜蒋佐、钱雨农，统一为姜立夫、钱崇澍，吕叔湘入社用名为吕湘，这里直接改为吕叔湘；有些人入社用名是别用名，如钱天鹤原始记录为钱治澜，这里径改为钱天鹤。名字后括号中数字为社号①，"永"为永久社员，"仲"为仲社员。因社号、永久社员、仲社员记载并不完整，仅根据原始记载进行整理，并不统一。值得注意的是，因记录等各种问题，造成有人多次入社，档案《中国科学社社员名单》中，有些人无论是社号还是人名都曾有重复出现，如姜立夫以姜蒋佐出现时社号 35，姜立夫为 797；钱天鹤以钱治澜出现时社号 27，钱天鹤为 631，这里统一为第一次出现。

---

① 中国科学社给社员编号始于何时不得而知，之后还有改动，改动的原因并不清楚。这里的社号以档案 Q546－1－203 为准，连续编号到 1206 号张度停止。

1914—1915 年 122 人

1. 科学社时期股东[1](105 人)

(1) 1914 年(40 人)

5 月 1 人:19 日—傅骕(7)。

6 月 12 人:12 日—计大雄(53);14 日—胡明复(2)、过探先(3);15 日—杨孝述(1)、李垕身(4)、赵元任(5)、路敏行(6)、钱崇澍(18);16 日—邹树文(16);22 日—胡适(8);25 日—沈艾(9)、陈福习(54)。

7 月 9 人:24 日—刘寰伟(10);25 日—秉志(14);26 日—任鸿隽(11)、金邦正(12)、周仁(13)、杨铨(15);27 日—尤怀皋(21)、张孝若(22);无具体日期—邹秉文(52)。

8 月 4 人:1 日—黄伯芹(17);26 日—赵昱(20);29 日—邝翯真(30);30 日—冯伟(24)。

9 月 6 人:2 日—刘鞠可(25);9 日—廖慰慈(23)、饶毓泰(55);13 日—余森(26);30 日—钱天鹤(27);无具体日期—梅光迪(19)。

10 月 6 人:4 日—唐钺(28);12 日—黄振(56);15 日—区绍安(29);20 日—周威(36);24 日—胡先骕(32)、杨永言(31)。

11 月 1 人:10 日—吕彦直(33)。

12 月 1 人:31 日—陈延寿(34)。

(2) 1915 年(65 人)

1 月 3 人:17 日—严庄(57);19 日—姜立夫(35);无具体日期—朱少屏(37)。

2 月 9 人:3 日—罗英(38);5 日—薛桂轮(40)、陈藩(41);6 日—殷源之(58)、张贻志(61);8 日—孙学悟(59)、胡刚复(60);9 日—程瀛章(39);17 日—罗有节(女,42,退出)。

3 月 8 人:2 日—孙昌克(44);3 日—沈溯明(62);8 日—黄汉河(63)、王锡昌(64);12 日—阮宝江(46);25 日—江履成(43);无具体日期—何运煌(45)、刘承霖(78)。

4 月 10 人:1 日—黄振洪(65);8 日—谌湛溪(66)、钱家瀚(67);9 日—陈庆尧

---

① 上海市档案馆藏档案《科学社股东姓名住址录》,档号 Q546-1-90。

(68);15 日—区公沛(69)、卢景泰(70);23 日—陈明寿(72);24 日—陆凤书(71);25 日—王鸿卓(73);28 日—戴芳澜(48)。

5 月 3 人:15 日—蓝兆乾(47);25 日—孙洪芬(49);28 日—汤松(75)。

6 月 3 人:7 日—顾振(76);21 日—邱崇彦(50);24 日—沈孟钦(74)。

8 月 3 人:10 日—程孝刚(81);14 日—熊正理(79)、陈璞(80)。

9 月 21 人:史宣(退出)、崔有濂(退出)、钟伯谦(82)、张准(83)、邢契莘(84)、吴宪(85)、徐允中(86)、陈衡哲(87)、蔡声白(88)、黄汉樑(89)、林和民(90)、李绍昌(92)、陈廷锡(93)、祁暄(94)、蔡翔(95)、王谟(97)、王健(98)、程延庆(99)、钟心煊(100)、竺可桢(101)、孙继丁(102)。

入社时间不清 5 人:韦以黻(51)、郑华(77)、顾维精(105)、高崇德(111)、姜荣光(113)。

2. 1915 年 10 月 30 日前入社社员[①](13 人)

朱家圻(91)、赵国栋(96)、郑思聪(104)、徐祖善(107)、徐佩璜(109)、张名艺(112)、尤乙照(114)、何孝沅(115)、刘宝濂(116)、常济安(117)、欧阳祖绶(118)、王彦祖(119)、杨毅(120)。

3. 1915 年 12 月 4 日[②](4 人)

江超西(108)、周铭(106)、程义法(110)、林则衣(121)。

1916 年 128 人

1 月 6 人[③]:苏鉴(122)、侯德榜(123)、何鲁(103)、周烈忠(124)、郑宗海(125)、范师武(126)。

2—3 月 17 人[④]:曾鲁光(127)、李允彬(128)、盛绍章(129)、高阳(130)、徐志芗(131)、马育骤(132)、李协(133)、杨荫庆(134)、张天才(135)、罗有节[⑤]、孙煜方(137)、段子燮(138)、吴维基(139)、叶承豫(140)、韦悫(141)、凌道扬(142)、柴冰海

---

① 《科学》第 2 卷第 1 期第 136 - 141 页,载有 1915 年 10 月 30 日前入社 115 名社员的姓名、西名、所获学位、学科与住址,与《科学社股东姓名住址录》比较,还有这些人为社员。

② 《科学》第 2 卷第 3 期,第 364 页。

③ 《科学》第 2 卷第 4 期,第 487 页;第 5 期,第 589 页。

④ 《科学》第 2 卷第 5 期,第 591 页。

⑤ 罗有节此时重新入社,社号为 42 号。档号 Q546 - 1 - 203《中国科学社社员名单》中社号 136 为钟荣光,《科学》未登载其入社时间,可能失载。

（女，143）。

4月10人①：叶玉良（144）、刘劲（145）、张巨伯（146）、李俨（147）、钱国钮（148）、陈宝年（149）、张耘（150）、曾昭权（151）、洪绍谕（152）、李哕鸾（仲）。

5月10人②：唐鸣皋（153）、潘祖馨（154）、陆元昌（155）、吴家高（156）、虞振镛（157）、周开基（158）、刘乃予（159）、钱天任（160）、李琳（女，161）、朱正（162）。

6月4人③：黄新彦（163）、刘涧（164）、顾复（165）、俞曹济（166）。

7月7人④：钟季襄（167）、劳兆丁（168）、甘鉴先（169）、任嗣达（170）、王毓祥（171）、叶建柏（172）、李寅恭（627）⑤。

8月15人⑥：桂质庭（174）、陆锦文（175）、徐继文（176）、江逢治（177）、谭铁肩（178）、陈长源（179）、李维国（180）、李辉光（181）、邹铭（182）、吴大昌（183）、刘树杞（184）、舒宏（185）、梁培颖（186）、乐森璧（187）、陈长蘅（188）。

10月14人⑦：韦宪章（189）、卫挺生（190）、王文培（191）、胡光麃（192）、吴钦烈（193）、严迪恂（194）、陈兰生（195）、陈炳基（196）、赵讱（197）、程宗阳（198）、徐乃仁（199）、王孝丰（200）、汤兆丰（201）、茅以升（202）。

11月40人⑧：王成志（203）、吴承洛（204）、吴旭丹（205）、吴家煦（206）、吴元涤（207）、范永增（208）、黄寿恒（209）、沈燕谋（210）、朱箓（211）、马名海（212）、陈方济（213）、唐昌治（214）、陈嵘（215）、曾济宽（216）、余乘（217）、柯成楙（218）、孙克基（219）、胡正详（220）、沈祖伟（221）、熊季贞（222）、周连锡（223）、郭守仁（224）、孙观澜（225）、刘梦锡（228）、熊辅龙（229）、郑寿仁（230）、王锡藩（231）、胡嗣鸿（232）、王徵（233）、李铿（234）、许坤（235）、庞斌（236）、许肇南（237）、卢其骏（238）、吴致觉（239）、张可治（240）、凌其峻（241）、王善佺（242）、陈器（243）、葛祖良（244）⑨。

12月1人⑩：朱世昀（245）。

---

①《科学》第2卷第7期，第827页。
②《科学》第2卷第9期，第1068页。
③《科学》第2卷第9期，第1073页。
④《科学》第2卷第10期，第1177页。
⑤ 档号Q546－1－203《中国科学社社员名单》中社号173为罗富生，《科学》未登载其入社时间，可能失载。
⑥《科学》第2卷第11期，第1285页。
⑦《科学》第2卷第12期，第1368页。
⑧《科学》第3卷第1期，第133页。
⑨ 档号Q546－1－203《中国科学社社员名单》中社号226、227分别为宋继瀛、王志鸿，两人入社时间失载，应该在1916年。
⑩《科学》第3卷第2期，第249页。

入社时间不清4人:钟荣光(136)、罗富生(173)、宋继瀛(226)、王志鸿(227)。

1917年126人

1月2人[①]:黎鸿业(246)、薛次莘(247)。

2月3人[②]:裘维裕(248)、吴希俊(249)、魏树荣(250)。

3月11人[③]:温毓庆(251)、周明衡(252)、赵元贞(253)、曾诒经(254)、巴玉藻(255)、沈鸿翔(256)、谢恩增(257)、尹任先(258)、张申府(259)、经利彬(260)、蔡元培(261)。

4月11人[④]:傅葆琛(262)、叶企孙(263)、张士瀛(264)、陈家骐(265)、王伯秋(266)、胡宣明(267)、张瑞书(268)、胡谔钧(269)、宋杏邨(270)、高铦(271)、江铁(272)。

5月7人[⑤]:瞿祖辉(273)、汪卓然(274)、谭葆寿(275)、蒋尊第(276)、李大中(277)、李国钦(278)、刘柏棠(279)。

6月16人[⑥]:王赓(280)、林襟宇(281)、梁步(282)、杨光弼(283)、陆法曾(284)、吴兴业(285)、程耀枢(286)、郑耀恭(287)、吴矿(288)、邝培龄(289)、朱汉年(290)、黄昌穀(291)、薛绳祖(292)、金岳霖(293)、傅尔攽(294)、褚凤章(295)。

7月1人[⑦]:周振禹(299)。[⑧]

8月5人[⑨]:胡敦复(300)、胡宪生(301)、陈体诚(302)、李思广(303)、淩鸿勋(304)。

9月15人[⑩]:周钟歧(305)、朱经农(306)、李岗(307)、关汉光(308)、姚尔昌(309)、张绍联(310)、陈裕光(366)[⑪]、汪夔龙(312)、张本茂(313)、凌冰(314)、杨锡宗(315)、刘廷芳(316)、陶鸣焘(317)、李骏(318)、陈宗贤(319)。

---

①《科学》第3卷第3期,第389页。
②《科学》第3卷第3期,第391页。
③《科学》第3卷第3期,第393页。
④《科学》第3卷第4期,第501页。
⑤《科学》第3卷第5期,第614页。
⑥《科学》第3卷第6期,第713页。
⑦《科学》第3卷第7期,第817页。
⑧ 档号Q546-1-203《中国科学社社员名单》中社号296、297、298分别为顾世楫、江湙、夏建藩,三人入社时间失载,应该在1917年。
⑨《科学》第3卷第8期,第913页。
⑩《科学》第3卷第9期,第1026页。
⑪ 档号Q546-1-203《中国科学社社员名单》中社号311为庞敦敏,其名《科学》失载,应在1917年。

10 月 9 人[1]:彭济群(680)[2]、刘述员(321)、黎照寰(322)、唐腴庐(323)、施济元(324)、潘铭新(325)、李熙谋(326)、黄家齐(327)、裘燮钧(328)。

11 月 18 人[3]:李得庸(329)、陈端(330)[4]、段育华(332)、林士模(334)、黄有书(336)、周则岳(338)、沈元鼎(340)、刘锡瑛(342)、薛卓斌(344)、谭真(346)、刘锡祺(348)、王翰臣(350)、阎道元(352)、沈良骅(354)、陈德芬(356)、过养默(358)、陈祖耀(360)、李兆卓(362)。

12 月 15 人[5]:汤震龙(636)、张泽尧(638)、王金吾(368)、杨希东(370)、李迪华(372)、唐庆贻(374)、梁传铃(376)、王华(378)、齐清心(380)、董鸿谦(643)、孙恩麐(384)、陆费执(386)、陈镇海(388)、朱起蛰(390)、孙国封(392)。

入社时间不清 13 人:顾世楫(296)、王浚(297)、夏建藩(298)、庞敦敏(311)、罗世嶷(320)、陈容(331)、贺懋庆(333)、韩安(335)、郭秉文(337)、陶行知(339)、王琎(341)、原颂周(343)、王正黼(345)。

1918 年 41 人

2 月 8 人[6]:孙绍康(394)、潘先正(396)、刘其淑(398)、钮因祥(400)、周金台(402)、向哲濬(404)、杨承训(406)、陆士寅(408)。

3—4 月 6 人[7]:孙豫方(410)、汪懋祖(412)、王育瓒(414)、金秉时(416)、林凤歧(418)、赵志道(女,420)。

5—7 月 6 人[8]:陈文(349)、魏树勋(351)、薛绍清(353)、曹惠群(355)、吴在渊(357)、温嗣康(371)。

8—11 月 13 人[9]:颜任光(422)、熊正琚(424)、黄宝球(426)、傅霖(428)、熊正理[10]、

---

① 《科学》第 3 卷第 10 期,第 1126 页。

② 档号 Q546 - 1 - 203《中国科学社社员名单》中无彭济群名字,社号 320 为留法学生罗世嶷,罗世嶷入社时间失载,应在 1917 年。

③ 《科学》第 3 卷第 12 期,第 1336 - 1337 页。

④ 从陈端开始,社号的编定,相当长时间内似乎是国内通过社员为奇数,美国通过为偶数。奇数社号 331、333、335、337、339、341、343、345 分别为陈容、贺懋庆、韩安、郭秉文、陶行知、王琎、原颂周、王正黼,他们入社时间失载,至少应该在 1917 年。

⑤ 《科学》第 3 卷第 12 期,第 1337 - 1338 页。

⑥ 《科学》第 3 卷第 12 期,第 1338 - 1339 页。

⑦ 《科学》第 4 卷第 1 期,第 101 - 102 页。

⑧ 《科学》第 4 卷第 4 期,第 408 页。

⑨ 《科学》第 4 卷第 7 期,第 715 - 716 页。

⑩ 此处有误,熊正理早在 1915 年 8 月就入社,社号 79,此次重新入社。

洪深(432)、张绍镐(434)、杨卓新(436)、李衷(438)、周辨明(440)、丁绪宝(656)、沈奎(444)、陈瑜叔(446)。

12 月 23 日 8 人①:赵兴昌(383)、顾宗林(640)、卞肇新(385)、林煖(391)、叶建梅(389)、张天才②、董常(651)、张谟实(373)。

1919 年 136 人

1 月 14 人③:陈廷翔(347)、庄启(363)、刘北禾(365)、黄元炽(367)、沈慕曾(369)④、蒋梦麟(387)、孙科(359)、王敬礼(375)、徐甘棠(381)、应尚德(642)、吴济时(397)、吴玉章(399)、郭承恩(401)、陈象岩(403)。

2 月 15 人⑤:周德鸿(405)、杨培芳(407)、赵世暄(409)、孙天孙(411)、朱复(413)、欧阳祖经(415)、程时煃(655)、叶达前(419)、朱文鑫(421)、阮尚介(423)、霍炎昌(425)、窦维廉(W. H. Adolph, 427)、严恩棫(429)、黄寿颐(431)、陈宗岳(433)。

3 月 28 日 6 人⑥:徐名材(437)、凌潜夫(443)、黄金涛(439)、易鼎新(445)、黄寿仁(766)、邓福培(658)。

4 月 13 日 14 人⑦:黄笃修(450)、刘体志(451)、吴金声(452)、陈德元(453)、高华(454)、杜光祖(455)、梁引年(456)、鲍国宝(457)、吴维岳(459)、徐世大(460)、曹丽明(461)、李昶(661)、张廷金(660)、陶文端(435)。

5—6 月 72 人⑧:张自立(465)、孙荣(466)、李昂(467)、陈清华(468)、刘汝强(469)、应尚才(470)、司徒锡(471)、卢文湘(472)、张升(473)、李荫枌(474)、李维国(475)、杨肇燫(476)、梁乃铿(477)、林祖光(478)、周明政(479)、徐淑希(480)、陈伯权(481)、戴超(482)、李葆和(483)、任殿元(484)、孙延中(485)、冯景兰(486)、张清涟(487)、李馀庆(488)、刘树梅(489)、周文燮(490)、裴呈祥(491)、张钊(492)、严宏

---

①《科学》第 4 卷第 7 期,第 711 页。

② 1916 年 2—3 月间,张天才在康奈尔大学加入中国科学社,学科为农科。此时他已就职南京高等师范学校农科,可能是重新入社。

③《科学》第 4 卷第 5 期,第 508 页;第 4 卷第 7 期,第 711 页。

④《科学》注释称前五人"入社有年",于此补载。自然具体入社时间不详,暂系年于此。

⑤《科学》第 4 卷第 7 期,第 712 页。

⑥《科学》第 4 卷第 7 期,第 808-809 页。

⑦《科学》第 4 卷第 7 期,第 809 页。

⑧《科学》第 4 卷第 10 期,第 1029-1032 页。当期出版于 1919 年 6 月,社员通过时间由此推定。

湝(493)、李永振(494)、曹任远(495)、郭任远(496)、李澄澜(497)、汪禧成(498)、徐昌(499)、朱彬(500)、陈熹(502)、陈中正(504)、关颂韬(506)、顾璐(507)、刘颐(508)、梅贻琦(509)、孙孝宽(511)、周敏(513)、谢宝善(515)、高钰(521)、王希闵(523)、周烈(525)、彭钟琯(527)、伍应垣(529)、文澄(531)、胡骧(533)、徐诵明(535)、曾德钰(539)、杨若坤(541)、佘耀彤(547)、曾峻冈(551)、周轮(555)、张慰慈(559)、金涛(561)、谢恩隆(565)、宓齐(684)、贺孝齐(686)、夏峋(688)、张福运(700)、李蔚芬、邓胥功(671)、钱宝琮[1]、李浚(仲,1123)、宋立钧(仲,837)、袁德修(仲,832)、孙必昌(仲,828)。

7—10 月 15 人[2]:万兆芝(571)、王舜成(569)、高维魏(573)、周清(575)、吴崍(577)、张廷玉(579)、唐之肃(581)、李珠(583)、李志仁(704)、江书祥(587)、张玕雯(706)、冯家乐(593)、张大斌(595)、廖世承(708)、杨子嘉(597)。

1920—1922 年 4 月 98 人[3]

黄际遇(442)、方光圻(614)、陈枢(545)、靳荣禄(784)、丁嗣贤(615)、张绍忠(620)、周延鼎(379)、曾昭抡(563)、周兹绪(612)、时昭涵(449)、纪育沣(603)、黄钰生(781)、温文光(441)、程志颐(503)、冯基磐(395)、张贻惠(732)、张海平(622)、倪章祺(604)、唐文悌(599)、陈岳生、张铁欧(758)、陈桢(736)、陈兼善(738)、熊庆来(771)、童金耀(792)、赵九畴(762)、沈鹏飞(761)、谭葆梧(764)、龙裔禧(763)、顾宜孙(730)、金鼎新(653)、邹恩泳(778)、郑章成(768)、冯锐(780)、李善述(576)、徐韦曼(799)、费鸿年(801)、赵承嘏(798)、推士(G. R. Twiss, 728)、张东荪(802)、寿振黄(733)、刘学滐(740)、曾省(760)、唐在均(744)、喻兆琦(751)、钱昌祚(742)、王家楫(1131)、董时进(750)、张念特(789)、张同亮(757)、朱庭茂(1138)、郑祖穆(718)、陶孟和(793)、张增佩(752)、刘树镛(748)、高介清(746)、孙宗彭(1142)、张文泉、柳诒徵(734)、朱斌魁(800)、李济(803)、翁为(804)、刘季辰(805)、黄人望(806)、何炳

---

[1] 钱宝琮此次入社社号为 557,1925 年 8 月再次入社。

[2]《科学》第 4 卷第 12 期,第 1342 页。该期出版于 1919 年 11 月 1 日,社员通过时间由此推定。

[3] 因《科学》自第 5 卷开始不再登载新入社社员名单,从 1919 年 11 月到 1922 年 5 月理事会开始记载通过入社名单之前,社员入社情况不明。《科学》第 8 卷第 9 期第 991 页登载了 1922—1923 年 10 月底名单 105 人,但其说法存在明显的问题,如理事会记录中 1922 年 5 月 2 日名单不在其中,1923 年 12 月 1 日通过名单反而在其中。因此,其中社员入社具体时间存疑。这里 99 人剔除后来理事会记录中名单。

松(807)、应时(808)、张乃燕(809)、陈焕镛(810)、刘晋钰(811)、费德朗(M. S. J. Vittrant,812)、徐作和(813)、何育杰(814)、章寿(815)、熊梦宾(816)、董清荣(817)、蔡经贤(818)、朱光焘(819)、吴伟士(C. W. Woodworth, 820)、严济慈(845)、朱其清(844)、尤寅照(782)、胡汝麟(783)、方子卫(779)、周增奎(379)、庄长恭(382)、李顺卿(537)、马君武(831)、黄美玉(770)、沈熊庆(840)、王锡恩(611)、张克念、须恺(753)、徐新六(678)、李待琛(1125)、富文寿(745)、黄友逢(607)、张景钺(663)、查谦(833)。

1922年4月前入社补漏名单共218人①

程振钧(364)、许炳堃(430)、孙宝墀(448)、张广兴(462)、石心圃(463)、马恒融(464)、曾广澄(501)、张珽(505)、王荣吉(510)、邱正伦(512)、叶桂馥(514)、卫锡钧(516)、林令诚(517)、杨荫榆(518)、许寿裳(519)、张兰阁(520)、刘济生(522)、周琦(524)、朱成厚(526)、张耀翔(528)、张廷翰(530)、苏纪忍(532)、严康侯(534)、刘润生(536)、谢惠(538)、陈烈勋(540)、冯肇传(542)、顾毅成(544)、程耀椿(546)、丁人鲲(548)、魏元光(549)、汪泰基(550)、陈宰均(552)、阎开元(553)、王兆麒(554)、林文明(556)、谭熙鸿(557)、唐仰虞(558)、曹挺(560)、蒋育英(562)、陈克恢(564)、雷锡昭(566)、葛敬中(567)、董时(568)、刘炜明(570)、陈儁(572)、金汤(574)、张善琛(576)、孟宪承(578)、王揩亚(580)、方颐朴(582)、陈文沛(584)、陈良士(585)、王国树(586)、程千云(588)、王鲁新(589)、熊正瑾(590)、杜镇远(591)、彭禄炳(592)、廖崇真(594)、郑允衷(596)、宋国祥(598)、保君健(600)、王季茝(601)、贾念曾(605)、姚传法(606)、张通武(608)、薛仲华(609)、唐启宇(610)、赵正平(613)、陶延椿(616)、涂羽卿(617)、邵家麟(618)、丁文江(619)、刘大钧(621)、余静安(623)、萧冠英(624)、裘翰兴(625)、周达(626)、罗清生(628)、周厚枢(629)、卜凯(J. C. Buck,630)、陈鹤琴(632)、罗充(633)、顾实瑚(634)、朱进(635)、韦尔巽(S. D. Wilson, 637)、吴博渊(639)、刘经庶(641)、萧友梅(644)、王兼善(645)、余泽兰(646)、陈华甲(647)、邓鸿仪(648)、张昭汉(649)、邓植仪(650)、刘孝懃(652)、刘铦(657)、张宝华(662)、张心一(664)、吴祖

① 正如前面注释所说,《科学》对不少入社社员名单失载。这里列举档号 Q546-1-203《中国科学社社员名单》中有,但此前《科学》与此后理事会记录中都没有记载者名单,具体入社时间待考。当然,其间也可能有不少社员是1922年4月以后入社的。

耀(665)、吴韫珍(666)、叶元鼎(668)、卞彭(670)、杨步伟(672)、朱树馨(673)、杨绍曾(674)、张禄(675)、杨克念(676)、秦汾(677)、黄实存(679)、熊说岩(681)、张宝桐(682)、程树榛(683)、严智钟(685)、胡鸿基(687)、金宝善(689)、章鸿钊(691)、洪亮彦(692)、梁杜蘅(693)、丁佐成(694)、丁燮林(695)、丁绪贤(696)、邱秉刚(697)、丁求真(698)、王运麐(699)、鲁佩章(701)、陈家麟(702)、鲍锳(703)、金宗鼎(704)、沈祖卫(707)、蔡增基(709)、张泽熙(710)、夏重民(711)、郑德柔(712)、单毓斌(713)、郝坤巽(714)、陈群(715)、罗家伦(716)、朱翙声(717)、江之泳(719)、柳克准(720)、罗万年(721)、杨鹤庆(723)、刘承芳(725)、贺康(726)、沈家桢(727)、金曾澄(728)、张云(731)、陈可忠(737)、叶元龙(739)、葛成慧(741)、杨炳勋(743)、税绍圣(747)、乔万选(749)、张文潜(754)、曾瑊益(755)、萧纯锦(759)、鲁德馨(765)、汪精卫(767)、区其韦(769)、黄国封(772)、区兆庆(773)、张承绪(734)、张延祥(775)、汪胡桢(776)、张云青(777)、张宗成(787)、许崇清(788)、郭美瀛(791)、陆志韦(794)、陈延炆(795)、刘崇佺(822)、金湘帆(829)、马相伯(831)、胡珍(834)、林景帆(835)、汪元超(836)、宋梧生(838)、何寿田(839)、沈颜宾(841)、沈祖荣(842)、翁文澜(843)、洪绅(874)、黎智长(959)、傅德同(960)、郭克悌(961)、邵元冲(962)、俞同奎(963)、赵廷炳(964)、王助(965)、崔宗埙(1042)、陶延桥(1066)、庄俊(1067)、范赍(1068)、李继侗(1121)、李世琼(1122)、李应南(1124)、李敦化(1126)、李四光(1127)、李葆白(1128)、王心一(1129)、王度(1130)、王德郅(1132)、方雪琼(1134)、韩楷(1136)、李定(1137)、任诚(1139)、水梓(1140)、王志远(1141)、曾应联(1144)、冯翰章(1145)、冯元勋(1146)、杨维桢(1147)、刘柴基(1148)、刘惠民(1149)、刘导诛(1150)、梁孟齐(1200)。

1922 年 4 月以后 8 人[①]

5 月 2 日 6 人:严仁曾(417)、胡经甫(447)、曹诚克(361)、方培寿(393)、杨保康(458)、胡卓(543)。[②]

12 月 19 日 2 人:姚律白(796)、张为儒(785)。

---

① 据 1923 年第八次年会记载,1922 年下半年,新入社社员有 58 人之多,可见理事会会议记录中有非常多的缺漏。他们名单应在“前面 218 人”的补漏中。

② 此后除非说明,有通过具体时间的皆来源于理事会会议记录,不再一一注明。

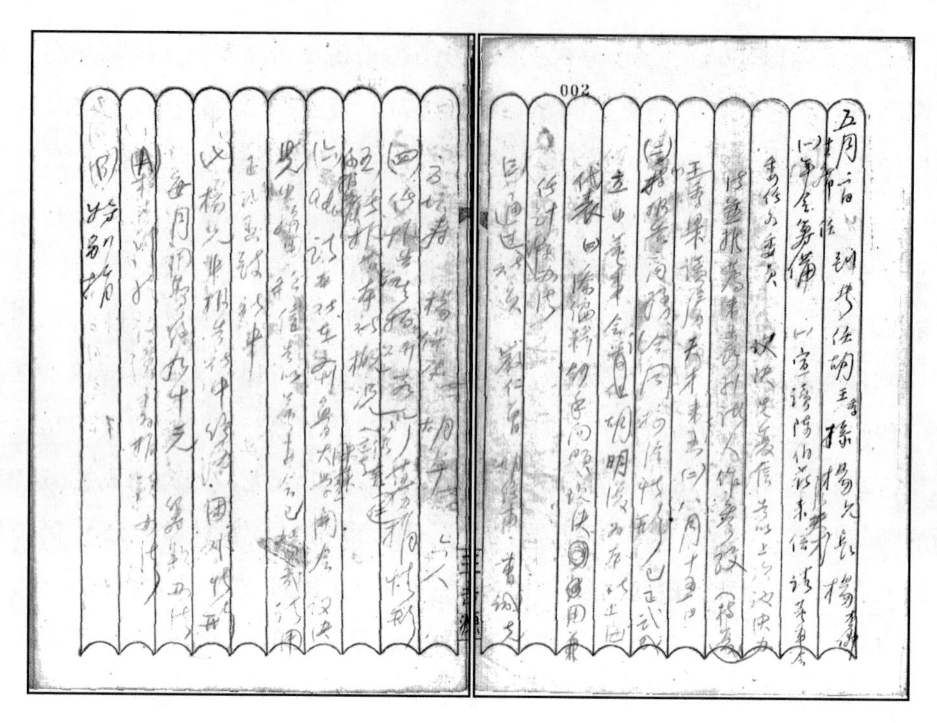

图附录-1　1922 年 5 月 2 日董事会会议记录

首次记载通过社员名单，本次通过严仁曾、胡经甫、曹诚克、方培寿、杨保康、胡卓等 6 人。

1923 年 8 人①

9 月 29 日 1 人：翁文灏(669)。

11 月 17 日 2 人：蒋丙然(821)、胡润德(475)。

12 月 1 日 2 人：胡文耀(823)、何尚平(824)。

12 月 28 日 3 人：查德利(H. Chatley, 825)、谢家荣(826)、高鲁(827)。

1924 年 58 人

1 月 11 日 1 人：吕子方(846)。

2 月 29 日 2 人：张鸿年(847)、荣达坊(848)。

3 月 29 日 6 人：钟兆琳(849)、李汝祺(850)、林荫梅(851)、张景欧(852)、蔡堡(853)、许厚钰(854)。

4 月 11 日 8 人：葛利普(A. W. Grabau, 862)、沈劭(855)、孔繁祁(856)、刘崇乐

① 1923 年第八次年会记载 1923 年上半年新入社 20 人，这里失载，他们的名字应在“前面 218 人”的补漏中。

（857）、倪尚达（858）、笪远纶（859）、马玉铭（860）、黄子卿（861）。

5月25日2人：吴文利（863）、丘畯（仲，864）。

6月20日9人：袁祥和（873）、赵学海（872）、汪英宾（871）、潘履洁（870）、朱世明（869）、陈广沅（868）、李祥亨（866）、钟相青（867）、吴毓骧（865）。

7月14日1人：陈去病（790）。

7月25日3人：高均（877）、叶良辅（876）、卢伯（875）。

8月1日2人：徐渊摩（878）、马寅初（879）。

9月12日1人：朱庭祜（880）。

10月3日4人：上官尧登（881）、麦克乐（C. H. Mcloy，882）、姚醒黄（883）、罗庆藩（884）

10月17日6人：胡光焘（889）、林文庆（885）、李书田（890）、郑厚怀（867）、顾静徽（886）、张润田（888）。

11月7日1人：袁同礼（891）。

11月21日8人：刘绍禹（893）、潘光旦（894）、吴有训（892）、张元恺（895）、何运暄（896）、雷光海（897）、李右人（898）、邝寿堃（899）。

12月5日2人：黄晃（900）、邝嵩龄（901）。

12月19日2人：陈汉清（902）、任嗣达（903）①。

1925年54人

1月9日19人：沈在善（905）、江元仁（904）、李家骥（906）、夏彦儒（907）、杨汝梅（908）、高长庚（909）、李育（910）、季警洲（911）、黄景康（912）、萨本栋（913）、余子明（914）、李运华（915）、王之翰（916）、吴贻芳（917）、任倬（918）、刘剑秋（919）、王禹称（922）、郑世夔（920）、陆启先（921）。

高钚退社。

4月10日11人：林继庸（923）、潘慎明（931）、顾冀东（927）、谢玉铭（930）、王箴（925）、周志宏（928）、李之常（924）、赵修鸿（926）、钟利（929）、张江树（932）、杨风（933）。

5月8日1人：郑泗（934）。

5月16日2人：孟心如（936）、祁天锡（N. G. Gee，935）。

---

① 1916年7月已入社，社号为170，此次应是重新入社。

6月5日1人:卢景肇(937)。

向哲濬在美借耶鲁大学教授名义向银行借款,被拘捕遣送回国,议决除名。

6月19日2人:熊祖同(938)、黄俊英(939)。

6月28日3人:庄秉权(941)、林天骥(940)、华凤翔(942)。

7月18日2人:曹凤山(944)、贺闿(943)。

8月25日5人:钱宝琮(948)、顾翊群(953)、邓传(952)、章元善(950)、白敦庸(951)。

9月6日8人:金绍基(949)、孙云铸(957)、袁复礼(956)、邹邦元(955)、陈传瑚(954)、王元康(945)、冯树铭(947)、袁丕烈(946)。

1926—1927年88人

1926年6月4日3人:张可光(967)、孙佩章(966)、林可胜(968)。

7—8月12人:褚民谊(969)、李寿恒(970)、钱端升(971)、胡昭望(972)、沈宗瀚(973)、陈燕山(974)、许心武(975)、梅冠豪(976)、郜重魁(979)、丁颖(978)、林乔年(980)、黎国昌(981)。

1926年9月—1927年10月71人[①]:朱亦松(982)、何德奎(983)、许陈琦(984)、赵畸(985)、金国宝(986)、王瑞琳(987)、周佛海(988)、郭承志(989)、冯攸(990)、童启颜(991)、许守忠(992)、郭泰祺(993)、徐恩曾(994)、曹仲渊(995)、吴之椿(996)、郭泰桢(997)、王逸之(998)、何衍璿(999)、雷沛鸿(1000)、宋子文(1001)、黄敏才(1002)、谭友岑(1003)、史逸(1004)、许湞阳(1005)、孟森(1006)、吴稚晖(1007)、杨端六(1008)、郑莱(1009)、曹元宇(1010)、莫古礼(F. A. McClure,1011)、魏璧(女,1012)、林逸民(1013)、施宗岳(1014)、谢作楷(1015)、葛绥成(1016)、张筱楼(1017)、华享平(1018)、薛德焴(1019)、乐文照(1020)、熊佐(1021)、阮志明(1022)、叶志(1023)、冯祖荀(1024)、葛德石(G. B. Cressey,1025)、王翰辰(1026)、陆志鸿(1027)、王玉章(1028)、艾伟(1029)、刘咸(1030)、吉普思(C. S. Gilbs,1031)、罗德民(W. C. Lowdermilk,1032)、叶雅各(1033)、顾鋆(1035)、孙浩煊(1036)、常宗会(1037)、伊礼克(J. T. Illick,1038)、唐美森(J. C. Thomson,1039)、龙相齐(E. Gherzi S. J. ,1040)、郭仁风(J. B. Griffing,1041)、欧阳翥(1943)、

---

① 《科学》第12卷第11期,第1631-1635页。

涂治(1044)、何廉(1045)、杨雨生(1046)、蔡无忌(1047)、王守成(1048)、李钜元(1049)、傅焕光(1050)、陈焜(1051)、黄巽(1052)、何畏冷(1053)、梁伯强(1054)、茅以新(1056)①。

南京事变后,龙相齐正式函请出社。

张其昀(1057)、王星拱(1058)2人入社时间大致在1927年11月—1928年3月间,暂列入1927年。②

1928年27人

4月4日4人:李孤帆(永,1059)、胡步川(1060)、徐善祥(1061)、陈剑修(1062)。

5月12日1人:许植方(1063)。

6月21日2人:钱宗贤(1064)、蔡翘(1065)。

9月12日7人:张一志(1069)、朱物华(1075)、杨道林(1070)、翟俊千(1074)、胡范若(1072)、徐仁铣(1073)、徐景韩(1071)。

11月2日10人:郑礼明(1084)、徐学桢(1077)、乐森璕(1078)、张鸣韶(1079)、王义珏(1085)、蒋士彰(1081)、王恭睦(1080)、吴南薰(1082)、陈鼎铭(1083)、杨絜夫(仲,1076)。

11月30日3人:高君珊(永,1086)、徐瑞麟(1087)、沈宜甲(1088)。

1929年57人

1月9日8人:赵琴风(1091)、黄伯易(1090)、吴树阁(1092)、胡焕庸(1093)、黄国璋(1094)、张文湘(1095)、黄景新(1096)、刘运筹(1089)。

2月17日4人:孙贵定(1099)、杨克纯(1100)、王和(1097)、张其濬(1098)。

4月28日16人:孙光远(1116)、余青松(1101)、陈纳逊(1102)、萨本铁(1103)、陈懿祝(1104)、李英标(1105)、张颐(1106)、黄汉和(1107)、宋文政(1108)、陈兼善(1109)③、杨曾威(1110)、王世杰(1111)、李殿臣(1112)、李赋京(1113)、陈岱孙(1114)、孟宪民(1115)。

---

① 社号1055年被纪育沣占据,但他1920—1922年间已入社,社号603。

②《科学》第13卷第5期,第698页。

③ 1920—1922年间已入社,社号738。

9月8日20人:彭鸿章(1166)、许应期(1167)、杨莀卿(1165)、朱学锄(1164)、刘拓(1162)、陈彰棋(1163)、高崇熙(1161)、黄炳芳(1160)、魏嵒寿(1159)、余光烺(1153)、薛培元(1158)、曾义(1157)、孙国华(1156)、蒋德寿(1155)、张宗汉(1154)、刘复(1117)、辛树帜(1152)、陶烈(1120)、李士林(1119)、宋希尚(1118)。

11月27日2人:刘敦桢(1169)、卢树森(1168)。

12月5日7人:陈友琴(1170)、周培源(1171)、赵燏黄(1172)、吴屏(1173)、杨武之(1174)、张宗文(1175)、郭霖(1176)。

1930年100人

2月9日10人:黄柏樵(1177)、沈怡(1178)、吴定良(1179)、宋春舫(1180)、唐恩良(1181)、王应伟(1182)、胡庶华(1185)、王绳祖(1184)、王世毅(1183)、李先闻(1186)。

3月17日6人:邬保良(1188)、高露德(1187)、赵进义(1189)、金剑清(1190)、梁梦星(1191)、阎敦建(1192)。

4月26日7人:伍伯良(1199)、傅斯年(1198)、褚凤华(1197)、周鼎培(1196)、黄希声(1195)、陈友琴(1194)、刘朝阳(1193)。

6月24日5人:何思源(1204)、郑肇经(1203)、杨振声(1202)、凌炎(1201)、唐焘源(1205)。

7月3日1人:张度(1206)。

8月13日43人:胡竟铭、段续川、裴鉴、赵访熊、赵以炳、李克鸿、周荣条、梁思永、卢于道、林恂、汤佩松、彭光钦、蔡镏生、杨伟、刘椽、马杰、熊学谦、高志、张资珙、周田、周同庆、高济宇、黄育贤、熊大仕、张洪沅、翟念浦、区嘉炜、刘瑚、袁翰青、吴鲁强、闻亦齐、张鸿基、葛敬应、王崇植、萧庆云、程其保、葛敬恩、杨津生、赵恩赐、朱耀芳、刘克定、任之恭、汪元起。

10月13日25人:刘廷蔚、聂光堉、毛康山、曹简禹、谭仲约、管家骥、关富权、张道藩、王长平、徐公肃、杨俊阶、胡纪常、陈维、徐宗谏、张乃凤、许振英、黄辉、李沛文、丁燮和、周承钥、厉德寅、顾毓瑔、杨守珍、安立绥、陈裕华。

11月25日3人:戴安邦、谢吉士、程华灿。

1931年89人

1月7日26人:田世英、谢汝镇、施仁培、武崇林、赵修乾、刘正经、郿恂立、唐家装、张佶、童隽、李亮、梁思成、许本纯、郑法五、王化启、汤彦颐、邱培涵、蔡方荫、戴增祥、陆志安、吴诗铭、田锡民、顾燮光、邹赓峄、汪榕、关贵禄。

3月26日8人:王守竞、姬振铎、何文俊、许希林、陈思义、胡泽、王季眉、徐调均。

6月12日13人:黄绶、张肇骞、罗河、唐家珍、王孝华、周岸登、张世杓(陈和铣、孙鸿哲、俞庆棠为年会筹备员,先通过后征求)①、万宗玲(仲)、张贤(仲)、陈为桢(仲)、王敏(仲)、陈可培(仲)、曲桂龄(仲)。

8月7日9人:俞庆棠、卢恩绪、项志达、武同举、田和卿、汤腾汉、刘仙洲、郝更生、张春霖。

9月16日10人:高振华、彭谦、周彦邦、汪大燧、戴晨、康清桂、管际安、赵武、曾慎、胡品元。

11月17日23人:李方训、邹曾侯、曹励恒、刁培然、李良庆、胡梅基、翟鹤程、汪呈因、周明牂、张和岑、杨善基、楼兆緜、李庆贤、陶桐、李振翩、张海澄、汤觉之、冯敩棠、徐荫祺、王葆和、江启泰、梁庆椿、张维正。

1932年59人

1月9日6人:黄均庆、魏菊峰、李方琮、张铨、韩组康、朱德和(永)。

4月5日2人:陈忠杰、陈邦杰。

5月8日2人:关伯益、狄宪(仲)。

7月23日7人:邓叔群、崔士杰、杨钟健、徐学禹、赵中天、叶善定、王辅世(仲)。

10月11日17人:卢作孚、安权露(M. N. Andrews,女)、王以康、戈定邦、张丙昌、寿天奉、王慎名、金贤藻、孙文青、李国桢、裘开明、张国藩、冯汉骥、丁绪淮、杨树勋、阴毓璋、顾毓珍。

12月27日25人:沈鸿烈、张孝庭、石解人、方际运、鲁波、吴光、翁元庆、吴大猷、袁丕济、李达、高文源、饶钦止、何增禄、周北屏、陈建宜、杜文彪、胡金昌、刘淦芝、严瑞章、罗瑞先、郑西谷、廖温义、王海波、安汉、陈思诚。

1933年272人

2月20日8人:王恒守、江泽涵、周家彦、李惠伯、包永可、邓振光、祁开智、孙

① 仅俞庆棠同意入社。

云台。

4月3日34人:伍连德、袁税伯、张道宏、柳高蔼鸿、张希陆、万树焜、杨述祖、郭庆云、刘孝基、李博文、刘耀翔、张兆麟、姚启钧、俞德浚、彭先荫、李方桂、蔡乐生、朱鹤年、陈祖炳、高学中、黎富思(C. D. Reeves)、鲁淑音(女)、王钟麒、高祺瑾、钱颐格、李慕楠、秦玉麒、林翊春、陈廷辉、张澍霖、徐兆瑞、孙基昌(仲)、祝绍祖(仲)、杭庆元(仲)。

6月13日87人:陈世璋、吴蕴初、陈思明、斯柏纳(E. Sperner)、王宗和、卞松年、叶葆定、葛毓桂、叶云樵、杨威仁、马孟强、丁佶、林觉世、马仁堪、张克忠、张登三、李荫桢、薛永莱、郑愈、刘世楷、李季伟、高沛郇、郑璧成、杨培英、胡国猷、黄勤生、宋师度、胡助、刘志先、沈在铨、廖天祥、周泰岳、丁绢熙、张世勋、高毓嵩、甘绩镛、胡民翼、丁骕、郭恕、魏嗣銮、杨秀夫、陈尔康、刘同仁、刘淑兰(女)、杨悫、陈学池、杨月然、何廷述、冯执中、李奎安、魏嗣镇、黄子裳、陈家悫、甘南引、顾升彔、何北衡、何兆青、陈得一、刘雨若、常隆庆、张博和、徐崇林、苏孟守、刘芥青、王嘉猷、李琢仁、喻正衡、曹宅庥、周榕仙、甘明蜀、刘航琛、任师尚、李乐元、唐之瀛、吴蜀奇、罗世襄、季宗孟、胡学渊、叶树声、范道鸩、曹观澜、胡汝航、张国权、任筱庄、黄次咸、杨声、刘勋美(仲)。

7月14日15人:刘恩兰(女)、杨敷典、沈璿、刘之介、张明俊、莫尔司(W. R. Morse)、启真道(L. G. Kilborn)、彭子富、郑集、施肇祥、方文培、冯大然、陶英、王士仁、叶麐。

8月12日13人:区国著、杜长明、张凌高、郭凤鸣、马心仪(女)、朱昌亚(女)、张湘文(女)、马寿徵、彭家元、许引明(女)、林绍文、欧世璜(仲)、孙克明(仲)。

9月16日17人:陈宗蓥、瞿文琳、李燕亭、孙祥正、张朝儒、闻诗、张怀朴、戈福祥、刘吉筵、马翼周、汪长炳、阮冠世、仲崇信、陈继善、周西屏、魏寿崑、万绳祖。

10月30日81人:欧阳藻、朱振钧、柳大纲、蔡宾牟、李振南、王希成、涂允成、陈耀真、龙毓莹、阎彝铭、刘云浦、郑衍芬、朱德明、韩明炬、谢少文、胡传揆、黄屺瞻、齐植宷、单誉、姚文采、徐修平、袁树声、汪敷昇、杨世才、郑奠欧、杨芳、段江淮、曹玉冰、蒋锡智、刘仲炷、刘国华、吴极、周太玄、杨重熙、林次棠、唐世丞、徐荣中、周王耀群、左绍先、朱世通、李胤、连鼎祥、冯永年、张精一、黄罗淑斌、王介祺、张俭如、罗业广、陈思明、唐宗申、邓永龄、张华、李翥仪(女)、赖问农、金初锐(W. M. Gentry)、胡家荣、龙正善、费宗文、熊学慧、李之郁、唐幼峰、王季冈、漆公毅、杨达权、岳尚忠、王德熙、白美勋、林恕、曾广铭、李世希、贾智钦、刘振书、冷伯符、何应枢、曹观澜、曾健民、申雪琴、司子和、刘啸松、袁畊、任锡朋(仲)。

11月8日5人:周允文、张孝礼、王迪人、杨少荃、徐文谟。

12月4日12人:陈义、陈世昌、陈世騠、杨开甲、黄汝祺、张鸿德、臧玉洤、杨汝楫、熊子璥、魏培修、褚圣麟、金咸珩(仲)。

1934年77人

2月8日15人:冯泽芳、朱纪勋、盘珠祁、刘增冕、胡鸣时、范会国、王宗陵、王国源、张德敷、王季冈、萧庶风、涂继承、熊春膏、陈华清、黄履中(仲)。

4月3日6人:张钰哲、蔡德粹(女)、刘肇安、倪中方、申以庄、周尧(仲)。

5月6日3人:刘橡、方锡畴、陆宝淦。

7月21日24人:郭午峤、陈友松、陈叶旋、刘丽贤(女)、何怡贞(女)、宋焻章、马师伊、刘肇龙、曾大珪、邬振甫、蔡路德(R. M. Chester,女)、朱维杰、章洪楣、盛永发、洪绂、李辟、王非曼(女)、陈之常、邓引棠、高尚荫、曹立瀛、荣独山、吴雨霖、赵不凡。

10月8日21人:林士祥、费思孟(H. von Wissman)、项显洛、黎崇恒、王进展、刘公穆、柯象峰、速水颂一郎、东中秀雄、熊大楠、方宁赞、刘秩诚、谭世鑫、孙明经、石道济、徐正铿、郦堃厚、易明辉、李华均、李冰、潘承诰。

11月11日5人:史德蔚(A. N. Steward)、易天爵、冼荣熙、宋国模、郑万钧。

12月24日3人:陈立夫、周宣德、魏海寿。

1935年153人

1月30日23人:陆仁寿、杨春洲、蔡人熙、郭坚白、张又新、沈彬、时俊光、葛天回、杨溪如、蔡树繁、彭旭虎、谢立惠、衷子纯、裴献尊、盛玟、过昆源、夏兆龙、陶心治、张镇谦、汪振儒、苏汝淦、谢厚藩、叶道渊。

4月21日28人:伍献文、李书华、御江久夫、大内义郎、木村重、桂末辛、关富权、邓静华、刘念智、程宗厚、蒋导江、李珩、马保之、丁杰、吕炯、周良翰、苗文绥、唐世凤、朱文馨、林韵和(女)、郝毅志(女)、魏学仁、胡坤陞、陈世骧、张淑静(女)、竹垚生、阮传哲、木村康一。

6月6日30人:沈慈辉、李秋谷、林炳光、蔡承云、周百嘉、黎宗辅、毕济时、沈锡琳、何玉昆、萧世永、赵玉昌、林名均、戴述古、吴国章、吕锺灵、王明贞、崔亚兰、姚国珣、桂秉华、徐韫知、王兰生、沈仲章、吴功贤、陈宗汉、李学清、司徒德生、杨简初、涂长望、李庆麐、陶述曾。

9月9日57人：陈德荣、蔡诵芬、张彭春、陈德贞、杨竞学、吴汝麟、韦谦、唐国正、林文香、钟济新、甘蔚文、许维樑、陈重华、黄幼垣、董绍良、宋泽、梁毓万、黄荣汉、古桂芬、闻宥、陈公弼、杨亮功、陈立卿、黄昆仑、顾毓琇、莫如玉、陈雨苍、徐金声、朱志涤、杨锺英、汤家裕、黄汝光、沈启彝、秦道坚、陈任、陈怀书、梁绪、苏宏汉、欧文炎、黄锡九、陈尧典、钟嘉文、黎焕森、张熙、褚葆真、黄震、唐波澂、葛其婉、赵煦雍、周宗璜、郭一岑、吴绍熙、徐陟、蒋纲、王锺文、薄毓相、黄瑶。

10月28日7人：冯志东、马荫良、何之泰、施怀仁、黄宪章、周咏曾（仲）、许业贵（仲）。

12月1日8人：马纯德、郑华炽、程楚润、沈思玙、包立志、蒋硕民、曾广珠、戴运轨。

1936年43人

3月7日5人：寿彬、沈嘉瑞、郭履基、陈章、马骏（女）。

5月28日17人：张肖松（女）、陈品芝（女）、戴志昂、李捷、方俊、朱炳海、李毅艇、朱公谨、范谦衷、刘君谔、白义（P. Baillie）、谢家玉、伍活泉、周友箕、蒋朝沅、蒋朝清、柳子贤。

7月26日5人：施恩明、高行健、贝克（H. Beeker）、邹明初、关实之。

11月13日16人：秦大钧、樊际昌、刘湛恩、顾谦吉、文树声、姚永政、孙基昌、程锡康、陈华、章元石、陈绚、孙泽瀛、秦含章、胡筠、周源和、江珪保（女，仲）。

1937年24人

3月20日14人：张定钊（永）、李宪之、潘序伦、杨惟义、张作幹、陈立、冯紫岗、程孙之淑、赵曾珏、吴克明、卢维溥、谭锡畴、孙景华、高启明。

5月1日3人：周象贤、钱洪翔、张汇兰（女）。

7月24日7人：林春猷、尹赞勋、于文蕃、姚庆三、朱通九、李子祥、王吉民。

1938年3人

6月29日3人：孙令衔、萧立坤、彭鸿绶。

1939 年 11 人

1 月 29 日 7 人：范秉哲、吴大璋、王士魁、裘作霖、吴云瑞、潘德孚、张忠辅。

8 月 26 日 4 人：叶蕴理、王启无、徐寄庼、袁帅南。

1940 年 41 人

3 月 8 日 14 人：孙莲汀（永）、刘永纯、项隆周、徐名模、倪锺骍、王友西、王令娴（女）、黄素封、胡君美、蔡驹、张承祖（仲）、童祖仁（仲）、顾汉颐（仲）、秦锡元（仲）。

3 月 27 日 2 人：唐燿、王寿宝。

7 月 24 日 9 人：郁秉基、罗篁、计荣森、张大煜、邢其毅、王学海、吴学周、陈家浚（仲）、何忠杰（仲）。

8 月 31 日 5 人：雷垣、孙侃、柴春霖、沈立铭、秦锡元(由仲社员升级为普通社员)。

11 月 15 日 9 人：沙玉彦、陆新球、刘宅仁、陈克诚、程崇道、黄鸣龙、王宗淦、江子砺、傅雪晴（仲）。

12 月 19 日 2 人：黄兰孙、高祖诚。

1941 年 35 人

3 月 24 日 12 人：冯大为、刘文超、陈育崧、李钟鸣、方文槐、王毓忠、章志青、薛鸿达、朱滋李、吴沈钇、朱福元（仲）、张峻（仲）。

5 月 25 日 6 人：郑兰华（永）、寿俊良（永）、朱晋錩、俞调梅、宋鸿锵、李毓镛（仲）。

11 月 3 日 16 人：陈遵妫、张孟闻（永）、史钟奇、韩布葛（H. G. Hamburger）、任腾阁、曹敏永、郁钟耀、瞿德浩、邢宜潮、许绍泰、张佩甫、赵汝调、蔡辉琮、赵龢、刘汉贵、张承祖（由仲社员升级为普通社员）。

11 月 29 日 1 人：毛启爽。

1942 年 128 人

3 月 12 日 4 人：杨姮彩（女，永）、杨臣勋（永）、于怡元（仲）、杨臣华（仲）。

12月19日124人(碚1001—1009、1030—1124)①:裘家奎、梅贻宝、邱琼云、陈定一、方怀时、朱壬葆、吴襄、辛培德、宋少章、刘建康(永)、朱健人(永)、凌敏猷(永)、张孝骞(永)、杨平澜(永)、王伟华、谭娟杰(永)、濮璚(女)、卞美年、黄汲清(永)、李善邦、洪式闾(永)、白季眉(永)、陆锡章、向贤德、廖定渠、徐子范、董绎如、单人骅(永)、李树皋、燕晓芬(永)、杨明声(永)、忻坚、王素玉、赵振寰、戚秉彝(永)、詹敏(仲)、陈以文(仲)、梁宗巨(仲)、徐森、张敬熙(永)、翁中衡、娄执中(永)、范迪允、李如锦、陆志炎、刘导丰(永)、曹振瀛、简实(永)、邱鸿章(永)、郑子政(永)、张宝堃(永)、程纯枢、卢鋈(永)、胡安定(永)、郃象伊、王仲侨、程裕淇、薛芬(永)、王述纲(永)、张奎、黄瑞采(永)、徐丰彦、董日都、李春昱(永)、赵□祥、谢维瀚、曲仲湘(永)、孙雄才(永)、杨衔晋(永)、苗雨膏(永)、倪达书(永)、刘我龙、吴琦兰、汪昭武、伍友苹、宋钟兴、周邦元、廖二铁、孙博义、郭质良、顾葆常、朱恒璧、毛守白(永)、胡福南(永)、朱既生、冯汉骥、姜治光、谢祚永(永)、李士豪、陈训慈、姚钟秀(永)、郝景盛(永)、刘馨柏、吴藻溪、周厚复、闻人乾、徐康泰、黄杲、许笑曦、潘菽、张志澄、周赞衡(永)、曾世英(永)、刘常治。

1943年182人

4月25日131人(碚1125—1255)②:张昌绍(永)、廖素琴(永)、金大勋(永)、周廷冲(永)、王成发(永)、王进英(永)、林振国(永)、李孝芳、岳希新、彭琪瑞、房进赞、王开海、沈增祚、戴振廉、贾伟良、章锡昌、朱岗崑、陈学溶(仲)、陆榆(仲)、刘国柱、尹家骐、王毓椿、李仲珩、周绍濂、万昕、刘正玉、张世英、朱廷儒、薛愚、陈普仪、萧义菊、林传光、彭佐权、马德、胡勣、李师中、苏泽民、孙玉祥、何孟飞、萧景山、钱宇平(仲)、劳远琇(仲)、萧星甫(仲)、周衍椒(仲)、卢鹤绂、王毓楹、周孝彭、杨诗兴、张香桐、吴景东(仲)、张克忠(仲)、李金沂(仲)、寿乐(仲)、胡璞(女)、严希纯、吕高辉、吕高超、

① 上海市档案馆藏档案,Q546-1-91。档案并未指明通过时间,从这些名单位于1943年名单之前,而且与后面名单完全分开记载,似乎这应该是同批或者说同年通过者。推测他们是中国科学社内迁第一次理事会所通过。当时会议记载相关社员事务仅有,“新社友:凡大学毕业者皆社员,未毕业者仲社员”,似乎仅相关社员资格,似乎也应该以此为标准通过社员。非常可惜的是,档案中缺少了社号碚1010—1029二十位社员名单。内迁后因理事会记录简陋,每次理事会通过社员人数与档案Q546-1-91所记载具体名单都不符合,这里的整理仅根据相关资料进行推测,具体还有待进一步查证。《竺可桢日记》称本次通过126人。

② 理事会记录相关记载仅有“新社员通过案”,入社费30元、常年费20元、永久社费300元、仲社员社费12元。根据竺可桢日记,本次会议通过社员一百余人,与档案Q546-1-91记载基本相符。

彭达诗、郭友文、杨鸣祖、彭荣华(女)、胡秀英(女)、黄勉、綦建镇、钟泰贞(女)、洪用林、唐文逵、杨为宪、汪志馨、杜书东、徐国清、管相桓、吴美临(女)、杨允奎、陈朝玉、朱惠方、郑林庄、周金黄、汪烈、贺永康、胡瑜(女)、何国模、段天煜、高钟润、焦启源、王金陵、杨守珍、姚鑫、熊同龢、卢守耕、于景让、王葆仁、江希明、孙逢吉、林汝瑶、朱正元、张其楷、王树嘉、吴载德、张德粹、陈家祥、贝时璋、胡式仪、王福山、张之毅、罗凤超、罗登义、蔡邦华、苏步青、沈文辅、束星北、王淦昌、祝汝佐、林良桐、金城、夏振铎、程石泉、杜乐道、蒋硕民、吴文晖、吴耕民、陈鸿逵、胡家健、甘依杰、章剑、周开基、谢成科、李瑞轩、邓维亚、林和成、虞日镇。

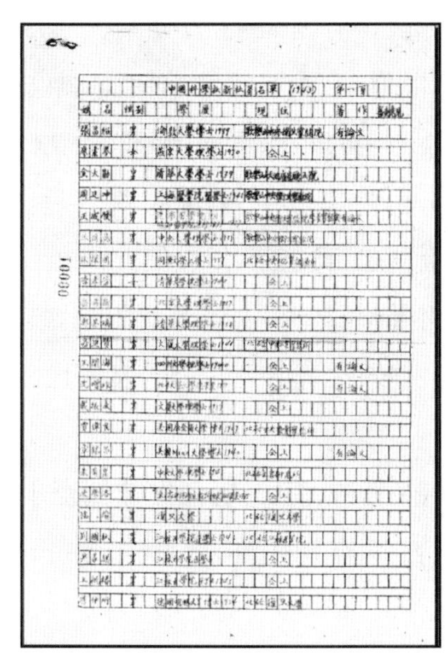

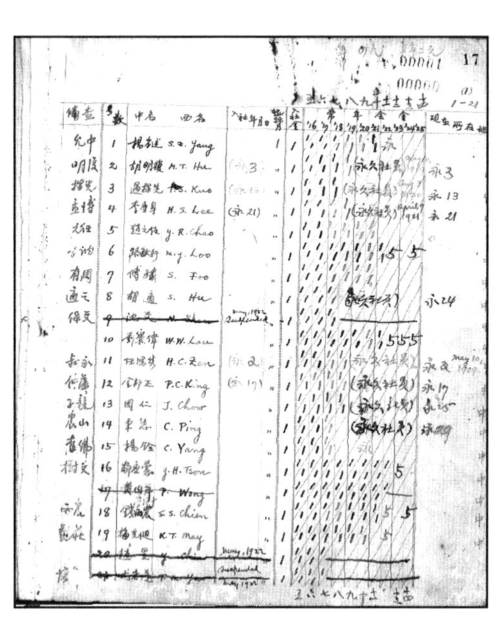

图附录-2 “中国科学社新社员名单”(档案 Q546-1-91)和“中国科学社社员名单”(档案 Q546-1-205)内容第一页

7 月 21 日 51 人(碚 1256—1306)①:路顺奎、凌宁、夏凯龄、张德龄、吴征鉴、惠迪人、张更、曹初宁、柯象寅、陈绍武、杨立炯、杨守仁、谢维瀚、孙殿珊、胡西英、汪美光、金锦仁、庄慎、周超、张霭梅(女)、汤佩瑗(女)、许绍曾、周荦中、公立华、焦庚辛、余先觉、叶钟文、刘秉正、华罗庚、郑作新、张宗燧、任荣祖、沈其益、任美锷、施士元、李毓进、马秀权、林德平、朱裕魁、程式、张汝亭、杨澄中、孙中亮、郑子颖、范光辉、冯秀藻、

① 1943 年共召开了三次理事会,会议记录中每次并无通过社员人数,7 月 17 日召开的内迁第 3 次会议更是一点记录都没有,4 天之后的 21 日又召开内迁第 4 次会议,可知年会举行前的第 3 次理事会主要是讨论相关年会事宜,并无通过社员决议,因此档案 Q546-1-91 无具体名单。7 月 21 日会议记录中相关记载有按照新章,请各地社友会积极征求新社员;“通过新社员案(另见入社愿书名单)”。

欧阳仑、李旭旦、刘淦芝、李非白、赵慰光。

1944 年 356 人

1 月 3 日 81 人(碚 1307—1387),其中普通社员 37 人、仲社员 44 人①。普通社员:章益、周谷城、彭信威、张逸宾、朱克贵、蒋涤旧、范和钧、吴景微、穆光照、薛葆鼎、吴焕章、胡安身、刘怀翙、刘伯群、王恩杰、吴守忠、谭湘凰(女)、吴济沧、华国谟、汤二英、陈素非、陈少伯、司马淦、胡成儒、丁缵【瓒】、钱澄宇、仝允栩(女)、戴松恩、谭显明、杨篪引、杨琳、周洵钧、潘体固、林孔湘、陈迟、陈过、陈适。

仲社员:陈迈、唐克训、王震宙、萧华诚、杨绍先、徐柯、余正行、李楚銮、章克、严伟年、赵勋皋、胡希荣、唐国藩、徐学嵘、陈煦、徐炳青、孙家觉、张绵宅、刘子慧、赵嘉芳、赖成秀、(以下为重庆女子中学学生,应全为女性)马昌维、张恒学、廖和清、文佩遐、阮惠兰、蒋淑其、张贵春、王海音、郑万荣、蔡瑞昌、彭兰君、李永蕃、况淑华、白远富、夏显秀、阮瑞年、胡先梅、胡正瑛、蒲德芳、秦明华、爱树德、吴惠荣、田官华。

3 月 14 日 18 人(碚 1388—1405):毛宗良、孙越崎、余遂辛、陈望道、马宗融、黄季陆、刘觉民、曾懋修、王象复、王文元、邓卓睿、黄友岐、廖逊人、梁宗岱、奚铭已、张圣装、童第周、冯菊恩(仲)②。

6 月 11 日 32 人(碚 1406—1437)③:许逢熙、吴林柏、胡继纯、汪发缵、张志让、章靳以、何恭彦、李广平、叶炳、万忠绍、王金湖、王杏乡、薛洲善、向眉寿、张致一、夏舜参、江德潜、郭令智、周立三、周廷儒、解俊民、王善政、秦洪万、梁其硕、刘安华、朱兆元、黄新民、曹日昌、关兆襄(仲)、施成熙、邓启亚(仲)、黄衍智(仲)。

11 月 3 日 137 人(碚 1438—1574)④:周世瑾、郭有守、彭祖智、胡昌炽、范希纯、徐国棨、黄觉民、汤铭新、孙增敏、卞柏年、詹树纶、杨庸、潘廷洸、袁昌、李隆术、张化初、李正化、余俊生、李祥光、张绍元、陈伦、蔡淑莲、朱济民、万慧新、何伟□、何裕如(仲)、王孙(仲)、刘有方(仲)、张玉钿、张德光、张继正、林兆倧、阎长泰、盛绪敏、张玉田、张建文、连瑞华、廖韫玉(女)、夏良才、王巧璋(女)、刘延龄(R. G. Agnew)、孔

① 理事会记录仅记载“通过社员事”。《竺可桢日记》称“通过社员、仲社员各 40 余人”。

② 第 6 次理事会记录称通过普通社员 18 人,与名单相符。记录中还有冯菊恩是否与大学毕业同等学科,需要查阅。冯菊恩 1948 年毕业于复旦大学农学院,因此查证为仲社员,而非普通社员。

③ 内迁第 7 次理事会会议记录称通过社员 31 人。

④ 内迁第 8 次理事会会议记录称通过社员 140 人、仲社员 3 人,与具体名单有差距。值得指出的是,档案 Q546-1-91 将第 8 次会议通过名单归并到第 9 次会议,这里根据仲社员名单予以分割。

仁、魏治统、刘臣恒、邹海帆、胡郁斌、朱希涛、王顺清、李宏毅、卓著、黄瑞方、戚作钧、徐乐全、黄天启、杨陞修、邓光祎、曾蜀芳（女）、林柏康、李卉痕、罗宗赍、胡永承、何君超、蒋君实、李小缘、吕锦瑗（女）、张济华、郭挺章、涂敦鑫、陈仲方、张锡瑜、赵善昌、郭祖超、谢启新、王国宾、匡建人、李昌甫、罗忠恕、谢景修、陆礼光、程守洙、吕叔湘、邢漪珍（女）、龚贵霖、叶南薰、许国樑、周正定、陈请、沈汝生、薛继埙、吴永成、栾汝琏（女）、陈箴熙、吴纯熙、陶海鹏、唐尚锐、张保昇、周肇今、曾永寿、李兴隆、王懋德、张锡昌、章之汶、吴大任、陈鹓（女）、雍克昌、叶嘉慧、汪积恕、张剑虹、邓纯眉、濮筱孚、胡文光、彭洪福（女）、谢咸杰（女）、胡亚兰（女）、徐宝荼（女，仲）、林华颜（女）、陈之迈、万安良、王高顺、刘明钊、邱祥聘、刘佩瑛、梁禹九、张连桂、马藩之、李允煐、石大伟、李幼平、吴绍骙、高之仁、郑兆兴、张伯农、傅子贫、张敷荣、胡心康（仲）、刘民治（仲）、刘恒（仲）。

12 月 25 日 88 人（碚 1575—1662）①：吴长春、周本湘、张鸿谟、郑建国、钱泽鉴、丁鸿才、朱瑞伯、徐君伍、余寿廷、张西曼、王培信、刘正确、高达、李诗、葛志恒、许志、欧阳任官、袁淑心、丁尔乾、朱鼎、李星学、叶连俊、卢衍豪、徐季吾、张孝威、赵九章、侯学煜、楼桐茂、丁永乐、刘经文、夏开儒、严家显、杨显东、钟间、朱福炘、李播、马洪□、曾宗英、李隆岐、周树蕃、吴名馨、徐士廉、雷肇唐、蔡纪静、吴怀、李思纯、郑德坤、李景均、莫兆麒、王恒立、右学善、周国治、张石城、朱培仁、石锁钊、鲍文奎、蒋克贤、李咏雪、范希文、李怀义、李扬汉、申宗圻、张锡方、杨天泽、刘监周、张彭毓叔（女）、蓝锦祥、周光地、张民石、张君儒、杨振华、诚庄容（女）、廖士莲（女）、胡文澂、徐幹清、朱雄、苏家和、周青龙、李曼仪（女）、刘绍基、粟瑶生、张廷襄、杨纮武、张宏陶（仲）、魏云祥（仲）、张世宣（仲）、陈隆钧（仲）、曾庆通（仲）。

1945 年 35 人

3 月 11 日 20 人（碚 1663—1682）②：夏炎德、樊弘、王应梧、言心哲、孙道远、庄鹏、俞徵、王世浚、刘铸晋、周才武、方子重、李诗辰、卫惠林、韩德章、张其春、薛启帆、任绩、张明养、丁于钧（仲）、何钧益。

3 月 31 日 15 人（碚 1683—1697）③：励乃骥、赖斗岩、梁有耀、王正本、范鹤言、马雄

① 内迁第 9 次理事会记录说通过社员 74 人、仲社员 5 人，与档案 Q546－1－91 具体名单有差距。
② 内迁第 10 次理事会记录说通过 21 人，其中刘经文早已通过（碚 1604），实为 20 人。
③ 内迁第 11 次理事会会议记录称此次理事会通过社员 10 人（内仲社员一人），与这里具体名单数字不符。

冠、胡兰芳(仲)、周松林、忻贤德、沈学源、林玉玑、林振骥、丁汉波、赵修复、黄维垣。

1946 年 323 人

2 月 24 日 117 人(2061—2177[①]):丁廷标、丁爕坤、孔汉布、戈宝树、方人麟、王士任、王公五、王天一、王世椿、王福山、王济之、王錢伯、包伯度、史子权、伍裕万、朱文熊、朱京、朱良骥、朱泰来、朱善钧、朱树怡、何国良、吴之翰、吴中沅、吴克昶、吴克敏、吴蔚、吕学礼、李昌祚、李尊权、李谦若、汪伯绳、汪经镕、沈人镜、沈保南、周文德、周琦、周颂久、周增业、季钟铭、俞大卫、姜俊彦、胡名亨、胡新南、孙玄衔、孙君立、孙达成、孙肇堃、孙树兴、徐仁美、徐尚均、徐颂虞、徐德超、郑其庚、高曾熙、屠曾饴、张引垣、张仲韩、张汴增、张芳、张惠康、张善先、张慕良、张韫辉、曹友芳、曹敬仁、曹敬华、梅志存、章继康、庄标文、许宝骏、许宝骅、郭慕孙、陆学善、陆清、陶祥霞、陈大猷、陈松茂、陈湘泉、陈树仪、曾广方、汤逢、冯馥沅、杨文杰、杨文镐、杨世麒、杨道安、叶治镳、叶惟勤、叶颐若、叶蕴琨、虞以道、虞积潽、裘复生、裘德懋、荣大本、荣仁本、赵孟养、赵家驹、赵富鑫、潘正涛、潘垂统、蒋滋恩、郑汝震、卢成章、卫仲乐、钱善湘、缪钟彦、蓝章宇、阙德芬、颜振铃、颜福庆、罗逸民、严志弦、顾子恺、顾培恂、龚华峰。

仲社员 27 人(2178—2204):丘大昭、朱大公、余源熙、沈世民、沈述纪、沈德本、周承荃、周和丰、宓仁群、林超然、胡炎庚、胡金箴、张亚杰、郭秀馀、嵇瑛玉、汤仁第、黄子琳、杨根道、叶旦若、路式坦、邹爕安、郑武杰、邓汉馨、卢庆曾、戴立、顾士英、龚绍基。

4 月 9 日 31 人(2205—2235):方子藩、王绍鼎、甘履登、朱仕铭、朱育胜、朱荣昭、吴叔禾、宋名适、沈其勇、林国镐、邱永麟、夏福斋、徐彰黻、张泳泉、张国栋、梁普、陆钦轼、陈志瀛、陈蜀生、程韫真、项隆勋、黄有识、杨恩孚、葛福臻、董继堂、赵士寿、樊补、蔡燕林、郑宜樑、萧一平、蓝春霖。

仲社员 37 人(2236—2272):孔祥穗、方资敏、王诚杲、石玉华、李昭道、李欧儒、沈仁安、阮仪、周格、周德震、周韵梅、柳嘉淦、洪晖、范华庭、夏允赓、夏寿萱、徐光宪、徐志仁、徐尚德、袁存良、张徵明、曹君曼、章民泰、许宝树、陆锦霖、陈伯汉、陈耕芜、陈福英、冯德璋、黄开、黄渭渔、叶仲若、虞昌年、管廷镇、蔡祖怀、钱毅、顾永康。

4 月 19 日 20 人(2273—2292):尹友三、王建津、王景康、王尔锡、朱家鑫、江礼

---

① 2061—2177 这一数字应该是社号,但为什么如此编号,不得而知,因为此前社员人数早就超过三千了。

璘、吴瑞琨、李民铸、郁约瑟、孙畹秋、陈雪、陈岳生、程文骐、闵淑芬、黄长风、董绍衣、刘仕渠、蔡震苍、邓文仲、颜春安。

仲社员24人(2293—2316):王春荣、王德槃、朱超、吴耀华、李华仪、汪敏熙、汪华芳、周勤之、胡良玉、郁昌经、倪汉卿、凌容、徐学礼、屠品贞、梅贤豪、许铎、陈铭珊、陈权璋、黄鸿声、叶震若、赵锺美、潘世藏、潘祖德、瞿尧康。

7月1日12人(2317—2328):王祖绂、吴剑秋、吕保龄、汪泽长、邢秀耀、姜圣文、茅于越、唐振绪、徐修成、高怡生、陆润生、黄耀曾。

仲社员8人(2329—2336):朱申庆、周楠生、柯荣炎、孙瑞申、郭敬孙、华纪诚、严祥英、顾同高。

12月1日43人(2337—2379):仇启琴、王先镕、王世勤、王炳蔚、朱凤美、羊锡康、吴友三、吴仲仪、吕淑芳、李寿康、李轫哉、沈隽、周宗浚、邱贤昌、杭立武、林致平、胡子昂、范则纯、夏祖堡、孙云翔、徐迓亭、徐砚田、马溶之、张宪秋、张鹏翮、戚国彬、庄炳文、庄闳、陆伯勋、陈用鹏、陈省身、陈俊述、陈华癸、曾庆英、汤天陶、冯显耀、黄正中、黄继芳、杨祖贻、叶和才、蒋式穀、鲍熙年、戴弘。

仲社员4人(2380—2383):李枚、许粿、张希臻、程伯容。

1947年79人

2月27日2人(2384—2385):汪定曾、胡寄南。

3月28日4人(2385—2389):吴乾章、马地泰、陈志强、曹亦民。

又仲社员10人升格为普通社员(都是内迁后通过的):杨明声(3051①)、王素玉(3053)、赵振寰(3054)、徐森(3059)、张敬熙(3060)、王述纲(3079)、闻人乾(3116)、徐康泰(3117)、陆榆(3143)、张玉钿(3466)。

5月10日14人(2390—2403):朱颐龄、吕音谐、周摩西、张季言、张增垣、曹永禄、曹永锡、章启馥、许国保、曾友梅、蔡祖宏、蔡德坚、魏墨盦、顾发(F. Kupfer)。

8月2日12人(2405②—2415、2418):王梅卿、王凤振、林元惕、俞百祥、张鋆、许逸超、陈浩烜、冯士林、黄守先、薛葆宁、严庆禧、王迪纲。

仲社员2人(2416—2417):胡宣明、项瑞象。

---

① 似乎内迁申请入社者编号以"3000"开头,杨为"碚1051",其他人编号同样。这仅仅是仲社员,内迁普通社员呢?

② 缺2404编号,以后这种情况反复出现。

8月29日26人(2420—2445):朱元鼎、江世澄、汪德耀、周浚明、周维熊、郁康华、徐立成、崔明奇、张维、许世瑮、许志明、许国培、陈恩凤、程知义、华国英、关世俊、黄宗甄、杨士芳、杨公维、刘玉壶、樊映川、蒋英、蔡叔厚、褚承猷、郑允恭、钱伯贤。①

10月31日13人(2446—2458):方善桂、王馨迪、何祖煜、周建人、苗迪青、范凤源、张靖远、曹诚英、曾世荣、黄泽源、瞿焕章、颜大椿、顾名汶。

12月5日5人(2459—2463):胡永畅、徐利治、陈启天、严寿萱、龚晨。

12月19日1人(2464):张玉麟。

1948年22人

1月20日2人(2466—2467):黄足、黄惟婉。

3月18日2人(2469—2470):陆时万、杨谋。

5月11日3人(2471—2473):曹孝萱、符步青、杨国庆。

7月9日3人(2496—2498):夏复修、张乐潓、杨锡璋。

9月9日2人(2499—2500):王镇圭、恽魁宏。

10月5日7人(2501—2507):周志灏、周其吉、周科衍、袁万锺、张蕙生、项义、钱素君。

11月11日3人(2508—2510):王钰、张新田、刘敏光。

另外,吴景东、唐国藩、陈伯汉、黄履中、路式垣、赵锺美升格为普通社员。

1949年203人

3月8日8人(2511—2518):包正、李蕃、周纪纶、孙中栋、章筠、蒋开僖、钱燕文、萧前柱。

4月19日1人(2519):陈定伟。

5月30日1人(2520):邵炳绪。

另外,凌容升格为普通社员。

---

① 据称,上述第154—156、159、161—166次共10次理事会通过新社员(社号2061—2445),“大都系总社内迁时期,陆续由上海社友交谊委员会所接受之入社愿书;迄复员后分批提出选决者”。见《社友》第76、77期合刊,第7-8页。理事会会议记录社员有“待”字编号者为内迁后上海申请者,编号超过400。如张徵明为待403,说明中国科学社内迁后,上海有超过400人申请入社。当然,并不是所有申请入社者都被理事会通过入社。

9月11日2人(2521—2522):王民瑞、包剑星。

10月20日160人(2523—2682):于诗鸢、勾适生、孔庆春、支秉渊、方兆祥、王于昌、王之卓、王宇震、王汝霖、王志清、王柏生、王飞定、王复深、王佶善、王毓秀、王树良、江日庆、白国栋、朱立刚、朱自立、朱伯康、朱品蓉、朱瑞卿、朱铨钧、吴中一、吴有荣、吴志超、吴迪顺、吴钧和、吴翼之、忻鼎定、成绳伯、李明新、李炳焕、李秩暹、李培基、李肇和、汪季琦、汪业镕、沃鼎臣、沈乃兰、沈文郁、沈青囊、沈博渊、沈德滋、沈学源、沙国均、车志义、周行健、周省言、周梦麐、周蔚成、孟目的、孟伊英、林大镕、林康甫、金兆梓、金炤、金通尹、金致远、金德孙、侯家煦、俞伯康、姚永耀、姚启铎、姚绍莘、姚际唐、施汝砺、施其昌、胡鸿仪、范士栋、夏行时、奚春生、孙宏道、孙瑞珣、孙毓华、孙怀慈、徐文倩、徐天锡、徐任吾、徐幼初、徐桂芳、徐迳先、徐国伟、徐凤早、徐德骐、徐鸿祥、晏仲平、殷大钧、秦元勋、翁纪勋、袁明恒、高福为、张季高、张震亚、张鸿、戚其章、梅慕埙、章锡山、许超、郭颂仁、陶锺禄、陈兆珂、陈超常、陈德良、陈蕉仙、陈鸿年、堵南山、屠祥麟、程文鑫、程德谓、程绪珂、华汝成、华瑾、费铿、闵奇若、冯纪忠、黄立、黄希阁、黄席棠、黄惟德、黄惟毅、杨竹亭、杨菊贞、杨毅、杨丽鹃、叶在馥、虞静才、路士和、邹旭东、赵祖康、刘其明、刘遂生、刘期洪、楼格、潘宗岳、潘家来、潘寰、蒋宏成、蒋孙穀、蔡介忠、蔡福林、褚绍唐、谈满生、郑一善、卢文迪、钱启时、钱康衡、鲍志新、薛井鑫、薛德炯、萧孝嵘、钟以庄、钟震、戴岂心、瞿体馥、魏惟诚、谭同坤、严振飞、严敦杰。

11月19日19人(2683—2701):毛振琮、王子扬、吴报铢、宋毓华、李家麒、胡玉和、孙克、徐炳声、袁硕功、张汎、曹鹤荪、陈利仁、陈国瑞、喇华琨、刘佩衡、蔡体、钱念兹、谢世馨、顾苏春。

仲社员5人(2702—2706):何如初、徐传创、盛一飞、蔡慎曾、顾振华。

12月28日6人(2707—2712):任有恒、沈越昭、张启华、曹永良、庄丽章、童传瑞。

仲社员1人(2713):卞聪培。

1950年24人

2月13日6人(2714—2719):施欣昌、倪大男、盛承师、杨锡修、刘珍生、蒋滋寿。

仲社员7人(2720—2726):吴克勤、杜鹤年、徐孟任、杨伟庆、蒋效良、郑世耀、郑振夔。

3月8日1人(2727):忻介六。

4月4日3人(2728—2730):翁思麟、刘昌堫、卢群一。

5月8日2人(2731—2732):林修灏、萧贺昌。

仲社员1人(2733):薛智君。

7月25日3人(2734—2736):居宗雍、黄汉和、杨文祺。

11月14日仲社员1人(2737):朱伯英。

1951年3人

5月2日2人(2739—2740):方庆咸、庄权。

11月27日1人(2741):萧泗祥。

1952年3人

11月30日3人(2742—2744):任云峰、袁天相、蒋性均。

1953年1人

3月14日1人(2745)①:张慰慈。

---

① 中国科学社理事会会议记录到此结束,此后可能还有新社员入社,但具体情况不得而知。当然,此后即使有入社社员,人数也可能极少。

征 引 文 献

编排说明：

（1）按文献性质分为档案、资料、著作、论文四大类。

（2）每大类可继续细分。档案分为“上海市档案馆藏相关中国科学社档案”（包括“中国科学社全宗 Q546”、“社、团、会全宗汇集 Q130”和“震旦大学全宗 Q244”）、“已整理出版的中国科学社档案”和“其他”三类；资料分为“中国科学社编辑出版物”（包括《科学》《社友》《科学画报》和其他等四类）、“报纸杂志”“日记、书信及年谱”“回忆与口述访谈”“著作与文集”（此类著作相对本研究而言是资料性著作，而非研究性著作）、“资料汇编”“人物传记”“地方志”等八类；著作分为“理论著作”和“研究著作”两类；论文分为“公开发表论文”和“学位论文”两类。

（3）资料汇编和集体传记中的篇目不一一析出。

一、档案

（一）上海市档案馆藏相关中国科学社档案

北碚中国科学社刊物《社友》. 档号：Q130 – 35 – 4 – 1，1944.

震旦大学博物院关于郑璧尔、B. Beeguart 与中央农事实验所、中国科学社生物研究所、浙江昆虫局、北平研究院、中国科学社明复图书馆、清华大学、南开大学等来往信件有关交换标本、刊物、介绍参观及其他. 档号：Q244 – 1 – 508，1935—1947.

中国科学社、中国工程学会联合年会纪事录. 档号：Q546 – 1 – 226，1918.

中国科学社 153 次理事会记录、公函及发文存稿、基金报告册、账目报告单. 档号：Q546 – 1 – 197，1945—1949.

中国科学社重修明复图书馆募捐委员会信件及上海社所照料委员会信件等. 档号:Q546 -1 -191,1943—1948.

中国科学社第九次年会及成立十周年纪念会记事录. 档号:Q546 -1 -228,1924.

中国科学社第十次年会记事录. 档号:Q546 -1 -227,1925.

中国科学社第五次年会记事录. 档号:Q546 -1 -223,1920.

中国科学社董事会议录. 档号:Q546 -1 -86,1921—1922.

中国科学社董事会议录. 档号:Q546 -1 -87,1922.

中国科学社股东姓名住址录. 档号:Q546 -1 -90,1914.

中国科学社理事会驻宁职员会议录(第一册). 档号:Q546 -1 -63,1923.

中国科学社理事会记事录(第二册). 档号:Q546 -1 -64,1927.

中国科学社理事会记录(第三册). 档号:Q546 -1 -65,1931—1935.

中国科学社理事会记录(第四册). 档号:Q546 -1 -66,1935—1946.

中国科学社理事会记录(第五册). 档号:Q546 -1 -67,1946—1948.

中国科学社理事会记录(第六册). 档号:Q546 -1 -68,1948—1950.

中国科学社理事会记录(第七册). 档号:Q546 -1 -69,1950.

中国科学社理事会记录(第八册). 档号:Q546 -1 -70,1951.

中国科学社理事会记录(第九册). 档号:Q546 -1 -71,1952.

中国科学社理事会记录(第十册). 档号:Q546 -1 -72,1952—1953.

中国科学社理事会内迁后理事会记录. 档号:Q546 -1 -73,1942—1945.

中国科学社社员录(一). 档号:Q546 -1 -89,1943.

中国科学社社员名单. 档号:Q546 -1 -203,1928—1930.

中国科学社社员名单. 档号:Q546 -1 -205,1949.

中国科学社涉及南京地产、土地登记问题的发文存稿及来往函件、建筑图. 档号:Q546 -1 -193,1925—1949.

中国科学社为图书出版事一般来往信件. 档号:Q546 -1 -199,1931—1947.

中国科学社新社员名单. 档号:Q546 -1 -91,1943.

中国科学社一般的来往信件、存折. 档号:Q546 -1 -198,1932.

中国科学社与警察局、大亚工程公司、交通大学、大公报编辑部等单位的往来函. 档号:Q546 -1 -188,1939—1948.

中国文化服务社、中国电机工程师学会、中国科学社来往信件等. 档号:Q546 -1 -

194,1933—1948.

（二）已整理出版中国科学社档案资料

林丽成,章立言,张剑. 中国科学社档案资料整理与研究 · 发展历程史料. 上海:上海科学技术出版社,2015.

周桂发,杨家润,张剑. 中国科学社档案资料整理与研究 · 书信选编. 上海:上海科学技术出版社,2015.

（三）其他档案

胡适档案. 北京:中国社会科学院近代史研究所档案馆. 档号:2293 - 2,2239 - 5.

建立人民科学院草案. 中国科技史料,2000,21(4):333 - 338.

抗战胜利后国民政府留用日本原子能专家的一组史料. 民国档案,1994(3):42 - 51.

二、资料

（一）中国科学社编辑出版物

1.《科学》(1985 年复刊前)

《科学》今后之动向. 科学,1935,19(1).

北京区自然科学十二学会联合年会宣言. 科学,1950,32(3).

北京社友会九月开会记录 · 附蔡孑民先生演说. 科学,1921,6(11).

本刊启事. 科学,1945,28(1).

本社春季演讲续志. 科学,1922,7(6).

本社何育杰氏物理学奖金揭晓. 科学,1940,24(5).

本社南京支部成立. 科学,1917,3(1).

本社请拨赔款关税上政府说帖并计划书. 科学,1923,8(2).

本社三十周年纪念大会暨二十四届年会记. 科学,1944,27(9 - 12 合刊).

本社上海社友会新春宴会记事. 科学,1925,10(12).

本社生物研究所开幕记. 科学,1922,7(8).

本社消息. 科学,1946,28(2).

本社消息. 科学,1949,31(10).

本社消息. 科学,1949,31(11).

本社与美国韦斯特研究所. 科学,1917,3(4).

本社之留美同学书. 科学,1916,2(10).

编后记. 科学,1943,26(1).

编后记. 科学,1944,27(1).

编后记. 科学,1946,28(5).

编后记. 科学,1950,32(1).

编辑部启事. 科学,1928,13(5).

编辑部启事. 科学,1935,19(10).

秉志胡先骕钱崇澍启事. 科学,1947,29(6).

常年会干事报告. 科学,1918,4(1).

常年会干事部报告. 科学,1917,3(1).

常年会记事. 科学,1917,3(1).

成立二周年纪念会. 科学,1916,2(9).

筹备中国科学图书仪器之经过情形. 科学,1929,14(1).

筹款委员易人. 科学,1917,3(9).

船学会缘起. 科学,1916,2(3).

第二次常年会记事. 科学,1918,4(1).

第三次泛太平洋学术会议行将开幕. 科学,1926,11(10).

第三次泛太平洋学术会议记略. 科学,1926,11(10).

第一次年会书记报告. 科学,1917,3(1).

调查书目进行. 科学,1917,3(3).

发刊词. 科学,1915,1(1).

范太夫人奖学金. 科学,1935,19(3).

分股委员会报告. 科学,1918,4(1).

分股委员会通信. 科学,1918,4(1).

分股委员会章程. 科学,1916,2(9).

分股委员会长报告. 科学,1918,4(1).

改良杂志内容通过. 科学,1917,3(10).

工业与科学座谈会记录. 科学,1948,30(7).

黄膺白先生捐书目录. 科学,1930,14(6).
金叔初先生捐赠本社图书. 科学,1936,20(5).
举行春季演讲. 科学,1922,7(5).
科学名词审查会所审定之有机化学名词草案. 科学,1922,7(5).
科学期刊编辑部章程. 科学,1917,3(1).
科学社第三次常年会范静生先生演说辞. 科学,1919,4(5).
科学社改组始末. 科学,1916,2(1).
科学通俗演讲号发刊词. 科学,1923,8(6).
科学咨询. 科学,1930,14(6).
会计报告. 科学,1917,3(1).
理事会第 72 次会议记录(1928 年 8 月 23 日). 科学,1928,13(5).
理事会第 75 次会议记录(1928 年 11 月 30 日). 科学,1928,13(7).
理事会第 85 次会议记录(1930 年 2 月 9 日). 科学,1930,14(7).
例言. 科学,1915,1(1).
留美中国学生之确数. 科学,1915,1(10).
名词讨论会缘起. 科学,1916,2(7).
明复图书馆奠基礼记. 科学,1929,14(4).
南通支社改称社友会. 科学,1917,3(3).
年会筹备消息. 科学,1920,5(6).
年会论文将出专刊. 科学,1920,5(10).
七科学团体联合年会. 科学,1947,29(10).
七科学团体联合年会宣言. 科学,1947,29(10).
上海社友之盛会. 科学,1919,4(8).
上海市科学技术团体联合会成立宣言. 科学,1949,31(7).
社友高君韦女士事略. 科学,1928,13(3).
社员周美权先生捐赠数学书籍与数学研究所之设立. 科学,1928,13(5).
社长报告. 科学,1918,4(1).
生物研究所消息. 科学,1929,13(9).
生物研究所消息. 科学,1929,14(1).
生物研究所消息. 科学,1929,14(4).

十年来留美学生学科之消长. 科学,1922,7(10).

特别职员会报告. 科学,1917,3(8).

特别职员会通告. 科学,1917,3(7).

提议与松坡图书馆联络办法. 科学,1917,3(3).

推举国内分股理事. 科学,1920,5(7).

外国人得为本社社员. 科学,1917,3(3).

学者寿庆征金申祝. 科学,1947,29(2).

议员建议创设国立科学院. 科学,1923,8(2).

永久社员. 科学,1919,4(10).

增刊季报作罢. 科学,1918,4(1).

中国船学会所审定海军名辞表. 科学,1916,2(4).

中国科学期刊协会成立宣言. 科学,1947,29(8).

中国科学社本届职员表. 科学,1918,4(4).

中国科学社成都社友会成立. 科学,1919,4(10).

中国科学社成立三十周年宣言. 科学,1944,27(9-12 合刊).

中国科学社第八次年会记事. 科学,1923,8(10).

中国科学社第二十二届昆明年会记事. 科学,1940,24(12).

中国科学社第九次年会及成立十周纪念会记事. 科学,1925,10(1).

中国科学社第六次年会记略. 科学,1921,6(9).

中国科学社第七次年会记事. 科学,1922,7(9).

中国科学社第十八次年会记事. 科学,1934,18(1).

中国科学社第十二次年会记事. 科学,1927,12(11).

中国科学社第十七次年会记事. 科学,1932,16(11).

中国科学社第十三次年会记事. 科学,1928,13(5).

中国科学社第十四次年会记事. 科学,1929,14(3).

中国科学社第十一次年会记事,科学,1926,11(10).

中国科学社对庚款用途之宣言. 科学,1925,9(8).

中国科学社附设科学咨询处通告. 科学,1930,14(5).

中国科学社广州社友会成立纪事. 科学,1921,6(7).

中国科学社记事. 本届理事选举结果. 科学,1927,12(11).

中国科学社记事. 科学,1916,2(5).
中国科学社记事. 科学,1921,6(11).
中国科学社记事・本社最近之近况. 科学,1922,7(4).
中国科学社记事・欢迎杜里舒之盛宴. 科学,1922,7(10).
中国科学社纪事. 科学,1916,2(12).
中国科学社纪事. 科学,1917,3(4).
中国科学社纪事. 科学,1920,5(3).
中国科学社纪事. 科学,1921,6(11).
中国科学社理事会第一次大会纪事. 科学,1923,8(9).
中国科学社爱迪生纪念奖金基金捐款征信录. 科学,1932,16(10).
中国科学社启事(一). 科学,1957,33(1).
中国科学社三十五周纪念启事・我们的启事. 科学,1949,31(11).
中国科学社三十周纪念会及第二十四届年会论文提要. 科学,1945,28(1).
中国科学社社友录. 科学,1916,2(1).
中国科学社生物研究所二十九年度工作概述. 科学,1941,25(9-10 合刊).
中国科学社生物研究所概况. 科学,1943,26(1).
中国科学社生物研究所新屋落成. 科学,1931,15(6).
中国科学社书籍译著部暂行章程. 科学,1916,2(7).
中国科学社特别启事. 科学,1919,4(6).
中国科学社图书馆・通告・现行简章・社员须知. 科学,1921,6(1).
中国科学社图书馆章程. 科学,1916,2(8).
中国科学社现用名词表. 科学,1916,2(12).
中国科学社于南京总社设立无线电研究所缘起. 科学,1925,10(7).
中国科学社总章. 科学,1916,2(1).
中国学群之成立. 科学,1917,3(1).
自然科学与辩证法座谈会记录. 科学,1950,32(1).
总干事报告. 科学,1928,13(5).
班乐卫. 班乐卫氏关于中国教育问题之言论. 科学,1919,5(12).
本社. 粉碎右派进攻　捍卫社会主义. 科学,1957,33(2).
本社. 权度新名商榷. 科学,1915,1(2).

编者.《科学》第二十五卷完成感言.科学,1941,25(11－12合刊).

编者.卷末赘言.科学,1940,24(12).

编者.一年回顾.科学,1939,23(12).

秉志.悼葛霖满先生.科学,1937,21(8).

秉志.国内生物科学(分类学)近年来之进展.科学,1934,18(3).

秉志.中文之双名制.科学,1926,11(10).

道[卢于道],咸[刘咸].迎民国二十五年.科学,1936,20(1).

方子卫,恽震.射电工程学(无线电)名词及图表符号之商榷.科学,1924,9(4).

冯肇传.遗传学名词之商榷.科学,1923,8(7).

高君韦.当代化学之进步.科学,1926,11(12).

葛利普.中国科学的前途.科学,1930,14(6).

顾毓琇.七科学团体联合年会的意义与使命.科学,1936,20(10).

过探先.经理部报告.科学,1917,3(1).

过探先.中美农业异同论.科学,1915,1(1).

何鲁.算学名词商榷书.科学,1920,5(3),5(6).

胡明复.科学方法论一.科学,1916,2(7).

胡适.回忆明复.科学,1928,13(6).

胡适.论句读及文字符号·编者识.科学,1916,2(1).

胡先骕.中国亟应举办之生物调查与研究事业.科学,1936,20(3).

胡先骕.中国科学发达之展望.科学,1936,20(10).

胡先骕.中国生物学研究之回顾与前瞻.科学,1943,26(1).

黄昌穀.钢铁名词之商榷.科学,1922,7(12).

李仲揆.几个普通地层学名词之商榷.科学,1924,9(3).

梁国常.有机化学命名刍议.科学,1920,5(10).

刘咸.本社第二十一次年会记事.科学,1936,20(10).

刘咸.科学论坛:科学之厄运.科学,1938,22(7－8合刊).

刘咸.科学与社会之关系:介绍国际科学与社会关系委员会之组织及其使命.科学,1938,22(11－12合刊).

刘咸.前言.科学,1936,20(10).

刘咸.苏联科学院.科学,1936,20(8).

刘咸. 一年挣扎. 科学,1938,22(11－12合刊).
刘咸. 中国科学社第二十次年会记. 科学,1935,19(10).
刘重熙. 中国科学社第二十二届昆明年会记事. 科学,1940,24(12).
卢于道. 编后记. 科学,1944,27(2).
卢于道. 一个任务,一个领袖. 科学,1946,28(4).
陆贯一. 译几个化学名词之商榷. 科学,1929,14(4).
明〔胡明复〕. 美国算学会常年会记事. 科学,1917,3(1).
钱崇澍,邹树文. 植物名词商榷. 科学,1917,3(3).
钱崇澍. 评《博物学杂志》. 科学,1915,1(5).
裘冲曼. 我将如何不负明复所托. 科学,1928,13(6).
阙疑生. 统一科学名词之重要. 科学,1937,21(3).
饶漱石. 中国科学的今后进步方向. 科学,1949,31(11).
任鸿隽. "科学"三十五年的回顾. 科学,1951,32(增刊号).
任鸿隽. 陈藩传略. 科学,1919,4(6).
任鸿隽. 发明与研究. 科学,1918,4(1).
任鸿隽. 发展科学之又一法. 科学,1922,7(6).
任鸿隽. 关于发展科学计划的我见. 科学,1946,28(6).
任鸿隽. 何为科学家. 科学,1919,4(10).
任鸿隽. 化学元素命名说. 科学,1915,1(2).
任鸿隽. 介绍科学大纲. 科学,1923,8(1).
任鸿隽. 科学精神论. 科学,1916,2(1).
任鸿隽. 年会号弁言. 科学,1917,3(1).
任鸿隽. 说中国无科学之原因. 科学,1915,1(1).
任鸿隽. 外国科学社及本社之历史. 科学,1917,3(1).
任鸿隽. 我们为什么要刊行这个季刊. 科学,1957,33(1).
任鸿隽. 无机化学命名商榷. 科学,1920,5(4).
任鸿隽. 中国科学社第六次年会开会词. 科学,1921,6(10).
任鸿隽. 中国科学社二十年之回顾. 科学,1935,19(10).
任鸿隽. 中国科学社之过去及将来. 科学,1923,8(1).
萨本栋. 常用电工术语译文商榷. 科学,1929,13(8).

萨亦乐.科学家与社会进步.科学,1948,30(12).
唐钺,赵元任.社务会纪事.科学,1917,3(1).
唐钺.科学与德行.科学,1917,3(4).
陶烈.有机物质命名法.科学,1919.4(10).
鄢恂立.有机化学名词之商榷.科学,1931,15(3),15(7).
王邦椿.豆腐培养基.科学,1934,18(3).
王普.关于我国物理教学及研究几点意见.科学,1939,23(12).
王志稼.祁天锡博士事略.科学,1940,24(1).
翁为.常用电工术语之商榷.科学,1929,14(2).
翁文灏.地质时代译名考.科学,1923,8(9).
翁文灏.火成岩译名沿革考.科学,1923,8(12).
吴承洛.无机化学命名法平议.科学,1927,12(10),12(12).
吴元涤,钱崇澍,邹树文.植物名词商榷.科学,1917,3(8).
徐善祥.忆曹梁厦老友.科学,1958,34(2).
徐震池.商余求原法.科学,1925,10(2).
严济慈.二十年来中国物理学之进展.科学,1935,19(11).
杨铨.第二次常年会记事.科学,1918,4(1).
杨铨.科学与商业.科学,1916,2(4).
杨铨.科学与研究.科学,1920,5(7).
杨铨.科学与战争.科学,1915,1(4).
杨铨.期刊编辑部报告.科学,1917,3(1).
杨铨.期刊编辑部报告.科学,1918,4(1).
杨铨.我所认识的明复.科学,1928,13(6).
杨铨.学会与科学.科学,1915,1(7).
杨铨.中国科学社、中国工程学会联合年会记事.科学,1919,4(5).
杨铨.中国科学社第七次年会记事.科学,1922,7(9).
杨铨.中国科学社第四次年会记事.科学,1919,5(1).
杨惟义.昆虫译名之意见.科学,1934,18(12).
永〔任鸿隽〕.美国化学会开会记.科学,1918,4(1).
袁翰青.关于科学论文的管见.科学,1936,20(11).

曾昭抡.二十年来中国化学之进展.科学,1935,19(10).

曾昭抡.各报年会特刊发刊词.科学,1936,20(10).

曾昭抡.关于有机化学名词之建议(一).科学,1930,14(9).

曾昭抡.中国科学会社概述.科学,1936,20(10).

曾昭抡.一九四九年的中国科学家.科学,1949,31(2):33-34.

曾昭抡.科学界的大团结.科学,1950,32(10):289.

张孟闻.悼念裘(次丰)维裕先生.科学,1950,32(6).

张孟闻.全国科学会议.科学,1949,31(7).

张云.国际学术会议和中国科学的发展.科学,1926,11(10).

赵元任.书记报告.科学,1917,3(1).

赵元任.书记报告.科学,1918,4(1).

郑景芳.有机无机二名词不适用于今日之化学界.科学,1918,4(2).

重熙.论科学团体之年会.科学,1937,21(8).

重熙.中国科学社二十周年纪念大会记盛.科学,1935,19(12).

周铭.划一名词办法管见.科学,1916,2(7).

朱其清.编辑引言.科学,1925,10(7).

竺可桢.泛太平洋学术会议之过去与将来.科学,1927,12(4).

竺可桢.庚子赔款与教育文化事业.科学,1925,9(9).

竺可桢.科学研究的精神.科学,1934,18(1).

竺可桢.利害与是非.科学,1935,19(11).

竺可桢.为什么中国古代没有产生自然科学.科学,1946,28(3).

竺可桢.中国科学的新方向.科学,1950,32(4).

邹秉文.万国植物学名定名例.科学,1916,2(9).

2.《社友》

本社基金保管委员推定.社友,1938,第62期.

本社裘氏父子纪念奖金征求理工著述.社友,1948,第81期.

本社三十七年度监事理事题名.社友,1948,第89-90合刊.

本社社葬杨杏佛先生记.社友,1933,第34号.

本社生物研究所荣获教部嘉奖.社友,1941,第72期.

本社试办生物物理学研究.社友,1939,第64期.

编著《中国动物图鉴》. 社友,1941,第72期.
代编《申报》"科学丛谈". 社友,1936,第52期.
董理事会联席会议记录(1935年1月12日). 社友,1935,第45期.
二十二届司选委员会通告. 社友,1940,第68期.
改进《科学》之商榷. 社友,1936,第53期.
高女士纪念奖金揭晓. 社友,1931,第6号.
广州社友会欢迎蔡元培先生记略. 社友,1931,第16号.
考古学奖金委员会推荐应奖人选. 社友,1931,第9号.
理事会第103次会议记录(1932年10月11日). 社友,1932,第24号.
理事会第108次会议记录(1933年6月13日). 社友,1933,第33号.
理事会第110次会议记录(1933年8月12日). 社友,1933,第35期.
理事会第114次会议(秋季理事大会)记录(1933年11月8日). 社友,1933,第36期.
理事会第116次会议记录(1934年2月8日). 社友,1934,第38期.
理事会第118次会议记录(1934年7月21日). 社友,1934,第42期.
理事会第119次会议记录(1934年8月20日). 社友,1934,第44期.
理事会第120次会议记录(1934年10月8日). 社友,1934,第44期.
理事会第121次会议(秋季理事大会)记录(1934年12月24日). 社友,1934,第44期.
理事会第127次会议记录(1935年9月9日). 社友,1935,第50期.
理事会第128次会议记录(1935年12月1日). 社友,1936,第52期.
理事会第130次会议记录(1936年5月28日). 社友,1936,第55期.
理事会第132次会议记录(1936年8月16日). 社友,1936,第56期.
理事会第135次会议记录(1937年5月1日). 社友,1937,第60期.
理事会第138次会议记录(1938年9月19日). 社友,1939,第62期.
理事会第140次会议记录(1939年8月26日). 社友,1939,第64期.
理事会第143次会议记录(1940年3月27日). 社友,1940,第67期.
理事会第147次会议记录(1940年11月15日). 社友,1940,第69期.
理事会第149次会议记录(1941年3月22日). 社友,1941,第71期.
理事会第150次会议记录(1941年3月24日). 社友,1941,第71期.

理事会第 167 次会议记录(1947 年 10 月 31 日). 社友,1947,第 78 – 79 合刊.
理事会第 179 次会议记录(1949 年 3 月 8 日). 社友,1949,第 93 期.
理事会第 182 次会议记录(1949 年 5 月 30 日). 社友,1949,第 93 期.
理事会第 183 次会议记录(1949 年 6 月 28 日). 社友,1949,第 93 期.
理事会第 91 次会议记录(1930 年 10 月 13 日). 社友,1930,第 1 号.
理事会第 92 次会议记录(1930 年 11 月 25 日). 社友,1930,第 4 号.
理事会第 99 次会议记录(1932 年 1 月 9 日). 社友,1932,第 18 号.
理事会记录(1938 年 6 月 29 日). 社友,1939,第 62 期.
明复图书馆报告. 社友,1940,第 68 期.
明复图书馆报告. 社友,1948,第 88 期.
明复图书馆开幕志盛. 社友,1931,第 5 号.
南京社所一片焦土. 社友,1939,第 62 期.
平馆图书在沪开览. 社友,1936,第 52 期.
裘氏纪念奖金之收获. 社友,1948,第 84 期.
卅七年全体监事及候选监事名单. 社友,1948,第 87 期.
上海社友会年会纪略. 社友,1940,第 69 期.
上海社友会庆祝大会. 社友,1935,第 51 期.
上海社友交谊会. 社友,1939,第 64 期.
社友通讯. 社友,1931,第 6 号.
社员何育杰先生五十岁纪念物理奖. 社友,1931,第 13 号.
生物研究所报告. 社友,1948,第 88 期.
生物研究所近况. 社友,1939,第 62 期.
司选委员会报告. 社友,1947,第 75 期.
司选委员会第三号. 社友,1947,第 75 期.
图书馆报告. 社友,1947,第 75 期.
续收何育杰纪念奖基金. 社友,1940,第 67 期.
中国科学社“何吟苢教授物理学纪念奖金”征文办法. 社友,1939,第 63 期.
中国科学社科学研究奖章. 社友,1937,第 60 期.
中国科学社理事会记录. 社友,1934,第 42 期.
中国科学社募集爱迪生纪念奖金基金启. 社友,1931,第 17 号.

中国科学社十五周纪念汇志.社友,1930,第2号.

中国科学社司选委员会通告.社友,1940,第67期.

中国科学社图书馆委员会第一次会议记录.社友,1935,第51期.

中国科学社征求团体赞助社员启事.社友,1948,第80期.

中国射电实验所报告.社友,1948,第88期.

中国书版展览会记.社友,1931,第5号.

周美权先生捐助图书基金.社友,1939,第63期.

柳诒徵.本社祭杨君杏佛文.社友,1933,第34期.

卢于道.四川北碚成立社友会记略.社友,1941,第70期.

唐擘黄.杨杏佛先生略传.社友,1933,第34号.

王琎.中国科学社十五周纪念与《社友》.社友,1930,第1号.

3.《科学画报》(1953年前)

发刊十年感言.科学画报,1943,10(1).

如何能容忍重新武装日本?——中国科学社的控诉.科学画报,1951,17(2).

编辑部.新开场白.科学画报,1950,16(4).

卢于道.卷头语.科学画报,1950,16(1).

卢于道.三十五周年.科学画报,1949,15(11).

任鸿隽.敬告中国科学社社友.科学画报,1949,15(11).

任鸿隽.我们的科学怎么样了.科学画报,1945,12(5).

杨孝述.十年回忆.科学画报,1943,10(1).

杨孝述.在民族抗战中的科学工作.科学画报,1937,5(2).

杨孝述.中国科学社创业记.科学画报,1936,3(6).

张孟闻.本社同人今后的努力方向.科学画报,1949,15(11).

张孟闻.中国科学社生物研究所展览会记.科学画报,1934,1(19).

4.其　　他

中国科学社.科学名人传.初版.南京:中国科学社,1924;增订再版.上海:中国科学图书仪器公司,1931.

中国科学社.科学通论.增订本.上海:中国科学图书仪器公司,1934.

中国科学社.中国科学社概况.南京:中国科学社,1924.

中国科学社.中国科学社概况.上海:中国科学社,1929.

中国科学社.中国科学社概况.上海:中国科学社,1931.

中国科学社.中国科学社社录.南京:中国科学社,1921.

中国科学社.中国科学社社录.南京:中国科学社,1924.

中国科学社.中国科学社社录.南京:中国科学社,1926.

中国科学社.中国科学社社录.上海:中国科学社,1928.

中国科学社.中国科学社北京年会记事录.南京:中国科学社,1925.

中国科学社.中国科学社第十四次年会记事录.上海:中国科学社,1929.

中国科学社.中国科学社第十五次年会记事录.上海:中国科学社,1930.

中国科学社.中国科学社第十六次年会记事录.上海:中国科学社,1931.

中国科学社.中国科学社第十七次年会记事录.上海:中国科学社,1932.

中国科学社.中国科学社第十八次年会纪事录.上海:中国科学社,1933.

中国科学社.中国科学社第十九次年会纪事录.上海:中国科学社,1934.

中国科学社.中国科学社第二十次年会记事.上海:中国科学社,1935.

中国科学社.中国科学社第二十一次年会报告.上海:中国科学社,1936.

中国科学社.中国科学社社员录.上海:中国科学社,1930.

中国科学社.中国科学社社员最近通讯地址录.上海:中国科学社,1931.

中国科学社.中国科学社社员分股名录.上海:中国科学社,1933.

中国科学社.中国科学社社员分股名录.上海:中国科学社,1934.

王琎.科学的南京.上海:科学印刷所,1932.

竺可桢,等.科学的民族复兴.上海:中国科学公司,1937.

中国科学期刊协会.中国科学期刊协会第二届年会特刊.上海:中国科学期刊协会,1949.

(二)报纸杂志

CHAO Y R. Science society's attempt to translation scientific terms. The Chinese Students' Monthly,1915,10(7).

CHU Y M. Appeal for suggestion for translation of scientific and technical terms. The Chinese Students' Monthly,1915,10(6).

HOU M C. Proposes general conference to decide on scientific terms. The Chinese Students' Monthly,1915,10(7).

科学名词审查会第一次化学名词审定本·序.东方杂志,1920,17(7).

介绍《科学》与国人书.留美学生季报,1915(1).

本校纪事.北京大学日刊,1918-9-27.

本校纪事.北京大学日刊,1918-11-7.

蔡元培启事.北京大学月刊,1919,1(1).

中国化学会成立会记录.化学,1934,1(1).

中国科协抗议书:抗议北平党政当局对本会理事袁翰青教授的无理恫喝【吓】.上海科协,1948(4).

中国科学工作者协会对于美国居礼夫人事件及康顿博士事件的抗议.上海科协,1948(4).

沧生.中国的科学.现代评论,1927(118).

陈独秀.敬告青年.青年杂志,1915,1(1).

陈藩.论吾国学者宜互相联结于中国科学社以促进国势.留美学生季报,1916(2).

陈方之,等.对于教育部审定医学名词第一卷质疑.学艺,1927,7(1).

丁韪良.法国近事:东方文会.中西闻见录,1873(16).

丁韪良.英国近事:东学文会.中西闻见录,1874(18).

傅斯年.我所认识的丁文江.独立评论,1936(188).

顾毓琇.科学研究与中国前途.中山文化教育馆季刊,1935(1).

顾毓琇.中国科学化的意义.中山文化教育馆季刊,1935(2).

侯德榜.论留学之缺点与留学之正当方法.留美学生季报,1919(1).

胡彬夏.中国学会留美支会之缘起.庚戌年留美学生年报,1910.

胡博渊.东美中国学生年会记事.留美学生季报,1916(1).

胡适.丁在君这个人.独立评论,1936(188).

胡先骕.读《科学》杂志随笔.独立评论,1934(104).

胡先骕.与汪敬熙先生论中国今日之生物学界.独立评论,1932(15).

刘咸.科学进步与言论自由.国风月刊,1936,8(7).

陆费执.暑假旅行日记.留美学生季报,1919(1).

罗家伦.今日中国之杂志界.新潮,1919,1(4).

罗家伦.中国若要有科学,科学应先说中国话.图书评论,1932,1(3).

任鸿隽.建立学界论.留美学生季报,1914(2).

任鸿隽.建立学界再论.留美学生季报,1914(3).

任鸿隽.中国于世界之位置.留美学生季报,1915(1).

石江.中国科学社参观记.中心评论,1936(2).

坦父.中国的科学研究问题.现代评论,1927(130).

陶孟和.科学研究——立国的基础.现代评论,1927(117).

陶孟和.再论科学研究.现代评论,1927(119).

汪敬熙.论中国今日之科学杂志.独立评论,1932(19).

汪敬熙.提倡科学研究最应注意的一件事:人材的培养.独立评论,1932(26).

汪敬熙.中国今日之生物学界.独立评论,1932(12).

汪振儒.读了《中国今日之生物学界》以后.独立评论,1932(15).

翁文灏.告地质调查所同人书.地质论评,1937,2(6).

翁文灏.中国的科学工作.独立评论,1933(34).

吴承洛.中国化学会成立缘起及一年来经过概要.化学,1934,1(1).

夏鼐.中央研究院第一届院士的分析.观察,1948,5(14).

徐佩璜.波士顿公益社国民义务学堂大会纪事.庚戌年留美学生年报,1910.

徐寿.格致汇编序.格致汇编,1876(1).

严济慈.科学工作者的愤慨.民主与科学,2015(6).

曾昭抡.中国化学会前途的展望.化学通讯,1936,1(19).

张贻志.创立国家学会刍议.留美学生季报,1915(1).

张贻志.告归国留学生.留美学生季报,1916(1).

赵心梅.中国生物科学研究所——一个属于纯粹科学工作者自己的研究机构.中建,1948,2(20).

竺可桢.科学之方法与精神.思想与时代,1941(1).

竺可桢.取消学术上的不平等.现代评论,1927(120).

邹秉文.康乃尔大学通讯.留美学生季报,1916(2).

杜威在中国科学社之演讲.申报,1920-4-27.

杜威在中国科学社之演讲(续).申报,1920-4-28.

对于有关我国科学体制问题的几点意见.光明日报,1957-6-9.

抗日救国运动昨闻:三千学生赴京请愿出兵　各业代表开会决心抵货.申报,

1931－9－29.

国府二十四次常会纪. 申报,1927－12－18.

教育界对日文化案之宣言. 申报,1924－5－2.

介绍《科学》杂志. 申报,1915－1－28.

科学名词审查会闭会纪. 申报,1919－7－13.

科学名词审查会纪要. 申报,1922－7－14.

科学名词审查会开会. 申报,1921－7－8.

科学名词审查会开会续纪. 申报,1921－7－13.

科学名词审查会开会预志. 申报,1919－7－3.

科学名词审查会之各组纪事. 申报,1923－7－11.

李济博士昨演讲河南考古最近发见. 申报,1932－12－27.

两大问题——六学术团体年会尾记. 大公报,1943－7－24.

六学术团体联合年会:蒋委员长颁发训词. 中央日报,1943－7－19.

宁垣中国科学社开会纪. 申报,1920－8－17.

中国考古会成立:通过章程及议决提案,推举蔡元培等为理事. 申报,1933－5－15.

中国科学社对美款用途意见. 申报,1924－7－1.

中国科学社年会中之要案·对英美日退款用途之议案. 申报,1924－7－6.

中国科学社之演讲. 申报,1933－2－17.

中国科学社之演讲. 申报,1922－5－5.

骥千〔秉志〕. 全体之认识. 申报,1939－6－28.

博生. 上海之图书馆. 申报,1939－1－2.

陈垣. 给胡适之一封公开信. 人民日报,1949－5－11.

禾山〔秉志〕. 科学与民族解放. 申报,1939－7－26.

任鸿隽. 科学研究之国际趋势. 申报,国庆纪念增刊,1923－10－10.

谢树英. 今后我国大学教育应有之趋向. 大公报,1935－1－5.

曾昭抡. 提高高等教育的质量. 人民日报,1957－3－18.

（三） 日记、书信及年谱

复旦大学档案馆馆藏名人手札选编辑委员会. 复旦大学档案馆馆藏名人手札选.

上海:复旦大学出版社,1997.

曹伯言,胡适日记全集.合肥:安徽教育出版社,2001.

博迪.北京日记——革命的一年.洪菁芸,等,译.北京:东方出版中心.2001.

高平叔.蔡元培年谱长编.北京:人民教育出版社,1998.

耿云志.胡适遗稿及秘藏书信.合肥:黄山书社,1994.

胡颂平.胡适之先生年谱长编初稿·第1册.台北:联经出版事业公司,1984.

胡宗刚.胡先骕先生年谱长编.南昌:江西教育出版社,2008.

马胜云,等.李四光年谱.北京:地质出版社,1999.

任武雄,王美娣.杨杏佛致柳亚子的书信//中国人民政治协商会议上海市委员会文史资料编辑部.上海文史资料选辑·第66辑.上海:上海人民出版社,1991.

宋庆龄基金会,中国福利会.宋庆龄书信集:上.北京:人民出版社,1999.

王汎森,潘光哲,吴政上.傅斯年遗札.台北:"中央研究院"历史语言研究所,2011.

闻黎明,侯菊坤.闻一多年谱长编.武汉:湖北人民出版社,1994.

吴宓.吴宓日记·第二册.吴学昭,整理注释.北京:生活·读书·新知三联书店,1998.

吴宓.吴宓自编年谱.北京:生活·读书·新知三联书店,1998.

许为民.杨杏佛年谱.中国科技史料,1991,12(2).

赵慧芝.任鸿隽年谱.中国科技史料,1988,9(2);1988,9(4);1989,10(1);1989,10(3).

中国社会科学院近代史研究所中华民国史组.胡适来往书信选.北京:中华书局,1979.

(四) 回忆与口述访谈

维格纳,桑顿.乱世学人:维格纳自传.关洪,译.上海:上海科技教育出版社,2001.

陈翰笙.四个时代的我.北京:中国文史出版社,1988.

樊洪业,等.黄宗甄访谈录.中国科技史料,2000,21(4).

冯友兰.三松堂自序.人民出版社,1998.

傅慧,邓宗禹.医学界的英美派与德日派之争//中国人民政治协商会议全国委员会文史资料研究委员会. 文史资料选辑·第119辑. 北京:中国文史出版社,1989.

胡光麃. 波逐六十年//沈云龙. 近代中国史料丛刊(续编)·第62辑. 台北:文海出版社,1979.

胡炎汉. 胡炎汉回忆录. 台北:"中央研究院"近代史研究所,2001.

黄绍竑. 五十回忆. 长沙:岳麓书社,1999.

级友联谊会. 六十年回顾:纪念上海交通大学1938级级友入校六十周年. 1994(内部出版).

金涛. 严济慈先生访谈录. 中国科技史料,1999,20(3).

李绍昌. 半生杂记//沈云龙. 近代中国史料丛刊(续编)·第68辑. 台北:文海出版社,1979.

李先闻. 李先闻自述. 长沙:湖南教育出版社,2009.

李真真. 中宣部科学处与中国科学院——于光远、李佩珊访谈录·百年潮,1996,6.

梁实秋:秋室杂忆. 台北:传记文学出版社,1985.

凌立. 中央大学读书记. 传记文学(台北),2004,3.

刘咸. 回忆业师秉志. 中国科技史料,1986,7(1).

刘咸. 我前后的几任《科学》主编. 科学,1985,37(1).

茅以升. 中国工程师学会简史//中国人民政治协商会议全国委员会文史资料研究委员会. 文史资料选辑·第100辑. 中国文史出版社,1985.

倪达书. 回忆业师秉志. 中国科技史料,1986,7(1).

钱昌照. 钱昌照回忆录. 北京:中国文史出版社,1998.

任鸿隽. 中国科学社社史简述//中国人民政治协商会议全国委员会文史资料研究委员会. 文史资料选辑·第15辑. 北京:中华书局,1961.

沈蕃. 辛亥前后的江北名流//中国人民政治协商会议全国委员会文史资料研究委员会. 文史资料选辑·第8辑. 北京:中华书局,1960.

沈宗瀚. 沈宗瀚自述·克难苦学记. 台北:传记文学出版社,1984.

唐德刚. 胡适口述自传. 上海:华东师范大学出版社,1995.

王志均,韩济生. 治学之道——老一辈生理科学家自述. 北京:北京医科大学,中国协和医科大学联合出版社,1992.

杨步伟. 杂记赵家. 北京:中国文联出版社,1999.

杨宽. 历史激流中的动荡和曲折:杨宽自传. 台北:时报文化出版企业有限公司,1993.

杨浪明,沈其益. 中华自然科学社简史//中国人民政治协商会议全国委员会文史资料研究委员会. 文史资料选辑·第34辑,北京:文史资料出版社,1963.

杨小佛,口述. 朱玖琳,撰稿. 杨小佛口述历史. 上海:上海书店出版社,2015.

杨钟健. 杨钟健回忆录. 北京:地质出版社,1983.

恽宝润. 农学家邹秉文//中国人民政治协商会议全国委员会文史资料研究委员会. 文史资料选辑·第88辑. 北京:文史资料出版社,1983.

张孟闻. 中国科学社略史//中国人民政治协商会议全国委员会文史资料研究委员会. 文史资料选辑·第92辑,北京:文史资料出版社,1984.

张朋园,杨翠华,沈松侨,采访. 任以都先生访问记录. 潘光哲,记录. 台北:"中央研究院"近代史研究所,1993.

中国科学院学部联合办公室. 中国科学院院士自述. 上海:上海教育出版社,1996.

邹鲁. 回顾录. 长沙:岳麓书社,2000.

(五) 著作与文集

Flint H T,等. 最近百年化学的进展. 庶允,译. 上海:上海科学技术出版社,1957.

罗素. 中国问题. 上海:学林出版社,1997.

陈衡哲. 衡哲散文集. 石家庄:河北教育出版社,1994.

陈衡哲. 西洋史. 沈阳:辽宁教育出版社,1998.

陈衡哲. 小雨点. 上海:上海书店,1985.

陈润成,李欣荣. 张荫麟全集. 北京:清华大学出版社,2013.

陈旭麓. 陈旭麓文集. 上海:华东师范大学出版社,1996.

陈寅恪. 金明馆丛稿二编. 上海:上海古籍出版社,1982.

樊洪业,张久春,任鸿隽. 科学救国之梦——任鸿隽文存. 上海:上海科技教育出版社,上海科学技术出版社,2002.

樊洪业,潘涛,王勇忠. 中国近代思想家文库·任鸿隽卷. 北京:中国人民大学出版社,2014.

樊洪业. 竺可桢全集·第1-24卷. 上海:上海科技教育出版社,2004—2013.

范寿康. 范寿康教育文集. 杭州:浙江教育出版社,1989.

高平叔. 蔡元培全集·第3-7卷. 北京:中华书局,1984—1989.

顾颉刚. 古史辨·第2册. 上海:上海古籍出版社,1982.

胡明. 胡适选集. 天津:天津人民出版社,1991.

简贯三. 科学运动与反读书思潮. 重庆:独立出版社,金华:国民出版社,1939.

姜义华. 康有为全集·第3册. 上海:上海古籍出版社,1992.

金吾伦. 吴大猷文录. 杭州:浙江文艺出版社,1999.

李约瑟,李大斐. 李约瑟游记. 余廷明,滕巧云,唐道华,等,译. 贵阳:贵州人民出版社,1999.

梁启超. 新大陆游记及其他. 长沙:岳麓书社,1985.

刘东,翟奎凤. 梁启超文存. 南京:江苏人民出版社,2012.

刘锡鸿. 英轺私记. 长沙:岳麓书社,1986.

鲁迅. 鲁迅全集. 北京:人民文学出版社,1991.

罗岗,陈春艳. 梅光迪文录. 沈阳:辽宁教育出版社,2001.

罗家伦. 文化教育与青年. 上海:商务印书馆,1947.

吕思勉. 吕思勉遗文集. 上海:华东师范大学出版社,1997.

莫世祥. 马君武集. 武汉:华中师范大学出版社,1991.

南京农业大学. 过探先先生纪念文集. 南京:南京农业大学,1994.

欧阳哲生. 丁文江先生学行录. 北京:中华书局,2008.

欧阳哲生. 胡适文集. 北京:北京大学出版社,1998.

欧阳哲生. 中国近代思想家文库·蔡元培卷. 北京:中国人民大学出版社,2014.

欧阳哲生. 丁文江文集. 长沙:湖南教育出版社,2008.

潘乃穆,潘乃和. 潘光旦文集. 北京:北京大学出版社,2000.

钱天鹤. 钱天鹤文集. 北京:中国农业科技出版社,1997.

钱伟长. 钱伟长学术论著自选集. 首都师范大学出版社,1994.

钱永红,编. 一代学人钱宝琮. 杭州:浙江大学出版社,2008.

任鸿隽. 科学概论:上篇. 上海:商务印书馆,1927.

上海师范大学历史系中国近代史组. 林则徐诗文选注. 上海:上海古籍出版社,1978.

汤志钧. 康有为政论集. 北京:中华书局,1981.

田建业,等. 杜亚泉文选. 上海:华东师范大学出版社,1993.

王栻. 严复集. 北京:中华书局,1986.

王聿均,等. 朱家骅先生言论集. 台北:“中央研究院”近代史研究所史,1977.

魏源. 海国图志:上. 长沙:岳麓书社,1998.

吴大猷. 吴大猷科学哲学文集. 北京:社会科学文献出版社,1996.

吴大猷. 吴大猷文选・第7册. 台北:远流出版事业股份有限公司,1992.

吴稚晖. 吴稚晖全集. 北京:九州出版社,2013.

杨铨. 杨杏佛文存. 上海:平凡书局,1929.

杨贤江. 杨贤江全集. 郑州:河南教育出版社,1995.

叶铭汉,戴念祖,李艳平. 叶企孙文存. 北京:首都师范大学出版社,2013.

翟启慧,胡宗刚. 秉志文存. 北京:北京大学出版社,2006.

张奠宙,王善平. 陈省身文集. 上海:华东师范大学出版社,2002.

张謇研究中心,等. 张謇全集・第4卷. 南京:江苏古籍出版社,1994.

张孟闻. 中国科学史举隅. 上海:中国文化服务社,1947.

张奚若. 张奚若文集. 北京:清华大学出版社,1989.

张子高. 科学发达略史. 上海:中华书局,1932.

章鸿钊. 中国地质学发展小史. 上海:商务印书馆,1937.

赵靖. 穆藕初文集. 北京:北京大学出版社,1995.

赵元任. 赵元任全集・第15卷(下册). 北京:商务印书馆,2007.

中国蔡元培研究会. 蔡元培全集. 杭州:浙江教育出版社,1998.

中国民主同盟中央委员会宣传部. 华罗庚诗文选. 北京:中国文史出版社,1986.

中华职业教育社. 黄炎培教育文选. 上海:上海教育出版社,1985.

(六) 资 料 汇 编

《近代史资料》编辑部. 近代史资料・第91辑. 北京:中国社会科学出版社,1997.

北京图书馆业务研究委员会. 北京图书馆馆史资料汇编(1909—1949). 北京:书目文献出版社,1992.

曹惠群. 算学名词汇编. 上海:科学名词审查会,1938.

陈伯熙. 上海轶事大观. 上海:上海书店,2000.

陈学恂,田正平. 中国近代教育史资料汇编·留学教育. 上海:上海教育出版社,1991.

戴念祖. 20世纪上半叶中国物理学论文集粹. 长沙:湖南教育出版社,1993.

丁守和. 辛亥革命时期期刊介绍·第1-4集. 北京:人民出版社,1982—1986.

杜元载. 抗战前之高等教育//革命文献·第56辑. 台北:中国国民党中央委员会党史史料编纂委员会,1971.

高素兰. 蒋中正"总统档案":事略稿本·第54卷. 台北:"国史馆",2011.

耿云志. 胡适论争集:上卷. 北京:中国社会科学出版社,1998.

国立编译馆一览. 南京:国立编译馆,1934.

国立中央研究院概况(中华民国十七年六月至三十七年六月). 1948.

国立中央研究院文书处. 国立中央研究院十七年度总报告. 南京:国立中央研究院总办事处,1928.

国立中央研究院文书处. 国立中央研究院首届评议会第一次报告. 南京:国立中央研究院总办事处,1937.

国联教育考察团. 中国教育之改进. "国立编译馆",译. 台北:文星书店,1963.

何志平,尹恭成,张小梅. 中国科学技术团体. 上海:上海科学普及出版社,1990.

胡健国. "国史馆"现藏民国人物传记史料汇编·第28辑. 台北:"国史馆",2003.

胡健国. "国史馆"现藏民国人物传记史料汇编·第30辑. 台北:"国史馆",2006.

黄季陆. 抗战前教育概况与检讨//革命文献·第55辑. 台北:中国国民党中央委员会党史史料编纂委员会,1983.

黄季陆. 抗战前教育与学术//革命文献·第53辑. 台北:中国国民党中央委员会党史史料编纂委员会,1971.

教育年鉴编纂委员会. 第二次中国教育年鉴(民国二十三年至三十六年)//沈云龙. 近代中国史料丛刊(三编)·第11辑. 台北:文海出版社,1986.

教育部. 第一次中国教育年鉴. 上海:开明书店,1934.

教育部. 全国专科以上学校教员研究专题概览. 上海:商务印书馆,1937.

李永春. 湖南新文化运动史料·第2册. 长沙:湖南人民出版社,2011.

李振华. 国闻周报(名人录·时人汇录)//沈云龙. 近代中国史料丛刊(续编)·

第84辑. 台北:文海出版社,1981.

刘咸. 中国科学二十年·刘咸选辑. 上海:中国科学社,1937.

鲁德馨. 动植物学名词汇编(矿物名附). 上海:科学名词审查会,1935.

明复博士纪念刊——明复. 上海:大同大学数理研究会,1928.

南京大学校庆办公室校史资料编辑组. 南京大学校史资料选辑,1982.

璩鑫圭,童富勇. 中国近代教育史资料汇编·教育思想. 上海:上海教育出版社,2007.

任南衡,张友余. 中国数学会史料. 南京:江苏教育出版社,1995.

上海市档案馆. 吴蕴初企业史料·天厨味精厂卷. 北京:档案出版社,1992.

上海市文献委员会. 上海市年鉴(1948年). 上海市文献委员会年鉴编辑委员会,1948.

王学珍,郭建荣. 北京大学史料. 北京:北京大学出版社,2000.

文集编撰委员会. 一代宗师——曾昭抡百年诞辰纪念文集. 北京:北京大学出版社,1999.

张静庐. 中国近代出版史料·初编. 上海:上海书店出版社,2003.

中国第二历史档案馆. 国民党政府政治制度档案史料选编:上册. 合肥:安徽教育出版社,1994.

中国第二历史档案馆. 中华民国史档案资料汇编·第五辑第一编"教育". 南京:江苏古籍出版社,1994.

中国第二历史档案馆. 中华民国史档案资料汇编·第三辑"教育". 南京:江苏古籍出版社,1991.

中国工程师学会. 三十年来之中国工程(中国工程师学会三十周年纪念刊). 南京:南京京华印书馆再版,1946.

中国近代纺织史编委会. 中国近代纺织史研究资料汇编·第12辑. 上海:中国近代纺织史编辑委员会,1988.

中国史学会. 中国近代史资料丛刊·洋务运动. 上海:上海人民出版社,1961.

中华人民共和国名誉主席宋庆龄陵园管理处. 啼痕——杨杏佛遗迹录. 上海:上海辞书出版社,2008.

中央党部国民经济计划委员会. 十年来之中国经济建设. 南京:扶轮日报社,1937.

朱有瓛.中国近代学制史料·第一辑(上册).上海:华东师范大学出版社,1983.
庄文亚.全国文化机关一览.上海:世界书局,1934.

(七)人物传记

《科学家传记大词典》编辑组.中国现代科学家传记·第1-6集.北京:科学出版社,1994.
包华德.民国名人传记辞典.北京:中华书局,1980.
本书编委会.少数民族英才:下册.北京:中央民族学院出版社,1994.
本书编委会.同济大学教授录.上海:同济大学出版社,2007.
陈清泉,宋广渭.陆定一传.北京:中共党史出版社,1999.
陈群,段万倜,张祥光,等.李四光传.北京:人民出版社,1984.
程民德.中国现代数学家传·第3卷.南京:江苏教育出版社,1995.
杜石然.中国古代科学家传记:下集.北京:科学出版社,1993.
樊荫南.当代中国名人录.上海:良友图书印刷公司,1931.
傅润华.中国当代名人传.上海:世界文化服务社,1948.
顾潮.历劫终教志不灰:我的父亲顾颉刚.上海:华东师范大学出版社,1997.
华夏妇女文化发展中心.中华妇女风采录.成都:四川人民出版社,1994.
黄宗甄.罗宗洛.石家庄:河北教育出版社,2001.
李新,孙思白,朱信泉.中华民国史·人物传·第2卷.北京:中华书局,2011.
刘卫东.河南大学百年人物志.开封:河南大学出版社,2012.
汕头市文史委员会.科技英才:旅外潮籍科技人物(一)//汕头文史·第12辑.1994.
沈飞德.民国第一家:孙中山的亲属与后裔.上海:上海人民出版社,2002.
沈渭滨.近代中国科学家.上海:上海人民出版社,1988.
汪晓勤.中西科学交流的功臣——伟烈亚力.北京:科学出版社,2000.
汪新.中国民主党派名人物.南京:江苏人民出版社,1993.
王东杰.建立学界陶铸国民:四川大学校长任鸿隽.济南:山东教育出版社,2012.
王扬宗.傅兰雅与近代中国科学的启蒙.北京:科学出版社,2000.
吴义.化工专家陈聘丞//上海市嘉定区政协《嘉定文史资料》编辑委员会.嘉定文史资料·第22辑.2005.

许纪霖,田建业. 一溪集:杜亚泉的生平与思想. 北京:生活·读书·新知三联书店,1999.

彦奇. 中国各民主党派史·人物传·第5卷. 北京:华夏出版社,1994.

杨家骆. 民国名人图鉴. 上海:辞典馆,1937.

杨仲揆. 中国现代化先驱——朱家骅传. 台北:近代中国出版社,1984.

余姚市政协文史资料委员会. 余姚文史资料·第13辑. 1995.

虞昊,黄延复. 中国科技的基石——叶企孙和科学大师们. 上海:复旦大学出版社,2000.

张孝若. 南通张季直先生传记. 上海:中华书局,1930.

赵为,初绿. 郑集传. 南京:南京大学出版社,1993.

中国科学技术协会. 中国科学技术专家传略·理学编·化学卷1. 北京:中国科学技术出版社,1993.

中国科学技术协会. 中国科学技术专家传略·理学编·化学卷2. 石家庄:河北教育出版社,1996.

中国科学技术协会. 中国科学技术专家传略·理学编·生物学卷2. 北京:中国科学技术出版社,2001.

中国科学技术协会. 中国科学技术专家传略·农学编·林业卷1. 北京:中国科学技术出版社,1991.

中国科学技术协会. 中国科学技术专家传略·农学篇·养殖卷1. 北京:中国科学技术出版社,1993.

中国人民政治协商会议江西省都昌县委员会文史委. 都昌文史资料·第8辑"历代人物专辑:都昌历史名人". 2008.

周武. 张元济——书卷人生. 上海:上海教育出版社,1999.

(八) 地 方 志

本书编纂委员会. 上海化学工业志. 上海:上海社会科学院出版社,1997.

本书编纂委员会. 上海科学技术志. 上海:上海社会科学院出版社,1996.

本书编纂委员会. 上海医药志. 上海:上海社会科学院出版社,1996.

复旦大学校史编写组. 复旦大学志·第1卷. 上海:复旦大学出版社,1985.

刘健清,等. 中华文化通志·社团志. 上海:上海人民出版社,1998.

三、著作

（一）理论著作

RONAYNE J. Science in government: a review of the principles and practice of science policy. 1st ed. Melbourne: Edward Arnold (Australia) Pty Ltd, 1984.

MERTON R K. Social theory and social structure. 9th ed. New York: The Free Press, 1964.

巴伯. 科学与社会秩序. 顾昕,等,译. 北京:生活·读书·新知三联书店,1991.

贝尔纳. 科学的社会功能. 陈体芳,译. 北京:商务印书馆,1985.

本-戴维. 科学家在社会中的角色. 赵佳苓,译. 成都:四川人民出版社,1988.

哈贝马斯. 公共领域的结构转型. 曹卫东,等,译. 上海:学林出版社,1999.

哈代,维纳,怀特海. 科学家的辩白. 毛虹,等,译. 南京:江苏人民出版社,1999.

克兰. 无形学院——知识在科学共同体的扩散. 刘珺珺,等,译. 北京:华夏出版社,1988.

科尔. 科学的制造:在自然界与社会之间. 林建成,等,译. 上海:上海人民出版社,2001.

科塞. 理念人:一项社会学的考察. 郭方,等,译. 北京:中央编译出版社,2001.

李克特. 科学是一种文化过程. 顾昕,等,译. 北京:生活·读书·新知三联书店,1989.

罗吉斯,伯德格. 乡村社会变迁. 王晓毅,等,译. 杭州:浙江人民出版社,1988.

默顿. 十七世纪英国的科学、技术与社会. 范岱年,等,译. 北京:商务印书馆,2000.

斯格特. 组织理论:理性、自然和开放系统. 黄洋,等,译. 北京:华夏出版社,2002.

韦伯. 儒教与道教. 王容芬,译. 北京:商务印书馆,2002.

韦伯. 学术与政治. 冯克利,译. 北京:生活·读书·新知三联书店,1998.

兹纳涅茨基. 知识人的社会角色. 郏斌祥,译. 南京:译林出版社,2000.

邓正来,亚历山大. 国家与市民社会:一种社会理论的研究路径. 北京:中央编译出版社,1993.

何亚平. 科学社会学教程. 杭州:浙江大学出版社,1990.

刘珺珺. 科学社会学. 上海:上海人民出版社,1990.

张碧晖,王平. 科学社会学. 北京:人民出版社,1990.

张家麟. 组织社会学. 合肥:安徽人民出版社,1988.

(二) 研究著作

KOHLSTEDT S G, et al. The establishment of science in America: 150 years of the American Association for the Advancement of Science. New Brunswick: Rutgers University Press, 1999.

艾尔曼. 从理学到朴学——中华帝国晚期思想与社会变化面面观. 赵刚,译. 南京:江苏人民出版社,1995.

艾尔曼. 中国近代科学的文化史. 王红霞,等,译. 上海:上海古籍出版社,2009.

比勒. 中国留美学生史. 张艳,译. 北京:生活・读书・新知三联书店,2010.

狄博斯. 文艺复兴时期的人与自然. 周雁翎,译. 上海:复旦大学出版社,2000.

费正清,费维恺. 剑桥中华民国史(1912—1949):下卷. 刘敬坤,等,译. 北京:中国社会科学出版社,1993.

莱昂斯. 英国皇家学会史. 陈先贵,译. 云南省机械工程学会,云南省学会研究会.

罗兹曼. 中国的现代化. 国家社会科学基金"比较现代化"课题组,译. 南京:江苏人民出版社,1995.

梅森. 自然科学史. 上海自然科学哲学著作编译组,译. 上海:上海人民出版社,1977.

杉本勋. 日本科学史. 郑彭年,译. 北京:商务印书馆,1999.

沃尔夫. 十六、十七世纪科学、技术和哲学史. 周昌忠,等,译. 北京:商务印书馆,1997.

叶维丽. 为中国寻找现代之路:中国留学生在美国(1900—1927). 周子平,译. 北京:北京大学出版社,2012.

周策纵. 五四运动:现代中国的思想革命. 周子平,等,译. 南京:江苏人民出版社,1996.

陈孟勤. 中国生理学史. 北京:北京医科大学出版社,2001.

程裕淇,陈梦熊. 前地质调查所(1916—1950)的历史回顾、历史评述与主要贡献. 北京:地质出版社,1996.

董光璧.中国近现代科学技术史.长沙:湖南教育出版社,1997.

樊洪业.中国科学院编年史(1949—1999).上海:上海科技教育出版社,1999.

房正.近代工程师群体的民间领袖——中国工程师学会研究(1912—1950).北京:经济日报出版社,2014.

胡光麃.中国现代化的历程.台北:传记文学出版社,1981.

林毓生.中国传统的创造性转化.北京:生活·读书·新知三联书店,1996.

桑兵.晚清学堂学生与社会变迁.桂林:广西师范大学出版社,2007.

沈国威.六合丛谈:附题解·索引.上海:上海辞书出版社,2006.

沈卫威.回眸"学衡派"——文化保守主义的现代命运.北京:人民文学出版社,1999.

沈渭滨.孙中山与辛亥革命.上海:上海人民出版社,1993.

石霓.观念与悲剧:晚清留美幼童命运剖析.上海:上海人民出版社,2000.

苏云峰.抗战前的清华大学(1928—1937).台北:"中央研究院"近代史研究所,2000.

王家范.百年颠沛与千年往复.上海:上海远东出版社,2001.

王毅.皇家亚洲文会北中国支会研究.上海:上海书店出版社,2005.

王志均,陈孟勤.中国生理学史.北京:北京医科大学,中国协和医科大学联合出版社,1993.

西南联合大学北京校友会.国立西南联合大学校史.北京:北京大学出版社,1996.

谢国桢.明清之际党社运动考.北京:中华书局,1982.

薛毅,章鼎.章元善与华洋义赈会.北京:中国文史出版社,2002.

杨翠华.中基会对科学的赞助.台北:"中央研究院"近代史研究所,1991.

杨国强.百年嬗蜕:中国近代的士与社会.上海:上海三联书店,1997.

殷海光.中国文化的展望.上海:上海三联书店,2002.

余英时.论士衡史.上海:上海文艺出版社,1999.

张剑.中国近代科学与科学体制化.成都:四川人民出版社,2008.

张君劢.明日之中国文化.上海:商务印书馆,1936.

赵匡华.中国化学史·近现代卷.南宁:广西教育出版社,2003.

中国植物学会.中国植物学史.北京:科学出版社,1994.

"中央研究院"总办事处秘书组.中央研究院史初稿.1988.

周锡瑞,李皓天. 1943:中国在十字路口. 陈骁,译. 北京:社会科学文献出版社,2016.

四、论文

(一) 公开发表论文

WANG Z Y. Saving China through science:the science society of China,scientific nationalism,and civil society in Republican China. Osiris, 2002,17.

弗里德曼. 论科学知识社会学及其哲学任务. 张敦敏,译. 哲学译丛,1999(2).

科尔. 巫毒社会学:科学社会学最近的发展. 刘华杰,译. 哲学译丛,2000(2).

艾尔曼. 从前现代的格致学到现代的科学. 中国学术,2000(2).

罗斯. "科学家"的源流. 张焮,译. 科学文化评论,2011,6.

《科学画报》编辑部. 科学画报五十年. 中国科技史料,1983,4(4).

卞毓麟. "科学宣传"六议. 科学,1995,47(1).

曹育. 中华教育文化基金会与中国现代科学的早期发展. 自然辩证法通讯,1991,13(3).

辰生.《算学报》与《数学杂志》. 科学,1990,42(3).

陈德懋. 李森科主义对中国现代生物学的影响. 自然辩证法通讯,1991(2).

陈胜崑. 中国生物学实验派与调查派之论战. 科学月刊(台北),1984,15(8).

戴念祖. 中国物理学记事年表(1900—1949). 中国科技史料,1983,4(4).

董贵成. 试论维新派对发展科学技术的认识. 自然科学史研究,2005,24(1).

杜恂诚. 中国近代经济的政治性周期与逆向运作. 史林,2001(4).

段异兵. 李约瑟赴华工作身份. 中国科技史料,2004,25(3).

樊洪业,李真. 科学家对五四新文化运动的贡献. 自然辩证法通讯,1989(3).

樊洪业. 从"格致"到"科学". 自然辩证法通讯,1988(3).

樊洪业. 从傅友周的股金判定筹建科学社的"动议"时间. 科学,2014,66(3).

樊洪业. 对爱迪生致赵元任函的解读. 科学,2014,66(2).

樊洪业. 前中央研究院的创立及其首届院士选举. 近代史研究,1990(3).

樊洪业. 任鸿隽:中国现代科学事业的拓荒者. 自然辩证法通讯,1993(3).

樊洪业. 中国科学社与新文化运动. 科学,1989(2).

樊洪业. 周恩来的“科代筹”讲话与新中国的科学方针. 微信公众号“科学春秋”, 2016－12－2.

顾昕. 唯科学主义与中国近现代知识分子. 自然辩证法通讯,1990(3).

郭金海. 蒋介石《中国之命运》与中央研究院的回应. 自然科学史研究,2012(2).

郭金海. 京师同文馆数学教学探析. 自然科学史研究,2003,22(b11).

郭金海. 民国时期中央研究院学术奖金的评奖活动. 民国档案,2016(4).

郭正昭. 社会达尔文主义与晚清学会运动(1895—1911)——近代科学思潮社会冲击研究之一. “中央研究院”近代史研究所集刊,1972(3下).

郭正昭. 王光祈与少年中国会(1918—1936)——民国学会个案探讨之一. “中央研究院”近代史研究所集刊,1971(2).

郭正昭. 中国科学社与中国近代科学化运动(1914—1935)——民国学会个案探讨之一. 中国现代史专题研究报告・第1辑. 台北:史料研究中心,1985.

洪万生. 古荷池精舍的算学新芽——丁取忠学圈与西方代数. 汉学研究,1996, 14(2).

洪万生. 同文馆算学教习李善兰//杨翠华,黄一农. 近代中国科技史论集. “中央研究院”近代史研究所,(台湾新竹)清华大学历史研究所,1991.

胡浩宇.《察世俗每月统记传》刊载的科学知识述评. 自然辩证法通讯,2006, 28(5).

胡宗刚. 1930年代中国生物学界的一场论争. 中华科技史学会会刊,2006(10).

胡宗刚. 秉志与丁文江之恩怨. 赛先生在中国:中国科学社成立百年纪念暨国际学术讨论会. 上海:上海社会科学院,2015.

胡宗刚. 胡先骕落选学部委员考. 自然辩证法通讯,2005,27(5).

金观涛,刘青峰. 从“格物致知”到“科学”、“生产力”——知识体系和文化关系的思想史研究. “中央研究院”近代史研究所集刊,2004(46).

亢小玉,姚远. 两种《算学报》的比较及其数学史意义. 西北大学学报(自然科学版),2006,36(5).

李双璧. 从“格致”到“科学”:中国近代科技观的演变轨迹. 贵州社会科学, 1995(5).

李天刚. 函夏考文苑:民初的学术理想//张仲礼. 中国近代城市企业・社会・空间. 上海:上海社会科学院出版社,1998.

林文照. 十九世纪前期我国一部重要的光学著作//科技史文集·第12辑. 上海：上海科学技术出版社，1984.

林文照. 中国近代科技社团的建立及其社会思想基础//王渝生. 第七届国际中国科学史会议文集. 郑州：大象出版社，1999.

刘新铭. 关于"中国科学化运动". 中国科技史料，1987(2).

刘学礼. 中国近代生物学如何走上独立发展的道路. 自然辩证法通讯，1992(4).

吕芳上. 抗战前江西的农业改良与农村改进事业(1933—1937)//中央研究院近代史研究所. 近代中国农村经济史论文集. 台北："中央研究院"近代史研究所，1989.

穆祥桐，莫容. 中国近代农业史系年要录. 中国科技史料，1988，9(3)；1988，9(4).

彭光华. 中国科学化运动协会的创建、活动及其地位. 中国科技史料，1992(1).

秦宝雄. 往事杂忆：从父亲秦汾和丁文江先生谈起//刘瑞琳. 温故21. 桂林：广西师范大学出版社，2012.

区志坚. 二十世纪中国学术专业化的建立——以竺可桢与近代地理学及气象学的开展为例. 香港"二十世纪中国之再诠释"国际研讨会. 香港：香港浸会大学历史学系，等，2001.

桑兵. 20世纪初国内新知识界社团概论. 近代史研究，1994(5).

施若谷. "科学共同体"在近代中西方的形成与比较. 自然科学史研究，1999(1).

史贵全. 抗日战争前的交通大学研究所. 自然辩证法通讯，2002，24(5).

宋子良.《科学》的科学史价值. 自然科学史研究，1993(4).

苏云峰. 清华校长人选与继承风波. "中央研究院"近代史研究所集刊，1993(22).

孙承晟. 葛利普与北京博物学会. 自然科学史研究，2015，34(2).

陶东风. 中心与边缘的位移——中国知识精英内部结构的变迁//傅国涌. 直面转型的时代——《东方》文选(1993—1996). 北京：经济科学出版社，2013.

陶世龙. 地质学的传播对中国社会变革的影响. 科技日报，1989-9-19.

陶贤都，杨燕飞.《科学》专号的内容与传播策略. 科学，2016，68(3).

陶英惠. 蔡元培与中央研究院. "中央研究院"近代史研究所集刊，1978(7).

陶英惠. 任鸿隽与中国科学社. 传记文学(台北)，1974，24(6).

田淼. 清末数学教育对中国数学家的职业化影响. 自然科学史研究，1998，

17(2).

王大明.试论二、三十年代中国科学家的社会声望问题.自然辩证法通讯,1988(6).

王尔敏.中华民国开国初期之实业建国思潮//"中华文化复兴运动委员会".中国近代现代史论集·第18编.台北:台湾商务印书馆,1986.

王奇生.中国近代人物的地理分布.近代史研究,1996(2).

王首还.再谈实验派与调查派之论战.科学月刊(台北),1984,15(9).

王燮山.中国近代力学的先驱顾观光及其力学著作.物理,1989,18(1).

王作跃.中国科学社美国分社历史研究.自然辩证法通讯,2016(3).

吴家睿.静生生物调查所纪事.中国科技史料,1989(1).

吴美霞.中国天文学会简述.中国科技史料,1989(3).

吴相湘.胡适实事求是的交友之道.胡适研究丛刊·第1辑.北京:北京大学出版社,1995.

席宗泽.中国科学技术史学会20年.中国科技史料,2000,21(4).

谢立惠.中国科学工作者协会的成立和发展.中国科技史料,1982(2).

谢振声.近代化学史上值得纪念的学者——虞和钦.中国科技史料,1982(2).

谢振声.中国近代物理学的先驱者何育杰.中国科技史料,1990(1).

徐明华.中央研究院与中国科学研究的体制化."中央研究院"近代史研究所集刊,1993(22下).

许为民.《科学》杂志的两度停刊与复刊.自然辩证法通讯,1992(3).

许为民.杨杏佛:中国现代杰出的科学事业组织者和社会活动家.自然辩证法通讯,1990(5).

薛攀皋.中国科学社生物研究所——中国最早的生物学研究机构.中国科技史料,1992,13(2).

薛攀皋."乐天宇事件"与"胡先骕事件"//谈家桢,赵功民.中国遗传学史.上海:上海科技教育出版社,2002.

杨翠华.任鸿隽与中国近代的科学思想与事业."中央研究院"近代史研究所集刊,1995(24上).

杨翠华.中基会的成立与改组."中央研究院"近代史研究所集刊,1989(18).

杨国强.历史研究中的分寸.东方早报·上海书评,2016-7-18.

杨舰,刘丹鹤. 中国科学社与清华. 科学,2005,57(5).

杨小佛. 记中国科学社. 中国科技史料,1980(2).

翟志成. 冯友兰的抉择及其转变. 中国文哲研究集刊,2002(20).

张奠宙. 二十世纪的中国数学与世界数学的主流. 自然科学史研究,1986(3).

张福记. 抗战前南京国民政府与商会关系. 史林,2001(2).

张澔. 中文化学术语的统一(1912—1945 年). 中国科技史料,2003,24(2).

张剑.《中西闻见录》述略——兼评其对西方科技的传播. 复旦学报(社会科学版),1995(4).

张剑. 蔡元培与中国科学社. 史林,2000(2).

张剑. 传播科学、提升民族素质以抗战建国——中国科学社主编《申报》“科学与人生”周刊分析. 科学技术哲学研究,2013(1).

张剑. 丁文江与中国科学社. 科学,2015,67(3).

张剑. 二三十年代上海主要产业职工工资级差与文化水平. 史林,1997(4).

张剑. 近代科学名词术语审定统一中的合作、冲突与科学发展. 史林,2007(2).

张剑. 良知弥补规则,学术超越政治——国民政府教育部学术审议会学术评奖活动述评. 近代史研究,2014(2).

张剑. 落脚于“科学救国”的《科学》“一战”专号. 科学,2015,67(2).

张剑. 民国时期上海地区农业改良推广与社会变迁//林克. 上海研究论丛·第十三辑. 上海:上海社会科学院出版社,2001.

张剑. 清末民初农业教育体系的初创及其原因. 上海行政学院学报,2001(1).

张剑. 清末民初一代学子弃理从文现象剖析. 史林,1999(3).

张剑. 提倡科学研究与追求学术独立:蔡元培学术发展思想及其实践//上海蔡元培故居. 人世楷模蔡元培. 上海:上海辞书出版社,2007.

张剑. 学术独立之梦——战后饶毓泰致函胡适欲在北大筹建学术中心及其影响研究. 中国科技史杂志,2014,35(4).

张剑. 学术与工商的聚合和疏离——中国数学会在上海//梁元生,王宏志. 双龙吐艳:沪港之文化交流与互动. 沪港发展联合研究所,香港中文大学香港亚太研究所,2005.

张剑. 学术与政治:1930 年中央研究院院址之争. 学术月刊,2013(4).

张剑. 养“士大夫廉耻”:抗战期间中国科学社编译出版书籍述略//周武. 上海

学・第3辑.上海:上海人民出版社,2016.

张剑.中国近代农学的发展——科学家集体传记角度的分析.中国科技史杂志,2006,27(1).

张剑.中国科学社研究历史、现状及其展望.中国科技史杂志,2016,37(2).

张剑.朱家骅的科学观念与国民政府时期科学技术的发展//上海中山学社.近代中国・第十四辑.上海:上海社会科学院出版社,2004.

张晶萍.乾嘉学者的学术交流.安徽史学,2002(2).

张之杰.民国十一年至三十八的生物学.科学月刊(台北),1981(2).

赵红洲.中国切莫忘了诺贝尔奖——论诺贝尔精神与爱国主义精神.新华文摘,1995,8.

郑作新.中国动物学会五十年.中国科技史料,1985(3).

朱华.近代中国科学救国思潮研究综述.史学月刊,2006(3).

(二)学位论文

REYNOLDS D C. The advancement of knowledge and the enrichment of life: the science society of China and the understanding of science in the early republic 1914—1930. Madison: Ph D Dissertation of University of Wisconsin, 1986.

李媛.顾观光与晚清时期的力学.北京:首都师范大学硕士论文,2009.

王飞仙.期刊、出版与社会文化变迁:五四前后的商务印书馆与《学生杂志》.台北:台北政治大学历史系,2002.

赵中亚.《格致汇编》与中国近代科学的启蒙.上海:复旦大学历史系,2009.

人 名 索 引

C

D

F

G

H

J

K

L

M

N

O

P

Q

R

S

T

W

X

Y

Z

后　记

自 1994 年在恩师沈渭滨先生指导下，将中国科学社作为硕士论题以来，中间经过随王家范先生再以此为题做博士论文，二十多年的岁月飘然而逝。沈渭滨先生已仙逝三年有余，看着他当年在硕士论文稿本上修改的字句，在博士论文稿本上留下的密密麻麻蝇头小楷，不禁悲从中来，难以自抑。再也听不到他对本书谋篇布局与具体细节修改的意见，也不能领略他对相关论点与论证过程中的精到指点，再也听不到他爽朗的笑声，看不到他拄着文明棍踯躅前行的身影。三年多以来，我似乎随时能感觉他就在身边，默默地看着我，不时微笑、摇摇头、摆摆手。今年与学生一起整理他的藏书，更进一步了解与理解他那一辈知识分子的阅读史与成长史。在选编他的论文集过程中，也进一步领略到他治学的广阔视野、论证逻辑的严密、语言的简洁与有力，微观论证与宏观思维的有机联系。希望通过阅读和理解他，自己能得到提升。这里将自认为最为重要的著作献给他，以志纪念与哀悼。

本书最初在博士论文基础上扩充修改，收入中国科学院知识创新工程“中国近现代科学技术史研究丛书”，以《科学社团在近代中国的命运：以中国科学社为中心》为名，由山东教育出版社 2005 年出版。出版后曾先后获得“2006 年度科学文化与科学普及优秀图书佳作奖”、第四届吴大猷科学普及创作类佳作奖等，也有学者在《爱西斯》（*Isis*）和《东亚科学技术与社会》（*EASTS*）上发表文章予以评鉴。与当时所有相关中国科学社研究成果一样，我也未能利用中国科学社留存的档案资料。这次在课题组整理中国科学社档案资料基础上，对原书进行了大幅度增改，篇幅增加超过一倍，补充了不少以往中国科学社研究的空白，诸如中国科学社抗战期间在大后方的发展、1949 年政权转换后苦心孤诣维持及最后无奈宣告结束、在名词术语审定与统一和学术评议方面的作用等，修正了此前不少的舛误，并集中讨论了学术社团发展与学术独立的关系。

本书的最终完成，首先要感谢课题组的全体成员，大家克服经费等困难，超出计划地完成了档案资料的整理，并于 2015 年 10 月 25 日组织召开了“赛先生在中国——中国科学社成立百年纪念暨国际学术讨论会”，产生了一定的影响。《自然辩证法通讯》2016 年第 3 期设立“中国科学社百年纪念”专栏，刊发了与会 5 篇论文，《文汇报》等媒体也进行了相关报道与评说，《中国科技史杂志》发表会议综述。感谢会议的具体操办者同人段炼、赵婧和学生肖大鹏、姚润泽等。感谢出版社前后两位编辑段韬、张毅颖，没有她们在后督促与鼓励，书稿不可能这么快完成。

感谢学术成长道路上的所有老师与朋友，特别是华东师范大学历史系王家范老师、思勉人文高等研究院杨国强老师，供职单位上海社会科学院历史研究所程念祺老师与周武兄，中国科学院科技政策与管理科学研究所樊洪业老师，复旦大学历史系陈绛老师、傅德华老师、戴鞍钢老师、王立诚老师，中国科学院大学科技史系王扬宗研究员、张藜研究员……名字很难列全，然而这并不表明没有列名者对我的学术成长影响就不大。感谢段炼兄不断帮我识别手迹“天书”，也感谢研究生姚润泽帮助查阅部分资料。

最后，我要感谢我的父母。常想起“吃不饱穿不暖”的日子里，他们的愁容与哀叹。上小学时，为了一两毛钱的学费，我不断地被老师赶回家，已经记不起他们看到我一到校就被赶回家的情形。上初中时，已经是土地联产承包，可以吃饱饭，但每学期的学费还是不容易凑齐。高中在离家十多公里外的地方，每周回家返校（都是走路），妈妈总是半夜起床为我做好饭，爸爸总是陪我在漆黑的道路上走到四公里处，天亮以后再回去。高三时基本不回家，爸爸总是每次徒步送来（背兜背）百十斤大米。现在本是他们与我们兄弟俩同享天伦之乐的时光，但他们为我们带大小孩后，还是不能适应城市的喧嚣与冷漠，宁愿回归乡村的宁静与闲适，继续在土地上劳作……

二〇一八年六月四日晚